DIE GRUNDLEHREN DER
MATHEMATISCHEN WISSENSCHAFTEN

IN EINZELDARSTELLUNGEN MIT BESONDERER BERÜCKSICHTIGUNG DER ANWENDUNGSGEBIETE

HERAUSGEGEBEN VON

R. GRAMMEL · E. HEINZ · F. HIRZEBRUCH · E. HOPF
H. HOPF · W. MAAK · W. MAGNUS · F. K. SCHMIDT
K. STEIN · B. L. VAN DER WAERDEN

BAND 106

GRUNDZÜGE DER MATHEMATISCHEN LOGIK

VON

H. SCHOLZ † UND G. HASENJAEGER

SPRINGER-VERLAG
BERLIN · GÖTTINGEN · HEIDELBERG
1961

GRUNDZÜGE DER MATHEMATISCHEN LOGIK

VON

D. DR. HEINRICH SCHOLZ †

EM. ORD. PROFESSOR DER MATHEMATISCHEN LOGIK
UND GRUNDLAGENFORSCHUNG
AN DER UNIVERSITÄT MÜNSTER I. W.

UND

DR. GISBERT HASENJAEGER

APL. PROFESSOR DER MATHEMATISCHEN LOGIK
UND GRUNDLAGENFORSCHUNG
AN DER UNIVERSITÄT MÜNSTER I. W.

SPRINGER-VERLAG
BERLIN · GÖTTINGEN · HEIDELBERG
1961

HEINRICH SCHOLZ

GEB. 17. 12. 1884 IN BERLIN
GEST. 30. 12. 1956 IN MÜNSTER I. W.

ISBN-13: 978-3-642-94815-2   e-ISBN-13: 978-3-642-94814-5
DOI: 10.1007/978-3-642-94814-5

© BY SPRINGER-VERLAG OHG., BERLIN · GÖTTINGEN · HEIDELBERG 1961

softcover reprint of the hardcover 1st edition 1961

Vorrede

Die mathematische Logik, an die dieses Lehrbuch heranführen soll,
ist eine ontologisch bestimmte Logik. Die Ontologie, auf der sie fußt,
ist die platonische Ontologie der klassischen Mathematik, in den Grenzen,
in denen diese Ontologie sich bis jetzt gegen alle Überprüfungen zu
behaupten vermocht und in diesem Sinne als krisenfest erwiesen hat.
Durch das Vertrauen zu dieser Ontologie unterscheidet sie sich von zwei
konkurrierenden Gestalten.

Als erstes Gegenstück sind die Konstruktionen zu nennen, die von
der Kritik dieser Ontologie beherrscht sind. Sie betonen in mannig-
faltigen Variationen und Stärkegraden den problematischen Charakter
dieser Ontologie. Sie treten ihr entgegen mit Intuitionen, die durch
ihren finitistischen Charakter enger oder loser miteinander verbunden
sind[1]. Der finitistische Charakter dieser Intuitionen kommt zum Ausdruck in der Ablehnung aller aus dem Endlichen auf das Unendliche
übertragenen Annahmen oder Schlußprozesse, die nicht durch ihren
konstruktiven Charakter beglaubigt sind. Was hierunter zu verstehen
ist, liegt in gewissen Hauptpunkten fest. Jenseits dieses Bereichs ist
es kontrovers. Dies soll jedoch kein Nachteil sein. Es gehört vielmehr
zu den wesentlichen Ansprüchen des Finitismus, daß er sich einer endgültigen Abgrenzung grundsätzlich widersetzt. Dies wird begreiflich,
wenn man mit P. LORENZEN[2] annimmt, daß der entscheidende Unterschied in der Rangordnung liegt, in der die ontologischen Voraussetzungen und die Möglichkeiten von Handlungen zur Geltung kommen. Im
ersten Falle sind die ontologischen Voraussetzungen so wesentlich, daß
auf Handlungen im Sinn von Operationen grundsätzlich verzichtet werden kann[3]. Es ist wesentlich, dies zu wissen. Die hier dargestellte Logik
ist unabhängig davon, ob es überhaupt Wesen gibt, die irgendeine vorgeschriebene Handlung vollziehen können. Erst in dieser für sie charakteristischen Voraussetzungslosigkeit kommt ihr platonischer Charakter
voll zur Geltung. Im anderen Fall ist es umgekehrt. Hier sind die
Operationen das Grundlegende. Die Frage, wie weit aus ihnen nach-

---

[1] Hierzu einerseits A. SCHMIDT [1], [2], andererseits HILBERT-BERNAYS [1] I, § 2.
[2] Vgl. LORENZEN [1].
[3] Vgl. dazu § 1, S. 10, mit Fußnote 1.

träglich eine Ontologie abstrahiert werden kann, ist sekundär. Jedenfalls braucht man keine Ontologie, um sich zu konstituieren. Entscheidend ist die vorausgesetzte Einsichtigkeit der geforderten Handlungen. Daher der Name „Intuitionismus".

Als zweites Gegenstück sind die Konstruktionen hervorzuheben, die, wenigstens grundsätzlich, auf eine Ontologie überhaupt nicht Bezug nehmen, weder in einem positiven noch in einem kritischen Sinne. Von einer mathematischen Logik im Sinne dieser Schöpfungen ist grundsätzlich nicht mehr zu fordern als ein System von Symbolen und Regeln, die sich auf den Umgang mit den aus diesen Symbolen erzeugbaren Zeichenreihen beziehen, unter der Voraussetzung, daß dieses System für irgendwelche geeigneten Fälle sich bewährt als ein möglichst krisenfestes Mittel zur Kontrolle von Schlußprozessen. Die Entdeckung von geeigneten Fällen ist eine zusätzliche Angelegenheit, für die alle Freiheitsgrade reserviert sein sollen[1]. Das wichtigste Beispiel für diese Schöpfungen sind die sogenannten mengentheoretischen Systeme der Logik[2], ihr Grenzfall die auf Vorrat geschaffenen Systeme einer beliebigwertigen Logik, wobei das Wort „Logik" freilich eine grundsätzliche Bedeutungsänderung dadurch erleidet, daß eine Verwendbarkeit dieser Schöpfungen für die Kontrolle von Schlußprozessen überhaupt noch nicht ausgemacht ist[3].

Ein Leitfaden zu einer Rangordnung der in dem angedeuteten Sinn miteinander konkurrierenden Gestalten der Logik ist bis jetzt nicht entdeckt. Es ist offenbar nichts dadurch gewonnen, daß man, nach Beispielen, die abschrecken sollten, sich gegenseitig befehdet, als ob es nicht um Fragen des Augenmaßes ginge, sondern um Standorte, die verbindlich sein sollten für jeden, der überhaupt als urteilsberechtigt gelten will. Wesentlich angemessener wird auch in diesem Falle das Vorbild des Mathematikers sein. Man entwickle für jeden Ansatz so weit als möglich die Konsequenzen, die sich aus ihm ergeben, und über-

---

[1] Dazu auch § 1, (6), S. 5, mit Fußnote 1.

[2] Vgl. § 219, 4.

[3] Vgl. ROSSER-TURQUETTE [1], S.1.f.: "In any case, regardless of the possible interpretations of many-valued logical systems, it is our opinion that most interpretations that have so far been proposed can not be taken too seriously until the precise formal development of such systems has been carried to a level of perfection considerably beyond that which is reached even in the present work. Of course, we do not wish to deny the possibility of finding interpretations for subsystems of many-valued logic such as the statement calculus or predicate calculus of first order, but we do consider various recent proposals for interpretations of many-valued logic definitely premature." Zu diesen Systemen ist auch zu rechnen der für die Quantenmechanik entworfene Umriß der dreiwertigen Aussagenlogik von H. REICHENBACH [1]. Vgl. noch J. ZUKASIEWICZ [3], S. 208: "Logic is ... only an instrument which enables us to draw asserted conclusions from asserted premisses."

lasse es denen, an die man sich wendet, zu entscheiden, ob sie mitzugehen bereit sind oder nicht. Dann ist es so: Auch wenn die Ontologie dieses Lehrbuches heute umstritten ist, ist es immer noch eine sinnvolle Aufgabe, in einer möglichst pünktlichen Darstellung zu zeigen, was man erhält, wenn man sich dieser Ontologie anvertraut oder, um es noch etwas deutlicher zu sagen, wenn man es mit ihr riskiert. Dies ist beabsichtigt. Es ist genau das, was bei dem gegenwärtigen Stande der Dinge sinnvoll geleistet werden kann. Mehr kann auch in keinem anderen Falle erreicht werden. Und in diesem hat man vor den beiden anderen etwas Wesentliches voraus. Man fußt, in den Grenzen des Möglichen, auf einer Grundlage, die im allgemeinen Falle dem ausübenden Mathematiker nicht fremd ist, sondern vertraut. Man kann zwar niemanden daran hindern zu sagen, daß man damit der Trägheit dient. Es wird jedoch wesentlich angemessener sein, die Aufklärungsarbeit zur Kenntnis zu nehmen, die für die angefochtene Mathematik durch eine planmäßige Erhellung ihres Fundamentes geleistet wird.

Die Freilegung dieses Fundamentes geht durch die Logik hindurch, von der in dieser Mathematik Gebrauch gemacht wird. Auch mit der notwendigen Abschirmung gegen die Antinomien am Rande der Mengenlehre kann diese Logik scharf abgegrenzt werden. Die Basis ist ein abstrakter Kalkül. Ein abstrakter Kalkül ist ein geregeltes Zeichenspiel. Es gehört dem wesentlich umfassenderen Bereich dieser Spiele an. Es wird gefordert, daß die als Sätze ausgezeichneten Zeichenreihen eines solchen Kalküls interpretiert werden können als Aussageformen von der Art wie: „Wenn P nicht zutrifft auf jedes x, so gibt es (wenigstens) ein x, auf das P *nicht* zutrifft." Solche Aussageformen sind allgemeingültig im Sinne von „gültig in jedem (nicht-leeren) Individuenbereich". Es wird zusätzlich gefordert, daß als Ausdrucksmittel neben endlich oder abzählbar vielen Variablensorten nur eine beschränkte endliche Anzahl von ausgezeichneten Konstanten — den Konstanten der Logik — zugelassen sein sollen. Der Spielraum, der hierdurch geschaffen wird, ist in jedem Falle begrenzt und von einer nicht-wesentlichen Bedeutung. Ein abstrakter Kalkül heiße erst dann ein Logikkalkül, wenn er in dem angeforderten Sinne interpretiert werden kann.

Die Voraussetzungen für eine solche Interpretation sind ontologischer Natur. Sie liefern also die Bausteine der Ontologie, die erfaßt werden soll. Durch die bahnbrechende „Semantik" von A. TARSKI[1] ist eine solche Interpretation auf die mathematische Genauigkeitsstufe gebracht worden. In diesem Lehrbuch ist sie so durchgeführt, daß nicht nur grundsätzlich, sondern auch effektiv von einer Genauigkeit in den kleinsten Teilen gesprochen werden kann. Der Übergang zu einem syntaktischen Aufbau ergibt sich auf eine folgerichtige Art aus der

---

[1] TARSKI [3], [4], [5].

Bemühung um das Maximum dessen, was auf Grund der Unlösbarkeit des prädikatenlogischen Entscheidungsproblems überhaupt noch erreichbar ist. Durch diesen Übergang werden zugleich die beiden Stufen der Formalisierbarkeit, die semantische und die syntaktische, so diskutierbar wie in der hier durchgeführten Konfrontierung des semantischen und des syntaktischen Folgerungsbegriffes.

Eine wesentliche Voraussetzung für das, was in diesem Lehrbuch hat erreicht werden können, ist die normierte Metasprache: eine Schöpfung von 1935 unter wesentlicher Mitwirkung von HANS HERMES, einem meiner frühesten Mitarbeiter und Weggenossen, dessen Spuren in diesem Lehrbuch auch an zahlreichen anderen Stellen anzutreffen sein werden. Diese normierte Metasprache hat sich seitdem so bewährt, daß sie nun auch in dieses Lehrbuch eingeführt worden ist.

Diesem Lehrbuch ist der von HANS HERMES und HEINRICH SCHOLZ für den neuen Algebra-Band der Mathematischen Enzyklopädie verfaßte Logikbericht vorangegangen[1]. Das Programm dieses Berichtes liegt auch diesem Lehrbuch zugrunde. Das Lehrbuch ist anzusehen als eine Ausführung dieses Programms.

An dieser Ausführung hat Herr Dr. HASENJAEGER seit 1946 einen immer mehr ins Gewicht fallenden Anteil genommen, zuletzt auf der Stufe, durch die er vom Mitarbeiter zum Mitverfasser aufgerückt ist. Neben und nach ihm Herr Dr. MARKWALD, der ihn zwei Jahre vertreten hat. Während seiner Zugehörigkeit zur „Schule von Münster" hat auch Herr Prof. SCHRÖTER, seit einer Reihe von Jahren Vertreter der mathematischen Logik und Grundlagenforschung an der Berliner Humboldt-Universität, sich an den Studien, aus denen dieses Lehrbuch hervorgegangen ist, so beteiligt, daß er hier mitgenannt werden muß. Für den Beitrag zur Diskussion der Unabhängigkeitsfragen der Prädikatenlogik habe ich Herrn cand. math. TH. EICHHOLZ zu danken. Wenn man mich fragt, wem ich sonst noch verpflichtet bin, so werde ich neben GOTTLOB FREGE, dem überragenden bahnbrechenden deutschen Meister, das immer wieder leuchtende Vorbild der Warschauer Schule zu nennen haben. Schließlich werde ich hier noch sagen müssen, wie sehr ich durch einen mehr als zwanzigjährigen Gedankenaustausch mit Herrn Prof. BERNAYS gefördert worden bin, und nicht vergessen sein soll auch der ermutigende lebendige Anteil, den Herr Prof. F.K. SCHMIDT an unserer Arbeit genommen hat in den Jahren, die ihn in Münster festgehalten haben.

Für das Programm dieses Lehrbuches bin ich allein verantwortlich. Folglich auch für das ihm durch dieses Programm eingeprägte Profil. Ebenso für die Stilisierung der ersten drei Hauptstücke. Die beiden letzten sind auf Grund einer gemeinsamen Durchberatung von Herrn

---

[1] Vgl. HERMES-SCHOLZ [1].

Dr. HASENJAEGER nach dessen Ideen verfaßt worden. Insbesondere der Bericht über eine Formalisierung des vollen Stufenkalküls von A. CHURCH. Es scheint mir, daß diese in ihrer Art meisterhafte Formalisierung im kontinentalen Raum der Aufmerksamkeit entgangen ist, die sie verdient: nicht nur als technische Leistung, sondern auch als ein Beispiel für den Spielraum der Möglichkeiten, mit dem für die Lösung einer solchen Aufgabe zu rechnen ist.

(Nach einem von HEINRICH SCHOLZ hinterlassenen Entwurf.)

Complement zur Vorrede

Durch den Tod, der meinen Lehrer HEINRICH SCHOLZ aus seiner Arbeit abberufen hat, ist die Ausführung dieses Buches nach dem von ihm entworfenen Plan unterbrochen worden. Unter Verwendung von vorliegenden Entwürfen und Ausarbeitungen von Vorlesungen habe ich die ausstehenden Teile im dritten Hauptstück im Sinne der früheren Zusammenarbeit und in möglichst enger Anlehnung an das Vorhandene ergänzt und vervollständigt.

Die Verantwortung für den Inhalt des vierten Hauptstückes hatte sich schon während der gemeinsamen Arbeit daran so verschoben, daß es mir als angemessen erschien, die vorhandenen Vorentwürfe von Fall zu Fall in einem neuen Aufbau zu berücksichtigen. Für zahlreiche Anregungen, deren Quelle im einzelnen nicht mehr festgestellt werden kann, habe ich dabei ebenso dem Begründer des Instituts für mathematische Logik und Grundlagenforschung in Münster (Westfalen) zu danken, der dieses Institut zu einem Zentrum der Forschungen auf dem Gebiet der modernen Logik gemacht hat, wie den zahlreichen Mitarbeitern und Gästen, die — in meist kritischen Bemerkungen zum Platonismus — zur Klärung der Voraussetzungen dieses Buches beigetragen haben.

Münster, (Westfalen) 12. 9. 59.

G. HASENJAEGER

Inhaltsverzeichnis

Einleitung

Erstes Hauptstück: Aussagenkalkül

A) Konstituierung des Aussagenkalküls

B) Semantik

I. Allgemeine Semantik

II. Spezielle Semantik

III. Begriff und Theorie der mengenrelativen Erfüllung

Zweites Hauptstück: Prädikatenkalkül

A) Allgemeine Grundlegung

B) Semantik
I. Allgemeine Semantik
I 1. Grundlegung

I 2. Quasisyntaktische Fortsetzung

II. Theorie der numerischen Allgemeingültigkeit
und Erfüllbarkeit im PFK

Seite

III. Das Entscheidungsproblem im PFK

C) Syntax

I. Allgemeine Syntax

II. Spezielle Syntax

D) Beziehungen zwischen Semantik und Syntax im PFK

I. Die BOLZANOsche Folgerungsrelation im PFK

II. Die semantische Vollständigkeit des PFK*

Drittes Hauptstück: Prädikatenkalkül mit Identität (I-Kalkül)

A) Allgemeine Grundlegung

B) Semantik

I. Allgemeine Semantik

II. Spezielle Semantik

III. Theorie der numerischen Allgemeingültigkeit und Erfüllbarkeit

IV. Die Entscheidbarkeit der Menge der einstelligen I-Ausdrücke ohne Funktionale

C) Syntax

I. Allgemeine Syntax

Seite

II. Spezielle Syntax

D) Beziehungen zwischen Syntax und Syntax im IFK

I. Folgerungsbegriffe

II. Widerspruchsfreiheit und Erfüllbarkeit im IFK

III. Folgerungen

Viertes Hauptstück: Einführung in die Stufenlogik

A) Die Logik der zweiten Stufe

B) Die volle Typentheorie

Inhaltsverzeichnis   XV

Berichtigungen

Auf S. 65 ist vor § 16 noch einzufügen:

II. Spezielle Semantik

Seite:	*Zeile:*	*statt:*	*muß es heißen:*
115	6 v. u.	$\widetilde{\widetilde{M}} = M$	$\widetilde{\widetilde{M}} = \widetilde{M}$
128	4 v. o.	non	*non*
173	6 v. o.	29, 5	§ 29, 5
235	1 v. u.	$M \vdash_P M^*$	$M \vdash_P M_*$
262	Fußnote 1	§ 7	XIII, § 7
281	2 v. o.	$\Vdash_P$	$\vdash_P$
327	13 v. o.	RYLL-NARZEWSKI	RYLL-NARDZEWSKI
346	2 v. u.	DEDEKIND [1]	DEDEKIND [2]
353	4 v. o.	$\dots\ et\ E \subseteq M$	$\dots\ et\ E \subseteq M \cup N$
385	1 v. u.	$((\tau/\tau_2)\,\tau_1)$	$((\tau/\tau_2)/\tau_1)$

Einleitung

§ 1. Prolegomena

1. Die Logik, die in diesem Lehrbuch entwickelt wird, ist bestimmt durch die folgenden Kennzeichen:

(1) Sie fußt auf derselben Ontologie wie die von erkennbaren Widersprüchen befreite und in diesem Sinne vertretbare klassische Mathematik. Für diese Ontologie ist charakteristisch die Grundvoraussetzung, daß die Objekte der Mathematik und mit ihnen die mathematischen Bereiche an sich existieren, wie die platonischen Ideen. Mit Bezug auf diesen An-sich-Charakter sprechen wir von einer *platonischen Ontologie*. Für diese Ontologie existieren die unendlichen Bereiche beliebig hoher Mächtigkeit als fertig vorliegende Objekte in derselben Art wie die durch Aufzählung ihrer Elemente erfaßbaren endlichen Mengen und in gleichem Range mit ihnen.

Die weittragenden Folgen dieser Auffassung sind in zwei Hauptpunkten konzentriert. Erster Hauptpunkt: die Beurteilung der *Potenzmengen*. Mit den abzählbaren Mengen existieren, genauso wie im endlichen Falle, auch ihre Potenzmengen, mit dem ihnen zukommenden Charakter der *Überabzählbarkeit*. Das Überabzählbare steht also gleichberechtigt neben dem Abzählbaren. Zweiter Hauptpunkt: der für den Platonismus charakteristische Gehalt *des ausgeschlossenen Dritten*. Es genügt hier, die mengentheoretische Formulierung dieses Prinzips ins Auge zu fassen. Sie besagt, daß eine für die Elemente einer beliebigen Menge, also mit Einschließung der unendlichen Mengen von einer beliebigen Mächtigkeit erklärte Eigenschaft allen Elementen der Menge zukommt oder es gibt (wenigstens) ein Mengenelement, dem sie *nicht* zukommt, unabhängig davon, ob ein solches Element angegeben werden kann oder nicht. Ein Anwendungsfall ist das der elementaren Zahlentheorie angehörige Prinzip der kleinsten Zahl. Es besagt, daß eine nichtleere zahlentheoretische Eigenschaft allen natürlichen Zahlen zukommt oder es gibt eine kleinste natürliche Zahl, der sie *nicht* zukommt. In dieser Formulierung ist nichts enthalten von einer zusätzlichen Forderung, die besagt, daß diese kleinste Zahl auch angebbar sein müsse. Von „angebbar" ist überhaupt nicht die Rede. Ein für das Überabzählbare charakteristischer Fall ist das Auswahlaxiom. Es besagt, daß es zu einem beliebigen System von nicht-leeren paarweise fremden Mengen stets eine Menge gibt, die mit jeder dieser Mengen genau ein Element gemein hat. Es ist aber nichts gesagt zu der Frage, wie man zu einer solchen Menge gelangt.

Die in diesen Hauptpunkten konzentrierte Ontologie ist nun freilich nicht krisenfest. Die Mengenmannigfaltigkeit, die sie als an sich existierend voraussetzt, muß in jedem Falle so beschrieben werden, daß die erkennbar inkonsistenten Mengen herausfallen. Eine Verschärfung des Mengenbegriffs ist erforderlich. Aus einem hermeneutischen Grunde, auf den hier zunächst nur hingedeutet werden kann, ist diese Verschärfung in unserm Falle bestimmt durch das RUSSELLsche Abstufungsprinzip, das an Stelle von herrenlosen Mengen nur Mengen von wohlbestimmten Stufen und Elementen, die einer wesentlichen Einschränkung unterworfen sind, zuläßt. Die in diesem Sinne revidierte Ontologie kann als ein *R-revidierter Platonismus* bezeichnet werden.

(2) Dieser Platonismus bestimmt nicht nur die Logik, über die hier gesprochen wird, sondern auch die Logik, unter deren Voraussetzung *über* diese Logik gesprochen wird. Setzt man voraus, daß die erste eine formalisierte Logik ist, so soll die zweite vorausgesetzt sein als eine nicht-formalisierte Logik: als eine Logik in demselben Sinn, in welchem sie für den Mathematiker existiert, wenn er sich auf sie beruft. Man nennt die Logik, die vorausgesetzt ist, wo über eine formalisierte Logik gesprochen wird, die auf diese Logik bezogene Metalogik. In diesem Sinn ist der R-revidierte Platonismus nicht nur die Grundlage der hier formalisierten Logik, sondern, in einer nicht-formalisierten Gestalt, auch die Grundlage der auf diese Logik bezogenen Metalogik. Setzt man ferner voraus, daß die formalisierte Logik so definiert ist, daß von einer formalisierten Sprache dieser Logik gesprochen werden kann, und nennt man eine solche Sprache mit Bezug auf die Tatsache, daß über sie gesprochen wird, eine *Objektsprache*, so ist es angemessen, die Sprache, in der über sie gesprochen wird, mit Bezug auf diese Objektsprache eine *Metasprache* zu nennen. Dann kann der Standort dieses Lehrbuchs so bestimmt werden, daß nicht nur die in ihm entwickelte formalisierte Objektsprache, sondern auch die für ihre Entwicklung erforderliche Metasprache abgestimmt ist auf eine Logik des R-revidierten Platonismus. Dieser Fall ist bei dem gegenwärtigen Stande der Dinge charakteristisch für die Sprachen, in denen mit Begriffen operiert wird, die auf die Bedeutung gewisser sprachlicher Gebilde Bezug nehmen, wie „wahr“ (oder „gültig“) und „falsch“ (oder „ungültig“) mit Beziehung auf Aussagen; denn von der Wahrheit oder Falschheit einer Aussage kann man im Einklang mit dem Sprachgebrauch des täglichen Lebens und der Wissenschaften erst sprechen, wenn man weiß, was sie besagt. Darum heißen Begriffe wie „wahr“ und „falsch“ bedeutungsdeterminierte oder *semantische* Begriffe. Die Theorie, der sie mit anderen

gleichartigen Begriffen angehören, heißt *Semantik*. Eine Metasprache, in welche sie eingehen, heißt eine *semantische Metasprache*.

(3) In einer semantischen Metasprache kann auf Grund der Ontologie, auf die sie bezogen ist, unbedenklich von beliebigen Potenzmengen und damit zusammenhängend von beliebigen überabzählbaren Bereichen gesprochen werden. Dies ist das eine. Ein zweites ist die durch die zusätzliche Anerkennung des ausgeschlossenen Dritten in seiner klassischen, dem Platonismus entsprechenden Interpretation für eine semantische Metasprache ermöglichte Einführung der auf beliebige Bereiche erstreckten Begriffe der *Allgemeingültigkeit* und *Erfüllbarkeit* mit ihren Negaten. Der semantische Charakter dieser Begriffe ergibt sich daraus, daß sie verallgemeinerte Gültigkeitsbegriffe oder deren Negate sind.

Ein Beispiel. Der Wertbereich von z sei der Bereich der von 2 verschiedenen geraden Zahlen, G die GOLDBACHsche Vermutung in der Gestalt: „Es gibt Primzahlen x, y, so daß $z = x + y$.“ Dann gilt die folgende Alternative: G ist gültig für jeden Wert von z oder es gibt einen Wert von z (und sogar einen kleinsten), für welchen G *nicht* gültig ist. Im ersten Fall heiße G *allgemeingültig im Wertbereich von z*. Im zweiten Falle heiße G' *erfüllbar im Wertbereich von z*, mit G' für „$z \neq x + y$ für jedes Primzahlpaar x, y“.

Für eine semantische Metasprache sind die Begriffe der Allgemeingültigkeit und Erfüllbarkeit unbeschränkt legitime Begriffe, auch dann, wenn sie nicht, wie in dem vorliegenden Falle, bezogen sind auf einen fest vorgegebenen Bereich, sondern auf die Gesamtheit aller nicht-leeren Bereiche, wobei nur zu beachten ist, daß diese Gesamtheit im Rahmen eines R-revidierten Platonismus jeweils zu beschränken ist auf die Gesamtheit der Bereiche mit einem fest vorgegebenen Stufenindex.

Mit dieser Verallgemeinerung kann der Begriff der Allgemeingültigkeit verwendet werden für eine *Abgrenzung der Logik*. Man denke sich ein System Σ von Symbolen, dazu eine Folge von Bedingungen, denen eine aus diesen Symbolen erzeugbare endliche lineare Zeichenreihe genügen muß, um ein Σ-Ausdruck zu heißen. Diese Reihen seien an sich bedeutungslos. Es ist aber möglich, ein solches Gefüge so zu bestimmen, daß über der Menge der Σ-Ausdrücke ein Begriff von Allgemeingültigkeit definiert werden kann, in dem Sinne, daß ein Σ-Ausdruck allgemeingültig heißen soll, wenn er gültig ist in jedem (nicht-leeren) Individuenbereich. Dann sollen die allgemeingültigen Σ-Ausdrücke die Sätze einer über die vorausgesetzten Ausdrucksmöglichkeiten verfügenden Logik bestimmen. Diese Charakteristik hat vor jeder anderen ein Dreifaches voraus: als erstes die Natürlichkeit, als zweites, bis auf die Ausdrucksmöglichkeiten, über die man sich zuvor auf eine sinnvolle Art verständigt haben muß, die Unabhängigkeit von der individuellen Gestalt, in der sie vorgetragen wird, als drittes dies, daß jeder Satz einer solchen Logik eine wohlbestimmte Bedeutung hat.

(4) Die Semantik, auf der diese Charakteristik fußt, ist durch eine bahnbrechende Arbeit von A. TARSKI [3], mit den Zusätzen [4] und [5], auf festen Grund gestellt worden. Es ist G. HASENJAEGER gelungen, diese Semantik so umzuformen, daß eine Kurzschrift entstanden ist, die gleichwohl alles enthält, was für eine präzisierte Metasprache mit der Genauigkeit in den kleinsten Teilen zu fordern ist. Dabei hat sich als ein wesentliches Hilfsmittel erwiesen eine Normierung der Metasprache, die unabhängig von diesem Interesse entstanden ist: 1935, unter wesentlicher Mitwirkung von H. HERMES, dessen Anteil an diesem Lehrbuch auch an zahlreichen anderen Stellen anzutreffen sein wird. Mit diesem Rüstzeug ist es gelungen, die hier dargebotene Logik, im prädikatenlogischen Falle mit einer planmäßigen Einbeziehung der mathematischen Funktionen, lückenlos auf einer semantischen Grundlage aufzubauen, hier vermutlich zum erstenmal. Abgeschlossen wird diese Konstruktion durch einen semantisch präzisierten Folgerungsbegriff, der mit dem mathematischen Folgerungsbegriff identifiziert werden kann.

(5) An den semantischen Aufbau schließt sich im prädikatenlogischen Falle ein *syntaktischer* Aufbau an. Er ist definiert durch einen syntaktischen Folgerungsbegriff. Es liegt an dem mathematischen Charakter des semantischen Folgerungsbegriffs, daß für diesen das inhaltliche Schließen charakteristisch ist. Syntaktische Folgerungsbegriffe sind formalisiert, in dem scharf bestimmten Sinne, daß in ihnen das inhaltliche Schließen ersetzt ist durch Umformungen von Zeichenreihen. Durch eine solche Formalisierung wird ein Höchstmaß von Genauigkeit erreicht und zugleich ein Höchstmaß von Kontrollierbarkeit für jeden einzelnen Beweisschritt. Dementsprechend ist ein syntaktischer Aufbau einem semantischen in formalisierungstechnischer Hinsicht so überlegen, daß es angemessen ist, von zwei Stufen der Formalisierung zu sprechen: einer ersten, semantischen und einer zweiten, syntaktischen Stufe. In diesem Lehrbuch ist der Übergang von einem semantischen zu einem syntaktischen Aufbau motiviert durch die Unlösbarkeit des prädikatenlogischen Entscheidungsproblems. Während im Falle der Aussagenlogik die semantische Definition der Sätze unmittelbar ein Verfahren zur Erkennung aller Sätze liefert, gelingt dies im prädikatenlogischen Falle erst durch die äquivalente Überführung in einen syntaktischen Satzbegriff. Dieser Übergang liefert das Maximum dessen, was dann noch erreicht werden kann, und mit der Genauigkeit, die zur Voraussetzung hat, daß Umformungen von Zeichenreihen die einzigen zugelassenen Operationen sind.

(6) Die Normalform ist immer noch die, daß eine Logik nicht semantisch, sondern syntaktisch aufgebaut wird. Dies hat zwar den Vorteil, daß man sich mit Interpretationsfragen zunächst überhaupt nicht zu

belasten braucht; aber der Willkür in der Bestimmung dessen, was eine Logik sein soll, ist dann ein so weiter Spielraum eingeräumt, daß alle scharfen Grenzlinien verschwinden. Man muß sich dann grundsätzlich mit der Forderung begnügen, daß die angeschriebenen „Sätze" bei einer geeigneten Interpretation in anerkannte Aussagen übergehen, und daß die vorgesehenen Umformungsmöglichkeiten bei einer solchen Interpretation zugleich stets von anerkannten Aussagen zu anerkannten Aussagen führen. Bei einer geeigneten Interpretation! Also ist es doch nicht möglich, auf jede Interpretation zu verzichten. Nur daß die Anforderungen an eine solche jeder objektiven Kontrolle entzogen sind. Was übrig bleibt, ist eine Logik des guten Willens. Es ist schwer zu verstehen, wie man bei dem gegenwärtigen Stande der Charakterisierungsmöglichkeiten von einer solchen Logik befriedigt sein kann[1].

2. Von den ontologischen Voraussetzungen, die diesem Lehrbuch zugrunde liegen, wird im vierten Hauptstück ein besonders starker Gebrauch gemacht werden. Das kommt schon zum Ausdruck bei der Behandlung der sogenannten *Logik der zweiten Stufe,* bei der sich zum erstenmal auswirkt, daß nicht einmal eine nachträgliche adäquate syntaktische Präzisierung der intendierten Gültigkeitsbegriffe möglich ist, — wie sich dann im fünften Hauptstück ergeben wird. Eine primäre Präzisierung durch ein Axiomensystem Ax, welches die intendierten Bedeutungen der spezifisch logischen Redeweisen oder Symbole im Sinne einer (vergleichsweise naiven) Axiomatik dadurch beschreiben soll, daß es genau die Modelle von Ax zur Konkurrenz zuläßt, kann dann a fortiori nicht adäquat sein, sondern das Intendierte bestenfalls approximieren. Denn Axiome in Verbindung mit Schlußregeln (die hier als Axiome im weiteren Sinne zu gelten haben), liefern immer eine konstruktive Definition einer Menge von Sätzen, während die Gesamtheit aller an sich gültigen Sätze ja „transzendent" sein könnte.

Dadurch bekommt die Methode, die Sätze einer Logik primär semantisch zu definieren, eine wesentlich größere Bedeutung als im Falle der einfacheren Logik der ersten Stufe. Während nun die formale Übertragung der (hauptsächlich im zweiten Hauptstück entwickelten)

---

[1] Als ein hervorragender Repräsentant dieser Auffassung sei hier B. ROSSER [1] genannt. Er sagt S. 7: The "complete lack of any reference to the meanings of statements in symbolic logic indicates that there is no need for them to have meanings. This allows us to introduce formulas whenever they are useful without reference to whether they are meaningful .... This lack of reference to meanings also enables us to evade quite a number of difficult philosophical questions." Dazu S. 8: "Any attempt to ... pay attention to meanings would involve us with ... problems ... which are really quite irrelevant for mathematics. For mathematics, it is the form that must be considered, and the meaning can be dispensed with." Zu einer solchen Liberalisierung der Logik ist dieses Lehrbuch konträr.

semantischen Begriffsbildungen ohne Schwierigkeiten gelingt, besteht doch eine wesentlich stärkere Abhängigkeit von den ontologischen Voraussetzungen — und von deren Formulierbarkeit in der Metasprache, in der die Theorie der Logik dargestellt wird.

Es ist schon ziemlich anspruchsvoll von einem endlichen Geist, von der Wahrheit oder Falschheit (an sich) einer Aussage, gedeutet *für einen bestimmten* unendlichen Bereich zu reden (unabhängig davon, was man darüber weiß), da — außer in Grenzfällen — dabei die Interpretation von Redeweisen (wie „für alle ..." und „es gibt ...") ins Spiel kommt, die eine Durchlaufung des unendlichen Bereiches erfordern bzw. implizieren.

Die Gültigkeit *für jeden* Bereich (Allgemeingültigkeit) ist dann aber ein noch wesentlich anspruchsvollerer Begriff. Man könnte versuchen, ihn dadurch zu „entschärfen", daß man (wie es für die Logik der ersten Stufe gelingt) eine Gesamtheit von „zulässigen" Bereichen so bestimmt, daß jede Aussage, die für wenigstens einen Bereich falsch ist, auch für einen „zulässigen" Bereich falsch ist. In der Vereinigung aller „zulässigen" Bereiche sollte man dann genügendes Material für alle „denkbaren" Gegenbeispiele „finden" können. Es sollte also genügen, in der Metasprache die Existenz eines so großen Bereiches zu formulieren und vorauszusetzen.

Nun lassen sich aber *alle bekannten* Beschreibungen „möglichst großer" Bereiche *in* die Prädikatenlogik der zweiten Stufe übersetzen. Für die sogenannte Theorie der endlichen Typen hat das HINTIKKA [1] gezeigt.

Es gilt aber auch noch für die z.Z. bekannten *transfiniten Fortsetzungen* der Typentheorie. Einfacher als für die „*funktionentheoretische*" Form (für endliche Typen s. § 210, für eine transfinite Fortsetzung s. M. L'ABBÉ [1]) ist es für die *mengentheoretische* Form zu zeigen, und in der Tat lassen sich viele Formen der sogenannten mengentheoretischen Logik in natürlicher Weise als Formen der transfiniten Typentheorie auffassen. Da die mengentheoretische Logik üblicherweise sogar in der Logik der *ersten* Stufe formalisiert wird — vom semantischen Standpunkt wird sich allerdings die Logik der *zweiten* Stufe als angemessener erweisen — kann sie die Logik der zweiten Stufe nicht „majorisieren". So muß man sich (bis auf weiteres) damit abfinden, daß der (als absolut formulierte) Begriff der Allgemeingültigkeit doch davon abhängig ist, von welcher „Welt" in der Metasprache gesprochen wird — solange nicht eine „wesentliche" — und akzeptable — Erweiterung der Prädikatenlogik der zweiten Stufe gefunden ist.

3. Es ist nun noch Stellung zu nehmen zu dem, was bei dem gegenwärtigen Stande der Dinge geltend gemacht werden kann gegen den

Standort, der für dieses Lehrbuch bestimmend sein soll. Ein Standpunkt heiße *finitär*, wenn er die Priorität des Endlichen vor dem Unendlichen vertritt in dem Sinne, daß er eine eigenständige Existenz des Unendlichen neben dem Endlichen auch für die Mengenlehre nicht zuläßt, sondern auch in diesem Falle das Unendliche nur anerkennt als einen Spielraum von Möglichkeiten, die sich bei unbegrenztem Fortschreiten im Endlichen unbegrenzt reproduzieren.

Dies ist genau der Aristotelische Unendlichkeitsbegriff, nur bezogen auf eine Mathematik weit jenseits der Möglichkeiten, mit denen ARISTOTELES hat rechnen können. Auch KANT darf für diesen Unendlichkeitsbegriff in Anspruch genommen werden; denn auch für ihn fällt das Unendliche mit dem Unvollendbaren zusammen. „Der wahre Begriff der Unendlichkeit ist, daß die successive Synthesis der Einheit in Durchmessung eines Quantums niemals vollendet sein kann" (Kritik der reinen Vernunft, S. 460 der zweiten Ausgabe). Nun versteht es sich zwar, daß auch der Platonismus die Unvollendbarkeit des Unendlichen als solche nicht antastet; aber für ihn ist dies nur eine an den Grenzen menschlichen Könnens gespiegelte, folglich unwesentliche Eigenschaft des Unendlichen gegenüber der wesentlichen Eigenschaft des in sich Vollendetseins, die von jedem Menschenwerk unabhängig ist. Der entscheidende Differenzpunkt ist also die Frage, ob das Unendliche sich im Unvollendbaren erschöpft oder nicht. Der Platonismus ist an der entschiedenen Verneinung dieser Frage erkennbar.

Dem Platonismus steht im Bereich der Mathematik bei dem gegenwärtigen Stande der Dinge als schärfste Ausprägung des finitären Standpunktes gegenüber der *mathematische Intuitionismus*. Er beantwortet die Frage „Was ist Mathematik?" im Sinn eines Positivismus[1], der nur das gelten läßt, was effektiv erreicht werden kann. Dann kann das Unendliche nur in den Prozessen existieren, für die wie im Elementarfall der Erzeugung der Zahlenreihe die grundsätzliche Unvollendbarkeit in Anspruch genommen werden kann. Dann ist die Mathematik als Beherrschung des Unendlichen das Ergebnis eines auf eigentümlich mathematischen Intuitionen fußenden und an ihnen von Fall zu Fall zu überprüfenden schöpferischen Handelns, und nur dies, also in keinem Falle das Resultat einer sukzessiven Entdeckung einer an sich existierenden

---

[1] Positivismus: nicht Nominalismus, wenn unter Nominalismus die grundsätzliche Ausschaltung der Universalien verstanden wird; denn ohne die Anerkennung von Mengen kann auch die intuitionistische Mathematik nicht bestehen, und Mengen sind Universalien wie die Eigenschaften, mit denen sie zusammenfallen, wenn Eigenschaften, die denselben Individuen zukommen, als identisch betrachtet werden. Der Gegensatz zwischen der platonischen und der intuitionistischen Mathematik liegt an einer anderen Stelle. Für den Platonismus sind die Universalien Dinge an sich, für den Intuitionismus sind sie Konzeptionen des menschlichen Geistes. Dies ist mit Recht betont in STEGMÜLLER [1] S. 232. Bei dieser Gelegenheit sei der Bericht über die philosophischen Grundlagen der Logik und Mathematik in STEGMÜLLER [1] S. 156—241 nachdrücklich empfohlen. Er ist unter den vorhandenen Orientierungsmöglichkeiten heute an erster Stelle zu nennen.

platonischen Welt[1]. Dann können Potenzmengen nur noch aus endlichen Mengen erzeugt werden, und mit den Potenzmengen aus unendlichen Mengen entfällt der entscheidende Schritt vom Abzählbaren ins Überabzählbare. Dies hat zur Folge, daß die für die Semantik grundlegenden Begriffe der Allgemeingültigkeit und Erfüllbarkeit für beliebige Bereiche nicht einmal definiert werden können.

Ergänzt wird diese Charakterisierung der Mathematik durch das Programm eines mathematischen Aktivismus, der die Ersetzung des an sich Wahren durch das effektiv Verifizierbare, des an sich Falschen durch das effektiv Falsifizierbare, des an sich Existierenden durch das effektiv Konstruierbare verlangt. Durch diese Anforderung an die Existenzsätze werden mit den indirekten Existenzbeweisen alle Aussagen hinfällig, die eine Existenzbehauptung nicht durch ein Beispiel erhärten oder Bezug nehmen auf ein Verfahren, durch dessen Anwendung ein Element von der angeforderten Art effektiv bestimmt werden kann. Das klassische Prinzip der kleinsten Zahl muß also eingeschränkt werden. Und erst recht das Auswahlprinzip; dies geschieht aber automatisch dadurch, daß die Voraussetzung: „Zu jedem … gibt es ein ___" verstärkt wird zu „Zu jedem … kann ein ___ gefunden werden", wodurch die Gesamtaussage abgeschwächt wird. Andererseits geht der Satz des ausgeschlossenen Dritten über in das (deshalb abgelehnte) Axiom von der Entscheidbarkeit jedes mathematischen Problems; denn er besagt in seiner allgemeinsten Formulierung für jede mathematische Annahme[2] p, daß p effektiv verifiziert oder effektiv falsifiziert werden kann. Ist also M eine beliebige unendliche Menge, $\mathfrak{E}$ wie im Fall der GOLDBACHschen Vermutung eine für die Elemente von M erklärte Eigenschaft, so müßte das Zutreffen von $\mathfrak{E}$ auf jedes Element von M beweisbar oder ein Verfahren angebbar sein, mit dessen Hilfe man effektiv zu einem

---

[1] Dagegen ARCHIMEDES, in der Vorrede zu der ersten der beiden Abhandlungen über Kugel und Zylinder, in der bewiesen wird, daß das Volumen des einer Kugel umschriebenen Zylinders von der Höhe des Kugeldurchmessers $= \frac{3}{2}$ des (zuvor bestimmten) Kugelvolumens, die Oberfläche eines solchen Zylinders $= \frac{3}{2}$ der (zuvor bestimmten) Kugeloberfläche ist. Mit einer denkwürdigen Unbefangenheit schreibt ARCHIMEDES diesen von ihm entdeckten Beziehungen ($\sigma\nu\mu\pi\tau\dot{\omega}\mu\alpha\tau\alpha$, eigentlich: Koinzidenzen) einen von ihrer Entdeckung unabhängigen, in der Natur dieser Beziehungen liegenden *präexistenten* Charakter zu: $\tau\alpha\tilde{\nu}\tau\alpha\ \tau\dot{\alpha}\ \sigma\nu\mu\pi\tau\dot{\omega}\mu\alpha\tau\alpha\ \tau\tilde{\eta}\ \varphi\dot{\nu}\sigma\epsilon\iota$ $\pi\varrho\sigma\ddot{\nu}\pi\tilde{\eta}\varrho\chi\epsilon\nu\ \pi\epsilon\varrho\dot{\iota}\ \tau\dot{\alpha}\ \epsilon\dot{\iota}\varrho\eta\mu\acute{\epsilon}\nu\alpha\ \sigma\chi\acute{\eta}\mu\alpha\tau\alpha$. (Opera omnia, ed. J. L. HEIBERG, Leipzig, Teubner, I 1910, S. 2, Z. 19f.) Dies ist vielleicht das schönste Denkmal des Platonismus in der Geschichte der abendländischen Mathematik. — Hierzu FREGE [1], I, S. XXIV: „Wenn wir überhaupt aus dem Subjektiven herauskommen wollen, so müssen wir das Erkennen auffassen als eine Tätigkeit, die das Erkannte nicht erzeugt, sondern das schon Vorhandene ergreift." Und ohne eine radikale Überwindung des Subjektivismus gibt es für FREGE überhaupt keine Wissenschaft.

[2] „Annahme" ist dem intuitionistischen Aktivismus angemessener als „Aussage"; denn die intuitionistische Mathematik beurteilt sich selbst als das Resultat eines planmäßigen Experimentierens mit mathematischen Annahmen.

Element von M gelangt, auf welches $\mathfrak{E}$ nicht zutrifft. Solche Erwartungen sind jedoch, trotz HILBERT, auch für die klassische Mathematik nicht verbindlich; denn sie gehen weit hinaus über das, was in der klassischen Interpretation des ausgeschlossenen Dritten mit dem ausdrücklichen Verzicht auf irgendwelche Entscheidbarkeitsforderungen vorausgesetzt ist[1].

Die intuitionistische Mathematik ist gewiß eine Mathematik von einer wohlbegründeten eigenen Prägung; aber der Substanzverlust, den die vertretbare klassische Mathematik durch die Forderungen des Intuitionismus erleidet, ist von der Größenordnung, daß er die unbedingte Hegemonie dieser Mathematik bis jetzt nicht hat erschüttern können. Hierdurch unterscheidet er sich wesentlich von der Quantenmechanik, mit der er in Ansehung seines revolutionierenden Charakters verglichen werden kann. Die Quantenmechanik hat effektiv eine neue Ontologie erzwungen: eine Ontologie der Mikrophysik, die durch die in ihren Grenzen rechtmäßig fortwirkende klassische Ontologie der Makrophysik nur verdeckt wird. Für den Intuitionismus kann etwas Entsprechendes *nicht* behauptet werden.

Andererseits steht es so, daß der Raum dieses Lehrbuchs für eine gründliche Diskussion des Intuitionismus bei weitem nicht ausreicht. Wer hierüber aus erster Hand unterrichtet sein will, halte sich für das Mathematische an S. C. KLEENE [1], mit den hier eingearbeiteten Verweisungen auf HILBERT-BERNAYS [1]. Für das Philosophische halte man

---

[1] Man darf aber nicht sagen, daß das Axiom von der Entscheidbarkeit jedes mathematischen Problems inzwischen sogar widerlegt ist durch die zahlreichen Unentscheidbarkeitstheoreme, über die man heute verfügt (vgl. TARSKI-MOSTOWSKI-ROBINSON [1]). Denn das Problem, auf welches diese Theoreme Bezug nehmen, ist jedesmal die Frage, ob es ein Verfahren gibt, mit dessen Hilfe jeder Einzelfall einer unendlichen Schar von gleichartigen Entscheidungsfragen (Fragen, die nur mit Ja oder Nein beantwortet werden können) effektiv entschieden werden kann oder nicht. Die Unentscheidbarkeitstheoreme besagen in jedem einzelnen Falle, daß es ein solches Verfahren nicht gibt, in dem scharfen Sinne, daß jeder Versuch, ein solches Verfahren zu definieren, an einem Widerspruch scheitert. Damit ist aber dieses Problem entschieden. Es steht also nicht so, daß das ausgeschlossene Dritte für die intuitionistische Mathematik durch sein Negat zu ersetzen ist, sondern nur, daß es im allgemeinen Falle, generell für unendliche Bereiche, nicht zu den Prinzipien gehört, von denen Gebrauch gemacht werden darf; denn die Tatsache, daß es mathematische Probleme gibt, die, wie bis heute die Goldbachsche Vermutung, bei dem jeweils gegenwärtigen Stande der Forschung unentschieden sind, ist ein historisches Faktum, also jedenfalls nicht der Inhalt eines mathematischen (genauer: eines metamathematischen) Theorems. Nur für endliche Mengen darf das ausgeschlossene Dritte in seiner intuitionistischen Interpretation in Anspruch genommen werden, weil diese im Gegensatz zu den unendlichen Mengen effektiv durchlaufen werden können, und auch für diese nur dann, wenn die zu prüfende Eigenschaft für jedes Element einer solchen Menge effektiv entscheidbar ist. Dies trifft auf viele von der klassischen Mathematik anerkannten Eigenschaften nicht zu. Beispiel: die Eigenschaft, eine algebraische Zahl zu sein.

sich an W. STEGMÜLLER [1]. Der intuitionistische Aussagenkalkül in seinem Verhältnis zum klassischen ist am tiefsten erfaßt in einer Studie von J. ŁUKASIEWICZ [3].

Ein zusätzlicher Beitrag zur Kennzeichnung der in diesem Lehrbuch entwickelten Logik ergibt sich in diesem Zusammenhang aus Folgendem: Der Intuitionismus fußt auf den Operationen, die seine Entscheidbarkeitsforderungen befriedigen. Nun ist zwar auch in diesem Lehrbuch in einem sehr weiten Umfange Bezug genommen worden auf Operationen, aber nur deshalb, weil der Sprachgebrauch hierdurch so wesentlich vereinfacht wird, daß aus diesem Grunde auf sie nicht verzichtet worden ist. Man beherrscht die Methoden, mit deren Hilfe sie gänzlich eliminiert werden können[1]. Diese lückenlose Eliminierbarkeit ist noch einmal eine ausdrückliche platonische Forderung[2]. Sie ist also ein nichttrivialer Bestandteil des platonischen Charakters der hier vorgetragenen Logik.

Aber muß denn nicht wenigstens für die Metasprache, wie in der HILBERTschen Beweistheorie, der finitäre Standpunkt des Intuitionismus gefordert werden? Es versteht sich, daß er es müßte, wenn man die intuitionistische Kritik der klassischen Logik als unabweislich anerkennt; denn dann wird im Sinn des HILBERT-Programms auch im günstigsten Falle nicht mehr gezeigt werden können als die Widerspruchsfreiheit dieser Logik und der auf ihr fußenden Mathematik, und zwar mit den wesentlich reduzierten Möglichkeiten einer intuitionistisch beschränkten Logik. Aber man muß die intuitionistischen Abstriche an der klassischen Logik nicht als unabweisliche Forderungen anerkennen. Man kann bei dem gegenwärtigen Stande der Dinge auch für eine R-revidierte klassische Logik den Kredit in Anspruch nehmen, der ihr für dieses

---

[1] Vgl. die Systeme der Semiotik von A. TARSKI [2], [5], H. HERMES [1], K. SCHRÖTER [1], W. V. QUINE [1]. Vgl. ferner § 231.

[2] Im Zusammenhang mit der denkwürdigen Diskussion des Wesens der Geometrie (der mathematischen Grundwissenschaft des platonischen Zeitalters, wegen der vor DEDEKIND und CANTOR durch sie allein ermöglichten Beherrschung des Irrationalen) Rep. S. 527: „Wer auch nur ein kleines Bißchen von Geometrie versteht (ὅσοι καὶ σμικρὰ γεωμετρίας ἐμπείροι), weiß, daß diese Wissenschaft das strikte Gegenteil ist von dem, was in den in ihr üblichen Redeweisen gesagt wird von denen, die zu tun haben mit ihr (ὅτι αὕτη ἡ ἐπιστήμη πᾶν τοὐναντίον ἔχει τοῖς ἐν αὐτῇ λόγοις λεγομένοις ὑπὸ τῶν μεταχειριζόντων). Sie drücken sich nämlich ganz albern und gezwungen aus (λέγουσι μέν που μάλα γελοίως τε καὶ ἀναγκαίως); denn als ob sie etwas zu tun hätten ..., sprechen sie von Quadrieren usf. (ὡς γὰρ πράττοντες ... λέγουσιν τετραγωνίζειν ...), während das ganze Wissensgebiet doch nur um der Erkenntnis willen betreut wird, und zwar um der Erkenntnis des ewig Seienden willen (τὸ δ᾽ ἔστι που πᾶν τὸ μάθημα γνώσεως ἕνεκα ἐπιτηδευόμενον ... τοῦ ἀεὶ ὄντος γνώσεως). Die zahlreichen Lösungen von Konstruktionsaufgaben im EUKLID sind kein Gegenbeweis, nachdem H. G. ZEUTHEN [1] in einer grundlegenden Studie gezeigt hat, daß die Lösung einer Konstruktionsaufgabe gleichbedeutend ist mit dem Beweis eines Existenzsatzes.

Lehrbuch eingeräumt sein soll. Dann verschwindet das Motiv zur Wahl einer finitären Metasprache.

Dies ist ein sehr wesentlicher Gewinn. Man erkennt es an folgendem Musterfall. Ein Maß für die Größenordnung dessen, was unter Voraussetzung einer finitären Metasprache geopfert werden muß, ist das GÖDELsche Vollständigkeitstheorem, das für den Prädikatenkalkül der ersten Stufe die Koinzidenz von Allgemeingültigkeit und Beweisbarkeit liefert[1]. Dieses Theorem kann in einer solchen Sprache nicht einmal formuliert werden; denn obschon man für die Semantik dieses Kalküls bereits mit einem abzählbar unendlichen Individuenbereich auskommt, so ist doch die Menge der über einem solchen Bereich definierbaren Attribute, auf welche Bezug zu nehmen ist, überabzählbar[2]. Der Begriff der Allgemeingültigkeit ist also für den vorliegenden Fall in einer finitären Metasprache nicht einmal definierbar. Wer diesen Substanzverlust nicht hinnehmen will, muß sich für eine semantische, also für eine nicht-finitäre Metasprache entscheiden. Auch KLEENE [1], der sich in einem exemplarischen Sinne auf eine finitäre Metasprache zu beschränken versucht hat, ist genötigt worden, sein Prinzip immer wieder einmal zu durchbrechen, um nicht Theoreme opfern zu müssen wie das GÖDELsche Vollständigkeitstheorem, das auch er nicht hat preisgeben wollen[3].

Es ist vielleicht der Mühe wert, daß hier noch angeschlossen wird, was BERTRAND RUSSELL in seiner letzten Phase zur Verteidigung der klassischen Interpretation des ausgeschlossenen Dritten gegen seine intuitionistische Auffassung gesagt hat. Es lautet so: "My argument for the law of excluded middle and against the definition of 'truth' in terms of 'verifiability' is not that it is impossible to construct a system on this basis, but rather that it is possible to construct a system on the opposite basis, and that this wider system, which embraces unverifiable truths, is necessary for the interpretation of beliefs which none of us, if we are sincere, are prepared to abandon."[4]

Gleichwohl muß eine solche Verteidigung wie die ganze klassische Logik heute gefaßt sein auf Angriffe, die in einer mehr oder weniger herausfordernden Sprache vorgetragen werden. Demgegenüber kann nicht nachdrücklich genug daran erinnert werden, daß auch die Krisenfestigkeit einer noch so konstruktiven Logik, auf die hier Bezug genommen

---

[1] Siehe unten § 114, 1.

[2] Siehe unten § 51, 2.6.

[3] Hierzu KLEENE [1] S. 174 ff. und § 72. Was im Bereich einer finitären Metasprache von dem Gödelschen Theorem gerettet werden kann, ist gezeigt in HILBERT-BERNAYS [1] II, S. 185 ff. Als ein zuverlässiger Überblick über den gegenwärtigen Stand der mathematischen Grundlagenforschung auf finitärer Basis sei hier noch genannt der Bericht von A. SCHMIDT [1].

[4] The philosophy of BERTRAND RUSSELL, ed. by P. A. SCHILPP, New York, Tudor Publishing Company, ³1951, S. 682.

wird, in keinem Fall den Charakter der Absolutheit für sich in Anspruch nehmen kann. Absolute Krisenfestigkeit ist ein Idol, das nur bestehen kann vor einem Mangel an Selbstkritik. Hieraus folgt, daß es eine objektive, allgemeinverbindliche Rangordnung der Auffassungen der Logik ein für allemal nicht gibt. Über einen Wettbewerb der Möglichkeiten, die überhaupt auf eine sinnvolle Art zur Diskussion gestellt werden können, ist grundsätzlich nicht hinauszukommen[1]. Aus diesem Grunde ist es mit Bezug auf den angedeuteten Spielraum angemessen, von der Logik zu sagen, was FICHTE in einem denkwürdigen Falle von der Philosophie überhaupt gesagt hat: „Was für eine Logik man wähle, hängt davon ab, was für ein Mensch man ist."

§2. Einführung in die Satzlogik

Der Kampf um das ausgeschlossene Dritte ist ein Kampf um ein klassisches Beispiel eines Satzes der Logik. Ein zweites klassisches Beispiel ist der Satz des ausgeschlossenen Widerspruchs. In einer genauen Formulierung müssen die beiden Sätze zueinander komplementär sein. α sei irgendein Individuenbereich für den nur wie in allen künftigen Fällen gefordert wird, daß er nicht leer ist, χ ein α-Individuum, $\mathfrak{E}$ eine wie in der Mathematik für die α-Individuen sinnvolle Eigenschaft. „$\mathfrak{E}\chi$" bedeute „$\mathfrak{E}$ trifft zu auf χ", „$\mathfrak{E}\chi$ nicht" entsprechend „$\mathfrak{E}$ trifft nicht zu auf χ". Der Satz des ausgeschlossenen Dritten, in der Formulierung von §1, kann dann auch so formuliert werden, daß er für ein beliebiges α und ein beliebiges $\mathfrak{E}$ über α besagt: „Für jedes $\chi:\mathfrak{E}\chi$ oder es gibt (wenigstens) ein χ, so daß $\mathfrak{E}\chi$ nicht". Der Satz des ausgeschlossenen Widerspruchs ist dann so zu formulieren, daß er die Möglichkeit ausschließt: „Es gibt (wenigstens) ein χ, so daß $\mathfrak{E}\chi$ nicht, und für jedes $\chi:\mathfrak{E}\chi$". Wir setzen eine Sprache voraus, in welcher der erste Satz gleichbedeutend ist mit „Wenn nicht für jedes $\chi:\mathfrak{E}\chi$, so gibt es (wenigstens) ein χ, so daß $\mathfrak{E}\chi$ nicht". Der zweite Satz soll gleichbedeutend sein mit der Umkehrung: „Wenn es (wenigstens) ein χ gibt, so daß $\mathfrak{E}\chi$ nicht, so nicht für jedes $\chi:\mathfrak{E}\chi$". In dieser Umformung ist der komplementäre Charakter der beiden Sätze unmittelbar erkennbar. Sie besagen zusammen: „Es gibt (wenigstens) ein χ, so daß $\mathfrak{E}\chi$ nicht, genau dann (für ‚dann und nur dann‘), wenn nicht für jedes $\chi:\mathfrak{E}\chi$". Den im Satz des ausgeschlossenen Widerspruchs formulierten Übergang von

---

[1] Dies ist auf eine vorbildliche Art zur Geltung gebracht in STEGMÜLLER [1]. Dieses Werk ist grundeigentlich für eine generelle Verteidigung dieser These verfaßt. „Man kann nicht vollkommen ‚voraussetzungslos‘ ein positives Resultat gewinnen. Man muß bereits an etwas glauben, um etwas anderes rechtfertigen zu können" (S. 241). An der Skepsis, die hieraus im 4. Hauptstück abgeleitet wird, braucht man in keinem Fall teilzunehmen. Auch von dem ersten und dritten Hauptstück kann der Mathematiker absehen.

Links nach Rechts erkennt auch der Intuitionismus bedingungslos an. Dagegen lehnt er den im Satz des ausgeschlossenen Dritten formulierten Übergang von Rechts nach Links im allgemeinen Falle wegen seines nicht-konstruktiven Charakters ab. Man überlegt sich leicht, daß schon in der Umgangssprache die Zusammenfassung der beiden Sätze gleichbedeutend ist mit dem Satz, der besagt: „Entweder für jedes χ: $\mathfrak{E}\chi$ oder es gibt (wenigstens) ein χ, so daß $\mathfrak{E}\chi$ nicht". Hieraus folgt, daß das „oder" in der Formulierung des ausgeschlossenen Dritten so zu interpretieren ist, wie wir es stets verwenden werden, nämlich in dem nicht-ausschließenden Sinn des lateinischen „*vel*" und nicht in dem ausschließenden Sinn von „entweder—oder"; denn dann ist, gegen die Abrede, der Satz des Widerspruchs miterfaßt.

Man kann die beiden eigenschaftstheoretischen Sätze auch so formulieren, daß von den beiden möglichen Fällen „$\mathfrak{E}\chi$" und „$\mathfrak{E}\chi$ nicht" auf Grund des ausgeschlossenen Widerspruchs höchstens einer, auf Grund des ausgeschlossenen Dritten wenigstens einer, also zusammengefaßt genau einer realisiert ist. Dann geht für ein beliebiges $\mathfrak{E}$ und χ über einem beliebigen α der Satz des ausgeschlossenen Widerspruchs über in „Nicht ($\mathfrak{E}\chi$ und $\mathfrak{E}\chi$ nicht)", der Satz des ausgeschlossenen Dritten in „$\mathfrak{E}\chi$ oder $\mathfrak{E}\chi$ nicht". In dieser einfachsten eigenschaftstheoretischen Formulicrung sollen die beiden Sätze im folgenden vorausgesetzt sein.

Eine Folgerung sei hier angeschlossen. Es ist wesentlich, daß sie nicht unbemerkt bleibt. Mit den angegebenen Formulierungen können die beiden klassischen Sätze in keinem Falle als Denkgesetze interpretiert werden: weder als Gesetze, die etwas aussagen darüber, wie wir tatsächlich denken, noch als Normen, denen zu entnehmen ist, wie wir zu denken haben, wenn wir so denken wollen, wie es von einem vernünftigen Wesen zu fordern ist; denn diese Sätze sprechen von nichts anderem als von Individuen und von Eigenschaften, von beiden so allgemein, wie es sinnvoll möglich ist. Sätze von dieser Universalität sind Bausteine einer allgemeinen *Ontologie*[1].

---

[1] So schon ARISTOTELES. Vgl. Met. Γ2, S. 1004b 10ff.: „Wie die Zahl als Zahl Eigenschaften hat, die ihr eigentümlich sind, ... so hat auch das Seiende als Seiendes gewisse Eigenheiten, und diese sind es, für welche der Philosoph die Wahrheit zu ermitteln hat" (ὥσπερ ἐστὶ καὶ ἀριθμοῦ ᾗ ἀριθμὸς ἴδια πάθη ..., οὕτω καὶ τῷ ὄντι ᾗ ὂν ἔστι τινὰ ἴδια πάθη, καὶ ταῦτ' ἐστὶ περὶ ὧν τοῦ φιλοσόφου ἐπισκέψασθαι τἀληθές). Als Kernsätze der so definierten Ontologie werden in den folgenden Kapiteln des Buches Γ ausführlich diskutiert das Prinzip des ausgeschlossenen Widerspruchs in einer eigenschaftslogischen Formulierung (Γ3, S. 1005b 19f.: τὸ γὰρ αὐτὸ ἅμα ὑπάρχειν καὶ μὴ ὑπάρχειν ἀδύνατον τῷ αὐτῷ mit der Vereinfachung S. 1005b 29f.: ἀδύνατον ... εἶναι καὶ μὴ εἶναι τὸ αὐτό, aus der das spätere „*Impossibile est idem esse et non esse*" unmittelbar hervorgegangen ist) und das Prinzip des ausgeschlossenen Dritten; aber dieses nicht in einer entsprechenden eigenschaftslogischen Formulierung, wie einmal beiläufig in *De interpret.* c. 9, S. 18a35: ἅπαν ἀνάγκη

Frage: Wodurch werden sie dann zu Sätzen der Logik? Antwort: Dadurch, daß sie umgeformt werden in Ausdrücke vom Charakter einer strengen, an keinen Bereich gebundenen *Allgemeingültigkeit*. In einem beschränkten Sinne ist die Allgemeingültigkeit uns schon einmal begegnet, in einer Diskussion der Goldbachschen Vermutung (§ 1, S. 3) und in Verbindung mit der ebenso beschränkten Erfüllbarkeit. An

---

ὑπάρχειν ἢ μὴ ὑπάρχειν, sondern als eine Aussage, die besagt, daß es notwendig ist, das und das, was es auch sei, von dem und dem entweder zu bejahen oder zu verneinen (*Γ* 7, S. 1011 b 24 f.: ἀνάγκη ἢ φάναι ἢ ἀποφάναι ἕν καθ᾽ ἑνὸς ὁτιοῦν). Aus dem „entweder ... oder" ergibt sich, daß schon ARISTOTELES das ausgeschlossene Dritte so formuliert hat, daß es den ausgeschlossenen Widerspruch als Teilaussage in sich enthält. Wenigstens an dieser exponierten Stelle. Etwas später drückt er sich, aber nur beiläufig, vorsichtiger aus: ἀδύνατον ἀμφότερα (φάναι und ἀποφάναι) ψευδῆ εἶναι (Met. *Γ* 8, S. 1012 b 12). Auf den nicht-eigenschaftslogischen Charakter der Aristotelischen Formulierung wird es zurückzuführen sein, daß eine eigenschaftslogische Formulierung des ausgeschlossenen Dritten, wie sie für eine Ontologie zu fordern sein würde, in der vormathematischen Logik sich nicht hat durchsetzen können. Das Programm einer solchen Ontologie ist noch einmal sehr deutlich formuliert Met. *K* 3, S. 1061 a 28—1061 b 6. — Der technische Ausdruck „Ontologie" zuerst bei dem Aufklärungsphilosophen CHRISTIAN WOLFF, „*Philosophia prima sive Ontologia, methodo scientifica pertractata, qua omnes cognitionis humanae principia continentur*" 1730. Der Inhalt dieses anspruchsvollen Quartanten bleibt allerdings so weit zurück hinter dem, was der Titel verheißt, daß er nur noch von einem sehr beschränkten historischen Interesse ist. — Ein wesentlicher Unterschied zwischen der Aristotelischen und der im Text gebotenen Formulierung des ausgeschlossenen Widerspruchs und des ausgeschlossenen Dritten ergibt sich aus dem modallogischen Charakter der Aristotelischen Sprache: „Es ist *unmöglich*, daß ...", „Es ist *notwendig*, daß ...". Die Aristotelische Formulierung ist zweifellos an sich die angemessenere; denn erst in ihr ist scharf ausgedrückt, daß Sachverhalte gemeint sind, die nicht auch anders sein könnten, und nicht nur Tatsachen, die zur Kenntnis zu nehmen sind. Es ist jedoch zu bedenken, daß Tatsachen, für welche behauptet wird, daß sie verbindlich sind für jeden (nicht-leeren) Bereich, von den Aristotelischen Sachverhalten effektiv nicht zu unterscheiden sind. In diesem Sinne hat schon KANT die strenge Allgemeingültigkeit mit der Notwendigkeit identifiziert. Man kommt also mit einer nicht-modalisierten Sprache der Logik aus und wird nicht belastet mit den Komplikationen, die sich für eine modalisierte Sprache ergeben. Hierzu § 11, 6.3. Wer gleichwohl an dem gegenwärtigen Stand einer Formalisierung der modalen Logik interessiert ist, studiere ŁUKASIEWICZ [4], dazu den mathematisierten Überblick von A. SCHMIDT [3] über die strukturellen Möglichkeiten einer modalen Logik. Es sei schließlich noch bemerkt, daß ARISTOTELES an den angeführten Stellen (leider nicht überall) eine Sprache spricht, in der weder von Denknotwendigkeiten noch von Denkunmöglichkeiten die Rede ist, also überhaupt nicht von Denkakten, wie auf eine alles verwirrende Art z. B. bei CHR. WOLFF: *Eam experimur mentis nostrae naturam, ut, dum ea iudicat aliquid esse, simul iudicare nequeat, idem non esse* (Ont. § 27). Jeder indirekte Beweis widerlegt diese Behauptung; denn er besteht darin, daß gezeigt wird, daß eine Annahme zu verwerfen ist, weil sie einen Widerspruch nach sich zieht. Dies hat zur Voraussetzung, daß auch das Widerspruchsvolle in jedem Falle muß gedacht werden können: woraus sich ergibt, wie zu urteilen ist über Formulierungen wie „Widersprechendes ist undenkbar".

diesen Fall soll das Folgende angeschlossen sein. Unter dem *Wertbereich* einer Variablen soll wie in der Mathematik der Bereich der Objekte verstanden sein, die dieser Variablen zugeordnet werden können oder gleichwertig: der Bereich der Werte, die diese Variable annehmen kann. Der Wertbereich der Variablen x, y, z sei der Bereich α der natürlichen Zahlen. Unter dieser Voraussetzung schreiben wir die folgenden Gleichungen an:

$$G_1 \qquad\qquad x + y = z,$$

$$G_2 \qquad\qquad x^3 + y^3 = z^3,$$

$$G_3 \qquad\qquad x + (y + z) = (x + y) + z. \;^1$$

Wir behaupten: G_1 ist erfüllbar, G_2 ist unerfüllbar, G_3 ist allgemeingültig über α. Dies sind drei Aussagen über G_1, G_2, G_3. Sie werden also, wenn G_1, G_2, G_3, wie wir voraussetzen wollen, in einer Objektsprache formuliert sind, in einer auf diese Objektsprache bezogenen Metasprache formuliert werden müssen. Der Metasprache sollen die Zahlenvariablen ξ, η, ϑ angehören. Die beiden Konstanten „$+$" und „$=$" sollen durch sich selbst bezeichnet sein. Dann können wir sagen: Das (geordnete) Zahlentripel (ξ, η, ϑ) *erfüllt* G_1 genau dann, wenn $\xi + \eta = \vartheta$.^{2} Es *erfüllt* G_2 genau dann, wenn $\xi^3 + \eta^3 = \vartheta^3$. Es *erfüllt* G_3 genau dann, wenn $\xi + (\eta + \vartheta) = (\xi + \eta) + \vartheta$. Hieraus folgt: G_1 ist *erfüllbar über* α in dem Sinne, daß es wenigstens ein Zahlentripel gibt — z.B. das Zahlentripel $(5, 7, 12)$ —, das G_1 erfüllt; G_2 ist *unerfüllbar über* α in dem Sinne, daß es, wie EULER gezeigt hat, kein Zahlentripel gibt, das G_2 erfüllt; G_3 ist *allgemeingültig über* α oder kürzer: *α-gültig* in dem Sinne, daß jedes Zahlentripel G_3 erfüllt. Allgemeingültigkeit und Erfüllbarkeit sind also so definiert, daß die Allgemeingültigkeit die Erfüllbarkeit stets nach sich zieht. G_1 ist zugleich *neutral* in dem Sinne, daß G_1 weder α-gültig ist noch unerfüllbar über α.

Diese Festsetzungen können auch so formuliert werden. G sei eine der angeschriebenen Gleichungen, $\mathfrak{B}$ eine (eindeutige) Abbildung der G-Variablen in α oder gleichwertig: eine Belegung der G-Variablen mit α-Elementen. Dann heiße $\mathfrak{B}$ eine dem Wertbereich der G-Variablen entsprechende und in diesem Sinne legitime Belegung von G über α. Unter einer *Belegung* soll fortan stets eine legitime Belegung verstanden sein. G heiße *erfüllbar, unerfüllbar über* α bzw. *α-gültig* je nachdem, ob G durch wenigstens ein, durch kein oder durch jedes $\mathfrak{B}$ erfüllt wird.

---

^{1} Der Mathematiker nennt solche Gleichungen „Bedingungen in x, y, z". Er denkt an die durch sie definierten Mengen von natürlichen Zahlen. Wir kommen auf diesen Sprachgebrauch zurück im Zusammenhang mit der Einführung der semantischen Definitionen § 6,2.

^{2} Unter einem *n-tupel* von α-Individuen $\mathfrak{x}_1, \ldots, \mathfrak{x}_n$ soll stets ein durch „$(\mathfrak{x}_1, \ldots, \mathfrak{x}_n)$" symbolisiertes geordnetes n-tupel verstanden sein.

Eine erfüllende Belegung heiße ein *Modell,* genauer, zur Unterscheidung von den im folgenden Abschnitt definierten semiotischen Modellen und mit Rücksicht auf seine Bedeutung für eine semantische Charakteristik der Allgemeingültigkeit, ein *semantisches* Modell. Die einer solchen Belegung wie im Fall von G_1 bis G_3 entsprechenden Wertbereiche der Variablen x, y, z sollen demgemäß *semantische* Wertbereiche heißen. Im allgemeinen Falle sollen die zur Verfügung stehenden Variablen (in Verbindung mit den erforderlichen typographischen Unterscheidungen) über beliebig voneinander verschiedenen Wertbereichen definiert sein können. Die zugehörigen Belegungen sollen *semantische* Belegungen heißen.

Wo man wie in diesen einführenden Betrachtungen über eine für alle in Betracht kommenden Fälle ausreichende Metasprache noch nicht verfügt, kann man sich helfen auf folgende Art. Man ersetze den semantischen Wertbereich α der G-Variablen durch den auf α abgestimmten *semiotischen* Wertbereich $\bar{\alpha}$ der Ziffern (Zahlsymbole). Eine Abbildung der Elemente einer Variablenmenge M in eine Menge von Symbolen heiße eine *semiotische* Belegung von M. Solche Belegungen sollen als Grenzfälle auch in der Semantik zugelassen sein[1]. Hier sollen sie der Operation der Einsetzung dienen, so daß sie auch als Vorstufen von Einsetzungen interpretiert werden können. $\overline{\mathfrak{B}}$ sei eine Abbildung der G-Variablen in $\bar{\alpha}$. x, y, z seien in dieser Folge ersetzt durch $\overline{\mathfrak{B}}(x)$, $\overline{\mathfrak{B}}(y), \overline{\mathfrak{B}}(z)$. Dann heiße der Akt der Ersetzung von x, y, z durch $\overline{\mathfrak{B}}(x)$, $\overline{\mathfrak{B}}(y), \overline{\mathfrak{B}}(z)$ eine dem Wertbereich der G-Variablen entsprechende und in diesem Sinne legitime *Einsetzung* in G mit dem *Fundament* $(\overline{\mathfrak{B}}(x),$ $\overline{\mathfrak{B}}(y), \overline{\mathfrak{B}}(z))$. Unter einer Einsetzung soll fortan stets eine legitime Einsetzung verstanden sein. G heiße *erfüllbar, unerfüllbar über α* bzw. *α-gültig* je nachdem, ob G für wenigstens ein, für kein oder für jedes $\overline{\mathfrak{B}}$ durch eine Einsetzung über $\overline{\mathfrak{B}}$ zu einer wahren Aussage ergänzt oder kürzer: *verifiziert* wird. Wird G durch eine Einsetzung über $\overline{\mathfrak{B}}$ zu einer falschen Aussage ergänzt, so sprechen wir von einer *Falsifizierung* von G durch eine solche Einsetzung. Nach Einführung dieses Sprachgebrauchs soll es zulässig sein, statt von einer Erfüllung oder Nicht-Erfüllung von G durch eine semantische Belegung $\mathfrak{B}$ auch von einer *Verifizierung* oder *Falsifizierung* von G durch $\mathfrak{B}$ zu sprechen. Zweideutigkeiten können hierdurch nicht entstehen, da $\mathfrak{B}$ und Einsetzungen über $\overline{\mathfrak{B}}$ *per definitionem* scharf voneinander unterschieden sind. Das Fundament einer verifizierenden Einsetzung heiße ein *semiotisches* Modell[2].

---

[1] Erster Fall dieser Art: § 58,4.

[2] Ein kritischer Zusatz: Dieses Verfahren ist insofern fragmentarisch, als es nur in den Fällen funktioniert, in denen $\mathfrak{B}(x)$ einen Namen hat. Auf die Punkte einer koordinatenfreien Geometrie trifft dies nicht zu. Und auch nicht auf alle

Das nächste, was wir jetzt anzusteuern haben, ist der Begriff der *Aussageform*. A sei ein schriftsprachliches Gebilde in den Variablen $\mathfrak{v}_1, \ldots, \mathfrak{v}_k$ mit semiotischen Wertbereichen, die beliebig voneinander verschieden sein können (im Grenzfall mit wenigstens einer Variablen, die nicht wie in „Für jedes x: … x …" oder „Für wenigstens ein x: … x …" für Einsetzungen gesperrt ist). A heiße eine *Aussageform* (*AF*), wenn A durch eine Einsetzung zu einer (wahren oder falschen) Aussage ergänzt werden kann. In diesem Sinne können die Aussageformen auch als potentielle Aussagen charakterisiert werden.

A heiße *erfüllbar*, wenn A für wenigstens ein α durch wenigstens eine Einsetzung verifiziert wird, wie „$x \neq y$" über dem Bereich der Ziffern durch eine Ersetzung von x und y durch die Ziffern $\bar{5}$ und $\bar{7}$. A heiße *unerfüllbar*, wenn A für kein α durch eine Einsetzung verifiziert wird oder gleichwertig: wenn A für jedes α durch jede Einsetzung falsifiziert wird wie „$x \neq x$". A heiße *allgemeingültig*, wenn A für jedes α α-gültig ist, also wenn A für jedes α durch jede Einsetzung verifiziert wird, wie „$x = x$". In den beiden letzten Fällen ist x zu ersetzen durch irgendein Subjekt (Symbol für ein Individuum irgendeines Individuenbereichs). Die zusätzlichen Bestimmungen, die erforderlich sind, wenn in A die Bestandteile „Für jedes x" oder „Für wenigstens ein x" vorkommen, sollen hier, wo nur eine auf das Elementarste beschränkte Orientierung angestrebt werden soll, zurückgestellt werden. Das, worauf es hier ankommen soll, ist folgendes: (1) Allgemeingültigkeit, Erfüllbarkeit und Unerfüllbarkeit sind in allen elementaren Fällen Eigenschaften von Aussageformen. In einer noch etwas knapperen Ausdrucksart sollen sie einer AF zukommen, je nachdem, ob sie in wenigstens einem, in keinem oder in jedem Falle (also immer) wahr wird. (2) Für die *Allgemein-gültigkeit* und Unerfüllbarkeit *schlechthin* liefern G_3 und G_2 keine Beispiele, da ihre Gültigkeit bzw. Unerfüllbarkeit gebunden ist an eine spezielle Interpretation von außerlogischen Konstanten im Bereich der Zahlentheorie. *Allgemein*gültig ist z.B. „nicht (p und q) genau dann, wenn p nicht oder q nicht"[1] bzw. „$x = x$" also unerfüllbar (schlechthin) „$x \neq x$" (wenn das Zeichen „$=$" zur Logik gerechnet wird). (3) Für den Mathematiker ist G_3 ein Sonderfall. Er bezeichnet G_3 als eine *mathematische Identität*. Im Anschluß an diesen Sprachgebrauch wollen wir

---

reellen Zahlen oder alle Individuen eines überabzählbaren Bereichs; denn die Gesamtheit der in einer Umgangssprache mit Einschließung der mathematischen Sprachen bezeichenbaren Objekte kann das abzählbar Unendliche nicht überschreiten. Für eine vollständige Erklärung der semantischen Grundbegriffe dürfen diese Engpässe nicht existieren. Dennoch ist diese vorläufige Charakteristik hier unentbehrlich; denn sie ist eine notwendige Voraussetzung für die Diskussion der Regellogik in § 3.

[1] p und q Aussagevariablen (Variablen, deren Werte Aussagen sein sollen).

die allgemeingültigen AFen als *logische Identitäten* bezeichnen[1]. Ihnen
seien die unerfüllbaren AFen als *Kontradiktionen* gegenübergestellt.
Endlich entsprechen die *neutralen* AFen, wie „$x = y$" oder „Wenn p,
so q", den mathematischen Bedingungsgleichungen wie G_1.[2]

Die Sätze des ausgeschlossenen Widerspruchs und des ausgeschlossenen Dritten in der einfachsten eigenschaftstheoretischen Formulierung,
die wir für sie gefunden haben („Nicht ($\mathfrak{E}\mathfrak{x}$ und $\mathfrak{E}\mathfrak{x}$ nicht)", bzw. „$\mathfrak{E}\mathfrak{x}$
oder $\mathfrak{E}\mathfrak{x}$ nicht"), können jetzt, nach Einführung der einstelligen Prädi-
katenvariablen P, übergeführt werden in die Sätze der Logik „Nicht
(Px und Px nicht)" bzw. „Px oder Px nicht". Beide AFen werden
dann immer wahr.

Aussageformen, die gegenüber den zahlentheoretischen Gleichungen
G_1 bis G_3 an keinen festen Bereich gebunden sind, sollen *Aussageformen
der Logik* heißen, eine zu ihrer Erzeugung notwendige und hinreichende
Sprache eine *Sprache der Logik*; denn auch die Logik hat eine ihr eigentümliche wohlbestimmte Sprache. Diese Sprache kann zwar mit den
in ihr erzeugbaren AFen immer noch mannigfaltig variieren; aber in
jedem Falle muß sie enthalten (1) die *Variablen*, die zur Erzeugung der
jeweils vorausgesetzten AFen erforderlich sind, (2) die *Konstanten*, mit
deren Hilfe aus diesen Variablen die an keinen festen Bereich gebundenen
AFen der Logik erzeugt werden können. Ein Beispiel: „Wenn p, so q,
so (wenn q nicht, so p nicht)". Dies ist eine durch jede Einsetzung
verifizierbare (immer wahre) AF der Aussagenlogik, also eine aussagenlogische Identität in den Aussagevariablen p und q und den aussagenlogischen Konstanten „Wenn ..., so ..." und „nicht". Alles weitere
später. Hier nur noch das Folgende. Man spricht von dem *formalen*
Charakter einer den vorstehenden Anforderungen genügenden Logik,
und mit Recht; denn dieser Charakter kommt einer solchen Logik
wesentlich zu. Aber er zeigt sich in den *Variablen*, von denen sie Gebrauch macht, und in keinem Falle darin, daß sie „von allem Inhalt
der Erkenntnis absieht", wie es seit KANT immer wieder einmal höchst
unzutreffend formuliert wird.

An die AFen, auf die wir gestoßen sind, ist nun noch ein zweites
anzuschließen. Diese AFen sind eingeführt worden als schriftsprachliche

---

[1] Wir sprechen ein für allemal von logischen Identitäten und nicht, in Anknüpfung an einen von L. WITTGENSTEIN [1] 4.461 erfundenen Sprachgebrauch,
von logischen Tautologien. Diese Bezeichnung ist unangemessen, und es ist zu
bedauern, daß sie sich eingebürgert hat; denn (1) trifft sie nur zu auf die beiden
Seiten einer Äquivalenz wie „nicht (p und q)" und „p nicht oder q nicht", aber
gewiß nicht auf „$x = x$" oder „Wenn p und q, so p". (2) ruft das Wort „Tautologie"
auf eine sehr unangemessene Art die Assoziation von Trivialitäten hervor, deren
Feststellung selbst trivial ist. Dem steht gegenüber das schon in § 1, S. 9 hervorgehobene Unentscheidbarkeitstheorem.

[2] Mathematische Bedingungen, die wie G_2 nie oder wie G_3 stets erfüllt sind,
fallen für den mathematischen Sprachgebrauch als Grenzfälle heraus.

Gebilde, die wahr oder falsch werden können. Hierdurch sind eindeutig bestimmt die *Aussagen*, die für ihre Kennzeichnung vorausgesetzt sind. Diese Aussagen müssen schriftsprachliche Gebilde sein, die entweder wahr sind oder falsch, in dem auf einen grundlegenden Vorschlag FREGEs zurückgehenden Sinne, daß sie entweder den Wahrheitswert des Wahren oder den Wahrheitswert des Falschen bezeichnen[1]. Wahre Aussagen sollen auch *Sätze* heißen. Die Existenz der beiden *Wahrheitswerte* ist eine Grundvoraussetzung der Logik, die in diesem Lehrbuch entwickelt wird. Es steht jedem frei, diese Annahme als ein Kennzeichen eines extremen Platonismus zu interpretieren. Es ist genau der Platonismus, der in § 1 gegen den Intuitionismus festgehalten worden ist. Die vorausgesetzten Wahrheitswerte des Wahren und des Falschen dienen zur Begründung der auf die als schriftsprachliche Gebilde charakterisierten Aussagen angewendeten *Aussagewerte* „wahr" und „falsch". Hierdurch ist mit anderem, was später[2] von einer entscheidenden Bedeutung werden wird, erreicht, daß niemand Anstoß daran zu nehmen braucht, daß gewisse greifbare Objekte wie schriftsprachliche Gebilde wahr oder falsch sein sollen. Das Prinzip, welches besagt, daß eine Aussage entweder wahr oder falsch ist, heißt das *Prinzip der Zweiwertigkeit*. Es ist in einer kategorischen Sprache und mit einer Spitze gegen ARISTOTELES, auf die hier nicht eingegangen werden soll, zuerst formuliert worden von CHRYSIPPOS, dem Schöpfer der stoischen Logik (3. Jahrh. v. Chr.)[3].

Hierzu das Folgende: (1) Das Prinzip der Zweiwertigkeit — „Eine Aussage ist entweder wahr oder falsch" — ist für den hier vertretenen Standpunkt erst in der Metasprache formulierbar; denn „wahr" und „falsch" sind Ausdrucksmittel, über die wir verfügen müssen, um eine AF der Logik überprüfen zu können. Folglich können sie der Sprache dieser Logik nicht angehören. Hieraus folgt, daß der Satz der Zweiwertigkeit in unserem Falle wohl zu unterscheiden ist von dem Satz des ausgeschlossenen Dritten; denn dieser soll ein Satz der Logik sein. Er lautet für uns in seiner allgemeinsten Formulierung „p oder p nicht". Entsprechend der Satz des ausgeschlossenen Widerspruchs: „Nicht (p und p nicht)". (2) Die auf die AFen abgestimmte Charakteristik der Aussagen als schriftsprachlicher Gebilde soll sich nur auf die Aussagen erstrecken, *über* die zu sprechen ist, dagegen nicht auf die Aussagen der Metasprache, in der über diese Aussagen gesprochen wird. Die metasprachlichen Theoreme sollen vielmehr so verstanden werden wie z.B. der Satz des PYTHAGORAS in der Mathematik.

---

[1] Hierzu FREGE [2], und [1] I, § 2.

[2] Hierzu § 11, 3.2 Anm.

[3] Hierzu ŁUKASIEWICZ [1] S. 115.

Wesentlich ist in beiden Fällen die Unterscheidung von behaupteten und nicht-behaupteten Aussagen. Dies hat FREGE zuerst bemerkt. Er hat es in seinem Anerkennungssymbol „⊢" zum Ausdruck gebracht; es ist aber wirkungslos geblieben. Folglich muß es noch einmal gesagt werden: Wenn wir eine Aussage behaupten, so drücken wir dadurch aus, daß sie als wahr anzuerkennen ist. Sätze sind dadurch ausgezeichnet, daß sie behauptet werden können. Dagegen müssen die Aussagen, die als Bausteine in sie eingehen, falls es sich überhaupt um Aussagen handelt und nicht vielmehr um Aussageformen („Wenn $x = y$, so $y = x$"), im allgemeinen Falle als nicht-behauptete Aussagen angesehen werden; denn nur dann lassen die indirekten Beweise sich rechtfertigen. Man betrachte den ältesten Beweis für die Irrationalität von $\sqrt{2}$. In diesem Beweis wird gezeigt: „Wenn es einen Bruch gibt, dessen Quadrat $= 2$ ist, so gibt es eine natürliche Zahl, die sowohl gerade als auch ungerade ist." Dies ist eine Aussage, die behauptet werden kann. Dagegen trifft dies auf keine von ihren beiden Komponenten zu; denn sie sind beide falsch.

Wir fassen zusammen. Indem wir jetzt sagen, was eine Satzlogik sein soll, unterscheiden wir eine Satzlogik erster und zweiter Art. L soll eine *Satzlogik erster Art* heißen, wenn die L-Sätze effektiv mit den L-Identitäten zusammenfallen. Hierfür ist nicht erforderlich, daß sie als L-Identitäten definiert sind. Es genügt, daß gezeigt werden kann, daß sie dieser Koinzidenzbedingung genügen[1]. Von den mit den wahren Aussagen identifizierten Sätzen unterscheiden die L-Sätze, auf der grundlegenden elementaren Stufe, auf der sie uns zunächst allein begegnen werden, sich dadurch, daß sie nicht Sätze sind, sondern *Satzformen*, aber in dem ihnen eigentümlichen universalen Sinne, daß sie nicht nur für einen fest vorgegebenen Bereich wie G_3, sondern für jeden Bereich durch jede Einsetzung zu Sätzen ergänzt werden. Sie können also eingehen in jede und nicht nur in eine fest vorgegebene Theorie. Hierdurch wird ihre Auszeichnung nicht nur theoretisch, sondern auch praktisch gerechtfertigt, und die Logik zu einer *scientia universalis* in dem schon von LEIBNIZ geforderten Sinne. Das erste Muster einer Satzlogik erster Art ist die Syllogistik des ARISTOTELES[2]. Aus einer Satzlogik erster Art ergibt sich eine *Satzlogik zweiter Art* durch folgenden Schritt. A sei ein L-Satz. Dann heiße der Satz, der besagt, daß A ein L-Satz ist, ein L-Theorem. Die L-Theoreme unterscheiden sich von den L-Sätzen dadurch, daß sie echte Sätze sind. Die Satzlogik, die in diesem Lehrbuch entwickelt wird, wird aus L-Theoremen bestehen. Sie wird also eine *Satzlogik zweiter Art* sein.

---

[1] Hierzu § 4.

[2] Vgl. ŁUKASIEWICZ [1] S. 113, und [2].

§ 3. Einführung in die Regellogik

Der Zusammenhang von Satzlogik und Regellogik

Um an die Regellogik heranzukommen, gehen wir zurück auf die Logik der Stoiker. Sie ist das erste Muster einer Regellogik[1]. Diese Logik besteht aus Regeln des Schließens. Fünf Regeln sind axiomatisch vorgegeben[2]. Mit einem denkwürdigen Scharfsinn haben die Stoiker aus diesen fünf Regeln eine Folge von weiteren Regeln des Schließens abgeleitet. Sie sind also schon auf dem Wege gewesen zu einer Theorie der Regeln des Schließens. p, q seien Aussagevariablen. Dann lauten die beiden ersten Regeln so:

<table>
<tr><td align="center">I.</td><td align="center">II.</td></tr>
<tr><td>Wenn p, so q.</td><td>Wenn p, so q.</td></tr>
<tr><td>Nun aber p.</td><td>Nun aber q nicht.</td></tr>
<tr><td>Folglich q.[3]</td><td>Folglich p nicht.</td></tr>
</table>

I. Ist als *Modus ponens*, II. als *Modus tollens* in die klassischen Regeln des Schließens eingegangen.

Zur Beantwortung der Frage, was eine Regel des Schließens im allgemeinen Falle ist oder sein kann, verallgemeinern wir die Begriffe der Belegung und des Modells in dem Sinne, daß sie auf beliebige Mengen von AFen angewendet werden können. Da nicht vorausgesetzt werden kann, daß diese AFen in ihren Variablen übereinstimmen, so empfiehlt sich die Einführung von unbeschränkten Belegungen. Hierbei ist zu beachten, daß wir für AFen im allgemeinen Falle nur über semiotische Belegungen und Modelle verfügen. Es sei gleichwohl erlaubt, so zu sprechen, als ob es sich um semantische Belegungen und Modelle handelte, mit Rücksicht darauf, daß der endgültigen Darstellung nur diese zugrunde liegen und die Resultate hierdurch nicht modifiziert werden. Eine *unbeschränkte Belegung* ist dann eine Abbildung *aller* Variablensorten in die ihnen zugeordneten Wertbereiche. Es versteht sich, daß es für die Entscheidung der Frage, ob eine solche Belegung eine vorgegebene AF erfüllt oder nicht, nur ankommt auf die Teilbelegung der in ihr effektiv vorkommenden Variablen. M sei eine Menge von AFen, mit $M = \{A_1, \ldots, A_n\}$, falls M aus $A_1, \ldots, A_n$ besteht. Dann kann auf Grund dieses erweiterten Belegungsbegriffs von einer *Belegung von M*

---

[1] Hierzu die grundlegende Studie von J. ŁUKASIEWICZ [1], jetzt ergänzt durch die ausgezeichnete Monographie von B. MATES [1].

[2] Vgl. ŁUKASIEWICZ [1] S. 117.

[3] Im Original statt dessen: „Wenn das erste, so das zweite. Nun aber das erste. Folglich das zweite." Es ist klar, daß „das erste" und „das zweite" hier genau unser p und q vertritt.

gesprochen werden. Eine Belegung von M heißt ein *Modell von M*, wenn sie jedes Element von M erfüllt.

Wir unterscheiden zwei Arten von Regeln des Schließens: die Regeln erster und zweiter Art.

Eine *Regel des Schließens erster Art* soll jede zutreffende Aussage heißen, die auf die folgende Form gebracht werden kann: „$A_1, \ldots, A_n, A$ seien AFen, zwischen denen die Relation $R(A_1, \ldots, A_n, A)$ besteht. Dann folgt aus dem Wahrwerden von $A_1, \ldots, A_n$ das Wahrwerden von A." Das soll heißen, daß jedes Modell von $A_1, \ldots, A_n$ auch ein Modell von A ist. Wir bezeichnen diese Relation mit H. HERMES als die *Konsequenzrelation* und sagen in diesem Falle: „A ist eine *Konsequenz* von $A_1, \ldots, A_n$" oder kürzer: „A *folgt* aus $A_1, \ldots, A_n$." Die zugehörige Folgerungsregel nennen wir eine *Konsequenzregel*.

Ein Beispiel. Es sei $A_1 =$ „Wenn p, so q", $A_2 =$ „Wenn p, so r", $A =$ „Wenn p, so q und r". Hierdurch ist eine wohlbestimmte Beziehung zwischen A_1, A_2 und A definiert. Auf Grund dieser Beziehung folgt aus dem Wahrwerden von A_1 und A_2 das Wahrwerden von A; denn jedes Modell von A_1 und A_2 ist zugleich ein Modell von A. Folglich ist A eine Konsequenz von A_1 und A_2. Eine solche Regel kann auch als Schluß-Schema oder Schlußfigur angeschrieben werden, auf folgende Art:

$$\begin{array}{l} \text{Wenn } p, \text{ so } q, \\ \text{Wenn } p, \text{ so } r. \\ \hline \text{Wenn } p, \text{ so } q \text{ und } r. \end{array}$$

Hierdurch ist der Anschluß an die Ausdrucksweise der Stoiker erreicht. Was dahinter steht, sind Schlußrelationen, die eine Konsequenzbeziehung definieren. Die Regeln der Stoiker sind Konsequenzregeln.

Eine *Regel des Schließens zweiter Art* soll jede zutreffende Aussage heißen, die auf die folgende Form gebracht werden kann: „$A_1, \ldots, A_n, A$ seien AFen, zwischen denen die Relation $R(A_1, \ldots, A_n, A)$ besteht. Dann folgt (1) aus der Allgemeingültigkeit von $A_1, \ldots, A_n$ die Allgemeingültigkeit von A, (2) aus der Erfüllbarkeit von $A_1, \ldots, A_n$ die Erfüllbarkeit von A, mithin aus der Unerfüllbarkeit von A die Unerfüllbarkeit von A_1 oder ... oder A_n." Wir sprechen im ersten Fall von einer *identitäts- oder allgemeingültigkeitserblichen*, im zweiten Fall von einer *erfüllbarkeitserblichen Folgerungsrelation* und bezeichnen die ihnen entsprechenden Folgerungen im ersten Fall als *identitäts- oder allgemeingültigkeitserbliche*, im zweiten Fall als *erfüllbarkeitserbliche Folgerungen*.

Aus einer Konsequenzregel gewinnt man eine identitäts- und eine erfüllbarkeitserbliche Folgerungsregel, indem man vom Wahrwerden (a) zur Allgemeingültigkeit, (b) zur Erfüllbarkeit übergeht; denn wenn jedes Modell von A_1 ein Modell von A_2 ist, so folgt (a) Wenn jede Belegung ein Modell von A_1 ist, so ist auch jede Belegung ein Modell von A_2, (b) Wenn es ein Modell von A_1 gibt, so gibt es auch ein Modell von A_2.

Diese Beziehungen sind jedoch nicht umkehrbar. Wir beschränken uns hier auf die Nicht-Umkehrbarkeit von (a). Es sei $A_1 = Px$, $A_2 = $ „Für jedes $x:Px$". Aus der Allgemeingültigkeit von A_1 folgt die Allgemeingültigkeit von A_2.[1] Es genügt zu zeigen: Wenn A_2 nicht allgemeingültig ist, so auch nicht A_1. $\mathfrak{B}$ sei eine Belegung, die A_2 falsifiziert. Dann gibt es eine Belegung $\mathfrak{B}'$, die sich von $\mathfrak{B}$ höchstens durch die Belegung von x unterscheidet, so daß $\mathfrak{B}'$ Px falsifiziert, im Widerspruch zu der Annahme, daß $A_1 = Px$ durch jede Belegung verifiziert wird. Es kann aber nicht von dem Wahrwerden von A_1 auf das Wahrwerden von A_2 geschlossen werden. α sei der Bereich der natürlichen Zahlen, $\mathfrak{B}(x) = 3$, $\mathfrak{B}(P) = $ die Primzahleigenschaft. $\mathfrak{B}$ ist ein Modell von A_1, aber nicht von A_2; denn die Primzahleigenschaft trifft zwar zu auf 3, aber bei weitem nicht auf jede natürliche Zahl.

Der auf dem Modellbegriff fußende Folgerungsbegriff, der den vorstehend diskutierten Regeln des Schließens zugrunde liegt, kann mit dem *mathematischen Folgerungsbegriff* identifiziert werden (§ 106). Für eine mathematische Logik ist er als grundlegend anzusehen. Die auf ihm fußenden Regeln des Schließens sollen dementsprechend die *Regeln des mathematischen Schließens* heißen. Mit Bezug auf den semantischen Charakter des Modellbegriffs, auf den er in dem endgültigen Aufbau ohne das Behelfsmittel der semiotischen Korrelate gestützt werden wird, kann er bezeichnet werden als der *semantische* Folgerungsbegriff. Man beachte, daß er durch den Modellbegriff genauso mit dem Begriff des Wahrseins verbunden ist wie der Begriff der Allgemeingültigkeit. Mit dem mathematischen Folgerungsbegriff hat er das inhaltliche Schließen zur Voraussetzung. Der erste, der ihn präzisiert hat, ist BERNARD BOLZANO gewesen[2]. Das Verdienst dieser Präzisierung ist von der Größenordnung, daß wir den semantischen Folgerungsbegriff als den BOLZANOschen Folgerungsbegriff bezeichnen werden.

---

[1] Dies entspricht dem schon für die Aristotelische Logik grundlegenden *Dictum de omni*: Was für ein beliebiges α-Individuum gilt, gilt für jedes α-Individuum. Vgl. § 5,11.

[2] Vgl. BOLZANO [1] II, § 164,2: „Wenn wir behaupten, daß $M, N, O, \ldots$ ableitbar sind aus $A, B, C, \ldots$, und dies zwar hinsichtlich auf die Vorstellungen $i, j, \ldots$", so meinen wir Folgendes: „Jeder Inbegriff von Vorstellungen, der an der Stelle der $i, j, \ldots$ in den Sätzen $A, B, C, \ldots, M, N, O, \ldots$ die Sätze $A, B, C, \ldots$ insgesamt *wahr* macht, hat die Beschaffenheit, auch die Sätze $M, N, O, \ldots$ insgesamt *wahr* zu machen." Dies ist die abschließende Formulierung des in § 155 entwickelten BOLZANOschen Folgerungsbegriffs. Dieser Folgerungsbegriff hat zur Voraussetzung den Begriff der *Aussageform*, mit den drei für diese charakteristischen Möglichkeiten der Allgemeingültigkeit, der Allgemeinungültigkeit oder Unerfüllbarkeit und der Erfüllbarkeit. Nun geht der Gebrauch von AFen zwar effektiv auf die Aristotelische Syllogistik zurück; B. ist jedoch der erste gewesen, der sie explizit in die Logik eingeführt (a.a.O. § 147, insbesondere S. 82) und einen wesentlich über seine Vorgänger hinausgehenden Gebrauch von ihnen gemacht hat (a.a.O. §§ 154—168). Der Fall der Erfüllbarkeit einer AF ist zwar in § 147 nicht explizit

Dem semantischen Folgerungsbegriff stehen gegenüber die *formalisierten* Folgerungsbegriffe. Von dem Interesse, das ein solcher Folgerungsbegriff auch für eine semantisch begründete Logik hat, ist schon in § 1, S. 4 die Rede gewesen. Man nennt einen formalisierten Folgerungsbegriff, im Anschluß an einen von R. CARNAP [1] eingeführten Sprachgebrauch, einen *syntaktischen* Folgerungsbegriff und den auf ihm fußenden Aufbau einer Logik einen *syntaktischen* Aufbau. Die syntaktischen Regeln des Schließens fußen in diesem Falle auf formalisierten Schlußrelationen, also auf Schlußrelationen, die nicht auf einen Modellbegriff Bezug nehmen. Die hierdurch entfallende Unterscheidung von

---

genannt; er ist aber grundlegend für die in § 154 eingeführte Verträglichkeitsrelation zwischen zwei AFen (s. unten).

In einer scharfsinnigen Studie hat BAR-HILLEL [1] mit Bezug auf die hier vorgetragene Interpretation des BOLZANOschen Folgerungsbegriffs in SCHOLZ [1] zwei Diskrepanzen hervorgehoben, die diskutiert zu werden verdienen. (1) B. führt die von ihm als Ableitbarkeit bezeichnete Konsequenzrelation in § 155 ein als einen Sonderfall der Verträglichkeit, wobei zwei Mengen von AFen mit wenigstens einer gemeinsamen freien Variablen *miteinander verträglich* heißen sollen, wenn es wenigstens eine Belegung gibt, die beide Mengen erfüllt. Dann aber ist die BOLZANOsche Ableitbarkeit nicht mehr reflexiv wie die Konsequenzrelation, in dem Sinne, daß A stets eine Konsequenz ist von A; denn jede unerfüllbare AF ist mit sich selber unverträglich, kann dann also nicht mehr aus sich selber ableitbar sein. (2) Die Objekte der BOLZANOschen Ableitbarkeitsrelation sind nicht die hier vorausgesetzten AFen, also nicht semiotische Gebilde, in denen Variablen vorkommen, in die etwas eingesetzt werden kann, sondern echte Sätze: Sätze, für die nur gefordert wird, daß gewisse in ihnen vorkommende Bestandteile (BOLZANO: ,,Vorstellungen‘‘) ausgetauscht werden können gegen andere (zu ergänzen ist: von derselben Art). Sie sollen BOLZANOsche Aussageformen heißen, mit Rücksicht auf ihre evidente Verwandtschaft mit den hier vorausgesetzten AFen. Die Sätze, mit denen sie von B. identifiziert werden, sind selbst noch einmal wieder Sätze im BOLZANOschen Sinne, also Sätze an sich. Es wird genügen, daß hierzu gesagt wird, daß ein BOLZANOscher Satz an sich sehr angenähert dem entspricht, was FREGE, ohne BOLZANO zu kennen, den *Sinn* einer Aussage genannt hat (§ 11, 3.2, Anm.).

Hierzu ist Folgendes zu sagen. Ad (1): Man wird berechtigt sein anzunehmen, daß B. das Verträglichkeitspostulat auf der Stelle zurückgezogen haben würde, wenn man ihn aufmerksam gemacht hätte auf die von ihm offenbar nicht bemerkte und erst recht nicht gewollte Aporie, um so mehr, als in der Rekapitulation § 164,2 das Verträglichkeitspostulat von § 155 gar nicht mehr vorkommt. Und es ist noch sehr deutlich erkennbar, wie dieses störende Postulat in § 155 eingedrungen ist, nämlich über die Frage, ob es neben den AFen A_1, A_2, die wenigstens ein Modell miteinander gemein haben, nicht auch solche gibt, für welche jedes Modell von A_1 ein Modell von A_2 ist. Ad (2): Man wird ebenso berechtigt sein, den Übergang von den BOLZANOschen zu den hier vorausgesetzten AFen als eine für den Hauptpunkt nicht wesentliche Korrektur anzusehen; denn das Entscheidende ist offenbar dies, daß die durch Kursivdruck hervorgehobene Funktion des Wahrmachens und damit der Modellbegriff in die BOLZANOsche Ableitbarkeitsrelation grundlegend eingeht.

Es sei schließlich noch bemerkt, daß der Konsequenzbegriff ohne eine Kenntnis BOLZANOs wiederentdeckt worden ist von A. TARSKI in TARSKI [4].

Regeln des Schließens erster und zweiter Art hat jedoch ein syntaktisches Gegenstück in der Unterscheidung von normalen und nicht-normalen Regeln (§ 107). Es können ferner Ableitbarkeits- und Beweisbarkeitsregeln unterschieden werden, wie in § 95. Wenn A durch eine formalisierte Schlußrelation mit $A_1, \ldots, A_n$ verbunden ist, so sagen wir: „A ist *ableitbar* aus (oder: ein *Derivat* von) $A_1, \ldots, A_n$", gelegentlich auch „A folgt *syntaktisch* aus $A_1, \ldots, A_n$". Die syntaktischen Regeln des Schließens bezeichnen wir dementsprechend als *Ableitungsregeln*, die ihnen zugrunde liegenden endlich vielen Schlußrelationen als die *definierenden* Schlußrelationen. Diese müssen *entscheidbar* sein in dem Sinne, daß für jede Umformung einer aus den vorgesehenen Ausdrucksmitteln erzeugbaren Zeichenreihe effektiv festgestellt werden kann, ob sie auf einer definierenden Schlußrelation fußt; denn erst hierdurch erlangt der Begriff der Ableitung den Genauigkeitsgrad, der Kontroversen ein für allemal ausschließt.

Es versteht sich, daß man versuchen wird, die syntaktischen Folgerungsbegriffe von Fall zu Fall so nahe wie möglich an den semantischen Folgerungsbegriff heranzurücken. Es wird gezeigt werden, daß dies für den Prädikatenkalkül der ersten Stufe mit Einbeziehung der Identität effektiv gelingt. Dem steht gegenüber (im fünften Hauptstück dieses Lehrbuches) die grundsätzliche Unerreichbarkeit einer lückenlosen Formalisierung des BOLZANOschen Folgerungsbegriffs im Stufenkalkül.

Es ergibt sich aus der vorstehenden Charakterisierung der Regeln des Schließens, daß das, was eine solche Regel bestimmt, die ihr zugrunde liegende *Folgerungsrelation* ist. Von *Operationen* irgendwelcher Art ist überhaupt nicht die Rede gewesen. Die Logik, die hier entwickelt wird, weiß grundsätzlich nichts von solchen Operationen, in genauem Einklang mit dem, was schon in § 1, S. 10 gesagt worden ist. Es ist aber schon an dieser Stelle bemerkt worden, daß aus technischen Gründen auch im vorliegenden Falle in der Formulierung von Regeln des Schließens von Operationen ein umfangreicher Gebrauch gemacht werden wird.

§ 4. Aufgabe und Charakter einer mathematischen Logik

Frage: Was macht eine Logik zu einer mathematischen Logik? Antwort: die Einwirkung der Mathematik auf ihre Aufgabe und auf ihren Charakter. Zur Einwirkung der Mathematik auf die *Aufgabe* einer Logik: Hier wird als erstes zu fordern sein eine Theorie des mathematischen, also des semantischen Folgerungsbegriffs. Sie ist ein wesentlicher Bestandteil dieses Lehrbuchs. Was als zweites zu fordern ist, ist dies, daß sie die Schlußweisen der vertretbaren klassischen Mathematik möglichst genau und möglichst vollständig erfaßt. Dies geschieht im vorliegenden Falle durch den Aufbau einer verallgemeinerten Stufenlogik.

Die Einwirkung der Mathematik auf den *Charakter* einer Logik ist
in ihrer *Mathematisierung* zu suchen. Die Mathematisierung besteht in
einer *Formalisierung,* die dem Anspruch auf mathematische Genauigkeit
genügt. Zwei Stufen: die semantische und die syntaktische Formali-
sierungsstufe.

Zu einer *semantischen* Formalisierung einer Logik L gehören

(1) eine von allen umgangssprachlichen Elementen befreite *L-Sym-
bolik,* bestehend aus L-Variablen und L-Konstanten[1],

(2) die durch lineare Aneinanderreihung von endlich vielen L-Sym-
bolen (von links nach rechts) erzeugbaren *L-Reihen,*

(3) die *L-Ausdrücke:* L-Reihen, die gewissen strukturellen Bedingungen genügen von der Art, daß für jede L-Reihe effektiv entschieden
werden kann, ob sie ein L-Ausdruck ist oder nicht. Strukturelle Bedingungen: Bedingungen, in denen nur auf die Art und die Anordnung der
L-Symbole Bezug genommen wird,

(4) eine *Interpretation der L-Konstanten,* durch die sie übergehen in
Ausdrucksmittel einer Sprache der Logik,

(5) eine Definition eines Begriffs von *Allgemeingültigkeit,* mit dessen
Hilfe die interpretierten L-Ausdrücke vom Charakter dieser Allgemeingültigkeit als L-Sätze bestimmt werden können wie die Beispiele in § 2.

Ein Gefüge, das den Bedingungen (1) bis (5) genügt, heiße eine
formalisierte Sprache einer Logik vom Typus **L**. Der Ertrag eines planmäßigen Studiums einer solchen Sprache heiße ein *semantisch formalisierter* oder kürzer ein *semantischer Logikkalkül.* Wir sprechen daher
fortan auch von einer *Kalkülsprache,* wo wir bis jetzt von einer Objektsprache gesprochen haben.

L sei ein semantischer Logikkalkül. Dann ist L stets *semantisch
axiomatisierbar* in folgendem Sinne: Es ist stets möglich, einen auf die
Menge der L-Ausdrücke bezogenen semantischen Folgerungsbegriff zu
definieren, so daß die Menge der semantischen Folgerungen aus der
leeren Prämissenmenge zusammenfällt mit der Menge der L-Sätze. Es
wird sich zeigen, daß diese Möglichkeit der Axiomatisierung die einzige
ist, die in keinem Falle versagt. Der Bezug auf die leere Prämissenmenge
verliert den zunächst befremdenden Charakter einer Axiomatisierung
ohne Axiome und erweist sich vielmehr als streng angemessen, wenn
man bedenkt, wie hierdurch zum Ausdruck gebracht wird, daß die Sätze
der Logik die einzigen sind, die voraussetzungslos gelten; denn diese
Voraussetzungslosigkeit fällt zusammen mit ihrer Gültigkeit in jedem
Bereich.

---

[1] Man kommt grundsätzlich auch ohne Variablen aus. Vgl. die Einführung in
die kombinatorische Logik von H. B. CURRY in ROSENBLOOM [1] S. 109ff. Die
hier zur Motivierung eingeflochtene Kritik an HILBERT-BERNAYS [1] trifft jedoch
nicht zu. — Vgl. auch CURRY-FEYS [1].

Ein Logikkalkül L heiße *syntaktisch formalisiert*, wenn ein syntaktischer, also ein formalisierter Folgerungsbegriff für L definiert werden kann, der dasselbe leistet wie der stets für L definierbare semantische Folgerungsbegriff[1]. Da es dann auch in diesem Falle stets gelingt, mit der leeren Prämissenmenge auszukommen, so muß also die Menge der aus der leeren Prämissenmenge ableitbaren oder kürzer: der *beweisbaren* L-Ausdrücke mit der Menge der L-Identitäten zusammenfallen. Es sei hier noch einmal gesagt, daß die einem Ableitungsbegriff zugrunde liegenden definierenden Schlußrelationen entscheidbar sein müssen, in demselben Sinn wie die Menge der L-Ausdrücke[2].

Ein syntaktisch formalisierter Logikkalkül, kürzer: ein *syntaktischer Logikkalkül* ist das Maximum dessen, was von einer mathematisierten Logik gefordert werden kann, und zugleich das anzustrebende Ideal, wenigstens in allen Fällen, in denen ein Entscheidungsverfahren unerreichbar ist; denn dann ist die Menge der L-Identitäten wenigstens aufzählbar. Wenn nämlich gezeigt werden kann, daß jeder allgemeingültige L-Ausdruck beweisbar ist, so liefert jeder Beweis einen Beitrag zu dieser Aufzählung[3].

Ein idealer Fall ist auch insofern erreicht, als erst auf der Basis eines formalisierten Folgerungsbegriffs genau gesagt werden kann, was ein *Beweis* ist. Dies muß man wissen, um eine Beweisbarkeitsbehauptung beurteilen zu können mit dem Genauigkeitsgrade, der für eine endgültige Beurteilung zu fordern ist. Der Mathematiker hat diese Dinge im Gefühl. In einer mathematisierten Logik muß diese Stufe in den Grenzen des Möglichen überwunden sein[4].

In den Grenzen des Möglichen; denn dieser Genauigkeitsgrad ist grundsätzlich nur für eine Kalkülsprache erreichbar. Dagegen ist es in der Metasprache, in der über sie gesprochen wird, nicht anders als in der Mathematik. Man kann zwar auch diese formalisieren und dieses Verfahren beliebig fortsetzen. Aber irgendwo muß man Halt machen; denn verständigen kann man sich über einen Formalismus nur dann, wenn man eine Sprache spricht, in der man sich mitteilen kann. In

---

[1] Man beachte, daß auf Grund dieser Festsetzung ein syntaktisch formalisierter Logikkalkül stets einen semantisch definierten Logikkalkül zur Voraussetzung hat.

[2] Vgl. oben § 3, S. 25.

[3] Es sei hier bemerkt, daß die Aufzählbarkeit mathematisierbar ist. Eine solche Mathematisierung wird in § 230ff. angegeben werden, mit Hinweisen auf andere gleichwertige Präzisierungen. Auf die syntaktische Formalisierbarkeit des *Aussagenkalküls* gehen wir in diesem Lehrbuch nicht ein, da die Menge der aussagenlogischen Identitäten elementar entscheidbar ist. Vgl. hierzu HERMES-SCHOLZ [1] §6.

[4] Dagegen sollte man den präzisierten Beweisbarkeitsbegriff nicht dadurch ins Licht setzen, daß man ihn dem vagen Charakter des Wahrheitsbegriffs gegenüberstellt; denn durch die Semantik ist auch der Wahrheitsbegriff auf die mathematische Genauigkeitsstufe gebracht worden.

unserm Fall wird diese Sprache durch die grundlegenden Festsetzungen in § 5 zwar noch einmal normiert werden; aber nur, um den in diesem Fall auftretenden besonderen Anforderungen an ihre Mitteilungsfunktion um so besser genügen zu können. Dies ist das eine. Das andere ist dies, daß die syntaktische Formalisierbarkeit eines Logikkalküls, für den es ein Entscheidungsverfahren nicht geben kann, ein Glücksfall ist, der sich für uns zusammenzieht auf den Prädikatenkalkül der ersten Stufe. Für die höheren Stufen ist eine lückenlose syntaktische Formalisierung grundsätzlich unerreichbar. Das erste ist der Inhalt des GÖDELschen *Vollständigkeitstheorems* (GÖDEL [1]), das zweite ist enthalten in dem GÖDELschen *Unvollständigkeitstheorem* (GÖDEL [2]). Hierauf beruht die überragende Bedeutung dieser beiden Theoreme. Und hierdurch rechtfertigt sich zugleich für den ersten Fall der Raum, der den Vollständigkeitsbeweisen in Verbindung mit den zusätzlichen Bemühungen um eine möglichst voraussetzungslose und durchsichtige Beweisführung für den elementaren Prädikatenkalkül und seine elementare Erweiterung durch eine Theorie der Identität eingeräumt worden ist, wozu noch einmal gesagt sein soll, wie schon in § 1, daß diese Vollständigkeit eine semantische Metasprache zur Voraussetzung hat, um auch nur formulierbar zu sein.

Was übrig bleibt, wenn man auf die Bedingungen (4) und (5) für eine semantische Formalisierung verzichtet und statt dessen die L-Sätze bestimmt als die syntaktischen Folgerungen aus der leeren oder auch irgendeiner anderen Prämissenmenge, ist ein *abstrakter Kalkül*. Ein Logikkalkül ist er in jedem Falle erst dann, wenn seine Ausdrucksmittel wenigstens andeutungsweise als Ausdrucksmittel einer formalisierten Sprache der Logik interpretiert werden können[1]. Unter den möglichen Interpretationen ist die semantische bis jetzt in jedem Falle bei weitem die genaueste.

Aus der Mathematisierbarkeit einer Satzlogik ergibt sich die Mathematisierbarkeit einer *Regellogik* auf folgende Art. Eine Regellogik ist eine Konsequenzenlogik oder eine nicht wesentlich modifizierte Konsequenzenlogik. Als solche hat sie mit einer ihr entsprechenden Satzlogik gemein (1) die strukturelle Beschreibung der L-Ausdrücke, (2) die für einen Logikkalkül zu fordernde semantische Interpretation dieser Ausdrücke. Nimmt man (3) hinzu, daß die Regeln einer solchen Logik zu

---

[1] Dies gegen das CARNAPsche Toleranzprinzip in CARNAP [1]; denn es trifft zwar sicherlich zu, daß die Frage, welche Sprache wir sprechen wollen, grundsätzlich nur von Fall zu Fall durch eine Verständigung entschieden werden kann; aber erst dann, wenn feststeht, daß wir überhaupt eine Sprache sprechen wollen. Inzwischen hat CARNAP in [2] und [3] sich weitgehend revidiert in dem hier ausgedrückten Sinne.

interpretieren sein sollen als Anweisungen für Umformungen von *L*-Ausdrücken, so kann gesagt werden, daß die Mathematisierbarkeit einer Regellogik in (1) bis (3) zum Ausdruck kommt.

Die aus den Symbolen eines beliebigen, folglich auch eines Logikkalküls erzeugbaren Zeichenreihen brauchen nicht anschaulich hingenommen zu werden. Vielmehr ist es so, daß die Bedingungen, denen sie genügen müssen, axiomatisch festgelegt werden können in einer Theorie dieser Zeichenreihen, mit deren Hilfe die Grundlagen eines Kalküls, der mit dem hier entwickelten Logikkalkül vergleichbar ist, beherrscht werden können mit demselben Genauigkeitsgrad wie mit Hilfe der GÖDELschen Arithmetisierung[1]. Eine Theorie, die dies leistet, soll eine *Semiotik* heißen[2]. Wenn man über eine solche Semiotik verfügt, so gehen alle Aussagen, die sich auf die Struktur eines Ausdrucks beziehen, in beweisbare Sätze über. Man braucht sich dann für diese Aussagen nicht mehr auf irgendwelche Anschauungen zu berufen. In diesem Sinne ist eine Semiotik als eine wesentliche Tieferlegung der Fundamente aufzufassen. Dem steht jedoch gegenüber, daß es bis jetzt nicht gelungen ist, über das Grundsätzliche hinaus ein praktikables Beweisverfahren zu entwickeln. Aus diesem Grunde werden wir auf eine Unterbauung durch eine Semiotik verzichten.

Abschließend sei nun noch Folgendes gesagt: (1) Im mathematischen Sprachgebrauch sind Kalküle durch Algorithmen gekennzeichnet. Es ist daher üblich, den Kalkülbegriff zu beschränken auf die Gestalten der Logik mit einem syntaktisch definierten Satzbegriff, weil erst diese durch einen Algorithmus des Schließens bestimmt sind. Es gibt aber noch einen zweiten Standort für die Beurteilung eines Kalküls. Er muß in jedem Falle der Bedingung genügen, daß er nichts dem Erraten überläßt. Daß dieser Erfolg durch die Schöpfung eines Algorithmus erreicht wird, sollte die Möglichkeit nicht ausschließen, von einem Kalkül auch dann zu sprechen, wenn ein Gefüge vorliegt, das zwar keinen Algorithmus enthält, aber Bestimmungen, die so scharf gefaßt sind, daß nichts dem Erraten überlassen bleibt. Dieser Forderung genügen die semantischen Konstruktionen der Aussagen- und Prädikatenlogik, wie sie in diesem Lehrbuch entwickelt sind. Dies ist das eine. Das andere ist die durch diese Redeweise erreichbare Vereinfachung des Sprachgebrauchs; denn nun ist es möglich, von einem semantischen und einem syntaktischen Prädikatenkalkül zu sprechen, dem ein überhaupt nur semantisch definierter Aussagenkalkül vorangeht. Unser Aussagenkalkül ist effektiv eine Aussagenlogik auf matrizenlogischer Basis mit dem hierdurch ermöglichten Entscheidungsverfahren und vertieft durch die nachträgliche Axiomatisierung nach Einführung des semantischen Folgerungsbegriffs. Ein semantisch definierter Prädikatenkalkül pflegt in die üblichen Darstellungen einer mathematischen Logik überhaupt nicht einzugehen. Er darf zu den wesentlichen Eigentümlichkeiten dieses Buches gerechnet werden. (2) Es ist üblich, die syntaktische Axiomatisierbarkeit im Einklang mit dem mathematischen Sprachgebrauch zu interpretieren als eine Erzeugbarkeit

---

[1] Hierzu die Schlußbemerkung in HERMES [1]. Eine Arithmetisierung im Gödelschen Sinne wird beschrieben in § 233.

[2] Hierzu die auf S. 10, Anm. 1 angeführten Arbeiten von TARSKI, HERMES, SCHRÖTER.

der Kalkülsätze aus einer endlichen Anzahl von Axiomen. In Logikkalkülen wird die Axiomatisierbarkeit sogar vielfach interpretiert als eine Erzeugbarkeit der Kalkülsätze aus einer endlichen Menge von Axiomenschemata von der Art, daß durch jedes Axiomenschema eine unendliche Menge von individuellen Ausdrücken einer bestimmten Struktur als Axiome eingeführt werden. Durch ein elementares Verfahren kann man jedoch in jedem konkreten Falle alles auf die leere Prämissenmenge zurückführen. Der Grund, warum dies hier geschehen ist, ist der, daß hierdurch die Vergleichung des syntaktischen mit dem (im allgemeinen Falle gar nicht explizit berücksichtigten) semantischen Folgerungsbegriff wesentlich vereinfacht wird. Es sei noch bemerkt, daß diese uniformisierte Charakterisierung der beiden Axiomatisierbarkeitsbegriffe auf die drei ersten Hauptstücke beschränkt sein wird.

§ 5. Grundlagen einer metasprachlichen Aussagentheorie

Die Sprache der projektiven Geometrie ist ein Muster, an dem zu erkennen ist, was eine zweckmäßig normierte Sprache, bezogen auf einen vorgegebenen Bereich von Objekten, zu leisten vermag als ein Ausdrucksmittel für das, was zu sagen ist. Etwas Entsprechendes ist hier anzustreben für die Sprache, in der wir sprechen über die semantisch definierten Logikkalküle, auf denen wir fußen werden. Um dies zu erreichen, normieren wir die Aussagen unserer Metasprache so, daß sie folgenden Bedingungen genügen: Ist a eine Aussage, so auch *non a* („Es-ist-nicht-wahr-daß a"[1] oder kürzer „a nicht"). Sind a_1, a_2 Aussagen, so auch a_1 *et* a_2 („a_1 und a_2") a_1 *vel* a_2 („a_1 oder a_2"), a_1 *seq* a_2 („Wenn a_1, so a_2", mit der *Prämisse* a_1 und der *conclusio* a_2), a_1 *äq* a_2 („a_1 dann und nur dann, wenn a_2" oder kürzer „a_1 genau dann, wenn a_2"). Nach Bedarf sind Klammern zu setzen. Beispiel: „*non* $(a_1$ *seq* $a_2)$" zur Unterscheidung von „*non* a_1 *seq* a_2". *non, et, vel, seq, äq* sind die grundlegenden *aussageerzeugenden Funktoren* der hier verwendeten Metasprache. Zur Ersparung von Klammern führen wir die absteigende Standard-Folge ein: *äq* trennt stärker als *seq*, *seq* stärker als *vel*, *vel* stärker als *et*. Ist *o* ein Repräsentant von *et, vel, seq, äq*, so trennt im Rahmen der Standard-Folge .*o*. stärker als *o*, :*o*: stärker als .*o*., usf.

Die Forderungen, daß mit a_1, a_2 auch a_1 *vel* a_2, a_1 *seq* a_2, a_1 *äq* a_2 stets Aussagen sein sollen, bestimmen die idealen Elemente, die in dieser Allgemeinheit in der Umgangssprache nicht anzutreffen sind[2]. Wir

---

[1] „Es-ist-nicht-wahr-daß" ist nach einem Vorschlag der Warschauer Logiker aufzufassen als ein unzerlegbarer einstelliger aussageerzeugender Funktor.

[2] Man kann sogar fragen, ob dies in gewissen Fällen nicht schon für a_1 *et* a_2 gilt. Wir sagen im allgemeinen Falle nicht „Es gibt eine kleinste natürliche Zahl und es gibt keine größte natürliche Zahl", sondern wir sagen statt dessen „Es gibt zwar eine kleinste natürliche Zahl; aber es gibt keine größte natürliche Zahl". Dieses der Konfrontierung dienende und in diesem Sinne durchaus nicht zu übersehende „zwar ...; aber" ändert jedoch nichts an der durch die Und-Verbindung bestimmten logischen Struktur der diskutierten Aussage. Dies ergibt sich mit der zu fordernden Eindeutigkeit freilich erst aus der Bewertungstafel 2.1 für a_1 *et* a_2.

zeigen dies an zwei Beispielaussagen. Es sei $a_1^* = $ „Die Null ist die kleinste natürliche Zahl“, $a_2^* = $ „Zwei Punkte bestimmen genau eine Gerade“. Es ist „unnatürlich“ zu sagen: a_1^* *vel* a_2^*, a_1^* *seq* a_2^*, a_1^* *äq* a_2^*. Wir wollen gleichwohl so sprechen dürfen. Dies ist auf eine einwandfreie Art möglich dann und nur dann, wenn auch für diese Fälle die Bedingungen des Wahrseins festgelegt sind. Wir nehmen die beiden ersten Fälle hinzu. Es soll sein

1.1. *non a* wahr genau dann, wenn *a* falsch ist, *non a* falsch genau dann, wenn *a* wahr ist,

1.2. a_1 *et* a_2 wahr genau dann, wenn a_1 wahr ist und a_2 wahr ist; sonst falsch,

1.3. a_1 *vel* a_2 wahr genau dann, wenn a_1 wahr oder a_2 wahr ist, also falsch genau dann, wenn a_1 falsch und a_2 falsch ist,

1.4. a_1 *seq* a_2 wahr genau dann, wenn a_1 falsch oder a_2 wahr ist, also falsch genau dann, wenn a_1 wahr und a_2 falsch ist,

1.5. a_1 *äq* a_2 wahr genau dann, wenn a_1 und a_2 wahrheitsgleich sind (miteinander wahr oder falsch), also falsch genau dann, wenn a_1 wahr, a_2 falsch ist oder umgekehrt.

Auf Grund dieser Festsetzungen sind die aus den angegebenen Aussagen a_1^* und a_2^* mit Hilfe von *vel*, *seq*, *äq* erzeugten Aussagen sämtlich wahr. Sie können also behauptet werden.

Die Festsetzungen 1.1 bis 1.5 können auf eine anschauliche Art ersetzt werden durch die folgenden Bewertungstafeln oder Matrizen mit w für „wahr“, f für „falsch“:

2.1.

a	*non a*		$a_1\,a_2$	a_1 *et* a_2	a_1 *vel* a_2	a_1 *seq* a_2	a_1 *äq* a_2
w	f		w w	w	w	w	w
f	w		w f	f	w	f	f
			f w	f	w	w	f
			f f	f	f	w	w

oder kürzer

2.2.

a	*non*		$a_1\,a_2$	*et*	*vel*	*seq*	*äq*
w	f		w w	w	w	w	w
f	w		w f	f	w	f	f
			f w	f	w	w	f
			f f	f	f	w	w

Wenn diese Tafeln von Rechts nach Links gelesen werden, so stimmen die durch sie geforderten Beziehungen zwischen den vorgegebenen und den resultierenden Aussagewerten für *non* und *et* in jedem Falle überein mit dem, was der Umgangssprache entspricht, für *vel*, *seq*, *äq* in allen Fällen, in denen a_1 *vel* a_2, a_1 *seq* a_2, a_1 *äq* a_2 Aussagen im Sinne der Umgangssprache sind. Für *non* und *et* gilt dies auch dann, wenn die

Tafeln von Links nach Rechts gelesen werden, dagegen im allgemeinen Falle nicht mehr für *vel, seq, äq,* nämlich genau dann nicht, wenn es „unnatürlich" ist zu sagen: a_1 *vel* a_2, a_1 *seq* a_2, a_1 *äq* a_2, wie oben in den Beispielaussagen a_1^*, a_2^*.

Wir notieren noch, daß das *Prinzip der Zweiwertigkeit* in bezug auf „wahr" und „falsch" ausgedrückt werden kann durch

3.1. *a* ist wahr genau dann, wenn *a* nicht falsch ist.

3.2. *a* ist falsch genau dann, wenn *a* nicht wahr ist.

Wir wollen uns nun davon überzeugen, daß die Matrizen für a_1 *vel* a_2, a_1 *seq* a_2, a_1 *äq* a_2 von Rechts nach Links in der Tat die im Sinne des natürlichen oder wenigstens des mathematischen Sprachgebrauchs zu erwartenden Aussagewerte liefern. Es sei

(1) $a_1 = $ „Die Null ist die kleinste natürliche Zahl", $a_2 = $ „Es gibt (überhaupt) keine kleinste natürliche Zahl". Dann ist a_1 *vel* a_2 wahr auf Grund der Matrix für *vel*, im Einklang mit dem, was zu fordern ist.

Es sei

(2) $a_1 = $ „Es gibt eine Primzahl zwischen 4 und 7",
$a_2 = $ „Es gibt eine Primzahl zwischen 3 und 7",
$a_3 = $ „Es gibt eine Primzahl zwischen 5 und 7",
$a_4 = $ „Es gibt eine Primzahl zwischen 7 und 9".

Dann ist wahr auf Grund der Matrix für *seq*: a_1 *seq* a_2 („Wenn a_1, so (erst recht) a_2"), a_3 *seq* a_1 („Wenn a_3, so (erst recht) a_1"), a_3 *seq* a_4 („Wenn a_3, so (auch) a_4"), falsch a_1 *seq* a_3 („Wenn a_1, so (auch) a_3"), im Einklang mit dem, was zu fordern ist.

Es sei

(3) $a_1 = $ „Es gibt unendlich viele Primzahlen",
$a_2 = $ „Zu jeder Primzahl gibt es eine größere",
$a_3 = $ „Jede Primzahl ist ungerade",
$a_4 = $ „Die Zwei ist keine Primzahl",
$a_5 = $ „Zu jeder Primzahl gibt es eine kleinere".

Dann ist wahr auf Grund der Matrix für *äq*: a_1 *äq* a_2, a_3 *äq* a_4, falsch a_1 *äq* a_5, im Einklang mit dem, was zu fordern ist.

Auf Grund von 1.5 wollen wir zwei wahrheitsgleiche Aussagen *aequivalent* nennen. Aus der Matrix für *äq* ergibt sich sofort

4.1. die *Reflexivität* von *äq*: a *äq* a,

4.2. die *Symmetrie* von *äq*: a_1 *äq* a_2 . *äq* . a_2 *äq* a_1.

Nimmt man die Matrizen für *et* und *seq* hinzu, so erhält man

4.3. die *Transitivität* von *äq*: $(a_1$ *äq* $a_2)$ *et* $(a_2$ *äq* $a_3)$ *seq* $(a_1$ *äq* $a_3)$.

Um dies einzusehen, genügt es zu zeigen, daß der Fall nicht eintreten kann, daß die Prämisse wahr und die conclusio falsch wird; denn dann und nur dann wird eine durch *seq* präzisierte Wenn-so-Aussage falsch. a_1 *äq* a_3 wird falsch genau dann, wenn a_1 wahr, a_3 falsch wird, oder umgekehrt. Wenn a_1 wahr, a_3 falsch, so für wahres a_2: a_2 *äq* a_3 falsch, für falsches a_2: a_1 *äq* a_2 falsch. In beiden Fällen wird $(a_1$ *äq* $a_2)$ *et* $(a_2$ *äq* $a_3)$ falsch, auf Grund der Matrix für *et*. Dasselbe ergibt sich für den Fall, daß a_1 falsch, a_3 wahr wird. Das Falschwerden der *conclusio* zieht also in jedem Falle das Falschwerden der Prämisse nach sich: womit unsere Behauptung bewiesen ist.

5. Eine zweistellige Relation mit den Eigenschaften 4.1 bis 4.3 heiße eine *Aequivalenzrelation* oder eine *Gleichheit*.

6. Wir setzen voraus, daß in der Metasprache, von der wir Gebrauch machen werden, zwei aequivalente Aussagen stets, also auch dann, wenn sie Bestandteile von umfassenderen Aussagen sind, nach Belieben durch einander ersetzt werden dürfen. Das kommt natürlich heraus auf eine (naheliegende) Einschränkung der in der Metasprache zuzulassenden Redeweisen.

Um dieser Ersetzbarkeit willen heben wir unter den aus den Matrizen wie in 4.3 errechenbaren Aequivalenten noch die folgenden besonders hervor:

7.1. *non non a äq a.* In der Tat: *a* ist genau dann wahr, wenn *non a* falsch, also genau dann, wenn *non non a* wahr ist. Dies genügt auf Grund von 4.2 und 4.3.

7.2. a_1 *seq* a_2 *äq non* a_1 *vel* a_2.   Vgl. 1.4.

7.3. a_1 *äq* a_2 . *äq* . a_1 *et* a_2 *vel non* a_1 *et non* a_2. a_1 *äq* a_2 wird wahr genau dann, wenn a_1 und a_2 miteinander wahr oder miteinander falsch werden. Man rechnet leicht aus, daß dasselbe zutrifft auf a_1 *et* a_2 *vel non* a_1 *et non* a_2: womit die Behauptung bewiesen ist.

Entsprechend zeigt man

7.4. a_1 *äq* a_2 . *äq* . $(a_1$ *seq* $a_2)$ *et* $(a_2$ *seq* $a_1)$

und die folgenden *Prinzipien der Verneinung von zusammengesetzten Aussagen*:

8.1. *non* $(a_1$ *et* $a_2)$ *äq non* a_1 *vel non* a_2.

8.2. *non* $(a_1$ *vel* $a_2)$ *äq non* a_1 *et non* a_2.

Wir sagen: *et* und *vel* sind zueinander *dual*.

8.3. *non* $(a_1$ *seq* $a_2)$ *äq* a_1 *et non* a_2.

Man setze zur Exemplifizierung $a_1 = $ „2 ist kleiner als 3", $a_2 = $ „2 ist kleiner als 1".

8.4.   *non* $(a_1$ *äq* $a_2)$ *äq* a_1 *et non* a_2 *vel* a_2 *et non* a_1.

Wir notieren hier noch die folgenden Prinzipien:

9.1.   *Das Prinzip der Kontraposilion.*
       a_1 *seq* a_2 *äq non* a_2 *seq non* a_1.

In einer freieren, aber präzisen Ausdrucksart: a_1 ist eine *hinreichende* Bedingung für a_2 genau dann, wenn a_2 eine *notwendige* Bedingung ist für a_1.

9.2.   *Das Prinzip der gliedweisen Verneinung.*
       a_1 *äq* a_2 . *äq* . *non* a_1 *äq non* a_2.

9.3.   *Das Prinzip der Prämissenvertauschung.*
       a_1 *seq* $(a_2$ *seq* $a_3)$ *äq* a_2 *seq* $(a_1$ *seq* $a_3)$.

9.4.   *Das Prinzip des Überganges von der Prämissenzerlegung zur Prämissenverbindung, und umgekehrt.*
       a_1 *seq* $(a_2$ *seq* $a_3)$ *äq* a_1 *et* a_2 *seq* a_3.

9.5.   *Das Prinzip des Distributionsschlusses oder der verallgemeinerten Abtrennung*[1].
       a_1 *seq* $(a_2$ *seq* $a_3)$. *seq* . $(a_1$ *seq* $a_2)$ *seq* $(a_1$ *seq* $a_3)$.

9.6.   *Das Prinzip der vorderen Koppelung.*
       $(a_1$ *seq* $a_3)$ *et* $(a_2$ *seq* $a_3)$ *äq* a_1 *vel* a_2 *seq* a_3.

9.7.   *Das Prinzip der hinteren Koppelung.*
       $(a_1$ *seq* $a_2)$ *et* $(a_1$ *seq* $a_3)$ *äq* a_1 *seq* a_2 *et* a_3.

Es seien hier noch angeschlossen die folgenden wichtigen Folgerungen aus 7.2 und 7.3:

9.10.   Die *Regula falsi:* Aus einer falschen Aussage bzw. einer unerfüllbaren Prämisse folgt alles[2].
        non a_1 *seq* $(a_1$ *seq* $a)$, mit der Variante (9.4).

9.10.1. a_1 *et non* a_1 *seq* a.

9.11.   Die *Regula veri:* Eine wahre Aussage folgt aus jeder Aussage[3].
        a_2 *seq* $(a_1$ *seq* $a_2)$.

Aus 7.3 folgen zusätzlich die beiden wichtigen *Implikationen der Aequivalenz:*

9.12. a_1 *et* a_2 *seq* $(a_1$ *äq* $a_2)$.

9.13.   *non* a_1 *et non* a_2 *seq* $(a_1$ *äq* $a_2)$.

---

[1] Zuerst von FREGE formuliert. Vgl. ŁUKASIEWICZ [1] S. 126, Axiom II. Es gilt sogar: a_1 *seq* $(a_2$ *seq* $a_3)$ *äq* $(a_1$ *seq* $a_2)$ *seq* $(a_1$ *seq* $a_3)$.

[2] Denn wenn das Falsche wahr ist, so ist (in einer zweiwertigen Logik) alles wahr.

[3] Denn wenn etwas voraussetzungslos wahr ist, so ist es unter jeder Voraussetzung wahr.

Hierzu die folgenden *prädikatenlogischen Postulate:*

10. *Schreibtechnische Normierungen:* Der Wertbereich von $\varDelta$ sei beliebig gewählt. „…$\varDelta$…“, „…$\varDelta_1, \varDelta_2$…“ seien metasprachliche Aussageformen in $\varDelta$, bzw. $\varDelta_1$ und $\varDelta_2$. Wir schreiben

10.1. „$(Om\,\varDelta)(…\varDelta…)$“ für „Für jedes $\varDelta$: …$\varDelta$…“.

10.2. „$(Ex\,\varDelta)(…\varDelta…)$“ für „Es gibt (wenigstens) ein $\varDelta$, so daß …$\varDelta$…“.

10.3. „$(Om\,\varDelta_1)(Ex\,\varDelta_2)(…,\varDelta_1,\varDelta_2…)$“ für „Zu jedem $\varDelta_1$ gibt es ein $\varDelta_2$, so daß …$\varDelta_1, \varDelta_2$…“.

Und so fort.

Wir schreiben ferner

10.4. „$(Ex!\,\varDelta)(…\varDelta…)$“ für „Es gibt höchstens ein $\varDelta$, so daß …$\varDelta$…“.

10.5. „$(Ex!!\,\varDelta)(…\varDelta…)$“ für „Es gibt genau ein $\varDelta$, so daß …$\varDelta$…“.

Dann gilt

10.6. $(Ex!!\,\varDelta)(…\varDelta…)\;\ddot{a}q\,(Ex\,\varDelta)(…\varDelta…)\;et\,(Ex!\,\varDelta)(…\varDelta…)$.

Von den auf Grund der Bedeutung der metasprachlichen Redeweisen geltenden Theoremen machen wir nach Bedarf Gebrauch. Zunächst von einigen fast unmittelbar einsichtigen; sobald die Darstellung so weit vorgerückt ist, wird die Beweistechnik der Objektsprache sinngemäß übertragen. Die folgenden Möglichkeiten sollen schon von hier an vorausgesetzt sein.

11.1. *Das metasprachliche Dictum de omni:*

Was für ein beliebiges $\varDelta$ bewiesen ist, ist für jedes $\varDelta$ bewiesen, folglich

$$\text{mit } (…\varDelta…) \text{ auch } (Om\,\varDelta)(…\varDelta…).$$

Wir sagen nach Bedarf auch kürzer, daß $(Om\,\varDelta)(…\varDelta…)$ aus $(…\varDelta…)$ durch *Generalisierung* von $\varDelta$ gewonnen werden kann.

In $(…\varDelta…)$ kommt $\varDelta$ *frei*, in $(Om\,\varDelta)(…\varDelta…)$ und $(Ex\,\varDelta)(…\varDelta…)$ kommt $\varDelta$ *gebunden* vor.

Es gilt neben 11.1 noch

11.2. *Das Prinzip der zulässigen hinteren Generalisierung:*

Mit

$$(…)\;seq\;(…\varDelta…)$$

ist auch bewiesen

$$(…)\;seq\,(Om\,\varDelta)(…\varDelta…),$$

unter der Voraussetzung, daß über $\varDelta$ in $(…)$ nichts vorausgesetzt wird[1].

---

[1] Vgl. § 64, 4.2.

12.1. *Die Ersetzbarkeit einer Existenzprämisse durch ein Beispiel:*
Wo eine Existenzprämisse (eine Annahme vom Typus „$(Ex\,\varDelta)$
$(\ldots\varDelta\ldots)$" auftritt, wähle man ein in dem jeweiligen Kontext noch nicht verbrauchtes $\varDelta'$ als Beispiel und ersetze „$(Ex\,\varDelta)(\ldots\varDelta\ldots)$" durch „$(\ldots\varDelta'\ldots)$".

Eine Art der Umkehrung von 12.1 ist

12.2. *Das Prinzip der zulässigen vorderen Partikularisierung:*
Mit

$$(\ldots\varDelta\ldots)\ seq\ (\ldots)$$

ist auch bewiesen

$$(Ex\,\varDelta)\,(\ldots\varDelta\ldots)\ seq\,(\ldots),$$

unter der Voraussetzung, daß $\varDelta$ in $(\ldots)$ nicht frei vorkommt[1].

13. *Das Allheits- und das Existenztheorem:*

13.1. $(Om\,\varDelta)\,(\ldots\varDelta\ldots)\ seq\,(\ldots\varDelta\ldots)$.

13.2. $(\ldots\varDelta\ldots)\ seq\,(Ex\,\varDelta)\,(\ldots\varDelta\ldots)$.

14. *Die Aequivalente für die Verneinung von „alle" und „es gibt":*

14.1. $non\,(Om\,\varDelta)\,(\ldots\varDelta\ldots)\ äq\,(Ex\,\varDelta)\,\bigl(non\,(\ldots\varDelta\ldots)\bigr)$.

14.2. $non\,(Ex\,\varDelta)\,(\ldots\varDelta\ldots)\ äq\,(Om\,\varDelta)\,\bigl(non\,(\ldots\varDelta\ldots)\bigr)$.

Hieraus durch gliedweise metasprachliche Verneinung (9.2) und Übergang von $non\,(non\,a)$ zu a:

14.3. $(Om\,\varDelta)\,(\ldots\varDelta\ldots)\ äq\,non\,(Ex\,\varDelta)\,\bigl(non\,(\ldots\varDelta\ldots)\bigr)$.

14.4. $(Ex\,\varDelta)\,(\ldots\varDelta\ldots)\ äq\,non\,(Om\,\varDelta)\,\bigl(non\,(\ldots\varDelta\ldots)\bigr)$.

15. *Die Prinzipien der gliedweisen Generalisierung:*

15.1. $(Om\,\varDelta)\,\bigl((\ldots\varDelta\ldots)_1\,seq\,(\ldots\varDelta\ldots)_2\bigr)$ vgl. § 65, 2.1.1.
    $.seq.\,(Om\,\varDelta)\,(\ldots\varDelta\ldots)_1\,seq\,(Om\,\varDelta)\,(\ldots\varDelta\ldots)_2$.

15.2. $(Om\,\varDelta)\,\bigl((\ldots\varDelta\ldots)_1\,äq\,(\ldots\varDelta\ldots)_2\bigr)$ vgl. § 65, 2.1.1.
    $.seq.\,(Om\,\varDelta)\,(\ldots\varDelta\ldots)_1\,äq\,(Om\,\varDelta)\,(\ldots\varDelta\ldots)_2$.

16. *Die Prinzipien der gliedweisen Partikularisierung:*

16.1. $(Om\,\varDelta)\,\bigl((\ldots\varDelta\ldots)_1\,seq\,(\ldots\varDelta\ldots)_2\bigr)$ vgl. § 65, 2.1.2.
    $.seq.\,(Ex\,\varDelta)\,(\ldots\varDelta\ldots)_1\,seq\,(Ex\,\varDelta)\,(\ldots\varDelta\ldots)_2$.

16.2. $(Om\,\varDelta)\,\bigl((\ldots\varDelta\ldots)_1\,äq\,(\ldots\varDelta\ldots)_2\bigr)$ vgl. § 65, 2.1.2.
    $.seq.\,(Ex\,\varDelta)\,(\ldots\varDelta\ldots)_1\,äq\,(Ex\,\varDelta)\,(\ldots\varDelta\ldots)_2$.

17. *Die Distribuierungsprinzipien für „alle" und „es gibt":*

17.1.   *Die Distributivität von „alle" für Konjunktionen:*
    $(Om\,\varDelta)\,\bigl((\ldots\varDelta\ldots)_1\,et\,(\ldots\varDelta\ldots)_2\bigr)$ vgl. § 70, 1.
    $äq\,(Om\,\varDelta)\,(\ldots\varDelta\ldots)_1\,et\,(Om\,\varDelta)\,(\ldots\varDelta\ldots)_2$.

---

[1] Vgl. § 64, 4.3. — Man erkennt, daß 12.2 eine Art von Gegenstück ist zu 11.2.

17.2. *Die Distributivität von „es gibt" für Alternativen:*

$$(Ex\,\varDelta)\,((\ldots\varDelta\ldots)_1\,vel\,(\ldots\varDelta\ldots)_2) \qquad\qquad \text{vgl. § 70,2.}$$
$$äq\,(Ex\,\varDelta)\,(\ldots\varDelta\ldots)_1\,vel\,(Ex\,\varDelta)\,(\ldots\varDelta\ldots)_2.$$

Die vorstehenden Festsetzungen zu einer Normierung der Metasprache sind aufzufassen als Festsetzungen in einer Sprache, in der über diese Metasprache gesprochen wird, mithin als Festsetzungen in einer Meta-Metasprache. Hierdurch wird der Gebrauch der Metasprache im Einklang mit ihrer Bedeutung geregelt.

§ 6. Zur Logik und Symbolik der Metasprache

(A) Definitionen

1. *Semiotische Definitionen.*

1.1. σ sei eine als bekannt vorausgesetzte, σ^* eine neue einzuführende metasprachliche Redeweise. Wir schreiben

$$\sigma^*\,äq_{Df}\,\sigma\,,$$

mit dem *definiens* σ und dem *definiendum* σ^*, um anzuzeigen, daß σ^* *per definitionem* gleichbedeutend sein soll mit σ, im allgemeinen Falle eine Abkürzung für σ. Wenn in σ Parameter vorkommen, so ist in der dem Mathematiker geläufigen Art darauf zu achten, daß sie in σ^* reproduziert werden; denn aus $\sigma^*\,äq_{Df}\,\sigma$ soll folgen:

$$\sigma^*\,äq\,\sigma$$

und damit die generelle Ersetzbarkeit von σ durch σ^* (und umgekehrt) in jedem Zusammenhange, in welchem σ und σ^* vorkommen.

1.2. τ sei ein als bekannt vorausgesetztes, τ^* ein neu einzuführendes metasprachliches Gegenstandssymbol. Wir schreiben

$$\tau^*=_{Df}\tau\,,$$

mit dem *definiens* τ und dem *definiendum* τ^*, um anzuzeigen, daß τ^* *per definitionem* gleichbedeutend sein soll mit τ, im allgemeinen Falle eine Abkürzung für τ. Hierzu in τ^* die Rücksicht auf die Parameter in τ; denn aus $\tau^*=_{Df}\tau$ soll folgen

$$\tau^*=\tau$$

und damit die generelle Ersetzbarkeit von τ durch τ^*, analog der von σ durch σ^*, und umgekehrt.

Anm. 1: Wir machen nur für die Metasprache von Definitionen Gebrauch, nicht für die Objektsprachen. Der Bestand der objektsprachlichen Ausdrucksmittel soll also durch die in 1.1 und 1.2 angegebenen Definierbarkeitsmöglichkeiten *nicht* um irgendwelche Neuzeichen bereichert werden können. Aus diesem

Grunde sind die Anforderungen an die in 1.1 und 1.2 zugelassenen Definierbarkeitsmöglichkeiten beschränkt worden auf den Genauigkeitsgrad, für welchen angenommen werden darf, daß er für die Metasprache ausreichend ist.

Anm. 2: An Stelle von „$\sigma^* =_{Df} \sigma$" bzw. „$\tau^* =_{Df} \tau$" schreiben wir auch σ^* *für* σ, bzw. τ^* *für* τ, um abgeleitete Definitionen von grundlegenden zu unterscheiden

Anm. 3: Die Definitionen vom Typus 1.1 und 1.2 mit dem Normalzweck der Abkürzung sind die einzigen Definitionen im Pascalschen Sinne, also die Definitionen vom Pascal-Typus[1].

2. *Semantische Definitionen.*

Den semiotischen Definitionen stehen gegenüber die *semantischen* Definitionen. Während die semiotischen Definitionen auf die Einführung von Abkürzungen beschränkt sind und demgemäß ganz in der Metasprache verlaufen, liegt den semantischen Definitionen eine Beziehung zwischen Objektsprache und Metasprache zugrunde; denn in diesem Falle werden Objekte nicht-sprachlicher Art definiert. Es ist schon gesagt worden, daß der Mathematiker in diesem Falle von den Bedingungen spricht, die ein Objekt, z. B. eine Menge, definieren[2]. Wenn wir von definierenden *Bedingungen* sprechen, so sollen diese stets einer Objektsprache angehören. In dieser erscheinen sie als *Aussageformen*, so daß in diesem Zusammenhang jede AF in $\mathfrak{v}_1, \ldots, \mathfrak{v}_n$ als eine Bedingung in diesen Variablen angesprochen werden kann. Zur Erläuterung: Unter der Voraussetzung, daß wir über eine Sprache der elementaren Zahlentheorie verfügen, kann die Null definiert werden als die einzige natürliche Zahl, die der Bedingung genügt: „$x + y = y$ für jedes y". Im Rahmen eines Logikkalküls wird man verlangen, daß die Objektsprache eine Kalkülsprache ist. In dieser Strenge werden wir jedoch von der semantischen Definitionstechnik nur zweimal Gebrauch machen, nämlich um sagen zu können, was zu verstehen ist (1) unter der durch einen A-Ausdruck in den paarweise voneinander verschiedenen A-Variablen $p_1, \ldots, p_n$ definierten n-stelligen Wahrheitsfunktion f^n (§ 26, 2.2), (2) unter dem durch einen prädikatenlogischen Ausdruck einer vorgegebenen Struktur definierten *Attribut*, nachdem wir zuvor in einer etwas freieren Form gesagt haben, in welchem genauen Sinn ein *Prädikat* ein *Attribut* definieren soll[3].

3. *Definitionen durch Induktion.*

Für die Metasprache, auf die wir uns stützen, ist die Kardinalzahl-Arithmetik vorausgesetzt, folglich insbesondere die Arithmetik der natürlichen Zahlen. Wir können und werden daher auch Gebrauch machen von den *Definitionen durch Induktion.*

---

[1] Vgl. Scholz [2] S. 31 f.

[2] Vergl. Fußnote 1, S. 15.

[3] Siehe § 50, 2 und § 57.

(B) Belegungen und Induktionsschlüsse

4. *Belegungen.*

4.1. Die *Anzahl* (auch *Kardinalzahl* oder *Mächtigkeit* genannt) von M wird symbolisiert durch „$|M|$".

4.2. Unter einer (eindeutigen) *Abbildung* von M_1 *in* M_2 oder gleichwertig: unter einer *Belegung von* M_1 *mit* M_2 ist zu verstehen eine Abbildung, die jedem M_1-Element genau ein M_2-Element zuordnet. $M_2^{M_1}$ soll sein die Menge der Belegungen von M_1 mit M_2. Sind Φ_1, Φ_2 zwei Belegungen von M, so soll gelten:

$$\Phi_1 = \Phi_2 \, \ddot{a}q_{Df} \, \Phi_1(\varDelta) = \Phi_2(\varDelta) \quad \text{für jedes } \varDelta \text{ in } M.$$

Es gilt allgemein:

$$|M_2^{M_1}| = |M_2|^{|M_1|}.$$

4.3. Unter einer (eindeutigen) *Abbildung* von M_1 *auf* M_2 ist zu verstehen eine Abbildung von M_1 in M_2, die M_2 erschöpft.

4.4. Eine Abbildung von M_1 in (auf) M_2 heißt *eineindeutig*, wenn sie jedem M_1-Element genau ein M_2-Element, verschiedenen M_1-Elementen verschiedene M_2-Elemente zuordnet. Ist Φ eine eineindeutige Abbildung von M_1 auf M_2, so ist Φ^{-1} (die *Inverse* von Φ) eine eineindeutige Abbildung von M_2 auf M_1.

5. *Die Schlußregeln der folge- und der ordnungstheoretischen Induktion.*

5.1. Unter der *folgetheoretischen Induktion* soll der Schluß von n auf $n+1$ verstanden sein.

5.2. Unter der *ordnungstheoretischen Induktion* soll die folgende, der Theorie der wohlgeordneten Mengen angehörige Schlußweise verstanden sein: Eine zahlentheoretische Aussage treffe zu auf n unter der Voraussetzung, daß sie zutrifft auf jedes $m < n$, für das sie erklärt ist. Dann trifft sie zu auf jedes n, für das sie erklärt ist.

(C) Symbolisierungen

6. *Klassen (Mengen).*

6.1. M, M_1, M_2 seien Klassen (Mengen). Daß $\varDelta$ in M *liegt* oder gleichwertig: daß $\varDelta$ ein *Element* von M ist, wird symbolisiert durch „$\varDelta \in M$"; wo „$\in$" in Objektsprachen vorkommt, statt dessen „$\varDelta \, El \, M$".

6.2. Daß M_1 in M_2 *enthalten* ist, wird symbolisiert durch „$M_1 \subseteq M_2$", daß M_1 *echt* enthalten ist in M_2, durch „$M_1 < M_2$", mit

6.2.1. $M_1 \subseteq M_2 \, \ddot{a}q_{Df} \, (Om \, \varDelta) \, (\varDelta \in M_1 \, seq \, \varDelta \in M_2)$,

6.2.2. $M_1 < M_2 \, \ddot{a}q_{Df} \, M_1 \subseteq M_2 \, et \, M_1 \neq M_2$,

6.2.3. $M_1 = M_2 \, \ddot{a}q_{Df} \, (Om \, \varDelta) \, (\varDelta \in M_1 \, \ddot{a}q \, \varDelta \in M_2)$.

6.3. Der *Durchschnitt* von M_1 und M_2 (die Klasse der Δ, die in M_1 und M_2 liegen) wird symbolisiert durch „$M_1 \cap M_2$", mit

$$\Delta \in M_1 \cap M_2 \, \ddot{a}q_{Df} \, \Delta \in M_1 \, et \, \Delta \in M_2,$$

der *verallgemeinerte Durchschnitt* durch „$\overset{n}{\underset{i=1}{\cap}} M_i$", bzw. durch „$\overset{\infty}{\underset{i=1}{\cap}} M_i$", mit

$$\Delta \in \overset{n}{\underset{i=1}{\cap}} M_i \, \ddot{a}q_{Df}(Om \, i) \, (1 \leq i \leq n \, seq \, \Delta \in M_i)$$

bzw.

$$\Delta \in \overset{\infty}{\underset{i=1}{\cap}} M_i \, \ddot{a}q_{Df}(Om \, i) \, (1 \leq i < \infty \, seq \, \Delta \in M_i).$$

6.4. Die *Vereinigung* von M_1 und M_2 (die Klasse der Δ, die in M_1 oder M_2 liegen) wird symbolisiert durch „$M_1 \cup M_2$", mit

$$\Delta \in M_1 \cup M_2 \, \ddot{a}q_{Df} \, \Delta \in M_1 \, vel \, \Delta \in M_2,$$

die *verallgemeinerte Vereinigung* durch „$\overset{n}{\underset{i=1}{\cup}} M_i$", bzw. „$\overset{\infty}{\underset{i=1}{\cup}} M_i$", mit

$$\Delta \in \overset{n}{\underset{i=1}{\cup}} M_i \, \ddot{a}q_{Df}(Ex \, i) \, (1 \leq i \leq n \, et \, \Delta \in M_i)$$

bzw.

$$\Delta \in \overset{\infty}{\underset{i=1}{\cup}} M_i \, \ddot{a}q_{Df}(Ex \, i) \, (1 \leq i < \infty \, et \, \Delta \in M_i).$$

7. Individuelle Klassen (Mengen).

7.1. $(Cl \, \Delta) \, (\ldots \Delta \ldots)$ soll sein die Klasse der Δ, so daß $\ldots \Delta \ldots$, mit der Eigenschaft

$$\Delta' \in (Cl \, \Delta) \, (\ldots \Delta \ldots) \, \ddot{a}q \ldots \Delta' \ldots.$$

„7 ist ein Element der Klasse der Δ, so daß Δ eine Primzahl, genau dann, wenn 7 eine Primzahl ist."

7.2. $\{\Delta\}$ soll sein die aus Δ bestehende Einerklasse:

$$\{\Delta\} =_{Df} (Cl \, \Delta') \, (\Delta' = \Delta).$$

Mithin (7.1)

     7.2.1. $\Delta' \in \{\Delta\} \, \ddot{a}q \, \Delta' = \Delta$,

     7.2.2. $\Delta \in \{\Delta\}$.

Mithin

     7.2.3. $\{\Delta\} \subseteq M \, \ddot{a}q \, \Delta \in M$.

7.3. $\{\Delta_1, \ldots, \Delta_n\}$ soll sein die aus den Elementen $\Delta_1, \ldots, \Delta_n$ bestehende Klasse:

$$\{\Delta_1, \ldots, \Delta_n\} =_{Df} (Cl \, \Delta) \, (\Delta = \Delta_1 \, vel \ldots vel \, \Delta = \Delta_n).$$

Mithin (7.1)

     7.3.1. $\Delta \in \{\Delta_1, \ldots, \Delta_n\} \, \ddot{a}q \, \Delta = \Delta_1 \, vel \ldots vel \, \Delta = \Delta_n$.

Ferner (6.4)

     7.3.2. $\{\Delta_1, \ldots, \Delta_n\} = \overset{n}{\underset{i=1}{\cup}} \{\Delta_i\}$.

8. *Individuen, die durch eine Eigenschaft gekennzeichnet sind.*

8.1. $(Un\,\varDelta)\,(\ldots\varDelta\ldots)$, mit „$Un$" für „$Unicum$", soll sein das (genau eine) $\varDelta$, so daß $\ldots\varDelta\ldots$, unter der Voraussetzung, daß (§ 5, 10.6) $(Ex!!\varDelta)\,(\ldots\varDelta\ldots)$.
Es gilt dann

8.2. $(Un\,\varDelta)\,(\ldots\varDelta\ldots)$ hat die Eigenschaft, durch die es gekennzeichnet ist: „Die kleinste Zahl zwischen 4 und 8 (das $\varDelta$, so daß $\varDelta$ eine kleinste Zahl ist zwischen 4 und 8) ist eine kleinste Zahl zwischen 4 und 8."

8.3. Eine Aussage trifft zu auf $(Un\,\varDelta)\,(\ldots\varDelta\ldots)$ genau dann, wenn sie zutrifft auf jedes $\varDelta'$ mit der kennzeichnenden Eigenschaft dieses $\varDelta$: „Die kleinste Zahl zwischen 4 und 8 ist eine Primzahl genau dann, wenn jedes $\varDelta'$, so daß $\varDelta'$ eine kleinste Zahl zwischen 4 und 8, eine Primzahl ist."

8.4. Eine Aussage trifft zu auf $(Un\,\varDelta)\,(\ldots\varDelta\ldots)$ genau dann, wenn sie zutrifft auf wenigstens ein $\varDelta'$ mit der kennzeichnenden Eigenschaft dieses $\varDelta$: „Die kleinste Zahl zwischen 4 und 8 ist eine Primzahl genau dann, wenn es wenigstens ein $\varDelta'$ gibt, so daß $\varDelta'$ eine kleinste Zahl zwischen 4 und 8, und $\varDelta'$ ist eine Primzahl[1].

9. *Geordnete n-tupel.*

Das aus $\varDelta_1, \ldots, \varDelta_n$ bestehende geordnete n-tupel wird symbolisiert durch „$(\varDelta_1, \ldots, \varDelta_n)$", mit der Abkürzung „$\overset{n}{\varDelta}$" für „$(\varDelta_1, \ldots, \varDelta_n)$".

§ 7. Zeichen für Zeichen

Man sollte niemals *Niemals* sagen, ohne an das Gewicht dieses Wortes zu denken. Es ist klar, daß das *Niemals*, über das hier gesprochen wird, in der Schriftsprache irgendwie unterschieden werden muß von dem *niemals*, mit dessen Hilfe *über* dieses *Niemals* etwas gesagt ist. Im allgemeinen Falle dienen die Ausdrucksmittel einer Sprache dazu, um über etwas zu sprechen, was von diesen Ausdrucksmitteln verschieden ist. Die einzigen wesentlichen Ausnahmen sind die Sprachwissenschaften und die Theorien von formalisierten Sprachen, zu denen nach den Voraussetzungen dieses Lehrbuchs auch die Systeme der Logik gehören[2].

---

[1] 8.2 bis 8.4 sind die Grundlagen der RUSSELLschen Kennzeichnungstheorie.

[2] Als eine Sprachwissenschaft ist die wegen ihrer Bedeutung für ein sachliches Diskutieren stets als „Dialektik" bezeichnete Logik zuerst von den Stoikern aufgefaßt worden, und zwar als das Gegenstück zur Rhetorik. Diese eine Theorie τοῦ εὖ λέγειν, die Dialektik eine Theorie τοῦ ὀρθῶς διαλέγεσθαι (PRANTL [1], I 413, Anm. 37). Die beiden Objekte der Dialektik: *verba et significationes, id est, res quae dicuntur et vocabula quibus dicuntur* (Ibid. 414, Anm. 41). Die sprachwissenschaftliche Auffassung der Logik ist von den Stoikern übergegangen auf die abendländischen Logiker des 13. Jahrhunderts. Inzwischen ist die Grammatik hinzugekommen. WILHELM SHYRESWOOD († 1249): „*Sermocinalis scientia ... tres habet partes: grammaticam, quae docet recte loqui, et rhetoricam, quae docet ornate loqui, et logicam, quae docet vere loqui*" (PRANTL [1], III 12, Anm. 32). LAMBERT VON AUXERRE (Mitte des 13. Jahrhunderts): „*Grammatica circa sermonem considerat congruum et incongruum, ut congruum eligat et incongruum fugiat, logica vero sermonem considerat verum et falsum, ut verum eligat et falsum fugiat, sed rhetorica circa sermonem considerat ornatum et inornatum, ut ornatum eligat et inornatum fugiat*" (Ibid. 25, Anm. 99). — Klammert man die Rhetorik ein, die uns in diesem Zusammenhang entfremdet ist, so bleibt die Zusammenfassung von Logik und Grammatik zurück.

Hier wird ununterbrochen mit den Ausdrucksmitteln einer Metasprache über die Ausdrucksmittel und Ausdrücke einer Objektsprache gesprochen. In den Sprachwissenschaften (Grammatik und Syntax einer vorgegebenen Sprache) kommt dieser Unterschied explizit nur dann zur Geltung, wenn über eine fremde Sprache gesprochen wird. Er verschwindet dagegen im allgemeinen Falle, wenn Objektsprache und Metasprache derselben Sprache angehören, wie z.B. im Fall der Germanistik. In unserm Falle sind Metasprache und Objektsprache ein für allemal scharf unterschieden. Die Metasprache muß also für jedes objektsprachliche Ausdrucksmittel und für jeden objektsprachlichen Ausdruck einen Namen enthalten. Der erste, der dies klar gesehen hat, ist FREGE [1] I 4 gewesen. Er hat hierfür die Methode der Anführungszeichen eingeführt, von der wir auch gelegentlich Gebrauch machen werden. Es hat sich jedoch gezeigt, daß diese Methode, wenn sie konsequent durchgeführt wird, beträchtliche Komplikationen nach sich zieht[1].

Um diese Komplikationen zu vermeiden, setzen wir als erstes fest, daß jedem metasprachlichen Symbol für ein objektsprachliches Symbol in der Objektsprache ein fettgedrucktes Symbol von derselben Gestalt entsprechen soll. Wenn wir also z.B. sagen „p ist eine A-Variable" oder „∼ ist eine A-Konstante", so soll „p" ein Symbol für ein fettgedrucktes „p", „∼" ein Symbol für ein fettgedrucktes „∼" sein. Unser System wird so angelegt sein, daß die objektsprachlichen Symbole als solche überhaupt nicht explizit zum Vorschein kommen, sondern überall zu supplieren sind[2].

Als zweites setzen wir fest, daß, wenn wir z.B. sagen „A-Variablen werden unbestimmt angedeutet durch p" dies stets so zu verstehen ist, daß sie unbestimmt angedeutet werden durch „p". Hierdurch wird also jeweils ein Paar Anführungszeichen erspart.

Drittens. Wo die beiden ersten Methoden die notwendigen Unterscheidungen noch nicht mit der erwünschten Genauigkeit sicherstellen, sorgen wir durch den Kontext dafür, daß dies für den aufmerksamen Leser erreicht wird[3].

---

[1] Vgl. die wohlbegründete Einführung der *quasi-quotation* durch W.V. QUINE [5], S. 35.

[2] So auch KLEENE [1], S. 251. Auch hier eine Umgehung von vermeidbaren Komplikationen *by using only names of the formal objects, and not claiming to exhibit the objects themselves.*

[3] So schon A. MOSTOWSKI [1].

Erstes Hauptstück

Aussagenkalkül

A) Konstituierung des Aussagenkalküls

§ 10. Der Aussagenkalkül (AK) auf semiotischer Basis

1. *Die aussagenlogischen Symbole (A-Symbole).*

1.1. *Die Aussagevariablen (A-Variablen):* p_i $(i = 0, 1, 2, \ldots)$[1], unbestimmt angedeutet durch *p, q, r, s*, nach Bedarf mit Unterscheidungszeichen.

1.2. *Die aussagenlogischen Konstanten (A-Konstanten):* $\sim$, $\wedge$, $\vee$, $\rightarrow$, $\leftrightarrow$.

Hierzu als uneigentliche A-Symbole

1.3. *Die Klammern:* (,).

2. *Die A-Reihen:* die linearen Aneinanderreihungen von n A-Symbolen $(n = 1, 2, \ldots)$, unbestimmt angedeutet durch Z, nach Bedarf mit Unterscheidungszeichen.

2.1. Typographisch gleichgestaltete A-Symbole sollen als *identisch* gelten. A-Reihen sollen als *identisch* gelten, wenn sie dieselbe Länge haben und wenn für jedes k die an der k-ten Stelle stehenden A-Symbole miteinander übereinstimmen.

2.2. Wir definieren, mit „$Z_*\, In\, Z$" für „Z_* *liegt in* Z",

$$Z_*\, In\, Z \; \text{äq}_{Df}\; Z_* = Z$$
$$vel\, (Ex\, Z_1, Z_2)\, (Z_* Z_2 = Z\; vel\; Z_1 Z_* = Z\; vel\; Z_1 Z_* Z_2 = Z).$$

2.3. Z_* heißt ein *Teil* von Z, wenn[2] $Z_*\, In\, Z$, ein *echter* Teil von Z, wenn zusätzlich $Z_* \neq Z$.

2.4. Man zeigt, daß die Anzahl der A-Reihen $= \aleph_0 \cdot \aleph_0 = \aleph_0$ ist, also die Menge der A-Reihen *abzählbar unendlich*.

---

[1] Hierdurch soll ein für allemal im üblichen Sinne angezeigt sein, daß der Index die Folge der natürlichen Zahlen durchläuft. Die Menge der A-Variablen ist also als abzählbar unendlich vorausgesetzt.

[2] Das „wenn" soll in allen definierenden Fällen gleichbedeutend sein mit „genau dann, wenn".

3. *Die Menge der A-Ausdrücke:* die kleinste Menge[1], die

(1)   die A-Variablen enthält[2],

(2)   abgeschlossen ist in bezug auf die A-Konstanten in folgendem Sinne:

(2.1)   Mit Z ist auch $\sim Z$ ein A-Ausdruck.

(2.2)   Mit Z_1 und Z_2 ist auch $(Z_1 \circ Z_2)$ ein A-Ausdruck, mit

$$(Z_1 \circ Z_2) \quad \text{für} \quad (Z_1 \wedge Z_2),\ (Z_1 \vee Z_2),\ (Z_1 \to Z_2),\ (Z_1 \leftrightarrow Z_2).$$

3.1. Z_1 heißt ein *Teilausdruck* von Z_2, wenn Z_1 und Z_2 Ausdrücke sind und Z_1 ein Teil (vgl. 2.3) von Z_2.

3.2. A-Ausdrücke werden unbestimmt angedeutet durch die Ausdruckssymbole H, Θ, nach Bedarf mit Unterscheidungszeichen.

3.3. *Ausdrücke und Ausdrucksschemata im AK.* Ein A-Ausdruck geht über in ein *Ausdrucksschema*, wenn die in ihm vorkommenden A-Variablen ersetzt werden durch unbestimmt andeutende Ausdruckssymbole. Beispiele:

(1) $$((p \wedge q) \to p),$$

(2) $$((H \wedge \Theta) \to H).$$

Aus Zweckmäßigkeitsgründen sollen jedoch ein für allemal die Zeichenreihen vom Typus (1) noch als *Ausdrücke im weiteren Sinne* gelten und die Schemata beschränkt sein auf die Zeichenreihen vom Typus (2). Ein Ausdrucksschema vertritt die abzählbar unendlich vielen A-Ausdrücke, die sich aus ihm durch Individualisierung der in ihm vorkommenden Ausdruckssymbole erzeugen lassen.

4. *Zur Ersparung von Klammern:*

(1)   Ein Paar von Außenklammern kann fortfallen.

(2)   In der absteigenden Standard-Folge trennt $\leftrightarrow$ stärker als $\to$, $\to$ stärker als $\vee$, $\vee$ stärker als $\wedge$.

(3) $\circ$ sei ein Symbol für $\wedge$, $\vee$, $\to$, $\leftrightarrow$. Dann soll eine punktierte A-Konstante $(.\circ.)$ stärker trennen als jede unpunktierte A-Konstante, jede zweifach punktierte A-Konstante $(:\circ:)$ stärker als jede einfach punktierte, jede dreifach punktierte $(.:\circ:.)$ stärker als jede zweifach punktierte, usf. Innerhalb desselben Stärkegrades soll (2) gelten.

---

[1] Die kleinste Menge in dem Sinne, daß sie enthalten ist in jeder Menge, die den Bedingungen (1) und (2) genügt.

[2] Sie heißen in diesem Zusammenhange auch die *A-Atome.*

Auf Grund dieser Festsetzungen dürfen wir schreiben

$$p_1 \wedge p_2 \vee p_3 \to q \leftrightarrow r \qquad \text{für} \qquad ((((p_1 \wedge p_2) \vee p_3) \to q) \leftrightarrow r),$$

$$p_1 \wedge p_2 : \vee : p_3 . \to . q \leftrightarrow r \qquad \text{für} \qquad ((p_1 \wedge p_2) \vee (p_3 \to (q \leftrightarrow r))).$$

Anm.: Man kann die Klammern ganz ersparen, wenn man mit J. ŁUKASIEWICZ[1], der diese Methode entdeckt hat, $\sim$, $\wedge$, $\vee$, $\to$, $\leftrightarrow$ in dieser Folge ersetzt durch N, K, A, C, E und verlangt, daß (a) mit Z auch NZ, (b) mit Z_1 und Z_2 auch KZ_1Z_2, AZ_1Z_2, CZ_1Z_2, EZ_1Z_2 A-Ausdrücke sein sollen. Die beiden vorstehenden Beispiele gehen dann über in

$$ECAKp_1p_2p_3qr \qquad \text{bzw.} \qquad AKp_1p_2Cp_3Eqr.$$

Aber die andere Methode liefert anschaulichere Ausdrücke. Aus diesem Grunde soll sie hier festgehalten werden wie bei den meisten Autoren.

5. Aufteilung der A-Ausdrücke.

5.1. Wir verwenden zusätzlich die folgenden Abkürzungen:

5.1.1. $\bigwedge\limits_{i=1}^{k} H_i$ für $(\ldots (H_1 \wedge H_2) \wedge \ldots \wedge H_k)$,

5.1.2. $\bigvee\limits_{i=1}^{k} H_i$ für $(\ldots (H_1 \vee H_2) \vee \cdots \vee H_k)$.

5.2. $\sim H$ heißt das *Negat* von H, $\bigwedge\limits_{i=1}^{k} H_i$ eine *Konjunktion*, $\bigvee\limits_{i=1}^{k} H_i$ eine *Alternative*, ein A-Ausdruck vom Typus $H_1 \to H_2$ eine *Implikation* mit der *Prämisse* H_1 und der *conclusio* H_2, eine A-Reihe vom Typus $H_1 \leftrightarrow H_2$ eine *Aequivalenz*.

6. Die semiotisch interpretierten A-Ausdrücke als Aussageformen einer auf die normierten aussageerzeugenden Funktoren beschränkten Sprache der Logik.

6.1. Der Wertbereich der A-Variablen sei der Bereich der Aussagen. Durch diese Festsetzung wird die Kennzeichnung der A-Variablen als *Aussagevariablen* legitimiert.

6.2. Substituiert man den A-Konstanten $\sim$, $\wedge$, $\vee$, $\to$, $\leftrightarrow$ in dieser Folge die durch die Bewertungstafeln § 5, 2.1; 2.2 normierten aussageerzeugenden Funktoren *non*, *et*, *vel*, *seq*, *äq*, so gehen die A-Reihen über in die dem Aussagenkalkül mit diesen Konstanten zur Verfügung stehenden *aussagenlogischen Aussageformen*[2].

---

[1] Vgl. z. B. ŁUKASIEWICZ [2]. Diese ARISTOTELES-Studie ist zugleich eine meisterhafte Einführung in die elementare mathematische Logik.

[2] Die hier vorausgesetzte Wahl der A-Konstanten ist dieselbe wie im System von HILBERT-BERNAYS [1]. Die hier durch „$\sim$" und „$\to$" symbolisierten A-Konstanten heißen die FREGE-Konstanten, weil FREGE das erste effektive System des Aussagenkalküls in der „Begriffsschrift" von 1879 in diesen Konstanten entwickelt hat. Die hier wie in PM (WHITEHEAD-RUSSELL [1]) durch „$\sim$" und „$\vee$" symbolisierten A-Konstanten heißen die RUSSELL-Konstanten, weil das System der PM (1910) in diesen Konstanten entwickelt worden ist. Vgl. zur Wahl der A-Konstanten § 22.

6.3. Unter einem A-Ausdruck ist in diesem Paragraphen fortan stets ein nach dem angegebenen Verfahren interpretierter A-Ausdruck zu verstehen. Umgekehrt können die Bewertungstafeln § 5, 2.1; 2.2 jetzt auch aufgefaßt werden als Matrizen für $\sim$, $\wedge$, $\vee$, $\rightarrow$, $\leftrightarrow$.

7. *Die semiotisch bestimmten A-Identitäten.*

7.1. Im semiotischen Sinne heiße ein A-Ausdruck H *erfüllbar*, wenn er durch wenigstens eine, *unerfüllbar*, wenn er durch keine, *allgemeingültig* oder *identisch* (für ,,identisch erfüllt"), wenn er durch jede Einsetzung verifiziert wird, *neutral*, wenn er weder identisch noch unerfüllbar ist. Daß H A-identisch ist, werde symbolisiert durch ,,id_AH".

Beispiele: Es sei

$$H_1 = p \rightarrow q, \qquad H_2 = p \leftrightarrow {\sim} p, \qquad H_3 = p \leftrightarrow {\sim}{\sim} p.$$

H_1 und H_3 sind erfüllbar, H_2 unerfüllbar, H_3 identisch, H_1 neutral.

7.2. Die *Menge der semiotisch bestimmten A-Sätze* soll mit der Menge idt_A' der semiotisch bestimmten A-Identitäten zusammenfallen.

7.3. Eine Einsetzung in H, in welche die in sie eingehenden Aussagen nur mit ihren Aussagewerten w oder f eingehen, heiße eine *normierte* Einsetzung in H. Die normierten Einsetzungen können aufgefaßt werden als Belegungen der A-Variablen von H mit der Menge $\{w, f\}$. Ist n die Anzahl dieser Variablen, so ist, wie man induktiv leicht erkennt (vgl. auch § 6, 4.2), die Anzahl der möglichen Belegungen von $H = 2^n$.

7.4. Da mit der Anzahl der in H vorkommenden A-Variablen auf Grund von 7.3 auch die Anzahl der möglichen Belegungen von H stets endlich ist, so kann für jedes H effektiv entschieden werden, ob H A-identisch ist oder nicht; wenn nicht, ob H A-erfüllbar ist oder nicht; wenn A-erfüllbar, durch welche Belegungen H erfüllt wird. In diesem weitesten Sinne ist die Menge der semiotisch interpretierten A-Ausdrücke *entscheidbar*.

7.5. Ein Beispiel. Wir wollen zeigen:

$$id_A\, p \rightarrow q \leftrightarrow {\sim} q \rightarrow {\sim} p.\ [1]$$

Für den Beweis empfiehlt sich das folgende Verfahren. Man ordne die möglichen normierten Belegungen von $p \rightarrow q \leftrightarrow {\sim} q \rightarrow {\sim} p$ nach folgendem Muster an: (w, w),

---

[1] Zu lesen: ,,Die AF, die besagt, daß (wenn p, so q) genau dann, wenn (wenn q nicht, so p nicht), ist A-identisch." 7.5 ist ein *Theorem*, $p \rightarrow q \leftrightarrow {\sim} q \rightarrow {\sim} p$ ist ein *Satz* des AK. Vgl. S. 20.

§ 11. Semantische Begründung des Aussagenkalküls

(w, f), (f, w), (f, f). Dann führe man die erforderlichen Rechnungen durch auf folgende Art:

$$p \to q \leftrightarrow \sim q \to \sim p$$

<pre>
(w, w)   w   w   w   w
                              f   f
                       w   w
                          w

(w, f)   w   f   f   w
                              w   f
                       f   f
                          w

(f, w)   w   w   w   f
                              f   w
                       w   w
                          w

(f, f)   f   f   f   f
                              w   w
                       w   w
                          w
</pre>

7.6. Um für ein vorgegebenes H vom Typus $H_1 \to H_2$ zu entscheiden, ob H A-identisch ist oder nicht, kommt man in den meisten Fällen wesentlich schneller zum Ziel, indem man prüft, ob es eine normierte Belegung von H gibt, welche die Prämisse H_1 verifiziert, die *conclusio* H_2 falsifiziert. Wenn nicht, so ist H A-identisch. Ein Beispiel:

$$H = p \leftrightarrow \sim p \wedge q . \to . \sim q.$$

Für $\sim q = \mathrm{f}$[1] wird $q = \mathrm{w}$. Für $p = \mathrm{w}$ wird $\sim p = \mathrm{f}$, für $p = \mathrm{f}$ wird $\sim p = \mathrm{w}$, in beiden Fällen auf Grund der Matrix für $\leftrightarrow$: $p \leftrightarrow \sim p \wedge q = \mathrm{f}$. Die einzige Falsifizierungsmöglichkeit für H ist gescheitert. Folglich ist H A-identisch.

§ 11. Semantische Begründung des Aussagenkalküls

In diesem Paragraphen soll die semiotische Bestimmung der A-Identitäten ersetzt werden durch eine semantische Definition. Dieser Übergang ist wie hernach im Prädikatenkalkül begründet durch die wesentlichen Präzisierungen, die erst auf dieser Stufe möglich werden. Er ist für den AK zerlegbar in die folgenden Hauptschritte:

1. *Einführung der Menge* $\{W, F\}$ *der beiden Wahrheitswerte des Wahren und des Falschen.*

$\{W, F\}$ ist *per definitionem* zweizahlig. Es gilt also, mit $\Delta_1 \neq \Delta_2$ für *non* $\Delta_1 = \Delta_2$, das folgende $\{W, F\}$-Theorem:

---

[1] Abkürzung für „Der Aussagewert von $\sim q$ ist ‚falsch‘". Entsprechend im folgenden.

1.1. $(Om\,\Delta)\,(\Delta \in \{W,F\}\,.\,seq.\,\Delta \neq W\,\ddot{a}q\,\Delta = F$

1.2. $\Delta \neq F\,\ddot{a}q\,\Delta = W)\,.$

2. Übergang von den normierten aussageerzeugenden Funktoren non, et, vel, seq, äq zu den Bewertungsfunktoren Non, Et, Vel, Seq, Äq.

Non, Et, Vel, Seq, Äq sollen definiert sein durch die Bewertungstafeln für *non, et, vel, seq, äq*, also durch die folgenden Matrizen:

Δ	$Non\,(\Delta)$	$\Delta_1\,\Delta_2$	$Et\,(\Delta_1,\Delta_2)$	$Vel\,(\Delta_1,\Delta_2)$	$Seq\,(\Delta_1,\Delta_2)$	$\ddot{A}q\,(\Delta_1,\Delta_2)$
W	F	$W\ \ W$	W	W	W	W
F	W	$W\ \ F$	F	W	F	F
		$F\ \ W$	F	W	W	F
		$F\ \ F$	F	F	W	W

3. Die semantischen Belegungen der A-Ausdrücke.

3.1. Unter einer *semantischen A-Belegung* $\mathfrak{B}_A$ soll eine Abbildung der Menge *aller* A-Variablen in die Menge der Wahrheitswerte verstanden werden. Es soll also gelten:

$$(Om\,p)\,\big(\mathfrak{B}_A\,(p) \in \{W,F\}\big)\,.$$

Eine semantisch bewertete A-Variable ist dann nicht mehr eine Aussagen-, sondern eine Wahrheitswert-Variable.

3.2. Unter einer *semantischen H-Belegung* soll eine auf die A-Variablen von H beschränkte semantische A-Belegung $\mathfrak{B}_A$ verstanden werden.

Anm.: Der Übergang von den semiotischen zu den semantischen Belegungen ist motivierbar durch den FREGEschen Übergang von „p ist wahr (falsch)" zu „Der Wahrheitswert von p ist der Wahrheitswert des Wahren (Falschen)". Zwei Aussagen heißen im FREGEschen Sinne *bedeutungsgleich*, wenn ihre Wahrheitswerte zusammenfallen. Bedeutungsgleich sind also z. B. die Aussagen $a_1 =$ „Die Folge der Primzahlen bricht nicht ab" und $a_2 =$ „Es gibt in der Folge der Primzahlen Lücken von einer beliebig großen Länge $n \geqq 1$"; denn beide Aussagen sind wahr. Bedeutungsgleich sind aber auch die Aussagen $a_3 =$ „Es gibt eine größte natürliche Zahl" und $a_4 =$ „$\sqrt{2}$ ist rational"; denn beide Aussagen sind falsch. Die so definierte Bedeutungsgleichheit ist eine *reflexive, symmetrische* und *transitive* Beziehung und in diesem Sinne eine *Aequivalenzrelation (Gleichheit):* Jede Aussage ist mit sich selbst bedeutungsgleich. Wenn a_1 bedeutungsgleich ist mit a_2, so auch a_2 mit a_1. Endlich: Wenn a_1 bedeutungsgleich ist mit a_2 und a_2 mit a_3, so ist a_1 bedeutungsgleich mit a_3. Es ist also zulässig, das auszuzeichnen, was eine Aussage mit jeder bedeutungsgleichen Aussage gemein hat. Wir nennen es mit FREGE die *Bedeutung* dieser Aussage und bestimmen diese Bedeutung mit ihm als den durch sie *bezeichneten* Wahrheitswert des Wahren oder des Falschen. Durch diese für ein tieferes Verständnis von 3. unentbehrliche Umdeutung gehen die Aussagen über in logische Eigennamen.

Zwei bedeutungsgleiche Aussagen können jedoch so sinnverschieden sein wie a_1 und a_2, a_3 und a_4. Es ist aber bis jetzt nicht gelungen, auf eine allgemein überzeugende Art zu sagen, wann zwei Aussagen als *gleichsinnig* gelten sollen. Wir setzen voraus eine Sprache S und wollen sagen: stets dann (aber möglicherweise nicht *nur* dann!), wenn sie durch eine Konvention in S als gleichbedeutend erklärt sind, wie etwa $a_5 =$ „Die Reihe der natürlichen Zahlen bricht nicht ab" und $a_6 =$ „Zu jeder endlichen Menge von natürlichen Zahlen gibt es eine natürliche Zahl, die ihr nicht angehört". Die Gleichsinnigkeit ist also im Gegensatz zur Bedeutungsgleichheit stets auf eine fest vorgegebene Sprache zu beziehen. Sie zieht die Bedeutungsgleichheit nach sich; aber nicht umgekehrt. Sie ist eine Gleichheit wie diese. Das, was eine Aussage mit allen gleichsinnigen Aussagen gemein hat, nennen wir mit FREGE den *Sinn* dieser Aussage. Dieser „Sinn" schirmt die „materialistische" Auffassung der Aussagen als Zeichenreihen hinreichend ab gegen die unzulässigen Folgerungen einer überstürzten Kritik. Grundlegend: FREGE [2] mit der Rekapitulation in FREGE [1] I, § 2.

4. *Die durch die semantischen Belegungen definierten Bewertungen der A-Ausdrücke.*

4.1. Mit Hilfe von $\mathfrak{B}_A$ und der in 2. eingeführten Bewertungsfunktoren definieren wir induktiv über den Aufbau von H die Bewertung $\mathfrak{B}_A^*$. Es soll gelten[1]:

4.2. $\mathfrak{B}_A^*(p) =_{Df} \mathfrak{B}_A(p)$.

4.3. Unter der Voraussetzung, daß $\mathfrak{B}_A^*(H)$ schon erklärt ist, soll gelten:

$$\mathfrak{B}_A^*(\sim H) =_{Df} Non\left(\mathfrak{B}_A^*(H)\right).$$

4.4. Unter der Voraussetzung, daß $\mathfrak{B}_A^*(H_1)$ und $\mathfrak{B}_A^*(H_2)$ schon erklärt sind, soll gelten:

$$\mathfrak{B}_A^*\left((H_1 \wedge H_2)\right) =_{Df} Et\left(\mathfrak{B}_A^*(H_1), \mathfrak{B}_A^*(H_2)\right).$$
$$\mathfrak{B}_A^*\left((H_1 \vee H_2)\right) =_{Df} Vel\left(\mathfrak{B}_A^*(H_1), \mathfrak{B}_A^*(H_2)\right).$$
$$\mathfrak{B}_A^*\left((H_1 \rightarrow H_2)\right) =_{Df} Seq\left(\mathfrak{B}_A^*(H_1), \mathfrak{B}_A^*(H_2)\right).$$
$$\mathfrak{B}_A^*\left((H_1 \leftrightarrow H_2)\right) =_{Df} Äq\left(\mathfrak{B}_A^*(H_1), \mathfrak{B}_A^*(H_2)\right).$$

4.5. Auf Grund von 4.2 bis 4.4 ist $\mathfrak{B}_A^*$ eine durch $\mathfrak{B}_A$ bestimmte Abbildung aller *A-Ausdrücke* in die Menge der Wahrheitswerte, kürzer: eine durch $\mathfrak{B}_A$ bestimmte *Bewertung* aller A-Ausdrücke. Der Wert von $\mathfrak{B}_A^*$ für ein vorgegebenes H heiße der durch $\mathfrak{B}_A$ definierte *Wahrheitswert von* H $\left(\mathfrak{B}_A^*(H)\right)$.

5. Aus 4. ergeben sich mit 2. unmittelbar die folgenden grundlegenden *Bewertungstheoreme:*

5.1. $\mathfrak{B}_A^*(p) = W$ *äq* $\mathfrak{B}_A(p) = W$.

5.2. $\mathfrak{B}_A^*(\sim H) = W$ *äq* $\mathfrak{B}_A^*(H) = F$ *äq* (1.1) **non** $\mathfrak{B}_A^*(H) = W$. [2]

---

[1] In Anknüpfung an die grundlegende TARSKIsche Definition einer logischen Matrix. Vgl. HERMES-SCHOLZ [1], Anm. 17.

[2] Mit „a_1 *äq* a_2 *äq* a_3" für „a_1 *äq* a_2 *.et.* a_2 *äq* a_3".

5.3. $\mathfrak{B}_A^*\big((H_1 \wedge H_2)\big) = W \; \ddot{a}q \; \mathfrak{B}_A^*(H_1) = W \; \boldsymbol{et} \; \mathfrak{B}_A^*(H_2) = W.$

5.4. $\mathfrak{B}_A^*\big((H_1 \vee H_2)\big) = W \; \ddot{a}q \; \mathfrak{B}_A^*(H_1) = W \; \boldsymbol{vel} \; \mathfrak{B}_A^*(H_2) = W.$

5.5. $\mathfrak{B}_A^*\big((H_1 \rightarrow H_2)\big) = W \; \ddot{a}q \; \mathfrak{B}_A^*(H_1) = F \; vel \; \mathfrak{B}_A^*(H_2) = W$

              $\ddot{a}q \; \mathfrak{B}_A^*(H_1) = W \; \boldsymbol{seq} \; \mathfrak{B}_A^*(H_2) = W. \quad \S\,5,\ 7.2.$

5.6. $\mathfrak{B}_A^*\big((H_1 \leftrightarrow H_2)\big) = W \,.\,\ddot{a}q\,.\; \mathfrak{B}_A^*(H_1) = W \; \boldsymbol{\ddot{a}q} \; \mathfrak{B}_A^*(H_2) = W$

            $.\,\ddot{a}q\,.\; \mathfrak{B}_A^*(H_1) = F \; \ddot{a}q \; \mathfrak{B}_A^*(H_2) = F \; {}^1$

            $.\,\ddot{a}q\,.\; \mathfrak{B}_A^*(H_1) = \mathfrak{B}_A^*(H_2).$

Anm. 1: Aus 5.1 bis 5.6 ergibt sich als erstes für jeden A-Ausdruck H eine hinreichende und notwendige Bedingung dafür, daß H den Wahrheitswert des Wahren bzw. des Falschen bezeichnet. Hierdurch sind die A-Ausdrücke interpretiert als *potentielle Symbole von Wahrheitswerten*. Dies ist das semantische Gegenstück zur semiotischen Interpretation der A-Ausdrücke im Sinn von Aussageformen, also potentiellen Aussagen.

Anm. 2: Aus 5.2 bis 5.6 ergibt sich als zweites der genaue Zusammenhang der aussageerzeugenden Funktoren *non, et, vel, seq, äq* mit den Bewertungsfunktoren *Non, Et, Vel, Seq, Äq.*

Aus 5. folgt unmittelbar

6. *Das Koinzidenztheorem des AK.*

6.1. Zwei Belegungen heißen A-aequivalent in bezug auf H $\left(\mathfrak{B}_1 \underset{A}{aeq_{\mathrm{H}}} \mathfrak{B}_2\right)$, wenn sie die A-Variablen von H identisch belegen, also wenn sie in der H-Belegung (3.2) übereinstimmen.

6.2. Zwei in bezug auf H A-aequivalente Belegungen sind in bezug auf H bewertungsgleich. Symbolisch:

$$\mathfrak{B}_1 \underset{A}{aeq_{\mathrm{H}}} \mathfrak{B}_2 \; seq \; \mathfrak{B}_1^*(\mathrm{H}) \underset{A}{=\!\!=} \mathfrak{B}_2^*(\mathrm{H}),$$

mit „$\underset{A}{=\!\!=}$", um anzuzeigen, daß eine Bewertungsgleichheit im AK gemeint ist.

6.3. Aus 6.2 folgt unmittelbar, daß zwei bedeutungsgleiche Aussagen in der Sprache der mathematischen Logik, auf der wir fußen, nach Belieben durch einander ersetzt werden dürfen. Auf die Umgangssprache trifft dies nicht zu; denn wenn jemand weiß, daß $2^{2^n}+1$ für $n = 0, \ldots, 4$ eine Primzahl ist, so braucht er nicht zu wissen, daß EULER gezeigt hat, daß dies für $n = 5$ nicht mehr zutrifft. Es trifft aber auch nicht zu auf die Sprache einer modalisierten Logik. Es sei notwendig, daß es zu jeder natürlichen Zahl eine größere gibt. Es wird aber niemand behaupten wollen, daß es deshalb notwendig ist, daß die klassische Mechanik sich als korrekturbedürftig erwiesen hat. Oder er wird mit SPINOZA alles Faktische als notwendig interpretieren müssen: womit die modale Logik in jedem Fall ihre Existenzberechtigung verliert. Die hier auftretenden Aporien stehen der Konstruktion einer modalisierten mathematischen Logik als Komplikationen erster Ordnung entgegen. Vgl. Fußnote 1, S. 13, 14.

---

[1] Unmittelbare Folge aus der Matrix für *Äq.*

7. Einführung der Erfüllungsrelation.

Es soll gelten

7.1. $\mathfrak{B}$ *erfüllt den A-Ausdruck* H $(\mathfrak{B}\ Erf_A\ H)\ äq_{Df}\ \mathfrak{B}_A^*(H) = W.$ [1]

Mit 7.1 gehen die Bewertungstheoreme 5.2 bis 5.6 über in die folgenden *Erfüllungstheoreme:*

*7.2. $\mathfrak{B}\ Erf_A\sim$H $äq\ non\ \mathfrak{B}\ Erf_A$H. 5.2.

*7.3. $\mathfrak{B}\ Erf_A\,(H_1\wedge H_2)\ äq\ \mathfrak{B}\ Erf_A\ H_1\ et\ \mathfrak{B}\ Erf_A\ H_2$. 5.3.

Mithin

*7.3.1. $\mathfrak{B}\ Erf_A\ \overset{k}{\underset{i=1}{\wedge}}\ H_i\ äq\ \mathfrak{B}\ Erf_A\ H_1\ et\ldots et\ \mathfrak{B}\ Erf_A\ H_k$.

*7.4. $\mathfrak{B}\ Erf_A(H_1\vee H_2)\ äq\ \mathfrak{B}\ Erf_A\ H_1\ vel\ \mathfrak{B}\ Erf_A\ H_2$. 5.4.

Mithin

*7.4.1. $\mathfrak{B}\ Erf_A\ \overset{k}{\underset{i=1}{\vee}}\ H_i\ äq\ \mathfrak{B}\ Erf_A\ H_1\ vel\ldots vel\ \mathfrak{B}\ Erf_A\ H_k$.

*7.5. $\mathfrak{B}\ Erf_A(H_1\rightarrow H_2)\ äq\ non\ \mathfrak{B}\ Erf_A\ H_1\ vel\ \mathfrak{B}\ Erf_A\ H_2$ 5.5.
$äq\ \mathfrak{B}\ Erf_A\ H_1\ seq\ \mathfrak{B}\ Erf_A\ H_2$.

*7.6. $\mathfrak{B}\ Erf_A(H_1\leftrightarrow H_2)\ .äq.\ \mathfrak{B}\ Erf_A\ H_1\ äq\ \mathfrak{B}\ Erf_A\ H_2$ 5.6.
$.äq.\ \mathfrak{B}_A^*(H_1) = \mathfrak{B}_A^*(H_2)$. 5.6.

Es folge hier noch das Komplement zu 7.2:

*7.7. $\mathfrak{B}\ Erf_A\ H\ äq\ non\ \mathfrak{B}\ Erf_A\sim$H.

Denn

(1) $\mathfrak{B}\ Erf_A\ H\ äq\ non\ (non\ \mathfrak{B}\ Erf_A\ H)$ § 5, 7.1.

(2) $äq\ non\ \mathfrak{B}\ Erf_A\sim$H. 7.2.

Hierzu die Verneinungen von 7.3 bis 7.6:

*7.8. $non\ \mathfrak{B}\ Erf_A\,(H_1\wedge H_2)\ äq\ non\ \mathfrak{B}\ Erf_A\ H_1\ vel\ non\ \mathfrak{B}\ Erf_A\ H_2$ §5, 8.1.
$äq\ \mathfrak{B}\ Erf_A\sim H_1\ vel\ \mathfrak{B}\ Erf_A\sim H_2$ 7.2.
$äq\ \mathfrak{B}\ Erf_A\sim H_1\vee\sim H_2$. 7.4.

*7.8.1. $non\ \mathfrak{B}\ Erf_A\ \overset{k}{\underset{i=1}{\wedge}}\ H_i\ äq\ \mathfrak{B}\ Erf_A\ \overset{k}{\underset{i=1}{\vee}}\sim H_i$.

*7.9. $non\ \mathfrak{B}\ Erf_A\,(H_1\vee H_2)\ äq\ non\ \mathfrak{B}\ Erf_A\ H_1\ et\ non\ \mathfrak{B}\ Erf_A\ H_2$ §5, 8.2.
$äq\ \mathfrak{B}\ Erf_A\sim H_1\ et\ \mathfrak{B}\ Erf_A\sim H_2$ 7.2.
$äq\ \mathfrak{B}\ Erf_A\sim H_1\wedge\sim H_2$. 7.3.

---

[1] Man beachte, daß die Erfüllungsrelation hier in dem in Fußnote 2, S. 16 angekündigten Sinne definiert ist ohne Beziehung auf einen semiotischen Repräsentanten der vorausgesetzten semantischen Belegung.

*7.9.1.　　$non\,\mathfrak{B}\,Erf_A \overset{k}{\underset{i=1}{\vee}} H_i\, \ddot{a}q\, \mathfrak{B}\,Erf_A \overset{k}{\underset{i=1}{\wedge}} {\sim}H_i.$

*7.10.　　$non\,\mathfrak{B}\,Erf_A\,H_1 \to H_2\, \ddot{a}q\, \mathfrak{B}\,Erf_A\,H_1\, et\, non\, \mathfrak{B}\,Erf_A\,H_2$ 　　　　§5, 8.3.

　　　　　　　$\ddot{a}q\, \mathfrak{B}\,Erf_A\,H_1\, et\, \mathfrak{B}\,Erf_A\,{\sim}H_2$ 　　　　　　　7.2.

　　　　　　　$\ddot{a}q\, \mathfrak{B}\,Erf_A\,H_1 \wedge {\sim}H_2.$

*7.11.　　$non\,\mathfrak{B}\,Erf_A\,H_1 \leftrightarrow H_2\, \ddot{a}q\, \mathfrak{B}\,Erf_A\,H_1\, et\, non\, \mathfrak{B}\,Erf_A\,H_2$

　　　　　　　$vel\, \mathfrak{B}\,Erf_A\,H_2\, et\, non\, \mathfrak{B}\,Erf_A\,H_1$ 　　§5, 8.4.

　　　　　　　$\ddot{a}q\, \mathfrak{B}\,Erf_A\,H_1 \wedge {\sim}H_2\, vel\, \mathfrak{B}\,Erf_A\,H_2 \wedge {\sim}H_1$

　　　　　　　　　　　　　　　　　　　　　7.3 ; 7.2.

　　　　　　　$\ddot{a}q\, \mathfrak{B}\,Erf_A\,H_1 \wedge {\sim}H_2 \vee H_2 \wedge {\sim}H_1.$ 　　　7.4.

8. *Die semantisch definierten A-Identitäten.*

Im semantischen Sinne heißt ein A-Ausdruck H *erfüllbar* (*erf*$_A$H),
wenn er durch wenigstens eine semantische Belegung erfüllt wird, *unerfüllbar* (*non erf*$_A$H), wenn er durch keine, *identisch* (für „identisch
erfüllt") oder *allgemeingültig* (*id*$_A$H), wenn er durch jede semantische
Belegung erfüllt wird, *neutral* (*nt*$_A$H), wenn er weder allgemeingültig
noch unerfüllbar ist. Symbolisch:

8.1.　　　$erf_A\,H\, \ddot{a}q_{Df}\,(Ex\,\mathfrak{B})\,(\mathfrak{B}\,Erf_A\,H).$

　　　　　Mithin

8.2.　　　$non\,erf_A\,H\, \ddot{a}q\, non\,(Ex\,\mathfrak{B})\,(\mathfrak{B}\,Erf_A\,H)$ 　　　　　§5, 9.2.

　　　　　　　$\ddot{a}q\,(Om\,\mathfrak{B})\,(non\,\mathfrak{B}\,Erf_A\,H)$ 　　　　　§5, 14.2.

　　　　　　　$\ddot{a}q\,(Om\,\mathfrak{B})\,(\mathfrak{B}\,Erf_A\,{\sim}H).$ 　　　　　　7.2.

*8.3.　　$id_A\,H\, \ddot{a}q_{Df}(Om\,\mathfrak{B})\,(\mathfrak{B}\,Erf_A\,H).$

Anm.: Die semantisch definierten A-Identitäten sind also wegen

$$(Om\,\mathfrak{B})\,(\mathfrak{B}\,Erf_A\,H)\, \ddot{a}q\,(Om\,\mathfrak{B}_A)\,\big(\mathfrak{B}_A^*(H) = W\big)$$

belegungsinvariante Symbole für das Wahre. Wegen der rechten Seite
besagt *id*$_A$H, daß *der durch* $\mathfrak{B}_A$ *definierte Wahrheitswert von* H *identisch
das Wahre ist.* Aus dieser normierten Interpretation von *id*$_A$H ergeben
sich die entsprechenden Interpretationen für *erf*$_A$H und *nt*$_A$H, mit

8.4.　　$nt_A\,H\, \ddot{a}q_{Df}\,non\,id_A\,H\, et\, non\,(non\,erf_A\,H).$

8.5.　　Auf Grund von 4.5 ist es sinnvoll, neben

(1)　　$id_A\,p \wedge q \to p$

　　　anzuschreiben

(2)　　$id_A\,H \wedge \Theta \to H.$

Zu lesen: „Der Wahrheitswert eines A-Ausdrucks vom Typus $p \wedge q \rightarrow p$ bzw. $H \wedge \Theta \rightarrow H$ ist identisch das Wahre." $p \wedge q \rightarrow p$ bzw. $H \wedge \Theta \rightarrow H$ sind also *Schemata von A-Identitäten*. Im Einklang mit § 10, 3.3 sollen jedoch ein für allemal die Schemata vom Typus (1) noch als *A-Identitäten im weiteren Sinne* gelten und die Schemata von A-Identitäten beschränkt sein auf die Schemata vom Typus (2). Wir werden im folgenden stets von diesen Schemata Gebrauch machen.

Es ist nun noch anzuschließen die

9. *Kennzeichnung der semantisch definierten A-Sätze.*

Die Menge dieser Sätze soll zusammenfallen mit der Menge idt_A der semantisch definierten A-Identitäten.

10. Aus 6.2 folgt unmittelbar die *Entscheidbarkeit der semantisch interpretierten A-Ausdrücke* im Sinn von §10, 7.4.

11. Mit der Menge der A-Reihen (§10, 2.5) sind auch die Mengen der A-Symbole, A-Ausdrücke und A-Identitäten *abzählbar unendlich*.

12. Man kann zeigen, daß für den AK mit *Aeq* als „Gleichheit" die Gesetze der Booleschen Algebra im Sinne von §134 gelten. Hierzu §17, 1.

13. Funktionen, deren Wert für jedes Argument wie im Fall von $\mathfrak{B}_A^*$ ein Wahrheitswert ist, heißen *logische* Funktionen. Der semantisch definierte AK kann also aufgefaßt werden als eine *logische Funktionentheorie in den Ausdrucksmitteln des AK und mit Auszeichnung der A-Identitäten.*

B) Semantik

I. Allgemeine Semantik

§ 12. Grundlegende Theoreme zur Allgemeingültigkeit und Erfüllbarkeit eines A-Ausdrucks

Vorbemerkung: Θ sei eine Konjunktion (Alternative, Aequivalenz) in $H_1, \ldots, H_n$. Dann soll Θ *n-gliedrig* heißen, also im Grenzfall auch dann, wenn H in Θ n-mal vorkommt[1]. Alle Zahlen sind dementsprechend als *Gliederzahlen* aufzufassen. Statt von Gliedern sprechen wir auch von Komponenten oder Konstituenten.

1. Wir schreiben, mit „$H_1 \, Imp_A \, H_2$" für „H_1 impliziert im AK H_2" und mit „$H_1 \, Aeq_A \, H_2$" für „H_1 ist aequivalent im AK mit H_2",

  1.1. $H_1 \, Imp_A \, H_2$ für $id_A \, H_1 \rightarrow H_2$,

  1.2. $H_1 \, Aeq_A \, H_2$ für $id_A \, H_1 \leftrightarrow H_2$,
        mit $\Theta_1 \, Aeq_A \, \Theta_2 \, Aeq_A \, \Theta_3$ für $\Theta_1 \, Aeq_A \, \Theta_2 \, et \, \Theta_2 \, Aeq_A \, \Theta_3$,

  1.3. $id_A \, (erf_A) \, H_1, H_2$ für $id_A \, (erf_A) \, H_1 \, et \, id_A \, (erf_A) \, H_2$.

---

[1] Denn als Ausdrucksvariable brauchen H_i und H_k nicht verschiedene A-Ausdrücke anzudeuten.

1.4. Unter der Voraussetzung, daß a_1, a_2 metasprachliche Aussagen sind, schreiben wir

$$a_1 \, seq! \, a_2,$$

um in den Fällen, in denen es angezeigt erscheint, die Nicht-Umkehrbarkeit hervorzuheben.

Wir notieren zu 1.1

1.5.   *Imp_A ist reflexiv:*

$\mathrm{H}\, Imp_A \,\mathrm{H}.$

1.6.   *Imp_A ist transitiv:*

$\mathrm{H}_1 \, Imp_A \, \mathrm{H}_2 \, et \, \mathrm{H}_2 \, Imp_A \, \mathrm{H}_3 \, seq \, \mathrm{H}_1 \, Imp_A \, \mathrm{H}_3.$

Wir sagen zusammenfassend

1.7.   *Imp_A ist eine Halbordnung.*

2. *Die Grundbeziehungen zwischen id_A und erf_A.*

*2.1. $id_A \,\mathrm{H} \, äq \, non \, erf_A \sim \mathrm{H}.$ Vgl. 5.11.

Denn $(Om\,\mathfrak{B})\,(\mathfrak{B}\,Erf_A\,\mathrm{H})\,äq\,non\,(Ex\,\mathfrak{B})\,(non\,\mathfrak{B}\,Erf_A\,\mathrm{H})$ §5, 14.3.

$äq\,non\,(Ex\,\mathfrak{B})\,(\mathfrak{B}\,Erf_A\sim\mathrm{H}).$ § 11, 7.2; 8.2.

*2.2. $erf_A \,\mathrm{H} \, äq \, non \, id_A \sim \mathrm{H}.$ Vgl. 5.12.

Denn $(Ex\,\mathfrak{B})\,(\mathfrak{B}\,Erf_A\,\mathrm{H})\,äq\,non\,(Om\,\mathfrak{B})\,(non\,\mathfrak{B}\,Erf_A\,\mathrm{H})$ §5, 14.4.

$äq\,non\,(Om\,\mathfrak{B})\,(\mathfrak{B}\,Erf_A\sim\mathrm{H}).$ § 11, 7.2; 8.3.

3. *Das Neutralitätstheorem.*

$nt_A \,\mathrm{H} \, äq \, nt_A \sim \mathrm{H}.$

Denn $(Ex\,\mathfrak{B})\,(\mathfrak{B}\,Erf_A\,\mathrm{H})\,et\,(Ex\,\mathfrak{B})\,(non\,\mathfrak{B}\,Erf_A\,\mathrm{H})$

$äq\,(Ex\,\mathfrak{B})\,(\mathfrak{B}\,Erf_A\sim\mathrm{H})\,et\,(Ex\,\mathfrak{B})\,(non\,\mathfrak{B}\,Erf_A\sim\mathrm{H}).$ §11, 7.2; 7.7.

4. *Die Abtrennungsregel.*

*4.1. $\mathrm{H}_1 \, Imp_A \, \mathrm{H}_2 \,.\, seq! \,.\, id_A \, \mathrm{H}_1 \, seq \, id_A \, \mathrm{H}_2,$ [1]   Vgl. 5.7.

oder gleichwertig (§ 5, 9.4)

*4.2. $\mathrm{H}_1 \, Imp_A \, \mathrm{H}_2 \, et \, id_A \, \mathrm{H}_1 \, seq \, id_A \, \mathrm{H}_2.$

Denn $(Om\,\mathfrak{B})\,(\mathfrak{B}\,Erf_A\,\mathrm{H}_1\,seq\,\mathfrak{B}\,Erf_A\,\mathrm{H}_2)$ § 11, 7.5.

$.\,seq\,.\,(Om\,\mathfrak{B})\,(\mathfrak{B}\,Erf_A\,\mathrm{H}_1)\,seq\,(Om\,\mathfrak{B})\,(\mathfrak{B}\,Erf_A\,\mathrm{H}_2).$ § 5, 15.1.

4.1 ist nicht umkehrbar; denn $non\,id_A\,p$, folglich, mit § 5, 9.10, $id_A\,p\,seq\,id_A\,q$. Aber nicht $p\,Imp_A\,q$.

5. *Aeq_A-Theoreme* [2].

*5.1. $\mathrm{H}_1 \, Aeq_A \, \mathrm{H}_2 \, äq \, (Om\,\mathfrak{B}_A)\,\big(\mathfrak{B}_A^{*}(\mathrm{H}_1) = \mathfrak{B}_A^{*}(\mathrm{H}_2)\big).$

---

[1] Hierzu das Komplement 7.6.

[2] Um der Vereinfachung willen schreiben wir fortan „$\mathfrak{B}_A^{*}(\mathrm{H}_1 \circ \mathrm{H}_2)$" für „$\mathfrak{B}_A^{*}((\mathrm{H}_1 \circ \mathrm{H}_2))$".

Beweis: Aus §11, 5.6 folgt mit Hilfe des *Dictum de omni* (§ 5, 11.1)

(1) $(Om\,\mathfrak{B}_A)\,(\mathfrak{B}_A^*(H_1 \leftrightarrow H_2) = W\;\ddot{a}q\;\mathfrak{B}_A^*(H_1) = \mathfrak{B}_A^*(H_2))$.

Hieraus durch gliedweise Generalisierung von $\mathfrak{B}_A$ (§ 5, 15.2)

(2) $(Om\,\mathfrak{B}_A)\,(\mathfrak{B}_A^*(H_1 \leftrightarrow H_2) = W)\;\ddot{a}q\;(Om\,\mathfrak{B}_A)\,(\mathfrak{B}_A^*(H_1) = \mathfrak{B}_A^*(H_2))$.

Aus 5.1 folgt mit § 11, 5.6

5.1.1. $H_1\,Aeq_A\,H_2\,\ddot{a}q\,(Om\,\mathfrak{B})\,(\mathfrak{B}\,Erf_A\,H_1\,\ddot{a}q\,\mathfrak{B}\,Erf_A\,H_2)$.

Mithin

*5.1.2. $H_1\,Aeq_A\,H_2\,.\,seq\,.\,\mathfrak{B}\,Erf_A\,H_1\,\ddot{a}q\,\mathfrak{B}\,Erf_A\,H_2$.

Andererseits erhält man aus 5.1.1. mit

$\mathfrak{B}\,Erf_A\,H_1\,\ddot{a}q\,\mathfrak{B}\,Erf_A\,H_2\,.\,\ddot{a}q\,.\,non\,\mathfrak{B}\,Erf_A\,H_1\,\ddot{a}q\,non\,\mathfrak{B}\,Erf_A\,H_2$ § 5, 9.2.

$.\,\ddot{a}q\,.\,\mathfrak{B}\,Erf_A\sim H_1\,\ddot{a}q\,\mathfrak{B}\,Erf_A\sim H_2$ § 11, 7.7.

*5.1.3. $H_1\,Aeq_A\,H_2\,\ddot{a}q\sim H_1\,Aeq_A\sim H_2$.

Aus der Vergleichung von *Äq* und *Seq* folgt

*5.2. $H_1\,Aeq_A\,H_2\,\ddot{a}q\,H_1\,Imp_A\,H_2\,et\,H_2\,Imp_A\,H_1$.

Es gelten ferner die folgenden Theoreme:

*5.3. $\sim\sim H\,Aeq_A\,H$.

Denn $(Om\,\mathfrak{B}_A)\,(\mathfrak{B}_A^*(\sim\sim H) = Non\,(Non\,(\mathfrak{B}_A^*(H)) = \mathfrak{B}_A^*(H)))$. [1]

5.4. $id_A\,H_1,H_2\,seq\,H_1\,Aeq_A\,H_2$.

Denn $(Om\,\mathfrak{B}_A)\,(\mathfrak{B}_A^*(H_1) = W)\,et\,(Om\,\mathfrak{B}_A)\,(\mathfrak{B}_A^*(H_2) = W)$

$seq\,(Om\,\mathfrak{B}_A)\,(\mathfrak{B}_A^*(H_1) = \mathfrak{B}_A^*(H_2))$.   Dann 5.1.

Entsprechend

5.5. $non\text{-}erf_A\,H_1,H_2\,seq\,H_1\,Aeq_A\,H_2$.

Denn $(Om\,\mathfrak{B}_A)\,(\mathfrak{B}_A^*(H_1) = \mathfrak{B}_A^*(H_2))$.   Dann 5.1.

Es gilt also

*5.6.   Zwei identische oder unerfüllbare A-Ausdrücke sind aequivalent. Symbolisch:

$id_A\,H_1,H_2\,vel\,non\text{-}erf_A\,H_1,H_2\,seq\,H_1\,Aeq_A\,H_2$.

*5.7. $H_1\,Aeq_A\,H_2\,.\,seq!\,.\,id_A\,H_1\,\ddot{a}q\,id_A\,H_2$.   Vgl. 4.1.

Denn $(Om\,\mathfrak{B}_A)\,(\mathfrak{B}_A^*(H_1) = \mathfrak{B}_A^*(H_2))$

$.\,seq\,.\,(Om\,\mathfrak{B}_A)\,(\mathfrak{B}_A^*(H_1) = W)\,\ddot{a}q\,(Om\,\mathfrak{B}_A)\,(\mathfrak{B}_A^*(H_2) = W)$.

---

[1] Dies ergibt sich auf Grund der Matrix für *Non* in zwei Schritten:

(1) $\mathfrak{B}_A^*(H) = W\;\ddot{a}q\;Non\,(\mathfrak{B}_A^*(H)) = F$

(2) $\ddot{a}q\,Non\,(Non\,(\mathfrak{B}_A^*(H))) = W$.

5.7 ist nicht umkehrbar; denn $non\ id_A\,p\ et\ non\ id_A\,q$, folglich (§ 5, 9.13) $id_A\,p\ \ddot{a}q\ id_A\,q$. Aber nicht $p\,Aeq_A\,q$.

*5.8. $H_1\,Aeq_A\,H_2\,.\,seq!\,.\,erf_A\,H_1\ \ddot{a}q\ erf_A\,H_2.$ Vgl. 7.6.

      Denn $(Om\,\mathfrak{B}_A)\,\big(\mathfrak{B}_A^*\,(H_1) = \mathfrak{B}_A^*\,(H_2)\big)$

       $.\,seq\,.\,(Ex\,\mathfrak{B}_A)\,\big(\mathfrak{B}_A^*\,(H_1) = W\big)\ \ddot{a}q\,(Ex\,\mathfrak{B}_A)\,\big(\mathfrak{B}_A^*\,(H_2) = W\big).$

5.8 ist nicht umkehrbar; denn $erf_A\,p\ et\ erf_A\,q$, folglich (§ 5, 9.12) $erf_A\,p\ \ddot{a}q\ erf_A\,q$. Aber nicht $p\,Aeq_A\,q$.

Aus 5.7 und 5.8 folgen durch gliedweise metasprachliche Verneinung (§ 5, 9.2)

5.9. $H_1\,Aeq_A\,H_2\,.\,seq\,.\,non\ id_A\,H_1\ \ddot{a}q\ non\ id_A\,H_2.$

5.10. $H_1\,Aeq_A\,H_2\,.\,seq\,.\,non\ erf_A\,H_1\ \ddot{a}q\ non\ erf_A\,H_2.$

      Aus 2.1 folgt durch $H/{\sim}H$ wegen 5.3 mit 5.10

*5.11. $id_A\,{\sim}H\ \ddot{a}q\ non\ erf_A\,H.$

      Aus 2.2 folgt durch $H/{\sim}H$ wegen 5.3 mit 5.9

*5.12. $erf_A\,{\sim}H\ \ddot{a}q\ non\ id_A\,H.$ Vgl. 2.2.

6. *Theoreme zu* $\overset{k}{\underset{i=1}{\bigwedge}}\,H_i\ und\ \overset{k}{\underset{i=1}{\bigvee}}\,H_i.$

(A) Folgerungen aus der Matrix für *Et*

Aus der Matrix für *Et* liest man ab

6.1. $id_A\,H_1 \wedge H_2\ \ddot{a}q\ id_A\,H_1\ et\ id_A\,H_2.$

Aus 6.1 folgt durch Induktion über die Anzahl der Konjunktionsglieder

*6.2. $id_A\,\overset{k}{\underset{i=1}{\bigwedge}}\,H_i\ \ddot{a}q\ id_A\,H_1\ et \ldots et\ id_A\,H_k.$

Eine *Konjunktion* ist genau dann A-identisch, wenn jedes ihrer Glieder A-identisch ist.

6.3. $non\ erf_A\,H_1\ vel\ non\ erf_A\,H_2\ seq!\ non\ erf_A\,H_1 \wedge H_2.$

Beweis:

(1) $(Om\,\mathfrak{B}_A)\,(\mathfrak{B}_A^*\,(H_1) = F)\ seq\ (Om\,\mathfrak{B}_A)\,(\mathfrak{B}_A^*\,(H_1 \wedge H_2) = F).$

(2) $(Om\,\mathfrak{B}_A)\,(\mathfrak{B}_A^*\,(H_2) = F)\ seq\ (Om\,\mathfrak{B}_A)\,(\mathfrak{B}_A^*\,(H_1 \wedge H_2) = F).$

      Aus (1) und (2) folgt durch vordere Koppelung (§ 5, 9.6)

(3) $(Om\,\mathfrak{B}_A)\,(\mathfrak{B}_A^*\,(H_1) = F)\ vel\,(Om\,\mathfrak{B}_A)\,(\mathfrak{B}_A^*\,(H_2) = F)$

         $seq\,(Om\,\mathfrak{B}_A)\,(\mathfrak{B}_A^*\,(H_1 \wedge H_2) = F).$

6.3 ist nicht umkehrbar. Gegenbeispiel: $non\ erf_A\,p \wedge {\sim}p$; aber $erf_A\,p\ et\ erf_A\,{\sim}p.$

Aus 6.3 folgt durch Induktion über die Anzahl der Konjunktions-glieder

*6.4. $non\ erf_A\ H_1\ vel\ldots vel\ non\ erf_A\ H_k\ seq!\ non\ erf_A\ \bigwedge\limits_{i=1}^{k} H_i.$

Eine *Konjunktion* ist stets (aber nicht *nur*) dann A-unerfüllbar, wenn wenigstens eines ihrer Glieder A-unerfüllbar ist.

(B) Folgerungen aus der Matrix für *Vel*

6.5. $id_A\ H_1\ vel\ id_A\ H_2\ seq!\ id_A\ H_1 \vee H_2.$

Beweis:

(1) $(Om\ \mathfrak{B}_A)\ (\mathfrak{B}_A^*(H_1) = W)\ seq\ (Om\ \mathfrak{B}_A)\ (\mathfrak{B}_A^*(H_1 \vee H_2) = W).$

(2) $(Om\ \mathfrak{B}_A)\ (\mathfrak{B}_A^*(H_2) = W)\ seq\ (Om\ \mathfrak{B}_A)\ (\mathfrak{B}_A^*(H_1 \vee H_2) = W).$

Aus (1) und (2) folgt (§ 5, 9.6)

(3) 6.5.

6.5 ist nicht umkehrbar. Gegenbeispiel: $id_A p \vee \sim p$; aber $non\ id_A p$ et $non\ id_A \sim p$.

Aus 6.5 folgt durch Induktion über die Anzahl der Alternativglieder

*6.6. $id_A\ H_1\ vel\ldots vel\ id_A\ H_k\ seq!\ id_A\ \bigvee\limits_{i=1}^{k} H_i.$

Eine *Alternative* ist stets (aber nicht *nur*) dann A-identisch, wenn wenigstens eines ihrer Glieder A-identisch ist.

Aus der Matrix für *Vel* liest man ab

6.7. $non\ erf_A\ H_1\ et\ non\ erf_A\ H_2\ äq\ non\ erf_A\ H_1 \vee H_2.$

Hieraus durch Induktion über die Anzahl der Alternativglieder

*6.8. $non\ erf_A\ H_1\ et\ldots et\ non\ erf_A\ H_k\ äq\ non\ erf_A\ \bigvee\limits_{i=1}^{k} H_i.$

Eine *Alternative* ist genau dann A-unerfüllbar, wenn jedes ihrer Glieder A-unerfüllbar ist.

7. *Theoreme zu* erf_A.

7.1. $erf_A\ H_1 \wedge H_2\ seq!\ erf_A\ H_1\ et\ erf_A\ H_2.$

Denn aus der Matrix für *Et* folgt

$$(Ex\ \mathfrak{B}_A)\ (\mathfrak{B}_A^*(H_1 \wedge H_2) = W)\ seq\ (Ex\ \mathfrak{B}_A)\ (\mathfrak{B}_A^*(H_1) = W)$$
$$et\ (Ex\ \mathfrak{B}_A)\ (\mathfrak{B}_A^*(H_2) = W).$$

7.1 ist nicht umkehrbar. Gegenbeispiel: $erf_A p\ et\ erf_A \sim p$; aber $non\ erf_A p \wedge \sim p.$

Aus 7.1 folgt durch Induktion über die Anzahl der Konjunktionsglieder

*7.2. $erf_A \bigwedge\limits_{i=1}^{k} H_i$ $seq!$ $erf_A H_1$ $et \ldots et$ $erf_A H_k$.

Eine *Konjunktion* ist nur (aber nicht *stets*) dann A-erfüllbar, wenn jedes ihrer Glieder A-erfüllbar ist.

7.3. $erf_A H_1 \vee H_2$ $äq$ $erf_A H_1$ vel $erf_A H_2$.

    Denn $(Ex\,\mathfrak{B})\,(\mathfrak{B}\,Erf_A H_1\,vel\,\mathfrak{B}\,Erf_A H_2)$

        $äq\,(Ex\,\mathfrak{B})\,(\mathfrak{B}\,Erf_A H_1)\,vel\,(Ex\,\mathfrak{B})\,(\mathfrak{B}\,Erf_A H_2)$.   § 5, 17.2.

Aus 7.3 folgt durch Induktion über die Anzahl der Alternativglieder

*7.4. $erf_A \bigvee\limits_{i=1}^{k} H_i$ $äq$ $erf_A H_1$ $vel \ldots vel$ $erf_A H_k$.

Eine *Alternative* ist genau dann A-erfüllbar, wenn wenigstens eines ihrer Glieder A-erfüllbar ist.

*7.5. $erf_A H_1$ seq $erf_A H_2$. $seq!$. $erf_A H_1 \rightarrow H_2$.

Wir zeigen statt dessen (§ 5, 7.2)

    $non\,erf_A H_1$ vel $erf_A H_2$ seq $erf_A H_1 \rightarrow H_2$.

Beweis: Aus der Matrix von *Seq* liest man ab

(1) $(Om\,\mathfrak{B}_A)\,(\mathfrak{B}_A^{*}(H_1) = F)$ seq $(Ex\,\mathfrak{B}_A)\,(\mathfrak{B}_A^{*}(H_1 \rightarrow H_2) = W)$.

(2) $(Ex\,\mathfrak{B}_A)\,(\mathfrak{B}_A^{*}(H_2) = W)$ seq $(Ex\,\mathfrak{B}_A)\,(\mathfrak{B}_A^{*}(H_1 \rightarrow H_2) = W)$.

Aus (1) und (2) folgt (§ 5, 9.6)

(3)   7.5.

7.5 ist nicht umkehrbar. Gegenbeispiel: $erf_A p \rightarrow q \wedge \sim q$ (durch $\mathfrak{B}_A$ mit $\mathfrak{B}_A^{*}(p) = F$) et $erf_A p$ (durch $\mathfrak{B}_A$ mit $\mathfrak{B}_A^{*}(p) = W$); aber $non\,erf_A q \wedge \sim q$. Dagegen

*7.6. $H_1\,Imp_A H_2$. $seq!$. $erf_A H_1$ seq $erf_A H_2$.   Vgl. 5.8.

    Denn $(Om\,\mathfrak{B})\,(\mathfrak{B}\,Erf_A H_1$ seq $\mathfrak{B}\,Erf_A H_2)$

        . seq . $(Ex\,\mathfrak{B})\,(\mathfrak{B}\,Erf_A H_1)$ seq $(Ex\,\mathfrak{B})\,(\mathfrak{B}\,Erf_A H_2)$.   § 5, 16.1.

Auch 7.6 ist nicht umkehrbar; denn $erf_A q$, folglich, mit § 5, 9.11, $erf_A p$ seq $erf_A q$; aber nicht $p\,Imp_A q$.

8. *Reduktionstheoreme erster Art.*

8.1. $id_A \Theta$ seq $\Theta \wedge H\,Aeq_A H \wedge \Theta\,Aeq_A H$.

In Worten: Die Bewertung einer Konjunktion ändert sich nicht, wenn ein identisches Konjunktionsglied gestrichen wird. Kürzer: In einer Konjunktion kann jedes identische Konjunktionsglied gestrichen werden. Die leere Konjunktion ist in diesem Falle identisch.

8.2. $id_A \Theta\ seq\ \Theta \vee \mathsf{H}\ Aeq_A \mathsf{H} \vee \Theta\ Aeq_A \Theta$.

In Worten: Eine Alternative ist stets dann identisch, wenn wenigstens ein Alternativglied identisch ist (vgl. 6.6).

8.3. $id_A \Theta\ seq\ \Theta \rightarrow \mathsf{H}\ Aeq_A \mathsf{H}$.

8.4. $id_A \Theta\ seq\ \Theta \leftrightarrow \mathsf{H}\ Aeq_A \mathsf{H} \leftrightarrow \Theta\ Aeq_A \mathsf{H}$.

9. *Reduktionstheoreme zweiter Art.*

9.1. $non\ erf_A \Theta\ seq\ \Theta \wedge \mathsf{H}\ Aeq_A \mathsf{H} \wedge \Theta\ Aeq_A \Theta$.

In Worten: Eine Konjunktion ist stets dann unerfüllbar, wenn wenigstens ein Konjunktionsglied unerfüllbar ist (vgl. 6.4).

9.2. $non\ erf_A \Theta\ seq\ \Theta \vee \mathsf{H}\ Aeq_A \mathsf{H} \vee \Theta\ Aeq_A \mathsf{H}$.

In Worten: In einer Alternative kann jedes unerfüllbare Alternativglied gestrichen werden. Die leere Alternative ist in diesem Falle unerfüllbar.

9.3. $non\ erf_A \Theta\ seq\ \mathsf{H} \rightarrow \Theta\ Aeq_A \sim \mathsf{H}$.

9.4. $non\ erf_A \Theta\ seq\ \mathsf{H} \leftrightarrow \Theta\ Aeq_A \Theta \leftrightarrow \mathsf{H}\ Aeq_A \sim \mathsf{H}$.

10. *Sequenzen.*

Um ihrer überragenden Bedeutung willen (vgl. § 59, 3) stellen wir hier noch einmal die folgenden Theoreme als Sequenzen[1] zusammen:

10.1.	$\mathsf{H}_1\ Imp_A\ \mathsf{H}_2 . seq! . id_A \mathsf{H}_1\ seq\ id_A \mathsf{H}_2$.	4.1.
10.2.	$erf_A \mathsf{H}_1\ seq\ erf_A \mathsf{H}_2$.	7.6.
10.3.	$\mathsf{H}_1\ Aeq_A\ \mathsf{H}_2 . seq! . id_A \mathsf{H}_1\ äq\ id_A \mathsf{H}_2$.	5.7.
10.4.	$erf_A \mathsf{H}_1\ äq\ erf_A \mathsf{H}_2$.	5.8.

§ 13. Gleichheiten im Aussagenkalkül

1. *Definitionen.*

1.1. H_1 ist A-identitätsgleich mit H_2.

$\mathsf{H}_1\ Idg_A\ \mathsf{H}_2\ äq_{Df}\ id_A \mathsf{H}_1\ äq\ id_A \mathsf{H}_2$.

1.2. H_1 ist A-erfüllbarkeitsgleich mit H_2.

$\mathsf{H}_1\ Erfg_A\ \mathsf{H}_2\ äq_{Df}\ erf_A \mathsf{H}_1\ äq\ erf_A \mathsf{H}_2$.

2. Aeq_A, Idg_A, $Erfg_A$ sind reflexiv, symmetrisch und transitiv. Solche Relationen heißen *Gleichheiten*. Vgl. § 5, 4.1 bis 4.3.

---

[1] Gemeint sind Theoreme vom Typus „$a_1\ seq!\ a_2$".

2.1. $\mathfrak{R}$ sei eine Gleichheit. Dann ist $\mathfrak{R}$ *drittengleich* in folgendem Sinne:

$$H_1\,\mathfrak{R}\,H_3 \; et \; H_2\,\mathfrak{R}\,H_3 \; seq \; H_1\,\mathfrak{R}\,H_2.$$

3. Es gelten die folgenden Theoreme:

3.1. $H_1\,Idg_A\,H_2\,\ddot{a}q\,id_A\,H_1,\,H_2\,vel\,non\,id_A\,H_1\,et\,non\,id_A\,H_2.$ § 5, 7.3.

3.2. $H_1\,Erfg_A\,H_2\,\ddot{a}q\,erf_A\,H_1,\,H_2\,vel\,non\,erf_A\,H_1\,et\,non\,erf_A\,H_2.$

3.3. $non\,H_1\,Idg_A\,H_2\,\ddot{a}q\,id_A\,H_1\,et\,non\,id_A\,H_2$

$\qquad\qquad vel\,id_A\,H_2\,et\,non\,id_A\,H_1.$ § 5, 8.4.

3.4. $non\,H_1\,Erfg_A\,H_2\,\ddot{a}q\,erf_A\,H_1\,et\,non\,erf_A\,H_2$

$\qquad\qquad vel\,erf_A\,H_2\,et\,non\,erf_A\,H_1.$

Man beachte, daß für den Beweis von $H_1\,Idg_A\,H_2$ usf. jeweils nur Ein Glied der rechtsstehenden Alternative erforderlich ist.

4. Aus § 12, 2.1; 2.2 ergeben sich die folgenden metasprachlichen Äquivalenzen:

4.1. $H_1\,Idg_A\,H_2\,\ddot{a}q\sim H_1\,Erfg_A\sim H_2.$

4.2. $H_1\,Erfg_A\,H_2\,\ddot{a}q\sim H_1\,Idg_A\sim H_2.$

5. Irgend zwei neutrale A-Ausdrücke (§ 11, 8.4) sind identitäts- und erfüllbarkeitsgleich.

6. Wir notieren noch

6.1. $H_1\,Aeq_A\,H_2\,seq!\,H_1\,Idg_A\,H_2.$ § 12, 5.7.

6.2. $H_1\,Aeq_A\,H_2\,seq!\,H_1\,Erfg_A\,H_2.$ § 12, 5.8.

§ 14. Operatorentheorie der Bewertungsfunktoren

1. *Die Eigenschaften von Et:*

1.1.   *idempotent.*

$Et\big(\mathfrak{B}_A^*(H),\,\mathfrak{B}_A^*(H)\big)=\mathfrak{B}_A^*(H).$

Folglich (§ 11, 4.4)

$(Om\,\mathfrak{B}_A)\big(\mathfrak{B}_A^*(H\wedge H)=\mathfrak{B}_A^*(H)\big).$

Folglich (§ 12, 5.1)

$H\wedge H\,Aeq_A\,H.$

1.2.   *kommutativ.*

$Et\big(\mathfrak{B}_A^*(H_1),\,\mathfrak{B}_A^*(H_2)\big)=Et\big(\mathfrak{B}_A^*(H_2),\,\mathfrak{B}_A^*(H_1)\big).$

Folglich (wie zu 1.1)

$H_1\wedge H_2\,Aeq_A\,H_2\wedge H_1.$

1.3. *assoziativ.*

$$Et\left(\mathfrak{B}_A^*(H_1), Et(\mathfrak{B}_A^*(H_2), \mathfrak{B}_A^*(H_3))\right)$$
$$= Et\left(Et(\mathfrak{B}_A^*(H_1), \mathfrak{B}_A^*(H_2)), \mathfrak{B}_A^*(H_3)\right).$$

Folglich

$$H_1 \wedge (H_2 \wedge H_3)\, Aeq_A\, (H_1 \wedge H_2) \wedge H_3.$$

1.4. *distributiv in bezug auf Vel.*

(a) *rechtsseitig:*

$$Et\left(\mathfrak{B}_A^*(H_1), Vel(\mathfrak{B}_A^*(H_2), \mathfrak{B}_A^*(H_3))\right)$$
$$= Vel\left(Et(\mathfrak{B}_A^*(H_1), \mathfrak{B}_A^*(H_2)), Et(\mathfrak{B}_A^*(H_1), \mathfrak{B}_A^*(H_3))\right).$$

Folglich

$$H_1 \wedge (H_2 \vee H_3)\, Aeq_A\, H_1 \wedge H_2 \vee H_1 \wedge H_3.$$

(b) *linksseitig:*

$$Et\left(Vel(\mathfrak{B}_A^*(H_1), \mathfrak{B}_A^*(H_2)), \mathfrak{B}_A^*(H_3)\right)$$
$$= Vel\left(Et(\mathfrak{B}_A^*(H_1), \mathfrak{B}_A^*(H_3)), Et(\mathfrak{B}_A^*(H_2), \mathfrak{B}_A^*(H_3))\right).$$

Folglich

$$(H_1 \vee H_2) \wedge H_3\, Aeq_A\, H_1 \wedge H_3 \vee H_2 \wedge H_3.$$

Wir sagen in beiden Fällen, daß die linken Seiten der angeschriebenen Aequivalenzen durch *Ausdistribuieren* in die rechten übergehen.

2. *Die Eigenschaften von Vel.*

2.1 bis 2.3 wie zu *Et*, also

2.1. *idempotent.*

Folglich

$$H \vee H\, Aeq_A\, H.$$

2.2. *kommutativ.*

Folglich

$$H_1 \vee H_2\, Aeq_A\, H_2 \vee H_1.$$

2.3. *assoziativ.*

Folglich

$$(H_1 \vee H_2) \vee H_3\, Aeq_A\, H_1 \vee (H_2 \vee H_3).$$

2.4. *distributiv in bezug auf Et.*

(a) *rechtsseitig.*

Folglich

$$H_1 \vee (H_2 \wedge H_3)\, Aeq_A\, (H_1 \vee H_2) \wedge (H_1 \vee H_3).$$

(b) *linksseitig.*

Folglich

$$(H_1 \wedge H_2) \vee H_3 \, Aeq_A \, (H_1 \vee H_3) \wedge (H_2 \vee H_3).$$

2.5. *distributiv in bezug auf Seq.*

(a) *rechtsseitig.*

Folglich

$$H_1 \vee (H_2 \rightarrow H_3) \, Aeq_A \, H_1 \vee H_2 \rightarrow H_1 \vee H_3.$$

(b) *linksseitig.*

Folglich

$$(H_1 \rightarrow H_2) \vee H_3 \, Aeq_A \, H_1 \vee H_3 \rightarrow H_2 \vee H_3.$$

2.6. *distributiv in bezug auf Äq.*

(a) *rechtsseitig.*

Folglich

$$H_1 \vee (H_2 \leftrightarrow H_3) \, Aeq_A \, H_1 \vee H_2 \leftrightarrow H_1 \vee H_3.$$

(b) *linksseitig.*

Folglich

$$(H_1 \leftrightarrow H_2) \vee H_3 \, Aeq_A \, H_1 \vee H_3 \leftrightarrow H_2 \vee H_3.$$

2.7. *Zusatz zu* 1. *und* 2.: Θ sei ein A-Ausdruck vom Typus $\Theta_1 \leftrightarrow \Theta_2$, so daß $\wedge$ und $\vee$ die einzigen A-Konstanten in Θ_1 und Θ_2. Durch Vertauschung von $\wedge$ und $\vee$ gehe Θ_1 über in Θ_1', Θ_2 in Θ_2'. Dann sagen wir: „$\wedge$ und $\vee$, $\Theta_1 \leftrightarrow \Theta_2$ und $\Theta_1' \leftrightarrow \Theta_2'$ sind *dual* zueinander" und „$\Theta_1 \, Aeq_A \, \Theta_2$ geht durch *Dualisierung* über in $\Theta_1' \, Aeq_A \, \Theta_2'$". In diesem Sinne geht insbesondere 1.4, (a) über in 2.4, (a), 1.4, (b) in 2.4, (b). Ebenso hernach im großen §15, 4.1 in §15, 4.2. Vgl. die Erweiterung dieses Sprachgebrauchs in § 24, 5.

3. *Die Eigenschaften von Seq.*

Seq ist rechtsseitig distributiv

3.1. *in bezug auf Et.*

Folglich

$$H_1 \rightarrow H_2 \wedge H_3 \, Aeq_A \, (H_1 \rightarrow H_2) \wedge (H_1 \rightarrow H_3).$$

3.2. *in bezug auf Vel.*

Folglich

$$H_1 \rightarrow H_2 \vee H_3 \, Aeq_A \, (H_1 \rightarrow H_2) \vee (H_1 \rightarrow H_3).$$

3.3. *in bezug auf sich selbst.*

Folglich

$$H_1 \rightarrow (H_2 \rightarrow H_3) \, Aeq_A \, (H_1 \rightarrow H_2) \rightarrow (H_1 \rightarrow H_3).$$

3.4. *in bezug auf Äq.*

Folglich

$$H_1 \to (H_2 \leftrightarrow H_3)\; Aeq_A\; (H_1 \to H_2) \leftrightarrow (H_1 \to H_3)\,.$$

4. *Die Assoziativität von Äq.*

Folglich

$$H_1 \leftrightarrow (H_2 \leftrightarrow H_3)\; Aeq_A\; (H_1 \leftrightarrow H_2) \leftrightarrow H_3\,.$$

§ 15. Verallgemeinerungen der Assoziativität, Kommutativität und Distributivität[1]

1. *Verallgemeinerung der Assoziativität.*

Wir definieren rekursiv, mit $\Theta \circ \Theta'$ für $\Theta \wedge \Theta'$, $\Theta \vee \Theta'$, $\Theta \leftrightarrow \Theta'$,[2]

1.1. $\quad H_1 \circ H_2 \circ H_3 =_{Df} (H_1 \circ H_2) \circ H_3,$

1.2. $\quad$ unter der Voraussetzung, daß $H_1 \circ \cdots \circ H_n$ schon definiert ist,

$$H_1 \circ \cdots \circ H_n \circ H_{n+1} =_{Df} (H_1 \circ \cdots \circ H_n) \circ H_{n+1}.$$

Der jeweils rechts stehende Ausdruck heiße die kanonische Form jedes Ausdrucks, der sich von ihm höchstens durch die Klammernsetzung unterscheidet.

Man beweist durch ordnungstheoretische Induktion[3]

1.3. Jede Konjunktion, Alternative, Aequivalenz ist aequivalent mit ihrer kanonischen Form. Oder gleichwertig: In der Anschreibung einer verallgemeinerten Konjunktion, Alternative, Aequivalenz können Klammernpaare nach Belieben gesetzt oder weggelassen werden, ohne daß ihr Wahrheitswert dadurch geändert wird.

Unter Vor. von 1.3 beweist man durch ordnungstheoretische Induktion die

2. *Verallgemeinerung der Kommutativität.*

Zwei Konjunktionen, Alternativen, Aequivalenzen, die sich höchstens durch die Stellen ihrer Glieder unterscheiden, sind aequivalent. Oder gleichwertig: Die Glieder einer Konjunktion, Alternative, Aequivalenz können nach Belieben umgeordnet werden, ohne daß ihr Wahrheitswert dadurch geändert wird.

---

[1] Es sei für diesen Paragraphen noch einmal ausdrücklich erinnert an die Vorbemerkung zu § 12.

[2] Die Beschränkung von o gegenüber der Festsetzung von § 10, 3, (2.2) nur in diesem einen Falle.

[3] Vgl. § 6, 5.2.

Aus 1.3 und 2. ergibt sich

3. *Das Theorem der Klammerfreiheit und Umordnungsmöglichkeit.*

Konjunktionen, Alternativen und Aequivalenzen können klammerfrei angeschrieben, ihre Glieder nach Belieben umgeordnet werden, ohne daß ihr Wahrheitswert dadurch geändert wird.

Aus 3. ergeben sich als Folgerungen die beiden folgenden *Reduktionstheoreme:*

3.1. In einer Konjunktion und in einer Alternative können die Wiederholungen von mehrfach vorkommenden Gliedern unterdrückt werden.

3.2. Konjunktionen, in denen mit einem Konjunktionsglied Θ auch dessen Negat (§10, 5) vorkommt, können auf $\Theta \wedge {\sim}\Theta$ oder gleichwertig (§12, 5.6) auf $p \wedge {\sim}p$ reduziert werden, die entsprechenden Alternativen auf $\Theta \vee {\sim}\Theta$ oder gleichwertig (§12, 5.6) auf $p \vee {\sim}p$.

4. *Verallgemeinerungen der Distributivität.*

4.1. Es sei

$$\Theta_1 = \bigwedge_{i=1}^{m} \left(\bigvee_{j=1}^{n_i} \mathsf{H}_j^{(i)} \right), \qquad \Theta_2 = \bigvee_{\substack{j_i \leqq n_i \\ m}} \left(\bigwedge_{i=1}^{m} \mathsf{H}_{j_i}^{(i)} \right),$$

mit „$\underset{m}{j_i \leqq n_i}$" für „$(Om\ i)\ (i \leqq m\ \ddot{a}q\ j_i \leqq n_i)$".

Dann gilt:

$$\Theta_1 \, Aeq_A \, \Theta_2.$$

Man beweist zunächst den Grenzfall $m = 2$ durch Induktion über n_2. Der Induktionsbeginn $m = 1$ ist trivial, wegen

$$\bigvee_{j=1}^{n_1} \mathsf{H}_j^{(1)} = \bigvee_{j_1 \leqq n_1} \left(\bigwedge_{i=1}^{1} \mathsf{H}_{j_1}^{(i)} \right).$$

Der Induktionsschritt von m zu $m+1$ ergibt sich dann aus dem Grenzfall $m = 2$ mit $\underset{\substack{j_1 \leqq n_1 \\ m}}{\bigvee}$ für $\overset{n_1}{\underset{j=1}{\bigvee}}$ und $\overset{n_{m+1}}{\underset{j=1}{\bigvee}}$ für $\overset{n_2}{\underset{j=1}{\bigvee}}$.

Ein Beispiel für $m = 2$. Es sei

$$\Theta = \bigwedge_{i=1}^{2} \left(\bigvee_{j=1}^{n_i} \mathsf{H}_j^{(i)} \right) = \left(\bigvee_{j=1}^{n_1} \mathsf{H}_j^{(1)} \right) \wedge \left(\bigvee_{j=1}^{n_2} \mathsf{H}_j^{(2)} \right),$$

$$\Theta' = \bigvee_{\substack{j_1 \leqq n_1 \\ j_2 \leqq n_2}} (\mathsf{H}_{j_1}^{(1)} \wedge \mathsf{H}_{j_2}^{(1)}) = \bigvee_{j_2=1}^{n_2} \left(\bigvee_{j_1=1}^{n_1} (\mathsf{H}_{j_1}^{(1)} \wedge \mathsf{H}_{j_2}^{(2)}) \right)$$

$$= \mathsf{H}_1^{(1)} \wedge \mathsf{H}_1^{(2)} \vee \cdots \vee \mathsf{H}_{n_1}^{(1)} \wedge \mathsf{H}_1^{(2)} \vee \cdots \vee \mathsf{H}_1^{(1)} \wedge \mathsf{H}_{n_2}^{(2)} \vee \cdots \vee \mathsf{H}_{n_1}^{(1)} \wedge \mathsf{H}_{n_2}^{(2)}.$$

Aus der Erzeugungsvorschrift für Θ' ergibt sich die Anzahl der Alternativglieder von Θ' als $n_1 \cdot n_2$, mithin für Θ_2 als $\prod_{i=1}^{m} n_i$. Die Anzahl der Konjunktionsglieder in jedem Alternativglied von Θ' ist gleich der Anzahl der Konjunktionsglieder von Θ, also m für Θ_2. Man erhält die Alternativglieder von Θ', indem man jedes Alternativglied in dem ersten Konjunktionsglied von Θ auf jede mögliche Art mit je einem Alternativglied in dem zweiten Konjunktionsglied von Θ konjunktiv verknüpft, also allgemein jedes Alternativglied in einem Konjunktionsglied von Θ_1 auf jede mögliche Art mit je einem Alternativglied aus den übrigen Konjunktionsgliedern.

Entsprechend beweist man das aus 4.1 durch Dualisierung (§ 14, 2.7) hervorgehende Theorem

$$4.2. \quad \text{Es sei } \Theta_1 = \bigvee_{i=1}^{m} \left(\bigwedge_{j=1}^{n_i} \mathsf{H}_j^{(i)} \right), \quad \Theta_2 = \bigwedge_{j_i \leq n_i} \left(\bigvee_{i=1}^{m} \mathsf{H}_{ji}^{(i)} \right). \quad \text{Dann gilt:}$$

$$\Theta_1 \, Aeq_A \, \Theta_2. \;{}^{[1]}$$

§ 16. Die Regeln der A-Einsetzung und der A-Ersetzung

1. *Die A-Einsetzung.*

1.1. H geht durch eine *A-Einsetzung* über in H* (*Eins$_A$*HH*)

$\ddot{a}q_{Df}$

H* geht aus H dadurch hervor, daß keine oder wenigstens eine A-Variable in H an jeder Stelle, an der sie in H vorkommt, durch einen und denselben A-Ausdruck ersetzt wird.

Verschiedene A-Variable können auch identisch ersetzt werden.

1.2. Wir sprechen von einer n-fachen Einsetzung in H, wenn n die Anzahl der effektiv für eine Einsetzung herangezogenen A-Variablen ist. Eine Einsetzung von Θ für p wird symbolisiert durch „p/Θ".

1.3. *Die Regel der A-Einsetzung.*

Eins$_A$ HH* . *seq* . id_A H *seq* id_A H*.

Beweis: Mit n wie in 1.2 ist 1.3 für $n = 0$ trivial, denn

$$\mathsf{H*} = \mathsf{H} . seq . id_A \mathsf{H} \, seq \, id_A \mathsf{H*}.$$

Für $n \neq 0$ genügt es, 1.3 zu beweisen für $n = 1$. Der Rest ergibt sich durch Induktion über n [2]. Wir beweisen den Elementarfall durch Übergang zur kontraponierten Conclusio. p sei eine A-Variable, Θ der in p

---

[1] Vgl. die Anwendung § 25, 4.1.

[2] Zur Vermeidung von Komplikationen werde dabei zunächst vorausgesetzt, daß die zu ersetzenden Variablen nicht in den einzusetzenden Ausdrücken vorkommen. Dies kann immer durch eine triviale vorbereitende Einsetzung erreicht werden.

einzusetzende A-Ausdruck. Dann gilt:

$$Eins_A \, \mathsf{H} \, \mathsf{H}^* . seq . non \, \mathfrak{B} \, Erf_A \, \mathsf{H}^* \, seq \, (Ex \, \mathfrak{B}) \, (non \, \mathfrak{B} \, Erf_A \, \mathsf{H}).$$

Man wähle $\mathfrak{B}'$ so, daß $\mathfrak{B}'(q) = \mathfrak{B}(q)$ für $q \neq p$, $\mathfrak{B}'(p) = \mathfrak{B}^*(\Theta)$.

2. *Die A-Ersetzung.*

2.1. H geht durch eine *A-Ersetzung* von Θ_1 durch Θ_2 über in H*

$(Ers_A \, \mathsf{H} \, \Theta_1 \, \Theta_2 \, \mathsf{H}^*)$

$äq_{Df}$

H* geht im AK aus H dadurch hervor, daß ein Teilausdruck Θ_1 von H (§ 10, 3.1) *nach Belieben* — das soll heißen: in keinem oder in wenigstens einem Falle — durch Θ_2 ersetzt wird.

Wenn Θ_1 *nicht* in H, so soll gelten: $\mathsf{H} = \mathsf{H}^*$.

Anm.: Man beachte die Unterschiede zwischen A-Einsetzung und A-Ersetzung:

(1)   Zur A-Einsetzung sind nur A-Variable zugelassen, zur A-Ersetzung jeder A-Ausdruck.

(2)   Eine A-Einsetzung in eine A-Variable p hat an allen Stellen zu erfolgen, an denen p *In* H. Die A-Ersetzung von Θ_1 durch Θ_2 ist dem Belieben überlassen.

2.2. *Die Regel der A-Ersetzung.*

$$Ers_A \, \mathsf{H} \, \Theta_1 \, \Theta_2 \, \mathsf{H}^* \, seq \, \Theta_1 \leftrightarrow \Theta_2 \, Imp_A \, \mathsf{H} \leftrightarrow \mathsf{H}^*.$$

Beweis:

(1) $Ers_A \, \mathsf{H} \, \Theta_1 \, \Theta_2 \, \mathsf{H}^* . seq . \mathfrak{B}^*_A(\Theta_1) = \mathfrak{B}^*_A(\Theta_2) \, seq \, \mathfrak{B}^*_A(\mathsf{H}) = \mathfrak{B}^*_A(\mathsf{H}^*)$

(2) $. seq . \mathfrak{B} \, Erf_A \, \Theta_1 \leftrightarrow \Theta_2 \, seq \, \mathfrak{B} \, Erf_A \, \mathsf{H} \leftrightarrow \mathsf{H}^*$ § 11, 7.8.

(3) $seq \, \mathfrak{B} \, Erf_A \, (\Theta_1 \leftrightarrow \Theta_2) \rightarrow (\mathsf{H} \leftrightarrow \mathsf{H}^*).$ [1]   § 11, 7.5.

Mithin (§ 5, 11.2)

(4) $Ers_A \, \mathsf{H} \, \Theta_1 \, \Theta_2 \, \mathsf{H}^* \, seq \, (Om \, \mathfrak{B}) \, (\mathfrak{B} \, Erf_A \, (\Theta_1 \leftrightarrow \Theta_2) \rightarrow (\mathsf{H} \leftrightarrow \mathsf{H}^*))$

(5) $seq \, \Theta_1 \leftrightarrow \Theta_2 \, Imp_A \, \mathsf{H} \leftrightarrow \mathsf{H}^*.$ § 12, 1.1.

Aus 2.2 folgt a fortiori (§ 12, 4.1)

*2.3. $Ers_A \, \mathsf{H} \, \Theta_1 \, \Theta_2 \, \mathsf{H}^* . seq . \Theta_1 \, Aeq_A \, \Theta_2 \, seq \, \mathsf{H} \, Aeq_A \, \mathsf{H}^*.$

---

[1] Die drei vorstehenden Beweiszeilen, vom Typus

      (1) $a_1 \, seq \, a_2$

      (2) $seq \, a_3$

      (3) $seq \, a_4$

sollen eine Abkürzung sein für

      ((1)) $a_1 \, seq \, a_2.$

      ((2)) $a_2 \, seq \, a_3.$

      ((3)) $a_3 \, seq \, a_4.$

      Mithin

      ((4)) $a_1 \, seq \, a_4.$

Von 2.3 wird im folgenden fortlaufend Gebrauch gemacht, ohne daß dies explizit gesagt wird.

Um ihrer grundlegenden Bedeutung willen bringen wir im Anschluß an die Regeln der A-Einsetzung und der A-Ersetzung hier noch einmal

3. *Die Abtrennungsregel* (vgl. § 12, 4).

$$H_1 \, Imp_A \, H_2 \, . \, seq \, . \, id_A \, H_1 \, seq \, id_A \, H_2.$$

§ 17. Aequivalenztheoreme

1. *Der Kongruenzcharakter von Aeq_A in bezug auf* $\sim, \wedge, \vee, \rightarrow, \leftrightarrow$.

Kongruenzen sind Gleichheiten mit den im folgenden angegebenen wesentlichen Nebenbedingungen. Der Gleichheitscharakter von Aeq_A ist ausgedrückt in den folgenden Theoremen:

1.1. $H \, Aeq_A \, H.$ *Reflexivität.*

1.2. $H_1 \, Aeq_A \, H_2 \, \ddot{a}q \, H_2 \, Aeq_A \, H_1.$ *Symmetrie.*

1.3. $H_1 \, Aeq_A \, H_2 \, et \, H_2 \, Aeq_A \, H_3 \, seq \, H_1 \, Aeq_A \, H_3,$ *Transitivität.*

   mit der aus 1.3 mit 1.2 zu erhaltenden Variante:

1.4. $H_1 \, Aeq_A \, H_3 \, et \, H_2 \, Aeq_A \, H_3 \, seq \, H_1 \, Aeq_A \, H_2.$ *Drittengleichheit.*

Der Kongruenzcharakter von Aeq_A in bezug auf $\sim, \wedge, \vee, \rightarrow, \leftrightarrow$ ist enthalten in den folgenden zusätzlichen Theoremen:

1.5. $H_1 \, Aeq_A \, H_2 \, \ddot{a}q \sim H_1 \, Aeq_A \sim H_2.$

1.6. $H_1 \, Aeq_A \, H_2 \, seq \, H_1 \circ H_3 \, Aeq_A \, H_2 \circ H_3. \ ^1$
$$H_3 \ H_1 \qquad H_3 \ H_2.$$

1.7. $H_1 \, Aeq_A \, H_2 \, et \, H_3 \, Aeq_A \, H_4 \, seq \, H_1 \circ H_3 \, Aeq_A \, H_2 \circ H_4.$
$$H_3 \ H_1 \qquad H_4 \ H_2.$$

2. Es gelten neben 1.2 bis 1.6 auch noch die stärkeren Theoreme

2.1. $H_1 \leftrightarrow H_2 \, Aeq_A \, H_2 \leftrightarrow H_1.$

2.2. $(H_1 \leftrightarrow H_2) \wedge (H_2 \leftrightarrow H_3) \, Imp_A \, H_1 \leftrightarrow H_3.$

2.3. $(H_1 \leftrightarrow H_3) \wedge (H_2 \leftrightarrow H_3) \, Imp_A \, H_1 \leftrightarrow H_2.$

2.4. *Das Theorem der gliedweisen Verneinung.*

$$H_1 \leftrightarrow H_2 \, Aeq_A \sim H_1 \leftrightarrow \sim H_2.$$

2.5. $H_1 \leftrightarrow H_2 \, Imp_A \, H_1 \circ H_3 \leftrightarrow H_2 \circ H_3.$
$$H_3 \ H_1 \quad H_3 \ H_2.$$

2.6. $(H_1 \leftrightarrow H_2) \wedge (H_3 \leftrightarrow H_4) \, Imp_A \, H_1 \circ H_3 \leftrightarrow H_2 \circ H_4.$
$$H_3 \ H_1 \quad H_4 \ H_2.$$

---

[1] Mit $\Theta_1 \circ \Theta_2$ wie in § 10,3. (2.2).

Wir notieren als nächstes

3. *Die Gleichwertigkeit von externer und interner Verneinung für* $\leftrightarrow$.

$$\sim(H_1 \leftrightarrow H_2)\, Aeq_A \sim H_1 \leftrightarrow H_2\, Aeq_A\, H_1 \leftrightarrow \sim H_2.$$

4. *Die Assoziativität von Äq.*

$$H_1 \leftrightarrow (H_2 \leftrightarrow H_3)\, Aeq_A (H_1 \leftrightarrow H_2) \leftrightarrow H_3,$$

mit der Verallgemeinerung in § 15, 3.

5. Aus 4. ergeben sich mit 1.1 und 1.2, wegen

$$id_A\,(H_1 \leftrightarrow H_1) \leftrightarrow (H_2 \leftrightarrow H_2) \leftrightarrow (H_3 \leftrightarrow H_3),$$

die folgenden Varianten zu 2.2 und 2.3:

5.1. $(H_1 \leftrightarrow H_2) \leftrightarrow (H_2 \leftrightarrow H_3)\, Aeq_A\, H_1 \leftrightarrow H_3.$

5.2. $(H_1 \leftrightarrow H_3) \leftrightarrow (H_2 \leftrightarrow H_3)\, Aeq_A\, H_1 \leftrightarrow H_2.$

6. Aus 4. ergeben sich ferner mit 1.1 und 3. die folgenden *Reduktionstheoreme*:

6.1. $(H \leftrightarrow H) \leftrightarrow H\, Aeq_A\, H.$

6.2. $(H \leftrightarrow \sim H) \leftrightarrow H\, Aeq_A \sim H.$

In klammerfreier Anschreibung gehen 6.1 und 6.2 über in

6.3. $H \leftrightarrow H \leftrightarrow H\, Aeq_A\, H.$

6.4. $H \leftrightarrow \sim H \leftrightarrow H\, Aeq_A \sim H.$

Mit Hilfe der vorstehenden Theoreme zeigt man leicht

7. *Die Theoreme von* LEŚNIEWSKI.

7.1. $\leftrightarrow$ sei die einzige A-Konstante in H. Dann gilt:
$id_A H$ genau dann, wenn jede A-Variable in H eine gerade Anzahl von Malen in H vorkommt.

7.2. $\leftrightarrow$, $\sim$ seien die einzigen A-Konstanten in H. Dann gilt:
$id_A H$ genau dann, wenn $\sim$ und jede A-Variable in H eine gerade Anzahl von Malen in H vorkommen.

10.1. $H_1 \leftrightarrow H_2\, Aeq_A (H_1 \rightarrow H_2) \wedge (H_2 \rightarrow H_1).$

*10.2. $Aeq_A\, H_1 \wedge H_2 \vee \sim H_1 \wedge \sim H_2.$ Vgl. § 5, 7 3.

10.3. $H_1 \leftrightarrow H_2\, Imp_A\, H_1 \rightarrow H_2.$

10.4. $Imp_A\, H_2 \rightarrow H_1.$

*11.1. $H_1 \rightarrow H_2\, Aeq_A\, H_1 \leftrightarrow H_1 \wedge H_2.$

*11.2. $Aeq_A\, H_2 \leftrightarrow H_1 \vee H_2.$

*11.3. $H_1 \rightarrow (H_2 \leftrightarrow H_3) \, Aeq_A \, H_1 \wedge H_2 \leftrightarrow H_1 \wedge H_3$.

11.4. $H_1 \rightarrow H_2 \vee H_3 \, Aeq_A \, (H_1 \rightarrow H_2) \vee H_3$.

11.5. $\qquad\qquad Aeq_A \, (H_1 \rightarrow H_3) \vee H_2$.

Aus 11.1 folgt mit 4.

11.6. $H_1 \wedge H_2 \, Aeq_A \, (H_1 \rightarrow H_2) \leftrightarrow H_1$.

Entsprechend folgt aus 11.2

11.7. $H_1 \vee H_2 \, Aeq_A \, (H_1 \rightarrow H_2) \leftrightarrow H_2$.

Wir notieren noch das folgende *Theorem des ausgeschlossenen Widerspruchs*.

15.1. $id_A \sim (H \leftrightarrow \sim H)$,

mit dem Widerlegungseffekt

15.2. $H \leftrightarrow \sim H \wedge \Theta \, Imp_A \sim \Theta$.   Vgl. § 10, 7.6.

Wir notieren ferner noch einmal (§ 12, 5.3)

16. $\sim\sim H \, Aeq_A \, H$

mit den Verallgemeinerungen

16.1. $\underset{2k}{\sim} H \, Aeq_A \, H$,

16.2. $\underset{2k+1}{\sim} H \, Aeq_A \sim H$. $k = 1, 2, 3, \ldots$.

Ferner als Ergänzung zu 10.2 mit 3.

*17. $\sim (H_1 \leftrightarrow H_2) \, Aeq_A \, H_1 \wedge \sim H_2 \vee H_2 \wedge \sim H_1$.   Vgl. § 5, 8.4.

§ 18. Monotoniegesetze

1. *Die Monotonie von* $\wedge$ *und* $\vee$ *in bezug auf* Imp_A.

1.1. $H_1 \, Imp_A \, H_2 \, seq \, H_1 \wedge H_3 \, Imp_A \, H_2 \wedge H_3$.
$\qquad\qquad\qquad H_3 \; H_1 \qquad\quad H_3 \; H_2$.

1.2. $H_1 \, Imp_A \, H_2 \, seq \, H_1 \vee H_3 \, Imp_A \, H_2 \vee H_3$.
$\qquad\qquad\qquad H_3 \; H_1 \qquad\quad H_3 \; H_2$.

1.3. $H_1 \, Imp_A \, H_2 \, et \, H_3 \, Imp_A \, H_4 \, seq \, H_1 \wedge H_3 \, Imp_A \, H_2 \wedge H_4$.
$\qquad\qquad\qquad\qquad\qquad\qquad H_3 \; H_1 \qquad\quad H_4 \; H_2$.

1.4. $H_1 \, Imp_A \, H_2 \, et \, H_3 \, Imp_A \, H_4 \, seq \, H_1 \vee H_3 \, Imp_A \, H_2 \vee H_4$.
$\qquad\qquad\qquad\qquad\qquad\qquad H_3 \; H_1 \qquad\quad H_4 \; H_2$.

2. Es gelten neben 1.1 bis 1.4 auch noch die stärkeren *Theoreme der konjunktiven und alternativen Verzahnung*.

2.1. $H_1 \to H_2 \, Imp_A \, H_1 \wedge H_3 \to H_2 \wedge H_3.$
$$H_3 \quad H_1 \quad H_3 \quad H_2.$$

2.2. $H_1 \to H_2 \, Imp_A \, H_1 \vee H_3 \to H_2 \vee H_3.$
$$H_3 \quad H_1 \quad H_3 \quad H_2.$$

2.3. $(H_1 \to H_2) \wedge (H_3 \to H_4) \, Imp_A \, H_1 \wedge H_3 \to H_2 \wedge H_4.$
$$H_3 \quad H_1 \quad H_4 \quad H_2.$$

2.4. $(H_1 \to H_2) \wedge (H_3 \to H_4) \, Imp_A \, H_1 \vee H_3 \to H_2 \vee H_4.$
$$H_3 \quad H_1 \quad H_4 \quad H_2.$$

Die entsprechenden Theoreme für $\leftrightarrow$ sind enthalten in §17, 2.5 und 2.6.

§ 19. Grundgesetze der Konjunktion und der Alternative

1. Die Theoreme der Konjunktion: § 12, 6.1 bis 6.4; 7.1; 7.2; 8.1; 9.1; § 14, 1; § 15, 3.1; 3.2.

2. Die Theoreme der Alternative: § 12, 6.5 bis 6.8; 7.3; 7.4; 8.2; 9.2; § 14, 2; § 15, 3.1; 3.2.

3. Die Theoreme der konjunktiven und alternativen Verzahnung § 18, 2.

4. Die Theoreme der konjunktiven und der alternativen Verdünnung.

4.1. $\bigwedge\limits_{i=1}^{k} H_i \, Imp_A \, H_j.$ $1 \leq j \leq k.$

4.2. $H_j \, Imp_A \, \bigvee\limits_{i=1}^{k} H_i.$ $1 \leq j \leq k.$

5. Die Theoreme der Koppelung.

5.1. Die hintere Koppelung.

$$\bigwedge\limits_{i=1}^{k} (\Theta \to H_i) \, Aeq_A \, \Theta \to \bigwedge\limits_{i=1}^{k} H_i.$$

5.2. Die vordere Koppelung.

$$\bigwedge\limits_{i=1}^{k} (H_i \to \Theta) \, Aeq_A \, \left(\bigvee\limits_{i=1}^{k} H_i \right) \to \Theta,$$

mit der Variante

5.3. $(H_1 \wedge H_0 \to \Theta) \wedge (H_2 \wedge H_0 \to \Theta) \, Aeq_A \, (H_1 \vee H_2) \wedge H_0 \to \Theta.$

Wir notieren hier noch

5.4. $id_A \, H \vee (H \to \Theta).$ [1]

5.5. $id_A \, (H_1 \to H_2) \vee (H_2 \to H_1).$ [2]

---

[1] $\mathfrak{B}_A^* (H \to \Theta) = W$ stets dann, wenn $\mathfrak{B}_A^* (H) = F.$

[2] Diese Alternative ist ein Characteristicum der Implikation. Vgl. § 21, 15.2 ff.

§ 20. Prämissentheorie

1. Prämissenverschmelzung.

$$H \to (H \to \Theta)\, Aeq_A\, H \to \Theta.$$

2. Theorem und Regel der Prämissenvertauschung.

2.1. $H_1 \to (H_2 \to H_3)\, Aeq_A\, H_2 \to (H_1 \to H_3).$

2.2. $H_1\, Imp_A\, H_2 \to H_3 \ \ddot{a}q\ H_2\, Imp_A\, H_1 \to H_3.$

3. Theorem und Regel des Übergangs zur Prämissenverbindung.

3.1. $H_1 \to (H_2 \to H_3)\, Imp_A\, H_1 \wedge H_2 \to H_3.$

3.2. $H_1\, Imp_A\, H_2 \to H_3 \ seq\ H_1 \wedge H_2\, Imp_A\, H_3.$

4. Theorem und Regel des Übergangs zur Prämissenzerlegung.

4.1. $H_1 \wedge H_2 \to H_3\, Imp_A\, H_1 \to (H_2 \to H_3).$

4.2. $H_1 \wedge H_2\, Imp_A\, H_3 \ seq\ H_1\, Imp_A\, H_2 \to H_3.$

5. Zusammenfassung von 3. und 4.

5.1. $H_1 \to (H_2 \to H_3)\, Aeq_A\, H_1 \wedge H_2 \to H_3.$

5.2. $H_1\, Imp_A\, H_2 \to H_3 \ \ddot{a}q\ H_1 \wedge H_2\, Imp_A\, H_3.$

6. Theoreme und Regeln der Prämissenverstärkung.

6.1. $H_j \to \Theta\, Imp_A\, \bigwedge\limits_{i=1}^{k} H_i \to \Theta.$ $\qquad 1 \leqq j \leqq k.$

6.2. $\left(\bigvee\limits_{i=1}^{k} H_i \right) \to \Theta\, Imp_A\, H_j \to \Theta.$ $\qquad 1 \leqq j \leqq k.$

6.3. $H_j\, Imp_A\, \Theta\ seq\ \bigwedge\limits_{i=1}^{k} H_i\, Imp_A\, \Theta.$ $\qquad 1 \leqq j \leqq k.$

6.4. $\bigvee\limits_{i=1}^{k} H_i\, Imp_A\, \Theta\ seq\ H_j\, Imp_A\, \Theta.$ $\qquad 1 \leqq j \leqq k.$

7. Die Theoreme der Prämissenerzeugung.

7.1. $H_1 \vee H_2 \vee H_3\, Aeq_A\, {\sim}H_1 \to H_2 \vee H_3\, Aeq_A\, {\sim}H_2 \to H_1 \vee H_3$

$\qquad Aeq_A\, {\sim}H_3 \to H_1 \vee H_2\, Aeq_A\, {\sim}H_1 \wedge {\sim}H_2 \to H_3$

$\qquad Aeq_A\, {\sim}H_1 \wedge {\sim}H_3 \to H_2\, Aeq_A\, {\sim}H_2 \wedge {\sim}H_3 \to H_1.$

7.2. $H_1 \to H_2 \vee H_3\, Aeq_A\, H_1 \wedge {\sim}H_2 \to H_3\, Aeq_A\, H_1 \wedge {\sim}H_3 \to H_2.$

8. Die Theoreme der Prämissenumformung.

$$(H_1 \to H_2) \to H_3\, Aeq_A\, {\sim}H_1 \vee H_2 \to H_3\, Aeq_A\, ({\sim}H_1 \to H_3) \wedge (H_2 \to H_3).$$

9. *Das Theorem der Prämissenvorschaltung und die Regula veri.*

9.1. $H\,Imp_A\,\Theta \rightarrow H$.

*9.2.   *Die Regula veri.*

     $id_A\,H\,seq\,\Theta\,Imp_A\,H$.   Vgl. § 21, 12.2.

Ein identischer A-Ausdruck wird von jedem A-Ausdruck impliziert. Vgl. § 21, 12.2.

10. *Theorem und Regel der gliedweisen Prämissenvorschaltung.*

10.1. $H_1 \rightarrow H_2\,Imp_A\,(\Theta \rightarrow H_1) \rightarrow (\Theta \rightarrow H_2)$.

10.2. $H_1\,Imp_A\,H_2\,.seq.\,\Theta\,Imp_A\,H_1\,seq\,\Theta\,Imp_A\,H_2$.

     Das Gegenstück zu 10. ist

11. *Theorem und Regel des Kettenschlusses.*

11.1. $H_1 \rightarrow H_2\,Imp_A\,(H_2 \rightarrow H_3) \rightarrow (H_1 \rightarrow H_3)$.

11.2. $H_1\,Imp_A\,H_2\,.seq.\,H_2\,Imp_A\,H_3\,seq\,H_1\,Imp_A\,H_3$.

     Hierzu die Verallgemeinerungen

11.3. $\bigwedge\limits_{i=1}^{k}(H_i \rightarrow H_{i+1})\,Imp_A\,H_1 \rightarrow H_{k+1}$,

11.4. $\mathop{et}\limits_{i=1}^{k}(H_i\,Imp_A\,H_{i+1})\,seq\,H_1\,Imp_A\,H_{k+1}$,

     mit „$\mathop{et}\limits_{i=1}^{k} a_i$" für „$a_1\,et \ldots et\,a_k$".

12. *Theorem und Regel des Distributionsschlusses.*

12.1. $H_1 \rightarrow (H_2 \rightarrow H_3)\,Imp_A\,(H_1 \rightarrow H_2) \rightarrow (H_1 \rightarrow H_3)$.   § 14, 3.3.

12.2. $H_1\,Imp_A\,H_2 \rightarrow H_3\,.seq.\,H_1\,Imp_A\,H_2\,seq\,H_1\,Imp_A\,H_3$.

12.2 soll auch als die *Regel der verallgemeinerten Abtrennung* bezeichnet sein.

13. *Die Eliminierbarkeit einer A-identischen Prämisse.*

Ersetzt man in 4.1 H_2 durch eine Konjunktion $H^{(2)}$, so erhält man

13.1. $H_1 \wedge H^{(2)} \rightarrow H_3\,Imp_A\,H_1 \rightarrow (H^{(2)} \rightarrow H_3)$.

     Hieraus

13.2. $H_1 \wedge H^{(2)}\,Imp_A\,H_3\,.seq.\,id_A\,H_1\,seq\,id_A\,H^{(2)} \rightarrow H_3$.

     Hieraus durch metasprachliche Prämissenvertauschung

13.3. $id_A\,H_1\,.seq.\,H_1 \wedge H^{(2)}\,Imp_A\,H_3\,seq\,H^{(2)}\,Imp_A\,H_3$.

Es sei nun H_j ein Konjunktionsglied in H*. $H^{\times}$ gehe aus H* hervor durch Streichung von H_j. Dann gilt die wichtige Regel des Schließens

*13.4. $id_A\,H_j\,.seq.\,H^{*}\,Imp_A\,\Theta\,seq\,H^{\times}\,Imp_A\,\Theta$.

In einem Theorem vom Typus $\overset{k}{\underset{i=1}{\wedge}} H_i \, Imp_A \, \Theta$ kann eine A-identische Prämisse eliminiert werden.

§ 21. Theorie der Verneinung

(A) Elementare Theoreme

1. Die Kontraposition.

1.1. $H_1 \rightarrow H_2 \, Aeq_A \sim H_2 \rightarrow \sim H_1$.

H_1 ist eine hinreichende Bedingung für H_2 genau dann, wenn H_2 eine notwendige Bedingung ist für H_1.

1.2. $H_1 \rightarrow \sim H_2 \, Aeq_A \, H_2 \rightarrow \sim H_1$.

1.3. $\sim H_1 \rightarrow H_2 \, Aeq_A \sim H_2 \rightarrow H_1$.

      Auf

1.4. $id_A \, (H_1 \rightarrow H_2) \wedge \sim H_2 \rightarrow \sim H_1$

      fußt (§ 12, 6.1)

1.5.   *Die Regel des Modus tollens.*

      $H_1 \, Imp_A \, H_2 \, et \, id_A \sim H_2 \, seq \, id_A \sim H_1$.

2. Die partielle Kontraposition.

      $H_1 \wedge H_2 \rightarrow H_3 \, Aeq_A \, H_1 \wedge \sim H_3 \rightarrow \sim H_2 \, Aeq_A \, H_2 \wedge \sim H_3 \rightarrow \sim H_1$.

3. Die Theoreme der Prämissenerzeugung (§ 20, 7.1; 7.2).

3.1. $H_1 \vee H_2 \vee H_3 \, Aeq_A \sim H_1 \rightarrow H_2 \vee H_3 \, Aeq_A \sim H_2 \rightarrow H_1 \vee H_3$

      $Aeq_A \sim H_3 \rightarrow H_1 \vee H_2 \, Aeq_A \sim H_1 \wedge \sim H_2 \rightarrow H_3$

      $Aeq_A \sim H_1 \wedge \sim H_3 \rightarrow H_2 \, Aeq_A \sim H_2 \wedge \sim H_3 \rightarrow H_1$.

3.2. $H_1 \rightarrow H_2 \vee H_3 \, Aeq_A \, H_1 \wedge \sim H_2 \rightarrow H_3 \, Aeq_A \, H_1 \wedge \sim H_3 \rightarrow H_2$.

4. Die Theoreme der Prämissenumformung (§ 20, 8).

      $(H_1 \rightarrow H_2) \rightarrow H_3 \, Aeq_A \sim H_1 \vee H_2 \rightarrow H_3 \, Aeq_A \, (\sim H_1 \rightarrow H_3) \wedge (H_2 \rightarrow H_3)$.

5. Die Theoreme der Selbstbestätigung und der Selbstwiderlegung.

5.1. $\sim H \rightarrow H \, Imp_A \, H$.

Man kann stets dann auf H schließen, wenn man sogar aus dem Negat von H auf H schließen kann.

5.2. $H \rightarrow \sim H \, Imp_A \sim H$.

Man kann stets dann auf das Negat von H schließen, wenn man sogar aus (der Annahme von) H auf das Negat von H schließen kann.

6. *Die Gleichwertigkeit von externer und interner Verneinung für* $\leftrightarrow$ (§ 17, 3).

$$\sim(H_1 \leftrightarrow H_2)\, Aeq_A \sim H_1 \leftrightarrow H_2\, Aeq_A\, H_1 \leftrightarrow \sim H_2.$$

7. *Das Theorem der gliedweisen Verneinung* (§ 17, 2.4; 17).

7.1. $H_1 \leftrightarrow H_2\, Aeq_A \sim H_1 \leftrightarrow \sim H_2.$

7.2. $H_1 \leftrightarrow \sim H_2\, Aeq_A\, H_2 \leftrightarrow \sim H_1.$

8. *Die mehrfache Verneinung* (§ 17, 16).

8.1. $\underset{2k}{\sim} H\, Aeq_A\, H.$ $k = 1, 2, 3, \ldots .$

8.2. $\underset{2k+1}{\sim} H\, Aeq_A \sim H.$

(B) Der ausgeschlossene Widerspruch und das ausgeschlossene Dritte

10. *Der ausgeschlossene Widerspruch.*

10.1. $id_A \sim (H \wedge \sim H).$

10.2. $id_A \sim (H \leftrightarrow \sim H).$[1]   § 17, 15.1.

11. *Der aktive Widerspruchseffekt.*

11.1. $H \wedge \sim H\, Imp_A\, \Theta.$

11.2. $(H \leftrightarrow \sim H)\, Imp_A\, \Theta.$

11.1 und 11.2 besagen, daß ein Widerspruch jeden A-Ausdruck impliziert.

12. *Das Theorem der falschen Annahme und die Regula falsi.*

12.1. $\sim H\, Imp\, H \to \Theta.$

*12.2.   *Die Regula falsi.*

   $non\ erf_A\, H\ seq\ H\, Imp_A\, \Theta.$

Ein unerfüllbarer A-Ausdruck impliziert jeden A-Ausdruck. Vgl. 20, 9.2.

13. *Der passive Widerspruchseffekt.*

13.1. $H \to \Theta \wedge \sim \Theta\, Aeq_A \sim H$
$\leftrightarrow$

mit den Varianten

13.2. $(H \to \Theta) \wedge (H \to \sim \Theta)\, Aeq_A \sim H.$

13.3. $H \to (\Theta \leftrightarrow \sim \Theta)\, Aeq_A \sim H.$

---

[1] Dagen nicht $id_A \sim (H \to \sim H)$. Statt dessen 5.2.

Aus 13. folgt

14. *Die Widerlegungsregel.*

14.1. $H\,Imp_A\,\Theta \wedge \sim\Theta\ \ddot{a}q\ id_A \sim H$

mit den Varianten

14.2. $H\,Imp_A\,\Theta\ et\ H\,Imp_A \sim\Theta\ \ddot{a}q\ id_A \sim H.$

14.3. $H\,Imp_A\,\Theta \leftrightarrow\, \sim\Theta\ \ddot{a}q\ id_A \sim H.$

Anm.: Setzt man, mit „$wv_A\,H$" für „H ist im AK *widerspruchsvoll*",

$$wv_A\,H\ \ddot{a}q_{Df}\,H\,Imp_A\,\Theta \wedge \sim\Theta,\,^{[1]}$$

so ergibt sich aus 14., im Einklang mit den Intuitionen des inhaltlichen Denkens, daß H im AK widerspruchsvoll ist genau dann, wenn H A-unerfüllbar ist, also *widerspruchsfrei* im AK genau dann, wenn H A-erfüllbar ist. Zur Störung dieser Aequivalenz im syntaktisch deduktiven PFK und IFK vgl. § 97 und § 162.

15. *Das ausgeschlossene Dritte.*

15.1. $id_A\,H \vee \sim H$

mit den Varianten

15.2. $id_A\,(H \rightarrow \Theta) \vee (H \rightarrow \sim\Theta).$ Vgl. § 19, 5.5.

15.3. $id_A\,(H \rightarrow \Theta) \vee (\sim H \rightarrow \Theta).$

15.4. $id_A\,(H \leftrightarrow \Theta) \vee (H \leftrightarrow \sim\Theta).$

15.5. $id_A\,(H \leftrightarrow \Theta) \vee (\sim H \leftrightarrow \Theta).$

16. *Der Exhaustionseffekt.*

16.1. $H \vee \sim H \rightarrow \Theta\ Aeq_A\,\Theta$

mit der Variante

16.2. $(H \rightarrow \Theta) \wedge (\sim H \rightarrow \Theta)\ Aeq_A\,\Theta.$

„Exhaustion", weil mit H und $\sim H$ im Bereich der zweiwertigen Logik die Gesamtheit der möglichen Fälle erschöpft ist.

---

[1] oder, effektiv gleichbedeutend,

$$wv_A\,H\ \ddot{a}q_{Df}\,(Ex\,\Theta)\,(H\,Imp_A\,\Theta \wedge \sim\Theta);$$

denn mit 14.1 ist von Links nach Rechts im Sinne des inhaltlichen mathematischen Denkens gezeigt

$$(Ex\,\Theta)\,(H\,Imp_A\,\Theta \wedge \sim\Theta)\ seq\ id_A \sim H,$$

und um die Umkehrung zu beweisen, muß man ein Θ angeben können, so daß

$$id_A \sim H\ seq\ H\,Imp_A\,\Theta \wedge \sim\Theta.$$

Aus 16. folgt

17. *Die Exhaustionsregel.*

17.1. $\mathsf{H} \vee \sim \mathsf{H}\, Imp_A\, \ominus\ \ddot{a}q\ id_A\ \ominus$

      mit der Variante

17.2. $\mathsf{H}\, Imp_A\, \ominus\, et \sim \mathsf{H}\, Imp_A\, \ominus\ \ddot{a}q\ id_A\ \ominus.$

Die Geltung in beiden Richtungen entspricht der Konfiguration in 14.

Aus 17.2 ergibt sich durch Verallgemeinerung

18. *Die Eliminierbarkeit eines Prämissenpaares mit Exhaustionseffekt.*

H_1^*, H_2^* seien Konjunktionen, die sich nur dadurch unterscheiden, daß ein in H_1^* vorkommendes H_j in H_2^* ersetzt ist durch $\sim\mathsf{H}_j$. H^{**} gehe aus H_1^* durch Streichung von H_j, aus H_2^* durch Streichung von $\sim\mathsf{H}_j$ hervor. Dann ergibt sich, in Analogie zu § 20, 13, das folgende Eliminierbarkeitstheorem:

$$\mathsf{H}_1^*\, Imp_A\, \ominus\, et\, \mathsf{H}_2^*\, Imp_A\, \ominus\ seq\ \mathsf{H}^{**}\, Imp_A\, \ominus.$$

(C) Die Negate der molekularen A-Ausdrücke

20. *Die Aequivalenzen des* WILHELM OCKHAM († 1347).

20.1.   *Das Negat von* $\mathsf{H}_1 \wedge \mathsf{H}_2$.

      $\sim (\mathsf{H}_1 \wedge \mathsf{H}_2)\, Aeq_A \sim \mathsf{H}_1 \vee \sim \mathsf{H}_2$

      mit der Verallgemeinerung

20.1.1. $\sim \bigwedge\limits_{i=1}^{k} \mathsf{H}_i\, Aeq_A \bigvee\limits_{i=1}^{k} \sim \mathsf{H}_i.$

Das Negat einer Konjunktion ist aequivalent mit der Alternative aus ihren negierten Gliedern.

20.2.   *Das Negat von* $\mathsf{H}_1 \vee \mathsf{H}_2$.

      $\sim (\mathsf{H}_1 \vee \mathsf{H}_2)\, Aeq_A \sim \mathsf{H}_1 \wedge \sim \mathsf{H}_2$

      mit der Verallgemeinerung

20.2.1. $\sim \bigvee\limits_{i=1}^{k} \mathsf{H}_i\, Aeq_A \bigwedge\limits_{i=1}^{k} \sim \mathsf{H}_i.$

Das Negat einer Alternative ist aequivalent mit der Konjunktion aus ihren negierten Gliedern.

Die verallgemeinerten Aequivalenzen des WILHELM OCKHAM liefern die *Regeln des Überganges von der kompakten zur distribuierten Verneinung.*

21. *Das Negat von* $H_1 \rightarrow H_2$.

$$\sim (H_1 \rightarrow H_2) \; Aeq_A \; H_1 \wedge \sim H_2.$$

22. *Das Negat von* $H_1 \leftrightarrow H_2$ (§ 17, 18).

$$\sim (H_1 \leftrightarrow H_2) \; Aeq_A \; H_1 \wedge \sim H_2 \vee H_2 \wedge \sim H_1.$$

§ 22. Definierbarkeitsmöglichkeiten

1. Aus

1.1. $\quad H_1 \wedge H_2 \, Aeq_A \sim (H_1 \rightarrow \sim H_2)$,

1.2. $\quad H_1 \vee H_2 \, Aeq_A \, (H_1 \rightarrow H_2) \rightarrow H_2 \quad$ bzw. $\quad Aeq_A \sim H_1 \rightarrow H_2$,

1.3. $\quad H_1 \leftrightarrow H_2 \, Aeq_A \, (H_1 \rightarrow H_2) \wedge (H_2 \rightarrow H_1)$

ergeben sich die folgenden *Definierbarkeitsmöglichkeiten:*

1.4. $\quad H_1 \wedge H_2 =_{Df} \sim (H_1 \rightarrow \sim H_2)$.

1.5. $\quad H_1 \vee H_2 =_{Df} (H_1 \rightarrow H_2) \rightarrow H_2$, $\quad$ bzw. $\quad =_{Df} \sim H_1 \rightarrow H_2$.

1.6. $\quad H_1 \leftrightarrow H_2 =_{Df} (H_1 \rightarrow H_2) \wedge (H_2 \rightarrow H_1)$.

Man kommt also ohne Einschränkung der Ausdrucksmöglichkeiten schon aus mit den FREGE-Konstanten „$\sim$" und „$\rightarrow$". Vgl. Fußnote 2, S. 45.

2. Aus

2.1. $\quad H_1 \wedge H_2 \, Aeq_A \sim (\sim H_1 \vee \sim H_2)$,

2.2. $\quad H_1 \rightarrow H_2 \, Aeq_A \sim H_1 \vee H_2$,

2.3. $\quad H_1 \leftrightarrow H_2 \, Aeq_A \, H_1 \wedge H_2 \vee \sim H_1 \wedge \sim H_2$

ergeben sich die folgenden *Definierbarkeitsmöglichkeiten:*

2.4. $\quad H_1 \wedge H_2 =_{Df} \sim (\sim H_1 \vee \sim H_2)$.

2.5. $\quad H_1 \rightarrow H_2 =_{Df} \sim H_1 \vee H_2$.

2.6. $\quad H_1 \leftrightarrow H_2 =_{Df} H_1 \wedge H_2 \vee \sim H_1 \wedge \sim H_2$.

Man kommt also ohne Einschränkung der Ausdrucksmöglichkeiten schon aus mit den RUSSELL-Konstanten „$\sim$" und „$\vee$". Vgl. Fußnote 2, S. 45.

3. Aus

3.1. $\quad H_1 \vee H_2 \, Aeq_A \sim (\sim H_1 \wedge \sim H_2)$,

3.2. $\quad H_1 \rightarrow H_2 \, Aeq_A \sim (H_1 \wedge \sim H_2)$,

3.3. $\quad H_1 \leftrightarrow H_2 \, Aeq_A \, (H_1 \rightarrow H_2) \wedge (H_2 \rightarrow H_1)$

ergeben sich die folgenden *Definierbarkeitsmöglichkeiten:*

3.4. $\quad H_1 \vee H_2 =_{Df} \sim (\sim H_1 \wedge \sim H_2)$.

3.5. $\quad H_1 \rightarrow H_2 =_{Df} \sim (H_1 \wedge \sim H_2)$.

3.6. $\quad H_1 \leftrightarrow H_2 =_{Df} (H_1 \rightarrow H_2) \wedge (H_2 \rightarrow H_1)$.

Man kommt also ohne Beschränkung der Ausdrucksmöglichkeiten schon aus mit den A-Konstanten „$\sim$" und „$\wedge$".

4. *Zusammenfassung der verwendeten Aequivalenzen:*

4.1. $H_1 \wedge H_2 \, Aeq_A \sim (H_1 \to \sim H_2) \, Aeq_A \sim (\sim H_1 \vee \sim H_2)$.

4.2. $H_1 \vee H_2 \, Aeq_A (H_1 \to H_2) \to H_2 \, Aeq_A \sim H_1 \to H_2 \, Aeq_A \sim (\sim H_1 \wedge \sim H_2)$.

4.3. $H_1 \to H_2 \, Aeq_A \sim H_1 \vee H_2 \, Aeq_A \sim (H_1 \wedge \sim H_2)$

          $Aeq_A \, H_1 \leftrightarrow H_1 \wedge H_2$ § 17, 11.1.

          $Aeq_A \, H_2 \leftrightarrow H_1 \vee H_2$.   § 17, 11.2.

4.4. $H_1 \leftrightarrow H_2 \, Aeq_A (H_1 \to H_2) \wedge (H_2 \to H_1) \, Aeq_A \, H_1 \wedge H_2 \vee \sim H_1 \wedge \sim H_2$.

5. Geht man auf die zweistelligen Bewertungsfunktoren zurück, so sind die vier ausgezeichneten vor den zwölf übrigen an sich nicht bevorzugt. Wir führen jetzt mit H. M. SHEFFER (1913)[1] und J. NICOD (1917)[1] zwei neue Bewertungsfunktoren ein: *Sh* und *Nc*[2], nachdem wir zuvor die Ausdrucksbestimmungen so erweitert haben, daß mit Z_1 und Z_2 auch $(Z_1 \downarrow Z_2)$ — „weder Z_1 noch Z_2" — und $(Z_1 \uparrow Z_2)$ — „Z_1 nicht oder Z_2 nicht" — A-Ausdrücke sein sollen. *Sh* und *Nc* sollen definiert sein durch

$\Delta_1\,\Delta_2$	$Sh\,(\Delta_1,\Delta_2)$	$Nc\,(\Delta_1,\Delta_2)$
W W	F	F
W F	F	W
F W	F	W
F F	W	W

mit

$$\mathfrak{B}_A^* \big((H_1 \downarrow H_2)\big) =_{Df} Sh\,\big(\mathfrak{B}_A^*(H_1), \mathfrak{B}_A^*(H_2)\big),$$

$$\mathfrak{B}_A^* \big((H_1 \uparrow H_2)\big) =_{Df} Nc\,\big(\mathfrak{B}_A^*(H_1), \mathfrak{B}_A^*(H_2)\big).$$

Dann können wir definieren

5.1. $\sim H =_{Df} (H \downarrow H)$.

5.2. $H_1 \vee H_2 =_{Df} \sim (H_1 \downarrow H_2)$

     bzw.

5.3. $\sim H =_{Df} (H \uparrow H)$.

5.4. $H_1 \wedge H_2 =_{Df} \sim (H_1 \uparrow H_2)$.

Man kommt also ohne Beschränkung der Ausdrucksmöglichkeiten auf Grund von 3. schon aus mit $\downarrow$, auf Grund von 2. schon mit $\uparrow$. Die hier gewählten Symbole drücken jeweils die Negation „$|$" des Restes „$\vee$" bzw. „$\wedge$" aus.

---

[1] Vgl. HERMES-SCHOLZ [1] Anm. 14.

[2] *Nc* ist schon von SHEFFER als eine andere Möglichkeit angedeutet worden.

6. Man kann schließlich noch setzen

6.1. $H_1 \wedge H_2 =_{Df} (H_1 \to H_2) \leftrightarrow H_1$.   § 17, 11.6.

6.2. $H_1 \vee H_2 =_{Df} (H_1 \to H_2) \leftrightarrow H_2$.   § 17, 11.7.

§ 23. Reduktions- und Reduzierbarkeitstheoreme.
Die verneinungstechnische Umformung von A-Ausdrücken

1. Reduktionstheoreme[1].

1.1. $H \wedge (H \vee \Theta)\ Aeq_A\ H \vee (H \wedge \Theta)\ Aeq_A\ H$.

1.2. $(H \wedge \Theta) \vee (H \wedge \sim\Theta)\ Aeq_A\ (H \vee \Theta) \wedge (H \vee \sim\Theta)\ Aeq_A\ H$.

*1.3.   *id*$_A\ \Theta \vee \Theta'\ et\ non\ erf_A\ \Theta \wedge \Theta'\ äq\ \Theta\ Aeq_A \sim\Theta'$
$äq\ \Theta'\ Aeq_A \sim\Theta$.

Beweis:

(1) $\Theta \vee \Theta'\ Aeq_A \sim\Theta' \to \Theta$.

Mithin (§ 12, 5.7)

(2) $id_A\ \Theta \vee \Theta'\ äq\ id_A \sim\Theta' \to \Theta\ äq \sim\Theta'\ Imp_A\ \Theta$.

Andererseits

(3) $\sim(\Theta \wedge \Theta')\ Aeq_A\ \Theta \to \sim\Theta'$.

Mithin (§ 12, 5.7)

(4) $id_A \sim(\Theta \wedge \Theta')\ äq\ id_A\ \Theta \to \sim\Theta'$.

Mithin (§ 12, 2.1)

(5) $non\ erf_A\ \Theta \wedge \Theta'\ äq\ id_A\ \Theta \to \sim\Theta'\ äq\ \Theta\ Imp_A \sim\Theta$.

Aus (2) und (5) folgt 1.3.

2. *Die partielle Reduzierbarkeit.*

2.1. H heiße *partiell reduziert*, wenn $\to$ und $\leftrightarrow$ nicht in H.

2.2. *Das Theorem der partiellen Reduzierbarkeit.*

Jeder A-Ausdruck kann aequivalent in einen partiell reduzierten A-Ausdruck umgeformt werden. Er ist in diesem Sinne partiell reduzierbar.

Beweis durch Induktion über den Aufbau von H.

(1)   Für $H = p$ ist die Behauptung trivial.

(2)   Sie treffe zu für H. Dann auch für $\sim H$.

(3)   Sie treffe zu für H_1 und H_2. Dann auch für $H_1 \wedge H_2$, $H_1 \vee H_2$.

---

[1] Hierzu die Reduktionstheoreme § 12, 8; 9, § 15, 3.1; 3.2.

Ferner für $H_1 \rightarrow H_2$, wegen

$$H_1 \rightarrow H_2 \, Aeq_A \sim H_1 \vee H_2,$$

und für $H_1 \leftrightarrow H_2$, wegen

$$H_1 \leftrightarrow H_2 \, Aeq_A \, H_1 \wedge H_2 \vee \sim H_1 \wedge \sim H_2.$$

3. Die totale Reduzierbarkeit.

3.1.   H heiße *total reduziert*, wenn H partiell reduziert ist und $\sim$ in H nur vor A-Atomen (atomar gebunden) vorkommt.

3.2.   *Das Theorem der totalen Reduzierbarkeit.*

Jeder A-Ausdruck kann aequivalent in einen total reduzierten A-Ausdruck umgeformt werden. Er ist in diesem Sinne total reduzierbar.

Beweis: H sei partiell reduziert. Dann erreicht man die totale Reduktion von H, indem man $\sim (H_1 \wedge H_2)$ durch $\sim H_1 \vee \sim H_2$, $\sim (H_1 \vee H_2)$ durch $\sim H_1 \wedge \sim H_2$ so oft ersetzt, bis $\sim$ nur noch vor A-Variablen oder deren Negaten auftritt. Für $H = \sim p$ ersetzt man $\sim H$ durch p.

3.3.   Folgerung.

Auf Grund von 3.2 ist jedes H überführbar in eine total reduzierte Konjunktion oder Alternative und in diesem Sinne durch einen der beiden Ausdruckstypen darstellbar.

4. Unter einer *verneinungstechnischen Umformung eines A-Ausdrucks* $H = \sim \Theta$ soll eine Umformung von H in einen total reduzierten A-Ausdruck verstanden sein.

§ 24. Die Dualität im Aussagenkalkül

1. *Definitionen.*

1.1. H_{00} ist *invers* zu H_0 $(H_{00} \, Inv \, H_0)$

$äq_{Df}$

H_0 und H_{00} sind partiell reduziert, und H_{00} geht aus H_0 durch Vertauschung von $\wedge$ und $\vee$ hervor.

1.2. H_2 ist *dual von der ersten Art* zu H_1 $(H_2 \, Du_1 \, H_1)$

$äq_{Df}$

$$(Ex \, H_0, H_{00}, H_0', H_{00}') \, (H_0' \, Inv \, H_0 \; et \; H_{00}' \, Inv \, H_{00}$$
$$et \; H_1 = H_0 \rightarrow H_{00} \; et \; H_2 = H_{00}' \rightarrow H_0').$$

1.3. H_2 ist *dual von der zweiten Art* zu H_1 $(H_2 \, Du_2 \, H_1)$

$äq_{Df}$

$$(Ex \, H_0, H_{00}, H_0', H_{00}') \, (H_0' \, Inv \, H_0 \; et \; H_{00}' \, Inv \, H_{00}$$
$$et \; H_1 = H_0 \leftrightarrow H_{00} \; et \; H_2 = H_0' \leftrightarrow H_{00}').$$

1.4. H_2 ist *dual* zu H_1 ($H_2 \, Du \, H_1$) $äq_{Df}$ $H_2 \, Du_1 \, H_1$ *vel* $H_2 \, Du_2 \, H_1$.

1.5.   Wir sagen: „$\wedge$ und $\vee$ sind *dual* zueinander, $\sim$ ist dual zu sich selbst.“

2. *Inversionstheoreme.*

2.1. $(Om \, \Theta', \Theta'') \, (\Theta' \, Inv \, \Theta \, et \, \Theta'' \, Inv \, \Theta \, seq \, \Theta'' = \Theta')$.

Die Inversionsbeziehung ist also eindeutig, so daß wir übergehen können zu $Inv(\Theta)$, mit $Inv^2(\Theta)$ für $Inv(Inv(\Theta))$.

2.2. $(Om \, \Theta') \, \big(\Theta' = Inv(\Theta) \, äq \, \Theta = Inv(\Theta')\big)$.

Hierfür kürzer, falls $Inv(\Theta)$ erklärt ist,

2.2.1. $Inv^2(\Theta) = \Theta$.

2.2.1 bringt den involutorischen Charakter der Inversionsbeziehung zum Ausdruck.

Hieraus ergeben sich mit 1.2 und 1.3 die folgenden

3. *Hilfstheoreme der Dualität:*

3.1. $H_2 \, Du_1 \, H_1 \, äq \, (Ex \, H_0, H_{00}) \, (H_1 = H_0 \to H_{00}$
$$et \, H_2 = Inv(H_{00}) \to Inv(H_0)).$$

3.2. $H_2 \, Du_2 \, H_1 \, äq \, (Ex \, H_0, H_{00}) \, (H_1 = H_0 \leftrightarrow H_{00}$
$$et \, H_2 = Inv(H_0) \leftrightarrow Inv(H_{00})).$$

Ferner

3.3. $(Om \, H', H'') \, (H' \, Du_1 \, H \, et \, H'' \, Du_1 \, H \, vel \, H' \, Du_2 \, H \, et \, H'' \, Du_2 \, H$
$$seq \, H'' = H').$$

Die Eindeutigkeit der Inversionsbeziehung überträgt sich also auf die Dualitätsbeziehungen, so daß wir übergehen können zu $Du(H)$ mit $Du^2(H)$ für $Du(Du(H))$, mit den von Fall zu Fall zu supplierenden gleichnamigen Indizes.

3.4. $(Om \, H') \, \big(H' = Du(H) \, äq \, H = Du(H')\big)$.

Hierfür kürzer, falls $Du(H)$ erklärt ist,

3.4.1. $Du^2(H) = H$.

3.4.1 bringt den *involutorischen* Charakter der Dualitätsbeziehung zum Ausdruck.

Jetzt formulieren wir

4. *Die Dualitätstheoreme des AK.*

4.1.   *Das erste Dualitätstheorem des AK.*

$H_2 \, Du_1 \, H_1 \, seq \, H_1 \, Idg_A \, H_2$.

4.2. *Das zweite Dualitätstheorem des AK.*

$H_2 \, Du_2 \, H_1 \; seq \; H_1 \, Idg_A \, H_2$.

Zusammengefaßt

4.3. $H_2 \, Du \, H_1 \; seq \; H_1 \, Idg_A \, H_2$.

Zur Vereinfachung der Beweise führen wir ein zweites Verneinungs-symbol ein: $-$. $-$ soll denselben Bedingungen genügen wie $\sim$. Es soll insbesondere gelten

4.4. $H_0 \rightarrow H_{00} \, Aeq_A \; - H_{00} \rightarrow - H_0$.

4.5. $H_0 \leftrightarrow H_{00} \, Aeq_A \; - H_0 \leftrightarrow - H_{00}$.

4.6. $- \bigwedge\limits_{i=1}^{k} H_i \, Aeq_A \; \bigvee\limits_{i=1}^{k} - H_i$.

4.7. $- \bigvee\limits_{i=1}^{k} H_i \, Aeq_A \; \bigwedge\limits_{i=1}^{k} - H_i$.

4.8. $- - H \, Aeq_A \, H$.

Dazu zusätzlich

4.9. $- \sim H \, Aeq_A \sim - H$.

Für den Beweis von 4.1 genügt es, unter der Vor., daß H_0 und H_{00} partiell reduziert sind, zu zeigen

(a) $id_A \, H_0 \rightarrow H_{00} \; seq \; id_A \, Inv \, (H_{00}) \rightarrow Inv \, (H_0)$.

Beweis in vier Schritten: $H_1 = H_0 \rightarrow H_{00}$ sei in H_0 und H_{00} partiell reduziert. Dann

(1) Kontraposition: Übergang zu $H_1^{(1)} = - H_{00} \rightarrow - H_0$.

(2) Atomare Ausdistribuierung von $-$ in $H_1^{(1)}$ (mit dem Effekt, daß $-$ in $H_1^{(1)}$ nur noch atomar gebunden (§ 23, 3.1) vorkommt) durch wiederholte Anwendung des Überganges von der kompakten zur distribuierten Verneinung (§ 21, 20) mit dem Effekt, daß $\wedge$ übergeht in $\vee$, $\vee$ in $\wedge$, jedes p in $-p$. Resultat: $H_1^{(2)}$.

(3) Ersetzung jedes p in $H_1^{(2)}$ durch $-p$ auf Grund der Regel der A-Einsetzung (§ 16, 1.3).[1] Resultat: $H_1^{(3)}$.

(4) Eliminierung von $- -$ in $H_1^{(3)}$ auf Grund von 4.8. Resultat: $H_1^{(4)}$ $= H_2 = Inv \, (H_{00}) \rightarrow Inv \, (H_0)$.

Die Umformungen (1), (2), (4) sind aequivalent. (3) liefert dagegen nur

$$id_A \, H_1^{(1)} \; seq \; id_A \, H_1^{(3)}.$$

Mithin, da $H_1^{(4)} = H_2$:

$$id_A \, H_1 \; seq \; id_A \, H_2.$$

---

[1] Dies ist in unserer Darstellung des AK der erste und der einzige Fall, in dem von der Regel der A-Einsetzung Gebrauch gemacht wird. Vgl. das Gegenstück der Einsetzungsregel in eine P-Variable im PFK, § 69, Fußnote 1, S. 177.

Es ist, unter der Vor., daß H_0 und H_{00} partiell reduziert sind, noch zu zeigen

(b) $id_A\, Inv\,(H_{00}) \to Inv\,(H_0)\; seq\; id'_A\, H_0 \to H_{00}$.

Beweis: Durch Übergang von H_0 und H_{00} zu $Inv\,(H_0)$ und $Inv\,(H_{00})$ erhält man aus (a)

(1) $id_A\, Inv\,(H_{00}) \to Inv\,(H_0)\; seq\; id_A\, Inv^2\,(H_0) \to Inv^2\,(H_{00})$

(2) $\hspace{5em} seq\; id_A\, H_0 \to H_{00}$. $\hspace{6em}$ 2.3.1.

Der Beweis für 3.2 ergibt sich aus dem für 3.1 mit $H_1^{(1)} = -H_0 \leftrightarrow -H_{00}$ für $H_1 = H_0 \leftrightarrow H_{00}$.

5. Es sei H_2 dual zu H_1, $T_1 = \,,id_A\, H_1``$, $T_2 = \,,id_A\, H_2``$. Dann sagen wir in Erweiterung des in §14, 2.7 eingeführten Sprachgebrauchs: ,,T_1 geht durch *Dualisierung* über in T_2.``

Durch Dualisierung gehen ineinander über

5.1. § 14, 1.1 und § 14, 2.1.

5.2. § 14, 1.2 und § 14, 2.2.

5.3. § 14, 1.3 und § 14, 2.3.

5.4. § 14, 1.4 und § 14, 2.4.

5.5. § 15, 4.1 und § 15, 4.2.

5.6. § 21, 20.1.1 und § 21, 20.2.1.

5.7. $H \wedge (H \vee \Theta)\, Aeq_A\, H$ und $H \vee (H \wedge \Theta)\, Aeq_A\, H$. $\hspace{3em}$ § 23, 1.1.

5.8. $(H \wedge \Theta) \vee (H \wedge \sim \Theta)\, Aeq_A\, H$ und $(H \vee \Theta) \wedge (H \vee \sim \Theta)\, Aeq_A\, H$.

$\hspace{30em}$ § 23, 1.2.

§ 25. Das kanonische Darstellbarkeitstheorem

1. *Definitionen.*

1.1. Eine (im Grenzfall eingliedrige) Konjunktion (Alternative) aus A-Variablen, in welcher $\sim$ höchstens atomar gebunden (§ 23, 3.1) vorkommt, heiße eine *Elementarkonjunktion (Elementaralternative)*.

1.2. Eine (im Grenzfall eingliedrige) Konjunktion von Elementaralternativen oder eine (im Grenzfall eingliedrige) Alternative aus Elementarkonjunktionen heiße eine *kanonische Normalform*, im ersten Fall eine *konjunktive*, im zweiten eine *alternative Normalform*.

Durch Ausdistribuieren (§14, 1.4) erhält man auf Grund von §23, 3.3 unmittelbar

2. *Das kanonische Darstellbarkeitstheorem.*

Jeder A-Ausdruck ist aequivalent überführbar in eine kanonische Normalform und in diesem Sinne darstellbar durch sie.

Es gelten die folgenden

3. *Entscheidungstheoreme:*

3.1. Eine *Elementaralternative* ist genau dann *A-identisch*, wenn sie wenigstens einmal eine A-Variable und deren Negat enthält (Folgerung aus § 12, 8.2).

3.2. Eine *konjunktive Normalform* ist genau dann *A-identisch*, wenn jedes Konjunktionsglied A-identisch ist (§ 12, 6.2).

3.3. Eine *Elementarkonjunktion* ist genau dann *A-unerfüllbar*, wenn sie wenigstens einmal eine A-Variable und deren Negat enthält (Folgerung aus § 12, 9.1).

3.4. Eine *alternative Normalform* ist genau dann *A-unerfüllbar*, wenn jedes Alternativglied A-unerfüllbar ist (§ 12, 6.8).

4. *Zusätze.*

4.1. Für die Überprüfung von *Implikationen* empfiehlt sich wegen

$$\mathsf{H_1 \to H_2}\; Aeq_A \sim \mathsf{H_1} \vee \mathsf{H_2}$$

ein Versuch mit dem Ziel, durch Ausnutzung von Umformungsmöglichkeiten sofort zu einer Elementaralternative zu gelangen.

Ein *Beispiel.* Es sei

$$\Theta_1 = (p \to q) \to r . \to . (p \to r) \to r.$$

Dann

$$\Theta_1\, Aeq_A\, (\sim p \vee q) \wedge \sim r . \vee . p \wedge \sim r \vee r$$

$$Aeq_A \sim p \wedge \sim r \vee q \wedge \sim r \vee p \wedge \sim r \vee r$$

$$Aeq_A \sim p \vee q \vee p \vee r . \wedge . \sim p \vee q \vee \sim r \vee r \qquad \text{§ 15, 4.2.}$$

$$. \wedge . \sim p \vee \sim r \vee p \vee r . \wedge . \sim p \vee \sim r \vee \sim r \vee r$$

$$. \wedge . \sim r \vee q \vee p \vee r . \wedge . \sim r \vee q \vee \sim r \vee r$$

$$. \wedge . \sim r \vee \sim r \vee p \vee r . \wedge . \sim r \vee \sim r \vee \sim r \vee r$$

$$Aeq_A\, p \vee \sim p.$$

Mithin

$$id_A \Theta_1.$$

4.2. Für eine Überprüfung von *Aequivalenzen* empfiehlt es sich, durch Ausnutzung derselben Vereinfachungsmöglichkeiten beide Seiten auf Normalformen zu bringen, die so reduziert sind, daß unmittelbar zu erkennen ist, ob sie aequivalent sind oder nicht.

Ein *Beispiel.* Es sei

$$\Theta_2 = \Theta_{21} \leftrightarrow \Theta_{22}$$

mit

$$\Theta_{21} = (p \wedge q) \vee s \,.\vee.\, (\sim p \wedge r) \vee s$$
$$\Theta_{22} = p \wedge (q \vee s) \vee \sim p \wedge (r \vee s).$$

Es gilt

$$\Theta_{21}\, Aeq_A\, (p \wedge q) \vee (\sim p \wedge r) \vee s \vee s \qquad\qquad \text{§ 15, 2.}$$
$$Aeq_A\, (p \wedge q) \vee (\sim p \wedge r) \vee s. \qquad\qquad \text{§ 15, 3.1.}$$

Andererseits

$$\Theta_{22}\, Aeq_A\, (p \wedge q) \vee (p \wedge s) \vee (\sim p \wedge r) \vee (\sim p \wedge s) \qquad \text{§ 14, 1.4.}$$
$$Aeq_A\, (p \wedge q) \vee (\sim p \wedge r) \vee (p \wedge s) \vee (\sim p \wedge s) \qquad \text{§ 15, 2.}$$
$$Aeq_A\, (p \wedge q) \vee (\sim p \wedge r) \vee s. \qquad\qquad \text{§ 23, 1.2.}$$

Mithin

$$id_A\, \Theta_2.$$

§ 26. Das Repräsentantentheorem des Aussagenkalküls

1. *Die n-stelligen Wahrheitsfunktionen.*

1.1. $\overset{n}{\varDelta}$ sei ein n-tupel von Wahrheitswerten, $\overset{n}{T} = \{\varDelta_1, \ldots, \varDelta_{2^n}\}$ die 2^n-zahlige Menge der $\overset{n}{\varDelta}$. f^n sei eine Abbildung von $\overset{n}{T}$ in die Menge $\{W, F\}$ der Wahrheitswerte, symbolisch

$$f^n \in \{W, F\}^{\overset{n}{T}}.$$

Dann heißt f^n eine *n-stellige Wahrheitsfunktion.* Eine n-stellige Wahrheitsfunktion ist also eine Abbildung der 2^n n-tupel von Wahrheitswerten in die Menge der Wahrheitswerte.

1.2. Aus

$$\left|\{W, F\}^{\overset{n}{T}}\right| = |\{W, F\}|^{|\overset{n}{T}|} = 2^{2^n} \qquad\qquad \text{§ 6, 4.2.}$$

folgt, daß es genau 2^{2^n} (paarweise voneinander verschiedene) n-stellige Wahrheitsfunktionen gibt.

2. *Überleitung zum Repräsentantentheorem.*

2.1. $p_1, \ldots, p_n$ sind im folgenden stets als Andeutungen von n paarweise voneinander verschiedenen A-Variablen vorausgesetzt.

2.2. Jeder A-Ausdruck H in $p_1, \ldots, p_n$ definiert[1] genau eine n-stellige Wahrheitsfunktion, nämlich das f^n, welches der Bedingung genügt:

$$(Om\, \mathfrak{B}_A)\, (\mathfrak{B}_A^*(\mathsf{H})) = f^n\, (\mathfrak{B}_A(p_1), \ldots, \mathfrak{B}_A(p_n)).$$

2.3. H heiße ein *Repräsentant* von f^n, wenn es ein $p_1, \ldots, p_n$ gibt, so daß Folgendes gilt:

(1) H ist ein A-Ausdruck in $p_1, \ldots, p_n$.

(2) $(Om\, \mathfrak{B}_A)\, (\mathfrak{B}_A^*(\mathsf{H}) = f^n\, (\mathfrak{B}_A(p_1), \ldots, \mathfrak{B}_A(p_n))).$

---

[1] Im semantischen Sinne. Vgl. § 6, 2.

2.4. Frage: Wird auch umgekehrt jedes f^n durch wenigstens einen A-Ausdruck H repräsentiert? Durch genau einen kann f^n nicht repräsentiert werden; denn wenn f^n durch H repräsentiert wird, so auch (§12, 5.1) durch jedes Aequivalent in $p_1, \ldots, p_n$ ($n = 2, 3, \ldots$).[1] Die Frage ist zugleich eine Frage an die Ausdrucksmittel des AK. Aus 3. folgt, daß diese Mittel nach Eliminierung von $\sim$ hierfür nicht mehr ausreichen würden[2]. Die Umkehrbarkeitsfrage wird positiv entschieden durch das Repräsentantentheorem des AK. Hieraus ergibt sich eine Leistungsfähigkeit des AK, die als die *ausdruckstechnische Vollständigkeit des AK* bezeichnet sein soll.

3. *Das Repräsentantentheorem.*

Es gibt ein Verfahren, mit dessen Hilfe für jedes f^n ein H konstruiert werden kann, so daß H ein Repräsentant von f^n.

Beweis:

(1) Man ersetze $\overset{n}{T}$ (1.1) durch die 2^n-gliedrige *Folge* $\overset{n}{T}{}^* = \left(\overset{n}{\varDelta}{}^{(1)}, \ldots, \overset{n}{\varDelta}{}^{(2^n)} \right)$, deren Glieder lexikographisch (mit W vor F) angeordnet sein sollen. Man setze ferner für $1 \leq i \leq 2^n$ $f^n(i) =_{Df} f^n\!\left(\overset{n}{\varDelta}{}^{(i)} \right)$. $\varDelta_k^{(i)}$ sei das k-te Glied von $\overset{n}{\varDelta}{}^{(i)}$. $f^n(i)$ heiße *positiv*, wenn $f^n(i) = W$, *negativ*, wenn $f^n(i) = F$. Mit $0 \leq r$, $s \leq 2^n$ heiße f^n r-mal positiv, wenn

$$\left| \left(Cl\, \overset{n}{\varDelta} \right) \left(f^n(\overset{n}{\varDelta}) = W \right) \right| = r,$$

s-mal negativ, wenn

$$\left| \left(Cl\, \overset{n}{\varDelta} \right) \left(f^n(\overset{n}{\varDelta}) = F \right) \right| = s,$$

radikal positiv, wenn $s = 0$, *radikal negativ*, wenn $r = 0$.

---

[1] Man beachte, daß die zur Konkurrenz zugelassenen Aequivalente nur die A-Variablen $p_1, \ldots, p_n$ enthalten sollen.

[2] Die Verfügbarkeit über $\sim$ ist in unserm System eine notwendige Bedingung für die Beweisbarkeit des Repräsentantentheorems. Es ist aber unmöglich, einen aus H und wenigstens einer der zweistelligen A-Konstanten $\wedge$, $\vee$, $\rightarrow$, $\leftrightarrow$ bestehenden A-Ausdruck Θ so zu bestimmen, daß

$$\sim H\, Aeq_A\, \Theta.$$

Es folgt nämlich durch Induktion über den Aufbau der jeweils zur Diskussion gestellten Aequivalente:

(1) Jeder aus H und $\wedge$, $\vee$ aufgebaute A-Ausdruck ist äquivalent mit H.

(2) Jeder aus H und $\wedge$, $\vee$, $\rightarrow$ aufgebaute A-Ausdruck ist äquivalent mit H oder mit $H \rightarrow H$.

(3) Dasselbe gilt dann auch für jeden A-Ausdruck, in dessen Aufbau neben den Bausteinen in (2) noch $\leftrightarrow$ eingeht, wegen

$$H \leftrightarrow H\, Aeq_A\, (H \rightarrow H) \wedge (H \rightarrow H)\, Aeq_A\, H \rightarrow H.$$

(2) Man erzeuge aus $\overset{n}{\underset{k=1}{\wedge}} p_k$ die 2^n-zahlige Menge der Konjunktionen Θ_i mit dem k-ten Konjunktionsglied Θ_{ik}, indem man setzt

$$\Theta_{ik} = p_k \text{ für } \Delta_k^{(i)} = W, \quad \Theta_{ik} = \sim p_k \text{ für } \Delta_k^{(i)} = F.$$

Hierdurch ist Θ_i eindeutig bestimmt als die durch $\overset{n}{\Delta}{}^{(i)}$ definierte „*Variation*" von $\overset{n}{\underset{k=1}{\wedge}} p_k$ (mit Einschließung der identischen Variation). Wir verschärfen die Charakteristik der Θ formal durch den Übergang von Θ_i zu Θ_i^+ für positives $f^n(i)$, durch den Übergang zu Θ_i^- für negatives $f^n(i)$. Die Θ_i^+ mögen die positiven Θ heißen, die Θ_i^- die negativen Θ. Dann gilt Folgendes. Wählt man (mit der durch das Koinzidenztheorem §11, 6.2 begründeten Beschränkung auf $\{p_1, \dots, p_n\}$) $\mathfrak{B}_i$ (in bezug auf das vorgegebene f^n) so, daß $\mathfrak{B}_i^*(p_k) = \Delta_k^{(i)}$, so folgt aus der Konstruktion von Θ_i

(2.1) $\mathfrak{B}_i$ erfüllt Θ_i.

(2.2) $\mathfrak{B}_i$ falsifiziert Θ_j für jedes $j \neq i$ $(1 \leq j \leq 2^n)$; denn nach Konstruktion enthält jedes von Θ_i verschiedene Θ_j für wenigstens ein k ein Konjunktionsglied Θ_{jk}, so daß $\Theta_{jk} = \sim \Theta_{ik}$ oder $\Theta_{ik} = \sim \Theta_{jk}$. Ist also $\mathfrak{B}_i^*(\Theta_{ik}) = W$, so $\mathfrak{B}_i^*(\Theta_{jk}) = F$ oder umgekehrt, woraus für $\mathfrak{B}_i^*(\Theta_i) = W$ folgt $\mathfrak{B}_i^*(\Theta_j) = F$. Θ_i ist also die einzige Variation von $\overset{n}{\underset{k=1}{\wedge}} p_k$, die von $\mathfrak{B}_i$ erfüllt wird.

(2.3) Andererseits erfüllt $\mathfrak{B}_i$ mit Θ_i jede Alternative, der Θ_i angehört, insbesondere die Alternative $\vee_r \Theta^+$ der r positiven Θ für $r \neq 0$.[1]

(2.4) Da für jedes der $r - 1$ positiven Θ, die von Θ_i verschieden sind, dasselbe gilt, so stellen die r (paarweise voneinander verschiedenen) Belegungen von $\{p_1, \dots, p_n\}$, die jeweils genau eines dieser Θ erfüllen, die Gesamtheit der möglichen Belegungen dar, die $\vee_r \Theta^+$ erfüllen. Folglich ist $\vee_r \Theta^+$ ein Repräsentant des vorgegebenen f^n.

(2.5) Da die Θ so konstruiert sind, daß Θ_i das einzige Θ, das von $\mathfrak{B}_i$ verifiziert wird, so ist $\sim \Theta_i$ das einzige $\sim \Theta$, das von $\mathfrak{B}_i$ falsifiziert wird, damit aber auch jede Konjunktion, der $\sim \Theta_i$ angehört, insbesondere die Konjunktion $\wedge_s \sim \Theta$ der Negate der negativen Θ für $s \neq 0$.[2]

(2.6) Da für jedes der $s - 1$ negativen Θ, die von Θ_i verschieden sind, dasselbe gilt, so stellen die s (paarweise voneinander verschiedenen)

---

[1] Denn $\mathfrak{B}\, Erf_A\, \Theta_i\ seq\ \mathfrak{B}\, Erf_A\, \Theta_i\ vel \dots$

$\qquad seq\ \mathfrak{B}\, Erf_A(\Theta_i \vee \dots).$

[2] Denn *non* $\mathfrak{B}\, Erf_A\, \Theta_i\ seq\ non\ \mathfrak{B}\, Erf_A\, \Theta_i \wedge \dots.$

Belegungen von $\{p_1, \ldots, p_n\}$, die jeweils genau eines dieser Θ falsifizieren, die Gesamtheit der möglichen Belegungen dar, die $\bigwedge_s \sim \Theta^-$ falsifizieren. Folglich ist $\bigwedge_s \sim \Theta^-$ ein mit $\bigvee_r \Theta^+$ gleichberechtigter Repräsentant des vorgegebenen f^n. Man wird den ersten bzw. den zweiten Repräsentanten bevorzugen, je nachdem ob $r < s$ oder umgekehrt.

(2.7)   Für radikal positives f^n ist $H = \bigvee_{i=1}^{2^n} \Theta_i$, für radikal negatives f^n ist $H = \bigwedge_{i=1}^{2^n} \sim \Theta_i$ oder gleichwertig $H = \sim \bigvee_{i=1}^{2^n} \Theta_i$ ein Repräsentant von f^n.

§ 27. Das Boolesche Darstellbarkeitstheorem

1. *Definitionen.*

1.1. $p_1, \ldots, p_n$ wie in § 26, 2.1.

1.2.   Unter einer der 2^n Variationen von $\bigwedge_{i=1}^{n} p_i$ sei neben der identischen Variation jede Umformung von $\bigwedge_{i=1}^{n} p_i$ verstanden, in der wenigstens ein p_j ($1 \leq j \leq n$) durch $\sim p_j$ vertreten ist. Eine Alternative Θ^* aus den 2^n Variationen von $\bigwedge_{i=1}^{n} p_i$ heiße eine *Boolesche Normalform (NF) in* $p_1, \ldots, p_n$.

1.3.   Wenn Θ ein Teil (§ 10, 2.2) von Θ^*, so heißt Θ eine *Teilalternative* von Θ^*.

2. Für Boolesche Normalformen gelten die folgenden *Theoreme:*

2.1.   Jede Boolesche NF Θ^* in $p_1, \ldots, p_n$ ist A-identisch; d___

$$\Theta^* \, Aeq_A \, \bigwedge_{i=1}^{n} (p_i \vee \sim p_i).$$

Folglich (§ 12, 2.1) ist das Negat einer Booleschen NF unerfüllbar.

2.2. $\Theta^* = \Theta_0 \vee \Theta_{00}$ sei eine Boolesche NF mit den Teilalternativen Θ_0, Θ_{00}. Dann gilt

(a) $id_A \, \Theta_0 \vee \Theta_{00},$ 2.1.

(b) $non \, erf_A \, \Theta_0 \wedge \Theta_{00},$

weil jede durch Ausdistribuieren erzeugte Konjunktion A-unerfüllbar ist; denn sie enthält mit p auch $\sim p$ für wenigstens ein p.

Folglich (§ 23, 1.3)

(c) $\Theta_0 \, Aeq_A \sim \Theta_{00},$

bzw.

$$\Theta_{00} \, Aeq_A \sim \Theta_0.$$

Θ_0 und Θ_{00} sind also zueinander komplementär. Dieses Ergebnis kann man benutzen, um eine Teilalternative von Θ^* durch den Übergang zu dem Negat ihres Komplementes zu *vereinfachen*.

2.3. Beispiele:

(a) $(p_1 \wedge p_2) \vee (p_1 \wedge \sim p_2) \vee (\sim p_1 \wedge p_2)\, Aeq_A \sim (\sim p_1 \wedge \sim p_2)$

$$Aeq_A\, p_1 \vee p_2.$$

(b) $(p_1 \wedge p_2) \vee (\sim p_1 \wedge p_2) \vee (\sim p_1 \wedge \sim p_2)\, Aeq_A \sim (p_1 \wedge \sim p_2)$

$$Aeq_A \sim p_1 \vee p_2$$
$$Aeq_A\, p_1 \rightarrow p_2.$$

Wir formulieren als nächstes die folgende

3. Umformung des Repräsentantentheorems.

Θ^* sei eine Boolesche NF in $p_1, \ldots, p_n$, H ein Repräsentant einer n-stelligen Wahrheitsfunktion f^n. Dann gilt

(a)	$\mathsf{H}\, Aeq_A\, \mathsf{V}_r\, \Theta^+$ für $r \neq 0$.	§ 26, 2.4.
(b)	$\mathsf{H}\, Aeq_A\, \wedge_s \sim \Theta^-$ für $s \neq 0$	§ 26, 2.6.
	$Aeq_A \sim \mathsf{V}_s\, \Theta^-$	§ 21, 20.2.1.
(c)	$\mathsf{V}_r\, \Theta^+ \vee \mathsf{V}_s\, \Theta^- = \Theta^*$.	$r + s = 2^n$.

Definiert man nun zusätzlich die leere Teilalternative von Θ^* als das Negat von Θ^*, so kann das Repräsentantentheorem so formuliert werden: *Jedes f^n kann repräsentiert werden durch eine Teilalternative von Θ^* oder gleichwertig durch das Negat ihres Komplementes.*

Mit Benutzung von 3. beweisen wir jetzt

4. Das Boolesche Darstellbarkeitstheorem.

Θ^* sei eine Boolesche NF in $p_1, \ldots, p_n$. Dann ist jedes H in $p_1, \ldots, p_n$ darstellbar durch eine Teilalternative von Θ^* oder gleichwertig durch das Negat ihres Komplementes: durch Θ^* genau dann, wenn id_A H, durch $\sim\Theta^*$ genau dann, wenn *non erf$_A$* H.

Wir zeigen

(1) Die Anzahl der paarweise nicht-aequivalenten und in diesem Sinne wesentlich voneinander verschiedenen H in $p_1, \ldots, p_n$ ist 2^{2^n}; denn jedes H in $p_1, \ldots, p_n$ definiert durch die Wahrheitswerte, die ihrerseits definiert sind durch die 2^n Belegungen der n H-Variablen, eine n-stellige Wahrheitsfunktion f^n. Aus § 26, 2.2 folgt durch gliedweise Generalisierung von $\mathfrak{B}_A$ (§ 4, 15.2)

$$(Om\, \mathfrak{B}_A)\left(\mathfrak{B}_A^*(\mathsf{H}_i) = \mathfrak{B}_A^*(\mathsf{H}_k)\right)$$

$$\ddot{a}q\, (Om\, \mathfrak{B}_A)\left(f_i^n(\mathfrak{B}_A(p_1), \ldots, \mathfrak{B}_A(p_n)) = f_k^n(\mathfrak{B}_A(p_1), \ldots, \mathfrak{B}_A(p_n))\right).$$

Mithin (§ 12, 5.1)

$$\mathsf{H}_i\, Aeq_A\, \mathsf{H}_k\, \ddot{a}q\, f_i^n = f_k^n.$$

Hieraus durch gliedweise metasprachliche Verneinung (§ 5, 9.2)

$$\text{non } \mathsf{H}_i \, Aeq_A \, \mathsf{H}_k \, \ddot{a}q \, f_i^n \neq f_k^n.$$

Hieraus folgt die Behauptung; denn es gibt genau $2^{2^n} f^n$ (§ 26, 1.2).

(2)   Definiert man die leere Teilalternative von Θ^* als das Negat von Θ^* wie in 3., so gibt es genau 2^{2^n} Teilalternativen von Θ^*, im Einklang mit den $2^{2^n} f^n$. Nun besagt 3., daß jedes dieser f^n repräsentiert wird durch eine Teilalternative von Θ^* oder gleichwertig durch das Negat ihres Komplementes. Hierfür können wir gleichwertig sagen: Jedes der 2^{2^n} wesentlich voneinander verschiedenen H in $p_1, \ldots, p_n$ ist darstellbar durch eine Teilalternative von Θ^* oder durch das Negat ihres Komplementes; denn jedes solche H definiert ein f^n, das durch diese Teilalternative oder das Negat ihres Komplementes repräsentiert wird.

5. *Ein Beispiel:* Es sollen Repräsentanten der $2^{2^2} = 16$ wesentlich voneinander verschiedenen A-Ausdrücke in p und q bestimmt werden. Es ist

$$\mathsf{H}^* = (p \wedge q) \vee (p \wedge \sim q) \vee (\sim p \wedge q) \vee (\sim p \wedge \sim q).$$

Mithin (2.1)

5.1. $\mathsf{H}_1 = \mathsf{H}^* \, Aeq_A \, (p \vee \sim p) \wedge (q \vee \sim q)$

$Aeq_A \, p \vee \sim p$, bzw. $q \vee \sim q$	§ 15, 3.2.
$Aeq_A \, p \rightarrow p$	§ 22, 1.2.
$Aeq_A \, p \leftrightarrow p$.	§ 12, 5.6.

$\mathsf{H}_2 = \sim \mathsf{H}^* \, Aeq_A \, p \wedge \sim p$.

$Aeq_A \sim (p \rightarrow p)$	§ 12, 5.6.
$Aeq_A \, p \leftrightarrow \sim p$.	§ 12, 5.6.

$\mathsf{H}_3 = p \wedge q \, Aeq_A \sim (p \rightarrow \sim q)$.	§ 22, 1.1.

$\mathsf{H}_4 = p \wedge \sim q \, Aeq_A \sim (p \rightarrow q)$.

$\mathsf{H}_5 = \sim p \wedge q \, Aeq_A \sim (q \rightarrow p)$.

$\mathsf{H}_6 = \sim p \wedge \sim q \, Aeq_A \sim (\sim q \rightarrow p)$.

$\mathsf{H}_7 = (p \wedge q) \vee (p \wedge \sim q) \, Aeq_A \, p$.	§ 23, 1.2.
$\mathsf{H}_8 = (p \wedge q) \vee (\sim p \wedge q) \, Aeq_A \, q$.	§ 23, 1.2.
$\mathsf{H}_9 = (p \wedge q) \vee (\sim p \wedge \sim q) \, Aeq_A \, p \leftrightarrow q$.	§ 17, 10.2.

$\mathsf{H}_{10} = (p \wedge \sim q) \vee (\sim p \wedge q) \, Aeq_A \, p \leftrightarrow \sim q$.

$\mathsf{H}_{11} = (p \wedge \sim q) \vee (\sim p \wedge \sim q) \, Aeq_A \sim q$.

$\mathsf{H}_{12} = (\sim p \wedge q) \vee (\sim p \wedge \sim q) \, Aeq_A \sim p$.

$\mathsf{H}_{13} = (p \wedge q) \vee (p \wedge \sim q) \vee (\sim p \wedge q) \, Aeq_A \sim (\sim p \wedge \sim q)$	2.3.
$Aeq_A \, p \vee q$	§ 22, 3.1.
$Aeq_A \sim q \rightarrow p$.	§ 22, 1.2.

$$H_{14} = (p \wedge q) \vee (p \wedge \sim q) \vee (\sim p \wedge \sim q) \; Aeq_A \sim (\sim p \wedge q) \qquad \text{2.3.}$$
$$Aeq_A \; q \rightarrow p. \qquad \text{§ 22, 3.2.}$$
$$H_{15} = (p \wedge q) \vee (\sim p \wedge q) \vee (\sim p \wedge \sim q) \; Aeq_A \sim (p \wedge \sim q) \qquad \text{2.3.}$$
$$Aeq_A \; p \rightarrow q. \qquad \text{§ 22, 3.2.}$$
$$H_{16} = (\sim p \wedge q) \vee (p \wedge \sim q) \vee (\sim p \wedge \sim q) \; Aeq_A \sim (p \wedge q) \qquad \text{2.3.}$$
$$Aeq_A \; p \rightarrow \sim q. \qquad \text{§ 22, 3.2.}$$

In einer übersichtlicheren Anordnung erhält man aus 5.1

5.2. $\quad p$ (H_7), $\quad \sim p$ (H_{12}), $\quad q$ (H_6), $\quad \sim q$ (H_{11}).

$\quad p \rightarrow q$ (H_{15}), $\quad \sim (p \rightarrow q)$ (H_4), $\quad p \rightarrow \sim q$ (H_{16}), $\quad \sim (p \rightarrow \sim q)$ (H_3).

$\quad q \rightarrow p$ (H_{14}), $\quad \sim (q \rightarrow p)$ (H_5), $\quad \sim q \rightarrow p$ (H_{13}), $\quad \sim (\sim q \rightarrow p)$ (H_6).

$\quad p \leftrightarrow q$ (H_9), $\quad p \leftrightarrow \sim q$ (H_{10}).

$\quad p \rightarrow p, p \leftrightarrow p$ (H_1), $\quad \sim (p \rightarrow p), p \leftrightarrow \sim p$ (H_2).

Wir notieren noch

6. Eine alternative Normalform H* von H (§ 25, 1.2) in $p_1, \ldots, p_n$ kann stets aequivalent übergeführt werden in eine Teilalternative einer Booleschen Normalform Θ^* in $p_1, \ldots, p_n$.

Man gelangt von H* zu Θ^* in folgenden Schritten:

(1) Man unterdrücke in jeder Elementarkonjunktion von H* alle Wiederholungen von mehrfach vorkommenden A-Variablen (§15, 3.1).

(2) Man unterdrücke alle Elementarkonjunktionen von H*, in denen mit einem p auch $\sim p$ vorkommt (§15, 3.2; §12, 9.2).

Wenn alle Elementarkonjunktionen von H* verschwinden, so ist die leere Teilalternative von Θ^* das Boolesche Aequivalent von H*. Wenn nicht, so gehe man so vor:

(3) $H^\times$ sei eine Konstituente von H*, in der wenigstens ein $p \in \{p_1, \ldots, p_n\}$ nicht vorkommt. Man mache Gebrauch von

$$H^\times \; Aeq_A \; (H^\times \wedge p) \vee (H^\times \wedge \sim p) \qquad \text{§ 23, 1.2.}$$

und setze dieses Verfahren so lange fort, bis $p_1, \ldots, p_n$ in jedem H vorkommen.

6 1. *Ein Beispiel:*

Es sei $H_1 = p_1 \wedge \sim p_2$, $H_2 = p_3$, $H^* = H_1 \vee H_2$. Man erhält für H_1:

$$H_1 \, Aeq_A \, H_1' = (p_1 \wedge \sim p_2 \wedge p_3) \vee (p_1 \wedge \sim p_2 \wedge \sim p_3).$$

Für H_2 erhält man

$$H_2 \, Aeq_A \, H_2' = (p_2 \wedge p_3) \vee (\sim p_2 \wedge p_3) \; Aeq_A \, H_2''$$
$$= (p_1 \wedge p_2 \wedge p_3) \vee (p_1 \wedge \sim p_2 \wedge p_3) \vee (\sim p_1 \wedge p_2 \wedge p_3) \vee (\sim p_1 \wedge \sim p_2 \wedge p_3).$$

Mithin, nach Streichung der Wiederholung von $p_1 \wedge \sim p_2 \wedge p_3$ in H_2'' und lexikographischer Umordnung der Konstituenten (p_i vor $\sim p_i$)

$$\mathrm{H}^* \, Aeq_A \, (p_1 \wedge p_2 \wedge p_3) \vee (p_1 \wedge \sim p_2 \wedge p_3) \vee (p_1 \wedge \sim p_2 \wedge \sim p_3)$$
$$\vee (\sim p_1 \wedge p_2 \wedge p_3) \vee (\sim p_1 \wedge \sim p_2 \wedge p_3).$$

Der rechtsstehende Ausdruck ist eine Teilalternative einer BOOLEschen NF in p_1, p_2, p_3.

§ 28. Das HAUBERsche Theorem [1]

1.　$(\mathrm{H}_1 \vee \mathrm{H}_2 \vee \mathrm{H}_3)$

$\wedge (\mathrm{H}_1' \to \sim \mathrm{H}_2' \wedge \sim \mathrm{H}_3') \wedge (\mathrm{H}_2' \to \sim \mathrm{H}_1' \wedge \sim \mathrm{H}_3') \wedge (\mathrm{H}_3' \to \sim \mathrm{H}_1' \wedge \sim \mathrm{H}_2')$

Imp_A

$(\mathrm{H}_1 \to \mathrm{H}_1') \wedge (\mathrm{H}_2 \to \mathrm{H}_2') \wedge (\mathrm{H}_3 \to \mathrm{H}_3') \to (\mathrm{H}_1' \to \mathrm{H}_1) \wedge (\mathrm{H}_2' \to \mathrm{H}_2) \wedge (\mathrm{H}_3' \to \mathrm{H}_3)$.

Anm.: Definiert man mit „$Exh\,\mathrm{H}_1\mathrm{H}_2\mathrm{H}_3$" für „$\mathrm{H}_1, \mathrm{H}_2, \mathrm{H}_3$ erschöpfen den Bereich der möglichen Fälle"

1.1.　$Exh\,\mathrm{H}_1\mathrm{H}_2\mathrm{H}_3 \, \ddot{a}q_{Df} \, id_A \, \mathrm{H}_1 \vee \mathrm{H}_2 \vee \mathrm{H}_3$

und mit „$\Theta_1 \, Unv \, \Theta_2 \Theta_3$" für „$\Theta_1$ ist unverträglich mit Θ_2 und Θ_3"

1.2.　$\Theta_1 \, Unv \, \Theta_2 \Theta_3 \, \ddot{a}q_{Df} \, \Theta_1 \, Imp_A \sim \Theta_1 \wedge \sim \Theta_2$,

so geht 1. über in die schwächere, aber wesentlich anschaulichere Behauptung

1*.　$Exh\,\mathrm{H}_1\mathrm{H}_2\mathrm{H}_3 \, et \, \mathrm{H}_1' \, Imp_A \sim \mathrm{H}_2' \wedge \sim \mathrm{H}_3' \, et \, \mathrm{H}_2' \, Imp_A \sim \mathrm{H}_1' \wedge \sim \mathrm{H}_3'$

$et \, \mathrm{H}_3' \, Imp_A \sim \mathrm{H}_1' \wedge \sim \mathrm{H}_2'$

$.seq.$

$\mathrm{H}_1 \, Imp_A \, \mathrm{H}_1' \, et \, \mathrm{H}_2 \, Imp_A \, \mathrm{H}_2' \, et \, \mathrm{H}_3 \, Imp_A \, \mathrm{H}_3'$

$seq \, \mathrm{H}_1' \, Imp_A \, \mathrm{H}_1 \, et \, \mathrm{H}_2' \, Imp_A \, \mathrm{H}_2 \, et \, \mathrm{H}_3' \, Imp_A \, \mathrm{H}_3$.

Es ist jedoch noch nicht gelungen, im Rahmen des AK ein nicht-triviales Beispiel für die Anwendbarkeit von 1* zu finden. Statt dessen das an 1. angeschlossene Beispiel 2.1.

Beweis von 1.:

(1)　$\mathrm{H}_1 \vee \mathrm{H}_2 \vee \mathrm{H}_3 \, Aeq_A \sim \mathrm{H}_2 \wedge \sim \mathrm{H}_3 \to \mathrm{H}_1$.　　　　　§ 20, 7.1.

(2)　$(\mathrm{H}_2 \to \mathrm{H}_2') \wedge (\mathrm{H}_3 \to \mathrm{H}_3') \, Imp_A \, (\sim \mathrm{H}_2' \to \sim \mathrm{H}_2) \wedge (\sim \mathrm{H}_3' \to \sim \mathrm{H}_3)$　　§ 21, 1.

(3)　$\phantom{(\mathrm{H}_2 \to \mathrm{H}_2')} Imp_A \sim \mathrm{H}_2' \wedge \sim \mathrm{H}_3' \to \sim \mathrm{H}_2 \wedge \sim \mathrm{H}_3$　　§ 18, 2.3.

(4)　$\phantom{(\mathrm{H}_2 \to \mathrm{H}_2')} Imp_A \, (\mathrm{H}_1' \to \sim \mathrm{H}_2' \wedge \sim \mathrm{H}_3') \to (\mathrm{H}_1' \to \sim \mathrm{H}_2 \wedge \sim \mathrm{H}_3)$.

§ 20, 10.1.

Hieraus durch Prämissenvertauschung (§ 20, 2.2)

(5)　$\mathrm{H}_1' \to \sim \mathrm{H}_2' \wedge \sim \mathrm{H}_3' \, Imp_A \, (\mathrm{H}_2 \to \mathrm{H}_2') \wedge (\mathrm{H}_3 \to \mathrm{H}_3') \to (\mathrm{H}_1' \to \sim \mathrm{H}_2 \wedge \sim \mathrm{H}_3)$.

---

[1] K. FR. HAUBER, „Scholae logico-mathematicae", Stuttgart 1829, § 293.

Mithin (1)

(6) $(H_1 \vee H_2 \vee H_3) \wedge (H_1' \to {\sim} H_2' \wedge {\sim} H_3')$

  $Imp_A (H_2 \to H_2') \wedge (H_3 \to H_3') \to (H_1' \to H_1)$.   § 20, 11.3.

Entsprechend beweist man die beiden anderen Fälle.

2. x_1, x_2 seien Zahlvariable mit x' für „$x+1$". Dann erhält man durch

$H_1/x_1 = x_2$, $H_2/x_1 < x_2$, $H_3/x_2 < x_1$, $H_1'/x_1' = x_2'$, $H_2'/x_1' < x_2'$, $H_3'/x_2' < x_1'$

den folgenden Satz:

2.1. $(x_1 = x_2 \ vel \ x_1 < x_2 \ vel \ x_2 < x_1)$

  $et \ (x_1' = x_2' \ seq \ non \ x_1' < x_2' \ et \ non \ x_2' < x_1')$

  $et \ (x_1' < x_2' \ seq \ non \ x_1' = x_2' \ et \ non \ x_2' < x_1')$

  $et \ (x_2' < x_1' \ seq \ non \ x_1' = x_2' \ et \ non \ x_1' < x_2')$

  $.seq.$

  $(x_1 = x_2 \ seq \ x_1' = x_2') \ et \ (x_1 < x_2 \ seq \ x_1' < x_2') \ et \ (x_2 < x_1 \ seq \ x_2' < x_1')$

  seq

  $(x_1' = x_2' \ seq \ x_1 = x_2) \ et \ (x_1' < x_2' \ seq \ x_1 < x_2) \ et \ (x_2' < x_1' \ seq \ x_2 < x_1)$.

Da in der Theorie der natürlichen Zahlen sämtliche Prämissen erfüllt
sind, so kann im Rahmen dieser Theorie auch die in der letzten Zeile
enthaltene nicht-triviale conclusio behauptet werden.

§ 29. Noch einmal die Regel der A-Ersetzung

In diesem Paragraphen soll gezeigt werden, daß die Voraussetzungen für einen
Beweis der Regel der A-Ersetzung (§ 16, 2) wesentlich eingeschränkt werden
können: nämlich auf eine endliche Anzahl der in den H angeschriebenen Schemata
von A-Identitäten und auf die Abtrennungsregel (§ 12, 4).

1. Die erforderlichen Schemata sind

1.1. $H \ Imp_A \ H$.

1.2. $\Theta \ Imp_A \ H \leftrightarrow H$.

  Hieraus durch Übergang von Θ zu $\Theta_1 \leftrightarrow \Theta_2$

1.2.1. $H_1 = H_2 \ seq \ \Theta_1 \leftrightarrow \Theta_2 \ Imp_A \ H_1 \leftrightarrow H_2$.

  Andererseits aus 1.1 durch Übergang von H zu $H_1 \leftrightarrow H_2$

1.2.2. $\Theta_1 = H_1 \ et \ \Theta_2 = H_2 \ seq \ \Theta_1 \leftrightarrow \Theta_2 \ Imp_A \ H_1 \leftrightarrow H_2$.

*1.3. $H_1 \leftrightarrow H_2 \ Imp_A \ {\sim} H_1 \leftrightarrow {\sim} H_2$.   Vgl. § 17, 2.4.

*1.4. $(H_1 \leftrightarrow H_2) \wedge (H_3 \leftrightarrow H_4) \ Imp_A \ H_1 \circ H_3 \leftrightarrow H_2 \circ H_4$.   Vgl. § 17, 2.6.

  $H_3 \quad H_1 \qquad H_4 \quad H_2$.

1.5. $H_1 \rightarrow H_2 \, Imp_A \, (H_3 \rightarrow H_1) \rightarrow (H_3 \rightarrow H_2)$. Vgl. § 20, 10.1.

Hieraus durch zweimalige Anwendung der Abtrennungsregel

1.6. *Die Regel der gliedweisen Prämissenvorschaltung* (vgl. § 20, 10.2)

$id_A \, H_1 \rightarrow H_2 \, . \, seq \, . \, id_A \, H_3 \rightarrow H_1 \, seq \, id_A \, H_3 \rightarrow H_2$

oder

$H_1 \, Imp_A \, H_2 \, . \, seq \, . \, H_3 \, Imp_A \, H_1 \, seq \, H_3 \, Imp_A \, H_2$.

Mit 1.6 folgt aus 1.3 durch Übergang von H_1 zu $H \leftrightarrow H^*$, von H_2 zu $\sim H \leftrightarrow \sim H^*$ und von H_3 zu $\Theta_1 \leftrightarrow \Theta_2$

*1.7. $\Theta_1 \leftrightarrow \Theta_2 \, Imp_A \, H \leftrightarrow H^* \, seq \, \Theta_1 \leftrightarrow \Theta_2 \, Imp_A \, \sim H \leftrightarrow \sim H^*$.

Andererseits folgt mit 1.6 aus 1.4 durch Übergang von H_1 zu $(H_1 \leftrightarrow H_1^*) \wedge (H_2 \leftrightarrow H_2^*)$, von H_2 zu $H_1 \circ H_2 \leftrightarrow H_1^* \circ H_2^*$, von H_3 zu $\Theta_1 \leftrightarrow \Theta_2$

*1.8. $\Theta_1 \leftrightarrow \Theta_2 \, Imp_A \, (H_1 \leftrightarrow H_1^*) \wedge (H_2 \leftrightarrow H_2^*)$

$seq \, \Theta_1 \leftrightarrow \Theta_2 \, Imp_A \, H_1 \circ H_2 \leftrightarrow H_1^* \circ H_2^*$.

Es gilt ferner

1.9. $H_1 \rightarrow H_2 \, Imp_A \, (H_1 \rightarrow H_3) \rightarrow (H_1 \rightarrow H_2 \wedge H_3)$.

Hieraus durch zweimalige Anwendung der Abtrennungsregel

1.10. *Die Regel der hinteren Koppelung* (vgl. § 19, 5.1).

$H_1 \, Imp_A \, H_2 \, et \, H_1 \, Imp_A \, H_3 \, seq \, H_1 \, Imp_A \, H_2 \wedge H_3$.

Beweis: Aus 1.9 folgt

(1) $id_A \, H_1 \rightarrow H_2 \, seq \, id_A \, (H_1 \rightarrow H_3) \rightarrow (H_1 \rightarrow H_2 \wedge H_3)$

(2) $. seq . id_A \, H_1 \rightarrow H_3 \, seq \, id_A \, H_1 \rightarrow H_2 \wedge H_3$.

oder

(3) $H_1 \, Imp_A \, H_2 \, . seq . \, H_1 \, Imp_A \, H_3 \, seq \, H_1 \, Imp_A \, H_2 \wedge H_3$.

Mithin (§ 4, 9.4)

(4) $H_1 \, Imp_A \, H_2 \, et \, H_1 \, Imp_A \, H_3 \, seq \, H_1 \, Imp_A \, H_2 \wedge H_3$.

Mit 1.10 folgt durch Übergang von H_1 zu $\Theta_1 \leftrightarrow \Theta_2$, von H_2 zu $H_1 \leftrightarrow H_1^*$, von H_3 zu $H_2 \leftrightarrow H_2^*$

*1.11. $\Theta_1 \leftrightarrow \Theta_2 \, Imp_A \, H_1 \leftrightarrow H_1^* \, et \, \Theta_1 \leftrightarrow \Theta_2 \, Imp_A \, H_2 \leftrightarrow H_2^*$

$seq \, \Theta_1 \leftrightarrow \Theta_2 \, Imp_A \, (H_1 \leftrightarrow H_1^*) \wedge (H_2 \leftrightarrow H_2^*)$.

Aus 1.11 und 1.8 folgt durch Kettenschluß

*1.12. $\Theta_1 \leftrightarrow \Theta_2 \, Imp_A \, H_1 \leftrightarrow H_1^* \, et \, \Theta_1 \leftrightarrow \Theta_2 \, Imp_A \, H_2 \leftrightarrow H_2^*$

$seq \, \Theta_1 \leftrightarrow \Theta_2 \, Imp_A \, H_1 \circ H_2 \leftrightarrow H_1^* \circ H_2^*$.

2. Um den Überblick zu erleichtern, reproduzieren wir § 16, 2.1:

$Ers_A \, H \, \Theta_1 \, \Theta_2 \, H^*$

$\ddot{a}q_{Df}$

H^* geht im AK aus H dadurch hervor, daß ein Teilausdruck Θ_1 von H *nach Belieben* — in keinem oder in wenigstens einem Falle — durch Θ_2 ersetzt wird. Wenn Θ_1 *nicht* in H, so soll gelten: $H = H^*$.

3. *Semiotische Hilfstheoreme*[1].

Unter der generellen Voraussetzung von

$$Ers_A\,H\,\Theta_1\,\Theta_2\,H^*\ et\ \Theta_1 \neq H$$

sei

3.1. $H = {\sim} H_0$. Dann kann die Ersetzung nur in H_0 vor sich gehen. Dann gibt es also ein H_0^*, so daß

$$H^* = {\sim}\,H_0^*\ et\ Ers_A\,H_0\,\Theta_1\,\Theta_2\,H_0^*.$$

3.2. $H = H_1 \circ H_2$. Dann kann die Ersetzung nur in H_1 oder in H_2 vor sich gehen. Dann gibt es also ein H_1^* und ein H_2^*, so daß

$$H^* = H_1^* \circ H_2^*\ et\ Ers_A\,H_1\,\Theta_1\,\Theta_2\,H_1^*\ et\ Ers_A\,H_2\,\Theta_1\,\Theta_2\,H_2^*.\,^2$$

Einer wesentlichen Entlastung des Beweises von 5. dient ein

4. *Ersetzungstheoretisches Hilfstheorem.*

$$Ers_A\,H\,\Theta_1\,\Theta_2\,H^*\ et\ \Theta_1 = H\ seq\ \Theta_1 \leftrightarrow \Theta_2\ Imp_A\,H \leftrightarrow H^*.$$

Beweis:

(1)   Es wird ersetzt. Dann

$$Ers_A\,H\,\Theta_1\,\Theta_2\,H^*\ et\ \Theta_1 = H\ seq\ \Theta_1 = H\ et\ H^* = \Theta_2$$
$$seq\ \Theta_1 \leftrightarrow \Theta_2\ Imp_A\,H \leftrightarrow H^*. \qquad\qquad \text{1 2.2.}$$

(2)   Es wird *nicht* ersetzt. Dann

$$Ers_A\,H\,\Theta_1\,\Theta_2\,H^*\ seq\ H = H^*$$
$$seq\ \Theta_1 \leftrightarrow \Theta_2\ Imp_A\,H \leftrightarrow H^*. \qquad\qquad \text{1.2.1.}$$

5. *Die Regel der A-Ersetzung.*

$$Ers_A\,H\,\Theta_1\,\Theta_2\,H^*\ seq\ \Theta_1 \leftrightarrow \Theta_2\ Imp_A\,H \leftrightarrow H^*.$$

Beweis: Für die Induktion über den Aufbau von H ist in jedem Schritt eine Fallunterscheidung ($\Theta_1 = H$, $\Theta_1 \neq H$) erforderlich. Da sich der Fall $\Theta_1 = H$ aber stets durch 4. erledigt, so sind nur noch die Fälle mit $\Theta_1 \neq H$ explizit zu behandeln, also nur noch die Fälle, für welche die Theoreme 3.1 und 3.2 zur Verfügung stehen.

---

[1] Hier stoßen wir zum erstenmal auf das Postulat einer *Semiotik* im Sinn einer Theorie von Zeichenreihen (s. oben S. 29). In einer solchen Theorie müßten die folgenden Hilfstheoreme, die hier nur als anschaulich evidente Behauptungen vorgetragen werden können, beweisbar sein. Nun sind aber diese Theoreme, wie sich im folgenden zeigen wird, unentbehrlich für einen vollständigen Beweis der Ersetzungsregel. Analoge Theoreme sind erforderlich in jedem Falle, in welchem eine Behauptung durch Induktion über den Aufbau von Ausdrücken bewiesen wird. Folglich kommt, im Sinn einer maximalen Formalisierung, einer Semiotik im Aufbau eines Kalküls, über welchem Behauptungen induktiv über den Aufbau von Ausdrücken zu beweisen sind, eine Rolle zu, die bei weitem nicht nur platonisch ist.

[2] Man beachte, daß wegen der für die Ersetzung zugelassenen Freiheitsgrade auch für $H_1 = H_2$ gelten kann: $H_1^* \neq H_2^*$. * hat also *nicht* den Charakter eines Funktionszeichens.

(A) *Induktionsbeginn:*

(1) $Ers_A\ p\ \Theta_1\,\Theta_2\ \mathsf{H}^* \ et\ \Theta_1 \neq p\ seq\ non\ \Theta_1\ In\ p$

(2) $seq\ \mathsf{H}^* = p$ 2.

(3) $seq\ \Theta_1 \leftrightarrow \Theta_2\ Imp_A\ p \leftrightarrow \mathsf{H}^*.$ 1.2.1.

(B) *Induktionsschritte:*

(B_1)   *Vor.:* $(Om\ \mathsf{H}_0^*)\,(Ers_A\ \mathsf{H}_0\ \Theta_1\,\Theta_2\ \mathsf{H}_0^*\ seq\ \Theta_1 \leftrightarrow \Theta_2\ Imp_A\ \mathsf{H}_0 \leftrightarrow \mathsf{H}_0^*).$ Ind [1]
           Beh.: $(Om\ \mathsf{H}^*)\,(Ers_A \sim \mathsf{H}_0\ \Theta_1\,\Theta_2\ \mathsf{H}^*\ seq\ \Theta_1 \leftrightarrow \Theta_2\ Imp_A \sim \mathsf{H}_0 \leftrightarrow \mathsf{H}^*).$

Beweis:

(1) H_0^* sei ein Beispiel für einen unter den Vor. von 3.1 existierenden A-Ausdruck. Dann gilt:
      $Ers_A\ \mathsf{H}\ \Theta_1\,\Theta_2\ \mathsf{H}^* \ et\ \Theta_1 \neq \mathsf{H}\ et\ \mathsf{H} = \sim \mathsf{H}_0\ seq\ \mathsf{H}^* = \sim \mathsf{H}_0^*\ et\ Ers_A\ \mathsf{H}_0\ \Theta_1\,\Theta_2\ \mathsf{H}_0^*.$
      Mithin einerseits

(2) $Ers_A\ \mathsf{H}\ \Theta_1\,\Theta_2\ \mathsf{H}^* \ et\ \Theta_1 \neq \mathsf{H}\ et\ \mathsf{H} = \sim \mathsf{H}_0\ seq\ \mathsf{H} = \sim \mathsf{H}_0\ et\ \mathsf{H}^* = \sim \mathsf{H}_0^*.$
      Andererseits

(3) $Ers_A\ \mathsf{H}\ \Theta_1\,\Theta_2\ \mathsf{H}^* \ et\ \Theta_1 \neq \mathsf{H}\ et\ \mathsf{H} = \sim \mathsf{H}_0\ seq\ Ers_A\ \mathsf{H}_0\ \Theta_1\,\Theta_2\ \mathsf{H}_0^*$

(4) $seq\ \Theta_1 \leftrightarrow \Theta_2\ Imp_A\ \mathsf{H}_0 \leftrightarrow \mathsf{H}_0^*$ Ind

(5) $seq\ \Theta_1 \leftrightarrow \Theta_2\ Imp_A \sim \mathsf{H}_0 \leftrightarrow \sim \mathsf{H}_0^*$ 1.7.
      Aus (2) und (5) folgt

*(6) $Ers_A\ \mathsf{H}\ \Theta_1\,\Theta_2\ \mathsf{H}^* \ et\ \Theta_1 \neq \mathsf{H}\ et\ \mathsf{H} = \sim \mathsf{H}_0\ seq\ \Theta_1 \leftrightarrow \Theta_2\ Imp_A\ \mathsf{H} \leftrightarrow \mathsf{H}^*.$
      Hieraus durch Übergang von H zu $\sim \mathsf{H}_0$

(7) $Ers_A \sim \mathsf{H}_0\ \Theta_1\,\Theta_2\ \mathsf{H}^* \ et\ \Theta_1 \neq \sim \mathsf{H}_0\ seq\ \Theta_1 \leftrightarrow \Theta_2\ Imp_A \sim \mathsf{H}_0 \leftrightarrow \mathsf{H}^*.$
      Mithin, auf Grund der generellen Verabredung für die Durchführung der Induktionsschritte

(8) $Ers_A \sim \mathsf{H}_0\ \Theta_1\,\Theta_2\ \mathsf{H}^* \ et\ (\Theta_1 = \sim \mathsf{H}_0\ vel\ \Theta_1 \neq \sim \mathsf{H}_0)\ seq\ \Theta_1 \leftrightarrow \Theta_2\ Imp_A \sim \mathsf{H} \leftrightarrow \mathsf{H}^*.$
      Mithin, wegen $\Theta_1 = \sim \mathsf{H}_0\ vel\ \Theta_1 \neq \sim \mathsf{H}_0,$

(9) $Ers_A \sim \mathsf{H}_0\ \Theta_1\,\Theta_2\ \mathsf{H}^*\ seq\ \Theta_1 \leftrightarrow \Theta_2\ Imp_A \sim \mathsf{H} \leftrightarrow \mathsf{H}^*.$
      Hieraus durch Generalisierung von H^* (§ 5, 11.1)

(10) $(Om\ \mathsf{H}^*)\,(Ers_A \sim \mathsf{H}_0\ \Theta_1\,\Theta_2\ \mathsf{H}^*\ seq\ \Theta_1 \leftrightarrow \Theta_2\ Imp_A \sim \mathsf{H} \leftrightarrow \mathsf{H}^*).$
      Das Wesentliche ist also in (6) geleistet. Wir werden daher den zweiten Induktionsschritt nur durchführen bis zu dem Analogon von (6).

(B_2)   *Vor.:* $(Om\ \mathsf{H}_1^*)\,(Ers_A\ \mathsf{H}_1\ \Theta_1\,\Theta_2\ \mathsf{H}_1^*\ seq\ \Theta_1 \leftrightarrow \Theta_2\ Imp_A\ \mathsf{H}_1 \leftrightarrow \mathsf{H}_1^*)$ ⎫
            $et\ (Om\ \mathsf{H}_2^*)\,(Ers_A\ \mathsf{H}_2\ \Theta_1\,\Theta_2\ \mathsf{H}_2^*\ seq\ \Theta_1 \leftrightarrow \Theta_2\ Imp_A\ \mathsf{H}_2 \leftrightarrow \mathsf{H}_2^*).$ ⎬ Ind
           Beh.: $(Om\ \mathsf{H}^*)\,(Ers_A\ (\mathsf{H}_1 \circ \mathsf{H}_2)\ \Theta_1\,\Theta_2\ \mathsf{H}^*\ seq\ \Theta_1 \leftrightarrow \Theta_2\ Imp_A\ (\mathsf{H}_1 \circ \mathsf{H}_2) \leftrightarrow \mathsf{H}^*).$

Beweis:

(1) H_1^*, H_2^* seien Beispiele für A-Ausdrücke, die unter den Vor. von 3.2 existieren. Dann gilt:
      $Ers_A\ \mathsf{H}\ \Theta_1\,\Theta_2\ \mathsf{H}^* \ et\ \Theta_1 \neq \mathsf{H}\ et\ \mathsf{H} = \mathsf{H}_1 \circ \mathsf{H}_2$
      $seq\ \mathsf{H}^* = \mathsf{H}_1^* \circ \mathsf{H}_2^*\ et\ Ers_A\ \mathsf{H}_1\ \Theta_1\,\Theta_2\ \mathsf{H}_1^*\ et\ Ers_A\ \mathsf{H}_2\ \Theta_1\,\Theta_2\ \mathsf{H}_2^*.$

---

[1] Durch „*Ind*" soll hier und in allen künftigen Fällen eine Induktionsvoraussetzung angedeutet sein.

Mithin einerseits

(2) Ers_A H Θ_1 Θ_2 H* *et* $\Theta_1 \neq$ H *et* H $=$ H$_1$ o H$_2$ *seq* H $=$ H$_1$ o H$_2$ *et* H* $=$ H$_1^*$ o H$_2^*$.

Andererseits

(3) Ers_A H Θ_1 Θ_2 H* *et* $\Theta_1 \neq$ H *et* H $=$ H$_1$ o H$_2$
 seq Ers_A H$_1$ Θ_1 Θ_2 H$_1^*$ *et* Ers_A H$_2$ Θ_1 Θ_2 H$_2^*$

(4)   *seq* $\Theta_1 \leftrightarrow \Theta_2$ Imp_A H$_1 \leftrightarrow$ H$_1^*$ *et* $\Theta_1 \leftrightarrow \Theta_2$ Imp_A H$_2 \leftrightarrow$ H$_2^*$ *Ind*

(5)   *seq* $\Theta_1 \leftrightarrow \Theta_2$ Imp_A H$_1$ o H$_2 \leftrightarrow$ H$_1^*$ o H$_2^*$.   1.12.

Aus (2) und (5) folgt

(6) Ers_A H Θ_1 Θ_2 H* *et* $\Theta_1 \neq$ H *et* H $=$ H$_1$ o H$_2$ *seq* $\Theta_1 \leftrightarrow \Theta_2$ Imp_A H$_1$ o H$_2 \leftrightarrow$ H*.

4. Um uns bequemer ausdrücken zu können, wollen wir den in § 13, 2 durchgeführten Beweis der Ersetzungsregel seinem Wesen entsprechend einen *semantischen* nennen. Der hier vorgetragene zweite Beweis möge zur Unterscheidung ein *syntaktischer* heißen. Dieser Beweis ist zwar wesentlich umständlicher; er ist aber von einer weittragenden grundsätzlichen Bedeutung.

Um dies zu zeigen, bestimmen wir zunächst *die aussagenlogischen Regeln des Schließens*: $a_1, \ldots, a_n$ seien irgendwelche metasprachlichen Aussagen vom Typus „id_A H" mit oder ohne Nebenbedingungen. In Grenzfällen kann ein a_i auch auf die Formulierung einer strukturellen Bedingung beschränkt sein (Beispiele: die Einsetzungs- und die Ersetzungsregel, ferner die Dualitätstheoreme § 24, 4). Dann soll jedes Theorem von einem der folgenden Typen

(1) $a_1\, seq\, a_2$,

(2) $a_1\, äq\, a_2$,

(3) $a_1\, seq\, (a_2\, seq\, (\ldots (a_{n-1}\, seq\, a_n)\, \ldots))$ bzw. $a_1\, et\, a_2\, et \ldots et\, a_{n-1}\, seq\, a_n$

eine aussagenlogische Regel des Schließens heißen, wobei es genügen soll, daß das Theorem auf eine von diesen Formen gebracht werden *kann*. Es kann aus sprachlichen Gründen auch anders formuliert sein, wie in den Fällen der verallgemeinerten Assoziativität, Komutativität und Distributivität (§ 15). Die so definierten Regeln des Schließens sind Regeln des Schließens zweiter Art im Sinn von § 3[1], die ihnen zugrunde liegenden Folgerungsrelationen sind identitäts- und erfüllbarkeitserblich[2].

Dann ist es effektiv so: Alle aussagenlogischen Regeln des Schließens können aus A-Identitäten unter ausschließlicher Benutzung der Einsetzungs-, Abtrennungs- und Ersetzungsregel gewonnen werden. Macht man von den in den H angeschriebenen Schematen Gebrauch, wie es in dieser Darstellung grundsätzlich geschehen ist, so kommt man mit der Abtrennungs- und der Ersetzungsregel aus, bis auf den Beweis der Dualitätstheoreme. Für diesen Beweis ist eine Anwendung der Einsetzungsregel an genau einer Stelle in jedem Falle erforderlich[3]. Nachdem nun gezeigt ist, daß auch die Ersetzungsregel schon aus den Schematen mit wiederholter Anwendung der Abtrennungsregel allein gewonnen werden kann, darf behauptet werden, daß alle aussagenlogischen Regeln des Schließens mit Hilfe der Einsetzungs- und der Abtrennungsregel aus den A-Identitäten oder den Schematen dieser Identitäten gewonnen werden können.

---

[1] Siehe oben S. 22.

[2] Vgl. § 12, 4.1; 5.7; 7.6; 5.8.

[3] Vgl. Fußnote 1, S. 82.

III. Begriff und Theorie der mengenrelativen Erfüllung

Die beiden folgenden Paragraphen fußen auf einer mengentheoretischen Verallgemeinerung des Erfüllungsbegriffs, genauer auf der Redeweise „$\mathfrak{B}$ erfüllt M", wo M als eine beliebige Menge von A-Ausdrücken vorausgesetzt ist. Das, was in diesen Paragraphen enthalten ist, ist einerseits eine wesentliche Ergänzung zu den elementaren Erfüllungstheoremen in § 11, 7. und § 12, andererseits eine wesentliche Voraussetzung für die in C) angeschlossenen deduktionstheoretischen Betrachtungen.

§ 30. Der mengenrelative Erfüllungsbegriff im Aussagenkalkül

1. *Grundlegende Redeweisen.*

M sei eine beliebige (endliche oder unendliche, im Grenzfall auch eere) Menge von A-Ausdrücken. Wir sagen

1.1. $\mathfrak{B}$ *erfüllt* M *(im Bereich des AK)*

$\qquad \mathfrak{B} \, Erf_A \, M \; äq_{Df} \, (Om \, \mathsf{H}) \, (\mathsf{H} \in M \; seq \; \mathfrak{B} \, Erf_A \, \mathsf{H})$.

$\mathfrak{B}$ erfüllt also M (im Bereich des AK) genau dann, wenn $\mathfrak{B}$ jedes $\mathsf{H} \in M$ erfüllt.

1.2.   Für „$\mathfrak{B} \, Erf_A \, M$" sagen wir auch „$\mathfrak{B}$ ist ein *A-Modell* von M".

1.3. M *ist erfüllbar (im Bereich des AK)*

$\qquad erf_A \, M \; äq_{Df} \, (Ex \, \mathfrak{B}) \, (\mathfrak{B} \, Erf_A \, M)$.

2. Es gelten die folgenden elementaren *Theoreme*[1]:

2.1. $\mathfrak{B} \, Erf_A \, \{\mathsf{H}\} \; äq \; \mathfrak{B} \, Erf_A \, \mathsf{H}$.   § 6, 7.2.

       Hieraus auf Grund des *Dictum de omni* (§ 5, 11.1) mit § 5, 16.1

2.1.1. $erf_A \, \{\mathsf{H}\} \; äq \; erf_A \, \mathsf{H}$.

2.2. $M_1 \subseteq M_2 . seq . \, \mathfrak{B} \, Erf_A \, M_2 \; seq \; \mathfrak{B} \, Erf_A \, M_1$.

$\qquad\qquad . seq . non \, \mathfrak{B} \, Erf_A \, M_1 \; seq \; non \, \mathfrak{B} \, Erf_A \, M_2$.

       Mithin

2.2.1. $M_1 \subseteq M_2 . seq . \, erf_A \, M_2 \; seq \; erf_A \, M_1$.

$\qquad\qquad . seq . non \, erf_A \, M_1 \; seq \; non \, erf_A \, M_2$.

*2.3. $\mathfrak{B} \, Erf_A \, M_1 \cup M_2 \; äq \; \mathfrak{B} \, Erf_A \, M_1 \; et \; \mathfrak{B} \, Erf_A \, M_2$.

Beweis:

(1) $\mathfrak{B} \, Erf_A \, M_1 \cup M_2 \; äq \; (Om \, \mathsf{H}) \, (\mathsf{H} \in M_1 \; vel \; \mathsf{H} \in M_2 \; seq \; \mathfrak{B} \, Erf_A \, \mathsf{H})$

(2) $äq \; (Om \, \mathsf{H}) \, (\mathsf{H} \in M_1 \; seq \; \mathfrak{B} \, Erf_A \, \mathsf{H}$ § 5, 9.6.

$\qquad\qquad\qquad\qquad . et . \, \mathsf{H} \in M_2 \; seq \; \mathfrak{B} \, Erf_A \, \mathsf{H})$

---

[1] Im folgenden sind die Festsetzungen in § 6, 7. ein für allemal vorausgesetzt.

(3) $\qquad$ äg $(Om\ H)\ (H \in M_1\ seq\ \mathfrak{B}\ Erf_A\ H)$ $\qquad$ § 5, 17.1.

$\qquad$ et $(Om\ H)\ (H \in M_2\ seq\ \mathfrak{B}\ Erf_A\ H)$.

(4) $\qquad$ äg $\mathfrak{B}\ Erf_A\ M_1\ et\ \mathfrak{B}\ Erf_A\ M_2$.

Aus 2.3 erhält man durch Induktion über k

*2.3.1. $\quad \mathfrak{B}\ Erf_A \bigcup\limits_{i=1}^{k} M_i\ äg\ \mathfrak{B}\ Erf_A\ M_1\ et \ldots et\ \mathfrak{B}\ Erf_A\ M_k$.

Aus 2.3 und 2.3.1 ergeben sich als Folgerungen

2.4. $\quad erf_A\ M_1 \cup M_2\ seq\ erf_A\ M_1\ et\ erf_A\ M_2$.

2.4.1. $\quad erf_A \bigcup\limits_{i=1}^{k} M_i\ seq\ erf_A\ M_1\ et \ldots et\ erf_A\ M_2$.

Die Nicht-Umkehrbarkeit von 2.4 und 2.4.1 ergibt sich schon für $M_1 = \{p\}$, $M_2 = \{\sim p\}$.

Aus 2.3.1 folgt mit § 6, 7.3.2 und § 11, 7.3.1

*2.5. $\quad \mathfrak{B}\ Erf_A \{H_1, \ldots, H_k\}\ äg\ \mathfrak{B}\ Erf_A \bigwedge\limits_{i=1}^{k} H_i$.

Mithin

*2.5.1. $\quad erf_A \{H_1, \ldots, H_k\}\ äg\ erf_A \bigwedge\limits_{i=1}^{k} H_i$.

Aus 2.5.1 folgt mit 2.2.1

*2.5.2. $\quad m < n\ .seq.\ erf_A \bigwedge\limits_{i=1}^{n} H_i\ seq\ erf_A \bigwedge\limits_{i=1}^{m} H_i$

$\qquad .seq.\ non\ erf_A \bigwedge\limits_{i=1}^{m} H_i\ seq\ non\text{-}erf_A \bigwedge\limits_{i=1}^{n} H_i$.

*2.6. $\quad$ *Lr* sei *die leere Ausdrucksmenge.* Dann gilt

$$(Om\ \mathfrak{B})\ (\mathfrak{B}\ Erf_A\ Lr).$$

Jede Belegung ist ein Modell von *Lr*; denn

$$(Om\ H)\ (H \in Lr\ seq\ \mathfrak{B}\ Erf_A\ H),$$

da die Prämisse nie erfüllt ist (§ 5, 9.10).

§ 31. Das finitäre Erfüllungstheorem im Aussagenkalkül

Das in diesem Paragraphen zu behandelnde Theorem ist von grundlegender Wichtigkeit für alle Kalküle, die den Aussagenkalkül enthalten.

Zum Beweis: Die dem Wortlaut entsprechende Formulierung (1.6) wird zunächst auf eine für einen induktiven Beweis geeignete Form (1.8) gebracht. Zwei Hilfssätze über die Fortsetzbarkeit von Belegungen (2.3.2 und 2.6.2) liefern eine Vorstufe (2.7) von 1.8. Die Lücke wird durch 2.9 geschlossen.

$M = \{H_1, H_2, H_3, \ldots\}$ sei eine abzählbar unendliche Menge von A-Ausdrücken. Wir wollen zeigen, daß M stets dann erfüllbar ist, wenn jede endliche Teilmenge E von M erfüllbar ist[1].

Wenn jede endliche Teilmenge E von M erfüllbar ist, so insbesondere jede Teilmenge $\{H_1, \ldots, H_n\}$. Es gilt also

1.1. $(Om\,E)\,(E \subseteq M \; seq \; erf_A\,E) \; seq \; (Om\,n)\,(erf_A\,\{H_1, \ldots, H_n\})$

$$seq\,(Om\,n)\left(erf_A \bigwedge_{i=1}^{n} H_i\right). \qquad \S\,30,\,2.5.1.$$

Andererseits folgt aus §30, 2.2: Wenn jede Teilmenge $\{H_1, \ldots, H_n\}$ erfüllbar ist, so auch jede endliche Teilmenge E von M. Man braucht n nur so zu wählen, daß $E \subseteq \{H_1, \ldots, H_n\}$. Es gilt also

1.2. $(Om\,n)\left(erf_A \bigwedge_{i=1}^{n} H_i\right) seq\,(Om\,E)\,(E \subseteq M \; seq \; erf_A\,E).$

Aus 1.1 und 1.2 folgt

1.3. $(Om\,E)\,(E \subseteq M \; seq \; erf_A\,E) \; äq \; (Om\,n)\left(erf_A \bigwedge_{i=1}^{n} H_i\right).$

Oder, mit Θ_n für $\bigwedge_{i=1}^{n} H_i$,

*1.4. $(Om\,E)\,(E \subseteq M \; seq \; erf_A\,E) \; äq \; (Om\,n)\,(erf_A\,\Theta_n).$

Andererseits

*1.5. $erf_A\,M \; äq \; (Ex\,\mathfrak{B})\,(Om\,n)\,(\mathfrak{B}\,Erf_A\,\Theta_n).$

Es ist zu zeigen

*1.6. $(Om\,E)\,(E \subseteq M \; seq \; erf_A\,E) \; seq \; erf_A\,M.$

Hierfür gleichwertig (1.4; 1.5)

1.7. $(Om\,n)\,(erf_A\,\Theta_n) \; seq \; (Ex\,\mathfrak{B})\,(Om\,n)\,(\mathfrak{B}\,Erf_A\,\Theta_n)$
oder

*1.8. $(Om\,n)\,(Ex\,\mathfrak{B})\,(\mathfrak{B}\,Erf_A\,\Theta_n) \; seq \; (Ex\,\mathfrak{B})\,(Om\,n)\,(\mathfrak{B}\,Erf_A\,\Theta_n).$

2. Wir zerlegen den Beweis von 1.8 in eine Folge von Teilschritten. $\{p_0, p_1, p_2, \ldots\}$ sei die Menge der zu belegenden A-Variablen. Mit Bezug auf diese Menge beweisen wir zunächst die folgenden *Hilfstheoreme:*

2.1. $(Om\,\mathfrak{B})\,(\mathfrak{B}\,(p_0) = W \; seq \; non\,\mathfrak{B}\,Erf_A\,\Theta_{n_1})$
    $et\,(Om\,\mathfrak{B})\,(\mathfrak{B}\,(p_0) = F \; seq \; non\,\mathfrak{B}\,Erf_A\,\Theta_{n_2})$
    $seq\,(Om\,\mathfrak{B})\,(non\,\mathfrak{B}\,Erf_A\,\Theta_{\max(n_1, n_2)}).$

Denn $i < k \,.\, seq \,.\, non\,\mathfrak{B}\,Erf_A\,\Theta_i \; seq \; non\,\mathfrak{B}\,Erf_A\,\Theta_k. \qquad \S\,30,\,2.5.2.$

---

[1] Vgl. Gödel [1] 355 f.

Mit 2.1 ist bewiesen

2.2. $(Ex\, n)\,(Om\, \mathfrak{B})\,(\mathfrak{B}\,(p_0) = W\ seq\ non\ \mathfrak{B}\ Erf_A\,\Theta_n)$

et $(Ex\, n)\,(Om\, \mathfrak{B})\,(\mathfrak{B}\,(p_0) = F\ seq\ non\ \mathfrak{B}\ Erf_A\,\Theta_n)$

$seq\ (Ex\, n)\,(Om\, \mathfrak{B})\,(non\ \mathfrak{B}\ Erf_A\,\Theta_n)$.

Hieraus durch Kontraposition

2.3. $(Om\, n)\,(Ex\, \mathfrak{B})\,(\mathfrak{B}\ Erf_A\,\Theta_n)$

$seq\ (Om\, n)\,(Ex\, \mathfrak{B})\,(\mathfrak{B}\ Erf_A\,\Theta_n\ et\ \mathfrak{B}\,(p_0) = W)$

$vel\ (Om\, n)\,(Ex\, \mathfrak{B})\,(\mathfrak{B}\ Erf_A\,\Theta_n\ et\ \mathfrak{B}\,(p_0) = F)$.

Oder gleichwertig, wegen $a_1\ vel\ a_2\ \ddot{a}q\ non\ a_1\ seq\ a_2$,

2.3.1. $(Om\, n)\,(Ex\, \mathfrak{B})\,(\mathfrak{B}\ Erf_A\,\Theta_n)$

$.seq.\ non\ (Om\, n)\,(Ex\, \mathfrak{B})\,(\mathfrak{B}\ Erf_A\,\Theta_n\ et\ \mathfrak{B}\,(p_0) = W)$

$seq\ (Om\, n)\,(Ex\, \mathfrak{B})\,(\mathfrak{B}\ Erf_A\,\Theta_n\ et\ \mathfrak{B}\,(p_0) = F)$.

Hieraus durch Prämissenvertauschung

*2.3.2. $non\ (Om\, n)\,(Ex\, \mathfrak{B})\,(\mathfrak{B}\ Erf_A\,\Theta_n\ et\ \mathfrak{B}\,(p_0) = W)$

$.seq.\ (Om\, n)\,(Ex\, \mathfrak{B})\,(\mathfrak{B}\ Erf_A\,\Theta_n)$

$seq\ (Om\, n)\,(Ex\, \mathfrak{B})\,(\mathfrak{B}\ Erf_A\,\Theta_n\ et\ \mathfrak{B}\,(p_0) = F)$.

Entsprechend gilt, mit

$\mathfrak{B}_1\underset{(<k)}{=}\mathfrak{B}_2$ für $(Om\, i)\,\big(0 \leq i < k\ seq\ \mathfrak{B}_1(p_i) = \mathfrak{B}_2(p_i)\big)$,

also für „$\mathfrak{B}_1$ und $\mathfrak{B}_2$ stimmen überein in der Belegung der k ersten A-Variablen $p_0, \ldots, p_{k-1}$",

2.4. $(Om\, \mathfrak{B})\,\big(\mathfrak{B}_0\underset{(<k)}{=}\mathfrak{B}\ et\ \mathfrak{B}\,(p_k) = W\ seq\ non\ \mathfrak{B}\ Erf_A\,\Theta_{n_1}\big)$

et $(Om\, \mathfrak{B})\,\big(\mathfrak{B}_0\underset{(<k)}{=}\mathfrak{B}\ et\ \mathfrak{B}\,(p_k) = F\ seq\ non\ \mathfrak{B}\ Erf_A\,\Theta_{n_2}\big)$

$seq\ (Om\, \mathfrak{B})\,\big(\mathfrak{B}_0\underset{(<k)}{=}\mathfrak{B}\ seq\ non\ \mathfrak{B}\ Erf_A\,\Theta_{\max(n_1,n_2)}\big)$.

Mit 2.4 ist bewiesen

2.5. $(Ex\, n)\,(Om\, \mathfrak{B})\,\big(\mathfrak{B}_0\underset{(<k)}{=}\mathfrak{B}\ et\ \mathfrak{B}\,(p_k) = W\ seq\ non\ \mathfrak{B}\ Erf_A\,\Theta_n\big)$

et $(Ex\, n)\,(Om\, \mathfrak{B})\,\big(\mathfrak{B}_0\underset{(<k)}{=}\mathfrak{B}\ et\ \mathfrak{B}\,(p_k) = F\ seq\ non\ \mathfrak{B}\ Erf_A\,\Theta_n\big)$

$seq\ (Ex\, n)\,(Om\, \mathfrak{B})\,\big(\mathfrak{B}_0\underset{(<k)}{=}\mathfrak{B}\ seq\ non\ \mathfrak{B}\ Erf_A\,\Theta_n\big)$.

Hieraus durch Kontraposition

2.6. $(Om\, n)\,(Ex\, \mathfrak{B})\,\big(\mathfrak{B}_0\underset{(<k)}{=}\mathfrak{B}\ et\ \mathfrak{B}\ Erf_A\,\Theta_n\big)$

$seq\ (Om\, n)\,(Ex\, \mathfrak{B})\,\big(\mathfrak{B}\ Erf_A\,\Theta_n\ et\ \mathfrak{B}_0\underset{(<k)}{=}\mathfrak{B}\ et\ \mathfrak{B}\,(p_k) = W\big)$

$vel\ (Om\, n)\,(Ex\, \mathfrak{B})\,\big(\mathfrak{B}\ Erf_A\,\Theta_n\ et\ \mathfrak{B}_0\underset{(<k)}{=}\mathfrak{B}\ et\ \mathfrak{B}\,(p_k) = F\big)$.

Oder gleichwertig

2.6.1. $(Om\,n)\,(Ex\,\mathfrak{B})\,\big(\mathfrak{B}_0 \underset{(<k)}{=} \mathfrak{B}\ et\ \mathfrak{B}\ Erf_A\,\Theta_n\big)$

$.seq.\,non\,(Om\,n)\,(Ex\,\mathfrak{B})\,(\mathfrak{B}\ Erf_A\,\Theta_n\ et\ \mathfrak{B}_0 \underset{(<k)}{=} \mathfrak{B}\ et\ \mathfrak{B}\,(p_k)=W)$

$seq\,(Om\,n)\,(Ex\,\mathfrak{B})\,(\mathfrak{B}\ Erf_A\,\Theta_n\ et\ \mathfrak{B}_0 \underset{(<k)}{=} \mathfrak{B}\ et\ \mathfrak{B}\,(p_k)=F).$

Hieraus durch Prämissenvertauschung

*2.6.2. $non\,(Om\,n)\,(Ex\,\mathfrak{B})\,\big(\mathfrak{B}\ Erf_A\,\Theta_n\ et\ \mathfrak{B}_0 \underset{(<k)}{=} \mathfrak{B}\ et\ \mathfrak{B}\,(p_k)=W\big)$

$.seq.\,(Om\,n)\,(Ex\,\mathfrak{B})\,\big(\mathfrak{B}_0 \underset{(<k)}{=} \mathfrak{B}\ et\ \mathfrak{B}\ Erf_A\,\Theta_n\big)$

$seq\,(Om\,n)\,(Ex\,\mathfrak{B})\,\big(\mathfrak{B}\ Erf_A\,\Theta_n\ et\ \mathfrak{B}_0 \underset{(<k)}{=} \mathfrak{B}\ et\ \mathfrak{B}\,(p_k)=F\big).$

Mit Hilfe von 2.3.2 und 2.6.2 beweisen wir

*2.7. $(Om\,n)\,(Ex\,\mathfrak{B})\,(\mathfrak{B}\ Erf_A\,\Theta_n)$

$seq\,(Ex\,\mathfrak{B}_0)\,(Om\,n,k)\,(Ex\,\mathfrak{B})\,\big(\mathfrak{B}\ Erf_A\,\Theta_n\ et\ \mathfrak{B}_0 \underset{(<k)}{=} \mathfrak{B}\big).$

In Worten: Wenn jedes Θ_n von einem $\mathfrak{B}$ erfüllt wird, so gibt es ein $\mathfrak{B}_0$, das für jedes Θ_n und für jedes k in bezug auf die Belegung der k ersten A-Variablen $p_0, \dots, p_{k-1}$ übereinstimmt mit einem $\mathfrak{B}$, das Θ_n erfüllt.

Wir definieren ein solches $\mathfrak{B}_0$ induktiv über p_k in zwei Schritten:

2.7.1. *Induktionsbeginn:*

Man setze

(a) $\mathfrak{B}_0\,(p_0)=W$, wenn $(Om\,n)\,(Ex\,\mathfrak{B})\,(\mathfrak{B}\ Erf_A\,\Theta_n\ et\ \mathfrak{B}\,(p_0)=W)$,

(b) $\mathfrak{B}_0\,(p_0)=F$, wenn $non\,(Om\,n)\,(Ex\,\mathfrak{B})\,(\mathfrak{B}\ Erf_A\,\Theta_n\ et\ \mathfrak{B}\,(p_0)=W)$.

Dann gilt

(1) $(Om\,n)\,(Ex\,\mathfrak{B})\,\big(\mathfrak{B}\ Erf_A\,\Theta_n\ et\ \mathfrak{B}\,(p_0)=W\big)$

$seq\,\mathfrak{B}_0\,(p_0)=W$

(2) $seq\,(Om\,n)\,(Ex\,\mathfrak{B})\,\big(\mathfrak{B}\ Erf_A\Theta_n\ et\ \mathfrak{B}_0\,(p_0)=\mathfrak{B}\,(p_0)\big).$

Andererseits

(3) $non\,(Om\,n)\,(Ex\,\mathfrak{B})\,(\mathfrak{B}\ Erf_A\,\Theta_n\ et\ \mathfrak{B}\,(p_0)=W)\ seq\ \mathfrak{B}_0\,(p_0)=F.$

Nun aber (2.3.2)

(4) $non\,(Om\,n)\,(Ex\,\mathfrak{B})\,\big(\mathfrak{B}\ Erf_A\,\Theta_n\ et\ \mathfrak{B}\,(p_0)=W\big)$

$.seq.$

$(Om\,n)\,(Ex\,\mathfrak{B})\,(\mathfrak{B}\ Erf_A\,\Theta_n)$

$seq\,(Om\,n)\,(Ex\,\mathfrak{B})\,(\mathfrak{B}\ Erf_A\,\Theta_n\ et\ \mathfrak{B}\,(p_0)=F)$

$seq\,(Om\,n)\,(Ex\,\mathfrak{B})\,(\mathfrak{B}\ Erf_A\,\Theta_n\ et\ \mathfrak{B}_0\,(p_0)=\mathfrak{B}\,(p_0)).$

Aus (2) und (4) folgt

*(5) $(Om\,n)\,(Ex\,\mathfrak{B})\,(\mathfrak{B}\,Erf_A\,\Theta_n)$

$$seq\ (Om\,n)\,(Ex\,\mathfrak{B})\,(\mathfrak{B}\,Erf_A\,\Theta_n\ et\ \mathfrak{B}_0\,(p_0) = \mathfrak{B}\,(p_0))$$
$$seq\ (Om\,n)\,(Ex\,\mathfrak{B})\,(\mathfrak{B}\,Erf_A\,\Theta_n\ et\ \mathfrak{B}_0\underset{(k<1)}{=\!=}\mathfrak{B}).$$

2.7.2. *Induktionsschritt:*

Man setze für $\dot{k}\geqq 1$

(a) $\mathfrak{B}_0\,(p_k)=W$, wenn $(Om\,n)\,(Ex\,\mathfrak{B})\,(\mathfrak{B}\,Erf_A\Theta_n\ et\ \mathfrak{B}_0\underset{(<k)}{=\!=}\mathfrak{B}\ et\ \mathfrak{B}\,(p_k)=W)$,

(b) $\mathfrak{B}_0\,(p_k)=F$, wenn

$$non\,(Om\,n)\,(Ex\,\mathfrak{B})\,(\mathfrak{B}\,Erf_A\,\Theta_n\ et\ \mathfrak{B}_0\underset{(<k)}{=\!=}\mathfrak{B}\ et\ \mathfrak{B}\,(p_k)=W).$$

Dann gilt

Vor.: $(Om\,n)\,(Ex\,\mathfrak{B})\,(\mathfrak{B}\,Erf_A\,\Theta_n)\ seq\ (Om\,n)\,(Ex\,\mathfrak{B})\,(\mathfrak{B}\,Erf_A\,\Theta_n\ et\ \mathfrak{B}_0\underset{(<k)}{=\!=}\mathfrak{B}).$

Beh.: $(Om\,n)\,(Ex\,\mathfrak{B})\,(\mathfrak{B}\,Erf_A\,\Theta_n)\ seq\ (Om\,n)\,(Ex\,\mathfrak{B})\,(\mathfrak{B}\,Erf_A\,\Theta_n\ et\ \mathfrak{B}_0\underset{(<k+1)}{=\!=}\mathfrak{B}).$

Beweis:

(1) $(Om\,n)\,(Ex\,\mathfrak{B})\,(\mathfrak{B}\,Erf_A\,\Theta_n\ et\ \mathfrak{B}_0\underset{(<k)}{=\!=}\mathfrak{B}\ et\ \mathfrak{B}\,(p_k)=W)\ seq\ \mathfrak{B}_0\,(p_k)=W.$

Mithin

(2) $(Om\,n)\,(Ex\,\mathfrak{B})\,(\mathfrak{B}\,Erf_A\,\Theta_n\ et\ \mathfrak{B}_0\underset{(<k)}{=\!=}\mathfrak{B}\ et\ \mathfrak{B}\,(p_k)=W)$

$seq\ (Om\,n)\,(Ex\,\mathfrak{B})\,(\mathfrak{B}\,Erf_A\,\Theta_n\ et\ \mathfrak{B}_0\underset{(<k+1)}{=\!=}\mathfrak{B}).$

Andererseits

(3) $non\,(Om\,n)\,(Ex\,\mathfrak{B})\,(\mathfrak{B}\,Erf_A\Theta_n\ et\ \mathfrak{B}_0\underset{(<k)}{=\!=}\mathfrak{B}\ et\ \mathfrak{B}\,(p_k)=W)\ seq\ \mathfrak{B}_0\,(p_k)=F.$

Nun aber (2.6.2)

(4) $non\,(Om\,n)\,(Ex\,\mathfrak{B})\,(\mathfrak{B}\,Erf_A\,\Theta_n\ et\ \mathfrak{B}_0\underset{(<k)}{=\!=}\mathfrak{B}\ et\ \mathfrak{B}\,(p_k)=W)$

$.seq.$

$(Om\,n)\,(Ex\,\mathfrak{B})\,(\mathfrak{B}\,Erf_A\,\Theta_n\ et\ \mathfrak{B}_0\underset{(<k)}{=\!=}\mathfrak{B})$

$seq\ (Om\,n)\,(Ex\,\mathfrak{B})\,(\mathfrak{B}\,Erf_A\,\Theta_n\ et\ \mathfrak{B}_0\underset{(<k)}{=\!=}\mathfrak{B}\ et\ \mathfrak{B}\,(p_k)=F)$

$seq\ (Om\,n)\,(Ex\,\mathfrak{B})\,(\mathfrak{B}\,Erf_A\,\Theta_n\ et\ \mathfrak{B}_0\underset{(<k+1)}{=\!=}\mathfrak{B}).$

Aus (2) und (4) folgt

*(5) $(Om\,n)\,(Ex\,\mathfrak{B})\,(\mathfrak{B}\,Erf_A\,\Theta_n\ et\ \mathfrak{B}_0\underset{(<k)}{=\!=}\mathfrak{B})$

$$seq\ (Om\,n)\,(Ex\,\mathfrak{B})\,(\mathfrak{B}\,Erf_A\,\Theta_n\ et\ \mathfrak{B}_0\underset{(<k+1)}{=\!=}\mathfrak{B}).$$

Auf Grund von 2.7.1 und 2.7.2 gilt

*2.7.3. $(Om\,n)\,(Ex\,\mathfrak{B})\,(\mathfrak{B}\,Erf_A\,\Theta_n)$

$$seq\ (Om\,n,k)\,(Ex\,\mathfrak{B})\,(\mathfrak{B}\,Erf_A\,\Theta_n\ et\ \mathfrak{B}_0\underset{(<k)}{=\!=}\mathfrak{B})$$
$$seq\ (Ex\,\mathfrak{B}_0)\,(Om\,n,k)\,(Ex\,\mathfrak{B})\,(\mathfrak{B}\,Erf_A\,\Theta_n\ et\ \mathfrak{B}_0\underset{(<k)}{=\!=}\mathfrak{B}).$$

Mit Hilfe von 2.7.3 = 2.7 beweisen wir jetzt

2.8. $(Om\,n)\,(Ex\,\mathfrak{B})\,(\mathfrak{B}\,Erf_A\,\Theta_n)\ seq\ (Ex\,\mathfrak{B}_0)\,(Om\,n)\,(\mathfrak{B}_0\,Erf_A\,\Theta_n).$

Auf Grund von 2.7 genügt es zu zeigen

*2.9. $(Ex\,\mathfrak{B}_0)\,(Om\,n,k)\,(Ex\,\mathfrak{B})\,(\mathfrak{B}\,Erf_A\,\Theta_n\ et\ \mathfrak{B}_0\underset{(<k)}{=}\mathfrak{B})$

     $seq\,(Ex\,\mathfrak{B}_0)\,(Om\,n)\,(\mathfrak{B}_0\,Erf_A\,\Theta_n)$.

     Wir beweisen statt dessen die kontraponierte Behauptung

*2.10. $(Om\,\mathfrak{B}_0)\,(Ex\,n)\,(non\,\mathfrak{B}_0\,Erf_A\,\Theta_n)$

     $seq\,(Om\,\mathfrak{B}_0)\,(Ex\,n,k)\,(Om\,\mathfrak{B})\,(\mathfrak{B}_0\underset{(<k)}{=}\mathfrak{B}\ seq\ non\ \mathfrak{B}\,Erf_A\,\Theta_n)$.

     Wir zerlegen den Beweis in mehrere Schritte. Wir zeigen zunächst

2.11. $(Om\,n)\,(Ex\,k)\,(Om\,\mathfrak{B})\,(\mathfrak{B}_0\underset{(<k)}{=}\mathfrak{B}\ seq\ \mathfrak{B}_0^*\,(\Theta_n)=\mathfrak{B}^*(\Theta_n))$.

Beweis:

(1) $(Om\,n)\,(Ex\,k)\,(Om\,i)\,(p_i\,In\,\Theta_n\ seq\ i<k)$;

     denn in jedem Θ_n kommen nur endlich viele A-Variablen vor. Für beliebiges n sei k jeweils ein Beispiel mit

     $(Om\,i)\,(p_i\,In\,\Theta_n\ seq\ i<k)$.

     Dann gilt (§ 11, 6.2)

(2) $\mathfrak{B}_0\underset{(<k)}{=}\mathfrak{B}\ seq\ \mathfrak{B}_0\,\underset{A}{aeq_{\Theta_n}}\,\mathfrak{B}$.

     Mithin

(3) $\mathfrak{B}_0\underset{(<k)}{=}\mathfrak{B}\ seq\ \mathfrak{B}_0^*\,(\Theta_n)=\mathfrak{B}^*(\Theta_n)$.

     Folglich

(4) $(Om\,n)\,(Ex\,k)\,(Om\,\mathfrak{B})\,(\mathfrak{B}_0\underset{(<k)}{=}\mathfrak{B}\ seq\ \mathfrak{B}_0^*\,(\Theta_n)=\mathfrak{B}^*(\Theta_n))$.

       Mithin

2.12. $non\,\mathfrak{B}_0\,Erf_A\,\Theta_n\ seq\ (Ex\,k)\,(Om\,\mathfrak{B})\,(\mathfrak{B}_0\underset{(<k)}{=}\mathfrak{B}\ seq\ \mathfrak{B}_0^*\,(\Theta_n)=\mathfrak{B}^*(\Theta_n)$

                   $et\ non\,\mathfrak{B}_0\,Erf_A\,\Theta_n)$.

       Mithin

2.13. $non\,\mathfrak{B}_0\,Erf_A\,\Theta_n\ seq\ (Ex\,k)\,(Om\,\mathfrak{B})\,(\mathfrak{B}_0\underset{(<k)}{=}\mathfrak{B}\ seq\ non\,\mathfrak{B}\,Erf_A\,\Theta_n)$.

Hieraus 2.10 durch Anwendung des *Dictum de omni* (§ 5, 11.1) auf n und $\mathfrak{B}_0$, gliedweise Partikularisierung von n (§ 5, 16.1) und gliedweise Generalisierung von $\mathfrak{B}_0$ (§ 5, 15.1).

C) Deduktionstheoretische Betrachtungen

§ 32. Einführung der semantischen Folgerungsrelation $\Vdash_A$

1. M, N, nach Bedarf mit Unterscheidungszeichen, seien irgendwelche Mengen von A-Ausdrücken, mit Einbeziehung der leeren Menge. Wir definieren

*1.1.   H *folgt im AK aus* M (H *ist eine A-Konsequenz von* M)

     $M\Vdash_A H\ \ddot{a}q_{Df}\,(Om\,\mathfrak{B})\,(\mathfrak{B}\,Erf_A\,M\ seq\ \mathfrak{B}\,Erf_A\,H)$.

H soll also im AK aus M folgen genau dann, wenn jedes Modell von M ein Modell von H ist. M heiße in diesem Zusammenhang die *Prämissenmenge*.

Wir schreiben

*1.2.　$M \Vdash_A N$ für $(Om\ \mathrm{H})\ (\mathrm{H} \in N\ seq\ M \Vdash_A \mathrm{H})$,

　　　so daß

*1.3.　$M \Vdash_A N\ äq\ (Om\ \mathfrak{B})\ (\mathfrak{B}\ Erf_A\ M\ seq\ \mathfrak{B}\ Erf_A\ N)$.

$\Vdash_A$ definiert mit Bezug auf die in die Charakteristik von $\Vdash_A$ eingehende Erfüllungsrelation einen *semantischen* Folgerungsbegriff, genauer den auf den AK beschränkten BOLZANOschen Folgerungsbegriff[1]. Die mit Hilfe von $\Vdash_A$ formulierbaren Regeln des Schließens sind Regeln des Schließens erster Art[2]. Sie sollen zur Unterscheidung von den in § 29, 4. charakterisierten aussagenlogischen Regeln des Schließens *die aussagenlogischen Regeln des mathematischen Schließens* heißen[3]. Aus diesen ergeben sich die aussagenlogischen Regeln des Schließens auf Grund von § 33, 3.2.4.

2. *Zusätze zu* 1.

*2.1.　$non\ M \Vdash_A \mathrm{H}\ äq\ erf_A\ M \cup \{\sim\mathrm{H}\}$.

Beweis:

(1)　$non\ (Om\ \mathfrak{B})\ (\mathfrak{B}\ Erf_A\ M\ seq\ \mathfrak{B}\ Erf_A\ \mathrm{H})$

　　　$äq\ (Ex\ \mathfrak{B})\ (\mathfrak{B}\ Erf_A\ M\ et\ non\ \mathfrak{B}\ Erf_A\ \mathrm{H})$

(2)　　$äq\ (Ex\ \mathfrak{B})\ (\mathfrak{B}\ Erf_A\ M\ et\ \mathfrak{B}\ Erf_A\ \sim\mathrm{H})$　　　　　　§ 11, 7.2.

(3)　　$äq\ (Ex\ \mathfrak{B})\ (\mathfrak{B}\ Erf_A\ M\ et\ \mathfrak{B}\ Erf_A\ \{\sim\mathrm{H}\})$　　　　§ 30, 2.1.

(4)　　$äq\ (Ex\ \mathfrak{B})\ (\mathfrak{B}\ Erf_A\ M \cup \{\sim\mathrm{H}\})$.　　　　　　§ 30, 2.3.

Aus 2.1 folgt durch gliedweise metasprachliche Verneinung

*2.2.　$M \Vdash_A \mathrm{H}\ äq\ non\ erf_A\ M \cup \{\sim\mathrm{H}\}$.

Aus 1.2 folgt auf mengentheoretischer Basis ohne Benutzung der Charakteristik von $\Vdash_A$ in 1.1

*2.3.　$M \Vdash_A N_1\ et\ M \Vdash_A N_2\ äq\ M \Vdash_A N_1 \cup N_2$.

　　　Auf Grund von § 30, 2.1 gelten die folgenden Theoreme:

*2.4.　$M \Vdash_A \{\mathrm{H}\}\ äq\ M \Vdash_A \mathrm{H}$.

*2.5.　$\{\mathrm{H}\} \Vdash_A \Theta\ äq\ \mathrm{H} \Vdash_A \Theta$.

*2.6.　$\{\mathrm{H}\} \Vdash_A \{\Theta\}\ äq\ \mathrm{H} \Vdash_A \Theta$.

---

[1] Vgl. S. 23.
[2] Vgl. S. 22.
[3] Im Einklang mit § 3, S. 23.

Es gelten ferner auf Grund von § 30, 2.5

3. *Die Beziehungen zwischen* $\{H_1, \ldots, H_n\}$ *und* $\bigwedge\limits_{i=1}^{n} H_i$.

*3.1.　$\{H_1, \ldots, H_n\} \Vdash_A \bigwedge\limits_{i=1}^{n} H_i$.

*3.2.　$\bigwedge\limits_{i=1}^{n} H_i \Vdash_A \{H_1, \ldots, H_n\}$.

4. *Das Axiomatisierbarkeitstheorem.*

Lr sei die leere Prämissenmenge. Dann gilt (§ 30, 2.6)

*4.1.　$Lr \Vdash_A H$ *äq* $id_A H$.

*4.2.　Wir schreiben nach Bedarf und im allgemeinen Falle

$$\Vdash_A H \quad \text{für} \quad Lr \Vdash_A H.$$

Auf Grund von 4.1 fällt die Menge idt_A der A-Identitäten zusammen mit der Menge der A-Konsequenzen aus der leeren Prämissenmenge:

*4.3.　$idt_A = (Cl\,H)\,(Lr \Vdash_A H)$.

Wir können also definieren

*4.4.　$idt_A =_{Df} (Cl\,H)\,(Lr \Vdash_A H)$

und würden damit idt_A in bezug auf $\Vdash_A$ und Lr axiomatisiert haben[1].

Auf Grund von 4.1 und 4.2 gelten ferner die folgenden Theoreme:

*4.5.　$\Vdash_A H \rightarrow \Theta$ *äq* $H\,Imp_A\,\Theta$ *äq* $H\,Imp_{\Vdash_A}\,\Theta$,

$$\text{mit } H\,Imp_{\Vdash_A}\,\Theta \text{ für } \Vdash_A H \rightarrow \Theta.$$

*4.6.　$\Vdash_A H \leftrightarrow \Theta$ *äq* $H\,Aeq_A\,\Theta$ *äq* $H\,Aeq_{\Vdash_A}\,\Theta$,

$$\text{mit } H\,Aeq_{\Vdash_A}\,\Theta \text{ für } \Vdash_A H \leftrightarrow \Theta.$$

5. *Schreibtechnische Vereinfachungen.*

Wir schreiben nach Bedarf

5.1.　$M, N \Vdash_A \Theta$ für $M \cup N \Vdash_A \Theta$.

Dementsprechend

5.2.　$H_1, \ldots, H_n \Vdash_A \Theta$ für $\{H_1, \ldots, H_n\} \Vdash_A \Theta$.

5.3.　$M \Vdash_A \Theta_1, \ldots, \Theta_n$ für $M \Vdash_A \{\Theta_1, \ldots, \Theta_n\}$.

§ 33. Einige grundlegende kalkülunabhängige Eigenschaften von $\Vdash_A$

1. K sei ein Kalkül, $\mathfrak{R}$ eine über K definierte zweistellige Relation. Dann soll eine Eigenschaft von $\mathfrak{R}$ in bezug auf K *kalkülunabhängig* heißen, wenn diese Eigenschaft ausgedrückt werden kann ohne die

---

[1] Hierzu § 4, S. 26.

Verwendung von wenigstens einer K-Konstanten. Die folgenden Eigenschaften von $\Vdash_A$ genügen in bezug auf den AK dieser Bedingung.

*2. $\Vdash_A$ *ist reflexiv.*

*2.1. $M \Vdash_A M$.

Denn jedes Modell von M ist ein Modell von M.

Hieraus durch $M/\{H\}$ mit § 32, 2.6

*2.1.1. $H \Vdash_A H$.

         Per definitionem (§ 32, 1.2) ist 2.1 gleichbedeutend mit

2.1.2. $(Om\ H)\,(H \in M\ seq\ M \Vdash_A H)$.

Aus 2.1.2 folgt unmittelbar und ohne Bezug auf die Charakteristik von $\Vdash_A$ in § 32, 1.1

*2.2. $\Vdash_A$ *ist inklusionsempfindlich.*
         $M_1 \subseteq M_2\ seq\ M_2 \Vdash_A M_1$.

Beweis:

(1) $H \in M_2\ seq\ M_2 \Vdash_A H$.   2.1.2.

         Hieraus durch gliedweise Prämissenvorschaltung

(2) $(H \in M_1\ seq\ H \in M_2)\ seq\ (H \in M_1\ seq\ M_2 \Vdash_A H)$.

         Mithin (§ 5, 11.1; 15.1)

(3) $(Om\ H)\,(H \in M_1\ seq\ H \in M_2)\ seq\ (Om\ H)\,(H \in M_1\ seq\ M_2 \Vdash_A H)$.

*3. $\Vdash_A$ *ist transitiv.*

*3.1. $M_1 \Vdash_A M_2\ et\ M_2 \Vdash_A M_3\ seq\ M_1 \Vdash_A M_3$.

Denn wenn jedes Modell von M_1 ein Modell von M_2 und wenn jedes Modell von M_2 ein Modell von M_3 ist, so ist jedes Modell von M_1 ein Modell von M_3.

Mit Umformung von 3.1 in

3.1.1. $M_2 \Vdash_A M_3\,.\,seq\,.\,M_1 \Vdash_A M_2\ seq\ M_1 \Vdash_A M_3$|
erhält man

*3.2.   *Die Abtrennungsregeln in bezug auf* $\Vdash_A$.
         Durch M_1/M, $M_2/\{H\}$, $M_3/\{\Theta\}$ ergibt sich mit § 32, 2.6

*3.2.1. $H \Vdash_A \Theta\,.\,seq\,.\,M \Vdash_A H\ seq\ M \Vdash_A \Theta$.
         Hieraus durch M/Lr

*3.2.2. $H \Vdash_A \Theta\,.\,seq\,.\Vdash_A H\ seq\ \Vdash_A \Theta$.

Andererseits mit § 32, 3.1; 3.2

*3.2.3. $M \Vdash_A \{H_1, \ldots, H_n\}$ *äq* $M \Vdash_A \bigwedge_{i=1}^{n} H_i$.

3.2.1 kann verschärft werden zu

*3.2.4. $M, H \Vdash_A \Theta$. *seq.* $M \Vdash_A H$ *seq* $M \Vdash_A \Theta$.

Beweis:

(1) $M \Vdash_A H$ *seq* $M \Vdash_A M$ *et* $M \Vdash_A \{H\}$ 2.1.

(2)   *seq* $M \Vdash_A M \cup \{H\}$ § 30, 2.3.

(3)   . *seq.* $M \cup \{H\} \Vdash_A \Theta$ *seq* $M \Vdash_A \Theta$.

                        3.1.: M_1/M, $M_2/M \cup \{H\}$, $M_3/\{\Theta\}$.

Mit § 32, 4.1 folgt aus 3.2.2

*3.2.5. $H \Vdash_A \Theta$. *seq.* $id_A H$ *seq* $id_A \Theta$.

In 3.2.5 ist der Übergang von den aussagenlogischen Regeln des *mathematischen* Schließens zu denen des Schließens von Identitäten auf Identitäten ausgedrückt. Vgl. § 32, 1.3.

Aus 2.2 und 3.1.1 folgt

*3.3. $\Vdash_A$ *ist inklusionserblich.*
      $M_1 \subseteq M_2$. *seq.* $M_1 \Vdash_A M_3$ *seq* $M_2 \Vdash_A M_3$.

Beweis:

(1) $M_1 \subseteq M_2$ *seq* $M_2 \Vdash_A M_1$.   2.2.
     Mithin

(2) $M_1 \subseteq M_2$ *et* $M_1 \Vdash_A M_3$ *seq* $M_2 \Vdash_A M_1$ *et* $M_1 \Vdash_A M_3$

(3)   *seq* $M_2 \Vdash_A M_3$.   3.1.1.

Hieraus durch $M_3/\{H\}$

*3.4. $M_1 \subseteq M_2$ *seq* $(Om\ H)\,(M_1 \Vdash_A H$ *seq* $M_2 \Vdash_A H)$.
      Aus 3.4 folgt unmittelbar

*3.5.   *Die Erweiterungsfähigkeit einer Prämissenmenge in bezug auf*
      $\Vdash_A$.
      $M \Vdash_A H$ *seq* $M \cup N \Vdash_A H$.

3.5 heiße *das Prinzip der Prämissenverstärkung.*

Aus 3.5 folgt $(M/\{\Theta_1\}$, $H/\Theta_2)$ mit 2.1.1

*3.5.1. *Das Theorem der gliedweisen Prämissenverstärkung.*

      $\Theta_1 \Vdash_A \Theta_2$ *seq* H, $\Theta_1 \Vdash_A H, \Theta_2$.

*4. $\Vdash_A$ *ist finitär.*

4.1. E stehe für endliche Mengen von A-Ausdrücken. Dann gilt

$M \Vdash_A H$ *seq* $(Ex\,E)\,(E \subseteq M \ et \ E \Vdash_A H)$.

Eine A-Konsequenz von M ist immer schon eine A-Konsequenz einer endlichen Teilmenge von M.

Anm.: Ist M durch eine Menge M^* von Ausdrucksschematen gegeben, so liegt die endliche Menge E, deren Existenz behauptet wird, auch in einer endlichen Teilmenge E^* von M^*. Die Existenz eines solchen E^* ist also eine einfache Folgerung aus 4.1.

Der Beweis gelingt mit Hilfe des finitären Erfüllungstheorems § 31, 1.6:

(1) $(Om\,E)\,(E \subseteq M \ seq \ erf_A E)\ seq \ erf_A M$.

Zu seiner Durchführung brauchen wir

(2) $M - N =_{Df} (Cl\,H)\,(H \in M \ et \ non\ H \in N)$,

also M vermindert um N. Für (2) gelten die folgenden anschaulich klaren und leicht zu beweisenden Hilfstheoreme:

HT 1. $M \subseteq (M - N) \cup N$.

HT 2. $(M \cup N) - N \subseteq M$.

HT 3. $M \subseteq N \ seq \ M - \{H\} \subseteq N - \{H\}$.

Durch $M/M \cup \{\sim H\}$ geht (1) über in

(3) $(Om\,E)\,(E \subseteq M \cup \{\sim H\} \ seq \ erf_A E)\ seq \ erf_A M \cup \{\sim H\}$.

Hieraus durch Kontraposition

(4) $non\ erf_A M \cup \{\sim H\} \ seq \ (Ex\,E)\,(E \subseteq M \cup \{\sim H\} \ et \ non\ erf_A E)$.

E_0 sei ein solches E. Dann gilt für $E' = E_0 - \{\sim H\}$

(5) $E' \subseteq (M \cup \{\sim H\}) - \{\sim H\} \subseteq M$.   HT 3, HT 2.

(6) $E_0 \subseteq E' \cup \{\sim H\}$.   HT 1.

Mithin (§ 30, 2.2.1)

(7) $non\ erf_A E_0 \ seq \ non\ erf_A E' \cup \{\sim H\}$.

Jetzt schließen wir mit (4), (5) und (7) so:

(8) $non\ erf_A M \cup \{\sim H\} \ seq \ (Ex\,E')\,(E' \subseteq M \ et \ non\ erf_A E' \cup \{\sim H\})$.

Mithin § 32, 2.2)

(9) $M \Vdash_A H \ seq \ (Ex\,E')\,(E' \subseteq M \ et \ E' \Vdash_A H)$.

Andererseits folgt aus 3.4 trivial

4.2. $(Ex\,E)\,(E \subseteq M \ et \ E \Vdash_A H)\ seq \ M \Vdash_A H$.

Denn $E \subseteq M \ et \ E \Vdash_A H \ seq \ M \Vdash_A H$.

Aus 4.1 und 4.2 folgt

*4.3. $M \Vdash_A H$ *äq* $(Ex\,E)\,(E \subseteq M \ et \ E \Vdash_A H)$.

§ 34. Einige grundlegende kalkülabhängige Eigenschaften von $\Vdash_A$

1. *Das Normalitätstheorem.*

*1.1. $M, \mathsf{H} \Vdash_A \Theta \ \ddot{a}q \ M \Vdash_A \mathsf{H} \to \Theta$.

Beweis:

$M, \mathsf{H} \Vdash_A \Theta$

(1)	$\ddot{a}q \ (Om \, \mathfrak{B}) \, (\mathfrak{B} \, Erf_A \, M \ et \ \mathfrak{B} \, Erf_A \, \mathsf{H} \ seq \ \mathfrak{B} \, Erf_A \, \Theta)$	§ 30, 2.3.
(2)	$\ddot{a}q \ (Om \, \mathfrak{B}) \, (\mathfrak{B} \, Erf_A \, M \,.seq.\, \mathfrak{B} \, Erf_A \, \mathsf{H} \ seq \ \mathfrak{B} \, Erf_A \, \Theta)$	§ 5, 9.4.
(3)	$\ddot{a}q \ (Om \, \mathfrak{B}) \, (\mathfrak{B} \, Erf_A \, M \ seq \ \mathfrak{B} \, Erf_A \, \mathsf{H} \to \Theta)$	§ 11, 7.5.
(4)	$\ddot{a}q \ M \Vdash_A \mathsf{H} \to \Theta$.	

Aus 1.1 folgt mit § 32, 4.5 durch M/Lr

*1.2. $\mathsf{H} \Vdash_A \Theta \ \ddot{a}q \Vdash_A \mathsf{H} \to \Theta \ \ddot{a}q \ \mathsf{H} \, Imp_{\Vdash_A} \Theta$.

Diese „Normalität" von $\Vdash_A$ ist besonders hervorzuheben.

Mit 1.1 bzw. 1.2 erhält man aus § 33, 3.2.1 bis 3.2.3

1.3. *Die modifizierten Abtrennungsregeln in bezug auf $\Vdash_A$.*

*1.3.1.	$\Vdash_A \mathsf{H} \to \Theta \,.seq.\, M \Vdash_A \mathsf{H} \ seq \ M \Vdash_A \Theta$.	§ 33, 3.2.1.
*1.3.2.	$\Vdash_A \mathsf{H} \to \Theta \,.seq.\, \Vdash_A \mathsf{H} \ seq \Vdash_A \Theta$.	§ 33, 3.2.2.
*1.3.3.	$M \Vdash_A \mathsf{H} \to \Theta \,.seq.\, M \Vdash_A \mathsf{H} \ seq \ M \Vdash_A \Theta$.	§ 33, 3.2.3.

2. *Die verallgemeinerte Normalität von $\Vdash_A$.*

Aus der Transitivität von $\Vdash_A$ ergeben sich mit 1.1 und § 32, 3.1; 3.2 die folgenden Theoreme:

2.1. $\{\mathsf{H}_1, \ldots, \mathsf{H}_n\} \Vdash_A \Theta \ \ddot{a}q \ \bigwedge_{i=1}^{n} \mathsf{H}_i \Vdash_A \Theta \ \ddot{a}q \Vdash_A \bigwedge_{i=1}^{n} \mathsf{H}_i \to \Theta$.

Hieraus von Rechts nach Links mit 1.3.1

2.2. $M \Vdash_A \bigwedge_{i=1}^{n} \mathsf{H}_i \to \Theta \ \ddot{a}q \ M, \bigwedge_{i=1}^{n} \mathsf{H}_i \Vdash_A \Theta \ \ddot{a}q \ M, \mathsf{H}_1, \ldots, \mathsf{H}_n \Vdash_A \Theta$.

Mit $\bigwedge_{i=1}^{n} \mathsf{H}_i \to \Theta \ Aeq_{\Vdash_A} \mathsf{H}_1 \to (\ldots (\mathsf{H}_n \to \Theta) \ldots)$ geht 2.2 über in

2.3. $M, \mathsf{H}_1, \ldots, \mathsf{H}_n \Vdash_A \Theta \ \ddot{a}q \ M \Vdash_A \mathsf{H}_1 \to (\ldots (\mathsf{H}_n \to \Theta) \ldots)$.

Entsprechend 2.1 in

2.4. $\{\mathsf{H}_1, \ldots, \mathsf{H}_n\} \Vdash_A \Theta \ \ddot{a}q \Vdash_A \mathsf{H}_1 \to (\ldots (\mathsf{H}_n \to \Theta) \ldots)$.

3. *Theoreme der Implikation.*

Aus der Ersetzbarkeit von Imp_A durch $Imp_{\Vdash_A}$ (§ 32, 4.5) folgt unmittelbar

*3.1.   *Die Reflexivität und Transitivität von $Imp_{\Vdash_A}$*

       mit der Verallgemeinerung der Transitivität, vgl. § 20, 11.4.

Aus der Ersetzbarkeit von $H \, Imp_A \, \Theta$ durch $H \Vdash_A \Theta$ (§ 32, 4.5) folgt ebenso unmittelbar *das Theorem der Kontraposition*

*3.2. $H_1 \Vdash_A H_2 \ \ddot{a}q \sim H_2 \Vdash_A \sim H_1$.

4. Theoreme der Konjunktion I.

*4.1. $M \Vdash_A H_1 \ et \ M \Vdash_A H_2 \ \ddot{a}q \ M \Vdash_A H_1 \wedge H_2$.

Beweis:

(1) $M \Vdash_A H_1 \ et \ M \Vdash_A H_2 \ \ddot{a}q \ M \Vdash_A \{H_1\} \ et \ M \Vdash_A \{H_2\}$ § 32, 2.4.

(2) $\ddot{a}q \ M \Vdash_A \{H_1\} \cup \{H_2\}$ § 32, 2.3.

(3) $\ddot{a}q \ M \Vdash_A \{H_1, H_2\}$

(4) $\ddot{a}q \ M \Vdash_A H_1 \wedge H_2$.   § 32, 3.1; 3.2.

Hieraus durch M/Lr

*4.2. $\Vdash_A H_1 \ et \Vdash_A H_2 \ \ddot{a}q \Vdash_A H_1 \wedge H_2$.

Dazu die Verallgemeinerungen

*4.1.1. $(Om \ H) \ (H \in \{H_1, \ldots, H_n\} \ seq \ M \Vdash_A H) \ \ddot{a}q \ M \Vdash_A \bigwedge_{i=1}^{n} H_i$.

*4.2.1. $(Om \ H) \ (H \in \{H_1, \ldots, H_n\} \ seq \Vdash_A H) \ \ddot{a}q \Vdash_A \bigwedge_{i=1}^{n} H_i$.

Aus $\Vdash_A H_1 \wedge H_2 \to H_1$, $\Vdash_A H_1 \wedge H_2 \to H_2$ folgt zusätzlich durch Verallgemeinerung

*4.3. $(Om \ H) \left(H \in \{H_1, \ldots, H_n\} \ seq \Vdash_A \bigwedge_{i=1}^{n} H_i \to H \right)$.

5. Aequivalenztheoreme.

Aus der Ersetzbarkeit von Imp_A durch $Imp_{\Vdash_A}$ folgt unmittelbar

*5.1.   *Der Gleichheitscharakter von $Aeq_{\Vdash_A}$.*
     Aus $\Vdash_A (H_1 \leftrightarrow H_2) \leftrightarrow (H_1 \to H_2) \wedge (H_2 \to H_1)$ folgt mit 1.3.1 und 4.1

*5.2. $M \Vdash_A H_1 \leftrightarrow H_2 \ \ddot{a}q \ M \Vdash_A H_1 \to H_2 \ et \ M \Vdash_A H_2 \to H_1$,
     mithin (M/Lr)

*5.3. $H_1 \, Aeq_{\Vdash_A} H_2 \ \ddot{a}q \ H_1 \, Imp_{\Vdash_A} H_2 \ et \ H_2 \, Imp_{\Vdash_A} H_1$.
     Hieraus mit 1.3.1

*5.4. $H_1 \, Aeq_{\Vdash_A} H_2 \, . \, seq \, . \, M \Vdash_A H_1 \ \ddot{a}q \ M \Vdash_A H_2$,
     mithin (M/Lr)

*5.5. $H_1 \, Aeq_{\Vdash_A} H_2 \, . \, seq \, . \Vdash_A H_1 \ \ddot{a}q \Vdash_A H_2$.
     Aus 5.4 folgt, wegen $\sim \sim H \, Aeq_{\Vdash_A} H$,

*5.6. $M \Vdash_A \sim \sim H \ \ddot{a}q \ M \Vdash_A H$.

6. *Theoreme der Konjunktion II.*

Aus $\Vdash_A (H \to \Theta_1) \wedge (H \to \Theta_2) \leftrightarrow H \to \Theta_1 \wedge \Theta_2$ folgt mit 1.3.1 und 4.1

*6.1. $M \Vdash_A H \to \Theta_1$ et $M \Vdash_A H \to \Theta_2$ äq $M \Vdash_A H \to \Theta_1 \wedge \Theta_2$,
mithin (M/Lr)

*6.2. $H \, Imp_{\Vdash_A} \Theta_1$ et $H \, Imp_{\Vdash_A} \Theta_2$ äq $H \, Imp_{\Vdash_A} \Theta_1 \wedge \Theta_2$.
Dazu die Verallgemeinerungen

*6.1.1. $(Om \, \Theta) \, (\Theta \in \{\Theta_1, \ldots, \Theta_n\} \, seq \, M \Vdash_A H \to \Theta) \, äq \, M \Vdash_A H \to \bigwedge_{i=1}^{n} \Theta_i$.

*6.2.1. $(Om \, \Theta) \, (\Theta \in \{\Theta_1, \ldots, \Theta_n\} \, seq \, H \, Imp_{\Vdash_A} \Theta) \, äq \, H \, Imp_{\Vdash_A} \bigwedge_{i=1}^{n} \Theta_i$.

7. *Theoreme der Alternative.*

Aus $\Vdash_A (\Theta_1 \to H) \wedge (\Theta_2 \to H) \leftrightarrow \Theta_1 \vee \Theta_2 \to H$ folgt entsprechend

*7.1. $M \Vdash_A \Theta_1 \to H$ et $M \Vdash_A \Theta_2 \to H$ äq $M \Vdash_A \Theta_1 \vee \Theta_2 \to H$

*7.2.   äq $M, \Theta_1 \vee \Theta_2 \Vdash_A H$.   1.1.

Hieraus mit M/Lr von Rechts nach Links

*7.3. $\Theta_1 \vee \Theta_2 \Vdash_A H$ äq $\Theta_1 \Vdash_A H$ et $\Theta_2 \Vdash_A H$.
Dazu die entsprechenden Verallgemeinerungen.
Aus

7.4. $\Theta_1 \wedge \Theta_2 \Vdash_A \Theta_1 \vee \Theta_2$
folgt wegen der Transitivität von $\Vdash_A$

*7.5. $\Theta_1 \vee \Theta_2 \Vdash_A H$ seq $\Theta_1 \wedge \Theta_2 \Vdash_A H$
mit den entsprechenden Verallgemeinerungen.

*8. *Die Regel des Widerspruchseffektes in bezug auf* $\Vdash_A$.

$\{H, \sim H\} \Vdash_A M_*$ (M_* die Menge aller A-Ausdrücke).
Beweis:

(1) $H \wedge \sim H \Vdash_A \Theta$.
Folglich (§ 32, 3.1)

(2) $\{H, \sim H\} \Vdash_A \Theta$.
Hieraus durch Generalisierung von Θ (§ 5, 11.1)

(3) $\{H, \sim H\} \Vdash_A M_*$.

9. *Die Widerlegungsregel in bezug auf* $\Vdash_A$.

*9.1. $M, H \Vdash_A \Theta$ et $M, H \Vdash_A \sim \Theta$ äq $M \Vdash_A \sim H$.

Beweis:

(1) $M, H \Vdash_A \Theta$ *et* $M, H \Vdash_A \sim\Theta$ *äq* $M \Vdash_A H \to \Theta$ *et* $M \Vdash_A H \to \sim\Theta$ 1.1.

(2)   *äq* $M \Vdash_A (H \to \Theta) \wedge (H \to \sim\Theta)$.   4.1.

Nun aber

(3) $(H \to \Theta) \wedge (H \to \sim\Theta)\ Aeq_{\Vdash_A} \sim H$.

Hieraus 9.1 mit 5.5.

Aus 9.1 folgt, wegen

$$M, H \Vdash_A \Theta \ et\ M, H \Vdash_A \sim\Theta\ \ddot{a}q\ M, H \Vdash_A \Theta \wedge \sim\Theta \qquad 4.1.$$

*9.2. $M, H \Vdash_A \Theta \wedge \sim\Theta\ \ddot{a}q\ M \Vdash_A \sim H$.

Aus 9.1 und 9.2 folgen durch M/Lr

*9.3. $H \Vdash_A \Theta\ et\ H \Vdash_A \sim\Theta\ \ddot{a}q\ \Vdash_A \sim H$.

*9.4. $H \Vdash_A \Theta \wedge \sim\Theta\ \ddot{a}q\ \Vdash_A \sim H$.

Hieraus von Links nach Rechts durch vordere, von Rechts nach Links durch hintere Partikularisierung von Θ (§ 5, 12.2; 12.3)

*9.5. $(Ex\,\Theta)\,(H \Vdash_A \Theta \wedge \sim\Theta)\ \ddot{a}q\ \Vdash_A \sim H$.

10. *Die Exhaustionsregel in bezug auf* $\Vdash_A$.

*10.1. $M, H \Vdash_A \Theta\ et\ M, \sim H \Vdash_A \Theta\ \ddot{a}q\ M \Vdash_A \Theta$.

Beweis:

(1) $M, H \Vdash_A \Theta\ et\ M, \sim H \Vdash_A \Theta\ \ddot{a}q\ M \Vdash_A H \to \Theta\ et\ M \Vdash_A \sim H \to \Theta$ 1.1.

(2)   *äq* $M \Vdash_A (H \to \Theta) \wedge (\sim H \to \Theta)$ 4.1.

Nun aber

(3) $(H \to \Theta) \wedge (\sim H \to \Theta)\ Aeq_{\Vdash_A} \Theta$.

Hieraus 10.1, mit 5.5.

Aus 10.1 folgt, wegen

$$M, H \Vdash_A \Theta \ et\ M, \sim H \Vdash_A \Theta\ \ddot{a}q\ M, H \vee \sim H \Vdash_A \Theta, \qquad 7.2.$$

*10.2. $M, H \vee \sim H \Vdash_A \Theta\ \ddot{a}q\ M \Vdash_A \Theta$.

      Aus 10.1 und 10.2 folgen durch M/Lr

*10.3. $H \Vdash_A \Theta\ et \sim H \Vdash_A \Theta\ \ddot{a}q\ \Vdash_A \Theta$.

*10.4. $H \vee \sim H \Vdash_A \Theta\ \ddot{a}q\ \Vdash_A \Theta$.

11. *Zusätze.*

*11.1. $M \Vdash_A M_*\ \ddot{a}q\ (Ex\,\Theta)\,(M \Vdash_A \Theta \wedge \sim\Theta)$.

Beweis:

(1) $M \Vdash_A M_*\ seq\ M \Vdash_A \Theta \wedge \sim\Theta$

(2) $seq\ (Ex\,\Theta)\,(M \Vdash_A \Theta \wedge \sim\Theta)$.

Andererseits

(3) $\Theta \wedge \sim \Theta \Vdash_A M_*$.   8.

  Mithin (§ 33, 3.2.1)

(4) $M \Vdash_A \Theta \wedge \sim \Theta$ *seq* $M \Vdash_A M_*$.

  Hieraus durch vordere Partikularisierung von Θ (§ 5, 12.2)

(5) $(Ex\,\Theta)\,(M \Vdash_A \Theta \wedge \sim \Theta)$ *seq* $M \Vdash_A M_*$.

  Aus (2) und (5) folgt 11.1.

 Aus 11.1 folgt unmittelbar

*11.2. $(Om\,\Theta)\,(M \Vdash_A \Theta)$ *äq* $(Ex\,\Theta)\,(M \Vdash_A \Theta \wedge \sim \Theta)$.

    Andererseits folgt aus 11.1 mit § 33, 2.1.2

*11.3. $\Theta, \sim \Theta \in M$ *seq* $M \Vdash_A M_*$.

§ 35. Der Operator $Fl_{\Vdash_A}$.

1. M sei eine beliebige Menge von A-Ausdrücken. Dann soll $Fl_{\Vdash_A}$ der Operator sein, der M überführt in die Menge der A-Konsequenzen von M. Es soll also gelten:

1.1. $Fl_{\Vdash_A}(M) =_{Df} (Cl\,\mathsf{H})\,(M \Vdash_A \mathsf{H})$.

  Mit $\widetilde{M}$ für $Fl_{\Vdash_A}(M)$ gelten die folgenden Theoreme:

1.2. $\mathsf{H} \in \widetilde{M}$ *äq* $M \Vdash_A \mathsf{H}$.

1.3. $N \subseteq \widetilde{M}$ *äq* $M \Vdash_A N$,

so daß unabhängig von der Charakteristik von $Fl_{\Vdash_A}(M)$ in 1.1

1.3.1. $N_1 \subseteq \widetilde{M}$ *et* $N_2 \subseteq \widetilde{M}$ *seq* $N_1 \cup N_2 \subseteq \widetilde{M}$.   Vgl. § 32, 2.3.

1.4. $\widetilde{M}_1 \subseteq \widetilde{M}_2$ *äq* $(Om\,\mathsf{H})\,(M_1 \Vdash_A \mathsf{H}$ *seq* $M_2 \Vdash_A \mathsf{H})$.

2. $Fl_{\Vdash_A}$ hat die charakteristischen Eigenschaften eines Hüllenoperators[1]:

2.1. $Fl_{\Vdash_A}$ *ist hüllenerzeugend:*

$$M \subseteq Fl_{\Vdash_A}(M).$$

2.2. $Fl_{\Vdash_A}$ *ist monoton gegenüber der Inklusion:*

$$M_1 \subseteq M_2 \text{ *seq* } Fl_{\Vdash_A}(M_1) \subseteq Fl_{\Vdash_A}(M_2).$$

2.3. $Fl_{\Vdash_A}$ *ist unempfindlich gegen Iterationen:*

$$Fl_{\Vdash_A}\big(Fl_{\Vdash_A}(M)\big) \subseteq Fl_{\Vdash_A}(M).$$

---

[1] Vgl. J. Schmidt [1], insbesondere § 3.

Nimmt man den finitären Charakter von $Fl_{\Vdash_A}$ hinzu (6.1), so ist es angemessen, $Fl_{\Vdash_A}$ zusammenfassend als einen *finitären Hüllenoperator* zu kennzeichnen.

Wir diskutieren diese Eigenschaften in der angegebenen Folge.

3. *Die hüllenerzeugende Funktion von* $Fl_{\Vdash_A}$.

*3.1. $M \subseteq \widetilde{M}$,   1.3; § 33, 2.1.
Mithin

3.2. $M_1 \subseteq M_2$ seq $M_1 \subseteq \widetilde{M}_2$.   Vgl. § 33, 2.2.

3.1 entspricht der Reflexivität, 3.2 der Inklusionsempfindlichkeit von $\Vdash_A$ (§ 33, 2.2).

4. *Die Monotonie von* $Fl_{\Vdash_A}$ *gegenüber der Inklusion.*

*4.1. $M_1 \subseteq M_2$ seq $\widetilde{M}_1 \subseteq \widetilde{M}_2$.
Folgt mit 1.4 unmittelbar aus § 33, 3.5.
Mithin

*4.2. $M_1 \subseteq M_2$. seq . $M_3 \subseteq \widetilde{M}_1$ seq $M_3 \subseteq \widetilde{M}_2$.   Vgl. § 33, 3.3.
Wegen $M \subseteq M \cup N$ gilt zusätzlich

*4.3. $Fl_{\Vdash_A}(M) \subseteq Fl_{\Vdash_A}(M \cup N)$.   Vgl. § 33, 3.5.

5. *Die Unempfindlichkeit von* $Fl_{\Vdash_A}$ *gegenüber Iterationen.*

*5.1. $\widetilde{\widetilde{M}} \subseteq \widetilde{M}$.

Beweis mit Hilfe der Transitivität von $\Vdash_A$:

(1) $M_1 \Vdash_A M_2$. seq . $(Om\ \mathsf{H})\ (M_2 \Vdash_A \mathsf{H}$ seq $M_1 \Vdash_A \mathsf{H})$.   § 33, 3: $M_3/\{\mathsf{H}\}$.
Mithin (1.3; 1.4)

(2) $M_2 \subseteq \widetilde{M}_1$ seq $\widetilde{M}_2 \subseteq \widetilde{M}_1$.
Hieraus durch $M_2/\widetilde{M}_1$

(3) $\widetilde{\widetilde{M}}_1 \subseteq \widetilde{M}_1$.
Andererseits erhält man durch $M/\widetilde{M}$ aus 3.1

5.2. $\widetilde{M} \subseteq \widetilde{\widetilde{M}}$.
Aus 5.1 und 5.2 folgt

*5.3.   *Der idempotente Charakter von* $Fl_{\Vdash_A}$.
$\widetilde{\widetilde{M}} = \widetilde{M}$.

In 5.1 ist ausgedrückt, daß $Fl_{\Vdash_A}(M)$ abgeschlossen ist in bezug auf $Fl_{\Vdash_A}$ (also in bezug auf die Operation der auf den AK beschränkten Konsequenzmengenbildung). Hierfür kürzer: $Fl_{\Vdash_A}(M)$ ist *deduktiv abgeschlossen*. Mit dieser Redeweise formulieren wir unter Voraussetzung von 3.1

*5.4. $Fl_{\Vdash_A}(M)$ ist die kleinste deduktiv abgeschlossene Menge, die M umfaßt. Die kleinste in dem Sinne, daß sie enthalten ist in jeder M umfassenden deduktiv abgeschlossenen Menge.

Beweis: $(Om\,N)\,(M \subseteq \tilde{N} \; seq \; \tilde{\tilde{M}} \subseteq \tilde{\tilde{N}} \subseteq \tilde{N})$.   4.1; 5.1.

5.5.   *Anm. zu* 5.1. Aus 5.1 kann umgekehrt mit 4.1 die Transitivität von $\Vdash_A$ gewonnen werden, also

$$M_2 \subseteq \tilde{M}_1 \; et \; M_3 \subseteq \tilde{M}_2 \; seq \; M_3 \subseteq \tilde{M}_1.$$

Beweis:

(1) $M_2 \subseteq \tilde{M}_1 \; et \; M_3 \subseteq \tilde{M}_2 \; seq \; \tilde{M}_2 \subseteq \tilde{\tilde{M}}_1 \; et \; M_3 \subseteq \tilde{M}_2.$ 4.1.

(2) $seq \; M_3 \subseteq \tilde{\tilde{M}}_1 \subseteq \tilde{M}_1.$ 5.1.

Zu den charakteristischen Eigenschaften eines Hüllenoperators kommt für $Fl_{\Vdash_A}$ nun noch hinzu

6. *Der Endlichkeitscharakter von* $Fl_{\Vdash_A}$.

6.1. $Fl_{\Vdash_A}$ *ist finitär.*

$$\mathsf{H} \in \tilde{M} \; seq \; (Ex\,E)\,(E \subseteq M \; et \; \mathsf{H} \in \tilde{E}),$$

wo „E" für endliche Mengen von A-Ausdrücken stehe.

6.1 besagt genau dasselbe wie § 33, 4.1.

Andererseits folgt aus 4.1 trivial

6.2. $(Ex\,E)\,(E \subseteq M \; et \; \mathsf{H} \in \tilde{E}) \; seq \; \mathsf{H} \in \tilde{M}.$

      Aus 6.1 und 6.2 folgt

*6.3. $\mathsf{H} \in \tilde{M} \; äq \; (Ex\,E)\,(E \subseteq M \; et \; \mathsf{H} \in \tilde{E}).$

7. *Die wechselseitige Unabhängigkeit der Eigenschaften* 2.1, 2.2, 2.3, 6.1 *voneinander.*

$\mathfrak{M}$ sei ein Mengensystem, $\dot{0}$ die Nullmenge, $\dot{1}$ die Allmenge von $\mathfrak{M}$, $^{-}$ eine Abbildung von $\mathfrak{M}$ in sich, im Einklang damit, daß $Fl_{\Vdash_A}$ eine Abbildung der Potenzmenge der Menge aller A-Ausdrücke in sich ist.

7.1. $^{-}$ sei definiert für $\mathfrak{M} = (Cl\,M)\,(M \subseteq \{1\})$ durch

M	$\bar{M}$	$\bar{\bar{M}}$ [1]
$\dot{0}$	$\dot{0}$	$\dot{0}$
$\dot{1}$	$\dot{0}$	$\dot{0}$

---

[1] Man beachte, daß die dritte Spalte schon durch die erste und zweite eindeutig bestimmt ist. Sie ist gleichwohl aus optischen Gründen hinzugefügt worden. Ebenso in den beiden folgenden Fällen.

Es gilt

(1) $M_1 \subseteq M_2\ seq\ \overline{M}_1 \subseteq \overline{M}_2$. 2.2.

(2) $\overline{\overline{M}} \subseteq \overline{M}$. 2.3.

(3) $^-$ ist finitär, da $\mathfrak{M}$ endlich ist. 6.1.

Aber $non\ \dot{1} \subseteq \overline{\dot{1}}$. gegen 2.1.

7.2. $^-$ sei definiert für $\mathfrak{M} = (Cl\,M)\,(M \subseteq \{0,1\})$ durch

M	$\overline{M}$	$\overline{\overline{M}}$
$\dot{0}$	$\dot{1}$	$\dot{1}$
$\{0\}$	$\dot{1}$	$\dot{1}$
$\{1\}$	$\{1\}$	$\{1\}$
$\dot{1}$	$\dot{1}$	$\dot{1}$

Es gilt

(1) $M \subseteq \overline{M}$. 2.1.

(2) $\overline{\overline{M}} \subseteq \overline{M}$. 2.3.

(3) $^-$ ist finitär, da $\mathfrak{M}$ endlich ist. 6.1.

Aber $\dot{0} \subseteq \{1\}\ et\ non\ \overline{\dot{0}} \subseteq \overline{\{1\}}$. gegen 2.2.

7.3. $^-$ sei definiert für $\mathfrak{M} = (Cl\,M)\,(M \subseteq \{0,1\})$ durch

M	$\overline{M}$	$\overline{\overline{M}}$
$\dot{0}$	$\{1\}$	$\dot{1}$
$\{0\}$	$\dot{1}$	$\dot{1}$
$\{1\}$	$\dot{1}$	$\dot{1}$
$\dot{1}$	$\dot{1}$	$\dot{1}$

Es gilt

(1) $M \subseteq \overline{M}$. 2.1.

(2) $M_1 \subseteq M_2\ seq\ \overline{M}_1 \subseteq \overline{M}_2$. 2.2.

(3) $^-$ ist finitär, da $\mathfrak{M}$ endlich ist. 6.1.

Aber $non\ \overline{\overline{\dot{0}}} \subseteq \overline{\dot{0}}$.[1] gegen 2.3.

7.4. R sei die Menge der reellen Zahlen mit der üblichen Topologie. Hierdurch ist für $\mathfrak{M} = (Cl\,M)\,(M \subseteq R)$ $\overline{M}$ definiert als die Menge der

---

[1] Die Matrizen für die Gegenbeispiele in 7.1 bis 7.3 von H. Hermes.

Berührungspunkte von M, also der x, so daß in jeder Umgebung von x noch ein M-Punkt liegt, der nicht von x verschieden zu sein braucht. Es gilt

(1)　　$M \subseteq \overline{M}$.　　　　　　　　　　　　　　　　　　　　　　2.1.

(2)　　$M_1 \subseteq M_2$ *seq* $\overline{M}_1 \subseteq \overline{M}_2$.　　　　　　　　　　　　　2.2.

(3)　　$\overline{\overline{M}} \subseteq \overline{M}$.　　　　　　　　　　　　　　　　　　　　　　2.3.

　　Aber z.B. für $M = (Cl\, x)\,(0 < x < 1)$

　　　$1 \in \overline{M}$ *et* $(Om\, E)\,(E \subseteq M$ *seq non* $1 \in \overline{E})$　　　　　gegen 6.1.

Denn

　　$\overline{E} = E$. Mithin $\overline{E} \subseteq M$. Dagegen *non* $1 \in \overline{E}$, da *non* $1 \in M$.[1]

§ 36. Ein Identitätskriterium für Folgerungsoperatoren

1. Definitionen.

K sei ein Kalkül, der $\rightarrow$ enthält. Alle Mengen, von denen die Rede ist, sollen Mengen von K-Ausdrücken sein.

　　1.1.　Fl_K heiße ein *Folgerungsoperator in bezug auf K*, wenn Fl_K den Bedingungen eines Hüllenoperators (§ 35, 2.1 bis 2.3) genügt, *finitär*, wenn Fl_K zusätzlich die Endlichkeitsbedingung erfüllt (§ 35, 6.3)[2], *normal in bezug auf K*, wenn (§ 34, 1.1)

$$(Om\, M, \mathsf{H}, \Theta)\,(\Theta \in Fl_K\,(M \cup \{\mathsf{H}\})\; \text{äq}\; \mathsf{H} \rightarrow \Theta \in Fl_K\,(M)),$$

so daß

(a)　$(Om\, M, \mathsf{H}_1, \ldots, \mathsf{H}_n, \Theta)\,(\Theta \in Fl_K\,(M \cup \{\mathsf{H}_1, \ldots, \mathsf{H}_n\})$
　　　　　　　$\text{äq}\; \mathsf{H}_1 \rightarrow (\ldots (\mathsf{H}_n \rightarrow \Theta) \ldots) \in Fl_K\,(M)),$
　　mithin für M/Lr

(b)　$(Om\, \mathsf{H}_1, \ldots, \mathsf{H}_n, \Theta)\,(\Theta \in Fl_K\,(\{\mathsf{H}_1, \ldots, \mathsf{H}_n\})$
　　　　　　　$\text{äq}\; \mathsf{H}_1 \rightarrow (\ldots \rightarrow (\mathsf{H}_n \rightarrow \Theta) \ldots) \in Fl_K\,(Lr)).$[3]

---

[1] Die Einführung und Theorie von $Fl_{\Vdash_A}$ mit den Postulaten 2.1, 2.3 (in der verschärften Form von 5.3) und 6.3 ist eine der grundlegenden Schöpfungen von A. Tarski. Vgl. Tarski [1] § 1. In dem vorstehenden Aufbau ist 6.3 ersetzt worden durch 6.1, dafür die Postulate 2.1, 2.3 ergänzt durch das Postulat 2.2, das durch 6.3 seine Unabhängigkeit verliert. Durch diese Umformung wird erreicht, daß $Fl_{\Vdash_A}$ charakterisiert ist durch die drei voneinander unabhängigen Anforderungen an einen Hüllenoperator, der zugleich einer zusätzlichen Endlichkeitsbedingung genügt.

[2] Diese zusätzliche Forderung ist nicht trivial; denn im Stufenkalkül ist der Bolzanosche Folgerungsbegriff nicht mehr finitär. Er ist es schon nicht mehr in der zweiten Stufe. Vgl. § 200, 1.3.

[3] Man überzeugt sich auf Grund von § 34, 2.3, 2.4 unmittelbar davon, daß $Fl_{\Vdash_A}$ normal ist.

1.2. $\Re_K$ heiße eine *Folgerungsrelation über K*, wenn

$$M \Re_K N \ddot{a}q_{Df} (Om\, \mathsf{H})\, (\mathsf{H} \in N\ seq\ M \Re_K \mathsf{H})$$

und wenn $\Re_K$ mit der Reflexivität, der Transitivität und der Inklusionserblichkeit auch über die hieraus in § 33 unmittelbar hergeleiteten zusätzlichen Eigenschaften verfügt. $\Re_K$ heiße *finitär*, wenn $\Re_K$ zusätzlich der Endlichkeitsbedingung (§ 33, 4) genügt, *normal in bezug auf K*, wenn

$$(Om\, M, \mathsf{H}, \Theta)\, (M, \mathsf{H} \Re_K \Theta\ \ddot{a}q\ M \Re_K \mathsf{H} \to \Theta),$$

mit den Folgerungen analog zu den Folgerungen (a) und (b) in 1.1.

2. *Ein Identitätskriterium für* Fl_K *und* Fl'_K.[1]

Fl_K und Fl'_K seien Folgerungsoperatoren in bezug auf K und (1) finitär, (2) normal in bezug auf K, (3) umfangsgleich in bezug auf Lr. Dann gilt: $Fl_K = Fl'_K$.

Beweis:

(A) $$Fl_K(M) \subseteq Fl'_K(M).$$

Denn

$$\Theta \in Fl_K(M)\ seq\ (Ex\, \mathsf{H}_1, \ldots, \mathsf{H}_n)\, (\{\mathsf{H}_1, \ldots, \mathsf{H}_n\} \subseteq M$$
$$et\ \Theta \in Fl_K(\{\mathsf{H}_1, \ldots, \mathsf{H}_n\})) \qquad (1)$$
$$seq\ (Ex\, \mathsf{H}_1, \ldots, \mathsf{H}_n)\, (\{\mathsf{H}_1, \ldots, \mathsf{H}_n\} \subseteq M$$
$$et\ \mathsf{H}_1 \to (\ldots \to (\mathsf{H}_n \to \Theta)\ldots) \in Fl_K(Lr)) \quad (2)$$
$$seq\ (Ex\, \mathsf{H}_1, \ldots, \mathsf{H}_n)\, (\{\mathsf{H}_1, \ldots, \mathsf{H}_n\} \subseteq M$$
$$et\ \mathsf{H}_1 \to (\ldots \to (\mathsf{H}_n \to \Theta)\ldots) \in Fl_K(Lr)) \quad (3)$$
$$seq\ (Ex\, \mathsf{H}_1, \ldots, \mathsf{H}_n)\, (\{\mathsf{H}_1, \ldots, \mathsf{H}_n\} \subseteq M$$
$$et\ \Theta \in Fl_K(\{\mathsf{H}_1, \ldots, \mathsf{H}_n\})) \qquad (2)$$
$$seq\ \Theta \in Fl'_K(M). \qquad (1)$$

Hieraus durch Vertauschung von Fl_K und Fl'_K

(B) $$Fl'_K(M) \subseteq Fl_K(M).$$

Mit (A) und (B) ist 2. bewiesen.

Das vorstehende Identitätskriterium läßt sich leicht umformen in

3. *Ein Kriterium für die Umfangsgleichheit zweier Folgerungsrelationen über* K.

---

[1] Für Folgerungsrelationen (siehe 3.) formuliert und bewiesen von K. Schröter 1946/47 als Mitglied der Schule von Münster.

$\Re_K$ und $\Re'_K$ seien Folgerungsrelationen in bezug auf K und (1) finitär, (2) normal in bezug auf K, (3) umfangsgleich in bezug auf Lr. Dann gilt: $\Re_K$ und $\Re'_K$ sind umfangsgleich.

Beweis in genauer Analogie zu dem von 2.

§ 37. Die Koinzidenz von Widerspruchsfreiheit und Erfüllbarkeit im Aussagenkalkül

1. *Definitionen*[1].

K sei ein Kalkül. Alle Mengen, von denen die Rede ist, seien Mengen von K-Ausdrücken. $\Re_K$ sei eine Folgerungsrelation in bezug auf K (§ 36, 3.1) und finitär.

1.1. M_* sei die Menge aller K-Ausdrücke, M eine beliebige Menge von K-Ausdrücken. M heiße *widerspruchsvoll in bezug auf* $\Re_K$, wenn $M \Re_K M_*$, also genau dann, wenn $(Om\,\mathsf{H})\,(M \Re_K \mathsf{H})$. Symbolisch:

1.1.1. $wv_{\Re_K} M \; \ddot{a}q_{Df} \; M \Re_K M_*$,
so daß

1.1.2. $wv_{\Re_K} M \; \ddot{a}q \; (Om\,\mathsf{H})\,(M \Re_K \mathsf{H})$.

1.2. M heiße *widerspruchsfrei in bezug auf* $\Re_K$, wenn M nicht widerspruchsvoll ist in bezug auf $\Re_K$, also genau dann, wenn $(Ex\,\mathsf{H})\,(non\,M \Re_K \mathsf{H})$. Symbolisch

1.2.1. $wf_{\Re_K} M \; \ddot{a}q_{Df} \; non \; wv_{\Re_K} M$,
so daß

1.2.2. $wf_{\Re_K} M \; \ddot{a}q \; (Ex\,\mathsf{H})\,(non\,M \Re_K \mathsf{H})$.

1.3. K heiße *widerspruchsvoll (widerspruchsfrei) in bezug auf* $\Re_K$, wenn dies zutrifft auf die Satzmenge von K.

2. Da $\Re_K$ finitär sein soll, so gelten allgemein die folgenden Theoreme. „E" stehe für endliche Mengen von K-Ausdrücken. Dann gilt

2.1. $wv_{\Re_K} M \; \ddot{a}q \; (Om\,\Theta)\,(Ex\,E)\,(E \subseteq M \; et \; E \Re_K \Theta)$
oder abgekürzt

2.1.1. $wv_{\Re_K} M \; \ddot{a}q \; (Om\,\Theta)\,(Ex_M E)\,(E \Re_K \Theta)$.

2.2. $wf_{\Re_K} M \; \ddot{a}q \; (Ex\,\Theta)\,(Om\,E)\,(E \subseteq M \; seq \; non \; E \Re_K \Theta)$
oder abgekürzt

2.2.1. $wf_{\Re_K} M \; \ddot{a}q \; (Ex\,\Theta)\,(Om_M E)\,(non\,E \Re_K \Theta)$.

*2.3. $M_1 \subseteq M_2 \,.\, seq \,.\, wv_{\Re_K} M_1 \; seq \; wv_{\Re_K} M_2$.   § 33, 3.3.
Hieraus durch partielle Kontraposition (§ 21, 2)

*2.4. $M_1 \subseteq M_2 \,.\, seq \,.\, wf_{\Re_K} M_2 \; seq \; wf_{\Re_K} M_1$.

---

[1] Im Anschluß von A. Tarski [1] § 6.

2.3 besagt, daß mit M jede M umfassende Menge von K-Ausdrücken widerspruchsvoll, 2.4 besagt, daß mit M umgekehrt jede in M enthaltene Menge widerspruchsfrei ist in bezug auf $\Re_K$.

3. M sei eine beliebige Menge von A-Ausdrücken, M_* die Menge aller A-Ausdrücke. E deute eine endliche Menge von A-Ausdrücken an. Dann gelten die folgenden Theoreme:

3.1.	$wv_{\Vdash_A} M\ \ddot{a}q\ (Om\ \Theta)\,(M\Vdash_A \Theta).$	1.1.2.
3.2.	$wv_{\Vdash_A} M\ \ddot{a}q\ (Ex\ \Theta)\,(M\Vdash_A \Theta\wedge\sim\Theta).$	§ 34, 11.1.

3.3.   *Umformungen von 3.1 und 3.2.*

3.3.1. $wv_{\Vdash_A} M\ \ddot{a}q\ (Ex_M E)\,(Om\ \Theta)\,(E\Vdash_A \Theta).$ [1]

Beweis:

(1)	$E\Vdash_A \mathsf{H}\wedge\sim\mathsf{H}\ seq\ (Om\ \Theta)\,(E\Vdash_A \Theta).$	§ 34, 11.2.

Nun folgt aber aus dem finitären Charakter von $\Vdash_A$

(2)	$wv_{\Vdash_A} M\ \ddot{a}q\ (Om\ \Theta)\,(Ex_M E)\,(E\Vdash_A \Theta).$	2.1.1.

Folglich können wir schließen:

(3) $wv_{\Vdash_A} M\ seq\ (Ex_M E)\,(E\Vdash_A \mathsf{H}\wedge\sim\mathsf{H})$

*(4) $seq\ (Ex_M E)\,(Om\ \Theta)\,(E\Vdash_A \Theta).$	(1)

Andererseits

(5) $(Ex_M E)\,(Om\ \Theta)\,(E\Vdash_A \Theta)\ seq\ (Om\ \Theta)\,(Ex_M E)\,(E\Vdash_A \Theta)$

*(6) $seq\ wv_{\Vdash_A} M.$	(2)

Aus (4) und (6) folgt

(7)   3.3.1.

Anm.: Daß 3.3.1 gegenüber 2.1.1 so verschärft werden kann, liegt daran, daß es in der Konsequenzenlogik des AK eine Ausdrucksverbindung $\mathsf{H}\wedge\sim\mathsf{H}$ gibt, aus der jeder A-Ausdruck gefolgert werden kann. Für einen beliebigen Kalkül kann dies nicht vorausgesetzt werden. Es ist also nicht zulässig, 2.1.1 für beliebiges K im Sinn von 3.3.1 zu verschärfen zu

$$wv_{\Re_K} M\ \ddot{a}q\ (Ex_M E)\,(Om\ \Theta)\,(E\,\Re_K\,\Theta).$$

Ein Gegenbeispiel [2]: Man setze

(1) $\mathsf{H}\,\Re_K\,\Theta\ \ddot{a}q_{Df}\ \mathsf{H} = \Theta,$

so daß $Fl_{\Re_K}(M) = M$. $\Re_K$ ist, wie man sofort bestätigt, reflexiv, transitiv, inklusionserblich und finitär im Sinne von 2.1.1; denn

$$\mathsf{H}\in Fl_{\Re_K}(M)\ seq\ \mathsf{H}\in M$$

$$seq\ \{\mathsf{H}\}\,\Re_K\,\mathsf{H}.$$

---

[1] Für

$$(Ex\ E)\,(E\subseteq M\ et\ (Om\ \Theta)\,(E\Vdash_A \Theta))$$

oder gleichwertig

$$(Ex\ E)\,(Om\ \Theta)\,(E\subseteq M\ et\ E\Vdash_A \Theta).$$

[2] Von G. Hasenjaeger.

Andererseits folgt aus (1) mit 1.1.1

(2) $wv\Re_K M$ äq $M = M_*$,

wo M_* als unendlich vorausgesetzt werden darf. Dann folgt aus (1) und (2)

(3) $(Om_M E)$ $(non\ \mathrm{H} \in E\ seq\ non\ E\ \Re_K\ \mathrm{H})$.

Nun aber

(4) $(Om_M E)$ $(Ex\ \Theta)$ $(non\ \Theta \in E)$.[1]

Mithin

(5) $(Om_M E)$ $(Ex\ \Theta)$ $(non\ E\ \Re_K\ \Theta)$.

Der Übergang von 2.1.1 zu 3.3.1 muß also in jedem Falle bewiesen werden. Er ist effektiv, mit einer zu dem Beweis von 3.3.1 genau analogen Begründung, zulässig für alle in diesem Lehrbuch diskutierten Logikkalküle.

Aus 3.3.1 folgt mit § 34, 8.2 unmittelbar

3.3.2. $wv_{\Vdash_A} M$ äq $(Ex_M E)$ $(Ex\ \Theta)$ $(E \Vdash_A \Theta \wedge \sim \Theta)$.

Aus 3.3.1 und 3.3.2 folgen, wegen der Normalität von $\Vdash_A$, mit $\wedge E$ für eine Konjunktion aus den Gliedern von E,

3.4.1. $wv_{\Vdash_A} M$ äq $(Ex_M E)$ $(Om\ \Theta)$ $(\Vdash_A \wedge E \to \Theta)$.

3.4.2. $wv_{\Vdash_A} M$ äq $(Ex_M E)$ $(Ex\ \Theta)$ $(\Vdash_A \wedge E \to \Theta \wedge \sim \Theta)$.

Mithin, wegen

$$(Ex\ \Theta)\ (\Vdash_A \wedge E \to \Theta \wedge \sim \Theta)\ \text{äq}\ \Vdash_A \sim \wedge E, \qquad \text{§ 34, 9.5.}$$

*3.5. $wv_{\Vdash_A} M$ äq $(Ex_M E)$ $(\Vdash_A \sim \wedge E)$.

Es gelten also für $wf_{\Vdash_A} M$ die folgenden Theoreme:

3.6. $wf_{\Vdash_A} M$ äq $(Ex\ \Theta)$ $(non\ M \Vdash_A \Theta)$.   3.1.

3.7. $wf_{\Vdash_A} M$ äq non $(Ex\ \Theta)$ $(M \Vdash_A \Theta \wedge \sim \Theta)$.   3.2.

3.8.1. $wf_{\Vdash_A} M$ äq non $(Ex_M E)$ $(Om\ \Theta)$ $(E \Vdash_A \Theta)$.   3.3.1.

3.8.2. $wf_{\Vdash_A} M$ äq non $(Ex_M E)$ $(Ex\ \Theta)$ $(E \Vdash_A \Theta \wedge \sim \Theta)$.   3.3.2.

3.9.1. $wf_{\Vdash_A} M$ äq $(Om_M E)$ $(Ex\ \Theta)$ $(non \Vdash_A \wedge E \to \Theta)$.   3.4.1.

3.9.2. $wf_{\Vdash_A} M$ äq non $(Ex_M E)$ $(Ex\ \Theta)$ $(\Vdash_A \wedge E \to \Theta \wedge \sim \Theta)$.   3.4.2.

*3.10. $wf_{\Vdash_A} M$ äq non $(Ex_M E)$ $(\Vdash_A \sim \wedge E)$.   3.5.

4. *Der AK ist widerspruchsfrei in bezug auf* $\Vdash_A$.

---

[1] Für

$$(Om\ E)\ (E \subseteq M\ seq\ (Ex\ \Theta)\ (non\ \Theta \in E))$$

oder gleichwertig

$$(Om\ E)\ (Ex\ \Theta)\ (E \subseteq M\ seq\ non\ \Theta \in E).$$

Aus dem idempotenten Charakter von $Fl_{\Vdash_A}$ folgt

4.1. $Fl_{\Vdash_A}(Lr)\,\Vdash_A H\ \ddot{a}q\ Lr\,\Vdash_A H$.

Die Widerspruchsfreiheit (WF) von $idt_A^* =_{Df} Fl_{\Vdash_A}(Lr)$ fällt also zusammen mit der WF von Lr. Folglich genügt es zu zeigen

4.2. $(Ex\,\Theta)\,(non\ Lr\,\Vdash_A \Theta)$.

Dies folgt unmittelbar aus $non\ Lr\,\Vdash_A \Theta \wedge {\sim}\,\Theta$.

Mithin

*4.3. $wf_{\Vdash_A}\, idt_A^*$.

5. Für $wv_{\Vdash_A}$ und $wf_{\Vdash_A}$ gelten die folgenden Theoreme:

*5.1.	$M_1 \subseteq M_2 . seq . wv_{\Vdash_A} M_1\ seq\ wv_{\Vdash_A} M_2$.	2.3.
*5.2.	$M_1 \subseteq M_2 . seq . wf_{\Vdash_A} M_2\ seq\ wf_{\Vdash_A} M_1$.	2.4.
*5.3.	$H, {\sim}H \in M\ seq\ wv_{\Vdash_A} M$.	§ 34, 11.3.

      Hieraus durch Kontraposition

5.4. $wf_{\Vdash_A} M\ seq\ non\ H, {\sim}H \in M$.

      Folglich

5.4.1. $wf_{\Vdash_A} M . seq . {\sim}H \in M\ seq\ non\ H \in M$.

*5.5. $M\,\Vdash_A H\ \ddot{a}q\ wv_A M \cup \{{\sim}H\}$.[1]

*5.6. $M\,\Vdash_A H . seq . wv_{\Vdash_A} M \cup \{H\}\ seq\ wv_{\Vdash_A} M$.[2]

      Aus 5.6 folgt durch partielle Kontraposition

*5.7. $M\,\Vdash_A H . seq . wf_{\Vdash_A} M\ seq\ wf_{\Vdash_A} M \cup \{H\}$.

5.7 ist ein Komplement zu 5.2.

6. *Widerspruchsfreiheit und Erfüllbarkeit.*

6.1. $wv_{\Vdash_A} M\ seq\ non\ erf_A M$.

Beweis:

(1) $wv_{\Vdash_A} M\ seq\ M\,\Vdash_A \Theta \wedge {\sim}\,\Theta$.

      Nun aber

(2) $non\ erf_A \Theta \wedge {\sim}\,\Theta$.

      Mithin

(3) $wv_{\Vdash_A} M\ seq\ non\ erf_A M$.

---

[1] Denn $(Ex\,\Theta)\,(M, {\sim}H\,\Vdash_A \Theta \wedge {\sim}\,\Theta)\ \ddot{a}q\ M\,\Vdash_A {\sim}{\sim}H\ \ddot{a}q\ M\,\Vdash_A H$.

[2] Denn $M\,\Vdash_A H\ et\ (Ex\,\Theta)\,(M, H\,\Vdash_A \Theta \wedge {\sim}\,\Theta)\ seq\ M\,\Vdash_A H \wedge {\sim}H$.

Aus 6.1 folgt durch Kontraposition

*6.2. $erf_A\,M\ seq\ wf_{\Vdash_A}\,M$.

6.3. $non\ erf_A\,M\ seq\ wv_{\Vdash_A}\,M$.

Beweis:

(1) $non\ erf_A\,M\ seq\ (Om\ \mathfrak{B})\,(non\ \mathfrak{B}\ Erf_A\,M)$

(2) $seq\ (Om\ \mathfrak{B})\,(\mathfrak{B}\ Erf_A\,M\ seq\ \mathfrak{B}\ Erf_A\,\Theta\wedge\sim\Theta)$ § 5, 9.10.

(3) $seq\ M\Vdash_A\Theta\wedge\sim\Theta$

(4) $seq\ wv_A\,M$.

Aus 6.3 folgt durch Kontraposition

*6.4. $wf_{\Vdash_A}\,M\ seq\ erf_A\,M$.

     Aus 6.2 und 6.4 ergibt sich

*6.5.   *Die Koinzidenz von $wf_{\Vdash_A}$ und erf_A .*

$$wf_{\Vdash_A}\,M\ \ddot{a}q\ erf_A\,M.$$

Entsprechend ergibt sich aus 6.1 und 6.3

*6.6.   *Die Koinzidenz von $wv_{\Vdash_A}$ und $non\ erf_A$.*

$$wv_{\Vdash_A}\,M\ \ddot{a}q\ non\ erf_{\Vdash_A}\,M.$$

7. Eine grundsätzliche Bemerkung zur Krisenfestigkeit von Kalkül-konstruktionen.

Jede Kalkülkonstruktion hat zur Voraussetzung eine Metasprache, mit deren Hilfe sie beschrieben wird. Für semantisch interpretierte Kalküle muß diese Metasprache an Ausdrucksmitteln so reich sein, daß sie auch diese Interpretation zu liefern vermag. Um dies auf eine probehaltige Art zu leisten, muß sie krisenfest sein in dem Sinne, daß angenommen werden darf, daß in ihr keine Aussage bewiesen werden kann, die sich selbst widerspricht, genauer: keine Aussage von der Form „a genau dann, wenn a nicht“ oder „a wahr genau dann, wenn a falsch ist“. Diese Widerspruchsfreiheit muß in jedem Falle vorausgesetzt werden, folglich auch für den Fall, daß die Widerspruchsfreiheit eines Logikkalküls zu zeigen ist. Folglich ist jeder Beweis für die Widerspruchsfreiheit eines Logikkalküls relativ. Das Wesentliche an einem solchen Beweis ist dies, daß diese Widerspruchsfreiheit überhaupt nur bewiesen werden kann für die ausgezeichneten Fälle, denen eine formalisierte Sprache zugrunde liegt.

Zweites Hauptstück

Prädikatenkalkül

A) Allgemeine Grundlegung

§ 50. Subjekte und Individuen, Prädikate und Attribute

1. *Subjekte und Individuen.*

1.1. Die Prädikatenlogik ist eine Logik, deren Sprache grundlegend bestimmt ist durch die Unterscheidung von *Subjekten* und *Prädikaten*[1]. Aussagen, die mit Hilfe dieser Unterscheidung vollständig erfaßt werden können, heißen *prädikative Aussagen*. Beispiele: (1) „7 ist eine Primzahl", (2) „1 ist kleiner als 2", (3) „2 liegt zwischen 1 und 3". Subjekte: in (1) die Ziffer $\overline{7}$, in (2) das geordnete Ziffernpaar $(\overline{1}, \overline{2})$, in (3) das geordnete Ifferntripel $(\overline{2}, \overline{1}, \overline{3})$. Es sollen auch funktionale Ausdrücke als Subjekte zugelassen sein: „Der größte gemeinsame Teiler von 8 und 12 ist eine Quadratzahl." Einfachster Fall: die prädikativen Aussagen, die aus genau einem Subjekt und genau einem Prädikat bestehen[1]: wobei die Prädikate bis zu einer genaueren Bestimmung (in 2.1) die Bedingungen sein sollen, die sich ergeben aus dem Übergang von (1) bis (3) zu (1.1) „x ist eine Primzahl", (2.1) „x ist kleiner als y", (3.1) „x liegt zwischen y und z", mit den Subjektsvariablen x; x, y; x, y, z.

1.2. Subjekte im Sinn von 1.1 sind *Individuensymbole*, wobei vorausgesetzt ist, daß zum Aufbau einer konkreten mathematischen Theorie eine Erklärung gehört, welche Elemente in ihr als Individuen gelten sollen.

---

[1] So schon ARISTOTELES (*De interpretatione*, c. 2 und 3), mit der Einschränkung, daß ARISTOTELES noch in der Sprache der Grammatik von einem *Nomen* und einem *Verbum* spricht. Die Ausdrücke „Subjekt" und „Prädikat" erst bei BOETHIUS. Vgl. PRANTL [1], I 696, Anm. 124. — Neben dieser zweigliedrigen Auffassung der prädikativen Aussagen gibt es in der Überlieferung, wenigstens für den einstelligen Fall, noch eine dreigliedrige. Im Sinn dieser Auffassung besteht eine prädikative Aussage (im einstelligen Fall) aus einem *Subjekt*, einem *Prädikat* und der durch unser ∈-Symbol erfaßten *Copula*. Der erste literarische Repräsentant dieser Auffassung (nach PRANTL [1], II 197, Anm. 367) ist PETRUS ABAELARD (1079—1141), der einflußreichste abendländische Logiker zwischen BOETHIUS († 525) und dem beide weit überragenden WILHELM OCKHAM (1270—1347). Die Prädikate in der dreigliedrigen Auffassung der prädikativen Aussagen sind als Mengen- oder Klassensymbole zu interpretieren. Sie dürfen also nicht identifiziert werden mit den Prädikaten in der zweigliedrigen Auffassung; aber sie stehen ihnen nahe. Sie könnten von den Prädikaten der zweigliedrigen Auffassung als *Prädikamente* unterschieden werden. Es versteht sich, im Gegensatz zu früheren Kontroversen, daß beide Auffassungen an sich gleichberechtigt sind. Wir haben uns hier für die zweigliedrige Auffassung entschieden, weil sie dem üblichen Aufbau der Prädikatenlogik zugrunde liegt, in der um der anzustrebenden Allgemeinheit willen Prädikate mit einer beliebigen Stellenzahl zugelassen sind.

1.3. Zwei Subjekte sollen *bedeutungsgleich* heißen, wenn sie dasselbe Individuum bezeichnen, wie in der Sprache der Analysis „$\lim\limits_{n \to \infty}\left(1 + \dfrac{1}{n}\right)^{n}$" und „$\sum\limits_{n=0}^{\infty} \dfrac{1}{n!}$", nämlich die Basis e der natürlichen Logarithmen oder, um noch ein zweites nicht-triviales Beispiel zu nennen, „$\int\limits_{-\infty}^{+\infty} e^{-x^2} d x$" und „$\sqrt{\pi}$". Zwei Subjekte sollen stets dann (aber möglicherweise nicht *nur* dann!) *gleichsinnig* heißen in bezug auf eine vorgegebene Sprache S, wenn sie in S *per definitionem* bedeutungsgleich sind[1]. S sei eine Sprache der Analysis, in der das Symbol „e" *per definitionem* erklärt ist als bedeutungsgleich mit dem Symbol „$\lim\limits_{n \to \infty}\left(1 + \dfrac{1}{n}\right)^{n}$". Dann sind diese beiden Subjekte gleichsinnig in bezug auf S. Gleichsinnige Subjekte sind bedeutungsgleich; aber nicht umgekehrt. Die Gleichsinnigkeit ist stets dann gesichert, wenn die Bedeutungsgleichheit das Ergebnis einer Festsetzung ist. Dagegen ist das Erkennen der Bedeutungsgleichheit als solches in vielen Fällen erst das Ergebnis einer mehr oder weniger langen Mühe. Den als Individuensymbole definierten Subjekten stehen die durch sie symbolisierten Individuen als die *Designate* dieser Subjekte gegenüber.

2. *Prädikate und Attribute.*

2.1. Den Subjekten gegenüber sind die Prädikate ergänzungsbedürftige, oder, wie FREGE, [4], es so zutreffend ausgedrückt hat, „ungesättigte" Ausdrücke[2]. Man wird also als erstes eine Identifizierung der Prädikate mit den AFen ins Auge fassen: „x ist eine Primzahl", „$x < y$", „x liegt in α zwischen y und z" als Beispiele eines einstelligen zahlentheoretischen Prädikates, eines zweistelligen und eines dreistelligen α-Prädikates. Dann kann man aber nicht von dem Primzahlprädikat sprechen, und erst recht nicht von den α-Prädikaten „Kleiner als" und „Liegt zwischen". Andererseits ist dies eine Voraussetzung dafür, daß ein Prädikat ein Attributensymbol sein soll. Die angeschriebenen AFen müssen also irgendwie abgeschlossen werden. Um dies zu erreichen, machen wir Gebrauch von dem zur Charakterisierung von Funktoren mit den erforderlichen zusätzlichen Bestimmungen eingeführten λ-Operator von A. CHURCH [2], [3], [4]. Dann werden wir unter dem Primzahlprädikat,

---

[1] *Per definitionem* im semiotischen Sinne (§ 6, 1). Vgl. die entsprechende Interpretation der Gleichsinnigkeit für die Aussagen § 11, 3.2 Anm. und hernach (2.5) für die Prädikate.

[2] Über die mit der Einführung der Prädikate verketteten Schwierigkeiten unterrichtet am besten W. V. QUINE [5] S. 131ff. Die folgende Einführung ist wesentlich von der hier dargebotenen verschieden, weil beherrscht durch die von QUINE nicht diskutierte Beziehung zwischen Prädikaten und Attributen.

bzw. den α-Prädikaten „Kleiner als", „Liegt zwischen" die folgenden Zeichenreihen zu verstehen haben:

(1) λx (x ist eine Primzahl)[1],

(2) $\lambda xy \left(y \underset{\alpha}{<} y \right)$,

(3) λxyz (x liegt in α zwischen y und z),

mit den folgenden wesentlichen Zusätzen. Um den durch die Abschließung zum Verschwinden gebrachten ungesättigten Charakter der drei vorstehenden Prädikate nachträglich wieder zur Geltung zu bringen, soll es zulässig sein, zu schreiben

(1.1)   „λx (x ist eine Primzahl) x" für „x ist eine Primzahl",

(2.1)   „$\lambda xy \left(x \underset{\alpha}{<} y \right) xy$" für „$x$ ist in α kleiner als y",

(3.1)   „λxyz (x liegt in α zwischen y und z) xyz" für „x liegt in α zwischen y und z".

Die durch λ „gebundenen" Variablen x in (1.1), x, y in (2.1), x, y, z in (3.1) sollen nach Bedarf auch umbenannt werden können, mit dem Effekt, daß man z.B. für (1.1) erhält

(1.2)   „λz (z ist eine Primzahl) x" für „x ist eine Primzahl".

Entsprechendes für (2.1) und (3.1). Durch die Zulassung dieser „gebundenen Umbenennungen" sollen auch für diesen Fall Kollisionen zwischen gebundenen Variablen (§ 53, 5.2) stets vermieden werden können. Man beachte, daß die so präzisierten Prädikate in jedem Falle sprachliche Gebilde sind.

Auf dieser Erfassung der Prädikate wird die prädikative Auffassung der prädikatenlogischen Ausdrücke in wenigstens einer „freien" S-Variablen in § 57 beruhen.

2.2.   Es ist nun als nächstes zu sagen, was unter einem *n-stelligen* α-*Attribut* verstanden sein soll. Ein geordnetes n-tupel $\overset{n}{\mathfrak{x}}$ (für „$(\mathfrak{x}_1, \ldots, \mathfrak{x}_n)$")[2] von α-Individuen heiße ein α-n-tupel. Die Menge der α-n-tupel sei symbolisiert durch „α^n". Dann soll unter einem n-stelligen α-Attribut $\mathfrak{A}_\alpha^n$ (für $n = 1$: einer *Eigenschaft*, für $n \geq 2$: einer *Beziehung* über α) verstanden sein eine Belegung von α^n mit der Menge $\{W, F\}$ der

---

[1] Im Sinn von PM I 40 ist das Primzahlprädikat zu symbolisieren durch „$\hat{x}$ ist eine Primzahl". Aber „$P\hat{x}$" bedeutet in PM nicht mehr, als daß P für den Fall einer Aussage über P als ein einstelliges Prädikat anzusehen ist. Auch in PM wird auf die Beziehung zwischen Prädikaten und Attributen nicht eingegangen.

[2] Hierzu § 6.9.

Wahrheitswerte, so daß

$$\mathfrak{A}_\alpha^n \in \{W, F\}^{\alpha^n}.\,[1]$$

Wir schreiben „$\mathfrak{A}_\alpha^n \ni \overset{n}{\mathfrak{x}}$ ($\mathfrak{A}_\alpha^n$ trifft zu auf $\overset{n}{\mathfrak{x}}$)" für „$\mathfrak{A}_\alpha^n\left(\overset{n}{\mathfrak{x}}\right) = W$", entsprechend „non $\mathfrak{A}_\alpha^n \ni \overset{n}{\mathfrak{x}}$" für „$\mathfrak{A}_\alpha^n\left(\overset{n}{\mathfrak{x}}\right) = F$". Die so eingeführten Attribute sind logische Funktionen wie die Bewertungen im AK (§ 11, 13).

2.3. *Zur Identifizierung zweier Attribute.*

Die Frage, wann zwei Attribute als identisch gelten sollen, ist kontrovers. Im Gegensatz zu der Auffassung, die zwei Attribute wie die Teilbarkeit einer natürlichen Zahl durch drei und die Teilbarkeit ihrer Quersumme durch drei als verschieden betrachtet, soll die Identität zweier Attribute dadurch festgelegt sein, daß sie dieselbe *Extension*, in FREGEs Sprache denselben *Wertverlauf* haben, in dem Sinne, daß sie auf dieselben Individuen bzw. Individuen-n-tupel zutreffen[2]. Wir fußen also auf einer der mengentheoretischen Abschließung der Prädikate entsprechenden mengentheoretischen Auffassung der Attribute. Es soll gelten, mit „$\mathfrak{A}$" für „$\mathfrak{A}_\alpha^n$" und „$Om_\alpha\overset{n}{\mathfrak{x}}$" für „Für jedes α-n-tupel"

2.3.1.　$\mathfrak{A}_1 = \mathfrak{A}_2 \;\ddot{a}q_{Df}\left(Om_\alpha\overset{n}{\mathfrak{x}}\right)\left(\mathfrak{A}_1\left(\overset{n}{\mathfrak{x}}\right) = \mathfrak{A}_2\left(\overset{n}{\mathfrak{x}}\right)\right),$

　　so daß

2.3.2.　$\mathfrak{A}_1 = \mathfrak{A}_2 \;\ddot{a}q\left(Om_\alpha\overset{n}{\mathfrak{x}}\right)\left(\mathfrak{A}_1 \ni \overset{n}{\mathfrak{x}} \;\ddot{a}q\; \mathfrak{A}_2 \ni \overset{n}{\mathfrak{x}}\right).$

Die dem Attributenbegriff von 2.2 und 2.3 entsprechende Attributentheorie wird in § 51 entwickelt werden.

2.4. Es wird genügen, daß die nun noch ausstehende Hauptfrage, was unter dem durch ein α-Prädikat P definierten α-Attribut $\mathfrak{A}$ verstanden werden soll, beantwortet wird mit Bezug auf das zweistellige α-Prädikat „$\underset{\alpha}{\lambda}xy\,(x < y)$". $\mathfrak{B}_\alpha$ sei eine Belegung von x und y mit α-Individuen, allgemeiner: eine Belegung der Menge der S-Variablen (Variablen wie x und y) mit der Menge der α-Individuen, $\mathfrak{A}_\alpha^2$ das Kleiner-als-Attribut über α, $\mathfrak{B}_\alpha(<) =_{Df} \mathfrak{A}_\alpha^2$. Dann soll gelten, mit „$\mathfrak{B}\,Erf_\alpha\,x<y$" für „$\mathfrak{B}$ erfüllt über α $x<y$",

(1)　　　　$\mathfrak{B}\,Erf_\alpha\,x < y \;\ddot{a}q_{Df}\,\mathfrak{B}_\alpha(<) \ni \big(\mathfrak{B}_\alpha(x), \mathfrak{B}_\alpha(y)\big).$ [3]

---

[1] Vgl. § 6, 4.2. — Diese Einführung der Attribute entspricht genau der Interpretation der Funktionen (Begriffe) in FREGE [3]. Die Funktionen im FREGEschen Sinne sind in ihrer Art ebenso ungesättigt wie die Prädikate. Sie fordern eine Ergänzung durch Argumente wie die Prädikate eine Ergänzung durch Subjekte. Andererseits bedürfen auch sie einer mengentheoretischen Abschließung (2.3), wie in der hier dargebotenen Konstruktion die Prädikate.

[2] In PM werden nur *Klassen (Mengen)* mit denselben Individuen identifiziert. Zur Beurteilung zweier Attribute (die in der Sprache der PM als „propositional functions" mit den Prädikaten zusammenzufließen scheinen), ist für den Fall, daß sie auf dieselben Individuen zutreffen, überhaupt nichts gesagt.

[3] Es sei noch einmal daran erinnert, daß ein geordnetes α-n-tupel in voller Anschreibung symbolisiert sein soll durch „$(\mathfrak{x}_1, \ldots, \mathfrak{x}_n)$".

Der rechts stehende Ausdruck ist zu interpretieren durch „$\mathfrak{A}_\alpha^2$ trifft zu auf das geordnete α-Paar $\mathfrak{B}_\alpha(x)$, $\mathfrak{B}_\alpha(y)$", kürzer: „$\mathfrak{B}_\alpha(x)$ ist kleiner als $\mathfrak{B}_\alpha(y)$". Dann soll sein das durch „$\boldsymbol{\lambda} xy\,(x \underset{\alpha}{<} y)$" definierte zweistellige Attribut[1]

$$(2) \qquad \mathfrak{B}_\alpha\big(\boldsymbol{\lambda} xy\,(x < y)\big) =_{Df} (Un\,\mathfrak{A}_\alpha^2)\,\big((Om\,x, y)\,(\mathfrak{A}_\alpha^2 \ni (\mathfrak{B}_\alpha(x), \mathfrak{B}_\alpha(y)) \\ äq\;\mathfrak{B}\,Erf_\alpha\,x < y)\big).\,{}^{2}$$

(2) ist zulässig; denn es gilt auf Grund von 2.3

$$(Ex!!\,\mathfrak{A}_\alpha^2)\,\big((Om\,x, y)\,(\mathfrak{A}_\alpha^2 \ni (\mathfrak{B}_\alpha(x), \mathfrak{B}_\alpha(y))\;äq\;\mathfrak{B}\,Erf_\alpha\,x < y)\big).\,{}^{3}$$

Es gilt also (§ 6, 8.2), mit Umbenennung von „$\boldsymbol{\lambda} xy\,(x{<}y)$" in „$\boldsymbol{\lambda} z_1 z_2\,(z_1{<}z_2)$",

$$(3) \qquad (Om\,x, y)\,(\mathfrak{B}_\alpha(\boldsymbol{\lambda} z_1 z_2\,(z_1 < z_2)) \ni (\mathfrak{B}_\alpha(x), \mathfrak{B}_\alpha(y))\;äq\;\mathfrak{B}\,Erf_\alpha\,x < y),$$

mithin (§ 5, 11.1) a fortiori

$$(4) \qquad \mathfrak{B}_\alpha\big(\boldsymbol{\lambda} z_1 z_2\,(z_1 < z_2)\big) \ni (\mathfrak{B}_\alpha(x), \mathfrak{B}_\alpha(y))\;äq\;\mathfrak{B}\,Erf_\alpha\,x < y.$$

Liest man „$\mathfrak{B}\,Erf_\alpha\,x{<}y$" als „$\mathfrak{B}$ genügt der Bedingung „$x \underset{\alpha}{<} y$", so kann (2) auch so interpretiert werden, daß das durch $\boldsymbol{\lambda} xy\,(x \underset{\alpha}{<} y)$ mit Hilfe von $\mathfrak{B}_\alpha$ definierte Attribut $\mathfrak{B}_\alpha\big(\boldsymbol{\lambda} xy\,(x \underset{\alpha}{<} y)\big)$ das zweistellige α-Attribut ist, das auf ein geordnetes Paar von α-Individuen genau dann zutrifft, wenn dieses Paar der Bedingung „$x{<}y$" genügt. Hierdurch ist der Anschluß erreicht an die semantischen Definitionen im Sinn von § 6, 2.

2.5. Zwei n-stellige α-Prädikate sollen *bedeutungsgleich* heißen, wenn sie dasselbe α-Attribut definieren. Ein Beispiel für den einstelligen Fall: P_1 sei das zahlentheoretische Prädikat „$\boldsymbol{\lambda} x\,(x$ ist verschieden von 0 und 1, und für jedes z: Wenn z ein Teiler von x, so $z = 1$ oder $z = x)$", P_2 sei das zahlentheoretische Prädikat „$\boldsymbol{\lambda} x\,((x-1)! \equiv x - 1 \bmod x)$". P_1 und P_2 sind *bedeutungsgleich*; denn sie definieren, auf Grund von 2.3, dasselbe zahlentheoretische Attribut, nämlich das Primzahlattribut. Zwei n-stellige α-Prädikate sollen stets dann (aber möglicherweise nicht *nur* dann!) *gleichsinnig* heißen in bezug auf eine vorgegebene Sprache S, wenn sie in S *per definitionem* bedeutungsgleich sind. Es sei P_1 bestimmt wie oben, $P_0 = $ prim. P_1 und P_0 sind gleichsinnig in bezug auf S, wenn P_0 in S als bedeutungsgleich mit P_1 erklärt ist. Die Gleichsinnigkeit von P_0 und P_1 in bezug auf die vorausgesetzte Sprache S ist trivial. Die

---

[1] Bis zur Einführung einer handlicheren Symbolik (§ 54, 3.2) unter der Voraussetzung, daß jedes α-Individuum $\mathfrak{x}$ als $\mathfrak{B}(x)$ einer S-Variablen x vorkommt.

[2] Hierzu § 6, 8.1.

[3] Hierzu § 5, 10.5.

Bedeutungsgleichheit von P_2 und P_1 ist dagegen erst von LEIBNIZ entdeckt worden und dann als Inhalt des Satzes von WILSON eingegangen in die Zahlentheorie. Den als Attributensymbole definierten Prädikaten stehen die durch sie definierten Attribute als die *Designate* dieser Prädikate gegenüber.

Daß bedeutungsgleiche *Aussagen* nach Belieben durch einander ersetzt werden können, ist ein Resultat der Grundlegung der Aussagenlogik[1]. Die Sprache der mathematischen Logik, auf der wir fußen, ist dadurch gekennzeichnet, daß nicht nur bedeutungsgleiche Aussagen, sondern auch bedeutungsgleiche Subjekte und Prädikate in jedem Falle nach Belieben in ihr durch einander ersetzt werden dürfen. Dies ist nicht selbstverständlich; denn auf die Umgangssprache trifft es nicht zu. Wenn jemand weiß, daß $e = \lim\limits_{n \to \infty} \left(1 + \dfrac{1}{n}\right)^n$, so braucht er noch nicht zu wissen, daß $e = \sum\limits_{n=0}^{\infty} \dfrac{1}{n!}$. Und wenn jemand weiß, daß x eine Primzahl ist, so braucht er deshalb noch nicht zu wissen, daß $(x-1)! \equiv x - 1 \bmod x$. Sprachen, in denen solche Ausnahmen nicht vorkommen, heißen *bedeutungsdeterminierte* oder *extensionale Sprachen*[2]. Die Sprache der mathematischen Logik in dem hier angenommenen Sinne ist extensional.

§ 51. Zur Attributentheorie

1. Der in § 50, 2.2; 2.3 definierte Attributenbegriff hat eine doppelte Erweiterung des inhaltlichen Attributenbegriffs zur Folge:

1.1. Für jedes α gibt es zu jedem $n \geq 1$ n-stellige α-Attribute.

1.2. Für jedes α und für jedes n gibt es eine Abbildung aller α-n-tupel auf den Wahrheitswert des Wahren und eine Abbildung aller α-n-tupel auf den Wahrheitswert des Falschen. Die erste liefert das n-stellige *Allattribut*, die zweite das n-stellige *Nullattribut*. Es ist also $\mathfrak{A}_\alpha^n$ das n-stellige Allattribut bzw. Nullattribut über α, je nachdem ob $\left(Om\, \overset{n}{\mathfrak{x}}\right)\left(\mathfrak{A}_\alpha^n\left(\overset{n}{\mathfrak{x}}\right) = W\right)$ oder $\left(Om\, \overset{n}{\mathfrak{x}}\right)\left(\mathfrak{A}_\alpha^n\left(\overset{n}{\mathfrak{x}}\right) = F\right)$.

2. *Anzahltheoreme:*

Man beweist durch Induktion über n

2.1. Die Anzahl der α-n-tupel für k-zahliges α ($k = 1, 2, 3, \ldots$) ist $= k^n$.

---

[1] Vgl. § 11, 6.3.

[2] Extensional mit Bezug auf die Identifizierung von irgend zwei Attributen von derselben Extension und der hierauf beruhenden generellen Ersetzbarkeit der sie definierenden Prädikate durcheinander.

Folglich

2.2. Die Anzahl der n-stelligen α-Attribute für k-zahliges α ist $= 2^{kn}$.

2.3. Die Anzahl der α-Attribute ist (für jedes endliche α) $= \aleph_0$.

Beweis:

(1) Ist i_n die Anzahl der n-stelligen α-Attribute, i die Anzahl aller α-Attribute, so gilt, da n die Folge der natürlichen Zahlen durchläuft,

$$i = i_1 + \cdots + i_n + i_{n+1} + \cdots.$$

Folglich kann i nicht kleiner sein als $\aleph_0$. Es gilt also $i \geqq \aleph_0$.

(2) Es gilt aber auch $i \leqq \aleph_0$; denn für k-zahliges α können die α-Attribute durchnumeriert werden auf die folgende Art:

für $n = 1$: $\mathfrak{A}_1^1, \ldots; \mathfrak{A}_{2^k}^1$,

für $n = 2$: $\mathfrak{A}_{2^k+1}^2, \ldots, \mathfrak{A}_{2^k+2^{k^2}}^2$,

für $n = 3$: $\mathfrak{A}_{(2^k+2^{k^2})+1}^3, \ldots, \mathfrak{A}_{(2^k+2^{k^2})+2^{k^3}}^3$,

usf. Durch diese Abzählung erhält man für jedes k eine höchstens abzählbar unendliche Folge von α-Attributen.

Durch Induktion über n beweist man

2.4. Die Anzahl der α-n-tupel für ein abzählbar unendliches α ist $= \aleph_0^n = \aleph_0$.

Folglich

2.5. Die Anzahl der n-stelligen α-Attribute für ein abzählbar unendliches α ist $= 2^{\aleph_0^n} = 2^{\aleph_0}$, also $> \aleph_0$.

2.6. Die Anzahl der α-Attribute für ein abzählbar unendliches α ist abernals $2^{\aleph_0}$, nämlich

$$= 2^{\aleph_0} + 2^{\aleph_0} + \cdots$$
$$= \aleph_0 \cdot 2^{\aleph_0}$$
$$= 2^{\aleph_0}.$$

§ 52. Der Prädikatenkalkül auf semiotischer Basis

1.1. Die prädikativen Aussagen $a_1 = $„7 ist eine Primzahl", $a_2 = $„1 ist kleiner als 2", $a_3 = $„2 liegt zwischen 1 und 3", $a_4 = $„Der größte gemeinsame Teiler von 8 und 12 ist eine Quadratzahl" sind Beispiele für Konkretisierungen der Subjekte und Prädikate in den prädikativen Aussageformen $A_1 = P_1 x$, $A_2 = P_2 x_1 x_2$, $A_3 = P_3 x_1 x_2 x_3$, $A_4 = P_4 f(x_1, x_2)$ mit den Subjektsvariablen (S-Variablen) x, x_1, x_2, x_3, der zweistelligen

Funktions(symbol)-Variablen (F-Variablen)[1] f und den einstelligen Prädikatenvariablen (P-Variablen) P_1, P_4, der zweistelligen P-Variablen P_2, der dreistelligen P-Variablen P_3. Die Zeichenreihen A_1 bis A_4 sind die den A-Variablen der Aussagenlogik entsprechenden Bausteine einer formalisierten Sprache der Prädikatenlogik: die *P-Atome*. Es kommen hinzu (1) die aussageerzeugenden Funktoren (§10, 6.2), (2) die Quantoren „alle" und „es gibt", symbolisiert durch „$\forall$" und „$\exists$". Hierzu als uneigentliche Symbole noch die Klammern.

1.2.   Aus den P-Atomen erhält man die Gesamtheit der Ausdrucksmöglichkeiten einer formalisierten Sprache der Prädikatenlogik (kürzer: die Gesamtheit der P-Ausdrücke) durch iterierte Anwendung der beiden folgenden Operationen: (1) Erzeugung neuer AFen mit Hilfe der aussageerzeugenden Funktoren, (2) Quantifizierung, d.i. Generalisierung und Partikularisierung der S-Variablen. Beispiele für den Elementarfall: $\forall x\, Px$, $\exists x\, Px$, $\forall x_1 \exists x_2\, Px_1 x_2$, $\exists x_1 \forall x_2\, Px_1 x_2$, $\exists x_1 \forall x_2 \forall x_3 \exists x_4 Px_1 x_2 x_3 x_4$ usf.

1.3.   Die quantifizierten S-Variablen sind nicht mehr Variablen, in die etwas eingesetzt werden kann, also nicht mehr „freie", sondern „gebundene" Variablen, wie in der Mathematik die Summations- oder die Integrationsvariablen. Sie dürfen wie diese „umbenannt" werden.

2.1.   Die Prädikatenlogik verdankt wie die Aussagenlogik ihren Namen einer semiotischen Interpretation ihrer Ausdrucksmöglichkeiten; denn sie spricht von Subjekts- und Prädikatenvariablen, also von Variablen, deren Werte im ersten Falle Subjekte, genauer α-Subjekte (Symbole für α-Individuen), im zweiten Falle Prädikate, genauer α-Prädikate (Symbole für α-Attribute) sind. Die semantische Begründung der Prädikatenlogik in § 54 wird auf diese semiotische Basis abgestimmt sein.

2.2.   In einer nur durch das Hinzukommen von α modifizierten Analogie zu §10, 7.1 heiße ein P-Ausdruck H im semiotischen Sinne *erfüllbar*, *unerfüllbar* in α, *α-gültig* oder *identisch in α*, je nachdem, ob er für α durch wenigstens eine, durch keine oder durch jede Einsetzung verifiziert wird[2]. Er heiße *erfüllbar*, wenn er für wenigstens ein α, *unerfüllbar*, wenn er für kein α erfüllbar ist, *allgemeingültig* oder *identisch*, wenn er für jedes α α-gültig ist, *neutral*, wenn er weder identisch noch unerfüllbar ist. Daß H P-identisch ist, werde symbolisiert durch „id_P H".

---

[1] Auf die in § 53 noch hinzukommenden S-Konstanten soll hier nicht eingegangen werden.

[2] Man beachte, daß die Abschließung der Prädikate in § 50, 2.1 mit den dort angegebenen wesentlichen Zusätzen beiläufig eine streng korrekte Einsetzung eines n-stelligen α-Prädikates in eine n-stellige P-Variable ermöglicht.

2.3. Die *Menge der semiotisch bestimmten P-Sätze* soll mit der Menge idt_P der semiotisch bestimmten P-Identitäten zusammenfallen.

2.4. Die vorstehend charakterisierte Prädikatenlogik ist einerseits durch die in 1.4 angezeigten Quantifizierungsmöglichkeiten so wesentlich bestimmt, daß sie aufgefaßt werden kann als eine Theorie der allgemeingültigen P-Ausdrücke in bezug auf „alle" und „es gibt". Andererseits sind zur Quantifizierung nur die S-Variablen zugelassen. Aus diesem Grunde spricht man von einer *Prädikatenlogik der ersten Stufe.*

§ 53. Die genauen Ausdrucksbestimmungen des Prädikatenkalküls mit Funktionalen (PFK)

1. *Die prädikatenlogischen Symbole (P-Symbole).*

1.1. *Die Subjektsvariablen (S-Variablen):* x_i $(i = 0, 1, 2, \ldots)$, unbestimmt angedeutet durch x, y, z, u, v, nach Bedarf mit Unterscheidungszeichen.

1.2. *Die Subjektskonstanten (S-Konstanten):* c_i $(i = 0, 1, 2, \ldots)$, unbestimmt angedeutet durch c, nach Bedarf mit Unterscheidungszeichen. S-Variablen und S-Konstanten zusammengefaßt als *S-Symbole,* unbestimmt angedeutet durch s, nach Bedarf mit Unterscheidungszeichen.

1.3. *Die Funktionsvariablen (F-Variablen):* f_m^n $(n = 1, 2, 3, \ldots; m = 0, 1, 2, \ldots)$ mit der *Stellenzahl* n und der *Unterscheidungszahl* m, unbestimmt angedeutet durch f, g, h, nach Bedarf mit oberen oder unteren Indizes.

1.4. *Die Prädikatenvariablen (P-Variablen):* P_m^n $(n = 1, 2, 3, \ldots; m = 0, 1, 2, \ldots)$ mit der *Stellenzahl* n und der *Unterscheidungszahl* m, unbestimmt angedeutet durch P, nach Bedarf mit oberen oder unteren Indizes[1].

1.5. *Die A-Konstanten:* $\sim$, $\vee$, $\wedge$, $\rightarrow$, $\leftrightarrow$.

1.6. *Die Quantoren:* $\forall$, $\exists$[2], unbestimmt angedeutet durch Q.

Hierzu als uneigentliche P-Symbole

1.7. *Die Klammern:* $(,)$.

1.8. Die P-Symbole 1.1 bis 1.5 unbestimmt angedeutet durch σ, nach Bedarf mit Unterscheidungszeichen.

---

[1] Die meisten Autoren lassen noch die A-Variablen zu. Wir brauchen sie nicht; denn wir werden fortan nur noch die Strukturen der zur Diskussion stehenden Ausdrücke angeben. Dafür kommen als wesentlich neue Elemente die F-Variablen hinzu.

[2] $\forall$ für „Für jedes", $\exists$ für „Es gibt (wenigstens) ein ..., so daß"; aber dies ergibt sich erst aus der Semantik. Vgl. § 54, 3.3.1, 3.3.2.

Anm.: Man beachte, daß verschiedene unbestimmt andeutende Kursivbuchstaben dasselbe P-Symbol andeuten können. Sie sollen jedoch, wenn nichts anderes bemerkt ist, verschiedene P-Symbole andeuten.

2. *Die P-Reihen:* die linearen Aneinanderreihungen von n P-Symbolen ($n = 1, 2, 3, \ldots$), unbestimmt angedeutet durch Z, nach Bedarf mit Unterscheidungszeichen. $Z_1 = Z_2$ wie in § 10, 2.4.

2.1. *Die Menge der F-Terme:* die kleinste Menge[1], die

(1)   die S-Symbole enthält,

(2)   abgeschlossen ist in bezug auf den Übergang von dem F-Term-n-tupel Z zu $f^n(Z)$. $f^n(Z)$ heißt ein *n-stelliges Funktional.*

F-Terme unbestimmt angedeutet durch t, nach Bedarf mit Unterscheidungszeichen. $f^n\!\left(\overset{n}{t}\right)$ für $f^n(t_1, \ldots, t_n)$. Die Glieder von $\overset{n}{t}$ heißen die *Argumentsymbole* von f^n.

2.2. *Die P-Atome:* die P-Reihen vom Typus $P^n t_1 \ldots t_n$. $P^n \overset{n}{t}$ für $P^n t_1 \ldots t_n$.[2] Die Glieder von $\overset{n}{t}$ heißen die *Argumentsymbole* von P^n. Sie können im Grenzfall denselben Term andeuten.

2.3. „x kommt in Z *gebunden* vor" genau dann, wenn Qx, also (1.6) $\forall x$ oder $\exists x$ in Z. In $\forall x P f(x)$ kommt x gebunden vor.

2.4. „x kommt in Z *vollfrei* vor" genau dann, wenn x in Z, aber nicht gebunden. In $P f(x)$ kommt x vollfrei vor.

2.5. Es gelten die elementaren Theoreme:

2.5.1. Wenn x in Z, so x vollfrei in Z genau dann, wenn x nicht gebunden in Z.

2.5.2. In einem P-Atom kommt jede vorkommende S-Variable vollfrei vor.

3. *Die Menge der P-Ausdrücke:* die kleinste Menge, die

(1)   die P-Atome enthält,

(2)   abgeschlossen ist in bezug auf die A-Konstanten (§ 10, 3),

(3)   abgeschlossen ist in bezug auf die Quantoren $\forall$, $\exists$, in dem Sinne, daß, wenn Z ein P-Ausdruck, x vollfrei in Z[3], auch $\forall x Z$ und $\exists x Z$ P-Ausdrücke sind. Ist $Z = Q x Z_0$, so heiße Z_0 die *Matrix* von $Q x$.

P-Ausdrücke unbestimmt angedeutet durch H und Θ, nach Bedarf mit Unterscheidungszeichen. Daß wenigstens $x_1, \ldots, x_n$ in irgendeiner Folge in H *vollfrei* vorkommen, wird angedeutet durch $H\!\left(\overset{n}{x}\right)$. In diesem einen Falle wird also *nicht*

---

[1] Siehe Fußnote 1, S. 44.

[2] Die doppelte Verwendung von $\overset{n}{t}$ für $(t_1, \ldots, t_n)$ in 2.1 und $t_1 \ldots t_n$ in 2.2 ist so geregelt, daß Zweideutigkeiten nicht entstehen können.

[3] Viele Autoren verzichten auf diese zusätzliche Forderung. Dieser Verzicht zieht gewisse technische Vorteile nach sich; er kompliziert jedoch die für den folgenden Aufbau grundlegende Semantik.

verlangt, daß die Folge der Glieder von $\overset{n}{x}$ eindeutig bestimmt ist, wie für $P^n\overset{n}{x}$ und in allen übrigen Fällen, sondern $H\left(\overset{n}{x}\right)$ soll nur eine Abkürzung sein für $H(x_1, \ldots, x_n)$ ohne Bezug auf die Reihenfolge und mit Zulassung von beliebig vielen Parametern.

3.1. *Klammer-Ersparungen* wie im AK (§ 10, 4).

3.2. Ist Q durch $\forall$ realisiert, so soll Q^{-1} durch $\exists$ realisiert sein; und umgekehrt. Wir schreiben

$$Q\,xz \text{ für } Q\,x\,Q\,z, \qquad Q\overset{n}{x} \text{ für } Q x_1 \ldots Q x_n$$

mit den Q-*Variablen* $x_1, \ldots, x_n$. Zur Unterscheidung von Q heiße Qx ein *Quantifikator*. $Q\overset{n}{x}$ vertritt also die Quantifikatoren $Qx_1 \ldots Qx_n$. Zwei Quantoren heißen *gleichnamig*, wenn sie wie in dem *Generalisator* $\forall x$ und dem *Partikularisator* $\exists x$ mit derselben Q-Variablen verbunden sind.

3.3. Durch den Übergang von $H\left(\overset{n}{x}\right)$ zu $\forall \overset{n}{x} H\left(\overset{n}{x}\right)$ werden die Glieder von $\overset{n}{x}$ *generalisiert*, durch den Übergang zu $\exists \overset{n}{x} H\left(\overset{n}{x}\right)$ *partikularisiert*, durch den Übergang zu $Q\overset{n}{x} H\left(\overset{n}{x}\right)$ *quantifiziert*, wobei für die Glieder von $\overset{n}{x}$ Q beliebig mit Q^{-1} wechseln kann.

3.4. Im PFK sind die S-Variablen die einzigen Symbole, die quantifiziert werden können. Wegen ihrer *Nicht-Quantifizierbarkeit* sollen die übrigen P-Symbole die *trägen P-Symbole* heißen.

3.5. Durch $H\left(\overset{n}{x}/\overset{n}{t}\right)$ soll der P-Ausdruck angezeigt sein, der aus $H\left(\overset{n}{x}\right)$ durch eine *Einsetzung* der Glieder von $\overset{n}{t}$ in die entsprechenden Glieder von $\overset{n}{x}$ hervorgeht. In allen unbedenklichen Fällen wird der Übergang von $H\left(\overset{n}{x}\right)$ zu $H\left(\overset{n}{x}/\overset{n}{t}\right)$ durch den Übergang von $H\left(\overset{n}{x}\right)$ zu $H\left(\overset{n}{t}\right)$ ersetzt.

3.6. Ein P-Ausdruck heißt *n-stellig*, wenn in ihm wenigstens ein P^n vorkommt und kein P^{n+1}.

4. *Vollgebundene und freie S-Variablen.*

4.1. Z sei ein mit allen durch 3. angeforderten Klammern versehener P-Ausdruck, QxZ ein Teilausdruck von H (§ 10, 3.1). Dann heißt QxZ ein *Wirkungsbereich von Qx in H*. In $H = \forall x (P_1 x \to P_2 x)$ fällt der Wirkungsbereich von $\forall x$ in H mit H zusammen, in $H = \forall x P_1 x \to P_2 x$ mit $\forall x P_1 x$; denn $P_1 x \to P_2 x$ ist kein P-Ausdruck im Sinn von 3., sondern erst $(P_1 x \to P_2 x)$, wegen der Klammern um $H_1 \to H_2$ in § 10, 3. In

$$H = \forall x (P_1 x \to P_2 x) \cdot \to \cdot \forall x P_1 x \to \forall x P_2 x \ ^{[1]}$$

sind $\forall x (P_1 x \to P_2 x)$, $\forall x P_1 x$, $\forall x P_2 x$ die Wirkungsbereiche von $\forall x$ in H.

4.2. $\Pi\left(\overset{n}{\Pi}\right)$ sei eine aus einer (n-gliedrigen) Quantifikatorenfolge bestehende P-Reihe, $\Theta = \Pi H$ bzw. $\overset{n}{\Pi} H\left(\overset{n}{x}\right)$. Dann heiße $\Pi\left(\overset{n}{\Pi}\right)$ das *Präfix* von Θ. In

$$\Theta = \forall xz \left(\exists y \left((Px \to Py) \wedge (Py \to Pz)\right) \to (Px \to Pz)\right)$$

---

[1] Für H kann von den Klammer-Ersparungen Gebrauch gemacht werden; denn diese sind nur für die Definition der Wirkungsbereiche suspendiert worden.

ist $\forall xz$ das Präfix von Θ, $\exists y$ das Präfix von $\exists y((Px \to Py) \wedge (Py \to Pz))$. Dagegen hat

$$\Theta = \forall x\, Px \to \exists z\, Pz$$

überhaupt kein Präfix. $\forall x$ ist das Präfix von $\forall x\, Px$, $\exists z$ das Präfix von $\exists z\, Pz$.

4.3. „x kommt in H *vollgebunden* vor" genau dann, wenn x in H und wenn x an jeder Stelle, an welcher x in H vorkommt, in einem Wirkungsbereich von Qx in H liegt. In

$$\forall x\, (P_1 x \to P_2 x)\, . \to .\; \forall x\, P_1 x \to \forall x\, P_2 x$$

kommt x vollgebunden vor. Ebenso in $\forall x\, Px \to \exists x\, Px$.

4.4. „x kommt in H *frei* vor" ($x\, Fr\, H$) genau dann, wenn x in H, aber nicht vollgebunden. In $H = \forall x\, Px \to Px$ kommt x (an der letzten Stelle von H) frei vor. Ebenso (an der zweiten Stelle von Θ) in $\Theta = Px \to \exists x\, Px$.

Es gelten die folgenden elementaren Theoreme[1]:

4.5.1. Wenn x in H, so x frei in H genau dann, wenn x nicht vollgebunden in H.

4.5.2. Wenn x in H, so x vollgebunden in H genau dann, wenn x nicht frei in H.

4.5.3. Wenn x vollgebunden in H, so x gebunden in H; aber nicht umgekehrt. In $\forall x\, Px \to Px$ kommt x gebunden vor, aber nicht vollgebunden.

4.5.4. Wenn x vollfrei in H, so x frei in H; aber nicht umgekehrt. In $\forall x\, Px \to Px$ kommt x frei vor, aber nicht vollfrei.

4.6. H heißt *abgeschlossen* (*abg* H), wenn jede S-Variable in H vollgebunden in H vorkommt. H heißt *offen*, wenn jede S-Variable in H vollfrei in H vorkommt.

5. *Konfusionen und Kollisionen.*

5.1. *Konfusionen von freien und gebundenen S-Variablen* werden dadurch erzeugt, daß eine freie S-Variable in H durch Umbenennung gebunden wird, wie beim Übergang von $\exists z\, \Theta(z, x)$ zu $\exists z\, \Theta(z, z)$ oder durch Umbenennung einer gebundenen Variablen selbst gebunden wird, wie beim Übergang von $\exists z\, \Theta(z, x)$ zu $\exists x\, \Theta(x, x)$. Das generelle Verbot solcher Umbenennungen heiße das *Konfusionsverbot*.

5.2. *Kollisionen von gebundenen S-Variablen*[2] werden dadurch erzeugt, daß ein Quantor im Wirkungsbereich eines gleichnamigen Quantors liegt wie in $\forall x\, \exists x\, H\, (x, x)$, oder in $\forall x\, \forall x\, H\, (x, x)$. Dies ist ausgeschlossen durch 3, (3)[3]. Das hieraus ableitbare Verbot heiße das *Kollisionsverbot*.

Anm.: Während das Kollisionsverbot nur eine Art von kalligraphischem Verbot ist, ist das Konfusionsverbot bedingt durch die zur Abwehr von unzulässigen Behauptungen erforderliche strenge Unterscheidung von freien und gebundenen S-Variablen. Eine Operation, deren Ausführung nur zugelassen sein soll mit Beachtung des Konfusions- und des Kollisionsverbotes heiße fortan eine *zulässige* Operation. Eine zulässige Ersetzung wird symbolisiert durch „$x\,|\,t$".

6. Die Mengen der P-Symbole, P-Reihen und P-Ausdrücke sind abzählbar unendlich.

---

[1] Vgl. 2.5.1f.

[2] Bezeichnung von P. BERNAYS. Vgl. HILBERT-BERNAYS [1] I, S. 384.

[3] Aber nicht für die abweichenden Systeme in Fußnote 3, S. 134.

B) Semantik

I. Allgemeine Semantik

I 1. Grundlegung

§ 54. Die semantisch definierten P-Sätze

1. Übergang von den semiotisch bestimmten zu den semantisch definierten P-Identitäten.

1.1. *Erster Hauptschritt:* Übergang von den semiotischen zu den ontischen oder semantischen Wertbereichen der P-Symbole σ (§ 53, 1.8). α sei ein (nicht-leerer) Bereich. Dann soll sein der Wertbereich der S-Symbole der Bereich der α-Individuen, wobei die S-Konstanten (wenn überhaupt auf sie Bezug genommen wird, wie in § 63) nicht mit beliebigen, sondern mit jeweils fest vorgegebenen α-Individuen belegt werden sollen. Der Wertbereich der n-stelligen F-Symbole soll sein der Bereich der n-stelligen „mathematischen Funktionen" über α (also der Bereich der Abbildungen der α-n-tupel in α), der Wertbereich der n-stelligen P-Variablen der Bereich der n-stelligen α-Attribute. $\mathfrak{B}_\alpha$ sei eine Abbildung der P-Symbole σ, die dies leistet. Dann soll $\mathfrak{B}_\alpha$ eine *semantische P-Belegung über* α heißen, $\mathfrak{B}_\alpha(\sigma)$ das $\mathfrak{B}_\alpha$-*Designat* von σ. Es soll also gelten (mit Bezug auf § 6, 4.2)

(1) $\quad \mathfrak{B}_\alpha(s) \in \alpha$,

(2) $\quad \mathfrak{B}_\alpha(f^n) \in \alpha^{\alpha^n}$ (α^n die Menge der α-n-tupel),

(3) $\quad \mathfrak{B}_\alpha(P^n) \in \{W, F\}^{\alpha^n}$.

1.1.1. In manchen Fällen ist es vorteilhaft, die durch 1.2 vervollständigte Belegung auf die in H vorkommenden Variablen zu beschränken. In diesen Fällen sprechen wir von einer *Belegung von* H.

1.2. *Ein Hilfsschritt.* Mit Hilfe von $\mathfrak{B}_\alpha$ definieren wir induktiv $\mathfrak{B}_\alpha^\times$. Es soll gelten

(1) $\quad \mathfrak{B}_\alpha^\times(s) =_{Df} \mathfrak{B}_\alpha(s)$,

(2) $\quad \mathfrak{B}_\alpha^\times\left(f^n\binom{n}{t}\right) =_{Df} \mathfrak{B}_\alpha(f^n)\left(\mathfrak{B}_\alpha^\times\binom{n}{t}\right)$,

unter der Voraussetzung, daß $\mathfrak{B}_\alpha^\times\binom{n}{t}$, mit $\mathfrak{B}_\alpha^\times\binom{n}{t}$ für $(\mathfrak{B}_\alpha^\times(t_1), \ldots, \mathfrak{B}_\alpha^\times(t_n))$, schon definiert ist.

Hierdurch ist $\mathfrak{B}_\alpha^\times$ definiert als eine *Belegung der Funktionale* und damit zugleich *der Terme über* α. Wo es nichts ausmacht, schreiben wir $\mathfrak{B}_\alpha\binom{n}{t}$ für $\mathfrak{B}_\alpha^\times\binom{n}{t}$. Entsprechend $\mathfrak{B}_\alpha\left(f^n\binom{n}{t}\right)$ für $\mathfrak{B}_\alpha^\times\left(f^n\binom{n}{t}\right)$.

1.3. *Zweiter Hauptschritt:* In Analogie zu $\mathfrak{B}_A^*$ (§ 11, 4) wird mit Hilfe von $\mathfrak{B}_\alpha^\times$ induktiv definiert $\mathfrak{B}_\alpha^*$. $\mathfrak{B}_\alpha^*$ wird eine *Bewertung aller P-Ausdrücke* sein, $\mathfrak{B}_\alpha^*(H)$ der durch $\mathfrak{B}_\alpha$ (unter Mitwirkung von $\mathfrak{B}_\alpha^\times$) definierte *Wahrheitswert von* H.

Grundlegend sind die durch $\mathfrak{B}_\alpha$ definierten Wahrheitsbedingungen (a) für die P-Atome, (b) für die P-Ausdrücke vom Typus $Q x\, H(x)$. Sie sollen aus diesem Grunde die *fundierenden* P-Ausdrücke heißen. Die Wahrheitsbedingung für die P-Atome wird mit einer maximalen Annäherung an den Aristotelischen Wahrheitsbegriff die individuelle Bestimmtheit erreichen, auf die im AK mit Bezug auf die Normierung der aussageerzeugenden Funktoren und ihrer semantischen Korrelate hat verzichtet werden können. Vgl. 2.3. Die Wahrheitsbedingungen für die aus den P-Ausdrücken (a) und (b) mit Hilfe der *A-Konstanten* erzeugbaren und in diesem Sinne *fundierten* P-Ausdrücke werden mit den Bewertungstafeln des AK für *Non, Et, Vel, Seq, Äq* (§ 11, 2) und den aus ihnen gewonnenen Bewertungstheoremen für $\mathfrak{B}_\alpha$ übernommen (§ 11, 4; 5; 7; § 12). Durch die Festlegung der Wahrheitsbedingungen sind auch die P-Ausdrücke, die ebenso wie die A-Ausdrücke zunächst als bedeutungslose Zeichenreihen eingeführt sind, interpretiert, und über diesen gemeinsamen Charakter hinaus in einem wesentlich individuelleren Sinne.

1.4. *Dritter Hauptschritt:* Es wird gesagt, wann H als *α-identisch* schließlich als *P-identisch* gelten soll.

2. Die Wahrheitsbedingungen der P-Atome.

$\mathfrak{x}, \mathfrak{y}, \mathfrak{z}$, nach Bedarf mit Unterscheidungszeichen, seien α-Individuen, $\overset{n}{\mathfrak{x}} = (\mathfrak{x}_1, \ldots, \mathfrak{x}_n)$ ein n-tupel von α-Individuen, $\overset{n}{t} = (t_1, \ldots, t_n)$ ein n-tupel von F-Termen, $\mathfrak{A}^n_\alpha$ ein n-stelliges α-Attribut, φ^n_α eine n-stellige Funktion über α. Mit

$$\mathfrak{B}_\alpha(P^n) =_{Df} \mathfrak{A}^n_\alpha, \qquad \mathfrak{B}_\alpha(f^n) =_{Df} \varphi^n_\alpha, \qquad \mathfrak{B}_\alpha\left(\overset{n}{t}\right) =_{Df} \overset{n}{\mathfrak{x}}_\alpha$$

soll der durch $\mathfrak{B}_\alpha$ für $P^n \overset{n}{t}$ mit $\overset{n}{t}$ für $t_1 \ldots t_n$ (§ 53, 2.2) definierte Wahrheitswert $\mathfrak{B}^*\left(P^n \overset{n}{t}\right)$ bestimmt sein durch

2.1. $\quad \mathfrak{B}^*_\alpha\left(P^n \overset{n}{t}\right) =_{Df} \mathfrak{B}_\alpha(P^n)\left(\mathfrak{B}_\alpha\left(\overset{n}{t}\right)\right),$

so daß

2.2. $\quad \mathfrak{B}^*_\alpha\left(P^n \overset{n}{t}\right) = W \ \ddot{a}q \ \mathfrak{B}_\alpha(P^n)\left(\mathfrak{B}_\alpha\left(\overset{n}{t}\right)\right) = W$

$\qquad \ddot{a}q \ \mathfrak{B}_\alpha(P^n) \ni \mathfrak{B}_\alpha\left(\overset{n}{t}\right).$ $\hfill$ § 50, 2.2.

2.3. *Der Aristotelische Charakter der P-atomaren Wahrheitsbedingung.*

Es sei

$$< \overline{0}\, S\, (\overline{0})$$

eine in einer Formalisierung der Theorie der natürlichen Zahlen als Ausdruck erklärte, an sich aber bedeutungslose Zeichenreihe Z. Z erhält eine Bedeutung durch $\mathfrak{B}(<) =_{Df} Kl$ (das Attribut, das auf zwei natürliche Zahlen zutrifft genau dann, wenn die erste kleiner ist als die zweite), $\mathfrak{B}(\overline{0}) =_{Df} 0$, $\mathfrak{B}(S) =_{Df}$ die Nachfolgerfunktion (so daß z. B. $\mathfrak{B}(S(\overline{0})) = 1$). Dann gilt:

$$\mathfrak{B}^*(Z) = W \ \ddot{a}q \ Kl \ni (0, 1),$$

also genau dann, wenn Kl zutrifft auf $(0, 1)$ oder kürzer: wenn 0 kleiner ist als 1. „$\mathfrak{B}^*(Z) = W$" ist offenbar gleichwertig mit „Z ist wahr in bezug auf $\mathfrak{B}$". Dann steht links von $\ddot{a}q$ eine metasprachliche Aussage über eine Zeichenreihe, rechts von $\ddot{a}q$ die metasprachliche Aussage, in der die Wahrheitsbedingung für Z in bezug auf $\mathfrak{B}$ formuliert ist. Dies ist der *Aristotelische Wahrheitsbegriff*[1] in der durch die grundlegende Unterscheidung von Objektsprache und Metasprache bestimmten Reproduktion von A. Tarski [1]. Es ist der einzige bis jetzt bekannte und zugleich mit mathematischer Genauigkeit definierte Wahrheitsbegriff, der in keinem Falle versagt und nicht an den Widersprüchen scheitert, die unvermeidlich sind, wenn man mit einer einzigen Sprache auszukommen sucht[2], im vorliegenden Fall etwa so, daß man sagt: „Die Aussage, die besagt, daß Null kleiner ist als 1, ist wahr genau dann, wenn Null kleiner ist als 1".

3. Die Wahrheitsbedingungen für die P-Ausdrücke vom Typus $Qx\,H(x)$.

3.1. Durch „$\mathfrak{B}' \underset{\sigma_0}{=} \mathfrak{B}$" soll angedeutet sein, daß $\mathfrak{B}'$ mit $\mathfrak{B}$ bis auf höchstens σ_0 übereinstimmt, so daß $\mathfrak{B}'(\sigma) = \mathfrak{B}(\sigma)$ für jedes von σ_0 verschiedene σ. Nun gibt es insbesondere für $\sigma_0 = s$[3] zu jedem $\mathfrak{B}, s, \mathfrak{x}$ genau ein $\mathfrak{B}'$, so daß $\mathfrak{B}' \underset{s}{=} \mathfrak{B}$ *et* $\mathfrak{B}'(s) = \mathfrak{x}$. Symbolisch:

$$(Om\ \mathfrak{B}, s, \mathfrak{x})\ (Ex!!\ \mathfrak{B}')\ \big(\mathfrak{B}' \underset{s}{=} \mathfrak{B}\ et\ \mathfrak{B}'(s) = \mathfrak{x}\big). \qquad \text{Vgl. § 5, 10.6.}$$

Es ist also sinnvoll (§ 6, 8.1), $\binom{s}{\mathfrak{x}}\mathfrak{B}$ einzuführen als die genau eine Belegung, die sich von $\mathfrak{B}$ höchstens durch die Umbelegung von s mit $\mathfrak{x}$ unterscheidet. Symbolisch:

3.2. $\quad \binom{s}{\mathfrak{x}}\mathfrak{B} =_{Df} (Un\ \mathfrak{B}')\ \big(\mathfrak{B}' \underset{s}{=} \mathfrak{B}\ et\ \mathfrak{B}'(s) = \mathfrak{x}\big).$

Es gilt dann mit § 6, 8.2

3.2.1. $\quad \binom{s}{\mathfrak{x}}\mathfrak{B} \underset{s}{=} \mathfrak{B}.$

3.2.2. $\quad \binom{s}{\mathfrak{x}}\mathfrak{B}(s) = \mathfrak{x}.$

3.2.3. $\quad \binom{s}{\mathfrak{B}(s)}\mathfrak{B} = \mathfrak{B}.$

3.3. Mit Hilfe von $\binom{x}{\mathfrak{x}}\mathfrak{B}$ lassen sich, mit $\binom{x}{\mathfrak{x}}\mathfrak{B}*$ für $\left(\binom{x}{\mathfrak{x}}\mathfrak{B}\right)^{*}$, die durch $\mathfrak{B}_\alpha$ definierten Wahrheitswerte $\mathfrak{B}_\alpha^{*}\,(\forall x\,H(x))$ und $\mathfrak{B}_\alpha^{*}\,(\exists x\,H(x))$ bestimmen durch

3.3.1. $\quad \mathfrak{B}_\alpha^{*}\,(\forall x\,H(x)) = W\ \ddot{a}q_{Df}\ (Om_\alpha\,\mathfrak{x})\left(\binom{x}{\mathfrak{x}}\mathfrak{B}*\,(H(x)) = W\right),$

mit „$(Om_\alpha\,\mathfrak{x})\ldots$" für „$(Om\ \mathfrak{x})\ (\mathfrak{x} \in \alpha\ seq\ \ldots)$".

In Worten: „Der durch $\mathfrak{B}_\alpha$ definierte Wahrheitswert von $\forall x\,H(x)$ ist das Wahre genau dann, wenn für jedes α-Individuum $\mathfrak{x}$ der durch $\binom{x}{\mathfrak{x}}\mathfrak{B}$ definierte Wahrheitswert von $H(x)$ das Wahre ist.

---

[1] „Eine Aussage ist wahr genau dann, wenn sie das Seiende als seiend, das Nichtseiende als nichtseiend darstellt" (Met. $\varGamma$, S. 1011 b 26 f.).

[2] Vgl. Hermes-Scholz [1] Nr. 14, 4.2.

[3] Durch s sollten die S-Symbole angedeutet sein (§ 53, 1.2), also mit den S-Variablen auch die S-Konstanten.

3.3.2. $\mathfrak{B}_\alpha^* \left(\exists x\, \mathsf{H}(x) \right) = W\ \ddot{a}q_{Df}\ (E x_\alpha \mathfrak{x}) \left(\binom{x}{\mathfrak{x}} \mathfrak{B}_\alpha^* \left(\mathsf{H}(x) \right) = W \right),$

mit „$(E x_\alpha \mathfrak{x}) \ldots$" für „$(E x\, \mathfrak{x}) (\mathfrak{x} \in \alpha\ et \ldots)$".

In Worten: Der durch $\mathfrak{B}$ definierte Wahrheitswert von $\exists x\, \mathsf{H}(x)$ ist das Wahre genau dann, wenn es wenigstens ein α-Individuum $\mathfrak{x}$ gibt, so daß der durch $\binom{x}{\mathfrak{x}} \mathfrak{B}$ definierte Wahrheitswert von $\mathsf{H}(x)$ das Wahre ist.

Aus 3.3.1 und 3.3.2 ergibt sich die Berechtigung, $\forall$ als das Symbol für „Für jedes", $\exists$ als das Symbol für „Es gibt (wenigstens) ein $\ldots$, so daß" zu interpretieren. Man kann zeigen, worauf hier verzichtet werden soll, weil es inhaltlich einleuchtend ist:

*3.3.3. $\mathfrak{B}_\alpha^* \left(\forall x\, \mathsf{H}(x) \right) = W\ \ddot{a}q\ (Om\ \overline{\mathfrak{B}}_\alpha) \left(\overline{\mathfrak{B}}_\alpha \underset{x}{=} \mathfrak{B}_\alpha\ seq\ \overline{\mathfrak{B}}_\alpha^* \left(\mathsf{H}(x) \right) = W \right).$

Aus 3.3.3 ergibt sich auf eine unmittelbar anschauliche Art, daß die Bewertung von $\forall x\, \mathsf{H}(x)$ unabhängig ist von der Belegung der gebundenen Variablen x. Diese Bewertung ist invariant gegenüber dem Übergang von einer fest vorgegebenen Belegung $\mathfrak{B}$ von $\mathsf{H}(x)$[1] zu einer Belegung $\overline{\mathfrak{B}}$, wenn diese sich von $\mathfrak{B}$ nur durch die Belegung der in $\forall x\, \mathsf{H}(x)$ gebunden vorkommenden Variablen x unterscheidet.

*3.3.4. $\mathfrak{B}_\alpha^* \left(\exists x\, \mathsf{H}(x) \right) = W\ \ddot{a}q\ (Ex\ \overline{\mathfrak{B}}_\alpha) \left(\overline{\mathfrak{B}}_\alpha \underset{x}{=} \mathfrak{B}_\alpha\ et\ \overline{\mathfrak{B}}_\alpha^* \left(\mathsf{H}(x) \right) = W \right).$

Aus 3.3.4 ergibt sich auf eine ebenso anschauliche Art, daß auch die Bewertung von $\exists x\, \mathsf{H}(x)$ unabhängig ist von der Belegung $\mathfrak{B}$ der gebundenen Variablen x. Ein Beispiel: Es sei $\mathfrak{B}(P)$ das Primzahlattribut, $\mathfrak{B}(x) = 4$. Dann ist zwar $\mathfrak{B}^*(Px) = F$, aber $\mathfrak{B}^* \left(\exists x\, \mathsf{H}(x) \right) = W$; denn für $\overline{\mathfrak{B}}(P) = \mathfrak{B}(P)$, $\overline{\mathfrak{B}}(x) = 3$ ist $\overline{\mathfrak{B}}^*(Px) = W$, und $\overline{\mathfrak{B}}$ unterscheidet sich von $\mathfrak{B}$ nur durch die Belegung von x.

Die vorstehenden Resultate sind das semantische Gegenstück zu dem semiotischen Sperrverbot für Einsetzungen in gebundene Variablen. Diesem Sperrverbot steht im semantischen Fall das Prinzip gegenüber, daß alle Belegungen eines P-Ausdrucks, die sich von einer fest vorgegebenen (3.3.3) oder einer ausgezeichneten (3.3.4) Belegung dieses Ausdrucks nur durch die Belegung der in ihm gebunden vorkommenden S-Variablen x unterscheiden, mit der vorgegebenen oder ausgezeichneten Belegung gleichberechtigt sind. Vgl. § 55.

Aus 3.3.1 bis 3.3.4 ergibt sich ferner durch gliedweise metasprachliche Verneinung, wegen $\Delta \neq W\ \ddot{a}q\ \Delta = F$,

*3.3.5. $\mathfrak{B}_\alpha^* \left(\forall x\, \mathsf{H}(x) \right) = F\ \ddot{a}q\ (E x_\alpha \mathfrak{x}) \left(\binom{x}{\mathfrak{x}} \mathfrak{B}^* \left(\mathsf{H}(x) \right) = F \right)$

$\ddot{a}q\ (Ex\ \overline{\mathfrak{B}}_\alpha) \left(\overline{\mathfrak{B}}_\alpha \underset{x}{=} \mathfrak{B}_\alpha\ et\ \overline{\mathfrak{B}}_\alpha^* \left(\mathsf{H}(x) \right) = F \right).$

In Worten: „Eine Allheitsaussage wird durch ein einziges Gegenbeispiel widerlegt."

---

[1] Im Sinn von 1.1.1.

*3.3.6. $\mathfrak{B}_\alpha^* (\exists x\, \mathsf{H}(x)) = F$ äq $(Om_\alpha\, \mathfrak{x}) \left(\binom{x}{\mathfrak{x}} \mathfrak{B}^* (\mathsf{H}(x)) = F \right)$

$$\text{äq } (Om\, \overline{\mathfrak{B}}_\alpha) \left(\overline{\mathfrak{B}}_\alpha \underset{x}{=} \mathfrak{B}_\alpha \text{ seq } \overline{\mathfrak{B}}_\alpha^* (\mathsf{H}(x)) = F \right).$$

In Worten: „Eine Existenzaussage wird widerlegt durch das Scheitern jedes
möglichen (denkbaren) Versuchs, sie durch ein Beispiel zu erhärten."

3.4.   Führt man die mengentheoretischen Funktoren $\boldsymbol{g}$ und $\boldsymbol{p}$ ein —
$\boldsymbol{g}$ der Generalisierungs-, $\boldsymbol{p}$ der Partikularisierungsfunktor —, mit

3.4.1. $\boldsymbol{g}\left(\{W\}\right) =_{Df} W,\ \boldsymbol{g}\left(\{F\}\right) = \boldsymbol{g}\left(\{W, F\}\right) =_{Df} F,$

3.4.2. $\boldsymbol{p}\left(\{W\}\right) = \boldsymbol{p}\left(\{W, F\}\right) =_{Df} W,\ \boldsymbol{p}\left(\{F\}\right) =_{Df} F,$

so kann man $\mathfrak{B}_\alpha^* (\forall x\, \mathsf{H}(x))$ und $\mathfrak{B}_\alpha^* (\exists x\, \mathsf{H}(x))$ bestimmen durch die folgenden Definitionen:

*3.4.3. $\mathfrak{B}_\alpha^* (\forall x\, \mathsf{H}(x)) =_{Df} \boldsymbol{g}(\gamma),$

$$\text{mit } \gamma = (Cl\, \varDelta)\, (Ex_\alpha\, \mathfrak{x}) \left(\binom{x}{\mathfrak{x}} \mathfrak{B}^* (\mathsf{H}(x)) = \varDelta \right).$$

$(Cl\, \varDelta)\, (Ex_\alpha\, \mathfrak{x}) \left(\binom{x}{\mathfrak{x}} \mathfrak{B}^* (\mathsf{H}(x)) = \varDelta \right)$ ist die Klasse der $\varDelta$, so daß für

wenigstens ein $\mathfrak{x} \in \alpha$ der durch $\binom{x}{\mathfrak{x}} \mathfrak{B}$ definierte Wahrheitswert von $\mathsf{H}(x)$

$= \varDelta$ ist. Dann und nur dann, wenn $\gamma = \{W\}$ (also $\boldsymbol{g}(\gamma) = W$) ist auch,
und zwar im Sinn von 3.3.1,

$$\mathfrak{B}_\alpha^* (\forall x\, \mathsf{H}(x)) = W.\ [1]$$

*3.4.4. $\mathfrak{B}_\alpha^* (\exists x\, \mathsf{H}(x)) =_{Df} \boldsymbol{p}(\gamma)$, mit γ wie in 3.4.3.

Dann und nur dann, wenn $\gamma = \{W\}$ oder $\gamma = \{W, F\}$ (also $\boldsymbol{p}(\gamma) = W$),
ist auch, und zwar im Sinn von 3.3.2,

$$\mathfrak{B}_\alpha^* (\exists x\, \mathsf{H}(x)) = W.\ [1]$$

4. *Einführung der Erfüllungsrelation.*

Wir setzen, mit „$\mathfrak{B}\, Erf_\alpha\, \mathsf{H}$" für „$\mathfrak{B}$ erfüllt H über α",

4.1. $\mathfrak{B}\, Erf_\alpha\, \mathsf{H}\ äq_{Df}\ \mathfrak{B}_\alpha^* (\mathsf{H}) = W$

mit allen für die fundierten P-Ausdrücke (1.3) geltenden Erfüllungstheoremen des AK (§ 11, 7.2 bis 7.11; und § 12).

Setzt man ferner, mit „$\mathfrak{x}\, Erf_{\alpha,\,\mathfrak{B},\,x}\, \mathsf{H}(x)$" für „$\mathfrak{x}$ erfüllt $\mathsf{H}(x)$ in bezug
auf $\alpha, \mathfrak{B}, x$"

4.2. $\mathfrak{x}\, Erf_{\alpha,\,\mathfrak{B},\,x}\, \mathsf{H}(x)\ äq_{Df}\ \binom{x}{\mathfrak{x}} \mathfrak{B}\, Erf_\alpha\, \mathsf{H}(x),$

so erhält man die durch ihren anschaulichen Gehalt ausgezeichneten
Theoreme

---

[1] Der Beweis für diese inhaltlich plausible Behauptung sei hier übergangen.

4.3.1. $\mathfrak{B}\, Erf_\alpha \forall x\, \mathsf{H}\,(x)\ \ddot{a}q\ (Om_\alpha\, \mathfrak{x})\left(\binom{x}{\mathfrak{x}}\mathfrak{B}\, Erf_\alpha\, \mathsf{H}\,(x)\right)$

$$\ddot{a}q\ (Om_\alpha\, \mathfrak{x})\ (\mathfrak{x}\, Erf_{\alpha,\,\mathfrak{B},\,x}\, \mathsf{H}\,(x))\,.$$

4.3.2. $\mathfrak{B}\, Erf_\alpha \exists x\, \mathsf{H}\,(x)\ \ddot{a}q\ (Ex_\alpha\, \mathfrak{x})\left(\binom{x}{\mathfrak{x}}\mathfrak{B}\, Erf_\alpha\, \mathsf{H}\,(x)\right)$

$$\ddot{a}q\ (Ex_\alpha\, \mathfrak{x})\ (\mathfrak{x}\, Erf_{\alpha,\,\mathfrak{B},\,x}\, \mathsf{H}\,(x))\,.$$

Es gilt zusätzlich (3.2.3)

4.4. $\mathfrak{B}\,(x)\, Erf_{\alpha,\,\mathfrak{B},\,x}\, \mathsf{H}\,(x)\ \ddot{a}q\ \mathfrak{B}\, Erf_\alpha\, \mathsf{H}\,(x)\,.$

In Analogie zu § 30, 1.1 setzen wir ferner

4.5. $\mathfrak{B}\, Erf_\alpha\, M\ \ddot{a}q_{Df}\ (Om\, \mathsf{H})\ (\mathsf{H} \in M\ seq\ \mathfrak{B}\, Erf_\alpha\, \mathsf{H})\,.$

Dann lassen sich § 30, 2.1; 2.2; 2.3; 2.3.1; 2.5 sinngemäß mit Beweisen übertragen.

5.   Jetzt führen wir die folgenden Redeweisen ein:

5.1. H *ist α-identisch (α-gültig)*.

$id_x\, \mathsf{H}\ \ddot{a}q_{Df}\ (Om\, \mathfrak{B})\ (\mathfrak{B}\, Erf_\alpha\, \mathsf{H})\,.$

5.2. H *ist α-erfüllbar*.

$erf_\alpha\, \mathsf{H}\ \ddot{a}q_{Df}\ (Ex\, \mathfrak{B})\ (\mathfrak{B}\, Erf_\alpha\, \mathsf{H})\,.$

Hieraus folgt für „H *ist α-unerfüllbar*"

5.2.1. $non\ erf_\alpha\, \mathsf{H}\ \ddot{a}q\ non\ (Ex\, \mathfrak{B})\ (\mathfrak{B}\, Erf_\alpha\, \mathsf{H})\,.$
$$\ddot{a}q\ (Om\, \mathfrak{B})\ (non\ \mathfrak{B}\, Erf_\alpha\, \mathsf{H})\,.$$

Hierzu die Verallgemeinerung für Mengen

5.3. $erf_\alpha\, M\ \ddot{a}q_{Df}\ (Ex\, \mathfrak{B})\ (\mathfrak{B}\, Erf_\alpha\, M)\,.$

5.4. H *ist α-neutral*.

$nt_\alpha\, \mathsf{H}\ \ddot{a}q_{Df}\ \mathsf{H}$ ist weder α-identisch noch α-unerfüllbar.

Mit Hilfe von 5.1 bis 5.4 erklären wir die folgenden Redeweisen

5.5. H *ist P-identisch (allgemeingültig)*.

$id_\Gamma\, \mathsf{H}\ \ddot{a}q_{Df}\ (Om\, \alpha)\ (id_\alpha\, \mathsf{H})\,.$[1]

5.6. H *ist P-erfüllbar*.

$erf_P\, \mathsf{H}\ \ddot{a}q_{Df}\ (Ex\, \alpha)\ (erf_\alpha\, \mathsf{H})\,.$

Hieraus folgt für „H *ist P-unerfüllbar*"

---

[1] H ist also genau dann P-identisch, wenn der durch $\mathfrak{B}_\alpha$ definierte Wahrheitswert von H für jedes α identisch das Wahre ist.

5.6.1. $\quad non\ erf_P\,H\ \ddot{a}q\ non\ (Ex\ \alpha)\,(erf_\alpha\,H)$

$\qquad\qquad \ddot{a}q\ (Om\ \alpha)\,(non\ erf_\alpha\,H)\,.$

Hierzu die Verallgemeinerung für Mengen

5.7. $\quad erf_P\,M\ \ddot{a}q_{Df}\ (Ex\ \alpha)\,(erf_\alpha\,M)\,.$

Auf 5.7 wie auf 5.3 lassen sich § 30, 2.1.1; 2.2.1; 2.4; 2.4.1; 2.5.1 sinngemäß mit Beweisen übertragen.

5.8. $\quad$ H *ist P-neutral.*

$nt_P\,H\ \ddot{a}q_{Df}$ H ist weder P-identisch noch P-unerfüllbar.

6. Es gelten die folgenden elementaren Theoreme:

***6.1.** $\quad id_\alpha\,H\ \ddot{a}q\ non\ erf_\alpha\,{\sim}\,H.$

Beweis: $(Om\ \mathfrak{B}_\alpha)\,(\mathfrak{B}_\alpha^*\,(H) = W)\ \ddot{a}q\ (Om\ \mathfrak{B}_\alpha)\,(\mathfrak{B}_\alpha^*\,({\sim}\,H) = F)\,.$

Aus 6.1 folgt durch gliedweise metasprachliche Verneinung

***6.1.1.** $\quad non\ id_\alpha\,H\ \ddot{a}q\ erf_\alpha\,{\sim}\,H.$

***6.2.** $\quad erf_\alpha\,H\ \ddot{a}q\ non\ id_\alpha\,{\sim}\,H.$

Beweis:

(1) $\quad (Ex\ \mathfrak{B}_\alpha)\,(\mathfrak{B}_\alpha^*\,(H) = W)\ \ddot{a}q\ (Ex\ \mathfrak{B}_\alpha)\,(\mathfrak{B}_\alpha^*\,({\sim}\,H) = F)$

(2) $\qquad\qquad\qquad \ddot{a}q\ non\ (Om\ \mathfrak{B}_\alpha)\,(\mathfrak{B}_\alpha^*\,({\sim}\,H) = W)\,.$

Aus 6.2 folgt durch gliedweise metasprachliche Verneinung

***6.2.1.** $\quad non\ erf_\alpha\,H\ \ddot{a}q\ id_\alpha\,{\sim}\,H.$

***6.3.** $\quad id_\alpha\,H\ seq\ erf_\alpha\,H.$

Beweis: $(Om\ \mathfrak{B}_\alpha)\,(\mathfrak{B}_\alpha^*\,(H) = W)\ seq\ (Ex\ \mathfrak{B}_\alpha)\,(\mathfrak{B}_\alpha^*\,(H) = W)\,.$

Aus 6.1 bis 6.3 folgen

***6.4.** $\quad id_P\,H\ \ddot{a}q\ non\ erf_P\,{\sim}\,H.$ $\hfill$ 5.5; 5.6.1.

Hieraus durch metasprachliche gliedweise Verneinung

***6.4.1.** $\quad non\ id_P\,H\ \ddot{a}q\ erf_P\,{\sim}\,H.$

***6.5.** $\quad erf_P\,H\ \ddot{a}q\ non\ id_P\,{\sim}\,H.$ $\hfill$ 5.6; 5.5.

Hieraus durch metasprachliche gliedweise Verneinung

***6.5.1.** $\quad non\ erf_P\,H\ \ddot{a}q\ id_P\,{\sim}\,H.$

6.6. $\quad id_P\,H\ seq\ erf_P\,H.$ $\hfill$ 5.5; 5.6.

Es gilt ferner

6.7. *Das Neutralitätstheorem für die P-Atome:*

Jedes P-Atom $P^n\overset{n}{t}$ ist P-neutral.

(a) $P^n \overset{n}{t}$ ist nicht P-identisch. Man belege P^n mit dem n-stelligen Nullattribut ($\S 51$, 1.2).

(b) $P^n \overset{n}{t}$ ist nicht P-unerfüllbar. Man belege P^n mit dem n-stelligen Allattribut ($\S 51$, 1.2).

6.8. Aus 6.7 folgt, daß auch das Negat jedes P-Atoms P-neutral ist.

7. Aus der Abzählbarkeit der Menge der P-Ausdrücke folgte a fortiori, daß auch die Menge der P-Identitäten abzählbar unendlich ist; denn schon die Menge der Identitäten $H \to H$ ist unendlich.

Anm.: Man beachte, daß als Subjekte von id_P im allgemeinen Ausdrucks-*Schemata* vorkommen werden. Es ist also z.B. $id_P H(x) \to \exists x H(x)$ zu lesen: „Jeder P-Ausdruck vom Typus $H(x) \to \exists x H(x)$ ist P-identisch." Das Entsprechende gilt für die übrigen Redeweisen.

8.1. Da auch $\mathfrak{B}^*_\alpha(H)$ stets ein Wahrheitswert ist wie $\mathfrak{B}^*_A(H)$, so kann der semantisch definierte PFK in genauer Analogie zum semantisch definierten AK ($\S 11$, 13) aufgefaßt werden als eine *logische Funktionentheorie in den Ausdrucksmitteln des PFK, mit Auszeichnung der P-Identitäten.*

8.2. Die Leitgedanken der vorstehenden Semantik gehen mit der Idee der Semantik auf A. Tarski [3] zurück. Er ist der erste gewesen, der die Wahrheitsbedingungen für die fundierenden P-Ausdrücke, und zwar über dem hier in 4. eingeführten Erfüllungsbegriff, so formuliert hat, wie sie mit nicht-wesentlichen Modifikationen für die P-Atome in 2.2, für die quantifizierten P-Ausdrücke in 3.3.3 und 3.3.4 formuliert sind. In der hier dargebotenen Gestalt ist diese Theorie von G. Hasenjaeger entwickelt worden (mit der grundlegenden Einführung von $\binom{s}{\mathfrak{x}}\mathfrak{B}$ in 3.2 und der hierdurch ermöglichten Formulierung der Wahrheitsbedingungen für $\forall x H(x)$ und $\exists x H(x)$ in 3.3.1 und 3.3.2, bzw. in 4.3.1 und 4.3.2. Dazu die Einführung der mengentheoretischen Funktoren g und p in 3.4.1 und 3.4.2 mit den durch sie ermöglichten Definitionen von $\mathfrak{B}^*_\alpha(\forall x H(x))$ und $\mathfrak{B}^*_\alpha(\exists x H(x))$ in 3.4.3 und 3.4.4. Die so modifizierte Semantik ist eine Art von Makrosemantik. Mit ihrer Hilfe lassen sich die semantischen Beweise, zu denen es syntaktische Gegenstücke gibt, im allgemeinen Falle so komprimieren, daß sie in dieser Hinsicht nicht zurückstehen hinter den syntaktischen Beweisen, vor denen sie durch die planmäßige Aufdeckung der ontologischen Voraussetzungen ausgezeichnet sind.

Die Semantik in Carnap [2] fällt inhaltlich mit der hier entwickelten Semantik zusammen. Auf eine Diskussion der formalen Unterschiede kann hier nicht eingegangen werden.

§ 55. Das erste Koinzidenztheorem des PFK[1]

1. Zwei Belegungen $\mathfrak{B}_1$, $\mathfrak{B}_2$ heißen *P-aequivalent* in bezug auf H, symbolisch

$$\mathfrak{B}_1 \underset{P}{aeq}_H \mathfrak{B}_2,$$

wenn sie übereinstimmen in der Belegung der freien S-Variablen und der trägen P-Symbole ($\S 53$, 3.4) in H.

---

[1] Vgl. das Koinzidenztheorem des AK § 11, 6.

Anm.: Für abgeschlossenes H (§ 53, 4.6) sind also, auf Grund der Bemerkungen zu § 54, 3.3.1 und 3.3.2, nur die trägen P-Symbole zu berücksichtigen.

Im Anschluß an 1. formulieren wir

2. *Das erste Koinzidenztheorem des PFK.*

Zwei in bezug auf H P-aequivalente Belegungen sind in bezug auf H bewertungsgleich. Symbolisch:

$$\mathfrak{B}_1 \; aeq_{\underset{P}{H}} \; \mathfrak{B}_2 \; seq \; \mathfrak{B}_1^*(H) = \mathfrak{B}_2^*(H).$$

Dies folgt anschaulich aus den Bemerkungen zu § 54, 3.3.1 und 3.3.2. Beweis durch Induktion über den Aufbau von H. Für P-Atome trivial. Für $H = H_1 \circ H_2$ elementar. Für $H = \forall x \Theta(x)$ und $H = \exists x \Theta(x)$ naheliegend, aber so umständlich, daß wir, um Raum für Wichtigeres zu sparen, uns mit der anschaulichen Evidenz begnügen.

Anm.: Für offenes H (§ 53, 4.6) folgt, wie im AK, $\mathfrak{B}_1^*(H) = \mathfrak{B}_2^*(H)$ schon aus der Bewertungsgleichheit von $\mathfrak{B}_1$ und $\mathfrak{B}_2$ für alle P-Atome in H, wobei $\mathfrak{B}_1$ und $\mathfrak{B}_2$, um dieser Bedingung zu genügen, weder in der Belegung der P-Variablen noch in der Belegung der F-Terme in H übereinzustimmen brauchen. Es gilt also

2.1. Die Bewertung eines *offenen* P-Ausdrucks ist durch die Bewertungen der in ihm vorkommenden P-Atome eindeutig bestimmt.

§ 56. Verallgemeinerte Umbelegungen

1. Wir schreiben „$\begin{pmatrix} \overset{m}{x}, \overset{n}{y} \\ \underset{m}{\mathfrak{x}}, \underset{n}{\mathfrak{y}} \end{pmatrix}$" für „$\begin{pmatrix} x_1, \ldots, x_m, y_1, \ldots, y_n \\ \mathfrak{x}_1, \ldots, \mathfrak{x}_m, \mathfrak{y}_1, \ldots, \mathfrak{y}_n \end{pmatrix}$", mit der

zusätzlichen Bestimmung, daß zwar nicht die Glieder von $\overset{m}{\mathfrak{x}}$ und $\overset{n}{\mathfrak{y}}$, dagegen aber die Glieder von $\overset{m}{x}$ und $\overset{n}{y}$ paarweise verschieden sein sollen.

Es gilt, in Analogie zu § 54, 3.1

1.1. $\left(Om\,\mathfrak{B}, \overset{m}{x}, \overset{n}{y}, \overset{m}{\mathfrak{x}}, \overset{n}{\mathfrak{y}}\right) (Ex!!\,\mathfrak{B}')\left(\mathfrak{B}' \underset{\underset{x,\,y}{m\;n}}{=} \mathfrak{B} \; et \; \mathfrak{B}'\left(\overset{m}{x}, \overset{n}{y}\right) = \left(\overset{m}{\mathfrak{x}}, \overset{n}{\mathfrak{y}}\right)\right).$

Wir können also, mit $\begin{pmatrix} \overset{m}{x}, \overset{n}{y} \\ \underset{m}{\mathfrak{x}}, \underset{n}{\mathfrak{y}} \end{pmatrix}\mathfrak{B}$ für $\begin{pmatrix} \overset{m}{x} \\ \underset{m}{\mathfrak{x}} \end{pmatrix}\left(\begin{pmatrix} \overset{n}{y} \\ \underset{n}{\mathfrak{y}} \end{pmatrix}\mathfrak{B}\right)$, übergehen zu „der"

Belegung, die sich von $\mathfrak{B}$ höchstens durch die Umbelegung von $\overset{m}{x}$ in $\overset{m}{\mathfrak{x}}$ und von $\overset{n}{y}$ in $\overset{n}{\mathfrak{y}}$ unterscheidet. Symbolisch

1.2. $\begin{pmatrix} \overset{m}{x}, \overset{n}{y} \\ \underset{m}{\mathfrak{x}}, \underset{n}{\mathfrak{y}} \end{pmatrix}\mathfrak{B} =_{Df} (Un\,\mathfrak{B}')\left(\mathfrak{B}' \underset{\underset{x,\,y}{m\;n}}{=} \mathfrak{B} \; et \; \mathfrak{B}'\left(\overset{m}{x}, \overset{n}{y}\right) = \left(\overset{m}{\mathfrak{x}}, \overset{n}{\mathfrak{y}}\right)\right).$

Dann gilt, wie unmittelbar einzusehen,

1.2.1. $\begin{pmatrix} \overset{m}{x}, \overset{n}{y} \\ \underset{m}{\mathfrak{x}}, \underset{n}{\mathfrak{y}} \end{pmatrix}\mathfrak{B} = \begin{pmatrix} \overset{n}{y}, \overset{m}{x} \\ \underset{n}{\mathfrak{y}}, \underset{m}{\mathfrak{x}} \end{pmatrix}\mathfrak{B}$

und, in Analogie zu § 54, 3.2.1 bis 3.2.3,

$$1.2.2. \quad \begin{pmatrix} \overset{m}{x}, \overset{n}{y} \\ \overset{m}{\mathfrak{x}}, \overset{n}{\mathfrak{y}} \end{pmatrix} \mathfrak{B} = \begin{pmatrix} \overset{n}{y}, \overset{m}{x} \\ \overset{n}{\mathfrak{y}}, \overset{m}{\mathfrak{x}} \end{pmatrix} \mathfrak{B} = \underset{\overset{m}{x}, \overset{n}{y}}{\mathfrak{B}},$$

$$1.2.3. \quad \begin{pmatrix} \overset{m}{x}, \overset{n}{y} \\ \overset{m}{\mathfrak{x}}, \overset{n}{\mathfrak{y}} \end{pmatrix} \mathfrak{B} \, (\overset{m}{x}, \overset{n}{y}) = (\overset{m}{\mathfrak{x}}, \overset{n}{\mathfrak{y}}),$$

$$1.2.4. \quad \begin{pmatrix} \overset{m}{x} \,, \; \overset{n}{y} \\ \mathfrak{B}(\overset{m}{x}), \, \mathfrak{B}(\overset{n}{y}) \end{pmatrix} \mathfrak{B} = \mathfrak{B}.$$

Es kommen als Sonderfälle hinzu

$$1.2.5. \quad \begin{pmatrix} \overset{m}{x}, \overset{n}{y} \\ \overset{m}{\mathfrak{x}}, \overset{n}{\mathfrak{y}} \end{pmatrix} \mathfrak{B} \, (\overset{m}{x}) = \overset{m}{\mathfrak{x}}, \qquad \begin{pmatrix} \overset{m}{x}, \overset{n}{y} \\ \overset{m}{\mathfrak{x}}, \overset{n}{\mathfrak{y}} \end{pmatrix} \mathfrak{B} \, (\overset{n}{y}) = \overset{n}{\mathfrak{y}}.$$

2. Mit Hilfe der verallgemeinerten Umbelegungen erhalten wir die folgenden *verallgemeinerten Erfüllungstheoreme*:

$$2.1. \quad \mathfrak{B} \, Erf_\alpha \, \forall \overset{m}{x} \, \exists \overset{n}{y} \, \mathsf{H} \, (\overset{m}{x}, \overset{n}{y}) \; äq \; (Om_\alpha \overset{m}{\mathfrak{x}})(Ex_\alpha \overset{n}{\mathfrak{y}}) \left(\begin{pmatrix} \overset{m}{x}, \overset{n}{y} \\ \overset{m}{\mathfrak{x}}, \overset{n}{\mathfrak{y}} \end{pmatrix} \mathfrak{B} \, Erf_\alpha \, \mathsf{H} \, (\overset{m}{x}, \overset{n}{y}) \right).$$

$$2.2. \quad \mathfrak{B} \, Erf_\alpha \, \exists \overset{m}{x} \, \forall \overset{n}{y} \, \mathsf{H} \, (\overset{m}{x}, \overset{n}{y}) \; äq \; (Ex_\alpha \overset{m}{\mathfrak{x}})(Om_\alpha \overset{n}{\mathfrak{y}}) \left(\begin{pmatrix} \overset{m}{x}, \overset{n}{y} \\ \overset{m}{\mathfrak{x}}, \overset{n}{\mathfrak{y}} \end{pmatrix} \mathfrak{B} \, Erf_\alpha \, \mathsf{H} \, (\overset{m}{x}, \overset{n}{y}) \right).$$

3. Aufspaltungstheoreme.

$\overset{m}{x}, \overset{n}{y}$ seien Folgen von S-Variablen, die auch Glieder miteinander gemein haben können. $\overset{r}{z}$ sei eine distinkte, aus allen Variablen von $\overset{m}{x}$ und $\overset{n}{y}$ gebildete Folge[1]. Aus einer dem $\overset{r}{z}$ zugeordneten Folge $\overset{r}{\mathfrak{z}}$ seien $\overset{m}{\mathfrak{x}}$ und $\overset{n}{\mathfrak{y}}$ als Folgen der den $\overset{m}{x}$ bzw. $\overset{n}{y}$ zugeordneten Objekte eingeführt. $\overset{m}{x}$ seien *alle* freien S-Variablen in H_1, $\overset{n}{y}$ alle freien S-Variablen in H_2. Dann gilt

$$3.1. \quad \overset{r}{\mathfrak{z}} \, Erf_{\alpha, \mathfrak{B}, \overset{r}{z}} \, \mathsf{H}_1 (\overset{m}{x}) \wedge \mathsf{H}_2 (\overset{n}{y}) \; äq \; \overset{m}{\mathfrak{x}} \, Erf_{\alpha, \mathfrak{B}, \overset{m}{x}} \, \mathsf{H} \, (\overset{m}{x}) \; et \; \overset{n}{\mathfrak{y}} \, Erf_{\alpha, \mathfrak{B}, \overset{n}{y}} \, \mathsf{H} \, (\overset{n}{y}).$$

Beweis: $\begin{pmatrix} \overset{m}{x} \\ \overset{m}{\mathfrak{x}} \end{pmatrix} \mathfrak{B}$ stimmt nach Vor. mit $\begin{pmatrix} \overset{r}{z} \\ \overset{r}{\mathfrak{z}} \end{pmatrix} \mathfrak{B}$ überein in der Belegung der $\overset{m}{x}$ und der trägen P-Symbole in H_1. Ebenso $\begin{pmatrix} \overset{n}{y} \\ \overset{n}{\mathfrak{y}} \end{pmatrix} \mathfrak{B}$ mit $\begin{pmatrix} \overset{r}{z} \\ \overset{r}{\mathfrak{z}} \end{pmatrix} \mathfrak{B}$ in der Belegung der $\overset{n}{y}$ und der trägen P-Symbole in H_2. Folglich (§ 55, 1)

$$(1) \quad \begin{pmatrix} \overset{m}{x} \\ \overset{m}{\mathfrak{x}} \end{pmatrix} \mathfrak{B} \; aeq_{\mathsf{H}_1} \underset{P}{} \begin{pmatrix} \overset{r}{z} \\ \overset{r}{\mathfrak{z}} \end{pmatrix} \mathfrak{B}, \qquad \begin{pmatrix} \overset{n}{y} \\ \overset{n}{\mathfrak{y}} \end{pmatrix} \mathfrak{B} \; aeq_{\mathsf{H}_2} \underset{P}{} \begin{pmatrix} \overset{r}{z} \\ \overset{r}{\mathfrak{z}} \end{pmatrix} \mathfrak{B}.$$

---

[1] Eine Folge heißt *distinkt*, wenn irgend zwei Folgeglieder voneinander verschieden sind.

Folglich (§ 55, 2)

$$(2) \qquad \begin{pmatrix} \overset{m}{x} \\ \overset{m}{\mathfrak{x}} \end{pmatrix} \mathfrak{B}_\alpha^* \left(\mathsf{H}_1 \begin{pmatrix} m \\ x \end{pmatrix} \right) = \begin{pmatrix} \overset{r}{z} \\ \overset{r}{\mathfrak{z}} \end{pmatrix} \mathfrak{B}_\alpha^* \left(\mathsf{H}_1 \begin{pmatrix} m \\ x \end{pmatrix} \right).$$

Folglich (§ 54, 4.2)

$$(3) \qquad \overset{m}{\mathfrak{x}}\, Erf_{\alpha,\,\mathfrak{B},\,\overset{m}{x}}\, \mathsf{H}_1 \begin{pmatrix} m \\ x \end{pmatrix} \ddot{a}q\; \overset{r}{\mathfrak{z}}\, Efr_{\alpha,\,\mathfrak{B},\,\overset{r}{z}}\, \mathsf{H}_1 \begin{pmatrix} m \\ x \end{pmatrix}.$$

Ebenso erhält man

$$(4) \qquad \overset{n}{\mathfrak{y}}\, Erf_{\alpha,\,\mathfrak{B},\,\overset{n}{y}}\, \mathsf{H}_2 \begin{pmatrix} n \\ y \end{pmatrix} \ddot{a}q\; \overset{r}{\mathfrak{z}}\, Erf_{\alpha,\,\mathfrak{B},\,\overset{n}{z}}\, \mathsf{H}_2 \begin{pmatrix} n \\ y \end{pmatrix}.$$

Aus (3) und (4) erhält man, wegen

$$\overset{r}{\mathfrak{z}}\, Erf_{\alpha,\,\mathfrak{B},\,\overset{r}{z}}\, \mathsf{H}_1 \wedge \mathsf{H}_2 \;\ddot{a}q\; \overset{r}{\mathfrak{z}}\, Erf_{\alpha,\,\mathfrak{B},\,\overset{r}{z}}\, \mathsf{H}_1 \; et\; \overset{r}{\mathfrak{z}}\, Erf_{\alpha,\,\mathfrak{B},\,\overset{r}{z}}\, \mathsf{H}_2, \qquad \text{§ 11, 7.3, § 54, 4.}$$

$$(5) \qquad \overset{r}{\mathfrak{z}}\, Erf_{\alpha,\,\mathfrak{B},\,\overset{r}{z}}\, \mathsf{H}_1 \begin{pmatrix} m \\ x \end{pmatrix} \wedge \mathsf{H}_2 \begin{pmatrix} n \\ y \end{pmatrix} \ddot{a}q\; \overset{m}{\mathfrak{x}}\, Erf_{\alpha,\,\mathfrak{B},\,\overset{m}{x}}\, \mathsf{H}_1 \begin{pmatrix} m \\ x \end{pmatrix} \; et\; \overset{n}{\mathfrak{y}}\, Erf_{\alpha,\,\mathfrak{B},\,\overset{n}{y}}\, \mathsf{H}_2 \begin{pmatrix} n \\ y \end{pmatrix}.$$

Unter denselben Voraussetzungen beweist man

$$3.2. \qquad \overset{r}{\mathfrak{z}}\, Erf_{\alpha,\,\mathfrak{B},\,\overset{r}{z}}\, \mathsf{H}_1 \begin{pmatrix} m \\ x \end{pmatrix} \vee \mathsf{H}_2 \begin{pmatrix} n \\ y \end{pmatrix} \ddot{a}q\; \overset{m}{\mathfrak{x}}\, Erf_{\alpha,\,\mathfrak{B},\,\overset{m}{x}}\, \mathsf{H}_1 \begin{pmatrix} m \\ x \end{pmatrix} vel\; \overset{n}{\mathfrak{y}}\, Erf_{\alpha,\,\mathfrak{B},\,\overset{r}{y}}\, \mathsf{H}_2 \begin{pmatrix} n \\ y \end{pmatrix}.$$

$$3.3. \qquad \overset{r}{\mathfrak{z}}\, Erf_{\alpha,\,\mathfrak{B},\,\overset{r}{z}}\, \mathsf{H}_1 \begin{pmatrix} m \\ x \end{pmatrix} \to \mathsf{H}_2 \begin{pmatrix} n \\ y \end{pmatrix} \ddot{a}q\; \overset{m}{\mathfrak{x}}\, Erf_{\alpha,\,\mathfrak{B},\,\overset{m}{x}}\, \mathsf{H}_1 \begin{pmatrix} m \\ x \end{pmatrix} seq\; \overset{n}{\mathfrak{y}}\, Erf_{\alpha,\,\mathfrak{B},\,\overset{n}{y}}\, \mathsf{H}_2 \begin{pmatrix} n \\ y \end{pmatrix}.$$

$$3.4. \qquad \overset{r}{\mathfrak{z}}\, Erf_{\alpha,\,\mathfrak{B},\,\overset{r}{z}}\, \mathsf{H}_1 \begin{pmatrix} m \\ x \end{pmatrix} \leftrightarrow \mathsf{H}_2 \begin{pmatrix} n \\ y \end{pmatrix}.\ddot{a}q.\; \overset{m}{\mathfrak{x}}\, Erf_{\alpha,\,\mathfrak{B},\,\overset{m}{x}}\, \mathsf{H}_1 \begin{pmatrix} m \\ x \end{pmatrix} \ddot{a}q\; \overset{n}{\mathfrak{y}}\, Erf_{\alpha,\,\mathfrak{B},\,\overset{n}{y}}\, \mathsf{H}_2 \begin{pmatrix} n \\ y \end{pmatrix}.$$

4. Ein Beispiel für die Wirkungsweise der Semantik des PFK.

Es sei $\mathsf{H} = \forall x_1 \exists x_2\, P x_1 x_2 \wedge \forall x \sim P x x \wedge \forall x_1 x_2 x_3 (P x_1 x_2 \wedge P x_2 x_3 \to P x_1 x_3).$

$$(1) \qquad \mathfrak{B}\, Erf_\alpha\, \mathsf{H} \;\ddot{a}q\; \mathfrak{B}\, Erf_\alpha\, \forall x_1 \exists x_2\, P x_1 x_2 \; et\; \mathfrak{B}\, Erf_\alpha\, \forall x \sim P x x$$
$$et\; \mathfrak{B}\, Erf_\alpha\, \forall x_1 x_2 x_3 (P x_1 x_2 \wedge P x_2 x_3 \to P x_1 x_3)\,^{[1]}$$

$$(2) \qquad \ddot{a}q\; (Om_\alpha\, \mathfrak{x}_1)\, (E x_\alpha\, \mathfrak{x}_2) \left(\begin{pmatrix} x_1,\, x_2 \\ \mathfrak{x}_1,\, \mathfrak{x}_2 \end{pmatrix} \mathfrak{B}\, Erf_\alpha\, P x_1 x_2 \right)^{[2]}$$

$$et\; (Om_\alpha\, \mathfrak{x}) \left(non \begin{pmatrix} x \\ \mathfrak{x} \end{pmatrix} \mathfrak{B}\, Erf_\alpha\, P x x \right)^{[3]}$$

$$et\; (Om_\alpha\, \mathfrak{x}_1,\, \mathfrak{x}_2,\, \mathfrak{x}_3) \left(\begin{pmatrix} x_1,\, x_2 \\ \mathfrak{x}_1,\, \mathfrak{x}_2 \end{pmatrix} \mathfrak{B}\, Erf_\alpha\, P x_1 x_2 \right.$$

$$\left. et \begin{pmatrix} x_2,\, x_3 \\ \mathfrak{x}_2,\, \mathfrak{x}_3 \end{pmatrix} \mathfrak{B}\, Erf_\alpha\, P x_2 x_3 \; seq \begin{pmatrix} x_1,\, x_3 \\ \mathfrak{x}_1,\, \mathfrak{x}_3 \end{pmatrix} \mathfrak{B}\, Erf_\alpha\, P x_1 x_3 \right)^{[4]}$$

$$(3.1) \qquad \ddot{a}q\; (Om_\alpha\, \mathfrak{x}_1)\, (E x_\alpha\, \mathfrak{x}_2)\, (\mathfrak{B}(P) \ni (\mathfrak{x}_1,\, \mathfrak{x}_2))$$

---

[1] § 11, 7.3.
[2] § 56, 2.3.
[3] § 11, 7.2.
[4] § 11, 7.3; 7.5; § 56, 3.3.

$$(3.2) \qquad et\ (Om_\alpha\ \mathfrak{x})\ \big(non\ \mathfrak{B}\,(P) \ni (\mathfrak{x},\mathfrak{x})\big)$$

$$(3.3) \qquad et\ (Om_\alpha\ \mathfrak{x}_1,\mathfrak{x}_2,\mathfrak{x}_3)\ \big(\mathfrak{B}\,(P) \ni (\mathfrak{x}_1,\mathfrak{x}_2)\ et\ \mathfrak{B}\,(P) \ni (\mathfrak{x}_2,\mathfrak{x}_3)$$

$$seq\ \mathfrak{B}\,(P) \ni (\mathfrak{x}_1,\mathfrak{x}_3)\big).\,^{[1]}$$

Wir erhalten in (3.1) bis (3.3) also eine Übersetzung von H in die Metasprache. Man erkennt leicht, daß H in keinem endlichen Individuenbereich erfüllbar ist; denn auf Grund von (3.1) gibt es zu jedem $\mathfrak{x}$ ein mit $\mathfrak{x}$ durch $\mathfrak{B}\,(P)$ verbundenes $\mathfrak{y}$, das auf Grund von (3.2) von $\mathfrak{x}$ verschieden ist, und jedes mit einem $\mathfrak{x}_i$ durch eine $\mathfrak{B}\,(P)$-Kette von einer beliebigen endlichen Länge verbundene $\mathfrak{x}_k$ ist auf Grund von (3.3) in Verbindung mit (3.2) von allen seinen Vorgängern verschieden.

Andererseits ergibt sich aus einer Belegung von P mit dem zahlentheoretischen *Kleiner als* unmittelbar die Erfüllbarkeit von H im Bereich der natürlichen Zahlen.

§ 57. Semantisch definierte Attribute

1.1. Der Semantik des PFK sollen als Letztes die semantisch definierten Attribute angehören. Dies hat zur Voraussetzung die Konvention, daß jeder P-Ausdruck, in dem wenigstens eine S-Variable frei vorkommt, ein Prädikat bestimmt. Für diesen Übergang machen wir wie in § 50, 2.1 von dem nur für diesen Zweck hier eingeführten $\boldsymbol\lambda$-Operator Gebrauch. Das durch $H\big(\overset{n}{x}\big)$ bestimmte n-stellige Prädikat soll also symbolisiert sein durch $\boldsymbol\lambda\overset{n}{x}\,H\big(\overset{n}{x}\big)$. Mit Umbenennung der durch $\boldsymbol\lambda$ gebundenen S-Variablen $\overset{n}{x}$ in $\overset{n}{z}$ dafür auch $\boldsymbol\lambda\overset{n}{z}\,H\big(\overset{n}{z}\big)$.$^{[2]}$

1.2. Im Einklang mit der Festsetzung, daß in $H\big(\overset{n}{x}\big)$ noch Parameter vorkommen können, und mit besonderer Beziehung auf die Einsetzungsregel für P-Variablen (§ 62) soll $H\big(\overset{n}{x}\big)$ auch in diesem Falle ein n-stelliges Prädikat bestimmen können.

1.3. Ist $\boldsymbol\lambda\overset{n}{x}\,H\big(\overset{n}{x}\big)$ das durch $H\big(\overset{n}{x}\big)$ bestimmte n-stellige Prädikat, so soll (mit „$\mathfrak{B}^{\times}$" für Belegungen zusammengesetzter Namen, wie in § 54, 1.2)

$$\mathfrak{B}^{\times}_\alpha\big(\boldsymbol\lambda\overset{n}{x}\,H\big(\overset{n}{x}\big)\big) =_{Df} (Un\ \mathfrak{A}^n_\alpha)\left(\big(Om_\alpha\ \overset{n}{\mathfrak{x}}\big)\left(\mathfrak{A}^n_\alpha\big(\overset{n}{\mathfrak{x}}\big) = \begin{pmatrix}\overset{n}{x}\\[2pt]\overset{n}{\mathfrak{x}}\end{pmatrix}\mathfrak{B}^{*}_\alpha\big(H\big(\overset{n}{x}\big)\big)\right)\right)$$

$^{[1]}$ § 54, 2.2. $\mathfrak{B}\,(P)$ genügt in allen Fällen, da $\begin{pmatrix}x_i & x_k\\ \mathfrak{x}_i & \mathfrak{x}_k\end{pmatrix}\mathfrak{B}\,(P) = \mathfrak{B}\,(P)$.

$^{[2]}$ Die Umbenennungsmöglichkeit für die $\boldsymbol\lambda$-Variablen soll dazu dienen, daß auch in diesem Fall eine Kollision von gebundenen S-Variablen (§ 53, 5.2) stets vermieden werden kann.

das durch $\boldsymbol{\lambda} \overset{n}{x} H(\overset{n}{x})$ definierte n-stellige Attribut sein[1]. Der semantische Charakter dieser Definition wird deutlich durch die Umformung des definiens in

$$(Un\ \mathfrak{A}^n_\alpha)\left((Om_\alpha\ \overset{n}{\mathfrak{x}})\ (\mathfrak{A}^n_\alpha \ni \overset{n}{\mathfrak{x}}\ \ddot{a}q\ \overset{n}{\mathfrak{x}}\ Erf_{\alpha,\mathfrak{B},\overset{n}{x}}\ H(\overset{n}{z}))\right)^2;$$

denn hierdurch ist $\mathfrak{B}^\times_\alpha(\boldsymbol{\lambda}\overset{n}{z} H(\overset{n}{z}))$ gekennzeichnet als das Attribut, das genau auf die α-n-tupel zutrifft, die in bezug auf $\mathfrak{B}_\alpha$ der Bedingung $H(\overset{n}{x})$ genügen.

Aus 1.3 erhält man auf Grund von § 6, 8.2

1.4. $$(Om_\alpha\ \overset{n}{\mathfrak{x}})\left(\mathfrak{B}^\times_\alpha(\boldsymbol{\lambda}\overset{n}{x} H(\overset{n}{x}))\ (\overset{n}{\mathfrak{x}}) = \binom{\overset{n}{x}}{\overset{n}{\mathfrak{x}}}\mathfrak{B}^*_\alpha\ (H(\overset{n}{x}))\right).$$

Folglich

1.5. $$\mathfrak{B}^\times_\alpha(\boldsymbol{\lambda}\overset{n}{x} H(\overset{n}{x}))\left(\mathfrak{B}_\alpha(\overset{n}{t})\right) = \binom{\overset{n}{x}}{\mathfrak{B}_\alpha(\overset{n}{t})}\mathfrak{B}^*_\alpha\ (H(\overset{n}{x})).$$

Folglich (§ 54, 2.1)

1.6. $$\mathfrak{B}^*_\alpha\left(\boldsymbol{\lambda}\overset{n}{x} H(\overset{n}{x})\overset{n}{t}\right) = \binom{\overset{n}{x}}{\mathfrak{B}_\alpha(\overset{n}{t})}\mathfrak{B}^*_\alpha\ (H(\overset{n}{x})).$$

Folglich

1.7. $$\mathfrak{B}^*_\alpha\left(\boldsymbol{\lambda}\overset{n}{x} H(\overset{n}{x})\overset{n}{t}\right) = \mathfrak{B}^*_\alpha\left(H(\overset{n}{x}\big|\overset{n}{t})\right);$$

denn eine Belegung der Glieder von $\overset{n}{x}$ mit $\mathfrak{B}_\alpha(\overset{n}{t})$ liefert offenbar dasselbe wie die Belegung, die sich ergibt, wenn $\overset{n}{x}$ zuvor im Sinn einer zulässigen Einsetzung (§ 53, 5.2, Anm.) durch $\overset{n}{t}$ ersetzt ist.

2. *Beispiele.*

Es sei $H = P f(x) y$. Auf Grund von 1.2 kann H bestimmen

(1) das zweistellige Prädikat $\boldsymbol{\lambda}z_1z_2 P f(z_1)\, z_2$,

(2) das einstellige Prädikat $\boldsymbol{\lambda}z_1 P f(z_1)\, z_2$,

(3) das einstellige Prädikat $\boldsymbol{\lambda}z_2 P f(z_1)\, z_2$.

2.1. Im ersten Falle ist das durch $\boldsymbol{\lambda}z_1z_2 P f(z_1)\, z_2$ definierte zweistellige α-Attribut

$$\mathfrak{B}^\times_\alpha(\boldsymbol{\lambda}z_1z_2 P f(z_1)\, z_2)$$

---

[1] Dies ist zulässig; denn

$$(Ex!!\ \mathfrak{A}^n_\alpha)\left((Om_\alpha\ \overset{n}{\mathfrak{x}})\left(\mathfrak{A}^n_\alpha\ (\overset{n}{\mathfrak{x}}) = \binom{\overset{n}{x}}{\overset{n}{\mathfrak{x}}}\mathfrak{B}^*_\alpha\ (H\ (\overset{n}{x}))\right)\right). \qquad \text{§ 50, 2.3.}$$

[2] Für $\binom{\overset{n}{x}}{\overset{n}{\mathfrak{x}}}\mathfrak{B}\ Erf_\alpha\ H(\overset{n}{x})$. Vgl. § 54, 4.2.

mit[1]

$$\mathfrak{B}_\alpha^*\big((\lambda z_1 z_2 P\,f(z_1)\,z_2)\,t_1 t_2\big) = \mathfrak{B}_\alpha^\times\big(\lambda z_1 z_2 P\,f(z_1)\,z_2\big)\,\big(\mathfrak{B}_\alpha(t_1),\,\mathfrak{B}_\alpha(t_2)\big)$$

$$= \begin{pmatrix} z_1, & z_2 \\ \mathfrak{B}_\alpha(t_1), & \mathfrak{B}_\alpha(t_2) \end{pmatrix} \mathfrak{B}_\alpha^*(H(z_1, z_2)) = \mathfrak{B}_\alpha^*\big(H(z_1\,|\,t_1,\,z_2\,|\,t_2)\big)\,.$$

2.2.   Im zweiten Falle ist das durch $\lambda z_1 P\,f(z_1)\,z_2$ definierte einstellige α-Attribut

$$\mathfrak{B}_\alpha^\times\big(\lambda z_1 P\,f(z_1)\,z_2\big)$$

mit

$$\mathfrak{B}_\alpha^*\big((\lambda z_1 P\,f(z_1)\,z_2)\,t_1\big) = \mathfrak{B}_\alpha^\times\big(\lambda z_1 P\,f(z_1)\,z_2\big)\,\big(\mathfrak{B}_\alpha(t_1)\big) = \begin{pmatrix} z_1 \\ \mathfrak{B}_\alpha(t_1) \end{pmatrix} \mathfrak{B}_\alpha^*(H(z_1, z_2))$$

$$= \mathfrak{B}_\alpha^*\big(H(z_1\,|\,t_1,\,z_2)\big)\,.$$

2.3.   Im dritten Falle ist das durch $\lambda z_2 P\,f(z_1)\,z_2$ definierte einstellige α-Attribut

$$\mathfrak{B}_\alpha^\times\big(\lambda z_2 P\,f(z_1)\,z_2\big)$$

mit

$$\mathfrak{B}_\alpha^*\big((\lambda z_2 P\,f(z_1)\,z_2)\,t_2\big) = \mathfrak{B}_\alpha^\times\big(\lambda z_2 P\,f(z_1)\,z_2\big)\,\big(\mathfrak{B}_\alpha(t_2)\big) = \begin{pmatrix} z_2 \\ \mathfrak{B}_\alpha(t_2) \end{pmatrix} \mathfrak{B}_\alpha^*(H(z_1, z_2))$$

$$= \mathfrak{B}_\alpha^*\big(H(z_1,\,z_2\,|\,t_2)\big)\,.$$

Auf Grund der durch 1.7 ausgedrückten Bedeutungsgleichheit ist es erlaubt, $\lambda \overset{n}{u}\,\Theta\big(\overset{n}{u}\big)\overset{n}{t}$ zu ersetzen durch $\Theta\big(\overset{n}{t}\big)$.[2] Dies ist nützlich in folgender Situation. In H komme P^n vor mit variierendem $\overset{n}{t}$ in $P^n \overset{n}{t}$ (wie für $n = 1$ in $Px \to \exists z\,Pz$). Dann kann eine Belegung von P^n mit $\mathfrak{B}_\alpha^\times\big(\lambda \overset{n}{u}\,\Theta\big(\overset{n}{u}\big)\big)$ beschrieben werden durch eine zulässige Einsetzung (§ 53, 5.2 Anm.) von $\lambda \overset{n}{u}\,\Theta\big(\overset{n}{u}\big)$ für P^n. Diese führe H über in einen *Quasi*-Ausdruck H^λ. Durch Ersetzungen von $\lambda \overset{n}{u}\,\Theta\big(\overset{n}{u}\big)\overset{n}{t}$ durch $\Theta\big(\overset{n}{t}\big)$ geht dann H^λ in einen Ausdruck H* über. Für Θ sollen im Einklang mit dem Vorangehenden auch Parameter zugelassen sein. Zur Vermeidung von Kollisionen und Konfusionen sollen hierbei gegebenenfalls gebundene Umbenennungen eingeschoben werden dürfen. Vgl. § 62, 2.

§ 58. Grundlegende Allgemeingültigkeitskriterien für P-Ausdrücke. Die Permanenz des A K im P F K

1. H_0 sei ein A-Ausdruck in $p_1, \ldots, p_n$, Φ eine Abbildung der A-Variablen (von H_0) in die Menge der P-Ausdrücke, H gehe aus H_0 durch die Ersetzung aller p_i durch $\Phi(p_i)$ hervor. Dann sagen wir: „H geht aus H_0 durch eine *P-Einsetzung* hervor." H_0 heiße ein Fundament von H.

---

[1] Durch die Zweistelligkeit von P ist an sich festgelegt, wo die Argumente des jeweiligen λ-Terms beginnen. Wir wollen aber in kritischen Fällen zusätzliche Klammern verwenden.

[2] Vgl. § 50, 2.1, (1.1), (1.2).

2. H heiße ein *A-identischer P-Ausdruck* — symbolisch: $id_{A,\,P}\,H$ —, wenn H aus einer A-Identität durch eine P-Einsetzung hervorgeht.

3. *Ein Allgemeingültigkeitskriterium für beliebige P-Ausdrücke*[1].

Wenn H ein A-identischer P-Ausdruck ist, so ist H P-identisch. Symbolisch:

$$id_{A,\,P}\,H \; seq \; id_P\,H.$$

Wir zeigen statt dessen:

(3.1) $non \; id_P\,H \; seq \; non \; id_{A,\,P}\,H.$

H_0 sei ein Fundament von H. Dann geht (3.1) über in

(3.2) $non \; id_P\,H \; seq \; non \; id_A\,H_0.$

Es genügt zu zeigen:

(3.3) $\mathfrak{B}_\alpha^*(H) = F \; seq \; (Ex\,\mathfrak{B}_A)\,\big(\mathfrak{B}_A^*(H_0) = F\big).$

Wir definieren ein solches $\mathfrak{B}_A$ mit Hilfe von $\mathfrak{B}_\alpha$ und einer Abbildung Φ wie in 1. durch

(3.4) $\mathfrak{B}_A(p_i) =_{Df} \mathfrak{B}_\alpha^*\big(\Phi(p_i)\big)$ für jedes p_i in H_0.

Dann gilt:

(3.5) $\mathfrak{B}_A^*(H_0) = \mathfrak{B}_\alpha^*(H).$

Hieraus (3.3).

Die Nicht-Umkehrbarkeit des vorstehenden Theorems ergibt sich z.B. aus $id_P\,\forall x\,(H(x)\vee\sim H(x))$.[2] Es gibt keine A-Identität H_0, aus der $\forall x\,(H(x)\vee\sim H(x))$ durch P-Einsetzung hervorgeht.

Dagegen erhält man ein „dann und nur dann", wenn H ein offener P-Ausdruck ist (§ 53, 4.6): denn dann kann H_0 und Φ stets so bestimmt werden, daß jeder A-Variablen in H_0 genau ein P-Atom in H entspricht. Hieraus ergibt sich

4. *Ein verschärftes Allgemeingültigkeitskriterium für offene P-Ausdrücke.*

Ein offener P-Ausdruck ist P-identisch genau dann, wenn er A-identisch ist. Symbolisch, mit „*off*" für „offen":

$$off\,H\,.\,seq\,.\,id_P\,H\;\ddot{a}q\;id_{A,\,P}\,H.$$

---

[1] Dieses Kriterium kann auch als Regel aufgefaßt werden. Dann als *Regel der P-Einsetzung (in eine A-Identität).*

[2] Denn $(Om\,\alpha,\,\mathfrak{B})\,(\mathfrak{B}\,Erf_\alpha\,H(x)\;vel\;non\;\mathfrak{B}\,Erf_\alpha\,H(x))$

$vel\;\mathfrak{B}\,Erf_\alpha\sim H(x)$ § 11, 7.2.

$(\mathfrak{B}\,Erf_\alpha\,H(x)\vee\sim H(x)).$ § 11, 7.4.

H sei offen. Dann ist die Bewertung von H eindeutig bestimmt durch die Bewertungen der P-Atome Θ_i in H (§ 55, 2.1). Φ sei eine eineindeutige Abbildung der Θ_i in die Menge der A-Variablen, so daß $\Phi(\Theta_i) = p_i$ für jedes Θ_i in H. Es ist noch zu zeigen: id_P H seq $id_{A,P}$ H. Wir zeigen statt dessen

(4.1)   *non* $id_{A,P}$ H seq *non* id_P H.

H_0 sei das Φ-Bild von H. Dann geht (4.1) über in

(4.2)   *non* id_A H_0 seq *non* id_P H.

Es ist also zu zeigen:

(4.3) $\mathfrak{B}_A^*(H_0) = F$ seq $(Ex\,\alpha, \mathfrak{B})\,\big(\mathfrak{B}_\alpha^*(H) = F\big)$.

Wir definieren zunächst ein solches α, sodann $\mathfrak{B}_\alpha$ in (4.4.1) und (4.4.2) als eine auf H beschränkte Belegung der F-Terme in H mit sich selbst[1], die in (4.4.3) mit Hilfe von $\mathfrak{B}_A$ vervollständigt wird. α sei die Menge der F-Terme in H, mit der zusätzlichen Forderung, daß auch jeder Teilterm eines F-Terms in H als ein F-Term in H gelten soll[2]. $\mathfrak{B}_\alpha$ soll definiert sein durch

(4, 4.1) $\mathfrak{B}_\alpha(x) =_{Df} x$ für $x \in \alpha$.

(4, 4.2) $\mathfrak{B}_\alpha(f^n)\left(\overset{n}{t}\right) =_{Df} f^n\left(\overset{n}{t}\right)$ für jedes $\overset{n}{t}$ mit $f^n\left(\overset{n}{t}\right) \in \alpha$, so daß $\mathfrak{B}_\alpha(t) = t$.[3]

(4, 4.3) $\mathfrak{B}_\alpha(P^n) =_{Df}$ das $\mathfrak{A}_\alpha^n$ mit $\mathfrak{A}_\alpha^n\left(\overset{n}{t}\right) =_{Df} \mathfrak{B}_A^*\big(\Phi\big(P^n\overset{n}{t}\big)\big)$

     für alle P-Atome in H, so daß

$$\mathfrak{B}_\alpha(P^n)\big(\mathfrak{B}_\alpha\big(\overset{n}{t}\big)\big) = \mathfrak{B}_\alpha(P^n)\left(\overset{n}{t}\right) = \mathfrak{B}_\alpha^*\big(P^n\overset{n}{t}\big) = \mathfrak{B}_A^*\big(\Phi\big(P^n\overset{n}{t}\big)\big).$$

     Unter den angegebenen Voraussetzungen gilt:

(4.5) $\mathfrak{B}_\alpha^*(H) = \mathfrak{B}_A^*(H_0)$.

   Hieraus (4.3).

---

[1] Hierzu Fußnote 1, S. 16.

[2] α ist also $\bar{k}$-zahlig, wenn k die Anzahl der so gezählten F-Terme in H ist. Diese Forderung an die Zählung der F-Terme in H ist wesentlich für den Beweis von $\mathfrak{B}_\alpha(t) = t$ in (4.4.2). Es kommt hinzu, daß erst unter dieser Voraussetzung (4.3) verschärft werden kann zu einem Beweis des Entscheidbarkeitstheorems § 81, 2.1.1:

(4.3.1) $\mathfrak{B}_A^*(H_0) = W$ seq $(Ex\,\mathfrak{B})\,(|\alpha| = k\ et\ \mathfrak{B}_\alpha^*(H) = W)$.

Vgl. Fußnote 1, S. 210.

[3] Hierdurch wird $\mathfrak{B}_\alpha(f^n)$ nur partiell festgelegt; deshalb nicht „$\mathfrak{B}_\alpha(f^n) =_{Df}\dots$". — $\mathfrak{B}_\alpha(t) = t$ ergibt sich durch ordnungstheoretische Induktion über die (durch „$L(t)$" symbolisierte) Länge (§ 10, 2.3) von t. Für $L(t) = 1$ trivial wegen (4, 4.1). Für $L(t) > 1$ sei vorausgesetzt in bezug auf $t = f^n\left(\overset{n}{t}\right)$ mit $L(t_1), \dots, L(t_n) < L(t)$:

$$\mathfrak{B}_\alpha(t) = \mathfrak{B}_\alpha\big(f^n\left(\overset{n}{t}\right)\big) = \mathfrak{B}_\alpha(f^n)\big(\mathfrak{B}_\alpha\left(\overset{n}{t}\right)\big) = \mathfrak{B}_\alpha(f^n)\left(\overset{n}{t}\right). \qquad \text{§ 54, 2.1.}$$

Dann gilt auf Grund von (4, 4.2): $\mathfrak{B}_\alpha(t) = f^n\left(\overset{n}{t}\right) = t$.

5. *Die Permanenz des AK im PFK*.

Da die Semantik der A-Konstanten mit den Bewertungstafeln für *Non*, *Et*, *Vel*, *Seq*, *Äq* aus dem AK für $\mathfrak{B}_\alpha^*$ übernommen ist (§ 54, 1.3), so gehen die auf dieser Basis gewonnenen aussagenlogischen Regeln des Schließens (§ 29, 4) im allgemeinen Fall in prädikatenlogische Regeln über, wenn die in ihnen vorkommenden Ausdrucksvariablen aufgefaßt werden als Variablen für P-Ausdrücke. Zwei Beispiele:

5.1. *Die prädikatenlogische Abtrennungsregel* (vgl. § 12, 4.1).

$id_P \, \mathsf{H}_1 \to \mathsf{H}_2 . seq! . id_P \, \mathsf{H}_1 \, seq \, id_P \, \mathsf{H}_2.$

Denn $(Om\,\alpha, \mathfrak{B}) (\mathfrak{B} \, Erf_\alpha \, \mathsf{H}_1 \, seq \, \mathfrak{B} \, Erf_\alpha \, \mathsf{H}_2)$ § 5, 15.1.

$. seq . (Om\,\alpha, \mathfrak{B}) (\mathfrak{B} \, Erf_\alpha \, \mathsf{H}_1) \, seq \, (Om\,\alpha, \mathfrak{B}) (\mathfrak{B} \, Erf_\alpha \, \mathsf{H}_2).$

5.2. $id_P \, \mathsf{H}_1 \to \mathsf{H}_2 . seq! . erf_P \, \mathsf{H}_1 \, seq \, erf_P \, \mathsf{H}_2.$ Vgl. § 12, 7.6.

Denn $(Om\,\alpha, \mathfrak{B}) (\mathfrak{B} \, Erf_\alpha \, \mathsf{H}_1 \, seq \, \mathfrak{B} \, Erf_\alpha \, \mathsf{H}_2)$ § 5, 16.1.

$. seq . (Ex\,\alpha, \mathfrak{B}) (\mathfrak{B} \, Erf_\alpha \, \mathsf{H}_1) \, seq \, (Ex\,\alpha, \mathfrak{B}) (\mathfrak{B} \, Erf_\alpha \, \mathsf{H}_2).$

Zwei Ausnahmen sind jedoch zu beachten: (1) Die Regel der A-Ersetzung (§ 16, 2.2) gilt nur noch in den Grenzen, in denen die in ihre Formulierung eingehenden Teilausdrücke nicht Teilausdrücke eines mit $\forall$ oder $\exists$ beginnenden P-Ausdrucks sind; denn es gilt z.B. *nicht* mehr

$$\mathsf{H}(x) \leftrightarrow \Theta(x) . \to . \forall x \, \mathsf{H}(x) \leftrightarrow \forall x \, \Theta(x).\,[1]$$

Die so beschränkte, aber auch in dieser Beschränkung für den folgenden Aufbau bis zu § 66 wesentliche Ersetzungsregel soll *die limitierte Ersetzungsregel* heißen und angedeutet sein durch Ers_0. (2) Der Regel der A-Einsetzung (§ 16, 1) entspricht im PFK die Regel der (von der P-Einsetzung wohl zu unterscheidenden) Einsetzung in eine P-Variable (§ 62). Hieraus folgt, daß die Theoreme der *Dualität* schon deshalb nicht übernommen werden können, weil sie diese Regel zur Voraussetzung haben, in demselben Sinne wie im AK die Regel der A-Einsetzung (Fußn. 1, S. 82). Es kommen entscheidend hinzu die in die Formulierung und den Beweis einzubeziehenden Quantifizierungsmöglichkeiten des PFK.

5.3.   Daß auf die Permanenz des AK im PFK Bezug genommen ist, wird angedeutet durch „AK*".

§ 59. Grundlagen der Quantorentheorie

(A) Prolegomena

1. Wir schreiben

$\mathsf{H}_1 \, Imp_\alpha \, \mathsf{H}_2$ für $id_\alpha \, \mathsf{H}_1 \to \mathsf{H}_2.$ $\mathsf{H}_1 \, Aeq_\alpha \, \mathsf{H}_2$ für $id_\alpha \, \mathsf{H}_1 \leftrightarrow \mathsf{H}_2.$

$\mathsf{H}_1 \, Imp_P \, \mathsf{H}_2$ für $id_P \, \mathsf{H}_1 \to \mathsf{H}_2.$ $\mathsf{H}_1 \, Aeq_P \, \mathsf{H}_2$ für $id_P \, \mathsf{H}_1 \leftrightarrow \mathsf{H}_2.$

---

[1] Vgl. § 66, 3.1.

2. Es gelten die folgenden elementaren Theoreme (AK*):

2.1. $H_1 \, Imp_\alpha \, H_2 \; et \; H_2 \, Imp_\alpha \, H_1 \; äq \; H_1 \, Aeq_\alpha \, H_2$.

2.2. $H_1 \, Imp_P \, H_2 \; et \; H_2 \, Imp_P \, H_1 \; äq \; H_1 \, Aeq_P \, H_2$.

2.3. $H_1 \, Aeq_\alpha \, H_2 \; seq! \; H_1 \, Imp_\alpha \, H_2$.

2.3.1. $H_1 \, Aeq_\alpha \, H_2 \; seq! \; H_2 \, Imp_\alpha \, H_1$.

2.4. $H_1 \, Aeq_P \, H_2 \; seq! \; H_1 \, Imp_P \, H_2$.

2.4.1. $H_1 \, Aeq_P \, H_2 \; seq! \; H_2 \, Imp_P \, H_1$.

3. *Sequenzen*[1].

3.1. $H_1 \, Imp_\alpha \, H_2 \, . \, seq! \, . \, id_\alpha \, H_1 \; seq \; id_\alpha \, H_2$.

3.2. $erf_\alpha \, H_1 \; seq \; erf_\alpha \, H_2$.

3.3. $H_1 \, Imp_P \, H_2 \, . \, seq! \, . \, id_P \, H_1 \; seq \; id_P \, H_2$.

3.4. $erf_P \, H_1 \; seq \; erf_P \, H_2$.

3.5. $H_1 \, Aeq_\alpha \, H_2 \, . \, seq! \, . \, id_\alpha \, H_1 \; äq \; id_\alpha \, H_2$.

3.6. $erf_\alpha \, H_1 \; äq \; erf_\alpha \, H_2$.

3.7. $H_1 \, Aeq_P \, H_2 \, . \, seq! \, . \, id_P \, H_1 \; äq \; id_P \, H_2$.

3.8. $erf_P \, H_1 \; äq \; erf_P \, H_2$.

4. Wo ohne Voraussetzung über α $id_\alpha \, H$ bewiesen ist, ist auch $(Om \, \alpha)\,(id_\alpha \, H)$, also $id_P \, H$ bewiesen; und umgekehrt. Hiervon werden wir im folgenden fortlaufend Gebrauch machen.

5. *Übergänge.*

5.1.   Mit

$$id_\alpha \, H \; seq \; id_\alpha \, \Theta$$

ist auch bewiesen (§ 5, 11.1)

$$(Om \, \alpha)\,(id_\alpha \, H \; seq \; id_\alpha \, \Theta).$$

Hieraus durch Übergang zur gliedweisen Generalisierung (§ 5, 15.1)

$$(Om \, \alpha)\,(id_\alpha \, H) \; seq \; (Om \, \alpha)\,(id_\alpha \, \Theta),$$

mithin

$$id_P \, H \; seq \; id_P \, \Theta.$$

5.2.   Entsprechend ist mit

$$id_\alpha \, H \; äq \; id_\alpha \, \Theta$$

auch bewiesen

$$id_P \, H \; äq \; id_P \, \Theta.$$

---

[1] Vgl. § 12, 10. Auch diese Theoreme ergeben sich sämtlich aus der Permanenz des AK im PFK.

Anm.: 5.1 und 5.2 sind nicht umkehrbar. Es sei

$$\mathsf{H} = \exists x\, Px \to \forall x\, Px, \quad \Theta = Pz.$$

Weder H noch Θ sind P-identisch. Es gilt also

$$id_P\, \mathsf{H} \; seq \; id_P\, \Theta, \quad id_P\, \mathsf{H} \; \ddot{a}q \; id_P\, \Theta.$$

Es gilt aber nicht: $id_\alpha\, \mathsf{H} \; seq \; id_\alpha\, \Theta$, folglich erst recht nicht: $id_\alpha\, \mathsf{H} \; \ddot{a}q \; id_\alpha\, \Theta$; denn $id_\alpha\, \mathsf{H}$ genau dann, wenn α einzahlig, dagegen ist Θ als P-Atom neutral (§ 54, 6.7).

(B) Grundlegung der Quantorentheorie

10. *Die formalisierten Verneinungen von „alle" und „es gibt".*

*10.1. $\sim \forall \overset{n}{x}\, \mathsf{H}\left(\overset{n}{x}\right) Aeq_\alpha \exists \overset{n}{x} \sim \mathsf{H}\left(\overset{n}{x}\right).$

Beweis: $non\, (Om_\alpha \overset{n}{\mathfrak{x}})\left(\overset{n}{\mathfrak{x}}\, Erf_{\alpha,\mathfrak{B},\overset{n}{x}}\, \mathsf{H}\left(\overset{n}{x}\right)\right) \ddot{a}q\, (Ex_\alpha \overset{n}{\mathfrak{x}})\left(non\, \overset{n}{\mathfrak{x}}\, Erf_{\alpha,\mathfrak{B},\overset{n}{x}}\, \mathsf{H}\left(\overset{n}{x}\right)\right).$[1]

*10.2. $\sim \exists \overset{n}{x}\, \mathsf{H}\left(\overset{n}{x}\right) Aeq_\alpha \forall \overset{n}{x} \sim \mathsf{H}\left(\overset{n}{x}\right).$

Beweis: $non\, (Ex_\alpha \overset{n}{\mathfrak{x}})\left(\overset{n}{\mathfrak{x}}\, Erf_{\alpha,\mathfrak{B},\overset{n}{x}}\, \mathsf{H}\left(\overset{n}{x}\right)\right) \ddot{a}q\, (Om_\alpha \overset{n}{\mathfrak{x}})\left(non\, \overset{n}{\mathfrak{x}}\, Erf_{\alpha,\mathfrak{B},\overset{n}{x}} \sim \mathsf{H}\left(\overset{n}{x}\right)\right).$

Aus 10.1 und 10.2 erhält man durch gliedweise Verneinung (AK*)

*10.3. $\forall \overset{n}{x}\, \mathsf{H}\left(\overset{n}{x}\right) Aeq_\alpha \sim \exists \overset{n}{x} \sim \mathsf{H}\left(\overset{n}{x}\right).$

*10.4. $\exists \overset{n}{x}\, \mathsf{H}\left(\overset{n}{x}\right) Aeq_\alpha \sim \forall \overset{n}{x} \sim \mathsf{H}\left(\overset{n}{x}\right).$

11. *Elementartheoreme für $\forall$.*

11.1. $\forall \overset{n}{x}\, \mathsf{H}\left(\overset{n}{x}\right) Imp_\alpha\, \mathsf{H}\left(\overset{n}{x}\right).$ Hierzu § 61, 3.1 und 3.3.

Beweis:

$$(1) \quad (Om_\alpha \overset{n}{\mathfrak{x}})\left(\begin{pmatrix}\overset{n}{x}\\ \overset{n}{\mathfrak{x}}\end{pmatrix} \mathfrak{B}\, Erf_\alpha\, \mathsf{H}\left(\overset{n}{x}\right)\right) seq \begin{pmatrix}\overset{n}{x}\\ \mathfrak{B}\left(\overset{n}{x}\right)\end{pmatrix} \mathfrak{B}\, Erf_\alpha\, \mathsf{H}\left(\overset{n}{x}\right)$$

$$(2) \qquad\qquad seq\; \mathfrak{B}\, Erf_\alpha\, \mathsf{H}\left(\overset{n}{x}\right). \qquad\qquad \text{§ 54, 3.2.3.}$$

Aus 11.1 folgt (3.1)

11.2. $id_\alpha\, \forall \overset{n}{x}\, \mathsf{H}\left(\overset{n}{x}\right) seq \; id_\alpha\, \mathsf{H}\left(\overset{n}{x}\right).$

11.1 ist nicht umkehrbar; denn $\mathsf{H}\left(\overset{n}{x}\right) \to \forall \overset{n}{x} \mathsf{H}\left(\overset{n}{x}\right)$ ist offenbar nur für einzahliges α identisch. Dagegen gilt

11.3. $id_\alpha\, \mathsf{H}\left(\overset{n}{x}\right) seq \; id_\alpha\, \forall \overset{n}{x}\, \mathsf{H}\left(\overset{n}{x}\right).$

Beweis:

$$(1) \quad (Om\, \mathfrak{B})\left(\mathfrak{B}\, Erf_\alpha\, \mathsf{H}\left(\overset{n}{x}\right)\right) seq \begin{pmatrix}\overset{n}{x}\\ \overset{n}{\mathfrak{x}}\end{pmatrix} \mathfrak{B}\, Erf_\alpha\, \mathsf{H}\left(\overset{n}{x}\right).$$

---

[1] Der Intuitionismus erkennt nur den Übergang von Rechts nach Links an.

Mithin (§ 5, 11.2)

(2) $\quad (Om\,\mathfrak{B})\,(\mathfrak{B}\,\mathit{Erf}_\alpha\,\mathsf{H}(\overset{n}{x}))\ \mathit{seq}\ (Om_\alpha\overset{n}{\mathfrak{x}},\,\mathfrak{B})\left(\!\binom{\overset{n}{x}}{\underset{\mathfrak{x}}{n}}\mathfrak{B}\,\mathit{Erf}_\alpha\,\mathsf{H}(\overset{n}{x})\right).$

Aus 11.2 und 11.3 folgt

*11.4. $\quad id_\alpha\,\mathsf{H}(\overset{n}{x})\ \ddot{a}q\ id_\alpha\,\forall\overset{n}{x}\,\mathsf{H}(\overset{n}{x}).$

Hieraus durch Übergang zu $\sim\!\mathsf{H}(\overset{n}{x})$

11.5. $\quad id_\alpha\sim\mathsf{H}(\overset{n}{x})\ \ddot{a}q\ id_\alpha\,\forall\overset{n}{x}\sim\mathsf{H}(\overset{n}{x}).$

Hieraus mit 10.2 und 3.5

*11.6. $\quad id_\alpha\sim\mathsf{H}(\overset{n}{x})\ \ddot{a}q\ id_\alpha\sim\exists\overset{n}{x}\,\mathsf{H}(\overset{n}{x}).$

Aus 11.1 folgt mit 5.1

*11.10. $\quad \mathsf{H}(\overset{n}{x})\,\mathit{Imp}_\alpha\,\Theta\ \mathit{seq}\ \forall\overset{n}{x}\,\mathsf{H}(\overset{n}{x})\,\mathit{Imp}_\alpha\,\Theta.$ $\qquad\qquad$ Vgl. § 64, 4.1.

Das Gegenstück zu 11.10 hat zur Voraussetzung, daß $\overset{n}{x}$ nicht frei in Θ.[1]

*11.11. $\quad \Theta\,\mathit{Imp}_\alpha\,\mathsf{H}(\overset{n}{x})\ \mathit{seq}\ \Theta\,\mathit{Imp}_\alpha\,\forall\overset{n}{x}\,\mathsf{H}(\overset{n}{x}).$ $\quad$ $\mathit{non}\,\overset{n}{x}\,\mathit{Fr}\,\Theta.$

$\qquad\qquad\qquad\qquad\qquad\qquad\qquad\qquad\qquad\qquad$ Vgl. § 64, 4.2.

Es genügt (5.1), für $\mathit{non}\,\overset{n}{x}\,\mathit{Fr}\,\Theta$ zu zeigen:

(*) $\quad \mathit{non}\,\Theta\,\mathit{Imp}_\alpha\,\forall\overset{n}{x}\,\mathsf{H}(\overset{n}{x})\ \mathit{seq}\ \mathit{non}\,\Theta\,\mathit{Imp}_\alpha\,\mathsf{H}(\overset{n}{x}).$

Dies ergibt sich in zwei Schritten:

(1) $\quad \mathit{non}\,\mathfrak{B}\,\mathit{Erf}_\alpha\,\Theta \to \forall\overset{n}{x}\,\mathsf{H}(\overset{n}{x})$

$\qquad\qquad \mathit{seq}\ \mathfrak{B}\,\mathit{Erf}_\alpha\,\Theta\ \mathit{et}\ \mathit{non}\,\mathfrak{B}\,\mathit{Erf}_\alpha\,\forall\overset{n}{x}\,\mathsf{H}(\overset{n}{x})$ $\qquad$ § 11, 7.10.

(2) $\qquad\qquad \mathit{seq}\ (Ex\,\mathfrak{B}')\left(\mathfrak{B}'\underset{\underset{x}{n}}{=\!=}\mathfrak{B}\ \mathit{et}\ \mathfrak{B}'\,\mathit{Erf}_\alpha\,\Theta\ \mathit{et}\ \mathit{non}\,\mathfrak{B}'\,\mathit{Erf}_\alpha\,\mathsf{H}(\overset{n}{x})\right).$[2]

Mit (2) ist (*) bewiesen.

12. *Die entsprechenden Elementartheoreme für* $\exists.$

12.1. $\quad \mathsf{H}(\overset{n}{x})\,\mathit{Imp}_\alpha\,\exists\overset{n}{x}\,\mathsf{H}(\overset{n}{x}).$ $\qquad\qquad$ Hierzu § 61, 3.2 und 3.4.

Beweis:

(1) $\quad \mathfrak{B}\,\mathit{Erf}_\alpha\,\mathsf{H}(\overset{n}{x})\ \mathit{seq}\ \left(\genfrac{}{}{0pt}{}{\overset{n}{x}}{\mathfrak{B}(\overset{n}{x})}\right)\mathfrak{B}\,\mathit{Erf}_\alpha\,\mathsf{H}(\overset{n}{x})$ $\qquad\qquad$ § 54, 3.2.3.

(2) $\qquad\qquad \mathit{seq}\ (Ex_\alpha\overset{n}{\mathfrak{x}})\left(\!\binom{\overset{n}{x}}{\underset{\mathfrak{x}}{n}}\mathfrak{B}\,\mathit{Erf}_\alpha\,\mathsf{H}(\overset{n}{x})\right).$

---

[1] Hierzu § 63, 8.1.

[2] (2) wegen $\mathit{non}\,\overset{n}{x}\,\mathit{Fr}\,\Theta$ auf Grund des Koinzidenztheorems § 55, 2. Hinzuzunehmen ist § 54, 3.3.5.

Aus 12.1 folgt

*12.2. $id_\alpha \mathsf{H}\left(\overset{n}{x}\right)$ seq $id_\alpha \exists\overset{n}{x}\,\mathsf{H}\left(\overset{n}{x}\right)$.

12.1 ist nicht umkehrbar; denn $\exists\overset{n}{x}\mathsf{H}\left(\overset{n}{x}\right)\to\mathsf{H}\left(\overset{n}{x}\right)$ ist offenbar nur für einzahliges α identisch. Dagegen erhält man aus 11.6 durch gliedweise metasprachliche Verneinung

$$non\; id_\alpha \sim \mathsf{H}\left(\overset{n}{x}\right)\; \ddot{a}q\; non\; id_\alpha \sim \exists\overset{n}{x}\,\mathsf{H}\left(\overset{n}{x}\right).$$

Mithin (§ 54, 6.5)

*12.3. $erf_\alpha \mathsf{H}\left(\overset{n}{x}\right)$ $\ddot{a}q$ $erf_\alpha \exists\overset{n}{x}\,\mathsf{H}\left(\overset{n}{x}\right)$.

Aus 12.1 folgt (AK*) durch gliedweise Prämissenvorschaltung

*12.5. $\ominus Imp_\alpha \mathsf{H}\left(\overset{n}{x}\right)$ seq $\ominus Imp_\alpha \exists\overset{n}{x}\,\mathsf{H}\left(\overset{n}{x}\right)$.　　　　Vgl. § 64, 4.4.

Das Gegenstück zu 12.5 hat zur Voraussetzung, daß $\overset{n}{x}$ nicht frei in $\ominus$.[1]

*12.6. $\mathsf{H}\left(\overset{n}{x}\right)Imp_\alpha\ominus$ seq $\exists\overset{n}{x}\,\mathsf{H}\left(\overset{n}{x}\right)Imp_\alpha\ominus$. $non\;\overset{n}{x}\,Fr\,\ominus$. Vgl. § 64, 4.3.

Beweis: Aus 11.11 folgt durch Übergang zu $\sim\ominus$, $\sim\mathsf{H}(x)$ und Kontraposition

(1)　$\mathsf{H}\left(\overset{n}{x}\right)Imp_\alpha\ominus$ seq $\sim\forall\overset{n}{x}\sim\mathsf{H}\left(\overset{n}{x}\right)Imp_\alpha\ominus$,

　　folglich mit 10.4 und Ers_0 (§ 58, 5)

(2)　$\mathsf{H}\left(\overset{n}{x}\right)Imp_\alpha\ominus$ seq $\exists\overset{n}{x}\,\mathsf{H}\left(\overset{n}{x}\right)Imp_\alpha\ominus$.

Wir notieren noch als Folgerung aus 11.1 und 12.1

*12.10. $\forall\overset{n}{x}\,\mathsf{H}\left(\overset{n}{x}\right)Imp_\alpha\exists\overset{n}{x}\,\mathsf{H}\left(\overset{n}{x}\right)$.

　　　　Mithin

*12.11. $id_\alpha\forall\overset{n}{x}\,\mathsf{H}\left(\overset{n}{x}\right)$ seq $id_\alpha\exists\overset{n}{x}\,\mathsf{H}\left(\overset{n}{x}\right)$.

§ 60. Gleichheiten im PFK

1. Für den PFK sind die folgenden Gleichheiten von Bedeutung:

1.1.　$\mathsf{H}_1 Aeq_\alpha \mathsf{H}_2$, $\mathsf{H}_1 Aeq_P \mathsf{H}_2$ wie in § 59, 1.1.

1.2.　H_1 ist α-*identitätsgleich* mit H_2.

　　　$\mathsf{H}_1 Idg_\alpha \mathsf{H}_2$ $\ddot{a}q_{Df}$ $id_\alpha \mathsf{H}_1$ $\ddot{a}q$ $id_\alpha \mathsf{H}_2$.

1.3.　H_1 ist α-*erfüllbarkeitsgleich* mit H_2.

　　　$\mathsf{H}_1 Erfg_\alpha \mathsf{H}_2$ $\ddot{a}q_{Df}$ $erf_\alpha \mathsf{H}_1$ $\ddot{a}q$ $erf_\alpha \mathsf{H}_2$.

---

[1] Hierzu § 63, 8.2.

1.4. H_1 ist *identitätsverbunden* mit H_2 im PFK.

$H_1\,Idv_P\,H_2\;äq_{Df}\;(Om\;\alpha)\,(H_1\,Idg_\alpha\,H_2)$.

1.5. H_1 ist *erfüllbarkeitsverbunden* mit H_2 im PFK.

$H_1\,Erfv_P\,H_2\;äq_{Df}\;(Om\;\alpha)\,(H_1\,Erfg_\alpha\,H_2)$.

1.6. H_1 ist *identitätsgleich* mit H_2 im PFK.

$H_1\,Idg_P\,H_2\;äq_{Df}\;id_P\,H_1\;äq\;id_P\,H_2$.

1.7. H_1 ist *erfüllbarkeitsgleich* mit H_2 im PFK.

$H_1\,Erfg_P\,H_2\;äq_{Df}\;erf_P\,H_1\;äq\;erf_P\,H_2$.

2. *Aeq_α, Aeq_P, Idg_α, Idv_P, Idg_P, Erf_α, $Erfv_P$, $Erfg_P$* sind Gleichheiten, also reflexiv, symmetrisch und transitiv, folglich auch drittengleich (§ 13, 2.1).

3. *Zerlegungen.*

3.1. $H_1\,Idg_\alpha\,H_2\;äq\;id_\alpha\,H_1$, H_2 *vel non* $id_\alpha\,H_1$ *et non* $id_\alpha\,H_2$.

3.2. $H_1\,Erfg_\alpha\,H_2\;äq\;erf_\alpha\,H_1$, H_2 *vel non* $erf_\alpha\,H_1$ *et non* $erf_\alpha\,H_2$.

3.3. *non* $H_1\,Idg_\alpha\,H_2\;äq\;id_\alpha\,H_1$ *et non* $id_\alpha\,H_2$ *vel* $id_\alpha\,H_2$ *et non* $id_\alpha\,H_1$.

3.4. *non* $H_1\,Erfg_\alpha\,H_2\;äq\;erf_\alpha\,H_1$ *et non* $erf_\alpha\,H_2$ *vel* $erf_\alpha\,H_2$ *et non* $erf_\alpha\,H_1$.

Das Entsprechende gilt für *Idg_P* und *$Erfg_P$*.

3.5. *non* $H_1\,Idv_P\,H_2\;äq\;(Ex\;\alpha)\,(id_\alpha\,H_1$ *et non* $id_\alpha\,H_2)$

$vel\;(Ex\;\alpha)\,(id_\alpha\,H_2$ *et non* $id_\alpha\,H_1)$.

3.6. *non* $H_1\,Erfv_P\,H_2\;äq\;(Ex\;\alpha)\,(erf_\alpha\,H_1$ *et non* $erf_\alpha\,H_2)$

$vel\;(Ex\;\alpha)\,(erf_\alpha\,H_2$ *et non* $erf_\alpha\,H_1)$.

Man beachte, daß für den Beweis von $H_1\,Idg_\alpha\,H_2$ usf. jeweils nur Ein Glied der rechts stehenden Alternative erforderlich ist.

4. Aus § 54, 6 ergeben sich die folgenden metasprachlichen Aequivalenzen:

4.1. $H_1\,Idg_\alpha\,H_2\;äq\;\sim H_1\,Erfg_\alpha\sim H_2$.

4.2. $H_1\,Erfg_\alpha\,H_2\;äq\;\sim H_1\,Idg_\alpha\sim H_2$.

4.3. $H_1\,Idv_P\,H_2\;äq\;\sim H_1\,Erfv_P\sim H_2$.

4.4. $H_1\,Erfv_P\,H_2\;äq\;\sim H_1\,Idv_P\sim H_2$.

4.5. $H_1\,Idg_P\,H_2\;äq\;\sim H_1\,Erfg_P\sim H_2$.

4.6. $H_1\,Erfg_P\,H_2\;äq\;\sim H_1\,Idg_P\sim H_2$.

5. *Rekapitulationen.*

5.1. $H\left(\overset{n}{x}\right)Idg_\alpha\;\forall\overset{n}{x}\,H\left(\overset{n}{x}\right)$. §59, 11.4.

5.2. $\sim H\left(\overset{n}{x}\right)Idg_\alpha\sim\exists\overset{n}{x}\,H\left(\overset{n}{x}\right)$. §59, 11.6.

5.3. $H\binom{n}{x}\,Erfg_\alpha\,\exists\overset{n}{x}\,H\binom{n}{x}$. $\qquad\qquad$ § 59, 12.3.

5.4. Irgend zwei P-Atome sind wegen ihres neutralen Charakters (§ 54, 6.7) identitäts- und erfüllbarkeitsverbunden (1.4).

Aus 5.1 bis 5.3 auf Grund des *Dictum de omni* mit 1.4

*5.5. $H\binom{n}{x}\,Idv_P\,\forall\overset{n}{x}\,H\binom{n}{x}$.

*5.6. $\sim H\binom{n}{x}\,Idv_P\sim\exists\overset{n}{x}\,H\binom{n}{x}$.

*5.7. $H\binom{n}{x}\,Erfv_P\,\exists\overset{n}{x}\,H\binom{n}{x}$.

6. *Sequenzen I.*[1]

6.1. $H_1\,Idv_P\,H_2$ seq! $H_1\,Idg_P\,H_2$.

6.1 ist nicht umkehrbar; denn für $H_1=Px$, $H_2=Py\to Pz$ gilt:

$$\text{non } id_P\,H_1\text{ et non } id_P\,H_2,$$

folglich $H_1\,Idg_P\,H_2$. Aber nicht $H_1\,Idv_P\,H_2$; denn H_2 ist für einzahliges α identisch, H_1 als P-Atom neutral. Es gilt also

$$(Ex\,\alpha)\,(id_\alpha\,H_2\text{ et non } id_\alpha\,H_1).$$

6.2. $H_1\,Erfv_P\,H_2$ seq! $H_1\,Erfg_P\,H_2$.

6.2 ist nicht umkehrbar; denn für $H_1=Px$, $H_2=Py\wedge\sim Pz$ gilt

$$erf_P\,H_1\text{ et } erf_P\,H_2,$$

folglich $H_1\,Erfg_P\,H_2$. Aber nicht $H_1\,Erfv_P\,H_2$; denn H_1 ist auch für einzahliges α erfüllbar, H_2 dagegen nicht. Es gilt also

$$(Ex\,\alpha)\,(erf_\alpha\,H_1\text{ et non } erf_\alpha\,H_2).$$

7. *Sequenzen II.*

7.1. $H_1\,Aeq_\alpha\,H_2$ seq! $H_1\,Idg_\alpha\,H_2$. $\qquad\qquad$ 1.2; § 59, 3.5.

7.2. $\qquad\qquad$ seq! $H_1\,Erfg_\alpha\,H_2$. $\qquad\qquad$ 1.3; § 59, 3.6.

Die Nicht-Umkehrbarkeit von 7.1 und 7.2 ergibt sich z.B. aus $H_1=Px$, $H_2=Py$.

7.3. $H_1\,Aeq_P\,H_2$ seq! $H_1\,Idv_P\,H_2$. $\qquad\qquad$ 7.1; 1.4.

7.4. $\qquad\qquad$ seq! $H_1\,Erfv_P\,H_2$. $\qquad\qquad$ 7.2; 1.5.

8. *Folgerungen.*

8.1. Aus 7.3 und 6.1 ergibt sich die Mittelstellung von Idv_P zwischen Aeq_P und Idg_P.

8.2. Aus 7.4 und 6.2 ergibt sich die Mittelstellung von $Erfv_P$ zwischen Aeq_P und $Erfg_P$.

---

[1] Vgl. Fußnote 1, S. 59.

Es gelten ferner die wichtigen Theoreme

*8.3. $H_1\,Aeq_P\,H_2\ et\ H_2\,Idv_P\,H_3\ seq\ H_1\,Idv_P\,H_3.$ 7.3.

　　　　　　　Idg_P　　　　　　Idg_P 7.1.

*8.4. $H_1\,Aeq_P\,H_2\ et\ H_2\,Erfv_P\,H_3\ seq\ H_1\,Erfv_P\,H_3.$ 7.4.

　　　　　　　$Erfg_P$　　　　　　$Erfg_P$ 7.2.

§ 61. Termeinsetzung und freie Umbenennung

1. *Redeweisen.*

1.1. x komme frei vor in H_1.[1] H_2 gehe aus H_1 hervor durch eine zulässige (§ 53, 5.2), also konfusionsfreie Einsetzung[2] eines F-Terms t in x. Dann sagen wir:

H_2 geht aus H_1 hervor durch eine zulässige Einsetzung von t in x

symbolisch:

$$H_1\,Eins_{xt}\,H_2,$$

oder kürzer:

H_2 geht durch Termeinsetzung hervor aus H_1

mit

$$H_1\,Eins_T\,H_2\ äq_{Df}\ (Ex\ x,t)\,\big(H_2 = H_1(x\,|\,t)\big).$$

Wenn x *nicht* frei in H, so soll gelten: $H_1 = H_2$.

1.2.   Ist der einzusetzende F-Term eine S-Variable z, so sagen wir:

H_2 geht aus H_1 durch freie Umbenennung hervor

symbolisch:

$$H_1\,Umbf\,H_2,$$

mit

$$H_1\,Umbf\,H_2\ äq_{Df}\ (Ex\ x,z)\,\big(H_2 = H_1(x\,|\,z)\big).$$

2. *Das Theorem der Termeinsetzung.*

$$H_1\,Eins_T\,H_2\,.\,seq\,.\,id_\alpha\,H_1\ seq\ id_\alpha\,H_2$$

oder kürzer

$$id_\alpha\,H(x)\ seq\ id_\alpha\,H(x\,|\,t),$$

wo durch „$x\,|\,t$" eine zulässige Einsetzung von t in x angedeutet sein soll (§ 53, 5.2, Anm.).

Es genügt zu zeigen, daß

$$(2.1)\quad \binom{x}{\mathfrak{B}_\alpha(t)}\,\mathfrak{B}_\alpha^*\,(H(x)) = \mathfrak{B}_\alpha^*\,(H(x\,|\,t));$$

---

[1] Es wird *nicht* verlangt, daß x in H vollfrei vorkommt.
[2] „Einsetzung" wie in § 16, 1.1.

denn dann gilt

$$(Om\,\alpha,\, \mathfrak{B})\left(\left(\begin{matrix} x \\ \mathfrak{B}_\alpha(t) \end{matrix}\right) \mathfrak{B}\,Erf_\alpha\,\mathsf{H}(x)\ \ddot{a}q\ \mathfrak{B}\,Erf_\alpha\,\mathsf{H}(x\,|\,t)\right),$$

folglich für

$$(Om\,\alpha,\, \mathfrak{B})\,(\mathfrak{B}\,Erf_\alpha\,\mathsf{H}(x))\ seq\ (Om\,\alpha,\, \mathfrak{B})\left(\left(\begin{matrix} x \\ \mathfrak{B}_\alpha(t) \end{matrix}\right) \mathfrak{B}\,Erf_\alpha\,\mathsf{H}(x)\right)$$

$$(Om\,\alpha,\, \mathfrak{B})\,(\mathfrak{B}\,Erf_\alpha\,\mathsf{H}(x))\ seq\ (Om\,\alpha,\, \mathfrak{B})\,(\mathfrak{B}\,Erf_\alpha\,\mathsf{H}(x\,|\,t)).$$

(2.1) ergibt sich anschaulich so. Das durch $\mathsf{H}(x)$ bestimmte Prädikat $\boldsymbol{\lambda} z\,\mathsf{H}(z)$ definiert die α-Eigenschaft $\mathfrak{B}_\alpha(\boldsymbol{\lambda} z\,\mathsf{H}(z))$, so daß (§ 57, 1.4)

$$(Om_\alpha\,\mathfrak{x})\left(\mathfrak{B}_\alpha(\boldsymbol{\lambda} z\,\mathsf{H}(z))\,(\mathfrak{x}) = \left(\begin{matrix} x \\ \mathfrak{x} \end{matrix}\right)\mathfrak{B}_\alpha^*\,(\mathsf{H}(x))\right).$$

Hieraus für $\mathfrak{x} = \mathfrak{B}_\alpha(t)$

$$(2.1.1)\quad \mathfrak{B}_\alpha(\boldsymbol{\lambda} z\,\mathsf{H}(z))\,(\mathfrak{B}_\alpha(t)) = \left(\begin{matrix} x \\ \mathfrak{B}_\alpha(t) \end{matrix}\right)\mathfrak{B}_\alpha^*\,(\mathsf{H}(x)).$$

$\mathfrak{B}_\alpha(\boldsymbol{\lambda} z\,\mathsf{H}(z))$ kann dem α-Element $\mathfrak{B}_\alpha(t)$ aber auch dadurch zugeschrieben werden, daß t für x *eingesetzt* wird, da dann den durch x angedeuteten Stellen automatisch der Wert $\mathfrak{B}_\alpha(t)$ zugeordnet wird. Es gilt also auch

$$(2.1.2)\quad \mathfrak{B}_\alpha(\boldsymbol{\lambda} z\,\mathsf{H}(z))\,(\mathfrak{B}_\alpha(t)) = \mathfrak{B}\,(\mathsf{H}(x\,|\,t)).$$

Aus (2.1.1) und (2.1.2) folgt (2.1).

Diese anschauliche Überlegung soll hier genügen. Der exakte Beweis ist induktiv über den Aufbau von $\mathsf{H}(x)$ zu führen. Er kostet den Raum, der hier nicht zur Verfügung steht.

Zusatz: Aus (2.1) folgt

$$\left(\begin{matrix} x \\ \mathfrak{B}_\alpha(t) \end{matrix}\right) \mathfrak{B}\,Erf_\alpha\,\mathsf{H}(x)\ \ddot{a}q\ \mathfrak{B}\,Erf_\alpha\,\mathsf{H}(x\,|\,t)$$

oder

$$\mathfrak{B}(t)\,Erf_{\alpha,\,\mathfrak{B},\,x}\,\mathsf{H}(x)\ \ddot{a}q\ \mathfrak{B}\,Erf_\alpha\,\mathsf{H}(x\,|\,t).$$

Hieraus für $t = c$ $(c$ eine S-Konstante (§ 54, 1.1))

$$*(2.2)\quad \mathfrak{B}(c)\,Erf_{\alpha,\,\mathfrak{B},\,x}\,\mathsf{H}(x)\ \ddot{a}q\ \mathfrak{B}\,Erf_\alpha\,\mathsf{H}(x\,|\,c).$$

(2.3) *Zur Forderung der Konfusionsfreiheit:* Es ist zugelassen der Übergang von

$$\mathsf{H}_1 = \exists z\,(P_1 x \wedge P_2 z) \leftrightarrow P_1 x \wedge \exists z\,P_2 z$$

zu

$$\mathsf{H}_2 = \exists z\,(P_1 f(y) \wedge P_2 z) \leftrightarrow P_1 f(y) \wedge \exists z\,P_2 z;$$

aber nicht zu

$$\mathsf{H}_2' = \exists z\,(P_1 f(z) \wedge P_2 z) \leftrightarrow P_1 f(z) \wedge \exists z\,P_2 z.$$

Zur Begründung: H_2 ist mit H_1 P-identisch (§ 71, 2.4). Dagegen ist H_2' schon für zweizahliges α falsifizierbar, z.B. durch

$$\mathfrak{B}_\alpha^* \left(P_1 f(z_1)\right) = F, \qquad \mathfrak{B}_\alpha^* \left(P_1 f(z_2)\right) = \mathfrak{B}_\alpha^* \left(P_2 z_1\right) = \mathfrak{B}_\alpha^* \left(P_2 z_2\right) = W.\,[1]$$

Dann gilt: $\mathfrak{B}_\alpha^* \left(\exists z (P_1 f(z) \wedge P_2 z)\right) = W$, dagegen $\mathfrak{B}_\alpha^* \left(P_1 f(z_1) \wedge \exists z\, P_2 z\right) = F$.

3. Aus 2. ergeben sich als grundlegende Folgerungen die folgenden *Verallgemeinerungen* von § 59, 11.1 und 12.1:

*3.1. $\forall x\, H(x)\, Imp_\alpha\, H(x\,|\,t)$,

*3.2. $H(x\,|\,t)\, Imp_\alpha\, \exists x\, H(x)$

       mit den Sonderfällen

*3.3. $\forall x\, H(x)\, Imp_\alpha\, H(x\,|\,z)$.

*3.4. $H(x\,|\,z)\, Imp_\alpha\, \exists x\, H(x)$.

4. *Das Theorem der freien Umbenennung.*

Wenn H_1 und H_2 durch freie Umbenennung von x in z und umgekehrt auseinander hervorgehen, so gilt $id_\alpha H_1$ *äq* $id_\alpha H_2$, also $H_1 Idg_\alpha H_2$ (§ 60, 1.2). Symbolisch:

4.1. $H_1 Umbf_{xz} H_2$ *et* $H_2 Umbf_{zx} H_1$ *seq* $H_1 Idg_\alpha H_2$,

      mithin (§ 59, 5.2; § 60, 1.4)

4.2. $H_1 Umbf_{xz} H_2$ *et* $H_2 Umbf_{zx} H_1$ *seq* $H_1 Idv_P H_2$.

Anm.: Die Notwendigkeit der Bedingung, daß H_1 und H_2 durch freie Umbenennung *auseinander* hervorgehen, ergibt sich aus folgendem Gegenbeispiel. Durch freie Umbenennung von x_1 in x_2 geht $H_1 = Px_1 \to Px_2$ über in $H_2 = Px_2 \to Px_2$, aber nicht durch freie Umbenennung von x_2 in x_1 H_2 in H_1. Dann gilt nicht mehr $id_\alpha H_2$ *seq* $id_\alpha H_1$, folglich erst recht nicht $H_1 Idg_\alpha H_2$; denn H_2 ist P-identisch, dagegen ist H_1 schon für zweizahliges α falsifizierbar durch $\mathfrak{B}_\alpha^* (Px_1) = W$, $\mathfrak{B}_\alpha^* (Px_2) = F$.

§ 62. Die Einsetzungsregel für P-Variablen

1. Die Einsetzung in eine P-Variable, wohl zu unterscheiden von der P-Einsetzung (§ 58, 1), ist ein Komplement zur Termeinsetzung. Sie ist das prädikatenlogische Gegenstück zur aussagenlogischen Einsetzung in eine A-Variable. In beiden Fällen handelt es sich um die Einsetzung von Ausdrücken. Eine genaue Formulierung der Einsetzungsoperation für P-Variablen hat zu berücksichtigen, daß eine und dieselbe P-Variable in einem und demselben P-Ausdruck im allgemeinen Falle mit variierenden Termen vorkommt. Man hat also effektiv nicht Θ für P^n einzusetzen, sondern $\Theta\binom{n}{t}$ für $P^n \overset{n}{t}$. Es ist zusätzlich zu berücksichtigen, daß in Θ noch Parameter vorkommen können.

---

[1] Hierzu der exakte semantische Beweis in § 63, 7.1.

2. Wir setzen voraus die Verabredung § 57, 3. Dann genügt es zu fordern, daß H durch eine zulässige Einsetzung (§ 53, 5.2 Anm.) von $\lambda \overset{n}{u} \Theta \left(\overset{n}{u}\right)$ in P^n in H übergeht in H^λ und von H^λ durch den Übergang von $\lambda \overset{n}{u} \Theta \left(\overset{n}{u}\right) \overset{n}{t}$ zu $\Theta \left(\overset{n}{t}\right)$ in H*. In Θ dürfen noch Parameter $\overset{m}{z}$ vorkommen. Wir sagen dann mit Unterdrückung von H^λ: „H geht durch eine zulässige Einsetzung von $\lambda \overset{n}{u} \Theta \left(\overset{n}{u}\right)$ in P^n in H über in H*." Symbolisch: „H $Eins_{P^n \mid \lambda \overset{n}{u} \Theta \left(\overset{n}{u}\right)}$ H*." Wenn P^n nicht in H, so soll gelten: H = H*. Wir definieren zusätzlich

$$H \, Eins_P \, H^* \; \ddot{a}q_{Df} \left(Ex \, P^n, \Theta \left(\overset{n}{u}\right)\right) \left(H \, Eins_{P^n \mid \lambda \overset{n}{u} \Theta \left(\overset{n}{u}\right)} H^*\right).$$

Auf dieser Basis formulieren wir

*3. *Das Einsetzungstheorem für eine P-Variable.*

$$H \, Eins_P \, H^* \, . \, seq \, . \, id_\alpha \, H \; seq \; id_\alpha \, H^*.$$

Es genügt zu zeigen:

(3.1) $H \, Eins_{P^n \mid \lambda \overset{n}{u} \Theta \left(\overset{n}{u}\right)} H^* \, . \, seq \, . \, non \; id_\alpha \, H^* \; seq \; non \; id_\alpha \, H.$

Dies gelingt dadurch, daß Folgendes gezeigt wird:

(3.2) $\mathfrak{B}_\alpha^* (H^*) = F \; seq \; (Ex \, \overline{\mathfrak{B}}) \left(\overline{\mathfrak{B}}_\alpha^* (H) = F\right).$

Man setze $\overline{\mathfrak{B}} = (Un \, \mathfrak{B}') \left(\mathfrak{B}' \underset{P^n}{=} \mathfrak{B} \; et \; \mathfrak{B}'(P^n) = \mathfrak{B}_\alpha (\lambda \overset{n}{u} \Theta \left(\overset{n}{u}\right))\right)$ oder kürzer

$$\overline{\mathfrak{B}} = \begin{pmatrix} P^n \\ \mathfrak{B}_\alpha (\lambda \overset{n}{u} \Theta \left(\overset{n}{u}\right)) \end{pmatrix} \mathfrak{B}. \text{ Es gilt dann}$$

$$\left(Om \, \overset{n}{t}\right) \left(\overline{\mathfrak{B}}_\alpha^* \left(P^n \overset{n}{t}\right) = \mathfrak{B}_\alpha^* \left(\lambda \overset{n}{u} \Theta \left(\overset{n}{u}\right) \overset{n}{t}\right)\right).$$

Auf Grund dieser Festsetzungen ist (3.2) anschaulich klar. Der Beweis ist induktiv zu führen über den Aufbau von H. Für P-Atome trivial. Für $H = H_0 \circ H_{00}$ ähnlich wie § 29, 5, B 2. Für $H = \forall x \, H_0 (x)$ und $H = \exists x \, H_0 (x)$ kommen insbesondere die Zulässigkeitsvoraussetzungen zur Geltung. Wir beschränken uns hier auf Beispiele für

4. *Zulässige und unzulässige Einsetzungen.*

Es gilt (§ 67)

$$id_\alpha \, H \; \text{für} \; H = \forall x \, Px \to \forall z \, Pz.$$

Aus H gehe durch die zulässige Einsetzung

$$P \mid \lambda u \, Puy$$

hervor $H^\lambda = \forall x \, (\lambda u \, Puy) x \to \forall z \, (\lambda u \, Puy) z$. Mithin

$$H^* = \forall x \, Pxy \to \forall z \, Pzy.$$

Dann gilt: $id_\alpha \, H^*$. Dagegen ergibt sich aus der unzulässigen Einsetzung

$$P \mid \lambda u \, Puz$$

$H^\lambda = \forall x\, (\lambda u\, Puz)\, x \to \forall z\, (\lambda u\, Puz)\, z$. Mithin

$$H^* = \forall x\, Pxz \to \forall z\, Pzz.$$

Dann gilt: $(Ex\alpha)\, (non\ id_\alpha H^*)$. Sei $\alpha = \{1, 2\}$, $\mathfrak{B}\, (z) = 1$, $\mathfrak{B}\, (P)$ gegeben durch die Tabelle

(1.1)	(1.2)	(2.1)	(2.2)
W	F	W	F

Man berechnet leicht: $\mathfrak{B}^*_\alpha\, (\forall x\, Pxz) = W$, $\mathfrak{B}^*_\alpha\, (\forall z\, Pzz) = F$.

§ 63. Die Eliminierbarkeit der Quantoren in endlichen Bereichen

1. α sei ein endlicher Bereich mit den Individuen $\mathfrak{x}_1, \ldots, \mathfrak{x}_n$. Es ist anschaulich klar, daß in diesem Fall eine Allheitsaussage über α ersetzt werden kann durch eine Konjunktion, eine Existenzaussage über α durch eine Alternative aus den entsprechenden Einzelaussagen über $\mathfrak{x}_1, \ldots, \mathfrak{x}_n$. In diesem Paragraphen soll gezeigt werden, wie diese Übergänge und damit zugleich die durch sie ermöglichten Eliminationen der beiden Quantoren auf der Basis der hier vorgegebenen Semantik gewonnen werden können.

1.1. $\mathfrak{C}$ sei eine für variierendes $\mathfrak{B}$ fest vorgegebene Belegung der S-Konstanten $c_1, \ldots, c_n$ über α, so daß

$$\alpha = \{\mathfrak{C}\, (c_1), \ldots, \mathfrak{C}\, (c_n)\}$$

mit $\mathfrak{C}\, (c_i) \neq \mathfrak{C}\, (c_j)$ für $c_i \neq c_j$.[1] $\mathfrak{C}$ sei in $\mathfrak{B}_\alpha$ in dem Sinne enthalten, daß $\mathfrak{C}\, (c_i) = \mathfrak{B}_\alpha\, (c_i)$ für $i = 1, \ldots, n$. Symbolisch

1.2. $\mathfrak{C} \sqsubset \mathfrak{B}_\alpha\ \ddot{a}q_{Df}\ \mathfrak{C}\, (c_1) = \mathfrak{B}_\alpha\, (c_1)\ et \ldots et\ \mathfrak{C}\, (c_n) = \mathfrak{B}_\alpha\, (c_n)$.

In diesem Falle soll $\mathfrak{B}$ eine Belegung über $(\alpha, \mathfrak{C})$ heißen.

2. Wir definieren die folgenden Redeweisen:

2.1. $id_{\alpha, \mathfrak{C}} H\ \ddot{a}q_{Df}\ (Om\ \mathfrak{B})\, (\mathfrak{C} \sqsubset \mathfrak{B}\ seq\ \mathfrak{B}\ Erf_\alpha H)$.

2.2. $erf_{\alpha, \mathfrak{C}} H\ \ddot{a}q_{Df}\ (Ex\ \mathfrak{B})\, (\mathfrak{C} \sqsubset \mathfrak{B}\ et\ \mathfrak{B}\ Erf_\alpha H)$.

2.3. $H_1\, Imp_{\alpha, \mathfrak{C}} H_2\ \ddot{a}q_{Df}\ id_{\alpha, \mathfrak{C}} H_1 \to H_2$.

2.4. $H_1\, Aeq_{\alpha, \mathfrak{C}} H_2\ \ddot{a}q_{Df}\ id_{\alpha, \mathfrak{C}} H_1 \leftrightarrow H_2$.

2.5. $H_1\, Idg_{\alpha, \mathfrak{C}} H_2\ \ddot{a}q_{Df}\ id_{\alpha, \mathfrak{C}} H_1\ \ddot{a}q\ id_{\alpha, \mathfrak{C}} H_2$.

2.6. $H_1\, Erf\!g_{\alpha, \mathfrak{C}} H_2\ \ddot{a}q_{Df}\ erf_{\alpha, \mathfrak{C}} H_1\ \ddot{a}q\ erf_{\alpha, \mathfrak{C}} H_2$.

3. Man überzeugt sich von der Geltung der folgenden *Theoreme:*

3.1. $id_\alpha H\ seq\ id_{\alpha, \mathfrak{C}} H$.

3.2. $erf_{\alpha, \mathfrak{C}} H\ seq\ erf_\alpha H$.

---

[1] Eine Belegung $\mathfrak{C}$ der S-Konstanten hat also in einem höheren Grade den Charakter einer Interpretation als eine Belegung der S-Variablen.

3.3. $H_1\,Imp_{\alpha,\,\mathfrak{C}}\,H_2$ *et* $H_2\,Imp_{\alpha,\,\mathfrak{C}}\,H_1$ *äq* $H_1\,Aeq_{\alpha,\,\mathfrak{C}}\,H_2$.   Vgl. § 59, 2.1.

3.4. $H_1\,Aeq_{\alpha,\,\mathfrak{C}}\,H_2$ *seq!* $H_1\,Imp_{\alpha,\,\mathfrak{C}}\,H_2$.   Vgl. § 59, 2.3.

3.4.1. $H_1\,Aeq_{\alpha,\,\mathfrak{C}}\,H_2$ *seq!* $H_2\,Imp_{\alpha,\,\mathfrak{C}}\,H_1$.   Vgl. § 59, 2.3.1.

3.5. $H_1\,Imp_{\alpha,\,\mathfrak{C}}\,H_2$. *seq* . $id_{\alpha,\,\mathfrak{C}}\,H_1$ *seq* $id_{\alpha,\,\mathfrak{C}}\,H_2$.   Vgl. § 59, 3.1.

3.6. $erf_{\alpha,\,\mathfrak{C}}\,H_1$ *seq* $erf_{\alpha,\,\mathfrak{C}}\,H_2$.   Vgl. § 59, 3.2.

3.7. $H_1\,Aeq_{\alpha,\,\mathfrak{C}}\,H_2$. *seq* . $H_1\,Idg_{\alpha,\,\mathfrak{C}}\,H_2$.   Vgl. § 60, 7.1.

3.8. $H_1\,Erfg_{\alpha,\,\mathfrak{C}}\,H_2$.   Vgl. § 60, 7.2.

Für die Beziehungen zwischen $id_{\alpha,\,\mathfrak{C}}$ und $erf_{\alpha,\,\mathfrak{C}}$ bzw. zwischen $Idg_{\alpha,\,\mathfrak{C}}$ und $Erfg_{\alpha,\,\mathfrak{C}}$ gelten die folgenden metasprachlichen Aequivalenzen:

3.10. $id_{\alpha,\,\mathfrak{C}}\,H$ *äq non* $erf_{\alpha,\,\mathfrak{C}}\sim H$.   Vgl. § 54, 6.1.

3.11. $erf_{\alpha,\,\mathfrak{C}}\,H$ *äq non* $id_{\alpha,\,\mathfrak{C}}\sim H$.   Vgl. § 54, 6.2.

3.12. $H_1\,Idg_{\alpha,\,\mathfrak{C}}\,H_2$ *äq* $\sim H_1\,Erfg_{\alpha,\,\mathfrak{C}}\sim H_2$.   Vgl. § 60, 4.1.

3.13. $H_1\,Erfg_{\alpha,\,\mathfrak{C}}\,H_2$ *äq* $\sim H_1\,Idg_{\alpha,\,\mathfrak{C}}\sim H_2$.   Vgl. § 60, 4.2.

4. Die Theoreme zur Eliminierbarkeit von $\forall$ in endlichen Bereichen.

4.1. $\alpha = \{\mathfrak{C}(c_1), \ldots, \mathfrak{C}(c_n)\}$ seq $\bigwedge\limits_{i=1}^{n} H(x\,|\,c_i)\,Imp_{\alpha,\,\mathfrak{C}}\,\forall x\,H(x)$.

Beweis:

(1) $\mathfrak{B}\,Erf_\alpha\,\bigwedge\limits_{i=1}^{n} H(x\,|\,c_i)$ *seq* $\mathfrak{B}\,Erf_\alpha\,H(x\,|\,c_1)$ *et* ... *et* $\mathfrak{B}\,Erf_\alpha\,H(x\,|\,c_n)$

(2)   . *seq* . $\mathfrak{C} \sqsubset \mathfrak{B}$ *seq* $\mathfrak{C}(c_1)\,Erf_{\alpha,\,\mathfrak{B},\,x}\,H(x)$ *et* ...

         et $\mathfrak{C}(c_n)\,Erf_{\alpha,\,\mathfrak{B},\,x}\,H(x)$.[1]

(3)   *seq* $(Om_\alpha\,\mathfrak{x})\,(\mathfrak{x}\,Erf_{\alpha,\,\mathfrak{B},\,x}\,H(x))$ Prämisse!

(4)   *seq* $\mathfrak{B}\,Erf_\alpha\,\forall x\,H(x)$.   § 54, 4.3.1.

4.2. $\alpha = \{\mathfrak{C}(c_1), \ldots, \mathfrak{C}(c_n)\}$ seq $\forall x\,H(x)\,Imp_\alpha\,\bigwedge\limits_{i=1}^{n} H(c_i)$.[2]

Beweis:

(1) $\mathfrak{B}\,Erf_\alpha\,\forall x\,H(x)$ *seq* $\mathfrak{B}\,Erf_\alpha\,H(x)$.

Hieraus durch sukzessive Einsetzung von $c_1, \ldots, c_n$ in x für $\mathfrak{C} \sqsubset \mathfrak{B}$

(2) $\mathfrak{C} \sqsubset \mathfrak{B}$. *seq* . $\mathfrak{B}\,Erf_\alpha\,\forall x\,H(x)$ *seq* $\mathfrak{B}\,Erf_\alpha\,\bigwedge\limits_{i=1}^{n} H(x\,|\,c_i)$.

Aus 4.1 und 4.2 folgt mit 2.3

4.3. $\alpha = \{\mathfrak{C}(c_1), \ldots, \mathfrak{C}(c_n)\}$ seq $\bigwedge\limits_{i=1}^{n} H(x\,|\,c_i)\,Aeq_{\alpha,\,\mathfrak{C}}\,\forall x\,H(x)$.

---

[1] Zur Begründung dieses entscheidenden Schrittes vgl. § 61, (2.2).

[2] Mithin (3.1) a fortiori: $\forall x\,H(x)\,Imp_{\alpha,\,\mathfrak{C}}\,\bigwedge\limits_{i=1}^{n} H(c_i)$.

*5. *Das Theorem der Eliminierbarkeit von $\exists$ in endlichen Bereichen.*

$$\alpha = \{\mathfrak{C}(c_1), \ldots, \mathfrak{C}(c_n)\}\ seq \bigvee_{i=1}^{n} H(x\,|\,c_i)\ Aeq_{\alpha,\,\mathfrak{C}}\ \exists x\,H(x).$$

Beweis: Aus 4.3 folgt durch Übergang von H zu $\sim H$ und gliedweise Verneinung

$$(1) \quad \alpha = \{\mathfrak{C}(c_1), \ldots, \mathfrak{C}(c_n)\}\ seq \sim \bigwedge_{i=1}^{n} \sim H(x\,|\,c_i)\ Aeq_{\alpha,\,\mathfrak{C}} \sim \forall x \sim H(x)$$

$$(2) \qquad\qquad seq \bigvee_{i=1}^{n} H(x\,|\,c_i)\ Aeq_{\alpha,\,\mathfrak{C}}\ \exists x\,H(x).\quad \S\,59, 10.4;\ Ers_0.$$

6. Wir schließen hier noch die folgenden Theoreme an:

*6.1. $\quad \alpha = \{\mathfrak{C}(c_1), \ldots, \mathfrak{C}(c_n)\}\ seq\ H(x)\ Idg_{\alpha,\,\mathfrak{C}} \bigwedge_{i=1}^{n} H(x\,|\,c_i).$

Beweis: Aus der Prämisse folgt

(1)   durch sukzessive Termeinsetzung

$$id_{\alpha,\,\mathfrak{C}}\,H(x)\ seq\ id_{\alpha,\,\mathfrak{C}} \bigwedge_{i=1}^{n} H(x\,|\,c_i).$$

$$(2) \quad id_{\alpha,\,\mathfrak{C}} \bigwedge_{i=1}^{n} H(x\,|\,c_i)\ seq\ id_{\alpha,\,\mathfrak{C}}\,\forall x\,H(x) \qquad\qquad 4.1;\ 3.5.$$

$$(3) \qquad\qquad seq\ id_{\alpha,\,\mathfrak{C}}\,H(x). \qquad\qquad\qquad \S\,59, 11.2.$$

Aus 6.1 erhält man durch Übergang von H zu $\sim H$

$$6.2. \quad \alpha = \{\mathfrak{C}(c_i), \ldots, \mathfrak{C}(c_n)\}\ seq \sim H(x)\ Idg_{\alpha,\,\mathfrak{C}} \bigwedge_{i=1}^{n} \sim H(x\,|\,c_i).$$

Hieraus (3.13)

$$*6.3. \quad \alpha = \{\mathfrak{C}(c_1), \ldots, \mathfrak{C}(c_n)\}\ seq\ H(x)\ Erfg_{\alpha,\,\mathfrak{C}} \bigvee_{i=1}^{n} H(x\,|\,c_i).$$

7. Einige Anwendungen.

7.1.   Die Falsifizierbarkeit von

$$H_2' = \exists z\,(P_1 f(z) \wedge P_2 z) \leftrightarrow P_1 f(z) \wedge \exists z\,P_2 z$$

in einem zweizahligen α ($\S\,61$, 2.3) ergibt sich jetzt folgendermaßen. Aus $\alpha = \{\mathfrak{C}(c_1), \mathfrak{C}(c_2)\}$ folgt mit 5. und Ers_0 für

$$H_{21}' = P_1 f(c_1) \wedge P_2 c_1 \vee P_1 f(c_2) \wedge P_2 c_2 \leftrightarrow P_1 f(c_1) \wedge (P_2 c_1 \vee P_2 c_2),$$

$$H_{22}' = P_1 f(c_1) \wedge P_2 c_1 \vee P_1 f(c_2) \wedge P_2 c_2 \leftrightarrow P_1 f(c_2) \wedge (P_2 c_1 \vee P_2 c_2)$$

$$H_2'\ Idg_{\alpha,\,\mathfrak{C}}\ H_{21}' \wedge H_{22}'.$$

Es genügt also schon, H_{21}' zu falsifizieren. Die Falsifizierbarkeit folgt unmittelbar aus der Falsifizierbarkeit von

$$p_1 \wedge p_2 \vee p_4 \wedge p_3 \leftrightarrow p_1 \wedge (p_2 \vee p_3).$$

7.2. Mit Bezug auf § 66, 3.1 soll noch gezeigt werden, daß

$$\mathsf{H} = P_1 x \leftrightarrow P_2 x \,.\!\to.\; \forall x\, P_1 x \leftrightarrow \forall x\, P_2 x$$

gleichfalls schon in einem zweizahligen α falsifiziert werden kann. Aus $\alpha = \{\mathfrak{C}(c_1),\, \mathfrak{C}(c_2)\}$ folgt wie in 7.1 für

$$\mathsf{H}_1 = P_1 c_1 \leftrightarrow P_2 c_1 \,.\!\to.\; P_1 c_1 \wedge P_1 c_2 \leftrightarrow P_2 c_1 \wedge P_2 c_2,$$

$$\mathsf{H}_2 = P_1 c_2 \leftrightarrow P_2 c_2 \,.\!\to.\; P_1 c_1 \wedge P_1 c_2 \leftrightarrow P_2 c_1 \wedge P_2 c_2$$

$$\mathsf{H} \; Idg_{\alpha,\,\mathfrak{C}} \; \mathsf{H}_1 \wedge \mathsf{H}_2.$$

Es genügt also schon, H_1 zu falsifizieren. Die Falsifizierung gelingt durch

$$\mathfrak{B}^*_\alpha\,(P_1 c_1) = \mathfrak{B}^*_\alpha\,(P_1 c_2) = \mathfrak{B}^*_\alpha\,(P_2 c_1) = W, \; \mathfrak{B}^*_\alpha\,(P_2 c_2) = F.$$

An den vorstehenden Beispielen ist die Bedeutung erkennbar, die der Eliminierbarkeit der Quantoren in endlichen Bereichen zukommt für die Aufweisung des nicht-identischen Charakters eines P-Ausdrucks. Die Bedeutung dieser Eliminierbarkeit für das Entscheidungsproblem wird in § 82 diskutiert werden.

8. *Zu den Quantifizierungstheoremen* § 59, 11.11 *und* § 59, 12.6.

Die Notwendigkeit der einschränkenden Bedingung „*non x Fr* Θ" ergibt sich jetzt auch so:

8.1. Mit

$$id_\alpha\, \Theta \to \mathsf{H}(x)\; seq\; id_\alpha\, \Theta \to \forall x\, \mathsf{H}(x)$$

würde gelten

$$id_\alpha\, Px \to Px\; seq\; id_\alpha\, Px \to \forall x\, Px.$$

Es würde also, wegen $id_{A,\,P}\, Px \to Px$ (§ 58, 3), gelten

$$id_\alpha\, \mathsf{H}_1 \; \text{für} \; \mathsf{H}_1 = Px \to \forall x\, Px.$$

H_1 ist aber schon für zweizahliges α falsifizierbar; denn (6.1; 4.3; Ers_0)

$$\mathsf{H}_1\, Idg_{\alpha,\,\mathfrak{C}}\,(Pc_1 \to Pc_1 \wedge Pc_2) \wedge (Pc_2 \to Pc_1 \wedge Pc_2).$$

Man setze $\mathfrak{B}^*_\alpha\,(Pc_1) = W,\; \mathfrak{B}^*_\alpha\,(Pc_2) = F.$

8.2. Mit

$$id_\alpha\, \mathsf{H}(x) \to \Theta\; seq\; id_\alpha\, \exists x\, \mathsf{H}(x) \to \Theta$$

würde gelten

$$id_\alpha\, Px \to Px\; seq\; id_\alpha\, \exists x\, Px \to Px.$$

Es würde also, wegen $id_{A,\,P}\, Px \to Px$, gelten

$$id_\alpha\, \mathsf{H}_2 \; \text{für} \; \mathsf{H}_2 = \exists x\, Px \to Px.$$

H_2 ist aber auch schon für zweizahliges α falsifizierbar; denn (6.1; 5.; Ers_0)

$$H_2 \, Idg_\alpha \, (P c_1 \vee P c_2 \to P c_1) \wedge (P c_1 \vee P c_2 \to P c_2).$$

Man setze $\mathfrak{B}^*_\alpha (P c_1) = W$, $\mathfrak{B}^*_\alpha (P c_2) = F$.

8.3.   Aus 8.1 und 8.2 ergibt sich, daß „alle" und „es gibt" so zu formalisieren sind, als ob sie Repräsentanten wären für allgemeine Konjunktionen bzw. Alternativen, so daß umgekehrt aus diesem Grunde die Falsifizierbarkeit eines solchen P-Ausdrucks im Endlichen seinen nicht-identischen Charakter nach sich zieht.

I 2. Quasisyntaktische Fortsetzung

§ 64. Übergang zu einer quasisyntaktischen Semantik

Wir verfügen jetzt über ein System von Grundregeln des Schließens, mit deren Hilfe alle noch ausstehenden Resultate der allgemeinen Semantik des PFK ohne zusätzliche semantische Betrachtungen und in diesem Sinne streng formal gewonnen werden können. Indem wir hiervon Gebrauch machen, antezipieren wir die sogenannte syntaktische Methode mit dem Wirkungsgrad, die den syntaktischen Aufbau des PFK auf eine entscheidende Art entlasten wird. Es ist daher angemessen, die in dem angedeuteten Sinne modifizierte Semantik als eine quasisyntaktische Semantik zu bezeichnen.

Die Regeln, auf denen wir fußen werden, sind

1. *Die Regel der P-Einsetzung in eine A-Identität (AP).*

   $id_{A,P} H \; seq \; id_P H.$ § 58, 3; Fußnote 1, S. 151.

2. *Die Abtrennungsregel (Abtr).*

   $H_1 \, Imp_P \, H_2 . seq . id_P \, H_1 \; seq \; id_P \, H_2..$ § 59, 3.3.

3. *Die Regel der Termeinsetzung (TE).*

   $id_P \, H(x) \; seq \; id_P \, H(x \,|\, t).$ § 61, 2.[1]

4. *Die vier grundlegenden Regeln der Quantifizierung:*

4.1. *Die vordere Generalisierung (Gv).*

   $H(x) \, Imp_P \, \Theta \; seq \; \forall x \, H(x) \, Imp_P \, \Theta.$ § 59, 11.10.

4.2. *Die hintere Generalisierung (Gh).*

   x nicht frei in Θ. Dann

   $\Theta \, Imp_P \, H(x) \; seq \; \Theta \, Imp_P \, \forall x \, H(x).$ § 59, 11.11.

---

[1] Wenn t eine S-Variable, so sprechen wir von *freier Umbenennung.*

4.3. *Die vordere Partikularisierung (Pv).*

x nicht frei in Θ. Dann

$$\mathsf{H}(x)\,Imp_P\,\Theta\ seq\ \exists x\,\mathsf{H}(x)\,Imp_P\,\Theta.\qquad\text{§ 59, 12.6.}$$

4.4. *Die hintere Partikularisierung (Ph).*

$$\Theta\,Imp_P\,\mathsf{H}(x)\ seq\ \Theta\,Imp_P\,\exists x\,\mathsf{H}(x).\qquad\text{§ 59, 12.5.}$$

Die Verallgemeinerungen von 4.1 bis 4.4 für den n-stelligen Fall sollen mit 4. vorausgesetzt sein.

Anm. zu 4.3: Durch 4.3 ist das Schließen aus einer Existenzprämisse formalisiert, und zwar in dem schon in § 5, 12 angedeuteten, dem Mathematiker geläufigen Sinne. Wenn angenommen werden darf „Es gibt ein $\mathfrak{x}$, so daß ...", so darf man übergehen zu der Annahme: „$\mathfrak{z}$ sei ein solches Individuum" und von hier aus weiter schließen. Nennt man das Resultat dieses Überganges eine *Beispielaussage,* so ergibt sich für 4.3 die folgende Interpretation: Um etwas aus einer Existenzprämisse zu erschließen, genügt es, das zu Erschließende zu gewinnen aus einer auf die Existenzprämisse bezogenen Beispielaussage. Es versteht sich, daß das zu Erschließende unabhängig ist von der Wahl des Beispiels. Dem entspricht in 4.3 die Forderung: „x nicht frei in Θ."

§ 65. Theorie der gliedweisen Quantifizierung

1. *Hilfstheoreme.*

Daß $\overset{n}{x}$ nicht frei in Θ, sei angedeutet durch „$\widetilde{\Theta}$". Dann

1.1. $\quad\widetilde{\Theta}\,Imp_P\,\mathsf{H}_1\!\left(\overset{n}{x}\right)\to\mathsf{H}_2\!\left(\overset{n}{x}\right)\ seq\ \widetilde{\Theta}\,Imp_P\,\forall\overset{n}{x}\,\mathsf{H}_1\!\left(\overset{n}{x}\right)\to\forall\overset{n}{x}\,\mathsf{H}_2\!\left(\overset{n}{x}\right).$

Beweis:

(1) $\quad\widetilde{\Theta}\,Imp_P\,\mathsf{H}_1\!\left(\overset{n}{x}\right)\to\mathsf{H}_2\!\left(\overset{n}{x}\right)\ seq\ \mathsf{H}_1\!\left(\overset{n}{x}\right)\,Imp_P\,\widetilde{\Theta}\to\mathsf{H}_2\!\left(\overset{n}{x}\right)$ $\qquad$ AK*

(2) $\qquad\qquad seq\ \forall\overset{n}{x}\,\mathsf{H}_1\!\left(\overset{n}{x}\right)\,Imp_P\,\widetilde{\Theta}\to\mathsf{H}_2\!\left(\overset{n}{x}\right)$ $\qquad$ $Gv\!\left(\overset{n}{x}\right)$

(3) $\qquad\qquad seq\ \forall\overset{n}{x}\,\mathsf{H}_1\!\left(\overset{n}{x}\right)\wedge\widetilde{\Theta}\,Imp_P\,\mathsf{H}_2\!\left(\overset{n}{x}\right),$ $\qquad$ AK*

$\qquad\qquad\qquad \overset{n}{x}$ nicht frei in $\forall\overset{n}{x}\,\mathsf{H}_1\!\left(\overset{n}{x}\right)\wedge\widetilde{\Theta}$:

(4) $\qquad\qquad seq\ \forall\overset{n}{x}\,\mathsf{H}_1\!\left(\overset{n}{x}\right)\wedge\widetilde{\Theta}\,Imp_P\,\forall\overset{n}{x}\,\mathsf{H}_2\!\left(\overset{n}{x}\right)$ $\qquad$ $Gh\!\left(\overset{n}{x}\right)$

(5) $\qquad\qquad seq\ \widetilde{\Theta}\,Imp_P\,\forall\overset{n}{x}\,\mathsf{H}_1\!\left(\overset{n}{x}\right)\to\forall\overset{n}{x}\,\mathsf{H}_2\!\left(\overset{n}{x}\right).$ $\qquad$ AK*

1.2. $\quad\widetilde{\Theta}\,Imp_P\,\mathsf{H}_1\!\left(\overset{n}{x}\right)\to\mathsf{H}_2\!\left(\overset{n}{x}\right)\ seq\ \widetilde{\Theta}\,Imp_P\,\exists\overset{n}{x}\,\mathsf{H}_1\!\left(\overset{n}{x}\right)\to\exists\overset{n}{x}\,\mathsf{H}_2\!\left(\overset{n}{x}\right).$

Beweis:

(1) $\quad\widetilde{\Theta}\,Imp_P\,\mathsf{H}_1\!\left(\overset{n}{x}\right)\to\mathsf{H}_2\!\left(\overset{n}{x}\right)\ seq\ \widetilde{\Theta}\wedge\mathsf{H}_1\!\left(\overset{n}{x}\right)\,Imp_P\,\mathsf{H}_2\!\left(\overset{n}{x}\right)$ $\qquad$ AK*

(2) $\qquad\qquad seq\ \widetilde{\Theta}\wedge\mathsf{H}_1\!\left(\overset{n}{x}\right)\,Imp_P\,\exists\overset{n}{x}\,\mathsf{H}_2\!\left(\overset{n}{x}\right)$ $\qquad$ $Ph\!\left(\overset{n}{x}\right)$

(3) $\qquad\qquad seq\ \mathsf{H}_1\!\left(\overset{n}{x}\right)\,Imp_P\,\widetilde{\Theta}\to\exists\overset{n}{x}\,\mathsf{H}_2\!\left(\overset{n}{x}\right).$ $\qquad$ AK*

$$\overset{n}{x} \text{ nicht frei in } \widetilde{\Theta} \to \exists \overset{n}{x}\, H_2\left(\overset{n}{x}\right):$$

(4) $seq\ \exists \overset{n}{x}\, H_1\left(\overset{n}{x}\right)\, Imp_P\, \widetilde{\Theta} \to \exists \overset{n}{x}\, H_2\left(\overset{n}{x}\right) \qquad Pv\left(\overset{n}{x}\right)$

(5) $seq\ \widetilde{\Theta}\, Imp_P\, \exists \overset{n}{x}\, H_1\left(\overset{n}{x}\right) \to \exists \overset{n}{x}\, H_2\left(\overset{n}{x}\right).$ AK*

Durch zusätzliche Vertauschung von H_1 und H_2 erhält man aus 1.1 und 1.2

1.3. $\widetilde{\Theta}\, Imp_P\, H_1\left(\overset{n}{x}\right) \leftrightarrow H_2\left(\overset{n}{x}\right)\ seq\ \widetilde{\Theta}\, Imp_P\, \forall \overset{n}{x}\, H_1\left(\overset{n}{x}\right) \leftrightarrow \forall \overset{n}{x}\, H_2\left(\overset{n}{x}\right).$ AK*

1.4. $\widetilde{\Theta}\, Imp_P\, H_1\left(\overset{n}{x}\right) \leftrightarrow H_2\left(\overset{n}{x}\right)\ seq\ \widetilde{\Theta}\, Imp_P\, \exists \overset{n}{x}\, H_1\left(\overset{n}{x}\right) \leftrightarrow \exists \overset{n}{x}\, H_2\left(\overset{n}{x}\right).$ AK*

Aus 1.1 bis 1.4 ergibt sich durch schrittweise Iterierung einer der beiden Quantifizierungen, mit $\widetilde{\Theta}$ als Andeutung dafür, daß $\overset{n}{x}$ nicht frei in Θ,

*1.5. $\widetilde{\Theta}\, Imp_P\, H_1\left(\overset{n}{x}\right) \underset{\leftrightarrow}{\to} H\left(\overset{n}{x}\right)\ seq\ \widetilde{\Theta}\, Imp_P\, \overset{n}{\Pi}\, H_1\left(\overset{n}{x}\right) \underset{\leftrightarrow}{\to} \overset{n}{\Pi}\, H_2\left(\overset{n}{x}\right).$ [1]

Folglich, mit Θ^* für abgeschlossenes Θ a fortiori

*1.6. $\Theta^*\, Imp_P\, H_1\left(\overset{n}{x}\right) \underset{\leftrightarrow}{\to} H_2\left(\overset{n}{x}\right)\ seq\ \Theta^*\, Imp_P\, \overset{n}{\Pi}\, H_1\left(\overset{n}{x}\right) \underset{\leftrightarrow}{\to} \overset{n}{\Pi}\, H_2\left(\overset{n}{x}\right).$

2. Aus 1.5 folgt, wegen

$$\forall \overset{n}{x}\left(H_1\left(\overset{n}{x}\right) \underset{\leftrightarrow}{\to} H_2\left(\overset{n}{x}\right)\right) Imp_P\, H_1\left(\overset{n}{x}\right) \underset{\leftrightarrow}{\to} H_2\left(\overset{n}{x}\right), \qquad \S\, 59,\, 11.1.$$

*2.1.   *Das Theorem der gliedweisen Quantifizierung.*

$$\forall \overset{n}{x}\left(H_1\left(\overset{n}{x}\right) \underset{\leftrightarrow}{\to} H_2\left(\overset{n}{x}\right)\right) Imp_P\, \overset{n}{\Pi}\, H_1\left(\overset{n}{x}\right) \underset{\leftrightarrow}{\to} \overset{n}{\Pi}\, H_2\left(\overset{n}{x}\right).$$

Hierin als Sonderfälle

*2.1.1.   *Das elementare Theorem der gliedweisen Generalisierung.*

$$\forall x\left(H_1(x) \underset{\leftrightarrow}{\to} H_2(x)\right) Imp_P\, \forall x\, H_1(x) \underset{\leftrightarrow}{\to} \forall x\, H_2(x).$$

*2.1.2.   *Das elementare Theorem der gliedweisen Partikularisierung.*

$$\forall x\left(H_1(x) \underset{\leftrightarrow}{\to} H_2(x)\right) Imp_P\, \exists x\, H_1(x) \underset{\leftrightarrow}{\to} \exists x\, H_2(x).$$

Aus 2.1 folgt a fortiori

2.2. $id_P\, \forall \overset{n}{x}\left(H_1\left(\overset{n}{x}\right) \underset{\leftrightarrow}{\to} H_2\left(\overset{n}{x}\right)\right) seq\ id_P\, \overset{n}{\Pi}\, H_1\left(\overset{n}{x}\right) \underset{\leftrightarrow}{\to} \overset{n}{\Pi}\, H_2\left(\overset{n}{x}\right).$

---

[1] Zu $\overset{n}{\Pi}$ vgl. § 53, 4.2.

Nun aber

2.2.1. $H_1(\overset{n}{\underset{\leftrightarrow}{x}}) \to H_2(\overset{n}{\underset{\leftrightarrow}{x}})\ Idv_P\ \forall\overset{n}{x}\,(H_1(\overset{n}{x}) \to H_2(\overset{n}{x}))$.   § 60, 5.5.

Es gilt also mit und neben 2.1

***2.3.**   *Die Regel der gliedweisen Quantifizierung.*

$$id_P\ H_1(\overset{n}{\underset{\leftrightarrow}{x}}) \to H_2(\overset{n}{\underset{\leftrightarrow}{x}})\ seq\ id_P\ \overset{n}{\Pi}\,H_1(\overset{n}{x}) \to \overset{n}{\Pi}\,H_2(\overset{n}{x})\,.$$

Dagegen *nicht*

$$H_1(\overset{n}{\underset{\leftrightarrow}{x}}) \to H_2(\overset{n}{\underset{\leftrightarrow}{x}})\ Imp_P\ \overset{n}{\Pi}\,H_1(\overset{n}{x}) \to \overset{n}{\Pi}\,H_2(\overset{n}{x})\,,$$

weil schon

$$P_1 x \leftrightarrow P_2 x\,.\!\to.\ \forall x\, P_1 x \leftrightarrow \forall x\, P_2 x$$

bereits in einem zweizahligen α falsifizierbar ist (§ 63, 7.2). Dasselbe kann ebenso elementar für

$$P_1 x \leftrightarrow P_2 x\,.\!\to.\ \exists x\, P_1 x \leftrightarrow \exists x\, P_2 x$$

gezeigt werden.

Abschließend notieren wir noch die folgende Variante

***2.1.3.**   zu 2.1.2:

$$\forall x\,(H_1(x) \to H_2(x))\ Imp_P\ \exists x\,(H_1(x) \wedge H_3(x)) \to \exists x\,(H_2(x) \wedge H_3(x))\,.$$

Beweis:

(1) $id_{A,P}\,(H_1(x) \to H_2(x))\,.\!\to.\ H_1(x) \wedge H_3(x) \to H_2(x) \wedge H_3(x)\,.$

Hieraus durch gliedweise Generalisierung von x

(2) $id_P\ \forall x\,(H_1(x) \to H_2(x_2)) \to \forall x\,(H_1(x) \wedge H_3(x) \to H_2(x) \wedge H_3(x))$

(3) $.\!\to.\ \exists x\,(H_1(x) \wedge H_3(x)) \to \exists x\,(H_2(x) \wedge H_3(x))\,.$

                                                        2.1.2.

§ 66. Die Ersetzungsregel im PFK

1. *Die P-Ersetzung.*

H *geht durch eine P-Ersetzung von* Θ_1 *durch* Θ_2 *über in* H*.

$Ers_P\ H\,\Theta_1\,\Theta_2\ H*$

äq$_{Df}$

H* geht im PFK aus H dadurch hervor, daß ein Teilausdruck Θ_1 von H (§ 10, 3.1) *nach Belieben* — in keinem oder in wenigstens einem Falle — durch Θ_2 ersetzt wird. Wenn Θ_1 *nicht* in H, so soll gelten: $H = H^*$.

2. *Semiotische Hilfstheoreme*[1].

Unter der generellen Voraussetzung von

$$Ers_P \, H \, \Theta_1 \, \Theta_2 \, H^* \; et \; \Theta_1 \neq H$$

sei

2.1. $H = {\sim} H_0$. Dann kann die Ersetzung nur in H_0 vor sich gehen. Dann gibt es also ein H_0^*, so daß

$$H^* = {\sim} H_0^* \; et \; Ers_P \, H_0 \, \Theta_1 \, \Theta_2 \, H_0^*.$$

2.2. $H = H_1 \circ H_2$. Dann kann die Ersetzung nur in H_1 oder in H_2 vor sich gehen. Dann gibt es also ein H_1^* und ein H_2^*, so daß

$$H^* = H_1^* \circ H_2^* \; et \; Ers_P \, H_1 \, \Theta_1 \, \Theta_2 \, H_1^* \; et \; Ers_P \, H_2 \, \Theta_1 \, \Theta_2 \, H_2^*.$$

2.3. $H = Qx \, H_0$. Dann kann die Ersetzung nur in H_0 vor sich gehen. Dann gibt es also ein H_0^*, so daß

$$H^* = Qx \, H_0^* \; et \; Ers_P \, H_0 \, \Theta_1 \, \Theta_2 \, H_0^*.$$

3. *Die Regel der P-Ersetzung.*

3.1. Die Regel der P-Ersetzung kann nicht auf die starke Form der Regel der A-Ersetzung (§ 29, 5) gebracht werden, also nicht auf eine Form

$$Ers_P \, H \, \Theta_1 \, \Theta_2 \, H^* \; seq \; \Theta_1 \leftrightarrow \Theta_2 \, Imp_P \, H \leftrightarrow H^*;$$

denn dann würde z.B. gelten

$$P_1 x \leftrightarrow P_2 x \, Imp_P \, \forall x \, P_1 x \leftrightarrow \forall x \, P_2 x,$$

entgegen der kritischen Bemerkung zu § 65, 2.3.

Statt dessen, mit $\widetilde{\Theta}_0$ als Symbol für die Abgeschlossenheit von Θ_0,

*3.2. $Ers_P \, H \, \Theta_1 \, \Theta_2 \, H^* \, . seq . \, \widetilde{\Theta}_0 \, Imp_P \, \Theta_1 \leftrightarrow \Theta_2 \; seq \; \widetilde{\Theta}_0 \, Imp_P \, H \leftrightarrow H^*.$

Hieraus z.B. durch Übergang von $\widetilde{\Theta}_0$ zu $\forall x \, (Px \to Px)$, weil dann wegen $id_P \, \forall x \, (Px \to Px)$ [2]

$$\widetilde{\Theta}_0 \, Imp_P \, \Theta_1 \leftrightarrow \Theta_2 \; \ddot{a}q \; \Theta_1 \, Aeq_P \, \Theta_2, \qquad\qquad \text{AK*}$$

die folgende abgeschwächte Form [3]

*3.3. $Ers_P \, H \, \Theta_1 \, \Theta_2 \, H^* \, . seq . \, \Theta_1 \, Aeq_P \, \Theta_2 \; seq \; H \, Aeq_P \, H^*.$

Dies die „Normalform" der Regel der P-Ersetzung.

---

[1] Vgl. § 29, 3.
[2] Denn $id_{A,P} \, Px \to Px$. Folglich (§ 59, 11.3) $id_P \, \forall x \, (Px \to Px)$.
[3] Vgl. § 16, 2.3.

Beweis von 3.2 durch Induktion über den Aufbau von H nach dem Vorbild des Beweises von § 29, 5 und mit Benutzung der zur Entlastung dieses Beweises vorangeschickten Hilfstheoreme, die auf Grund der Permanenz des AK im PFK sämtlich auch im PFK gelten.

Induktionsbeginn und aussagenlogische Induktionsschritte wie im Beweis von 29, 5, mit den durch die Formulierung von 3.2 geforderten elementaren Modifikationen.

Es fehlt noch der quantifizierungstheoretische Induktionsschritt:

$Vor.$: $(Om\ H_0^*)\ (Ers_P\ H_0\ \Theta_1\ \Theta_2\ H_0^*$
$$.seq.\ \tilde\Theta_0\ Imp_P\ \Theta_1 \leftrightarrow \Theta_2\ seq\ \tilde\Theta_0\ Imp_P\ H_0 \leftrightarrow H_0^*).\qquad Ind$$

$Beh.$: $(Om\ H^*)\ (Ers_P\ Qx\ H_0\ \Theta_1\ \Theta_2\ H^*$
$$.seq.\ \tilde\Theta_0\ Imp_P\ \Theta_1 \leftrightarrow \Theta_2\ seq\ \tilde\Theta_0\ Imp_P\ Qx\ H_0 \leftrightarrow H^*).$$

Beweis:

(1) $Ers_P\ H\ \Theta_1\ \Theta_2\ H^*\ et\ \Theta_1 \neq H\ et\ H = Qx\ H_0$
$$seq\ H^* = Qx\ H_0^*\ et\ Ers_P\ H\ \Theta_1\ \Theta_2\ H^*. \qquad 2.3.$$

Mithin einerseits

(2) $Ers_P\ H\ \Theta_1\ \Theta_2\ H^*\ et\ \Theta_1 \neq H\ et\ H = Qx\ H_0$
$$seq\ H = Qx\ H_0\ et\ H^* = Qx\ H_0^*.$$

Andererseits

(3) $Ers_P\ H\ \Theta_1\ \Theta_2\ H^*\ et\ \Theta_1 \neq H\ et\ H = Qx\ H_0$
$$seq\ Ers_P\ H_0\ \Theta_1\ \Theta_2\ H_0^*$$

(4) $$.seq.\ \tilde\Theta_0\ Imp_P\ \Theta_1 \leftrightarrow \Theta_2\ seq\ \tilde\Theta_0\ Imp_P\ H_0 \leftrightarrow H_0^* \qquad Ind$$

(5) $$.seq.\ \tilde\Theta_0\ Imp_P\ \Theta_1 \leftrightarrow \Theta_2\ seq\ \tilde\Theta_0\ Imp_P\ Qx\ H_0 \leftrightarrow Qx\ H_0^*. \qquad \S\,65,\,1.6.$$

Aus (2) und (5) folgt

*(6) $Ers_P\ H\ \Theta_1\ \Theta_2\ H^*\ et\ \Theta_1 \neq H\ et\ H = Qx\ H_0$
$$.seq.\ \tilde\Theta_0\ Imp_P\ \Theta_1 \leftrightarrow \Theta_2\ seq\ \tilde\Theta_0\ Imp_P\ H \leftrightarrow H^*.$$

Hieraus durch Übergang von H zu $Qx\ H_0$

(7) $Ers_P\ Qx\ H_0\ \Theta_1\ \Theta_2\ H^*\ et\ \Theta_1 \neq H$
$$.seq.\ \tilde\Theta_0\ Imp_P\ \Theta_1 \leftrightarrow \Theta_2\ seq\ \tilde\Theta_0\ Imp_P\ Qx\ H_0 \leftrightarrow H^*.$$

Da der Fall $\Theta_1 = H$ im Sinne des Beweises von § 29, 5 generell als erledigt vorausgesetzt werden darf, so kann man von (7) übergehen zu

(8) $Ers_P\ Qx\ H_0\ \Theta_1\ \Theta_2\ H^*.seq.\ \tilde\Theta_0\ Imp_P\ \Theta_1 \leftrightarrow \Theta_2\ seq\ \tilde\Theta_0\ Imp_P\ Qx\ H_0 \leftrightarrow H^*.$

Dies gilt mit *Ind* für beliebiges H*. Folglich, auf Grund des *Dictum de omni* (§ 5, 11.2),

(9) $(Om\ H^*)\ (Ers_P\ Qx\ H_0\ \Theta_1\ \Theta_2\ H^*$
$$.seq.\ \tilde\Theta_0\ Imp_P\ \Theta_1 \leftrightarrow \Theta_2\ seq\ \tilde\Theta_0\ Imp_P\ Qx\ H_0 \leftrightarrow H^*).$$

§ 67. Die Regel der gebundenen Umbenennung

1. Unter der Voraussetzung

(a) daß $\Theta(x)$ durch freie Umbenennung (§ 61, 1.2) übergeht in $\Theta(z)$,

(b) z nicht frei in $\Theta(x)$,

(c) $H_1 = Qx\,\Theta(x)$, $H_2 = Qz\,\Theta(z)$,

sagen wir: „H_2 *geht aus* H_1 *durch gebundene Umbenennung hervor.*" Symbolisch: $H_1\,Umbg\,H_2$.

Es gilt

1.1. $H_1\,Umbg\,H_2\ seq\ H_2\,Umbg\,H_1$.

Beweis: $\left(\text{mit } H_1 = Qx\,\Theta(x),\ H_2 = Qx\,\Theta(x\,|\,z),\ non\,z\,Fr\,\Theta(x)\right)$

(1) $\Theta(x)\,Umbf\,\Theta(z)\ et\ non\,z\,Fr\,\Theta(x)\ seq\ \Theta(z)\,Umbf\,\Theta(x)$.

(2) $\Theta(x)\,Umbf\,\Theta(z)\ seq\ non\,x\,Fr\,\Theta(z)$.

Es gilt ferner

2.1.   *Das erste Theorem der gebundenen Umbenennung.*
        $H_1\,Umbg\,H_2\ seq\ H_1\,Imp_P\,H_2$.

Beweis:

1. Fall. Es ist für $H_1\,Umbg\,H_2$ zu zeigen:

   $H_1 = \forall x\,\Theta(x)\ et\ non\,z\,Fr\,\Theta(x)\ et\ H_2 = \forall z\,\Theta(z)\ seq\ H_1\,Imp_P\,H_2$.

Beweis:

(1) $\forall x\,\Theta(x)\,Imp_P\,\Theta(z)$.   § 61, 5.3.
       Hieraus, da *non z Fr* $\Theta(x)$, durch $Gh(z)$

(2) $\forall x\,\Theta(x)\,Imp_P\,\forall z\,\Theta(z)$.

   2. Fall. Es ist für $H_1\,Umbg\,H_2$ zu zeigen:

   $H_1 = \exists x\,\Theta(x)\ et\ non\,z\,Fr\,\Theta(x)\ et\ H_2 = \exists z\,\Theta(z)\ seq\ H_1\,Imp_P\,H_2$.

Beweis:

(1) $\Theta(x)\,Imp_P\,\exists z\,\Theta(z)$ § 61, 3.4.
       Hieraus, da *non x Fr* $\Theta(x\,|\,z)$, durch $Pv(x)$

(2) $\exists x\,\Theta(x)\,Imp_P\,\exists z\,\Theta(z)$.

   Aus 2.1 folgt unmittelbar auf Grund von 1.1

*2.2.   *Das zweite Theorem der gebundenen Umbenennung.*
        $H_1\,Umbg\,H_2\ seq\ H_1\,Aeq_P\,H_2$.

In Worten: Wenn zwei P-Ausdrücke durch gebundene Umbenennung auseinander hervorgehen, so sind sie aequivalent.

Aus 2.2 ergibt sich unmittelbar

3. Die Ersetzungsregel der gebundenen Umbenennung.

3.1. $H_1\,Umbg\,H_2\,.\,seq\,.\,Ers_P\,H\,H_1\,H_2\,H^*\;seq\;H\,Aeq_P\,H^*$.

In Worten: Wenn zwei P-Ausdrücke durch gebundene Umbenennung auseinander hervorgehen, so können sie in jedem P-Ausdruck, dem sie als Teilausdrücke angehören, nach Belieben durch einander ersetzt werden.

Setzt man „$H_1\,Umbg^*\,H_2$" für „H_2 geht aus H_1 hervor durch eine Kette von Ersetzungen von Bestandteilen Θ durch Θ', mit $\Theta\,Umbg\,\Theta'$", so erhält man mit Hilfe von 3.1 unmittelbar

*3.2. $H_1\,Umbg^*\,H_2\;seq\;H_1\,Aeq_P\,H_2$.

Mit Hilfe von gebundenen Umbenennungen ist es also stets möglich, Kollisionen zwischen gebundenen und Konfusionen zwischen freien und gebundenen Variablen (§ 53, 5) zu vermeiden.

4. Die Regel der distinkten Umbenennung.

H heiße *distinkt*, wenn jede S-Variable in H höchstens einmal in H gebunden vorkommt, und so, daß sie mit keiner in H frei vorkommenden S-Variablen identisch ist. Durch gebundene Umbenennung kann jeder P-Ausdruck aequivalent in einen distinkten P-Ausdruck umgeformt werden.

§ 68. Externe und interne Verneinung von pränexen P-Ausdrücken

1. Die Reziproken von Q und Π.

1.1.   Unter der Reziproken Q^{-1} von Q soll verstanden sein $\exists$ für $Q = \forall$, $\forall$ für $Q = \exists$; vgl. § 53, 3.2.

1.2.   Unter der Reziproken Π^{-1} des Präfixes Π (§ 53, 4.2) soll verstanden sein das Präfix, das aus Π durch Austausch von $\forall$ und $\exists$ gegeneinander hervorgeht.

2. Pränexe P-Ausdrücke.

H heiße *pränex*, wenn es einen offenen P-Ausdruck Θ gibt, so daß $H = \Pi\Theta$. Θ heiße der (offene) *Kern* von H. Im Grenzfall soll H auch dann *pränex* heißen, wenn Π leer, also H offen ist.

3. Die formalisierten Verneinungen von „alle" und „es gibt".

Mit Hilfe von Q und Q^{-1} können die vier Aequivalenzen § 59, 10.1 bis 10.4, mit den formalisierten Verneinungen von „alle" und „es gibt", zusammengefaßt werden in den beiden folgenden Aequivalenzen:

*3.1. $\sim Qx\,\Theta(x)\;Aeq_P\;Q^{-1}x\sim\Theta(x)$.

*3.2. $\sim Qx\sim\Theta(x)\;Aeq_P\;Q^{-1}x\,\Theta(x)$.

4. *Das Verneinungstheorem für beliebige pränexe P-Ausdrücke.*

$$\sim \Pi\Theta\, Aeq_P\, \Pi^{-1} \sim \Theta.$$

In Worten: Das Negat eines pränexen P-Ausdrucks ist aequivalent mit dem P-Ausdruck, der sich zusammensetzt aus der Reziproken seines Präfixes und dem Negat seines Kerns. $\Pi^{-1} \sim \Theta$ heiße *das verneinungstechnische Aequivalent von* $\sim \Pi\Theta$, der Übergang von $\sim \Pi\Theta$ zu $\Pi^{-1} \sim \Theta$ *der Übergang von der externen zur internen Verneinung von* $H = \Pi\Theta$.

Beweis durch Induktion über die Anzahl der Quantifikatoren in Π.

(a) für $n = 1$: 3.1 und 3.2.

(b) Induktionsvoraussetzung: $(Om\ \Theta)\left(\sim \overset{n}{\Pi}\Theta\left(\overset{n}{x}\right) Aeq_P \overset{n}{\Pi}{}^{-1} \sim \Theta\left(\overset{n}{x}\right)\right).$

Dann (§ 65, 2.3)

$$Q^{-1}x_{n+1} \sim \overset{n}{\Pi}\Theta\left(\overset{n}{x}, x_{n+1}\right) Aeq_P\, Q^{-1}x_{n+1}\overset{n}{\Pi}{}^{-1} \sim \Theta\left(\overset{n}{x}, x_{n+1}\right).$$

Dann (3.1)

$$\sim Qx_{n+1}\overset{n}{\Pi}\Theta\left(\overset{n}{x}, x_{n+1}\right) Aeq_P\, Q^{-1}x_{n+1}\overset{n}{\Pi}{}^{-1} \sim \Theta\left(\overset{n}{x}, x_{n+1}\right).$$

Mithin

$$\sim \overset{n+1}{\Pi}\Theta\left(\overset{n+1}{x}\right) Aeq_P \overset{n+1}{\Pi}{}^{-1} \sim \Theta\left(\overset{n+1}{x}\right).$$

§ 69. Die Dualität im PFK

1. *Definitionen.*

1.1. H_{00} ist *invers* zu H_0 $(H_{00}\, Inv\, H_0)$

$\ddot{a}q_{Df}$

H_0 und H_{00} sind partiell reduziert (§ 23, 2.1), und H_{00} geht aus H_0 durch Vertauschung von $\wedge$ und $\vee$, $\forall$ und $\exists$ [1] hervor.

1.2. $H_2\, Du_1\, H_1$, $H_2\, Du_2\, H_1$, $H_2\, Du\, H_1$ wie in § 24, 1.2 bis 1.4.

1.3.   Wir sagen: ,,$\wedge$ und $\vee$, $\forall$ und $\exists$ sind *dual* zueinander, $\sim$ ist dual zu sich selbst.''

2. *Inversionstheoreme* wie in § 24, 2.

3. *Hilfstheoreme der Dualität* wie in § 24, 3.

4. *Die Dualitätstheoreme des PFK.*

4.1.   *Das erste Dualitätstheorem des PFK.*

$H_2\, Du_1\, H_1\, seq\, H_1\, Idv_P\, H_2.$

4.1.1. $seq\, H_1\, Idg_P\, H_2.$ § 60, 6.1.

---

[1] Die Vertauschung von $\forall$ und $\exists$ ist die neu hinzukommende prädikatenlogische Bedingung gegenüber § 24, 1.1.

4.2. *Das zweite Dualitätstheorem des PFK.*

$H_2\,Du_2\,H_1\ seq\ H_1\,Idv_P\,H_2$.

4.2.1. $\qquad\qquad seq\ H_1\,Idg_P\,H_2$. $\qquad\qquad\qquad$ § 60, 6.1.

Zur Vereinfachung der Beweise verwenden wir wieder ein zweites Verneinungssymbol $-$, das den Bedingungen § 24, 4.4 bis 4.9 genügt. Zusätzliche prädikatenlogische Forderung:

$$-\,\Pi\,\mathsf{H}\,Aeq_P\,\Pi^{-1}-\mathsf{H}.$$

Wir beweisen die erste Hälfte von 4.1.

4.1*. $\quad H_2\,Du_1\,H_1\,.seq.\,id_\alpha\,H_1\ seq\ id_\alpha\,H_2$.

Beweis in vier Schritten: $H_1 = H_0 \to H_{00}$ sei in H_0 und H_{00} partiell reduziert (§ 23, 2.1). Dann

(1) Kontraposition: Übergang zu $H_1^{(1)} = -H_{00} \to -H_0$.

(2) Atomare Ausdistribuierung von $-$ in $H_1^{(1)}$ (mit dem Effekt, daß $-$ in $H_1^{(1)}$ nur noch vor P-Atomen vorkommt) durch wiederholte Anwendung des aussagenlogischen Überganges von der kompakten zur distribuierten und des prädikatenlogischen Überganges von der externen zur internen Verneinung (§ 21, 20; § 68, 4.) mit dem Effekt, daß $\wedge$ übergeht in $\vee$, $\vee$ in $\wedge$, $\forall$ in $\exists$, $\exists$ in $\forall$, jedes P-Atom Θ in $-\Theta$. Resultat: $H_1^{(2)}$.

(3) Ersetzung jedes Θ in $H_1^{(2)}$ durch $-\Theta$ auf Grund der Regel der Einsetzung in eine P-Variable (§ 62)[1]. Resultat: $H_1^{(3)}$.

(4) Eliminierung von $--$ in $H_1^{(3)}$.

Resultat: $H_1^{(4)} = H_2 = Inv\,(H_{00}) \to Inv\,(H_0)$.

Die Umformungen (1), (2), (4) sind aequivalent. (3) liefert dagegen nur

$$id_\alpha\,H_1\ seq\ id_\alpha\,H_1^{(3)}.$$

Mithin, da $H_1^{(4)} = H_2$:

$$id_\alpha\,H_1\ seq\ id_\alpha\,H_2.$$

Beweis der zweiten Hälfte von 4.1 wie zu § 24, 4.9, (b).

Der Beweis von 4.2 wie zu § 24, 3.2. Der erste Schritt ist dann also der Übergang von $H_1 = H_0 \leftrightarrow H_{00}$ zu $H_1^{(1)} = -H_0 \leftrightarrow -H_{00}$. Das übrige wie zu 4.1.1.

5. Es sei H_2 dual zu H_1, $T_1 = \text{,,}id_P\,H_1\text{“}$, $T_2 = \text{,,}id_P\,H_2\text{“}$. Dann sagen wir, in Erweiterung des in § 24, 5. eingeführten Sprachgebrauchs: „T_1 geht durch *Dualisierung* über in T_2.“ Ein nochmals erweiterter Sprachgebrauch wird präzisiert beim Übergang von § 70, 1. zu § 70, 2.

---

[1] Das ist in unserer Darstellung des PFK der erste, aber nicht der einzige Fall, in dem von dieser Regel Gebrauch gemacht wird. Vgl. § 70, 2. und § 75, 1.2, (3).

6. *Ein Beispiel.*

6.1. $id_P \mathsf{H}_1$ für $\mathsf{H}_1 = \forall x\, P_1 x \wedge \exists x \sim P_2 x \to \exists x\, (P_1 x \wedge \sim P_2 x)$. [1]
Folglich

6.2. $id_P \mathsf{H}_2$ für $\mathsf{H}_2 = \forall x\, (P_1 x \vee \sim P_2 x) \to \exists x\, P_1 x \vee \forall x \sim P_2 x$.

§ 70. Distributionstheoreme

1. *Die Distributivität der Generalisierung in bezug auf die Konjunktion.*

$$\forall x\, (\mathsf{H}_1(x) \wedge \mathsf{H}_2(x))\ Aeq_P\ \forall x\, \mathsf{H}_1(x) \wedge \forall x\, \mathsf{H}_2(x).$$ [2]

Beweis:

(1) $\mathsf{H}_1(x) \wedge \mathsf{H}_2(x)\ Imp_P\ \mathsf{H}_1(x)$.
Hieraus durch gliedweise Generalisierung von x (§ 65, 2.3)

(2) $\forall x\, (\mathsf{H}_1(x) \wedge \mathsf{H}_2(x))\ Imp_P\ \forall x\, \mathsf{H}_1(x)$.
Entsprechend

(3) $\forall x\, (\mathsf{H}_1(x) \wedge \mathsf{H}_2(x))\ Imp_P\ \forall x\, \mathsf{H}_2(x)$.
Aus (2) und (3) durch hintere Koppelung

(4) $\forall x\, (\mathsf{H}_1(x) \wedge \mathsf{H}_2(x))\ Imp_P\ \forall x\, \mathsf{H}_1(x) \wedge \forall x\, \mathsf{H}_2(x)$.
Andererseits

(5) $\forall x\, \mathsf{H}_1(x) \wedge \forall x\, \mathsf{H}_2(x)\ Imp_P\ \mathsf{H}_1(x) \wedge \mathsf{H}_2(x)$.
Hieraus, da x in der Prämisse nicht frei vorkommt, durch $Gh(x)$

(6) $\forall x\, \mathsf{H}_1(x) \wedge \forall x\, \mathsf{H}_2(x)\ Imp_P\ \forall x\, (\mathsf{H}_1(x) \wedge \mathsf{H}_2(x))$.
Aus (4) und (6) folgt 1.

Hieraus durch Dualisierung

2. *Die Distributivität der Partikularisierung in bezug auf die Alternative.*

$$\exists x\, (\mathsf{H}_1(x) \vee \mathsf{H}_2(x))\ Aeq_P\ \exists x\, \mathsf{H}_1(x) \vee \exists x\, \mathsf{H}_2(x).$$ [3]

Dies ist so zu verstehen. Aus 1. folgt

$$\forall x\, (P_1 x \wedge P_2 x)\ Aeq_P\ \forall x\, P_1 x \wedge \forall x\, P_2 x.$$

Hieraus durch Dualisierung

$$\exists x\, (P_1 x \vee P_2 x)\ Aeq_P\ \exists x\, P_1 x \vee \exists x\, P_2 x.$$

---

[1] Beweis in § 70, 5.
[2] Wir wollen daher auch anschaulicher sagen dürfen: $\forall x\, (\mathsf{H}_1(x) \wedge \mathsf{H}_2(x))$ geht durch *Distribuierung von* $\forall x$ über in $\forall x\, \mathsf{H}_1(x) \wedge \forall x\, \mathsf{H}_2(x)$.
[3] Wir wollen daher auch anschaulicher sagen dürfen: $\exists x\, (\mathsf{H}_1(x) \vee \mathsf{H}_2(x))$ geht durch *Distribuierung von* $\exists x$ über in $\exists x\, \mathsf{H}_1(x) \vee \exists x\, \mathsf{H}_2(x)$.

Hieraus durch $P_1|\lambda x\,\mathsf{H}_1(x)$, $P_2|\lambda x\,\mathsf{H}_2(x)$ im Sinne von § 62, 2.

$$\exists x\,(\mathsf{H}_1(x)\lor\mathsf{H}_2(x))\ Aeq_P\ \exists x\,\mathsf{H}_1(x)\lor\exists x\,\mathsf{H}_2(x)\,.$$

Will man den Durchgang durch die Einsetzung in eine P-Variable vermeiden, so kann man dasselbe Ergebnis durch die folgenden Umformungen erreichen. Aus 1. erhält man durch Übergang von $\mathsf{H}_1(x)$ und $\mathsf{H}_2(x)$ zu $Inv\,(\mathsf{H}_1(x))$ und $Inv\,(\mathsf{H}_2(x))$

$$\forall x\,Inv\,(\mathsf{H}_1(x))\land\forall x\,Inv\,(\mathsf{H}_2(x))\ Aeq_P\ \forall x\,(Inv\,(\mathsf{H}_1(x))\land Inv\,(\mathsf{H}_2(x)))\,.\ ^{[1]}$$

Hieraus durch Dualisierung (§ 24, 3.2)

$$Inv\,(\forall x\,Inv\,(\mathsf{H}_1(x))\land\forall x\,Inv\,(\mathsf{H}_2(x)))$$
$$Aeq_P\ Inv\,(\forall x\,(Inv\,(\mathsf{H}_1(x))\land Inv\,(\mathsf{H}_2(x))))\,.$$

Folglich, wegen $Inv\,(\Theta_1\land\Theta_2)\ Aeq_P\ Inv\,(\Theta_1)\lor Inv\,(\Theta_2)$,

$$Inv\,(\forall x\,Inv\,(\mathsf{H}_1(x)))\lor Inv\,(\forall x\,Inv\,(\mathsf{H}_2(x)))$$
$$Aeq_P\ Inv\,(\forall x\,(Inv\,(\mathsf{H}_1(x))\land Inv\,(\mathsf{H}_2(x))))\,.$$

Folglich, wegen $Inv\,(\forall x\,\Theta(x))\ Aeq_P\ \exists x\,Inv\,(\Theta(x))$,

$$\exists x\,Inv\,(Inv\,(\mathsf{H}_1(x)))\lor\exists x\,Inv\,(Inv\,(\mathsf{H}_2(x)))$$
$$Aeq_P\ \exists x\,Inv\,(Inv\,(\mathsf{H}_1(x))\land Inv\,(\mathsf{H}_2(x)))$$
$$Aeq_P\ \exists x\,(Inv\,(Inv\,(\mathsf{H}_1(x)))\lor Inv\,(Inv\,(\mathsf{H}_2(x))))\,.$$

Hieraus 2., wegen $Inv\,(Inv\,(\Theta))=\Theta$.

Die entsprechenden Umformungen sind in allen folgenden Fällen zu supplieren.

3. *Die Halbdistributivität der Partikularisierung in bezug auf die Konjunktion.*

$$\exists x\,(\mathsf{H}_1(x)\land\mathsf{H}_2(x))\ Imp_P!\ \exists x\,\mathsf{H}_1(x)\land\exists x\,\mathsf{H}_2(x)\,.$$

Beweis:

(1) $\mathsf{H}_1(x)\land\mathsf{H}_2(x)\ Imp_P\ \exists x\,\mathsf{H}_1(x)\land\exists x\,\mathsf{H}_2(x)\,.$ $\qquad\qquad Ph(x)\,.$

Hieraus, da x in der conclusio nicht frei vorkommt, durch $Pv(x)$

(2) $\exists x\,(\mathsf{H}_1(x)\land\mathsf{H}_2(x))\ Imp_P\ \exists x\,\mathsf{H}_1(x)\land\exists x\,\mathsf{H}_2(x)\,.$

Anm.: 3. ist nicht umkehrbar; denn dann würde z.B. gelten

$$\mathsf{H}=\exists x\,Px\land\exists x\sim Px\to\exists x\,(Px\land\sim Px)\,.$$

---

[1] Mit vertauschten Seiten, zur einfacheren Anordnung der Beweisschritte.

Aus 3. folgt durch Dualisierung

4. *Die Halbdistributivität der Generalisierung in bezug auf die Alternative.*
$$\forall x\, H_1(x) \lor \forall x\, H_2(x)\ Imp_P!\ \forall x\,(H_1(x) \lor H_2(x)).$$

Auch 4. ist nicht umkehrbar, weil umgekehrt auch 3. durch Dualisierung aus 4. hervorgeht.

Dagegen erhält man die Prämisse von 3. als conclusio durch den Übergang von 3. zu

5. $\forall x\, H_1(x) \land \exists x\, H_2(x)\ Imp_P \exists x\,(H_1(x) \land H_2(x)).$

Beweis:

(1) $\quad H_1(x)\ Imp_P H_2(x) \to H_1(x) \land H_2(x).$ $\hfill$ AK*.

Hieraus durch $Gv(x)$

(2) $\quad \forall x\, H_1(x)\ Imp_P H_2(x) \to H_1(x) \land H_2(x)$

(3) $\qquad\qquad Imp_P H_2(x) \to \exists x\,(H_1(x) \land H_2(x)).$ [1] $\hfill$ $Ph(x).$

Hieraus durch Prämissenvertauschung

(4) $\quad H_2(x)\ Imp_P \forall x\, H_1(x) \to \exists x\,(H_1(x) \land H_2(x)).$

Hieraus, da x in der conclusio nicht frei vorkommt, durch $Pv(x)$

(5) $\quad \exists x\, H_2(x)\ Imp_P \forall x\, H_1(x) \to \exists x\,(H_1(x) \land H_2(x)).$

Hieraus durch Übergang zur Prämissenverbindung

(6) $\quad \forall x\, H_1(x) \land \exists x\, H_2(x)\ Imp_P \exists x\,(H_1(x) \land H_2(x)).$

Aus 5. erhält man durch Dualisierung

6. $\forall x\,(H_1(x) \lor H_2(x))\ Imp_P \exists x\, H_1(x) \lor \forall x\, H_2(x).$ [2]

Wir notieren hier noch das mit Hilfe von 1. beweisbare wichtige Theorem

*7. $\forall x\,(H_1(x) \to H_2(x)) \land \forall x\,(H_2(x) \to H_3(x))\ Imp_P \forall x\,(H_1(x) \to H_3(x)).$

Beweis:

(1) $\quad id_{A,P}(H_1(x) \to H_2(x)) \land (H_2(x) \to H_3(x)) \to (H_1(x) \to H_3(x)).$

Hieraus durch gliedweise Generalisierung von x (§ 65, 2.3)

(2) $\quad id_P \forall x\,((H_1(x) \to H_2(x)) \land (H_2(x) \to H_3(x))) \to \forall x\,(H_1(x) \to H_3(x)).$

---

[1] Denn $id_P H_1 \to H_2\ seq\ id_P \Theta_1 \to (\Theta_2 \to H_1)\ .\to.\ \Theta_1 \to (\Theta_2 \to H_2).$ $\hfill$ AK*.
[2] 6. wird wesentlich anschaulicher durch den Übergang zu
$$\forall x\,(H_1(x) \lor H_2(x))\ Imp_P \sim \exists x\, H_1(x) \to \forall x\, H_2(x).$$

Hieraus durch Distribuierung von $\forall x$

$(3)\quad id_P\,\forall x\,(H_1(x)\to H_2(x))\wedge\forall x\,(H_2(x)\to H_3(x))\to\forall x\,(H_1(x)\to H_3(x))\,.$

Hieraus durch Prämissenzerlegung

$7.1.\quad \forall x\,(H_1(x)\to H_2(x))$

$$Imp_P\,\forall x\,(H_2(x)\to H_3(x))\to\forall x\,(H_1(x)\to H_3(x))\,.$$

Hieraus durch zweimalige Abtrennung *der prädikatenlogische Syllogismus.*

$*7.2.\quad id_P\,\forall x\,(H_1(x)\to H_2(x))\,.seq.\,id_P\,\forall x\,(H_2(x)\to H_3(x))$

$$seq\ id_P\,\forall x\,(H_1(x)\to H_3(x))$$

oder gleichwertig

$7.3.\quad id_P\,\forall x\,(H_1(x)\to H_2(x))\ et\ id_P\,\forall x\,(H_2(x)\to H_3(x))$

$$seq\ id_P\,\forall x\,(H_1(x)\to H_3(x))\,.$$

§ 71. Theorie der Quantifikatorenverschiebung und Quantifikatorenbegrenzung

(A) Die Theoreme der Quantifikatorenverschiebung

In $\widetilde{\Theta}$ soll die jeweils zu quantifizierende S-Variable nicht vorkommen. Dann gelten die folgenden *Verschiebungstheoreme:*

$1.1.\quad \forall x\,(\widetilde{\Theta}\wedge H(x))\,Imp_P\,\widetilde{\Theta}\wedge\forall x\,H(x)\,.$

Beweis:

$(1)\quad \widetilde{\Theta}\wedge H(x)\,Imp_P\,\widetilde{\Theta}\,.$

Hieraus durch $Gv(x)$

$(2)\quad \forall x\,(\widetilde{\Theta}\wedge H(x))\,Imp_P\,\widetilde{\Theta}\,.$

Andererseits

$(3)\quad \widetilde{\Theta}\wedge H(x)\,Imp_P\,H(x)\,.$

Hieraus durch gliedweise Generalisierung von x (§ 65, 2.3)

$(4)\quad \forall x\,(\widetilde{\Theta}\wedge H(x))\,Imp_P\,\forall x\,H(x)\,.$

Aus (2) und (4) erhält man durch hintere Koppelung

$(5)\quad \forall x\,(\widetilde{\Theta}\wedge H(x))\,Imp_P\,\widetilde{\Theta}\wedge\forall x\,H(x)\,.$

1.2. $\widetilde{\Theta} \wedge \forall x\, H(x)\, Imp_P\, \forall x\, (\Theta \wedge H(x))$.

Beweis:

(1) $\widetilde{\Theta} \wedge \forall x\, H(x)\, Imp_P\, \widetilde{\Theta} \wedge H(x)$.

   Hieraus, da x in der Prämisse nicht frei vorkommt, durch $Gh(x)$

(2) $\widetilde{\Theta} \wedge \forall x\, H(x)\, Imp_P\, \forall x\, (\widetilde{\Theta} \wedge H(x))$.

   Aus 1.1 und 1.2 folgt

*1.3. $\forall x\, (\widetilde{\Theta} \wedge H(x))\, Aeq_P\, \widetilde{\Theta} \wedge \forall x\, H(x)$.

   Hieraus durch Dualisierung

*1.4. $\exists x\, (\widetilde{\Theta} \vee H(x))\, Aeq_P\, \widetilde{\Theta} \vee \exists x\, H(x)$.

2.1. $\forall x\, (\widetilde{\Theta} \vee H(x))\, Imp_P\, \widetilde{\Theta} \vee \forall x\, H(x)$.

Beweis:

(1) $(\widetilde{\Theta} \vee H(x)) \wedge \sim \widetilde{\Theta}\, Imp_P\, H(x)$.   AK*.

   Hieraus

(2) $\sim \widetilde{\Theta}\, Imp_P\, \widetilde{\Theta} \vee H(x) \rightarrow H(x)$.   AK*.

   Hieraus durch gliedweise Generalisierung von x (§ 65, 1.1)

(3) $\sim \widetilde{\Theta}\, Imp_P\, \forall x\, (\widetilde{\Theta} \vee H(x)) \rightarrow \forall x\, H(x)$.

   Hieraus durch Prämissenvertauschung

(4) $\forall x\, (\widetilde{\Theta} \vee H(x))\, Imp_P\, \sim \widetilde{\Theta} \rightarrow \forall x\, H(x)$

(5) $Imp_P\, \widetilde{\Theta} \vee \forall x\, H(x)$.   AK*.

2.2. $\widetilde{\Theta} \vee \forall x\, H(x)\, Imp_P\, \forall x\, (\widetilde{\Theta} \vee H(x))$.

Beweis:

(1) $\widetilde{\Theta}\, Imp_P\, \widetilde{\Theta} \vee H(x)$.   AK*.

   Hieraus, da x in der Prämisse nicht frei vorkommt, durch $Gh(\dot{x})$

(2) $\widetilde{\Theta}\, Imp_P\, \forall x\, (\widetilde{\Theta} \vee H(x))$.

   Andererseits

(3) $H(x)\, Imp_P\, \widetilde{\Theta} \vee H(x)$.   AK*.

   Hieraus durch gliedweise Generalisierung von x (§ 65, 2.3)

(4) $\forall x\, H(x)\, Imp_P\, \forall x\, (\widetilde{\Theta} \vee H(x))$.

   Aus (2) und (4) folgt durch vordere Koppelung

(5) $\widetilde{\Theta} \vee \forall x\, H(x)\, Imp_P\, \forall x\, (\widetilde{\Theta} \vee H(x))$.

   Aus 2.1 und 2.2 folgt

*2.3. $\forall x\, (\widetilde{\Theta} \vee H(x))\, Aeq_P\, \widetilde{\Theta} \vee \forall x\, H(x)$.

Hieraus durch Dualisierung

*2.4. $\exists x\,(\widetilde{\Theta} \wedge \mathsf{H}(x))\; Aeq_P\; \widetilde{\Theta} \wedge \exists x\, \mathsf{H}(x)$.

Durch Umstellung der Konjunktions- bzw. der Alternativglieder gehen die vorstehenden Theoreme von Links nach Rechts über in

(B) Die Theoreme der Quantifikatorenbegrenzung

3.1. $\forall x\,(\mathsf{H}(x) \wedge \widetilde{\Theta})\; Aeq_P\; \forall x\, \mathsf{H}(x) \wedge \widetilde{\Theta}$.   1.3.

3.2. $\forall x\,(\mathsf{H}(x) \vee \widetilde{\Theta})\; Aeq_P\; \forall x\, \mathsf{H}(x) \vee \widetilde{\Theta}$.   2.3.

4.1. $\exists x\,(\mathsf{H}(x) \wedge \widetilde{\Theta})\; Aeq_P\; \exists x\, \mathsf{H}(x) \wedge \widetilde{\Theta}$.   2.4.

4.2. $\exists x\,(\mathsf{H}(x) \vee \widetilde{\Theta})\; Aeq_P\; \exists x\, \mathsf{H}(x) \vee \widetilde{\Theta}$.   1.4.

Von Rechts nach Links sollen die vorstehenden Theoreme gekennzeichnet sein als *Theoreme der Quantifikatorenexpansion*.

(C) Folgerungen für die Implikation

Aus $\widetilde{\Theta} \to \mathsf{H}(x)\; Aeq_{A,P}\; {\sim}\widetilde{\Theta} \vee \mathsf{H}(x)$ folgt mit 2.3 und 1.4 die Gültigkeit der *Verschiebungstheoreme* auch für die *Implikationen*:

5.1. $\forall x\,(\widetilde{\Theta} \to \mathsf{H}(x))\; Aeq_P\; \widetilde{\Theta} \to \forall x\, \mathsf{H}(x)$.

5.2. $\exists x\,(\widetilde{\Theta} \to \mathsf{H}(x))\; Aeq_P\; \widetilde{\Theta} \to \exists x\, \mathsf{H}(x)$.

Für die *Begrenzungstheoreme* ergibt sich zusätzlich der Austausch von $\forall$ und $\exists$ gegeneinander:

6.1. $\forall x\,(\mathsf{H}(x) \to \widetilde{\Theta})\; Aeq_P\; \exists x\, \mathsf{H}(x) \to \widetilde{\Theta}$.

Beweis:

(1) $\forall x\,({\sim}\mathsf{H}(x) \vee \widetilde{\Theta})\; Aeq_P\; \forall x\, {\sim}\mathsf{H}(x) \vee \widetilde{\Theta}$ 3.2.

(2) $Aeq_P\; {\sim}\forall x\, {\sim}\mathsf{H}(x) \to \widetilde{\Theta}$ AK*.

(3) $Aeq_P\; \exists x\, \mathsf{H}(x) \to \widetilde{\Theta}$.   § 59, 10.4.

6.2. $\exists x\,(\mathsf{H}(x) \to \widetilde{\Theta})\; Aeq_P\; \forall x\, \mathsf{H}(x) \to \widetilde{\Theta}$.

Beweis:

(1) $\exists x\,({\sim}\mathsf{H}(x) \vee \widetilde{\Theta})\; Aeq_P\; \exists x\, {\sim}\mathsf{H}(x) \vee \widetilde{\Theta}$ 4.2.

(2) $Aeq_P\; {\sim}\exists x\, {\sim}\mathsf{H}(x) \to \widetilde{\Theta}$ AK*.

(3) $Aeq_P\; \forall x\, \mathsf{H}(x) \to \widetilde{\Theta}$.   § 59, 10.3.

(D) Verallgemeinerungen zu (A) und (B)

Die Theoreme (A) und (B) lassen die folgenden Verallgemeinerungen zu für beliebiges Π, unter der Voraussetzung, daß die durch Π

gebundenen S-Variablen in $\widetilde{\Theta}$ nicht vorkommen:

7.1. $\Pi(\widetilde{\Theta} \wedge H)\, Aeq_P\, \widetilde{\Theta} \wedge \Pi H.$

7.2. $\Pi(\widetilde{\Theta} \vee H)\, Aeq_P\, \widetilde{\Theta} \vee \Pi H.$

7.3. $\Pi(H \wedge \widetilde{\Theta})\, Aeq_P\, \Pi H \wedge \widetilde{\Theta}.$

7.4. $\Pi(H \vee \widetilde{\Theta})\, Aeq_P\, \Pi H \vee \widetilde{\Theta}.$

§ 72. Die Permutierbarkeit der Quantifikatoren

1. Die Glieder einer Folge von Generalisatoren können beliebig permutiert werden. Es genügt zu zeigen:

$$\forall x_1 \forall x_2\, H(x_1, x_2)\, Aeq_P\, \forall x_2 \forall x_1\, H(x_1, x_2).$$

Beweis:

(1) $\forall x_1 \forall x_2\, H(x_1, x_2)\, Imp_P\, H(x_1, x_2).$ § 59, 11.1.

Hieraus durch hintere Generalisierung von x_1 und x_2

(2) $\forall x_1 \forall x_2\, H(x_1, x_2)\, Imp_P\, \forall x_2 \forall x_1\, H(x_1, x_2).$

Entsprechend erhält man

(3) $\forall x_2 \forall x_1\, H(x_1, x_2)\, Imp_P\, \forall x_1 \forall x_2\, H(x_1, x_2).$

Aus (2) und (3) folgt

(4) $\forall x_1 \forall x_2\, H(x_1, x_2)\, Aeq_P\, \forall x_2 \forall x_1\, H(x_1, x_2).$

2. Die Glieder einer Folge von Partikularisatoren können beliebig permutiert werden. Es genügt zu zeigen:

$$\exists x_1 \exists x_2\, H(x_1, x_2)\, Aeq_P\, \exists x_2 \exists x_1\, H(x_1, x_2).$$

Beweis:

(1) $H(x_1, x_2)\, Imp_P\, \exists x_2 \exists x_1\, H(x_1, x_2).$ § 59, 12.1.

Hieraus durch vordere Partikularisierung von x_2 und x_1

(2) $\exists x_1 \exists x_2\, H(x_1, x_2)\, Imp_P\, \exists x_2 \exists x_1\, H(x_1, x_2).$

Entsprechend erhält man

(3) $\exists x_2 \exists x_1\, H(x_1, x_2)\, Imp_P\, \exists x_1 \exists x_2\, H(x_1, x_2).$

Aus (2) und (3) folgt

(4) $\exists x_1 \exists x_2\, H(x_1, x_2)\, Aeq_P\, \exists x_2 \exists x_1\, H(x_1, x_2).$

3. *Der Übergang von* $\exists\forall$ *zu* $\forall\exists$.

$$\exists x \forall y\, H(x, y)\, Imp_P!\, \forall y \exists x\, H(x, y).$$

Beweis:

(1) $H(x, y) \, Imp_P \, \exists x \, H(x, y)$. §59, 12.1.

Hieraus durch gliedweise Generalisierung von y

(2) $\forall y \, H(x, y) \, Imp_P \, \forall y \, \exists x \, H(x, y)$.

Hieraus durch $Pv(x)$

(3) $\exists x \, \forall y \, H(x, y) \, Imp_P \, \forall y \, \exists x \, H(x, y)$.

  3.1. *Verallgemeinerung von 3.*

$$\exists \overset{m}{x} \, \forall \overset{n}{y} \, H(\overset{m}{x}, \overset{n}{y}) \, Imp_P! \, \forall \overset{n}{y} \, \exists \overset{m}{x} \, H(\overset{m}{x}, \overset{n}{y}).$$

Beweis durch Induktion über m und n.

Anm.: 3. ist nicht umkehrbar, folglich erst recht nicht 3.1. Denn mit der Umkehrung von 3. müßte gelten

$$H_0 = \forall y \, \exists x \, Pxy \to \exists x \, \forall y \, Pxy.$$

H_0 ist aber schon für ein zweizahliges α falsifizierbar, z.B. durch

$$\mathfrak{B}^*_\alpha(Pc_1c_1) = \mathfrak{B}^*_\alpha(Pc_2c_2) = W, \; \mathfrak{B}^*_\alpha(Pc_1c_2) = \mathfrak{B}^*_\alpha(Pc_2c_1) = F.$$

Hieraus folgt aber *nicht* die generelle Unzulässigkeit des Überganges von $\forall x_2 \, \exists x_1$ zu $\exists x_1 \, \forall x_2$. Wir notieren die folgenden Sonderfälle:

  4. *non* $x_2 \, In \, H_1$ *et non* $x_1 \, In \, H_2$

  seq

$$\forall x_1 \, \exists x_2 \, \big(H_1(x_1) \wedge H_2(x_2)\big) \, Aeq_P \, \exists x_2 \, \forall x_1 \, \big(H_1(x_1) \wedge H_2(x_2)\big).$$

Beweis: Unter der Vor. von 4. gilt mit den Verschiebungs- und den Begrenzungstheoremen von § 71

(1) $\forall x_1 \, \exists x_2 \, \big(H_1(x_1) \wedge H_2(x_2)\big) \, Aeq_P \, \forall x_1 \, H_1(x_1) \wedge \exists x_2 \, H_2(x_2)$.

(2) $\qquad\qquad\qquad\qquad Aeq_P \, \exists x_2 \, \forall x_1 \, \big(H_1(x_1) \wedge H_2(x_2)\big)$.

Aus (1) und (2) folgt 4.

§ 73. Pränexe Aequivalente und Normalformen

1. Jeder P-Ausdruck kann übergeführt werden[1] in einen pränexen P-Ausdruck (§ 68, 2.), oder kürzer: auf eine pränexe Form gebracht werden. Offene P-Ausdrücke sollen als P-Ausdrücke mit dem leeren Präfix und in diesem Sinne als pränex gelten.

---

[1] „H_1 kann übergeführt werden in H_2" für „H_1 kann aequivalent umgeformt werden in H_2".

Die Grundlagen für diese Überführbarkeit sind enthalten in § 71. Ihre Anwendbarkeit hat im allgemeinen Fall eine gebundene Umbenennung (§ 67) zur Voraussetzung, bei mehreren Quantifikatoren eine Überführung in einen distinkten P-Ausdruck (§ 67, 4.). Im allgemeinen Fall kommt für die Überführbarkeit noch entscheidend hinzu die Ersetzungsregel des PFK in der Form von § 66, 3.3. Für geeignete Konjunktionen können mit Hilfe von § 70, 1. die Generalisatoren, für geeignete Alternativen mit Hilfe von § 70, 2. die Partikularisatoren reduziert werden.

Wir zeigen die Überführbarkeit an folgendem Beispiel: Es sei

$$\mathsf{H} = \forall x\,(\Theta_1(x) \to \Theta_2(x))\ .\to.\ \exists x\,\Theta_1(x) \to \exists x\,\Theta_2(x)\,.$$

Es gelten die folgenden Theoreme:

(1) $\mathsf{H}\,Aeq_\alpha\,\mathsf{H}_1 = \forall x\,(\Theta_1(x) \to \Theta_2(x))\ .\to.\ \exists y\,\Theta_1(y) \to \exists z\,\Theta_2(z)\,.$

H_1 ist ein distinktes Aequivalent von H.

(2) $\mathsf{H}_1\,Aeq_\alpha\,\mathsf{H}_2 = \exists x\,(\Theta_1(x) \to \Theta_2(x)\ .\to.\ \exists y\,\Theta_1(y) \to \exists z\,\Theta_2(z))\,.$ § 71, 6.1.

(3) $\mathsf{H}_2\,Aeq_\alpha\,\mathsf{H}_3 = \exists x\,(\Theta_1(x) \to \Theta_2(x)\ .\to.\ \forall y\,(\Theta_1(y) \to \exists z\,\Theta_2(z)))\,.$

§ 71, 6.1; § 66, 3.3.

(4) $\mathsf{H}_3\,Aeq_\alpha\,\mathsf{H}_4 = \exists x\,\forall y\,(\Theta_1(x) \to \Theta_2(x)\ .\to.\ \Theta_1(y) \to \exists z\,\Theta_2(z))\,.$

§ 71, 5.1; § 66, 3.3.

(5) $\mathsf{H}_4\,Aeq_\alpha\,\mathsf{H}_5 = \exists x\,\forall y\,\exists z\,(\Theta_1(x) \to \Theta_2(x)\ .\to.\ \Theta_1(y) \to \Theta_2(z))\,.$

§ 71, 5.2; § 66, 3.3.

H_5 ist pränex und mit H aequivalent. Folglich

1.1. $\mathsf{H}\,Aeq_\alpha\,\exists x\,\forall y\,\exists z\,(\Theta_1(x) \to \Theta_2(x)\ .\to.\ \Theta_1(y) \to \Theta_2(z))\,.$

Dies ist jedoch nicht das einzige pränexe Aequivalent von H; denn es gelten auch die folgenden Theoreme:

(6) $\mathsf{H}_1\,Aeq_\alpha\,\mathsf{H}_6 = \exists z\,(\forall x\,(\Theta_1(x) \to \Theta_2(x))\ .\to.\ \exists y\,\Theta_1(y) \to \Theta_2(z))\,.$ § 71, 5.2.

(7) $\mathsf{H}_6\,Aeq_\alpha\,\mathsf{H}_7 = \exists z\,(\forall x\,(\Theta_1(x) \to \Theta_2(x))\ .\to.\ \forall y\,(\Theta_1(y) \to \Theta_2(z)))\,.$

§ 71, 6.2; § 66, 3.3.

(8) $\mathsf{H}_7\,Aeq_\alpha\,\mathsf{H}_8 = \exists z\,\forall y\,(\forall x\,(\Theta_1(x) \to \Theta_2(x))\ .\to.\ \Theta_1(y) \to \Theta_2(z))\,.$

§ 71, 5.1; § 66, 3.3.

(9) $\mathsf{H}_8\,Aeq_\alpha\,\mathsf{H}_9 = \exists z\,\forall y\,\exists x\,(\Theta_1(x) \to \Theta_2(x)\ .\to.\ \Theta_1(y) \to \Theta_2(z))\,.$

§ 71, 6.2; § 66, 3.3.

Es ist also neben H_5 auch H_9 pränex und mit H aequivalent. Folglich

1.2 $\mathsf{H}\,Aeq_\alpha\,\exists z\,\forall y\,\exists x\,(\Theta_1(x) \to \Theta_2(x)\ .\to.\ \Theta_1(y) \to \Theta_2(z))\,.$

In verwickelteren Fällen ist die Mannigfaltigkeit der möglichen pränexen Aequivalente, auch in bezug auf die Zahl der voranstehenden Quantifikatoren, so groß, daß das folgende *Theorem der pränexen Normalformen* von Interesse ist:

2. Wenn H (in einer distinkten Umformung) zunächst partiell reduziert wird (§ 23, 2.) und wenn die hierdurch erzeugten extern verneinten pränexen Bestandteile (§ 68) durch ihre intern verneinten Aequivalente ersetzt werden, so ergibt sich das Präfix von H aus den Quantifikatoren in der Folge, in der sie von Links nach Rechts nach diesen Umformungen in H vorkommen.

Es sei noch einmal

$$H = H_1 = \forall x \left(\Theta_1(x) \to \Theta_2(x)\right) . \to . \exists y \, \Theta_1(y) \to \exists z \, \Theta_2(z) .$$

Dann

(1) $H_1 \, Aeq_\alpha \, H_2 = \, \sim \forall x \left(\Theta_1(x) \to \Theta_2(x)\right) \vee \sim \exists y \, \Theta_1(y) \vee \exists z \, \Theta_2(z) .$

(2) $H_2 \, Aeq_\alpha \, H_3 = \exists x \left(\Theta_1(x) \wedge \sim \Theta_2(x)\right) \vee \forall y \sim \Theta_1(y) \vee \exists z \, \Theta_2(z) .$

(3) $H_3 \, Aeq_\alpha \, H_4 = \exists x \left(\Theta_1(x) \wedge \sim \Theta_2(x)\right) \vee \forall y \left(\sim \Theta_1(y) \vee \exists z \, \Theta_2(z)\right) .$

(4) $H_4 \, Aeq_\alpha \, H_5 = \exists x \, \forall y \left(\Theta_1(x) \wedge \sim \Theta_2(x)\right) \vee \exists z \left(\sim \Theta_1(y) \vee \Theta_2(z)\right) .$

(5) $H_5 \, Aeq_\alpha \, H_6 = \exists x \, \forall y \, \exists z \left(\Theta_1(x) \wedge \sim \Theta_2(x) \vee \sim \Theta_1(y) \vee \Theta_2(z)\right) .$

Folglich[1]

2.1. $H \, Aeq_\alpha \, \exists x \, \forall y \, \exists z \left(\Theta_1(x) \wedge \sim \Theta_2(x) \vee \sim \Theta_1(y) \vee \Theta_2(z)\right) .$

Die Übergänge (2) bis (5) ergeben sich sämtlich aus den Theoremen von § 71 in Verbindung mit § 66, 3.3.

§ 74. Totalpränexe P-Ausdrücke

1. Definitionen.

1.1. $x_1, \ldots, x_n$ $(n \geq 1)$ seien alle in H frei vorkommenden S-Variablen. Dann heiße H_0 eine *Generalisierte (Partikularisierte)* von H, wenn es ein H' und ein H_0' gibt, so daß (1) H und H', H_0 und H_0' durch gebundene Umbenennung ineinander übergehen, (2) im ersten Falle $H_0' = \forall \overset{n}{x} H'$, im zweiten Falle $H_0' = \exists \overset{n}{x} H'$. Irgend zwei Generalisierte (Partikularisierte) eines P-Ausdrucks sind aequivalent, da sie durch gebundene Umbenennungen auseinander hervorgehen (§ 67).

Ein *Beispiel:* $H_0 = \forall z (Pz \to \exists x \, Px)$ ist eine Generalisierte von $H = Pu \to \exists u \, Pu$; denn es gibt (§ 67, 4.) ein distinktes $H' = Pu \to \exists x \, Px$, das aus H durch gebundene Umbenennung hervorgeht und ein $H_0' = \forall u (Pu \to \exists x \, Px)$. Aus H_0' geht H_0 durch gebundene Umbenennung hervor, so daß $H_0 \, Aeq_\alpha \, H_0'$.

1.2. Ein P-Ausdruck heiße *totalpränex,* wenn er pränex und abgeschlossen ist.

---

[1] Im Einklang mit 1.1, aber nicht mit 1.2.

2. *Theoreme*.

*2.1.   Jeder P-Ausdruck H kann identitäts- und erfüllbarkeitsverbunden auf eine totalpränexe Form gebracht werden.

1. Fall: H abgeschlossen, aber noch nicht totalpränex. Dann liefert der aequivalente Übergang zu einem pränexen H′ zugleich ein totalpränexes H′, und wegen § 60, 7.3; 7.4 ist auch H Idv_P H′ und H $Erfv_P$ H′.

2. Fall: H nicht abgeschlossen. Auf Grund von § 73, 1. kann H auf eine pränexe Form H′ gebracht werden. Dann ist jede Generalisierte von H′ *identitätsverbunden* (§ 60, 5.5), jede Partikularisierte von H′ *erfüllbarkeitsverbunden* (§ 60, 5.7) mit H.

Mit Bezug auf die im nächsten Paragraphen zu diskutierenden, viel weiter reichenden Skolemschen Normalformen soll 2.1 hier noch verschärft werden zu

*2.2.   Jeder P-Ausdruck kann identitätsverbunden übergeführt werden in einen totalpränexen P-Ausdruck, dessen Präfix beginnt mit $\exists x \forall y$.

*2.3.   Jeder P-Ausdruck kann erfüllbarkeitsverbunden übergeführt werden in einen totalpränexen P-Ausdruck, dessen Präfix beginnt mit $\forall x \exists y$.

Es genügt, 2.2 zu beweisen. Es ist zu zeigen:

$$(Ex\, \mathsf{H_0})\, \big(\mathsf{H}\, Idg_\alpha\, \exists x\, \forall y\, \Pi\, \mathsf{H_0}(x,\, y)\big).$$

H sei als totalpränex vorausgesetzt: H Idg_α $\Pi\Theta$ mit beliebigem Π. Dann (§ 12, 8.1) wegen $id_P\, \exists x\, \forall y\, (Pxy \vee \sim Pxy)$

(1) $\Pi\Theta\, Aeq_\alpha\, \Pi\Theta \wedge \exists x\, \forall y\, (Pxy \vee \sim Pxy)$ $x,\, y$ nicht in Θ.

(2) $Aeq_\alpha\, \exists x\, \forall y\, \Pi\, \big(\Theta \wedge (Pxy \vee \sim Pxy)\big)$ § 71, 7.1; 7.3.

(3) $Aeq_\alpha\, \exists x\, \forall y\, \Pi\, \mathsf{H_0}(x,\, y)$.

Mithin

(4) $\mathsf{H}\, Idg_\alpha\, \exists x\, \forall y\, \Pi\, \mathsf{H_0}(x,\, y)$.

§ 75. Die Skolemschen Normalformen und ihre Verschärfung für den PFK

Th. Skolem [2, § 1] hat gezeigt, daß zu jedem P-Ausdruck ein erfüllbarkeitsverbundener totalpränexer P-Ausdruck bestimmt werden kann mit einem Präfix, in dem jeder Generalisator jedem Partikularisator vorangeht, also mit einem Präfix vom Typus $\forall \overset{n}{y}\, \exists \overset{m}{x}$. Wir zeigen statt dessen, daß zu jedem P-Ausdruck ein identitätsverbundener totalpränexer P-Ausdruck bestimmt werden kann mit einem Präfix vom Typus $\exists \overset{m}{x}\, \forall \overset{n}{y}$.

Θ^* stehe für totalpränexe Ausdrücke. Es ist zu zeigen

*1. $(Om\, \mathsf{H})\,(Ex\, \Theta^*,\, \mathsf{H}_*)\,(\Theta^* = \exists\overset{m}{x}\,\forall\overset{n}{y}\,\mathsf{H}_*\,(\overset{m}{x},\,\overset{n}{y})\; et\, \mathsf{H}\, Idv_P\, \Theta^*)$.

Auf Grund von § 74, 2.2 genügt es, unter der Voraussetzung, daß Π mit $\exists$ beginnt, zu zeigen

1.0. $\exists x\,\forall y\,\Pi\,\mathsf{H}_0\,(x,\, y)\; Idg_\alpha\; \exists x\,\exists y\,\Pi\,\forall z\,(\mathsf{H}_0\,(x,\, y)\wedge\sim Pxy\vee Pxz)$.

P nicht in H_0.

Der Übergang von Links nach Rechts ist dann so oft zu wiederholen, bis jeder Partikularisator vor jedem Generalisator steht. Wir zeigen als erstes

1.1. $id_\alpha\,\exists x\,\forall y\,\Pi\,\mathsf{H}_0\,(x,\, y)\to\exists x\,\exists y\,\Pi\,\forall z\,(\mathsf{H}_0\,(x,\, y)\wedge\sim Pxy\vee Pxz)$.

P nicht in H_0.[1]

Beweis: Man erhält durch $Ph\,(y)$

(1) $id_\alpha\,\Pi\,\mathsf{H}_0\,(x,\, y)\wedge\sim Pxy\to\exists y\,(\Pi\,\mathsf{H}_0\,(x,\, y)\wedge\sim Pxy)$.

Hieraus durch Prämissenzerlegung

(2) $id_\alpha\,\Pi\,\mathsf{H}_0\,(x,\, y)\;.\to.\sim Pxy\to\exists y\,(\Pi\,\mathsf{H}_0\,(x,\, y)\wedge\sim Pxy)$.

Hieraus durch $Gv\,(y)$

(3) $id_\alpha\,\forall y\,\Pi\,\mathsf{H}_0\,(x,\, y)\;.\to.\sim Pxy\to\exists y\,(\Pi\,\mathsf{H}_0\,(x,\, y)\wedge\sim Pxy)$

oder gleichwertig (AK*)

(4) $id_\alpha\,\forall y\,\Pi\,\mathsf{H}_0\,(x,\, y)\wedge\sim\exists y\,(\Pi\,\mathsf{H}_0\,(x,\, y)\wedge\sim Pxy)\to Pxy$.

Hieraus durch $Gh\,(y)$ mit gebundener Umbenennung von y in z

(5) $id_\alpha\,\forall y\,\Pi\,\mathsf{H}_0\,(x,\, y)\wedge\sim\exists y\,(\Pi\,\mathsf{H}_0\,(x,\, y)\wedge\sim Pxy)\to\forall z\,Pxz$

oder gleichwertig (AK*)[2]

(6) $id_\alpha\,\forall y\,\Pi\,\mathsf{H}_0\,(x,\, y)\to\exists y\,(\Pi\,\mathsf{H}_0\,(x,\, y)\wedge\sim Pxy)\vee\forall z\,Pxz$

(7) $\phantom{id_\alpha\,\forall y\,\Pi\,\mathsf{H}_0\,(x,\, y)}\to\exists y\,\Pi\,(\mathsf{H}_0\,(x,\, y)\wedge\sim Pxy\vee\forall z\,Pxz)$[3]   § 71, 7.4.

(8) $\phantom{id_\alpha\,\forall y\,\Pi\,\mathsf{H}_0\,(x,\, y)}\to\exists y\,\Pi\,\forall z\,(\mathsf{H}_0\,(x,\, y)\wedge\sim Pxy\vee Pxz)$.

§ 71, 2.3; § 66, 3.

Aus (6) bis (8) folgt

(9) $id_\alpha\,\forall y\,\Pi\,\mathsf{H}_0\,(x,\, y)\to\exists y\,\Pi\,\forall z\,(\mathsf{H}_0\,(x,\, y)\wedge\sim Pxy\vee Pxz)$.

Hieraus durch gliedweise Partikularisierung von x (§ 65, 2.3)

(10) $id_\alpha\,\exists x\,\forall y\,\Pi\,\mathsf{H}_0\,(x,\, y)\to\exists x\,\exists y\,\Pi\,\forall z\,(\mathsf{H}_0\,(x,\, y)\wedge\sim Pxy\vee Pxz)$.

---

[1] Die Forderung an P ist für den Beweis von 1.1 nicht notwendig, sondern erst für die Zusammenfassung von 1.2 und 1.3 zu 1.0.

[2] Wegen $p\wedge\sim q\to r\; Aeq_A\; p\to q\vee r$.

[3] Die durch Π gebundenen S-Variablen müssen wegen des Beweiszieles in 1.0 von $x,\, y,\, z$ verschieden sein, da sonst kein P-Ausdruck vorliegen würde.

Aus 1.1 folgt a fortiori (mit P nicht in H_0)

1.2. $id_\alpha \exists x \forall y \Pi H_0(x, y)$ seq $id_\alpha \exists x \exists y \Pi \forall z (H_0(x, y) \wedge \sim Pxy \vee Pxz)$.

Wir zeigen nun die Umkehrung

1.3. $id_\alpha \exists x \exists y \Pi \forall z (H_0(x, y) \wedge \sim Pxy \vee Pxz)$ seq $id_\alpha \exists x \forall y \Pi H_0(x, y)$.

P nicht in H_0.

Beweis:

(1) $id_\alpha \exists x \exists y \Pi \forall z (H_0(x, y) \wedge \sim Pxy \vee Pxz)$

$\to \exists x (\exists y (\Pi H_0(x, y) \wedge \sim Pxy) \vee \forall x\, Pxz)$.   § 71, 2.3; § 66, 3.

Mithin a fortiori

(2) $id_\alpha \ldots seq\ id_\alpha \ldots$.

Hieraus durch $P | \lambda u_1 u_2 \Pi H(u_1, u_2)$, da P nach Vor. nicht in H_0,

(3) $id_\alpha \ldots seq\ id_\alpha \exists x (\exists y (\Pi H_0(x, y) \wedge \sim \lambda u_1 u_2 \Pi H_0(u_1, u_2) xy)$

$\vee \forall z\, \lambda u_1 u_2 \Pi H_0(u_1, u_2)\, xz)$ [1]

(4) $seq\ id_\alpha \exists x (\exists y (\Pi H_0(x, y) \wedge \sim \Pi H_0(x, y)) \vee \forall z\, \Pi H_0(x, z))$ [2]

(5) $seq\ id_\alpha \exists x \forall z \Pi H_0(x, z)$. [3]

Hieraus durch gebundene Umbenennung von z in y

(6) $id_\alpha \ldots seq\ id_\alpha \exists x \forall y \Pi H_0(x, y)$.

Aus 1.2 und 1.3 folgt 1.0, mithin 1.

Durch Übergang von H zu $\sim H$ und gliedweise metasprachliche Verneinung erhält man aus 1. das erfüllungstheoretische Gegenstück

*2. $(Om\, H)\, (Ex\, \Theta^*, H_*)\, (\Theta^* = \forall \overset{m}{x} \exists \overset{n}{y} H_* (\overset{m}{x}, \overset{n}{y})$ et $H\, Erfv_P\, \Theta^*)$.

Wenn man wie im PFK über die Möglichkeit verfügt, neue F-Variablen einzuführen, so kann das Theorem von SKOLEM in seiner originalen erfüllbarkeitstheoretischen Formulierung unter Verwendung des Auswahlprinzips verschärft werden zu einem Theorem, welches besagt, daß zu jedem P-Ausdruck ein erfüllbarkeitsverbundener totalpränexer P-Ausdruck bestimmt werden kann mit einem Präfix, das nur aus Generalisatoren besteht, also mit einem Präfix vom Typus $\forall \overset{m}{x}$.

H_* stehe für *offene* Ausdrücke. Es ist zu zeigen:

*3. $(Om\, H)\, (Ex\, H_* (\overset{m}{x}))\, (H\, Erfv_P\, \forall \overset{m}{x} H_* (\overset{m}{x}))$.

Auf Grund von 2. kann H schon vorausgesetzt werden in der Form $\forall \overset{m}{x} \exists \overset{n}{y} H_*(\overset{m}{x}, \overset{n}{y})$. Wir wählen n m-stellige F-Variablen $f_1^m, \ldots, f_n^m$, die in

---

[1] Dies ist ein H^λ wie in § 62, 2.

[2] Der Übergang von (3) zu (4) wie in § 62, 2.

[3] Denn $id_{A, P} \sim (\Pi H_0(x, y) \wedge \sim \Pi H_0(x, y))$. Folglich (§ 59, 11.6) $id_P \sim \exists y (\ldots)$. Folglich (5), mit § 12, 9.2.

H* nicht vorkommen, mit $\overset{n}{f}{}^{m}(\overset{m}{x})$ für $f_1^m(\overset{m}{x}),\ldots,f_n^m(\overset{m}{x})$. Wir setzen $H_*(\overset{m}{x})=_{Df}H^*(\overset{m}{x},\overset{n}{f}{}^{m}(\overset{m}{x}))$ und zeigen

3.0. $\forall\overset{m}{x}\,H_*(\overset{m}{x})\;Erfv_P\;\forall\overset{m}{x}\,\exists\overset{n}{y}\,H^*(\overset{m}{x},\overset{n}{y})$.

   3.0 zerfällt in die Teiltheoreme (3.1, 3.2)

3.1. $erf_\alpha\,\forall\overset{m}{x}\,H_*(\overset{m}{x})\;seq\;erf_\alpha\,\forall\overset{m}{x}\,\exists\overset{n}{y}\,H^*(\overset{m}{x},\overset{n}{y})$.

Beweis:

(1) $id_\alpha\,H^*(\overset{m}{x},\overset{n}{f}{}^{m}(\overset{m}{x}))\to\exists\overset{n}{y}\,H^*(\overset{m}{x},\overset{n}{y})$.

Hieraus durch gliedweise Generalisierung

(2) $id_\alpha\,\forall\overset{m}{x}\,H_*(\overset{m}{x})\to\forall\overset{m}{x}\,\exists\overset{n}{x}\,H^*(\overset{m}{x},\overset{n}{y})$.

Daraus folgt 3.1 mit § 12, 7.6 auf Grund von AK*.

3.2. $erf_\alpha\,\forall\overset{m}{x}\,\exists\overset{n}{x}\,H^*(\overset{m}{x},\overset{n}{y})\;seq\;erf_\alpha\,\forall\overset{m}{x}\,H_*(\overset{m}{x})$.

Der Beweis gelingt mit „*Pr*" für $\mathfrak{B}\,Erf_\alpha\,\forall\overset{m}{x}\exists\overset{n}{y}\,H^*(\overset{m}{x},\overset{n}{y})$ in folgenden Schritten:

(1) $Pr\;seq\;(Om_\alpha\overset{m}{\mathfrak{x}})\,(Ex_\alpha\overset{n}{\mathfrak{y}})\left(\begin{pmatrix}\overset{m}{x},&\overset{n}{y}\\\overset{m}{\mathfrak{x}},&\overset{n}{\mathfrak{y}}\end{pmatrix}\mathfrak{B}\,Erf_\alpha\,H^*(\overset{m}{x},\overset{n}{y})\right)$.

Hieraus auf Grund des Auswahlprinzips

(2) $Pr\;seq\;(Ex_\alpha\overset{n}{\varphi})\,(Om_\alpha\overset{m}{\mathfrak{x}})\left(\begin{pmatrix}\overset{m}{x},&\overset{n}{y}\\\overset{m}{\mathfrak{x}},&\overset{n}{\varphi}(\overset{m}{\mathfrak{x}})\end{pmatrix}\mathfrak{B}\,Erf_\alpha\,H^*(\overset{m}{x},\overset{n}{y})\right)$.

Nun gilt

(3) $\begin{pmatrix}\overset{m}{x},&\overset{n}{y}\\\overset{m}{\mathfrak{x}},&\overset{n}{\varphi}(\overset{m}{\mathfrak{x}})\end{pmatrix}\mathfrak{B}(\overset{n}{y})=\overset{n}{\varphi}(\overset{m}{\mathfrak{x}})=\begin{pmatrix}\overset{m}{x},&\overset{n}{f}{}^{m}\\\overset{m}{\mathfrak{x}},&\overset{n}{\varphi}\end{pmatrix}\mathfrak{B}(\overset{n}{f}{}^{m}(\overset{m}{x}))$.

Hieraus durch Induktion über den Aufbau von H* in (2), wobei zur Geltung kommt, daß die $\overset{n}{f}{}^{m}$ in H* überhaupt nicht, $\overset{m}{x},\overset{n}{y}$ vollfrei vorkommen (§ 53, 2.4).

(4) $\begin{pmatrix}\overset{m}{x},&\overset{n}{y}\\\overset{m}{\mathfrak{x}},&\overset{n}{\varphi}(\overset{m}{\mathfrak{x}})\end{pmatrix}\mathfrak{B}_\alpha^*(H^*(\overset{m}{x},\overset{n}{y}))=\begin{pmatrix}\overset{m}{x},&\overset{n}{f}{}^{m}\\\overset{m}{\mathfrak{x}},&\overset{n}{\varphi}\end{pmatrix}\mathfrak{B}_\alpha^*(H^*(\overset{m}{x},\overset{n}{f}{}^{m}(\overset{m}{x})))$.

Hieraus in Verbindung mit (2) und H_* wie in 3.2

(5) $Pr\;seq\;(Ex_\alpha\overset{n}{\varphi})\,(Om_\alpha\overset{m}{\mathfrak{x}})\left(\begin{pmatrix}\overset{m}{x},&\overset{n}{f}{}^{m}\\\overset{m}{\mathfrak{x}},&\overset{n}{\varphi}\end{pmatrix}\mathfrak{B}\,Erf_\alpha\,H_*(\overset{m}{x})\right)$

   und mit $\mathfrak{B}_0=\begin{pmatrix}\overset{n}{f}{}^{m}\\\overset{n}{\varphi}\end{pmatrix}\mathfrak{B}$, also $\begin{pmatrix}x,&\overset{n}{f}{}^{m}\\\overset{m}{\mathfrak{x}},&\overset{n}{\varphi}\end{pmatrix}\mathfrak{B}=\begin{pmatrix}\overset{m}{x}\\\overset{m}{\mathfrak{x}}\end{pmatrix}\mathfrak{B}_0$

$$(6) \quad Pr\,seq\,(Ex\,\mathfrak{B}_0)\,\Big(Om\,\overset{m}{\mathfrak{x}}\Big)\,\left(\begin{pmatrix}\overset{m}{x}\\ \overset{n}{\mathfrak{x}}\end{pmatrix}\mathfrak{B}_0\,Erf_\alpha\,\mathsf{H}_*\left(\overset{m}{x}\right)\right).$$

Hieraus folgt unmittelbar 3.2.

Durch Übergang von H zu $\sim\!\mathsf{H}$ und gliedweise metasprachliche Verneinung erhält man aus 3. das allgemeingültigkeitstheoretische Gegenstück

$$*4. \quad (Om\,\mathsf{H})\,(Ex\,\Theta^*,\mathsf{H}_*)\,\Big(\Theta^* = \exists\overset{m}{x}\,\mathsf{H}_*\left(\overset{m}{x}\right)\;et\;\mathsf{H}\,Idv_P\,\Theta^*\Big).$$

5. *Zusatz zum Beweis von* 3.0.

Im Beweis von 3.0 wird nicht benutzt, daß $\mathsf{H}^*\left(\overset{m}{x},\overset{n}{y}\right)$ in $\forall\overset{m}{x}\exists\overset{n}{y}\,\mathsf{H}^*\left(\overset{m}{x},\overset{n}{y}\right)$ ein offener Ausdruck ist. Das Beweisverfahren, angewendet auf einen beliebigen totalpränexen Ausdruck $\forall\overset{m}{x}\exists\overset{n}{y}\forall z\ldots\mathsf{H}^*\left(\overset{m}{x},\overset{n}{y},z\ldots\right)$, der mit $\forall$ beginnt, vermindert die Zahl der $\exists$-Blöcke im Präfix um eins, führt also bei wiederholter Anwendung auch ohne Einführung der in den Beweis von 1. eingehenden P-Variablen von einem beliebigen pränexen Ausdruck H zu einem mit H erfüllbarkeitsverbundenen $\Theta^* = \forall\overset{r}{x}\,\mathsf{H}_*\left(\overset{r}{x}\right)$ mit offenem H_*.

II. Theorie der numerischen Allgemeingültigkeit und Erfüllbarkeit im PFK

§ 76. Homomorphismen und Isomorphismen in bezug auf Funktionen, Attribute und Belegungen. Das zweite und dritte Koinzidenztheorem des PFK

Das Ziel dieses Paragraphen sind die Koinzidenztheoreme 5.1 und 5.2. Alles Vorangehende dient der Vorbereitung. Entscheidend sind 2.3.1, 3.3.1 und 3.3.2. Dazu die Hilfssätze unter 4.

1. *Abbildungen von* α *auf* $\bar{\alpha}$.

Mit „*eind* Φ" für „Φ ist eindeutig", „*eind** Φ" für „Φ ist eineindeutig" greifen wir zurück auf die Redeweisen

1.1. Φ *ist eine Abbildung von* α *auf* $\bar{\alpha}$ $(\Phi\in\alpha\longrightarrow\bar{\alpha})$.[1]

$$\Phi\in\alpha\longrightarrow\bar{\alpha}\;\ddot{a}q_{Df}\;eind\,\Phi$$
$$et\,(Om_\alpha\mathfrak{x})\,(\Phi(\mathfrak{x})\in\bar{\alpha})\;et\;(Om_{\bar\alpha}\bar{\mathfrak{x}})\,(Ex\,\mathfrak{y})\,(\mathfrak{y}\in\alpha\;et\;\bar{\mathfrak{x}}=\Phi(\mathfrak{y})).$$

1.1.1.   Zu jedem $\Phi\in\alpha\to\bar{\alpha}$ gibt es auf Grund des Auswahlprinzips ein Ψ, das jedem $\bar{\mathfrak{x}}\in\bar{\alpha}$ ein Φ-homomorphes α-Urbild zuordnet, so daß $\Phi(\Psi(\bar{\mathfrak{x}}))=\bar{\mathfrak{x}}$. Für „*eind** Φ" kann „Ψ" ersetzt werden durch „Φ^{-1}".

---

[1] Also eine Abbildung, die $\bar{\alpha}$ erschöpft (§ 6, 4.3). Die im folgenden durch Überstreichungen gekennzeichneten Objekte gehören stets zu $\bar{\alpha}$.

1.2. Φ *ist eine eineindeutige Abbildung von* α *auf* $\bar\alpha$ $(\Phi \in \alpha \longleftrightarrow \bar\alpha)$.

$$\Phi \in \alpha \longleftrightarrow \bar\alpha \; \ddot{a}q_{Df} \; eind^* \, \Phi \; et \, (Om_\alpha \mathfrak{x})\,(\Phi(\mathfrak{x}) \in \bar\alpha) \; et \, (Om_{\bar\alpha}\bar{\mathfrak{x}})\,(\Phi^{-1}(\bar{\mathfrak{x}}) \in \alpha).$$

1.2.1. $\Phi \in \alpha \longleftrightarrow \bar\alpha \; \ddot{a}q \; \Phi \in \alpha \longrightarrow \bar\alpha \; et \; \Phi^{-1} \in \bar\alpha \longrightarrow \alpha.$

2. *Homomorphismen*

2.1.   *in bezug auf Funktionen.*

Φ *ist ein Homomorphismus von* φ_α^n *auf* $\overline{\varphi}_{\bar\alpha}^n$ $(\Phi \in \varphi_\alpha^n \rightharpoonup \overline{\varphi}_{\bar\alpha}^n).$ [1]

$$\Phi \in \varphi_\alpha^n \rightharpoonup \overline{\varphi}_{\bar\alpha}^n \; \ddot{a}q_{Df} \; \Phi \in \alpha \longrightarrow \bar\alpha \; et \; (Om_\alpha \overset{n}{\mathfrak{x}})\,\big(\Phi(\varphi_\mathfrak{x}^n(\overset{n}{\mathfrak{x}})) = \overline{\varphi}_{\bar\alpha}^n(\Phi(\overset{n}{\mathfrak{x}}))\big).$$

2.1.1. $(Om\,\alpha, \bar\alpha, \overline{\varphi}_{\bar\alpha}^n, \Phi)\,\big(\Phi \in \alpha \longrightarrow \bar\alpha \; seq \; (Ex\,\varphi_\alpha^n)\,(\Phi \in \varphi_\alpha^n \rightharpoonup \overline{\varphi}_{\bar\alpha}^n)\big).$

Mit dem Ψ von 1.1.1 wird ein solches Φ-*homomorphes* α-*Urbild* φ_α^n von $\overline{\varphi}_{\bar\alpha}^n$ definierbar. Wir setzen zunächst

$$\varphi_\alpha^n(\overset{n}{\mathfrak{x}}) =_{Df} \Psi\big(\overline{\varphi}_{\bar\alpha}^n(\Phi(\overset{n}{\mathfrak{x}}))\big).$$

Es kann dann gesetzt werden

$$\Phi_\Psi^*(\overline{\varphi}_{\bar\alpha}^n) =_{Df} (Un\,\varphi_\alpha^n)\,(Om_\alpha \overset{n}{\mathfrak{x}})\,\big(\varphi_\alpha^n(\overset{n}{\mathfrak{x}}) = \Psi\big(\overline{\varphi}_{\bar\alpha}^n(\Phi(\overset{n}{\mathfrak{x}}))\big)\big).$$

Dagegen gilt für $\overline{\varphi}_{\bar\alpha}^n$ unter Voraussetzung von $|\bar\alpha| < |\alpha|$ nur

2.1.2. $(Om\,\alpha, \bar\alpha, \varphi_\alpha^n, \Phi)\,\big(\Phi \in \alpha \longrightarrow \bar\alpha \; seq \; (Ex!\,\overline{\varphi}_{\bar\alpha}^n)\,(\Phi \in \varphi_\alpha^n \rightharpoonup \overline{\varphi}_{\bar\alpha}^n)\big),$ [2]

da $\overline{\varphi}_{\bar\alpha}^n$ nach 2.1 durch φ_α^n und Φ vollständig bestimmt ist, im allgemeinen Falle sogar überbestimmt. Wenn es aber ein solches $\overline{\varphi}_{\bar\alpha}^n$ gibt, so heiße es *das homomorphe* Φ-*Bild von* φ_α^n. [3]

2.2.   *in bezug auf Attribute.*

Φ *ist ein Homomorphismus von* $\mathfrak{A}_\alpha^n$ *auf* $\overline{\mathfrak{A}}_{\bar\alpha}^n$ $(\Phi \in \mathfrak{A}_\alpha^n \rightharpoonup \overline{\mathfrak{A}}_{\bar\alpha}^n).$

$$\Phi \in \mathfrak{A}_\alpha^n \rightharpoonup \overline{\mathfrak{A}}_{\bar\alpha}^n \; \ddot{a}q_{Df} \; \Phi \in \alpha \longrightarrow \bar\alpha \; et \; (Om_\alpha \overset{n}{\mathfrak{x}})\,\big(\mathfrak{A}_\alpha^n(\overset{n}{\mathfrak{x}}) = \overline{\mathfrak{A}}_{\bar\alpha}^n(\Phi(\overset{n}{\mathfrak{x}}))\big).$ [4]

2.2.1. $(Om\,\alpha, \bar\alpha, \overline{\mathfrak{A}}_{\bar\alpha}^n, \Phi)\,\big(\Phi \in \alpha \longrightarrow \bar\alpha \; seq \; (Ex!!\,\mathfrak{A}_\alpha^n)\,(\Phi \in \mathfrak{A}_\alpha^n \rightharpoonup \overline{\mathfrak{A}}_{\bar\alpha}^n)\big).$

Setzt man nämlich

$$\Phi^*(\overline{\mathfrak{A}}_{\bar\alpha}^n) =_{Df} (Un\,\mathfrak{A}_\alpha^n)\,(\Phi \in \mathfrak{A}_\alpha^n \rightharpoonup \overline{\mathfrak{A}}_{\bar\alpha}^n),$$

so gilt: $\Phi \in \Phi^*(\overline{\mathfrak{A}}_{\bar\alpha}^n) \rightharpoonup \overline{\mathfrak{A}}_{\bar\alpha}^n.$ [5] $\Phi^*(\overline{\mathfrak{A}}_{\bar\alpha}^n)$ *ist das* Φ-*homomorphe* α-*Urbild von* $\overline{\mathfrak{A}}_{\bar\alpha}^n.$

---

[1] φ_α^n eine n-stellige Funktion über α.

[2] Zu „*Ex*!" und „*Ex*!!" vgl. § 5, 10,4; 5.

[3] Auf eine eingehendere Diskussion sei hier und in den folgenden analogen Fällen mit Rücksicht auf den verfügbaren Raum verzichtet.

[4] Eigentlich

$$\Phi \in \alpha \longrightarrow \bar\alpha \; et \; (Om_\alpha \overset{n}{\mathfrak{x}})\,\big(\Phi(\mathfrak{A}_\alpha^n(\overset{n}{\mathfrak{x}})) = \overline{\mathfrak{A}}_{\bar\alpha}^n(\Phi(\overset{n}{\mathfrak{x}}))\big) \; et \; \Phi(W) = W \; et \; \Phi(F) = F.$$

Da aber $\mathfrak{A}_\alpha^n(\overset{n}{\mathfrak{x}})$ selbst ein Wahrheitswert ist, so folgt: $\Phi(\mathfrak{A}_\alpha^n(\overset{n}{\mathfrak{x}})) = \mathfrak{A}_\alpha^n(\overset{n}{\mathfrak{x}}).$

[5] Man beachte, daß abweichend von 2.1.1 $\Phi^*(\overline{\mathfrak{A}}_{\bar\alpha}^n)$ ohne Verwendung von Ψ definiert ist, da es hier nicht notwendig ist, eines unter den Urbildern von $\bar{\mathfrak{x}} \in \bar\alpha$ auszuzeichnen.

Dagegen gilt für $\overline{\mathfrak{A}}{}^n_{\overline{\alpha}}$ unter Voraussetzung von $|\overline{\alpha}| < |\alpha|$ nur

2.2.2. $(Om\,\alpha,\,\overline{\alpha},\,\mathfrak{A}^n_\alpha,\,\Phi)\big(\Phi \in \alpha \longrightarrow \overline{\alpha}$

$$seq\;(Ex!\,\overline{\mathfrak{A}}{}^n_{\overline{\alpha}})\,(Om_\alpha\overset{n}{\mathfrak{x}})\,(\mathfrak{A}^n_\alpha(\overset{n}{\mathfrak{x}}) = \overline{\mathfrak{A}}{}^n_{\overline{\alpha}}(\Phi(\overset{n}{\mathfrak{x}})))\big),$$

da $\overline{\mathfrak{A}}{}^n_{\overline{\alpha}}$ nach 2.2 durch $\mathfrak{A}^n_\alpha$ und Φ vollständig bestimmt ist, im allgemeinen Falle sogar überbestimmt. Wenn es ein solches $\overline{\mathfrak{A}}{}^n_{\overline{\alpha}}$ gibt, so heiße es *das homomorphe Φ-Bild von $\mathfrak{A}^n_\alpha$*.

2.3. *in bezug auf Belegungen.*

Φ *ist ein Homomorphismus von $\mathfrak{B}_\alpha$ auf $\overline{\mathfrak{B}}_{\overline{\alpha}}$* $(\Phi \in \mathfrak{B}_\alpha \overset{\sim}{\longrightarrow} \overline{\mathfrak{B}}_{\overline{\alpha}})$.

$\Phi \in \mathfrak{B}_\alpha \overset{\sim}{\longrightarrow} \overline{\mathfrak{B}}_{\overline{\alpha}}$

$äq_{Df}$

$\Phi \in \alpha \longrightarrow \overline{\alpha}$ $\hfill (1)$

$et\,(Om\;s)\,\big(\Phi(\mathfrak{B}_\alpha(s)) = \overline{\mathfrak{B}}_{\overline{\alpha}}(s)\big)$ [1] $\hfill (2)$

$et\,(Om\;f^n)\,(Om_\alpha\overset{n}{\mathfrak{x}})\,\big(\Phi\,(\mathfrak{B}_\alpha(f^n)\,(\overset{n}{\mathfrak{x}})) = \overline{\mathfrak{B}}_{\overline{\alpha}}(f^n)\,(\Phi(\overset{n}{\mathfrak{x}}))\big)$ $\hfill (3)$

$et\,(Om\;P^n)\,(Om_\alpha\overset{n}{\mathfrak{x}})\,\big(\mathfrak{B}_\alpha(P^n)\,(\overset{n}{\mathfrak{x}}) = \overline{\mathfrak{B}}_{\overline{\alpha}}(P^n)\,(\Phi(\overset{n}{\mathfrak{x}}))\big).$ [2] $\hfill (4)$

Für 2.3 gilt das folgende *Haupttheorem*

*2.3.1. $(Om\,\alpha,\,\overline{\alpha},\,\overline{\mathfrak{B}}_{\overline{\alpha}},\,\Phi)\,\big(\Phi \in \alpha \longrightarrow \overline{\alpha}\;seq\;(Ex\,\mathfrak{B}_\alpha)\,(\Phi \in \mathfrak{B}_\alpha \overset{\sim}{\longrightarrow} \overline{\mathfrak{B}}_{\overline{\alpha}})\big).$

Beweis: Man wähle wie in 1.1.1 zu Φ ein Ψ mit $(Om_{\overline{\alpha}}\overline{\mathfrak{x}})\,(\Phi(\Psi(\overline{\mathfrak{x}})) = \overline{\mathfrak{x}})$ und setze

$$\mathfrak{B}_\alpha(s) =_{Df} \Psi(\overline{\mathfrak{B}}_{\overline{\alpha}}(s)),$$

$$\mathfrak{B}_\alpha(f^n) =_{Df} \Phi^*_\Psi(\overline{\mathfrak{B}}_{\overline{\alpha}}(f^n)), \qquad \text{Hierzu 2.1.1.}$$

$$\mathfrak{B}_\alpha(P^n) =_{Df} \Phi^*(\overline{\mathfrak{B}}_{\overline{\alpha}}(P^n)).. \qquad \text{Hierzu 2.2.1.}$$

Dieses $\mathfrak{B}_\alpha$ sei sinngemäß bezeichnet mit „$\Phi^*_\Psi(\overline{\mathfrak{B}}_{\overline{\alpha}})$", wo die spezielle Wahl von Ψ unwesentlich ist, auch mit „$\Phi^*(\overline{\mathfrak{B}}_{\overline{\alpha}})$". $\Phi^*(\overline{\mathfrak{B}}_{\overline{\alpha}})$ ist ein *Φ-homomorphes α-Urbild von $\overline{\mathfrak{B}}_{\overline{\alpha}}$*.

2.3.1 ist das Theorem, in welches 2.1.1 und 2.2.1, wie man sieht, als Bausteine eingehen. Die Bedeutung von 2.3.1 ergibt sich aus der Aufgabe, für ein beliebig vorgegebenes H zu einer Belegung $\mathfrak{B}^{(1)}$ über α_1 die korrespondierende Belegung $\mathfrak{B}^{(2)}$ über α_2 zu bestimmen, so daß $\mathfrak{B}^{(1)}_{\alpha_1}*(H) = \mathfrak{B}^{(2)}_{\alpha_2}*(H)$. Für $|\overline{\alpha}| < |\alpha|$ kommt nur eine Abbildung von α auf $\overline{\alpha}$ in Betracht. Ist Φ eine solche Abbildung, so ist durch 2.3.1 garantiert, daß es zu einer beliebigen Belegung $\overline{\mathfrak{B}}$ über $\overline{\alpha}$ stets eine Belegung $\mathfrak{B}$ über α gibt, so daß, wie in 5.1 gezeigt wird, $\mathfrak{B}^*_\alpha(H) = \overline{\mathfrak{B}}^*_{\overline{\alpha}}(H)$. Dies ist

---

[1] s ein beliebiges S-Symbol (§ 53, 1.2).

[2] Man beachte, daß (3) bis auf die Art der Anschreibung eine Wiederholung von 2.1 ist, ebenso (4) eine Wiederholung von 2.2.

im allgemeinen Falle aber auch *nur* auf dem angegebenen Wege erreichbar. Geht man nämlich statt dessen aus von einer beliebigen Belegung $\mathfrak{B}$ über α, so folgt aus 2.3, (2) bis (4) in Verbindung mit 2.1.2 und 2.2.2, daß es für $|\bar\alpha| < |\alpha|$ höchstens ein, im kritischen Fall überhaupt kein homomorphes Φ-Bild $\overline{\mathfrak{B}}_{\bar\alpha}$ von $\mathfrak{B}_\alpha$ gibt. Es gilt dann also nur noch

2.3.2. $(Om\,\alpha,\,\bar\alpha,\,\mathfrak{B}_\alpha,\,\Phi)\,(\Phi\in\alpha \longrightarrow \bar\alpha\; seq\;(Ex!\,\overline{\mathfrak{B}}_{\bar\alpha})\,(\Phi\in\mathfrak{B}_\alpha \leftrightsquigarrow \overline{\mathfrak{B}}_{\bar\alpha}))$.

3. Isomorphismen

3.1.   *in bezug auf Funktionen.*

Φ *ist ein Isomorphismus von* φ^n_α *auf* $\overline{\varphi}^n_{\bar\alpha}$ $(\Phi\in\varphi^n_\alpha \leftrightsquigarrow \overline{\varphi}^n_{\bar\alpha})$.

$\Phi\in\varphi^n_\alpha \leftrightsquigarrow \overline{\varphi}^n_{\bar\alpha}\; äq_{Df}\; \Phi\in\alpha \longleftrightarrow \bar\alpha\; et\; \left(Om_\alpha\,\overset{n}{\mathfrak{x}}\right)\left(\Phi(\varphi^n_\alpha(\overset{n}{\mathfrak{x}})) = \overline{\varphi}^n_{\bar\alpha}(\Phi(\overset{n}{\mathfrak{x}}))\right)$.

3.2.   *in bezug auf Attribute.*

Φ *ist ein Isomorphismus von* $\mathfrak{A}^n_\alpha$ *auf* $\overline{\mathfrak{A}}^n_{\bar\alpha}$ $(\Phi\in\mathfrak{A}^n_\alpha \leftrightsquigarrow \overline{\mathfrak{A}}^n_{\bar\alpha})$.

$\Phi\in\mathfrak{A}^n_\alpha \leftrightsquigarrow \overline{\mathfrak{A}}^n_{\bar\alpha}\; äq_{Df}\; \Phi\in\alpha \longleftrightarrow \bar\alpha\; et\; \left(Om_\alpha\,\overset{n}{\mathfrak{x}}\right)\left(\mathfrak{A}^n_\alpha(\overset{n}{\mathfrak{x}}) = \overline{\mathfrak{A}}^n_{\bar\alpha}(\Phi(\overset{n}{\mathfrak{x}}))\right)$.

3.3.   *in bezug auf Belegungen.*

Φ *ist ein Isomorphismus von* $\mathfrak{B}_\alpha$ *auf* $\overline{\mathfrak{B}}_{\bar\alpha}$ $(\Phi\in\mathfrak{B}_\alpha \leftrightsquigarrow \overline{\mathfrak{B}}_{\bar\alpha})$.

$\Phi\in\mathfrak{B}_\alpha \leftrightsquigarrow \overline{\mathfrak{B}}_{\bar\alpha}$

$äq_{Df}$

$$\Phi\in\alpha \longleftrightarrow \bar\alpha \tag{1}$$

$$et\,(Om\,s)\left(\Phi(\mathfrak{B}_\alpha(s)) = \overline{\mathfrak{B}}_{\bar\alpha}(s)\right) \tag{2}$$

$$et\,(Om\,f^n)\left(Om_\alpha\,\overset{n}{\mathfrak{x}}\right)\left(\Phi(\mathfrak{B}_\alpha(f^n)\,(\overset{n}{\mathfrak{x}})) = \overline{\mathfrak{B}}_{\bar\alpha}(f^n)\,(\Phi(\overset{n}{\mathfrak{x}}))\right) \tag{3}$$

$$et\,(Om\,P^n)\left(Om_\alpha\,\overset{n}{\mathfrak{x}}\right)\left(\mathfrak{B}_\alpha(P^n)\,(\overset{n}{\mathfrak{x}}) = \overline{\mathfrak{B}}_{\bar\alpha}(P^n)\,(\Phi(\overset{n}{\mathfrak{x}}))\right) . \tag{4}$$

Man erkennt unmittelbar, daß 3.1 bis 3.3 sich von 2.1 bis 2.3 nur dadurch unterscheiden, daß $\Phi\in\alpha \longrightarrow \bar\alpha$ überall ersetzt ist durch $\Phi\in\alpha \longleftrightarrow \bar\alpha$. Die unmittelbaren Folgen hiervon ergeben sich aus 2.3.1 und 2.3.2 in Verbindung mit 1.2.1. Sie sind zusammengefaßt in

*3.3.1. $(Om\,\alpha,\,\bar\alpha,\,\overline{\mathfrak{B}}_{\bar\alpha},\,\Phi)\,(\Phi\in\alpha \longleftrightarrow \bar\alpha\; seq\;(Ex!!\,\mathfrak{B}_\alpha)\,(\Phi\in\mathfrak{B}_\alpha \leftrightsquigarrow \mathfrak{B}_\alpha))$.

*3.3.2. $(Om\,\alpha,\,\bar\alpha,\,\mathfrak{B}_\alpha,\,\Phi)\,(\Phi\in\alpha \longleftrightarrow \bar\alpha\; seq\;(Ex!!\,\overline{\mathfrak{B}}_{\bar\alpha})\,(\Phi\in\mathfrak{B}_\alpha \leftrightsquigarrow \overline{\mathfrak{B}}_{\bar\alpha}))$.

Ist also $|\bar\alpha| = |\alpha|$, so kann man für ein beliebig vorgegebenes H ebensogut von einer Belegung $\mathfrak{B}$ über α übergehen zu der korrespondierenden Belegung $\overline{\mathfrak{B}}$ über $\bar\alpha$, wie in 2.3.1 umgekehrt.

4. *Hilfssätze zu den Koinzidenztheoremen.*

4.1. $\Phi\in\mathfrak{B}_\alpha \leftrightsquigarrow \overline{\mathfrak{B}}_{\bar\alpha}\; seq\; \Phi(\mathfrak{B}_\alpha(t)) = \overline{\mathfrak{B}}_{\bar\alpha}(t)$.

Beweis durch Induktion über den Aufbau der Terme:

(a) für $t = s$: 2.3, (2).

(b) *Vor.*: $\Phi \in \mathfrak{B}_\alpha \rightsquigarrow \overline{\mathfrak{B}}_{\bar\alpha}$ seq $\Phi\big(\mathfrak{B}_\alpha\binom{n}{t}\big) = \mathfrak{B}_\alpha\binom{n}{t}$.   *Ind*

  Beh.: $\Phi \in \mathfrak{B}_\alpha \rightsquigarrow \mathfrak{B}_\alpha$ seq $\Phi\big(\mathfrak{B}_\alpha\big(f^n\binom{n}{t}\big)\big) = \mathfrak{B}_\alpha\big(f^n\binom{n}{t}\big)$.

  Beweis: $\Phi \in \mathfrak{B}_\alpha \rightsquigarrow \overline{\mathfrak{B}}_{\bar\alpha}$ seq $\Phi\big(\mathfrak{B}_\alpha\big(f^n\binom{n}{t}\big)\big) = \Phi\big(\mathfrak{B}_\alpha(f^n)\,\big(\mathfrak{B}_\alpha\binom{n}{t}\big)\big)$

$$§\,54,\ 1.2.$$

$$= \overline{\mathfrak{B}}_{\bar\alpha}(f^n)\,\big(\overline{\mathfrak{B}}_{\bar\alpha}\binom{n}{t}\big) \qquad Ind$$

$$= \overline{\mathfrak{B}}_{\bar\alpha}\big(f^n\binom{n}{t}\big). \qquad §\,54,\ 1.2.$$

4.2. $\Phi \in \mathfrak{B}_\alpha \rightsquigarrow \overline{\mathfrak{B}}_{\bar\alpha}$ seq $(Om_\alpha \mathfrak{x})\left(\Phi \in \binom{x}{\mathfrak{x}}\mathfrak{B}_\alpha \rightsquigarrow \binom{x}{\Phi(\mathfrak{x})}\overline{\mathfrak{B}}_{\bar\alpha}\right).$ [1]

Beweis:

(1) $\binom{x}{\mathfrak{x}}\mathfrak{B}_\alpha(x) = \mathfrak{x}.$ $§\,54,\ 3.2.2.$

Folglich

(2) $\Phi\left(\binom{x}{\mathfrak{x}}\mathfrak{B}_\alpha(x)\right) = \Phi(\mathfrak{x}) = \binom{x}{\Phi(\mathfrak{x})}\overline{\mathfrak{B}}_{\bar\alpha}(x).$ Vgl. 2.3, (2).

Der Rest ist trivial, wegen $\binom{x}{\mathfrak{x}}\mathfrak{B}_\alpha(f^n) = \mathfrak{B}_\alpha(f^n)$, $\binom{x}{\mathfrak{x}}\mathfrak{B}_\alpha(P^n) = \mathfrak{B}_\alpha(P^n)$. Entsprechend für $\overline{\mathfrak{B}}_{\bar\alpha}$.

4.3. $\Phi \in \mathfrak{B}_\alpha \rightsquigarrow \overline{\mathfrak{B}}_{\bar\alpha}\,.\,seq\,.\,(Om_\alpha \mathfrak{x})\left(\binom{x}{\Phi(\mathfrak{x})}\overline{\mathfrak{B}}_{\bar\alpha}^{\,*}(\mathsf{H}(x)) = W\right)$

$$\ddot aq\ (Om_{\bar\alpha}\bar{\mathfrak{x}})\left(\binom{x}{\bar{\mathfrak{x}}}\overline{\mathfrak{B}}_{\bar\alpha}^{\,*}(\mathsf{H}(x)) = W\right).$$

(a) Von Links nach Rechts mit Hilfe von

$\Phi \in \mathfrak{B}_\alpha \rightsquigarrow \overline{\mathfrak{B}}_{\bar\alpha}$ seq $(Om_{\bar\alpha}\bar{\mathfrak{x}})\,(Ex_\alpha \mathfrak{x})\,(\bar{\mathfrak{x}} = \Phi(\mathfrak{x})).$ 1.1.

(b) Von Rechts nach Links wegen

$\Phi \in \mathfrak{B}_\alpha \rightsquigarrow \overline{\mathfrak{B}}_{\bar\alpha}$ seq $(Om_\alpha \mathfrak{x})\,(\Phi(\mathfrak{x}) \in \bar\alpha).$ 1.1.

4.4. $\Phi \in \mathfrak{B}_\alpha \rightsquigarrow \overline{\mathfrak{B}}_{\bar\alpha}\,.\,seq\,.\,(Ex_\alpha \mathfrak{x})\left(\binom{x}{\Phi(\mathfrak{x})}\overline{\mathfrak{B}}_{\bar\alpha}^{\,*}(\mathsf{H}(x)) = W\right)$

$$\ddot aq\ (Ex_{\bar\alpha}\bar{\mathfrak{x}})\left(\binom{x}{\bar{\mathfrak{x}}}\overline{\mathfrak{B}}_{\bar\alpha}^{\,*}(\mathsf{H}(x)) = W\right).$$

(a) Von Links nach Rechts mit $\bar{\mathfrak{x}} = \Phi(\mathfrak{x})$.

(b) Von Rechts nach Links mit Hilfe von

$\Phi \in \mathfrak{B}_\alpha \rightsquigarrow \overline{\mathfrak{B}}_{\bar\alpha}$ seq $(Om_{\bar\alpha}\bar{\mathfrak{x}})\,(Ex_\alpha \mathfrak{x})\,(\bar{\mathfrak{x}} = \Phi(\mathfrak{x})).$ 1.1.

---

[1] Umbelegungen sind im folgenden nur für S-Variablen erforderlich.

Mit Hilfe von 4.1 bis 4.4 beweisen wir *das Koinzidenztheorem für homomorphe Belegungen* und damit

5.1.   Das zweite Koinzidenztheorem des PFK.[1]

$$\Phi \in \mathfrak{B}_\alpha \overset{\sim}{\longrightarrow} \overline{\mathfrak{B}}_{\bar\alpha}\ seq\ \mathfrak{B}_\alpha^*(\mathsf{H}) = \overline{\mathfrak{B}}_{\bar\alpha}^*(\mathsf{H}).$$

Beweis durch Induktion über den Aufbau der Ausdrücke[2].

(A)   H ist ein P-Atom. Dann

$$\mathfrak{B}_\alpha^*\big(P^n\,\overset{n}{t}\big) = \mathfrak{B}_\alpha(P^n)\big(\mathfrak{B}_\alpha(\overset{n}{t})\big) = \overline{\mathfrak{B}}_{\bar\alpha}(P^n)\big(\Phi(\mathfrak{B}_\alpha(\overset{n}{t}))\big) \qquad 2.3,\ (4).$$

$$= \overline{\mathfrak{B}}_{\bar\alpha}(P^n)\big(\overline{\mathfrak{B}}_{\bar\alpha}(\overset{n}{t})\big) \qquad\qquad 4.1.$$

$$= \overline{\mathfrak{B}}_{\bar\alpha}\big(P^n\,\overset{n}{t}\big). \qquad\qquad § 54,\ 2.1.$$

(B_{21}) $\mathfrak{B}_\alpha^*(\mathsf{H}) = \overline{\mathfrak{B}}_{\bar\alpha}^*(\mathsf{H})\ seq\ Non\,\big(\mathfrak{B}_\alpha^*(\mathsf{H})\big) = Non\,\big(\overline{\mathfrak{B}}_{\bar\alpha}^*(\mathsf{H})\big)$

$$seq\ \mathfrak{B}_\alpha^*(\sim\mathsf{H}) = \overline{\mathfrak{B}}_{\bar\alpha}^*(\sim\mathsf{H}).$$

(B_{22}) $\mathfrak{B}_\alpha^*(\mathsf{H}_0) = \overline{\mathfrak{B}}_{\bar\alpha}^*(\mathsf{H}_0)\ et\ \mathfrak{B}_\alpha^*(\mathsf{H}_{00}) = \overline{\mathfrak{B}}_{\bar\alpha}^*(\mathsf{H}_{00})$

$$seq\ Et\,\big(\mathfrak{B}_\alpha^*(\mathsf{H}_0), \mathfrak{B}_\alpha^*(\mathsf{H}_{00})\big) = Et\,\big(\overline{\mathfrak{B}}_{\bar\alpha}^*(\mathsf{H}_0), \overline{\mathfrak{B}}_{\bar\alpha}^*(\mathsf{H}_{00})\big)$$

$$\begin{matrix} Vel & & Vel \\ Seq & & Seq \\ Äq & & Äq \end{matrix}$$

$$seq\ \mathfrak{B}_\alpha^*(\mathsf{H}_0 \circ \mathsf{H}_{00}) = \overline{\mathfrak{B}}_{\bar\alpha}^*(\mathsf{H}_0 \circ \mathsf{H}_{00}).$$

(B_{31}) *Vor.:* $(Om\ \mathfrak{B}_\alpha, \overline{\mathfrak{B}}_{\bar\alpha})\,\big(\Phi \in \mathfrak{B}_\alpha \overset{\sim}{\longrightarrow} \overline{\mathfrak{B}}_{\bar\alpha}\ seq\ \mathfrak{B}_\alpha^*(\mathsf{H}(x)) = \overline{\mathfrak{B}}_{\bar\alpha}^*(\mathsf{H}(x))\big).$ *Ind*

Beh.: $(Om\ \mathfrak{B}_\alpha, \overline{\mathfrak{B}}_{\bar\alpha})\,\big(\Phi \in \mathfrak{B}_\alpha \overset{\sim}{\longrightarrow} \overline{\mathfrak{B}}_{\bar\alpha}\ seq\ \mathfrak{B}_\alpha^*(\forall x\,\mathsf{H}(x)) = \overline{\mathfrak{B}}_{\bar\alpha}^*(\forall x\,\mathsf{H}(x))\big).$

Beweis:

(1) $\mathfrak{B}_\alpha^*(\forall x\,\mathsf{H}(x)) = W\ äq\ (Om_\alpha\,\mathfrak{x})\left(\binom{x}{\mathfrak{x}}\mathfrak{B}_\alpha^*(\mathsf{H}(x)) = W\right) \qquad § 54,\ 3.3.1.$

(2) $äq\ (Om_\alpha\,\mathfrak{x})\left(\binom{x}{\Phi(\mathfrak{x})}\overline{\mathfrak{B}}_{\bar\alpha}^*(\mathsf{H}(x)) = W\right) \qquad 4.2,\ Ind$

(3) $äq\ (Om_{\bar\alpha}\,\bar{\mathfrak{x}})\left(\binom{x}{\bar{\mathfrak{x}}}\overline{\mathfrak{B}}_{\bar\alpha}^*(\mathsf{H}(x)) = W\right) \qquad 4.3.$

(4) $äq\ \overline{\mathfrak{B}}_{\bar\alpha}^*(\forall x\,\mathsf{H}(x)) = W. \qquad § 54,\ 3.3.1.$

(B_{32}) *Vor.:* wie zu (B_{31}).

Beh.: $(Om\ \mathfrak{B}_\alpha, \overline{\mathfrak{B}}_{\bar\alpha})\,\big(\Phi \in \mathfrak{B}_\alpha \overset{\sim}{\longrightarrow} \overline{\mathfrak{B}}_{\bar\alpha}\ seq\ \mathfrak{B}_\alpha^*(\exists x\,\mathsf{H}(x)) = \overline{\mathfrak{B}}_{\bar\alpha}^*(\exists x\,\mathsf{H}(x))\big).$

Beweis:

(1) $\mathfrak{B}_\alpha^*(\exists x\,\mathsf{H}(x)) = W\ äq\ (Ex_\alpha\,\mathfrak{x})\left(\binom{x}{\mathfrak{x}}\mathfrak{B}_\alpha^*(\mathsf{H}(x)) = W\right) \qquad § 54,\ 3.3.2.$

---

[1] Vgl. das erste Koinzidenztheorem des PFK: § 55, 2.

[2] Die komprimierten, einander genau entsprechenden Beweise von (B_{31}) und (B_{32}) stammen von G. Hasenjaeger.

$$(2) \qquad äq\,(E\,x_\alpha\,\mathfrak{x})\left(\binom{x}{\Phi(\mathfrak{x})}\overline{\mathfrak{B}}^{*}_{\underline{\alpha}}(H(x)) = W\right) \qquad\qquad \text{4.2, } Ind$$

$$(3) \qquad äq\,(E\,x_{\overline\alpha}\,\overline{\mathfrak{x}})\left(\binom{x}{\overline{\mathfrak{x}}}\overline{\mathfrak{B}}^{*}_{\underline{\alpha}}(H(x)) = W\right) \qquad\qquad \text{4.4.}$$

$$(4) \qquad äq\,\overline{\mathfrak{B}}^{*}_{\underline{\alpha}}(\exists x\,H(x)) = W. \qquad\qquad \S\,54,\ 3.3.2.$$

Da die Isomorphismen die Homomorphismen nach sich ziehen, so erhält man aus 5.1 sofort *das Koinzidenztheorem für isomorphe Belegungen* und damit

**5.2. Das dritte Koinzidenztheorem des PFK.*

$$\Phi \in \mathfrak{B}_\alpha \rightleftharpoons \mathfrak{B}_\alpha\ seq\ \mathfrak{B}^{*}_\alpha(H) = \overline{\mathfrak{B}}^{*}_{\underline{\alpha}}(H).$$

§ 77. Begriff und Grundlegung der Theorie der *k*-zahligen Allgemeingültigkeit und Erfüllbarkeit

1. Definitionen.

k sei eine beliebige finite oder transfinite Kardinalzahl >0. Wir sagen „H ist *k-zahlig identisch*" ($id_k\,H$), wenn H für jedes k-zahlige α gültig ist, „H ist *k-zahlig erfüllbar*" ($erf_k\,H$), wenn H für wenigstens ein k-zahliges α erfüllbar ist, „H ist *k-zahlig neutral*" ($nt_k\,H$), wenn H weder k-zahlig identisch noch k-zahlig unerfüllbar ist. Symbolisch

1.1. $id_k\,H\ äq_{Df}\,(Om\,\alpha)\,(|\alpha| = k\ seq\ id_\alpha\,H)$.

1.2. $erf_k\,H\ äq_{Df}\,(E\,x\,\alpha)\,(|\alpha| = k\ et\ erf_\alpha\,H)$.

1.3. $nt_k\,H\ äq_{Df}\ non\ id_k\,H\ et\ non\ (non\ erf_k\,H)$.

       Es ist zusätzlich vorausgesetzt

1.4. $(Om\,k)\,(E\,x\,\alpha)\,(|\alpha| = k)$.

1.5. $(Om\,\alpha)\,(E\,x\,k)\,(|\alpha| = k)$.

2. Unmittelbare Folgerungen.

2.1. $non\ id_k\,H\ äq\,(E\,x\,\alpha)\,(|\alpha| = k\ et\ non\ id_\alpha\,H)$.

2.2. $non\ erf_k\,H\ äq\,(Om\,\alpha)\,(|\alpha| = k\ seq\ non\ erf_\alpha\,H)$.

**2.3.* $id_k\,H\ äq\ non\ erf_k \sim H$.

Denn ($\S\,54,\ 6.1$)

(1) $id_\alpha\,H\ äq\ non\ erf_\alpha \sim H$.

Hieraus durch Anwendung des *Dictum de omni* ($\S\,5,\ 11.1$) und Übergang zur gliedweisen Generalisierung von α ($\S\,5,\ 15.1$)

(2) $(Om\,\alpha)\,(|\alpha| = k\ seq\ id_\alpha\,H)\ äq\,(Om\,\alpha)\,(|\alpha| = k\ seq\ non\ erf_\alpha\,H)$.

Entsprechend

*2.4.	*erf$_k$* H *äq non id$_k$* ~ H.	§ 54, 6.2.
*2.5.	*non id$_k$* H *äq erf$_k$* ~ H.	§ 54, 6.1.1.
*2.6.	*non erf$_k$* H *äq id$_k$* ~ H.	§ 54, 6.2.1.

Es gilt ferner (vgl. § 54, 6.7)

2.7. *Das Theorem der k-zahligen Neutralität für die P-Atome:*

(a) *non id$_k$ P^{n}t.* Man belege P^n mit dem n-stelligen Nullattribut.

(b) *non (non erf$_k$ P^{n}t).* Man belege P^n mit dem n-stelligen Allattribut.

2.8. Aus 2.7 folgt, daß auch das Negat jedes P-Atoms k-zahlig neutral ist.

Man zeigt mit Hilfe von 1.4

2.9. *id$_k$* H *seq erf$_k$* H.

Denn

(1) $(Om\,\alpha)\,(|\alpha| = k\ seq\ id_\alpha\,H)\ seq\ (Om\,\alpha)\,(|\alpha| = k\ seq\ |\alpha| = k\ et\ id_\alpha\,H)$.

Hieraus durch Übergang zur gliedweisen Partikularisierung von α (§ 5, 16.1)

(2) $(Om\,\alpha)\,(|\alpha| = k\ seq\ id_\alpha\,H)\ .seq.\ (Ex\,\alpha)\,(|\alpha| = k)$

(3) $seq\ (Ex\,\alpha)\,(|\alpha| = k\ et\ id_\alpha\,H)$

(4) seq $\ldots\ et\ erf_\alpha\,H)$.   § 54, 6.3.

Mithin 2.9, wegen 1.4.

2.10. *id$_k$* H *seq* $(Ex\,\alpha)\,(id_{|\alpha|}\,H)$.

Denn

(1) $id_k\,H\ et\ k = |\alpha|\ seq\ id_{|\alpha|}\,H$.

Mithin

(2) $id_k\,H\ et\ (Ex\,\alpha)\,(k = |\alpha|)\ seq\ (Ex\,\alpha)\,(id_{|\alpha|}\,H)$.

Mithin 2.10, wegen 1.4.

Entsprechend

2.11. *erf$_k$* H *seq* $(Ex\,\alpha)\,(erf_{|\alpha|}\,H)$.

Wir beweisen als nächstes die beiden *Fundamentaltheoreme:*

*3.1. $|\alpha| \leq |\bar\alpha|\ .seq.\ erf_\alpha\,H\ seq\ erf_{\bar\alpha}\,H$.

Beweis: Nach Vor. gibt es ein Φ und ein $\mathfrak{B}_\alpha$, so daß

(1) $\Phi \in \bar\alpha \longrightarrow \alpha$,

(2) $\mathfrak{B}\ Erf_\alpha\,H$, also $\mathfrak{B}_\alpha^*\,(H) = W$.

Dann gibt es (§ 76, 2.3.1) ein $\overline{\mathfrak{B}}_{\overline{\alpha}}$, so daß

(3) $\quad \Phi \in \overline{\mathfrak{B}}_{\overline{\alpha}} \rightleftharpoons \mathfrak{B}_{\alpha}$.

Dann gilt (§ 76, 5.1)

(4) $\quad \overline{\mathfrak{B}}_{\overline{\alpha}}^{*}\,(\mathrm{H}) = \mathfrak{B}_{\alpha}^{*}\,(\mathrm{H}) = W$, mithin $\overline{\mathfrak{B}}\;Erf_{\overline{\alpha}}\,\mathrm{H}$. Folglich

(5) $\quad erf_{\overline{\alpha}}\,\mathrm{H}$.

Aus 3.1 erhält man durch Übergang zu $\sim\mathrm{H}$, Kontraposition der conclusio und Anwendung von 2.3

*3.2. $\quad |\alpha| \leqq |\overline{\alpha}|\,.\,seq.\,id_{\overline{\alpha}}\,\mathrm{H}\,seq\,id_{\alpha}\,\mathrm{H}$.

Anm.: Aus dem Übergang von 3.1 zu 3.2 folgt unmittelbar die Gleichwertigkeit von 3.2 mit 3.1. Die vorstehende Anordnung ist dadurch bedingt, daß der Beweis von 3.1 übersichtlicher zu formulieren ist. Bei den Folgerungen entfällt dieser Unterschied. Wir stellen daher im folgenden jeweils die identitätstheoretischen Theoreme voran.

4. *Folgerungen.*

Mit Hilfe von 3.2 erhält man

4.1. Das erste Theorem der Gleichzahligkeit:

$$|\alpha| = |\overline{\alpha}|\,.\,seq.\,id_{\alpha}\,\mathrm{H}\,\ddot{a}q\,id_{\overline{\alpha}}\,\mathrm{H}.$$

Beweis:

(1) $\quad |\alpha| = |\overline{\alpha}|\;seq\;|\alpha| \leqq |\overline{\alpha}|\;et\;|\overline{\alpha}| \leqq |\alpha|$

(2) $\qquad .\,seq.\,id_{\overline{\alpha}}\,\mathrm{H}\,seq\,id_{\alpha}\,\mathrm{H}\,.et.\,id_{\alpha}\,\mathrm{H}\,seq\,id_{\overline{\alpha}}\,\mathrm{H}$ $\qquad\qquad$ 3.2.

(3) $\qquad .\,seq.\,id_{\alpha}\,\mathrm{H}\,\ddot{a}q\,id_{\overline{\alpha}}\,\mathrm{H}$.

Aus 4.1 folgt durch Übergang zu $\sim\mathrm{H}$, gliedweise metasprachliche Verneinung und Anwendung von 2.4.

4.2. Das zweite Theorem der Gleichzahligkeit:

$$|\alpha| = |\overline{\alpha}|\,.\,seq.\,erf_{\alpha}\,\mathrm{H}\,\ddot{a}q\,erf_{\overline{\alpha}}\,\mathrm{H}.$$

3.2 und 3.1 liefern zusätzlich a fortiori

4.3. Das erste Theorem der Ungleichzahligkeit:

$$|\alpha| < |\overline{\alpha}|\,.\,seq.\,id_{\overline{\alpha}}\,\mathrm{H}\,seq\,id_{\alpha}\,\mathrm{H}. \qquad\qquad \text{Vgl. 9.2.}$$

Wenn H in irgendeinem Bereich identisch ist, dann auch in jedem (nicht-leeren) kleineren Bereich.

4.4. Das zweite Theorem der Ungleichzahligkeit:

$$|\alpha| < |\overline{\alpha}|\,.\,seq.\,erf_{\alpha}\,\mathrm{H}\,seq\,erf_{\overline{\alpha}}\,\mathrm{H}. \qquad\qquad \text{Vgl. 9.5.}$$

Wenn H in irgendeinem Bereich erfüllbar ist, dann auch in jedem größeren Bereich.

Mit Hilfe von 4.1 beweisen wir die folgenden *Fundamentaltheoreme:*

*5.1. $id_{|\alpha|}$ H *äq* id_α H.

H ist α-zahlig identisch genau dann, wenn H α-identisch ist.

Beweis:

(1) $id_{|\alpha|}$ H *seq* $(Om\ \alpha)\ (|\bar\alpha| = |\alpha|\ seq\ id_{\bar\alpha}$ H)   1.1.

(2) $.seq.\ |\alpha| = |\alpha|\ seq\ id_\alpha$ H

(3)   *seq* id_α H.

Andererseits

(4) id_α H $.seq.\ |\bar\alpha| = |\alpha|\ seq\ id_{\bar\alpha}$ H.   4.1, (2).

Hieraus durch zulässige hintere Generalisierung von $\bar\alpha$ (§ 5, 11.2)

(5) id_α H *seq* $(Om\ \bar\alpha)\ (|\bar\alpha| = |\alpha|\ seq\ id_{\bar\alpha}$ H)

(6)   *seq* $id_{|\alpha|}$ H.   1.1.

Aus 5.1 erhält man durch Übergang zu $\sim$H, gliedweise metasprachliche Verneinung und Anwendung von 2.4

*5.2. $erf_{|\alpha|}$ H *äq* erf_α H.

H ist α-zahlig erfüllbar genau dann, wenn H in α erfüllbar ist.

6. Folgerungen I.

Mit Hilfe von 5.1 erhält man

*6.1.   *Das Theorem der k-zahligen Identität:*

       id_k H *äq* $(Ex\ \alpha)\ (|\alpha| = k\ et\ id_\alpha$ H)

       d.i. (1.1)

*6.1.1. $(Om\ \alpha)\ (|\alpha| = k\ seq\ id_\alpha$ H) *äq* $(Ex\ \alpha)\ (|\alpha| = k\ et\ id_\alpha$ H).

6.1.1 besagt, daß die Gültigkeit von H in bezug auf α durch die Anzahl von α vollständig bestimmt ist. Sie ist also unabhängig von dem individuellen Charakter von α.

Beweis:

(1) id_k H $.seq.\ |\alpha| = k\ seq\ |\alpha| = k\ et\ id_{|\alpha|}$ H.

      Hieraus durch hintere Generalisierung von α (§ 5, 11.2) und Übergang zur gliedweisen Partikularisierung von α (§ 5, 16.1)

(2) id_k H $.seq.\ (Ex\ \alpha)\ (|\alpha| = k)\ seq\ (Ex\ \alpha)\ (|\alpha| = k\ et\ id_{|\alpha|}$ H)

(3)   *seq* $(Ex\ \alpha)\ (|\alpha| = k\ id_{|\alpha|}$ H).   1.4.

Andererseits

(4) $|\alpha| = k\ et\ id_{|\alpha|}$ H *seq* id_k H.

Folglich (§ 5, 12.)

(5) $(Ex\,\alpha)\,(|\alpha| = k \; et \; id_{|\alpha|} \, \mathsf{H})\; seq \; id_k \, \mathsf{H}.$

Aus (3) und (5) folgt

(6) $id_k \, \mathsf{H} \; äq \; (Ex\,\alpha)\,(|\alpha| = k \; et \; id_{|\alpha|} \, \mathsf{H})$

(7) $äq \; (Ex\,\alpha)\,(|\alpha| = k \; et \; id_\alpha \, \mathsf{H}).$ 5.1.

Aus 6.1 erhält man durch Übergang zu $\sim\mathsf{H}$, gliedweise metasprachliche Verneinung, Anwendung von 2.4 und prädikatenlogische Umformung

    *6.2.   *Das Theorem der k-zahligen Erfüllbarkeit:*

         $erf_k \, \mathsf{H} \; äq \; (Om\,\alpha)\,(|\alpha| = k \; seq \; erf_\alpha \, \mathsf{H})$

         d.i. (1.2)

    *6.2.1. $(Ex\,\alpha)\,(|\alpha| = k \; et \; erf_\alpha \, \mathsf{H}) \; äq \; (Om\,\alpha)\,(|\alpha| = k \; seq \; erf_\alpha \, \mathsf{H}).$

6.2.1 besagt in genauer Analogie zu 6.1.1, daß auch die Erfüllbarkeit von H in bezug auf α durch die Anzahl von α vollständig bestimmt ist. Sie ist also unabhängig von dem individuellen Charakter von α.

    7. Folgerungen II.

    *7.1. $id_P \, \mathsf{H} \; äq \; (Om\,k)\,(id_k \, \mathsf{H}).$

Beweis:

(1) $id_{|\alpha|} \, \mathsf{H} \,.\, seq\,.\, |\alpha| = k \; seq \; id_k \, \mathsf{H}.$

    Folglich (5.1)

(2) $id_\alpha \, \mathsf{H} \,.\, seq\,.\, |\alpha| = k \; seq \; id_k \, \mathsf{H}.$

    Hieraus durch Anwendung des *Dictum de omni* (§ 5, 11.1) und Übergang zur gliedweisen Generalisierung von α (§ 5, 15.1)

(3) $(Om\,\alpha)\,(id_\alpha \, \mathsf{H}) \; seq \; (Om\,\alpha)\,(|\alpha| = k \; seq \; id_k \, \mathsf{H})$

(4) $.\,seq\,.\,(Ex\,\alpha)\,(|\alpha| = k)\; seq \; id_k \, \mathsf{H}$ Vgl. § 71, 6.1.

(5) $seq \; id_k \, \mathsf{H}.$ 1.4.

    Andererseits

(6) $(Om\,k)\,(id_k \, \mathsf{H}) \; seq \; id_{|\alpha|} \, \mathsf{H}$

(7) $seq \; id_\alpha \, \mathsf{H}.$ 5.1.

    Hieraus durch hintere Generalisierung von α (§ 5, 11.2) und Anwendung von § 54, 5.5

(8) $(Om\,k)\,(id_k \, \mathsf{H}) \; seq \; id_P \, \mathsf{H}.$

Aus 7.1 erhält man durch Übergang zu $\sim\mathsf{H}$, gliedweise metasprachliche Verneinung und Anwendung von 2.4

    *7.2. $erf_P \, \mathsf{H} \; äq \; (Ex\,k)\,(erf_k \, \mathsf{H}).$

*8. *Die k-zahligen Gegenstücke zu den Grundregeln des Schließens* (§ 64).

8.1. $id_k\, H_1 \to H_2\,.seq.\,id_k\, H_1\; seq\; id_k\, H_2\,.$ Vgl. § 64, 2.

Beweis:

(1) $id_\alpha\, H_1 \to H_2\,.seq.\,id_\alpha\, H_1\; seq\; id_\alpha\, H_2\,.$ § 59, 3.1.

Folglich (5.1)

(2) $id_{|\alpha|}\, H_1 \to H_2\,.seq.\,id_{|\alpha|}\, H_1\; seq\; id_{|\alpha|}\, H_2\,.$

Folglich

(3) $|\alpha| = k : seq : id_k\, H_1 \to H_2\,.seq.\,id_k\, H_1\; seq\; id_k\, H_2\,.$

Hieraus durch vordere Partikularisierung von α (§ 5, 12.2)

(4) $(Ex\,\alpha)\,(|\alpha| = k) : seq : id_k\, H_1 \to H_2\,.seq.\,id_k\, H_1\; seq\; id_k\, H_2\,.$

Folglich (1.4) 8.1.

Entsprechend erhält man aus

$\qquad id_\alpha\, H(x)\; seq\; id_\alpha\, H(x|t)$ § 61, 2.

8.2. $id_k\, H(x)\; seq\; id_k\, H(x|t)\,,$ Vgl. § 64, 3.

$\qquad$ aus

$\qquad id_\alpha\, H(x) \to \Theta\; seq\; id_\alpha\, \forall x\, H(x) \to \Theta$ § 59, 11.10.

8.3. $id_k\, H(x) \to \Theta\; seq\; id_k\, \forall x\, H(x) \to \Theta\,,$ Vgl. § 64, 4.1.

$\qquad$ aus

$\qquad id_\alpha\, \Theta \to H(x)\; seq\; id_\alpha\, \Theta \to \forall x\, H(x)$ *non $x\,Fr\,\Theta$*   § 59, 11.11.

8.4. $id_k\, \Theta \to H(x)\; seq\; id_k\, \Theta \to \forall x\, H(x)\,,$ *non $x\,Fr\,\Theta$*   Vgl. § 64, 4.2.

$\qquad$ aus

$\qquad id_\alpha\, H(x) \to \Theta\; seq\; id_\alpha\, \exists x\, H(x) \to \Theta$ *non $x\,Fr\,\Theta$*   § 59, 12.6.

8.5. $id_k\, H(x) \to \Theta\; seq\; id_k\, \exists x\, H(x) \to \Theta\,,$ *non $x\,Fr\,\Theta$*   Vgl. § 64, 4.3.

$\qquad$ aus

$\qquad id_\alpha\, \Theta \to H(x)\; seq\; id_\alpha\, \Theta \to \exists x\, H(x)$ § 59, 12.5.

8.6. $id_k\, \Theta \to H(x)\; seq\; id_k\, \Theta \to \exists x\, H(x)\,.$ Vgl. § 64, 4.4.

9. *Zusätze.*

Durch Anwendung von § 59, 3.2 beweist man in genauer Analogie
zu 8.1

*9.1. $id_k\, H_1 \to H_2\,.seq.\,erf_k\, H_1\; seq\; erf_k\, H_2\,.$

$\qquad$ 4.3 liefert

*9.2. $id_k\, H\; seq\; (Om\, i)\,(i < k\; seq\; id_i\, H)\,.$

Hieraus, wegen $i \geqq 1$,

9.3. $(Ex\,k)\,(id_k\,\mathsf{H})\;seq\;id_1\,\mathsf{H}$.

Hieraus durch Kontraposition und prädikatenlogische Umformung

9.4. $non\;id_1\,\mathsf{H}\;seq\;(Om\,k)\,(non\;id_k\,\mathsf{H})$.

4.4 liefert

*9.5. $erf_k\,\mathsf{H}\;seq\;(Om\,i)\,(i > k\;seq\;erf_i\,\mathsf{H})$.

Hieraus, wegen $i \geqq 1$,

9.6. $erf_1\,\mathsf{H}\;seq\;(Om\,k)\,(erf_k\,\mathsf{H})$.

Hieraus durch Kontraposition und prädikatenlogische Umformung

9.7. $(Ex\,k)\,(non\;erf_k\,\mathsf{H})\;seq\;non\;erf_1\,\mathsf{H}$.

Es gelten ferner die folgenden Theoreme:

*9.8. $id_k\,\mathsf{H}\left(\overset{n}{x}\right)\;äq\;id_k\,\forall\overset{n}{x}\,\mathsf{H}\left(\overset{n}{x}\right)$.

Beweis:

(1) $id_\alpha\,\mathsf{H}\left(\overset{n}{x}\right)\;äq\;id_\alpha\,\forall\overset{n}{x}\,\mathsf{H}\left(\overset{n}{x}\right)$.   § 59, 11.4.

Folglich (5.1)

(2) $id_{|\alpha|}\,\mathsf{H}\left(\overset{n}{x}\right)\;äq\;id_{|\alpha|}\,\forall\overset{n}{x}\,\mathsf{H}\left(\overset{n}{x}\right)$.

Folglich 9.8.

Entsprechend beweist man

*9.9. $id_k\sim\mathsf{H}\left(\overset{n}{x}\right)\;äq\;id_k\sim\exists\overset{n}{x}\,\mathsf{H}\left(\overset{n}{x}\right)$.   § 59, 11.6.

*9.10. $id_k\,\mathsf{H}\left(\overset{n}{x}\right)\;seq\;id_k\,\exists\overset{n}{x}\,\mathsf{H}\left(\overset{n}{x}\right)$.   § 59, 12.2.

*9.11. $erf_k\,\mathsf{H}\left(\overset{n}{x}\right)\;äq\;erf_k\,\exists\overset{n}{x}\,\mathsf{H}\left(\overset{n}{x}\right)$.   § 59, 11.3.

§ 78. Numerische Gleichheiten im PFK

1. *Definitionen*[1].

1.1. $\mathsf{H_1}\,Aeq_k\,\mathsf{H_2}\;äq_{Df}\;id_k\,\mathsf{H_1}\leftrightarrow\mathsf{H_2}$.

1.2. $\mathsf{H_1}\,Idg_k\,\mathsf{H_2}\;äq_{Df}\;id_k\,\mathsf{H_1}\;äq\;id_k\,\mathsf{H_2}$.

1.3. $\mathsf{H_1}\,Erfg_k\,\mathsf{H_2}\;äq_{Df}\;erf_k\,\mathsf{H_1}\;äq\;erf_k\,\mathsf{H_2}$.

2. Aeq_k, Idg_k, $Erfg_k$ sind Gleichheiten.

---

[1] Vgl. § 60.

3. *Hilfstheoreme.*

Aus § 77, 8.1 und § 77, 9.1 folgt mit § 12, 6.2

3.1. $id_k\,H_1 \leftrightarrow H_2\,.seq!.\,id_k\,H_1\;\ddot{a}q\;id_k\,H_2.$

3.2. $id_k\,H_1 \leftrightarrow H_2\,.seq!.\,erf_k\,H_1\;\ddot{a}q\;erf_k\,H_2.$

4. *Theoreme.*

4.1.	$H_1\,Aeq_P\,H_2\;\ddot{a}q\;(Om\,k)\,(H_1\,Aeq_k\,H_2).$	§ 77, 7.1.
4.2.	$H_1\,Aeq_k\,H_2\,.seq!.\,H_1\,Idg_k\,H_2.$	1.2; 3.1.
4.3.	$H_1\,Aeq_k\,H_2\,.seq!.\,H_1\,Erfg_k\,H_2.$	1.3; 3.2.
4.4.	$H_1\,Idv_P\,H_2\;\ddot{a}q\;(Om\,k)\,(H_1\,Idg_k\,H_2).$	

Beweis:

(1) $(Om\,\alpha)\,(H_1\,Idg_\alpha\,H_2)\,.seq.\,id_{|\alpha|}\,H_1\;\ddot{a}q\;id_{|\alpha|}\,H_2.$ $\qquad$ § 60, 1.4; § 77, 5.1.

Folglich

(2) $|\alpha| = k : seq : (Om\,\alpha)\,(H_1\,Idg_\alpha\,H_2)\,.seq.\,id_k\,H_1\;\ddot{a}q\;id_k\,H_2.$

Hieraus durch vordere Partikularisierung von α (§ 5, 12.2)

(3) $(Ex\,\alpha)\,(|\alpha| = k) : seq : (Om\,\alpha)\,(H_1\,Idg_\alpha\,H_2)\,.seq.\,id_k\,H_1\;\ddot{a}q\;id_k\,H_2.$

Folglich (§ 77, 1.4)

(4) $(Om\,\alpha)\,(H_1\,Idg_\alpha\,H_2)\,.seq.\,id_k\,H_1\;\ddot{a}q\;id_k\,H_2.$

Hieraus durch hintere Generalisierung von k (§ 5, 11.2)

(5) $H_1\,Idv_P\,H_2\;seq\;(Om\,k)\,(H_1\,Idg_k\,H_2).$

Andererseits

(6) $(Om\,k)\,(H_1\,Idg_k\,H_2)\;seq\;H_1\,Idg_{|\alpha|}\,H_2$

(7) $\qquad\qquad seq\;H_1\,Idg_\alpha\,H_2.$ $\qquad$ § 77, 5.1.

Hieraus durch hintere Generalisierung von α (§ 5, 11.2)

(8) $(Om\,k)\,(H_1\,Idg_k\,H_2)\;seq\;H_1\,Idv_P\,H_2.$

Aus (5) und (8) folgt 4.4.

Entsprechend beweist man unter Bezug auf § 60, 1.5 mit § 77, 5.2

4.5. $H_1\,Erfv_P\,H_2\;\ddot{a}q\;(Om\,k)\,(H_1\,Erfg_k\,H_2).$

Aus § 77, 9.8; 9.9; 9.11 erhält man zusätzlich durch Anwendung des *Dictum de omni* (§ 5, 11.1)

4.6.	$H\left(\overset{n}{x}\right)\,Idg_k\,\forall\overset{n}{x}\,H\left(\overset{n}{x}\right).$	Vgl. § 60, 5.1.
4.7.	$\sim H\left(\overset{n}{x}\right)\,Idg_k\sim\exists\overset{n}{x}\,H\left(\overset{n}{x}\right).$	Vgl. § 60, 5.2.
4.8.	$H\left(\overset{n}{x}\right)\,Erfg_k\,\exists\overset{n}{x}\,H\left(\overset{n}{x}\right).$	Vgl. § 60, 5.3.

§ 79. Das Theorem von LÖWENHEIM und SKOLEM

Die Theoreme der Gleichzahligkeit und der Ungleichzahligkeit (§ 77, 4.1 bis 4.4) werden ergänzt durch das *Theorem von* LÖWENHEIM *und* SKOLEM[1]. Dieses Theorem enthält eine wesentliche Aussage über die Bedeutung des abzählbar Unendlichen für die Erfüllbarkeit und die Allgemeingültigkeit eines P-Ausdrucks. Es wird im folgenden für den PFK bewiesen.

1. *Das Erfüllbarkeitstheorem.*

$$erf_P \, \mathsf{H} \; seq \; erf_{\aleph_0} \, \mathsf{H}.$$

In Worten: Wenn ein P-Ausdruck überhaupt erfüllbar ist, so ist er erfüllbar in einem abzählbar unendlichen Bereich. M.a.W.: Ein P-Ausdruck ist nur dann erfüllbar, wenn er in einem abzählbar unendlichen Bereich erfüllbar ist.

Beweis[2]*:* Es genügt, das Theorem für eine mit H erfüllbarkeitsverbundene *verschärfte* SKOLEM*sche Normalform* $\Theta^* = \forall \overset{m}{x} \, \Theta \, (\overset{m}{x})$, im Sinne von § 75, 3., zu beweisen[3]. Es genügt ferner, zu zeigen, daß die Erfüllbarkeit von Θ^* in einem beliebigen α die Erfüllbarkeit in einem höchstens abzählbar unendlichen $\bar{\alpha}$ nach sich zieht; denn hieraus folgt für endliches $\bar{\alpha}$ auf Grund des zweiten Theorems der Ungleichzahligkeit (§ 77, 9.5) unmittelbar die Erfüllbarkeit von H^* in einem abzählbar unendlichen α^*.[4] Es gilt (§ 54, 3.3.1; 4.1)

$$(1) \qquad \mathfrak{B}_\alpha \, Erf_\alpha \, \forall \overset{m}{x} \, \Theta \, (\overset{m}{x}) \; seq \; (Om_\alpha \overset{m}{\mathfrak{x}}) \left(\begin{pmatrix} \overset{m}{x} \\ \overset{m}{\mathfrak{x}} \end{pmatrix} \mathfrak{B}_\alpha \, Erf_\alpha \, \Theta \, (\overset{m}{x}) \right),$$

folglich a fortiori für $\bar{\alpha} \subseteq \alpha$

$$(2) \qquad \mathfrak{B}_\alpha \, Erf_\alpha \, \forall \overset{m}{x} \, \Theta \, (\overset{m}{x}) \; seq \; (Om_{\bar{\alpha}} \overset{m}{\mathfrak{x}}) \left(\begin{pmatrix} \overset{m}{x} \\ \overset{m}{\mathfrak{x}} \end{pmatrix} \mathfrak{B}_\alpha \, Erf_\alpha \, \Theta \, (\overset{m}{x}) \right).$$

Damit rechts $\mathfrak{B}_\alpha$ durch ein $\overline{\mathfrak{B}}_{\bar{\alpha}}$ und Erf_α durch $Erf_{\bar{\alpha}}$ ersetzt werden kann, muß $\bar{\alpha}$ eine in bezug auf alle Funktionen $\mathfrak{B}_\alpha(f^i)$ mit $f^i \, In \, \Theta^*$ abgeschlossene Menge sein. Es ist einfacher, ein in bezug auf alle $\mathfrak{B}_\alpha(f^i)$ abgeschlossenes $\bar{\alpha}$ zu konstruieren. Dies gelingt auf folgende Art:

---

[1] Für den PK bewiesen von LÖWENHEIM [1] Satz 2, dann, mit Hilfe der erfüllbarkeitsverbundenen SKOLEMschen Normalform (§ 75, 2.), wesentlich durchsichtiger von TH. SKOLEM [2] § 1. Der folgende Beweis fußt auf der Ausnutzung der Möglichkeiten des PFK.

[2] Nach einem Entwurf von G. HASENJAEGER.

[3] Für diesen Beweis braucht das Auswahlprinzip nicht mehr herangezogen zu werden, da es schon für den Beweis von § 75, 3. das Erforderliche geleistet hat. Die Konstruktion des Erfüllbarkeitsbereiches wird hierdurch wesentlich vereinfacht.

[4] Da der PK im PFK enthalten ist, so gilt alles Folgende auch für den PK ohne Funktionale.

(3) T sei die (abzählbar unendliche) Menge aller Terme, $\mathfrak{B}_\alpha(T)$ die Menge aller $\mathfrak{B}_\alpha(t)$ mit $t \in T$. Als Bild von T ist $\mathfrak{B}_\alpha(T)$ höchstens abzählbar. Zugleich ist $\mathfrak{B}_\alpha(T)$ abgeschlossen in bezug auf alle Funktionen $\mathfrak{B}_\alpha(f^r)$; denn

(3.1) $\mathfrak{x}_1, \ldots, \mathfrak{x}_r \in \mathfrak{B}_\alpha(T) \; seq \left(E x\, \overset{r}{t} \right) \left(\overset{r}{t} \in T \; et \; \overset{r}{\mathfrak{x}} = \mathfrak{B}_\alpha(\overset{r}{t}) \right).

$\overset{r}{t}_0$ sei ein solches r-tupel, so daß

(3.2) $\overset{r}{\mathfrak{x}} = \mathfrak{B}_\alpha\!\left(\overset{r}{t}_0 \right).$

Dann gilt

(3.3) $\mathfrak{x}_1, \ldots, \mathfrak{x}_r \in \mathfrak{B}_\alpha(T) \; seq \; \mathfrak{B}_\alpha(f^r)\left(\overset{r}{\mathfrak{x}} \right) = \mathfrak{B}_\alpha(f^r)\left(\mathfrak{B}_\alpha(\overset{r}{t}_0) \right) = \mathfrak{B}_\alpha\!\left(f^r(\overset{r}{t}_0) \right) \in \mathfrak{B}_\alpha(T).$

Wir setzen $\bar\alpha =_{Df} \mathfrak{B}_\alpha(T)$. [1]

(4)   Mit Hilfe von $\mathfrak{B}_\alpha$ und $\bar\alpha$ definieren wir jetzt ein $\overline{\mathfrak{B}}_{\bar\alpha}$ durch

(4.1) $\overline{\mathfrak{B}}_{\bar\alpha}(s) =_{Df} \mathfrak{B}_\alpha(s),$

(4.2) $\overline{\mathfrak{B}}_{\bar\alpha}(f^r) = \mathfrak{B}_\alpha(f^r)$, beschränkt auf Argumente (und damit zugleich auf Werte) aus $\bar\alpha$.

(4.3) $\overline{\mathfrak{B}}_{\bar\alpha}(P^i) =_{Df} \mathfrak{B}_\alpha(P^i)$, beschränkt auf Argumente aus $\bar\alpha$.

Dann gilt, mit Bezug auf (2), da $\Theta(\overset{m}{x})$ offen,

(5) $(Om_{\bar\alpha}\overset{m}{\mathfrak{x}})\left(\begin{pmatrix} \overset{m}{x} \\ \overset{m}{\mathfrak{x}} \end{pmatrix} \mathfrak{B}_\alpha \, Erf_\alpha \, \Theta(\overset{m}{x}) \right) seq \; (Om_{\bar\alpha}\overset{m}{\mathfrak{x}})\left(\begin{pmatrix} \overset{m}{x} \\ \overset{m}{\mathfrak{x}} \end{pmatrix} \overline{\mathfrak{B}}_{\bar\alpha} \, Erf_{\bar\alpha} \, \Theta(\overset{m}{x}) \right).$

Aus (2) und (5) folgt

(6) $\mathfrak{B}_\alpha \, Erf_\alpha \, \forall \overset{m}{x} \, \Theta(\overset{m}{x}) \; seq \; \overline{\mathfrak{B}}_{\bar\alpha} \, Erf_{\bar\alpha} \, \forall \overset{m}{x} \, \Theta(\overset{m}{x}).$

Durch Kontraposition und Übergang zu $\sim H$ erhält man aus 1.

2. *Das Allgemeingültigkeitstheorem.*

$id_{\aleph_0} H \; seq \; id_P H.$

In Worten: Wenn ein P-Ausdruck in einem abzählbar unendlichen Bereich identisch ist, so ist er in jedem Bereich identisch. M.a.W.: Ein P-Ausdruck ist *stets* dann allgemeingültig, wenn er in einem abzählbaren Bereich identisch ist.

3. Da die Umkehrungen von 1. und 2. trivial sind, so erhält man für den PFK

3.1.   Ein vollständiges Erfüllbarkeitskriterium.

$erf_P H \; \ddot{a}q \; erf_{\aleph_0} H.$

---

[1] Wir könnten hier auch $\bar\alpha = T$ setzen; dann wäre sicher $|\bar\alpha| = \aleph_0$. Das käme darauf heraus, daß beim Übergang von $\bar\alpha$ zu α^* (s. oben) $\mathfrak{B}_{\alpha^*}$ (§ 54, 1.2) als der über § 76, 5.1 in § 77, 9.5 eingehende Homomorphismus gewählt wird.

***3.2.** *Ein vollständiges Allgemeingültigkeitskriterium.*

$$id_P \, \mathsf{H} \; \ddot{a}q \; id_{\aleph_0} \, \mathsf{H}.$$

4. *Zusatz:* Da der Beweis von 1., insbesondere die Konstruktion von $\bar{\alpha}$, $\overline{\mathfrak{B}}_{\bar{\alpha}}$ mit Hilfe von α und $\mathfrak{B}_\alpha$, nicht von Θ^* abhängt, so folgt im Anschluß an 1, (6) auch für *Mengen M* von verschärften SKOLEMschen Normalformen

4.1. $\mathfrak{B}_\alpha \, Erf_\alpha \, M \; seq \; \overline{\mathfrak{B}}_{\bar{\alpha}} \, Erf_{\bar{\alpha}} \, M$.

§ 80. Repräsentantentheorie des PFK

1. In diesem Paragraphen heiße H *stets identisch*, wenn $(Om \, k)(id_k \, \mathsf{H})$, *stets erfüllbar*, wenn $(Om \, k)(erf_k \, \mathsf{H})$, *nie identisch*, wenn $(Om \, k)(non \; id_k \, \mathsf{H})$, *nie erfüllbar*, wenn $(Om \, k)(non \; erf_k \, \mathsf{H})$.

2. *Beschränkte Identität und Erfüllbarkeit.*

2.1.   „H *ist identisch mit der oberen endlichen Grenze k.*"

$$id_{\leq k} \, \mathsf{H} \; \ddot{a}q_{Df} \, id_k \, \mathsf{H} \; et \; non \; id_{k+1} \, \mathsf{H} \; et \; 1 \leq k < \aleph_0.$$

2.2.   „H *ist genau im Endlichen identisch.*"

$$id_{<\aleph_0} \, \mathsf{H} \; \ddot{a}q_{Df} \, non \; id_{\aleph_0} \, \mathsf{H} \; et \; (Om \, k) \, (1 \leq k < \aleph_0 \; seq \; id_k \, \mathsf{H}).$$

2.3.   „H *ist erfüllbar mit der unteren endlichen Grenze k + 1.*"

$$erf_{\geq k+1} \, \mathsf{H} \; \ddot{a}q_{Df} \, erf_{k+1} \, \mathsf{H} \; et \; non \; erf_k \, \mathsf{H} \; et \; 1 \leq k < \aleph_0.$$

2.4.   „H *ist erst im Abzählbaren erfüllbar.*"

$$erf_{\geq \aleph_0} \, \mathsf{H} \; \ddot{a}q_{Df} \, erf_{\aleph_0} \, \mathsf{H} \; et \; (Om \, k) \, (k < \aleph_0 \; seq \; non \; erf_k \, \mathsf{H}).$$

3. *Beziehungen zwischen den verschiedenen Arten der Allgemeingültigkeit und Erfüllbarkeit.*

3.1. H ist stets identisch genau dann, wenn $\sim\mathsf{H}$ nie erfüllbar ist.

3.2. H ist stets erfüllbar genau dann, wenn $\sim\mathsf{H}$ nie identisch ist.

3.3. H ist identisch mit der oberen endlichen Grenze k genau dann, wenn $\sim\mathsf{H}$ erfüllbar ist mit der unteren endlichen Grenze $k + 1$. Symbolisch: $id_{\leq k} \, \mathsf{H} \; \ddot{a}q \; erf_{\geq k+1} \sim\mathsf{H}$.

3.4. H ist erfüllbar mit der unteren endlichen Grenze $k + 1$ genau dann, wenn $\sim\mathsf{H}$ identisch mit der oberen Grenze k. Symbolisch: $erf_{\geq k+1} \, \mathsf{H} \; \ddot{a}q \; id_{\leq k} \sim\mathsf{H}$.

3.5. H ist erst im Abzählbaren erfüllbar genau dann, wenn $\sim\mathsf{H}$ genau im Endlichen identisch ist. Symbolisch:

$$erf_{\geq \aleph_0} \, \mathsf{H} \; \ddot{a}q \; id_{<\aleph_0} \sim\mathsf{H}.$$

4. *Aufgliederung der P-Ausdrücke.*

	Identisch			*Erfüllbar*
stets	nicht stets		nie	in wenigstens einem Falle

	genau im Endlichen			erst im Abzählbaren
	mit einer endlichen oberen			mit einer endlichen unteren
	Grenze			Grenze
	nie			stets

5. *Repräsentantentheorie der Erfüllbarkeit.*

5.1. *nie erfüllbar:* das Negat jedes stets identischen P-Ausdrucks (3.1). Beispiel: $\sim (Px \to Px)$.

5.2. *erst im Abzählbaren erfüllbar:* der in § 56, 4. diskutierte P-Ausdruck

$$H^* = \forall x_1 \exists x_2\, Px_1x_2 \land \forall x \sim Pxx \land \forall x_1x_2x_3 (Px_1x_2 \land Px_2x_3 \to Px_1x_3).$$

5.3. *erfüllbar mit der endlichen unteren Grenze $k+1$.*
Man setze

$$H = \left(P_1x_1 \land \bigwedge_{j=2}^{k+1} \sim P_1x_j\right) \land \left(P_2x_2 \land \bigwedge_{j=3}^{k+1} \sim P_2x_j\right) \land \cdots \land (P_kx_k \land \sim P_kx_{k+1})$$
$$= \bigwedge_{1 \le i < j \le k+1} (P_ix_i \land \sim P_ix_j).$$

Dann gilt: *erf*$_\alpha$ H *äq* $|\alpha| \ge k+1$.

(a) *Von Links nach Rechts.*

    (1) $\mathfrak{B}\, Erf_\alpha$ H *seq* $\mathfrak{B}_\alpha(x_i) \neq \mathfrak{B}_\alpha(x_j)$ für $i \neq j$. $i, j = 1, \ldots, k+1$.

    (2)   *seq* $|\alpha| \ge k+1$.

(b) *Von Rechts nach Links.*

Man setze $\mathfrak{B}_\alpha(x_n) = n$ $n = 1, \ldots, k+1$
und

	$\mathfrak{B}_\alpha(P_1)$	$\mathfrak{B}_\alpha(P_2)$	$\mathfrak{B}_\alpha(P_3)$	...	$\mathfrak{B}_\alpha(P_k)$
1	W				
2	F	W			
3	F	F	W		
$\vdots$					
k	F	F	F		W
$k+1$	F	F	F		F

5.4. *stets erfüllbar:* jedes P-Atom; denn es ist schon einzahlig erfüllbar. Vgl. § 54, 6.7, (b).

6. *Repräsentantentheorie der Allgemeingültigkeit.*

6.1. *stets identisch:* jedes H, für welches id_P H.

6.2. *genau im Endlichen identisch:* das Negat von H* in 5.2 (3.5), also in einer bequem übersehbaren Anschreibung

$$H^{**} = \forall x \sim Pxx \wedge \forall x_1 x_2 x_3 \, (Px_1 x_2 \wedge Px_2 x_3 \rightarrow Px_1 x_3)$$
$$\rightarrow \exists x_1 \forall x_2 \sim Px_1 x_2.$$

6.3. *identisch mit der oberen Grenze k:* das Negat von H in 5.3, also auch das folgende Aequivalent davon

$$\widetilde{H} = \bigvee_{1 \leq i < j \leq k+1} (P_i x_i \rightarrow P_i x_j).$$

6.4. *nie identisch:* jedes P-Atom (§ 54, 6.7, (a)).

7. Wir notieren noch

7.1. id_k H für genau ein k *äq* $id_{\leq 1}$ H.

III. Das Entscheidungsproblem im PFK

§ 81. Die Entscheidbarkeit der Menge der offenen P-Ausdrücke

1. Die Entscheidbarkeit der offenen P-Ausdrücke ist schon in § 58, 4. gezeigt worden durch die für diese Ausdrücke geltende Aequivalenz

1.1. id_P H *äq* $id_{A,P}$ H.

Zu 1.1 gehört als Komplement die erfüllungstheoretische Aequivalenz

1.2. erf_P H *äq* $erf_{A,P}$ H.

Ein offener P-Ausdruck H ist erfüllbar genau dann, wenn er aus einem erfüllbaren A-Ausdruck durch eine prädikatenlogische Einsetzung gewonnen werden kann.

2. Dieses Erfüllbarkeitskriterium kann auf Grund des Beweises von

$$id_P \, H \; seq \; id_{A,P} \, H$$

auch formuliert werden als ein *numerisches Erfüllbarkeitskriterium* durch den Übergang zu

2.1. Wenn H offen und k die Anzahl der F-Terme in H, wobei jeder Bestandteil eines in H vorkommenden F-Terms, wie im Beweis von § 58, 4., für sich zu zählen ist[1], so gilt:

$$erf_{A,P} \, H \; äq \; erf_k \, H,$$

---

[1] 2.1 und damit zugleich 2.2 gelten, wie G. HASENJAEGER gezeigt hat, erst bei dieser Termzählung. Ohne sie ist z. B.

$$H = Pf(x) \wedge \sim Pf(f(f(x)))$$

zwar zweitermig, aber nicht zweizahlig erfüllbar. Denn dazu ist notwendig, daß $\mathfrak{B}(f(x)) \neq \mathfrak{B}(f(f(f(x))))$, also etwa $\mathfrak{B}(f(x)) = 1$, $\mathfrak{B}(f(f(f(x)))) = 2$. Dann ist aber entweder $\mathfrak{B}(f)(1) = 1$, $\mathfrak{B}(f)(2) = 2$ oder $\mathfrak{B}(f)(1) = 2$, $\mathfrak{B}(f)(2) = 1$. In beiden Fällen folgt hieraus $\mathfrak{B}(f(x)) = \mathfrak{B}(f(f(f(x))))$.

mit der entscheidenden Komponente

2.1.1. $erf_{A,P} H$ *seq* $erf_k H$,

     bzw. (1.2)

2.1.2. $erf_P H$ *seq* $erf_k H$.

Zum *Beweis* von 2.1.1: Durch Übergang von H zu $\sim$H erhält man aus § 58, 4., (4.1) und (4.3.1) in Fußnote 2, S. 152

$$erf_{A,P} H \ seq \ (Ex\,\alpha)\,(|\alpha| = k \ et \ erf_\alpha H).$$

Aus 2.1 folgt durch gliedweise metasprachliche Verneinung und Übergang zu $\sim$H

   *2.2.   Wenn H den Bedingungen von 2.1 für k genügt, so gilt:

     $id_{A,P} H \ äq \ id_k H$,

     mit der entscheidenden Komponente

2.2.1. $id_k H$ *seq* $id_{A,P} H$,

     bzw. (1.1)

2.2.2. $id_k H$ *seq* $id_P H$.

3. Da $id_{A,P} H$ und $erf_{A,P} H$ durch eine eineindeutige Abbildung der P-Atome von H auf eine gleichzahlige Menge von A-Variablen stets effektiv entscheidbar ist, so ist für ein offenes H, das den angeforderten Bedingungen genügt, stets auch die k-zahlige Identität und Erfüllbarkeit effektiv entscheidbar.

§ 82. Die Entscheidbarkeit der Mengen der k-zahlig identischen und der k-zahlig erfüllbaren P-Ausdrücke für endliche k

1. Die Menge der k-zahlig identischen P-Ausdrücke ist für jedes endliche k entscheidbar.

Für beliebiges H sind nur endlich viele H-Belegungen zu prüfen. Für H ohne F-Variablen einfacher: Man gehe von H über zu einem mit H identitätsverbundenen totalpränexen H' (§ 74, 2.1). Aus $H \, Idv_P H$ folgt (§ 78, 4.4)

(1) $H \, Idg_k H'$.

     Nun eliminiere man (§ 63) die im Präfix von H' vorkommenden Quantifikatoren. Resultat: H'' mit

(2) $H' \, Aeq_k H''$.   § 63, 4.3; § 78, 4.1.

(3) $H \, Idg_k H''$.   (1) und (2), mit § 78, 4. 2.

H'' ist ein offener P-Ausdruck. Es gilt also (§ 81, 2.2)

1.1. $id_{A,P} H'' \ äq \ id_k H$.

2. Durch den Übergang von H zu einem mit H erfüllbarkeitsverbundenen H′ (§ 74, 2.1) erhält man mit § 63, 5. ein offenes H″, so daß (§ 78, 2; 4.3)

$$\text{H } Erfg_k \text{ H}''.$$

Folglich (§ 81, 2.1)

2.1. $erf_{A,P}$ H″ *äq* erf_k H.

Folglich ist auch die Menge der k-zahlig erfüllbaren P-Ausdrücke für jedes endliche k entscheidbar.

§ 83. Die Entscheidbarkeit der einstelligen P-Ausdrücke ohne Funktionale

1. P-Ausdrücke ohne Funktionale sollen fortan bezeichnet sein als „$\overline{\text{P}}$-Ausdrücke“, die einstelligen (§ 53, 3.6) unter ihnen als „$\overline{\text{P}}_1$-Ausdrücke“. Die Entscheidbarkeit der Menge der $\overline{\text{P}}_1$-Ausdrücke ist zuerst erkannt worden von L. Löwenheim [1] Satz 4, und zwar in einem durch Adjungierung der Identitätsbeziehung wesentlich erweiterten Rahmen[1]. Hier soll die behauptete Entscheidbarkeit bewiesen werden mit Hilfe des wesentlich elementareren Theorems von Bernays-Schönfinkel [1] § 2[2]: H sei ein $\overline{\text{P}}_1$-Ausdruck mit k P-Variablen. Dann gilt für H:

*1.1. id_{2^k} H *seq* id_P H, folglich id_{2^k} H *äq* id_P H.

Hiermit gleichwertig, durch Kontraposition und Übergang zu ∼H, das Erfüllbarkeitstheorem

*1.2. erf_P H *seq* erf_{2^k} H, folglich erf_{2^k} H *äq* erf_P H.

Wir beweisen 1.2.[3] $\mathfrak{B}_\alpha$ sei eine auf H beschränkte Belegung über α. Wir konstruieren einen Homomorphismus (§ 76, 2.3) von $\mathfrak{B}_\alpha$ auf ein gleichfalls auf H beschränktes $\overline{\mathfrak{B}}_{\overline\alpha}$ mit höchstens 2^k-zahligem $\overline\alpha$. Wir zeigen also

(A) $(Om\,\alpha,\,\mathfrak{B})\,(Ex\,\overline\alpha,\,\overline{\mathfrak{B}},\,\Phi)\,\bigl(|\overline\alpha| \leqq 2^k \; et \; \Phi \in \mathfrak{B}_\alpha \mathrel{\overset{\sim}{\to}} \overline{\mathfrak{B}}_{\overline\alpha}\bigr).$

Hieraus folgt dann mit dem Koinzidenztheorem § 76, 5.1

(B) $(Om\,\alpha,\,\mathfrak{B})\,(Ex\,\overline\alpha,\,\overline{\mathfrak{B}})\,\bigl(|\overline\alpha| \leqq 2^k \; et \; \mathfrak{B}^*_\alpha(\text{H}) = \overline{\mathfrak{B}}^*_{\overline\alpha}(\text{H})\bigr),$

also 1.2.

---

[1] Vgl. §§ 139 ff. dieses Lehrbuches.

[2] Der folgende Beweis folgt der besonders durchsichtigen Darstellung in Hilbert-Ackermann 101 f.

[3] Als Komplement zu dem hier vorgetragenen Entscheidbarkeitsbeweis sei an dieser Stelle noch besonders genannt der Entscheidbarkeitsbeweis von W. V. Quine [2] §§ 19—21, mit Hilfe der hier als „canonical schemata“ (105 f.) bezeichneten kontrapränexen Normalalternativen (vgl. § 141, 1.2 dieses Lehrbuches). Inzwischen hat Th. Eichholz [1], auf Grund einer Anregung durch den Verf., gezeigt, daß die Entscheidbarkeit auch für einstellige P-Ausdrücke mit beliebig komplizierten Funktionalen formuliert und bewiesen werden kann.

Beweis von (A):

(1)   Wir definieren für die α-Individuen eine Aequivalenzrelation

$$\mathfrak{x}_1 \frown \mathfrak{x}_2 \ \ddot{a}q_{D_f} (Om\ P)\,\bigl(P\ In\ \mathsf{H}\ seq\ \mathfrak{B}_\alpha(P)\,(\mathfrak{x}_1) = \mathfrak{B}_\alpha(P)\,(\mathfrak{x}_2)\bigr).$$

$\bar{\mathfrak{x}}$ sei die Klasse der $\mathfrak{x}'$, so daß $\mathfrak{x}' \frown \mathfrak{x}$, kurz: die „Restklasse" von $\mathfrak{x}$ in bezug auf $\frown$. $\bar{\alpha}$ sei die Klasse der $\bar{\mathfrak{x}}$ mit $\mathfrak{x} \in \alpha$, also die Klasse der Restklassen aller α-Individuen in bezug auf $\frown$.

(2)   Wir ordnen jedem $\mathfrak{x} \in \alpha$ seine Restklasse zu durch eine Abbildung Φ, so daß

$$\Phi(\mathfrak{x}) =_{D_f} \bar{\mathfrak{x}}.$$

(3)   Mit Hilfe von Φ definieren wir eine Belegung $\overline{\mathfrak{B}}_{\bar\alpha}$ über $\bar\alpha$, so daß $\Phi \in \mathfrak{B}_\alpha \overset{\sim}{\to} \overline{\mathfrak{B}}_{\bar\alpha}$, durch

(3.1) $\Phi \in \alpha \longrightarrow \bar\alpha$,

(3.2) $(Om\ x)\,\bigl(\Phi(\mathfrak{B}_\alpha(x)) = \overline{\mathfrak{B}}_{\bar\alpha}(x)\bigr)$,

(3.3) $(Om\ P)\,\bigl(P\ In\ \mathsf{H}\ seq\ \overline{\mathfrak{B}}_{\bar\alpha}(P)\,(\bar{\mathfrak{x}}) = \overline{\mathfrak{B}}_{\bar\alpha}(P)\,(\Phi(\mathfrak{x})) = \mathfrak{B}_\alpha(P)\,(\mathfrak{x})\bigr)$ für $\mathfrak{x} \in \alpha$.[1]

Dann gilt

(4) $|\bar\alpha| \leqq 2^k$.

Denn für $k = 1$ ist $|\bar\alpha| \leqq 2$, $= 2$ genau dann, wenn

$$(Ex\ \bar{\mathfrak{x}})\,\bigl(\mathfrak{B}_\alpha(P)\,(\bar{\mathfrak{x}}) = W\bigr)\ et\ (Ex\ \bar{\mathfrak{x}})\,\bigl(\mathfrak{B}_\alpha(P)\,(\bar{\mathfrak{x}}) = F\bigr).$$

Der Rest ergibt sich daraus, daß beim Übergang von k zu $k+1$ P-Variablen jedes der vorausgesetzten 2^k $\bar\alpha$-Individuen (Restklassen) in höchstens zwei $\bar\alpha$-Individuen (Restklassen) zerfällt.

2. Die 2^k-zahlige Erfüllbarkeit ist nach § 82, 2.1 entscheidbar.

3. *Folgerungen.*

$\overline{\mathsf{H}}$ sei ein $\overline{\mathsf{P}}_1$-Ausdruck. Dann folgt aus 1.1 und 1.2 a fortiori

3.1. H ist stets dann P-identisch, wenn H im Endlichen identisch[2] ist.

3.2. H ist nur dann erfüllbar, wenn H in einem endlichen Individuenbereich erfüllbar ist.

Anm.: Dies gilt aber schon nicht mehr für jeden zweistelligen $\overline{\mathsf{P}}$-Ausdruck. Vgl. das Gegenbeispiel H^* in § 80, 5.2. Dementsprechend ist das Negat von H^* (§ 80, 6.2) nur genau im Endlichen identisch.

---

[1] Für die Zulässigkeit von (3.3) ist entscheidend, daß

$$\mathfrak{B}_\alpha(P)\,(\mathfrak{x}_1) = \mathfrak{B}_\alpha(P)\,(\mathfrak{x}_2)\ \text{für}\ \mathfrak{x}_1 \frown \mathfrak{x}_2.$$

[2] Vgl. § 80, 2.2.

§ 84. Widerlegung einer Leibnizischen Reduzierbarkeitshypothese

Es ist ein Hauptsatz der Leibnizischen Metaphysik, daß jede Monade (jeder quasi-atomare, streng punktuelle psychoide Baustein des Universums) nach einem ihr eingeprägten Ablaufsgesetz jeden ihrer Zustände aus sich selbst produziert, und daß es ein Schein ist, der uns vortäuscht, daß es Zustände gibt, in die sie durch etwas von ihr Verschiedenes versetzt wird, also dadurch, daß sie zu anderen Monaden in irgendwelchen Beziehungen steht. Der Erklärung dieses Scheins dient die Leibnizische Hypothese der prästabilierten Harmonie. Diese Harmonie soll dadurch zustande kommen, daß jede Monade in jedem ihrer Zustände den Zustand des Universums repräsentiert und damit zugleich den simultanen Zustand aller übrigen Monaden. Die Repräsentation ist mathematisch zu interpretieren: Der Zustand des Universums in einem vorgegebenen Zeitpunkt ist eine Funktion des Zustandes einer beliebigen Monade in diesem Zeitpunkt.

Man gewinnt einen Schlüssel zu dieser Metaphysik, wenn man mit BERTRAND RUSSELL annimmt, daß sie nichts anderes ist als das ontologische Korrelat einer wohlbestimmten logischen Position: Die einstelligen prädikativen Aussagen (§ 50, 1.1) sind die ausgezeichneten Aussagen, auf die alle prädikativen Aussagen reduzierbar sein müssen[1]. Dann ist die Leibnizische Ontologie die Antwort auf die Frage, wie die Welt gedacht werden muß, um dieser Logik zu genügen.

Die Leibnizische Hypothese wird überprüfbar, wenn sie verschärft werden darf zu der Annahme, daß es zu jedem P-Ausdruck H einen einstelligen P-Ausdruck H* gibt, so daß H Idv_P H*, bzw. H $Erfv_P$ H*.[2] Dann aber müßte (§ 83, 3.2) jedes H, das überhaupt erfüllbar ist, schon in einem endlichen Individuenbereich erfüllbar sein, entgegen dem Gegenbeispiel H* in § 80, 5.2. Damit entfällt die logische Grundlage der Leibnizischen Ontologie.

§ 85. Die Entscheidbarkeit von Mengen komplizierterer P-Ausdrücke ohne Funktionale[3]. Die Krisis des allgemeinen Entscheidungsproblems. Übergang zur Syntax

1. *Die Entscheidbarkeit der Menge der allgemeingültigen und der Menge der erfüllbaren totalpränexen* $\overline{P}$*-Ausdrücke von der Form* $\forall\overset{n}{x} H(\overset{n}{x})$ *und* $\exists\overset{n}{x} H(\overset{n}{x})$.

---

[1] Vgl. B. RUSSELL [1] § 8.

[2] Die Idee einer solchen Diskussion hat J. ŁUKASIEWICZ in einem Gespräch 1935 vor H. SCHOLZ entwickelt.

[3] Fortan wie in § 83 als $\overline{P}$-Ausdrücke bezeichnet. Die Theoreme dieses Paragraphen sind zum erstenmal formuliert und bewiesen worden in BERNAYS-SCHÖNFINKEL [1] §§ 3 und 4, für $\overline{P}$-Ausdrücke mit Adjungierung der Identität von W. ACKERMANN [3] VI, 2 und 3.

*1.1. $id_P \, \forall \overset{n}{x} \, \mathsf{H} \left(\overset{n}{x}\right) \, \ddot{a}q \, id_n \, \forall \overset{n}{x} \, \mathsf{H} \left(\overset{n}{x}\right)$.

Beweis:

(1) $id_n \, \forall \overset{n}{x} \, \mathsf{H} \left(\overset{n}{x}\right) \, \ddot{a}q \, id_n \, \mathsf{H} \left(\overset{n}{x}\right)$ § 77, 9.8

(2) $\ddot{a}q \, id_P \, \mathsf{H} \left(\overset{n}{x}\right)$ §81, 2.2.2.

(3) $\ddot{a}q \, id_P \, \forall \overset{n}{x} \, \mathsf{H} \left(\overset{n}{x}\right)$.   § 60, 5.5.

*1.2. $erf_P \, \forall \overset{n}{x} \, \mathsf{H} \left(\overset{n}{x}\right) \, \ddot{a}q \, erf_1 \, \forall \overset{n}{x} \, \mathsf{H} \left(\overset{n}{x}\right)$.

Es genügt zu zeigen

1.2.1. $erf_P \, \forall \overset{n}{x} \, \mathsf{H} \left(\overset{n}{x}\right) \, seq \, erf_1 \, \forall \overset{n}{x} \, \mathsf{H} \left(\overset{n}{x}\right)$.

Beweis:

(1) $id_P \, \forall \overset{n}{x} \, \mathsf{H} \left(\overset{n}{x}\right) \to \mathsf{H} \left(\overbrace{x, \ldots, x}^{n}\right)$.

Folglich (§ 59, 3.4)

(2) $erf_P \, \forall \overset{n}{x} \, \mathsf{H} \left(\overset{n}{x}\right) \, seq \, erf_P \, \mathsf{H} \left(\overbrace{x, \ldots, x}^{n}\right)$

(3) $seq \, erf_1 \, \mathsf{H} \left(\overbrace{x, \ldots, x}^{n}\right)$ § 81, 2.1.2.

(4) $seq \, erf_1 \, \forall \overset{n}{x} \, \mathsf{H} \left(\overset{n}{x}\right)$;

denn es steht für $\mathfrak{B}(x)$ nur ein einziges Individuum zur Verfügung.

Aus 1.1 und 1.2 folgt (mit § 60, 4.6; 4.5 und § 77, 2.4; 2.3) durch gliedweise metasprachliche Verneinung und Übergang von H zu $\sim$H

*1.3. $erf_P \, \exists \overset{n}{x} \, \mathsf{H} \left(\overset{n}{x}\right) \, \ddot{a}q \, erf_n \, \exists \overset{n}{x} \, \mathsf{H} \left(\overset{n}{x}\right)$.

*1.4. $id_P \, \exists \overset{n}{x} \, \mathsf{H} \left(\overset{n}{x}\right) \, \ddot{a}q \, id_1 \, \exists \overset{n}{x} \, \mathsf{H} \left(\overset{n}{x}\right)$.

Die Menge der k-zahlig identischen oder erfüllbaren P-Ausdrücke ist aber für endliches k stets entscheidbar (§ 82). Hiermit ist 1. bewiesen.

2. *Die Entscheidbarkeit der Menge der erfüllbaren totalpränexen $\overline{P}$-Ausdrücke von der Form* $\exists \overset{m}{x} \, \forall \overset{n}{y} \, \mathsf{H} \left(\overset{m}{x}, \overset{n}{y}\right)$ *und der Menge der allgemeingültigen von der Form* $\forall \overset{m}{x} \, \exists \overset{n}{y} \, \mathsf{H} \left(\overset{m}{x}, \overset{n}{y}\right)$.

*2.1. $erf_P \, \exists \overset{m}{x} \, \forall \overset{n}{y} \, \mathsf{H} \left(\overset{m}{x}, \overset{n}{y}\right) \, \ddot{a}q \, erf_m \, \exists \overset{m}{x} \, \forall \overset{n}{y} \, \mathsf{H} \left(\overset{m}{x}, \overset{n}{y}\right)$.

Es genügt zu zeigen

2.1.1. $erf_P \, \exists \overset{m}{x} \, \forall \overset{n}{y} \, \mathsf{H} \left(\overset{m}{x}, \overset{n}{y}\right) \, seq \, erf_m \, \exists \overset{m}{x} \, \forall \overset{n}{y} \, \mathsf{H} \left(\overset{m}{x}, \overset{n}{y}\right)$.

Beweis:

(1) $id_\alpha \, \forall \overset{n}{y} \, \mathsf{H} \left(\overset{m}{x}, \overset{n}{y}\right) \to \bigwedge_{i=1}^{m^n} \mathsf{H} \left(\overset{m}{x}, \overset{n}{z_i}\right)$,

wo die $\overset{n}{z_i}$ die m^n n-tupel aus den Gliedern von $\overset{m}{x}$ durchlaufen.

Folglich

(2) $\quad \mathfrak{B}\, Erf_\alpha\, \forall\overset{n}{y}\, H(\overset{m}{x}, \overset{n}{y})\; seq\; \mathfrak{B}\, Erf_\alpha \bigwedge_{i=1}^{m^n} H(\overset{m}{x}, \overset{n}{z_i})$.

(3)   Man setze

(3.1) $\quad \bar\alpha =_{Df} \{x_1, \ldots, x_m\}$,

sodann, mit Beschränkung auf $\bar\alpha$,

(3.2) $\quad \overline{\mathfrak{B}}_{\bar\alpha}(y) = y$ für $y \in \bar\alpha$,

(3.3) $\quad \overline{\mathfrak{B}}_{\bar\alpha}(P^k)(\overset{k}{y}) =_{Df} \mathfrak{B}^*_\alpha(P^k \overset{k}{y})$ für $\overset{k}{y} \in \bar\alpha^k$ und P^k in H, [1]

so daß

(3.4) $\quad \overline{\mathfrak{B}}^*_{\bar\alpha}(P^k \overset{k}{y}) = \mathfrak{B}^*_\alpha(P^k \overset{k}{y})$ für $\overset{k}{y} \in \bar\alpha^k$ und P^k in H.

Folglich (§ 55, 2.1)

(3.5) $\quad \overline{\mathfrak{B}}^*_{\bar\alpha}\left(\bigwedge_{i=1}^{m^n} H(\overset{m}{x}, \overset{n}{z_i})\right) = \mathfrak{B}^*_\alpha\left(\bigwedge_{i=1}^{m^n} H(\overset{m}{x}, \overset{n}{z_i})\right)$.

Folglich

(4) $\quad \mathfrak{B}\, Erf_\alpha\, \forall\overset{n}{y}\, H(\overset{m}{x}, \overset{n}{y})\; seq\; \overline{\mathfrak{B}}\, Erf_{\bar\alpha} \bigwedge_{i=1}^{m^n} H(\overset{m}{x}, \overset{n}{z_i})$

(5) $\qquad\qquad\qquad seq\; \overline{\mathfrak{B}}\, Erf_{\bar\alpha}\, \forall\overset{n}{y}\, H(\overset{m}{x}, \overset{n}{y})$,

da die $\overset{n}{z_i}$ alle über $\bar\alpha$ erzeugbaren Individuen-n-tupel durchlaufen.

Folglich

(6) $\quad erf_\alpha \forall\overset{n}{y} H(\overset{m}{x}, \overset{n}{y})\; seq\; erf_{\bar\alpha} \exists\overset{m}{x} \forall\overset{n}{y} H(\overset{m}{x}, \overset{n}{y})$ § 59, 12.1.

(7) $\qquad\qquad seq\; erf_{|\bar\alpha|} \exists\overset{m}{y} \forall\overset{n}{y} H(\overset{m}{x}, \overset{n}{y})$ § 77, 5.2.

(8) $\qquad\qquad seq\; erf_m \exists\overset{m}{x} \forall\overset{n}{y} H(\overset{m}{x}, \overset{n}{y})$.   (3.1)

Die Menge der m-zahlig erfüllbaren P-Ausdrücke ist aber für jedes endliche m entscheidbar (§ 82, 2.1).

Aus 2.1 folgt (mit § 60, 4.5 und § 77, 2.4) durch gliedweise metasprachliche Verneinung und Übergang zu $\sim$H

*2.2. $id_P \forall\overset{m}{x} \exists\overset{n}{y} H(\overset{m}{x}, \overset{n}{y})\; äq\; id_m \forall\overset{m}{x} \exists\overset{n}{y} H(\overset{m}{x}, \overset{n}{y})$. [2]

Die Menge der m-zahlig identischen P-Ausdrücke ist aber für jedes endliche m entscheidbar (§ 82, 1). Hiermit ist 2.2 bewiesen.

3. Dagegen ist die Menge der *erfüllbaren* $\overline{\text{P}}$-Ausdrücke von der Form $\forall\overset{m}{x} \exists\overset{n}{y} H(\overset{m}{x}, \overset{n}{y})$, folglich auch die Menge der *allgemeingültigen* $\overline{\text{P}}$-Aus-

---

[1] $\bar\alpha^k$ ist die Menge der $\bar\alpha$-k-tupel (§ 50, 2.2).

[2] Daß 2.1 und 2.2 im PFK nicht mehr gelten, ergibt sich daraus, daß im PFK die Skolemschen Normalformen verschärft werden können zu

$\qquad\qquad H\, Erfv_P \forall\overset{m}{x} H_*(\overset{m}{x})$,   § 75, 3.

$\qquad\qquad H\, Idv_P \exists\overset{m}{x} H_*(\overset{m}{x})$.   § 75, 4.

drücke von der Form $\exists \overset{m}{x} \forall \overset{n}{y} H (\overset{m}{x}, \overset{n}{y})$ in den erfüllbarkeits- bzw. allgemeingültigkeitstheoretischen SKOLEMschen Normalformen (§ 75) *nicht* mehr entscheidbar; denn dann wäre die Menge *aller* $\overline{P}$-Ausdrücke entscheidbar, entgegen dem Theorem von der Unentscheidbarkeit des PK.[1] Um so wichtiger ist es, daß es ein Verfahren gibt, mit dessen Hilfe die allgemeingültigen Ausdrücke des PFK wenigstens aufgezählt werden können. Dies gelingt dadurch, daß es möglich ist, den PFK axiomatisch-deduktiv und in diesem Sinne syntaktisch so aufzubauen, daß die Menge der beweisbaren P-Ausdrücke mit der Menge der allgemeingültigen P-Ausdrücke zusammenfällt. Daher gehen wir jetzt über zu einem solchen syntaktischen Aufbau des PFK.

C) Syntax

I. Allgemeine Syntax

§ 90. Die P-Ableitbarkeit und die P-Beweisbarkeit

1. Der syntaktisch-deduktive PFK — symbolisiert durch „PFK*" — fußt auf den formalisierten Relationen der *P-Ableitbarkeit* und der *P-Beweisbarkeit*. Die Formalisierung besteht darin, daß das Ableiten bzw. das Beweisen mit den diesen Operationen zugrunde liegenden gedanklichen Überlegungen ersetzt wird durch streng geregelte Umformungen von Zeichenreihen. Indem nun aber der Satzbegriff des PFK auf den Begriff der P-Beweisbarkeit gestützt wird, geht der PFK über in einen abstrakten Kalkül[2], der erst nachträglich durch den (metasprachlichen) Beweis für die Koinzidenz der Satzmengen des PFK und des PFK* als eine syntaktisch-deduktive Gestalt des PFK legitimiert wird.

2. *Die definierenden Schlußrelationen[3] des PFK**.

2.1. *Die Abtrennung.*

    H geht aus Θ_1 hervor durch Abtrennung von Θ_2:

    Abtr $\Theta_1 \Theta_2 H$ *äq*$_{Df}$ $\Theta_1 = \Theta_2 \rightarrow H$.

2.2. *Die Termeinsetzung:*

    H geht aus Θ durch eine (zulässige)[4] Termeinsetzung hervor:

    Θ *Eins*$_T$ H *äq*$_{Df}$ $(Ex\ x, t)\ (H = \Theta(x|t)).$ [5]

---

[1] Siehe § 237.

[2] Vgl. S. 28.

[3] Vgl. S. 25.

[4] Vgl. § 53, 5.2.

[5] Es genügt, daß x in Θ frei vorkommt. Wenn x nicht in Θ, so soll gelten: $H = \Theta$ (vgl. § 51, 1.). Wenn t eine freie S-Variable, so sagen wir: „H geht aus Θ durch (zulässige) freie Umbenennung hervor" (vgl. § 51, 2.).

2.3. *Die vordere Generalisierung.*

H geht durch vordere Generalisierung aus Θ hervor:

$$\Theta \, Gen_1 \, H \, äq_{Df} \, (Ex \, \Theta_1(x), \Theta_2) \, (\Theta = \Theta_1(x) \to \Theta_2$$
$$et \, H = \forall x \, \Theta_1(x) \to \Theta_2).$$

2.4. *Die hintere Generalisierung.*

H geht durch hintere Generalisierung aus Θ hervor:

$$\Theta \, Gen_2 \, H \, äq_{Df} \, (Ex \, \Theta_1, \Theta_2(x)) \, (non \, x \, Fr \, \Theta_1 \, et \, \Theta = \Theta_1 \to \Theta_2(x)$$
$$et \, H = \Theta_1 \to \forall x \, \Theta_2(x)).$$

2.5. *Die vordere Partikularisierung.*

H geht durch vordere Partikularisierung aus Θ hervor:

$$\Theta \, Part_1 \, H \, äq_{Df} \, (Ex \, \Theta_1(x), \Theta_2) \, (non \, x \, Fr \, \Theta_2 \, et \, \Theta = \Theta_1(x) \to \Theta_2$$
$$et \, H = \exists x \, \Theta_1(x) \to \Theta_2).$$

2.6. *Die hintere Partikularisierung.*

H geht durch hintere Partikularisierung aus Θ hervor:

$$\Theta \, Part_2 \, H \, äq_{Df} \, (Ex \, \Theta_1, \Theta_2(x)) \, (\Theta = \Theta_1 \to \Theta_2(x)$$
$$et \, H = \Theta_1 \to \exists x \, \Theta_2(x)).$$

Alle Relationen sind entscheidbar.

3. *Die Relation der P-Ableitung von H aus M.*

M sei eine beliebige Menge von P-Ausdrücken, H ein P-Ausdruck, $\mathfrak{F}$ eine endliche Folge von P-Ausdrücken. $\mathfrak{F}$ heißt eine *P-Ableitung von H aus M*, wenn Folgendes gilt:

(1)   H ist das letzte Glied von $\mathfrak{F}$.

(2)   Ein P-Ausdruck Θ gehört $\mathfrak{F}$ nur dann an, wenn eine der folgenden Bedingungen erfüllt ist:

(2.1)   die *Ausgangsbedingungen:*

(2.1.1)   die *Epsilonbedingung:*
H $\in M$.

(2.1.2)   die *Protonenbedingung:*

$Prot_P$ H, mit $Prot_P$ H für $id_{A,P}$ H (wie in § 58, 2.).

(2.2) Θ geht aus zwei in $\mathfrak{F}$ vorangehenden P-Ausdrücken durch *Abtrennung* hervor.

(2.3) Θ geht aus einem in $\mathfrak{F}$ vorangehenden P-Ausdruck durch *Termeinsetzung* hervor.

(2.4) Θ geht aus einem in $\mathfrak{F}$ vorangehenden P-Ausdruck durch eine der vier *Quantifizierungsmöglichkeiten* 2.3 bis 2.6 hervor.

4. *Die P-Ableitbarkeit von* H *aus* M.

4.1. H heißt *P-ableitbar aus* M — symbolisch: $M \vdash_P H$ —, wenn es ein $\mathfrak{F}$ gibt, so daß $\mathfrak{F}$ eine P-Ableitung von H aus M ist.

Dann folgt aus 3.

4.2. *Das Theorem der P-Ableitbarkeit von* H *aus* M.

$M \vdash_P H$ genau dann, wenn eine der folgenden Bedingungen erfüllt ist:

(1)   die *Ausgangsbedingungen:*

(1.1) $H \in M$ *vel* (1.2) $Prot_P H$.

(2)   die *Abtrennungsbedingung:*

$$(Ex\, \Theta_1, \Theta_2)\, (\Theta_1 = \Theta_2 \rightarrow H\ et\ M \vdash_P \Theta_1\ et\ M \vdash_P \Theta_2)$$

oder kürzer

$$(Ex\, \Theta)\, (M \vdash_P \Theta\ et\ M \vdash_P \Theta \rightarrow H).$$

(3)   die Bedingung der *Termeinsetzung:*

$$(Ex\, \Theta(x), t)\, (M \vdash_P \Theta(x)\ et\ H = \Theta(x|t)).$$

(4)   die Bedingung der *vorderen Generalisierung:*

$$(Ex\, \Theta_1(x), \Theta_2)\, (M \vdash_P \Theta_1(x) \rightarrow \Theta_2\ et\ H = \forall x\, \Theta_1(x) \rightarrow \Theta_2).$$

(5)   die Bedingung der *hinteren Generalisierung:*

$$(Ex\, \Theta_1, \Theta_2(x))\, (M \vdash_P \Theta_1 \rightarrow \Theta_2(x)\ et\ non\ x\, Fr\, \Theta_1\ et\ H = \Theta_1 \rightarrow \forall x\, \Theta_2(x)).$$

(6)   die Bedingung der *vorderen Partikularisierung:*

$$(Ex\, \Theta_1(x), \Theta_2)\, (M \vdash_P \Theta_1(x) \rightarrow \Theta_2\ et\ non\ x\, Fr\, \Theta_2\ et\ H = \exists x\, \Theta_1(x) \rightarrow \Theta_2).$$

(7)   die Bedingung der *hinteren Partikularisierung:*

$$(Ex\, \Theta_1, \Theta_2(x))\, (M \vdash_P \Theta_1 \rightarrow \Theta_2(x)\ et\ H = \Theta_1 \rightarrow \exists x\, \Theta_2(x)).$$

Aus 4.2 ergeben sich unmittelbar

5. *Die Grundregeln der P-Ableitbarkeit* [1].

5.1.   *Die Regeln der Ausgangsbedingungen.*

5.1.1.   *Die Epsilonregel* (Eps_P).

$H \in M\ seq\ M \vdash_P H$.

5.1.2.   *Die Protonenregel* $(Prot_P)$.

$Prot_P H\ seq\ M \vdash_P H$.

5.2.   *Die Abtrennungsregel* $(Abtr)$.

$M \vdash_P \Theta\ et\ M \vdash_P \Theta \rightarrow H\ seq\ M \vdash_P H$.

---

[1] Vgl. § 64. — Das System der vorstehenden Regeln ist eine Gemeinschaftsschöpfung HERMES-SCHOLZ vom Jahre 1935.

5.3.   *Die Regel der Termeinsetzung (TE).*
$$M \vdash_P \mathsf{H}(x) \ seq \ M \vdash_P \mathsf{H}(x \mid t).$$

5.4.   *Die Regel der vorderen Generalisierung (Gv).*
$$M \vdash_P \mathsf{H}(x) \to \Theta \ seq \ M \vdash_P \forall x\, \mathsf{H}(x) \to \Theta.$$

5.5.   *Die Regel der hinteren Generalisierung (Gh).*
$$M \vdash_P \Theta \to \mathsf{H}(x) \ et \ non \ x\, Fr\, \Theta \ seq \ M \vdash_P \Theta \to \forall x\, \mathsf{H}(x).$$

5.6.   *Die Regel der vorderen Partikularisierung (Pv).*
$$M \vdash_P \mathsf{H}(x) \to \Theta \ et \ non \ x\, Fr\, \Theta \ seq \ M \vdash_P \exists x\, \mathsf{H}(x) \to \Theta.$$

5.7.   *Die Regel der hinteren Partikularisierung (Ph).*
$$M \vdash_P \Theta \to \mathsf{H}(x) \ seq \ M \vdash_P \Theta \to \exists x\, \mathsf{H}(x).$$

6. *Der Begriff des P-Beweises von* H.

Dieser Begriff geht aus 3. dadurch hervor, daß M ersetzt wird durch die leere Prämissenmenge Lr. Dies hat zur Folge, daß 2.1.1 in 3. verschwindet.

7. *Die P-Beweisbarkeit von* H.

7.1.   H heißt *P-beweisbar* — symbolisch: $bew_P \mathsf{H}$ — wenn es ein $\mathfrak{F}$ gibt, so daß $\mathfrak{F}$ ein P-Beweis von H ist, d.i. wenn $Lr \vdash_P \mathsf{H}$ oder kürzer: wenn $\vdash_P \mathsf{H}$.

Es gilt also

7.1.1. $bew_P \mathsf{H} \ \ddot{a}q \vdash_P \mathsf{H}$.

7.1.2.   Wir schreiben „$wdb_P \mathsf{H}$" (H ist *P-widerlegbar*) für „$bew_P \sim \mathsf{H}$". Aus 6. folgt dann als Gegenstück zu 4.2

7.2.   *Das Theorem der P-Beweisbarkeit von* H.

$bew_P \mathsf{H}$ genau dann, wenn eine der folgenden Bedingungen erfüllt ist:

(1)   die *Protonenbedingung*[1]:
$$Prot_P \mathsf{H}.$$

(2)   die *Abtrennungsbedingung*:
$$(Ex\, \Theta)\, (bew_P \Theta \ et \ bew_P \Theta \to \mathsf{H}).$$

(3)   die Bedingung der *Termeinsetzung*:
$$(Ex\, \Theta(x),\, t)\, (bew_P \Theta(x) \ et \ \mathsf{H} = \Theta(x \mid t)).$$

---

[1] Die Protonen sind die P-Ausdrücke, die für einen syntaktisch definierten Kalkül im allgemeinen Fall als *Axiome* bezeichnet werden. Durch die Einführung der Protonen soll erreicht werden, daß die P-Beweisbarkeit übergeht in die P-Ableitbarkeit aus der leeren Prämissenmenge. Diese Festsetzung wird sich später als zweckmäßig erweisen.

(4)   die Bedingung der *vorderen Generalisierung*:

$$\left(Ex\,\Theta_1(x),\,\Theta_2\right)\left(bew_P\,\Theta_1(x) \to \Theta_2 \ et\ \mathsf{H} = \forall x\,\Theta_1(x) \to \Theta_2\right).$$

(5)   die Bedingung der *hinteren Generalisierung*:

$$\left(Ex\,\Theta_1,\,\Theta_2(x)\right)\left(bew_P\,\Theta_1 \to \Theta_2(x) \ et\ non\ x\,Fr\,\Theta_1 \ et\ \mathsf{H} = \Theta_1 \to \forall x\,\Theta_2(x)\right).$$

(6)   die Bedingung der *vorderen Partikularisierung*:

$$\left(Ex\,\Theta_1(x),\,\Theta_2\right)\left(bew_P\,\Theta_1(x) \to \Theta_2 \ et\ non\ x\,Fr\,\Theta_2 \ et\ \mathsf{H} = \exists x\,\Theta_1(x) \to \Theta_2\right).$$

(7)   die Bedingung der *hinteren Partikularisierung*:

$$\left(Ex\,\Theta_1,\,\Theta_2(x)\right)\left(bew_P\,\Theta_1 \to \Theta_2(x) \ et\ \mathsf{H} = \Theta_1 \to \exists x\,\Theta_2(x)\right).$$

8. *Die Sätze des PFK**.

H heißt ein *Satz* des PFK*, wenn $bew_P\,\mathsf{H}$. Vgl. 7.1.1.

9. *Die Grundregeln der P-Beweisbarkeit.*

Siehe § 93.

10. Wir schreiben

10.1. $M \vdash_P N$ für $(Om\,\mathsf{H})\,(\mathsf{H} \in N\ seq\ M \vdash_P \mathsf{H})$.   Vgl. § 32, 1.2.

Wir schreiben nach Bedarf

10.2. $M, N \vdash_P \Theta$ für $M \cup N \vdash_P \Theta$.   Vgl. § 32, 5.1.

   Dementsprechend

10.3. $\mathsf{H}_1, \ldots, \mathsf{H}_n \vdash_P \Theta$ für $\{\mathsf{H}_1, \ldots, \mathsf{H}_n\} \vdash_P \Theta$.   Vgl. § 32, 5.2.

10.4. $M \vdash_P \Theta_1, \ldots, \Theta_n$ für $M \vdash_P \{\Theta_1, \ldots, \Theta_n\}$.   Vgl. § 32, 5.3.

11. Auf mengentheoretischer Basis erhält man ohne Benutzung der Charakteristik von $\vdash_P$

*11.1. $M \vdash_P N_1 \ et\ M \vdash_P N_2\ äq\ M \vdash_P N_1 \cup N_2$.   Vgl. § 32, 2.3.

   Es gelten ferner die folgenden Theoreme:

*11.2. $M \vdash_P \{\mathsf{H}\}\ äq\ M \vdash_P \mathsf{H}$.   Vgl. § 32, 2.4.

*11.3. $\{\mathsf{H}\} \vdash_P \Theta\ äq\ \mathsf{H} \vdash_P \Theta$.   Vgl. § 32, 2.5.

*11.4. $\{\mathsf{H}\} \vdash_P \{\Theta\}\ äq\ \mathsf{H} \vdash_P \Theta$.   Vgl. § 32, 2.6.

§ 91. Semantische Folgerungen

*1. *Eine notwendige semantische Bedingung für die P-Beweisbarkeit von* H.

$$bew_P\,\mathsf{H}\ seq\ id_P\,\mathsf{H}.$$

Beweis: Es genügt zu zeigen: Wenn $\mathfrak{F}$ ein P-Beweis von H, so id_PH. Dies ist zu beweisen durch Induktion über den Aufbau von $\mathfrak{F}$. Die hierfür erforderlichen Induktionsvoraussetzungen stehen zur Verfügung, da die in ihnen vorausgesetzten Beweise als echte Anfangsstücke von $\mathfrak{F}$ vorkommen. Der Rest ergibt sich unmittelbar aus den Theoremen von § 64. Als Beispiel diene die *Abtrennungsbedingung*. Die Induktionsvoraussetzung lautet in diesem Fall:

$$bew_P \Theta \ et \ bew_P \Theta \rightarrow \mathsf{H} \ seq \ id_P \Theta \ et \ id_P \Theta \rightarrow \mathsf{H}. \tag{1}$$

Es gilt (§ 64, 2)

$$id_P \Theta \ et \ id_P \Theta \rightarrow \mathsf{H} \ seq \ id_P \mathsf{H}. \tag{2}$$

Hieraus durch gliedweise Prämissenvorschaltung

$$bew_P \Theta \ et \ bew_P \Theta \rightarrow \mathsf{H} \ seq \ id_P \Theta \ et \ id_P \Theta \rightarrow \mathsf{H} \tag{3}$$

$$.seq.$$

$$bew_P \Theta \ et \ bew_P \Theta \rightarrow \mathsf{H} \ seq \ id_P \mathsf{H}. \tag{4}$$

Hieraus (4), auf Grund von (1).

Aus 1. folgt durch Übergang von H zu $\sim$H

*1.1. $wdb_P \mathsf{H} \ seq \ non \ erf_P \mathsf{H}.$

        Mithin

*1.1.1. $erf_P \mathsf{H} \ seq \ non \ wdb_P \mathsf{H}.$

        1. liefert ferner durch Kontraposition ein grundlegendes

*1.2.   *Unbeweisbarkeitskriterium*

        $non \ id_P \mathsf{H} \ seq \ non \ bew_P \mathsf{H}.$

        Aus 1. und 1.1 folgt

$$bew_P \mathsf{H} \ et \ wdb_P \mathsf{H} \ seq \ id_P \mathsf{H} \ et \ id_P \sim \mathsf{H}$$

$$seq \ id_P \mathsf{H} \wedge \sim \mathsf{H}.$$

        Folglich

*1.3. $non \ (bew_P \mathsf{H} \ et \ wdb_P \mathsf{H}).$

        Andererseits folgt aus

        $non \ id_P Px \ et \ non \ (non \ erf_P Px)$ § 54, 6.7.

*1.4. $(Ex \ \mathsf{H})(non \ bew_P \mathsf{H} \ et \ non \ wdb_P \mathsf{H}).$

Ein Komplement zu 1. ist

*2. *Eine notwendige Bedingung für die P-Ableitbarkeit von* H *aus einer k-zahlig identischen Menge von P-Ausdrücken.*

$M \vdash_P \mathsf{H} .seq. id_k \ M \ seq \ id_k \ \mathsf{H}$

mit „$id_k \ M$" für „$(Om \ \mathsf{H})(\mathsf{H} \in M \ seq \ id_k \ \mathsf{H})$".

Der *Beweis* verläuft formal genau so wie der Beweis von 1., in diesem Falle mit Hilfe von § 77, 8.1 bis 8.6. Als Beispiel sei wieder die Abtrennungsbedingung gewählt. Die Induktionsvoraussetzung lautet in diesem Fall:

$$M \vdash_P \Theta \; et \; M \vdash_P \Theta \rightarrow H \,.\, seq \,.\, id_k \, M \; seq \; id_k \, \Theta \; et \; id_k \, \Theta \rightarrow H.$$

Hieraus (§ 77, 8.1)

$$M \vdash_P \Theta \; et \; M \vdash_P \Theta \rightarrow H \,.\, seq \,.\, id_k \, M \; seq \; id_k \, H.$$

Aus 2. erhält man durch Übergang von M zu $\{H_1\}$ und von H zu H_2

*2.1. $H_1 \vdash_P H_2 \,.\, seq \,.\, id_k \, H_1 \; seq \; id_k \, H_2.$

     Aus 2. und 2.1 erhält man durch elementare Umformungen die folgenden *Unableitbarkeitskriterien*

*2.2. $id_k \, M \,.\, seq \,.\, non \; id_k \, H \; seq \; non \; M \vdash_P H.$

*2.3. $id_k \, H_1 \,.\, seq \,.\, non \; id_k \, H_2 \; seq \; non \; H_1 \vdash_P H_2.$

3. Aus 2. und 2.1 ergeben sich (§ 77, 7.1) durch gliedweise Generalisierung von k

*3.1. $M \vdash_P H \,.\, seq \,.\, id_P \, M \; seq \; id_P \, H.$

*3.2. $H_1 \vdash_P H_2 \,.\, seq \,.\, id_P \, H_1 \; seq \; id_P \, H_2.$

     Aus 3.1 und 3.2 durch elementare Umformungen

*3.3. $non \; id_P \, H \,.\, seq \,.\, id_P \, M \; seq \; non \; M \vdash_P H.$

*3.4. $non \; id_P \, H_2 \,.\, seq \,.\, id_P \, H_1 \; seq \; non \; H_1 \vdash_P H_2,$

     mithin a fortiori auf Grund von 1.

3.5. $non \; id_P \, H_2 \,.\, seq \,.\, bew_P \, H_1 \; seq \; non \; H_1 \vdash_P H_2.$

§ 92. Grundlegende Eigenschaften erster Ordnung von $\vdash_P$ [1]

1. $\vdash_P$ ist *reflexiv*.

*1.1. $M \vdash_P M.$

     Denn $(Om \; H) \, (H \in M \; seq \; M \vdash_P H).$ Eps_P

     Hieraus durch Übergang von M zu $\{H\}$

*1.2. $H \vdash_P H.$ § 90, 11.4.

---

[1] Diese Eigenschaften entsprechen genau den grundlegenden kalkülunabhängigen *Eigenschaften* von $\Vdash_A$ in § 33. Sie können aber nicht mehr als kalkülunabhängig bezeichnet werden, da in den Begriff der P-Ableitbarkeit die P-Konstanten wesentlich eingehen.

Aus 1.1 folgt unmittelbar und ohne Bezug auf die Charakteristik von $\vdash_P$

    *2. $\vdash_P$ ist *inklusionsempfindlich*.

         $M_1 \subseteq M_2 \; seq \; M_2 \vdash_P M_1 .$

         Denn (Eps_P)

(1) $\mathsf{H} \in M_2 \; seq \; M_2 \vdash \mathsf{H} .$ 1.1.

     Hieraus durch gliedweise Prämissenvorschaltung und gliedweise Generalisierung von H

(2) $(Om \; \mathsf{H}) \, (\mathsf{H} \in M_1 \; seq \; \mathsf{H} \in M_2) \; seq \; (Om \; \mathsf{H}) \, (\mathsf{H} \in M_1 \; seq \; M_2 \vdash \mathsf{H}) .$

     3. $\vdash_P$ ist *transitiv*.

     3.1. $M_1 \vdash_P M_2 \; et \; M_2 \vdash_P M_3 \; seq \; M_1 \vdash_P M_3 .$

         Wir beweisen zunächst das *Hilfstheorem*

     3.1.0. $M_1 \vdash_P M_2 \; et \; M_2 \vdash_P \mathsf{H} \; seq \; M_1 \vdash_P \mathsf{H} .$

Beweis: $\Theta_1, \ldots, \Theta_n$ seien die endlich vielen Glieder (§ 90, 3.) der vorausgesetzten P-Ableitung $\mathfrak{F}$ von H aus M_2. $\mathfrak{F}_1, \ldots, \mathfrak{F}_n$ seien P-Ableitungen von $\Theta_1, \ldots, \Theta_n$ aus M_1. Diese Ableitungen existieren wegen $M_1 \vdash_P M_2$. $\mathfrak{F}^*$ sei die Folge, die dadurch aus $\mathfrak{F}$ entsteht, daß jedes Θ_i $(i = 1, \ldots, n)$ durch die Folge $\mathfrak{F}_i$ ersetzt wird. Dann ist $\mathfrak{F}^*$ eine P-Ableitung von H aus M_1.

     Aus 3.1.0 erhält man durch elementare Umformungen

     3.1.1. $M_1 \vdash M_2 : seq : \mathsf{H} \in M_3 \; seq \; M_2 \vdash_P \mathsf{H} \,.\, seq \,.\, \mathsf{H} \in M_3 \; seq \; M_1 \vdash_P \mathsf{H} .$

         Hieraus durch hintere Generalisierung von H (§ 5, 11.2) und durch Übergang von dieser zur gliedweisen Generalisierung von H (§ 5, 15.1)

     3.1.2. $M_1 \vdash M_2 \,.\, seq \,.\, (Om \; \mathsf{H}) \, (\mathsf{H} \in M_3 \; seq \; M_2 \vdash_P \mathsf{H})$

                        $seq \; (Om \; \mathsf{H}) \, (\mathsf{H} \in M_3 \; seq \; M_1 \vdash_P \mathsf{H}) .$

         Folglich (§ 90, 10.1) 3.1.

         Mit Umformung von 3.1 in

     3.1.3. $M_2 \vdash_P M_3 \,.\, seq \,.\, M_1 \vdash_P M_2 \; seq \; M_1 \vdash_P M_3$

         erhält man die folgenden

     *3.2.   *Varianten der Abtrennungsregel in bezug auf* $\vdash_P$:

         Durch M_1/M, $M_2/\{\mathsf{H}\}$, $M_3/\{\Theta\}$ ergibt sich mit § 90, 11.4

     *3.2.1. $\mathsf{H} \vdash_P \Theta \,.\, seq \,.\, M \vdash_P \mathsf{H} \; seq \; M \vdash_P \Theta .$

Hieraus durch M/Lr

*3.2.2. $\quad H \vdash_P \Theta . seq . \vdash_P H \ seq \vdash_P \Theta$.

Anm.: 3.2.2 ist nicht umkehrbar; denn

$$\vdash_P P_1 x \ seq \vdash_P P_2 x; \text{ aber nicht } P_1 x \vdash_P P_2 x.$$

(a) $non\ id_P P_1 x$. Folglich (§ 91, 1.2) $non \vdash_P P_1 x$. Folglich (§ 5, 9.10)

$\qquad \vdash_P P_1 x \ seq \vdash_P P_2 x$.

(b) $non\ P_1 x \vdash_P P_2 x$.

Beweis[1]: $\overline{H}$ gehe aus H dadurch hervor, daß ein in H vorkommendes $P_1 t$ für jedes t ersetzt wird durch $P_1 t \vee {\sim} P_1 t$. Dann gilt, wie man durch Überprüfung der Ableitbarkeitsmöglichkeiten einsieht,

(1) $H_1 \vdash_P H_2 \ seq \ \overline{H}_1 \vdash_P \overline{H}_2$.

Hieraus folgt

(2) $P_1 x \vdash_P P_2 x \ seq \ \overline{P_1 x} \vdash_P \overline{P_2 x}$.

Mithin, da $\overline{P_2 x} = P_2 x$,

(3) $P_1 x \vdash_P P_2 x \ seq \ P_1 x \vee {\sim} P_1 x \vdash_P P_2 x$.

Nun aber

(4) $id_P P_1 x \vee {\sim} P_1 x \ et \ non\ id_P P_2 x$.

Mithin (§ 91, 3.4)

(5) $non\ P_1 x \vee {\sim} P_1 x \vdash_P P_2 x$.

Mithin (2)

(6) $non\ P_1 x \vdash_P P_2 x$.

Aus 3.2.1 und 3.2.2 folgt

*3.2.3. $\quad H \vdash_P \Theta \ et \ \Theta \vdash_P H . seq . M \vdash_P H \ äq \ M \vdash_P \Theta$.

*3.2.4. $\quad H \vdash_P \Theta \ et \ \Theta \vdash_P H . seq . \vdash_P H \ äq \vdash_P \Theta$.

Aus 2. und 3.1 folgt

*4. $\vdash_P$ ist *inklusionserblich*.

$\qquad M_1 \subseteq M_2 . seq . M_1 \vdash_P M_3 \ seq \ M_2 \vdash_P M_3$.

Beweis:

(1) $M_1 \subseteq M_2 \ seq \ M_2 \vdash_P M_1$. $\hfill$ 2.

$\qquad$ Mithin

(2) $M_1 \subseteq M_2 \ et \ M_1 \vdash_P M_3 \ seq \ M_2 \vdash_P M_1 \ et \ M_1 \vdash_P M_3$

(3) $\qquad\qquad\qquad\qquad seq \ M_2 \vdash_P M_3$. $\hfill$ 3.1.

---

[1] Nach einem Vorschlag von G. Hasenjaeger.

Hieraus durch $M_3/\{H\}$

*4.1. $M_1 \subseteq M_2$ *seq* $(Om\,H)\,(M_1 \vdash_P H$ *seq* $M_2 \vdash_P H)$.

Aus 4.1 folgt unmittelbar

*4.2.   *Die Erweiterungsfähigkeit einer Prämissenmenge in bezug auf* $\vdash_P$.

$M \vdash_P H$ *seq* $M \cup N \vdash_P H$.

4.2 heiße *das Prinzip der Prämissenverstärkung* (*PV*).

Aus 4.2 folgt $(M/\{\Theta_1\},\,H/\Theta_2)$ mit 1.1

*4.2.1.   *Das Theorem der gliedweisen Verstärkung.*

$\Theta_1 \vdash_P \Theta_2$ *seq* $H,\,\Theta_1 \vdash_P H,\,\Theta_2$.

Mit Hilfe von 4.2 erhält man ferner

*4.3. $M \vdash_P H \rightarrow \Theta$ *seq* $M,\,H \vdash_P \Theta$.

Beweis:

(1) $M \vdash_P H \rightarrow \Theta$ *seq* $M,\,H \vdash_P H \rightarrow \Theta$ 4.2.

(2)   *seq* $M,\,H \vdash_P H$ *et* $M,\,H \vdash_P H \rightarrow \Theta$

(3)   *seq* $M,\,H \vdash_P \Theta$.   *Abtr*

Aus 4.3 folgt durch M/Lr

*4.4. $\vdash_P H \rightarrow \Theta$ *seq* $H \vdash_P \Theta$.

*4.4.1.   Um anzuzeigen, daß $H \vdash_P \Theta$ aus dem Proton $H \rightarrow \Theta$ hervorgegangen ist, schreiben wir „$Prot_P^*$".

4.5.   *Anmerkungen zu 4.4 und 4.3.*

4.5.1.   4.4 ist nicht umkehrbar; denn aus $Px \vdash_P Px$ (1.2) folgt (*TE*) $Px \vdash_P Py$. Es gilt aber nicht $\vdash_P Px \rightarrow Py$; denn *non* $id_P\,Px \rightarrow Py$.

4.5.2.   Aus der Nicht-Umkehrbarkeit von 4.4 folgt die Nicht-Umkehrbarkeit von 4.3. $\vdash_P$ ist also im allgemeinen Falle *nicht normal*, im Gegensatz zu $\Vdash_A$ (§ 34, 1.1). Zur Normalisierung von $\vdash_P$ vgl. § 107, 5.1; 5.2.

Aus 4.4 und 3.2.2 ergibt sich die nicht-umkehrbare Sequenzenkette

*4.6. $\vdash_P H \rightarrow \Theta$ *seq* $H \vdash_P \Theta$ *seq* $(\vdash_P H$ *seq* $\vdash_P \Theta)$.

Endlich folgt aus 4.4 und 3.2.1

*4.7. $\vdash_P H \rightarrow \Theta\,.\,seq\,.\,M \vdash_P H$ *seq* $M \vdash_P \Theta$.

Entsprechend

*4.8. $\vdash_P H_1 \rightarrow (H_2 \rightarrow \Theta)\,.\,seq\,.\,M \vdash_P H_1$ *et* $M \vdash_P H_2$ *seq* $M \vdash_P \Theta$.

4.9.   Es sei hier noch bemerkt, daß aus $H_1 \vdash_P H_2$ *nicht* folgt $\sim H_2 \vdash_P \sim H_1$. Vgl. § 95, 4.20.

*5. $\vdash_P$ ist *finitär*.

5.1. E stehe für endliche Mengen von P-Ausdrücken. Dann gilt

$$M \vdash_P H \; seq \; (Ex_M E)\,(E \vdash_P H).\,^1$$

Ein P-Derivat von M ist immer schon ein P-Derivat einer endlichen Teilmenge von M.

Anm.: Ist M durch eine Menge M^* von Ausdrucksschematen gegeben, so liegt die endliche Menge E, deren Existenz behauptet wird, auch in einer endlichen Teilmenge E^* von M^*. Die Existenz eines solchen E^* ist also eine einfache Folgerung aus 5.1.

Beweis von 5.1:

Aus $M \vdash_P H$ folgt die Existenz einer Ableitung $\mathfrak{F}$ von H aus M. $\mathfrak{F}_0$ sei eine solche Ableitung. $\mathfrak{F}_0$ ist endlich. E sei die Menge der Glieder von $\mathfrak{F}_0$, die auf Grund der Epsilonregel zu M gehören. Dann ist $\mathfrak{F}_0$ eine Ableitung von H aus $E \subseteq M$.

Andererseits folgt aus 4.1 unmittelbar

*5.2. $(Ex_M E)\,(E \vdash_P H) \; seq \; M \vdash_P H$.

Aus 5.1 und 5.2 folgt

*5.3. $M \vdash_P H \; \ddot{a}q \; (Ex_M E)\,(E \vdash_P H)$.

§ 93. Die Grundregeln der P-Beweisbarkeit.
Die Permanenz des AK im PFK*

(A) Die elementaren Regeln der P-Beweisbarkeit

Aus den Grundregeln der P-Ableitbarkeit (§ 90, 5.) erhält man durch M/Lr die folgenden elementaren Grundregeln der P-Beweisbarkeit:

1.1. *Die Protonenregel ($Prot_P$).*

$Prot_P H \; seq \vdash_P H$.

1.2. *Die Abtrennungsregel ($Abtr_1$).*

$\vdash_P \Theta \; et \vdash_P \Theta \rightarrow H \; seq \vdash_P H$.

1.3. *Die Regel der Termeinsetzung (TE_1).*

$\vdash_P H(x) \; seq \vdash_P H(x\,|\,t)$.

1.4. *Die Regel der vorderen Generalisierung (Gv_1).*

$\vdash_P H(x) \rightarrow \Theta \; seq \vdash_P \forall x\, H(x) \rightarrow \Theta$.

1.5. *Die Regel der hinteren Generalisierung (Gh_1).*

$\vdash_P \Theta \rightarrow H(x) \; et \; non \; x\, Fr\, \Theta \; seq \vdash_P \Theta \rightarrow \forall x\, H(x)$.

---

^{1} Mit $(Ex_M E)\,(E \vdash_P H)$ für $(Ex\, E)\,(E \subseteq M \; et \; E \vdash_P H)$.

1.6. *Die Regel der vorderen Partikularisierung* (Pv_1).[1]

$\vdash_P \mathsf{H}(x) \to \Theta$ *et non* $x\,Fr\,\Theta$ *seq* $\vdash_P \exists x\,\mathsf{H}(x) \to \Theta$.

1.7. *Die Regel der hinteren Partikularisierung* (Ph_1).

$\vdash_P \Theta \to \mathsf{H}(x)$ *seq* $\vdash_P \Theta \to \exists x\,\mathsf{H}(x)$.

Aus den Grundregeln des Schließens erhält man mit Hilfe der grundlegenden Eigenschaften von $\vdash_P$

(B) Die komprimierten Grundregeln der P-Beweisbarkeit

2.1. *Die Abtrennungsregel* $(Abtr_2)$.

$\mathsf{H}, \mathsf{H} \to \Theta \vdash_P \Theta$.

Denn (Eps_P)

(1) $\mathsf{H}, \mathsf{H} \to \Theta \vdash_P \mathsf{H}$ *et* $\mathsf{H}, \mathsf{H} \to \Theta \vdash_P \mathsf{H} \to \Theta$.

Folglich $(Abtr)$

(2) $\mathsf{H}, \mathsf{H} \to \Theta \vdash_P \Theta$.

2.2. *Die Regel der Termeinsetzung* (TE_2).

$\mathsf{H}(x) \vdash_P \mathsf{H}(x\,|\,t)$.

Denn mit $M/\{\mathsf{H}(x)\}$ erhält man (TE)

$\mathsf{H}(x) \vdash_P \mathsf{H}(x)$ *seq* $\mathsf{H}(x) \vdash_P \mathsf{H}(x\,|\,t)$.

Entsprechend erhält man

2.3. *Die Regel der vorderen Generalisierung* (Gv_2).

$\mathsf{H}(x) \to \Theta \vdash_P \forall x\,\mathsf{H}(x) \to \Theta$. $\qquad$ § 90, 5.4: $M/\{\mathsf{H}(x) \to \Theta\}$.

2.4. *Die Regel der hinteren Generalisierung* (Gh_2).

non $x\,Fr\,\Theta$ *seq* $\Theta \to \mathsf{H}(x) \vdash_P \Theta \to \forall x\,\mathsf{H}(x)$.

$\qquad$ § 90, 5.5: $M/\{\Theta \to \mathsf{H}(x)\}$.

2.5. *Die Regel der vorderen Partikularisierung* (Pv_2).

non $x\,Fr\,\Theta$ *seq* $\mathsf{H}(x) \to \Theta \vdash_P \exists x\,\mathsf{H}(x) \to \Theta$.

$\qquad$ § 90, 5.6: $M/\{\mathsf{H}(x) \to \Theta\}$.

2.6. *Die Regel der hinteren Partikularisierung* (Ph_2).

$\Theta \to \mathsf{H}(x) \vdash_P \Theta \to \exists x\,\mathsf{H}(x)$. $\qquad$ § 90, 5.7: $M/\{\Theta \to \mathsf{H}(x)\}$.

Da umgekehrt aus den vorstehenden Regeln mit § 92, 3.2.1 die Regeln vom Typus (A) unmittelbar zu gewinnen sind, so stehen in dem hier entwickelten System die Regeln vom Typus (A) und (B) gleichberechtigt nebeneinander.

---

[1] Hierzu § 64, Anm. zu 4.3.

(C) Die Permanenz des AK im PFK*[1]

3.1. In § 29, 4. ist gezeigt worden, daß alle aussagenlogischen Regeln des Schließens aus der Menge der A-Identitäten gewonnen werden können mit ausschließlicher Benutzung der Regel der A-Einsetzung und der Abtrennungsregel. An die Stelle der A-Einsetzung tritt im PFK* die für die Protonenregel vorausgesetzte P-Einsetzung. Die Abtrennungsregel wird übernommen. Hieraus folgt, daß die aussagenlogischen Regeln des Schließens auch für den PFK* verbindlich sind, wenn sie aus der Menge der A-Identitäten mit ausschließlicher Benutzung der Protonen- und der Abtrennungsregel gewonnen werden können. Ausgenommen sind die Fälle, die induktiv über den Aufbau der Ausdrücke bewiesen werden müssen. Die einzigen Ausnahmen sind auch hier die *Ersetzungsregel* und die Theoreme der *Dualität*, und mit derselben Begründung wie in § 58, 5. Mit Bezug auf den vorstehenden Sachverhalt werden wir auch im PFK* in jedem Falle, in welchem dies angezeigt erscheint, von den Resultaten des AK Gebrauch machen.

3.2. Daß auf die Permanenz des AK im PFK* Bezug genommen ist, soll auch in diesem Falle angedeutet sein durch „AK*".

§ 94. Die Unabhängigkeit der Grundregeln der P-Ableitbarkeit und der P-Beweisbarkeit[2]

Es ist zu zeigen, daß jede dieser Regeln von allen übrigen unabhängig ist. Da die Grundregeln der P-Ableitbarkeit (§ 90, 5.) für $M = Lr$ übergehen in die Grundregeln der P-Beweisbarkeit (§ 93), so ist mit der Unabhängigkeit im ersten auch die im zweiten Fall bewiesen, bis auf die Epsilonregel, für welche $M \neq Lr$ vorausgesetzt werden muß.

1.1. *Die Unabhängigkeit der Epsilonregel.*

Ohne diese Regel sind z.B. aus $M = \{\forall xz(Px \to Pz)\}$ nur Sätze ableitbar, dagegen nicht der genau einzahlig identische P-Ausdruck $\forall xz(Px \to Pz)$, der also kein Satz ist.

1.2. *Die Unabhängigkeit der Protonenregel.*

Für $M = Lr$ ist ohne diese Regel überhaupt kein P-Ausdruck ableitbar aus M.

2. *Die Unabhängigkeit der Abtrennungsregel.*

Für $M = Lr$ sind ohne diese Regel außer den Protonen nur Implikationen ableitbar, also schon nicht mehr P-Ausdrücke wie $\forall x(Px \to Px)$ oder $\exists x(Px \to Px)$.

---

[1] Vgl. § 58, 5.

[2] Nach einem Entwurf von G. Hasenjaeger und Th. Eichholz.

Für die noch ausstehenden vier Grundregeln der Quantifizierung und die Regel der Termeinsetzung ist entsprechend zu zeigen, daß jede dieser Regeln von allen übrigen unabhängig ist. Sie sollen in der angegebenen Folge diskutiert und die Unabhängigkeit soll für jeden der zu diskutierenden Fälle gezeigt werden in dem verschärften Sinne, daß jede Regel, für eine bestimmte Variable y formuliert, nicht nur unabhängig ist von den übrigen, sondern auch unabhängig von den Anwendungen derselben Regel für eine von y verschiedene Variable z. Dies gelingt durch fünf Modifikationen ${}^i\mathfrak{B}_\alpha^*$ ($i = 1, \ldots, 5$) der Definition von $\mathfrak{B}_\alpha^*$ aus $\mathfrak{B}_\alpha$ über einem zweizahligen $\alpha = \{1, 2\}$, mit dem Zusatz, daß

$$id_\alpha^i\, \mathsf{H}\ \ddot{a}q_{Df}\, (Om\, \mathfrak{B}_\alpha)\, \big({}^i\mathfrak{B}_\alpha^*(\mathsf{H}) = W\big) \qquad (i = 1, \ldots, 5).$$

Die ${}^i\mathfrak{B}_\alpha^*$ werden so definiert sein, daß die Regeln 1.1; 1.2; 2. nicht betroffen sind und daß für die Regeln $\mathfrak{R}$, in denen der jeweils zu diskutierende Quantifikator $\forall y$ bzw. $\exists y$ nicht vorkommt, mit denselben Beweisen wie in § 64 gilt

$$\mathfrak{R}\,(\mathsf{H}_0, \mathsf{H}_{00})\,.seq.\, id_\alpha^i\, \mathsf{H}_0\ seq\ id_\alpha^i\, \mathsf{H}_{00}.{}^1$$

3. *Die Unabhängigkeit von $Gv\,(y)$.*

Es sei ${}^1\mathfrak{B}_\alpha^*\big(\forall y\, \mathsf{H}(y)\big) =_{Df} W$ für alle $\forall y\, \mathsf{H}(y)$. Sonst sei ${}^1\mathfrak{B}_\alpha^*$ definiert wie $\mathfrak{B}_\alpha^*$. Hieraus ergibt sich die Unabhängigkeit von $Gv\,(y)$ von den übrigen Regeln und von allen $Gv\,(z)$ für $z \neq y$. Der einzige zu kontrollierende Fall $Gh\,(y)$ wird von dieser Festsetzung nicht getroffen; denn aus ${}^1\mathfrak{B}_\alpha^*\big(\forall y\, \mathsf{H}(y)\big) = W$ folgt $id_\alpha^1\Theta \rightarrow \forall y\, \mathsf{H}(y)$. Es gilt aber nicht mehr $Gv\,(y)$; denn $id_\alpha^1 Py \rightarrow Py$, dagegen nicht $id_\alpha^1 \forall y\, Py \rightarrow Py$, auf Grund von ${}^1\mathfrak{B}_\alpha^*(\forall y\, Py \rightarrow Py) = {}^1\mathfrak{B}_\alpha^*(Py) = \mathfrak{B}_\alpha^*(Py)$.

4. *Die Unabhängigkeit von $Gh\,(y)$.*

Es sei ${}^2\mathfrak{B}_\alpha^*\big(\forall y\, \mathsf{H}(y)\big) =_{Df} F$ für alle $\forall y\, \mathsf{H}(y)$. Sonst sei ${}^2\mathfrak{B}_\alpha^*$ definiert wie $\mathfrak{B}_\alpha^*$. Hieraus ergibt sich die Unabhängigkeit von $Gh\,(y)$ von den übrigen Regeln und von allen $Gh\,(z)$ für $z \neq y$. Der einzige zu kontrollierende Fall $Gv\,(y)$ wird von dieser Festsetzung nicht getroffen; denn aus ${}^2\mathfrak{B}_\alpha^*\big(\forall y\, \mathsf{H}(y)\big) = F$ folgt $id_\alpha^2 \forall y\, \mathsf{H}(y) \rightarrow \Theta$. Es gilt aber nicht mehr $Gh\,(y)$; denn $id_\alpha^2 \forall x\, Px \rightarrow Py$, aber nicht $id_\alpha^2 \forall x\, Px \rightarrow \forall y\, Py$, weil ${}^2\mathfrak{B}_\alpha^*(\forall x\, Px \rightarrow \forall y\, Py) = W$ nur dann, wenn ${}^2\mathfrak{B}_\alpha^*(\forall x\, Px) = \mathfrak{B}_\alpha^*(\forall x\, Px) = F$, also ${}^2\mathfrak{B}_\alpha^*(\forall x\, Px \rightarrow \forall y\, Py) = {}^2\mathfrak{B}_\alpha^*(\sim \forall x\, Px) = \mathfrak{B}_\alpha^*(\sim \forall x\, Px)$.

5. *Die Unabhängigkeit von $Pv\,(y)$.*

Es sei ${}^3\mathfrak{B}_\alpha^*\big(\exists y\, \mathsf{H}(y)\big) =_{Df} W$ für alle $\exists y\, \mathsf{H}(y)$. Sonst sei ${}^3\mathfrak{B}_\alpha^*$ definiert wie $\mathfrak{B}_\alpha^*$. Hieraus ergibt sich die Unabhängigkeit von $Pv\,(y)$ von den

---

[1] Es ist also z.B. für § 64, 4.1 $\mathsf{H}_0 = \mathsf{H}(x) \rightarrow \Theta$, $\mathsf{H}_{00} = \forall x\, \mathsf{H}(x) \rightarrow \Theta$. Daß der zur Diskussion stehende Quantifikator eventuell noch in dem nicht zu quantifizierenden Glied der Prämisse H_0 einer Regel vorkommt, wirkt sich im Beweis nicht aus.

übrigen Regeln und von allen $Pv(z)$ für $z \neq y$. Der einzige zu kontrollierende Fall $Ph(y)$ wird von dieser Festsetzung nicht getroffen; denn aus ${}^3\mathfrak{B}_\alpha^*(\exists y\,\mathsf{H}(y)) = W$ folgt $id_\alpha^3\,\Theta \to \exists y\,\mathsf{H}(y)$. Es gilt aber nicht mehr $Pv(y)$; denn $id_\alpha^3 Py \to \exists x\,Px$, aber nicht $id_\alpha^3 \exists y\,Py \to \exists x\,Px$, wegen ${}^3\mathfrak{B}_\alpha^*(\exists y\,Py \to \exists x\,Px) = {}^3\mathfrak{B}_\alpha^*(\exists x\,Px) = \mathfrak{B}_\alpha^*(\exists x\,Px)$.

6. *Die Unabhängigkeit von* $Ph(y)$.

Es sei ${}^4\mathfrak{B}_\alpha^*(\exists y\,\mathsf{H}(y)) =_{Df} F$ für alle $\exists y\,\mathsf{H}(y)$. Sonst sei ${}^4\mathfrak{B}_\alpha^*$ definiert wie $\mathfrak{B}_\alpha^*$. Hieraus ergibt sich die Unabhängigkeit von $Ph(y)$ von den übrigen Regeln und von allen $Ph(z)$ für $z \neq y$. Der einzige zu kontrollierende Fall $Pv(y)$ wird von dieser Festsetzung nicht getroffen; denn aus ${}^4\mathfrak{B}_\alpha^*(\exists y\,\mathsf{H}(y)) = F$ folgt $id_\alpha^4 \exists y\,\mathsf{H}(y) \to \Theta$. Es gilt aber nicht mehr $Ph(y)$; denn $id_\alpha^4 Py \to Py$, aber nicht $id_\alpha^4 Py \to \exists y\,Py$, weil ${}^4\mathfrak{B}_\alpha^*(Py \to \exists y\,Py) = W$ nur dann, wenn ${}^4\mathfrak{B}_\alpha^*(Py) = \mathfrak{B}_\alpha^*(Py) = F$, also ${}^4\mathfrak{B}_\alpha^*(Py \to \exists y\,Py) = {}^4\mathfrak{B}_\alpha^*(\sim Py) = \mathfrak{B}_\alpha^*(\sim Py)$.

7. *Die Unabhängigkeit von* TE.

$TE(y)$ sei die Termeinsetzung in y. Es genügt, die Behauptung für den Sonderfall der freien Umbenennung von y (§ 61, 1.2) zu beweisen.

Es sei ${}^5\mathfrak{B}_\alpha^*(\mathsf{H}) = \binom{y}{1}\mathfrak{B}_\alpha^*(\mathsf{H})$ [1] für alle P-Atome H, es sei ferner ${}^5\mathfrak{B}_\alpha^*(\forall y\,\mathsf{H}(y)) = {}^5\mathfrak{B}_\alpha^*(\exists y\,\mathsf{H}(y)) = {}^5\mathfrak{B}_\alpha^*(\mathsf{H}(y))$ für alle $\forall y\,\mathsf{H}(y)$ und $\exists y\,\mathsf{H}(y)$. Sonst sei ${}^5\mathfrak{B}_\alpha^*$ definiert wie $\mathfrak{B}_\alpha^*$. Hieraus ergibt sich die Unabhängigkeit von $TE(y)$ von den übrigen Regeln und allen $TE(z)$ für $z \neq y$. Die einzigen zu kontrollierenden Fälle sind die vier Quantifizierungsregeln. Sie werden von diesen Festsetzungen nicht getroffen; denn wenn $\mathfrak{R}(\mathsf{H}_0, \mathsf{H}_{00})$ eine von diesen Regeln ist, so werden H_0 und H_{00} für jede α-Belegung durch diese Festsetzungen gleichbewertet, so daß also $id_\alpha^5\,\mathsf{H}_0\ seq\ id_\alpha^5\,\mathsf{H}_{00}$. [2] Es gilt aber nicht $TE(y)$; denn $id_\alpha^5 \forall y\,Py \to Py$, wegen ${}^5\mathfrak{B}_\alpha^*(\forall y\,Py) = {}^5\mathfrak{B}_\alpha^*(Py)$. Aber nicht $id_\alpha^5 \forall y\,Py \to Pz$ für $z \neq y$; denn ${}^5\mathfrak{B}_\alpha^*(\forall y\,Py \to Pz) = {}^5\mathfrak{B}_\alpha^*(Py \to Pz) = \binom{y}{1}\mathfrak{B}_\alpha^*(Py \to Pz)$.

§ 95. Grundlegende Eigenschaften zweiter Ordnung von $\vdash_P$ [3]

1. Wir schreiben nach Bedarf

1.1. „$\mathsf{H}_1\,Imp_{\vdash_P}\,\mathsf{H}_2$" für „$\vdash_P \mathsf{H}_1 \to \mathsf{H}_2$",

1.2. „$\mathsf{H}_1\,Aeq_{\vdash_P}\,\mathsf{H}_2$" für „$\vdash_P \mathsf{H}_1 \leftrightarrow \mathsf{H}_2$".

---

[1] Dies eine bequemere Formulierung dafür, daß nur Belegungen mit $\mathfrak{B}(y) = 1$ zugelassen sein sollen. Es versteht sich, daß die Umbelegung $\binom{y}{1}$ sich nur für solche P-Atome auswirkt, in denen y vorkommt.

[2] Beispiele: ${}^5\mathfrak{B}_\alpha^*(\mathsf{H}(y) \to \Theta) = {}^5\mathfrak{B}_\alpha^*(\forall y\,\mathsf{H}(y) \to \Theta) = {}^5\mathfrak{B}_\alpha^*(\exists y\,\mathsf{H}(y) \to \Theta)$.

[3] Vgl. § 34.

Es gilt (§ 91, 1.)

1.3. $H_1\,Imp_{\vdash_P} H_2$ *seq* $H_1\,Imp_P\,H_2$.

1.4. $H_1\,Aeq_{\vdash_P} H_2$ *seq* $H_1\,Aeq_P\,H_2$.

2. *Theoreme der Implikation.*

*2.1. *Die Reflexivität und Transitivität von* $Imp_{\vdash_P}$
    mit der Verallgemeinerung der Transitivität.

Hieraus mit § 92, 4.4 wegen der Transitivität von $\vdash_P$

*2.2. $H_1\,Imp_{\vdash_P} H_2$ *et* $H_2 \vdash_P H_3$ *seq* $H_1 \vdash_P H_3$,

*2.3. $H_1 \vdash_P H_2$ *et* $H_2\,Imp_{\vdash_P} H_3$ *seq* $H_1 \vdash_P H_3$,

mit den zugehörigen Verallgemeinerungen.

3. *Theoreme der Konjunktion I.*

Aus dem Protonencharakter von $H_1 \rightarrow (H_2 \rightarrow H_1 \wedge H_2)$ folgt (§ 92, 4.8)

3.1. $M \vdash_P H_1$ *et* $M \vdash_P H_2$ *seq* $M \vdash_P H_1 \wedge H_2$,
    mithin (M/Lr)

3.2. $\vdash_P H_1$ *et* $\vdash_P H_2$ *seq* $\vdash_P H_1 \wedge H_2$.

Andererseits folgt (§ 92, 4.7) aus den Protonen $H_1 \wedge H_2 \rightarrow H_1$, $H_1 \wedge H_2 \rightarrow H_2$

3.3. $M \vdash_P H_1 \wedge H_2$ *seq* $M \vdash_P H_1$ *et* $M \vdash_P H_2$,
    mithin (M/Lr)

3.4. $\vdash_P H_1 \wedge H_2$ *seq* $\vdash_P H_1$ *et* $\vdash_P H_2$.

Aus 3.1 und 3.3 folgt

3.5. $M \vdash_P H_1 \wedge H_2$ *äq* $M \vdash_P H_1$ *et* $M \vdash_P H_2$.

Entsprechend aus 3.2 und 3.4

*3.6. $\vdash_P H_1 \wedge H_2$ *äq* $\vdash_P H_1$ *et* $\vdash_P H_2$.

Dazu die Verallgemeinerungen

*3.5.1. $M \vdash_P \overset{n}{\underset{i=1}{\bigwedge}} H_i$ *äq* $(Om\,H)\,(H \in \{H_1, \ldots, H_n\}$ *seq* $M \vdash_P H)$.

*3.6.1. $\vdash_P \overset{n}{\underset{i=1}{\bigwedge}} H_i$ *äq* $(Om\,H)\,(H \in \{H_1, \ldots, H_n\}$ *seq* $\vdash_P H)$.

Aus dem Protonencharakter von $H_1 \wedge H_2 \rightarrow H_1$, $H_1 \wedge H_2 \rightarrow H_2$ folgt zusätzlich durch Verallgemeinerung

*3.7. $(Om\,H)\,(H \in \{H_1, \ldots, H_n\})$ *seq* $\vdash_P \overset{n}{\underset{i=1}{\bigwedge}} H_i \rightarrow H)$.

4. *Aequivalenztheoreme.*

*4.1.   *Der Gleichheitscharakter von $Aeq_{\vdash_P}$.*   AK*

Aus dem Protonencharakter des Formelschemas $(H_1 \leftrightarrow H_2) \leftrightarrow (H_1 \rightarrow H_2) \wedge (H_2 \rightarrow H_1)$ folgt mit 3.6 und § 92, 4.7

*4.2. $M \vdash_P H_1 \leftrightarrow H_2$ *äq* $M \vdash_P H_1 \rightarrow H_2$ *et* $M \vdash_P H_2 \rightarrow H_1$,

mithin (M/Lr)

*4.3. $H_1 \, Aeq_{\vdash_P} H_2$ *äq* $H_1 \, Imp_{\vdash_P} H_2$ *et* $H_2 \, Imp_{\vdash_P} H_1$.

Aus 4.3 folgt mit § 92, 4.7

*4.4. $H_1 \, Aeq_{\vdash_P} H_2 \,.\,seq\,.\, M \vdash_P H_1$ *äq* $M \vdash_P H_2$,

mithin (M/Lr)

*4.5. $H_1 \, Aeq_{\vdash_P} H_2 \,.\,seq\,.\, \vdash_P H_1$ *äq* $\vdash_P H_2$.

Aus 4.3 folgt mit § 92, 4.4

*4.6. $H_1 \, Aeq_{\vdash_P} H_2$ *seq* $H_1 \vdash_P H_2$ *et* $H_2 \vdash_P H_1$.

Aus 4.4 folgt, wegen $\sim\sim H \, Aeq_{\vdash_P} H$,

*4.7. $M \vdash_P \sim\sim H$ *äq* $M \vdash_P H$.

Aus 4.6 folgen wegen der Transitivität von $\vdash_P$

*4.8. $H_1 \vdash_P H_2$ *et* $H_2 \, Aeq_{\vdash_P} H_3$ *seq* $H_1 \vdash_P H_3$,

*4.9. $H_1 \, Aeq_{\vdash_P} H_2$ *et* $H_2 \vdash_P H_3$ *seq* $H_1 \vdash_P H_3$,

*4.10. $H_1 \, Aeq_{\vdash_P} H_2$ *et* $H_3 \, Aeq_{\vdash_P} H_4$ *et* $H_1 \vdash_P H_3$ *seq* $H_2 \vdash_P H_4$,

mit den zugehörigen Verallgemeinerungen.

4.20.   Mit Hilfe von 4.5 sei hier in bezug auf § 34, 3.2 noch gezeigt, daß aus $H_1 \vdash_P H_2$ *nicht* folgt $\sim H_2 \vdash_P \sim H_1$. Denn (§ 99, 1.3) $H(x) \vdash_P \forall x H(x)$; aber nicht $\sim \forall x H(x) \vdash_P \sim H(x)$. Denn (§ 100, 3.3) $\vdash_P \forall x (Px \wedge \sim Py) \rightarrow Py \wedge \sim Py$. Folglich (AK*) $\vdash_P \sim \forall x (Px \wedge \sim Py)$. Es müßte also gelten $\vdash_P \sim (Px \wedge \sim Py)$, mithin (4.5) $\vdash_P Px \rightarrow Py$. $Px \rightarrow Py$ ist aber genau einzahlig identisch, folglich nicht P-identisch, folglich (§ 91, 1.2) auch nicht P-beweisbar.

5. *Theoreme der Konjunktion II.*

Aus

5.0. $(H \rightarrow \Theta_1) \wedge (H \rightarrow \Theta_2) \, Aeq_{\vdash_P} H \rightarrow \Theta_1 \wedge \Theta_2$ $Prot_P$

folgt mit 3.5 und § 92, 4.10

*5.1. $M \vdash_P H \rightarrow \Theta_1$ *et* $M \vdash_P H \rightarrow \Theta_2$ *äq* $M \vdash_P H \rightarrow \Theta_1 \wedge \Theta_2$,

mithin (M/Lr)

*5.2. $H \, Imp_{\vdash_P} \Theta_1$ *et* $H \, Imp_{\vdash_P} \Theta_2$ *äq* $H \, Imp_{\vdash_P} \Theta_1 \wedge \Theta_2$.

Dazu die Verallgemeinerungen

*5.1.1. $(Om\ \Theta)\ (\Theta \in \{\Theta_1, \ldots, \Theta_n\}\ seq\ M \vdash_P H \to \Theta)\ \ddot{a}q\ M \vdash_P H \to \bigwedge\limits_{i=1}^{n} \Theta_i.$

*5.2.1. $(Om\ \Theta)\ (\Theta \in \{\Theta_1, \ldots, \Theta_n\}\ seq\ H\ Imp_{\vdash_P} \Theta)\ \ddot{a}q\ H\ Imp_{\vdash_P} \bigwedge\limits_{i=1}^{n} \Theta_i.$

6. *Die Beziehungen zwischen* $\{H_1, \ldots, H_n\}$ *und* $\bigwedge\limits_{i=1}^{n} H_i.$

*6.1. $\{H_1, \ldots, H_n\} \vdash_P \bigwedge\limits_{i=1}^{n} H.$ [1]

Beweis:

(1) $(Om\ H)\ (H \in \{H_1, \ldots, H_n\}\ seq\ \{H_1, \ldots, H_n\} \vdash_P H).$ Eps_P

     Folglich $(3.5.1: M/\{H_1, \ldots, H_n\})$

(2) $\{H_1, \ldots, H_n\} \vdash_P \bigwedge\limits_{i=1}^{n} H_i.$

*6.2. $\bigwedge\limits_{i=1}^{n} H_i \vdash \{H_1, \ldots, H_n\}.$ [2]

Beweis:

(1) $(Om\ H)\left(H \in \{H_1, \ldots, H_n\}\ seq\ \vdash_P \bigwedge\limits_{i=1}^{n} H_i \to H\right).$ 3.7.

(2) $\left(\qquad\qquad \ldots seq\ \bigwedge\limits_{i=1}^{n} H_i \vdash_P H\right).$ § 92, 4.4.

Aus 6.1 und 6.2 folgt wegen der Transitivität von $\vdash_P$

*6.3. $\{H_1, \ldots, H_n\} \vdash_P \Theta\ \ddot{a}q\ \bigwedge\limits_{i=1}^{n} H_i \vdash_P \Theta.$

     Andererseits

*6.4. $\Theta \vdash_P \{H_1, \ldots, H_n\}\ \ddot{a}q\ \Theta \vdash_P \bigwedge\limits_{i=1}^{n} H_i.$

Ist also E eine endliche Menge von P-Ausdrücken, $\wedge E$ eine Konjunktion aus den Elementen von E, so folgt aus 6.3 und 6.4

*6.5. $E \vdash_P \Theta\ \ddot{a}q\ \wedge E \vdash_P \Theta.$

*6.6. $\Theta \vdash_P E\ \ddot{a}q\ \Theta \vdash_P \wedge E.$

Wir notieren noch als Folgerungen aus 6.3 auf Grund von § 92, 4.3; 4.4 (mit § 90, 11.3; 11.4)

6.7. $M \vdash_P \bigwedge\limits_{i=1}^{n} H_i \to \Theta\ seq\ M, H_1, \ldots, H_n \vdash_P \Theta.$

6.8. $\vdash_P \bigwedge\limits_{i=1}^{n} H_i \to \Theta\ seq\ \{H_1, \ldots, H_n\} \vdash_P \Theta.$

---

[1] Vgl. § 32, 3.1.
[2] Vgl. § 32, 3.2.

7. *Theoreme der Alternative.*

Aus $(\Theta_1 \to H) \wedge (\Theta_2 \to H)\ Aeq_{\vdash_P}\ \Theta_1 \vee \Theta_2 \to H$ folgt mit 3.5 und § 92, 4.10

*7.1. $M \vdash_P \Theta_1 \to H$ *et* $M \vdash_P \Theta_2 \to H$ *äq* $M \vdash_P \Theta_1 \vee \Theta_2 \to H$,

      mithin (M/Lr)

*7.2. $\Theta_1\,Imp_{\vdash_P}\,H$ *et* $\Theta_2\,Imp_{\vdash_P}\,H$ *äq* $\Theta_1 \vee \Theta_2\,Imp_{\vdash_P}\,H$

      mit den entsprechenden Verallgemeinerungen.

      Aus

7.3. $\Theta_1 \vdash_P \Theta_1 \vee \Theta_2,\ \ \Theta_2 \vdash_P \Theta_1 \vee \Theta_2$ $Prot_P^*$

      folgt wegen der Transitivität von $\vdash_P$

*7.4. $\Theta_1 \vee \Theta_2 \vdash_P H$ *seq* $\Theta_1 \vdash_P H$ *et* $\Theta_2 \vdash_P H$ [1]

      mit den entsprechenden Verallgemeinerungen.

      Aus

7.5. $\Theta_1 \wedge \Theta_2 \vdash_P \Theta_1 \vee \Theta_2$ $Prot_P^*$

      folgt wegen der Transitivität von $\vdash_P$

*7.6. $\Theta_1 \vee \Theta_2 \vdash_P H$ *seq* $\Theta_1 \wedge \Theta_2 \vdash_P H$

      mit den entsprechenden Verallgemeinerungen.

8. *Die Regel des Widerspruchseffektes in bezug auf* $\vdash_P$.

Aus

8.0. $H \wedge \sim H \vdash_P \Theta$ $Prot_P^*$

      folgt, da Θ beliebig, mit 6.3

*8.1. $\{H, \sim H\} \vdash_P M_*$ (M_* die Menge aller P-Ausdrücke).

      Aus 8.0 folgt ferner (§ 92, 3.2.1)

8.2. $M \vdash_P H \wedge \sim H$ *seq* $M \vdash_P \Theta$,

      mithin

8.3. $M \vdash_P H \wedge \sim H$ *seq* $M \vdash_P M_*$.

      Andererseits

8.4. $M \vdash_P M_*$ *seq* $M \vdash_P H \wedge \sim H$.

      Aus 8.3 und 8.4 folgt durch vordere bzw. hintere Partikulari-
      sierung von H (§ 5, 12.2; 12.3)

*8.5. $M \vdash_P M^*$ *äq* $(Ex\,H)\,(M \vdash_P H \wedge \sim H)$.

---

[1] Vgl. dagegen § 34, 7.3, mit „*äq*" statt „*seq*".

9. *Die Widerlegungsregel in bezug auf* $\vdash_P$.

Aus

9.0. $(H \to \Theta) \wedge (H \to \sim \Theta)\, Aeq_{\vdash_P} \sim H$ $Prot_P$

9.0.1. $H \to \Theta \wedge \sim \Theta$ AK*

folgt mit 4.3, 4.5 und 3.4

*9.1. $H\, Imp_{\vdash_P}\, \Theta\ et\ H\, Imp_{\vdash_P} \sim \Theta\ \ddot{a}q\ wdb_P\, H$.

9.1.1. $H\, Imp_{\vdash_P}\, \Theta \wedge \sim \Theta$ AK*

Hieraus von Rechts nach Links mit § 92, 4.4

*9.2. $wdb_P\, H\ seq!\ H \vdash_P \Theta\ et\ H \vdash_P \sim \Theta$.[1]   9.1.1.; § 92, 4.4.

9.2.1. $H \vdash_P \Theta \wedge \sim \Theta$.

Die Nicht-Umkehrbarkeit von 9.2 ergibt sich aus

9.3. $(Ex\ H, \Theta)\,(H \vdash_P \Theta\ et\ H \vdash_P \sim \Theta\ et\ non\ wdb_P\, H)$.

Beweis: Man setze $H = \Theta = Px \wedge \sim Py$. Dann

(1) $Px \wedge \sim Py \vdash_P Px \wedge \sim Px$ TE_2

(2) $\vdash_P \sim (Px \wedge \sim Px)$. $Prot_P^*$

Mithin

(3) $Px \wedge \sim Py \vdash_P (Px \wedge \sim Px) \wedge \sim (Px \wedge \sim Px)$.

Aber nicht $wdb_P\, Px \wedge \sim Py$; denn (§ 91, 1.1.1) $Px \wedge \sim Py$ ist schon im Zweizahligen erfüllbar.

10. *Die Exhaustionsregel in bezug auf* $\vdash_P$.

Aus

10.0. $(\Theta \to H) \wedge (\sim \Theta \to H)\, Aeq_{\vdash_P} H$. $Prot_P$

10.0.1. $\Theta \vee \sim \Theta \to H$ AK*

folgt mit 4.3, 4.5 und 3.4

*10.1. $\Theta\, Imp_{\vdash_P} H\ et \sim \Theta\, Imp_{\vdash_P} H\ \ddot{a}q \vdash_P H$.

10.1.1. $\Theta \vee \sim \Theta\, Imp_{\vdash_P} H$

Hieraus von Rechts nach Links mit § 92, 4.4

*10.2. $\vdash_P H\ seq!\ \Theta \vdash_P H\ et \sim \Theta \vdash_P H$.[2]   10.1.1.; § 92, 4.4.

Die Nicht-Umkehrbarkeit von 10.2 ergibt sich aus

10.3. $(Ex\ H, \Theta)\,(\Theta \vdash_P H\ et \sim \Theta \vdash_P H\ et\ non \vdash_P H)$.

---

[1] Vgl. dagegen § 34, 9.3, mit „*äq*" statt „*seq*".

[2] Vgl. dagegen § 34, 10.3. Auch hier „*äq*" an Stelle von „*seq*". Dagegen gilt $\vdash_P H\ \ddot{a}q\ \Theta \vee \sim \Theta \vdash_P H$, wegen $H\, Aeq_{\vdash_P} \Theta \vee \sim \Theta \to H$.

Man setze $H = \Theta = Px \vee \sim Py$.[1] Dann

(1) $\quad Px \vee \sim Py \vdash_P Px \vee \sim Py$.

Andererseits

(2) $\quad \sim(Px \vee \sim Py) \vdash_P \sim Px \wedge Py$ $Prot_P^*$

(3) $\quad\qquad\qquad\quad \vdash_P \sim Px \wedge Px$ TE_2

(4) $\quad\qquad\qquad\quad \vdash_P Px \vee \sim Py$. $Prot_P^*$

Aber nicht $\vdash_P Px \vee \sim Py$; denn $\vdash_P Px \vee \sim Py$ äq $\vdash_P Py \to Px$. $Py \to Px$ ist aber nur einzahlig identisch.

§ 96. Der Operator $Fl_{\vdash P}$

1. M sei eine beliebige Menge von P-Ausdrücken. Dann soll $Fl_{\vdash P}$ der Operator sein, der M überführt in die Menge der P-Derivate von M. Es soll also gelten:

1.1. $\quad Fl_{\vdash P}(M) =_{Df} (Cl\,H)\,(M \vdash_P H)$.

2. $Fl_{\vdash P}$ hat mit $Fl_{\Vdash A}$ die charakteristischen Eigenschaften eines *finitären Hüllenoperators* (§ 35, 2; 6.) gemein. Es gilt also

2.1. $\quad Fl_{\vdash P}$ ist *hüllenerzeugend*:

$$M \subseteq Fl_{\vdash P}(M).$$

2.2. $\quad Fl_{\vdash P}$ ist *monoton gegenüber der Inklusion*:

$$M_1 \subseteq M_2 \; seq \; Fl_{\vdash P}(M_1) \subseteq Fl_{\vdash P}(M_2).$$

2.3. $\quad Fl_{\vdash P}$ ist *unempfindlich gegen Iterationen*:

$$Fl_{\vdash P}\big(Fl_{\vdash P}(M)\big) \subseteq Fl_{\vdash P}(M).$$

2.4. $\quad Fl_{\vdash P}$ ist *finitär*:

$$H \in Fl_{\vdash P}(M) \; seq \; (Ex_M E)\,\big(H \in Fl_{\vdash P}(E)\big),$$

wo E für endliche Mengen von P-Ausdrücken stehe.

Hieraus mit Hilfe von 2.2

2.4.1. $\quad H \in Fl_{\vdash P}(M)$ äq $(Ex_M E)\,(H \in Fl_{\vdash P}(E))$.

Geht man von 2.3 mit 2.1 über zu

2.5. $\quad Fl_{\vdash P}$ ist *idempotent*:

$$Fl_{\vdash P}\big(Fl_{\vdash P}(M)\big) = Fl_{\vdash P}(M),$$

---

[1] Dieses Gegenbeispiel und damit indirekt auch das zu 9.3 ist angegeben worden von W. MARKWALD.

so ist in 2.5 ausgedrückt, daß $Fl_{\vdash_P}(M)$ abgeschlossen ist in bezug auf $Fl_{\vdash_P}$ (also in bezug auf die Operation der auf den PFK* beschränkten Derivatmengenbildung). Hierfür kürzer: $Fl_{\vdash_P}(M)$ ist *deduktiv abgeschlossen*, genauer die kleinste deduktiv abgeschlossene Menge, die M umfaßt (vgl. § 35, 5.3; 5.4).

Alle Beweise verlaufen formal genauso wie in § 35; denn sie fußen auf den Eigenschaften, die $\vdash_P$ mit den kalkülunabhängigen Eigenschaften von $\Vdash_A$ gemein hat. Zusätzliche Theoreme, die im Vorstehenden nicht explizit angegeben sind, können dementsprechend durch elementare Berufung auf § 35 auch für $Fl_{\vdash_P}$ in Anspruch genommen werden.

§ 97. Die Widerspruchsfreiheit des PFK*

1. Im Einklang mit der allgemeinen Regulierung des Sprachgebrauchs in § 37, 1.3 soll unter der *Widerspruchsfreiheit* (WF) des PFK* verstanden sein die Widerspruchsfreiheit der Menge $M^* =_{Df} Fl_{\vdash_P}(Lr)$, also die Menge der P-Sätze.

2. Definiert man im Anschluß an § 37, 1.1

2.1. M *ist widerspruchsvoll in bezug auf* $\vdash_P$:

$wv_{\vdash_P} M \ddot{a}q_{Df} M \vdash_P M_*$ (M_* die Menge aller P-Ausdrücke), so daß

2.1.1. $wv_{\vdash_P} M \ \ddot{a}q \ (Om\,\Theta)\,(M \vdash_P \Theta)$

     $\ddot{a}q \ M \vdash_P \Theta \wedge {\sim} \Theta$,

dementsprechend

2.2. M *ist widerspruchsfrei in bezug auf* $\vdash_P$:

$wf_{\vdash_P} M \ \ddot{a}q_{Df} non\ wv_{\vdash_P} M$,

so daß

2.2.1. $wf_{\vdash_P} M \ \ddot{a}q \ non\ M \vdash_P M_*$

     $\ddot{a}q \ (Ex\,\Theta)\,(non\ M \vdash_P \Theta)$

     $\ddot{a}q \ non\ M \vdash_P \Theta \wedge {\sim} \Theta$,

so folgt z.B. aus $non \vdash_P Px$

2.2.2. $wf_{\vdash_P} Lr$,

mithin, wegen $wf_{\vdash_P} M^* \ \ddot{a}q \ wf_{\vdash_P} Lr$,[1]

*2.2.3. $wf_{\vdash_P} M^*$.

3. Die vorstehende Definition von $wv_{\vdash_P} M$ hat jedoch zur Folge, daß ein erfüllbarer P-Ausdruck wie $Px \wedge {\sim} Py$ trotz seiner Unwiderlegbarkeit

---

[1] Denn $M^* \vdash_P \mathsf{H} \ \ddot{a}q \ \mathsf{H} \in Fl_{\vdash_P}(M^*) \ \ddot{a}q \ \mathsf{H} \in Fl_{\vdash_P}(Fl_{\vdash_P}(Lr))$
   $\ddot{a}q \ (\S\,96,\ 2.5) \ \mathsf{H} \in Fl_{\vdash_P}(Lr) \ \ddot{a}q \ Lr \vdash_P \mathsf{H}$.

(§ 91, 1.1.1) widerspruchsvoll sein kann (§ 95, 6.3)[1]. Um diese Härte zu beheben, gehen wir aus von der durch den finitären Charakter von $\vdash_P$ (§ 92, 5.) gesicherten Aequivalenz

3.1. $\qquad wv_{\vdash_P} M \; \ddot{a}q \; (Ex_M E)\,(E \vdash_P \mathsf{H} \wedge {\sim} \mathsf{H})$.

Wir verschärfen $wv_{\vdash_P}$ (mit Benutzung von § 95, 6.5) zu $wv^*_{\vdash_P}$ durch

*3.2. $\qquad wv^*_{\vdash_P} M \; \ddot{a}q_{Df} \; (Ex_M E)\,(\vdash_P \wedge E \to \mathsf{H} \wedge {\sim} \mathsf{H})$,

so daß

*3.3. $\qquad wv^*_{\vdash_P} M \; \ddot{a}q \; (Ex_M E)\,(wdb_P \wedge E)$,

im Einklang mit $wv_{\Vdash_A} M$ (§ 37, 3.5).

Dem verschärften $wv^*_{\vdash_P}$ entspricht ein abgeschwächtes $wf^*_{\vdash_P}$ mit

*3.4. $\qquad wf^*_{\vdash_P} M \; \ddot{a}q_{Df} \; non \; wv^*_{\vdash_P} M$,

so daß

*3.5. $\qquad wf^*_{\vdash_P} M \; \ddot{a}q \; (Om_M E)\,(non \; wdb_P \wedge E)$,

*3.6. $\qquad wf_{\vdash_P} M \; seq \; wf^*_{\vdash_P} M$.

Folglich mit 2.2.2 und 2.2.3 a fortiori

3.7. $\qquad wf^*_{\vdash_P} Lr$.

3.8. $\qquad wf^*_{\vdash_P} M*$.

Für E gilt auf Grund von 3.3 und 3.4 die Koinzidenz von $wv^*_{\vdash_P}$ und wdb_P, bzw. von $wf^*_{\vdash_P}$ und $non \; wdb_P$:

*3.9. $\qquad wv^*_{\vdash_P} E \; \ddot{a}q \; wdb_P \wedge E$.

Hieraus durch $E/\{\mathsf{H}\}$, mit „$wv^*_{\vdash_P}\mathsf{H}$" für „$wv^*_{\vdash_P}\{\mathsf{H}\}$",

*3.9.1. $\qquad wv^*_{\vdash_P} \mathsf{H} \; \ddot{a}q \; wdb_P \mathsf{H}$.

Folglich

*3.10. $\qquad wf^*_{\vdash_P} E \; \ddot{a}q \; non \; wdb_P \wedge E$.

Entsprechend

*3.10.1. $\qquad wf^*_{\vdash_P} \mathsf{H} \; \ddot{a}q \; non \; wdb_P \mathsf{H}$.

Mithin, an Stelle von $wv_{\vdash_P}\{Px \wedge {\sim} Py\}$,

3.11. $\qquad wf^*_{\vdash_P} Px \wedge {\sim} Py$.

Ferner (3.3)

*3.12. $\qquad wv^*_{\vdash_P} M \; \ddot{a}q \; (Ex_M E)\,(wv^*_{\vdash_P} E)$.

Mithin

*3.13. $\qquad wf^*_{\vdash_P} M \; \ddot{a}q \; (Om_M E)\,(wf^*_{\vdash_P} E)$.

---

[1] Vgl. die analoge Diskrepanz in § 107,2.

4. Für uns sollen $wv^*_{\vdash_P}$ (3.2) und dementsprechend $wf^*_{\vdash_P}$ (3.4) verbindlich sein. Wir notieren noch die folgenden wichtigen Theoreme:

*4.1. $M_1 \subseteq M_2 \,.\, seq \,.\, wv^*_{\vdash_P} M_1 \; seq \; wv^*_{\vdash_P} M_2$.

Jede Obermenge einer widerspruchsvollen Menge ist widerspruchsvoll.

Beweis:

(1) $M_1 \subseteq M_2 \,.\, seq \,.\, E \subseteq M_1 \; seq \; E \subseteq M_2$

(2) $.\, seq \,.\, E \subseteq M_1 \; et \; wdb_P \wedge E \; seq \; E \subseteq M_2 \; et \; wdb_P \wedge E$

(3) $.\, seq \,.\, (Ex_{M_1} E)\,(wdb_P \wedge E) \; seq \; (Ex_{M_2} E)\,(wdb_P \wedge E)$.

Aus 4.1 folgt durch partielle Kontraposition

*4.2. $M_1 \subseteq M_2 \,.\, seq \,.\, wf^*_{\vdash_P} M_2 \; seq \; wf^*_{\vdash_P} M_1$.

Jede Teilmenge einer widerspruchsfreien Menge ist widerspruchsfrei.

5. Wir konfrontieren $wf^*_{\vdash_P} M$ mit $erf_P M$ (§ 54, 5.7). Es gilt (vgl. § 30, 2.1.1; 2.2.1)

5.1. $erf_P \{H\} \; \ddot{a}q \; erf_P\, H$.

5.2. $M_1 \subseteq M_2 \,.\, seq \,.\, erf_P M_2 \; seq \; erf_P M_1$.

5.3. $non \; erf_P M_1 \; seq \; non \; erf_P M_2$.

Mit Hilfe von 5.3 beweisen wir

*5.4. $wv^*_{\vdash_P} M \; seq \; non \; erf_P M$.

Beweis:

(1) $wv^*_{\vdash_P} M \; seq \; (Ex_M E)\,(wdb_P \wedge E)$

(2) $seq \; (Ex_M E)\,(non \; erf_P \wedge E)$ § 91, 1.1.

(3) $seq \; non \; erf_P M$.

Aus 5.4 folgt durch Kontraposition

*5.5. $erf_P M \; seq \; wf^*_{\vdash_P} M$.

        Hieraus durch $M/\{H\}$ mit 5.1

*5.6. $erf_P\, H \; seq \; wf^*_{\vdash_P} H$.

II. Spezielle Syntax

§ 98. Die syntaktische Theorie der gliedweisen Quantifizierung und die syntaktische Ersetzungsregel

1. *Das syntaktische Gegenstück zur semantischen Theorie der gliedweisen Quantifizierung* (§ 65) ergibt sich mit Hilfe der Grundregeln der P-Beweisbarkeit (§ 93) durch schrittweise Iterierung der in ihnen enthaltenen Quantifizierungsmöglichkeiten aus der semantischen Theorie

durch den Übergang von Imp_P zu $Imp_{\vdash P}$, unter Voraussetzung der folgenden *syntaktischen Hilfstheoreme:*

*1.1. *Hilfstheorem zu* § 65, 2.1.*

$$\forall x\, \mathsf{H}(x)\, Imp_{\vdash P}\, \mathsf{H}(x).$$

Beweis:

(1) $\mathsf{H}(x)\, Imp_{\vdash P}\, \mathsf{H}(x).$ $Prot_P$

Folglich $(Gv_1(x))$

(2) $\forall x\, \mathsf{H}(x)\, Imp_{\vdash P}\, \mathsf{H}(x).$

*1.2. *Hilfstheorem zu* § 65, 2.2.1.*

$$\vdash_P \mathsf{H}(x)\ \ddot{a}q\ \vdash_P \forall x\, \mathsf{H}(x).$$

Beweis in drei Schritten:

1.2.1. $\forall x\, \mathsf{H}(x)\, \vdash_P \mathsf{H}(x).$ 1.1; § 92, 4.4.

1.2.2. $\mathsf{H}(x)\, \vdash_P \forall x\, \mathsf{H}(x).$

Beweis:

(1) $(Pz \to Pz) \to \mathsf{H}(x)\, \vdash_P (Pz \to Pz) \to \forall x\, \mathsf{H}(x).$ $Gh_2(x)$

(2) $(Pz \to Pz) \to \mathsf{H}(x)\, Aeq_{\vdash P}\, \mathsf{H}(x),\quad (Pz \to Pz) \to \forall x\, \mathsf{H}(x)\, Aeq_{\vdash P}\, \forall x\, \mathsf{H}(x).$
$Prot_P$

Mithin (§ 95, 4.10)

(3) $\mathsf{H}(x)\, \vdash_P \forall x\, \mathsf{H}(x).$

Aus 1.2.1 und 1.2.2 folgt (§ 92, 3.2.4) 1.2.

2. Zu dem Zusatz zu § 65, 2.3: Aus § 95, 1.3 folgt, daß auch nicht gilt

$$\mathsf{H}_1(x) \underset{\leftrightarrow}{\to} \mathsf{H}_2(x)\, Imp_{\vdash P} \underset{\exists}{\forall} x\, \mathsf{H}_1(x) \underset{\leftrightarrow\exists}{\to} \forall x\, \mathsf{H}_2.$$

3. *Das syntaktische Gegenstück zur semantischen Ersetzungsregel* (§ 66) ergibt sich, mit $\widetilde{\Theta}_0$ als Symbol für die Abgeschlossenheit von Θ_0, aus § 66, 3.2 durch den Übergang zu

3.1. $Ers_P\, \mathsf{H}\, \Theta_1\, \Theta_2\, \mathsf{H}^* . seq. \widetilde{\Theta}_0\, Imp_{\vdash P}\, \Theta_1 \leftrightarrow \Theta_2\ seq\ \widetilde{\Theta}_0\, Imp_{\vdash P}\, \mathsf{H} \leftrightarrow \mathsf{H}^*.$

Denn außer elementaren aussagenlogischen Umformungen ist für den Beweis von 3.1, wie durch Nachprüfung verifizierbar, nur das für § 66, 3.2, (5) erforderliche syntaktische Gegenstück zu § 65, 1.6 heranzuziehen, über das wir auf Grund von 1. bereits verfügen.

Die abgeschwächte Form von 3.1 und damit das syntaktische Gegenstück zu § 66, 3.3:

3.2. $Ers_P\, \mathsf{H}\, \Theta_1\, \Theta_2\, \mathsf{H}^* . seq. \Theta_1\, Aeq_{\vdash P}\, \Theta_2\ seq\ \mathsf{H}\, Aeq_{\vdash P}\, \mathsf{H}^*$

ergibt sich aus 3.1 durch $\widetilde{\Theta}_0/\forall x\,(Px \to Px)$ und das syntaktische Hilfstheorem

3.2.1. $\vdash_P \forall x\,(Px \to Px)$.

Dies folgt mit 1.2 aus dem Protonencharakter von $Px \to Px$.

§ 99. Grundlagen der syntaktischen Quantorentheorie

Dieser Paragraph ist das syntaktische Gegenstück zu § 59, 11 ff. Das Gegenstück zu den formalisierten Verneinungen von „alle" und „es gibt" (§ 59, 10) folgt in § 102, 2.

1. *Elementartheoreme für* $\forall$.

*1.1. $\forall x\,\mathsf{H}(x)\ Imp_{\vdash_P}\mathsf{H}(x)$.		§ 98, 1.1.
*1.2. $\forall x\,\mathsf{H}(x)\vdash_P\mathsf{H}(x)$.		§ 98, 1.2.1.
*1.3. $\mathsf{H}(x)\vdash_P\forall x\,\mathsf{H}(x)$.		§ 98, 1.2.2.
*1.4. $\vdash_P\mathsf{H}(x)\ \ddot{a}q\vdash_P\forall x\,\mathsf{H}(x)$.		§ 98, 1.2.

2. *Die entsprechenden Elementartheoreme für* $\exists$.

*2.1. $\mathsf{H}(x)\ Imp_{\vdash_P}\exists x\,\mathsf{H}(x)$.

Beweis:

(1) $\mathsf{H}(x)\ Imp_{\vdash_P}\mathsf{H}(x)$. $Prot_P$

    Folglich $\big(Ph_1(x)\big)$

(2) $\mathsf{H}(x)\ Imp_{\vdash_P}\exists x\,\mathsf{H}(x)$.

*2.2. $\mathsf{H}(x)\vdash_P\exists x\,\mathsf{H}(x)$.   2.1; § 92, 4.4.

*2.3. $\sim\mathsf{H}(x)\vdash_P\sim\exists x\,\mathsf{H}(x)$.

Beweis:

(1) $\sim\mathsf{H}(x)\vdash_P\forall x\sim\mathsf{H}(x)$ 1.3; Übergang von $\mathsf{H}(x)$ zu $\sim\mathsf{H}(x)$,

(2) $\vdash_P\sim\exists x\,\mathsf{H}(x)$, wegen $\forall x\sim\mathsf{H}(x)\ Aeq_{\vdash_P}\sim\exists x\,\mathsf{H}(x)$.

Beweis: § 102, 2.11

Aus $\forall x\sim\mathsf{H}(x)\ Aeq_{\vdash_P}\sim\exists x\,\mathsf{H}(x)$ folgt mit 1.2 durch Übergang von $\mathsf{H}(x)$ zu $\sim\mathsf{H}(x)$

*2.4. $\sim\exists x\,\mathsf{H}(x)\vdash_P\sim\mathsf{H}(x)$.

    Aus 2.3 und 2.4 folgt (§ 92, 3.2.4)

*2.5. $\vdash_P\sim\mathsf{H}(x)\ \ddot{a}q\vdash_P\sim\exists x\,\mathsf{H}(x)$.

    Aus 2.2 folgt zusätzlich (§ 92, 4.6)

*2.6. $\vdash_P\mathsf{H}(x)\ seq\vdash_P\exists x\,\mathsf{H}(x)$.

Aus 1.2 und 2.1 folgt (§ 95, 2.1)

*3. $\forall x\, H(x)\; Imp_{\vdash_P}\; \exists x\, H(x)$.

§ 100. Termeinsetzung. Freie und gebundene Umbenennung

Dieser Paragraph ist das syntaktische Gegenstück zu § 61 und § 67.

I. Termeinsetzung und freie Umbenennung

1. Redeweisen und Symbolik wie in § 61, 1.

2. *Das syntaktische Theorem der Termeinsetzung.*

2.1. $H(x) \vdash_P H(x|t)$. TE_2

Folglich (§ 92, 4.4)

2.2. $\vdash_P H(x)\; seq\; \vdash_P H(x|t)$. TE_1

3. *Folgerungen.*

*3.1. $\forall x\, H(x)\; Imp_{\vdash_P}\; H(x|t)$,   2.2; § 99, 1.1.

*3.2. $H(x|t)\; Imp_{\vdash_P}\; \exists x\, H(x)$ 2.2; § 99, 2.1.

mit den Sonderfällen

*3.3. $\forall x\, H(x)\; Imp_{\vdash_P}\; H(x|z)$.

*3.4. $H(x|z)\; Imp_{\vdash_P}\; \exists x\, H(x)$.

4. *Das Theorem der freien Umbenennung.*

*4.1. $H_1\, Umbf_{xz}\, H_2\; et\; H_2\, Umbf_{zx}\, H_1\; seq\; H_1 \vdash_P H_2\; et\; H_2 \vdash_P H_1$. TE_2

In Worten: Wenn H_1 und H_2 durch freie Umbenennung auseinander hervorgehen, so sind sie P-ableitbar auseinander.

Mit § 92, 3.2.4 geht 4.1 über in das schwächere Theorem

*4.2. $H_1\, Umbf_{xz}\, H_2\; et\; H_2\, Umbf_{zx}\, H_1\,.\,seq\,.\, \vdash_P H_1\; \ddot{a}q\; \vdash_P H_2$.

II. Die gebundene Umbenennung

5. Redeweise und Symbolik wie in § 67, 1.

Es gilt wie in § 67, 1.1

5.1. $H_1\, Umbg\, H_2\; seq\; H_2\, Umbg\, H_1$.

Da die Beweisschritte zu § 67, 2.1 für Imp_P auf Grund der jetzt zur Verfügung stehenden syntaktischen. Theoreme unmittelbar auf $Imp_{\vdash_P}$ übertragen werden können, so erhält man

6.1.   *Das erste Theorem der gebundenen Umbenennung.*

$H_1\, Umbg\, H_2\; seq\; H_1\, Imp_{\vdash_P}\, H_2$.

Aus 6.1 und 5.1

*6.2. *Das zweite Theorem der gebundenen Umbenennung.*

$H_1\, Umbg\, H_2\, seq\, H_1\, Aeq_{\vdash_P} H_2$.

Hieraus unmittelbar

7. *Die Ersetzungsregel der gebundenen Umbenennung.*

7.1. $H_1\, Umbg\, H_2\,.seq.\, Ers_P\, H\, H_1\, H_2\, H^*\, seq\, H\, Aeq_{\vdash_P} H^*$.

Hieraus mit ,,$H_1\, Umbg^*\, H_2$" für ,,H_2 geht aus H_1 hervor durch
eine Kette von gebundenen Umbenennungen"[1]

*7.2. $H_1\, Umbg^*\, H_2\, seq\, H_1\, Aeq_{\vdash_P} H_2$.

Auf Grund des Vorstehenden gilt, wie in § 67, 4.

8. *Die Regel der distinkten Umbenennung.*

§ 101. Die Einsetzungsregel für P-Variablen

Dieser Paragraph ist das syntaktische Gegenstück zu § 62.

1. Redeweisen und Symbolik wie in § 62, 2.

Es ist zu beweisen

2. *Das syntaktische Einsetzungstheorem für eine P-Variable.*

$H\, Eins_P\, H^*\,.seq.\, \vdash_P H\, seq\, \vdash_P H^*$.

Der Beweis ist induktiv zu führen über die Grundregeln der P-Beweisbarkeit. H* gehe aus H hervor durch eine zulässige Einsetzung in
eine P-Variable von H. Es ist zu zeigen, daß dann mit H auch H*
beweisbar ist in bezug auf $\vdash_P$. Es genügt zu zeigen, daß H* für $\vdash_P$H
ohne den Durchgang durch H, also unmittelbar bewiesen werden kann.
Dies folgt daraus, daß alle Theoreme für Schemata von P-Ausdrücken
formuliert und bewiesen sind. Als Beispiel sei die Protonenregel gewählt.
Es sei

$$H = \forall x\, Px \to Py\,.\to.\sim Py \to\, \sim \forall x\, Px,$$

so daß $\vdash_P$H. Dann gilt auf Grund der Protonenregel auch $\vdash_P$H* für

$$H^* = \forall x\,(P_1 x \to P_2 z) \to (P_1 y \to P_2 z)\,.\to.\sim (P_1 y \to P_2 z) \to\, \sim \forall x\,(P_1 x \to P_2 z),$$

wo H* aus H hervorgeht durch $P/\lambda u\,(P_1 u \to P_2 z)$.

Und so generell, da die Grundregeln der P-Beweisbarkeit, wie alle
Regeln des Schließens, überhaupt nur für beliebige P-Ausdrücke von
einer vorgegebenen Struktur formuliert sind.

---

[1] Genaue Formulierung § 67, zu 3.2.

3. Die Bemerkungen § 62, 4. über zulässige und unzulässige Einsetzungen gelten genauso für $\vdash_P$.

§ 102. Externe und interne Verneinung von pränexen P-Ausdrücken. Die Dualität im PFK*

Dieser Paragraph ist das syntaktische Gegenstück zu § 59 und § 69.

I. Externe und interne Verneinung von pränexen P-Ausdrücken

1. Redeweisen und Symbolik wie in § 68, 1; 2.

2. *Die formalisierten Verneinungen von ,,alle" und ,,es gibt".*

2.1. $\exists x \sim H(x)\ Imp_{\vdash_P} \sim \forall x\, H(x)$.

Beweis:

(1) $\forall x\, H(x)\ Imp_{\vdash_P} H(x)$.   § 99, 1.1.

Hieraus durch Kontraposition

(2) $\sim H(x)\ Imp_{\vdash_P} \sim \forall x\, H(x)$.

Hieraus durch $Pv_1(x)$

(3) $\exists x \sim H(x)\ Imp_{\vdash_P} \sim \forall x\, H(x)$.

2.2. $\sim \exists x \sim H(x)\ Imp_{\vdash_P} \forall x\, H(x)$.

Beweis:

(1) $\sim H(x)\ Imp_{\vdash_P} \exists x \sim H(x)$.   § 99, 2.1.

Hieraus durch Kontraposition

(2) $\sim \exists x \sim H(x)\ Imp_{\vdash_P} H(x)$.

Hieraus durch $Gh_1(x)$

(3) $\sim \exists x \sim H(x)\ Imp_{\vdash_P} \forall x\, H(x)$.

Aus 2.1 und 2.2 ergeben sich durch Übergang von H zu $\sim$H auf Grund der Ersetzungsregel (§ 98, 3.)

2.3. $\exists x\, H(x)\ Imp_{\vdash_P} \sim \forall x \sim H(x)$.

2.4. $\sim \exists x\, H(x)\ Imp_{\vdash_P} \forall x \sim H(x)$.

Aus 2.1 bis 2.4 folgen durch Kontraposition

2.5. $\forall x\, H(x)\ Imp_{\vdash_P} \sim \exists x \sim H(x)$.

2.6. $\sim \forall x\, H(x)\ Imp_{\vdash_P} \exists x \sim H(x)$.

2.7. $\forall x \sim H(x)\ Imp_{\vdash_P} \sim \exists x\, H(x)$.

2.8. $\sim \forall x \sim H(x)\ Imp_{\vdash_P} \exists x\, H(x)$.

Es gelten also die folgenden *syntaktischen Aequivalenzen*:

*2.9. $\sim \forall x\, H(x)\ Aeq_{\vdash_P} \exists x \sim H(x)$.   2.6; 2.1.

*2.10. $\sim \forall x \sim H(x)\ Aeq_{\vdash_P} \exists x\, H(x)$.   2.8; 2.3.

*2.11. $\sim \exists x\, H(x)\ Aeq_{\vdash_P} \forall x \sim H(x)$.   2.4; 2.7.

*2.12. $\sim \exists x \sim H(x)\ Aeq_{\vdash_P} \forall x\, H(x)$.   2.2; 2.5.

Aeq_P ist also in § 68, 3. ersetzbar durch $Aeq_{\vdash_P}$, und es gilt

*3. *Das syntaktische Gegenstück zu dem Verneinungstheorem für beliebige pränexe P-Ausdrücke (§ 68, 4.).*

$$\sim \Pi\, \Theta\ Aeq_{\vdash_P} \Pi^{-1} \sim \Theta.$$

II. Die Dualität im PFK*

4. Definitionen wie in § 69, 1.

Da alle Beweisschritte, wie durch Nachprüfung verifizierbar, für $\vdash_P$ gelten und die in 4.1.1, (3) herangezogene Regel der Einsetzung in eine P-Variable durch ihr syntaktisches Gegenstück (§ 101) ersetzt werden kann, so erhält man aus § 69, 4.

5. *Die Dualitätstheoreme des PFK*.*

*5.1. $H_2\, Du_1\, H_1 \,.\, seq\,.\, \vdash_P H_1\ \ddot{a}q \vdash_P H_2$.

*5.2. $H_2\, Du_2\, H_1 \,.\, seq\,.\, \vdash_P H_1\ \ddot{a}q \vdash_P H_2$.

6. Es sei H_2 dual zu H_1, $T_1 = \text{,,}\vdash_P H_1\text{``}$, $T_2 = \text{,,}\vdash_P H_2\text{``}$. Dann sagen wir: „$T_1$ geht in bezug auf $\vdash_P$ durch Dualisierung über in T_2.“

§ 103. Gleichheiten im PFK*

1. Für den PFK* sind die folgenden Gleichheiten von Bedeutung:

1.1.   *Die Aequivalenzbeziehung $Aeq_{\vdash_P}$.*   § 95, 4.1.

1.2.   *Die Deduktionsgleichheit Ddg_P.*

         $H_1\, Ddg_P\, H_2\ \ddot{a}q_{Df}\ H_1 \vdash_P H_2\ et\ H_2 \vdash_P H_1$.

1.3.   *Die Beweisbarkeitsgleichheit Bwg_P.*

         $H_1\, Bwg_P\, H_2\ \ddot{a}q_{Df}\ bew_P H_1\ \ddot{a}q\ bew_P H_2$.

         Hierzu

1.3.1. $H_1\, Bwg_P\, H_2\ \ddot{a}q\ bew_P H_1\ et\ bew_P H_2\ vel\ non\ bew_P H_1\ et\ non\ bew_P H_2$.

1.4.   *Die Widerlegbarkeitsgleichheit Wdg_P.*

         $H_1\, Wdg_P\, H_2\ \ddot{a}q_{Df}\ wdb_P H_1\ \ddot{a}q\ wdb_P H_2$.

Hierzu

1.4.1. $H_1 Wdg_P H_2$ *äq wdb$_P$* H_1 *et wdb$_P$* H_2

vel non wdb$_P$ H_1 *et non wdb$_P$* H_2.

2. *Theoreme zu* $Aeq_{\vdash P}$.

2.1. $H_1 Aeq_{\vdash P} H_2$ *seq* $H_1 Aeq_P H_2$.   § 95, 1.4.

2.2. $H_1 Aeq_{\vdash P} H_2$ *äq* $\sim H_1 Aeq_{\vdash P} \sim H_2$.   AK*

2.3. $H_1 Aeq_{\vdash P} H_2$ *seq!* $H_1 Ddg_P H_2$.   1.2; § 95, 4.6.

2.4.   *seq!* $\sim H_1 Ddg_P \sim H_2$.   2.2; 2.3.

2.5.   *seq!* $H_1 Bwg_P H_2$.   1.3; § 95, 4.5.

2.6.   *seq!* $H_1 Wdg_P H_2$.   1.4; 2.2; 2.5.

3. *Theoreme zu* Ddg_P.

*3.1. $H(x) Ddg_P \,\forall x\, H(x)$ § 99, 1.2; 1.3.

mit der Verallgemeinerung

*3.1.1. $H(\overset{n}{x}) Ddg_P \,\forall \overset{n}{x}\, H(\overset{n}{x})$.

*3.2. $\sim H(x) Ddg_P \sim \exists x\, H(x)$ § 99, 2.2; 2.3.

mit der Verallgemeinerung

*3.2.1. $\sim H(\overset{n}{x}) Ddg_P \sim \exists \overset{n}{x}\, H(\overset{n}{x})$.

*3.3. $H_1 Ddg_P H_2$ *seq!* $H_1 Bwg_P H_2$.   § 92, 4.4.

*3.4. $\sim H_1 Ddg_P \sim H_2$ *seq!* $H_1 Wdg_P H_2$.

Aus TE_2 folgt (§ 100, 4.1)

*3.5.   Wenn H_1 und H_2 durch freie Umbenennung auseinander hervorgehen, so $H_1 Ddg_P H_2$.

4. *Folgerungen aus 3.*

*4.1. $H(x) Bwg_P \,\forall x\, H(x)$ 3.1; 3.3.

mit der Verallgemeinerung

*4.1.1. $H(\overset{n}{x}) Bwg_P \,\forall \overset{n}{x}\, H(\overset{n}{x})$.

*4.2. $H(x) Wdg_P \,\exists x\, H(x)$ 3.2; 3.4.

mit der Verallgemeinerung

*4.2.1. $H(\overset{n}{x}) Wdg_P \,\exists \overset{n}{x}\, H(\overset{n}{x})$.

*4.3.   Wenn H_1 und H_2 durch freie Umbenennung auseinander hervorgehen, so $H_1 Bwg_P H_2$.   3.5; 3.3.

5. Die *Dualitätstheoreme* des PFK* (§ 102, 5.1; 5.2) können jetzt auch so formuliert werden:

*5.1. $H_2 Du_1 H_1 \ seq \ H_1 Bwg_P H_2$.

*5.2. $H_2 Du_2 H_1 \ seq \ H_1 Bwg_P H_2$.

6. *Beziehungen zwischen syntaktischen und semantischen Gleichheiten.*

*6.1. $H_1 Aeq_{\vdash P} H_2 \ seq! \ H_1 Idv_P H_2$.   2.1; § 60, 7.3.

*6.2. $H_1 Aeq_{\vdash P} H_2 \ seq! \ H_1 Erfv_P H_2$.   2.1; § 60, 7.4.

*6.3. $H_1 Ddg_P H_2 \ seq! \ H_1 Idv_P H_2$.

Beweis:

(1) $H_1 \vdash_P H_2 \ et \ H_2 \vdash_P H_1 \ . seq . \ id_k H_1 \ äq \ id_k H_2$.   § 91, 2.1.

Folglich

(2) $H_1 \vdash_P H_2 \ seq \ H_1 Idg_k H_2$.   zu § 77, 9.12.

Hieraus durch hintere Generalisierung von k (§ 5, 11.2)

(3) $H_1 \vdash_P H_2 \ seq \ (Om \ k) \ (H_1 Idg_k H_2)$

(4) $seq \ H_1 Idv_P H_2$.   § 77, 9.12.

Entsprechend (§ 60, 4.2)

*6.4. $\sim H_1 Ddg_P \sim H_2 \ seq! \ H_1 Erfv_P H_2$.

6.5.   *Anm. zu* 6.3: 6.3 ist nicht umkehrbar; denn aus dem atomaren Charakter von $P_1 x$ und $P_2 x$ folgt zwar

$$P_1 x \, Idv_P \, P_2 x;$$

es gilt aber nicht $P_1 x \vdash_P P_2 x$ (§ 92, 3.2.2 Anm.), folglich erst recht nicht $P_1 x \, Ddg_P \, P_2 x$. Dieses Gegenbeispiel versagt, wenn man mit HILBERT-BERNAYS II 377 eine Ableitungsrelation $\vdash_P^*$ einführt, welche die generelle Einsetzung in eine P-Variable zuläßt; denn dann gilt: $P_1 x \vdash_P^* P_2 x$. Aber im allgemeinen Fall gilt auch dann nur

$$H_1 Ddg_P^* H_2 \ seq! \ H_1 Idv_P H_2.$$

Entsprechend

$$\sim H_1 Ddg_P^* \sim H_2 \ seq! \ H_1 Erfv_P H_2.$$

G. HASENJAEGER [1] hat zwei P-Ausdrücke angegeben, so daß $H_1 Idv_P H_2$, aber weder $H_1 \vdash_P^* H_2$ noch $H_2 \vdash_P^* H_1$.[1] Nur für den einstelligen Fall gilt generell $H_1 Ddg_P^* H_2 \ äq \ H_1 Idv_P H_2$.[2] Entsprechend $\sim H_1 Ddg_P^* \sim H_2 \ äq \ H_1 Erfv_P H_2$. Frage: Gibt es überhaupt ein generelles syntaktisches Aequivalent zu Idv_P und $Erfv_P$? Hierzu § 115.

---

[1] Für eine Verschärfung hiervon s. § 203, 2.

[2] Dies folgt aus dem in HILBERT-BERNAYS I 121, Anm. 1, angegebenen Satz von M. WAJSBERG [1].

§ 104. Die syntaktische Quantifizierungstheorie im engeren Sinne

In diesem Paragraphen stehen zur Diskussion die syntaktischen Gegenstücke zu den der quasisyntaktischen Semantik angehörigen §§ 70 bis 75. Die Theoreme von §§ 70 bis 75, 2. sind, wie durch Nachprüfung verifizierbar, so bewiesen, daß Folgendes behauptet werden kann:

1.1. id_P ist überall ersetzbar durch $\vdash_P$.

1.2.   Entsprechend Imp_P, Aeq_P durch $Imp_{\vdash_P}$, $Aeq_{\vdash_P}$.[1]

1.3.   Ebenso id_α in allen Fällen, in denen von id_α durch Generalisierung von α unmittelbar übergegangen werden kann zu id_P. Dies trifft stets zu für Imp_α, Aeq_α, so daß also auch Imp_α, Aeq_α überall ersetzbar sind durch $Imp_{\vdash_P}$, $Aeq_{\vdash_P}$.

2.1.   Ein Sonderfall ist Idg_α (§ 60, 1.2), mit dessen Hilfe die Identitätsverbundenheit Idv_P definiert ist (§ 60, 1.4), für die wir bis jetzt über ein syntaktisches Aequivalent nicht verfügen (§ 103, 6.5). Dagegen ist $H_1\,Idg_P\,H_2$ (§ 60, 1.6) auf Grund von 1.1 ersetzbar durch $H_1\,Bwg_P\,H_2$ (§ 103, 1.3). Entsprechend $H_1\,Erfg_P\,H_2$ (§ 60, 1.7) wegen § 60, 4.2 durch $H_1\,Wdg_P\,H_2$ (§ 103, 1.4).

2.2.   *Folgerungen für die totalpränexen P-Ausdrücke.*

2.2.1.   Zu § 74, 2.1: Jeder P-Ausdruck H kann beweisbarkeits- und widerlegbarkeitsgleich übergeführt werden in einen totalpränexen P-Ausdruck.

2.2.2.   Zu § 97, 2.2: Jeder P-Ausdruck kann beweisbarkeitsgleich übergeführt werden in einen totalpränexen P-Ausdruck, dessen Präfix beginnt mit $\exists x\,\forall y$.

2.2.3.   Zu § 74, 2.3: Jeder P-Ausdruck kann widerlegbarkeitsgleich übergeführt werden in einen totalpränexen P-Ausdruck, dessen Präfix beginnt mit $\forall x\,\exists y$.

2.3.   *Folgerungen für die* Skolem*schen Normalformen.*

2.3.1.   In § 75, 1. ist Idv_P zu ersetzen durch Bwg_P.

2.3.2.   In § 75, 2. ist $Erfv_P$ zu ersetzen durch Wdg_P.

2.3.3.   Dagegen ist der Beweis für § 75, 3. so durchgeführt, daß ein syntaktisches Gegenstück aus der Art dieser Durchführung nicht gewonnen werden kann, folglich auch nicht für § 75, 4.

---

[1] Diese Ersetzbarkeit wird hier nur behauptet auf Grund der quasisyntaktischen Beweise der in Frage kommenden Theoreme. Der Beweis für die generelle Zulässigkeit des Überganges von „$\vdash_P H\ seq\ id_P H$" zu „$id_P H\ äq\ \vdash_P H$" fällt zusammen mit dem Beweis für die semantische Vollständigkeit des PFK*. Vgl. § 114, 2.1.

D) Beziehungen zwischen Semantik und Syntax im PFK

I. Die BOLZANOsche Folgerungsrelation im PFK

§ 105. Einführung der BOLZANOschen Folgerungsrelation $\Vdash_P$

1. M, N, nach Bedarf mit Unterscheidungszeichen, seien irgendwelche Mengen von P-Ausdrücken. Wir definieren, in genauer Analogie zur Einführung von $\Vdash_A$ in § 32, 1.,

*1.1.   H *folgt* im PFK aus M (H ist eine *P-Konsequenz* von M)

$$M \Vdash_P H \ \ddot{a}q_{Df} (Om\,\alpha,\,\mathfrak{B})\,(\mathfrak{B}\,Erf_\alpha\,M\,seq\,\mathfrak{B}\,Erf_\alpha\,H).$$

H soll also im PFK aus M folgen genau dann, wenn jedes Modell von M ein Modell von H ist. M heiße in diesem Zusammenhang die *Prämissenmenge.*

Wir machen für $\Vdash_P$ von allen Abkürzungen Gebrauch, die in § 32, 1.2 und 3. eingeführt worden sind für $\Vdash_A$. Wir schreiben also insbesondere

*1.2.   „$M \Vdash_P N$" *für* „$(Om\,H)\,(H \in N\,seq\,M \Vdash_P H)$",

so daß

*1.3. $M \Vdash_P N \ \ddot{a}q\,(Om\,\alpha,\,\mathfrak{B})\,(\mathfrak{B}\,Erf_\alpha\,M\,seq\,\mathfrak{B}\,Erf_\alpha\,N).$

N folgt im PFK aus M genau dann, wenn jedes Modell von M ein Modell von N ist.

$\Vdash_P$ definiert den (auf den PFK beschränkten) BOLZANOschen, also einen *semantischen* Folgerungsbegriff. Die mit Hilfe von $\Vdash_P$ formulierten Regeln des Schließens sollen zur Unterscheidung von den durch $\vdash_P$ charakterisierten Regeln des prädikatenlogischen Schließens *die prädikatenlogischen Regeln des mathematischen Schließens* heißen.

Es gelten für $\Vdash_P$ alle durch Übergang von $\Vdash_A$ zu $\Vdash_P$ zu gewinnenden Theoreme aus § 32, insbesondere

2. *Das Axiomatisierbarkeitstheorem.*   Vgl. § 32, 3.

Lr sei die leere Prämissenmenge. Dann gilt

*2.1. $Lr \Vdash_P H \ \ddot{a}q\ id_P H.$

*2.2.   Wir schreiben nach Bedarf und im allgemeinen Falle

$$\Vdash_P H \ \text{für} \ Lr \Vdash_P H.$$

Das wichtige Theorem § 91, 1. kann dann umgeschrieben werden in

$$\vdash_P H\ seq\ \Vdash_P H.$$

Die viel voraussetzungsvollere Umkehrung ist ein möglicher Ausdruck für die semantische Vollständigkeit des PFK. Vgl. § 114, 1.4.

Auf Grund von 2.1 fällt die Menge idt_P der P-Identitäten zusammen mit der Menge der P-Konsequenzen aus der leeren Prämissenmenge:

*2.3. $idt_P = (Cl\,\mathsf{H})\,(Lr\,\Vdash_P \mathsf{H})$.

Wir könnten also idt_P durch 2.3 definieren und würden damit idt_P in bezug auf $\Vdash_P$ und Lr *axiomatisiert* haben, in demselben Sinne wie idt_A in bezug auf $\Vdash_A$ und Lr. Für eine Formalisierung des Schließens ist hierdurch freilich nichts gewonnen; denn $\Vdash_P$ ist durch 1.1 und 1.2 so definiert, daß das Operieren mit dieser Folgerungsrelation ein für allemal auf gedankliche (ontologische) Überlegungen im Sinn des inhaltlichen Schließens gestützt ist. Aber die fundamentale Bedeutung von $\Vdash_P$ wird hierdurch nicht angetastet. Sie liegt, wie schon in § 2 angedeutet worden ist und im folgenden Paragraphen gezeigt werden wird, in der durch $\Vdash_P$ von Bolzano erzielten Präzisierung des mathematischen Folgerungsbegriffs.

Aus diesem Grunde sind die grundlegenden kalkülunabhängigen und kalkülabhängigen Eigenschaften von $\Vdash_P$ von dem allergrößten Interesse. Sie fallen zusammen mit den entsprechenden Eigenschaften von $\Vdash_A$ (§§ 33 und 34) und werden daher mit Berufung auf diese nach Bedarf herangezogen werden. Diese Koinzidenz ist so zu verstehen, daß auch die Beweise erhalten bleiben, bis auf den Beweis des finitären Charakters von $\Vdash_P$. Dieser Beweis hat schon für den finitären Charakter von $\Vdash_A$ (§ 33, 4.) eine beträchtliche Vorarbeit gekostet, indem er auf das finitäre Erfüllungstheorem im AK (§ 31, 1.6) gestützt worden ist. Er wird für $\Vdash_P$ auf ein entsprechendes finitäres Erfüllungstheorem für den PFK gestützt werden (§ 113, 1.). Unter den kalkülabhängigen Eigenschaften ist auch für $\Vdash_P$ die *Normalität* (vgl. § 34, 1.1; 1.2) besonders hervorzuheben.

3. Der Operator $Fl_{\Vdash_P}$.

Geht man, in genauer Analogie zu dem Übergang von $\Vdash_A$ zu $Fl_{\Vdash_A}$ (§ 35), über von $\Vdash_P$ zu $Fl_{\Vdash_P}$, so fallen entsprechend die Eigenschaften von $Fl_{\Vdash_P}$ zusammen mit denen von $Fl_{\Vdash_A}$ (§ 35, 1. bis 2.3 und 6.1). Diese Koinzidenz ist so zu verstehen, daß auch die Beweise erhalten bleiben, bis auf den Beweis des finitären Charakters von $Fl_{\Vdash_P}$; denn in genauer Analogie zu dem Fall von $Fl_{\Vdash_A}$ (§ 35, 6.1) ist die Behauptung dieses finitären Charakters nur eine auf $Fl_{\Vdash_P}$ abgestimmte Wiederholung der entsprechenden Behauptung für $\Vdash_P$.

§ 106. Die wissenschaftstheoretische Bedeutung von $\Vdash_P$

In diesem Paragraphen soll die Bedeutung der durch $\Vdash_P$ präzisierten Folgerungsrelation für den Aufbau von mathematischen Theorien aufgezeigt werden.

1.1. Der natürliche Ausgangspunkt für eine Erhellung des mathematischen Folgerungsbegriffs sind die metamathematischen Unabhängigkeitstheoreme. Sie sind von den Sätzen einer mathematischen Theorie wohl zu unterscheiden; denn sie beziehen sich nicht wie diese auf die Objekte, sondern auf gewisse Sätze der Theorie. Sind z.B. $S_1, \ldots, S_n$ Sätze einer solchen Theorie, so wird durch die Aussage, die besagt, daß S_n unabhängig ist von $S_1, \ldots, S_{n-1}$, zum Ausdruck gebracht, daß S_n aus $S_1, \ldots, S_{n-1}$ nicht gefolgert werden kann. Eine solche Aussage ist also in der Tat eine metatheoretische oder allgemeiner eine metamathematische Aussage.

1.2.   Wir greifen zurück auf die Unabhängigkeitsbeweise für die vier Eigenschaften, die $Fl_{\Vdash_A}$ als einen finitären Hüllenoperator kennzeichnen (§ 35, 7.). Wie sind diese Beweise zustande gekommen? In zwei Schritten. *Erster* Schritt: (a) Ersetzung der Potenzmenge der A-Ausdrücke, die durch $Fl_{\Vdash_A}$ in sich abgebildet wird, durch eine Potenzmengenvariable $\mathfrak{M}$. (b) Ersetzung von $Fl_{\Vdash_A}$ durch einen neutralen Operator $^{-}$ bzw. eine Operatorenvariable F, die $\mathfrak{M}$ in sich abbildet. Bezeichnet man die Potenzmenge der A-Ausdrücke durch $Pot(A)$, so gehen durch (a) und (b) die vier $Fl_{\Vdash_A}$-Theoreme

$$\text{T1.}\ \ M \subseteq Fl_{\Vdash_A}(M)\,, \qquad\qquad \text{T2.}\ \ M_1 \subseteq M_2\ seq\ Fl_{\Vdash_A}(M_1) \subseteq Fl_{\Vdash_A}(M_2)\,,$$

$$\text{T3.}\ \ Fl_{\Vdash_A}\big(Fl_{\Vdash_A}(M)\big) \subseteq Fl_{\Vdash_A}(M)\,, \quad \text{T4.}\ \ \mathsf{H} \in M\ seq\ (Ex_M E)\,(\mathsf{H} \in Fl_{\Vdash_A}(E))$$

$\big(M, M_1, M_2 \in Pot(A),\ E$ endlich$\big)$ über in die vier Aussageformen (Bedingungen, Postulate) in F und $\mathfrak{M}$ mit $M, M_1, M_2 \in \mathfrak{M}$:

$$\text{P1.}\ \ M \in F(M)\,, \qquad\qquad \text{P2.}\ \ M_1 \subseteq M_2\ seq\ F(M_1) \subseteq F(M_2)\,,$$

$$\text{P3.}\ \ F\big(F(M)\big) \subseteq F(M)\,, \qquad\qquad \text{P4.}\ \ x \in M\ seq\ (Ex_M E)\,\big(x \in F(E)\big)\,,$$

wobei in der dem Mathematiker geläufigen Ausdrucks- und Anschreibungsart P1 bis P3 generalisiert zu denken sind in bezug auf M, M_1, M_2, P4 generalisiert in bezug auf M und x.

1.3.   Erst jetzt kann die Unabhängigkeitsfrage sinnvoll diskutiert werden. Wie wird sie entschieden für P1 in bezug auf P2 bis P4? Dies geschieht durch den *zweiten* Schritt: Definition einer Belegung von F und $\mathfrak{M}$, die P2 bis P4 erfüllt, aber nicht P1, m.a.W. durch Konstruktion eines Modells von P2 bis P4, das nicht ein Modell von P1 ist[1]. Es ist also in jedem Falle vorausgesetzt, daß P1 aus P2 bis P4 nur dann folgt, wenn jedes Modell von P2 bis P4 ein Modell von P1 ist. Wir werden jedoch keinen Widerspruch befürchten müssen, wenn wir das „nur dann" zu einem „genau dann" verschärfen. Daß dieses „genau

---

[1] Es wird nicht behauptet, daß Unabhängigkeitsbeweise so geführt werden *müssen*. In der Diskussion von Kalkülen gelingt es manchmal, die Unabhängigkeit eines Kalkülausdrucks von gewissen anderen in bezug auf einen vorgegebenen formalisierten Folgerungsbegriff durch Überlegungen rein struktureller Art zu beweisen. Ein Beispiel ist die lehrreiche Studie von G. WERNICK [1]. Auch die Unabhängigkeitsbeweise für die Epsilon-, die Protonen- und die Abtrennungsregel § 94, 1.1; 1.2; 2. sind in diesem Sinne zu nennen. Andererseits werden Unabhängigkeitsbeweise auch für formalisierte Sprachen in der Normalform modelltheoretisch geführt. Man vergleiche die nicht-trivialen „Unabhängigkeitsbeweise nach der Methode der Wertung" von P. BERNAYS in HILBERT-BERNAYS I 72ff. Als modelltheoretische Unabhängigkeitsbeweise mit erschwerenden Nebenbedingungen werden auch die Unabhängigkeitsbeweise HILBERT-BERNAYS I 273ff. interpretiert werden dürfen. In jedem Falle ist also für einen formalisierten Folgerungsbegriff wie $\vdash_P$ zu fordern, daß die modelltheoretische Methode der Unabhängigkeitsbeweise mit Beziehung auf ihn begründet werden kann.

dann" aus einer Analysis des mathematischen Schließens nicht explizit herausgeholt werden kann, wird darauf zurückgeführt werden dürfen, daß der Mathematiker sich des Bolzano-Charakters seiner logischen Operationen effektiv erst bewußt wird für die im allgemeinen Falle am Rande seines Interessengebietes stehenden Unabhängigkeitsbeweise. Was hier zur Unabhängigkeit von P1 in bezug auf P2 bis P4 gesagt ist, gilt entsprechend für die drei übrigen Fälle. Und das Ergebnis unserer Analysis wird jetzt in einer unangreifbaren Ausdrucksart so formuliert werden dürfen: *Der mathematische Folgerungsbegriff kann so verstanden werden, daß er zusammenfällt mit der Bolzanoschen Folgerungsrelation.* Und es ist nicht ein Nachteil, sondern im Gegenteil jetzt ein Vorzug dieser Relation, daß das Schließen in inhaltlichen Überlegungen verläuft; denn genauso ist es im mathematischen Falle.

2.1. Wir unterscheiden zwei Arten von mathematischen Theorien: die *abstrakten*, mit beliebig variierbaren Bereichen, und die *konkreten*, mit fest vorgegebenem Bereich. Die Theorien der modernen Algebra und der Topologie sind abstrakte Theorien. Beispiele von konkreten Theorien sind die Zahlentheorie, die Analysis, die Funktionentheorie. Man vergleiche hierzu aber auch 2.6.

2.2. Zu einer *Charakterisierung* einer mathematischen Theorie durch den PFK gehört in jedem Falle (1) ein Folgerungsbegriff, (2) ein Prämissensystem Σ mit gewissen Σ-eigenen Grundsymbolen, so daß die Sätze der Theorie mit Bezug auf (1) als die Folgerungen aus Σ bestimmt werden können. Die Σ-eigenen S-Symbole sollen durch S-Konstanten vertreten sein, die übrigen Σ-eigenen Grundsymbole durch Variablen, die irgendwie ausgezeichnet sind. Σ heiße *finitär*, wenn Σ auf endlich viele Prämissen beschränkt ist, sonst *nicht-finitär*. In diesem Fall enthält Σ wenigstens ein Prämissenschema, in welchem mit Hilfe von metasprachlichen Ausdrucksvariablen unendlich viele individuelle Prämissen von einem und demselben Typus komprimiert sind. Sie sollen die *Individualisierungen* des Schemas heißen[1]. Eine mathematische Theorie heiße *finitär charakterisiert*, wenn ihre Sätze als Folgerungen aus einem finitären Σ bestimmt sind. Sie heiße *nicht-finitär charakterisiert*, wenn ihre Sätze bestimmt sind als die Folgerungen aus einem nicht-finitären Σ.

2.3. In fast jedes mathematische Prämissensystem geht die *Identitätsbeziehung* ein. Sie sei als zusätzliche *logische* Konstante symbolisiert durch „$\equiv$". Das, was im folgenden zu sagen ist, wird wesentlich vereinfacht, wenn wir für einen Logikkalkül verlangen, daß er einen Kalkül der Identitätskonstanten enthält. Dies trifft auf den PFK zwar nicht zu; es wird aber im folgenden Hauptstück nachgeholt: als eine Erwei-

---

[1] Ein Beispiel: $H = \forall x\, \Theta(x) \to \Theta(z)$ ist ein Prämissenschema, der Ausdruck $H' = \forall x\, (Py \to Px) \to (Py \to Pz)$ ist eine Indvidualisierung von H.

terung des PFK zu einem IFK. Aber notwendig ist diese Erweiterung *nicht*; denn in jedem konkreten Falle können die Bedingungen, denen die Identitätsbeziehung für das inhaltliche Denken genügt, in bezug auf die Grundvariablen des vorgegebenen Prämissensystems durch Einführung einer zusätzlichen zweistelligen P-Variablen ausreichend charakterisiert werden. Wir sind also berechtigt, auch mit Benutzung einer Identitätskonstanten von Darstellungsmöglichkeiten im PFK zu sprechen.

Ein Beispiel einer in diesem Sinne im PFK darstellbaren, und zwar finitär darstellbaren abstrakten Theorie ist die *Gruppentheorie*. Tatsächlich ist es freilich so, daß der wahre Charakter des grundlegenden Prämissensystems Σ auch in der Charakterisierung von abstrakten Theorien im allgemeinen Falle durch eine konkretisierende Anschreibung von Σ verhüllt wird; aber diese Verhüllung ist leicht zum Verschwinden zu bringen.

Für eine Menge von Elementen, die mit der Allmenge zusammenfallen möge, so daß sie nicht explizit mitgeführt zu werden braucht, sei eine assoziative, rechts- und linksseitig umkehrbare Verknüpfungsoperation $\circ$ definiert. Es gelte also

$G\,1.\quad \forall xyz\,\bigl(x\circ(y\circ z)\equiv(x\circ y)\circ z\bigr).$

$G\,2.\quad \forall xy\,\exists z\,(x\equiv y\circ z).$

$G\,3.\quad \forall xz\,\exists y\,(x\equiv y\circ z).$

Dann pflegt der Mathematiker von einer *Gruppe* zu sprechen. Wir werden $G=\{G\,1, G\,2, G\,3\}$ so umformen, daß eine Gruppe vielmehr ein *Modell* dieser Umformung ist. Wir gehen schrittweise vor, indem wir zunächst nur die vorausgesetzte zweistellige Verknüpfungsoperation „variabilisieren", etwa durch g. Hierdurch geht G über in G' mit

$G'\,1.\quad \forall xyz\,\bigl(g(x, g(y, z))\equiv g(g(x, y), z)\bigr).$

$G'\,2.\quad \forall xy\,\exists z\,\bigl(x\equiv g(y, z)\bigr).$

$G'\,3.\quad \forall xz\,\exists y\,\bigl(x\equiv g(y, z)\bigr).$

Hier ist nun noch ein Ersatz für das Identitätssymbol in den für G' in Betracht kommenden Grenzen im Rahmen des PFK zu bestimmen. Wir führen zunächst um der Anschaulichkeit willen das Hilfssymbol „$\sim$" ein. Ein Designat von „$\sim$" soll folgenden Bedingungen genügen:

$G'\,4.\quad \forall x\,(x\sim x).$

$G'\,5.\quad \forall xyz\,(x\sim y\wedge x\sim z\rightarrow y\sim z).$

$G'\,6.\quad \forall xyzu\,\bigl(x\sim y\wedge z\sim u\rightarrow g(x, z)\sim g(y, u)\bigr).$

Aus $G'\,5$ folgt

$G'\,5.1.\quad \forall xy\,(x\sim y\wedge x\sim x\rightarrow y\sim x).$

Hieraus, wegen $G'4$,

$G'5.2.$ $\forall xy\,(x \sim y \to y \sim x)$.

Anwendung von $G'5.2$ auf $G'5$ liefert

$G'5.3.$ $\forall xyz\,(y \sim x \wedge x \sim z \to y \sim z)$.

Ein Designat von „$\sim$" ist also durch $G'4$, $G'5$ als eine *Aequi-valenz*-, durch $G'6$ zusätzlich als eine *Kongruenzrelation* gekennzeichnet. Ist also $\mathfrak{B}$ eine Belegung von „$\sim$" und g über α, so daß $\approx = \mathfrak{B}(\sim)$ in bezug auf $\mathfrak{g} = \mathfrak{B}(g)$ eine Kongruenzrelation in α ist, so kann man, unter der Voraussetzung, daß $\mathfrak{x}, \mathfrak{y}, \mathfrak{z}$ in α liegen, wie in § 93, 1.2, (1), übergehen zu einer Belegung $\overline{\mathfrak{B}}$ über einem „Restklassenbereich" $\overline{\alpha}$ mit $\overline{\mathfrak{x}} = \overline{\mathfrak{y}}$ *äq* $\mathfrak{x} \approx \mathfrak{y}$ und $\overline{\mathfrak{g}}(\overline{\mathfrak{x}}, \overline{\mathfrak{y}}) = \overline{\mathfrak{z}}$ *äq* $\mathfrak{g}(\mathfrak{x}, \mathfrak{y}) \approx \mathfrak{z}$: wodurch die Unabhängigkeit vom Repräsentanten in der zu fordernden Vollständigkeit gesichert ist. Ersetzt man nun in $G' = \{G'1, \ldots, G'6\}$ „$\equiv$" bzw. „$\sim$" durch die G'-Variable $\widetilde{P}$ mit $\widetilde{P}xy$ an Stelle von $x \equiv y$ bzw. $x \sim y$, so ist zu jedem α ein $\overline{\alpha}$ bestimmt, für welches $\overline{\mathfrak{B}}_{\overline{\alpha}}(\widetilde{P})$ die Identitätsrelation ist[1].

Das System G' mit den G'-Variablen $\widetilde{P}$ und g heiße ein *gruppentheoretisches Postulatensystem*. Unter einem *Postulatensystem* soll fortan generell ein einer Charakterisierung einer *abstrakten* mathematischen Theorie dienendes Prämissensystem verstanden sein.

Der Übergang von G zu G' darf nicht als eine unwesentliche Subtilität betrachtet werden; denn er ist eine notwendige Bedingung für die Einführung des für dieses Lehrbuch im Einklang mit dem inhaltlichen mathematischen Denken definierten Modellbegriffs, der nur für G' bestimmt ist, nicht aber für G. Und erst unter dieser Voraussetzung können die *Sätze* der Gruppentheorie bestimmt werden: nämlich als die Folgerungen aus G' im Sinn des BOLZANOschen Folgerungsbegriffs[2], also im vorliegenden Falle als die P-Konsequenzen von G', genauer als die H, für welche $G'\Vdash_P H$. Um Trivialitäten auszuschließen, fordern wir zusätzlich, daß diese H nicht selbst schon P-identisch sind. Auf Grund der Bedingungen, die in diesem Falle erfüllt sind, sprechen wir von einer *Charakterisierung* der Gruppentheorie im PFK.

2.4.   Da G' finitär ist, können wir übergehen zu einer Konjunktion $\wedge G'$ aus den Postulaten von G'. Dann gilt: $G'\Vdash_P H$ *äq* $id_P \wedge G' \to H$.

---

[1] Man vgl. hierzu die generelle Reduktion der eigentlichen I-Ausdrücke (§ 121, 2.1) auf P-Ausdrücke in § 163, 2.3.

[2] Hierzu BOLZANO [1] § 155, 2.): „Ich sage, daß die Sätze $M, N, O, \ldots$ ableitbar wären aus den Sätzen $A, B, C, D, \ldots$ *hinsichtlich auf die veränderlichen Teile* $i, j, \ldots$, wenn jeder Inbegriff von Vorstellungen, der an der Stelle der $i, j, \ldots$ die sämtlichen $A, B, C, D, \ldots$ wahr macht, auch die gesamten $M, N, O, \ldots$ wahr macht."

Diese Aequivalenz ermöglicht den Übergang von den Sätzen zu den *normierten* Sätzen der Gruppentheorie. Diese normierten Sätze sollen zusammenfallen mit den P-Identitäten vom Typus $\wedge G' \to H$, wo die H die P-Konsequenzen von G' sein sollen. Durch diese *normierte* Charakterisierung geht die Gruppentheorie über in eine Teiltheorie des PFK. Eine solche Charakterisierung gelingt in genau den Fällen, in denen das charakterisierende Postulatensystem finitär ist. Wo eine normierte Charakterisierung gelingt, bringt sie den Zusammenhang von Mathematik und Logik zu einer maximalen Evidenz.

2.5. Die Frage, ob eine solche Charakterisierung auch für den PFK*, also in bezug auf $\vdash_P$ erreicht werden kann, ist zu bejahen; aber erst im Anschluß an das Deduktionstheorem des PFK* (§107, 5.1). Das Normierbarkeitstheorem ist formuliert in §107, 5.4.

2.6. Alles, was zu den abstrakten Theorien gesagt ist, soll auch für die *konkreten* mathematischen Theorien verbindlich sein. Eine wesentliche Forderung kommt in diesem Falle hinzu. Das charakterisierende Postulatensystem muß den fest vorgegebenen Bereich mit seinen Elementen, den Grundeigenschaften dieser Elemente und den zwischen ihnen bestehenden Grundbeziehungen bis auf Isomorphismen eindeutig festlegen. Ein Beispiel: Für ein zahlentheoretisches Postulatensystem muß gezeigt werden können (1) daß es ein zahlentheoretisches Modell hat, (2) daß jedes von diesem verschiedene Modell zu ihm isomorph ist, also strukturell identisch mit ihm, so daß es zulässig ist, auf Grund dieser strukturellen Identität von „dem" zahlentheoretischen Modell zu sprechen. Man nennt ein Postulatensystem *kategorisch* oder *monomorph*, wenn irgend zwei Modelle desselben isomorph sind. Ein kategorisches Postulatensystem heiße in Anknüpfung an den klassischen Sprachgebrauch ein *Axiomensystem*. Dann unterscheiden die konkreten Theorien sich von den abstrakten durch die zusätzliche Forderung, daß die zu ihrer Charakterisierung dienenden Prämissensysteme Axiomensysteme sein müssen.

2.7. Durch die vorstehenden Festsetzungen geht die Mathematik in eine universelle Strukturforschung über. Der mathematische Charakter dieser Strukturforschung haftet an der mathematischen Bedeutung der erfaßten Modelle. Die Entscheidung über den mathematischen Rang eines Modells untersteht der Urteilskraft der mathematischen Autoritäten.

§107. Die Unterschiede zwischen $\Vdash_P$ und $\vdash_P$ und ihre Überwindung. Das Deduktionstheorem

1. Die in §106 diskutierte wissenschaftstheoretische Bedeutung von $\Vdash_P$ ist wesentlich bestimmt durch die *Normalität* von $\Vdash_P$. In diesem

Paragraphen sollen die Bedingungen angegeben werden, unter denen die Normalität auch für $\vdash_P$ behauptet werden kann.

2. Um diesen Bedingungen auf die Spur zu kommen und damit die Diskrepanz zwischen $\vdash_P$ und $\Vdash_P$ in den Grenzen des Möglichen zum Verschwinden zu bringen, genügt es, die drei kritischen Fälle ins Auge zu fassen, in denen die Nicht-Normalität von $\vdash_P$ im Bereich der komprimierten Regeln der P-Beweisbarkeit ($\S\,93$, (2)) zum Vorschein kommt. Diese drei Fälle sind (1) die Termeinsetzung, (2) die hintere Generalisierung, (3) die vordere Partikularisierung. Es gilt zwar

2.1. $Px \vdash_P Pt$, aber nicht $Px \Vdash_P Pt$.

2.2. $P_1x \to P_2z \vdash_P P_1x \to \forall z\,P_2z$, aber nicht $P_1x \to P_2z \Vdash_P P_1x \to \forall z\,P_2z$.

2.3. $P_1x \to P_2z \vdash_P \exists x\,P_1x \to P_2z$, aber nicht $P_1x \to P_2z \Vdash_P \exists x\,P_1x \to P_2z$.

Die Ungültigkeit der rechts stehenden Aussagen ergibt sich daraus, daß in allen drei Fällen schon für einen zweizahligen Bereich eine Belegung angegeben werden kann, die den links von $\Vdash_P$ stehenden Ausdruck erfüllt, den rechts von $\Vdash_P$ stehenden Ausdruck dagegen nicht. In diesen drei Fällen ist also $\vdash_P$ stärker als $\Vdash_P$.

3. Ersetzt man dagegen 2.1 bis 2.3 z.B. durch

3.1. $\forall x\,Px \vdash_P Pt$,

3.2. $\forall z\,(P_1x \to P_2z) \vdash_P P_1x \to \forall z\,P_2z$,

3.3. $\forall x\,(P_1x \to P_2z) \vdash_P \exists x\,P_1x \to P_2z$,

so gelten mit 3.1 bis 3.3 auch

3.1.1. $\forall x\,Px \Vdash_P Pt$.   Vgl. $\S\,61$, 3.1.

3.2.1. $\forall z\,(P_1x \to P_2z) \Vdash_P P_1x \to \forall z\,P_2z$.   Vgl. $\S\,71$, 5.1.

3.3.1. $\forall x\,(P_1x \to P_2z) \Vdash_P \exists x\,P_1x \to P_2z$.   Vgl. $\S\,71$, 5.2.

4. Der Grund für die Krisis in 2.1 bis 2.3 ist darin zu suchen, daß die zur Termeinsetzung und zur Quantifizierung bestimmte Variable — in 2.1 und 2.3 ist es x, in 2.2 ist es z — in der Prämisse frei vorkommt. In 3.1 bis 3.3 kommt sie zwar auch noch jedesmal in der Prämisse vor, aber nicht frei. Dies ermöglicht den Übergang zu den Theoremen 3.1.1 bis 3.3.1.

Es ergibt sich so effektiv auch für $\vdash_P$ eine Normalität auf dem Umweg über die H-beschränkte P-Ableitbarkeit von Θ aus $M \cup \{H\}$, wobei die folgende Redeweise vorausgesetzt ist

4.1. Θ *ist H-beschränkt P-ableitbar aus* $M \cup \{H\}$, symbolisch

$$M \cup \{H\}_{H!} \vdash_P \Theta$$

$\ddot{a}q_{Df}$

$M \cup \{H\} \vdash_P \Theta$, mit folgenden Einschränkungen[1]:

(a) Die für eine Termeinsetzung vorgesehene S-Variable darf in H nicht frei vorkommen.

(b) Die für eine hintere Generalisierung oder eine vordere Partikularisierung vorgesehene S-Variable darf in H nicht frei vorkommen.

Anm.: Durch die Einschränkungen (a) und (b) werden, wie sich im folgenden zeigen wird, genau die drei kritischen Fälle 2.1 bis 2.3 ausgeschaltet.

5. *Das Deduktionstheorem des PFK* und seine Derivate.*

***5.1.** *Das Deduktionstheorem des PFK*:*[2]

$$M \cup \{H\}_{H!} \vdash_P \Theta \ seq \ M \vdash_P H \rightarrow \Theta.$$

In Worten: Wenn Θ H-beschränkt P-ableitbar ist aus $M \cup \{H\}$, so ist $H \rightarrow \Theta$ aus M allein P-ableitbar.

Beweis: $\mathfrak{F}$ sei eine H-beschränkte P-Ableitung von Θ aus $M \cup \{H\}$. $\mathfrak{F}'$ gehe dadurch aus $\mathfrak{F}$ hervor, daß jedes Θ_i in $\mathfrak{F}$ ersetzt ist durch $H \rightarrow \Theta_i$. Das letzte Glied von $\mathfrak{F}'$ ist dann $H \rightarrow \Theta$. Das durch diese Ersetzungen aus $\mathfrak{F}$ erzeugte $\mathfrak{F}'$ ist aber im allgemeinen Falle nicht mehr eine P-Ableitung. Durch Einschaltungen von zusätzlichen Gliedern läßt sich jedoch aus $\mathfrak{F}'$ ein $\mathfrak{F}^*$ erzeugen, das den Anforderungen an eine P-Ableitung genügt. Wir zeigen dies der Reihe nach für

(1.1) die *Epsilonbedingung:*

(a) $\Theta_i \in M$. Man ersetze in $\mathfrak{F}'$ $H \rightarrow \Theta_i$ durch die Folge Θ_i, $\Theta_i \rightarrow (H \rightarrow \Theta_i)$, $H \rightarrow \Theta_i$. Die Ersetzungen sind zulässig: Θ_i wegen $\Theta_i \in M$. Hieraus mit dem Proton $\Theta_i \rightarrow (H \rightarrow \Theta_i)$ durch Abtrennung $H \rightarrow \Theta_i$. (b) $\Theta_i = H$. Dann $Prot_P H \rightarrow \Theta_i$.

(1.2) die *Protonenbedingung:*

$Prot_P \Theta_i$. Dann auch $Prot_P H \rightarrow \Theta_i$. Der Übergang von Θ_i zu $H \rightarrow \Theta_i$ ist also zulässig.

---

[1] Das heißt: Der Wirkungsbereich von ,,Es gibt ein $\mathfrak{F}$ ...'' der Definition von $\vdash_P$ in § 90, 4.1 soll *hier* erst mit der Bedingung (b) enden.

[2] Dieses Theorem haben gleichzeitig und unabhängig voneinander A. TARSKI und J. HERBRAND 1930 formuliert. Vgl. HERMES-SCHOLZ [1] Anm. 132.

(2)   die *Abtrennung*:

Θ_i sei durch Abtrennung hervorgegangen aus $\Theta_k, \Theta_k \to \Theta_i$. In $\mathfrak{F}'$ steht also $H \to \Theta_k$, $H \to (\Theta_k \to \Theta_i)$ vor $H \to \Theta_i$. Man ersetze $H \to \Theta_i$ durch die Folge der drei Formeln (a) $H \to \Theta_k . \to . H \to (\Theta_k \to \Theta_i) \to (H \to \Theta_i)$, (b) $H \to (\Theta_k \to \Theta_i) . \to . H \to \Theta_i$, (c) $H \to \Theta_i$. Die Ersetzungen sind zulässig; denn (a) ist ein Proton. Aus (a) geht (b) durch Abtrennung hervor, da $H \to \Theta_k$ in $\mathfrak{F}'$. Hieraus durch Abtrennung (c), da $H \to (\Theta_k \to \Theta_i)$ in $\mathfrak{F}'$.

(3)   die *Termeinsetzung*:

Geht Θ_i aus Θ_j durch Termeinsetzung hervor, so auch $H \to \Theta_i$ aus $H \to \Theta_j$, da nach Vor. die für die Einsetzung vorgesehene S-Variable in H nicht frei vorkommt.

(4)   die *vordere Quantifizierung*:

$\Theta_i = Qx \Theta(x) \to \Theta'$ sei durch vordere Quantifizierung (Generalisierung oder Partikularisierung, mit der für diese geltenden einschränkenden Bedingung) hervorgegangen aus $\Theta_k = \Theta(x) \to \Theta'$. In $\mathfrak{F}'$ steht also $H \to \Theta_k$ vor $H \to \Theta_i$. Man ersetze in $\mathfrak{F}'$

(a) $H \to \Theta_k$ durch die dreigliedrige Folge (a$_1$) $H \to (\Theta(x) \to \Theta')$, (a$_2$) $H \to (\Theta(x) \to \Theta') . \to . \Theta(x) \to (H \to \Theta')$, (a$_3$) $\Theta(x) \to (H \to \Theta')$,

(b) $H \to \Theta_i$ durch die dreigliedrige Folge (b$_1$) $Qx \Theta(x) \to (H \to \Theta')$, (b$_2$) $Qx \Theta(x) \to (H \to \Theta') . \to . H \to (Qx \Theta(x) \to \Theta')$, (b$_3$) $H \to (Qx \Theta(x) \to \Theta')$.

Die Ersetzungen sind zulässig; denn (a$_1$) ist (a), und (a$_2$) ist ein Proton. Aus (a$_1$) und (a$_2$) geht (a$_3$) durch Abtrennung hervor. Aus (a$_3$) geht (b$_1$) hervor durch vordere Quantifizierung (für $Q = \exists$ zulässig, da nach Vor. x nicht frei in H, folglich auch nicht in $H \to \Theta'$, weil für $Q = \exists$ generell gefordert ist, daß x nicht frei in Θ'). (b$_2$) ist ein Proton. Aus (b$_1$) und (b$_2$) folgt durch Abtrennung (b$_3$), d.i.: (b).

(5)   die *hintere Quantifizierung*:

$\Theta_i = \Theta' \to Qx \Theta(x)$ sei durch hintere Quantifizierung (mit der für die Generalisierung geltenden einschränkenden Bedingung) hervorgegangen aus $\Theta_k = \Theta' \to \Theta(x)$. In $\mathfrak{F}'$ steht also $H \to \Theta_k$ vor $H \to \Theta_i$. Man ersetze in $\mathfrak{F}'$

(a) $H \to \Theta_k$ durch die dreigliedrige Folge (a$_1$) $H \to (\Theta' \to \Theta(x))$, (a$_2$) $H \to (\Theta' \to \Theta(x)) . \to . H \wedge \Theta' \to \Theta(x)$, (a$_3$) $H \wedge \Theta' \to \Theta(x)$,

(b) $H \to \Theta_i$ durch die dreigliedrige Folge (b$_1$) $H \wedge \Theta' \to Qx \Theta(x)$, (b$_2$) $H \wedge \Theta' \to Qx \Theta(x) . \to . H \to (\Theta' \to Qx \Theta(x))$, (b$_3$) $H \to (\Theta' \to Qx \Theta(x))$.

Die Ersetzungen sind zulässig; denn (a$_1$) ist (a), und (a$_2$) ist ein Proton. Aus (a$_1$) und (b$_2$) geht (a$_3$) durch Abtrennung hervor. Aus (a$_3$) geht (b$_1$) hervor durch hintere Quantifizierung (für $Q = \forall$ zulässig, da nach Vor. x nicht frei in H, folglich auch nicht in $H \wedge \Theta'$, weil für $Q = \forall$

generell gefordert ist, daß x nicht frei in Θ'). (b_2) ist ein Proton. Aus (b_1) und (b_2) folgt durch Abtrennung (b_3), d.i.: (b).

Hiermit ist alles gezeigt, was zu zeigen war.

Nun gilt aber 5.1 a fortiori stets dann, wenn H abgeschlossen ist. Es gilt also (mit Einschluß der leicht aus *Abtr* zu beweisenden Umkehrung)

5.2.   Das beschränkte Normalitätstheorem für $\vdash_P$.

$$abg\ \mathsf{H}\ .\ seq\ .\ M \cup \{\mathsf{H}\} \vdash_P \Theta\ \ddot{a}q\ M \vdash_P \mathsf{H} \to \Theta.$$

Ist E eine endliche Menge von P-Ausdrücken, so geht 5.2 durch $\{\mathsf{H}\}/\wedge E,\ M/Lr$ über in

5.3. $abg\ \wedge E\ .\ seq\ .\ E \vdash_P \Theta\ \ddot{a}q \vdash_P \wedge E \to \Theta.$

Die geforderte Abgeschlossenheit von $\wedge E$ ist stets effektiv erreichbar; denn wenn E^* eine Generalisierte von $\wedge E$, so gilt (§ 103, 3.1.1)

$$E^*\ Ddg_P \wedge E,$$

mithin

$$E \vdash_P \Theta\ \ddot{a}q\ E^* \vdash_P \Theta\ \ddot{a}q \vdash_P E^* \to \Theta.$$

Hieraus

5.4.   Das Normierbarkeitstheorem des PFK.*

Jede *finitäre* Charakterisierung (§ 106, 2.2) einer mathematischen Theorie *durch den* PFK* kann in eine *normierte* Charakterisierung (§ 106, 2.4) *im* PFK* übergeführt werden.

6. *Ein zusätzliches Resultat.*

6.1. M heiße *abgeschlossen* (*abg M*), wenn jedes $\mathsf{H} \in M$ abgeschlossen ist. Enthält M wenigstens ein Ausdrucksschema, so soll jede Individualisierung dieses Schemas (§ 106, 2.2) abgeschlossen sein. Mit M ist dann auch jede endliche Teilmenge E von M abgeschlossen. Es gilt also, wegen 5.3 und des finitären Charakters von $\vdash_P$ (§ 92, 5.)

6.2. $abg\ M\ .\ seq\ .\ M \vdash_P \mathsf{H}\ \ddot{a}q\ (Ex_M E)\ (\vdash_P \wedge E \to \mathsf{H}).$

II. Die semantische Vollständigkeit des PFK*

§ 108. Definition der semantischen Vollständigkeit für den PFK*

1. Für den PFK* und für jeden analogen Kalkül sind zwei Arten der Vollständigkeit definierbar: die syntaktische und die semantische. Die *syntaktische Vollständigkeit* würde darin bestehen, daß

1.1. $(Om\ \mathsf{H})\ \big(\mathsf{H} \in Fl_{\vdash_P}(Lr)\ vel \sim \mathsf{H} \in Fl_{\vdash_P}(Lr)\big)$

      oder gleichwertig

      $(Om\ \mathsf{H})\ (bew_P\ \mathsf{H}\ vel\ wdb_P\ \mathsf{H}).$

Aus § 91, 1.4 folgt, daß diese Vollständigkeit für den PFK* nicht besteht. Sie kann für ihn schon deshalb nicht bestehen, weil die P- und die F-Variablen im PFK* nicht quantifizierbar sind. Man kann die syntaktische Vollständigkeit des PFK* aber auch so definieren, daß sie diese Quantifizierbarkeit nicht zur Voraussetzung hat. Dann würde sie darin bestehen, daß (mit § 97, 3.3 für $wv^*_{\vdash_P} M$) Folgendes gilt:

1.2. $(Om\ \mathsf{H})\ (non\ Lr \vdash_P \mathsf{H}\ seq\ wv^*_{\vdash_P} Lr \cup \{\mathsf{H}\})$.

Es würde dann also jedes aus Lr nicht P-ableitbare H, zu Lr hinzugefügt, die Satzmenge des PFK* durch einen Widerspruch sprengen.

Aber auch diese Vollständigkeit kommt dem PFK* nicht zu. Man setze $\mathsf{H} = Px \to Py$. H ist genau einzahlig identisch, also (§ 91, 1.) gewiß nicht P-ableitbar aus Lr. Aber andererseits würde $Lr \cup \{\mathsf{H}\}$ nicht widerspruchsvoll sein, also: $non\ Lr \cup \{\mathsf{H}\} \vdash_P \Theta \wedge {\sim}\Theta$. Denn mit H ist auch $Lr \cup \{\mathsf{H}\}$ einzahlig identisch. Dann aber auch jedes Θ, so daß $Lr \cup \{\mathsf{H}\} \vdash_P \Theta$ (§ 91, 2.).

2. Die *semantische Vollständigkeit des PFK** soll in der in § 85, 3. angekündigten Axiomatisierbarkeit der Menge idt_P der P-identischen Ausdrücke (in bezug auf die leere Prämissenmenge) bestehen. Es soll also gelten:

2.1. $idt_P = (Cl\ \mathsf{H})\,(Lr \vdash_P \mathsf{H})$

oder gleichwertig

2.2. $(Om\ \mathsf{H})\ (id_P \mathsf{H}\ \ddot{a}q\ bew_P \mathsf{H})$.

Hieraus durch Übergang von H zu ${\sim}\mathsf{H}$ und gliedweise Verneinung

*2.3. $(Om\ \mathsf{H})\ (erf_P \mathsf{H}\ \ddot{a}q\ non\ wdb_P \mathsf{H})$

oder gleichwertig (§ 97, 3.20.1)

2.4. $(Om\ \mathsf{H})\ (erf_P \mathsf{H}\ \ddot{a}q\ wf^*_{\vdash_P} \mathsf{H})$.

2.5.   Wir schreiben fortan „$wv_P M$" für „$wv^*_{\vdash_P} M$" (§ 97, 3.2), entsprechend „$wf_P M$" für „$wf^*_{\vdash_P} M$" (§ 97, 3.4), so daß

*2.5.1. $wv_P M\ \ddot{a}q\ (Ex_M E)\,(wdb_P E)\ \ddot{a}q\ (Ex_M E)\,(wv_P E)$.

§ 97, 3.3; 3.12.

*2.5.2. $wf_P M\ \ddot{a}q\ (Om_M E)\,(non\ wdb_P E)\ \ddot{a}q\ (Om_M E)\,(wf_P E)$.

§ 97, 3.4; 3.13.

Dementsprechend für 2.4

*2.6. $(Om\ \mathsf{H})\ (erf_P \mathsf{H}\ \ddot{a}q\ wf_P \mathsf{H})$.

Nun ist schon gezeigt worden (§ 91, 1.1.1)

2.7. $erf_P \mathsf{H}\ seq\ non\ wdb_P \mathsf{H}$,

bzw. ($\S\,97,\,3.10.1$)

2.8. $erf_P\,\mathsf{H}\ seq\ wf_P\,\mathsf{H}$.

Es ist also noch zu zeigen

*2.9. $non\ wdb_P\,\mathsf{H}\ seq\ erf_P\,\mathsf{H}$,

bzw.

*2.10. $wf_P\,\mathsf{H}\ seq\ erf_P\,\mathsf{H}$.

Die semantische Vollständigkeit des PFK* ist zuerst bewiesen worden von K. GÖDEL [1]. Heute gibt es zahlreiche Beweise, die von dem GÖDELschen Beweis verschieden sind[1]. Wir werden uns an einen Beweis von L. HENKIN [2] anschließen, mit einigen Vereinfachungen durch G. HASENJAEGER [2] und unter Einbeziehung der Funktionale, die hier zum erstenmal in die Beweisführung eingegliedert sind. Und zwar werden wir mit HENKIN-HASENJAEGER an Stelle von 2.10 das wesentlich stärkere Theorem beweisen:

*2.11. $wf_P\,M\ seq\ erf_P\,M$.[2]

Auch dieses Theorem kann noch einmal verstärkt werden; denn es kann gezeigt werden, daß M unter der angegebenen Bedingung schon im Abzählbaren erfüllbar ist, mithin

*2.12. $wf_P\,M\ seq\ erf^P_{\aleph_0}\,M$. $\qquad\qquad$ Vgl. $\S\,112,\,5$.

3. Mit „$\boldsymbol{f}$" (das *Falsum*) für „$P_0c_0\wedge{\sim}P_0c_0$" und „$\mathsf{H}_1\,Imp_{\vdash_P}\mathsf{H}_2$" (wie bisher) für „$\vdash_P\mathsf{H}_1\to\mathsf{H}_2$" erhält man

3.1. $\wedge E\,Imp_{\vdash_P}\boldsymbol{f}\ äq\ \vdash_P{\sim}\wedge E\ äq\ wdb_P\,\wedge E$.

Für die Durchführung des folgenden Vollständigkeitsbeweises ist grundlegend eine von G. HASENJAEGER vorgeschlagene *mengenbestimmte Implikationsbeziehung*
$$M\ Impl_P\,\mathsf{H},$$
mit dem Effekt, daß

*3.2. $M\,Impl_P\boldsymbol{f}\ äq\ wv_P\,M$

$\qquad\qquad äq\ (Ex_M\,E)\,(wdb_P\,\wedge E\ äq\ (Ex_M\,E)\,(wv_P\,E)$.

$\qquad\qquad\qquad\qquad\qquad\qquad\qquad\qquad\qquad\qquad \S\,97,\,3.3\,;\,3.12$.

$\qquad$ mithin

*3.3. $wf_P\,M\ äq\ non\ M\,Impl_P\boldsymbol{f}$.

Dies wird erreicht durch

*3.4. $M\,Impl_P\,\mathsf{H}\ äq_{Df}\,(Ex_M\,E)\,(\wedge E\,Imp_{\vdash_P}\mathsf{H})$.

Der folgende Paragraph wird eine Theorie von $Impl_P$ enthalten.

---

[1] Siehe z.B. BETH [1], [2], MALCEV [1], MOSTOWSKI [1], § 7, RASIOWA-SIKORSKI [1], [2].

[2] Man beachte, daß die Umkehrung schon in § 97, 5.5 bewiesen worden ist.

§ 109. Die mengenbestimmte Implikationsbeziehung $Impl_P$

1. Definitionen und elementare Folgerungen.

1.1. $M\, Impl_P\, \mathsf{H}\ äq_{Df}\ (Ex_M\, E)\, (\wedge E\, Imp_{\vdash_P}\, \mathsf{H})$.

Wenn $M = Lr$, so gilt auf Grund der Konvention, daß die leere Konjunktion identisch bzw. beweisbar ist, für irgendein *Proton* (§ 90, 3, (2.1.2)) $\ominus$

*1.2. $Lr\, Impl_P\, \mathsf{H}\ äq\ \ominus\, Imp_{\vdash_P}\, \mathsf{H}$,

      so daß also

*1.3. $Lr\, Impl_P\, \mathsf{H}\ äq\ \vdash_P\, \mathsf{H}$.

1.4. $M_1\, Impl_P\, M_2\ äq_{Df}\ (Om\, \mathsf{H})\, (\mathsf{H} \in M_2\ seq\ M_1\, Impl_P\, \mathsf{H})$.

      Aus 1.1 folgt für $M = E$ (E eine endliche Menge)

1.5. $E\, Impl_P\, \mathsf{H}\ äq\ \wedge E\, Imp_{\vdash_P}\, \mathsf{H}$.

      Aus 1.1 folgt ferner für $M = \{\mathsf{H}\}$

*1.6. $\mathsf{H}_1\, Impl_P\, \mathsf{H}_2\ äq\ \mathsf{H}_1\, Imp_{\vdash_P}\, \mathsf{H}_2$,

      mit ,,$\mathsf{H}_1\, Impl_P\, \mathsf{H}_2$" für ,,$\{\mathsf{H}_1\}\, Impl_P\, \mathsf{H}_2$".

      Mithin

*1.7. $\mathsf{H}_1\, Impl_P\, \mathsf{H}_2\ et\ \mathsf{H}_2\, Impl_P\, \mathsf{H}_1\ äq\ \mathsf{H}_1\, Aeq_{\vdash_P}\, \mathsf{H}_2$.

2. Die grundlegenden Eigenschaften erster Ordnung von $Impl_P$.

2.1. $Impl_P$ *ist reflexiv.*

      $M\, Impl_P\, M$.

Beweis:

(1) $\mathsf{H}\, Imp_{\vdash_P}\, \mathsf{H}$.

      Folglich

(2) $(Om\, \mathsf{H})\, (\mathsf{H} \in M\ seq\ (Ex_M\, E)\, (\wedge E\, Imp_{\vdash_P}\, \mathsf{H}))$

(3) $seq\ M\, Impl_P\, \mathsf{H}$).   1.1.

Aus 2.1 folgt durch $M/\{\mathsf{H}\}$

2.1.1. $\mathsf{H}\, Impl_P\, \mathsf{H}$.

      2.1 ist gleichbedeutend mit

2.1.2. $(Om\, \mathsf{H})\, (\mathsf{H} \in M\ seq\ M\, Impl_P\, \mathsf{H})$.

2.2. $Impl_P$ *ist inklusionsempfindlich.*

      $M_1 \subseteq M_2\ seq\ M_2\, Impl_P\, M_1$.

Beweis:

(1) $\mathsf{H} \in M_2 \; seq \; M_2 \, Impl_P \, \mathsf{H}$.   2.1.2.

    Folglich

(2) $\mathsf{H} \in M_1 \; seq \; \mathsf{H} \in M_2 \,.\, seq \,.\, \mathsf{H} \in M_1 \; seq \; M_2 \, Impl_P \, \mathsf{H}$.

    Folglich

(3) $(Om\,\mathsf{H})\,(\mathsf{H} \in M_1 \; seq \; \mathsf{H} \in M_2) \; seq \; (Om\,\mathsf{H})\,(\mathsf{H} \in M_1 \; seq \; M_2 \, Impl_P \, \mathsf{H})$.

    2.3. $Impl_P$ ist *transitiv.*

$$M_1 \, Impl_P \, M_2 \; et \; M_2 \, Impl_P \, M_3 \; seq \; M_1 \, Impl_P \, M_3.$$

    Wir zeigen

$$M_1 \, Impl_P \, M_2 \; et \; M_2 \, Impl_P \, M_3 \; et \; \mathsf{H} \in M_3 \; seq \; M_1 \, Impl_P \, \mathsf{H}.$$

Beweis:

(1) $M_2 \, Impl_P \, M_3 \; et \; \mathsf{H} \in M_3 \; seq \; (Ex\,E)\,(E \subseteq M_2 \; et \; \wedge E \, Imp_{\vdash_P} \, \mathsf{H})$.

    E_0 sei ein solches E. Dann gilt

(2) $M_2 \, Impl_P \, M_3 \; et \; \mathsf{H} \in M_3 \; seq \; E_0 \subseteq M_2 \; et \; \wedge E_0 \, Imp_{\vdash_P} \, \mathsf{H}$

(3) $\qquad\qquad\qquad\qquad .\, seq \,.\, \Theta \in E_0 \; seq \; \Theta \in M_2 \,.\, et \,.\, \wedge E_0 \, Imp_{\vdash_P} \, \mathsf{H}$.

(4) $M_1 \, Impl_P \, M_2 \,.\, seq \,.\, \Theta \in M_2 \; seq \; (Ex\,E)\,(E \subseteq M_1 \; et \; \wedge E \, Imp_{\vdash_P} \, \Theta)$.

    Mithin a fortiori

(5) $M_1 \, Impl_P \, M_2 \; et \; M_2 \, Impl_P \, M_3$
$$. \, seq \,.\, \Theta \in E_0 \; seq \; (Ex\,E)\,(E \subseteq M_1 \; et \; \wedge E \, Imp_{\vdash_P} \, \Theta).$$

Jedem $\Theta \in E_0$ sei ein E_Θ zugeordnet, das der Bedingung genügt:

$$E_\Theta \subseteq M_1 \; et \; \wedge E_\Theta \, Imp_{\vdash_P} \, \Theta.$$

Dann gilt mit $E^* =_{Df} \bigcup\limits_{\Theta \in E_0} E_\Theta$

(6) $E^* \subseteq M_1 \; et \; \text{(a fortiori)} \; \wedge E^* \, Imp_{\vdash_P} \, \Theta$.[1]

    Folglich, da dies für jedes $\Theta \in E_0$ gilt,

(7) $E^* \subseteq M_1 \; et \; \wedge E^* \, Imp_{\vdash_P} \, \wedge E_0$.

    Folglich, mit (2) und (5),

(8) $M_1 \, Impl_P \, M_2 \; et \; M_2 \, Impl_P \, M_3 \; et \; \mathsf{H} \in M_3$
$$seq \; E^* \subseteq M_1 \; et \; \wedge E^* \, Imp_{\vdash_P} \, \wedge E_0 \; et \; \wedge E_0 \, Imp_{\vdash_P} \, \mathsf{H}$$

(9) $\qquad\qquad seq \; E^* \subseteq M_1 \; et \; \wedge E^* \, Imp_{\vdash_P} \, \mathsf{H}$

(10) $\qquad\qquad seq \; (Ex\,E)\,(E \subseteq M_1 \; et \; \wedge E \, Imp_{\vdash_P} \, \mathsf{H})$

(11) $\qquad\qquad seq \; M_1 \, Impl_P \, \mathsf{H}$.

---

[1] Denn $\wedge E^* = \wedge\limits_{\Theta \in E_0} \bigcup E\Theta = \wedge E\Theta_1 \wedge \cdots \wedge \wedge E\Theta_n$ für $E_0 = \{\Theta_1, \ldots, \Theta_n\}$.

2.4. $Impl_P$ ist *inklusionserblich*.

$M_1 \subseteq M_2 \, . \, seq \, . \, M_1 \, Impl_P \, M_3 \, seq \, M_2 \, Impl_P \, M_3$.

Beweis:

(1) $M_1 \subseteq M_2 \, seq \, M_2 \, Impl_P \, M_1$.   2.2.

Mithin

(2) $M_1 \subseteq M_2 \, et \, M_1 \, Impl_P \, M_3 \, seq \, M_2 \, Impl_P \, M_1 \, et \, M_1 \, Impl_P \, M_3$

(3) $seq \, M_2 \, Impl_P \, M_3$.   2.3.

Hieraus durch $M_3/\{H\}$

2.4.1. $M_1 \subseteq M_2 \, . \, seq \, . \, M_1 \, Impl_P \, H \, seq \, M_2 \, Impl_P \, H$.

Aus 2.4.1 folgt unmittelbar

2.4.2.   *Das Verstärkungsprinzip für $Impl_P$.*

$M \, Impl_P \, H \, seq \, M \cup N \, Impl_P \, H$.

Aus 2.4.2 folgt ferner durch $N/\{H\}$ mit 2.1.1

2.4.3. $M \cup \{H\} \, Impl_P \, H$.

2.5. $Impl_P$ ist *finitär*.

$M \, Impl_P \, H \, äq \, (Ex_M E) \, (E \, Impl_P \, H)$.   1.1.

Beweis: Von Links nach Rechts wegen: $\wedge E \, Impl_{\vdash P} \, H \, seq \, E \, Impl_P \, H$.

Von Rechts nach Links aus 2.2.

$Impl_P$ hat also dieselben grundlegenden Eigenschaften erster Ordnung wie $\vdash_P$ (§ 92).

3. Grundlegende Eigenschaften zweiter Ordnung von $Impl_P$.

3.1. $H \in M \, seq \, M \, Impl_P \, H$.   2.1.2.

Vgl. $H \in M \, seq \, M \vdash_P H$.

3.2. $H_1 \, Aeq_{\vdash P} \, H_2 \, . \, seq \, . \, M \, Impl_P \, H_1 \, äq \, M \, Impl_P \, H_2$.

Vgl. $H_1 \, Aeq_{\vdash P} \, H_2 \, . \, seq \, . \, M \vdash_P H_1 \, äq \, M \vdash_P H_2$.

Beweis: 1.6; 2.3.

Mithin a fortiori

3.2.1. $M \, Impl_P \, H_1 \, et \, H_1 \, Aeq_{\vdash P} \, H_2 \, seq \, M \, Impl_P \, H_2$.

Vgl. $M \vdash_P H_1 \, et \, H_1 \, Aeq_{\vdash P} \, H_2 \, seq \, M \vdash_P H_2$.

3.3. $M \, Impl_P \, H_1 \, et \, Impl_P \, H_2 \, äq \, M \, Impl_P \, H_1 \wedge H_2$.

Vgl. $M \vdash_P H_1 \, et \, M \vdash_P H_2 \, äq \, M \vdash_P H_1 \wedge H_2$.

Beweis: E, E_1, E_2 seien endliche Teilmengen von M. Dann gilt

(1) $\wedge E_1\, Imp_{\vdash P}\, H_1\ et\ \wedge E_2\, Imp_{\vdash P}\, H_2\ seq\ \wedge (E_1 \cup E_2)\, Imp_{\vdash P}\, H_1 \wedge H_2.$ [1]

(2) $\wedge E\, Imp_{\vdash P}\, H_1 \wedge H_2\ seq\ \wedge E\, Imp_{\vdash P}\, H_1\ et\ \wedge E\, Imp_{\vdash P}\, H_2.$

Die aus (1) und (2) ableitbaren Partikularisierungen liefern 3.3.

3.4. $M\, Impl_P\, H_1\ vel\ M\, Impl_P\, H_2\ seq!\ M\, Impl_P\, H_1 \vee H_2.$

      Vgl. $M \vdash_P H_1\ vel\ M \vdash_P H_2\ seq!\ M \vdash_P H_1 \vee H_2.$

Beweis: E sei eine endliche Teilmenge von M. Dann gilt

     $\wedge E\, Imp_{\vdash P}\, H_1\ vel\ \wedge E\, Imp_{\vdash P}\, H_2\ seq\ \wedge E\, Imp_{\vdash P}\, H_1 \vee H_2.$

3.5. $M\, Impl_P\, H_1 \to H_2 . seq!.\ M \cdot Impl_P\, H_1\ seq\ M\, Impl_P\, H_2.$

      Vgl. $M \vdash_P H_1 \to H_2 . seq!.\ M \vdash_P H_1\ seq\ M \vdash_P H_2.$

Beweis: E sei eine endliche Teilmenge von M. Dann gilt

(1) $\wedge E \to (H_1 \to H_2)\ Aeq_{\vdash P}\ (\wedge E \to H_1) \to (\wedge E \to H_2).$ AK*

      Folglich (AK*)

(2) $\wedge E\, Imp_{\vdash P}\, H_1 \to H_2 . seq!.\ \wedge E\, Imp_{\vdash P}\, H_1\ seq\ \wedge E\, Imp_{\vdash P}\, H_2.$

3.6. $M\, Impl_P\, H_1 \leftrightarrow H_2 . seq!.\ M\, Impl_P\, H_1\ äq\ M\, Impl_P\, H_2.$

      Vgl. $M \vdash_P H_1 \leftrightarrow H_2 . seq!.\ M \vdash_P H_1\ äq\ M \vdash_P H_2.$

Beweis: E sei eine endliche Teilmenge von M. Dann gilt

(1) $\wedge E \to (H_1 \leftrightarrow H_2)\ Aeq_{\vdash P}\ \wedge E \to H_1 \leftrightarrow \wedge E \to H_2.$ AK*

      Folglich (AK*)

(2) $\wedge E\, Imp_{\vdash P}\, H_1 \leftrightarrow H_2 . seq!.\ \wedge E\, Imp_{\vdash P}\, H_1\ äq\ \wedge E\, Imp_{\vdash P}\, H_2.$

4. *Die Normalität von* $Impl_P$.

4.1. $M\, Impl_P\, H \to \Theta\ seq\ M \cup \{H\}\, Impl_P\, \Theta.$

Beweis:

(1) $M\, Impl_P\, H \to \Theta\ seq\ (Ex\, E)\, (E \subseteq M\ et\ \wedge E\, Imp_{\vdash P}\, H \to \Theta)$

(2) seq $\ldots \wedge E \wedge H\, Imp_{\vdash P}\, \Theta)$ AK*

(3) seq $\ldots \wedge (E \cup \{H\})\, Impl_{\vdash P}\, \Theta).$ [2]

      E_0 sei ein solches E. Dann gilt für $E^* = E_0 \cup \{H\}$

(4) $M\, Impl_P\, H \to \Theta\ seq\ E^* \subseteq M \cup \{H\}\ et\ \wedge E^*\, Imp_{\vdash P}\, \Theta$

(5) $seq\ (Ex\, E)\, (E \subseteq M \cup \{H\}\ et\ \wedge E\, Imp_{\vdash P}\, \Theta)$

(6) $seq\ M \cup \{H\}\, Impl_P\, \Theta.$

---

[1] $\wedge (E_1 \cup E_2) = \underset{H \in E_1 \cup E_2}{\wedge} H = \wedge E_1 \wedge \wedge E_2.$

[2] Hierzu Fußnote 1, mit $\wedge \{H\} = H.$

4.2. $M \cup \{H\}\, Impl_P\, \Theta$ seq $M\, Impl_P\, H \to \Theta$.

Beweis: Zur Durchführung des Beweises brauchen wir $M - N$ wie im Beweis von § 33, 4.1, mit den dort angegebenen Hilfstheoremen

HT 1. $M \subseteq (M - N) \cup N$.

HT 2. $(M \cup N) - N \subseteq M$.

HT 3. $M \subseteq N$ seq $M - \{H\} \subseteq N - \{H\}$.

Aus HT 1 folgt mit M/E, $N/\{H\}$

$$E \subseteq (E - \{H\}) \cup \{H\},$$

mithin

HT 4. $\wedge(E - \{H\}) \cup \{H\}\, Imp_{\vdash_P}\, \wedge E$.

Folglich

HT 5. $\wedge E\, Imp_{\vdash_P}\, \Theta$ seq $\wedge((E - \{H\}) \cup \{H\})\, Imp_{\vdash_P}\, \Theta$.

Jetzt schließen wir so:

(1) $M \cup \{H\}\, Impl_P\, \Theta$

     seq $(Ex\, E)\, (E \subseteq M \cup \{H\}$ et $\wedge E\, Imp_{\vdash_P}\Theta)$

(2)   seq $\ldots \wedge((E - \{H\}) \cup \{H\})\, Imp_{\vdash_P}\, \Theta)$ HT 5.

(3)   seq $\ldots \wedge(E - \{H\}) \wedge H\, Imp_{\vdash_P}\Theta)$

(4)   seq $\ldots \wedge(E - \{H\})\, Imp_{\vdash_P}\, H \to \Theta)$ AK*

     E_0 sei ein solches E. Dann gilt für $E^* = E_0 - \{H\}$

(5) $M \cup \{H\}\, Impl_P\, \Theta$ seq $E^* \subseteq (M \cup \{H\}) - \{H\} \subseteq M$ et $\wedge E\, Imp_{\vdash_P}\, H \to \Theta$

                                                   HT 3; 2.

(6)   seq $(Ex_M\, E)\, (\wedge E\, Imp_{\vdash_P}\, H \to \Theta)$

(7)   seq $M\, Impl_P\, H \to \Theta$.

Aus 4.1 und 4.2 folgt

*4.3. $Impl_P$ ist *normal*.

     $M \cup \{H\}\, Impl_P\, \Theta$ äq $M\, Impl_P\, H \to \Theta$.

5. *Zwei wichtige Folgerungen für die Beziehungen zwischen* $Impl_P$ *und* $\vdash_P$.

Da $\vdash_P$ zwar finitär ist (§ 92, 5.), aber, im Gegensatz zu $Impl_P$, im allgemeinen Falle nicht normal, so gilt im allgemeinen Falle, wegen $\wedge E\, Imp_{\vdash_P}\, H$ seq! $\wedge E \vdash_P H$, nur

*5.1. $M\, Impl_P\, H$ seq! $M \vdash_P H$.

Da andererseits für abgeschlossenes M (§ 107, 6.1) auch jedes $E \subseteq M$ abgeschlossen ist, und da $\vdash_P$ für abgeschlossene Prämissen normal ist (§ 107, 5.2), so gilt

*5.2. $abg\, M\, .\, seq\, .\, M\, Impl_P\, \mathsf{H}\, äq\, M \vdash_P \mathsf{H}.$ Vgl. § 113, 4.2.

6. Mit Bezug auf § 108, 3. schließen wir hier noch die folgenden Theoreme an:

6.1. $M\, Impl_P\, \mathsf{H} \to f\, äq\, M\, Impl_P \sim \mathsf{H}.$ [1]

Entsprechend (3.7)

6.2. $M\, Impl_P \sim \mathsf{H} \to f\, äq\, M\, Impl_P\, \mathsf{H}.$

Auf Grund der Normalität von $Impl_P$ gelten mit 6.1 und 6.2 auch

6.3. $M \cup \{\mathsf{H}\}\, Impl_P\, f\, äq\, M\, Impl_P \sim \mathsf{H}.$

6.4. $M \cup \{\sim \mathsf{H}\}\, Impl_P\, f\, äq\, M\, Impl_P\, \mathsf{H}.$

7. *Theoreme zu* $wv_P M$ *und* $wf_P M$. [2]

*7.1. $M\, Impl_P\, f\, äq\, (Ex_M\, E)\, (\wedge E\, Imp_{\vdash_P} f)$

$äq\, (Ex_M\, E)\, (wdb_P \wedge E)$ § 108, 3.1.

$äq\, wv_P M.$ § 108, 2.5.1.

Hieraus durch gliedweise metasprachliche Verneinung

*7.2. $non\, M\, Impl_P\, f\, äq\, wf_P M.$

Es gelten also mit den neuen Aequivalenten für $wv_P M$ und $wf_P M$ auch alle Theoreme § 97, 3.2 ff., insbesondere

*7.3. $M_1 \subseteq M_2\, .\, seq\, .\, wv_P M_1\, seq\, wv_P M_2.$ § 97, 4.1.

Jede Obermenge einer widerspruchsvollen Menge ist widerspruchsvoll.

*7.4. $M_1 \subseteq M_2\, .\, seq\, .\, wf_P M_2\, seq\, wf_P M_1.$

Jede Teilmenge einer widerspruchsfreien Menge ist widerspruchsfrei.

*7.5. $erf_P M\, seq\, wf_P M.$ § 97, 5.5.

*7.6. $wf_P \mathsf{H}\, äq\, non\, wdb_P \mathsf{H}.$ § 97, 3.10.1.

Es gelten ferner die folgenden Theoreme:

*7.7. $\mathsf{H}, \sim \mathsf{H} \in M\, seq\, wv_P M.$

---

[1] Wegen $\mathsf{H} \to f\, Aeq_{\vdash_P} \sim \mathsf{H}$ und 3.7.
[2] Hierzu § 108, 2.5.

Beweis:

(1) $\mathsf{H}, {\sim}\mathsf{H} \in M\ seq\ M\ Impl_P\ \mathsf{H} \wedge {\sim}\mathsf{H}$ 3.1; 3.3.

(2) $seq\ wv_P\ M.$

Hieraus durch Kontraposition

7.8. $wf_P\ M\ seq\ non\ \mathsf{H}, {\sim}\mathsf{H} \in M.$

     Ein wichtiges Aequivalent für $M\ Impl_P\ \mathsf{H}$ liefert

7.9. $M\ Impl_P\ \mathsf{H}\ äq\ wv_P\ M \cup \{{\sim}\mathsf{H}\}.$

Beweis:

(1) $M\ Impl_P\ \mathsf{H}\ äq\ M\ Impl_P\ {\sim}\mathsf{H} \to f$ 6.2.

(2) $äq\ M \cup \{{\sim}\mathsf{H}\}\ Impl_P\ f$ 4.3.

(3) $äq\ wv_P\ M \cup \{{\sim}\mathsf{H}\}.$ 7.1.

Aus 7.9 folgt durch gliedweise metasprachliche Verneinung

7.10. $non\ M\ Impl_P\ \mathsf{H}\ äq\ wf_P\ M \cup \{{\sim}\mathsf{H}\}.$

     Entsprechend erhält man mit 6.1

7.11. $M\ Impl_P\ {\sim}\mathsf{H}\ äq\ wv_P\ M \cup \{\mathsf{H}\}.$

7.12. $non\ M\ Impl_P\ {\sim}\mathsf{H}\ äq\ wf_P\ M \cup \{\mathsf{H}\}.$

     Es gelten ferner die folgenden Komplemente zu 7.3 und 7.4:

7.13. $M\ Impl_P\ \mathsf{H}\ .seq.\ wv_P\ M \cup \{\mathsf{H}\}\ seq\ wv_P\ M.$

Beweis:

(1) $wv_P\ M \cup \{\mathsf{H}\}\ seq\ M \cup \{\mathsf{H}\}\ Impl_P\ f$

(2) $seq\ M\ Impl_P\ {\sim}\mathsf{H}.$

     Folglich

(3) $wv_P\ M \cup \{\mathsf{H}\}\ et\ M\ Impl_P\ \mathsf{H}\ seq\ M\ Impl_P\ \mathsf{H} \wedge {\sim}\mathsf{H}$

(4) $seq\ wv_P\ M.$

Aus 7.13 folgt durch partielle Kontraposition

7.14. $M\ Impl_P\ \mathsf{H}\ .seq.\ wf_P\ M\ seq\ wf_P\ M \cup \{\mathsf{H}\}.$

§ 110. Konstruktion einer maximal widerspruchsfreien Menge M_ω

1. Eine Menge M_ω von P-Ausdrücken heiße *maximal widerspruchsfrei in bezug auf* $\vdash_P$ — symbolisch: $max\ wf_P\ M_\omega$ —, wenn M_ω widerspruchsfrei ist in bezug auf $\vdash_P$ und von keiner in bezug auf $\vdash_P$ widerspruchsfreien Menge von P-Ausdrücken echt umfaßt wird. Symbolisch:

$$max\ wf_P\ M_\omega\ äq_{Df}\ wf_P\ M_\omega\ et\ (Om\ \mathsf{H})\ (wf_P\ M_\omega \cup \{\mathsf{H}\}\ seq\ \mathsf{H} \in M_\omega).$$

2. Der Hauptschritt für die Bestimmung eines Modells von M ist die „Konstruktion" einer maximal widerspruchsfreien Obermenge M_ω von M.

2.1.   Die Konstruktion von M_ω mit $M \subseteq M_\omega$ erfolgt in zwei Schritten. Wir bestimmen eine Hilfsmenge M^* mit $M \subseteq M^* \subseteq M_\omega$ und zeigen dann

$$\text{I.}\quad wf_P\, M \ \text{seq} \ wf_P\, M^*, \qquad\qquad \text{Vgl. 4.2.}$$

$$\text{II.}\quad wf_P\, M^* \ \text{seq} \ wf_P\, M_\omega, \qquad\qquad \text{Vgl. 6.2.}$$

so daß

$$\text{III.}\quad wf_P\, M \ \text{seq} \ wf_P\, M_\omega, \ \text{mit} \ M \subseteq M_\omega. \qquad \text{Vgl. 7.}$$

III. besagt, daß jede in bezug auf $\vdash_P$ widerspruchsfreie Menge von P-Ausdrücken in eine maximal widerspruchsfreie Menge eingebettet werden kann[1].

2.2.   Die Menge M^* wird aus erfüllungstheoretischen Gründen eingeschoben[2]. Zur Konstruktion von M^* ist erforderlich eine abzählbar unendliche Menge von „unverbrauchten" S-Variablen. Diese Menge gewinnen wir so: Es bedeutet keine Einschränkung der Allgemeinheit, wenn wir annehmen, daß in M aus der Folge $a_0, a_1, a_2, \ldots$ der S-Variablen nur solche vom Typus a_{2i} vorkommen; denn ein Widerspruch in M könnte dann immer auch unter ausschließlicher Benutzung solcher Variablen abgeleitet werden. Wir haben dann alle Variablen a_{2i+1} zur Verfügung und setzen $z_i = a_{2i+1}$. M^* soll aus M hervorgehen durch Adjungierung einer abzählbar unendlichen Menge von Implikationen der Form $\exists x\, \Theta(x) \rightarrow \Theta(z_i)$ mit jeweils geeignet gewähltem z_i.

2.3.   Zur genaueren Beschreibung von M^* bestimmen wir

(a) eine Abzählung $(\exists x_0\, \Theta_0'(x_0), \exists x_1\, \Theta_1'(x_1), \ldots)$ *aller* Ausdrücke der Form $\exists x\, \Theta(x)$ mit der Eigenschaft, daß z_i $(i = 0, 1, 2, \ldots)$ in $\exists x_0\, \Theta_0'(x_0)$, $\ldots, \exists x_i\, \Theta_i'(x_i)$ *nicht* vorkommt. Eine solche Abzählung kann leicht gefunden werden, da genügend viele Ausdrücke zur Verfügung stehen, in denen keine der durch M nicht verbrauchten S-Variablen vorkommt.

(b) aus (a) die Folge der Implikationen

$$I_i = \exists x_i\, \Theta_i'(x_i) \rightarrow \Theta_i'(x_i/z_i) \qquad\qquad i = 0, 1, 2, \ldots$$

oder kürzer

$$I_i = \exists x_i\, \Theta_i'(x_i) \rightarrow \Theta_i'(z_i).$$

Nach Konstruktion kommt z_i weder in M noch in $I_1, \ldots, I_{i-1}$ vor. Durch I_i wird also der Existenzprämisse $\exists x_i\, \Theta_i'(x_i)$ in $\Theta_i'(z_i)$ ein *Beispiel* zugeordnet, so daß die I_i auch als *Beispiel-Implikationen* charakterisiert

---

[1] Hierzu Henkin [2] mit der Vereinfachung Hasenjaeger [2].
[2] Siehe unten § 111, 6.1 und § 112, 3, (B_1).

werden können. Der anschauliche Sinn dieser Konstruktion ergibt sich daraus, daß

$$\mathfrak{B}\, Erf_\alpha\, I_i\; \ddot{a}q\; (Ex_\alpha\, \mathfrak{x})\left(\binom{x_i}{\mathfrak{x}}\mathfrak{B}\, Erf_\alpha\, \Theta'_i(x_i)\right)\, seq\; \mathfrak{B}\, Erf_\alpha\, \Theta'_i(z_i)\,.$$

Da z_i so bestimmt ist, daß durch die Belegung $\mathfrak{B}_\alpha$ von $\exists x_i\, \Theta'_i(x_i)$ über die Belegung von z_i noch nicht verfügt ist, so kann, auf Grund der Existenzprämisse, für $\mathfrak{B}_\alpha(z_i)$ jeweils ein α-Individuum so gewählt werden, daß $\mathfrak{B}\, Erf_\alpha\, \Theta'_i(z_i)$.[1]

3. Definition von M^* mit Hilfe von M.

$$M^*_0 =_{Df} M,\quad M^*_{i+1} =_{Df} M^*_i \cup \{I_i\},\quad M^* =_{Df} \bigcup_{i=0}^\infty M^*_i\,.$$

4. Wir beweisen durch Induktion über i das Theorem

4.1. $wf_P M\; seq\; (Om\, i)\, (wf_P M^*_i)\,.$

Der *Induktionsbeginn* ergibt sich unmittelbar aus $M^*_0 =_{Df} M$.

Im *Induktionsschritt* ist zu zeigen: $wf_P M^*_i\; seq\; wf_P M^*_{i+1}$. Wir beweisen statt dessen die kontraponierte Form

$$wv_P M^*_{i+1}\; seq\; wv_P M^*_i\,.$$

Zur Entlastung des Beweises schicken wir die folgenden *Hilfstheoreme* voraus:

HT 1. $M \subseteq N_1 \cup N_2\; seq\; M - N_2 \subseteq (N_1 \cup N_2) - N_2$

$\qquad\qquad seq\; M - N_2 \subseteq N_1\,.$ $\hfill$ § 109, 4.2. HT 2.

HT 2. $M \subseteq (M - N) \cup N\,.$ $\hfill$ § 109, 4.2. HT 1.

HT 3.   Aus $\wedge(E \cup \{H\}) = \wedge E \wedge H$ folgt

$\qquad \sim\!\wedge(E \cup \{H\})\, Aeq_{\vdash P} \sim\!\wedge E \vee \sim\!H\, Aeq_{\vdash P} H \rightarrow \sim\!\wedge E\,.$ $\hfill$ AK*

HT 4. $(H_1 \rightarrow H_2) \rightarrow H_3\, Aeq_{\vdash P} \sim\!H_1 \vee H_2 \rightarrow H_3$ $\hfill$ AK*

$\qquad\qquad Aeq_{\vdash P} (\sim\!H_1 \rightarrow H_3) \wedge (H_2 \rightarrow H_3)\,,$ $\hfill$ AK*

$\qquad$ so daß

$\qquad \vdash_P (H_1 \rightarrow H_2) \rightarrow H_3\; \ddot{a}q\; \vdash_P \sim\!H_1 \rightarrow H_3\; et\; \vdash_P H_2 \rightarrow H_3\,.$

HT 5. $\vdash_P \sim\!H_1 \rightarrow H_2\; et\; \vdash_P H_1 \rightarrow H_2\; seq\; \vdash_P H_2\,.$ $\hfill$ AK*

Nun der *Beweis* für

$$wv_P M^*_{i+1}\; seq\; wv_P M^*_i\,.$$

(1) $wv_P M^*_{i+1}\; seq\; (Ex\, E)\, (E \subseteq M^*_i \cup \{I_i\}\; et\; wdb_P \wedge E)\,.$

Mit einem solchen E schließen wir weiter

(2) $wv_P M^*_{i+1}\; seq\; E - \{I_i\} \subseteq M^*_i\; et\; wdb_P \wedge E$ $\hfill$ HT 1.

---

[1] Die Formulierung der Beispiel-Implikationen vereinfachte sich wesentlich, wenn wir schon hier über das HILBERTsche ε verfügten. Zu dessen Verwendung im Rahmen des PFK vgl. HILBERT-BERNAYS II. Für die Verwendung in reicheren Logiken s. § 210 und § 212.

und mit $E_0 = E - \{I_i\}$

(3) $wv_P M_{i+1}^* \ seq \ E_0 \subseteq M_i^* \ et \vdash_P \sim \wedge (E_0 \cup \{I_i\})$ [1]

(4) $seq \ E_0 \subseteq M_i^* \ et \vdash_P I_i \rightarrow \sim \wedge E_0$ HT 3.

(5) $seq \ E_0 \subseteq M_i^* \ et \vdash_P (\exists x_i \, \Theta_i'(x_i) \rightarrow \Theta_i'(z_i)) \rightarrow \sim \wedge E_0$

Def. I_i (2.3, (b))

(6) $seq \ E_0 \subseteq M_i^*$

$et \vdash_P \sim \exists x_i \, \Theta_i'(x_i) \rightarrow \sim \wedge E_0 \ et \vdash_P \Theta_i'(z_i) \rightarrow \sim \wedge E_0.$ HT 4.

Da z_i nach Konstruktion nicht in M_i^*, so erst recht nicht in E_0.
Durch $Pv(z_i)$ und gebundene Umbenennung von Z_i in x_i geht (6)
über in

(7) $wv_P M_{i+1}^* seq \ E_0 \subseteq M_i^*$

$et \vdash_P \sim \exists x_i \, \Theta_i'(x_i) \rightarrow \sim \wedge E_0 \ et \vdash_P \exists x_i \, \Theta_i'(x_i) \rightarrow \sim \wedge E_0$

(8) $seq \ E_0 \subseteq M_i^* \ et \ wdb_P E_0$ HT 5.

(9) $seq \ (Ex \, E) \, (E \subseteq M_i^* \ et \ wdb_P E_0)$

(10) $seq \ wv_P M_i^*.$

Mit Hilfe von 4.1 erhält man leicht

4.2.   *Das erste Haupttheorem:*

$wf_P M \ seq \ wf_P M^*.$

Wir beweisen statt dessen die kontraponierte Form

$wv_P M^* \ seq \ wv_P M.$

Beweis: Aus der für $wv_P M^*$ geforderten Existenz einer *endlichen*
widerspruchsvollen Teilmenge von M^* (§108, 2.5.1) folgt unmittelbar

(1) $wv_P M^* \ seq \ (Ex \, i) \, (wv_P M_i^*).$

Nun folgt aber aus 4.1 durch Kontraposition

(2) $(Ex \, i) \, (wv_P M_i^*) \ seq \ wv_P M.$

Aus (1) und (2) folgt durch Kettenschluß

(3) $wv_P M^* \ seq \ wv_P M.$

5. *Definition von M_ω mit Hilfe von M^*.*

Θ_i sei das i-te Element in einer Abzählung *aller* P-Ausdrücke.

5.1. $M_0 =_{Df} M^*.$

5.2.1. $M_{i+1} =_{Df} M_i \cup \{\Theta_i\}$, wenn $wf_P M_i \cup \{\Theta_i\}.$

---

[1] Wegen $E \subseteq (E - \{I_i\}) \cup \{I_i\}.$

5.2.2. $M_{i+1} =_{Df} M_i$, wenn $wv_P M_i \cup \{\Theta_i\}$.

5.3. $M_\omega =_{Df} \overset{\infty}{\underset{i=0}{\cup}} M_i$.

6. Wir beweisen durch Induktion über i

6.1. $wf_P M^*$ seq $(Om\ i)\ (wf_P M_i)$.

Der *Induktionsbeginn* ergibt sich unmittelbar aus $M_0 =_{Df} M^*$.

Im *Induktionsschritt* ist zu zeigen: $wf_P M_i$ seq $wf_P M_{i+1}$. Wir beweisen statt dessen die kontraponierte Form

$$wv_P M_{i+1} \text{ seq } wv_P M_i.$$

Beweis:

(1) $wv_P M_{i+1}$ et $M_{i+1} \neq M_i$ seq $M_{i+1} = M_i \cup \{\Theta_i\}$ 5.2.1.

(2)   seq $wv_P M_i \cup \{\Theta_i\}$ § 109, 7.3.

(3)   seq $M_{i+1} = M_i$.   5.2.2.

Folglich

(4) $wv_P M_{i+1} . seq . M_{i+1} \neq M_i$ seq $M_{i+1} = M_i$.

Folglich[1]

(5) $wv_P M_{i+1}$ seq $M_{i+1} = M_i$

(6)   seq $wv_P M_i$.

Mit Hilfe von 6.1 erhält man leicht

6.2.   Das zweite Haupttheorem:

$$wf_P M^* \text{ seq } wf_P M_\omega.$$

Wir beweisen statt dessen die kontraponierte Form:

$$wv_P M_\omega \text{ seq } wv_P M^*.$$

Beweis: Aus der für $wv_P M_\omega$ geforderten Existenz einer *endlichen* widerspruchsvollen Teilmenge von M_ω (§ 108, 2.5.1) folgt unmittelbar

(1) $wv_P M_\omega$ seq $(Ex\ i)\ (wv_P M_i)$.

Nun folgt aber aus 6.1 durch Kontraposition

(2) $(Ex\ i)\ (wv_P M_i)$ seq $wv_P M^*$.

Aus (1) und (2) folgt durch Kettenschluß

(3) $wv_P M_\omega$ seq $wv_P M^*$.

---

[1] Wegen (*non a seq a*) *seq a*. Dies ist das durch § 5, 2.1 beglaubigte metasprach-liche Gegenstück zu $(\sim p \rightarrow p) \rightarrow p$. Vgl. das Theorem der Selbstbestätigung § 21, 5.

Aus 4.2 und 6.2 folgt

*7. *Das dritte Haupttheorem:*

$$wf_P\, M \; seq \; wf_P\, M_\omega, \; \text{mit} \; M \subseteq M_\omega.$$

8. Es ist nun noch die *maximale Widerspruchsfreiheit von M_ω* im Sinne von 1. zu zeigen, also

*8.1. $wf_P\, M_\omega \cup \{H\} \; seq \; H \in M_\omega.$

Beweis: Es sei $H = \Theta_i$.[1] Dann gilt

(1) $wf_P\, M_\omega \cup \{H\} \; seq \; wf_P\, M_i \cup \{\Theta_i\}$, wegen $M_i \subseteq M_\omega$ § 109, 7.4.

(2) $seq \; M_{i+1} = M_i \cup \{\Theta_i\}$ 5.2.1.

(3) $seq \; \Theta_i \in M_{i+1}$

(4) $seq \; \Theta_i \in M_\omega$, wegen $M_{i+1} \subseteq M_\omega$.

Aus 8.1 folgt durch Kontraposition

*8.2. $non \; H \in M_\omega \; seq \; wv_P\, M_\omega \cup \{H\}.$

§ 111. Die grundlegenden Eigenschaften von M_ω

*1. $H \in M_\omega \; äq \; M_\omega \, Impl_P \, H.$

Beweis:

*(1) $H \in M_\omega \; seq \; M_\omega \, Impl_P \, H.$ § 109, 3.1.

    Andererseits folgt (§ 109, 7.14) aus $wf_P\, M_\omega$

(2) $M_\omega \, Impl_P \, H \; seq \; wf_P\, M_\omega \cup \{H\}$

*(3) $seq \; H \in M_\omega.$ § 110, 8.1.

    Aus (1) und (3) folgt 1.

Aus 1. folgt durch gliedweise metasprachliche Verneinung

*1.1. $non \; H \in M_\omega \; äq \; non \; M_\omega \, Impl_P \, H.$

    Durch 1. gehen die Theoreme § 109, 3.2 bis 3.6 über in

*1.2. $H_1 \, Aeq_{\vdash P} \, H_2 . seq . H_1 \in M_\omega \; äq \; H_2 \in M_\omega.$ § 109, 3.2.

    Mithin a fortiori

*1.2.2. $H_1 \in M_\omega \; et \; H_1 \, Aeq_{\vdash P} \, H_2 \; seq \; H_2 \in M_\omega.$ § 109, 3.2.1.

*1.3. $H_1 \in M_\omega \; et \; H_2 \in M_\omega \; äq \; H_1 \wedge H_2 \in M_\omega.$ § 109, 3.3.

1.4. $H_1 \in M_\omega \; vel \; H_2 \in M_\omega \; seq \; H_1 \vee H_2 \in M_\omega.$ § 109, 3.4.

1.5. $H_1 \to H_2 \in M_\omega . seq . H_1 \in M_\omega \; seq \; H_2 \in M_\omega.$ § 109, 3.5.

1.6. $H_1 \leftrightarrow H_2 \in M_\omega . seq . H_1 \in M_\omega \; äq \; H_2 \in M_\omega.$ § 109, 3.6.

---

[1] Mit Θ_i wie in 5.

Es gilt zusätzlich

1.7. $\vdash_P H \; seq \; H \in M_\omega$.

Beweis:

(1)	$\vdash_P H \; seq \; Lr \, Impl_P \, H$	§ 109, 1.3.
(2)	$seq \; M_\omega \, Impl_P \, H$	§ 109, 2.4.2.
(3)	$seq \; H \in M_\omega$.	1.

2. $\sim H \in M_\omega \; äq \; non \, M_\omega \, Impl_P \, H$.

Beweis: Aus $wf_P M_\omega$ folgt (§ 109, 7.8)

(1)	$\sim H \in M_\omega \; seq \; non \, H \in M_\omega$	
*(2)	$seq \; non \, M_\omega \, Impl_P \, H$.	1.1.

Andererseits

(3)	$non \, M_\omega \, Impl_P \, H \; seq \; non \, H \in M_\omega$	1.1.
(4)	$seq \; wv_P M_\omega \cup \{H\}$	§ 110, 8.2.
(5)	$seq \; M_\omega \, Impl_P \sim H$	§ 109, 7.11.
*(6)	$seq \sim H \in M_\omega$.	$1: H/\!\sim H.$

Aus (2) und (6) folgt 2.

Aus 2. folgt mit 1.1

*3. $\sim H \in M_\omega \; äq \; non \, H \in M_\omega$.

Hieraus durch Übergang von H zu $\sim$H mit 1.2

*3.1. $H \in M_\omega \; äq \; non \sim H \in M_\omega$.

Aus 3. folgt, wegen $H \in M_\omega \; vel \; non \, H \in M_\omega$

4. *Die Vollständigkeit von M_ω:* [1]

    $H \in M_\omega \; vel \sim H \in M_\omega$.

Mit Hilfe von 3. erhält man ferner die folgende wesentliche

5. *Verschärfung der Theoreme 1.4 bis 1.6.*

*5.1. $H_1 \in M_\omega \; vel \; H_2 \in M_\omega \; äq \; H_1 \vee H_2 \in M_\omega$.

Beweis:

(1)	$non \, H_1 \in M_\omega \; et \; non \, H_2 \in M_\omega \; äq \sim H_1 \in M_\omega \; et \sim H_2 \in M_\omega$	3.
(2)	$äq \sim H_1 \wedge \sim H_2 \in M_\omega$	1.3.
(3)	$äq \sim (H_1 \vee H_2) \in M_\omega$	1.2.
(4)	$äq \; non \, H_1 \vee H_2 \in M_\omega$.	3.

---

[1] Vgl. § 108, 1.1.

Folglich (§ 5, 8.2)

(5)   *non* $(H_1 \in M_\omega$ *vel* $H_2 \in M_\omega)$ *äq non* $H_1 \vee H_2 \in M_\omega$.

Hieraus 5.1 durch gliedweise metasprachliche Verneinung.

*5.2. $H_1 \in M_\omega$ *seq* $H_2 \in M_\omega$ *äq* $H_1 \to H_2 \in M_\omega$.

Beweis:

(1)   *non* $H_1 \in M_\omega$ *vel* $H_2 \in M_\omega$ *äq* $\sim H_1 \in M_\omega$ *vel* $H_2 \in M_\omega$ 3.

(2)   *äq* $\sim H_1 \vee H_2 \in M_\omega$.   5.1.

Folglich (§ 5, 7.2) mit 1.2

(3) $H_1 \in M_\omega$ *seq* $H_2 \in M_\omega$ *äq* $H_1 \to H_2 \in M_\omega$.

Aus 5.2 erhält man durch zusätzliche Vertauschung von H_1 und H_2

*5.3. $H_1 \in M_\omega$ *äq* $H_2 \in M_\omega$. *äq* . $H_1 \leftrightarrow H_2 \in M_\omega$.

6. Es gelten endlich die beiden folgenden Theoreme:

6.1. $\exists x\, H(x) \in M_\omega$ *äq* $(Ex\, t)\,(H_*(t) \in M_\omega)$.

Anm.: Da hier *jeder* F-Term zur Konkurrenz zugelassen werden muß, so sind für $H(x\,|\,t)$ im allgemeinen Falle gebundene Umbenennungen in H erforderlich. Dies sei angedeutet durch den Übergang von H zu H_*.

Beweis: Es sei $\exists x\, H(x) = \exists x_i \Theta'_i(x_i)$ im Sinne von §110, 2.3, (b). Entsprechend $H(z) = \Theta'_i(x_i\,|\,z_i)$. Dann gilt, auf Grund der Definition von M^* (§ 110, 3.),

(1) $\exists x\, H(x) \to H(z) \in M^*$.

Nun aber, auf Grund der Definition von M_ω (§ 110, 5.),

(2) $M^* \subseteq M_\omega$.

Folglich

(3) $\exists x\, H(x) \to H(z) \in M_\omega$.

Folglich (5.2)

(4) $\exists x\, H(x) \in M_\omega$ *seq* $H(z) \in M_\omega$

*(5)   *seq* $(Ex\, t)\,(H_*(t) \in M_\omega)$.[1]

Andererseits

(6) $\vdash_P H_*(t) \to \exists x\, H(x)$.

Folglich (1.7)

(7) $H_*(t) \to \exists x\, H(x) \in M_\omega$.

---

[1] Da die S-Variablen selbst F-Terme sind.

Folglich (5.2)

(8) $H_*(t) \in M_\omega$ *seq* $\exists x\, H(x) \in M_\omega$.

Folglich, da t nur in der Prämisse vorkommt,

*(9) $(Ex\,t)\,(H_*(t) \in M_\omega)$ *seq* $\exists x\, H(x) \in M_\omega$.

Aus (5) und (9) folgt 6.1.

*6.2. $\forall x\, H(x) \in M_\omega$ *äq* $(Om\,t)\,(H_*(t) \in M_\omega)$.

Wegen 1.2 genügt es zu zeigen:

$\sim \exists x \sim H(x) \in M_\omega$ *äq* $(Om\,t)\,(H_*(t) \in M_\omega)$.

Beweis:

(1)	$\sim \exists x \sim H(x) \in M_\omega$ *äq non* $\exists x \sim H(x) \in M_\omega$	3.
(2)	*äq non* $(Ex\,t)\,(\sim H_*(t) \in M_\omega)$	6.1.
(3)	*äq non* $(Ex\,t)\,(non\ H_*(t) \in M_\omega)$	3.
(4)	*äq* $(Om\,t)\,(H_*(t) \in M_\omega)$.	

§ 112. Ein abzählbares Modell von M_ω

1. $\mathfrak{B}_\alpha$ heiße ein abzählbares Modell, wenn α abzählbar ist.

2. α sei der abzählbare Bereich der F-Terme. Wir definieren ein $\mathfrak{B}$ über α, das der Bedingung genügt:

$$(Om\,H)\,(\mathfrak{B}\,Erf_\alpha\,H\ \text{\textit{äq}}\ H \in M_\omega).$$

Es soll gelten

2.1. $\mathfrak{B}_\alpha(x) =_{Df} x$ für jedes $x \in \alpha$.[1]

2.2. $\mathfrak{B}_\alpha(f^n)\binom{n}{t} =_{Df} f^n\binom{n}{t}$ für jedes $\overset{n}{t}$, so daß also $\mathfrak{B}_\alpha^\times(t) = t$.[2]

2.3. $\mathfrak{B}_\alpha(P^n) =_{Df} (Un\,\mathfrak{A}_\alpha^n)\,(Om_\alpha\,\overset{n}{t})\,(\mathfrak{A}_\alpha^n\binom{n}{t}=W\ \text{\textit{äq}}\ P^n\overset{n}{t} \in M_\omega)$.

Dann gilt

2.3.1. $\mathfrak{B}_\alpha^*\left(P^n\overset{n}{t}\right) = \mathfrak{B}_\alpha(P^n)\left(\mathfrak{B}_\alpha^\times\binom{n}{t}\right) = \mathfrak{B}(P^n)\binom{n}{t} = W\ \text{\textit{äq}}\ P^n\overset{n}{t} \in M_\omega$.

Mit Hilfe der vorstehenden Festsetzungen beweisen wir jetzt

3. *Das Modelltheorem.*

$\mathfrak{B}\,Erf_\alpha\,H\ \text{\textit{äq}}\ H \in M_\omega$.

Beweis durch Induktion über den Aufbau von H.

Induktionsbeginn: $\mathfrak{B}\,Erf_\alpha\,P^n\overset{n}{t}\ \text{\textit{äq}}\ P^n\overset{n}{t} \in M_\omega$.

---

[1] Man beachte, daß die S-Variablen F-Terme sind.

[2] Vgl. § 58, (4.4.2); hier gehören aber *alle* Terme zu α.

Beweis:

(1) $\mathfrak{B}\,Erf_\alpha\,P^n\,\overset{n}{t}\ \ddot{a}q\ \mathfrak{B}_\alpha(P^n)\left(\mathfrak{B}_\alpha^\times(\overset{n}{t})\right) = W$

(2) $\ddot{a}q\ P^n\,\overset{n}{t}\in M_\omega.$ 2.3.1.

Induktionsschritt:

(A)   Die aussagenlogischen Schritte ergeben sich unmittelbar aus §111, 3; 1.3; 5.1 bis 5.3.

(B)   Es gelte schon: $\mathfrak{B}\,Erf_\alpha\,\mathsf{H}(t)\ \ddot{a}q\ \mathsf{H}(t)\in M_\omega.$ *Ind*

     Dann auch

         (B_1) $\mathfrak{B}\,Erf_\alpha\,\exists x\,\mathsf{H}(x)\ \ddot{a}q\ \exists x\,\mathsf{H}(x)\in M_\omega.$

         (B_2) $\mathfrak{B}\,Erf_\alpha\,\forall x\,\mathsf{H}(x)\ \ddot{a}q\ \forall x\,\mathsf{H}(x)\in M_\omega.$

Beweis von (B_1):

(1) $\mathfrak{B}\,Erf_\alpha\,\exists x\,\mathsf{H}(x)\ \ddot{a}q\ (Ex_\alpha\mathfrak{x})\left(\binom{x}{\mathfrak{x}}\mathfrak{B}\,Erf_\alpha\,\mathsf{H}(x)\right)$

(2) $\ddot{a}q\ (Ex_\alpha t)\left(\binom{x}{t}\mathfrak{B}\,Erf_\alpha\,\mathsf{H}(x)\right)^1$

(3) $\ddot{a}q\ (Ex_\alpha t)\left(\binom{x}{\mathfrak{B}_\alpha^\times(t)}\mathfrak{B}\,Erf_\alpha\,\mathsf{H}(x)\right)$ 2.2.

(4) $\ddot{a}q\ (Ex_\alpha t)\left(\mathfrak{B}\,Erf_\alpha\,\mathsf{H}_*(t)\right)^2$

(5) $\ddot{a}q\ (Ex_\alpha t)\left(\mathsf{H}_*(t)\in M_\omega\right)$ *Ind*

(6) $\ddot{a}q\ \exists x\,\mathsf{H}(x)\in M_\omega.$ §111, 6.1.

Beweis von (B_2): Dieser ergibt sich aus dem vom (B_1), indem man (B_2) ersetzt durch das gleichwertige

         (B_2') $\mathfrak{B}\,Erf_\alpha\sim\exists x\sim\mathsf{H}(x)\ \ddot{a}q\ \sim\exists x\sim\mathsf{H}(x)\in M_\omega.^3$

Hiermit ist 3. vollständig bewiesen. Es ist also, wegen $|\alpha|=\aleph_0$, gezeigt

*4. $erf_{\aleph_0}^P\,M_\omega,$

     mithin, wegen $M\subseteq M_\omega$, was $wf_P M$ zur Voraussetzung hat,

4.1. $wf_P M\ seq\ erf_{\aleph_0}^P\,M_\omega.$

     Mithin (§ 30, 2.2.1), wegen $M\subseteq M_\omega$, a fortiori

---

[1] Der Übergang ist dadurch gerechtfertigt, daß die α-Individuen auf Grund von 2.1 und 2.2 die F-Terme sind.

[2] Der Übergang ist dadurch gerechtfertigt, daß hier Umbelegung und Einsetzung korrespondieren. Es gilt also (vgl. § 61, 2.):

$$\mathsf{H}_1\,Eins_{xt}\,\mathsf{H}_2\ .seq.\ \binom{x}{\mathfrak{B}_\alpha^\times(t)}\mathfrak{B}\,Erf_\alpha\,\mathsf{H}_1\ \ddot{a}q\ \mathfrak{B}\,Erf_\alpha\,\mathsf{H}_2.$$

[3] Vgl. den Beweis von § 111, 6.2.

***5.** $wf_P M \; seq \; erf_{\aleph_0}^P M$,

    also das in §108, 2.12 angekündigte Theorem.

Nimmt man hinzu das schon in § 97, 5.5 bewiesene Theorem

5.1. $erf_P M \; seq \; wf_P M$,

    so erhält man

***6.** *Das Theorem der Koinzidenz von Widerspruchsfreiheit und Erfüllbarkeit für den PFK*:*[1]

***6.1.** $wf_P M \; äq \; erf_P M$,

    mit seinem Komplement

***6.2.** $wv_P M \; äq \; non \; erf_P M$.

Andererseits ergibt sich aus 5.1 und 5. durch Kettenschluß

***7.** *Das Theorem von* LÖWENHEIM *und* SKOLEM *für den PFK.*

    $erf_P M \; seq \; erf_{\aleph_0}^P M$.

Mithin, wegen $erf_{\aleph_0}^P M \; seq \; erf_P M$,

***7.1.** $erf_P M \; äq \; erf_{\aleph_0}^P M$.

Man erhält also durch 6. zugleich einen neuen Beweis für 7.

§ 113. Mengen- und folgerungstheoretische Folgerungen

Aus dem Koinzidenztheorem §112, 6. ergeben sich für die Ziele dieses Lehrbuchs als wichtigste Folgerungen

***1.** *Das finitäre Erfüllbarkeitstheorem des PFK.*[2]

M sei eine abzählbar unendliche Menge von P-Ausdrücken. Dann gilt: Wenn jede endliche Teilmenge von M erfüllbar ist, so ist M simultan erfüllbar. Symbolisch:

$$(Om \; E) \, (E \subseteq M \; seq \; erf_P E) \; seq \; erf_P M.$$

Wir beweisen die kontraponierte Form:

$$non \; erf_P M \; seq \; (E x_M E) \, (non \; erf_P M).$$

Beweis:

(1) $non \; erf_P M \; seq \; wv_P M$		§ 112, 6.2.
(2) $seq \; (E x_M E) \, (wv_P E)$		§ 108, 2.5.1.
(3) $seq \; (E x_M E) \, (non \; erf_P E)$.		§ 112, 6.2.

---

[1] Dies ist das Theorem von HENKIN [2], dort beschränkt auf abgeschlossene Mengen, hier auf beliebige Mengen erstreckt und mit Einbeziehung der Funktionale.

[2] Vgl. § 31.

*2. *Die Koinzidenz von* $Impl_P$ *und* $\Vdash_P$.

*2.1. $M\,Impl_P\,\mathsf{H}\ \ddot{a}q\ M\,\Vdash_P\mathsf{H}$.

Beweis:

(1) $wv_P\,M\cup\{\sim\mathsf{H}\}\ \ddot{a}q\ non\ erf_P\,M\cup\{\sim\mathsf{H}\}$. $\qquad\qquad$ § 112, 6.2.

$\qquad$ Mithin (§ 109, 7.9; § 32, 2.2)

(2) $M\,Impl_P\,\mathsf{H}\ \ddot{a}q\ M\,\Vdash_P\mathsf{H}$.

$\qquad$ Hieraus durch M/Lr (§ 109, 1.3)

*2.2. $\vdash_P\mathsf{H}\ \ddot{a}q\ \Vdash_P\mathsf{H}$.

$\qquad$ Aus 2.1 folgt unmittelbar

*3. *Der finitäre Charakter von* $\Vdash_P$.[1]

M sei eine Menge von P-Ausdrücken wie in 1. Dann gilt: Wenn H eine P-Konsequenz von M, so ist H schon eine P-Konsequenz einer endlichen Teilmenge von M. Symbolisch:

$$M\vdash_P\mathsf{H}\ seq\ (Ex_M\,E)\,(E\Vdash_P\mathsf{H}).$$

Wir zeigen sofort

$$M\Vdash_P\mathsf{H}\ \ddot{a}q\ (Ex_M\,E)\,(E\Vdash_P\mathsf{H}).$$

Beweis:

(1) $M\Vdash_P\mathsf{H}\ \ddot{a}q\ M\,Impl_P\,\mathsf{H}$ $\qquad\qquad\qquad\qquad\qquad\qquad$ 2.1.

(2) $\qquad\ \ddot{a}q\ (Ex_M\,E)\,(E\,Impl_P\,\mathsf{H})$ $\qquad\qquad\qquad\qquad\quad$ § 109, 2.5.

(3) $\qquad\ \ddot{a}q\ (Ex_M\,E)\,(E\Vdash_P\mathsf{H})$ $\qquad\qquad\qquad\qquad\quad$ 2.1 mit M/E.

4. *Die Beziehungen zwischen* $\Vdash_P$ *und* $\vdash_P$.

4.1. $\Vdash_P$ und $\vdash_P$ sind umfangsgleich bei Beschränkung auf *abgeschlossenes* M (auf Grund von 2.1 und § 109, 5.2). Symbolisch:

$$abg\,M\,.seq.\,M\Vdash_P\mathsf{H}\ \ddot{a}q\ M\vdash_P\mathsf{H}.$$

4.2.   Für *beliebiges* M ist die Deduktionskraft von $\vdash_P$ im allgemeinen Falle stärker als die von $\Vdash_P$ (§ 107, 2.1 bis 2.3).

§ 114. Die semantische Vollständigkeit des PFK* und ihre Derivate

1. *Die semantische Vollständigkeit des PFK*.*

Diese ergibt sich im Sinn von § 108, 2. unmittelbar aus dem Koinzidenztheorem § 113, 2.2; denn aus $\vdash_P\mathsf{H}\ \ddot{a}q\ \Vdash_P\mathsf{H}$ folgt

$$(Cl\,\mathsf{H})\,(\vdash_P\mathsf{H})=(Cl\,\mathsf{H})\,(\Vdash_P\mathsf{H})=idt_P.$$

---

[1] Vgl. § 33, 4.

Hiermit ist zugleich die *Axiomatisierbarkeit* von idt_P in bezug auf $\Vdash_P$ und die leere Prämissenmenge bewiesen.

2. *Zusätzliche Koinzidenztheoreme.*

Die semantische Vollständigkeit des PFK* kann auch ausgedrückt werden durch

2.1. bew_P H *äq* id_P H.   § 108, 2.2.

2.2. erf_P H *äq non* wdb_P H.   § 108, 2.3.

        Hieraus

*2.3. $H_1\, Aeq_{\Vdash_P} H_2$ *äq* $H_1\, Aeq_P H_2$.

*2.4. $H_1\, Idg_P H_2$ *äq* $H_1\, Bwg_P H_2$.

2.5. $H_1\, Erfg_P H_2$ *äq* $H_1\, Wdg_P H_2$.

3. Im nächsten Paragraphen werden auch für Idv_P und $Erfv_P$ syntaktische Aequivalente angegeben werden. Diese Aequivalente können aber nicht so einfach sein wie in 2.4 und 2.5; denn Ddg_P (§ 103, 1.2) reicht hierfür nicht aus, auch nicht in der Verschärfung zu Ddg_P^* (§ 103, 6.5).

§ 115. Syntaktische Aequivalente der Identitäts- und Erfüllbarkeitsverbundenheit im PFK

1. Der Leitfaden zur Auffindung dieser Aequivalente ist die Bemerkung, daß Idv_P und $Erfv_P$ auf Grund des Theorems von Löwenheim und Skolem (§ 79) zerlegt werden können in eine Identitäts- und Erfüllbarkeitsverbundenheit im Endlichen[1] und eine Identitäts- und Erfüllbarkeitsgleichheit im Abzählbaren[2]. Wir definieren mit $0 < k < \aleph_0$

1.1. H_1 ist *im Endlichen P-identitätsverbunden* mit H_2.

       $H_1\, Idv_E^P H_2$ $äq_{Df}$ $(Om\ k)\, (H_1\, Idg_k^P H_2)$.

1.2. H_1 ist *im Endlichen P-erfüllbarkeitsverbunden* mit H_2.

       $H_1\, Erfv_E^P H_2$ $äq_{Df}$ $(Om\ k)\, (H_1\, Erfg_k^P H_2)$.

2. *Syntaktische Aequivalente für* id_k^P H *und* erf_k^P H.

Für $0 < k < \aleph_0$ sei $M_{(\leq k)}$ die Menge der P-Ausdrücke Θ, so daß $id_{\leq k}^P \Theta$, also die Menge der P-Ausdrücke, die mit der oberen endlichen Grenze k identisch sind. Es gilt

2.1. id_k^P H *seg* $M_{(\leq k)} \Vdash_P$ H.

---

[1] Abkürzung für „in jedem endlichen Individuenbereich".

[2] Dies ist zuerst in einer brieflichen Mitteilung von K. Schröter bemerkt worden.

Beweis:

1. Fall: $id^P_{\leq k}\,$H. Dann H $\in M_{(\leq k)}$. Dann $M_{(\leq k)}\vdash_P$ H.

2. Fall: $id^P_k\,$H *et non* $id^P_{\leq k}\,$H. Dann $id^P_{\leq k}\,$H$\wedge\Theta$ für ein $\Theta\in M_{(\leq k)}$.

   Dann $M_{(\leq k)}\vdash_P$ H$\wedge\Theta$, mithin a fortiori $M_{(\leq k)}\vdash_P$ H.

Es gilt auch die Umkehrung

2.2. $M_{(\leq k)}\vdash_P$ H *seq* $id^P_k\,$H.

   Denn aus $id_k\,M_{(\leq k)}$ folgt (§ 91, 2.): $M_{(\leq k)}\vdash_P$ H *seq* $id^P_k\,$H.

   Aus 1.1 und 1.2 folgt

*2.3. $id^P_k\,$H *äq* $M_{(\leq k)}\vdash_P$ H.

   Hieraus durch Übergang von H zu $\sim$H und gliedweise metasprachliche Verneinung

*2.4. $erf^P_k\,$H *äq non* $M_{(\leq k)}\vdash_P\sim$H.

3. Aus den syntaktischen Aequivalenten in 2.3 und 2.4 folgt

*3.1. $H_1\,Idv^P_E\,H_2$ *äq* $(Om\,k)\,(M_{(\leq k)}\vdash_P H_1$ *äq* $M_{(\leq k)}\vdash_P H_2)$.

*3.2. $H_1\,Erfv^P_E\,H_2$ *äq* $(Om\,k)\,(non\,M_{(\leq k)}\vdash_P\sim H_1$ *äq non* $M_{(\leq k)}\vdash_P\sim H_2)$
        äq $(Om\,k)\,(M_{(\leq k)}\vdash_P\sim H_1$ *äq* $M_{(\leq k)}\vdash_P\sim H_2)$.

4. Für das *Abzählbare* gelten die folgenden Theoreme:

*4.1. $H_1\,Idg^P_{\aleph_0}\,H_2$ *äq* $H_1\,Bwg_P\,H_2$.

Der *Beweis* fußt in (1) auf dem P-Theorem von Löwenheim und Skolem, in (3) auf der Vollständigkeit des PFK*.

(1) $id^P_{\aleph_0}\,$H *äq* $id_P\,$H.

   Folglich

(2) $H_1\,Idg^P_{\aleph_0}\,H_2$ *äq* $H_1\,Idg_P\,H_2$

(3) $äq\; H_1\,Bwg_P\,H_2$.   § 114, 2.4.

   Aus 4.1 folgt

*4.2. $H_1\,Erfg^P_{\aleph_0}\,H_2$ *äq* $H_1\,Wdb_P\,H_2$.

5. Aus 3. und 4. ergeben sich die beiden folgenden $\vdash_P$-Aequivalente für $H_1\,Idv_P\,H_2$ und $H_1\,Erfv_P\,H_2$:

5.1. $H_1\,Idv_P\,H_2$ *äq* $(Om\,k)\,(M_{(\leq k)}\vdash_P H_1$ *äq* $M_{(\leq k)}\vdash_P H_2)$ *et* $H_1\,Bwg_P\,H_2$.

5.2. $H_1\,Erfv_P\,H_2$
        äq $(Om\,k)\,(M_{(\leq k)}\vdash_P\sim H_1$ *äq* $M_{(\leq k)}\vdash_P\sim H_2)$ *et* $H_1\,Wdg_P\,H_2$.

Drittes Hauptstück

Prädikatenkalkül mit Identität (I-Kalkül)

A) Allgemeine Grundlegung

§ 120. Der universelle Charakter der Identität und Verschiedenheit

1. Es gibt neben dem Null- und dem Allattribut (§ 51, 1.2) noch zwei ausgezeichnete Attribute, die für alle Bereiche sinnvoll sind: die Identität und ihr Komplement: die Verschiedenheit. Sie unterscheiden sich vom Null- und vom Allattribut formal durch ihren zweistelligen Charakter; denn das Null- und das Allattribut sind sinnvoll für jede endliche Stellenzahl.

2. Da die Verschiedenheit in dem Sinne, in welchem sie hier vorausgesetzt ist, mit der Nicht-Identität zusammenfällt, so bedarf sie in bezug auf eine Sprache, die schon über ein Verneinungssymbol verfügt, grundsätzlich nicht eines eigenen Symbols. Es genügt also die Adjungierung eines Identitätssymbols für den Übergang von der Prädikatenlogik im engeren Sinne zur Prädikatenlogik mit Identität. Wir wählen als Identitätssymbol das dreigestrichene Gleichheitszeichen „$\equiv$". Dieses Symbol ist scharf zu unterscheiden von dem zweigestrichenen Gleichheitszeichen „$=$". Dieses gehört der Metasprache an. Es ist also eines von den Symbolen, von denen wir von Anfang an Gebrauch gemacht haben. „$\equiv$" hat zunächst überhaupt keine Bedeutung. Es gewinnt die angestrebte Bedeutung erst durch die ihm zugeordnete semantische Interpretation mit Hilfe von $=$.

3. Die Prädikatenlogik mit Identität geht durch eine auf unsern Kalkülbegriff abgestimmte Formalisierung ihrer Sprache über in einen Prädikaten*kalkül* mit Identität. Er heiße fortan der *I-Kalkül* (IK), genauer: der *I-Kalkül mit Funktionalen* (IFK).

§ 121. Die Ausdrucksbestimmungen des I-Kalküls mit Funktionalen (IFK)

1. Die I-Symbole und die I-Reihen sollen aus den entsprechenden Mengen des PFK (§ 53, 1; 2.) hervorgehen durch Adjungierung des zweistelligen Prädikates „$\equiv$", mit den Festsetzungen für die Identifizierung von Zeichen und Zeichenreihen wie in § 10, 2.4. *I-Reihen* unbestimmt angedeutet durch Z, nach Bedarf mit Unterscheidungszeichen.

1.1. I-Reihen vom Typus „$t_1 \equiv t_2$" statt „$\equiv t_1 t_2$" (in Analogie zu $P^2 t_1 t_2$) sollen *Gleichungen* heißen.

1.2.   Z soll ein *I-Atom* sein genau dann, wenn Z ein P-Atom (§ 53, 2.2) oder eine Gleichung ist.

1.3. x kommt in Z *gebunden (vollfrei)* vor: wie in § 53, 2.3; 2.4.

2. In genauer Analogie zur Menge der P-Ausdrücke soll die Menge der *I-Ausdrücke* die kleinste Menge sein, die

(1)   die I-Atome enthält,

(2)   abgeschlossen ist in bezug auf die A-Konstanten,

(3)   abgeschlossen ist in bezug auf die Quantoren.

2.1.   Auf Grund dieser Festsetzung ist jeder P-Ausdruck ein I-Ausdruck. Ein I-Ausdruck, der nicht P-Ausdruck ist, also ein I-Ausdruck, in welchem $=$ wenigstens einmal vorkommt, heiße ein *eigentlicher* I-Ausdruck. Ein eigentlicher I-Ausdruck, in welchem weder eine F-Variable (§ 53, 1.3) noch eine P-Variable vorkommt (wie in „$x \equiv y$"), heiße ein *strikter* I-Ausdruck. Ein strikter I-Ausdruck heiße eine *I-Formel*, wenn er abgeschlossen ist, wie $\forall x \exists y\, x \equiv y$. I-Ausdrücke werden wieder unbestimmt angedeutet durch „H", „Θ", nach Bedarf mit Unterscheidungszeichen. $H(x)$, $H(\overset{n}{x})$ wie in § 53, 3. $QxH(x)$ wie in § 53, 3.3. Quantifikatoren und Q-Variablen wie in § 53, 3.2. $H(x)$ geht durch *Generalisierung* von x über in $\forall x H(x)$, durch *Partikularisierung* von x in $\exists x H(x)$, durch *Quantifizierung* von x in $Qx H(x)$.

2.2.   *Klammer-Ersparungen* wie in § 53, 3.1. Andererseits sollen in kritischen Fällen zusätzliche Klammern um Gleichungen und Ungleichungen zugelassen sein (vgl. § 106, 2.3).

2.3.   *Vollgebundene* und *freie* S-Variablen wie in § 53, 4.

2.4.   „$t_1 \not\equiv t_2$" für „$\sim t_1 \equiv t_2$".

2.5.   *Kollisionen* und *Konfusionen* wie in § 53, 5.

3. Die wichtigsten Arten von I-Ausdrücken:

3.1.   *n-stellige* wie in § 53, 3.6.

3.2.   *offene* wie in § 53, 4.6.

3.3.   *abgeschlossene* wie in § 53, 4.6.

3.4.   *eigentliche*, wie in 2.1.

3.5.   *strikte*, wie in 2.1.

3.6.   *I-Formeln*, wie in 2.1. Daß H eine I-Formel ist, werde ausgedrückt durch „$H \in IF$".

B) Semantik
I. Allgemeine Semantik
§ 122. Die semantischen Satzbestimmungen des IFK

1. Der Belegungsbegriff für die P-Variablen $\big(\S\,54,\,1.1,\,(3)\big)$ ist zu ergänzen durch

1.1.　$\mathfrak{B}_\alpha(\equiv) =_{Df} Id_\alpha$, d.i. $=$, beschränkt auf α,

so daß　$\mathfrak{B}_\alpha(\equiv) \in \{W, F\}^{\alpha^2}$.

$\mathfrak{B}_\alpha(\equiv)$ ist also eine Abbildung der Paare von α-Individuen in die Menge der Wahrheitswerte mit

1.2.　$\mathfrak{B}_\alpha(\equiv) \big(\mathfrak{B}_\alpha(t_1), \mathfrak{B}_\alpha(t_2)\big) = W\ \ddot{a}q\ \mathfrak{B}_\alpha(t_1) = \mathfrak{B}_\alpha(t_2)$.

Im Einklang mit der inhaltlichen Bedeutung soll gelten

1.3.　$\mathfrak{B}_\alpha^*(t_1 \equiv t_2) = W\ \ddot{a}q_{Df}\ \mathfrak{B}_\alpha(t_1) = \mathfrak{B}_\alpha(t_2)$,

so daß mit „$\mathfrak{B}\,Erf_\alpha\,t_1 \equiv t_2$" für „$\mathfrak{B}_\alpha^*(t_1 \equiv t_2) = W$"

1.4.　$\mathfrak{B}\,Erf_\alpha\,t_1 \equiv t_2\ \ddot{a}q\ \mathfrak{B}_\alpha(t_1) = \mathfrak{B}_\alpha(t_2)$.

Folglich, mit § 121, 2.4

1.5.　$\mathfrak{B}\,Erf_\alpha\,t_1 \not\equiv t_2\ \ddot{a}q\ \mathfrak{B}\,Erf_\alpha \sim t_1 \equiv t_2$

　　　　$\ddot{a}q\ non\ \mathfrak{B}\,Erf_\alpha\,t_1 \equiv t_2$

　　　　$\ddot{a}q\ non\ \mathfrak{B}_\alpha(t_1) = \mathfrak{B}_\alpha(t_2)$

　　　　$\ddot{a}q\ \mathfrak{B}_\alpha(t_1) \neq \mathfrak{B}_\alpha(t_2)$, mit „$\mathfrak{x} \neq \mathfrak{y}$" für „$non\ \mathfrak{x} = \mathfrak{y}$".

Alles übrige wie in § 54.

2. *Allgemeingültigkeit, Erfüllbarkeit, Neutralität von I-Ausdrücken* in genauer Analogie zu den entsprechenden Fällen im PFK (§ 54, 5; 6.), symbolisiert durch „$id_I\mathsf{H}$", „$erf_I\mathsf{H}$", „$nt_I\mathsf{H}$".

3. Die *Satzmenge des IFK* soll zusammenfallen mit der Menge der I-identischen I-Ausdrücke idt_I.

Hieraus folgt

3.1.　Jeder Satz des PFK ist auch ein Satz des IFK.

3.2.　Wir schreiben nach Bedarf

„$\mathsf{H}_1\,Imp_\alpha^I\,\mathsf{H}_2$" für „$id_\alpha^I\,\mathsf{H}_1 \to \mathsf{H}_2$",

„$\mathsf{H}_1\,Imp_I\,\mathsf{H}_2$" für „$id_I\,\mathsf{H}_1 \to \mathsf{H}_2$",

„$\mathsf{H}_1\,Aeq_\alpha^I\,\mathsf{H}_2$" für „$id_\alpha^I\,\mathsf{H}_1 \leftrightarrow \mathsf{H}_2$",

„$\mathsf{H}_1\,Aeq_I\,\mathsf{H}_2$" für „$id_I\,\mathsf{H}_1 \leftrightarrow \mathsf{H}_2$",

mit „$\mathsf{H}_1\,Imp!\,\mathsf{H}_2$" wie bisher.

4. Die Mengen der I-Symbole, I-Reihen, I-Ausdrücke, I-Identitäten sind abzählbar unendlich.

5. *Beispiele zur Einübung der semantischen Beweistechnik.*

5.1. $id_I\, x \equiv x$, wegen $\mathfrak{B}\, Erf_\alpha\, x \equiv x\ \ddot{a}q\ \mathfrak{B}(x) = \mathfrak{B}(x)$ 1.4.

Es sei ferner zu zeigen

5.2. $id_I \forall x\, \exists y\, x \equiv y$.

Beweis[1]:

$(1)\quad \mathfrak{B}\, Erf_\alpha \forall x\, \exists y\, x \equiv y\ \ddot{a}q\ (Om_\alpha \mathfrak{x})\, (Ex_\alpha \mathfrak{y}) \left(\begin{pmatrix} x & y \\ \mathfrak{x} & \mathfrak{y} \end{pmatrix} \mathfrak{B}\, Erf_\alpha\, x \equiv y\right). \quad \S\,56,\ 2.1.$

$(2)\quad \begin{pmatrix} x & y \\ \mathfrak{x} & \mathfrak{y} \end{pmatrix} \mathfrak{B}\, Erf_\alpha\, x \equiv y\ \ddot{a}q\ \begin{pmatrix} x & y \\ \mathfrak{x} & \mathfrak{y} \end{pmatrix} \mathfrak{B}_\alpha(x) = \begin{pmatrix} x & y \\ \mathfrak{x} & \mathfrak{y} \end{pmatrix} \mathfrak{B}_\alpha(y) \quad 1.4.$

$(3)\qquad\qquad\qquad\qquad \ddot{a}q\ \mathfrak{x} = \mathfrak{y}. \qquad\qquad\qquad \S\,56,\ 1.2.5.$

Folglich

$(4)\quad \mathfrak{B}\, Erf_\alpha \forall x\, \exists y\, x \equiv y\ \ddot{a}q\ (Om_\alpha \mathfrak{x})\, (Ex_\alpha \mathfrak{y})\, (\mathfrak{x} = \mathfrak{y}).$

Da $\forall x\, \exists y\, x \equiv y$ eine I-Formel ist (§ 121, 2.1), so folgt hieraus, wie in § 126, 1.3 gezeigt werden wird, unmittelbar

$(5)\quad id_\alpha \forall x\, \exists y\, x \equiv y\ \ddot{a}q\ (Om_\alpha \mathfrak{x})\, (Ex_\alpha \mathfrak{y})\, (\mathfrak{x} = \mathfrak{y}).$

Hieraus 5.2 wegen

$(6)\quad id_I \forall x\, \exists y\, x \equiv y\ \ddot{a}q\ (Om\,\alpha)\, (Om_\alpha \mathfrak{x})\, (Ex_\alpha \mathfrak{y})\, (\mathfrak{x} = \mathfrak{y}).$

§ 123. Ein grundlegendes Allgemeingültigkeitskriterium für I-Ausdrücke. Die Permanenz des AK im IFK

1. H_0 sei ein A-Ausdruck wie in § 58, 1., H ein I-Ausdruck, der aus H_0 hervorgeht durch eine Ersetzung der A-Variablen p_i von H_0 durch *I-Ausdrücke* $\Phi(p_i)$. Dann sagen wir „H geht aus H_0 durch eine *I-Einsetzung* hervor".

2. H heiße ein *A-identischer I-Ausdruck* — symbolisch: $id_{A,I} H$ —, wenn H aus einer A-Identität durch eine I-Einsetzung hervorgeht.

3. *Ein Allgemeingültigkeitskriterium für beliebige I-Ausdrücke*[2].

Wenn H ein A-identischer I-Ausdruck ist, so ist H I-identisch. Symbolisch:

$$id_{A,I} H\ seq!\ id_I H.$$

Beweis wie zu § 58, 3.

---

[1] Hierfür und für alle vergleichbaren Fälle ist grundlegend § 56.
[2] Dieses Kriterium kann auch als Regel aufgefaßt werden. Dann als *Regel der I-Einsetzung (in eine A-Identität)*.

Anm.: 3. kann *nicht*, wie im PFK (§ 58, 4.), für offene I-Ausdrücke verschärft werden zu „$id_{A,I}$H *äq* id_IH"; denn $x \equiv x$ ist I-identisch und offen, aber nicht A-identisch, da $x \equiv x$ durch I-Einsetzung nur aus p hervorgehen kann.

4. *Die Permanenz des AK im IFK* ergibt sich mit derselben Begründung und Begrenzung wie für den PFK (§ 58, 5.).

4.1.   Daß auf die Permanenz des AK im IFK Bezug genommen ist, werde wieder angedeutet durch „AK*".

§ 124. Leibniz-Ausdrücke und das Leibniz-Prinzip

1. Ein I-Ausdruck H soll ein Leibniz-*Ausdruck* heißen („$H \in LA$"), wenn es ein H_0 und ein H_{00} gibt, so daß

(1) H_{00} geht aus H_0 hervor durch eine Ersetzung von x durch y, symbolisch
$$Ers\, H_0\, x\, y\, H_{00}.$$

Das soll heißen: H_{00} geht aus H_0 dadurch hervor, daß ein in H_0 frei vorkommendes x nach Belieben[1] — das soll heißen: an keiner oder an wenigstens einer Stelle, an welcher x in H_0 frei vorkommt — ersetzt wird durch y, unter der Voraussetzung, daß hierdurch nicht eine Konfusion von freien und gebundenen S-Variablen (§ 53, 5.) erzeugt wird. Wenn x in H_0 überhaupt nicht vorkommt, so soll gelten: $H_0 = H_{00}$.

(2) $H = x \equiv y \rightarrow (H_0 \rightarrow H_{00})$.

2. *Das Leibniz-Prinzip (LP):* Jeder Leibniz-Ausdruck ist I-identisch. Symbolisch:
$$H \in LA\ seq\ id_I H;$$
denn

$$Ers\, H_0\, x\, y\, H_{00}\ seq\ (Om\, \mathfrak{B}_\alpha)\, (\mathfrak{B}\, Erf_\alpha\, x \equiv y \,.\, seq\,.\, \mathfrak{B}\, Erf_\alpha\, H_0\ seq\ \mathfrak{B}\, Erf_\alpha\, H_{00}).$$

Anm.: Die Notwendigkeit des Konfusionsverbots ergibt sich aus Beispielen wie
$$H_1 = x \equiv y \,.\rightarrow.\, \exists y\, x \not\equiv y \rightarrow \exists y\, y \not\equiv y.$$

H_1 ist schon in einem zweizahligen Bereich falsifizierbar, also gewiß nicht I-identisch. Statt dessen etwa
$$H_2 = x \equiv y \,.\rightarrow.\, \exists z\, x \not\equiv z \rightarrow \exists z\, y \not\equiv z.$$

2.1.   Aus

(1) $Ers\, H_0\, x\, y\, H_{00}\ seq\ id_I\, x \equiv y \rightarrow (H_0 \rightarrow H_{00})$

---

[1] Leibniz ausdrücklich „ubivis", nicht „ubique" (Opuscules et fragments .nédits de Leibniz, par B. Couturat, Paris 1903, S. 255).

folgt durch Übergang von H_0 und H_{00} zu $\sim H_0$ und $\sim H_{00}$

(2) $\quad Ers \sim H_0\, x\, y \sim H_{00}\ seq\ id_I\, x \equiv y \rightarrow (\sim H_0 \rightarrow \sim H_{00})$

(3) $\hspace{7cm} \rightarrow (H_{00} \rightarrow H_0)\,.$

Nun aber

(4) $\quad Ers\, H_0\, x\, y\, H_{00}\ seq\ Ers \sim H_0\, x\, y \sim H_{00}\,.$

Folglich

(5) $\quad Ers\, H_0\, x\, y\, H_{00}\ seq\ id_I\, x \equiv y \rightarrow (H_{00} \rightarrow H_0)\,.$

Aus (1) und (5) ergibt sich

2.2.   *Das verschärfte* LEIBNIZ-*Prinzip (LP*).*

$\qquad Ers\, H_0\, x\, y\, H_{00}\ seq\ id_I\, x \equiv y \rightarrow (H_0 \leftrightarrow H_{00})\,.$

§ 125. Die Permanenz des PFK im IFK

1. Das, was beim Übergang von PFK zum IFK zu modifizieren ist, ist

   1.1.   die Theorie der Gleichheiten (§ 60) und der numerischen Gleichheiten (§ 78). Vgl. § 127 und § 132.

   1.2.   die Theorie der k-zahligen Allgemeingültigkeit und Erfüllbarkeit (§ 77). Vgl. § 131.

   1.3.   das Theorem von LÖWENHEIM und SKOLEM (§ 79). Vgl. § 133.

   1.4.   die Repräsentantentheorie des PFK (§ 80). Vgl. § 135.

2. Das Analogon zu dem zweiten Koinzidenztheorem des PFK (dem Koinzidenztheorem für homomorphe Belegungen: § 76, 5.1) reduziert sich für die eigentlichen I-Ausdrücke (§ 121, 2.1) auf das dritte Koinzidenztheorem (das Koinzidenztheorem für *isomorphe* Belegungen: § 76, 5.2), da die Identität auf die Identität abgebildet werden muß. Es gibt also für diesen wesentlichen Fall keine Homomorphismen von $\mathfrak{B}_\alpha$ auf $\overline{\mathfrak{B}}_{\overline{\alpha}}$ für $|\alpha| \neq |\overline{\alpha}|$.

Alles übrige kann unverändert aus dem PFK übernommen werden.

3. Die Permanenz des PFK im IFK werde angedeutet durch ,,PFK_*'', da über ,,PFK*'' schon verfügt ist (§ 90, 1.).

II. Spezielle Semantik

§ 126. Die Sonderstellung der I-Formeln

1. Die folgenreiche Sonderstellung der I-Formeln (§ 121, 2.1) ergibt sich aus dem auch im IFK gültigen ersten Koinzidenztheorem des PFK (§ 52, 2.) in Verbindung damit, daß in einer I-Formel träge Variablen

(§ 55, 1.; gemeint sind F- oder P-Variablen) überhaupt nicht, S-Variablen nur gebunden vorkommen. Es gilt also

1.1. Wenn H eine I-Formel ist, so sind irgend zwei Belegungen $\mathfrak{B}_1$, $\mathfrak{B}_2$ von H I-aequivalent in bezug auf H. Symbolisch:

$$H \in IF \; seq \; (Om \, \mathfrak{B}_1, \mathfrak{B}_2) \left(\mathfrak{B}_1 \underset{I}{aeq_H} \mathfrak{B}_2\right).$$

Hieraus folgt auf Grund von § 55, 2.

*1.2. Zwei Belegungen $\mathfrak{B}_1$, $\mathfrak{B}_2$ einer I-Formel H sind in bezug auf H bewertungsgleich. Symbolisch

$$H \in IF \; seq \; (Om \, \mathfrak{B}_1, \mathfrak{B}_2) \left(\mathfrak{B}_1^*(H) = \mathfrak{B}_2^*(H)\right).$$

Hieraus folgt[1]

*1.3. *Das erste Koinzidenztheorem für I-Formeln.*

$$H \in IF \, . \, seq \, . \, \mathfrak{B} \, Erf_\alpha H \; äq \; (Om \, \mathfrak{B}) \, (\mathfrak{B} \, Erf_\alpha H) \; äq \; (Ex \, \mathfrak{B}) \, (\mathfrak{B} \, Erf_\alpha H).$$

Es gelten also für I-Formeln neben den allgemein gültigen Theoremen § 54, 6.1 bis 6.2.1 die Theoreme

*1.4. $H \in IF \, . \, seq \, . \, id_\alpha H \; äq \; erf_\alpha H.$

*1.5. $H \in IF \, . \, seq \, . \, non \, id_\alpha H \; äq \; non \, erf_\alpha H.$

Folglich (§ 54, 6.1; 6.2)

*1.6. $H \in IF \, . \, seq \, . \, id_\alpha H \; äq \, non \, id_\alpha \sim H.$

*1.7. $H \in IF \, . \, seq \, . \, non \, erf_\alpha H \; äq \; erf_\alpha \sim H.$

In beiden Fällen ist der Übergang von Rechts nach Links eine charakteristische Eigenschaft der I-Formeln.

Wir notieren noch

1.8. $H \in IF \; äq \; \sim H \in IF.$

2. Eine Sonderklasse im Bereich der I-Formeln ist bestimmt durch die I-identischen I-Formeln, wie $\forall x \exists y \, x \equiv y$. Ihre Negate sind unerfüllbar, wie $\exists x \forall y \, x \not\equiv y$. Auf Grund dieser Zweiwertigkeit können die I-identischen I-Formeln auch als *wahre I-Aussagen*, die I-unerfüllbaren I-Formeln auch als *falsche I-Aussagen* charakterisiert werden.

2.1. Nicht jede I-Formel ist eine I-Aussage, z.B. nicht $H = \exists xy \, x \not\equiv y$; denn H ist weder I-identisch, da H nicht einzahlig identisch ist, noch unerfüllbar, da H in jedem wenigstens zweizahligen Bereich erfüllbar ist: woraus dann folgt (1.4), daß H in jedem wenigstens zweizahligen Bereich auch I-identisch ist.

---

[1] Dabei wird die Voraussetzung, daß α nicht leer ist, ausgenützt. Sonst versagt der Übergang von „$(Om \, \mathfrak{B})$" zu „$(Ex \, \mathfrak{B})$".

§ 127. Gleichheiten im IFK

1. *Definitionen.*

1.1.	$H_1 \, Aeq_\alpha^I \, H_2 \; \ddot{a}q_{Df} \; id_\alpha^I \, H_1 \leftrightarrow H_2$.	Vgl. § 59, 1.1.
1.2.	$H_1 \, Idg_\alpha^I \, H_2 \; \ddot{a}q_{Df} \; id_\alpha^I \, H_1 \; \ddot{a}q \; id_\alpha^I \, H_2$.	Vgl. § 60, 1.2.
1.3.	$H_1 \, Erfg_\alpha^I \, H_2 \; \ddot{a}q_{Df} \; erf_\alpha^I \, H_1 \; \ddot{a}q \; erf_\alpha^I \, H_2$.	Vgl. § 60, 1.3.
1.4.	$H_1 \, Aeq_I \, H_2 \; \ddot{a}q_{Df} \; (Om \; \alpha) \, (H_1 \, Aeq_\alpha^I \, H_2)$.	Vgl. § 59, 1.1.
1.5.	$H_1 \, Idv_I \, H_2 \; \ddot{a}q_{Df} \; (Om \; \alpha) \, (H_1 \, Idg_\alpha^I \, H_2)$.	Vgl. § 60, 1.4.
1.6.	$H_1 \, Erfv_I \, H_2 \; \ddot{a}q_{Df} \; (Om \; \alpha) \, (H_1 \, Erfg_\alpha^I \, H_2)$.	Vgl. § 60, 1.5.
1.7.	$H_1 \, Idg_I \, H_2 \; \ddot{a}q_{Df} \; id_I \, H_1 \; \ddot{a}q \; id_I \, H_2$.	Vgl. § 60, 1.6.
1.8.	$H_1 \, Erfg_I \, H_2 \; \ddot{a}q_{Df} \; erf_I \, H_1 \; \ddot{a}q \; erf_I \, H_2$.	Vgl. § 60, 1.7.

2. Es gelten auch im IFK die folgenden Theoreme:

2.1.	$H_1 \, Idg_\alpha \, H_2 \; \ddot{a}q \; \sim H_1 \, Erfg_\alpha \sim H_2$.	Vgl. § 60, 4.1.
2.2.	$H_1 \, Erfg_\alpha \, H_2 \; \ddot{a}q \; \sim H_1 \, Idg_\alpha \sim H_2$.	Vgl. § 60, 4.2.
2.3.	$H_1 \, Idv_I \, H_2 \; \ddot{a}q \; \sim H_1 \, Erfv_I \sim H_2$.	Vgl. § 60, 4.3.
2.4.	$H_1 \, Erfv_I \, H_2 \; \ddot{a}q \; \sim H_1 \, Idv_I \sim H_2$.	Vgl. § 60, 4.4.
2.5.	$H_1 \, Idg_I \, H_2 \; \ddot{a}q \; \sim H_1 \, Erfg_I \sim H_2$.	Vgl. § 60, 4.5.
2.6.	$H_1 \, Erfg_I \, H_2 \; \ddot{a}q \; \sim H_1 \, Idg_I \sim H_2$.	Vgl. § 60, 4.6.
2.7.	$H_1 \, Idv_I \, H_2 \; seq! \; H_1 \, Idg_I \, H_2$.	Vgl. § 60, 6.1.
2.8.	$H_1 \, Erfv_I \, H_2 \; seq! \; H_1 \, Erfg_I \, H_2$.	Vgl. § 60, 6.2.
2.9.	$H_1 \, Aeq_I \, H_2 \; et \; H_2 \, Idv_I \, H_3 \; seq \; H_1 \, Idv_I \, H_3$. $\qquad\qquad\quad Idg_I \qquad\qquad Idg_I$	Vgl. § 60, 8.3.
2.10.	$H_1 \, Aeq_I \, H_2 \; et \; H_2 \, Erfv_I \, H_3 \; seq \; H_1 \, Erfv_I \, H_3$. $\qquad\qquad\quad Erfg_I \qquad\qquad Erfg_I$	Vgl. § 60, 8.4.

3. Wenn H_1, H_2 I-Formeln sind, so gilt zusätzlich

*3.1.   *Das zweite Koinzidenztheorem für I-Formeln.*

H_1, $H_2 \in IF \, . \, seq \, . \; H_1 \, Aeq_\alpha \, H_2 \; \ddot{a}q \; H_1 \, Idg_\alpha \, H_2 \; \ddot{a}q \; H_1 \, Erfg_\alpha \, H_2$.

Es gelten allgemein die folgenden Beziehungen:

3.1.1.	$H_1 \, Aeq_\alpha \, H_2 \; seq \; H_1 \, Idg_\alpha \, H_2$.	§ 60, 7.1.
3.1.2.	$H_1 \, Aeq_\alpha \, H_2 \; seq \; H_1 \, Erfg_\alpha \, H_2$.	§ 60, 7.2.

Es genügt also, zu zeigen

3.1.3. H_1, $H_2 \in IF \, . \, seq \, . \; H_1 \, Idg_\alpha \, H_2 \; seq \; H_1 \, Aeq_\alpha \, H_2$.

3.1.4. H_1, $H_2 \in IF \, . \, seq \, . \; H_1 \, Erfg_\alpha \, H_2 \; seq \; H_1 \, Aeq_\alpha \, H_2$.

Beweis von 3.1.3. Vor.: $H_1, H_2 \in IF$. Dann

(1) $(Om\,\mathfrak{B})\,(\mathfrak{B}\,Erf_\alpha\,H_1)\;äq\;(Om\,\mathfrak{B})\,(\mathfrak{B}\,Erf_\alpha\,H_2)$

  $.seq.\;\mathfrak{B}\,Erf_\alpha\,H_1\;äq\;\mathfrak{B}\,Erf_\alpha\,H_2.$ § 126, 1.3.

Hieraus durch zulässige hintere Generalisierung von $\mathfrak{B}$ (§ 5, 11.2)

(2) $(Om\,\mathfrak{B})\,(\mathfrak{B}\,Erf_\alpha\,H_1)\;äq\;(Om\,\mathfrak{B})\,(\mathfrak{B}\,Erf_\alpha\,H_2)$

  $.seq.\;(Om\,\mathfrak{B})\,(\mathfrak{B}\,Erf_\alpha\,H_1\;äq\;\mathfrak{B}\,Erf_\alpha\,H_2).$

Beweis von 3.1.4. Vor.: $H_1, H_2 \in IF$. Dann

(1) $(Ex\,\mathfrak{B})\,(\mathfrak{B}\,Erf_\alpha\,H_1)\;äq\;(Ex\,\mathfrak{B})\,(\mathfrak{B}\,Erf_\alpha\,H_2)$

  $.seq.\;\mathfrak{B}\,Erf_\alpha\,H_1\;äq\;\mathfrak{B}\,Erf_\alpha\,H_2.$ § 126, 1.3.

Hieraus durch zulässige hintere Generalisierung von $\mathfrak{B}$

(2) $(Ex\,\mathfrak{B})\,(\mathfrak{B}\,Erf_\alpha\,H_1)\;äq\;(Ex\,\mathfrak{B})\,(\mathfrak{B}\,Erf_\alpha\,H_2)$

  $.seq.\;(Om\,\mathfrak{B})\,(\mathfrak{B}\,Erf_\alpha\,H_1\;äq\;\mathfrak{B}\,Erf_\alpha\,H_2).$

Aus 3.1 folgt auf Grund des *Dictum de omni* (§ 5, 11.1) durch Übergang zur gliedweisen Generalisierung von α

*3.2. *Das dritte Koinzidenztheorem für I-Formeln.*

  $H_1, H_2 \in IF\;.seq.\;(Om\,\alpha)\,(H_1\,Aeq_\alpha^I\,H_2)\;äq\;(Om\,\alpha)\,(H_1\,Idg_\alpha^I\,H_2)$

    $äq\;(Om\,\alpha)\,(H_1\,Erfg_\alpha^I\,H_2)$

  $.seq.\;H_1\,Aeq_I\,H_2\;äq\;H_1\,Idv_I\,H_2\;äq\;H_1\,Erfv_I\,H_2.$

          1.4; 1.5; 1.6.

Dagegen im allgemeinen Falle nur

3.3. $H_1\,Aeq_I\,H_2\;seq\;H_1\,Idv_I\,H_2\;seq\;H_1\,Idg_I\,H_2.$ § 60, 7.3; 6.1.

3.4. $H_1\,Aeq_I\,H_2\;seq\;H_1\,Erfv_I\,H_2\;seq\;H_1\,Erfg_I\,H_2.$ § 60, 7.4; 6.2.

Auf Grund von 3.2 gilt für I-Formeln neben 2.7 noch

3.5. $H_1\,Erfv_I\,H_2\;seq!\;H_1\,Idg_I\,H_2.$

4. Für die Identitäts- und Erfüllbarkeitsgleichheit gilt kein Gegenstück zu 3.2. Denn es gibt I-Formeln H_1, H_2, so daß *nicht* gilt: $H_1\,Idg_I\,H_2\;äq\;H_1\,Erfg_I\,H_2$; z.B.: für $H_1 = \exists xy\,x \not\equiv y$ und $H_2 = \exists x\,\forall y\,x \not\equiv y$ gilt zwar $H_1\,Idg_I\,H_2$; denn beide sind nichtidentisch. Es gilt aber *nicht*: $H_1\,Erfg_I\,H_2$; denn H_1 ist erfüllbar, H_2 dagegen nicht.

§ 128. Mindest-, Höchst- und Anzahlformeln

In diesem Paragraphen sollen die I-Formeln H diskutiert werden, für welche $id_\alpha H$ oder gleichwertig (§ 126, 1.4) $erf_\alpha H$ genau dann, wenn es (a) wenigstens, (b) höchstens, (c) genau n α-Individuen gibt. Daß

$\mathfrak{x}_1, \ldots, \mathfrak{x}_n$ paarweise voneinander verschieden sind, soll symbolisiert sein durch „$Dst\,\overset{n}{\mathfrak{x}}$" („$\mathfrak{x}_1, \ldots, \mathfrak{x}_n$ sind distinkt"). Wir führen die metasprachliche Abkürzung[1] „$\boldsymbol{Dst}\left(\overset{n}{x}\right)$" für gewisse I-Ausdrücke so ein, daß $id_\alpha \exists \overset{n}{x}\,\boldsymbol{Dst}\left(\overset{n}{x}\right)\;äq\;\left(E x_\alpha\,\overset{n}{\mathfrak{x}}\right)\left(Dst_\alpha\,\overset{n}{\mathfrak{x}}\right).$[2]

1. *Einführung der Distinktheitsausdrücke* **Dst**.

1.1. $\boldsymbol{Dst}\,(x_1\,x_2) =_{Df} x_1 \not\equiv x_2.$

1.2.   Unter der Voraussetzung, daß „$\boldsymbol{Dst}\,(x_1 \ldots x_{n-1})$" schon erklärt ist, soll gelten

$$\boldsymbol{Dst}\,(x_1 \ldots x_{n-1}\,x_n) =_{Df} \boldsymbol{Dst}\,(x_1 \ldots x_{n-1}) \wedge \bigwedge_{i=1}^{n-1} x_n \not\equiv x_i.$$

1.3.   Wir schreiben „$\boldsymbol{Dst}\left(\overset{n}{x}\right)$" für „$\boldsymbol{Dst}\,(x_1 \ldots x_n)$".
Es gilt

1.4. $\sim \boldsymbol{Dst}\left(\overset{n}{x}\right) A eq_\alpha^I \boldsymbol{Dst}\left(\overset{n-1}{x}\right) \to \bigvee_{i=1}^{n-1} x_n \equiv x_i.$

Es gelten ferner die folgenden Theoreme:

1.5. $\mathfrak{B}\,Erf_\alpha\,\boldsymbol{Dst}\left(\overset{n}{x}\right)\;äq\;Dst_\alpha\,\mathfrak{B}\left(\overset{n}{x}\right).$ § 122, 1.4.
Folglich

1.6. $\left(\begin{matrix}\overset{n}{x}\\[2pt]\overset{n}{\mathfrak{x}}\end{matrix}\right)\mathfrak{B}\,Erf_\alpha\,\boldsymbol{Dst}\left(\overset{n}{x}\right)\;äq\;Dst_\alpha\,\overset{n}{\mathfrak{x}}.$ § 56, 1.2.3.

Folglich

1.7. $\mathfrak{B}\,Erf_\alpha\,\exists\overset{n}{x}\,\boldsymbol{Dst}\left(\overset{n}{x}\right)\;äq\;\left(E x_\alpha\,\overset{n}{\mathfrak{x}}\right)\left(\left(\begin{matrix}\overset{n}{x}\\[2pt]\overset{n}{\mathfrak{x}}\end{matrix}\right)\mathfrak{B}\,Erf_\alpha\,\boldsymbol{Dst}\left(\overset{n}{x}\right)\right)$

$$äq\;\left(E x_\alpha\,\overset{n}{\mathfrak{x}}\right)\left(Dst\,\overset{n}{\mathfrak{x}}\right).$$

$\exists\overset{n}{x}\,\boldsymbol{Dst}\left(\overset{n}{x}\right)$ ist eine I-Formel. Es folgt also aus 1.7 (§ 126, 1.3)

*1.8. $id_\alpha \exists\overset{n}{x}\,\boldsymbol{Dst}\left(\overset{n}{x}\right)\;äq\;\left(E x_\alpha\,\overset{n}{\mathfrak{x}}\right)\left(Dst\,\overset{n}{\mathfrak{x}}\right).$

2. *Einführung der Mindestzahlformeln erster Art.*

*2.1.   Für $n = 1$: $\exists_n^{(1)} =_{Df} \exists x\,(x \equiv x).$

*2.2.   Für $n > 1$: $\exists_n^{(1)} =_{Df} \exists\overset{n}{x}\,\boldsymbol{Dst}\left(\overset{n}{x}\right).$
Mithin

2.3.   Für $n = 1$: $\sim \exists_n^{(1)} A eq_\alpha^I \forall x\,(x \not\equiv x).$

2.4.   Für $n > 1$: $\sim \exists_n^{(1)} A eq_\alpha^I \forall\overset{n}{x}\left(\boldsymbol{Dst}\left(\overset{n-1}{x}\right) \to \bigvee_{i=1}^{n-1} x_n \equiv x_i\right).$

---

[1] Siehe 1.8.

[2] Der Index α an „$E x_\alpha$" soll ausdrücken, daß $\mathfrak{x}_1, \ldots, \mathfrak{x}_n \in \alpha$.

Es gelten die folgenden Theoreme:

2.5. Für $n=1$: $id_\alpha \, \exists_n^{(1)} \; \ddot{a}q \; (Ex_\alpha \mathfrak{x}) \, (\mathfrak{x} = \mathfrak{x}).$ [1]

2.6. Für $n>1$: $id_\alpha \, \exists_n^{(1)} \; \ddot{a}q \; (Ex_\alpha \overset{n}{\mathfrak{x}}) \, (Dst \, \overset{n}{\mathfrak{x}}).$ 1.8.

2.7. Für $n=1$: $id_\alpha \sim \exists_n^{(1)} \; \ddot{a}q \; (Om_\alpha \mathfrak{x}) \, (\mathfrak{x} \neq \mathfrak{x}).$

2.8. Für $n>1$: $id_\alpha \sim \exists_n^{(1)} \; \ddot{a}q \; (Om_\alpha \overset{n}{\mathfrak{x}}) \left(Dst \, {}^{n-1}\mathfrak{x}^1 \; seq \; \overset{n-1}{\underset{i=1}{vel}} \, \mathfrak{x}_n = \mathfrak{x}_i\right).$ [2]

Aus 2.5 folgt:

2.9. $id_I \, \exists_1^{(1)}.$

Aus 2.7 folgt:

2.10. $non \; erf_I \sim \exists_1^{(1)}.$ [3]

Aus 2.5 und 2.6 ergibt sich, daß durch 2.1 und 2.2 auf eine erste Art
I-Formeln $\exists_n$ bestimmt sind, für welche $id_\alpha \exists_n$ zu interpretieren ist durch
„Es gibt wenigstens n α-Individuen".

3. *Einführung der Mindestzahlformeln zweiter Art.*

*3.1. Für $n=1$: $\exists_n^{(2)} =_{Df} \forall x \, \exists y \, (x \equiv y).$

*3.2. Für $n>1$: $\exists_n^{(2)} =_{Df} \forall {}^{n-1}x^1 \, \exists x_n \left(\overset{n-1}{\underset{i=1}{\wedge}} \, x_n \not\equiv x_i\right).$

Mithin

3.3. Für $n=1$: $\sim \exists_n^{(2)} \, Aeq_\alpha^I \; \exists x \, \forall y \, (x \not\equiv y).$

3.4. Für $n>1$: $\sim \exists_n^{(2)} \, Aeq_\alpha^I \; \exists {}^{n-1}x^1 \, \forall x_n \left(\overset{n-1}{\underset{i=1}{\vee}} \, x_n \equiv x_i\right).$

Es gelten die folgenden Theoreme:

3.5. Für $n=1$: $id_\alpha \, \exists_n^{(2)} \; \ddot{a}q \; (Om_\alpha \mathfrak{x}) \, (Ex_\alpha \mathfrak{y}) \, (\mathfrak{x} = \mathfrak{y}).$

3.6. Für $n>1$: $id_\alpha \, \exists_n^{(2)} \; \ddot{a}q \; (Om_\alpha \, {}^{n-1}\mathfrak{x}^1) \, (Ex_\alpha \mathfrak{x}_n) \left(\overset{n-1}{\underset{i=1}{et}} \, (\mathfrak{x}_n \neq \mathfrak{x}_i)\right).$

3.7. Für $n=1$: $id_\alpha \sim \exists_n^{(2)} \; \ddot{a}q \; (Ex_\alpha \mathfrak{x}) \, (Om_\alpha \mathfrak{y}) \, (\mathfrak{x} \neq \mathfrak{y}).$

Also

3.7.1. $non \; id_\alpha \sim \exists_1^{(2)}.$

3.8. Für $n>1$: $id_\alpha \sim \exists_n^{(2)} \; \ddot{a}q \; (Ex_\alpha \, {}^{n-1}\mathfrak{x}^1) \, (Om_\alpha \mathfrak{x}_n) \left(\overset{n-1}{\underset{i=1}{vel}} \, (\mathfrak{x}_n = \mathfrak{x}_i)\right).$

Man entnimmt wohl am besten aus 3.7 und 3.8, daß auch durch
$\exists_n^{(2)}$ ausgedrückt werden kann, daß es wenigstens n Dinge gibt, genauer:
durch „$id_\alpha \exists_n^{(2)}$", daß es wenigstens n α-Individuen gibt.

---

[1] Denn $\mathfrak{B} \, Erf_\alpha \, \exists x \, (x \equiv x) \; \ddot{a}q \; (Ex_\alpha \mathfrak{x}) \left(\binom{x}{\mathfrak{x}} \, \mathfrak{B} \, Erf_\alpha \, x \equiv x\right) \ddot{a}q \; (Ex_\alpha \mathfrak{x}) \, (\mathfrak{x} = \mathfrak{x}).$ Der
Übergang zu 2.5 ergibt sich daraus, daß $\exists x \, (x \equiv x)$ eine *I-Formel* ist.

[2] „$\overset{n-1}{\underset{i=1}{vel}} \, a_i$" für $a_1 \, vel \ldots vel \, a_{n-1}$". Entsprechend für „$et$".

[3] Man beachte, daß der leere Bereich nicht zugelassen ist.

4. *Einführung der Höchstzahlformeln erster und zweiter Art.*

Wir fassen die mögliche Verwendung von $\exists_n^{(1)}$ bzw. $\exists_n^{(2)}$ zusammen zu $\exists_n^{(1,2)}$ und definieren

*4.1. $\exists_n^{(1,2)}! =_{Df} {\sim} \exists_{n+1}^{(1,2)}$.

Mithin

4.2. ${\sim} \exists_n^{(1,2)}!\ A eq_\alpha^I\ \exists_{n+1}^{(1,2)}$.

Es gelten die folgenden Theoreme:

$$4.3. \quad id_\alpha\, \exists_n^{(1)}!\ \ddot{a}q\ id_\alpha {\sim} \exists_{n+1}^{(1)}\ \ddot{a}q\ non\ \left(Ex_\alpha{}^{n+1}\mathfrak{x}\right)\left(Dst{}^{n+1}\mathfrak{x}\right)$$
$$\ddot{a}q\ \left(Ex_\alpha!\ {}^{n}\mathfrak{x}\right)\left(Dst\ {}^{n}\mathfrak{x}\right).\ [1]$$

$$4.4. \quad id_\alpha\, \exists_n^{(2)}!\ \ddot{a}q\ id_\alpha {\sim} \exists_{n+1}^{(2)}\ \ddot{a}q\ \left(Ex_\alpha\ {}^{n}\mathfrak{x}\right)\left(Om_\alpha\, \mathfrak{x}_{n+1}\right)\left(\overset{n}{\underset{i=1}{vel}}\ (\mathfrak{x}_{n+1}=\mathfrak{x}_i)\right)$$
$$\ddot{a}q\ \left(Ex_\alpha!\ {}^{n}\mathfrak{x}\right)\left(Dst\ {}^{n}\mathfrak{x}\right).$$

Hieraus ergibt sich, daß durch 4.1 auf eine erste und eine zweite Art I-Formeln $\exists_n!$ bestimmt sind, für welche $id_\alpha \exists_n!$ zu interpretieren ist durch „Es gibt höchstens n α-Individuen''.

5. Aus $\exists_n^{(1)}\, Idg_\alpha\, \exists_n^{(2)}$ folgt (§ 127, 3.1)

*5.1. $\exists_n^{(1)}\ A eq_\alpha^I\ \exists_n^{(2)}$.

Entsprechend folgt aus $\exists_n^{(1)}!\, Idg_\alpha\, \exists_n^{(2)}!$

*5.2. $\exists_n^{(1)}!\ A eq_\alpha^I\ \exists_n^{(2)}!$.

Die oberen Indizes zu $\exists_n$ und $\exists_n!$ können von nun an fortfallen.

6. *Anzahlformeln.*

*6.1. $\exists_n!! =_{Df} \exists_n \wedge \exists_n!$.

Mithin

$$6.2. \quad {\sim} \exists_n!!\ A eq_\alpha^I\ \dot{\sim} \exists_n \vee \exists_{n+1}$$
$$A eq_\alpha^I\ \exists_n \rightarrow \exists_{n+1}.$$

Es gelten die folgenden Theoreme:

$$6.3. \quad id_\alpha\, \exists_n!!\ \ddot{a}q\ \left(Ex_\alpha!!\ {}^{n}\mathfrak{x}\right)\left(Dst\ {}^{n}\mathfrak{x}\right).\ [2]$$

$$6.4. \quad id_\alpha {\sim} \exists_n!!\ \ddot{a}q\ non\ \left(Ex_\alpha!!\ {}^{n}\mathfrak{x}\right)\left(Dst\ {}^{n}\mathfrak{x}\right).$$

Hieraus ergibt sich, daß durch 6.1 I-Formeln bestimmt sind, welche zu interpretieren sind durch „Es gibt genau n α-Individuen''.

---

[1] Hierzu § 5, 10.4.

[2] Hierzu § 5, 10.5.

§ 129. Mindest-, Höchst- und Anzahlausdrücke

In diesem Paragraphen sollen die Redeweisen von § 128 ergänzt werden durch die folgenden Redeweisen:

1. *Einführung der Mindestzahlausdrücke erster Art.*

*1.1. Für $n = 1$: $\exists_n^{(1)} H =_{Df} \exists x\, H(x)$. [1]

*1.2. Für $n > 1$: $\exists_n^{(1)} H =_{Df} \exists \overset{n}{x} \left(\overset{n}{\underset{i=1}{\wedge}} H(x_i) \wedge \mathbf{Dst}\left(\overset{n}{x}\right) \right)$.
Mithin

1.3. Für $n = 1$: $\sim \exists_n^{(1)} H\ Aeq_\alpha^I \forall x \sim H(x)$.

1.4. Für $n > 1$: $\sim \exists_n^{(1)} H\ Aeq_\alpha^I \forall \overset{n}{x}\left(\mathbf{Dst}\left(\overset{n}{x}\right) \to \overset{n}{\underset{i=1}{\vee}} \sim H(x_i) \right)$.

Es gelten die folgenden Theoreme:

1.5. Für $n = 1$: $\mathfrak{B}\, Erf_\alpha\, \exists_n^{(1)} H\ \ddot{a}q\ (Ex_\alpha \mathfrak{x}) \left(\binom{x}{\mathfrak{x}} \mathfrak{B}\, Erf_\alpha\, H(x) \right)$
$$\ddot{a}q\ (Ex_\alpha \mathfrak{x})\, (\mathfrak{B}_\alpha(\lambda x\, H(x)) \ni \mathfrak{x}),\ \S 57,\ 1.3.$$

wo $\mathfrak{B}_\alpha(\lambda x\, H(x))$ das durch $\mathfrak{B}_\alpha$ dem Prädikat $\lambda x\, H(x)$ zugeordnete einstellige α-Attribut ist.

1.6. Für $n > 1$:

$$\mathfrak{B}\, Erf_\alpha\, \exists_n^{(1)} H$$
$$\ddot{a}q\ \left(Ex_\alpha \overset{n}{\mathfrak{x}}\right) \left(\binom{\overset{n}{x}}{\overset{n}{\mathfrak{x}}} \mathfrak{B}\, Erf_\alpha \overset{n}{\underset{i=1}{\wedge}} H(x_i)\ et\ \binom{\overset{n}{x}}{\overset{n}{\mathfrak{x}}} \mathfrak{B}\, Erf_\alpha\, \mathbf{Dst}\left(\overset{n}{x}\right) \right)$$
$$\ddot{a}q\ \left(Ex_\alpha \overset{n}{\mathfrak{x}}\right) \left(\overset{n}{\underset{i=1}{et}}\, (\mathfrak{B}_\alpha(\lambda x\, H(x)) \ni \mathfrak{x}_i)\ et\ Dst\, \overset{n}{\mathfrak{x}} \right).$$

1.7. Für $n = 1$: $\mathfrak{B}\, Erf_\alpha \sim \exists_n^{(1)} H\ \ddot{a}q\ non\ \mathfrak{B}\, Erf_\alpha\, \exists_n^{(1)} H$
$$\ddot{a}q\ (Om_\alpha \mathfrak{x})\, (non\ \mathfrak{B}_\alpha(\lambda x\, H(x)) \ni \mathfrak{x}).$$

1.8. Für $n > 1$:

$$\mathfrak{B}\, Erf_\alpha \sim \exists_n^{(1)} H\ \ddot{a}q\ non\ \mathfrak{B}\, Erf_\alpha\, \exists_n^{(1)} H$$
$$\ddot{a}q\ \left(Om_\alpha \overset{n}{\mathfrak{x}}\right) \left(Dst\, \overset{n}{\mathfrak{x}}\ seq\ \overset{n}{\underset{i=1}{vel}}\, (non\ \mathfrak{B}_\alpha(\lambda x\, H(x)) \ni \mathfrak{x}_i) \right)$$

Hieraus ergibt sich, daß durch 1.1 und 1.2 auf eine erste Art die I-Ausdrücke Θ bestimmt sind, für welche „$\mathfrak{B}\, Erf_\alpha \Theta$" zu interpretieren ist durch die Redeweise „Es gibt wenigstens n α-Individuen, auf die das durch $\mathfrak{B}_\alpha$ dem Prädikat $\lambda x\, H(x)$ zugeordnete einstellige α-Attribut zutrifft.

---

[1] Da im Definiendum x nicht explizit erscheint, wird x durch diese Definition ausgezeichnet. Ebenso in 1.2, wenn $H(x_i)$ als $H(x/x_i)$ verstanden wird. $\exists_n^{(1)} H$ kann demnach als $\exists_n^{(1)} \lambda x\, H$ verstanden werden. Siehe auch 1.5 und 1.6.

2. Einführung der Mindestzahlausdrücke zweiter Art.

*2.1.   Für $n = 1$: $\exists_n^{(2)}\,\mathsf{H} =_{Df} \exists_n^{(1)}\,\mathsf{H}$.

*2.2.   Für $n > 1$: $\exists_n^{(2)}\,\mathsf{H} =_{Df} \forall^{n-1}x\,\exists x_n \left(\bigwedge\limits_{i=1}^{n-1} x_n \not\equiv x_i \wedge \mathsf{H}(x_n) \right)$.

Mithin

2.3.   Für $n > 1$: $\sim\exists_n^{(2)}\,\mathsf{H}\;Aeq_\alpha^I\;\exists^{n-1}x\,\forall x_n \left(\bigwedge\limits_{i=1}^{n-1} x_n \not\equiv x_i \rightarrow \sim\mathsf{H}(x_n) \right)$.

Es gelten die folgenden Theoreme für $n > 1$:

2.4. $\mathfrak{B}\,Erf_\alpha\,\exists_n^{(2)}\,\mathsf{H}$

$$\ddot{a}q\;\left(Om_\alpha{}^{n-1}\mathfrak{x}\right)(Ex_\alpha\,\mathfrak{x}_n)\left(\mathop{et}\limits_{i=1}^{n-1}(\mathfrak{x}_n \not\equiv \mathfrak{x}_i)\;et\;\binom{x}{\mathfrak{x}_n}\mathfrak{B}\,Erf_\alpha\,\mathsf{H}(x) \right)$$

$$\ddot{a}q\;\left(Om_\alpha{}^{n-1}\mathfrak{x}\right)(Ex_\alpha\,\mathfrak{x}_n)\left(\mathop{et}\limits_{i=1}^{n-1}(\mathfrak{x}_n \not\equiv \mathfrak{x}_i)\;et\;\mathfrak{B}_\alpha(\boldsymbol{\lambda}x\,\mathsf{H}(x)) \ni \mathfrak{x}_n \right).$$

2.5. $\mathfrak{B}\,Erf_\alpha\sim\exists_n^{(2)}\,\mathsf{H}$

$$\ddot{a}q\;non\;\mathfrak{B}\,Erf_\alpha\,\exists_n^{(2)}\,\mathsf{H}$$

$$\ddot{a}q\;\left(Ex_\alpha{}^{n-1}\mathfrak{x}\right)(Om_\alpha\,\mathfrak{x}_n)\left(\mathop{et}\limits_{i=1}^{n-1}(\mathfrak{x}_n \not\equiv \mathfrak{x}_i)\;seq\;non\;\mathfrak{B}_\alpha(\boldsymbol{\lambda}x\,\mathsf{H}(x)) \ni \mathfrak{x}_n \right).$$

Hieraus ergibt sich, daß durch 2.1 und 2.2 auf eine zweite Art I-Ausdrücke Θ bestimmt sind, für welche „$\mathfrak{B}\,Erf_\alpha\,\Theta$" zu interpretieren ist durch die Redeweise „Es gibt wenigstens n α-Individuen, auf die das durch $\mathfrak{B}_\alpha$ dem Prädikat $\boldsymbol{\lambda}x\,\mathsf{H}(x)$ zugeordnete einstellige α-Attribut zutrifft".

3. Einführung der Höchstzahlausdrücke erster Art.

*3.1. $\exists_n^{(1)}!\,\mathsf{H} =_{Df} \sim\exists_{n+1}^{(1)}\mathsf{H}$.

Mithin

3.2. $\exists_n^{(1)}!\,\mathsf{H}\;Aeq_\alpha^I\;\forall^{n+1}x\left(\boldsymbol{Dst}\left({}^{n+1}x\right) \rightarrow \bigvee\limits_{i=1}^{n+1}\sim\mathsf{H}(x_i) \right)$.[1]

3.2.1. $Aeq_\alpha^I\;\forall^{n+1}x\left(\sim\boldsymbol{Dst}\left({}^{n+1}x\right) \vee \bigvee\limits_{i=1}^{n+1}\sim\mathsf{H}(x_i) \right)$.

3.3. $\sim\exists_n^{(1)}!\,\mathsf{H}\;Aeq_\alpha^I\;\exists_{n+1}^{(1)}\mathsf{H}$.

4. Einführung der Höchstzahlausdrücke zweiter Art.

*4.1. $\exists_n^{(2)}!\,\mathsf{H} =_{Df} \sim\exists_{n+1}^{(2)}\mathsf{H}$.

Mithin

4.2. $\exists_n^{(2)}!\,\mathsf{H}\;Aeq_\alpha^I\;\exists^n x\,\forall x_{n+1}\left(\bigwedge\limits_{i=1}^{n} x_{n+1} \not\equiv x_i \rightarrow \sim\mathsf{H}(x_{n+1}) \right)$.

4.3. $\sim\exists_n^{(2)}!\,\mathsf{H}\;Aeq_\alpha^I\;\exists_{n+1}^{(2)}\mathsf{H}$.

---

[1] Mithin

$$\mathfrak{B}\,Erf_\alpha\,\exists_n^{(1)}!\,\mathsf{H}\;\ddot{a}q\;\left(Om_\alpha{}^{n+1}\mathfrak{x}\right)\left(Dst\,{}^{n+1}\mathfrak{x}\;seq\;\mathop{vel}\limits_{i=1}^{n+1}(non\;\mathfrak{B}_\alpha(\boldsymbol{\lambda}x\,\mathsf{H}(x)) \ni \mathfrak{x}_i) \right).$$

Die Formulierung der semantischen Aequivalente für die folgenden Nummern sei dem Leser überlassen.

5. *Die Aequivalenzen zwischen den Mindest- und Höchstzahlausdrücken erster und zweiter Art.*

5.1. $\exists_n^{(1)} H \; Aeq_\alpha^I \; \exists_n^{(2)} H.$

5.2. $\exists_n^{(1)}! H \; Aeq_\alpha^I \; \exists_n^{(2)}! H.$

Auf Grund von 5.1 und 5.2 können die oberen Indizes zu $\exists_n H$ und $\exists_n! H$ von nun an fortfallen.

6. *Anzahlausdrücke.*

6.1. $\exists_n!! H =_{Df} \exists_n H \wedge \exists_n! H.$

Mithin

6.2. $\sim \exists_n!! H \; Aeq_\alpha^I \; \sim \exists_n H \vee \exists_{n+1} H$

$$Aeq_\alpha^I \; \exists_n H \to \exists_{n+1} H.$$

§ 130. Komplexe Mindestzahlausdrücke und -formeln

1. Es stehe a_1 für

„Es gibt ein α-Individuum $\mathfrak{x}$, das folgenden Bedingungen genügt:

(a) $\mathfrak{x}$ ist verschieden von den α-Individuen $\mathfrak{x}_1, \ldots, \mathfrak{x}_k$.

(b) Das einstellige α-Attribut $\mathfrak{B}_\alpha(\lambda x H(x))$ trifft zu auf $\mathfrak{x}$."

2. Es stehe a_2 für

„Es gibt wenigstens ein α-Individuum, auf das $\mathfrak{B}_\alpha(\lambda x H(x))$ zutrifft, und wenn $\mathfrak{B}_\alpha(\lambda x H(x))$ auch noch zutrifft auf wenigstens eines von den $\mathfrak{x}_1, \ldots, \mathfrak{x}_k$, so gibt es wenigstens zwei α-Individuen, auf die $\mathfrak{B}_\alpha(\lambda x H(x))$ zutrifft, und wenn $\mathfrak{B}_\alpha(\lambda x H(x))$ auch noch zutrifft auf wenigstens zwei von den $\mathfrak{x}_1, \ldots, \mathfrak{x}_k$, so gibt es wenigstens drei α-Individuen, auf die $\mathfrak{B}_\alpha(\lambda x H(x))$ zutrifft,

...

und wenn $\mathfrak{B}_\alpha(\lambda x H(x))$ auch noch zutrifft auf $\mathfrak{x}_1, \ldots, \mathfrak{x}_k$, so gibt es wenigstens $k+1$ α-Individuen, auf die $\mathfrak{B}_\alpha(\lambda x H(x))$ zutrifft."

Man überzeuge sich (für $k = 2, 3, 4, \ldots$) davon, daß a_1 und a_2 gleichwertig sind. Diese Gleichwertigkeit ist ausgedrückt in der I-Identität

*3.1. $\displaystyle \exists z \left(\bigwedge_{i=1}^{k} z \not\equiv x_i \wedge H(z) \right)$

$\qquad Aeq_I \; \exists_1 H$

$\qquad\qquad \displaystyle .\wedge. \bigvee_{i=1}^{k} H(x_i) \to \exists_2 H$

$\qquad\qquad \displaystyle .\wedge. \bigwedge_{n=2}^{k} \left(\bigvee_{1 \leq i_1 < \cdots < i_n \leq k} \left(\bigwedge_{j=1}^{n} H(x_{i_j}) \wedge \boldsymbol{Dst}\,(x_{i_1} \ldots x_{i_n}) \right) \to \exists_{n+1} H \right).$

3.1 kann aequivalent umgeformt werden in

*3.2. $\exists z \left(\bigwedge\limits_{i=1}^{k} z \not\equiv x_i \wedge \mathsf{H}(z) \right)$

$A\,eq_I\,\exists_1 \mathsf{H}$

$.\wedge.\ \bigwedge\limits_{i=1}^{k} \sim \mathsf{H}(x_i) \vee \exists_2 \mathsf{H}$

$.\wedge.\ \bigwedge\limits_{n=2}^{k} \left(\bigwedge\limits_{1 \leq i_1 < \cdots < i_n \leq k} \left(\bigvee\limits_{j=1}^{n} \sim \mathsf{H}(x_{i_j}) \vee \sim \boldsymbol{Dst}(x_{i_1} \ldots x_{i_n}) \right) \vee \exists_{n+1} \mathsf{H} \right).$

4. Im Bereich der strikten I-Ausdrücke erhält man eine entsprechende Aequivalenz

*4.1. $\exists z \left(\bigwedge\limits_{i=1}^{k} z \not\equiv x_i \right)$

$A\,eq_I\,\exists_2$

$.\wedge.\ \bigwedge\limits_{n=2}^{k} \left(\bigvee\limits_{1 \leq i_1 < \cdots < i_n \leq k} \left(\boldsymbol{Dst}(x_{i_1} \ldots x_{i_n}) \right) \rightarrow \exists_{n+1} \right).$

Anm. Man kann 4.1 auf 3.1 zurückführen, indem man $\mathsf{H}(x_i)$ durch $x_i \equiv x_i$ ersetzt und unter Ausnützung von Identitäten vereinfacht. Dabei reduziert sich insbesondere wegen $id_I \exists_1$ (§ 128, 2.9; 3.9) und $id_I\, x_i \equiv x_i$ (§ 122, 5.1)

$$\exists_1 (x \equiv x) .\wedge. \bigvee\limits_{i=1}^{k} x_i \equiv x_i \rightarrow \exists_2 (x \equiv x) \ \text{auf} \ \exists_2.$$

4.1 kann aequivalent umgeformt werden in

*4.2. $\exists z \left(\bigwedge\limits_{i=1}^{k} z \not\equiv x_i \right)$

$A\,eq_I\,\exists_2$

$.\wedge.\ \bigwedge\limits_{n=2}^{k} \left(\bigvee\limits_{1 \leq i_1 < \cdots < i_n \leq k} \left(\sim \boldsymbol{Dst}(x_{i_1} \ldots x_{i_n}) \right) \vee \exists_{n+1} \right).$

Zur Verwendung der vorstehenden Aequivalenzen, unter den Formen 3.2, 4.2 vgl. § 142, 2., (8.2).

III. Theorie der numerischen Allgemeingültigkeit und Erfüllbarkeit

§ 131. Theorie der k-zahligen Allgemeingültigkeit und Erfüllbarkeit im IFK

1. Die Definitionen und Theoreme von § 77 gelten auch für die eigentlichen I-Ausdrücke, mit folgenden wesentlichen Ausnahmen:

1.2.   Das Theorem der k-zahligen Neutralität (§ 77, 2.7) gilt auch für die eigentlichen I-Atome, außer für die vom Typus „$x \equiv x$"; denn $id_I\,x \equiv x$, folglich *non erf$_I$ $x \not\equiv x$*. Es ist also mit dieser Ausnahme auch das Negat jedes eigentlichen I-Atoms k-zahlig neutral (Korrektur zu § 77, 2.8).

1.3.   Aus dem in § 125, 2. angegebenen Grunde ist das Koinzidenztheorem des PFK für homomorphe Belegungen auf die eigentlichen I-Ausdrücke nicht anwendbar. Folglich gelten für diese Ausdrücke auch nicht die auf diesem Koinzidenztheorem fußenden Theoreme § 77, 3.1; 3.2 mit den in ihnen enthaltenen Theoremen der Ungleichzahligkeit § 77, 4.2; 4.3. Es bleiben gültig nur die Theoreme der Gleichzahligkeit § 77, 4.1; 4.2. Mit den Theoremen der Ungleichzahligkeit sind auch die auf ihnen fußenden Theoreme 9.2 und 9.5 mit ihren Folgerungen auf die eigentlichen I-Ausdrücke nicht übertragbar.

2. *Die Sonderstellung der I-Formeln.*

Für I-Formeln gilt neben den Theoremen § 77, 2.3 bis 2.6

2.1.   *Das Theorem der Koinzidenz von k-zahliger Allgemeingültigkeit und Erfüllbarkeit:*

$$H \in IF\,.\,seq\,.\,id_k H\ \ddot{a}q\ erf_k H\,.$$

Beweis:

$$H \in IF\,.\,seq\,.\,id_\alpha H\ \ddot{a}q\ erf_\alpha H\,. \hspace{3cm} \text{§ 126, 1.4.}$$

Hieraus 2.1 durch Übergang von α zu $|\alpha|$ (§ 77, 5.1) für $|\alpha| = k$.

Es folgt also aus 2.1 in Verbindung mit § 77, 2.3

2.1.1. $H \in IF\,.\,seq\,.\,id_k H\ \ddot{a}q\ non\ id_k \sim H\,.$

2.1.2. $H \in IF\,.\,seq\,.\,non\ erf_k H\ \ddot{a}q\ erf_k \sim H\,.$

In beiden Fällen ist der Übergang von Rechts nach Links eine charakteristische Eigenschaft der I-Formeln.

2.2.   *Das Theorem der Mindestzahlformeln.*

Die I-Formeln vom Typus $\exists_k$ (§ 128, 6.1) sind für jedes $i \geqq k$ identisch und erfüllbar. Symbolisch:

$$id_{\geqq k}\,\exists_k\ et\ erf_{\geqq k}\,\exists_k\,.$$

2.3.   *Das Theorem der Höchstzahlformeln.*

Die I-Formeln vom Typus $\exists_k!$ (§ 128, 6.2) sind für jedes $i \leqq k$ identisch und erfüllbar. Symbolisch:

$$id_{\leqq k}\,\exists_k!\ et\ erf_{\leqq k}\,\exists_k!\,.$$

2.4. Das Theorem der Anzahlformeln.

Die I-Formeln vom Typus $\exists_k!!$ (§ 128, 7.1) sind genau k-zahlig identisch und erfüllbar. Symbolisch, mit „$id_{=k}\mathsf{H}$" und „$erf_{=k}\mathsf{H}$" für „H ist genau k-zahlig identisch (erfüllbar)":

$$id_{=k}\,\exists_k!!\ et\ erf_{=k}\,\exists_k!!.$$

§ 132. Numerische Gleichheiten im IFK

1. *Definitionen*[1].

1.1. $\mathsf{H}_1\,Aeq_k^I\,\mathsf{H}_2\ \ddot{a}q_{Df}\ id_k^I\,\mathsf{H}_1 \leftrightarrow \mathsf{H}_2$.

1.2. $\mathsf{H}_1\,Idg_k^I\,\mathsf{H}_2\ \ddot{a}q_{Df}\ id_k^I\,\mathsf{H}_1\ \ddot{a}q\ id_k^I\,\mathsf{H}_2$.

1.3. $\mathsf{H}_1\,Erfg_k^I\,\mathsf{H}_2\ \ddot{a}q_{Df}\ erf_k^I\,\mathsf{H}_1\ \ddot{a}q\ erf_k^I\,\mathsf{H}_2$.

2. Die Theoreme § 78, 3. und 4. gelten auch für den IFK. Es seien hervorgehoben die Theoreme

2.1. $\mathsf{H}_1\,Idv_I\,\mathsf{H}_2\ \ddot{a}q\ (Om\ k)\,(\mathsf{H}_1\,Idg_k^I\,\mathsf{H}_2)$.   Vgl. § 78, 4.4.

2.2. $\mathsf{H}_1\,Erfv_I\,\mathsf{H}_2\ \ddot{a}q\ (Om\ k)\,(\mathsf{H}_1\,Erfg_k^I\,\mathsf{H}_2)$.   Vgl. § 78, 4.5.

3. *Die Sonderstellung der I-Formeln.*

Aus dem zweiten Koinzidenztheorem für I-Formeln (§ 127, 3.1) erhält man durch den Übergang von α zu $|\alpha|$ (§ 77, 5.1) für $|\alpha|=k$

3.1.   Das vierte Koinzidenztheorem für I-Formeln[2].

$$\mathsf{H}_1,\mathsf{H}_2\in IF\,.seq.\ \mathsf{H}_1\,Aeq_k\,\mathsf{H}_2\ \ddot{a}q\ \mathsf{H}_1\,Idg_k\,\mathsf{H}_2\ \ddot{a}q\ \mathsf{H}_1\,Erfg_k\,\mathsf{H}_2.$$

§ 133. Das Theorem von LÖWENHEIM und SKOLEM im IFK

1. *Modifizierung des Erfüllbarkeitstheorems § 79, 1.*

Der Beweis dieses Theorems kann übernommen werden bis auf die Anwendung des zweiten Theorems der Ungleichzahligkeit (§ 77, 9.5), das den Übergang von der Erfüllbarkeit in einem endlichen $\bar{\alpha}$ zur Erfüllbarkeit in einem abzählbar unendlichen α^* ermöglicht, da dieses Theorem für die eigentlichen I-Ausdrücke seine Gültigkeit verliert (§ 131, 1.3). Ein I-Ausdruck H ist also nur dann erfüllbar, wenn er in einem höchstens abzählbar unendlichen Bereich erfüllbar ist. Symbolisch:

$$erf_I\,\mathsf{H}\ seq\ (Ex\ k)\,(k \leq \aleph_0\ et\ erf_k\,\mathsf{H}).$$

---

[1] Vgl. § 78,1.
[2] Vgl. § 126, 1.3 und § 127, 3.1; 3.2.

2. *Modifizierung des Allgemeingültigkeitstheorems* § 79, 2.

Aus 1. ergibt sich durch Kontraposition als Korrelat das Theorem, das besagt, daß ein I-Ausdruck stets dann allgemeingültig ist, wenn er (a) im Endlichen[1], (b) im Abzählbaren identisch ist. Symbolisch:

$$(Om\,k)\,(k \leqq \aleph_0\; seq\; id_k\,\mathsf{H})\; seq\; id_I\,\mathsf{H}\,.$$

2.1. Die Notwendigkeit dieser verschärften Bedingung ergibt sich z. B. aus

$$id_{\aleph_0}\,\exists_2\; et\; non\; id_I\,\exists_2\,.$$

Da die Umkehrungen von 1. und 2. trivial sind, so erhält man für den IFK

*3.1. *Ein vollständiges Erfüllbarkeitskriterium.*

$$erf_I\,\mathsf{H}\; äq\; (Ex\,k)\,(k \leqq \aleph_0\; et\; erf_k\,\mathsf{H})\,.$$

*3.2. *Ein vollständiges Allgemeingültigkeitskriterium.*

$$id_I\,\mathsf{H}\; äq\; (Om\,k)\,(k \leqq \aleph_0\; seq\; id_k\,\mathsf{H})\,.$$

Man erkennt, daß die entsprechenden Kriterien des PFK (§ 79, 3.1; 3.2), wie es sein muß, in den vorstehenden als Sonderfälle enthalten sind.

4. Das finitäre Erfüllungstheorem des IFK (§ 164, 1.) liefert für die I-Ausdrücke noch (vgl. § 164, 4.)

*4.1. *Eine hinreichende Bedingung für die Erfüllbarkeit im Abzählbaren.*

$$(Om\,m)\,(Ex\,n)\,(m \leqq n\; et\; erf_n^I\,\mathsf{H})\; seq\; erf_{\aleph_0}^I\,\mathsf{H}\,, \qquad (m, n < \aleph_0)\,.$$

In Worten: Ein I-Ausdruck ist stets dann im Abzählbaren erfüllbar, wenn er oberhalb jeder endlichen Schranke erfüllbar ist; d.i.: wenn er für unendlich viele endliche Anzahlen erfüllbar ist[2].

Anm.: Für den PFK gilt die Verschärfung

4.1.1. $(Ex\,n)\,(n < \aleph_0\; et\; erf_n^P\,\mathsf{H})\; seq\; erf_{\aleph_0}^P\,\mathsf{H}\,.$ § 77, 4.4.

Hier ist also schon die Erfüllbarkeit für *ein* endliches n hinreichend.

Aus 4.1 ergibt sich durch Kontraposition und Übergang von H zu ~H

*4.2. *Eine notwendige Bedingung für die Identität im Abzählbaren.*

$$id_{\aleph_0}^I\,\mathsf{H}\; seq\; (Ex\,m)\,(Om\,n)\,(m \leqq n\; seq\; id_n^I\,\mathsf{H})\,, \qquad (m, n < \aleph_0)\,.$$

In Worten: Ein I-Ausdruck ist nur dann im Abzählbaren identisch, wenn er von einer gewissen Grenze an für jedes größere n identisch ist, d.i.: wenn er für *fast alle* endlichen n identisch ist.

---

[1] „im Endlichen" für „in jedem endlichen Individuenbereich".
[2] Hierzu § 134, 7.

Anm.: Für den PFK gilt die Verschärfung zu „alle":

4.2.1. $id_{\aleph_0}^P \mathrm{H}\ seq\ (Om\ n)\,(n < \aleph_0\ seq\ id_n^P \mathrm{H})$.   § 77, 4.3.

5. *Eine Folgerung aus 4.1 für I-Formeln.*

Aus 4.1 folgt a fortiori

5.1. $(Om\ k)\,(k < \aleph_0\ seq\ erf_k^I \mathrm{H})\ seq\ erf_{\aleph_0}^I \mathrm{H}$.

Dann gilt wegen § 131, 2.1 auch

*5.2. $\mathrm{H} \in IF\ et\ (Om\ k)\,(k < \aleph_0\ seq\ id_k^I \mathrm{H})\ seq\ id_{\aleph_0}^I \mathrm{H}$.

Folglich (3.2)

*5.3. $\mathrm{H} \in IF\ et\ (Om\ k)\,(k < \aleph_0\ seq\ id_k^I \mathrm{H})\ seq\ id_I \mathrm{H}$.

In Worten: Eine I-Formel ist schon dann identisch, wenn sie im Endlichen identisch ist.

§ 134. Die Boolesche Algebra im IFK

Die Darstellbarkeit der Booleschen Algebra im IFK liefert ein wesentliches Beispiel zur Repräsentantentheorie des IFK. Aus diesem Grunde ist eine Darstellung dieser Algebra im IFK hier eingeschaltet.

1. Erster Schritt: Man adjungiere zu den I-Symbolen die folgenden Konstanten: $\subseteq, \cap, \cup, {}', \dot{0}, \dot{1}$. Zweiter Schritt: Man betrachte die S-Variablen als Repräsentanten von Mengen und interpretiere $x \cap y$ als den Durchschnitt, $x \cup y$ als die Vereinigung von x und y, x' als das Komplement von x, $\dot{0}$ als die Null-, $\dot{1}$ als die Menge aller jeweils gegebenen Individuen. Dritter Schritt: Man interpretiere $x \subseteq y$ durch „x ist enthalten in y". Dann liefern die folgenden Zeichenreihen eine Folge von Sätzen der Klassenlogik:

1.1. $\forall x\,(x \subseteq x)$.

1.2. $\forall x_1 x_2 x_3\,(x_1 \subseteq x_2 \wedge x_2 \subseteq x_3 \rightarrow x_1 \subseteq x_3)$.

1.3. $\forall x_1 x_2\,(x_1 \subseteq x_2 \wedge x_2 \subseteq x_1 \rightarrow x_1 \equiv x_2)$.

1.4. $\forall z x_1 x_2\,(z \subseteq x_1 \cap x_2 \leftrightarrow z \subseteq x_1 \wedge z \subseteq x_2)$.

1.5. $\forall z x_1 x_2\,(x_1 \cup x_2 \subseteq z \leftrightarrow x_1 \subseteq z \wedge x_2 \subseteq z)$.

1.6. $\forall z x_1 x_2\,\big(z \cap (x_1 \cup x_2) \equiv (z \cap x_1) \cup (z \cap x_2)\big)$.

1.7. $\forall z x_1 x_2\,\big(z \cup (x_1 \cap x_2) \equiv (z \cup x_1) \cap (z \cup x_2)\big)$.

1.8. $\forall x\,(\dot{0} \subseteq x)$.

1.9. $\forall x\,(x \subseteq \dot{1})$.

1.10. $\dot{0} \not\equiv \dot{1}$.

1.11. $\forall x\,(x \cap x' \equiv \dot{0})$.

1.12. $\forall x\,(x \cup x' \equiv \dot{1})$.

2. Man ersetze die adjungierten Konstanten durch ausgezeichnete I-Symbole auf folgende Art: $\subseteq$ durch P mit Px_1x_2 für $x_1 \subseteq x_2$, $\cap$ durch f mit $f(x_1, x_2)$ für $x \cap y$, $\cup$ durch g mit $g(x_1, x_2)$ für $x_1 \cup x_2$, $'$ durch h mit $h(x)$ für x', $\dot{0}$ und $\dot{1}$ durch die S-Konstanten c_0, c_1. Durch diese Umformung gehen die Zeichenreihen 1.1 bis 1.12 über in ein Boolesches *Postulatensystem* $B_* =_{Df} \{B_1, \dots, B_{12}\}$ in den dem IFK angehörigen Grundsymbolen P, f, g, h, c_0, c_1. Dann ist $\wedge B_*$ abgeschlossen. Terme und Ausdrücke, bei deren Aufbau an P- und F-Variablen und an S-Konstanten nur die hier ausgezeichneten I-Symbole verwendet sind, mögen Boolesche *Terme* und Boolesche *Ausdrücke* heißen.

3. Um die Booleschen *Sätze* charakterisieren zu können, im Einklang mit der Charakterisierung der Sätze der Gruppentheorie in § 106, 2.3, führen wir schon an dieser Stelle, in genauer Analogie zu $\Vdash_A$ (§ 32, 1.) und $\Vdash_P$ (§ 105, 1.1), den für Mengen M, N von I-Ausdrücken definierten Bolzanoschen Folgerungsbegriff ein:

*3.1.   H *folgt* im IFK aus M (H ist eine *I-Konsequenz* von M)

$$M \Vdash_I H \; \ddot{a}q_{Df} (Om\,\alpha, \mathfrak{B})\,(\mathfrak{B}\;Erf_\alpha^I\,M\;seq\;\mathfrak{B}\;Erf_\alpha^I\,H).$$

H soll also im IFK aus M folgen genau dann, wenn jedes Modell von M ein Modell von H ist. M heiße die *Prämissenmenge* in bezug auf $\Vdash_I$ und H.

Wir schreiben

*3.2.   „$M \Vdash_I N$" für „$(Om\,H)\,(H \in N\;seq\;M \Vdash_I H)$",

   so daß

*3.3. $M \Vdash_I N \; \ddot{a}q\,(Om\,\alpha, \mathfrak{B})\,(\mathfrak{B}\;Erf_\alpha^I\,M\;seq\;\mathfrak{B}\;Erf_\alpha^I\,N).$

4. Als Boolesche *Sätze* sollen gelten die I-Konsequenzen von B_*, mithin die H, für welche $B_* \Vdash_I H$, mit Ausschließung der H, die selbst schon I-identisch sind. Da B_* finitär ist (im Sinn von § 106, 2.3), können die normierten Booleschen Sätze auch charakterisiert werden als die I-Identitäten vom Typus $\wedge B_* \to H$. Durch diese Normierung geht die Boolesche Algebra, wie wir vorgreifend sagen wollen, über in eine Teiltheorie des IFK.

5. Ein Modell von B_* heißt ein Boolescher *Verband*. Die Boolesche *Algebra* soll definiert sein als die Theorie der Booleschen Verbände.

6. $\mathfrak{C}$ sei eine α-Belegung von $\Sigma_B = \{P, f, g, h, c_0, c_1\}$ mit den Eigenschaften (1) bis (3):

(1) α ist ein System von Teilmengen einer nichtleeren Menge M, zu welchem die leere Menge Lr und M selbst gehören,

(2) α sei abgeschlossen in bezug auf die Operationen[1] der Durchschnitt-
bildung $\cap$, der Vereinigung $\cup$, der Komplementbildung $'$,

(3) $\mathfrak{C}(P)$ sei die Inklusionsbeziehung[1] $\leqq$ in α, $\mathfrak{C}(f)$, $\mathfrak{C}(g)$, $\mathfrak{C}(h)$, $\mathfrak{C}(c_0)$,
$\mathfrak{C}(c_1)$ seien — in dieser Reihenfolge —: $\cap$, $\cup$, $'$, Lr, M. Gegebenen-
falls werden wir auch Belegungen $\mathfrak{B}$ der S-Variablen mit $\mathfrak{C} \sqsubset \mathfrak{B}$,
also „über $(\alpha, \mathfrak{C})$" im Sinne von § 63, 1.2, verwenden. Ein Mengensystem α mit den Eigenschaften (1) und (2) heißt ein Mengenkörper.
Man meint hierbei effektiv: in bezug auf gewisse — z.B. die durch
$\mathfrak{C}$ gegebenen — Grundbegriffe. Da durch $\mathfrak{C}$ auch α bestimmt ist,
wollen wir hier auch sagen, daß $\mathfrak{C}$ ein *Mengenkörper* sei.

Nun ist jeder Mengenkörper ein Modell von B_*[2]; also gilt auch jeder
BOOLEsche Satz für alle Mengenkörper. Andererseits hat M.H. STONE
gezeigt, daß jedes Modell von B_* isomorph ist zu einem Mengenkörper[3].
Die Menge der Modelle von B_* fällt also bis auf Isomorphismen zusammen mit der Menge der Mengenkörper. Hieraus folgt, daß die Menge
der Sätze über Mengenkörper mit der Menge der BOOLEschen Sätze
zusammenfällt, also mit der Folgerungsmenge von B_* in bezug auf $\Vdash_I$.
In diesem wohlbestimmten Sinne ist die (elementare) Theorie der Mengenkörper durch B_* in bezug auf $\Vdash_I$ axiomatisiert.

7. Zu jeder nicht-leeren endlichen Menge M gehört der „vollständige" Mengen-
körper aus *allen* Teilmengen von M, mit der Anzahl $|\alpha| = 2^{|M|}$ und jeder endliche
Mengenkörper ist mit einem vollständigen (endlichen) Mengenkörper isomorph[4].
Die endlichen Modelle von B_* sind also bis auf Isomorphie gerade die vollständigen endlichen Mengenkörper. Versteht man unter dem *Erfüllbarkeits-Spektrum*
von H die Menge der natürlichen Zahlen k, für welche H k-zahlig erfüllbar ist, so
besteht das Spektrum von B_* aus unendlich vielen natürlichen Zahlen, nämlich
aus den endlichen Potenzen von 2 außer $2^0 = 1$. Das ganz analog definierbare
Gültigkeits-Spektrum (die Menge der natürlichen Zahlen k, so daß id_kH) besteht
also für $\sim\!\!\bigwedge B_*$ aus $1 = 2^0$ und den Zahlen, die nicht Potenzen von 2 sind.

8. Das vorstehende Ergebnis ist ein wesentlicher Beitrag zur Repräsentantentheorie des IFK. Hieraus ergibt sich als Desiderat eine „Spektraltheorie" mit
der Frage, zu welchen Mengen M von natürlichen Zahlen es einen Ausdruck H
des IFK gibt, so daß M das Spektrum von H ist[5]. Aus dem Zusammenhang von
Allgemeingültigkeit und Erfüllbarkeit ergibt sich dann elementar, daß, wenn M

---

[1] Nachdem wir in 2. die in 1. adjungierten Konstanten wieder ersetzt haben,
wollen wir sie hier gegebenenfalls in der Metasprache für die in 1. definierten Begriffe verwenden.

[2] Das ist leicht einzusehen. Für die exakte Durchführung des Beweises braucht
man die Belegungen der S-Variablen über $(\alpha, \mathfrak{C})$.

[3] STONE [1].

[4] *Beweisansatz:* Man ersetzt die Mengen A_i, die keine echte nicht-leere Teilmenge im Körper besitzen (die *Atome*), durch irgendwelche einzahligen Teilmengen
R_i, und bildet die Repräsentantenmenge $R = \bigcup_i R_i$. Dann ist φ mit $\varphi(X) = X \cap R$
ein Isomorphismus.

[5] Vgl. JSL 17 (1952), S. 160.

die Menge von natürlichen Zahlen, für welche H erfüllbar ist, die Komplementärmenge von M aus den natürlichen Zahlen besteht, für welche $\sim$H allgemeingültig ist. Ein Resultat in der angegebenen Richtung hat G. Asser, [1], gewonnen: Die Menge der Spektren des IK ist echt enthalten in der Menge der elementar entscheidbaren Mengen[1].

Beweis: Es gibt eine elementar entscheidbare Paarmenge P mit

$$(Om \; \mathsf{H}) \, (Ex \; m) \, (Om \; n) \, ((m, n) \in P \; \ddot{a}q \; n \in Sp \, (\mathsf{H})).$$

Die Konstruktion von P ist der Hauptschritt. Dann ergibt sich durch Anwendung des Diagonalverfahrens, daß die elementar entscheidbare Menge N mit

$$(Om \; n) \, (n \in N \; \ddot{a}q \; non \, (n, n) \in P)$$

kein Spektrum sein kann; denn zu $N = Sp \, (\mathsf{H})$ würde man für H ein m haben mit

$$(m, n) \in P \; \ddot{a}q \; non \, (n, n) \in P.$$

Hieraus ein Widerspruch durch die Einsetzung n/m.

§ 135. Repräsentantentheorie des IFK

1. Die Redeweisen von § 80, 1; 2. seien sinngemäß übertragen.

2. Es gelten auch im IFK die Theoreme § 80, 3.1 bis 3.5.

3. Die Repräsentantentheorie des IFK ist wesentlich mannigfaltiger als die des PFK. Die neu hinzukommenden Fälle ergeben sich zunächst aus der *Sonderstellung der I-Formeln:*

3.1.   Die Koinzidenz von k-zahliger Identität und Erfüllbarkeit (§ 131, 2.1) hat zur Folge die Existenz von I-Formeln, die wie $\exists_n \; (n > 1)$ mit einer unteren endlichen Grenze identisch, und entsprechend die Existenz von I-Formeln, die wie $\exists_n! \; (n \geq 1)$ mit einer oberen endlichen Grenze erfüllbar sind.

3.2.   Die Anzahlformeln sind für genau Ein k identisch und erfüllbar

3.3.   Die I-Formeln „$\bigvee\limits_{i=1}^{n} \exists_{k_i}!!$" sind für $k_1, \ldots, k_n$, also für endlich viele Anzahlen identisch und erfüllbar, für unendlich viele nicht-identisch und unerfüllbar.

3.4.   Die I-Formeln „$\bigwedge\limits_{i=1}^{n} \sim\exists_{k_i}!!$" sind für $k_1, \ldots, k_n$, also für endlich viele Anzahlen unerfüllbar und nicht-identisch, für unendlich viele identisch und erfüllbar.

---

[1] Eine Menge M heißt *elementar entscheidbar*, wenn ihre charakteristische Funktion φ (d.i.: $\varphi(\mathfrak{x}) = 0 \; \ddot{a}q \; \mathfrak{x} \in M$) elementar ist, d.i. wenn φ aufgebaut ist aus 1, $a + b$, $|a - b|$, $a \cdot b$, $[a/b]$ (der größten in a/b enthaltenen ganzen Zahl), $\sum\limits_{x < a} t(x)$, $\prod\limits_{x < a} t(x)$. Vgl. R. Péter [1] § 8.

3.5.   Das Boolesche Postulatensystem ΛB_* (§ 134, 2.) ist für endliches $n \geqq 1$ genau 2^n-zahlig erfüllbar, also für unendlich viele endliche
Anzahlen erfüllbar, für unendlich viele unerfüllbar. Folglich ist $\sim\!\Lambda B_*$
für unendlich viele endliche Anzahlen identisch, für unendlich viele
nicht-identisch.

4. Für den PFK hat gezeigt werden können (§ 80, 4.)

4.1.   Wenn H *nicht* stets identisch ist, so ist H genau im Endlichen
oder mit einer endlichen oberen Grenze oder nie identisch; und umgekehrt.

4.2.   Wenn H *nicht* unerfüllbar ist, so ist H erst im Abzählbaren oder
mit einer endlichen unteren Grenze oder stets erfüllbar; und umgekehrt

4.1 ist im IFK zu ersetzen durch[1]

*4.3.   Wenn H *nicht* stets identisch ist, so ist H

(a) für unendlich viele Anzahlen identisch, für unendlich viele
nicht (Repräsentanten: 3.5, ferner die genau im Endlichen
identischen Ausdrücke 4.1)
oder

(b) für unendlich viele Anzahlen identisch, für endlich viele
nicht (Repräsentanten: die I-Formeln 3.4)
oder

(c) für endlich viele Anzahlen identisch, für unendlich viele
nicht (Repräsentanten: die I-Formeln 3.3, ferner die mit
einer endlichen oberen Grenze identischen Ausdrücke 4.1)
mit dem Sonderfall

(d) für genau ein k k-zahlig identisch (Repräsentanten: die
Anzahlformeln 3.2)
oder

(e) nie identisch (Repräsentanten: die I-Atome mit Ausnahme
der Atome „$x_i \equiv x_i$". Entsprechend ist 4.2 im IFK zu
ersetzen durch

*4.4.   Wenn H *nicht* unerfüllbar ist, so ist H

(a) für unendlich viele Anzahlen erfüllbar, für unendlich viele
nicht (Repräsentanten: 3.5, ferner die erst im Abzählbaren
erfüllbaren Ausdrücke 4.2)
oder

---

[1] Man beachte, daß jeder P-Ausdruck ein I-Ausdruck ist. Es müssen also die
möglichen semantischen Eigenschaften der P-Ausdrücke in der folgenden Aufgliederung vollständig enthalten sein.

(b) für unendlich viele Anzahlen erfüllbar, für endlich viele nicht (Repräsentanten: die I-Formeln 3.4, ferner die mit einer endlichen unteren Grenze erfüllbaren Ausdrücke 4.2)

oder

(c) für endlich viele Anzahlen erfüllbar, für unendlich viele nicht (Repräsentanten: die I-Formeln 3.3)

mit dem Sonderfall

(d) für genau ein k k-zahlig erfüllbar (Repräsentanten: die Anzahlformeln 3.2)

oder

(e) stets erfüllbar wie $\exists_1$.

5. Die im Vorigen enthaltenen Unmöglichkeitssätze für den IFK seien besonders hervorgehoben (vgl. § 133, 4.2; 4.1)

5.1. $non\,(Ex\,\mathsf{H})\,(id_{\aleph_0}\mathsf{H}\ et\ (Om\ n)\,(n<\aleph_0\ seq\ non\ id_n\mathsf{H}))$. Es gibt keinen I-Ausdruck, dessen α-*Gültigkeit* ausdrückt, daß α unendlich ist.

5.2. $non\,(Ex\,\mathsf{H})\,((Om\ n)\,(n<\aleph_0\ seq\ erf_n\mathsf{H})\ et\ non\ erf_{\aleph_0}\mathsf{H})$. Es gibt keinen I-Ausdruck, dessen α-*Erfüllbarkeit* ausdrückt, daß α endlich ist.

IV. Die Entscheidbarkeit der Menge der einstelligen I-Ausdrücke ohne Funktionale

§ 136. Überblick

1. Das Entscheidungsproblem ist *im einstelligen Fall* nicht nur für den PK (§ 83), sondern mit dem Verzicht auf die Funktionale auch für den IK lösbar[1]. Aber die Lösung ist wesentlich verwickelter. Für den Fall der Identität gelingt sie in den folgenden Hauptschritten:

1.1. Identitätsverbundene Umformung der einstelligen I-Ausdrücke ohne Funktionale (fortan kürzer: $\overline{\mathsf{I}}_1$-Ausdrücke, in Analogie zu den $\overline{\mathsf{P}}_1$-Ausdrücken § 83, 1.) in eine kontrapränexe Normalform (§ 141).

1.2. Identitätsverbundene Umformung der kontrapränexen Normalformen in I-Formeln (§ 121, 2.1).

1.3. Aequivalente Umformung der I-Formeln in numerische Normalformen (§ 139).

Aus 1.1 bis 1.3 folgt

1.4. Jeder $\overline{\mathsf{I}}_1$-Ausdruck kann identitätsverbunden umgeformt werden in eine numerische Normalform.

---

[1] Dagegen ist das Entscheidungsproblem für den IK mit einstelligen P- und einstelligen F-Variablen nicht lösbar. Vgl. § 237, 3.

Nun aber

1.5.   Für eine numerische Normalform H kann stets effektiv entschieden werden: (1) ob id_I H oder nicht, (2) wenn nicht, ob $(Ex\,k)\,(id_x$H$)$ und gegebenenfalls für welche $k\ id_k$H. Wegen $H_1\,Erfv_I\,H_2$ $äq\sim H_1\,Idv_I\sim H_2$ (§ 127, 2.4) ist damit auch das duale erfüllbarkeitstheoretische Problem gelöst, mit der Verschärfung, daß jedesmal auch das Spektrum (im Sinne von § 134, 7.) bestimmt wird.

2. Für die Durchführung dieses Programms sind Hilfstheoreme erforderlich. Wir betrachten in § 137 die grundlegenden Eigenschaften der Identität und Verschiedenheit, in § 138 die identitätstheoretischen Aequivalente für $H(x)$, in § 139 Begriff und Theorie der in 1.4 vorausgesetzten numerischen Normalformen, in § 140 die Hilfstheoreme zur Ausschaltung der P-Variablen. Mit Hilfe der Theoreme § 139, 3.1 bis 3.5 wird man in Grenzfällen die allgemein beschriebenen Verfahren oft wesentlich abkürzen können.

§ 137. Die grundlegenden Eigenschaften der Identität und Verschiedenheit

(A) Die Grundlagen der Theorie der Identität

1. *Die Reflexivität der Identität und ihre Derivate.*

1.1.	$id_I\,x \equiv x.$	§ 122, 5.1.

Folglich einerseits (§ 59, 11.3)

1.2.	$id_I\,\mathsf{V}\,x\,x \equiv x.$	

Andererseits (§ 59, 12.2)

1.3.	$id_I\,\exists x\,x \equiv x.$	

Mithin (§ 128, 2.1)

*1.3.1.	$id_I\,\exists_1.$	
1.4.	$id_I\,\mathsf{V}\,x\,\exists y\,x \equiv y.$	§ 122, 5.2.

Mithin (§ 59, 12.11)

1.5.	$id_I\,\exists xy\,x \equiv y.$	

2. *Reduktionstheoreme.*

2.1.	$H \wedge x \equiv x\ Aeq_I\ H.$	§ 12, 8.1.
2.2.	$H \vee x \equiv x\ Aeq_I\ x \equiv x.$	§ 12, 8.2.
2.3.	$x \equiv x \rightarrow H\ Aeq_I\ H.$	§ 12, 8.3.
2.4.	$x \equiv x \leftrightarrow H\ Aeq_I\ H \leftrightarrow x \equiv x\ Aeq_I\ H.$	§ 12, 8.4.

3. *Die Symmetrie der Identität.*

$x \equiv y \; Aeq_I \; y \equiv x.$

Denn $\mathfrak{B} \, Erf_\alpha \, x \equiv y \; \ddot{a}q \; \mathfrak{B} \, Erf_\alpha \, y \equiv x.$

4. *Der* LEIBNIZ-*Effekt und seine Varianten.*

4.1. *Der* LEIBNIZ-*Effekt.*

$x \equiv y \; Imp_I \; x \equiv z \leftrightarrow y \equiv z.$ LP*

Hieraus einerseits

4.2. *Die Transitivität der Identität.*

$x \equiv y \wedge y \equiv z \; Imp_I \; x \equiv z.$

Andererseits

4.3. *Die Drittengleichheit der Identität.*

$x \equiv y \wedge x \equiv z \; Imp_I \; y \equiv z.$

Hierzu § 138, 3.1; 3.2.

(B) Die Grundlagen der Theorie der Verschiedenheit

10. *Die Irreflexivität der Verschiedenheit und ihre Derivate.*

Aus $id_I \mathsf{H} \; \ddot{a}q \; non \, erf_I \sim \mathsf{H}$ folgt

10.1.	*non* $erf_I \, x \not\equiv x.$	1.1.
10.2.	*non* $erf_I \sim \exists x \; x \equiv x.$	1.3.
	Mithin	
*10.2.1.	*non* $erf_I \sim \exists_1.$	1.3.1.
	Ferner	
10.3.	*non* $erf_I \, \exists x \, \forall y \; x \not\equiv y.$	1.4.

11. *Reduktionstheoreme.*

11.1.	$x \not\equiv x \wedge \mathsf{H} \; Aeq_I \; x \not\equiv x.$	§ 12, 9.1.
11.2.	$x \not\equiv x \vee \mathsf{H} \; Aeq_I \; \mathsf{H}.$	§ 12, 9.2.
11.3.	$\mathsf{H} \rightarrow x \not\equiv x \; Aeq_I \sim \mathsf{H}.$	§ 12, 9.3.
11.4.	$\mathsf{H} \leftrightarrow x \not\equiv x \; Aeq_I \; x \not\equiv x \leftrightarrow \mathsf{H} \; Aeq_I \sim \mathsf{H}.$	§ 12, 9.4.

Aus 3. folgt durch gliedweise Verneinung

12. *Die Symmetrie der Verschiedenheit.*

$x \not\equiv y \; Aeq_I \; y \not\equiv x.$

Hierzu § 138, 3.3; 3.4.

§ 138. Die identitätstheoretischen Aequivalente für $\mathsf{H}(x)$ und $\mathsf{H}(\overset{n}{x})$

Zu jedem P-Ausdruck $\mathsf{H}(x)$ bzw. $\mathsf{H}(\overset{n}{x})$ gibt es zwei aequivalente I-Ausdrücke, einen partikularisierten und einen generalisierten. Es gelten die folgenden Theoreme:

*1.1. *Ein partikularisiertes Aequivalent für* $\mathsf{H}(x)$.

$$\mathsf{H}(x)\ Aeq_I\ \exists z\,(z \equiv x \wedge \mathsf{H}(z)).$$

Beweis:

(1) $\mathfrak{B}\ Erf_\alpha^I\ \mathsf{H}(x)$

$$seq\ \left(\!\!\begin{smallmatrix}z\\ \mathfrak{B}(x)\end{smallmatrix}\!\!\right)\mathfrak{B}\ Erf_\alpha^I\,\mathsf{H}(z)\ et\ \left(\!\!\begin{smallmatrix}z\\ \mathfrak{B}(x)\end{smallmatrix}\!\!\right)\mathfrak{B}(z) = \mathfrak{B}(x) = \left(\!\!\begin{smallmatrix}z\\ \mathfrak{B}(x)\end{smallmatrix}\!\!\right)\mathfrak{B}(x)$$

(2) $$seq\ \left(\!\!\begin{smallmatrix}z\\ \mathfrak{B}(x)\end{smallmatrix}\!\!\right)\mathfrak{B}\ Erf_\alpha^I\,\mathsf{H}(z)\ et\ \left(\!\!\begin{smallmatrix}z\\ \mathfrak{B}(x)\end{smallmatrix}\!\!\right)\mathfrak{B}\ Erf_\alpha^I\,z \equiv x \qquad \S\,122,\ 1.3.$$

(3) $$seq\ (Ex_\alpha\,\mathfrak{z})\left(\left(\!\!\begin{smallmatrix}z\\ \mathfrak{z}\end{smallmatrix}\!\!\right)\mathfrak{B}\ Erf_\alpha^I\,z \equiv x\ et\ \left(\!\!\begin{smallmatrix}z\\ \mathfrak{z}\end{smallmatrix}\!\!\right)\mathfrak{B}\ Erf_\alpha^I\,\mathsf{H}(z)\right)$$

*(4) $$seq\ \mathfrak{B}\ Erf_\alpha^I\,\exists z\,(z \equiv x \wedge \mathsf{H}(z)).$$

Andererseits, unter der Voraussetzung, daß $x \neq z$,

(5) $$\left(\!\!\begin{smallmatrix}z\\ \mathfrak{z}\end{smallmatrix}\!\!\right)\mathfrak{B}\ Erf_\alpha^I\,z \equiv x\ seq\ \mathfrak{z} = \left(\!\!\begin{smallmatrix}z\\ \mathfrak{z}\end{smallmatrix}\!\!\right)\mathfrak{B}(z) = \left(\!\!\begin{smallmatrix}z\\ \mathfrak{z}\end{smallmatrix}\!\!\right)\mathfrak{B}(x) = \mathfrak{B}(x)$$

und

(6) $$\left(\!\!\begin{smallmatrix}z\\ \mathfrak{z}\end{smallmatrix}\!\!\right)\mathfrak{B}\ Erf_\alpha^I\,\mathsf{H}(z)\ et\ \mathfrak{z} = \mathfrak{B}(x)\ seq\ \left(\!\!\begin{smallmatrix}z\\ \mathfrak{B}(x)\end{smallmatrix}\!\!\right)\mathfrak{B}\ Erf_\alpha^I\,\mathsf{H}(z)$$

(7) $$seq\ \mathfrak{B}\ Erf_\alpha^I\,\mathsf{H}(x).$$

Mithin a fortiori aus (7) und (5)

(8) $$(Ex_\alpha\,\mathfrak{z})\left(\left(\!\!\begin{smallmatrix}z\\ \mathfrak{z}\end{smallmatrix}\!\!\right)\mathfrak{B}\ Erf_\alpha^I\,\mathsf{H}(z)\ et\ \left(\!\!\begin{smallmatrix}z\\ \mathfrak{z}\end{smallmatrix}\!\!\right)\mathfrak{B}\ Erf_\alpha^I\,z \equiv x\right)seq\ \mathfrak{B}\ Erf_\alpha^I\,\mathsf{H}(x).$$

Folglich

*(9) $\mathfrak{B}\ Erf_\alpha^I\,\exists z\,(z \equiv x \wedge \mathsf{H}(z))\ seq\ \mathfrak{B}\ Erf_\alpha^I\,\mathsf{H}(x).$

Aus (4) und (9) folgt 1.1.

Aus 1.1 erhält man durch Induktionsschluß

*1.2. *Ein partikularisiertes Aequivalent für* $\mathsf{H}(\overset{n}{x})$.

$$\mathsf{H}(\overset{n}{x})\ Aeq_I\ \exists\overset{n}{z}\left(\overset{n}{\underset{i=1}{\wedge}}\,z_i \equiv x_i \wedge \mathsf{H}(\overset{n}{z})\right).$$

*2.1. *Ein generalisiertes Aequivalent für* $\mathsf{H}(x)$.

$$\mathsf{H}(x)\ Aeq_I\ \forall z\,(z \equiv x \rightarrow \mathsf{H}(z)).$$

Beweis:

(1) $\quad \mathfrak{B}\, Erf_\alpha^I\, \mathsf{H}(x)\ \text{äq non}\ \mathfrak{B}\, Erf_\alpha^I \sim \mathsf{H}(x)$

(2) $\qquad\qquad \text{äq non}\ (Ex_\alpha\mathfrak{z})\left(\binom{z}{\mathfrak{z}}\mathfrak{B}\, Erf_\alpha^I\, z \equiv x\ \text{et}\ \binom{z}{\mathfrak{z}}\mathfrak{B}\, Erf_\alpha^I \sim \mathsf{H}(z)\right)$

(3) $\qquad\qquad \text{äq}\ (Om_\alpha\mathfrak{z})\left(\binom{z}{\mathfrak{z}}\mathfrak{B}\, Erf_\alpha^I\, z \equiv x\ \text{seq non}\ \binom{z}{\mathfrak{z}}\mathfrak{B}\, Erf_\alpha^I \sim \mathsf{H}(z)\right)$

(4) $\qquad\qquad \text{äq}\ (Om_\alpha\mathfrak{z})\left(\binom{z}{\mathfrak{z}}\mathfrak{B}\, Erf_\alpha^I\, z \equiv x\ \text{seq}\ \binom{z}{\mathfrak{z}}\mathfrak{B}\, Erf_\alpha^I\, \mathsf{H}(z)\right).$

Aus 2.1 erhält man durch Induktionsschluß

2.2.   Ein generalisiertes Aequivalent für $\mathsf{H}(\overset{n}{x})$.

$$\mathsf{H}(\overset{n}{x})\ Aeq_I\ \forall\overset{n}{z}\left(\bigwedge_{i=1}^{n} z_i \equiv x_i \to \mathsf{H}(\overset{n}{z})\right).$$

3. Elementare Folgerungen aus 1.1 und 2.1.

3.1. $x \equiv y\ Aeq_I\ \exists z\,(x \equiv z \wedge z \equiv y)\,.$

3.2. $x \equiv y\ Aeq_I\ \forall z\,(x \equiv z \to z \equiv y)\,.$
     Mithin

3.3. $x \not\equiv y\ Aeq_I\ \forall z\,(x \equiv z \to z \not\equiv y)\,.$

3.4. $x \not\equiv y\ Aeq_I\ \exists z\,(x \equiv z \wedge z \not\equiv y)\,.$

§ 139. Begriff und Theorie der numerischen Normalformen

1. Als *numerische Normalformen* sollen die folgenden I-Formeln gelten:

1.1. $\exists_1$ 1.2. $\sim\exists_1$

1.3. $\bigvee_{i=1}^{n} \exists_{k_i}!!$ 1.4. $\bigwedge_{i=1}^{n} \sim\exists_{k_i}!!$

      mit den Grenzfällen

1.3.1. $\bigvee_{k=1}^{n} \exists_k!!$ 1.4.1. $\bigwedge_{k=1}^{n} \sim\exists_k!!$

1.3.2. $\exists_k!!$ 1.4.2. $\sim\exists_k!!$

2. *Basistheoreme.*

2.1. $id_I\,\exists_1.$ (§ 137, 1.3.1)   2.2.   *non* $erf_I \sim\exists_1.$ (§ 137, 10.2.1)

2.3. $\bigvee_{k=1}^{n} \exists_k!!\ Aeq_I\,\exists_n!.$ 2.4. $\bigwedge_{k=1}^{n} \sim\exists_k!!\ Aeq_I\,\exists_{n+1}.$

Zu 2.3: Wenn es genau ein oder … oder genau n α-Individuen gibt, so gibt es höchstens n α-Individuen; und umgekehrt.

Zu 2.4: Wenn es nicht genau ein und ... und nicht genau n α-Individuen gibt, so gibt es wenigstens $n+1$ α-Individuen; und umgekehrt.

Aus 2.3 und 2.4 folgt

*2.5.   Jede Mindest- und jede Höchstzahlformel kann aequivalent in eine numerische Normalform umgeformt und in diesem Sinne zu den numerischen Normalformen gerechnet werden. Wir machen im folgenden hiervon einen möglichst weitgehenden Gebrauch.

Aus 2.3 und 2.4 ergeben sich als Sonderfälle für $n=1$

2.6. $\exists_1! \, Aeq_I \, \exists_1!!$ 　　　　　　　　2.7. $\exists_2 \, Aeq_I \sim \exists_1!!$.

3. Eine vollständige Theorie der numerischen Normalformen ist für das Folgende nicht erforderlich. Wir beschränken uns daher auf die Hilfstheoreme, die erforderlich sind für den Beweis des Haupttheorems (§ 143), daß jede I-Formel aequivalent ist mit einer numerischen Normalform. Hierbei machen wir den angekündigten Gebrauch von 2.5.

Die Grenzfälle werden erfaßt durch

3.1.   Aus $id_I\Theta_1 \,.seq.\, id_I\Theta_2 \; seq \; \Theta_1 Aeq_I \Theta_2$ (§ 12, 5.2) folgt in Verbindung mit $id_I \exists_1$ (2.1)

$$id_I\Theta \; seq \; \Theta \, Aeq_I \exists_1.$$

3.2.   Aus $non \; erf_I\Theta_1 \,.seq.\, non \; erf_I\Theta_2 \; seq \; \Theta_1 Aeq_I \Theta_2$ (§ 12, 5.5) folgt in Verbindung mit $non \; erf_I \sim \exists_1$ (2.2)

$$non \; erf_I\Theta \; seq \; \Theta \, Aeq_I \sim \exists_1.$$

3.3.   Eine Konjunktion ist genau dann identisch (stets dann unerfüllbar), wenn jedes Konjunktionsglied identisch (wenigstens ein Konjunktionsglied unerfüllbar) ist (§ 12, 6.2; 6.4).

3.4.   Eine Alternative ist stets dann identisch (genau dann unerfüllbar), wenn wenigstens ein Alternativglied identisch (jedes Alternativglied unerfüllbar) ist (§ 12, 6.6; 6.8).

3.5.   In einer Konjunktion (Alternative) können identische (unerfüllbare) Glieder *salva veritate* gestrichen werden (§ 12, 8.1; 9.2). Die leere Konjunktion (Alternative) ist dabei als identisch (unerfüllbar) zu behandeln.

4. Nun die Hilfstheoreme im engeren Sinne[1]. Die folgenden Aequivalenzen ergeben sich am einfachsten so, daß man sich von Fall zu Fall davon überzeugt, daß die Spektren (§ 134, 7.) der links stehenden Ausdrücke mit den Spektren der rechts stehenden Ausdrücke zusammenfallen. $max(M)$ ist das Maximum, $min(M)$ das Minimum der endlichen „Indexmenge" M. „$i\notin M$" für „i nicht in M".

---

[1] Nach einem Entwurf von G. HASENJAEGER.

4.1. $\quad \bigwedge\limits_{m \in M} \exists_m \, A \, eq_I \, \exists_{max(M)}$.

4.2. $\quad \bigwedge\limits_{m \in M} \exists_m! \, A \, eq_I \, \exists_{min(M)}!$.

4.3. $\quad \bigvee\limits_{m \in M} \exists_m \, A \, eq_I \, \exists_{min(M)}$.

4.4. $\quad \bigvee\limits_{m \in M} \exists_m! \, A \, eq_I \, \exists_{max(M)}!$.

4.5. $\quad \exists_n! \, A \, eq_I \, \exists_1 \wedge \exists_n!$. $\hspace{6cm}$ 3.5.

4.6. $\quad \exists_m \wedge \exists_n! \, A \, eq_I \, \bigvee\limits_{m \leq i \leq n} \exists_i!!$ $\qquad$ für $m \leq n$.

4.7. $\quad \exists_m \wedge \exists_n! \, A \, eq_I \, \sim \exists_1$ $\qquad$ für $m > n$. $\hspace{2.5cm}$ 3.2.

4.8. $\quad \exists_m \, A \, eq_I \, \bigwedge\limits_{i < m} \sim \exists_i!!$ $\qquad$ für $m > 1$. $\hspace{2.5cm}$ 2.4.

4.9. $\quad \exists_m \vee \exists_i!! \, A \, eq_I \, \exists_m$ $\qquad$ für $i \geq m$.

4.10. $\quad \exists_m \vee \bigvee\limits_{i \in M} \exists_i!! \, A \, eq_I \, \bigwedge\limits_{\substack{i < m \\ i \notin M}} \sim \exists_i!!$ $\qquad$ für $max(M) < m$.

§ 140. Hilfstheoreme zur Ausschaltung der P-Variablen

Die Resultate dieses Paragraphen dienen zur Vorbereitung auf § 142. Sie sind vorangestellt, damit die Folge der Reduktionsschritte (§ 141 bis 143) nicht unterbrochen werden muß.

1. *Die k-zahlige Einsetzungsregel für P-Variablen.*

Mit „H $Eins_P$ H*" wie in § 62, 2. gilt das folgende Theorem:

$$H \, Eins_P H^* \, . \, seq \, . \, id_k^I H \, seq \, id_k^I H^* .$$

Beweis:

(1) $\quad$ H $Eins_P$ H* $. \, seq \, . \, id_\alpha H \, seq \, id_\alpha H^*$. $\hspace{4cm}$ § 62, 3.

(2) $\qquad\qquad . \, seq \, . \, id_{|\alpha|} H \, seq \, id_{|\alpha|} H^*$. $\hspace{3cm}$ § 77, 5.1.

(3) $\qquad\qquad . \, seq \, . \, id_k^I H \, seq \, id_k^I H^*$ für $|\alpha| = k$. $\hspace{1.5cm}$ § 77, 1.5.

2. *Ein spezielles Normierungstheorem für P-Variablen.*

H sei ein offener I-Ausdruck, in welchem Px vorkommt. Dann gibt es ein Θ_0 und ein Θ_{00}, so daß Px weder in Θ_0 noch in Θ_{00}, und

$$H \, A \, eq_I \, Px \wedge \Theta_0 \vee \sim Px \wedge \Theta_{00} .$$

Beweis: Man bringe H auf eine alternative Normalform Θ. Θ_i ($i = 1, 2, 3, \ldots$) sei ein Θ-Glied (also eine (im Grenzfall eingliedrige) Konjunktion). Man sorge dafür, daß jedes Θ_i aus genau einem der beiden Ausdrücke Px bzw. $\sim Px$ und einem nicht-leeren Px-freien Rest besteht. Dafür sind gegebenenfalls die folgenden aequivalenten Umformungen nötig:

(1) Man streiche jedes Θ_i, in welchem Px und $\sim Px$ vorkommen (§ 12, 9.1).

(2) Man ersetze jedes $\Theta_i = Px$ durch $\Theta_i' = Px \wedge x \equiv x$ (§ 137, 2.1), entsprechend jedes $\Theta_i = {\sim} Px$ durch $\Theta_i' = {\sim} Px \wedge x \equiv x$.

(3) Wenn Θ_i weder Px noch ${\sim} Px$ enthält, so ersetze man Θ_i (AK*) durch $\Theta_i' = Px \wedge \Theta_i \vee {\sim} Px \wedge \Theta_i$.

Damit sowohl Glieder mit Px als auch Glieder mit ${\sim} Px$ auftreten, ergänze man gegebenenfalls folgendermaßen:

(4) Falls nur Px in Θ, ersetze man Θ aequivalent (§ 137, 11.2) durch $\Theta' = \Theta \vee ({\sim} Px \wedge x \not\equiv x)$.

(5) Falls nur ${\sim} Px$ in Θ, ersetze man Θ entsprechend durch $\Theta' = \Theta \vee (Px \wedge x \not\equiv x)$.

Jetzt erhält man durch Zusammenfassung der Glieder mit Px und der Glieder mit ${\sim} Px$ und durch Ausklammern nach dem distributiven Gesetz

$$\Theta^{(1)} = Px \wedge \Theta_0 \vee {\sim} Px \wedge \Theta_{00},$$

wo Px und ${\sim} Px$ weder in Θ_0 noch in Θ_{00}, und da alle Umformungen aequivalent sind,

$$\Theta^{(1)} \, Aeq_I \, \mathsf{H}.$$

3. Ein spezielles Eliminationstheorem für P-Variablen.

Ein I-Ausdruck $\mathsf{H} \vee \exists z \left(Pz \wedge \Theta_0(z) \vee {\sim} Pz \wedge \Theta_{00}(z) \right)$, wo P weder in H noch in Θ_0, Θ_{00} vorkommt, kann identitätsverbunden umgeformt werden in $\mathsf{H} \vee \exists z \left(\Theta_0(z) \wedge \Theta_{00}(z) \right)$. Symbolisch:

$$\mathsf{H} \vee \exists z \left(Pz \wedge \Theta_0(z) \vee {\sim} Pz \wedge \Theta_{00}(z) \right) \, Idv_I \, \mathsf{H} \vee \exists z \left(\Theta_0(z) \wedge \Theta_{00}(z) \right),$$

(P weder in H noch in Θ_0 noch in Θ_{00}).

Es genügt, mit der vorgeschriebenen Bedingung für $\mathsf{H}, \Theta_0, \Theta_{00}$ zu zeigen

3.1. $\mathsf{H} \vee \exists z \left(Pz \wedge \Theta_0(z) \vee {\sim} Pz \wedge \Theta_{00}(z) \right) \, Idg_k^I \, \mathsf{H} \vee \exists z \left(\Theta_0(z) \wedge \Theta_{00}(z) \right).$

Beweis:

(1) Durch Einsetzung von $\lambda z \Theta_{00}(z)$ in P erhält man auf Grund von 1.

$id_k^I \, \mathsf{H} \vee \exists z \left(Pz \wedge \Theta_0(z) \vee {\sim} Pz \wedge \Theta_{00}(z) \right)$

$\quad seq \; id_k^I \, \mathsf{H} \vee \exists z \left(\Theta_{00}(z) \wedge \Theta_0(z) \vee {\sim} \Theta_{00}(z) \wedge \Theta_{00}(z) \right)$

$\quad seq \; id_k^I \, \mathsf{H} \vee \exists z \left(\Theta_0(z) \wedge \Theta_{00}(z) \right).$ AK*

(2) Andererseits

$id_I \, \mathsf{H} \vee \exists z \left(\Theta_0(z) \wedge \Theta_{00}(z) \right) \to \mathsf{H} \vee \exists z \left(Pz \wedge \Theta_0(z) \vee {\sim} Pz \wedge \Theta_{00}(z) \right).$ AK*

Mithin a fortiori

(3) $id_k^I \, \mathsf{H} \vee \exists z \left(\Theta_0(z) \wedge \Theta_{00}(z) \right) \to \mathsf{H} \vee \exists z \left(Pz \wedge \Theta_0(z) \vee {\sim} Pz \wedge \Theta_{00}(z) \right).$

Mithin (§ 77, 9.1)

(4) $id_k^I \; \mathsf{H} \vee \exists z \left(\Theta_0(z) \wedge \Theta_{00}(z) \right) \; seq \; id_k^I \; \mathsf{H} \vee \exists z \left(Pz \wedge \Theta_0(z) \vee \sim Pz \wedge \Theta_{00}(z) \right).$

Aus (1) und (4) folgt 2.1.

§ 141. Kontrapränexe Normalformen für einstellige I-Ausdrücke ohne Funktionale

1. *Definitionen.*

1.1. Θ heiße eine *Elementarkonjunktion in den einstelligen P-Variablen* $P_1, \ldots, P_n$, wenn es ein x gibt, so daß $\Theta = \bigwedge\limits_{i=1}^{n} P_i x$ oder eine der $2^n - 1$ Variationen, die sich aus $\bigwedge\limits_{i=1}^{n} P_i x$ dadurch ergeben, daß wenigstens ein P_j $(1 \leqq j \leqq n)$ durch $\sim P_j$ ersetzt ist[1].

1.2. H heiße eine *kontrapränexe Alternative in* $P_1, \ldots, P_n$, wenn H folgenden Bedingungen genügt: H ist eine Alternative, als deren Glieder Mindestzahlausdrücke und negierte Mindestzahlausdrücke zugelassen sind, deren Matrizen $(§ 53, 3, (3))$ Elementarkonjunktionen in $P_1, \ldots, P_n$ sind. Ein solches H ist also stets abgeschlossen.

1.2.1.   Für $n = 0$, also in H überhaupt keine P-Variablen, sind statt der Mindestzahlausdrücke sinngemäß Mindestzahlformeln zu verwenden.

1.3.   Eine Konjunktion von kontrapränexen Alternativen in $P_1, \ldots, P_n$ heiße eine *kontrapränexe Normalform in* $P_1, \ldots, P_n$.[2]

1.3.1.   Für $n = 0$ (vgl. 1.2.1) sprechen wir von *kontrapränexen Normalformeln*.

1.4.   Die eingliedrigen Alternativen und Konjunktionen sollen ausdrücklich als Grenzfälle zugelassen sein. Ist also Θ eine Elementarkonjunktion in $P_1, \ldots, P_n$, so kann $\exists_1 \Theta$ als eine kontrapränexe Alternative und zugleich als eine kontrapränexe Normalform in $P_1, \ldots, P_n$ aufgefaßt werden.

Kontrapränexe Normalformen in $P_1, \ldots, P_n$ gehen ein in das folgende Theorem:

*2. Jeder $\bar{\mathrm{I}}_1$-Ausdruck (§ 136, 1.1) H in $P_1, \ldots, P_n$ kann *identitätsverbunden* umgeformt werden in eine kontrapränexe Normalform H^*.

---

[1] Vgl. die Konstituenten einer BOOLEschen Normalform § 27, 1.2.

[2] Der Ausdruck „kontrapränex" ist dadurch gerechtfertigt, daß in diesem Falle die Quantifikatoren so weit wie möglich nach *innen* gedrückt sind. Vgl. das Gegenstück im Bereich der pränexen Normalformen § 73, 2.1. — Die Beschränkung auf konjunktive Normalformen ergibt sich aus der Spezialisierung auf die *identitätsverbundenen* Umformungen.

H sei ein solcher Ausdruck. Dann gelingt die behauptete Umformung in folgenden Schritten:

(1)   Identitätsverbundener Übergang von H wie in § 74, 1.2 zu einem totalpränexen $H^{(1)} = \Pi H_*$.
Alle folgenden Umformungen sind aequivalent, so daß Bezug genommen werden kann auf die triviale Verallgemeinerung von § 127, 2.9:

$$H_1 \, Idv_I \, H_2 \; et \; H_2 \, Aeq_I \, H_3 \; et \dots et \; H_{n-1} \, Aeq_I \, H_n \; seq \; H_1 \, Idv_I \, H_n \,.$$

(2) Qz sei der letzte Quantifikator in Π. Wenn $Q = \exists$ mit dem Wirkungsbereich H_* von $\exists z$, so Übergang zu (4). Wenn $Q = \forall$, so Übergang von $\forall z \, H_*(z)$ zu $\sim \exists z \sim H_*(z)$. Dann

(3)   Verneinungstechnische Umformung (§ 23, 4.) von $\sim H_*$ in H_{**}.

(4)   Umformung von H_* bzw. H_{**} in eine alternative Normalform[1]

$$\Theta =_{Df} \overset{m}{\underset{i=1}{\vee}} \Theta'_i \,.$$

(5)   Verteilung von $\exists z$ auf die Θ'_i (§ 70, 2.). Das Resultat ist im allgemeinen Falle für jedes Θ'_i von der Form:

$$\exists z \left(\Theta_0 \wedge \Theta_1(z) \wedge \Theta_2(z) \wedge \Theta_3(z) \right),$$

wo $\Theta_0, \Theta_1, \Theta_2, \Theta_3$ folgenden Bedingungen genügen: z nicht in Θ_0, $\Theta_1(z)$ eine Konjunktion von Gleichungen (wobei wir den trivialen Fall $z \equiv z$ nach § 137, 2.1 ausschließen können), $\Theta_2(z)$ eine Konjunktion von Ungleichungen in z, Θ_3 eine Elementarkonjunktion in einer Teilmenge von $P_j, \dots, P_n$ (1.1).

(6)   Übergang (§ 71, 2.4) zu $\Theta_0 \wedge \exists z \left(\Theta_1(z) \wedge \Theta_2(z) \wedge \Theta_3(z) \right)$.

(7)   Zu $\Theta_1(z)$: Wenn dies nicht leer, so wenigstens ein $z \equiv x$ oder $x \equiv z$ in Θ_1, mit $x \neq z$. Dann (§ 138, 1.1)

$$\exists z \left(\Theta_1(z) \wedge \Theta_2(z) \wedge \Theta_3(z) \right) Aeq_I \; \Theta_1(x) \wedge \Theta_2(x) \wedge \Theta_3(x) \,. \; [2]$$

(8)   Wenn Θ_1 leer ist, bestimmt die Form von Θ_2 und Θ_3 den nächsten Schritt:

(8.1) $z \not\equiv z$ in Θ_2. Dann ist $\exists z \, \Theta'_i$ unerfüllbar, also (§ 12, 9.2) eliminierbar. Sonst:

(8.2)   Eventuell in Θ_3 fehlende P_j $(1 \leqq j \leqq n)$ hineinbringen durch

$$\Theta_3 \, Aeq_I \; \Theta_3 \wedge P_j z \vee \Theta_3 \wedge \sim P_j z \,.$$

---

[1] § 25, 1.2. An die Stelle der dort vorausgesetzten A-Variablen treten hier die I-Atome.

[2] Da $\Theta_1(x) = \Theta_1(z/x)$, kann hier immer $x \equiv x$ weggelassen werden. Kommt neben $z \equiv x$ auch $z \equiv y$ vor, so in $\Theta_1(x)$ auch $x \equiv y$. Es ist dann gleichgültig, ob man $\Theta(z/x)$ oder $\Theta(z/y)$ wählt.

Dadurch wird jedesmal $\exists z\,\Theta_i'$ aufgespalten, also

$$\exists z\,\Theta_i'\,Aeq_I\,\exists z\,(\Theta_i'\wedge P_j z)\vee\exists z\,(\Theta_i'\wedge\sim P_j z)\,,$$

bis alle P_j $(1\leqq j\leqq n)$ vorkommen.

(9) Wenn nun Θ_2 leer ist, so ist $\exists z\,\Theta_3$ schon Mindestzahlaussage in bezug auf die Elementarkonjunktion Θ_3. Sonst

*(9.1) $\Theta_2(z)=\overset{k}{\underset{j=1}{\wedge}}\,z\equiv x_j$. Dann ist $\exists z\,\big(\Theta_2(z)\wedge\Theta_3(z)\big)=\exists z\Big(\overset{k}{\underset{j=1}{\wedge}}\,z\equiv x_j\wedge\Theta_3(z)\Big)$

nach § 130, 3.2 ersetzbar durch

$$\exists_1\,\Theta_3\,.\wedge.\,\overset{k}{\underset{j=1}{\wedge}}\sim\Theta_3(x_j)\vee\exists_2\,\Theta_3$$

$$\wedge.\,\overset{k}{\underset{n=2}{\wedge}}\Big(\underset{1\leqq j_1<\cdots<j_n\leqq k}{\wedge}\Big(\overset{n}{\underset{r=1}{\vee}}\sim\Theta_3(x_{j_r})\vee\sim\boldsymbol{Dst}\,(x_{j_1}\ldots x_{j_n})\vee\exists_{n+1}\,\Theta_3\Big)\Big).$$

(10) Durch diese Umformungen sei Θ_i' in Θ_i^* übergegangen, wobei die mögliche Aufspaltung durch (8.2) zu beachten ist. Dann ist:

$$\Theta^*=\overset{m}{\underset{i=1}{\vee}}\,\Theta_i^*\,Aeq_I\,\overset{m}{\underset{i=1}{\vee}}\,\Theta_i'=\Theta\quad(\text{vgl. (4)})\,.$$

(11) Nun ist Θ^* der Wirkungsbereich des letzten Quantifikators des *restlichen* Präfixes, und man fährt bei (2) fort. Dabei werden die in (9) oder (9.1) aufgetretenen Mindestzahlausdrücke wie Atome als unzerlegbar behandelt, also in (6) zu Θ_0 gerechnet.

(12) Durch Wiederholung dieses Verfahrens wird schließlich das ganze Präfix von (1) abgebaut[1], und es entsteht eine aussagenlogische Verbindung von Mindestzahlausdrücken, die durch aussagenlogische Umformung auf eine kontrapränexe Normalform (in $P_1,\ldots,P_n$) zu bringen ist.

§ 142. Von den kontrapränexen Normalformen zu den I-Formeln

H^* sei im Sinne von § 141, 2. eine kontrapränexe Normalform von H, also eine Konjunktion von kontrapränexen Alternativen Θ_i. Dann gilt

$$id_k\,H^*\;\ddot{a}q\;(Om\,i)\,(id_k\,\Theta_i)\,.[2]$$

Es genügt also, für eine kontrapränexe Alternative (§ 141, 1.2) Θ zu zeigen, daß es eine I-Formel Θ^* gibt, so daß

$$\Theta\,Idg_k\,\Theta^*.$$

---

[1] Dabei kann (7) und (9.1) im letzten Schritt nicht auftreten.
[2] Beweis über $id_\alpha\,H^*\;\ddot{a}q\;(Om\,i)\,(id_\alpha\,\Theta_i)$ mit § 77, 5.1.

Die Umformung von Θ in Θ^* gelingt in folgenden Hauptschritten:

(1)   Identitätsverbundene Umformung von Θ in ein $\Theta^{(1)}$, das nur Partikularisatoren, und diese unverneint und mit offenen Wirkungsbereichen enthält. Dies gelingt in drei Teilschritten:

(1.1)   Aequivalente Ersetzung jedes *negierten* Mindestzahlausdrucks $\sim\exists_{n+1}H$ durch den Höchstzahlausdruck *erster Art* $\exists_{n}^{(1)}!\,H$ in der Form § 129, 3.2.1.

(1.2)   Aequivalente Spezifizierung jedes *nicht-negierten* Mindestzahlausdrucks — als Ausdruck *zweiter Art* $\exists_{k}^{(2)}H$ (§ 129, 2.2).

(1.3)   Pränexe Verschiebung (§ 71, 7.1; 7.2)[1] und hierauf folgende identitätsverbundene Eliminierung aller Generalisatoren in Θ (§ 78, 4.6).

(2) P_j sei eine zu eliminierende P-Variable in $\Theta^{(1)}$. Im allgemeinen Falle wird P_j in $\Theta^{(1)}$ in Verbindung mit verschiedenen S-Variablen x_i vorkommen. Dann ist der erste Hauptschritt die aequivalente Umformung von $\Theta^{(1)}$ in ein $\Theta^{(2)}$, in welchem P_j nur noch in Verbindung mit einer und derselben, in $\Theta^{(2)}$ gebundenen, S-Variablen, z.B. z, vorkommt.

Dies gelingt in folgenden Teilschritten:

(2.1)   Aequivalenter Übergang von $P_j x_i$ an allen Stellen, an denen $P_j x_i$ in $\Theta^{(1)}$ frei und nicht negiert vorkommt[2], zu $\exists z\,(z \equiv x_i \wedge P_j z)$, bzw. von $\sim P x_i$ zu $\exists z\,(z \equiv x_i \wedge \sim P_j z)$.

(2.2)   Gleichnamige Umbenennung der durch (1.2) eingeführten partikularisierten S-Variablen in z.

(3)   Identitätsverbundene Umformung von $\Theta^{(2)}$ in ein $\Theta^{(3)}$, in welchem P_j eliminiert ist, durch folgende Teilschritte:

(3.1)   Aequivalente Verschmelzung aller Partikularisatoren in $\Theta^{(2)}$[3] und Umformung von $\Theta^{(2)}$ in einen I-Ausdruck vom Typus

$$H_0 \vee \exists z\,H_{00}(z),$$

wo P_j in H_0 nicht vorkommt.

(3.2)   Aequivalenter Übergang von $H_{00}(z)$ zu einem I-Ausdruck vom Typus

$$P_j z \wedge \Theta_0(z) \vee \sim P_j z \wedge \Theta_{00}(z),$$

---

[1] Nachdem man Θ, wenn nötig, zuvor distinkt gemacht hat (§ 67, 4.).
[2] Das sind die durch (1.1) eingeführten und durch (1.3) frei gewordenen Stellen.
[3] $\Theta^{(2)}$ ist wie $\Theta^{(1)}$ und Θ eine Alternative aus Konjunktionen. Es gilt also § 70, 2.

wo $P_j z$ weder in Θ_0 noch in Θ_{00} vorkommt (§ 140, 2.). Da P_j auf Grund von (2.2) in H_{00} nur in Verbindung mit z vorkommt, so kommt P_j in Θ_0 und in Θ_{00} überhaupt nicht vor.

(3.3) Identitätsverbundener Übergang von

$$H_0 \vee \exists z \left(P_j z \wedge \Theta_0(z) \vee \sim P_j z \wedge \Theta_{00}(z) \right)$$

zu

$$H_0 \vee \exists z \left(\Theta_0(z) \wedge \Theta_{00}(z) \right). \qquad\qquad § 140, 3.$$

(4) Durch Iterierung dieses Verfahrens erreicht man die identitätsverbundene Ausschaltung aller P-Variablen in Θ. Resultat: $\Theta^{(4)}$.

(5) Identitätsverbundene Generalisierung aller in $\Theta^{(4)}$ frei vorkommenden S-Variablen. Hiermit ist Θ^* gewonnen.

Die Durchführung von (1) bis (5) für jedes Θ_i von H^* liefert ein H^{**}, so daß $H^* \mathit{Idv}_I H^{**}$.

§ 143. Von den I-Formeln zu den numerischen Normalformen[1]

1. H^{**} sei die mit H^* identitätsverbundene I-Formel. Dann gelingt die aequivalente Umformung von H^{**} in eine numerische Normalform H^{***} in mehreren Schritten, wobei es immer möglich ist, daß durch Wegfallen aller Glieder einer Konjunktion oder Alternative sich einer der beiden *Grenzfälle* $\mathit{id}_I H^{**}$, also $H^{***} = \exists_1$ (§ 139, 3.1), oder *non erf*$_I$ H^{**}, also $H^{***} = \sim \exists_1$ (§ 139, 3.2) ergibt.

(1) Umformung von H^{**} in eine kontrapränexe Normalformel (§ 141, 1.3.1) H_1^{**}. Wenn kein Grenzfall vorliegt, so

(2) Umformung von H_1^{**} in eine alternative Normalform H_2^{**} aus Mindestzahl*aussagen* oder deren Negaten[2]. Wenn kein Grenzfall vorliegt, so

(3) Umformung von H_2^{**} in H_3^{**} durch Eliminierung von „$\sim$" nach $\sim \exists_{n+1} \mathit{Aeq}_I \exists_n!$. Hierbei sind Konjunktionen mit (einem Aequivalent von) $\sim \exists_1$ zu streichen (§ 139, 3.3). Kommt es auf diese Art zu einer leeren Alternative, so $H_3^{**} = \sim \exists_1$ (§ 139, 3.5). Sonst

(4) Umformung von H_3^{**} in H_4^{**} durch Vereinfachung der Konjunktionen nach § 139, 4.1; 4.2. Man erhält

$$H_4^{**} = \bigvee_{(m,n)\in P} (\exists_m \wedge \exists_n!) \vee \bigvee_{m \in M} \exists_m \vee \bigvee_{n \in N} \exists_n!$$

mit dem Grenzfall: $P = M = N = \mathit{Lr}$. Dann $H_4^{**} = \sim \exists_1$ (§ 139, 3.5). Sonst

---

[1] Nach einem Entwurf von G. Hasenjaeger.

[2] Dieser Übergang ist an sich nicht erforderlich. Aber die durch ihn bedingten Möglichkeiten sind etwas übersichtlicher.

(5) Umformung von H_4^{**} in H_5^{**} durch Vereinfachung der Alternativen nach § 139, 4.3; 4.4. Man erhält

$$H_5^{**} = \bigvee_{(m,\,n)\in P} (\exists_m \wedge \exists_n !) \vee \exists_{m_0} \vee \exists_{n_0} !$$

mit $m_0 = min\,(M)$, $n_0 = max\,(N)$, wobei die Glieder $\exists_{m_0}$ bzw. $\exists_{n_0}!$ bei leerem M bzw. N entfallen.

(6) Ausschaltung der Fallunterscheidung in bezug auf N mit Hilfe von § 139, 4.5. Man erhält

$$H_6^{**} = \bigvee_{(m,\,n)\in P_1} (\exists_m \wedge \exists_n !) \vee \exists_{m_0}$$

mit $P_1 = P$ für $N = Lr$ und $P_1 = P \cup \{(1,\,n_0)\}$ für $N \neq Lr$.
In bezug auf M bleibt die Fallunterscheidung bestehen in der Form, daß $\exists_{m_0}$ fehlen *kann* und daß $m_0 = 1$ den Grenzfall $H^{***} = \exists_1$ ergibt.

(7) Umformung von H_6^{**} in H_7^{**} mit Hilfe von § 139, 4.6; 4.7. Man erhält

$$H_7^{**} = \bigvee_{\substack{(m,\,n)\in P_1 \\ m \leq i \leq n}} \exists_i !! \vee \exists_{m_0} = \bigvee_{i\in P_2} \exists_i !! \vee \exists_{m_0}$$

mit $i\in P_2$ *äq* $(Ex\,m, n)\,\big((m,\,n)\in P_1\ et\ m \leq i \leq n\big)$. Wegen *non erf$_I$* $\exists_m \wedge \exists_n !$ für $n < m$ liefern solche Paare keinen Beitrag zu $\bigvee_{i\in P_2} \exists !!$. Ist dadurch P_2 leer, so ist $H_7^{**} = \exists_{m_0}$, also wegen § 139, 4.8 $H^{***} = \bigwedge_{i < n_0} {\sim} \exists_i !!$. Fehlt umgekehrt $\exists_{m_0}$, so ist man gleichfalls fertig, da dann $H^{***} = \bigvee_{i\in P_2} \exists_i !!$ zu setzen ist. Sonst

(8) Umformung von H_7^{**} in H_8^{**} mit Hilfe von § 139, 4.9. Man erhält

$$H_8^{**} = \bigvee_{i\in P_2} \exists_i !! \vee \exists_{m_0} = \bigvee_{i\in P_3} \exists_i !! \vee \exists_{m_0}$$

mit $i\in P_3$ *äq* $i\in P_2$ *et* $i < m_0$. Man erhält mit § 139, 4.10

$$H^{***} = \bigwedge_{\substack{i < m_0 \\ i \notin P_3}} {\sim} \exists_i !!.$$

Hiermit sind alle möglichen Fälle durchgeprüft.

2. *Repräsentantentheoretische Folgerungen.*

2.1. Ein $\overline{\Gamma}_1$-Ausdruck (§ 83, 1.) kann nicht genau im Endlichen identisch sein; denn die Identität im Endlichen zieht in diesem Falle die volle Identität nach sich (§ 83, 2.1). Daß dies auch für $\overline{I}_1$-Ausdrücke gilt, ergibt sich aus deren identitätsverbundener Überführbarkeit in numerische Normalformen: Die einzige im Endlichen identische numerische Normalform (nämlich $\exists_1$) ist voll-identisch. Wegen § 133, 5.3 genügt hier aber schon die Überführbarkeit in I-Formeln.

2.2. Ein nicht stets identischer $\overline{P}_1$-Ausdruck kann nach § 80, 6.3; 6.4 nur mit einer endlichen oberen Grenze oder nie identisch sein. Im ersten Fall ist er identitätsverbunden mit der Höchstzahlformel, die diese endliche obere Grenze angibt. Im zweiten Fall ist er identitätsverbunden mit der unerfüllbaren Anzahlformel $\sim\exists_1$. Aber wie kann ein zwar nie identischer, aber stets erfüllbarer P_1-Ausdruck wie Px identitätsverbunden sein mit $\sim\exists_1$? Das Befremden verschwindet, wenn man beachtet, daß die identitätsverbundene und die (nicht ausgeführte, aber durch § 136, 1.5 angezeigte) erfüllbarkeitsverbundene Reduktion sehr verschieden ausfallen können: Die Reduktionsschritte von § 141 und § 142, (1) heben sich für Px auf. § 142, (2.1), (3.2), (3.3) liefern nacheinander

$$\exists z\,(z \equiv x \wedge Pz)\,, \quad \exists z\,(Pz \wedge z \equiv x \vee \sim Pz \wedge z \not\equiv z)\,, \quad \exists z\,(z \equiv x \wedge z \not\equiv z)\,,$$

also den Grenzfall $\sim\exists_1$. Ebenso ergibt sich, daß $\sim Px\,Idv_I \sim\exists_1$, also $Px\,Erfv_I\,\exists_1$.

C) Syntax

I. Allgemeine Syntax

§ 150. Die I-Ableitbarkeit und die I-Beweisbarkeit

1. Für eine syntaktisch-deduktive Behandlung des IFK — der entsprechende Kalkül sei durch „IFK*" symbolisiert —, gilt sinngemäß das unter § 90,1. Gesagte. Die definierenden Schlußrelationen ergeben sich aus § 90, 2. sinngemäß mit „I" für „P".

2. Da die „I-Protonen" so gewählt sein sollen, daß sich aus ihnen mit Hilfe der definierenden Schlußrelationen alle Identitäten erzeugen lassen (s. § 165, 1.), muß die Sonderstellung von $\equiv$ berücksichtigt werden. Wir definieren, abweichend von § 90, 3, (2.1.2) und im Anschluß an § 123, 2; 3; § 122, 5.1 und § 124, 2; 3.

2.1. $Prot_I\mathsf{H}\ äq_{Df}\ id_{A,\,I}\mathsf{H}\ vel\ \mathsf{H} = x \equiv x\ vel\ LA\ \mathsf{H}.$

Die Ausdrücke $x \equiv x$ und die Leibniz-Ausdrücke mögen *eigentliche I-Protonen* heißen.

3. *Die Relation der I-Ableitung von* H *aus* M ergibt sich sinngemäß aus § 90, 3. dadurch, daß überall „P" durch „I" und insbesondere „$Prot_P\mathsf{H}$" durch „$Prot_I\mathsf{H}$" ersetzt wird.

4. *Die I-Ableitbarkeit von* H *aus* M.

4.1. H heißt *I-ableitbar aus* M — symbolisch: $M\vdash_I\mathsf{H}$ — wenn es ein $\mathfrak{F}$ gibt, so daß $\mathfrak{F}$ eine I-Ableitung von H aus M ist.

4.2.   Analog zu § 90, 4.2; 5. erhält man ein *Theorem der I-Ableit-barkeit von* H *aus* M und die *Grundregeln der I-Ableitbarkeit*. Dabei spaltet sich die „Protonenregel" auf in

4.2.1. $id_{A,I}$ H *seq* $M \vdash_I$ H,

4.2.2. $M \vdash_I x \equiv x$ (die *Reflexivität der Identität*),

4.2.3.   *LA* H *seq* $M \vdash_I$ H.

Auf Grund des Prinzips der Prämissenverstärkung (für den PFK* s. § 92, 4.2) kann man sich hierbei auf den „stärksten" Grenzfall mit M/Lr beschränken.

5. *Der Begriff des I-Beweises* ergibt sich sinngemäß aus 3. dadurch, daß M durch die leere Menge Lr ersetzt wird (vgl. § 90, 6.).

6. *Die I-Beweisbarkeit von* H.

6.1.   H heißt *I-beweisbar* oder ein *Satz des IFK** — symbolisch: bew_IH —, wenn es einen I-Beweis gibt (vgl. § 90, 7.1). Wir schreiben sinngemäß dafür auch „$Lr \vdash_I$ H" bzw. „$\vdash_I$ H".

6.2.   H heißt *I-widerlegbar* — symbolisch: wdb_IH —, wenn $bew_I \sim$H.

6.3.   Ein *Theorem der I-Beweisbarkeit* und die *Grundregeln der I-Beweisbarkeit* ergeben sich aus 4.2 mit M/Lr. Die Formulierung bietet gegenüber § 90, 7.2 und § 93 nichts Neues.

7. Analog zu § 90, 10. verwenden wir auch $M \vdash_I N$, $M, N \vdash_I \Theta$, $H_1, \ldots, H_n \vdash_I \Theta$, $M \vdash_I \Theta_1, \ldots, \Theta_n$ usw.

§ 151. Semantische Folgerungen. Die Widerspruchsfreiheit des IFK*

Wie im Falle des PFK* ergibt sich eine notwendige semantische Bedingung für die I-Beweisbarkeit:

1. $\vdash_I$ H *seq* id_I H.

Der *Beweis* verläuft wie in § 91, 1., wobei jetzt für Protonen neben § 123, 3. auch § 122, 5.1 und § 124, 3. zu verwenden sind.

Folgende Varianten und Folgerungen von 1. sind zu nennen (vgl. § 91, 1.1; 1.2).

1.1. erf_I H *seq non* wdb_I H,

und das *Unbeweisbarkeitskriterium*

1.2.   *non* id_I H *seq non* $\vdash_I$ H.

Hieraus wegen *non* id_IH$\wedge\sim$H die *Widerspruchsfreiheit des IFK**.

*1.3.   *non* $\vdash_I H \wedge {\sim} H$.

Als eine Anwendung von 1. erhält man ein *Kriterium für die I-Beweisbarkeit von P-Ausdrücken* H:

2. $\vdash_I H \ seq \vdash_P H$.

Beweis: Aus 1. und § 119, 2.2 (eine Form der Vollständigkeit des PFK*). — Der Übergang vom IFK* zum PFK* wird hier dadurch ermöglicht, daß die Definition der *Identität* von H nur auf Teilausdrücke von H Bezug nimmt, so daß sich die I-Identität für P-Ausdrücke automatisch auf die P-Identität reduziert. Dagegen nimmt die Beweisbarkeit auf alle Ausdrücke Bezug, so daß ein I-Beweis für einen P-Ausdruck beliebig viele Gleichungen enthalten kann.

Neben diesem *semantischen* Beweis eines syntaktischen Theorems sind rein syntaktische Beweise von folgendem Typus interessant: Ein nach Voraussetzung gegebener formaler I-Beweis $\mathfrak{F}$ ist in einen P-Beweis umzuwandeln. Eine solche „Beweistransformation" kann z.B. gelingen, wenn durch eine generelle Ersetzung von $t_i \equiv t_j$ durch $H(t_i, t_j)$ alle in $\mathfrak{F}$ vorkommenden Protonen in P-Sätze übergehen. Man kann aber auch den Begriff des I-Beweises gleichwertig so modifizieren, daß in einem Beweis von H (bis auf Umbenennungen) nur Teilformeln von H vorkommen. Als ein Beispiel solcher Beweistransformationen vgl. auch § 101, 2.

Auch das Kriterium für die *Ableitbarkeit* von H *aus einer* Prämissenmenge läßt sich sinngemäß mit demselben Beweis übertragen:

3. $M \vdash_I H \, . \, seq \, . \, id_k \, M \ seq \ id_k \, H.$ [1]

Damit gelten auch die Derivate

3.1. $H \vdash_I \Theta \, . \, seq \, . \, id_k \, H \ seq \ id_k \, \Theta$,

3.2. $M \vdash_I H \, . \, seq \, . \, id_I \, M \ seq \ id_I \, \Theta$

   mit den zugehörigen *Unableitbarkeitskriterien.*

4. *Definition der syntaktischen Implikationen.*

4.1. $H \, Imp_{\vdash_I} \Theta \ \ddot{a}q_{Df} \vdash_I H \rightarrow \Theta$ (vgl. § 95, 1.1 und § 122, 3.2)

   mit der Verallgemeinerung

4.2. $M \, Impl_I \, H \ \ddot{a}q_{Df} \, (Ex_M \, E) \, (\wedge E \, Imp_{\vdash_I} H)$ (vgl. § 109, 1.1).

§ 152. Die Permanenz des PFK* im IFK*

Aus den Definitionen der I-Ableitbarkeit und der I-Beweisbarkeit folgt unmittelbar, daß alle für Schemata formulierten Theoreme über die Beweisbarkeit sich vom PFK* auf den IFK* übertragen, desgleichen

---

[1] Mit „$id_k M$" für „$(Om \ H) \, (H \in M \ seq \ id_k H)$", vgl. § 91, 2. Analog „$id_I M$".

alle beweisbaren Regeln, die auf der Zusammensetzung von Grundregeln beruhen. Die Einsetzungsregel für P-Variablen (§ 101) erfordert den zusätzlichen Nachweis, daß auch die neuen Protonen durch eine solche Einsetzung in I-Sätze (effektiv sogar in Protonen) übergehen: $x \equiv x$ wird von einer solchen Einsetzung nicht berührt[1], und ein LEIBNIZ-Ausdruck geht in einen LEIBNIZ-Ausdruck über.

Theoreme, die induktiv über den Aufbau der Ausdrücke bewiesen sind, müssen kontrolliert werden, ob die Sonderstellung von $\equiv$ beim Beweis eine Rolle spielt. Dabei erweisen sich insbesondere die Ersetzungsregel (§ 98, 3.) und die Theorie der Normalformen (§ 104) als übertragbar.

Wir gehen deshalb im folgenden auf die Gegenstücke zum PFK* nur so weit ein, wie sich durch das Vorkommen von $\equiv$ neue Gesichtspunkte ergeben.

§ 153. Gleichheiten im IFK*

1. Die *Aequivalenzbeziehung* $Aeq_{\vdash_I}$, die *Deduktionsgleichheit* Ddg_I, die *Beweisbarkeitsgleichheit* Bwg_I, die *Widerlegbarkeitsgleichheit* Wdg_I mit den zugehörigen Theoremen lassen sich sinngemäß von § 103, 1. bis 4. übertragen.

2. Die Übertragung der *Dualitätstheoreme* von § 103, 5. ist nicht unmittelbar möglich[2]. Dagegen läßt sich der modifizierte Dualisierungsprozeß im Sinne von § 70, 2. auf den IFK* ebenso wie auf den PFK* übertragen.

3. Die syntaktische Verschärfung des Entscheidungsverfahrens für einstellige I-Ausdrücke ohne Funktionale ($\bar{I}_1$-Ausdrücke, §§ 136 bis 143) erfordert als syntaktisches Gegenstück zu Idv_I wegen § 140 (wo Einsetzungen in P-Variablen erforderlich waren) Begriffe der Ableitbarkeit $\vdash_I^*$ und der Deduktionsgleichheit, Ddg_I^*, bei denen diese Einsetzungen zu den definierenden Relationen gehören[3], oder etwas Gleichwertiges[4].

Das in §§ 141 bis 143 beschriebene Verfahren liefert dann zu jedem $\bar{I}_1$-Ausdruck H eine numerische Normalform Θ mit

3.1. $H\, Ddg_I^*\, \Theta$.

Zum Beweis hierfür vgl. §§ 155 bis 160.

---

[1] Hierin kommt — neben der Einführung der eigentlichen I-Protonen — die Sonderstellung von $\equiv$ im IFK zum Ausdruck.

[2] Die Einsetzung in eine P-Variable versagt beim syntaktischen Gegenstück zu § 69, 4.1.1, Beweiszeile (3), da eine Pseudoeinsetzung $\equiv/\not\equiv$ die eigentlichen I-Protonen im allgemeinen nicht in Sätze überführt.

[3] Vgl. § 103, 6.5.

[4] K. SCHRÖTER, [2], I, S. 70, verwendet statt dessen die Ableitbarkeit $\vdash_I$ für Prämissenmengen, die in bezug auf die Einsetzung in P-Variablen abgeschlossen sind.

II. Spezielle Syntax

§ 154. Das Leibniz-Prinzip

1. *Eine gleichwertige Reduktion.* .

1.1. Im syntaktischen Leibniz-*Prinzip* (LP*)

$$Ers\ \mathsf{H}_0\, xy\, \mathsf{H}_{00}\ seq\ \vdash_I x \equiv y \to (\mathsf{H}_0 \to \mathsf{H}_{00}) \qquad (\text{Zu ,,}Ers\text{'' § 124, 1.})$$

sind als Spezialfälle enthalten

1.1.1. *Die ,,Drittengleichheit'' der Identität.*

$$\vdash_I x \equiv y \to (x \equiv z \to y \equiv z).$$

1.1.2. *Die Transitivität der Identität.*

$$\vdash_I x \equiv y \to (z \equiv x \to z \equiv y).$$

1.2. Ferner Sätze, welche die Identität als Kongruenzrelation charakterisieren, nämlich

1.2.1. eine *Kongruenzeigenschaft*[1] *in bezug auf Attribute*

$$\vdash_I x \equiv y \to \left(P^{m+n+1}\overset{m}{z}x\overset{n}{u} \to P^{m+n+1}\overset{m}{z}y\overset{n}{u}\right) \qquad (m, n \geqq 0).$$

Als Gegenstück zu 1.2.1 ergibt sich eine *Kongruenzeigenschaft in bezug auf Funktionen* in wenigen Beweisschritten:

$$(1) \quad \vdash_I f^{m+n+1}\left(\overset{m}{z}, x, \overset{n}{u}\right) \equiv f^{m+n+1}\left(\overset{m}{z}, x, \overset{n}{u}\right) \qquad (x \equiv x,\ TE)$$

$$(2) \quad \vdash_I x \equiv y \to \left(w \equiv f^{m+n+1}\left(\overset{m}{z}, x, \overset{n}{u}\right) \to w \equiv f^{m+n+1}\left(\overset{m}{z}, y, \overset{n}{u}\right)\right). \qquad (\text{LP*})$$

Hieraus durch TE: $w/f^{m+n+1}\left(\overset{m}{z}, x, \overset{n}{u}\right)$, Prämissenvertauschung und Abtrennung von (1)

1.2.2. $\vdash_I x \equiv y \to f^{m+n+1}\left(\overset{m}{z}, x, \overset{n}{u}\right) \equiv f^{m+n+1}\left(\overset{m}{z}, y, \overset{n}{u}\right) \qquad (m, n \geqq 0).$

1.3. Unter Voraussetzung der übrigen Protonen und Grundregeln, insbesondere $\vdash_I x \equiv x$, läßt sich andererseits aus 1.1.1, 1.2.1 und 1.2.2 das volle Leibniz-Prinzip zurückgewinnen.

Wir geben die charakteristischen Beweisschritte an für[2]

$$Ers\ \mathsf{H}_0\, xy\, \mathsf{H}_{00}\ seq\ \vdash_I x \equiv y \to (\mathsf{H}_0 \leftrightarrow \mathsf{H}_{00}). \qquad (\text{LP**})$$

Der Fall der *Atome* ergibt sich so:

Aus 1.1.1 erhält man durch $TE\ z/x$, Prämissenvertauschung und Abtrennung von $x \equiv x$

1.3.1. *Die Symmetrie der Identität.*

$$\vdash_I x \equiv y \to y \equiv x.$$

---

[1] Die Bezeichnung ist hier in Hinblick auf die *Bedeutung* der Symbole gewählt.

[2] Hier ist ,,$\leftrightarrow$'' erforderlich für den induktiven Beweis über den Aufbau von H_0.

Hieraus mit 1.1.1 und AK* auch 1.1.2. Von nun an können 1.1.1 und 1.1.2 als Sonderfälle von 1.2.1 behandelt werden[1].

Termeinsetzungen x/w, y/x, w/y in 1.2.1 und Kettenschluß mit 1.3.1 ergeben eine Verschärfung von 1.2.1[2]:

$$1.3.2. \quad \vdash_I x \equiv y \to \left(P^{m+n+1} \overset{m}{z} x \overset{n}{u} \leftrightarrow P^{m+n+1} \overset{m}{z} y \overset{n}{u} \right).$$

Das ist LP** für *Atome ohne F-Terme*, in denen x an genau einer Stelle durch y ersetzt wird. Indem man 1.3.2 für alle m, n mit $m+n+1=k$ in geeigneter Weise kombiniert, erhält man eine weitere Verschärfung von 1.2.1:

$$1.3.3. \quad \vdash_I \bigwedge_{i=1}^{r} x_i \equiv y_i \to \left(P^r \overset{r}{x} \leftrightarrow P^r \overset{r}{y} \right),$$

analog mit $\overset{r}{x}/\overset{r}{t}$, $\overset{r}{y}/\overset{r}{t}$

$$1.3.4. \quad \vdash_I \bigwedge_{i=1}^{r} t_i \equiv t_i' \to \left(P^r \overset{r}{t} \leftrightarrow P^r \overset{r}{t'} \right).$$

Ähnlich wie 1.2.1 zu 1.3.4 läßt sich 1.2.2 verallgemeinern zu

$$1.3.5. \quad \vdash_I \bigwedge_{i=1}^{r} t_i \equiv t_i' \to f^r(t) \equiv f^r(t').$$

Hieraus erhält man induktiv über den Aufbau von t_0 (mit „Ers t_0 xy t_{00}" sinngemäß wie „Ers H_0 xy H_{00}")

$$1.3.6. \quad Ers\ t_0\ xy\ t_{00}\ seq\ \vdash_I x \equiv y \to t_0 \equiv t_{00}.$$

Dabei sind in jedem Induktionsschritt die Prämissen von 1.3.5 entweder von der Form $t_i \equiv t_i$ (falls im Teilterm t_i *non* t_0 *nicht ersetzt* wird) oder durch die Induktionsvoraussetzung legitimiert (falls *ersetzt* wird).

Durch Zusammenfassung von 1.3.6 für alle unmittelbaren Argumentterme von $P^r \overset{r}{t}$ erhält man

$$1.3.7. \quad Ers\ P^r \overset{r}{t}\ xy\ P^r \overset{r}{t'}\ seq\ \vdash_I x \equiv y \to \bigwedge_{i=1}^{r} t_i \equiv t_i'$$

und hieraus durch Kettenschluß mit 1.3.4

$$1.3.8. \quad Ers\ P^r \overset{r}{t}\ xy\ P^r \overset{r}{t'}\ seq\ \vdash_I x \equiv y \to \left(P^r \overset{r}{t} \leftrightarrow P^r \overset{r}{t'} \right).$$

Das ist LP** für *beliebige Atome*. Die Induktion über den Aufbau der Ausdrücke ist ganz analog zum Beweis der syntaktischen Ersetzungsregel. An die Stelle der Abgeschlossenheitsbedingung für das syntaktische Gegenstück zu § 65, 1.6, die mit der Prämisse $x \equiv y$ nie erfüllt ist, tritt die Einschränkung, daß nicht über x oder y quantifiziert werden darf.

---

[1] Das heißt: Die für 1.2.1 formulierten Beweisschritte gelten sinngemäß auch für 1.1.1 und 1.1.2.

[2] Analog erhielte man LP** aus LP*.

Kommt ein Qx oder Qy in H_0 vor (das ist durch die Definition von *Ers* nicht ausgeschlossen), so sind gerade diejenigen Ersetzungen korrekt, die man folgendermaßen erhält: Man ersetzt x bzw. y an den zu quantifizierenden Stellen der Induktionsvoraussetzung durch eine „neue" Variable z und geht nach der Quantifizierung durch gebundene Umbenennung zu Qx bzw. Qy über. Ist diese Umbenennung nicht zulässig, so auch nicht die Ersetzung.

2. *Zur Bedeutung der Reduktion des* LEIBNIZ-*Prinzips.*

Diese beruht darauf, daß für Theorien mit endlich vielen Grundbegriffen — und das ist in der Mathematik der Normalfall — das LEIBNIZ-Prinzip durch endlich viele Axiome — nämlich 1.1.1 und die Fälle von 1.2.1 und 1.2.2 — ersetzt werden kann.

Das gilt durchaus nicht für jedes Axiomen-Schema. Zum Beispiel ist nach RYLL-NARZEWSKI [1] keine endliche Teilmenge gleichwertig mit dem Axiomenschema der vollständigen Induktion, soweit dieses in einem auf die arithmetischen Grundbegriffe beschränkten IFK formuliert ist.

3. *Das* LEIBNIZ-*Prinzip und die Einsetzung in P-Variablen.*

Eine wesentlich über 1. hinausgehende Reduktion des LEIBNIZ-Prinzips ergibt sich, wenn man einen Ableitbarkeitsbegriff vom Typus $\vdash_I^*$ (§ 153, 3.) zugrunde legt. Denn mit *Ers* $H_0\,xy\,H_{00}$ gilt

$$3.1. \quad x \equiv y \to (P^1 x \to P^1 y) \vdash_I^{*\prime} x \equiv y \to (H_0 \to H_{00}),$$

auch wenn *kein* LEIBNIZ-Ausdruck als Proton für $\vdash_I^{*\prime}$ zugelassen ist. Die hierfür erforderliche Einsetzung läßt sich so beschreiben: H_1 gehe aus H_0 dadurch hervor, daß x in H_0 an den Stellen, an denen x durch y ersetzt werden soll, x zunächst durch eine *neue* Variable z ersetzt wird. Dann leistet $P^1/\lambda z\,H_1$ das Verlangte. Man kann sich also bei der Definition von $\vdash_I^*$ auf *ein* LEIBNIZ-Proton $x \equiv y \to (P^1 x \to P^1 y)$ beschränken.

§ 155. Zur syntaktischen Verschärfung des Entscheidungsverfahrens in den §§ 136 bis 143

Wir knüpfen an § 153, 3.1 an. Zum Beweise, daß die in §§ 141 bis 143 erreichten identitätsverbundenen Umformungen von P-Ausdrücken in numerische Normalformen sich zu „Deduktionsgleichungen" verschärfen lassen, haben wir die einzelnen Schritte auf ihre syntaktische Legitimation zu prüfen, wobei zahlreiche Schritte wegen ihrer quasisyntaktischen Form unmittelbar übertragbar sind.

Außer deduktionsgleichen Umformungen, die sich auf die Prädikatenlogik stützen, wie die Übergänge in § 141, 2.(1) und § 142, (1.3) und dem Übergang in § 142, (3.3), der die Einführung von Ddg_I^* erforderlich macht (§ 153, 3.), haben wir aequivalente (also deduktionsgleiche) Umformungen, die teilweise durch die Permanenz des PFK* gesichert sind, teilweise aber noch durch syntaktische Aequivalenzen legitimiert werden müssen, da wir uns bei der Einführung der entsprechenden semantischen Aequivalenzen auf die Einsicht berufen haben; so in den §§ 128 bis 130, 137 bis 139. Davon ist § 137, 1; 2; 10; 11. durch $\vdash_I x \equiv x$ und die Permanenz des PFK* gedeckt. Die noch ausstehenden Beweise werden in den §§ 156 bis 159 nachgeholt.

§ 156. Die Aequivalente zu $H(x)$ und $H(\overset{n}{x})$

Die folgenden syntaktischen Aequivalenzen sind die Gegenstücke zu § 138. Für das Programm von § 155 wird nur 1.1 gebraucht.

1.1. $\vdash_I H(x) \leftrightarrow \exists z \big(z \equiv x \wedge H(z)\big).$

1.2. $\vdash_I H(\overset{n}{x}) \leftrightarrow \exists \overset{n}{z} \big(\overset{n}{\underset{i=1}{\wedge}} z_i \equiv x_i \wedge H(\overset{n}{z})\big).$

2.1. $\vdash_I H(z) \leftrightarrow \forall z \big(z \equiv x \rightarrow H(z)\big).$

2.2. $\vdash_I H(\overset{n}{x}) \leftrightarrow \forall \overset{n}{z} \big(\overset{n}{\underset{i=1}{\wedge}} z_i \equiv x_i \rightarrow H(\overset{n}{z})\big).$

Zu 1.1 und 2.1: Es genügt offenbar zu beweisen:

3.1. $\vdash_I \exists z \big(z \equiv x \wedge H(z)\big) \rightarrow H(x).$

3.2. $\vdash_I H(x) \rightarrow \forall z \big(z \equiv x \rightarrow H(z)\big)$

und

3.3. $\vdash_I \forall z \big(z \equiv x \rightarrow H(z)\big) \rightarrow \exists z \big(z \equiv x \wedge H(z)\big).$

Beweise: Aus LP* durch Prämissenverbindung:

(1) $\vdash_I z \equiv x \wedge H(z) \rightarrow H(x).$

Unter der Voraussetzung, daß z beim Übergang von $H(z)$ zu $H(x)$ *überall* durch x ersetzt ist $\big(H(x) = H(z/x)\big)$, durch vordere Partikularisierung

(2) $\vdash_I \exists z \big(z \equiv x \wedge H(z)\big) \rightarrow H(x)$ d.i. 3.1.

Zum Beweis von 3.2 gehen wir aus von

(3) $\vdash_I z \equiv x \rightarrow \big(\sim H(z) \rightarrow \sim H(x)\big).$ LP*

Hieraus durch aussagenlogische Umformungen

(4) $\vdash_I H(x) \rightarrow \big(z \equiv x \rightarrow H(z)\big),$

und unter der Voraussetzung, daß $H(x) = H(z/x)$, durch hintere Generalisierung

(5) $\vdash_I H(x) \rightarrow \forall z \big(z \equiv x \rightarrow H(z)\big)$ d.i. 3.2.

Aus $\vdash_I z \equiv x \rightarrow z \equiv x$ durch $Ph(z)$, TE: z/x und Abtrennung von $x \equiv x$ erhalten wir

(6) $\vdash_I \exists z\, z \equiv x\,,$

durch prädikatenlogische Schlüsse (AK*, gliedweise Generalisierung und gliedweise Partikularisierung)

(7) $\vdash_I \forall z\,(z \equiv x \rightarrow H(z)) \rightarrow (\exists z\, z \equiv x \rightarrow \exists z\,(z \equiv x \wedge H(z)))\,.$

Hieraus durch Prämissenvertauschung und Abtrennung von (6) schließlich

(8) $\vdash_I \forall z\,(z \equiv x \rightarrow H(z)) \rightarrow \exists z\,(z \equiv x \wedge H(z))$ d.i. 3.3.

§ 157. Die Aequivalente zu $\exists z\,(z \not\equiv x_1 \wedge \cdots \wedge z \not\equiv x_n \wedge H(z))$

Dieser Paragraph liefert die syntaktische Begründung von § 130, 3.1; 4.1. Dabei stehe $\exists_k$ immer für $\exists_k^{(1)}$, da der syntaktische Beweis für $\exists_k^{(1)} \leftrightarrow \exists_k^{(2)}$ noch aussteht.

Auf Grund der Regel der Einsetzung in eine P-Variable (§ 152) genügt es, zu zeigen, daß[1]

1. $\vdash_I \exists z\left(\bigwedge_{i=1}^{k} z \not\equiv x_i \wedge A z\right)$

     $.\leftrightarrow. \exists_1 A$

       $.\wedge. \bigvee_{i=1}^{k} A x_i \rightarrow \exists_2 A$

       $.\wedge. \bigwedge_{n=2}^{k}\left(\bigvee_{1 \leq i_1 < \cdots < i_n \leq k}\left(\bigwedge_{i=1}^{n} A x_{i_j} \wedge \mathbf{Dst}(x_{i_1}\ldots x_{i_n})\right) \rightarrow \exists_{n+1} A\right).$

Der Beweis für $k = 3$ dürfte das Beweisschema genügend deutlich machen. Wir haben bis auf aussagenlogische Umformungen zu zeigen

2. $\vdash_I \exists z\,(z \not\equiv x_1 \wedge z \not\equiv x_2 \wedge z \not\equiv x_3 \wedge A z)$

     $.\leftrightarrow. \exists_1 A$

       $.\wedge. A x_1 \rightarrow \exists_2 A$

       $.\wedge. A x_2 \rightarrow \exists_2 A$

       $.\wedge. A x_3 \rightarrow \exists_2 A$

       $.\wedge. A x_1 \wedge A x_2 \wedge x_1 \not\equiv x_2 \rightarrow \exists_3 A$

       $.\wedge. A x_1 \wedge A x_3 \wedge x_1 \not\equiv x_3 \rightarrow \exists_2 A$

       $.\wedge. A x_2 \wedge A x_3 \wedge x_2 \not\equiv x_3 \rightarrow \exists_3 A$

       $.\wedge. A x_1 \wedge A x_2 \wedge A x_3 \wedge \mathbf{Dst}(x_1 x_2 x_3) \rightarrow \exists_4 A\,.$

---

[1] Für die Resultate dieser Einsetzungen vgl. § 129, Fußnote 1, S. 295.

Im allgemeinen Falle treten hier 2^k Konjunktionsglieder auf, die in Gruppen von jeweils $\binom{k}{n}$ [1] gleichartigen zerfallen.

2.1. Die Beweise von Links nach Rechts können in Beweise für die einzelnen Konjunktionsglieder zerlegt werden. Für das letzte Konjunktionsglied schließt man so:

(1) $\vdash_I z \equiv x_1 \wedge z \equiv x_2 \wedge z \equiv x_3 \wedge Az \wedge Ax_1 \wedge Ax_2 \wedge Ax_3 \wedge \boldsymbol{Dst}(x_1 x_2 x_3)$
$$\rightarrow Az \wedge Ax_1 \wedge Ax_2 \wedge Ax_3 \wedge \boldsymbol{Dst}(z\, x_1 x_2 x_3)\ [2]$$

(2) $\vdash_I \qquad\qquad \rightarrow \exists_4 A,$
     also

(3) $\vdash_I z \equiv x_1 \wedge z \equiv x_2 \wedge z \equiv x_3 \wedge Az$
$$\rightarrow \big(Ax_1 \wedge Ax_2 \wedge Ax_3 \wedge \boldsymbol{Dst}(x_1 x_2 x_3) \rightarrow \exists_4\big), \qquad\qquad \text{AK*}$$
und hierdurch durch $Pv(z)$

(4) $\vdash_I \exists z\, (z \equiv x_1 \wedge z \equiv x_2 \wedge z \equiv x_3 \wedge Az)$
$$\rightarrow \big(Ax_1 \wedge Ax_2 \wedge Ax_3 \wedge \boldsymbol{Dst}(x_1 x_2 x_3) \rightarrow \exists_4\big).$$

2.2. Die übrigen Fälle, bis zum Grenzfall $\cdots \rightarrow \exists_1 A$ ergeben sich aus 2.1 durch sinngemäßes Weglassen und Anpassung von $\exists_i$. Der Beweis in 2.1 ist zugleich typisch für den allgemeinen Fall, so daß wir auf eine induktive Formulierung verzichten können.

2.3. Der Beweis von Rechts nach Links stützt sich auf die Beweisbarkeit des Ausdrucks

(1) $\sim \exists z\, (z \equiv x_1 \wedge z \equiv x_2 \wedge z \equiv x_3 \wedge Az)$
$$\rightarrow (\exists_1 A \rightarrow Ax_1 \vee Ax_2 \vee Ax_3)$$
$$\wedge \big(\exists_2 A \rightarrow \bigvee_{1 \leq i < j \leq 3} (Ax_i \wedge Ax_j \wedge x_i \equiv x_j)\big)$$
$$\wedge \big(\exists_3 A \rightarrow Ax_1 \wedge Ax_2 \wedge Ax_3 \wedge \boldsymbol{Dst}(x_1 x_2 x_3)\big)$$
$$\wedge \sim \exists_4 A.$$

Wir erhalten diesen durch prädikatenlogisch aequivalente Umformungen (§ 102, 2.12 und nach § 71, 6.1) aus

(2) $\forall z\, (Az \rightarrow z \equiv x_1 \vee z \equiv x_2 \vee z \equiv x_3)$ $\qquad\qquad (= Pr)$
$$\rightarrow \forall z\, (Az \rightarrow Ax_1 \vee Ax_2 \vee Ax_3) \qquad\qquad (= Cl_1)$$
$$\wedge \forall z_1 z_2 \big(Az_1 \wedge Az_2 \wedge z_1 \equiv z_2 \rightarrow \bigvee_{1 \leq i < j \leq 3} (Ax_i \wedge Ax_j \wedge x_i \equiv x_j)\big) \qquad (= Cl_2)$$
$$\wedge \forall z_1 z_2 z_3 \big(Az_1 \wedge Az_2 \wedge Az_3 \wedge \boldsymbol{Dst}(z_1 z_2 z_3)$$
$$\rightarrow Ax_1 \wedge Ax_2 \wedge Ax_3 \wedge \boldsymbol{Dst}(x_1 x_2 x_3)\big) \qquad\qquad (= Cl_3)$$
$$\wedge \forall z_1 z_2 z_3 z_4 \big(Az_1 \wedge Az_2 \wedge Az_3 \wedge Az_4 \rightarrow \sim \boldsymbol{Dst}(z_1 z_2 z_3 z_4)\big) \qquad (= Cl_4).$$

---

[1] $\binom{k}{n}$ ist die Anzahl der n-zahligen Teilmengen aus einer k-zahligen Menge.

[2] Außer der Aussagenlogik braucht man hier nur die Symmetrie der Identität.

Zum *Beweis:* $\vdash_I Pr \to Cl_1$ erhält man prädikatenlogisch aus

$$(3) \quad \vdash_I z \equiv x_i \wedge A z \to A x_i \tag{LP*}.$$

In den anderen Fällen erhält man zunächst aus der Konjunktion von Gliedern $A z_i$ in Verbindung mit Pr eine Konjunktion aus Gliedern der Form

$$(4) \quad z_i \equiv x_1 \vee z_i \equiv x_2 \vee z_i \equiv x_3.$$

Mit dem verallgemeinerten distributiven Gesetz (AK*) erhält man hieraus eine Alternative von Gliedern der Form

$$(5) \quad z_1 \equiv x_i \wedge z_2 \equiv x_j \qquad\qquad \text{(im Falle } Cl_2)$$

$$(6) \quad z_1 \equiv x_i \wedge z_2 \equiv x_j \wedge z_3 \equiv x_k \qquad\qquad \text{(im Falle } Cl_3)$$

$$(7) \quad z_1 \equiv x_i \wedge z_2 \equiv x_j \wedge z_3 \equiv x_k \wedge z_4 \equiv x_l \qquad\qquad \text{(im Falle } Cl_4).$$

In den Fällen Cl_2 bzw. Cl_3 lassen sich alle Alternativglieder ausschalten, die gegen die Prämissen $z_1 \not\equiv z_2$ bzw. $\boldsymbol{Dst}\,(z_1 z_2 z_3)$ verstoßen. Die übrigbleibenden Konjunktionen von Gleichungen liefern mit (3) jeweils den Übergang von den z zu den x, wobei Konjunktionen, die sich nur durch eine Permutation der x unterscheiden, denselben Beitrag ergeben. Im Falle Cl_2 bleibt nach Streichung von Wiederholungen gerade die angegebene Alternative stehen, im Falle Cl_3 durch eine Art „Sättigungseffekt" nur Ein Glied[1]. Im Falle Cl_4 tritt eine „Übersättigung" ein, da rechts immer ein x wenigstens zweimal vorkommen muß. Jede Konjunktion (7) impliziert also $\sim\boldsymbol{Dst}\,(z_1 z_2 z_3 z_4)$.

Durch Zusammenfassung der skizzierten Beweise erhält man einen Beweis von (2), also auch

2.3.1. $\vdash_I (1)$.

Mit 2.3.1 beweisen wir nun 2. von Rechts nach Links in der aussagenlogischen Modifikation[2]

2.3.2. $\vdash_I \sim \exists z\,(z \not\equiv x_1 \wedge z \not\equiv x_2 \wedge z \not\equiv x_3 \wedge A z)$

$$\wedge\,(A x_1 \vee A x_2 \vee A x_3 \to \exists_2 A)$$

$$\wedge\Big(\underset{1 \leq i < j \leq 3}{\mathsf V}\,(A x_i \wedge A x_j \wedge x_i \not\equiv x_j) \to \exists_3 A\Big)$$

$$\wedge\big(A x_1 \wedge A x_2 \wedge A x_3 \wedge \boldsymbol{Dst}\,(x_1 x_2 x_3) \to \exists_4 A\big)$$

$$\to \sim \exists_1 A.$$

---

[1] Dieser „Sättigungseffekt" tritt bei größerem k natürlich erst spät auf; dann gibt es mehrere Fälle, die wie Cl_2 zu behandeln sind.

[2] Hier sind also wieder wie in 1. die Glieder mit gleichem n zusammengefaßt. Außerdem ist die Anwendung von 2.3.1 durch eine Kontraposition vorbereitet.

Beweis: Mit „*Pr*" für die Gesamtprämisse von 2.3.2 unter Verwendung von 2.3.1 durch AK*:

(1) $\vdash_I Pr \rightarrow (\exists_1 A \rightarrow A x_1 \vee A x_2 \vee A x_3)$

$\wedge (A x_1 \vee A x_2 \vee A x_3 \rightarrow \exists_2 A)$

$\wedge \Big(\exists_2 A \rightarrow \bigvee_{1 \leq i < j \leq 3} (A x_i \wedge A x_j \wedge x_i \not\equiv x_j)\Big)$

$\wedge \Big(\bigvee_{1 \leq i < j \leq 3} (A x_i \wedge A x_j \wedge x_i \not\equiv x_j) \rightarrow \exists_3 A\Big)$

$\wedge \big(\exists_3 A \rightarrow A x_1 \wedge A x_2 \wedge A x_3 \wedge \boldsymbol{Dst}(x_1 x_2 x_3)\big)$

$\wedge (A x_1 \wedge A x_2 \wedge A x_3 \wedge \boldsymbol{Dst}(x_1 x_2 x_3) \rightarrow \exists_4 A)$

$\wedge \sim \exists_4 A\,.$

Hieraus wieder mit AK* (Kettenschluß und Modus tollens)

(2) $\vdash_I Pr \rightarrow \sim \exists_1 A$ d.i. 2.3.2.

Hieraus 2. von Rechts nach Links durch Kontraposition. In Verbindung mit 2.1; 2.2 ist also 2. bewiesen, und in den Direktiven ist das allgemeine Beweisschema für 1. enthalten.

3. Die Einsetzung $P/\lambda z(z \equiv z)$ in Verbindung mit den einfachen syntaktischen Gegenstücken zu den in § 130, Anm. zu 4.1 gezeigten Reduktionen liefert nun auch die *Beweisbarkeit* der in § 130, 4.1 angegebenen identischen Ausdrücke, also

3.1. $\vdash_I \exists z \Big(\bigwedge_{i=1}^{k} z \not\equiv x_i\Big)$

$\leftrightarrow \exists_2$

$\wedge \bigwedge_{n=2}^{k} \Big(\bigvee_{1 \leq i_1 < \cdots < i_n \leq k} (\boldsymbol{Dst}(x_{i_1} \ldots x_{i_n})) \rightarrow \exists_{n+1}\Big)\,.$

Anm.: Einen einfacheren Beweis unter Vermeidung von Umwegen erhielte man durch unmittelbare Übertragung der in 2.1 bis 2.3 enthaltenen Beweisidee.

§ 158. Beziehungen zwischen verschiedenen Anzahlen

Dieser Paragraph liefert die syntaktische Begründung für § 139, 4. und eine Voraussetzung für § 159. Wie in § 157 stehe dabei $\exists_k$ für $\exists_k^{(1)}$.[1]

1. *Die Mindest- und Höchstzahl-Ausdrücke.*

Wie im Vorigen nutzen wir die Regel der Einsetzung in eine P-Variable aus. Es gilt

1.1. $i \leq k\ seq \vdash_I \exists_k A \rightarrow \exists_i A$

und hieraus durch Kontraposition

1.2. $i \leq k\ seq \vdash_I \exists_i! A \rightarrow \exists_k! A\,.$

---

[1] Die Beweise für die analogen Sätze mit $\exists_k^{(2)}$ sind zwar etwas einfacher, wir brauchen aber 1.1 gerade mit $\exists_k^{(1)}$ zum Beweise von $\exists_k^{(1)} \leftrightarrow \exists_k^{(2)}$ (§ 159).

Man erhält 1.1 durch Induktion aus

1.3. $\vdash_I \exists_{n+1} A \to \exists_n A$.

Beweis (von 1.3): Nach Definition von **Dst** (§ 128, 1.2)

(1) $\vdash_I \bigwedge\limits_{i=1}^{n+1} A x_i \wedge \mathbf{Dst}\left(^{n+1}x\right) \to \bigwedge\limits_{i=1}^{n} A x_i \wedge \mathbf{Dst}\left(^{n}x\right)$.   AK*

Hieraus durch eine *vordere* und *n gliedweise* Partikularisierungen

(2) $\vdash_I \exists_{n+1} A \to \exists_n A$.   d. i. 1.3.

2. *Die Mindest- und Höchstzahl-Formeln.*

Durch die Einsetzung $A/\lambda z(z \equiv z)$ in Verbindung mit den wegen $\vdash_I x \equiv x$ möglichen Reduktionen erhält man aus 1.1; 1.2:

2.1. $i \leq k \; seq \; \vdash_I \exists_k \to \exists_i$.

2.2. $i \leq k \; seq \; \vdash_I \exists_i! \to \exists_k!$.

Als Ergänzung zu 2.1 notieren wir als einen Grenzfall[1]

2.3. $\vdash_I \exists_1$.

3. *Folgerungen* (zu § 139, 4.).

3.1.   Die syntaktische Begründung für § 139, 4.1 bis 4.5; 4.7; 4.9 ergibt sich unmittelbar aus 2.1; 2.2; 2.3.

3.2.   Für § 139, 4.6; 4.8; 4.10 zeigt man zunächst

(1) $\vdash_I (\exists_m \to \exists_{n+1}) \leftrightarrow \bigwedge\limits_{m \leq i \leq n} (\exists_i \to \exists_{i+1})$ $m \leq n$.

(Von Links nach Rechts aus 2.1 $\vdash_I \exists_i \to \exists_m$ und $\vdash_I \exists_{n+1} \to \exists_{i+1}$, hiermit durch zweifachen Kettenschluß jedes Konjunktionsglied; von Rechts nach Links durch iterierten Kettenschluß.)

Nun aus (1) mit

(2) $\vdash_I \sim \exists_k!! \leftrightarrow (\exists_k \to \exists_{k+1})$ (nach Definition, § 128, 6.1, mit AK*)

durch gliedweise Verneinung § 139, 4.6. Als Grenzfall von (1), mit $m/1$, m für $n+1$ und mit 2.3 erhält man

(3) $\vdash_I \exists_m \leftrightarrow \bigwedge\limits_{i<m} (\exists_i \to \exists_{i+1})$.

Hieraus, mit (2), § 139, 4.8. Da § 139, 4.10 aus 4.8 mit AK* folgt, sind wir fertig.

§ 159. Mindest- und Höchstzahl-Ausdrücke und -Formeln

Wir behandeln hier die syntaktische Aequivalenz von $\exists_k^{(1)} H$ und $\exists_k^{(2)} H_1$ (§ 129, 1; 2.) mit den Grenzfällen $\exists_k^{(1)}$ und $\exists_k^{(2)}$ (§ 128, 2; 3.).

---

[1] Nach 2.1 ist $\exists_1$ die schwächste Mindestzahlformel. Daß diese beweisbar ist, geht über 2.1 hinaus.

1. *Die Mindest- und Höchstzahl-Ausdrücke.*

Auf Grund der Regel der P-Einsetzung genügt es zu zeigen, daß

1.1. $\vdash_I \exists_k^{(2)} A \leftrightarrow \exists_k^{(1)} A$.

Beweis: Wir zeigen die Beweismethode am Beispiel $k=4$ auf. Aus § 157, 2. (dort $k=3$ entspricht hier $k=4$) durch gliedweise Generalisierung und Verteilung der Generalisatoren[1] auf der rechten Seite[2]

(1) $\vdash_I \exists_4^{(2)} A . \leftrightarrow . \exists_1^{(1)} A$

$$.\wedge. \forall x_1 (A x_1 \to \exists_2^{(1)} A)$$

$$.\wedge. \forall x_2 (A x_2 \to \exists_2^{(1)} A)$$

$$.\wedge. \forall x_3 (A x_3 \to \exists_2^{(1)} A)$$

$$.\wedge. \forall x_1 x_2 (A x_1 \wedge A x_2 \wedge x_1 \equiv x_2 \to \exists_3^{(1)} A)$$

$$.\wedge. \forall x_2 x_3 (A x_1 \wedge A x_3 \wedge x_1 \equiv x_3 \to \exists_3^{(1)} A)$$

$$.\wedge. \forall x_2 x_3 (A x_2 \wedge A x_3 \wedge x_2 \equiv x_3 \to \exists_3^{(1)} A)$$

$$.\wedge. \forall x_1 x_2 x_3 \big(A x_1 \wedge A x_2 \wedge A x_3 \wedge \boldsymbol{Dst}(x_1 x_2 x_3) \to \exists_4^{(1)} A\big).$$

Nach Ausschaltung von Wiederholungen, die sich nur durch gebundene Umbenennung unterscheiden, liefert das *Begrenzungstheorem* (§ 71, 6.1)

(2) $\vdash_I \exists_4^{(2)} A \leftrightarrow \exists_1^{(1)} A \wedge (\exists_1^{(1)} A \to \exists_2^{(1)} A) \wedge (\exists_2^{(1)} A \to \exists_3^{(1)} A) \wedge (\exists_3^{(1)} A \to \exists_4^{(1)} A)$.

Andererseits aus § 158, 1.1 mit AK*

(3) $\vdash_I \exists_4^{(1)} \to \exists_1^{(1)} A \wedge (\exists_1^{(1)} A \to \exists_2^{(1)} A) \wedge (\exists_2^{(1)} A \to \exists_3^{(1)} A) \wedge (\exists_3^{(1)} A \to \exists_4^{(1)} A)$

und da sich die Umkehrung mit AK* allein ergibt

(4) $\vdash_I \exists_4^{(1)} \leftrightarrow \exists_1^{(1)} A \wedge (\exists_1^{(1)} A \to \exists_2^{(1)} A) \wedge (\exists_2^{(1)} A \to \exists_3^{(1)} A) \wedge (\exists_3^{(1)} A \to \exists_4^{(1)} A)$,

also aus (2) und (4)

(5) $\vdash_I \exists_4^{(1)} A \leftrightarrow \exists_4^{(2)} A$.

Der allgemeine Fall ist ganz analog zu behandeln. Mit 1.1 haben wir auch

1.2. $\vdash_I \exists_k^{(1)}! A \leftrightarrow \exists_k^{(2)}! A$.

---

[1] Syntaktische Gegenstücke zu den §§ 70, 71.

[2] Man beachte, daß bis zum Abschluß dieses Beweises die Resultate von § 158 auf $\exists_k^{(1)}$ beschränkt sind.

2. *Die Mindest- und Höchstzahl-Formeln.*

Die Einsetzung $A/\lambda x(x \equiv x)$ in Verbindung mit den wegen $\vdash_I x \equiv x$ möglichen Reduktionen liefert nun auch

2.1. $\vdash_I \exists_k^{(1)} \leftrightarrow \exists_k^{(2)}$

     und

2.2. $\vdash_I \exists_k^{(1)}! \leftrightarrow \exists_k^{(2)}!$.

D) Beziehungen zwischen Semantik und Syntax im IFK
I. Folgerungsbegriffe
§ 160. Die BOLZANOsche Folgerungsrelation für den IFK

1. Die Definition der BOLZANOschen Folgerungsrelation läßt sich sinngemäß von § 105, 1.1 übertragen:

*1.1.   H *folgt im IFK aus M* (H *ist eine I-Folgerung aus M*)

     $M \Vdash_I H \ddot{a}q_{Df} (Om\,\alpha, \mathfrak{B}) (\mathfrak{B}\,Erf_\alpha^I M\,seq\,\mathfrak{B}\,Erf_\alpha^I H)$,

     mit der Verallgemeinerung (vgl. § 105, 1.3)

1.2. $M \Vdash_I N\,\ddot{a}q\,(Om\,\alpha, \mathfrak{B}) (\mathfrak{B}\,Erf_\alpha^I M\,seq\,\mathfrak{B}\,Erf_\alpha^I N)$.

2. Die allgemeinen Eigenschaften des Folgerungsbegriffes lassen sich vom AK (§ 32) auf den IFK ebenso wie auf den PFK übertragen (§ 105, 2; 3.) und sollen nach Bedarf verwendet werden.

3. *Die Koinzidenz von $\Vdash_I$ und $\Vdash_P$ für P-Ausdrücke:*

Da für P-Ausdrücke die Definitionen von Erf_α^I und Erf_α^P zusammenfallen, gilt für Mengen M, N von *P-Ausdrücken*

3.1. $M \Vdash_I N\,\ddot{a}q\,M \Vdash_P N$.

4. *Die wissenschaftstheoretische Bedeutung von $\Vdash_I$.*

Hierfür sei auf § 106, 2.3 verwiesen, da dort bei der Behandlung des PFK ein identitätstheoretisches Beispiel vorweggenommen wurde.

§ 161. $\Vdash_I$ und $\vdash_I$. Das Deduktionstheorem

1. *Die Unterschiede zwischen $\Vdash_I$ und $\vdash_I$.*

Die in § 107 für den PFK* angegebenen Beispiele zeigen, daß auch die Normalität von $\vdash_I$ nur in einem eingeschränkten Sinne behauptet werden kann.

2. *Das Deduktionstheorem und seine Derivate.*

Die in 1. erwähnten Einschränkungen werden präzisiert durch Einführung der H-*beschränkten I-Ableitbarkeit* (symbolisch: $M \cup \{H\}_{H!}\vdash_I \Theta$), deren Definition sich von § 107, 4.1 sinngemäß übertragen läßt. Damit ist das Deduktionstheorem des IFK* zu formulieren:

*2.1. $M \cup \{H\}_{HI} \vdash_I \Theta$ *seq* $M \vdash_I H \rightarrow \Theta$.

Der *Beweis* läßt sich von § 107, 5.1 übertragen mit folgender Abänderung: Eigentliche I-Protonen (§ 150, 2.1) sind nicht nach (1.2) zu behandeln, sondern analog zu (1.1), aber mit folgender Begründung:

Θ_i ist *eigentliches* I-Proton (statt $\Theta_i \in M$), $\Theta_i \rightarrow (H \rightarrow \Theta_i)$ ist Proton, $H \rightarrow \Theta_i$ durch *Abtrennung* (da im allgemeinen nicht $Prot_I H \rightarrow \Theta_i$).

Mit derselben Begründung gelten die Derivate

*2.2. $abg\, H . seq . M \cup \{H\} \vdash_I \Theta$ *äq* $M \vdash_I H \rightarrow \Theta$,   vgl. § 107, 5.2.

*2.3. $abg\, E . seq . E \vdash_I \Theta$ *äq* $\vdash_I \wedge E \rightarrow \Theta$,   vgl. § 107, 5.3.

*2.4. $abg\, M . seq . M \vdash_I H$ *äq* $(Ex_M E)\,(\vdash_I \wedge E \rightarrow H)$ vgl. § 107, 6.2.

Mit 2.3 erhält man auch die Normierbarkeit finitär charakterisierter Theorien (vgl. § 107, 5.4) für den IFK*.

II. Widerspruchsfreiheit und Erfüllbarkeit im IFK

§ 162. Grundlagen

1. *Die mengenbestimmte Implikationsbeziehung Impl$_I$.*

Mit der zu § 109, 1.1 analogen Definition

1.1. $M\, Impl_I\, H\, äq_{Df}\, (Ex_M E)\, (\wedge E\, Impl_{\vdash_I} H)$ $(= § 151, 4.2)$

übertragen sich alle in § 109 formulierten Eigenschaften von $Impl_P$ auf $Impl_I$, insbesondere

1.2. $M\, Impl_I\, f\, äq\, (Ex_M E)\, (wdb_I E)$ vgl. § 109, 7.1.

Hierbei kann das Falsum „f" (§ 108, 3.) durch den einfacheren I-widerlegbaren Ausdruck $c_0 \not\equiv c_0$ ersetzt werden.

2. *Die Widerspruchsfreiheit im IFK.*

Durch sinngemäße Übertragung von § 97, 2.1; 2.2 erhält man mögliche Definitionen für

2.1. $wv_{\vdash_I} M$: *M ist widerspruchsvoll in bezug auf* $\vdash_I$

und

2.2. $wf_{\vdash_I} M$: *M ist widerspruchsfrei in bezug aus* $\vdash_I$

mit den Eigenschaften

2.1.1. $wv_{\vdash_I} M\, äq\, M \vdash_I f$

bzw.

2.2.1. $wf_{\vdash_I} M\, äq\, non\, M \vdash_I f$.

Die in § 97, 3. erörterte Diskrepanz besteht auch zwischen $wv_{\vdash_I}$ und wdb_I. Die dort zur Behebung eingeführten Modifikationen (§ 97, 3.2; 3.4, vereinfachte Bezeichnung s. § 108, 2.5) haben ihr Gegenstück in den Definitionen

> 2.3. $wv_I\, M\ \ddot{a}q_{Df}\, M\, Impl_I\, f$ vgl. § 109, 7.1.

> und

> 2.4. $wf_I\, M\ \ddot{a}q_{Df}\, non\, M\, Impl_I\, f$ vgl. § 109, 7.2.

Der hierdurch gegebene Begriff der Widerspruchsfreiheit (2.4) und sein Komplement (2.3) sollen für das Folgende verbindlich sein. Der Vergleich mit 2.1.1 und 2.2.1 zeigt, daß und in welcher Weise auch diese Begriffe auf $\vdash_I$ Bezug nehmen.

§ 163. Ein höchstens abzählbares Modell für die Henkin-Menge M_ω

1. Eine wörtliche Übertragung des Theorems für den PFK

> 1.1. $wf_P\, M\ seq\ erf^P_{\aleph_0}\, M$ § 112, 5.

> ist nicht möglich, da z. B.

> 1.2. $wf_I\{\exists_1!\}\ et\ non\ erf^I_{\aleph_0}\{\exists_1!\}$.

> Man erhält statt dessen im IFK nur

> *1.3. $wf_I\, M\ seq\ erf^I_{\leq\aleph_0}\, M$.

2. Der Beweis von 1.3 kann von den §§ 108 bis 111 übertragen werden bis zur Konstruktion der (maximalen widerspruchsfreien) Henkin-Menge M_ω einschließlich, wodurch man erhält (mit „wf_I" statt „wf_P")

> 2.1. $wf_I\, M\ seq\ wf_I\, M_\omega$ vgl. § 110, 7.

Die Definition von $\mathfrak{B}$ aus M_ω über α_0, wo α_0 der (mit dem Bereich der P-Terme zusammenfallende) Bereich der I-Terme ist, muß *abgeändert* werden, da für *allgemeines* M (und zugehöriges M_ω) die Bedingungen

> 2.2.   (1) $\mathfrak{B}(t) = t$ vgl. § 112, 2.2.

> (2) $\mathfrak{B}\, Erf_{\alpha_0}\, t_1 \equiv t_2\ \ddot{a}q\ t_1 \equiv t_2 \in M_\omega$ vgl. § 112, 3.

> (3) $\mathfrak{B}(\equiv) = Id_{\alpha_0}$ vgl. § 122, 1.1.

unverträglich sind, z. B. falls $\exists_n!$ in M.

2.3.   Wir führen eine neue Art von Belegungen (IP-Belegungen) und einen zugehörigen Erfüllungsbegriff (Erf^{IP}_α) ein, wodurch erreicht wird, daß $\equiv$ vorübergehend als P-Variable behandelt wird: Von einer IP-Belegung $\mathfrak{B}$ über α wird statt $\mathfrak{B}(\equiv) = Id_\alpha$ nur verlangt, daß $\mathfrak{B}(\equiv)$ ein zweistelliges Attribut $\mathfrak{A}_\alpha^2$ ist, und die Definition von Erf_α^{IP} stimmt mit der von Erf_α^I (§ 122, 1) überein, wobei zu beachten ist, daß die Übertragung von § 54, 4.1; 2.2

2.3.1. $\mathfrak{B}\,Erf_\alpha^{IP}\,t_1 \equiv t_2 \; \ddot{a}q \; \mathfrak{B}_\alpha^*(t_1 \equiv t_2) = W$

$$\ddot{a}q \; \mathfrak{B}_\alpha(\equiv)\big(\mathfrak{B}_\alpha(t_1),\, \mathfrak{B}_\alpha(t_2)\big) = W$$

sich wegen des Überganges zu IP-Belegungen nicht mehr zu

2.3.2. $\mathfrak{B}\,Erf_\alpha^{IP}\,t_1 \equiv t_2 \; \ddot{a}q \; \mathfrak{B}_\alpha(t_1) = \mathfrak{B}_\alpha(t_2)$ vgl. § 122, 1.4.

verschärfen läßt.

2.4.   Andererseits stellen wir einen Zusammenhang her zwischen Erf_α^{IP} und Erf_α^I. Für IP-Belegungen $\mathfrak{B}$ gilt offenbar[1]

2.4.1. $\mathfrak{B}(\equiv) = Id_\alpha\,.\,seq.\;\mathfrak{B}\,Erf_\alpha^{IP}\mathsf{H}\;\ddot{a}q\;\mathfrak{B}\,Erf_\alpha^I\mathsf{H}$

oder gleichwertig

2.4.2. $\mathfrak{B}\,Erf_\alpha^I\mathsf{H}\;\ddot{a}q\;\mathfrak{B}\,Erf_\alpha^{IP}\mathsf{H}\;et\;\mathfrak{B}(\equiv)=Id_\alpha.$

3. Der restliche Beweis von 1.3 verläuft jetzt so: Über dem Bereich α_0 der I-Terme definieren wir in Anlehnung an § 112 eine IP-Belegung $\mathfrak{B}$ mit der Eigenschaft

3.1. $\mathfrak{B}\,Erf_{\alpha_0}^{IP}\mathsf{H}\;\ddot{a}q\;\mathsf{H}\in M_\omega$ vgl. § 112, 3.

Dafür ist $\mathfrak{B}(\equiv) = \mathfrak{G}_{\alpha_0}^2$ (diese Bezeichnung halten wir im folgenden fest) so zu definieren, daß 2.2,(2) herauskommt, da dann alles andere wie im PFK verläuft. Wir definieren $\mathfrak{G}_{\alpha_0}^2$ durch

3.1.1. $\mathfrak{G}_{\alpha_0}^2(t_1,\,t_2) = W\;\ddot{a}q_{Df}\;t_1 \equiv t_2 \in M_\omega$

und bekommen

3.1.2. $\mathfrak{B}\,Erf_{\alpha_0}^{IP}\,t_1 \equiv t_2 \; \ddot{a}q \; \mathfrak{G}_{\alpha_0}^2\big(\mathfrak{B}(t_1),\,\mathfrak{B}(t_2)\big) = W$

$$\ddot{a}q \; \mathfrak{G}_{\alpha_0}^2(t_1,\,t_2) = W$$

$$\ddot{a}q\;t_1 \equiv t_2 \in M_\omega.$$

Wir haben also 2.2,(1) und 2.2,(2). Nun liefert 3.1

3.2. $\mathfrak{B}\,Erf_{\alpha_0}^{IP}M_\omega$, mit dem Zusatz $|\alpha_0| = \aleph_0$.

Aus 3.2 erhalten wir für $\mathfrak{G}_{\alpha_0}^2$ (Beweise in 4.)

3.2.1. $\mathfrak{G}_{\alpha_0}^2$ ist eine *Gleichheit*.

3.2.2. $\mathfrak{G}_{\alpha_0}^2$ ist eine *Kongruenzrelation* in bezug auf $\mathfrak{B}(f^n)$ und $\mathfrak{B}(P^n)$ für alle f^n und P^n.

---

[1] Beweis durch Induktion über den Aufbau von H.

Auf dieser Basis zeigen wir weiter

3.3. $\quad \mathfrak{B}\, Erf^{IP}_{\alpha_0}\, M_\omega$

$$seq\ (Ex\,\bar{\alpha},\, \overline{\mathfrak{B}})\ (|\bar{\alpha}| \leq |\alpha_0|\ et\ \mathfrak{B}\, Erf^{IP}_{\bar{\alpha}}\, M_\omega\ et\ \mathfrak{B}\,(\equiv) = Id_{\bar{\alpha}})$$

$$seq\ (Ex\,\bar{\alpha},\, \overline{\mathfrak{B}})\ (|\bar{\alpha}| \leq \aleph_0\ et\ \mathfrak{B}\, Erf^{I}_{\bar{\alpha}}\, M_\omega)\,. \qquad\qquad 2.4.2.$$

Dann gilt wegen 3.2

*3.4. $\quad erf^{I}_{\leq \aleph_0}\, M_\omega\,.$

4. Wir zeigen im *ersten* Hauptschritt 3.2.1 und 3.2.2 unter Benutzung von $\mathfrak{B}\, Erf^{IP}_{\alpha_0}\, M_\omega$; zur Abkürzung stehe „$t_1 \sim t_2$" für „$\mathfrak{G}^2_{\alpha_0}(t_1,\, t_2) = W$.

4.1. *Beweis* von 3.2.1:

(1) $\quad \vdash_I t \equiv t,$ $\qquad\qquad\qquad\qquad\qquad\qquad$ vgl. § 150, 4.2.2.

$\quad \vdash_I t_1 \equiv t_2 \to t_2 \equiv t_1,$ $\qquad\qquad\qquad\qquad$ vgl. § 154, 1.3.1.

$\quad \vdash_I t_1 \equiv t_2 \wedge t_2 \equiv t_3 \to t_1 \equiv t_3$ $\qquad\qquad$ vgl. § 154, 1.2.2.

Wegen $\vdash_I H\ seq\ H \in M_\omega$ (vgl. § 111, 1.7) folgt daraus

(2) $\quad t \equiv t,\ t_1 \equiv t_2 \to t_2 \equiv t_1,\ t_1 \equiv t_2 \wedge t_2 \equiv t_3 \to t_1 \equiv t_3 \in M_\omega\,.$

Folglich nach 3.1

(3) $\quad Erf^{IP}_{\alpha_0} t \equiv t,\ t_1 \equiv t_2 \to t_2 \equiv t_1,\ t_1 \equiv t_2 \wedge t_2 \equiv t_3 \to t_1 \equiv t_3$

und nach Definition von $Erf^{IP}_{\alpha_0}$, unter Benutzung von $\sim$

(4) $\quad t \sim t\,.et.\,t_1 \sim t_2\ seq\ t_2 \sim t_1\,.et.\,t_1 \sim t_2\ et\ t_2 \sim t_3\ seq\ t_1 \sim t_3\,.$

Für 3.2.2 ist zu zeigen (4.2 und 4.3)

4.2. $\quad \mathfrak{G}^2_{\alpha_0}$ ist eine Kongruenzrelation in bezug auf $\mathfrak{B}\,(f^n)$, d.h.

$$t_1 \sim t'_1\ et \ldots et\ t_n \sim t'_n\ seq\ \mathfrak{B}\,(f^n)\begin{pmatrix} n \\ t \end{pmatrix} \sim \mathfrak{B}\,(f^n)\begin{pmatrix} n \\ t' \end{pmatrix}\,.$$

Beweis:

(1) $\quad \vdash_I \bigwedge_{i=1}^{n} t_i \equiv t'_i \to f^n\begin{pmatrix} n \\ t \end{pmatrix} \equiv f^n\begin{pmatrix} n \\ t' \end{pmatrix}$ $\qquad\qquad$ vgl. § 154, 1.3.5.

Folglich (wie zu 4.1, (2) und 4.1, (3))

(2) $\quad \mathfrak{B}\, Erf^{IP}_{\alpha_0} \bigwedge_{i=1}^{n} t \equiv t'_i \to f^n\begin{pmatrix} n \\ t \end{pmatrix} \equiv f^n\begin{pmatrix} n \\ t' \end{pmatrix}$

und nach Definition von $Erf^{IP}_{\alpha_0}$, unter Benutzung von $\sim$

(3) $\quad t_1 \sim t'_1\ et \ldots et\ t_n \sim t'_n\ seq\ f^n\begin{pmatrix} n \\ t \end{pmatrix} \sim f^n\begin{pmatrix} n \\ t' \end{pmatrix}$

(4) $\qquad\qquad\qquad\qquad seq\ \mathfrak{B}\,(f^n)\begin{pmatrix} n \\ t \end{pmatrix} \sim \mathfrak{B}\,(f^n)\begin{pmatrix} n \\ t' \end{pmatrix}\,.$

4.3. $\mathfrak{G}_{\alpha_0}^2$ ist eine Kongruenzrelation in bezug auf $\mathfrak{B}(P^n)$, d.h.

$$t_1 \sim t_1' \; et \ldots et \; t_n \sim t_n' \; seq \; \mathfrak{B}(P^n)\left(\overset{n}{t}\right) = \mathfrak{B}(P^n)\left(\overset{n}{t'}\right). \; ^1$$

Beweis:

$$(1) \quad \vdash_I \overset{n}{\underset{i=1}{\wedge}} t_i \equiv t_i' . \to . P^n \overset{n}{t} \leftrightarrow P^n \overset{n}{t'} \qquad\qquad \text{vgl. § 154, 1.3.4.}$$

Hieraus folgt 4.3 wie 4.2, (4) aus (1), mit dem einzigen Unterschied, daß

$$(2) \quad \mathfrak{B}\, Erf_{\alpha_0}^{IP}\, P^n \overset{n}{t} \leftrightarrow P^n \overset{n}{t'} \; äq \; \mathfrak{B}*\!\left(P^n \overset{n}{t}\right) = \mathfrak{B}*\!\left(P^n \overset{n}{t'}\right)$$

$$äq \; \mathfrak{B}(P^n)\left(\overset{n}{t}\right) = \mathfrak{B}(P^n)\left(\overset{n}{t'}\right)$$

$$(\text{statt} \qquad\qquad \ldots \; äq \; \mathfrak{B}(P^n)\left(\overset{n}{t}\right) \sim \mathfrak{B}(P^n)\left(\overset{n}{t'}\right)).$$

5. Auf Grund von 4.1 erzeugt $\mathfrak{G}_{\alpha_0}^2$ eine Klasseneinteilung der $t_k \in \alpha_0$ in „Restklassen" $\overline{t}_k$ nach $\sim$ mit

5.1. $\overline{t}_k =_{Df} (Cl\, t_i)\,(t_i \sim t_k)$,

so daß, wie in § 83 (Beweis von (A)),

5.2. $t_i \in \overline{t}_k \; äq \; t_i \sim t_k$,

mithin

5.3. $t \in \overline{t}$

und

5.4. $t_i \sim t_k \; äq \; \overline{t}_i = \overline{t}_k$.

Der Bereich dieser $\overline{t}_i$ sei $\overline{\alpha}$. Dann gilt: $|\overline{\alpha}| \leq |\alpha_0|$, folglich $|\overline{\alpha}| \leq \aleph_0$.

6. Jetzt definieren wir im *zweiten* Hauptschritt mit Hilfe von $\mathfrak{B}$ über α_0 ein $\overline{\mathfrak{B}}$ über $\overline{\alpha}$, so daß

$$\mathfrak{B}\, Erf_{\alpha_0}^{IP}\, M_\omega \; seq \; \mathfrak{B}\, Erf_{\overline{\alpha}}^{IP}\, M_\omega \; et \; \mathfrak{B}(\equiv) = Id_{\overline{\alpha}}.$$

Es sei

6.1. $\overline{\mathfrak{B}}(s) =_{Df} \overline{\mathfrak{B}(s)} = \overline{s}$ für jedes $s \in \alpha_0$.

6.2. $\overline{\mathfrak{B}}(f^n)(\overline{t}_1, \ldots, \overline{t}_n) =_{Df} \overline{\mathfrak{B}(f^n)(t_1, \ldots, t_n)} = \overline{f^n(t_1, \ldots, t_n)}, \; ^2$

so daß

6.3. $\overline{\mathfrak{B}}(t) = \overline{\mathfrak{B}(t)} = \overline{t}$.

---

[1] Um hier die zu 4.2 analoge Anschreibung zu bekommen, könnte man die Definition von $\sim$ ergänzen durch $\pi_1 \sim \pi_2 \; äq_{Df} \; \pi_1 = \pi_2$ für $\pi_1, \pi_2 \in \{W, F\}$.

[2] Wegen $\mathfrak{B}(f^n)\left(\overset{n}{t}\right) = f^n\left(\overset{n}{t}\right)$.

Die Zulässigkeit von 6.2 ergibt sich daraus, daß $\overline{\mathfrak{B}}(f^n)(\bar{t}_1, \ldots, \bar{t}_n)$ unabhängig ist von der Wahl der Repräsentanten von $\bar{t}_1, \ldots, \bar{t}_n$. Dies folgt aus 4.2; denn mit 5.4 geht 4.2 über in

$$t_1 \sim t_1' \; et \ldots et \; t_n \sim t_n' \; seq \; \overline{\mathfrak{B}(f^n)\binom{n}{t}} = \overline{\mathfrak{B}(f^n)\binom{n}{t'}}$$
$$seq \; \overline{\mathfrak{B}}(f^n)(\bar{t}_1, \ldots, \bar{t}_n) = \overline{\mathfrak{B}}(f^n)(\bar{t}_1', \ldots, \bar{t}_n'). \qquad 6.2.$$

Es sei schließlich (wobei $\equiv$ als ein P_i^2 behandelt werde)

6.4. $\overline{\mathfrak{B}}(P^n)(\bar{t}_1, \ldots, \bar{t}_n) =_{Df} \mathfrak{B}(P^n)(t_1, \ldots, t_n)$.

Die Zulässigkeit von 6.4 ergibt sich daraus, daß $\overline{\mathfrak{B}}(P^n)(\bar{t}_1, \ldots, \bar{t}_n)$ unabhängig ist von der Wahl der Repräsentanten von $\bar{t}_1, \ldots, \bar{t}_n$. Dies folgt aus 4.3; denn mit 5.4 geht 4.3 über in

$$t_1 \sim t_1' \; et \ldots et \; t_n \sim t_n' \; seq \; \overline{\mathfrak{B}}(P^n)(\bar{t}_1, \ldots, \bar{t}_n) = \overline{\mathfrak{B}}(P^n)(\bar{t}_1', \ldots, \bar{t}_n').$$

Es ist nun noch zu zeigen

6.5. $\overline{\mathfrak{B}}(\equiv) = Id_{\bar{\alpha}}$.

Beweis:

(1) $\overline{\mathfrak{B}}(\equiv)(\bar{t}_1, \bar{t}_2) = \mathfrak{B}(\equiv)(t_1, t_2) = \mathfrak{G}^2_{\alpha_0}(t_1, t_2)$.   6.4.

   Folglich

(2) $\overline{\mathfrak{B}}(\equiv)(t_1, t_2) = W \; \ddot{a}q \; \mathfrak{G}^2_{\alpha_0}(t_1, t_2) = W$

(3) $\ddot{a}q \; t_1 \sim t_2$

(4) $\ddot{a}q \; \bar{t}_1 = \bar{t}_2$ 5.4.

(5) $\ddot{a}q \; Id_{\bar{\alpha}}(\bar{t}_1, \bar{t}_2) = W$.

   Folglich

(6) $\overline{\mathfrak{B}}(\equiv)(t_1, t_2) = Id_\alpha(\bar{t}_1, \bar{t}_2)$.

   Aus 6.1 bis 6.4 und 6.5 folgt

*6.6. $\mathfrak{B} \; Erf^{IP}_{\alpha_0} M_\omega \; seq \; \overline{\mathfrak{B}} \; Erf^{IP}_{\bar{\alpha}} M_\omega \; et \; \overline{\mathfrak{B}}(\equiv) = Id_{\bar{\alpha}}$
$$seq \; \overline{\mathfrak{B}} \; Erf^I_{\bar{\alpha}} M_\omega. \qquad 2.4.2.$$

Damit ist 3.3, also auch 3.4 bewiesen.

7. Jetzt erhalten wir durch Kettenschluß

7.1. $wf_I M \; seq \; wf_I M_\omega$ 2.1.

7.2. $seq \; erf^{IP}_{\aleph_0} M_\omega$ vgl. 3.2.

7.3. $seq \; erf^I_{\leq \aleph_0} M_\omega$ 3.4.

7.4. $seq \; erf^I_{\leq \aleph_0} M$, wegen $M \subseteq M_\omega$.

Nun aber

7.5. $erf_I M$ *seq* $wf_I M$.

Wir erhalten zusätzlich noch einmal

*7.6.   *Das I-Theorem von* LÖWENHEIM *und* SKOLEM

$erf_I M$ *seq* $erf^I_{\leq \aleph_0} M$

mit der elementaren Verschärfung zu

*7.7. $erf_I M$ *äq* $erf^I_{\leq \aleph_0} M$.

III. Folgerungen

§ 164. Mengen- und folgerungstheoretische Folgerungen

Die in § 113 für den PFK formulierten Ergebnisse können mit den Beweisen auf den IFK übertragen werden. Es ergibt sich also

1. *Das finitäre Erfüllungstheorem des IFK.* Vgl. § 113, 1.

M sei eine abzählbare unendliche Menge von I-Ausdrücken. Dann gilt: Wenn jede endliche Teilmenge von M erfüllbar ist, so ist M simultan erfüllbar. Symbolisch:

$$(Om\, E)\, (E \subseteq M\ seq\ erf_I E)\ seq\ erf_I M.$$

2. *Die Koinzidenz von* $Impl_I$ *und* $\Vdash_I$. Vgl. § 113, 2.

2.1. $M\, Impl_I\, \mathsf{H}$ *äq* $M \Vdash_I \mathsf{H}$,
    mit dem Grenzfall

2.2. $\vdash_I \mathsf{H}$ *äq* $\Vdash_I \mathsf{H}$.

3. *Der finitäre Charakter von* $\Vdash_I$. Vgl. § 113, 3.

M sei eine Menge von I-Ausdrücken wie in 1. Dann gilt: Wenn H eine I-Konsequenz von M, so ist H schon eine I-Konsequenz einer endlichen Teilmenge von M. Symbolisch:

$$M \Vdash_I \mathsf{H}\ seq\ (Ex_M E)\, (E \Vdash_I \mathsf{H}).$$

Es folgt hier noch[1]

4. *Ein Kriterium für die Existenz eines unendlichen Modells einer Ausdrucksmenge M.*

M ist stets dann im Abzählbaren erfüllbar, wenn M für unendlich viele natürliche Zahlen erfüllbar ist. Symbolisch mit $0 < n,\, k < \aleph_0$:

$$(Om\, n)\, (Ex\, k)\, (k \geq n\ et\ erf_k M)\ seq\ erf_{\aleph_0} M.$$

---

[1] Im Anschluß an HENKIN [2] 165 f.

Für den PFK ist 4. trivial, da für *beliebige* n, k: $erf_n^P H$ *et* $k > n$ *seq* $erf_k^P H$. Für den IFK ergibt der Beweis sich mit Hilfe von

$$M_* =_{Df} M \cup \bigcup_{i=1}^{\infty} \{\exists_i\}. {}^1$$

Eine endliche Teilmenge E von M_* enthält nur endlich viele der $\exists_i$, darunter eines mit größtem Index n. Für die in E vorkommenden Ausdrücke von M gibt es auf Grund der vorausgesetzten linken Seite eine k-zahlige erfüllende Belegung mit $k > n$. Diese erfüllt alle $\exists_i$ mit $i \leq k$, folglich auch E. Folglich ist jede endliche Teilmenge von M_* erfüllbar, folglich, wegen 1., auch M_*. M_* kann nach Konstruktion nur unendliche Modelle haben, da dies schon für die Teilmenge $\bigcup_{i=1}^{\infty} \{\exists_i\}$ gilt. Auf Grund des I-Theorems von LÖWENHEIM und SKOLEM hat M_* dann ein abzählbares Modell. Folglich auch M, wegen $M \subseteq M_*$.

§ 165. Die semantische Vollständigkeit des IFK* und ihre Derivate

1. Unter der *semantischen Vollständigkeit des IFK** soll, analog zu § 108, 2, die Axiomatisierbarkeit der Menge idt_I der I-identischen Ausdrücke durch $\vdash_I$ mit der leeren Prämissenmenge bestehen. Sie ergibt sich aus § 164, 2.2, analog zu § 113, 2.2, in den gleichwertigen Formulierungen

1.1. $(Cl\, H)\,(\vdash_I H) = (Cl\, H)\,(\Vdash_I H) = idt_I.$

1.2. $bew_I H\ \ddot{a}q\ id_I H.$

1.3. $non\ wdb_I H\ \ddot{a}q\ wf_I H\ \ddot{a}q\ erf_I H.$

2. *Folgerung für die I-Aussagen.*

Ist H eine I-Aussage (§ 126, 2.), so gilt, wegen $id_I H$ *vel non* $erf_P H$, mit 1.3 und *non* $erf_I H\ \ddot{a}q\ wdb_I H$ (1.2)

$$bew_I H\ vel\ wdb_I H.$$

3. *Vergleichung von* $\Vdash_I$ *und* $\vdash_I$.

3.1.   Sie sind *umfangsgleich* in bezug auf Lr und beliebige abgeschlossene Prämissenmengen (mit der übertragbaren Begründung § 114, 3.1; 3.2).

3.2.   Sonst ist die Deduktionskraft von $\vdash_I$ *stärker* als die von $\Vdash_I$ (mit der übertragbaren Begründung § 114, 3.3).

4. Die *Folgerungen für die Charakterisierbarkeit und die Formalisierbarkeit von mathematischen Theorien im IFK* fallen zusammen mit denen für den PFK (§ 114, 4.).

---

[1] Siehe § 128, 2; 5.2.

5. *Zusätzliche Koinzidenzen.*

Mit 1.1 bis 1.4 gelten die folgenden Koinzidenztheoreme:

5.1. $H_1 \, Aeq_I \, H_2 \, \ddot{a}q \, H_1 \, Aeq_{\vdash I} \, H_2$.

5.2. $H_1 \, Idg_I \, H_2 \, \ddot{a}q \, H_1 \, Bwg_I \, H_2$.

5.3. $H_1 \, Erfg_I \, H_2 \, \ddot{a}q \, H_1 \, Wdg_I \, H_2$.

6. Im nächsten Paragraphen wird auch für Idv_I und $Erfv_I$ ein syntaktisches Aequivalent angegeben werden. Dieses Aequivalent kann aber nicht so einfach sein wie die Aequivalente in 5; denn für Ddg_I und für Ddg_I^* gilt dasselbe wie für Ddg_P und Ddg_P^* in bezug auf Idv_P und $Erfv_P$ (§ 97, 9.3).

§ 166. Syntaktische Aequivalente der Identitäts- und Erfüllbarkeitsverbundenheit im IFK[1]

1. *Semantische Hilfstheoreme für* $0 < k < \aleph_0$.

1.1. $id_k^I H \, seq \, id_I \, \exists_k !! \rightarrow H$.[2]

Wir beweisen die kontraponierte Form:

$non \, id_I \, \exists_k !! \rightarrow H \, seq \, non \, id_k^I H$.

Beweis:

(1) $(Ex \, \alpha, \mathfrak{B}) \, (non \, \mathfrak{B} \, Erf_\alpha^I \, \exists_k !! \rightarrow H) \, seq \, (Ex \, \alpha, \mathfrak{B}) \, (\mathfrak{B} \, Erf_\alpha^I \exists_k !! \, et \, non \, \mathfrak{B} \, Erf_\alpha^I H)$

(2) $seq \, (Ex \, \alpha) \, (|\alpha| = k \, et \, (Ex_\alpha \, \mathfrak{B}) \, (non \, \mathfrak{B} \, Erf_\alpha^I H))$

(3) $seq \, non \, id_k^I H$.

Es gilt auch die Umkehrung

1.2. $id_I \, \exists_k !! \rightarrow H \, seq \, id_k^I H$.

Beweis:

(1) $id_k^I \exists_k !!$.

Folglich (Permanenz von § 77, 8.1)

(2) 1.2.

Aus 1.1 und 1.2 folgt

*1.3. $id_k^I H \, \ddot{a}q \, id_I \, \exists_k !! \rightarrow H$.

Folglich

*1.4. $erf_k^I H \, \ddot{a}q \, non \, id_I \, \exists_k !! \rightarrow \sim H$.

---

[1] In diesem Paragraphen sind briefliche Anregungen von K. Schröter verarbeitet, die nicht mehr genauer bestimmt werden können, da sie verlorengegangen sind.

[2] Zu $\exists_k !!$ vgl. § 128, 6.

2. Semantische Hilfstheoreme für $\aleph_0$.

2.1. $(Ex\,k)\,(id_I\,\exists_k \rightarrow H)\ seq\ id_{\aleph_0}^I\,H.$[1]

Beweis:

(1) $id_{\aleph_0}^I\,\exists_k.$

     Folglich (§ 77, 8.1 und metasprachliche vordere Partikularisierung)

(2) $(Ex\,k)\,(id_{\aleph_0}^I\,\exists_k \rightarrow H)\ seq\ id_{\aleph_0}^I\,H.$

     Mithin a fortiori

(3) $(Ex\,k)\,(id_I\,\exists_k \rightarrow H)\ seq\ id_{\aleph_0}^I\,H.$

Es gilt auch die Umkehrung

2.2. $id_{\aleph_0}^I\,H\ seq\ (Ex\,k)\,(id_I\,\exists_k \rightarrow H).$

Wir beweisen die kontraponierte Form:

$(Om\,k)\,(erf_I \sim (\exists_k \rightarrow H))\ seq\ non\ id_{\aleph_0}^I\,H.$

Beweis:

(1)   Wenn ein I-Ausdruck k-zahlig erfüllbar ist für unendlich viele $k < \aleph_0$, so ist er $\aleph_0$-zahlig erfüllbar (§ 164, 4.).

     Folglich

(2) $(Om\,k)\,(erf_I \sim (\exists_k \rightarrow H))\ seq\ erf_{\aleph_0}^I\,\exists_k \wedge \sim H$

(3) $seq\ erf_{\aleph_0}^I \sim H$

(4) $seq\ non\ id_{\aleph_0}^I\,H.$

Aus 2.1 und 2.2 folgt

*2.3. $id_{\aleph_0}^I\,H\ äq\ (Ex\,k)\,(id_I\,\exists_k \rightarrow H).$

     Folglich

*2.4. $erf_{\aleph_0}^I\,H\ äq\ non\,(Ex\,k)\,(id_k\,\exists_k \rightarrow \sim H).$

3. Auf Grund des I-Theorems von Löwenheim und Skolem können die beiden semantischen Beziehungen wie in § 115 in zwei Fälle zerlegt werden.

Erster Fall:

3.1. H_1 *ist im Endlichen I-identitätsverbunden mit* H_2.

     $H_1\,Idv_E^I\,H_2\ äq_{Df}\,(Om\,k)\,(0 < k < \aleph_0\ seq\ H_1\,Idg_k^I\,H_2).$

3.2. H_1 *ist im Endlichen I-erfüllbarkeitsverbunden mit* H_2.

     $H_1\,Erfg_E^I\,H_2\ äq_{Df}\,(Om\,k)\,(0 < k < \aleph_0\ seq\ H_1\,Erfg_k^I\,H_2).$

     3.1 geht mit 1.3 über in

3.3. $H_1\,Idg_E^I\,H_2\ äq\,(Om\,k)\,(id_I\,\exists_k!! \rightarrow H_1\ äq\ id_I\,\exists_k!! \rightarrow H_2).$

---

[1] Zu $\exists_k$ vgl. § 128, 5.

Hieraus, wegen der Vollständigkeit des IFK*, der beschränkten Normalität von $\vdash_I$ und der Abgeschlossenheit von $\exists_k!!$,

*3.4. $\quad H_1\, Idg_E^I\, H_2\ \ddot{a}q\ (Om\ k)\ (\exists_k!!\vdash_I H\ \ddot{a}q\ \exists_k!!\vdash_I H_2)$.

3.2 geht mit 1.4 über in

3.5. $\quad H_1\, Erfg_E^I\, H_2$

$\qquad \ddot{a}q\ (Om\ k)\ (non\ id_I\, \exists_k!!\rightarrow\, \sim H_1\ \ddot{a}q\ non\ id_I\, \exists_k!!\rightarrow\, \sim H_2)$.

Hieraus entsprechend dem Übergang von 3.3 zu 3.4

*3.6. $\quad H_1\, Erfg_E^I\, H_2\ \ddot{a}q\ (Om\ k)\ (non\ \exists_k!!\vdash_I\sim H_1\ \ddot{a}q\ non\ \exists_k!!\vdash_I\sim H_2)$

$\qquad \ddot{a}q\ (Om\ k)\ (\exists_k!!\vdash_I\sim H_1\ \ddot{a}q\ \exists_k!!\vdash_I\sim H_2)$.

Zweiter Fall: Mit 2.3 und 2.4 erhält man für $H_1\, Idg_{\aleph_0}^I\, H_2$ und $H_1\, Erfg_{\aleph_0}^I\, H_2$

3.7. $\quad H_1\, Idg_{\aleph_0}^I\, H_2\, .\ddot{a}q.\ (Ex\ k)\ (id_I\, \exists_k\rightarrow H_1)\ \ddot{a}q\ (Ex\ k)\ (id_I\, \exists_k\rightarrow H_2)$.

3.8. $\quad H_1\, Erfg_{\aleph_0}^I\, H_2$

$\qquad .\ddot{a}q.\ non\ (Ex\ k)\ (id_I\, \exists_k\rightarrow\, \sim H_1)\ \ddot{a}q\ non\ (Ex\ k)\ (id_I\, \exists_k\rightarrow\, \sim H_2)$

$\qquad .\ddot{a}q.\ (Ex\ k)\ (id_I\, \exists_k\rightarrow\, \sim H_1)\ \ddot{a}q\ (Ex\ k)\ (id_I\, \exists_k\rightarrow\, \sim H_2)$.

Nun aus 3.7, wegen der Vollständigkeit des IFK*, der beschränkten Normalität von $\vdash_I$ und der Abgeschlossenheit von $\exists_k$,

*3.9. $\quad H_1\, Idg_{\aleph_0}^I\, H_2\, .\ddot{a}q.\ (Ex\ k)\ (\exists_k\vdash_I H_1)\ \ddot{a}q\ (Ex\ k)\ (\exists_k\vdash_I H_2)$.

Entsprechend erhält man aus 3.8

*3.10. $\quad H_1\, Erfg_{\aleph_0}^I\, H_2\, .\ddot{a}q.\ (Ex\ k)\ (\exists_k\vdash_I\sim H_1)\ \ddot{a}q\ (Ex\ k)\ (\exists_k\vdash_I\sim H_2)$.

4. Aus 3.4, 3.9 und 3.6, 3.10 ergeben sich die folgenden $\vdash_I$-Aequivalente für $H_1\, Idv_I\, H_2$ und $H_1\, Erfv_I\, H_2$:

4.1. $\quad H_1\, Idv_I\, H_2\, .\ddot{a}q.\ (Om\ k)\ (\exists_k!!\vdash_I H_1\ \ddot{a}q\ \exists_k!!\vdash_I H_2)$

$\qquad .et.\ (Ex\ k)\ (\exists_k\vdash_I H_1)\ \ddot{a}q\ (Ex\ k)\ (\exists_k\vdash_I H_2)$.

4.2. $\quad H_1\, Erfv_I\, H_2\, .\ddot{a}q.\ (Om\ k)\ (\exists_k!!\vdash_I\sim H_1\ \ddot{a}q\ \exists_k!!\vdash_I\sim H_2)$

$\qquad .et.\ (Ex\ k)\ (\exists_k\vdash_I\sim H_1)\ \ddot{a}q\ (Ex\ k)\ (\exists_k\vdash_I\sim H_2)$.

Anm.: Für die Gewinnung der syntaktischen Aequivalente ist also neben dem I-Theorem von Löwenheim und Skolem und der semantischen Vollständigkeit des IFK* noch erforderlich gewesen das Kriterium für die $\aleph_0$-zahlige Erfüllbarkeit eines I-Ausdrucks und das beschränkte Normalitätstheorem für $\vdash_I$.

§ 167. Zur Charakterisierung der natürlichen Zahlen im IFK

1. *Die Charakterisierbarkeit der natürlichen Zahlen in einer reicheren Sprache.*

1.1. R. Dedekind [1] ist der erste gewesen, dem eine Charakterisierung der natürlichen Zahlen in dem in § 106, 2.6 präzisierten Sinne gelungen ist. Um sie, zu reproduzieren, muß man jedoch außer den S-Variablen und nach denselben Gesetzen wie diese auch die P-Variablen quantifizieren können. Ein Prädikatenkalkül mit dieser zusätzlichen Quantifizierungsmöglichkeit heißt ein *Prädikatenkalkül der zweiten Stufe* (PFK$^{(2)}$, mit P$^{(2)}$-Ausdrücken, P$^{(2)}$-Konsequenzen, P$^{(2)}$-Identitäten, vgl. § 201 ff.). Mit einer formalisierten Identitätstheorie, wie sie uns jetzt zur Verfügung steht, besteht das zu einer Charakterisierung der natürlichen Zahlen bestimmte DEDEKINDsche Prämissensystem Σ in der nicht-wesentlichen Umformung durch PEANO aus drei Prämissen in den Grundvariablen u, g (u eine ausgezeichnete S-, g eine ausgezeichnete F-Variable):

$\Sigma 1.$ $\forall x\left(\sim u \equiv g(x)\right).$

$\Sigma 2.$ $\forall xy\left(g(x) \equiv g(y) \to x \equiv y\right).$

$\Sigma 3.$ $\forall P\left(Pu \wedge \forall x(Px \to Pg(x)) \to \forall x\, Px\right).$

Man bestimme als Wertbereich der S-Variablen den Bereich nz der natürlichen Zahlen und definiere eine auf die Grundvariablen u, g von Σ beschränkte Belegung $\mathfrak{N}$ durch

$$\mathfrak{N}(u) =_{Df} 0, \quad \mathfrak{N}(g) =_{Df} \text{die Nachfolgerfunktion } (nf).$$

Dann ist das geordnete Paar $\mu^* = (nz, \mathfrak{N})$ ein Modell, genauer: das ausgezeichnete Modell von Σ. Es besagt dann

$\Sigma 1.$ Für jedes x: 0 ist nicht $= nf(x)$.

   Anschaulich: Die Null hat keinen Vorgänger.

$\Sigma 2.$ Für jedes x und y: Wenn $nf(x) = nf(y)$, so $x = y$.

   Anschaulich: Verschiedene natürliche Zahlen haben verschiedene Nachfolger.

Anm.: Daß jede natürliche Zahl genau einen Nachfolger hat, braucht nicht gefordert zu werden; denn das wird schon durch die Darstellung des Nachfolgerbegriffs durch eine F-Variable (anstatt durch eine P-Variable) ausgedrückt.

$\Sigma 3.$ Für jedes P: Wenn P zutrifft auf 0 und wenn für jedes x: Wenn P zutrifft auf x, so auch auf $nf(x)$, so trifft P zu auf jeden Wert von x.
   Anschaulich: Eine Eigenschaft kommt (schon dann) allen natürlichen Zahlen zu, wenn sie (a) der Null zukommt, (b) mit jeder natürlichen Zahl, der sie zukommt, auch dem Nachfolger dieser Zahl.

$\Sigma 3$ ist also das Induktionspostulat in seiner folgetheoretischen Gestalt.

1.2.   Man vermißt die Rekursionsgleichungen der Addition und der Multiplikation; aber DEDEKIND hat gezeigt — und dies ist sogar als seine Hauptleistung anzusehen —, daß und wie mit den für Σ erforderlichen Ausdrucksmitteln und einer zusätzlichen Formalisierung des bestimmten Artikels[1] die Summen- und die Produktbildung definitorisch so eingeführt werden kann, daß die zugehörigen Rekursionsgleichungen der Addition und der Multiplikation in Theoreme übergehen. Analog für alle rekursiv definierbaren Begriffe.

1.3.   Durch Σ sind die natürlichen Zahlen in der Tat charakterisiert. Σ ist also ein Axiomensystem im Sinn von § 106, 2.6. Man zeigt, daß jedes Modell von Σ isomorph ist zu μ^*. Genauer: jedes *Standard-Modell*. Dies ist so zu verstehen. Das ausgezeichnete Modell von Σ fußt auf der Voraussetzung, daß mit nz als dem Wertbereich der S-Variablen auch der Wertbereich der einstelligen P-Variablen festgelegt ist; und zwar als $Pot(nz) = \{W, F\}^{nz}$. Diese Annahme ist natürlich und naheliegend. Aus diesem Grunde wird sie auch durch das inhaltliche mathematische Denken gestützt. Sie ist aber nicht notwendig[2]. Um explizit anzuzeigen, daß wir auf dieser Annahme fußen, schreiben wir ausführlicher $\mu^* = (nz, Pot(nz), \mathfrak{N})$. Hierdurch ist μ^* gekennzeichnet als das ausgezeichnete Standard-Modell von Σ. Für dieses μ^* kann gezeigt werden, daß jedes Standard-Modell von Σ — jedes Modell vom Typus $(\alpha, Pot(\alpha), \mathfrak{C})$ — isomorph ist zu μ^*. Hierdurch ist die Kategorizität von Σ gesichert. Folglich kann die Theorie der natürlichen Zahlen durch Σ, also im $PFK^{(2)}$ charakterisiert werden, und so, daß ihre Sätze bestimmt werden können entweder als die $P^{(2)}$-Konsequenzen H von Σ oder, normiert, als die $P^{(2)}$-Identitäten vom Typus $\wedge\Sigma \to H$. In diesem Falle geht die Zahlentheorie über in eine Teiltheorie des $PFK^{(2)}$. Eventuell wird man sich dabei — in Anlehnung an den Sprachgebrauch der Mathematik — auf die nicht selbst $P^{(2)}$-identischen H beschränken.

1.4.   Es sei noch Folgendes angeschlossen: (1) Die Kategorizität von Σ zieht nach sich die *Vollständigkeit* der durch Σ charakterisierten Zahlentheorie ϑ im Sinne des ausgeschlossenen Dritten. Das soll heißen: Ist H ein $P^{(2)}$-Ausdruck allein in den, mit den Grundvariablen von Σ zusammenfallenden, freien Variablen $\boldsymbol{u}, \boldsymbol{g}$, so gilt entweder $\Sigma \Vdash_P^{(2)} H$ oder $\Sigma \Vdash_P^{(2)} \sim H$. Denn sonst gäbe es ein Modell μ_1 von Σ, das zugleich Modell von H und ein Modell μ_2 von Σ, das zugleich Modell von $\sim H$ ist. μ_1 und μ_2 wären also nicht isomorph, im Widerspruch zur Kategorizität von Σ. Aus der Normalität von $\Vdash_P^{(2)}$ folgt hieraus, daß entweder $\wedge\Sigma \to H$

---

[1] Eine solche Formalisierung ist angedeutet in § 202, 2.4.1, Anm.

[2] In HENKIN [3] wird dieser ausgezeichneten Klasse von Modellen eine syntaktisch charakterisierbare Klasse von Modellen gegenübergestellt, welche die Standard-Modelle umfaßt, aber daneben solche Modelle enthält, in denen $Pot(\alpha)$ durch geeignete Teilklassen ersetzt ist. Beispiele solcher Modelle s. § 204 und § 206 dieses Buches, ferner HASENJAEGER [4].

oder $\wedge \Sigma \rightarrow \sim H$ eine $P^{(2)}$-Identität ist[1]. (2) Die Frage, ob ϑ im $PFK^{(2)}$ auch syntaktisch charakterisierbar ist, ist zu verneinen. ϑ ist vielmehr, wie K. GÖDEL, [2], gezeigt hat, überhaupt nicht formalisierbar, wenn man unter einem formalisierten Folgerungsbegriff einen Folgerungsbegriff versteht, der mit $\vdash_P$ verglichen werden kann[2].

2. Das Nicht-Charakterisierbarkeitstheorem von TH. SKOLEM.

Dieses Gegenstück zu 1. besagt, daß die durch Σ im $PFK^{(2)}$ charakterisierte Zahlentheorie bei Beschränkung auf den IFK *nicht* mehr charakterisierbar ist. Einfacher als die SKOLEMschen Beweise führt nach HENKIN [2] eine Anwendung des finitären Erfüllungstheorems zum Ziel.

2.1. Im IFK entfällt die explizite Definierbarkeit der rekursiven Begriffe durch Null und die Nachfolgerfunktion. Um dem Einwand zu entgehen, daß die dadurch bedingte Ausdrucksarmut für das folgende Resultat verantwortlich sei, führen wir zusätzliche Grundvariablen h und k ein und ergänzen $\mathfrak{N}$ durch[3]

$$\mathfrak{N}(h) =_{Df} \text{die Summenfunktion } (su),$$

$$\mathfrak{N}(k) =_{Df} \text{die Produktfunktion } (pr).$$

Durch diese Belegung werden insbesondere die Rekursionsgleichungen

$\Sigma 4.\quad \forall x\, h(x, u) \equiv x,$

$\Sigma 5.\quad \forall xy\, h\big(x, g(y)\big) \equiv g\big(h(x, y)\big),$

$\Sigma 6.\quad \forall x\, k(x, u) \equiv u,$

$\Sigma 7.\quad \forall xy\, k\big(x, g(y)\big) \equiv h\big(k(x, y), x\big)$

erfüllt[4]. Wir sagen kurz: Sie sind $\mathfrak{N}$-wahr.

Ebenso sind $\mathfrak{N}$-wahr die Ausdrücke, die man durch Einsetzungen der Form $P/\lambda x H$, wo in $\lambda x H$ nur die Grundvariablen frei vorkommen, aus

$\Sigma' 3.\quad Pu \wedge \forall x\big(Px \rightarrow Pg(x)\big) \rightarrow \forall x\, Px$

---

[1] Von dieser Vollständigkeit ist der IFK weit entfernt. Es gilt weder $id_P \exists_n$ noch $id_P \sim \exists_n$ für $n > 1$.

[2] Hierzu § 230, 4.2.

[3] Dies einerseits exemplarisch für irgendwelche rekursiv definierbaren Begriffe; andererseits hat GÖDEL [2] unter anderem gezeigt, daß nach Einführung der Addition und Multiplikation die übrigen rekursiven Begriffe in der ersten Stufe explizit definierbar sind.

[4] Analog für eventuell vorhandene weitere Grundvariablen, deren Belegung durch $\mathfrak{N}$ und zugehörige Definitionsgleichungen.

erhält. Dieses Ausdrucksschema, *Ind*, ist der bestmögliche[1] Ersatz für $\Sigma 3$ im IFK, und es stellt alle hier formulierbaren Anwendungen der vollständigen Induktion dar.

2.2.   *Eine ausgezeichnete Eigenschaft von* $\mu^* = (nz, \mathfrak{N})$.

N sei die Menge der Terme $\boldsymbol{u}, \boldsymbol{g}(\boldsymbol{u}), \boldsymbol{g}^2(\boldsymbol{u}) = \boldsymbol{g}(\boldsymbol{g}(\boldsymbol{u}))$, allgemein $\boldsymbol{g}^n(\boldsymbol{u}) = \boldsymbol{g}(\ldots \boldsymbol{g}(\boldsymbol{u})\ldots)$, also $N = (Cl\, t)(Ex\, n)(t = \boldsymbol{g}^n(\boldsymbol{u}))$. Durch die Belegung $\mathfrak{N}$ werden die t aus N zu ausgezeichneten Zahlzeichen — *Ziffern* —, da $\mathfrak{N}(\boldsymbol{g}^n(\boldsymbol{u})) = n$ (mit „$\mathfrak{N}(t)$" im Sinne von „$\mathfrak{B}^\times(t)$", § 54, 1.2). Folglich

2.2.1. $(Om\, \mathfrak{x})\big(\mathfrak{x} \in nz\ seq\ (Ex\, t)(t \in N\ et\ \mathfrak{x} = \mathfrak{N}(t))\big).$

D.i.: Jede natürliche Zahl ist die Bedeutung einer Ziffer. Wir zeigen nun:

2.3.   Jede Menge M von $\mathfrak{N}$-wahren Ausdrücken besitzt ein Modell μ, das zu $\mu^* = (nz, \mathfrak{N})$ nicht isomorph ist. Es genügt, ein $\mu = (\alpha, \mathfrak{C})$ zu finden mit der Eigenschaft (vgl. 2.2.1)

2.3.1. $(Ex\, \mathfrak{x})\big(\mathfrak{x} \in \alpha\ et\ (Om\, t)(t \in N\ seq\ \mathfrak{x} \neq \mathfrak{C}(t))\big).$

Dies ergibt sich so: c sei ein in M nicht benutztes S-Symbol (in M kommen nur die Grundvariablen frei vor; bei gebundenen Variablen kann man immer durch Umbenennung ausweichen[2]. Wir definieren:

2.3.2. $M^* = _{Df} M \cup (Cl\, \mathsf{H})(Ex\, t)(t \in N\ et\ \mathsf{H} = c \not\equiv t),$

und es gilt neben $M \subseteq M^*$

2.3.3. $(Om\, t)(t \in N\ seq\ c \not\equiv t \in M^*).$

Sei E eine endliche Teilmenge von M^*, und n_E das kleinste n, so daß $c \not\equiv \boldsymbol{g}^n(\boldsymbol{u})$ nicht in E. Dann wird E erfüllt durch die Belegung $\mathfrak{C}_E$, die sich aus $\mathfrak{N}$ durch die Erweiterung $\mathfrak{C}_E(c) = n_E$ ergibt. Da so jede endliche Teilmenge E von M^* erfüllbar ist, ist es auf Grund des finitären Erfüllungstheorems (§ 164, 1.) auch M^*. Nun sei $\mu' = (\alpha, \mathfrak{C}')$ ein erfüllendes Modell, das also außer den Grundvariablen auch c erfassen muß. Es ist also, mit 2.3.3,

2.3.4. $\mathfrak{C}'(c) \in \alpha\ et\ (Om\, t)\big(t \in N\ seq\ \mathfrak{C}'(c) \neq \mathfrak{C}'(t)\big).$

Für die in $\mathfrak{C}'$ enthaltene Belegung $\mathfrak{C}$ der Grundvariablen ist also $\mathfrak{x} = \mathfrak{C}'(c)$ ein Beispiel zu 2.3.1, und $\mu = (\alpha, \mathfrak{C})$ ist nicht zu $\mu^* = (nz, \mathfrak{N})$ isomorph.

---

[1] Da $\mathfrak{N}$ nur für die Grundvariablen definiert ist, dürfen in *Ind* keine anderen Variablen frei vorkommen. Das formal allgemeinere Schema der Generalisierten aller Ausdrücke, die man durch eine Einsetzung für P erhalten kann, läßt sich auf *Ind* zurückführen.

[2] Obwohl das nicht einmal nötig wäre.

3. *Zum Vergleich von 2. mit 1.*

3.1. Es genügte, 2.3 für die Menge *aller* $\mathfrak{N}$-wahren Ausdrücke (die stärkste im IFK denkbare Charakterisierung, von μ^*) zu beweisen. Dann gilt 2.3 a fortiori für alle Mengen, die man im IFK als Axiomensystem für die natürlichen Zahlen formulieren kann, z. B. nach 2.1. Dabei ist es gleichgültig, ob man die vollständige Induktion durch die Gesamtheit aller (generalisierten) Einsetzungen in 2.1, $\Sigma'3$ ausdrückt oder durch $\Sigma'3$ in Verbindung mit der Einsetzung in eine P-Variable als *Grundregel* (vgl. $\vdash_I^*$ in § 153, 3.), solange man *keine* Konvention für die Interpretation der P-Variablen hinzufügt, die, wie das P in $\Sigma'3$, nicht Grundvariablen sind. Denn solange ist dieses P nur ein syntaktisches Hilfsmittel, das, wie man durch Rückverlegung aller Einsetzungen an den Anfang eines Beweises zeigen kann, nicht mehr als das Schema *Ind* liefert.

3.2. *Eine Konvention für die Interpretation von P-Variablen*, wie sie in $\Sigma'3$ verwendet sind, kann davon ausgehen, daß für eine in naheliegender Weise übertragene Syntax des $PFK^{(2)}$ $\Sigma3\,Ddg_P^{(2)}\,\Sigma'3$ sein sollte. Dann ist $\Sigma'3$ genau wie $\Sigma3$ zu interpretieren, und es gilt 1.3 sinngemäß, d. h.

3.2.1. *Entweder* soll $\Sigma'3$ *für jeden Wert von P in* $Pot(\alpha)$ erfüllt sein. Dann läßt sich der *Kategorizitätsbeweis* übertragen.

3.2.2. *Oder* $\Sigma'3$ soll erfüllt sein für jeden Wert von P in der kleineren Gesamtheit der Attribute über α, die durch einstellige Prädikate der Form $\lambda x\mathrm{H}$, wo in $\lambda x\mathrm{H}$ nur Grundvariablen frei vorkommen, im Sinne von § 57, 1.3 definierbar sind. Bei dieser Interpretation drückt offenbar $\Sigma'3$ dasselbe aus wie das Schema *Ind*.[1] Dann läßt sich der *Nichtcharakterisierbarkeitsbeweis* übertragen.

3.2.3. Jeder mit $\vdash_I$ vergleichbare *syntaktische* Folgerungsbegriff $\vdash_P^{(2)}$ ist finitär. Ein *Erfüllungsbegriff für die Logik zweiter Stufe* kann also nicht zugleich für die Formulierung der Kategorizität von Σ und zur Definition eines mit $\vdash_P^{(2)}$ umfangsgleichen *semantischen* Folgerungsbegriffs geeignet sein. Denn mit einem solchen Folgerungsbegriff ist auch der dadurch festgelegte Erfüllbarkeitsbegriff finitär. Dann ist 2. übertragbar und liefert jetzt sogar die Nicht-Kategorizität von Σ. Tatsächlich würde eine Verschärfung des Gedankenganges von 2.3 zeigen, daß bei Vorgabe eines finitären Erfüllbarkeitsbegriffs auch in noch

---

[1] So einfach ist eine „geeignete Teilklasse" K von $Pot(\alpha)$ im Sinne von Fußnote 2, S. 348 definierbar, solange in den Prädikaten $\lambda x\mathrm{H}$ keine gebundenen Prädikatenvariablen vorkommen dürfen. Da für deren Interpretation K schon gegeben sein müßte, versagt die angegebene Beschreibung von K für Sprachen zweiter und höherer Stufe.

reicheren Sprachen kein Axiomensystem, das wenigstens ein unendliches Modell besitzt, kategorisch sein kann. Es ist also sinnvoll, bei der Definition der Kategorizität wie in 1.3 nur Standard-Modelle zuzulassen. Vgl. dazu auch § 206, 3.4.

Viertes Hauptstück

Einführung in die Stufenlogik

A) Die Logik der zweiten Stufe

§ 200. Die Bedürfnisse der Mathematik

1. In vielen mathematischen Theorien kommen die Begriffe: *Funktion* und *Attribut* (hier zusammenfassend für: Menge, Eigenschaft, Beziehung[1]) nicht nur in dem engeren Sinne vor, daß bestimmte Funktionen oder Attribute als Grundbegriffe durch Axiome charakterisiert werden, sondern bei der Beschreibung der Grundbegriffe wird nach Bedarf auch von *allen* Funktionen oder Attributen mit gewissen Eigenschaften gesprochen. Beispiele dafür sind:

1.1.   Das Axiom der vollständigen Induktion in der Theorie der natürlichen Zahlen: *Jede Eigenschaft* $\mathfrak{E}$, die (1) der Null zukommt, (2) für jedes x mit x auch $(x+1)$ zukommt, kommt allen natürlichen Zahlen zu (symbolisch vgl. § 167, $\Sigma 3$).

1.2.   Der Satz von der oberen Grenze in der Theorie der reellen Zahlen: *Jede* nicht leere nach oben beschränkte *Menge* von reellen Zahlen hat eine obere Grenze[2].

1.3.   Jede Logik L, die den Begriff „*unendlich*“ als definierbaren oder Grund-Begriff enthält, muß über die Prädikatenlogik hinausgehen, da der für L adäquate semantische Folgerungsbegriff $\Vdash_L$ nicht finitär (§ 92, 5.) sein kann: Sei $\mathfrak{U}(P^1)$ ein L-Ausdruck, der auf P^1 genau dann zutrifft, wenn P^1 auf unendlich viele Individuen zutrifft[3], und sei M

---

[1] Wir benutzen dabei, daß diese Begriffe durch Attribute vertreten werden können, verwenden aber in den folgenden mathematischen Beispielen die in dem jeweiligen Gebiet üblichen Redeweisen.

[2] α ist obere *Schranke* von M:

$$M \leqq \alpha \; \ddot{a}q_{Df} \; (Om\, \beta)\, (\beta \in M \; seq \; \beta \leqq \alpha)\,.$$

Die obere *Grenze* von M ist:

$$sup\,(M) =_{Df} (Un\,\alpha)\,(Om\,\beta)\,(\alpha \leqq \beta \; \ddot{a}q \; M \leqq \beta)\,.$$

[3] Das heißt: $\mathfrak{B}^*(\mathfrak{U}(P^1)) = W \; \ddot{a}q \; |\mathfrak{B}(P^1)| \geqq \aleph_0$.

die Menge aller Ausdrücke $P^1 a_i$ $(i = 0, 1, 2, \ldots)$, N die Menge aller Ausdrücke $a_i \not\equiv a_j$ für $i \neq j$, so gilt offenbar

1.3.1. $M \cup N \Vdash_L \mathfrak{U}(P^1)$.

1.3.2. $(Om\, E)\big(|E| < \aleph_0 \; et \; E \subseteq M \; seq \; non \; E \Vdash_L \mathfrak{U}(P^1)\big)$.

Ein Ausdruck $\mathfrak{U}(P^1)$ kann z.B. unter Verwendung von $\exists f^1$ definiert werden:

1.3.3. $\mathfrak{U}(P^1) = \exists x \, \exists f^1 \, \mathfrak{U}^0(P^1, x, f^1)$

$=_{D_f} \exists x \, \exists f^1 \big(P^1 x \wedge \forall y (P^1 y \to P^1 f^1(y))$

$\wedge \forall y (P^1 y \to f^1(y) \not\equiv x)$

$\wedge \forall yz \big(P^1 y \wedge P^1 z \wedge f^1(y) \equiv f^1(z) \to y \equiv z\big)\big)$.

Damit $\mathfrak{B} \, Erf_L \, \mathfrak{U}^0(P^1, x, f^1)$, muß $\mathfrak{B}(P^1)$ mindestens auf die Glieder der distinkten Folge $\mathfrak{B}(x)$, $\mathfrak{B}\big(f^1(x)\big)$, $\mathfrak{B}\big(f^1(f^1(x))\big)$, $\ldots$ zutreffen, also auf unendlich viele Individuen.

2. In anderen mathematischen Theorien kommen Grundbegriffe vor, die sich als Beziehungen zwischen Mengen und Individuen, Eigenschaften von Mengensystemen (d.i.: Mengen von Mengen) darstellen; Mengen oder Funktionen über einem Individuenbereich werden selbst als Elemente eines neuen Modells betrachtet. Für solche geschachtelten Begriffe einige Beispiele:

2.1. Die topologische Struktur eines Raumes kann beschrieben werden durch Eigenschaften der *Beziehung* zwischen beliebigen *Punkten* und *Mengen*, die als „Umgebungen" der Punkte charakterisiert werden.

2.2. Die topologische Struktur eines Raumes kann auch beschrieben werden durch *Eigenschaften* der *Mengensysteme*, die man als die Gesamtheiten der Umgebungen (im Sinne von 2.1) beliebiger Punkte erhält.

2.3. Die Gesamtheit der *Teilmengen* eines Individuenbereiches bildet einen Booleschen Verband in bezug auf gewisse für *Mengen* erklärte Operationen oder Relationen (vgl. § 134, 5.), also ein Modell eines zunächst für Individuen formulierten Axiomensystems (§ 134, 1.; 2.).

2.4. Die *Funktionen* mit Werten in einem Ring[1] (und Argumenten aus irgendeinem Bereich) bilden auf eine natürliche Art[2] wieder einen Ring.

---

[1] Zum Beispiel dem Bereich der ganzen Zahlen mit den Operationen der Addition und Multiplikation.

[2] Sind z.B. f und g solche Funktionen, so ist $f + g$ definiert durch $(f + g)(x) = f(x) + g(x)$.

3. Die vorangehenden Beispiele legen nahe, die Sprache der Logik so zu erweitern, daß (1) auch Variablen für Attribute bzw. Funktionen quantifiziert werden können, (2) Zeichen für Attribute (Prädikate) und Funktionen (Funktoren) als Argumente von Attributen oder Funktionen zugelassen sind.

Wie schon 1.3 zeigt, geht dabei die völlige Korrespondenz zwischen semantischen und syntaktischen Folgerungsbegriffen verloren, da ein mit $\vdash_P$ vergleichbarer Folgerungsbegriff immer finitär sein muß. Dieses Resultat wird in § 238 noch wesentlich verschärft werden. Wir nehmen aber schon 1.3 zum Anlaß, die Übertragungen der semantischen Begriffsbildungen auf reichere Sprachen als *Logiken*, und die Übertragungen der syntaktischen Begriffsbildungen als *Kalküle* zu bezeichnen.

§ 201. Die Logik der zweiten Stufe (PFL$^{(2)}$)

1. *Die Sprache der Logik zweiter Stufe (PFS$^{(2)}$).*

Die hier zu behandelnde Erweiterung des PFK bzw. IFK ist durch die Beispiele § 200, 1. motiviert. Die Ausdrucksbestimmungen (§ 53, 3.) werden ergänzt zur Definition der PF$^{(2)}$-Ausdrücke durch

1.1. Ist Z ein Ausdruck, in dem P_k^i vollfrei vorkommt, so sind auch $\forall P_k^i Z$ und $\exists P_k^i Z$ Ausdrücke der Sprache PFS$^{(2)}$.

1.2. Ist Z ein Ausdruck, in dem f_k^i vollfrei vorkommt, so sind auch $\forall f_k^i Z$ und $\exists f_k^i Z$ Ausdrücke der PFS$^{(2)}$.

1.3. Es empfiehlt sich außerdem, die im PFK nur als Hilfsbegriff herangezogenen λ-Prädikate in den Ansatz aufzunehmen und auch analoge Funktionsterme einzuführen:

1.3.1. Ist H ein Ausdruck, in dem die Variablen $\overset{n}{x}$ vollfrei vorkommen, so ist $(\lambda \overset{n}{x} H)$ ein n-stelliges *Prädikat* und kann wie eine n-stellige Prädikatenvariable zum Aufbau von atomaren Ausdrücken verwendet werden.

1.3.2. Ist t ein Term, in dem die Variablen $\overset{n}{x}$ vollfrei vorkommen[1], so ist $(\lambda \overset{n}{x} t)$ ein n-stelliger *Funktor* (λ-Funktor) und kann wie eine n-stellige Funktionsvariable zum Aufbau von Termen verwendet werden.

1.3.3. Wenn H bzw. t mit „)" endet, sollen die Außenklammern von λ-Prädikaten bzw. λ-Funktoren entfallen dürfen.

1.4. Wegen der Definierbarkeit der Identität in der PFS$^{(2)}$ besteht kein wesentlicher Unterschied zwischen dieser und der durch die Zulas-

---

[1] Nach vorangegangener Anwendung von 1.3.2 kann jetzt auch t gebundene Variablen enthalten; vgl. auch § 203, 4.

sung von $\equiv$ als Grundzeichen sinngemäß definierbaren IFL$^{(2)}$. Mögliche Definitionen der Identität sind gegeben durch die λ-Prädikate

1.4.1. $\lambda xy \, \forall P^1 (P^1 x \leftrightarrow P^1 y)$,

> d.i.[1]: x und y haben genau dieselben Eigenschaften.

1.4.2. $\lambda xy \, \forall P^2 (\forall z \, P^2 zz \rightarrow P^2 xy)$,

> d.i.[1]: jede reflexive Beziehung besteht zwischen x und y.

1.4.3. $\lambda xy \, \forall P^2 (P^2 xy \rightarrow P^2 yx)$,

> d.i.[1]: jede Beziehung, die zwischen x und y besteht, besteht auch zwischen y und x.

Daß alle diese Prädikate das Identitätsattribut bezeichnen, ergibt sich aber erst aus den Konventionen für die Interpretation von PFS$^{(2)}$, s. dazu 3.2. Vgl. auch die Beweise § 202, 3.2.

2. *Die Interpretation der PFS$^{(2)}$.*

2.1.   Durch die Interpretation der PFS$^{(2)}$ werde die *Logik der zweiten Stufe* in der Form PFL$^{(2)}$ bestimmt. Diese Interpretation ist durch 1.1 und 1.2 weitgehend festgelegt, da jedenfalls die Attribute und Funktionen (jeder Stellenzahl) wie besondere Sorten von Individuen zu behandeln sind. Im Einklang mit den Definitionen für den PFK werde als *Standard-Konvention* festgesetzt:

2.1.1.   Ist α der Individuenbereich, so sei[2]

$\{W, F\}^{\alpha^i}$ der Variabilitätsbereich der Variablen P_k^i,

α^{α^i} der Variabilitätsbereich der Variablen f_k^i.

Dann ergeben sich die Definitionen für $\mathfrak{B}_\alpha^\times(t)$ (§ 54, 1.2), $\mathfrak{B}_\alpha^*(\mathsf{H})$ (§ 54, 1.3; 2; 3.), $\mathfrak{B}_\alpha^\times(\lambda \overset{n}{x} \mathsf{H})$ (§ 57, 1.3), $id_\alpha^{(2)}$ (§ 54, 5.1), $\Vdash_P^{(2)}$ (§ 105, 1.) automatisch durch Übertragung der zitierten Definitionen auf die PFS$^{(2)}$.

2.1.2. $\mathfrak{B}_\alpha^\times(\lambda \overset{n}{x} t)$ sei dabei diejenige Funktion, die für jedes n-Tupel $\overset{n}{\mathfrak{x}}$ den Wert $\begin{pmatrix} \overset{n}{x} \\ \overset{n}{\mathfrak{x}} \end{pmatrix} \mathfrak{B}_\alpha^\times(t)$ hat.

2.2.   Der Beitrag der Standard-Konvention zur Definition von $\mathfrak{B}_\alpha^*(\mathsf{H})$ sei explizit angegeben.

---

[1] (eigentlich: das Prädikat, dessen Zutreffen auf x, y besagt:)

[2] (1) $M^N =_{Df}$ (die) Menge aller Abbildungen von N in M (§ 6, 4.2);

   (2) $M^i =_{Df}$ (die) Menge aller geordneten i-Tupel aus M.

Wird die Zahl i als eine ausgezeichnete i-zahlige geordnete Menge eingeführt, so wird (2) der Definition (1) untergeordnet. Vgl. z.B. § 216, 5.6.1, (2).

Die Definitionszeilen aus § 54, 3.3.1; 3.3.2 sind zu ergänzen durch[1]

2.2.1. $\mathfrak{B}_\alpha^*(\forall P^i H) = W \ \ddot{a}q_{Df}$

$$(Om\ \mathfrak{A}) \left(\mathfrak{A}\,El\{W,\,F\}^{\alpha^i}\ seq \left(\frac{P^i}{\mathfrak{A}}\right) \mathfrak{B}_\alpha^*(H) = W \right),$$

2.2.2. $\mathfrak{B}_\alpha^*(\exists P^i H) = W \ \ddot{a}q_{Df}$

$$(Ex\ \mathfrak{A}) \left(\mathfrak{A}\,El\{W,\,F\}^{\alpha^i}\ et \left(\frac{P^i}{\mathfrak{A}}\right) \mathfrak{B}_\alpha^*(H) = W \right),$$

2.2.3. $\mathfrak{B}_\alpha^*(\forall f^i H) = W \ \ddot{a}q_{Df}$

$$(Om\ \varphi) \left(\varphi\,El\,\alpha^{\alpha^i}\ seq \left(\frac{f^i}{\varphi}\right) \mathfrak{B}_\alpha^*(H) = W \right),$$

2.2.4. $\mathfrak{B}_\alpha^*(\exists f^i H) = W \ \ddot{a}q_{Df}$

$$(Ex\ \varphi) \left(\varphi\,El\,\alpha^{\alpha^i}\ et \left(\frac{f^i}{\varphi}\right) \mathfrak{B}_\alpha^*(H) = W \right).$$

3. *Zur Bedeutung der Standard-Konvention.*

3.1. In § 206 wird gezeigt, daß in gewissem Sinne die Standard-Konvention (2.1) sich jeder adäquaten Beschreibung entzieht. Tatsächlich wurde bei ihrer Formulierung vorausgesetzt, daß die *Metasprache* selbst im Sinne dieser Konvention gebraucht wird.

Wendet man § 206, 2.1 sinngemäß auf die Metasprache an, so läßt das Resultat nur noch die Wahl zwischen (1) dem Apell an den guten Willen (des Lesers, die Sprache in dem intendierten Sinne zu verstehen), (2) dem Verzicht auf die Begriffsbildungen, die von der Standard-Konvention abhängen (das würde den Verzicht auf sehr viel in der Mathematik Bewährtes bedeuten) und (3) der expliziten Kodifikation aller (formulierbaren) Voraussetzungen darüber, was unter ,,alle Attribute" zu verstehen sein soll.

3.2. Zu (3) einige Beispiele: Damit durch 1.4.1 die Identität definiert wird, muß vorausgesetzt werden, daß für irgend zwei verschiedene Individuen immer ein (einstelliges) Attribut existiert, das auf das eine, aber nicht auf das andere zutrifft. Damit die Definition 1.4.2 die Identität liefert, muß vorausgesetzt werden, daß genügend ,,feine" reflexive Beziehungen existieren.

Es ist charakteristisch für solche Voraussetzungen, daß man beim Versuch ihrer genauen Formulierung zur inhaltlichen Verwendung des zu definierenden oder eines gleichwertigen Begriffs gezwungen wird.

§ 202. Ein Kalkül für die Logik der zweiten Stufe

Nach 200, 3. gibt es keinen mit $\vdash_P$ vergleichbaren Ableitungsbegriff $\vdash_P^{(2)}$ mit der Eigenschaft

1.1. $M \vdash_P^{(2)} H \ \ddot{a}q \ M \Vdash_P^{(2)} H.$

---

[1] Mit ,,*El*" statt ,,$\in$", da ,,$\in$" in diesem Hauptstück in Objektsprachen vorkommt.

Man kann also bestenfalls erwarten, daß

1.2. $M \vdash_P^{(2)} H \; seq \; M \Vdash_P^{(2)} H,$

oder, wegen der Quantifizierbarkeit aller Variablen, ohne wesentliche Einschränkung der Allgemeinheit

1.3. $abg \; M \; et \; M \vdash_P^{(2)} H \; seq \; M \Vdash_P^{(2)} H.$

2. *Ein Kalkülansatz* $(\mathrm{PFK}_0^{(2)})$.

Durch sinngemäße Übertragung erhält man aus der Definition der P-Ableitbarkeit (§ 90, 4.) die Definition für eine Ableitbarkeitsrelation $\vdash_P^{(2)}$ im Bereich der $\mathrm{PF}^{(2)}$-Ausdrücke. Wir beschreiben dies durch eine Modifikation des dafür grundlegenden Begriffs der P-Ableitung (§ 90, 3.):

2.1. Die definierenden Schlußrelationen sind auf $\mathrm{PF}^{(2)}$-Ausdrücke und insbesondere auf alle Arten von Variablen zu übertragen. Besonders zu erwähnen sind dabei die Übertragungen der Termeinsetzung TE.

2.1.1. Der TE entspricht für Variable P_k^i die Einsetzung von $\boldsymbol{\lambda}$-Prädikaten (unter Einhaltung des Konfusionsverbots) mit dem Grenzfall[1] der freien Umbenennung von P_k^i in P_j^i. Diese TE ist aber nicht mehr auf Sätze beschränkt.

2.1.2. Der TE entspricht für Variable f_k^i die Einsetzung von $\boldsymbol{\lambda}$-Funktoren mit dem Grenzfall[1] der freien Umbenennung von f_k^i in f_j^i.

2.2. Die $\mathrm{PF}^{(2)}$-Protonen sind — außer durch die schon aus der Erweiterung des Ausdrucksbegriffs resultierenden Erweiterung — zu ergänzen durch die „$\boldsymbol{\lambda}$-Protonen" (für $\boldsymbol{\lambda}$-Prädikate und $\boldsymbol{\lambda}$-Funktoren).

2.2.1. $(\boldsymbol{\lambda}\overset{n}{x}\mathrm{H})\overset{n}{x} \leftrightarrow \mathrm{H}$ falls $\overset{n}{x}$ vollfrei in H.

2.2.2. $P_1^1(\boldsymbol{\lambda}\overset{n}{x}t)\,(\overset{n}{x}) \leftrightarrow P_1^1 t$ falls $\overset{n}{x}$ vollfrei in t.

Durch Einsetzung TE erhält man aus 2.2.1 und 2.2.2 die Verallgemeinerungen

2.2.3. $(\boldsymbol{\lambda}\overset{n}{x}\mathrm{H}(\overset{n}{x}))\overset{n}{t} \leftrightarrow \mathrm{H}(\overset{n}{x}|\overset{n}{t}),$

2.2.4. $P_1^1(\boldsymbol{\lambda}\overset{n}{x}t(\overset{n}{x}))\,(\overset{n}{t}) \leftrightarrow P_1^1 t(\overset{n}{x}|\overset{n}{t}).$

Die „Anwendung" dieser Äquivalenzen in Verbindung mit einem Ersetzbarkeitstheorem für Äquivalente (zu übertragen von § 66, 3.) sei nach A. CHURCH[2] als „$\boldsymbol{\lambda}$-Konversion" bezeichnet.

---

[1] „Grenzfall" nur in dem Sinne, daß die Umbenennung auf Umwegen ableitbar wäre.

[2] In CHURCH [2] als Grundregel eingeführt.

2.3.   Die Einführung dieser Protonen ist dadurch legitimiert, daß sie sich auf Grund der Definition § 201, 2.1.1 als allgemeingültig erweisen. Dabei ist 2.2.2 unter der Voraussetzung der Definition von $\equiv$ nach § 201, 1.4.1 gleichwertig mit

2.3.1. $\left(\lambda \overset{n}{x} t\right) \left(\overset{n}{x}\right) \equiv t.$

Fragt man nun umgekehrt nach den mit dem Kalkül verträglichen Interpretationen, so legen 2.2.1 und 2.2.2 (bzw. statt dessen 2.3.1) die Bedeutung der λ-Prädikate und λ-Funktoren so weit fest, daß durch die Gültigkeit der Einsetzungsregeln 2.1.1 und 2.1.2 ausgedrückt werden kann, daß diese Bedeutungen zum Variabilitätsbereich der entsprechenden Variablen gehören, wie das ja bei den Standard-Konventionen der Fall ist. Siehe auch die Theoreme 3.1.1; 3.1.2.

2.4.   Die bisher eingeführten Protonen genügen anscheinend noch nicht zum Beweis der folgenden allgemeingültigen Ausdrücke; wir führen diese deshalb als zusätzliche Protonen ein:

2.4.1. $\forall \overset{m}{x} \exists !! y\, P^{m+1} \overset{m}{x} y \to \exists f^m \forall \overset{m}{x} P^{m+1} \overset{m}{x} f^m \left(\overset{m}{x}\right).$

Anm.: Trotz der formalen Ähnlichkeit mit § 204, 2.2 ist hierin noch *keine* Anwendung des Auswahlprinzips enthalten, sondern nur eine formale Darstellung von Begriffsbildungen, die sich auf die Verwendung des *bestimmten Artikels* stützen (für die Metasprache vgl. § 6, 8.). Im IFK bzw. IK entfällt diese Möglichkeit. Für die Behandlung des bestimmten Artikels im Rahmen des IK sei auf Schröter [2] verwiesen. Überträgt man eine solche Axiomatisierung sinngemäß auf den PFK$^{(2)}$, so wird übrigens 2.4.1 beweisbar.

3. *Einige Beweis-Beispiele.*

Die folgenden Ableitungen gelten für jeden Ableitungsbegriff $\vdash_P^{(2)}$, der mindestens die durch 2. gegebenen Möglichkeiten einschließt, also z.B. für den PFK$_0^{(2)}$ und den PFK$^{(2)}$ nach § 203, 3.

3.1.   Die Komprehensionstheoreme.

Diese drücken die Existenz der durch λ-Prädikate definierten Attribute aus und sind, in gewissem Sinne[1], mit den λ-Protonen gleichwertig:

3.1.1.   Falls P^n nicht in H vorkommt, gilt

$$\vdash_P^{(2)} \exists P^n \forall \overset{n}{x} \left(P^n \overset{n}{x} \leftrightarrow H\right).$$

Beweis: Aus 2.2.1 mit AK*

(1) $\vdash_P^{(2)} \left(P^n \overset{n}{x} \leftrightarrow \left(\lambda \overset{n}{x} H\right) \overset{n}{x}\right) \to \left(P^n \overset{n}{x} \leftrightarrow H\right).$

---

[1] Sie drücken zunächst, im Sinne von § 201, 4, dieselben Anforderungen an die möglichen Interpretationen aus. Darüber hinaus sind bei geeigneter Erweiterung der allgemeinen Logik (z.B. im TK$_1$, § 210) die λ-Protonen aus den Komprehensionstheoremen ableitbar (was dort nicht ausgeführt ist).

Durch gliedweise Generalisierung und hintere Partikularisierung[1]

$$(2) \qquad \vdash_P^{(2)} \forall \overset{n}{x}\left(P^n\overset{n}{x} \leftrightarrow (\lambda\overset{n}{x}\,H)\overset{n}{x}\right) \to \exists P^n \forall \overset{n}{x}\left(P^n\overset{n}{x} \leftrightarrow H\right).$$

Hieraus durch $P^n/\lambda\overset{n}{x}H$, wobei ausgenützt wird, daß P^n nicht in H,

$$(3) \qquad \vdash_P^{(2)} \forall \overset{n}{x}\left((\lambda\overset{n}{x}\,H)\overset{n}{x} \leftrightarrow (\lambda\overset{n}{x}\,H)\overset{n}{x}\right) \to \exists P^n \forall \overset{n}{x}\left(P^n\overset{n}{x} \leftrightarrow H\right).$$

Abtrennung der einfach beweisbaren Prämisse ergibt

$$(4) \qquad 3.1.1.$$

Ganz analog zeigt man mit 2.2.2

$$3.1.2. \qquad \vdash_P^{(2)} \exists f^n \forall \overset{n}{x} \forall P^1 \left(P^1 f^n(\overset{n}{x}) \leftrightarrow P^1 t\right).$$

3.1.3.   In 3.1.1 und 3.1.2 — und damit in 2.2.1 und 2.2.2 findet man die Quelle aller Existenzbeweise für Attribute und Funktionen, in denen das „existierende" Objekt definiert werden kann. Vgl. dagegen § 203, 3.3.

3.2.   *Die Gleichwertigkeit einiger Definitionen der Identität.*

Die Gleichwertigkeit der in § 201, 1.4 angezeigten Definitionsmöglichkeiten ergibt sich aus den folgenden Theoremen:

$$3.2.1. \qquad \vdash_P^{(2)} \forall P^1 (P^1x \leftrightarrow P^1y) \to \forall P^2 (\forall z\, P^2zz \to P^2xy).$$

Beweis: Mit AK* durch Gv

$$(1) \qquad \vdash_P^{(2)} \forall P^1 (P^1x \leftrightarrow P^1y) \to (P^1x \to P^1y).$$

Hieraus durch die Einsetzung $P^1/\lambda u\, P^2xu$

$$(2) \qquad \vdash_P^{(2)} \forall P^1 (P^1x \to P^1y) \to \left((\lambda u\, P^2xu)\, x \to (\lambda u\, P^2xu)\, y\right),$$

durch λ-Konversion

$$(3) \qquad \vdash_P^{(2)} \forall P^1 (P^1x \to P^1y) \to (P^2xx \to P^2xy),$$

und wegen $\vdash_P^{(2)} \forall z\, P^2zz \to P^2xx$ mit AK*

$$(4) \qquad \vdash_P^{(2)} \forall P^1 (P^1x \to P^1y) \to (\forall z\, P^2zz \to P^2xy).$$

Hieraus endlich 3.2.1 durch $Gh(P^2)$.

$$3.2.2. \qquad \vdash_P^{(2)} \forall P^2 (\forall z\, P^2zz \to P^2xy) \to \forall P^2 (P^2xy \to P^2yx).$$

Beweis: Analog wie in 3.2.1, (1) und (2)

$$(1) \qquad \vdash_P^{(2)} \forall P^2 (\forall z\, P^2zz \to P^2xy)$$
$$\to \left(\forall z\, \lambda uv\, (P^2uv \to P^2vu)\, zz \to \lambda uv\, (P^2uv \to P^2vu)\, xy\right),$$

---

[1] Zur einfachen Darstellung des Beweisganges sind hier und im folgenden mehrfach vermeidbare Kollisionen zwischen $\forall$-Variablen und λ-Variablen in Kauf genommen. Man beachte, daß dabei keine Konfusionen erzeugt wurden (vgl. § 53, 5.1).

hieraus durch λ-Konversion

(2) $\vdash_P^{(2)} \forall P^2 (\forall z\, P^2 zz \to P^2 xy) \to \big(\forall z (P^2 zz \to P^2 zz) \to (P^2 xy \to P^2 yx) \big)$

und wegen $\vdash_P^{(2)} \forall z (P^2 zz \to P^2 zz)$

(3) $\vdash_P^{(2)} \forall P^2 (\forall z\, P^2 zz \to P^2 xy) \to (P^2 xy \to P^2 yx)$,

woraus sich 3.2.2 durch Gh ergibt.

Anm.: 3.2.2 ist nicht etwa durch $Gv(P^2)$ und $Gh(P^2)$ unter Verwendung von $\Theta = (\forall z\, P^2 zz \to P^2 xy) \to (P^2 xy \to P^2 yx)$ beweisbar, da Θ nicht allgemeingültig ist $\big($mit $\alpha = \{1, 2\}$, $\mathfrak{B}(P^2) = $ die $<$-Relation in α und $\mathfrak{B}(x) = 1$, $\mathfrak{B}(y) = 2$ ist $\mathfrak{B}_\alpha^*(\Theta) = F\big)$.

3.2.3. $\vdash_P^{(2)} \forall P^2 (P^2 xy \to P^2 yx) \to \forall P^1 (P^1 x \to P^1 y)$.

Beweis:

(1) $\vdash_P^{(2)} \forall P^2 (P^2 xy \to P^2 yx)$
$$\to \big(\lambda uv\, (P^1 u \wedge (P^1 v \to P^1 v))\, xy \to \lambda uv\, (P^1 u \wedge (P^1 v \to P^1 v))\, yx \big),$$

also durch λ-Konversion

(2) $\vdash_P^{(2)} \forall P^2 (P^2 xy \to P^2 yx) \to \big(P^1 x \wedge (P^1 y \to P^1 y) \to P^1 y \wedge (P^1 x \to P^1 x) \big)$,

woraus sich 3.2.3 durch AK* und Gh ergibt.

Anm.: Der Beweis wäre noch etwas einfacher, wenn die Bildung von $\lambda uv\, P^1 u$ nach § 201, 1.3 erlaubt wäre.

3.2.4. $\vdash_P^{(2)} \forall P^1 (P^1 x \to P^1 y) \to \forall P^1 (P^1 x \leftrightarrow P^1 y)$.

Beweis: Die fehlende Umkehrung durch $P^1/(\lambda z \sim P^1 z)$:

(1) $\vdash_P^{(2)} \forall P^1 (P^1 x \to P^1 y) \to \big((\lambda z \sim P^1 z)\, x \to (\lambda z \sim P^1 z)\, y \big)$.

Hieraus durch λ-Konversion und Kontraposition

(2) $\vdash_P^{(2)} \forall P^1 (Px \to P^1 y) \to (P^1 y \to P^1 x)$.

3.2.5. Mit 3.2.1 bis 3.2.4 sind auch die entsprechenden Äquivalenzen beweisbar.

3.3. *Eine heuristische Bemerkung.*

3.3.1. Die Beweise für 3.2.1 bis 3.2.4 sind charakteristisch für die Anwendung der λ-Protonen: Welchen λ-Prädikates (bzw. welchen λ-Funktors) Einsetzung jeweils zum Ziel führt, ist — außer in den einfachsten Fällen — zunächst nicht zu sehen. Häufig ist es zweckmäßig, *zunächst* einen *indirekten Beweis* anzusetzen. Statt

(1) $\forall P_1 \mathsf{H}(P_1) \to \forall P_2 \Theta(P_2)$

sucht man

(2) $\exists P_2 \sim \Theta(P_2) \to \exists P_1 \sim \mathsf{H}(P_1)$

zu beweisen, indem man aus einem angenommenen P_2 mit der Eigenschaft $\sim\Theta(P_2)$ ein P_1 mit der Eigenschaft $\sim H(P_1)$ zu „konstruieren" sucht. Die Konstruktion von P_1 aus P_2 wird dann durch ein λ-Prädikat $\boldsymbol{P}(P_2)$ beschrieben und man hat

$$(3) \quad \sim\Theta(P_2) \to \sim H\big(P_1/\boldsymbol{P}(P_2)\big), \text{ also } H\big(P_1/\boldsymbol{P}(P_2)\big) \to \Theta(P_2).$$

In Verbindung mit

$$(4) \quad \forall P_1 H(P_1) \to H\big(P_1/\boldsymbol{P}(P_2)\big)$$

erhält man dann auch einen *direkten Beweis*.

3.3.2.   Die Anwendung der λ-Protonen in 3.3.1 kann ersetzt werden durch die Anwendung der korrespondierenden Komprehensionstheoreme. Die Beschreibung der Konstruktion von P_1 aus P_2 wird ersetzt durch die Konstruierbarkeit:

$$(5) \quad \forall P_2 \exists P_1 K(P_1, P_2).\,[1]$$

Das Gegenstück zu $H\big(P_1/\boldsymbol{P}(P_2)\big) \to \Theta(P_2)$,

$$(6) \quad H(P_1) \wedge K(P_1, P_2) \to \Theta(P_2),$$

läßt sich durch zulässige Quantifizierungen überführen in

$$(7) \quad \forall P_1 H(P_1) \wedge \forall P_2 \exists P_1 K(P_1, P_2) \to \forall P_2 \Theta(P_2),$$

woraus durch verallgemeinerte Abtrennung von (5) schließlich 3.3.1, (1) folgt.

§ 203. Ein Kalkül für die PFL$^{(2)}$ mit Auswahlprotonen

1. *Die Unzulänglichkeit der λ-Protonen.*

Es zeigt sich, daß die λ-Protonen nicht ausreichen zur formalen Darstellung gewisser im Rahmen der PFL$^{(2)}$ möglicher Schlüsse, mit denen sich die Allgemeingültigkeit im Sinne der Standard-Konvention (§ 201, 2.1.1) einsehen läßt. Insbesondere sind alle Ausdrücke der Form $\mathfrak{U}_i \to \mathfrak{U}_j$ *allgemeingültig*, wo die $\mathfrak{U}_i$, $\mathfrak{U}_j$ die *Unendlichkeit* des Individuenbereichs ausdrücken, aber *nicht* alle *beweisbar*. Solche Ausdrücke erhält man insbesondere aus genau im Unendlichen erfüllbaren P-Ausdrücken $\mathfrak{U}_i^0$ durch Partikularisierung aller jeweils in $\mathfrak{U}_i^0$ vorkommender Variablen. Zum Beispiel[2] seien

$$1.1. \quad \mathfrak{U}_1 = \exists P_1^2 \mathfrak{U}_1^0 =_{Df} \exists P_1^2 \big(\forall x \sim P_1^2 xx \wedge \forall x \exists y\, P_1^2 xy$$
$$\wedge \forall xyz\, (P_1^2 xy \wedge P_1^2 yz \to P_1^2 xz)\big),$$

---

[1] Hier hat $K(P_1, P_2)$ die Form $\forall \overset{n}{x}\, (P_1 \overset{n}{x} \leftrightarrow K_0(\overset{n}{x}, P_2))$. Das wird aber im folgenden nicht benützt, so daß die Betrachtung auch für die Verwendung anderer Existenzsätze im Beweis von All-Sätzen gültig bleibt.

[2] Vgl. die Ausdrücke $\mathfrak{F}$, $\mathfrak{H}$ in HILBERT-BERNAYS [1] I, S. 123/124. Unter Verwendung von $\equiv$ könnte $\mathfrak{U}_2$ etwas vereinfacht werden. Vgl. auch § 200, 1.3.3.

$$1.2. \quad \mathfrak{U}_2 = \exists P_2^2\, \mathfrak{U}_2^0 =_{Df} \exists P_2^2 \big(\exists y\, \forall x \sim P_2^2 xy \wedge \forall x\, \exists y\, P_2^2 xy$$
$$\wedge \forall xyz\, (P_2^2 xy \wedge P_2^2 yz \wedge P_2^2 uz \rightarrow P_2^2 xu) \big).$$

2. Zur Unbeweisbarkeit allgemeingültiger Ausdrücke.

Die Unableitbarkeit von $\mathfrak{U}_1 \rightarrow \mathfrak{U}_2$ aus den λ-Protonen in Verbindung mit den Einsetzungsregeln, also im $\mathrm{PFK}_0^{(2)}$, ergibt sich aus einer mit der Gültigkeit der λ-Protonen verträglichen Interpretierbarkeit der $\mathrm{PFS}^{(2)}$, bei welcher $\mathfrak{U}_1 \rightarrow \mathfrak{U}_2$ falsch wird. Diese muß dann allerdings von der Standard-Konvention dadurch abweichen, daß *nicht alle* Attribute bzw. Funktionen über dem Individuenbereich zugelassen sind. Wir beschränken uns zur Vereinfachung im folgenden auf die Diskussion der Attribute.

Solche Systeme $\mathfrak{J}$ von Variabilitätsbereichen, die gewisse Mindestanforderungen erfüllen, bezeichnen wir als *Quasiinterpretationen*, als *echte Quasiinterpretationen*, wenn sie nicht der Standard-Konvention § 201, 2.1.1 entsprechen.

Die λ-Protonen in Verbindung mit den Einsetzungsregeln drücken aus, daß in den Variabilitätsbereichen der P_k^i mindestens die Bedeutungen der λ-Prädikate vorkommen, wobei zu beachten ist, daß im allgemeinen diese Bedeutungen abhängen

2.1. von den gewählten Variabilitätsbereichen der P_k^i, die in $\lambda\overset{n}{x}\mathsf{H}$ *gebunden* vorkommen,

2.2. von dem jeweiligen „Belag" der Variablen, die in $\lambda\overset{n}{x}\mathsf{H}$ frei vorkommen.

Hierbei müssen natürlich die frei vorkommenden P_k^i mit Werten aus den betreffenden Variabilitätsbereichen belegt sein. Daraus ergeben sich gewisse *Abgeschlossenheitsbedingungen* für die Quasiinterpretationen.

Eine Methode[1] zur Konstruktion von echten Quasiinterpretationen liefert der folgende Gedankengang:

Sei α ein (unendlicher!) Bereich, in dem $\mathfrak{U}_1$ erfüllbar und insbesondere $\mathfrak{U}_1^0$ mit $\mathfrak{B}(P_1^2) = \mathfrak{A}^2$ erfüllt ist. Sei G die Menge aller *eineindeutigen* Abbildungen φ von α auf sich mit der Eigenschaft (hier für $i = 2$)

$$2.3. \quad \mathfrak{A}^i \ni \overset{i}{\mathfrak{x}} \ \ddot{a}q \ \mathfrak{A}^i \ni \varphi\big(\overset{i}{\mathfrak{x}}\big).$$

Mit $\varphi(\mathfrak{A}^i) =_{Df} (Cl\, \overset{i}{\mathfrak{y}})(Ex\, \overset{i}{\mathfrak{x}})(\mathfrak{A}^i \ni \overset{i}{\mathfrak{x}}\ et\ \overset{i}{\mathfrak{y}} = \varphi(\overset{i}{\mathfrak{x}}))$ heißt das: $\varphi(\mathfrak{A}^i) = \mathfrak{A}^i$, d.i.: $\mathfrak{A}^i$ ist invariant (unter G). Dann gilt für φ aus G auch[2]

$$2.4. \quad \mathfrak{B}_\alpha^\times\big(\lambda\overset{n}{x}\mathsf{H}(\overset{n}{x}, P_1^2)\big) \ni \overset{n}{\mathfrak{x}} \ \ddot{a}q \ \mathfrak{B}_\alpha^\times\big(\lambda\overset{n}{x}\mathsf{H}(\overset{n}{x}, P_1^2)\big) \ni \varphi\big(\overset{n}{\mathfrak{x}}\big),$$

---

[1] Eine andere Methode ist im Beweis von § 206, 2.1 enthalten.

[2] Die jeweiligen Beweise — durch Induktion über den Aufbau der Ausdrücke und λ-Prädikate — seien hier unterdrückt.

zunächst für alle Ausdrücke $H\left(\overset{n}{x}, P_1^2\right)$, in denen nur die Variablen $\overset{n}{x}$ und P_1^2 vollfrei und höchstens Individuenvariablen gebunden vorkommen (d.h. die aus einem invarianten Attribut mit den angegebenen Mitteln definierbaren Attribute sind invariant). 2.4 bleibt aber gültig, wenn in

$$H\left(\overset{n}{x}, P_1^2\right)$$

(1) gebundene P-Variablen zugelassen werden und deren Variabilitätsbereiche „unter G invariant"[1] sind;

(2) P-Variablen außer P_1^2 frei (als Parameter) vorkommen dürfen, wenn diese mit (bezüglich G) invarianten Attributen belegt sind.

(3) Dagegen gilt 2.4 für λ-Prädikate, die Individuenparameter $\overset{n}{z}$ (frei) enthalten, erst unter der Voraussetzung, daß $\varphi\left(\mathfrak{B}\left(\overset{n}{z}\right)\right) = \mathfrak{B}\left(\overset{n}{z}\right)$[2]. Damit alle definierbaren Attribute zum Variabilitätsbereich der P-Variablen gehören, muß man also die Invarianten der durch beliebige endliche Individuenfolgen $\overset{n}{\mathfrak{x}}$ bestimmten Untergruppen

$$G_{\overset{n}{\mathfrak{x}}} = (Cl\,\varphi)\left(\varphi\,El\,G\;et\;\varphi\left(\overset{n}{\mathfrak{x}}\right) = \overset{n}{\mathfrak{x}}\right)$$

dazu nehmen. Die so bestimmten Bereiche sind wieder im Sinne von (1) invariant, und da jeder Parameter $P^{s_1}, \ldots, P^{s_i}$ nach (2) Invariante einer G_{s_i} ist, ist jedes daraus definierte Attribut Invariante von $G_{n\;s_1\quad s_i,\atop \mathfrak{y}\quad\; \mathfrak{x},\mathfrak{y},\ldots,\mathfrak{y}}$ gehört also zum Variabilitätsbereich.

2.5.   Wenn G so „groß" ist, daß kein $G_{\overset{n}{\mathfrak{x}}}$ trivial ist, dann werden nicht alle Attribute über α durch diese Konstruktion erfaßt, und es sind Beispiele (α, G) bekannt[3], bei denen (s. oben) $\exists P_2^2\,\mathfrak{U}_2^0$ falsch ist, obwohl es *an sich* über α ein Attribut gibt, welches $\mathfrak{U}_2^0$ erfüllt. Es ist aber nur nicht aus dem gegebenen $\mathfrak{B}(P_1^2)$ und endlich vielen Parametern definierbar.

Man beachte, daß die $\mathfrak{J}$-Erfüllbarkeit eines nach 1. gebildeten Unendlichkeitsausdrucks $\mathfrak{U}_i$ *immer* die Unendlichkeit von α ausdrückt, dagegen die $\mathfrak{J}$-Unerfüllbarkeit, welche die Endlichkeit von α ausdrücken sollte, auch für gewisse Quasi-Interpretationen $\mathfrak{J}$ mit unendlichem α bestehen kann.

3. *Das Auswahlprinzip.*

3.1.   Das Auswahlprinzip ist eine Schlußweise, die gestattet, von der Möglichkeit, in einer unbestimmten — im allgemeinen unendlichen — Anzahl von Fällen Objekte mit einer gegebenen Eigenschaft auszuwählen,

---

[1] Das heißt: Jedes φ aus G reproduziert den jeweiligen Bereich B. Das ist z.B. der Fall, wenn B aus G-Invarianten besteht; im allgemeinen kann aber φ auch eine Permutation von B erzeugen.

[2] Das ist: gliedweise Übereinstimmung der Folgen.

[3] Siehe z.B. HASENJAEGER [3] oder [4].

zu einer *simultanen* Auswahl überzugehen. Ein hiermit zu definierendes Attribut kann aber (noch) nicht durch ein λ-Prädikat symbolisiert werden, da es keinen Ausdruck mit einer unbestimmt endlichen oder unendlichen Folge von Parametern (zur Beschreibung der vorausgesetzten einzelnen Auswahlen) gibt. Die beschriebene Schlußweise kann (bestenfalls) durch ein zusätzliches Axiomenschema formalisiert werden, dessen Allgemeingültigkeit durch inhaltliche Anwendung der beschriebenen Schlußweise zu begründen ist. Wir wählen hierfür das Schema

$$*3.2. \qquad \forall \overset{m}{x} \, \exists P^n \, \mathsf{H}\big(\overset{m}{x}, P^n\big) \to \exists R^{m+n} \, \forall \overset{m}{x} \, \mathsf{H}\big(\overset{m}{x}, \lambda \overset{n}{z} \, R^{m+n} \, \overset{m}{x} \overset{n}{z}\big). \qquad (Sim)$$

Dabei ist ausgenutzt, daß jede Funktion, die jedem Individuen-m-Tupel ein n-stelliges Attribut zuordnet, durch ein Attribut $\mathfrak{A}^{m+n}$ beschrieben werden kann. Ist φ eine solche Funktion, so ist (in mengentheoretischer Formulierung)

$$\mathfrak{A}^{m+n} = \big(Cl \, \overset{m}{\mathfrak{x}} \, \overset{n}{\mathfrak{y}}\big) \big(\overset{n}{\mathfrak{y}} \, El \, \varphi\big(\overset{m}{\mathfrak{x}}\big)\big).$$

Die in der Wahl von 3.2 liegende Willkür ist nur scheinbar, da sich andere naheliegende Formulierungen als ableitbar aus 3.2 erweisen, also als beweisbar in einem Kalkül $\mathrm{PFK}^{(2)}$, der sich durch Hinzunahme von 3.2 als Protonenschema (Auswahlprotonen) zu dem in § 203 eingeführten Kalkül $\mathrm{PFK}_0^{(2)}$ ergibt.

3.3.   Die erst unter Voraussetzung von simultanen Auswahlen definierbaren Attribute können *jetzt* durch λ-Prädikate beschrieben werden, welche wenigstens einen Parameter P^s enthalten, für welchen die Existenz eines $\mathfrak{B}(P^s)$ durch eine Anwendung von 3.2 „beglaubigt" ist. Dadurch gelingt es in vielen Fällen, Quasiinterpretationen von dem in 2. beschriebenen Typus auszuschließen; d.h. syntaktisch: Ausdrücke zu beweisen, die höchstens durch solche Quasiinterpretationen falsifiziert werden können.

4. Eine andere Möglichkeit, das Auswahlprinzip zu formalisieren, sei hier wenigstens erwähnt: Nach entsprechenden Erweiterungen der $\mathrm{PFS}^{(2)}$ lassen sich die Ansätze von § 210, 1.3.5 oder auch § 212, 1.4.3 auch auf die $\mathrm{PFL}^{(2)}$ übertragen.

§ 204. Ableitungen aus den Auswahlprotonen

„$\vdash_P^{(2)}$" bezeichne jetzt die Ableitbarkeit bzw. Beweisbarkeit im $\mathrm{PFK}^{(2)}$, also bei Zulassung der Auswahlprotonen. Die folgenden Ableitungen stehen zugleich als Beispiele für die Anwendung von *Sim* in mathematischen Beweisen, da die Erörterung von speziellen mathematischen Voraussetzungen zu viele Vorbereitungen erfordern würde (so schon 3.).

1. *Eine gleichwertige Umformung von Sim.*

$$1.1. \qquad \vdash_P^{(2)} \exists R^{m+n} \, \forall \overset{m}{x} \, \forall P_1^n \big(\mathsf{H}\big(\overset{m}{x}, P_1^n\big) \to \mathsf{H}\big(\overset{m}{x}, \lambda \overset{n}{z} R^{m+n} \overset{m}{x} \overset{n}{z}\big)\big).$$

Beweis: Durch prädikatenlogische Schlüsse, von denen nur die charakteristischen Schritte (1) und (2) zitiert seien:

(1) $\vdash^{(2)}_P \forall \overset{m}{x}(\exists P^n H(\overset{m}{x}, P^n) \to \exists P^n H(\overset{m}{x}, P^n))$,

(2) $\vdash^{(2)}_P \forall \overset{m}{x} \exists P^n \forall P_1^n (H(\overset{m}{x}, P_1^n) \to H(\overset{m}{x}, P^n))$.

Wird (2) mit der Prämisse von *Sim* „identifiziert"[1], so ergibt sich durch Abtrennung

(3) 1.1.

1.2. Aus 1.1 kann das verwendete Auswahlproton durch prädikatenlogische Schritte zurückgewonnen werden[2]:

Aus 1.1 durch Quantifikatorenbegrenzung (§ 71, 6.1)

(1) $\exists R^{m+n} \forall \overset{m}{x}(\exists P_1^n H(\overset{m}{x}, P_1^n) \to H(\overset{m}{x}, \lambda \overset{n}{z} R^{m+n} \overset{n}{z}))$.

Hieraus durch (im allgemeinen abschwächende) gliedweise Generalisierung (§ 65, 2.1.1)

(2) $\exists R^{m+n}(\forall \overset{m}{x} \exists P_1^n H(\overset{m}{x}, P_1^n) \to \forall \overset{m}{x} H(\overset{m}{x}, \lambda \overset{n}{z} R^{m+n} \overset{m}{x} \overset{n}{z}))$.

Hieraus *Sim* durch Verschiebung von $\exists R^{m+n}$ (vgl. § 71, 5.2).

2. *Verallgemeinerungen und Grenzfälle.*

2.1. $\vdash^{(2)}_P \forall \overset{m}{x} \exists P^{n_1} \ldots \exists P^{n_k} H(\overset{m}{x}, P^{n_1}, \ldots, P^{n_k})$
$$\to \exists R^{m+n_1} \ldots \exists R^{m+n_k} \forall \overset{m}{x} H(\overset{m}{x}, \lambda \overset{n_1}{z} R \overset{m}{x} \overset{n_1}{z}, \ldots, \lambda \overset{n_k}{z} R \overset{m}{x} \overset{n_k}{z}).$$

Beweis für $k = 2$. Durch Spezialisierung von *Sim* zunächst (1) und (2):

(1) $\vdash^{(2)}_P \forall \overset{m}{x} \exists P_1^{n_1} \exists P_2^{n_2} H(\overset{m}{x}, P_1^{n_1}, P_2^{n_2})$
$$\to \exists R_1^{m+n_1} \forall \overset{m}{x} \exists P_2^{n_2} H(\overset{m}{x}, \lambda \overset{n_1}{z} R_1^{m+n_1} \overset{m}{x} \overset{n_1}{z}, P_2^{n_2}),$$

(2) $\vdash^{(2)}_P \forall \overset{m}{x} \exists P_2^{n_2} H(\overset{m}{x}, \lambda \overset{n_1}{z} R_1^{m+n_1} \overset{m}{x} \overset{n_1}{z}, P_2^{n_2})$
$$\to \exists R_2^{m+n_2} \forall \overset{m}{x} H(\overset{m}{x}, \lambda \overset{n_1}{z} R_1^{m+n_1} \overset{m}{x} \overset{n_1}{z}, \lambda \overset{n_2}{z} R_2^{m+n_2} \overset{m}{x} \overset{n_2}{z}),$$

(3) durch gliedweise Partikularisierung von $R_1^{m+n_1}$ aus (2).

Nun erhält man durch Kettenschluß aus (1) und (3)

(4) 2.1 für $k = 2$.

Die Beweise für größere k lassen sich nach derselben Methode aufbauen.

---

[1] Das meint zunächst: „wird $\forall P_1^n (H(\overset{m}{x}, P_1^n) \to H(\overset{m}{x}, P^n))$ für $H(x, P^n)$ eingesetzt"; da „H" keine Kalkülvariable ist, handelt es sich eher um eine Spezialisierung von $H(\overset{m}{x}, P^n)$.

[2] Die folgende Folge 1.1; (1), (2), *Sim* ist als Skelett einer Ableitung in dem *nicht* durch *Sim* erweiterten Kalkül zu verstehen und ist deshalb ohne „$\vdash^{(2)}_P$" formuliert.

Für den Fall, daß die auszuwählenden Objekte *Individuen* sind, ist eine Formulierung ohne Verwendung von Variablen für Ausdrücke möglich:

2.2. $\vdash_P^{(2)} \forall \overset{m}{x}\, \exists y\, P^{m+1} \overset{m}{x}\, y \to \exists f^m\, \forall \overset{m}{x}\, P^{m+1} \overset{m}{x}\, f^m(\overset{m}{x})$.

Der *Beweis* beruht auf einer Anwendung von *Sim* für $n = 1$, wobei die auszuwählenden Individuen $\mathfrak{x}$ durch Einermengen $\{\mathfrak{x}\}$ vertreten werden:

(1) $\vdash_P^{(2)} \exists P^1\, \forall z\, (P^1 z \leftrightarrow z \equiv y)$.   § 202, 3.1.

Hieraus in Verbindung mit

(2) $\vdash_P^{(2)} \forall \overset{m}{x}\, \exists y\, P^{m+1} \overset{m}{x}\, y \to \forall \overset{m}{x}\, \exists y\, P^{m+1} \overset{m}{x}\, y$ AK*

wesentlich durch geeignete Quantifikatorenexpansion

(3) $\vdash_P^{(2)} \forall \overset{m}{x}\, \exists y\, P^{m+1} \overset{m}{x}\, y \to \forall \overset{m}{x}\, \exists P^1 \exists y\, \big(P^{m+1} \overset{m}{x}\, y \wedge \forall z\, (P^1 z \leftrightarrow z \equiv y)\big)$.

Die Anwendung von *Sim* und Kettenschluß ergibt

(4) $\vdash_P^{(2)} \forall \overset{m}{x}\, \exists y\, P^{m+1} \overset{m}{x}\, y$

$$\to \exists R^{m+1}\, \forall \overset{m}{x}\, \exists y\, \big(P^{m+1} \overset{m}{x} y \wedge \forall z\, ((\lambda z\, R^{m+1} \overset{m}{x} z)\, z \leftrightarrow z \equiv y)\big),$$

und hieraus durch $\boldsymbol{\lambda}$-Konversion

(5) $\vdash_P^{(2)} \forall \overset{m}{x}\, \exists y\, P^{m+1} \overset{m}{x}\, y \to \exists R^{m+1}\, \forall \overset{m}{x}\, \exists y\, \big(P^{m+1} \overset{m}{x}\, y \wedge \forall z\, (R^{m+1} \overset{m}{x}\, z \leftrightarrow z \equiv y)\big)$

$$\to \exists R^{m+1}\, \Theta(P^{m+1}, R^{m+1}),$$

mit $\Theta(P^{m+1}, R^{m+1})$ für $\forall \overset{m}{x}\, \exists y\, \big(P^{m+1} \overset{m}{x}\, y \wedge \forall z\, (R^{m+1} \overset{m}{x}\, z \leftrightarrow z \equiv y)\big)$.

Durch Einführung einer Funktionsvariablen läßt sich die Conclusio noch wesentlich vereinfachen. Es gilt zunächst[1]:

(6) $\vdash_P^{(2)} \forall \overset{m}{x}\, R^{m+1} \overset{m}{x}\, f^m(\overset{m}{x}) \wedge \forall z\, (R^{m+1} \overset{m}{x}\, z \leftrightarrow z \equiv y) \to f^m(\overset{m}{x}) \equiv y$,

also

(7) $\vdash_P^{(2)} \forall \overset{m}{x}\, R^{m+1} \overset{m}{x}\, f^m(\overset{m}{x}) \wedge P^{m+1} \overset{m}{x}\, y \wedge \forall z\, (R^{m+1} \overset{m}{x}\, z \leftrightarrow z \equiv y) \to P^{m+1} \overset{m}{x}\, f^m(\overset{m}{x})$.

Hieraus — wofür die Prämissen jeweils passend „sortiert" werden müssen — durch $Pv(y)$, $Gv(\overset{m}{x})$, $Gh(\overset{m}{x})$, $Ph(f^m)$, $Pv(f^m)$

(8) $\vdash_P^{(2)} \Theta(P^{m+1}, R^{m+1}) \wedge \exists f^m\, \forall \overset{m}{x}\, R^{m+1} \overset{m}{x}\, f^m(\overset{m}{x}) \to \exists f^m\, \forall \overset{m}{x}\, P^{m+1} \overset{m}{x}\, f^m(\overset{m}{x})$.

Andererseits gilt

(9) $\vdash_P^{(2)} \Theta(P^{m+1}, R^{m+1}) \to \forall \overset{m}{x}\, \exists!!y\, R^{m+1} \overset{m}{x}\, y$,

also mit § 202, 2.4.1

(10) $\vdash_P^{(2)} \Theta(P^{m+1}, R^{m+1}) \to \exists f^m\, \forall \overset{m}{x}\, R^{m+1} \overset{m}{x}\, f^m(\overset{m}{x})$.

---

[1] Von den schon im IFK* möglichen Beweisschritten werden nur die charakteristischen Etappen (6), (7), (9) angegeben.

Hiermit vereinfacht sich (8) zu

$$\text{I)} \quad \vdash_P^{(2)} \Theta(P^{m+1}, R^{m+1}) \to \exists f^m \forall \overset{m}{x}\, P^{m+1} \overset{m}{x}\, f^m\big(\overset{m}{x}\big),$$

und $Pv(R^{m+1})$ ergibt

$$\text{J)} \quad \vdash_P^{(2)} \exists R^{m+1}\, \Theta(P^{m+1}, R^{m+1}) \to \exists f^m \forall \overset{m}{x}\, P^{m+1} \overset{m}{x}\, f^m\big(\overset{m}{x}\big).$$

Schließlich durch Kettenschluß aus (5) und (12)

K)   2.2.

Für den Fall, daß die auszuwählenden Objekte *Funktionen* sind, gilt:

$$2.3. \quad \vdash_P^{(2)} \forall \overset{m}{x} \exists f^n\, \mathsf{H}\big(\overset{m}{x}, f^n\big) \to \exists f^{m+n} \forall \overset{m}{x}\, \mathsf{H}\big(\overset{m}{x}, \lambda \overset{n}{z}\, f^{m+n}(\overset{m}{x}, \overset{n}{z})\big).$$

Der Beweis ist ähnlich wie der von 2.2.

$$\text{(1)} \quad \vdash_P^{(2)} \exists P^{n+1} \forall \overset{n+1}{z}\big(P^{n+1} \overset{n+1}{z} \leftrightarrow z_{n+1} \equiv f^n\big(\overset{n}{z}\big)\big). \qquad\qquad \text{§ 202, 3.1.}$$

Nun werde P^{n+1} in die Prämisse von 2.3 eingebaut:

$$\text{(2)} \quad \vdash_P^{(2)} \forall \overset{m}{x} \exists f^n\, \mathsf{H}\big(\overset{m}{x}, f^n\big)$$
$$\to \forall \overset{m}{x} \exists P^{n+1} \exists f^n \big(\mathsf{H}\big(\overset{m}{x}, f^n\big) \wedge \forall \overset{n+1}{z}\big(P^{n+1} \overset{n+1}{z} \leftrightarrow z_{n+1} \equiv f^n\big(\overset{n}{z}\big)\big)\big).$$

Anwendung von *Sim* und λ-Konversion ergibt

$$\text{(3)} \quad \vdash_P^{(2)} \forall \overset{m}{x} \exists f^n\, \mathsf{H}\big(\overset{m}{x}, f^n\big)$$
$$\to \exists R^{m+n+1} \forall \overset{m}{x} \exists f^n \big(\mathsf{H}\big(\overset{m}{x}, f^n\big) \wedge \forall \overset{n+1}{z}\big(R^{m+n+1} \overset{m}{x} \overset{n+1}{z} \leftrightarrow z_{n+1} \equiv f^n\big(\overset{n}{z}\big)\big)\big).$$

Im folgenden stehe

$$\text{(4)} \quad \Theta\big(\overset{m}{x}, f^n, R^{m+n+1}\big)$$
$$\text{für } \big(\mathsf{H}\big(\overset{m}{x}, f^n\big) \wedge \forall \overset{n+1}{z}\big(R^{m+n+1} \overset{m}{x} \overset{n+1}{z} \leftrightarrow z_{n+1} \equiv f^n\big(\overset{n}{z}\big)\big)\big).$$

Wir entnehmen aus dem IFK*, daß

$$\text{(5)} \quad \vdash_P^{(2)} \forall \overset{n+1}{z}\big(R^{m+n+1} \overset{m}{x} \overset{n+1}{z} \leftrightarrow z_{n+1} \equiv f^n\big(\overset{n}{z}\big)\big) \to \forall \overset{n}{z} \exists!! y\, R^{m+n+1} \overset{m}{x} \overset{n}{z} y,$$

und erhalten mit AK*, $Pv(f^n)$, $Gv\big(\overset{m}{x}\big)$, $Gh\big(\overset{m}{x}\big)$

$$\text{(6)} \quad \vdash_P^{(2)} \forall \overset{m}{x} \exists f^n\, \Theta\big(\overset{m}{x}, f^n, R^{m+n+1}\big) \to \forall \overset{m}{x} \forall \overset{n}{z} \exists!! y\, R^{m+n+1} \overset{m}{x} \overset{n}{z} y,$$

also mit § 202, 2.4.1

$$\text{(7)} \quad \vdash_P^{(2)} \forall \overset{m}{x} \exists f^n\, \Theta\big(\overset{m}{x}, f^n, R^{m+n+1}\big) \to \exists f^{m+n} \forall \overset{m}{x} \forall \overset{n}{z}\, R^{m+n+1} \overset{m}{x} \overset{n}{z} f^{m+n}\big(\overset{m}{x}, \overset{n}{z}\big).$$

Dem IFK* entnehmen wir, daß

$$\text{(8)} \quad \vdash_P^{(2)} \forall \overset{n+1}{z}\big(R^{m+n+1} \overset{m}{x} \overset{n+1}{z} \leftrightarrow z_{n+1} \equiv f^n\big(\overset{n}{z}\big)\big) \wedge \forall \overset{m}{x} \forall \overset{n}{z}\, R^{m+n+1} \overset{m}{x} \overset{n}{z} f^{m+n}\big(\overset{m}{x}, \overset{n}{z}\big)$$
$$\to \forall \overset{n}{z}\big(f^{m+n}\big(\overset{m}{x}, \overset{n}{z}\big) \equiv f^n\big(\overset{n}{z}\big)\big),$$

also durch λ-Konversion

$$\text{(9)} \quad \to \forall \overset{n}{z}\big(\lambda \overset{n}{z}\, f^{m+n}\big(\overset{m}{x}, \overset{n}{z}\big)\big(\overset{n}{z}\big) \equiv f^n\big(\overset{n}{z}\big)\big). [1]$$

---

[1] Zur Vereinfachung ist hier eine — unschädliche und vermeidbare — Kollision nicht vermieden worden.

Da in der PFS$^{(2)}$ die F-Variablen nur *mit* Argumenten (aber nicht *als* Argumente) vorkommen[1], beweist man zunächst durch Induktion über den Aufbau der Terme

$$(10)\qquad \vdash_P^{(2)} \forall\overset{n}{z}\left(g^n\left(\overset{n}{z}\right) \equiv f^n\left(\overset{n}{z}\right)\right) \to t(f^n) \equiv t(f^n/g^n)$$

und dann durch Induktion über den Aufbau der Ausdrücke

$$(11)\qquad \vdash_P^{(2)} \forall\overset{n}{z}\left(g^n\left(\overset{n}{z}\right) \equiv f^n\left(\overset{n}{z}\right)\right) \to \left(H(f^n) \leftrightarrow H(f^n/g^n)\right)$$

(unter den Voraussetzungen für die Zulässigkeit der Termeinsetzung f^n/g^n).

Aus (11) durch Spezialisierung, Einsetzung $g^n/\boldsymbol{\lambda}\overset{n}{z}f^{m+n}\left(\overset{m}{x},\overset{n}{z}\right)$ und AK*

$$(12)\qquad \vdash_P^{(2)} \forall\overset{n}{z}\left(\boldsymbol{\lambda}\overset{n}{z}f^{m+n}\left(\overset{m}{x},\overset{n}{z}\right)\left(\overset{n}{z}\right) \equiv f^n\left(\overset{n}{z}\right)\right) \wedge H\left(\overset{m}{x}, f^n\right) \to H\left(\overset{m}{x}, \boldsymbol{\lambda}\overset{n}{z}f^{m+n}\left(\overset{m}{x},\overset{n}{z}\right)\right).$$

Aus (9) und (12) mit AK* und der Abkürzung (4)

$$(13)\qquad \vdash_P^{(2)} \Theta\left(\overset{m}{x}, f^n, R^{m+n+1}\right) \wedge \forall\overset{m}{z}\forall\overset{n}{x} R^{m+n+1}\,\overset{m}{x}\,\overset{n}{z}\,f^{m+n}\left(\overset{m}{x},\overset{n}{z}\right)$$
$$\to H\left(\overset{m}{x}, \boldsymbol{\lambda}\overset{n}{z}f^{m+n}\left(\overset{m}{x},\overset{n}{z}\right)\right).$$

Hieraus — wofür die Prämissen jeweils passend „sortiert" werden müssen — zunächst durch $Pv(f^n)$, $Gv\left(\overset{m}{x}\right)$, $Gh\left(\overset{m}{x}\right)$, $Ph(f^{m+n})$, $Pv(f^{m+n})$

$$(14)\qquad \vdash_P^{(2)} \forall\overset{m}{x}\exists f^n \Theta\left(\overset{m}{x}, f^n, R^{m+n+1}\right)$$
$$\wedge \exists f^{m+n} \forall\overset{m}{x}\forall\overset{n}{z} R^{m+n+1}\,\overset{m}{x}\,\overset{n}{z}\,f^{m+n}\left(\overset{m}{x},\overset{n}{z}\right)$$
$$\to \exists f^{m+n}\forall\overset{m}{x} H\left(\overset{m}{x}, \boldsymbol{\lambda}\overset{n}{z}f^{m+n}\left(\overset{m}{x},\overset{n}{z}\right)\right),$$

wovon wegen (7) die zweite Prämisse weggelassen werden kann. Aus dem Rest von (14) durch $Pv(R^{m+n+1})$

$$(15)\qquad \vdash_P^{(2)} R\exists^{m+n+1} \forall\overset{m}{x}\exists f^n \Theta\left(\overset{m}{x}, f^n, R^{m+n+1}\right)$$
$$\to \exists f^{m+n}\forall\overset{m}{x} H\left(\overset{m}{x}, \boldsymbol{\lambda}\overset{n}{z}f^{(m+n}\left(\overset{m}{x},\overset{n}{z}\right)\right).$$

Aus (3), (4) und (15) schließlich durch Kettenschluß

$$(16)\qquad 2.3.$$

3. *Zur Äquivalenz von Unendlichkeitsdefinitionen.*

Nachdem in § 203, 2. gezeigt worden ist, wie die Implikation $\mathfrak{U}_1\to\mathfrak{U}_2$, also a fortiori die Äquivalenz $\mathfrak{U}_1\leftrightarrow\mathfrak{U}_2$ für gewisse Quasiinterpretationen $\mathfrak{J}$ des (vorläufigen) PFK$_0^{(2)}$ als $\mathfrak{J}$-falsch erwiesen werden kann, zeigen wir jetzt durch einen Beweis unter Verwendung von *Sim* (in der Folgerung: 2.2), daß der PFK$^{(2)}$ durch die Einführung von *Sim* effektiv verstärkt worden ist, daß also durch *Sim* gewisse Quasiinterpretationen ausgeschlossen werden. Es gilt (vgl. § 203, 1.)

$$3.1.\qquad \vdash_P^{(2)} \mathfrak{U}_1\to\mathfrak{U}_2.$$

---

[1] In reicheren Sprachen wäre hier ein besonderes Axiom erforderlich, s. z.B. § 210, 1.3.4, (2).

Beweis: Die ersten Zwischenziele sind *(5) und *(21). Mit $\mathfrak{N}^0(a, f, x)$ $=_{Df} \forall P\big(Pa \wedge \forall y(Py \to Pf(y)) \to Px\big)$ durch $P/\lambda x P_1^2 a f(x)$ und λ-Konversion

(1) $\quad \vdash_P^{(2)} \mathfrak{N}^0(a, f, x) \to \big(P_1^2 a f(a) \wedge \forall y(P_1^2 a f(y) \to P_1^2 a f(f(y))) \to P_1^2 a f(x)\big)$.

Da $\forall xyz(P_1^2 xy \wedge P_1^2 yz \to P_1^2 xz)$ zu $\mathfrak{U}_1^0$ gehört, liefert

(2) $\quad \vdash_P^{(2)} \forall x\, P_1^2 x f(x) \to \forall y P_1^2 f(y) f(f(y))$

durch verallgemeinerte Abtrennung

(3) $\quad \vdash_P^{(2)} \mathfrak{U}_1^0 \wedge \forall x P_1^2 x f(x) \to \big(P_1^2 a f(a) \wedge \forall y(P_1^2 a f(y) \to P_1^2 a f(f(y)))\big)$,

mit (1) und AK*

(4) $\quad \vdash_P^{(2)} \mathfrak{U}_1^0 \wedge \forall x\, P_1^2 x f(x) \wedge \mathfrak{N}^0(a, f, x) \to P_1^2 a f(x)$,

und da $\forall x \sim P_1^2 xx$ zu $\mathfrak{U}_1^0$ gehört, mit IFK*

*(5) $\quad \vdash_P^{(2)} \mathfrak{U}_1^0 \wedge \forall x P_1^2 x f(x) \wedge \mathfrak{N}^0(a, f, x) \to a \not\equiv f(x)$.

Aus $\vdash_I x \equiv x$ durch λ-Konversion und AK*

(6) $\quad \vdash_P^{(2)} \mathfrak{N}^0(x, f, y) \to \lambda z\big(x \equiv z \vee \mathfrak{N}^0(f(x), f, z)\big) x$.

Mit $Gv(P)$, $P/\lambda z P f(z)$, $\vdash_P \forall y\big(Py \to Pf(y)\big) \to \forall y\big(Pf(y) \to Pf(f(y))\big)$, verallgemeinerter Abtrennung und $Gh(P)$

(7) $\quad \vdash_P^{(2)} \mathfrak{N}^0(x, f, y) \to \mathfrak{N}^0\big(f(x), f, f(y)\big)$,

also a fortiori (mit AK* und λ-Konversion)

(8) $\quad \vdash_P^{(2)} \mathfrak{N}^0(x, f, y)$

$\qquad \to \big(\lambda z(x \equiv z \vee \mathfrak{N}^0(f(x), f, z)) y \to \lambda z(x \equiv z \vee \mathfrak{N}^0(f(x), f, z)) f(y)\big)$.

Durch Einsetzung $P/\lambda z\big(x \equiv z \vee \mathfrak{N}^0(f(x), f, z)\big)$ in

(9) $\quad \vdash_P^{(2)} \mathfrak{N}^0(x, f, y) \to \big(Px \wedge \forall y(Py \to Pf(y)) \to Py\big)$

und verallgemeinerte Abtrennung von (6) und (8)

(10) $\quad \vdash_P^{(2)} \mathfrak{N}^0(x, f, y) \to \lambda z\big(x \equiv z \vee \mathfrak{N}^0(f(x), f, z)\big) y$,

d.i.

(11) $\quad \vdash_P^{(2)} \mathfrak{N}^0(x, f, y) \to \big(x \equiv y \vee \mathfrak{N}^0(f(x), f, y)\big)$.

Hieraus mit $\vdash_P^{(2)} \mathfrak{N}^0\big(x, f, f(x)\big)$

(12) $\quad \vdash_P^{(2)} \mathfrak{N}^0(x, f, y) \to \big(\mathfrak{N}^0(y, f, f(x)) \vee \mathfrak{N}^0(f(x), f, y)\big)$,

und wegen

(13) $\quad \vdash_P^{(2)} \mathfrak{N}^0(y, f, x) \to \mathfrak{N}^0\big(y, f, f(x)\big)$

mit AK*

(14) $\quad \vdash_P^{(2)} \mathfrak{N}^0(y, f, x) \vee \mathfrak{N}^0(x, f, y) \to \mathfrak{N}^0\big(y, f, f(x)\big) \vee \mathfrak{N}^0\big(f(x), f, y\big)$.

Mit $\boldsymbol{K}(y, f)$ für $\boldsymbol{\lambda} z\left(\mathfrak{N}^0(y, f, z) \vee \mathfrak{N}^0(z, f, y)\right)$ ist das

$$(15) \qquad \vdash_P^{(2)} \boldsymbol{K}(y, f)\, x \to \boldsymbol{K}(y, f)\, f(x)\,,$$

und in Verbindung mit

$$(16) \qquad \vdash_P^{(2)} \mathfrak{N}^0(a, f, y) \to \boldsymbol{K}(y, f)\, a \qquad \text{(nach Definition von } \boldsymbol{K}(y, f))$$

und (dies mit $Gv(P)$ und Einsetzung $P/\boldsymbol{K}(y, f)$)

$$(17) \qquad \vdash_P^{(2)} \mathfrak{N}^0(a, f, x) \to \big(\boldsymbol{K}(y, f)\, a \wedge \forall x\, (\boldsymbol{K}(y, f)\, x \to \boldsymbol{K}(y, f)\, f(x)) \to \boldsymbol{K}(y, f)\, x\big)$$

durch verallgemeinerte Abtrennung

$$(18) \qquad \vdash_P^{(2)} \mathfrak{N}^0(a, f, x) \wedge \mathfrak{N}^0(a, f, y) \to \mathfrak{N}^0(y, f, x) \vee \mathfrak{N}^0(x, f, y)\,.$$

Eine Variante von (11) ergibt

$$(19) \qquad \vdash_P^{(2)} \mathfrak{N}^0(x, f, y) \wedge x \equiv y \to \mathfrak{N}^0\big(f(x), f, y\big)\,,$$

und wegen (5) mit x/y, $a/f(x)$,

$$(20) \qquad \vdash_P^{(2)} \mathfrak{U}_1^0 \wedge \forall x\, P_1^2 x f(x) \wedge \mathfrak{N}^0(x, f, y) \wedge x \equiv y \to f(x) \equiv f(y)\,.$$

Da hierin x und y im wesentlichen symmetrisch eingehen, kann die Prämisse $\mathfrak{N}^0(x, f, y)$ nach (18) ersetzt werden, mit dem Resultat

$$*(21) \qquad \vdash_P^{(2)} \mathfrak{U}_1^0 \wedge \forall x\, P_1^2 x f(x) \wedge \mathfrak{N}^0(a, f, x) \wedge \mathfrak{N}^0(a, f, y) \to \big(x \equiv y \to f(x) \equiv f(y)\big)\,.$$

Mit $\boldsymbol{P}$ für $\boldsymbol{\lambda} xy\left(\mathfrak{N}^0(a, f, x) \wedge y \equiv f(x) \vee \sim \mathfrak{N}^0(a, f, x) \wedge y \equiv x\right)$ beweisen wir als nächstes $\mathfrak{U}_1^0 \wedge \forall x\, P_1^2 x f(x) \to \mathfrak{U}_2^0 (P_2^2/\boldsymbol{P})$. Die Hauptschritte sind wieder *markiert.

$$(22) \qquad \vdash_P^{(2)} \sim \mathfrak{N}^0(a, f, x) \to a \equiv x \qquad \text{(wegen } \vdash_P^{(2)} \mathfrak{N}^0(a, f, a))$$

und (5) ergibt

$$*(23) \qquad \vdash_P^{(2)} \mathfrak{U}_1^0 \wedge \forall x\, P_1^2 x f(x) \to \forall x \sim \boldsymbol{P} x a$$

$$\to \exists y\, \forall x \sim \boldsymbol{P} xy\,.$$

Andererseits aus

$$(24) \qquad \vdash_P^{(2)} \mathfrak{N}^0(a, f, x) \wedge f(x) \equiv f(x) \vee \sim \mathfrak{N}^0(a, f, x) \wedge x \equiv x$$

über $\vdash_P^{(2)} \exists y\left(\mathfrak{N}^0(a, f, x) \wedge y \equiv f(x)\right) \vee \exists y\left(\mathfrak{N}^0(a, f, x) \wedge y \equiv x\right)$

$$*(25) \qquad \vdash_P^{(2)} \forall x\, \exists y\, \boldsymbol{P} xy\,.$$

Durch Ausdistribuieren von $\boldsymbol{P} yz \wedge \boldsymbol{P} uz$

$$(26) \qquad \vdash_P^{(2)} \boldsymbol{P} yz \wedge \boldsymbol{P} uz \to$$

$$(a) \qquad \mathfrak{N}^0(a, f, y) \wedge z \equiv f(y) \wedge \mathfrak{N}^0(a, f, u) \wedge z \equiv f(u)$$

$$(b) \qquad \vee\, \mathfrak{N}^0(a, f, y) \wedge z \equiv f(y) \wedge \sim \mathfrak{N}^0(a, f, u) \wedge z \equiv u$$

$$(c) \qquad \vee \sim \mathfrak{N}^0(a, f, y) \wedge z \equiv y \wedge \mathfrak{N}^0(a, f, u) \wedge z \equiv f(u)$$

$$(d) \qquad \vee \sim \mathfrak{N}^0(a, f, y) \wedge z \equiv y \wedge \sim \mathfrak{N}^0(a, f, u) \wedge z \equiv u\,.$$

Das Glied (d) liefert $y \equiv u$, das Glied (a) liefert $y \equiv u$ unter den Voraussetzungen von (21), die Glieder (b) und (c) sind widerspruchsvoll wegen

$$(27) \qquad \vdash_P^{(2)} \mathfrak{N}^0(a, f, y) \wedge z \equiv f(y) \wedge z \equiv u \to \mathfrak{N}^0(a, f, f(y)) \wedge f(y) \equiv u,$$

so daß, mit (21),

$$(28) \qquad \vdash_P^{(2)} \mathfrak{U}_1^0 \wedge \forall x\, P_1^2 x f(x) \to (\boldsymbol{P}yz \wedge \boldsymbol{P}uz \to y \equiv u)$$

folgt, also schließlich mit LP*

$$*(29) \qquad \vdash_P^{(2)} \mathfrak{U}_1^0 \wedge \forall x\, P_1^2 x f(x) \to (\boldsymbol{P}xy \wedge \boldsymbol{P}yz \wedge \boldsymbol{P}uz \to \boldsymbol{P}xu).$$

Durch Zusammenfassung von (23), (25) und (29)

$$(30) \qquad \vdash_P^{(2)} \mathfrak{U}_1^0 \wedge \forall x\, P_1^2 x f(x) \to \mathfrak{U}_2^0(P_2^2/\boldsymbol{P})$$

und durch verallgemeinerte $Ph(P_2^2)$

$$(31) \qquad \vdash_P^{(2)} \mathfrak{U}_1^0 \wedge \forall x\, P_1^2 x f(x) \to \mathfrak{U}_2 \qquad (\text{d.i.: } \ldots \to \exists P_2^2 \mathfrak{U}_2^0).$$

Die noch störende Prämisse $\forall x\, P_1^2 x f(x)$ kann zunächst, da f in $\mathfrak{U}_1^0$ und $\mathfrak{U}_2$ nicht vorkommt, gleichwertig (Pv) durch $\exists f \forall x\, P_1^2 x f(x)$ ersetzt, und da $\forall x \exists y\, P_1^2 xy$ zu $\mathfrak{U}_1^0$ gehört, durch *Anwendung* des *Auswahlprinzips* in der Form 2.2 beseitigt werden. Dann folgt durch $Pv(P_1^2)$

$$(32) \qquad 3.1.$$

Es gilt auch die Umkehrung von 3.1

$$3.2. \qquad \vdash_P^{(2)} \mathfrak{U}_2 \to \mathfrak{U}_1.$$

Da hier der Beweis ohne Verwendung von *Sim* gelingt, sei nur ein Ansatz angegeben:

Mit $\mathfrak{N}^*(x, P_2^2, y)$ für $\forall P\big(Px \wedge \forall uv(Pu \wedge P_2^2 uv \to Pv) \to Py\big)$ und $\boldsymbol{P}^*$ für

$$\boldsymbol{\lambda} zw\big(\sim \mathfrak{N}^*(a, P_2^2, z) \wedge \mathfrak{N}^*(a, P_2^2, w) \vee \mathfrak{N}^*(a, P_2^2, z) \wedge \mathfrak{N}^*(z, P_2^2, w) \wedge z \not\equiv w\big)$$

beweist man zunächst $\mathfrak{U}_2^0 \wedge \forall y \sim P_2^2 ay \to \mathfrak{U}_1^0(P_1^2/\boldsymbol{P}^*)$. Der Rest folgt durch verallgemeinerte $Ph(P_1^2)$, $Pv(a)$ und $Pv(P_2^2)$.

§ 205. Zum Repräsentantenproblem der PFL$^{(2)}$

Da in der PFS$^{(2)}$ alle Variablen quantifiziert werden können, kann man sich beim Repräsentantenproblem auf abgeschlossene Ausdrücke beschränken, und für diese fallen α-Gültigkeit und α-Erfüllbarkeit zusammen. Wir beschränken uns hier auf die *Erfüllbarkeit* in *unendlichen* Bereichen, wo gegenüber dem PFK und IFK eine wesentlich neue Situation vorliegt. Wir legen zunächst die Standard-Konvention zugrunde.

1. *Die Nichtabzählbarkeit der Attributenbereiche.*

Wir beschränken uns hier auf die einstelligen Attribute. Der unter
1.3 abgeleitete Ausdruck drückt — im Sinne der Standard-Konvention
in einem *unendlichen* Bereich α mit der Mächtigkeit $|\alpha|$ interpretiert —
aus, daß die Mächtigkeit $|\beta|$ des Attributenbereichs $>|\alpha|$, in jedem
Falle also nichtabzählbar ist. Wir gelangen zu 1.3 durch folgenden
Ansatz: Daß $|\beta|\leqq|\alpha|$, kann ausgedrückt werden durch die Existenz
einer Abbildung von α *auf* β. Jede Abbildung φ von α *in* β (mit dem
Grenzfall „auf") läßt sich darstellen durch ein zweistelliges Attribut $\mathfrak{A}^2$
auf Grund der eineindeutigen Zuordnung

1.1. $\mathfrak{A}^2 = (Cl\,\mathfrak{x}\,\mathfrak{y})\left(\mathfrak{x}\,El\,\alpha\;et\;\mathfrak{y}\,El\,\varphi(\mathfrak{x})\right),\quad \varphi(\mathfrak{x}) = (Cl\,\mathfrak{y})\left(\mathfrak{A}^2\ni(\mathfrak{x},\mathfrak{y})\right).$

     Die Existenz einer Abbildung von α *auf* β kann nun ausge-
     drückt werden durch

1.2. $\exists R^2\,\forall\,P^1\,\exists\,x\,\forall\,y\,(P^1y\leftrightarrow R^2xy).^1$

     Wir zeigen nun aber

1.3. $\vdash_P^{(2)}\sim\exists R^2\,\forall\,P^1\,\exists\,x\,\forall\,y\,(P^1y\leftrightarrow R^2xy).$

Beweis: Aus

(1) $\vdash_P^{(2)}(P^1y\leftrightarrow\sim R^2xy)\to\sim(P^1y\leftrightarrow R^2xy)$ AK*

     durch $Ph(y)$, y/x, $Gv(x)$, $Gh(x)$, $Ph(P^1)$, $Pv(P^1)$, $Gv(R^2)$ und $Gh(R^2)$

(2) $\vdash_P^{(2)}\forall R^2\,\exists\,P^1\,\forall\,x\,(P^1x\leftrightarrow\sim R^2xx)\to\forall R^2\,\exists\,P^1\,\forall\,x\,\exists\,y\sim(P^1y\leftrightarrow R^2xy).$

     Generalisierung eines Komprehensionstheorems ergibt

(3) $\vdash_P^{(2)}\forall R^2\,\exists\,P^1\,\forall\,x\,(P^1x\leftrightarrow\sim R^2xx),$

     durch Abtrennung

(4) $\vdash_P^{(2)}\forall R^2\,\exists\,P^1\,\forall\,x\,\exists\,y\sim(P^1y\leftrightarrow R^2xy).$

Dies ist — bis auf verneinungstechnische Umformungen — 1.3. Analog
beweist man die Nichtabbildbarkeit einer (durch ein einstelliges Attribut
$\mathfrak{B}(M^1)$ gegebene) Menge auf ihre *Potenzmenge*[2].

     1.4. $\vdash_P^{(2)}\sim\exists R^2\,\forall\,P^1\left(\forall z\,(P^1z\to M^1z)\to\exists x\,(M^1x\wedge\forall\,y\,(P^1y\leftrightarrow R^2xy))\right).$

Da der PFK$^{(2)}$ so aufgebaut ist, daß alle PFK$^{(2)}$-Sätze allgemeingültig
sind im Sinne der Standard-Konvention, folgt die Allgemeingültigkeit
der unter 1.3 und 1.4 bewiesenen Ausdrücke, also die *absolute Nicht-*
existenz der durch R^2 angedeuteten Abbildungen.

---

[1] $\forall\,y\,(P^1y\leftrightarrow R^2xy)$ statt $P^1\equiv\lambda y\,R^2xy$, da wir in der PFS$^{(2)}$ keine Gleichungen
zwischen Prädikaten eingeführt haben.

[2] Die Menge aller Teilmengen von M ist in natürlicher Weise der Menge $\{W,\,F\}^M$
mit der Anzahl $2^{|M|}$ (§ 6, 4.2) zugeordnet und heißt deshalb auch „Potenzmenge".

2. *Ein genau im Abzählbaren erfüllter Ausdruck.*

Wir lösen zunächst die etwas allgemeinere Aufgabe, einen Ausdruck anzugeben, der durch ein $\mathfrak{B}$ mit genau abzählbarem $\mathfrak{B}(M^1)$ erfüllt wird. Es handelt sich dabei — bis auf die Partikularisierung $\exists x \exists f^1$ — um ein Axiomensystem für die natürlichen Zahlen. Es sei (vgl. § 200, 1.3.3)

2.1. $\mathfrak{R}(M^1) =_{Df} \exists x \, \exists f^1 \big(M^1 x \wedge \forall y \, (M^1 y \to M^1 f^1 (y))$

$$\wedge \forall y \, (M^1 y \to f^1 (y) \not\equiv x)$$

$$\wedge \forall yz \, (M^1 y \wedge M^1 z \wedge f^1 (y) \equiv f^1 (z) \to y \equiv z)$$

$$\wedge \forall P^1 \big(P^1 x \wedge \forall y \, (P^1 y \to P^1 f^1 (y)) \to \forall y \, (M^1 y \to P^1 y) \big) \big).$$

Genau im Abzählbar-Unendlichen erfüllbar ist nun

2.2. $\mathfrak{R}(M^1) \wedge \forall y \, M^1 y$,   oder auch $\exists M^1 \big(\mathfrak{R}(M^1) \wedge \forall y \, M^1 y \big).$

Wegen der Nebenbedingung $\forall y \, M^1 y$ könnte man hier $\mathfrak{R}(M^1)$ erheblich vereinfachen. Wir brauchen aber $\mathfrak{R}(M^1)$ später (in 3.2; 3.3).

3. *Die Mächtigkeiten der iterierten Potenzierung.*

Wir definieren zunächst die Beziehung zwischen einer Menge $\mathfrak{B}(P^1)$ und einer Menge $\mathfrak{B}(M^1)$, zwischen deren Potenzmenge und $\mathfrak{B}(P^1)$ eine eineindeutige Beziehung besteht, durch einen Ausdruck $\mathfrak{P}(P^1, M^1)$, der von einer Belegung $\mathfrak{B}$ genau dann erfüllt wird, wenn die angegebene Situation vorliegt.

3.1. $\mathfrak{P}(P^1, M^1) =_{Df} \exists R^2 \big(\forall xy \, (\forall z \, (R^2 xz \leftrightarrow R^2 yz) \to x \equiv y)$

$$\wedge \forall x \, (P^1 x \to \forall z \, (R^2 xz \to M^1 z))$$

$$\wedge \forall N^1 \big(\forall z \, (N^1 z \to M^1 z) \to \exists x \, (P^1 x \wedge \forall z (N^1 z \leftrightarrow R^2 xz)) \big) \big).$$

Für die Funktion φ, die im Sinne von 1.1 dem durch R^2 angedeuteten Attribut $\mathfrak{A}^2$ entspricht, formuliert, besagt $\mathfrak{P}(P^1, M^1)$:

Es gibt ein φ, das

(1) eindeutig umkehrbar ist,

(2) jedem Element von P^1 eine Teilmenge von M^1 zuordnet,

(3) jede Teilmenge von M^1 als Wert liefert.

Ein genau für die Bereiche mit der Mächtigkeit der Potenzmenge der natürlichen Zahlen (d.i. die Mächtigkeit des Kontinuums[1]) erfüllbarer Ausdruck ist

3.2. $\exists P^1 M^1 \big(\forall y \, P^1 y \wedge \mathfrak{P}(P^1, M^1) \wedge \mathfrak{R}(M^1) \big).$

---

[1] Da die Potenzmenge der natürlichen Zahlen eineindeutig abbildbar ist auf die Menge der reellen Zahlen, wird ihre Mächtigkeit meist als „Mächtigkeit des Kontinuums" bezeichnet.

Zur Vereinfachung ist dabei ausgenützt, daß mit $\mathfrak{P}(P^1, M^1)$ die Bedingung $\forall x (M^1 x \to P^1 x)$ verträglich ist.

Analog erhält man eine Folge von Ausdrücken, deren Erfüllbarkeit in α dem Bereich α immer größere Mächtigkeiten vorschreibt. Das Schema dafür ist:

$$3.3. \quad \exists P_1^1 \ldots P_n^1 M^1 \left(\forall y P_n^1 y \wedge \mathfrak{P}(P_n^1, P_{n-1}^1) \wedge \cdots \wedge \mathfrak{P}(P_2^1, P_1^1) \right.$$
$$\left. \wedge \mathfrak{P}(P_1^1, M^1) \wedge \mathfrak{R}(M^1) \right).$$

4. *Andere Repräsentierbarkeitsprobleme.*

Man kann mit ähnlichen Methoden wie denen von 3.3 dem Individuenbereich noch größere Mächtigkeiten vorschreiben oder auch Ausdrücke bilden, die für verschiedene vorgeschriebene Mächtigkeiten erfüllbar sind. Als Kontrast zum Folgenden genügt aber schon das Beispiel 3.2 eines Ausdrucks, der genau „im Kontinuum" erfüllbar ist, oder das etwas einfachere Beispiel

$$4.1. \quad \exists P^1 M^1 \left(\mathfrak{P}(P^1, M^1) \wedge \mathfrak{R}(M^1) \right)$$

eines Ausdrucks, der „von der Mächtigkeit des Kontinuums an" erfüllbar ist.

Das Repräsentantenproblem im Sinne von § 80 (PFK) ist also für die $\text{PFL}^{(2)}$ nicht nur zu ergänzen durch eine „Spektraltheorie" im Sinne von § 134, 8., sondern darüber hinaus durch eine Spektraltheorie für unendliche Kardinalzahlen. Beiträge dazu liefern außer 2.3 und 3. auch § 215, 4.1 und § 219, 2.

§ 206. Das Theorem von LÖWENHEIM-SKOLEM

1. *Von der Standard-Konvention zur axiomatischen Auffassung.*

Daß mit den Axiomen und Regeln des $\text{PFK}^{(2)}$ mehr Interpretationen verträglich sind, als der Standard-Konvention entsprechen, kann man für den Fall des auf die λ-Protonen beschränkten Kalküls schon aus den Erörterungen von § 203, 2.6 entnehmen. Darüber hinaus wird sich zeigen, daß für keine Erweiterung der Protonenmenge (durch allgemeingültige oder auch durch die für einen festen unendlichen Bereich gültigen Ausdrücke) genau die Interpretationen im Sinne der Standard-Konvention übrig bleiben. Man hat daraus geschlossen, daß die Standard-Konvention überhaupt unbeschreibbar und damit sinnlos sei. Andererseits hängen so wesentliche und bewährte Begriffsbildungen von der Standard-Konvention ab, daß man nicht darauf verzichten sollte[1]. Die axiomatische Methode erweist sich also als unzulänglich zur Definition der intendierten Begriffe, behält aber ihre Bedeutung für die Auffindung von Sätzen, die dann — unter anderem — bei Interpretationen im

---

[1] Zum Beispiel die Monomorphie von Axiomensystemen (§ 106, 2.6 und § 167).

Standard-Sinne gelten. Zu wissen, bei welchen Quasi-Interpretationen sie außerdem noch gelten (oder nicht gelten), kann nützlich sein zur Beurteilung der Voraussetzungen für einen Beweis. — So z.B. in § 203; eine andere Art von Quasi-Interpretationen liefert der Beweis des folgenden Theorems.

2. *Das Theorem von* Löwenheim-Skolem *für die PFL$^{(2)}$*.

Ein Analogon des Theorems von Löwenheim-Skolem kann wegen § 205, 4.1 nur gelten, wenn Quasi-Interpretationen zugelassen werden. Unter dieser Voraussetzung gilt:

*2.1. Zu jeder standard-erfüllbaren Ausdrucksmenge M gibt es eine Quasi-Interpretation β und eine β-Belegung $\mathfrak{B}$, die M erfüllt, und bei der alle Objektbereiche (Individuen-, Attributen-, Funktionen-Bereiche) höchstens abzählbar sind.

Der *Beweis* beruht darauf, daß die Menge der PF$^{(2)}$-Ausdrücke abzählbar-unendlich ist, und kann sinngemäß von § 79 übertragen werden. Die Beweisidee muß aber der reicheren Sprache angepaßt werden; daraus ergibt sich eine andere Durchführung.

(1) Da die PFS$^{(2)}$ keine Variablen für Funktionen mit Attributen oder Funktionen als Argumenten oder Werten enthält, kann die Anwendung des Auswahlprinzips nicht in den Beweis eines Analogons zu § 75, 3.^{1} verlegt werden. Wir können aber ohne Einschränkung der Allgemeinheit annehmen, daß M aus *pränexen Normalformen* (analog zu § 73, 1.) besteht.

(2) Jedes $\exists$ im Präfix eines H aus M gibt Anlaß zur Einführung einer *Auswahlfunktion* Φ nach folgender Direktive: $\Phi(\mathfrak{o}_1, \ldots, \mathfrak{o}_n)$ ist ein Beispiel für die Objekte, deren Existenz durch dieses $\exists$ ausgedrückt ist, in Abhängigkeit von dem Belag $(\mathfrak{o}_1, \ldots, \mathfrak{o}_n)$ der vorangehenden generalisierten Variablen. Zum Beispiel gibt

(2.1) $H = \forall x \forall P \forall f \exists y \exists R \exists g \forall z \exists u\, H_*$

Anlaß zur Einführung von vier Funktionen $\Phi_1, \ldots, \Phi_4$ mit der Eigenschaft (mit „Erf_α" im Standard-Sinne von § 201, 2.)

(2.2) $\mathfrak{B}\, Erf_\alpha\, H\ seq \ldots$

$$\begin{pmatrix} x\,P\,f & y & R & g & z & u \\ \mathfrak{x}\,\mathfrak{A}\,\varphi & \Phi_1(\mathfrak{x},\mathfrak{A},\varphi) & \Phi_2(\mathfrak{x},\mathfrak{A},\varphi) & \Phi_3(\mathfrak{x},\mathfrak{A},\varphi) & \mathfrak{z} & \Phi_4(\mathfrak{x},\mathfrak{A},\varphi,\mathfrak{z}) \end{pmatrix} \mathfrak{B}\, Erf_\alpha\, H_* .$$

Vgl. den Beweis von § 75, 3.2, (2) mit dem Zusatz § 75, 5.

(3) Durch Symbole („Typen") τ_ν, welche den Charakter der als Argumente oder Werte möglichen Objekte anzeigen, sei durch

---

^{1} Erfüllbarkeitsverbundene Überführung in einen Ausdruck mit einem All-Präfix.

„$\Phi_i^{(\tau_0/\tau_1\ldots\,\tau_n)}$'' angezeigt, daß $\Phi_i^{(\tau_0/\tau_1\ldots\,\tau_n)}$ eine n-stellige Funktion ist, deren ν-te Argumentstelle ($\nu = 1, \ldots, n$) für Objekte vom Typus τ_ν reserviert ist und deren Werte Objekte vom Typus τ_0 sind. Durch das jeweilige Präfix sind dann die Typen $(\tau_0/\tau_1 \ldots \tau_n)$ der einzuführenden Auswahlfunktion festgelegt. Der Grenzfall $n = 0$ ist sinngemäß zu behandeln. Insbesondere sei durch „ι'' bzw. „o'' der Typus der Individuen bzw. der Wahrheitswerte angezeigt[1].

(4)   Zur Vermeidung von Fallunterscheidungen adjungieren wir zu M die beweisbaren Ausdrücke der Form $\forall \overset{n}{x} \exists y\, y \equiv f^n(\overset{n}{x})$; dadurch werden die Funktionen $\mathfrak{B}(f^n)$ automatisch als gewisse $\Phi_i^{(\iota/\iota\ldots\,\iota)}$ berücksichtigt.

Insgesamt werden durch (3) und (4) höchstens abzählbar viele Funktionen Φ_i eingeführt.

(5)   Wir konstruieren das System der Objektbereiche M^τ für alle Typen τ von Objekten $\mathfrak{o}^\tau$ simultan:

(5.1) $M_0^\tau =_{Df} (Cl\, \mathfrak{o}^\tau)\,(Ex\, v)\,\big(\mathfrak{o}^\tau = \mathfrak{B}(v)\big)$.

Das heißt: Zu M_0^τ soll der Belag aller Variablen v „vom Typus τ'' gehören[2].

(5.2) $M_{k+1}^\tau =_{Df} M_k^\tau \cup (Cl\, \mathfrak{o}^\tau)\,(Ex\, \Phi^{(\tau/\tau_1\ldots\,\tau_n)})\,(Ex\, \mathfrak{o}^{\tau_1}, \ldots, \mathfrak{o}^{\tau_n})$
$$\big(\ldots \mathfrak{o}^{\tau_i}\, El\, M_k^{\tau_i} \ldots et\, \mathfrak{o}^\tau = \Phi^{(\tau/\tau_1\ldots\,\tau_n)}(\mathfrak{o}^{\tau_1}, \ldots, \mathfrak{o}^{\tau_n})\big),$$

(5.3) $M^\tau =_{Df} \overset{\infty}{\underset{k=0}{\bigcup}}\, M_k^\tau$.

(6)   Jedes M^τ ist höchstens abzählbar. Das System der M^τ ist abgeschlossen in bezug auf alle Funktionen $\Phi^{(\tau/\tau_1\ldots\,\tau_n)}$; denn

(6.1) $\ldots, \mathfrak{o}^{\tau_i} \in M_{k_i}^{\tau_i}, \ldots\, et\, k \geqq \ldots, k_i, \ldots\, seq\, \ldots, \mathfrak{o}^{\tau_i} \in M_k^{\tau_i}, \ldots$

(6.2) $\qquad\qquad\qquad\qquad seq\, \Phi^{(\tau/\tau_1\ldots\,\tau_n)}(\mathfrak{o}^{\tau_1}, \ldots, \mathfrak{o}^{\tau_n}) \in M_{k+1}^\tau$,

(6.3) $\qquad\qquad\qquad\qquad seq\, \Phi^{(\tau/\tau_1\ldots\,\tau_n)}(\mathfrak{o}^{\tau_1}, \ldots, \mathfrak{o}^{\tau_n}) \in M^\tau$.

(7)   Wir setzen $\big($vgl. § 79, 1.(4)$\big)$

$$\bar{\alpha} =_{Df} M^\iota$$

und beschränken die in M^τ für $\tau \neq \iota$ vorkommenden Attribute bzw. Funktionen auf $\bar{\alpha}$. Durch diese Beschränkung entstehe insbesondere

(7.1) β^τ für $\tau \neq \iota$ aus M^τ (mit dem Grenzfall $\beta^\iota = M^\iota$),

---

[1] Die hier in Einzelfällen benutzte Charakterisierung der Objekte durch Typensymbole wird in § 208, 2.1 systematisch behandelt.

[2] Hierdurch wird gesichert, daß alle konstruierten Objektbereiche nicht leer werden.

(7.2) $\overline{\mathfrak{B}}$ aus dem in (2.2) vorausgesetzten $\mathfrak{B}$.

Da (z.B.!) H_* von (2.1) ein offener Ausdruck ist, gilt im Anschluß an (2.2) $\big($vgl. § 79, 1., (5)$\big)$ für alle $\mathfrak{x}$, $\mathfrak{A}$, φ, $\mathfrak{z}$ aus den jeweiligen β^τ bzw. aus $\bar{\alpha}$

(8) $\qquad \mathfrak{B}\, Erf_\alpha\, H\; seq\; \ldots$

$$\begin{pmatrix} x\,P\,f & y & R & g & z & u \\ \mathfrak{x}\,\mathfrak{A}\,\varphi & \Phi_1(\mathfrak{x},\mathfrak{A},\varphi) & \Phi_2(\mathfrak{x},\mathfrak{A},\varphi) & \Phi_3(\mathfrak{x},\mathfrak{A},\varphi) & \mathfrak{z} & \Phi_4(\mathfrak{x},\mathfrak{A},\varphi,\mathfrak{z}) \end{pmatrix} \overline{\mathfrak{B}\, Erf_{\bar{\alpha}}H_*}.$$

Hierbei ist „$Erf_{\bar{\alpha}}$" noch im Standard-Sinne gebraucht. Wird nun durch „$Erf_{\bar{\alpha}\beta}$" angezeigt[1], daß die Variabilitätsbereiche der Attributen- und Funktionsvariablen durch die jeweiligen β^τ gegeben sein sollen, so gilt weiter

(9) $\qquad \mathfrak{B}\, Erf_\alpha\, H\; seq\; \overline{\mathfrak{B}\, Erf_{\bar{\alpha}\beta}}\,\forall x\,\forall P\,\forall f\,\exists y\,\exists R\,\exists g\,\forall z\,\exists u\, H_*,$

da — wegen der Abgeschlossenheit der M^τ (nach (6)), also auch der β^τ — die Φ jeweils Beispiele zu den Partikularisierungen liefern. Da mit den M^τ auch $\bar{\alpha}$ und die β^τ höchstens abzählbar sind, ist 2.1 bewiesen.

3. Zur Bedeutung von 2.1.

3.1. M sei die Menge der Sätze des $PFK^{(2)}$ mit Auswahlprotonen (§ 203, 3.2). Dann besagt 2.1, daß die in § 203, 2.5 angezeigte Unzulänglichkeit durch die Einführung der Auswahlprotonen nicht aufgehoben ist. Denn wenn es auch gelingt, die Quasi-Interpretationen von § 203 auszuschließen, so bleiben doch andere — deren Struktur allerdings wesentlich schwerer übersehbar ist — übrig.

3.2. M sei eine Menge von $PF^{(2)}$-Ausdrücken mit den Eigenschaften
(1) alle H aus M sind allgemeingültig,
(2) man kann feststellen[2], ob H zu M gehört.
Die Menge der im Standard-Sinne für ein festes α mit $|\alpha| < \aleph_0$ gültigen Ausdrücke erfüllt die Bedingung (2), aber nicht (1). Die Menge der Implikationen $\mathfrak{U}_i \to \mathfrak{U}_j$ nach dem Muster von § 203, 1. erfüllt die Bedingung (1), aber — wie in § 238 unter anderem gezeigt wird — nicht (2).

Die Anwendung von 2.1 auf M zeigt, daß auch die „Verstärkung" des $PFK^{(2)}$ durch zusätzliche Protonen die Lage nicht wesentlich ändern würde, ganz abgesehen von der Schwierigkeit, *neue* Protonenmengen — von denen man sinngemäß (1) und (2) fordern würde — zu finden.

---

[1] Nicht einfacher: „Erf_β", da sonst β als Individuenbereich mißverstanden werden könnte. So wird durch den Doppelindex zugleich angezeigt, daß „Erf" hier im Sinne der Quasi-Interpretation gemeint ist.

[2] Dieser hier anschaulich verwendete Begriff wird in § 230, 2. präzisiert.

3.3.   Es ist zu erwarten, daß *nicht* gilt

3.3.0. $\mathfrak{B}\,Erf_{\bar{\alpha}\beta}M$ *et* $M\,\|{-}_P^{(2)}\mathsf{H}$ *seq* $\mathfrak{B}\,Erf_{\bar{\alpha}\beta}\mathsf{H}$,

da $\|{-}_P^{(2)}$ im Standard-Sinne definiert ist (§ 201, 2.1.1). Dagegen gilt ein syntaktisches Gegenstück·in der Form

3.3.1. $\mathfrak{B}\,Erf_{\bar{\alpha}\beta}M \cup N$ *et abg* M *et* $M\,{|{-}_P^{(2)}}\mathsf{H}$ *seq* $\mathfrak{B}\,Erf_{\bar{\alpha}\beta}\mathsf{H}$,

wo N aus den Generalisierten aller Komprehensionstheoreme (§ 202, 3.1) und den Sätzen der Form $\exists x\,x \equiv t$ besteht.

Erst durch die Adjunktion von N wird die Gültigkeit der Termeinsetzungsregeln für Quasi-Interpretationen gesichert[1]; die übrigen prädikatenlogischen Umformungen werden schon durch den Beweis von 2.1 erfaßt. Die Prämisse „*abg M*" ist durch die Übertragbarkeit von §107, 2. bedingt, und könnte durch die Verwendung eines analog zu § 109, 1.1 mit $|{-}_P^{(2)}$ definierten $Impl_P^{(2)}$ vermieden werden.

3.4.   Daß nicht etwa die Forderung 3.2,(2) für das Scheitern der axiomatischen Charakterisierung der Standard-Konvention verantwortlich ist, zeigt die Anwendung von 2.1 auf die Menge M^* *aller* allgemeingültigen oder auf die Menge M_α aller für *ein* unendliches α wahren Aussagen (Ausdrücke ohne freie Variablen). Immer kann M^* bzw. M_α auch im Sinne der Quasi-Interpretation erfüllt werden.

4. *Eine Antinomie?*

Zunächst scheinen sich 2.1 (in der Anwendung 3.1) und § 205, 4.1 (für den Fall der Individuen) bzw. § 205, 1.3 und 2.1 (Nichtabzählbarkeit des Attributenbereichs bei abzählbarem Individuenbereich) zu widersprechen. Das Befremden verschwindet, wenn man beachtet, daß die durch § 205, 1.3 bewiesene Nichtexistenz einer abzählenden Abbildung φ im Falle einer Quasi-Interpretation β nur das *Nichtvorkommen* von φ *in dem jeweiligen* β^τ ausdrücken kann.

§ 207. Eine konstruktive Attributentheorie

1. *Der* SKOLEM*sche Relativismus.*

Aus dem Umstande, daß jedes widerspruchsfreie Axiomensystem immer *auch* höchstens abzählbare Modelle besitzt, haben TH. SKOLEM und andere die Folgerung gezogen, daß es auch *nur* höchstens abzählbare Modelle gebe — weil man die anderen gar nicht adäquat beschreiben könne. — Man nennt deshalb diese Auffassung oft den SKOLEM*schen Relativismus*.

---

[1] Der Begriff der Quasi-Interpretation läßt sich so den verschiedensten Ableitbarkeitsbegriffen $|{-}$ anpassen, indem man das Erfülltsein einer geeigneten Menge $N_{|{-}}$ in die Definition aufnimmt.

2. *Eine Reduktion auf einstellige Attribute.*

Das eigentliche Problem tritt erst für unendliche Modelle auf. Zur Vereinfachung der folgenden Diskussion setzen wir deshalb voraus, daß das gegebene Axiomensystem die Struktur der natürlichen Zahlen beschreibt, und daß eine zweistellige Funktion c (symbolisiert durch $\mathbf{c}$) zur Verfügung steht, welche die Zahlenpaare eineindeutig auf die Zahlen abbildet[1]. Damit das Analogon auch für die Quasi-Interpretationen gilt, muß *beweisbar* sein:

$$(1) \quad \forall xyuv\left(\mathbf{c}(x,y) \equiv \mathbf{c}(u,v) \rightarrow x \equiv u \wedge y \equiv v\right),$$

$$(2) \quad \forall z\,\exists xy\left(z \equiv \mathbf{c}(x,y)\right).$$

Hiernach können wir uns auf die Diskussion der *einstelligen* Attribute beschränken, da in der PFS[(2)]

$$(3) \quad P_j^2 xy \quad \text{durch} \quad P_{c(2,j)}^1 \mathbf{c}(x,y),$$

also bei der Interpretation (für Mengen formuliert)

$$(4) \quad \mathfrak{A}^2 \text{ durch } (Cl\,\mathfrak{z})\,(Ex\,\mathfrak{x},\mathfrak{y})\left(\mathfrak{A}^2 \ni (\mathfrak{x},\mathfrak{y})\ et\ \mathfrak{z} = c(\mathfrak{x},\mathfrak{y})\right)$$

vertreten werden kann. Sinngemäß für mehrstellige Attribute.

β^τ sei hier immer der betrachtete Bereich der einstelligen Attribute, wir halten aber die allgemeine Indizierung fest.

3. *Eine positive Interpretation des Diagonalverfahrens.*

Im Sinne des SKOLEMschen Relativismus kann die Interpretation von § 205, 1.3 in § 206, 4. nun so abgeändert werden:

Für „jede" (d.i. jetzt: für jede abzählbare) Gesamtheit M von Attributen kommt kein Attribut, das im Sinne von 2. (4) und § 205, 1.1 eine Abbildung von M vermittelt, in M vor.

Wenn aber „jede unendliche Menge abzählbar ist", dann muß es zu jeder Menge M von Attributen ein $\mathfrak{A}$ geben, das nicht zu M gehört, und bei gegebener Abzählung von M liefert das Diagonalverfahren (§ 205, 1.3) gerade ein solches $\mathfrak{A}$ und dieses kann dann zur Definition weiterer Attribute verwendet werden.

4. *Die imprädikativen Begriffsbildungen.*

Unter der Voraussetzung von 3. erscheint es als unnatürlich, die Existenz eines abzählbaren Attributenbereiches β^τ vorauszusetzen, der in bezug auf alle durch die λ-Prädikate von § 201, 1.3 gegebene Definitions- (bzw. Konstruktions-) Möglichkeiten abgeschlossen ist. Denn einerseits wäre ein solches β^τ nach 3. auch nicht der Weisheit letzter

---

[1] Dies leistet z.B. die Funktion c mit $c(\mathfrak{x},\mathfrak{y}) = \frac{1}{2}(\mathfrak{x}+\mathfrak{y})(\mathfrak{x}+\mathfrak{y}+1)+\mathfrak{x}$, die in § 233, 1.1 ausführlicher behandelt wird.

Schluß, andererseits könnte β^τ auch nicht schrittweise konstruiert werden, da die Bedeutungen von λ-Prädikaten, die $\forall P_i^1$ oder $\exists P_j^1$ enthalten, im allgemeinen erst nach Vorgabe von β^τ bestimmt sind. Aus Gründen, die hier nicht ausgeführt werden sollen, nennt man solche Begriffsbildungen auch *imprädikativ*.

Mit der Existenz der Attributenbereiche, die in dem angegebenen Sinne abgeschlossen sind, entfiele aber die Legitimation für den Kalkül mit den λ-Protonen von § 202, 2.2.1.

5. *Eine konstruktive Ontologie.*

Um eine mit 3. verträgliche Ontologie zu erhalten, führen wir eine wachsende Folge $\beta_1^\tau, \ldots, \beta_n^\tau, \ldots$ von Attributenbereichen ein. Die P^1-Variablen bekommen einen dazu korrespondierenden zusätzlichen *Ordnungsindex* mit der Bestimmung, daß[1]

$$(1) \quad \mathfrak{B}(P_k^{1,\,i}) \in \beta_i^\tau,$$

$$(2) \quad \mathfrak{B}_{\alpha\beta}^*(\forall P^{1,\,i}\mathsf{H}) = W \ \ddot{a}q \ (Om\,\mathfrak{A})\left(\mathfrak{A} \in \beta_i^\tau \ seq \begin{pmatrix} P^{1,\,i} \\ \mathfrak{A} \end{pmatrix} \mathfrak{B}_{\alpha\beta}^*(\mathsf{H}) = W\right),$$

$$(3) \quad \mathfrak{B}_{\alpha\beta}^*(\exists P^{1,\,i}\mathsf{H}) = W \ \ddot{a}q \ (Ex\,\mathfrak{A})\left(\mathfrak{A} \in \beta_i^\tau \ et \begin{pmatrix} P^{1,\,i} \\ \mathfrak{A} \end{pmatrix} \mathfrak{B}_{\alpha\beta}^*(\mathsf{H}) = W\right).$$

Die β_n^τ sollen nun so gegeben sein:

$(4) \quad \beta_1^\tau$ bestehe aus allen Attributen, die ohne Bezugnahme auf eine Gesamtheit von Attributen aus den Grundbegriffen definierbar sind.

$(5) \quad \beta_{n+1}^\tau$ bestehe aus allen Attributen, zu deren Definition höchstens auf die Gesamtheiten $\beta_1^\tau, \ldots, \beta_n^\tau$ Bezug genommen werden muß.

Eine Bezugnahme auf β_m^τ besteht dabei im Vorkommen von $\forall P^{1,\,m}$ oder $\exists P^{1,\,m}$ in dem definierenden λ-Prädikat. β_n^τ besteht also aus den Bedeutungen der λ-Prädikate, die $\forall P^{1,\,m}, \exists P^{1,\,m}$ höchstens für $m < n$ enthalten, wobei zunächst keine P-Variablen (als Parameter) frei vorkommen dürfen. Beachtet man, daß eine Belegung eines solchen Parameters nach (1) durch eine zulässige Einsetzung für den Parameter beschreibbar sein muß, so sieht man, daß als Parameter gerade $P_j^{1,\,m}$ mit $m \leq n$ zugelassen werden dürfen, wenn für jede Belegung der Wert des λ-Prädikates in β_n^τ liegen soll.

6. *Eine konstruktive Modifikation des PFK[(2)].*

6.1. Wie aus 4. hervorgeht, entspringt der Ableitungsbegriff des PFK[(2)] trotz seiner konstruktiven Definition aus durchaus nicht-konstruktiven Vorstellungen. Durch Anpassung an die konstruktive Ontologie (nach 5.) ergibt sich eine Variante des PFK[(2)], die von methodologischem Interesse ist: Nach SCHÜTTE [3] ist die Widerspruchsfreiheit

---

[1] Das Folgende ist zunächst für die einstelligen Attribute formuliert, aber so, daß es sinngemäß auf andere Fälle zu übertragen ist.

für diesen Kalkül beweisbar ohne die (in diesem Buch akzeptierte) Voraussetzung der Existenz unendlicher Bereiche[1], auch wenn ein Axiomensystem adjungiert ist, das dem Individuenbereich die Struktur der natürlichen Zahlen zuschreibt.

6.2. *Der Kalkül:* Die *Ausdrücke* sind durch die Einführung der Variablen $P_k^{n,\,i}$ (jetzt für alle n) gegeben. Die λ-*Protonen* (wir beschränken uns zur Vereinfachung auf den Fall der λ-Prädikate) werden wie in § 202, 2.2.1 gebildet. Die Einsetzbarkeit eines λ-Prädikates P für eine Variable $P_k^{n,\,i}$ ist an die Voraussetzung gebunden, daß in P Variablen $P_l^{m,\,i}$ höchstens mit $j < i$ gebunden und höchstens mit $j \leqq i$ frei vorkommen.

6.3. Mit dem Kalkül 6.2 ist immer noch diejenige Interpretation verträglich, bei der alle $\beta_i^{\mathfrak{r}}$ gleich und im Sinne der Standard-Konvention gewählt sind. Dies kann ausgeschlossen werden durch zusätzliche Axiomenschemata, welche ausdrücken, daß jeweils in einem $\beta_{i+1}^{\mathfrak{r}}$ eine Abzählung von $\beta_i^{\mathfrak{r}}$ vorkommt, z.B.:

6.3.1. $\quad \exists P^{n+1,\,i+1} \, \forall P^{n,\,i} \, \exists x \, \forall \overset{n}{y} \left(P^{n,\,i} \overset{n}{y} \leftrightarrow P^{n+1,\,i+1} x \overset{n}{y} \right).$

Hierin ist immer noch nicht ausgedrückt, daß die Bereiche $\beta_i^{\mathfrak{r}}$ nicht mehr enthalten, als durch 5.(4), (5) vorgeschrieben ist. Unter der Voraussetzung der natürlichen Zahlen als Individuenbereich gelingt es darüber hinaus, jeweils ein $\mathfrak{H}_{n,i}(x, \overset{n}{y})$ anzugeben, mit dem ausgedrückt werden kann, daß die jeweiligen Bereiche $\beta_i^{\mathfrak{r}}$ auch *nur* die definierbaren Attribute enthalten sollen: $\mathfrak{H}_{n,i}(x, \overset{n}{y})$ wird so konstruiert, daß

(1) $\quad \dbinom{x}{k} \mathfrak{B}^{\times}\!\left(\lambda \overset{n}{y}\, \mathfrak{H}_{n,i}(x, \overset{n}{y}) \right)$ für $k = 0, 1, 2, \ldots$ alle n-stelligen Attribute i-ter Ordnung aufzählt,

(2) $\quad \mathfrak{B}^{\times}\!\left(\lambda x \overset{n}{y}\, \mathfrak{H}_{n,i}(x, \overset{n}{y}) \right)$ ein Attribut $(i+1)$-ter Ordnung ist[2].

Dann leistet

6.3.2. $\quad \forall P^{n,\,i} \, \exists x \, \forall \overset{n}{y} \left(P^{n,\,i} \overset{n}{y} \leftrightarrow \mathfrak{H}_{n,\,i}(x, \overset{n}{y}) \right)$

das Verlangte, unter der Voraussetzung, daß der Individuenbereich auch *nur* aus den natürlichen Zahlen besteht. 6.3.2 kann gegebenenfalls zur genaueren Charakterisierung der intendierten Interpretation als *Protonenschema* adjungiert werden. Die Tragweite ist allerdings wieder durch Analoga zu den Resultaten von § 167, 2. begrenzt.

---

[1] Obwohl eine möglichst voraussetzungsarme Metatheorie nicht Thema dieses Buches ist, sei diese wichtige Möglichkeit hier wenigstens erwähnt.

[2] Die Konstruktion der $\mathfrak{H}_{n,i}$ kommt darauf heraus, eine (metasprachliche) Abzählung aller „Ausdrücke i-ter Ordnung" in die Objektsprache zu übersetzen. Für ein einfacheres Beispiel zu dieser Methode vgl. § 233, 2.5 mit der Übersetzung § 235, 3.

6.4.   Analoga zu den Auswahlprotonen (vgl. § 203, *Sim*) wird man in einer konstruktiven Theorie *nicht voraussetzen*[1], doch erweisen sie sich — mit den durch die Ordnungsindizes bedingten Einschränkungen — als beweisbar unter wesentlicher Verwendung von 6.3.2. Die Ordnung des Attributes, das in *Sim* die simultane Auswahl beschreibt, hängt dabei im allgemeinen außer von der Ordnung der nach Voraussetzung existierenden Attribute von der jeweiligen Bedingung $H(x, P^{n,i})$ ab.

B) Die volle Typentheorie

§ 208. Die Hierarchie der Typen

1. *Die* RUSSELL*sche Antinomie.*

Die mathematischen Beispiele von § 200, 2. und auch der metasprachliche Beweis von § 206, 2.1 legen es nahe, Mengen, Attribute und Funktionen auch als Elemente (von Mengen) bzw. Argumente (von Attributen und Funktionen) zuzulassen. Sprachliche Beispiele wie ,,(das Wort) deutsch ist deutsch'' oder ,,(das Wort) dreisilbig ist dreisilbig''[2] legen zunächst nahe, Ausdrücke wie $P_i^1 P_j^1$ (zu interpretieren etwa wie ,,P_i^1 trifft zu auf P_j^{1}'') zuzulassen. Der unkritische Gebrauch einer hierdurch bestimmten Sprache und Logik[3] führt jedoch zum Widerspruch, wie die folgende ,,Ableitung'' zeigt[4]:

(1) $(\lambda P^1 \sim P^1 P^1)\, P^1 \leftrightarrow\, \sim P^1 P^1$ sinngemäß nach § 203, 2.2.1.

     Da hier P^1 und $(\lambda P^1 \sim P^1 P^1)$ dieselben *Argumente haben*, sollten sie auch *als Argumente* gleichberechtigt sein. Dann ergibt die Einsetzung $P^1/(\lambda P^1 \sim P^1 P^1)$

(2) $(\lambda P^1 \sim P^1 P^1)(\lambda P^1 \sim P^1 P^1) \leftrightarrow\, \sim (\lambda P^1 \sim P^1 P^1)(\lambda P^1 \sim P^1 P^1),$

     also einen Widerspruch der Form $H \leftrightarrow\, \sim H$.

2. *Die volle Hierarchie der endlichen Typen.*

Eine Auflösung des Widerspruchs ergibt sich, wenn man den Umstand berücksichtigt, daß Funktionen und Attribute von Attributen oder Funktionen der PFL[(2)] diesen gegenüber *etwas Neues* sind; dasselbe gilt für Attribute und Funktionen dieser neuen Attribute usw. Um

---

[1] Man beachte, daß nach 5.(3) die Partikularisationen $\exists P^{n,i}\ldots$ zu interpretieren sind als ,,in β_i^{τ} kommt ein $\mathfrak{A}^n$ mit ... *vor*''. Die Situation ändert sich, wenn man statt dessen interpretiert ,,in β_i^{τ} kann ein $\mathfrak{A}^n$ mit ... *gefunden* werden''.

[2] Diese Beispiele vernachlässigen allerdings den Umstand, daß jeweils einmal das sprachliche Gebilde, einmal dessen Inhalt gemeint ist.

[3] Vgl. den ,,Ideal-Kalkül'' in HERMES-SCHOLZ [1].

[4] Dies ist die RUSSELLsche Antinomie, die meist für die Menge aller Mengen, die sich nicht selbst als Element haben, formuliert wird.

einen Überblick über die Fülle der Möglichkeiten zu bekommen, die sich hier bei Berücksichtigung der Stellenzahlen ergeben, führen wir „*Typen-Symbole*"[1] ein, die zur Charakterisierung einerseits der betreffenden *Objekte*, andererseits der korrespondierenden *sprachlichen Gebilde* dienen sollen.

2.1. Es sei

(1) ι der Typus der Individuen bzw. Subjekte,

(2) o der Typus der Wahrheitswerte bzw. Aussagen,

(3) $(\tau/\tau_1 \ldots \tau_n)$ der Typus der n-stelligen Funktionen, deren Argumente, in dieser Reihenfolge, Objekte der Typen $\tau_1, \ldots, \tau_n$ und deren Werte Objekte vom Typus τ sind.

Beispiele hierfür sind die Typen (o/ι), $(o/\iota\iota)$, $(o/\iota\iota\iota)$, ... der 1, 2, 3, ...-stelligen Attribute und die Typen (ι/ι), $(\iota/\iota\iota)$, $(\iota/\iota\iota\iota)$, ... der 1, 2, 3, ...-stelligen Funktionen der PFL[2], sowie die Typen der Funktionen, die im Beweis von § 206, 2.1, (2) als Auswahlfunktionen in der Metatheorie vorkommen. Man sieht, wie es weitergeht.

2.2. Ist α eine nichtleere Menge, so sei im Sinne der *Standard-Konvention* (vgl. § 201, 2.1)

(1) $\alpha^\iota =_{Df} \alpha$

(2) $\alpha^o =_{Df} \{W, F\}$

(3) $\alpha^{(\tau/\tau_1, \ldots, \tau_n)} =_{Df} (\alpha^\tau)^{(\alpha^{\tau_1} \times \cdots \times \alpha^{\tau_n})}$.[2]

2.2.1. Sinngemäß läßt sich der Begriff der Quasi-Interpretation (§ 203, 2.) dadurch übertragen, daß bei jeder Anwendung von (3) die Gleichung durch eine Inklusion ersetzt wird. Dann ist allerdings α^τ nicht mehr durch α^ι eindeutig bestimmt $\big($vgl. β^τ in § 206, 2.1, (8)$\big)$.

2.3. Eine im Sinne von 2.2 bzw. 2.2.1 interpretierbare Sprache kann — als naheliegende Erweiterung der PFS[2], aber mit abweichender Wahl der Symbole — durch folgende Festsetzungen gegeben werden:

(1) Zu jedem Typus τ gibt es eine unendliche Folge $a_0^\tau, a_1^\tau, a_2^\tau, \ldots$ von *Variablen*.

(2) Aus den Variablen werden *Ausdrücke vom Typus τ, A^τ*, gebildet nach folgender Vorschrift:

(2.1) jedes a_k^τ ist ein Ausdruck vom Typus τ,

---

[1] Die Methode erscheint zuerst in WHITEHEAD-RUSSELL [1]. Die hier gewählte Form geht auf K. AJDUKIEWICZ [1] zurück.

[2] $M \times N =_{Df} (Cl\ \mathfrak{x}.\ \mathfrak{y})\ (\mathfrak{x}\ El\ M\ et\ \mathfrak{y}\ El\ N)$; vgl. auch § 6, 4.2.

(2.2) $(A_0^{(\tau/\tau_1\,\ldots\,\tau_n)}\,A_1^{\tau_1}\ldots A_n^{\tau_n})$ ist ein Ausdruck vom Typus τ, wenn A_0, A_1, ..., A_n Ausdrücke der durch die Indizes angezeigten Typen sind[1].

(3) Aus den Ausdrücken vom Typus o werden nach den Methoden der Prädikatenlogik weitere Ausdrücke vom Typus o gebildet, wobei die Variablen aller Typen quantifiziert werden dürfen.

2.4. Die durch 2.3 gegebene Sprache kann erweitert bzw. modifiziert werden durch folgende Zusätze bzw. Abänderungen:

(1) Aus den Ausdrücken A^τ werden mit Variablen $x_1^{\tau_1}$, ..., $x_n^{\tau_n}$ Ausdrücke $(\lambda x_1^{\tau_1}\ldots x_n^{\tau_n} A^\tau)$ vom Typus $(\tau/\tau_1\ldots\tau_n)$ gebildet, wobei eventuell sinngemäß (vgl. § 201, 1.3, dagegen § 202, 3.2.3 Anm.) das vollfreie Vorkommen von $x_1^{\tau_1}$, ..., $x_n^{\tau_n}$ in A^τ vorausgesetzt wird[2].

(2) Die Vorschrift 2.3, (3) kann in den allgemeinen Aufbau einbezogen werden durch die Festsetzungen:

(2.1) Jede Konstante C^τ ist ein Ausdruck vom Typus τ.

(2.2) $\sim$, $\wedge$, $\vee$, $\rightarrow$, $\leftrightarrow$ werden als Konstanten $\sim^{(o/o)}$, $\wedge^{(o/o\,o)}$, $\vee^{(o/o\,o)}$, $\rightarrow^{(o/o\,o)}$, $\leftrightarrow^{(o/o\,o)}$ behandelt, die immer als *Non, Et, Vel, Seq, Äq* (§ 11, 2.) interpretiert werden.

(2.3) Die Quantifikationen werden durch „Anwendung" der Konstanten $\forall^{(o/(o/\tau))}$, $\exists^{(o/(o/\tau))}$ auf Argumente $(\lambda x^\tau H^o)$ ersetzt[3].

Die hierdurch bestimmte *typentheoretische Sprache* heiße TS_0, spätere Modifikationen TS_i; wo es nicht auf Details ankommt, neutral „TS".

3. Zur Semantik der typentheoretischen Sprache TS_0.

3.1. Die Semantik der TS_0 und damit die Definition einer TL_0 kann zunächst im Sinne der Anmerkungen zu 2.3 in formaler Analogie zur Semantik der $\mathrm{PFS}^{(2)}$ angesetzt werden. Eine α-Belegung $\mathfrak{B}$ muß dann eine Abbildung sein, die jeder Variablen a_k^τ ein Objekt $\mathfrak{B}(a_k^\tau)$ in α^τ zuordnet, und darauf sollen die Begriffe der Erfüllung ($\mathfrak{B}\,Erf_\alpha^T H^o$) und Folgerung ($M \,\|{\vdash}_T^0 H^o$) zurückgeführt werden.

Dabei entsteht jedoch schon im Ansatz eine Schwierigkeit, jedenfalls dann, wenn die Typentheorie — in metasprachlichem Gebrauch — als

---

[1] Diese Ausdrücke werden also als Anwendungen der durch A_0 bezeichneten Funktion auf die durch A_1, ..., A_n bezeichneten Argumente zu interpretieren sein. Auf mögliche Klammereinsparungskonventionen wird bei dieser Skizze verzichtet.

[2] Diese Ausdrücke werden also als Funktionen zu interpretieren sein, deren Wert für beliebige Werte von $x_1^{\tau_1}\ldots x_n^{\tau_n}$ der dadurch bestimmte Wert von A^τ ist, vgl. § 201, 2.1.2.

[3] Diese Konstanten werden also als Eigenschaften von Attributen vom Typus (o/τ) zu interpretieren sein, nämlich als die Eigenschaft, auf *alle* bzw. auf *wenigstens ein* Objekt vom Typus τ zuzutreffen.

der Rahmen aller sinnvollen Begriffsbildungen angesehen wird. Denn die Belegungen $\mathfrak{B}$ sind eingeführt als Funktionen, deren Wertbereich jeweils Objekte aller Typen enthält. Solche Funktionen kommen aber in der „Welt" der α^τ nicht vor. Nun sind zwar schon die Belegungen des PFK und der PFL$^{(2)}$ solche „inhomogenen" Funktionen. Nach TARSKI [3], § 4 kann aber die Inhomogenität in diesen und ähnlichen Teilstücken der TS immer beseitigt werden, indem man alle Objekte der vorkommenden α^τ durch Objekte aus *einem* geeigneten $\alpha^{\tau*}$ repräsentiert[1]. Andererseits ist nach TARSKI [3], § 6, B die Semantik der TS nicht in der TL als Metalogik begründbar[2].

3.2.   Wenn also die TL in formaler Analogie zur PFL$^{(2)}$ begründet werden soll, muß man TARSKIS Theorem zum Anlaß nehmen, auch Sprachen als sinnvoll zu akzeptieren, die den Rahmen der TL überschreiten. Das soll hier geschehen. Dann liegt es nahe, auch schon — wie das vorher ohne Begründung geschehen ist — zum Aufbau des PFK und der PFL$^{(2)}$ solche reicheren Metasprachen zuzulassen. (Zur Formalisierung der hierbei akzeptierten Logik s. § 213 ff.)

In einer solchen Metasprache läßt sich die Semantik der TS_0 in völliger Analogie zum PFK und zur PFL$^{(2)}$ aufbauen. Über die induktive Definition von $\mathfrak{B}_\alpha^*(\mathrm{H}^\tau)$, die durch die Typensystematik sogar einfacher wird als im Falle der PFL$^{(2)}$ (§ 201, 2.1), ergeben sich Definitionen für die α-*Gültigkeit* (α-Identität) und α-*Erfüllbarkeit* wie im PFK. Auch die Definitionen für die *Allgemeingültigkeit*, *Erfüllbarkeit* und *Folgerung* ($\Vdash{}_T^0$) können sinngemäß übertragen werden.

Damit die Definitionen dieser Begriffe der Intention entsprechen, muß man jedoch in der Metalogik ziemlich starke Existenzvoraussetzungen machen. Das zeigen schon die Beispiele des § 205, und diese können durch § 215, 4. noch wesentlich ergänzt werden.

§ 209. Reduktionen der Typenhierarchie

1. *Die Reduktion von* SCHÖNFINKEL-CHURCH.

Wie in dem Beispiel von § 205, 1.1 besteht eine natürliche Beziehung zwischen den Funktionen von zwei Variablen und den Funktionen der ersten Variablen, deren Werte Funktionen der zweiten Variablen sind, also zwischen den Objekten vom Typus $(\tau/\tau_1\tau_2)$ und denen vom Typus $\big((\tau/\tau_2)\tau_1\big)$.[3]

---

[1] Effektiv in *den* Teilstücken der TS, für deren Typen τ für $|\alpha| = \aleph_0$ ein τ^* mit $|\alpha^{\tau*}| \geqq |\alpha^\tau|$ existiert.

[2] Bei TARSKI für eine Sprache ausgeführt, die im wesentlichen mit TS_3 (§ 212, 1.) übereinstimmt.

[3] Man beachte die Umkehrung der Argument-Typen in der Symbolisierung. Sonst müßte man statt dessen die Reihenfolge der einzuführenden Argumentstellen umkehren.

Führt man in Anlehnung an SCHÖNFINKEL [1], § 2 die hierin enthaltene *Reduktion auf einstellige Funktionen* auch für den mehrstelligen Fall und für die Typen der Argumente und Werte durch, so bleiben schließlich nur noch diejenigen Typen übrig, die sich aus o und ι durch den Prozeß der Bildung von (τ/τ_1) aus τ, τ_1 erzeugen lassen. Man kann also alle Funktionen durch einstellige Funktionen darstellen, wenn man — wie schon in § 208 eingeführt — Funktionen als Werte von Funktionen zuläßt. Denn bei entsprechender Belegung der Variablen (z.B.) $f^{(\tau/\tau_1\tau_2)}$ und $f^{((\tau/\tau_2)/\tau_1)}$ haben die Terme $(f^{(\tau/\tau_1\tau_2)}a^{\tau_1}b^{\tau_2})$ und $((f^{((\tau/\tau_2)/\tau_1)}a^{\tau_1})b^{\tau_2})$ jeweils denselben Wert[1]. Der äußerliche Unterschied verschwindet bei geeigneten Konventionen über die Einsparung von Klammern ganz. Man erhält also ohne Verlust an Ausdrucksfähigkeit eine Sprache TS_1, und damit eine Logik TL_1, die formal einfacher ist als die Logik TL_0 der TS_0 (§ 208, 2.4).

Die Vorteile dieser Sprache, besonders in Verbindung mit den — sinngemäß übertragenen — Festsetzungen von § 208, 2.4, (2) hat A. CHURCH bemerkt. Eine Variante des in CHURCH [2] dargestellten Kalküls wird in § 210 entwickelt.

2. *Die Reduktion von* WHITEHEAD-RUSSELL.

Die Form der Typentheorie, die sich aus der hier behandelten Reduktion ergeben wird, ist — bis auf Varianten, die durch die Einordnungen in den größeren Rahmen bedingt sind — die erste und wurde in WHITEHEAD-RUSSELL [1] ausführlich dargestellt.

Der Umstand, daß die n-stellige Funktion φ vom Typus $(\tau/\tau_1 \ldots \tau_n)$ vertreten werden kann durch ein $(n+1)$-stelliges Attribut — vom Typus $(o/\tau\tau_1 \ldots \tau_n)$ — nämlich durch *das* Attribut $\mathfrak{A}^{n+1}$ mit der Eigenschaft

$$(1) \quad \mathfrak{A}^{n+1} \ni (\mathfrak{y}, \overset{n}{\mathfrak{x}}) \ \ddot{a}q \ \mathfrak{y} = \varphi\,(\overset{n}{\mathfrak{x}}),^{[2]}$$

erlaubt es, sich auf Typen der Form $(o/\tau_1 \ldots \tau_n)$ zu beschränken, also auf Attribute bzw. die korrespondierenden Tupel-Mengen. Man schreibt dann statt $(o/\tau_1 \ldots \tau_n)$ einfacher $(\tau_1 \ldots \tau_n)$. TS_2 sei die nach diesen Direktiven analog zur TS_0 aufgebaute Sprache.

Da hierbei — anders als unter 1. — nicht alle Objekte des „reduzierten Typus" als „Reduzierte" vorkommen, muß (z.B.) ein Ausdruck

---

[1] Der Mathematiker würde in solchen Fällen oft sogar die Funktion $f^{(\tau/\tau_1\tau_2)}$ mit der Funktion $f^{((\tau/\tau_2)/\tau_1)}$ „identifizieren".

[2] Der bestimmte Artikel ist hier durch die extensionale Auffassung der Attribute legitimiert. Welche Stelle von $\mathfrak{A}^{n+1}$ den Funktionswert vertreten soll, kann an sich willkürlich festgesetzt werden. Hier sollte die Anordnung der Typen $\tau, \tau_1, \ldots, \tau_n$ festgehalten werden.

der Form

(2) $\quad \forall f^{(\tau/\tau_1)} H(f^{(\tau/\tau_1)})$

im Sinne der Reduktion[1] ersetzt werden durch

(3) $\quad \forall f^{(o/\tau\,\tau_1)}\left(\forall x^{\tau_1} \exists!! \, y^{\tau}(f^{(o/\tau\,\tau_1)}y^{\tau}x^{\tau_1}) \rightarrow H*(f^{(o/\tau\,\tau_1)})\right),$

wobei $H*$ aus H dadurch hervorgeht, daß z. B.

(4) $\quad (f^{(\tau/\tau_1)}x^{\tau_1}) \equiv y^{\tau}$ ersetzt ist durch $(f^{(o/\tau\,\tau_1)}y^{\tau}x^{\tau_1})$.

Eine allgemeine Methode für die hier erforderlichen Ersetzungen ergibt sich so: Man zerlege zunächst alle Terme unter gegebenenfalls wiederholter Anwendung von

(5) $\quad H\left(y^{\tau}/(f^{(\tau/\tau_1)}x^{\tau_1})\right) \, A\,eq \, \forall y^{\tau}\left((f^{(\tau/\tau_1)}x^{\tau_1}) \equiv y^{\tau} \rightarrow H(y^{\tau})\right),$ $\quad$ vgl. § 156, 2.1.

wobei etwa jedesmal das erste vorkommende Funktionszeichen zu isolieren ist. Danach wende man (4) an. Da alle durch (3) und (4) neu eingeführten Quantifikatoren von einfacherem Typus sind als der in (2) zu reduzierende, führt das Verfahren in endlich vielen Schritten zum Ziel.

3. Die Reduktion von Kuratowski-Schwabhäuser.

3.1. Ein *n-stelliges Attribut* $\mathfrak{A}$ kann vertreten werden durch (bzw. aufgefaßt werden als) die Menge der n-Tupel, auf die $\mathfrak{A}$ zutrifft. Ein *n-Tupel* kann vertreten werden durch jede Konstruktion aus den Konstituenten, aus der diese — inklusive Reihenfolge — rekonstruierbar sind. Offenbar kann man den allgemeinen Fall auf die Bildung von geordneten Paaren zurückführen. Als Definition der (Vertreter der) geordneten Paare kann man nach Kuratowski [1] wählen:

3.1.1. $\quad \langle \mathfrak{x}, \mathfrak{y} \rangle =_{Df} \{\{\mathfrak{x}\}, \{\mathfrak{x}, \mathfrak{y}\}\},$

$\qquad$ da dann gilt:

3.1.2. $\quad \langle \mathfrak{x}_1, \mathfrak{y}_1 \rangle = \langle \mathfrak{x}_2, \mathfrak{y}_2 \rangle$ *äq* $\mathfrak{x}_1 = \mathfrak{x}_2$ *et* $\mathfrak{y}_1 = \mathfrak{y}_2$.

3.2. Nach der Methode von Kuratowski können in der Typentheorie nur solche geordneten Paare vertreten werden, deren Komponenten vom gleichen Typus sind. Hierauf läßt sich aber alles zurückführen bei Beschränkung auf die Typen $\varkappa_n$ mit (in der Bezeichnung von 2.)

3.2.1. $\quad \varkappa_0 =_{Df} \iota, \qquad \varkappa_{n+1} =_{Df} (\varkappa_n).$

Sind nämlich die Komponenten eines Paares schon von einem solchen Typus, so gelingt die Homogenisierung durch den folgenden Prozeß: Sei

---

[1] Zunächst: soweit es die in Evidenz gesetzte Variable betrifft. Darüber hinaus werden im allgemeinen weitere Reduktionen nötig sein, z. B. wenn τ_1 vom Typus (σ/σ_1) mit $\sigma \neq o$ ist.

3.2.2. $\quad K^0(\mathfrak{x}) =_{Df} \mathfrak{x}, \qquad K^{n+1}(\mathfrak{x}) =_{Df} \{K^n(\mathfrak{x})\}.$

Soll nun eine Aussage über ein $\mathfrak{x}$ — vom Typus $\varkappa_m$ — und ein $\mathfrak{y}$ — vom Typus $\varkappa_n$ — als Eigenschaft eines geordneten Paares $(\mathfrak{x}, \mathfrak{y})$ formuliert werden, so kann man — mit $d = max\,(m, n)$ — setzen

3.2.3. $\quad (\mathfrak{x}, \mathfrak{y}) =_{Df} \langle K^{d-m}(\mathfrak{x}),\ K^{d-n}(\mathfrak{y}) \rangle,$ (dies vom Typus $\varkappa_{d+2}$),

und allgemein

3.2.4. $\quad (\mathfrak{x}_1, \ldots, \mathfrak{x}_{n+1}) =_{Df} ((\mathfrak{x}_1, \ldots, \mathfrak{x}_n)\,\mathfrak{x}_{n+1}).$

Diese Konstruktion ist in der TS_2 formalisierbar. Sie hat aber noch eine Lücke: Eine Beziehung zwischen $\mathfrak{x}_1, \ldots, \mathfrak{x}_n$ ist als eine Eigenschaft von $(\mathfrak{x}_1, \ldots, \mathfrak{x}_n)$ ausdrückbar, aber aus $(\mathfrak{x}_1, \ldots, \mathfrak{x}_n)$ können die $\mathfrak{x}_1, \ldots, \mathfrak{x}_n$ nicht eindeutig rekonstruiert werden, da die m, n in 3.2.3 durch d nicht eindeutig bestimmt sind.

Setzt man dagegen nach SCHWABHÄUSER [1] in 3.2.3 $d = c\,(m, n)$, wo c eine eineindeutige Abbildung der geordneten Paare (m, n) mit $c\,(m, n) \geqq max\,(m, n)$ ist[1], so erfüllen 3.2.3 und 3.2.4 alle Anforderungen. Die effektive Bestimmung des Typus $\varkappa_n$, der durch die beschriebene Konstruktion einem beliebigen Typus τ der TS_2 zugeordnet ist, wird aber ziemlich umständlich. Wir beschränken uns deshalb auf das Resultat, daß die *Sprache* TS_3, die aus der TS_2 durch Beschränkung auf die Typen $\varkappa_n$ entstehe, nicht wesentlich ärmer ist. Für die *Logik* TL_3, die durch die Beschränkungen der TL auf TS_3 gegeben sei, heißt das, daß alle Objekte der TL durch Objekte der TL_3 vertreten werden können.

§ 210. Ein funktionentheoretischer Kalkül

Die in diesem Paragraphen dargestellte Theorie sollte „Funktionentheorie" (oder „Allgemeine Funktionentheorie") heißen, wenn dieser Name nicht von der (vergleichsweise speziellen) komplexen Analysis verbraucht wäre.

1. *Ein Kalkül für die* TL_1.

Die durch die Reduktion von SCHÖNFINKEL-CHURCH (§ 209, 1.) aus der TL_0 ausgesonderte TL_1 ist vom Standpunkt der Interpretation nur unwesentlich enger als die volle TL. Für die syntaktische Behandlung bringt die formale Beschränkung der Typen dagegen beträchtliche Vereinfachungen. Der folgende Kalkül TK_1 für die TL_1 ist im wesentlichen durch die Anpassung der Theorie von CHURCH [2] an den Rahmen dieses Buches bestimmt.

1.1. Die *Typenindizes* sind (vgl. § 209, 1.) o, ι; mit τ_1, τ_2 auch $(\tau_1\tau_2)$ (einfacher statt (τ_1/τ_2)). Zur Klammereinsparung entfalle Außenklammerung und stehe $\tau_1\tau_2\tau_3$ für $(\tau_1\tau_2)\,\tau_3$ usw.

---

[1] Zum Beispiel die in Fußnote 1 auf S. 379 angegebene Funktion.

1.2. Die *Ausdrücke* werden sinngemäß nach § 208, 2.3; 2.4 gebildet, wobei wegen der durch § 102, 2.10 gegebenen Definierbarkeit auf die Konstanten $\exists^{o(o\,\tau)}$ verzichtet wird. Andererseits kommen Konstanten $\varepsilon^{\tau(o\,\tau)}$ hinzu, deren Interpretation noch zu erörtern ist.

1.2.1. Wir verwenden aber im folgenden für die A-Konstanten statt der nach § 208, 2.4 (2.2) normierten die gewohnte Schreibweise und kürzen $\left(\forall^{o(o\,\tau)}(\lambda x^{\tau} H^{o})\right)$ durch $\forall x^{\tau} H$ ab.

1.2.2. Zur Klammereinsparung stehe gegebenenfalls $(H^{\tau_1} H^{\tau_2} H^{\tau_3})$ für $\left((H^{\tau_1} H^{\tau_2}) H^{\tau_3}\right)$ usw. Im übrigen sollen die für den AK getroffenen Vereinbarungen (§ 10, 4.) sinngemäß gelten.

1.2.3. Ausdrücke vom Typus o heißen *Formeln*, Ausdrücke anderer Typen *Terme*.

1.3. Die Definition der *Ableitbarkeit* $\vdash^{1}_{T}$ mit dem Grenzfall der *Beweisbarkeit* könnte, sinngemäß ergänzt, vom PFK[(2)] (§ 202, 2. und § 203, 3.2) übernommen werden. Wir wollen aber einige der TS_1 eigentümliche Möglichkeiten ausnützen. Zur Definition von $\vdash^{1}_{T}$ genügt die Angabe der *Protonen* und der *definierenden Relationen*.

1.3.1. Die *A-Protonen* sind die mit A-Variablen p_i^o formulierten A-Identitäten[1].

1.3.2. Die *P-Protonen* (die den Relationen Gv und Gh entsprechen) sind:

$$(1) \quad \forall^{o(o\,\tau)} q^{o\,\tau} \to q^{o\,\tau} x^{\tau},$$

$$(2) \quad \forall x^{\tau} (p^o \to q^{o\,\tau} x^{\tau}) \to (p^o \to \forall^{o(o\,\tau)} q^{o\,\tau}).$$

1.3.3. Die λ-*Protonen* (vgl. § 202, 2.2) sind:

$$(1) \quad (\lambda x^{\tau} H^{o}) x^{\tau} \leftrightarrow H^{o},$$

$$(2) \quad q^{o\,\tau} \left((\lambda x^{\sigma} H^{\tau}) x^{\sigma}\right) \leftrightarrow q^{o\,\tau} H^{\tau}.$$

Anm.: Mit den Definitionen

$$\equiv^{o\sigma\sigma} =_{Df} \lambda x^{\sigma} \lambda y^{\sigma} \forall q^{o\sigma} (q^{o\sigma} x^{\sigma} \to q^{o\sigma} y^{\sigma})$$

$$H^{\sigma} \equiv \Theta^{\sigma} =_{Df} (\equiv^{o\sigma\sigma} H^{\sigma}) \Theta^{\sigma}$$

kann (2) ersetzt werden durch

$$(2') \quad (\lambda x^{\sigma} H^{\tau}) x^{\sigma} \equiv H^{\tau}.$$

Anscheinend kann hier (1) nicht durch (2) für $\sigma = o$ ersetzt werden. Zur Vereinfachung werde im folgenden $\equiv$ verwendet.

---

[1] Da 1.3.7 den Übergang zu den Schemata liefert, sind diese hier überflüssig. Wegen 1.3.6 könnte man sich darüber hinaus auch auf ein vollständiges Axiomensystem des AK beschränken.

1.3.4. Die *Extensionalitätsprotonen* sind:

(1) $(p^o \leftrightarrow q^o) \to p^o \equiv q^o$,

(2) $\forall x^\tau (f^{\sigma\tau} x^\tau \equiv g^{\sigma\tau} x^\tau) \to f^{\sigma\tau} \equiv g^{\sigma\tau}$.

Anm.: (2) drückt, im Einklang mit der durch § 208, 2.2 gegebenen Ontologie aus, daß eine Funktion durch ihren Wertverlauf eindeutig bestimmt ist. Durch (1) wird der Grenzfall der Attribute, $\sigma = o$, einbezogen.

1.3.5. Die *Auswahl-Protonen (ε-Protonen)* sind:

$$p^{o\tau} a^\tau \to p^{o\tau} (\varepsilon^{\tau(o\tau)} p^{o\tau}).$$

Anm.: Die in diesem Schema enthaltenen Formalisierungen des Auswahlprinzips unterscheiden sich von denen in § 203, 3.2, § 204, 2. formal dadurch, daß nicht die Existenz von Funktionen gefordert wird, deren Wertverlauf durch die zu erfüllenden Bedingungen in den wesentlichen Fällen unterbestimmt ist, sondern daß für die Funktoren $\varepsilon^{\tau(o\tau)}$ analoge Bedingungen formuliert werden, wodurch diese als Namen von — wieder unterbestimmten — Auswahlfunktionen charakterisiert werden.

Zum Beispiel gehören zu $\alpha = \{1, 2\}$ vier mögliche Auswahlfunktionen $\varphi_1, \dots, \varphi_4$ vom Typus $\iota(o\iota)$:

$\mathfrak{x}$	$\varphi_1(\mathfrak{x})$	$\varphi_2(\mathfrak{x})$	$\varphi_3(\mathfrak{x})$	$\varphi_4(\mathfrak{x})$
Lr	1	1	2	2
$\{1\}$	1	1	1	1
$\{2\}$	2	2	2	2
$\{1, 2\}$	1	2	1	2

Von diesen ist φ_1 dadurch ausgezeichnet, daß jeweils der kleinstmögliche Wert gewählt ist. Zu dreizahligem α gehören schon $3 \cdot 1^3 \cdot 2^3 \cdot 3 = 72$, zu vierzahligem α schon $4 \cdot 1^4 \cdot 2^6 \cdot 3^4 \cdot 4^1 = 82944$ Auswahlfunktionen. Während für endliches α *immer* auch eine Auswahlfunktion *gefunden* werden kann, ist schon für abzählbares α *eine bestimmte* Bedeutung von $\varepsilon^{\iota(o\iota)}$ nur noch formal definierbar (der im Sinne der vorausgesetzten Abzählung kleinste Wert soll gewählt, kann aber nicht immer gefunden werden), und für nichtabzählbares α (bzw. für die durch abzählbares α bestimmten nichtabzählbaren Bereiche α^τ) kann im allgemeinen *keine* Auswahlfunktion formal ausgezeichnet (und damit definiert) werden. Der in § 208, 2.2 beschriebenen Auffassung entspricht die Annahme, daß dennoch Auswahlfunktionen in den entsprechenden $\alpha^{\tau(o\tau)}$ *vorhanden* sind, also als Bedeutungen der Konstanten $\varepsilon^{\tau(o\tau)}$ gewählt werden können. In diesem Sinne ist die Formel 1.3.5 allgemeingültig, wobei noch die Gültigkeit *für eine geeignet gewählte* bzw. *für jede mögliche* Auswahlfunktion zu unterscheiden ist.

Die *definierenden Relationen* sind:

1.3.6. Die Abtrennung (vgl. § 90, 2.1).

1.3.7. Die Termeinsetzung *TE* (vgl. § 90, 2.2), sinngemäß auf die Variablen und Ausdrücke aller Typen[1] übertragen.

1.3.8. Die Generalisierung (abweichend von § 90, 2.4!)

$$\mathsf{H}^o \, Gen \, \Theta^o \; \ddot{a}q_{Df} \; (Ex \, \mathsf{H}^{o\tau}, a_i^\tau) \; (non \; a_i^\tau \, Fr \, \mathsf{H}^{o\tau}$$

$$et \; \mathsf{H}^o = \mathsf{H}^{o\tau} a_i^\tau \; et \; \Theta^o = \forall^{o(o\tau)} \mathsf{H}^{o\tau}).$$

---

[1] Also einschließlich der Einsetzung von Formeln für A-Variablen.

1.3.9. Die gebundene Umbenennung (vgl. § 67 und § 100, II).

Diese im PFK* nicht in die Definition aufgenommene Beziehung werde hier, sinngemäß für alle durch λ gebundenen Variablen, unter die definierenden Relationen aufgenommen, da sonst die Anwendung der Termeinsetzungsregeln zu sehr behindert würde.

2. *Ableitungen im TK_1.*

Die folgenden Ableitungsbeispiele zeigen, daß die Analoga zum $PFK^{(2)}$ auch im TK_1 zur Verfügung stehen:

2.1. $\mathsf{H}^o \to \Theta^o \vdash_T^1 \forall x^\tau \mathsf{H}^o \to \Theta^o$.

Beweis: Durch *TE* in 1.3.2, (1):

(1) $\vdash_T^1 \forall^{o\,(o\,\tau)} (\lambda x^\tau \mathsf{H}^o) \to (\lambda x^\tau \mathsf{H}^o)\, x^\tau$.

Hieraus mit 1.3.3, (1) und AK*

(2) $\vdash_T^1 \forall^{o\,(o\,\tau)} (\lambda x^\tau \mathsf{H}^o) \to \mathsf{H}^o$,

also mit 1.2.1

(3) $\vdash_T^1 \forall x^\tau \mathsf{H}^o \to \mathsf{H}^o$.

Schließlich durch Kettenschluß

(4) 2.1.

2.2. *non $x^\tau Fr\, \mathsf{H}^o$ seq* $\mathsf{H}^o \to \Theta^o \vdash_T^1 \mathsf{H}^o \to \forall x^\tau \Theta^o$.

Beweis: Durch *TE* in 1.3.3, (1) und AK*

(1) $\mathsf{H}^o \to \Theta^o \vdash_T^1 \mathsf{H}^o \to (\lambda x^\tau \Theta^o)\, x^\tau$,

ähnlich

(2) $\mathsf{H}^o \to (\lambda x^\tau \Theta^o)\, x^\tau \vdash_T^1 \lambda x^\tau (\mathsf{H}^o \to (\lambda x^\tau \Theta^o)\, x^\tau)\, x^\tau$.[1]

Nach 1.3.8 ist

(3) $\lambda x^\tau (\mathsf{H}^o \to (\lambda x^\tau \Theta^o)\, x^\tau)\, x^\tau \vdash_T^1 \forall^{o\,(o\,\tau)} \lambda x^\tau (\mathsf{H}^o \to (\lambda x^\tau \Theta^o)\, x^\tau)$,

und wegen *non $x^\tau Fr\, \mathsf{H}^o$* durch *TE* in 1.3.2, (2) und *Ablr.*

(4) $\forall x^\tau (\mathsf{H}^o \to (\lambda x^\tau \Theta^o)\, x^\tau) \vdash_T^1 \mathsf{H}^o \to \forall^{o\,(o\,\tau)} \lambda x^\tau \Theta^o$.

Unter Beachtung der Abkürzung von $\forall^{o\,(o\,\tau)}(\lambda x^\tau ...)$ folgt nun aus (1) bis (4) durch Kettenschluß

(5) 2.2.

2.3. Mit der Definition

2.3.1. $\exists^{o\,(o\,\tau)} =_{Df} (\lambda p^{o\,\tau} \sim \forall x^\tau \sim p^{o\,\tau} x^\tau)$

---

[1] Zur Abkürzung der Beweisskizze bleibe hier eine vermeidbare Kollision von gebundenen Variablen stehen.

und der Abkürzung $\exists x^\tau \ldots$ für $\exists^{o\,(o\,\tau)}(\lambda x^\tau \ldots)$ erhält man die entsprechende Partikularisierungsregeln.

Anm.: Eine andere Definitionsmöglichkeit für die Quantoren $\forall^{o\,(o\,\tau)}$ und $\exists^{o\,(o\,\tau)}$ ist im Anschluß an HILBERT-BERNAYS II, S. 15 gegeben durch

$$2.3.2. \qquad \exists^{o\,(o\,\tau)} =_{Df} \lambda p^{o\,\tau}\left(p^{o\,\tau}\left(\varepsilon^{\tau\,(o\,\tau)}p^{o\,\tau}\right)\right)$$

und

$$2.3.3. \qquad \forall^{o\,(o\,\tau)} =_{Df} \lambda p^{o\,\tau}\left(p^{o\,\tau}\left(\varepsilon^{\tau\,(o\,\tau)}(\lambda x^\tau \sim p^{o\,\tau}x^\tau)\right)\right).$$

Man kann zeigen, daß für Auswahlfunktionen (welche die Bedingungen 1.3.5 erfüllen) die Definienda von der gewählten Funktion *unabhängig* sind, und man kann insbesondere wieder die Quantifizierungsregeln beweisen.

$$*2.4. \qquad \vdash_T^1 \forall x^\sigma \exists y^\tau (p^{o\,\tau\,\sigma} x^\sigma y^\tau) \to \exists f^{\tau\,\sigma} \forall x^\sigma \left(p^{o\,\tau\,\sigma} x^\sigma (f^{\tau\,\sigma} x^\sigma)\right).$$

Dies ist ein Schema von (zu § 204, 2.2 analogen) Formulierungen des Auswahlprinzips. Andere Formulierungen (vgl. § 204, 1.) ergeben sich durch leichte Änderungen am Schluß des folgenden Beweises.

Beweis: Durch TE $(p^{o\,\tau}/p^{o\,\tau\,\sigma} x^\sigma,\ a^\tau/y^\tau)$ aus 1.3.5

$$(1) \qquad \vdash_T^1 p^{o\,\tau\,\sigma} x^\sigma y^\tau \to p^{o\,\tau\,\sigma} x^\sigma \left(\varepsilon^{\tau\,(o\,\tau)}(p^{o\,\tau\,\sigma} x^\sigma)\right).$$

Die folgenden Beweisschritte (bis (4)) ergeben sich in der Weise, daß jeweils die angegebenen Conclusionen sich durch Einsetzungen in 1.3.3, (1), (2) als äquivalent erweisen.

$$(2) \qquad \vdash_T^1 p^{o\,\tau\,\sigma} x^\sigma y^\tau \to \left(\lambda y^\tau (p^{o\,\tau\,\sigma} x^\sigma y^\tau)\right)\left(\varepsilon^{\tau\,(o\,\tau)}(p^{o\,\tau\,\sigma} x^\sigma)\right),\ ^{1}$$

$$(3) \qquad \vdash_T^1 \qquad\qquad \to \left(\lambda y^\tau (p^{o\,\tau\,\sigma} x^\sigma y^\tau)\right)\left(\lambda x^\sigma (\varepsilon^{\tau\,(o\,\tau)}(p^{o\,\tau\,\sigma} x^\sigma)) x^\sigma\right),\ ^{2}$$

$$(4) \qquad \vdash_T^1 \qquad\qquad \to p^{o\,\tau\,\sigma} x^\sigma \left(\lambda x^\sigma (\varepsilon^{\tau\,(o\,\tau)}(p^{o\,\tau\,\sigma} x^\sigma)) x^\sigma\right).\ ^{3}$$

Mit $F^{\tau\,\sigma} = \lambda x^\sigma \left(\varepsilon^{\tau\,(o\,\tau)}(p^{o\,\tau\,\sigma} x^\sigma)\right)$ ist das

$$(5) \qquad \vdash_T^1 p^{o\,\tau\,\sigma} x^\sigma y^\tau \to p^{o\,\tau\,\sigma} x^\sigma (F^{\tau\,\sigma} x^\sigma).$$

Hieraus 2.4 durch $Pv(y^\tau)$, $Gv(x^\sigma)$, $Gh(x^\sigma)$ und $Ph(f^{\tau\,\sigma})$ (diese analog zu § 90, 5.).

§ 211. Modelle der Arithmetik

Es ist charakteristisch für die Typenlogik und analoge Erweiterungen des PFK, daß man — unter sehr schwachen strukturellen Voraussetzungen über den Individuenbereich — für die Objekte höherer Typen die verschiedenartigsten Strukturen definieren und ihre charakteristi-

---

[1] Die Conclusio wird in eine Eigenschaft von $\varepsilon^{\tau\,(o\,\tau)}(p^{o\,\tau\,\sigma}x^\sigma)$ umgeformt.

[2] $\varepsilon^{\tau\,(o\,\tau)}(p^{o\,\tau\,\sigma}x^\sigma)$ wird als eine Funktion von x^σ betrachtet.

[3] $\lambda x^\tau (p^{o\,\tau\,\sigma} x^\sigma y^\tau)$ wird auf sein Argument angewendet.

schen Eigenschaften beweisen kann. Unter der Voraussetzung der Unendlichkeit des Individuenbereiches (z. B. nach § 203, 2.) ergeben sich so folgende *Modelle der Theorie der natürlichen Zahlen*.

1. Das WHITEHEAD-RUSSELL*sche Modell* repräsentiert die natürliche Zahl n durch das System aller n-zahligen Mengen von Individuen (oder von Objekten eines anderen Typus), also durch die Eigenschaft, n-zahlig zu sein. Die folgenden Definitionen führen zu einer zirkelfreien Beschreibung dieser Intention in der TS_1.

$$1.1. \quad fin^{o\,(o\,\iota)} =_{Df} \lambda p^{o\,\iota} \forall f^{o\,(o\,\iota)} \big(\exists x^{o\,\iota} (f^{o\,(o\,\iota)} x^{o\,\iota} \wedge \sim \exists y^{\iota} (x^{o\,\iota} y^{\iota}))$$
$$\wedge \forall x^{o\,\iota} \forall y^{\iota} (f^{o\,(o\,\iota)} x^{o\,\iota} \to f^{o\,(o\,\iota)} \lambda z^{\iota} (x^{o\,\iota} z^{\iota} \vee z^{\iota} \equiv y^{\iota})) \to f^{o\,(o\,\iota)} p^{o\,\iota} \big).$$

$fin^{o\,(o\,\iota)}$ beschreibt das System der Mengen, die aus der leeren Menge durch schrittweises Hinzufügen einzelner Elemente erzeugbar sind — also das System der endlichen Mengen.

$$1.2. \quad kz^{o\,(o\,\iota)\,(o\,\iota)} =_{Df} \lambda p^{o\,\iota} \lambda q^{o\,\iota} \exists r^{o\,\iota\,\iota} \big(\forall x^{\iota} (p^{o\,\iota} x^{\iota} \to \exists !! y^{\iota} (q^{o\,\iota} y^{\iota} \wedge r^{o\,\iota\,\iota} x^{\iota} y^{\iota}))$$
$$\wedge \forall y^{\iota} (q^{o\,\iota} y^{\iota} \to \exists !! x^{\iota} (p^{o\,\iota} x^{\iota} \wedge r^{o\,\iota\,\iota} x^{\iota} y^{\iota})) \big).$$

$kz^{o\,(o\,\iota)\,(o\,\iota)}$ beschreibt die Gleichmächtigkeit von Mengen (von Individuen) und ordnet zugleich jeder Menge das System der gleichmächtigen Mengen zu.

$$1.3. \quad nz^{o\,(o\,(o\,\iota))} =_{Df} \lambda f^{o\,(o\,\iota)} \exists p^{o\,\iota} (fin^{o\,(o\,\iota)} p^{o\,\iota} \wedge f^{o\,(o\,\iota)} \equiv kz^{o\,(o\,\iota)\,(o\,\iota)} p^{o\,\iota}).$$

Hiernach ist eine natürliche Zahl (des Modells) die Gesamtheit der zu einer endlichen Menge gleichmächtigen Mengen. Wir definieren nun die Begriffe *Null* und *Nachfolger*.

$$1.4. \quad 0^{o\,(o\,\iota)} =_{Df} kz^{o\,(o\,\iota)\,(o\,\iota)} (\lambda x^{\iota} x^{\iota} \not\equiv x^{\iota}).$$

Während die Definitionen 1.1 bis 1.4 nur von Möglichkeiten Gebrauch machen, die leicht auch in die TS_2 zu übersetzen sind, wollen wir an Stelle einer Nachfolger-*Beziehung* $nf^{o\,(o\,(o\,\iota))\,(o\,(o\,\iota))}$ die Nachfolgerfunktion $nf^{(o\,(o\,\iota))\,(o\,(o\,\iota))}$ in einer Form definieren, die wesentlichen Gebrauch von den Möglichkeiten der TS_1 macht[1] und zeigt, in wie enger Beziehung die „ε-Abstraktionen" zur anschaulichen Beschreibung einer Konstruktion stehen. Die Definition ist nicht beschränkt auf natürliche Zahlen, entspricht aber nur dort der Intention.

Wir gehen aus von einem Mengensystem $f^{o\,(o\,\iota)}$, greifen eine Menge $\varepsilon^{(o\,\iota)\,(o\,(o\,\iota))} f^{o\,(o\,\iota)}$ heraus, greifen ein nicht dazugehöriges Individuum $\varepsilon^{\iota\,(o\,\iota)} (\lambda x^{\iota} \sim (\varepsilon^{(o\,\iota)\,(o\,(o\,\iota))} f^{o\,(o\,\iota)}) x^{\iota})$ heraus, fügen dieses zu $\varepsilon^{(o\,\iota)\,(o\,(o\,\iota))} f^{o\,(o\,\iota)}$ hinzu, erhalten

$$\lambda z^{\iota} \big((\varepsilon^{(o\,\iota)\,(o\,(o\,\iota))} f^{o\,(o\,\iota)}) z^{\iota} \vee z^{\iota} \equiv \varepsilon^{\iota\,(o\,\iota)} \lambda x^{\iota} \sim (\varepsilon^{(o\,\iota)\,(o\,(o\,\iota))} f^{o\,(o\,\iota)}) x^{\iota} \big)$$

---

[1] In der TS_2 müßte man statt dessen zunächst die Nachfolgerbeziehung definieren. Dabei liegt es näher, statt der Anwendungen der ε-Funktion die auszuwählenden Objekte durch Partikularisierung zu umschreiben.

und wenden darauf die Funktion $kz^{o\,(o\,\iota)\,(o\,\iota)}$ an. Das Resultat besteht aus allen $(n+1)$-zahligen Mengen, falls $f^{o\,(o\,\iota)}$ aus allen n-zahligen Mengen besteht.

Bei der folgenden formalen Definition unterdrücken wir im Interesse der Lesbarkeit im Definiens die schon festliegenden Typenindizes:

$$1.5. \qquad nf^{(o\,(o\,\iota))\,(o\,(o\,\iota))} =_{Df} \lambda f \big(kz\,\lambda z\,((\varepsilon f)\,z \vee z \equiv \varepsilon(\lambda x \sim (\varepsilon f)\,x))\big).$$

1.6. Damit die angegebenen Definitionen — speziell 1.3; 1.4; 1.5 — ein Modell der Arithmetik (z.B. des Axiomensystems in § 167, 1.) liefern, muß die Unendlichkeit des Individuenbereiches vorausgesetzt werden; denn diese ist sogar gleichwertig damit, daß gilt (Typenindizes sind zu supplieren)

$$1.6.1. \qquad \forall xy \big(nz\,x \wedge nz\,y \wedge (nf\,x) \equiv (nf\,y) \rightarrow x \equiv y\big).$$

Auch durch diese Aussage — über Objekte vom Typus $o\,(o\,\iota)$ — kann also die Unendlichkeit des Individuenbereiches ausgedrückt werden.

Auf die formalen Ableitungen muß hier aus Platzmangel verzichtet werden.

2. *Das Modell von* CHURCH [2] repräsentiert die natürlichen Zahlen als Iterationsgrade der wiederholten Anwendung von Funktionen vom Typus $(\iota\,\iota)$ (oder allgemeiner vom Typus $(\tau\,\tau)$), also die Zahl n durch die Operation, die jeder Funktion $f^{\iota\iota}$ die n-fache Iterierte von $f^{\iota\iota}$ zuordnet. Dies kann zirkelfrei definiert werden durch

$$2.1. \qquad I^{\iota\iota} =_{Df} (\lambda x^{\iota} x^{\iota}), \quad \text{d.i.: die identische Funktion.}$$

$$2.2.0. \qquad 0^{(\iota\iota)\,(\iota\iota)} =_{Df} \lambda f^{\iota\iota} I^{\iota\iota},^{1}$$

$$2.2.1. \qquad 1^{(\iota\iota)\,(\iota\iota)} =_{Df} \lambda f^{\iota\iota} f^{\iota\iota}, \quad \text{d.i.: der identische Funktionaloperator.}$$

$$2.2.2. \qquad 2^{(\iota\iota)\,(\iota\iota)} =_{Df} \lambda f^{\iota\iota}\big(\lambda x^{\iota} f^{\iota\iota}(f^{\iota\iota} x^{\iota})\big),$$

$$2.2.3. \qquad 3^{(\iota\iota)\,(\iota\iota)} =_{Df} \lambda f^{\iota\iota}\big(\lambda x^{\iota} f^{\iota\iota}(f^{\iota\iota}(f^{\iota\iota} x^{\iota}))\big) \quad \text{usw.}$$

Um hier ohne „usw." auszukommen, brauchen wir die Definition der Nachfolgerfunktion $nf^{((\iota\iota)\,(\iota\iota))\,((\iota\iota)\,(\iota\iota))}$. Wir gehen aus von einer Funktion $f^{\iota\iota}$, bilden davon die $z^{(\iota\iota)\,(\iota\iota)}$-fache Iterierte $z^{(\iota\iota)\,(\iota\iota)} f^{\iota\iota}$, wenden diese auf ein beliebiges x^{ι} an mit dem Resultat $(z^{(\iota\iota)\,(\iota\iota)} f^{\iota\iota})\,x^{\iota}$ und wenden darauf noch einmal $f^{\iota\iota}$ an, mit dem Resultat $f^{\iota\iota}((z^{(\iota\iota)\,(\iota\iota)} f^{\iota\iota})\,x^{\iota})$. Dies, als Funktion von x betrachtet[2], ist die $(z+1)$-fache Iterierte von f, diese, als Funktion von f betrachtet, repräsentiert die Zahl $(z+1)$, und diese, als Funktion von z betrachtet, ist die Nachfolgerfunktion nf, also formal zu definieren durch (mit z, f, x für $z^{(\iota\iota)\,(\iota\iota)}, f^{\iota\iota}, x^{\iota}$)

$$2.3. \qquad nf =_{Df} \lambda z\,\lambda f\,\lambda x\,\big(f((zf)\,x)\big).$$

---

[1] Also $(0^{(\iota\iota)\,(\iota\iota)} f^{\iota\iota}) \equiv I^{\iota\iota}$; ohne Typenindizes in üblicher Schreibweise: $f^0 \equiv I$.

[2] Im Interesse der Lesbarkeit unterdrücken wir im folgenden wieder die Typenindizes, wo nicht gerade auf den Typus hingewiesen werden soll.

Die Eigenschaft $nz^{o\,((\iota\iota)(\iota\iota))}$ kann nun, unter Verwendung von 2.2.0 und 2.3, definiert werden als Durchschnitt aller Mengen $y^{o\,((\iota\iota)(\iota\iota))}$, welche $0^{(\iota\iota)(\iota\iota)}$ als Element haben und bezüglich der Operation $nf^{((\iota\iota)(\iota\iota))((\iota\iota)(\iota\iota))}$ abgeschlossen sind, also formal (unter Verzicht auf die Indizierung) durch

2.4. $\quad nz =_{Df} \lambda z \forall y \left(y\,0 \wedge \forall x \left(yx \to y\,(nf\,x) \right) \to yz \right).$

2.5. Dafür, daß die unter 2.2.0; 2.3; 2.4 definierten Begriffe ein Modell der Arithmetik bilden, ist wieder (vgl. 1.6) notwendig und hinreichend, daß der zugrunde liegende Individuenbereich unendlich ist. Die entsprechenden formalen Ableitungen würden den Rahmen dieses Überblicks sprengen.

§ 212. Ein mengentheoretischer Kalkül

1. *Ein Kalkül für die TL_3.*

Die symbolische Form der Logik TL_3, die aus der vollen TL durch die Reduktionsschritte von § 209, 2. und 3. ausgesondert wird, wird häufig der *mengentheoretischen* Interpretation angepaßt. Solange die TL_3 nicht als Teil der vollen TL aufgebaut wird, kann die Typenbezeichnung vereinfacht werden. Die hierdurch modifizierte TS_3 werde dem folgenden Kalkül TK_3 für die TL_3 zugrunde gelegt.

1.1. Variablen der TS_3 sind die Symbole a_k^i (statt $a_k^{\varkappa i}$ nach § 209, 3.2.1). a_k^i ist ein *Term der Stufe i* (statt „vom Typus $\varkappa_i$").

Weitere Terme werden in 1.3 eingeführt.

1.2. Die *Ausdrücke* der TS_3 werden aus den atomaren Ausdrücken $t_k^i \in t_l^{i+1}$ (statt $t_l^{\varkappa i+1} t_k^{\varkappa i}$) mit den A-Konstanten und den Quantifikatoren für die Variablen aller Stufen aufgebaut.

1.3. Die hierdurch bestimmte Sprache reicht grundsätzlich aus. Wir gehen aus praktischen Gründen über zu einer Erweiterung durch zusätzliche *Regeln zur Bildung von Termen*, wodurch sich wieder ein *simultaner Aufbau* von Ausdrücken und Termen ergibt:

1.3.1. $\lambda x^i H(x^i)$ ist ein Term $(i+1)$-ter Stufe,

1.3.2. $\varepsilon x^i H(x^i)$ ist ein Term i-ter Stufe.

Anm.: Durch $\varepsilon x^i H(x^i)$ wird die Bildung von $\varepsilon^{\varkappa i\,(o\varkappa i)} \lambda x^i H(x^i)$ zusammengefaßt, da $\left(\varkappa_i (o \varkappa_i) \right)$ kein Typus der Form $\varkappa_j$ ist.

1.4. Für die in die Definition der *Ableitbarkeit* $\vdash_T^3$ eingehende Aussagen- und Prädikatenlogik übernehmen wir sinngemäß § 90, fügen aber (vgl. § 210, 1.3.9) die gebundenen Umbenennungen für alle durch $\forall$, $\exists$, λ, ε gebundenen Variablen hinzu. Dazu kommen die eigentlichen T_3-Protonen.

1.4.1. Die λ-*Protonen*

$$x^i \in \lambda x^i\, \mathsf{H}(x^i) \leftrightarrow \mathsf{H}(x^i) \qquad\qquad \text{vgl. § 202, 2.2.1.}$$

Die Anwendung von 1.4.1 in Verbindung mit dem Ersetzbarkeitstheorem für Äquivalente sei wieder als λ-*Konversion* bezeichnet.

1.4.2. Die *Extensionalitätsprotonen*[1]

$$\forall z^i\,(z^i \in x^{i+1} \leftrightarrow z^i \in y^{i+1}) \rightarrow \forall z^{i+2}\,(x^{i+1} \in z^{i+2} \leftrightarrow y^{i+1} \in z^{i+2}).$$

1.4.3. Die *Auswahlprotonen (ε-Protonen)*[2]

(a) $\quad \mathsf{H}(x^i) \rightarrow \varepsilon x^i\, \mathsf{H}(x^i) \in \lambda x^i\, \mathsf{H}(x^i),$

(b) $\quad \forall x^i\,(\mathsf{H}(x^i) \leftrightarrow \Theta(x^i))$

$$\rightarrow \forall z^{i+1}\,(\varepsilon x^i\, \mathsf{H}(x^i) \in z^{i+1} \leftrightarrow \varepsilon x^i\, \Theta(x^i) \in z^{i+1}).$$

Anm.: Erst hiermit wird $\varepsilon x\,\mathsf{H}(x)$ ganz als $\varepsilon\,(\lambda x\,\mathsf{H}(x))$ charakterisiert; vgl. 1.3.2, Anm.

2. *Ableitungsbeispiele.*

Das folgende Theorem zeigt, daß es gleichgültig ist, ob in der LEIBNIZ-Definition der Identität $\rightarrow$ oder $\leftrightarrow$ benutzt wird (vgl. § 202, 3.2.4).

2.1. $\quad \vdash^3_T \forall z^{i+1}\,(x^i \in z^{i+1} \rightarrow y^i \in z^{i+1}) \rightarrow \forall z^{i+1}\,(y^i \in z^{i+1} \rightarrow x^i \in z^{i+1}).$

Beweis: Mit $Gv(z^{i+1})$ und $z^{i+1}/\lambda u^i \sim u^i \in z^{i+1}$

(1) $\quad \vdash^3_T \forall z^{i+1}\,(x^i \in z^{i+1} \rightarrow y^i \in z^{i+1}) \rightarrow (x^i \in \lambda u^i \sim u^i \in z^{i+1} \rightarrow y^i \in \lambda u^i \sim u^i \in z^{i+1}),$

$$\text{durch } \lambda\text{-Konversion und Kontraposition}$$

(2) $\quad \vdash^3_T \qquad\qquad\qquad\quad \rightarrow (y^i \in z^{i+1} \rightarrow x^i \in z^{i+1}),$

woraus 2.1 durch $Gh(z^{i+1})$ folgt.

Die Umkehrung von 1.4.2 ist von Interesse:

2.2. $\quad \vdash^3_T \forall z^{i+2}\,(x^{i+1} \in z^{i+2} \leftrightarrow y^{i+1} \in z^{i+2}) \rightarrow \forall z^i\,(z^i \in x^{i+1} \leftrightarrow z^i \in y^{i+1}).$

Beweis: Für $\lambda u^{i+1}\, \forall z^i\,(z^i \in x^{i+1} \leftrightarrow z^i \in u^{i+1})$ liefert 1.4.1 in Verbindung mit der Einsetzung u^{i+1}/x^{i+1}

(1) $\quad \vdash^3_T x^{i+1} \in \lambda u^{i+1}\, \forall z^i\,(z^i \in x^{i+1} \leftrightarrow z^i \in u^{i+1}).$

Durch $Gv(z^{i+2})$, Einsetzung und verallgemeinerte Abtrennung von (1)

(2) $\quad \vdash^3_T \forall z^{i+2}\,(x^{i+1} \in z^{i+2} \leftrightarrow y^{i+1} \in z^{i+2})$

$$\rightarrow y^{i+1} \in \lambda u^{i+1}\, \forall z^i\,(z^i \in x^{i+1} \leftrightarrow z^i \in u^{i+1}).$$

Hieraus 2.2 durch λ-Konversion.

---

[1] Zum Beweise der Umkehrung s. 2.2.

[2] Hierdurch wird der ε-Operator charakterisiert, mit der schon in § 210, 1.3.5, Anm. erörterten Unterbestimmtheit. Durch die Verwendung von λ werden die Voraussetzungen für die Bildung von $\mathsf{H}(x^i/\varepsilon x^i\, \mathsf{H}(x^i))$ auf die Termeinsetzung zurückgeführt.

2.3. Mit den Definitionen

2.3.1. $x^i \equiv y^i =_{Df} \forall z^{i+1} (x^i \in z^{i+1} \leftrightarrow y^i \in z^{i+1})$,   vgl. § 201, 1.4.1.

und

2.3.2. $x^{i+1} \equiv y^{i+1} =_{Df} \forall z^i (z^i \in x^{i+1} \leftrightarrow z^i \in y^{i+1})$

lassen sich 1.4.1 und 2.2 zusammenfassen zu

2.3.3. $\vdash^3_T \forall x^{i+1} \forall y^{i+1} (x^{i+1} \equiv y^{i+1} \leftrightarrow x^{i+1} \equiv y^{i+1})$.

Ferner gilt $(z^{i+1}/\lambda x^i H(x^i)$ und λ-Konversion)

2.3.4. $\vdash^3_T x^i \equiv y^i .\to. H(x^i) \to H(y^i)$ vgl. § 154.

Wenn man nicht die Formalisierung des Auswahlprinzips durch den ε-Operator (1.4.3) verwenden will, so bietet sich als eine für die TS_3 einfachste Formulierung das folgende Theorem an, das die Existenz einer Auswahlmenge z^{i+1} zu einem gegebenen Mengensystem x^{i+2} ausdrückt:

2.4. $\vdash^3_T \forall x^{i+2} \big(\forall y^{i+1} (y^{i+1} \in x^{i+2} \to \exists u^i\, u^i \in y^{i+1})$

$\qquad \wedge \forall y^{i+1}\, y_1^{i+1}\, u^i (y^{i+1}, y_1^{i+1} \in x^{i+2} \wedge u^i \in y^{i+1}, y_1^{i+1} \to y^{i+1} \equiv y_1^{i+1})$

$\qquad \to \exists z^{i+1} \forall y^{i+1} (y^{i+1} \in x^{i+2} \to \exists!!\, u^i (u^i \in z^{i+1} \wedge u^i \in y^{i+1}))\big)$.

Beweis: (Zur Abkürzung sind naheliegende prädikatenlogische Umformungen unterdrückt, um die Hauptschritte besser hervortreten zu lassen.) Mit $\varepsilon(y^{i+1}) =_{Df} \varepsilon u^i\, u^i \in y^{i+1}$

(1) $\vdash^3_T \exists u^i\, u^i \in y^{i+1} \to \varepsilon(y^{i+1}) \in y^{i+1}$,   1.4.3; 1.4.1; $Pv(u^i)$.

folglich, mit „Pr_1" für die erste Prämisse von 2.4,

(2) $\vdash^3_T Pr_1 \to (y^{i+1} \in x^{i+2} \to \varepsilon(y^{i+1}) \in y^{i+1})$.

Mit $t^{i+1} =_{Df} \lambda u^i \exists y^{i+1} (y^{i+1} \in x^{i+2} \wedge u^i \equiv \varepsilon(y^{i+1}))$ [1] aus 1.4.1 (u^i für x^i) mit $u^i/\varepsilon(y^{i+1})$

(3) $\vdash^3_T y^{i+1} \in x^{i+2} \to \varepsilon(y^{i+1}) \in t^{i+1}$,

und, mit (2) und (3) und $\vdash H(\varepsilon(y^{i+1})) \to \exists u^i H(u^i)$

(4) $\vdash^3_T Pr_1 \wedge y^{i+1} \in x^{i+2} \to \exists u^i (u^i \in t^{i+1} \wedge u^i \in y^{i+1})$.

Wir zeigen das noch ausstehende $\exists! u^i (u^i \in t^{i+1} \wedge u^i \in y^{i+1})$ in der Form $\forall u^i (u^i \in t^{i+1} \wedge u^i \in y^{i+1} \to u^i \equiv \varepsilon(y^{i+1}))$. Es ist aus 2.3.1 durch $TE: z^{i+2}/\lambda y^{i+1} (\varepsilon(y^{i+1}) \in z^{i+1})$

(5) $\vdash^3_T y^{i+1} \equiv y_1^{i+1} .\to. y^{i+1} \in \lambda y^{i+1}(\ldots) \leftrightarrow y_1^{i+1} \in \lambda y^{i+1}(\ldots)$

(6) $\vdash^3_T \qquad\qquad .\to. \varepsilon(y^{i+1}) \in z^{i+1} \leftrightarrow \varepsilon(y_1^{i+1}) \in z^{i+1}$ λ-Konv.

(7) $\vdash^3_T \qquad\qquad \to \varepsilon(y^{i+1}) \equiv \varepsilon(y_1^{i+1})$. [2]   *Gh*, 2.3.1.

---

[1] t^{i+1} wird ein Beispiel sein für das z^{i+1}, dessen Existenz zu beweisen ist.

[2] Auch 2.2 mit 1.4.3, (b) oder § 154, 1.2.4 würde hier auf Umwegen zum Ziel führen.

Aus (2) mit LP* (übertragen von § 154) erhält man

$$(8)\quad \vdash_T^3 Pr_1 \wedge y_1^{i+1} \in x^{i+2} \wedge u^i \equiv \varepsilon(y_1^{i+1}) \rightarrow y_1^{i+1} \in x^{i+2} \wedge u^i \in y_1^{i+1},$$

und mit „Pr_2" für die zweite Prämisse von 2.4

$$(9)\quad \vdash_T^3 Pr_1 \wedge Pr_2 \wedge y^{i+1} \in x^{i+2} \wedge u^i \in y^{i+1} \wedge y_1^{i+1} \in x^{i+2} \wedge u^i \equiv \varepsilon(y_1^{i+1})$$
$$\rightarrow y^{i+1} \equiv y_1^{i+1} \wedge u^i \equiv \varepsilon(y_1^{i+1})$$

$$(10)\quad \vdash_T^3 \qquad\qquad \rightarrow u^i \equiv \varepsilon(y^{i+1}). \qquad\qquad \text{(7) und LP*.}$$

Da y_1 in der Conclusio von (10) nicht vorkommt, läßt sich (10) unter Verwendung von

$$(11)\quad \vdash_T^3 u^i \in t^{i+1} \rightarrow \exists y_1^{i+1} \left(y_1^{i+1} \in x^{i+2} \wedge u^i \equiv \varepsilon(y_1^{i+1}) \right) \qquad \text{Def. von } t^{i+1}$$

vereinfachen zu

$$(12)\quad \vdash_T^3 Pr_1 \wedge Pr_2 \wedge y^{i+1} \in x^{i+2} \rightarrow \left(u^i \in t^{i+1} \wedge u^i \in y^{i+1} \rightarrow u^i \equiv \varepsilon(y^{i+1}) \right).$$

Hieraus durch $Gh(u^i)$ und mit $\vdash \mathrm{H}\left(\varepsilon(y^{i+1})\right) \rightarrow \exists v^i \mathrm{H}(v^i)$

$$(13)\quad \vdash_T^3 Pr_1 \wedge Pr_2 \wedge y^{i+1} \in x^{i+2} \rightarrow \exists! u^i \left(u^i \in t^{i+1} \wedge u^i \in y^{i+1} \right),$$

woraus mit (4) schließlich

$$(14)\quad \vdash_T^3 Pr_1 \wedge Pr_2 \rightarrow \exists z^{i+1} \forall y^{i+1} \left(y^{i+1} \in x^{i+2} \rightarrow \exists!! u^i (u^i \in z^{i+1} \wedge u^i \in y^{i+1}) \right),$$

also 2.4 abzuleiten ist.

C) Erweiterungen der Typenlogik

§ 213. Der Rang als Verallgemeinerung der Stufe

1. *Eine Erweiterung der typenlogischen Ontologie.*

Die Welt der Objekte der TL scheint zunächst in solch natürlicher Weise abgeschlossen zu sein, daß kein Bedürfnis oder Ansatzpunkt für eine Erweiterung zu sehen ist. Bei genauerer Untersuchung zeigte sich aber, daß schon die Sprache, in der die Semantik der TL (oder der nicht wesentlichen Vereinfachungen TL_1 bzw. TL_3) formuliert ist, den Rahmen der TS überschreitet. Wir beschränken uns im folgenden zur Vereinfachung auf die TS_3.[1] Wie TARSKI gezeigt hat[2], muß eine zur Darstellung der Semantik einer Sprache S ausreichende Sprache in gewissem Sinne reicher sein als S. In der Tat ist zwar der Argumentbereich einer TS-Belegung $\mathfrak{B}$ (als eine Menge von Symbolen) homogen, nicht aber der Wertebereich, der aus Objekten aller Typen $\varkappa_t$ besteht. TARSKIs Ergebnisse zeigen insbesondere

(1) *wie* man das bei gewissen Teilstücken der TL_3 umgehen kann,

(2) *daß* man das bei der vollen TL_3 *nicht* vermeiden kann.

---

[1] Analoge Erweiterungen, aber an die TL_1 anknüpfend, hat MAURICE L'ABBÉ [1] eingeführt.

[2] TARSKI [3], S. 399, A, B.

Wenn man nun überhaupt die Bildung von inhomogenen Mengen zuläßt, liegt es nahe, damit schon früher zu beginnen. (Dann wird z. B. die unter § 209, 3.2 beschriebene Komplikation bei der Darstellung von geordneten Paaren überflüssig, s. § 214, 1.3.3).

1.1. Versteht man unter

(1) *Objekten vom Rang* 0 die Individuen aus einem Bereich α,

(2) *Objekten vom Rang* $(i+1)$[1] alle Mengen M, deren Elemente Objekte mit Rängen $\leq i$ sind,

(3) *Objekten vom genauen Rang* i die Objekte vom Rang i, die von keinem kleineren Rang sind,

so liegt es zunächst nahe, in Verallgemeinerung der Interpretationen der TS_3 die Variablen x^i (d.i.: x^{x_i}) mit Objekten vom genauen Rang i zu belegen.

1.2. Da jetzt aber eine Menge Teilmengen von *kleinerem* genauen Rang haben kann, würde das zu Komplikationen bei der Definition der Inklusion führen. Zunächst müßten atomare Ausdrücke $a_m^i \in a_n^j$ für $i<j$ zugelassen werden. Damit ist definierbar für $0<i\leq j$

1.2.1. $a_m^i \subseteq a_n^j =_{Df} \bigwedge_{k<i} \forall x^k (x^k \in a_m^i \to x^k \in a_n^j)$

und „für jede Teilmenge a_m^i von a_n^j gilt H" wird ausgedrückt durch

1.2.2. $\bigwedge_{i\leq j} \forall a_m^i (a_m^i \subseteq a_n^j \to H(a_m^i))$. [2]

Diese Komplikationen werden vermieden, wenn die Variablen a_n^i mit *jedem* Objekt vom Rang i belegt werden dürfen. Dann müssen aber auch atomare Ausdrücke $a_m^i \in a_n^j$ mit $i\geq j$ zugelassen werden, da jetzt z. B. auch $\mathfrak{B}(a_m^{i+1})$ Element von $\mathfrak{B}(a_n^i)$ sein kann.

1.3. Für die Objekte $\mathfrak{x}^i$, $\mathfrak{y}^i$ dieser „Welt", wobei die Indizes i, j noch einmal den *genauen Rang* der Objekte anzeigen sollen, werde die

1.3.1. „natürliche Definition" von „$\mathfrak{x}^i El \mathfrak{y}^i$" für $i<j$

ergänzt durch die Konvention, daß

1.3.2. $i \geq j$ *seq non* $\mathfrak{x}^i El \mathfrak{y}^j$.

2. *Erweiterungen durch Objekte mit „unendlichem Rang".*

Der Typus des Wertbereiches einer TS_3-Belegung ist durch die Einführung des Ranges nach 1.1 noch nicht erfaßt. Dies gelingt erst, wenn

---

[1] Wir sprechen zur Unterscheidung von den Ordnungen (des § 207, 5.) und den Stufen (des § 212, 1.1) hier nach einem Vorschlag von TARSKI vom *Rang*, obwohl manchmal alle diese Begriffe als Ordnungen bezeichnet werden.

[2] Da dies nur ein Stadium der Diskussion ist, übergehen wir die Voraussetzungen für die Einsetzbarkeit von „Variablen verschiedenen Ranges" in H.

man als Ränge auch unendliche Ordnungszahlen[1] zuläßt. Dadurch wird außerdem die Behandlung der Objekte endlichen Ranges vereinfacht.

2.1.   Wir ergänzen die vorläufige Rangdefinition (von 1.1) zu:

(1) *Objekte vom Rang* 0 sind die Individuen aus α.

(2) *Objekte vom Rang* $(i+1)$ sind alle Mengen, deren Elemente *höchstens* vom Rang i sind.

(3) *Objekte vom Rang* λ (wo λ eine Limeszahl ist) sind alle Objekte mit Rängen $<\lambda$.

(4) In Anlehnung an § 208, 2.2, aber mit Berücksichtigung des „höchstens" in (2), sei α^i die Gesamtheit der Objekte, die, bei gegebenem α, vom Rang i sind.

Diese Definition fällt für endliche i mit 1.1 zusammen. Man beachte, daß es nach dieser Definition keine Objekte vom genauen Rang einer Limeszahl gibt.

2.2.   Unter Verwendung der kleinsten unendlichen Ordnungszahl ω lassen sich die Objekte der Ontologie aus 1. als die Objekte vom Rang ω charakterisieren, während die Wertmenge einer Belegung im allgemeinen vom Rang $\omega+1$ ist. Wenn die Variablen selbst Objekte vom Rang ω sind (oder durch solche Objekte repräsentiert werden), sind auch die Belegungen vom Rang $\omega+1$.

3. Logiken vom Rang ω.

Hierunter sollen Logiken verstanden werden, für welche ω die obere Grenze aller genauen Ränge von Objekten in einer Interpretation ist.

3.1.   Die *Sprache* RS_0^ω soll, im Anschluß an 1.2, aus der Sprache TS_3 dadurch hervorgehen, daß *atomare Ausdrücke* $a_m^i \in a_n^j$ für beliebige endliche i,j zugelassen werden.

3.2.   Die *Logik* RL_0^ω soll durch die Interpretation der RS_0^ω im Sinne von 1.3 gegeben sein. Dabei ist nun aber $\mathfrak{B}_\alpha(a_m^i)$ ein *beliebiges* Objekt aus α^i. Über „$\mathfrak{B}_\alpha(a_m^i)\ El\ \mathfrak{B}_\alpha(a_n^j)$" ergeben sich die Begriffe der α-*Gültigkeit, Allgemeingültigkeit, α-Erfüllbarkeit, Erfüllbarkeit* und *Folgerung* („$\Vdash_R$") sinngemäß wie in § 208, 3.2.

3.3.   Die Form folgender *Definitionen* ist durch die Freiheitsgrade der RS_0^ω bedingt. Wir verfolgen ihre Anpassung an verschiedene Modifikationen der RS_0^ω.

3.3.1. $x^i \equiv y^j =_{Df} \mathsf{V} z^s (x^i \in z^s \leftrightarrow y^j \in z^s)$,   mit $s = 1 + max(i,j)$.

Diese Definition ist legitimiert durch die — hier nicht ausgeführte — Übertragbarkeit der Identitätstheorie. Für spätere Modifikationen vgl. dazu § 216, 3.1 und § 217, 3.4.1.

---

[1] Siehe z.B. KAMKE [1] oder BACHMANN [1].

3.3.2. $\quad x^i \subseteq y^j =_{Df} \forall z^s (z^s \in x^i \to z^s \in y^j) \wedge \forall u^0 (u^0 \not\equiv x^i \wedge u^0 \not\equiv y^j)$, [1]

$$\text{mit } s + 1 = i.$$

Durch Zusammenfassung zweier Inklusionen ergibt sich die „extensionale Identität", wobei in noch zu rechtfertigender Weise s gegebenenfalls erhöht werden muß (dies leisten 3.4.4 und 3.4.5).

3.3.3. $\quad x^i \equiv y^j =_{Df} \forall z^s (z^s \in x^i \leftrightarrow z^s \in y^j) \wedge \forall u^0 (u^0 \not\equiv x^i \wedge u^0 \not\equiv y^j)$

$$\text{mit } s + 1 = max(i,j).$$

Man beachte, daß diese beiden Definitionen nur für Objekte von genauem Rang > 0 adäquat sind. Das Zusatzglied schließt den Grenzfall aus.

3.4. Charakteristische RL_0^ω-Sätze sind:

3.4.1. $\quad \Vdash_R x^i \in \lambda x^i H(x^i) \leftrightarrow H(x^i)$ $\qquad\qquad$ vgl. § 212, 1.4.1.

3.4.2. $\quad \Vdash_R H(x^i) \to \varepsilon x^i H(x^i) \in \lambda x^i H(x^i)$ $\qquad$ vgl. § 212, 1.4.3.

3.4.3. $\quad \Vdash_R x^i \equiv y^j \to x^i \equiv y^j$ $\qquad\qquad\qquad$ vgl. § 212, 1.4.2.

Die folgenden Sätze weichen von den Analoga der TL_3 ab oder haben dort kein Gegenstück:

3.4.4. $\quad \Vdash_R x^i \in y^{j+1} \to \exists z^j z^j \equiv x^i.$

3.4.5. $\quad \Vdash_R \exists y^{i+1} y^{i+1} \equiv x^i.$

3.4.6. $\quad \Vdash_R \exists y^{i+1} y^{i+1} \equiv \lambda x^i H(x^i).$

Ferner gilt, mit

3.4.7. $\quad r_i =_{Df} \lambda x^i x^i \equiv x^i$, [2]

3.4.8. $\quad \Vdash_R r_i \equiv \lambda x^s \exists x^i x^s \equiv x^i$ $\qquad\qquad$ für $s \geqq i$,

also insbesondere

3.4.9. $\quad \Vdash_R r_0 \equiv \lambda x^s \exists x^0 x^s \equiv x^0$ $\qquad\qquad$ für $s \geqq 0$,

ferner

3.4.10. $\quad \Vdash_R r_{i+1} \equiv \lambda x^s (x^s \in r_i \vee x^s \subseteq r_i)$ $\qquad$ für $s \geqq i+1$.

3.5. Unter Verwendung der r_i erhält man die folgenden Sätze:

3.5.1. $\quad \Vdash_R \forall x^i H(x^i) \leftrightarrow \forall x^s (x^s \in r_i \to H(x^s))$, $\qquad$ für $s \geqq i$,

3.5.2. $\quad \Vdash_R \exists x^i H(x^i) \leftrightarrow \exists x^s (x^s \in r_i \wedge H(x^s))$, $\qquad$ für $s \geqq i$,

3.5.3. $\quad \Vdash_R \lambda x^i H(x^i) \equiv \lambda x^s (x^s \in r_i \wedge H(x^s))$, $\qquad$ für $s \geqq i$.

---

[1] Hier muß berücksichtigt werden, daß jedes Individuum mit der leeren Menge (zwar umfangsgleich, aber) nicht identisch ist.

[2] Genauer: „r_i^{i+1}", da die Menge der Objekte vom Rang i durch einen Term vom Rang $i+1$ angezeigt wird.

Ferner gilt ein zu 3.5.1 analoges Theorem

3.5.4. $\Vdash_R \mathsf{H}(x^i) \ \ddot{a}q \ \Vdash_R x^s \in \boldsymbol{r}_i \rightarrow \mathsf{H}(x^s)$, für $s \geqq i$.

3.6. In einem Rahmen, in dem für den Rang der vorkommenden Variablen eine *endliche Schranke s* gegeben ist, kann die Definition der $\boldsymbol{r}_i$ mit $i \leqq s$ unter ausschließlicher Verwendung der a^0 und a^s formuliert werden. Wegen 3.5 können dann alle Ausdrücke unter ausschließlicher Verwendung der a_k^0 und a_k^s umschrieben werden.

3.7. *Erweiterungen* RL_1^ω, RL_2^ω *der* RL_0^ω.

3.7.1. Die RS_1^ω gehe aus der RS_0^ω durch Hinzunahme von Variablen a_k^ω (mit dem Variabilitätsbereich α^ω) hervor, wobei aber die Verwendung der a_k^ω zum Aufbau von $\boldsymbol{\lambda}$-Termen so beschränkt werden muß, daß nur solche Terme gebildet werden können, die Objekte *in* α^ω bezeichnen. Das gelingt durch die Beschränkung auf die Terme der Form

$$\boldsymbol{\lambda} x^\omega \big(x^\omega \in y^\omega \wedge \mathsf{H}(x^\omega) \big).$$

Denn $\boldsymbol{\lambda} x^\omega \mathsf{H}(x^\omega)$ bezeichnet im allgemeinen ein Objekt vom Rang $\omega + 1$. Wenn „zufällig" ein Element $\mathfrak{y}$ von α^ω bezeichnet wird, so liegt dieses schon in einem α^i (mit $i < \omega$), und für $\mathfrak{B}(y^\omega) = \mathfrak{y}$ ist

$$\mathfrak{B}^\times \big(\boldsymbol{\lambda} x^\omega \mathsf{H}(x^\omega) \big) = \mathfrak{B}^\times \big(\boldsymbol{\lambda} x^\omega (x^\omega \in y^\omega \wedge \mathsf{H}(x^\omega)) \big).$$

3.7.2. Mit $s = \omega$ läßt sich 3.6 sinngemäß auf die RL_1^ω übertragen. Dies legt eine Modifikation RL_2^ω der RL_1^ω nahe, welche durch die entsprechende Interpretation einer Sprache RS_2^ω gegeben ist, die an Variablen *nur* die a_k^0 (mit dem Variabilitätsbereich $\alpha^0 = \alpha$) und die a_k^ω (mit dem Variabilitätsbereich α^ω) enthält.

In der RS_2^ω bleiben insbesondere die Definitionen 3.3.1 bis 3.3.3 adäquat, wenn alle Rangindizes, außer 0, durch ω ersetzt werden.

4. *Logiken vom Rang* $> \omega$.

4.1. Schon die Diskussion von 3.7.1 legt es nahe, auch Logiken mit einem Rang $> \omega$ in Betracht zu ziehen. Auch wird die Beschreibung der Verhältnisse *in* α^ω erleichtert, wenn Variable für Attribute *über* α^ω eingeführt werden. Da geordnete Paare aus α^ω wieder in α^ω liegen (bzw. repräsentierbar sind), genügt es, *einstellige* Attribute über α^ω in Betracht zu ziehen, und diese sind in $\alpha^{\omega+1}$ repräsentierbar.

4.2. Für den Aufbau einer Sprache $\mathrm{RS}^{\omega+1}$ und der durch ihre Interpretation gegebenen Logik $\mathrm{RL}^{\omega+1}$ sei auf § 215, 3. und § 217, 4. verwiesen. Daneben verwenden wir zur Motivierung von Ansätzen die sinngemäßen Verallgemeinerungen der RS_1^ω (3.7.1).

4.3. Allgemein: Gibt es keinen größten Rang unter den Variablen einer Sprache RS$^\lambda$, so legt 3.7 die Einführung von Variablen a_k^λ nahe. Ist dagegen ϱ der größte Rang von Variablen der Sprache RS$^\varrho$, so überschreitet die Bildung von $\lambda x^\varrho H(x^\varrho)$ den Rahmen der zugehörigen Logik RL$^\varrho$.

Man kann nun etwa, bei festgehaltener Interpretation von $\lambda x^\varrho H(x^\varrho)$, also mit $\Vdash x^\varrho \in \lambda x^\varrho H(x^\varrho) \leftrightarrow H(x^\varrho)$,

(1)   die *Bildbarkeit* von $\lambda x^\varrho H(x^\varrho)$ beschränken

    oder

(2)   die *Einsetzbarkeit* von $\lambda x^\varrho H(x^\varrho)$ beschränken

    (auf die Fälle, in denen $\lambda x^\varrho H(x^\varrho)$ ein Objekt aus α^ϱ bezeichnet),

    oder

(3)   (nur im Falle des Maximalranges $\varrho = \sigma + 1$) $\lambda x^\varrho H(x^\varrho)$ wie $\lambda x^\sigma H(x^\sigma)$ interpretieren, mit

(3.1) $\Vdash x^{\sigma+1} \in \lambda x^\sigma H(x^\sigma) \leftrightarrow \exists y^{\sigma+1} (x^{\sigma+1} \in y^{\sigma+1}) \wedge H(x^{\sigma+1})$

    wegen

(3.2) $\Vdash \exists x^\sigma x^{\sigma+1} \equiv x^\sigma \leftrightarrow \exists y^{\sigma+1} x^{\sigma+1} \in y^{\sigma+1}$.

Daß $\lambda x^\varrho H(x^\varrho)$ ein Objekt aus α^ϱ bezeichnet, kann ausgedrückt werden durch (die *Allgemeingültigkeit* von)

(a) $\forall x^\varrho \exists y^\varrho (H(x^\varrho) \rightarrow x^\varrho \in y^\varrho)$ im Falle $\varrho = \sigma + 1$,

(b) $\exists y^\varrho \forall x^\varrho (H(x^\varrho) \rightarrow x^\varrho \in y^\varrho)$ im Falle $\varrho = \lambda$.

Um die Beschreibung einer Sprache *(Bildbarkeit)* oder eines Kalküls *(Einsetzbarkeit)* nicht vom Vorliegen einer Logik *(Allgemeingültigkeit)* abhängig zu machen, beschränkt man meistens (a) bzw. (b) auf die beweisbaren Fälle, oft in der Form, daß (a) bzw. (b) schon durch die Struktur von $H(x^\varrho)$ gesichert sein soll wie z. B. durch 3.7.1 (im Falle (b)).

§ 214. Die Objekte der Typentheorie in der RL$^\omega$

Es soll gezeigt werden, daß die Objekte der Typentheorie in der „Welt" der RL$^\omega$ vorkommen bzw. repräsentiert sind. Es genügte nach § 209, 3. dabei, die Typentheorie in der Form der TL$_3$ vorauszusetzen. Da aber die Reduktion der TL$_2$ auf die TL$_3$ ziemlich kompliziert war, legen wir die Ontologie der TL$_2$ zugrunde und erhalten so ein stärkeres Resultat.

1. *Definitionen der Objektbereiche der TL$_2$ in der RL$_2^\omega$.*

Alle folgenden Definitionen sind schon in der RL$_0^\omega$ möglich, erfordern dann aber jedesmal die Bestimmung eines genügend hohen Ranges.

1.1. $t_0 =_{Df} \lambda x^0\, x^0 \equiv x^0$ $\qquad\qquad$ vgl. § 213, 3.4.7.

1.2. $t_{(\tau)} =_{Df} \lambda x^\omega\, x^\omega \subseteq t_\tau$ $\qquad\qquad$ vgl. § 213, 3.4.10.

1.3.   Der Fall der mehrstelligen Attribute erfordert einige Vorbereitungen. (Vgl. § 209, 3.)

1.3.1. $\{x^\omega\} =_{Df} \lambda z^\omega\, z^\omega \equiv x^\omega.$

1.3.2. $\{x^\omega, y^\omega\} =_{Df} \lambda z^\omega\, (z^\omega \equiv x^\omega \vee z^\omega \equiv y^\omega).$

1.3.3. $\langle x^\omega, y^\omega \rangle =_{Df} \{\{x^\omega\}, \{x^\omega, y^\omega\}\}$ $\qquad$ vgl. § 209, 3.1.1.

1.3.4. $\langle x_1^\omega, \ldots, x_{n+1}^\omega \rangle =_{Df} \langle \langle x_1^\omega, \ldots, x_n^\omega \rangle, x_{n+1}^\omega \rangle$ $\qquad$ vgl. § 209, 3.2.4.

1.3.5. $x^\omega \times y^\omega =_{Df} \lambda z^\omega\, \exists u^\omega\, \exists v^\omega\, (z^\omega \equiv \langle u^\omega, v^\omega \rangle \wedge u^\omega \in x^\omega \wedge v^\omega \in y^\omega).$

1.3.6. $y_1^\omega \times \cdots \times y_n^\omega =_{Df} \lambda z^\omega\, \exists u_1^\omega \ldots u_n^\omega\, \left(z^\omega \equiv \langle u_1^\omega, \ldots, u_n^\omega \rangle \wedge \bigwedge_{i=1}^{n} u_i^\omega \in y_i^\omega\right).$

Nun kann definiert werden:

1.4. $t_{(\tau_1 \ldots \tau_n)} =_{Df} \lambda z^\omega\, (z^\omega \subseteq t_{\tau_1} \times \cdots \times t_{\tau_n}).$

1.5.   *Repräsentant* eines Objekts vom Typus τ sei das in natürlicher Weise zugeordnete Objekt aus dem durch t_τ bezeichneten Bereich.

2. *Eine Übersetzung der TL_2 in die RL_2^ω.*

Durch die folgende Übersetzungsvorschrift Rd ist jedem TS_2-Ausdruck H ein RS_2-Ausdruck $Rd\,(H)$ so zugeordnet, daß gilt[1]:

2.0. $\mathfrak{B}_\alpha^*(H) = W$ äq $\overline{\mathfrak{B}}_\alpha^*\,(Rd\,(H)) = W,$

wo $\overline{\mathfrak{B}}$ eine (bis auf unwesentliche Varianten: *die*) RS_2-Belegung ist, die aus $\mathfrak{B}$ dadurch entsteht, daß die TS_2-Variablen x durch zugeordnete RS_2-Variablen $Rd\,(x)$ und jeweils die $\mathfrak{B}\,(x^\tau)$ durch ihre Repräsentanten in der RL_2 ersetzt werden.

$Rd\,(a_k^\iota)$ sei a_k^0 und $Rd\,(a_k^\tau)$ für $\tau \neq \iota$ sei ein a_l^ω, wobei zu verschiedenen Paaren (τ, k) verschiedene l gehören sollen. Im folgenden stehe für $Rd\,(x)$ kürzer x, und der Typus werde, nur wenn erforderlich, durch „x^τ" angezeigt. Hiermit sei

2.1. $Rd\,(x_0 x_1 \ldots x_n) =_{Df} \langle x_1, \ldots, x_n \rangle \in x_0,$ [2]

2.2. $Rd\,(\sim H) =_{Df} \sim Rd\,(H),$

2.3. $Rd\,(H \circ \Theta) =_{Df} Rd\,(H) \circ Rd\,(\Theta)$, mit $\circ$ für $\wedge, \vee, \rightarrow, \leftrightarrow,$

2.4. $Rd\,(\forall x^\tau H\,(x^\tau)) =_{Df} \forall x\,(x \in t_\tau \rightarrow Rd\,(H\,(x))),$

---

[1] Die einfachere Formulierung „$\Vdash H \leftrightarrow Rd\,(H)$" würde eine Sprache voraussetzen, in welcher die TS_2 und die RS_2 im wörtlichen Sinne enthalten sind. Daß die RS_2 im übertragenen Sinne die TS_2 enthält, soll ja erst gezeigt werden.

[2] Hierbei wird vorausgesetzt, daß $x_0 x_1 \ldots x_n$ auf Grund der Typen von $x_0, \ldots, x_n$ ein atomarer Ausdruck der TS_2 ist.

$$2.5. \quad Rd\left(\exists x^\tau \mathsf{H}(x^\tau)\right) =_{Df} \exists x\left(x \in \boldsymbol{t}_\tau \wedge Rd\left(\mathsf{H}(x)\right)\right),$$

$$2.6. \quad Rd\left(\boldsymbol{\lambda} x_1^{\tau_1}\ldots x_n^{\tau_n}\mathsf{H}\right) =_{Df} \boldsymbol{\lambda} z \exists \overset{n}{x}\left(\overset{n}{\underset{i=1}{\wedge}} x_i \in \boldsymbol{t}_{\tau_i} \wedge z \equiv \langle x_1,\ldots,x_n\rangle \wedge Rd(\mathsf{H})\right).$$

Wir unterdrücken den recht umständlichen[1] Beweis von 2.0 und
beschränken uns auf die durch 2.1 bis 2.6 angezeigte Möglichkeit, jeden
in der TS$_2$ ausgedrückten Sachverhalt auch in der RS$_2$ auszudrücken.

§ 215. Eine semantische Axiomatisierung der RL$^\omega$ bzw. RL$^{\omega+1}$

1. *Eine Modifikation RL$_3^\omega$ der RL$_2^\omega$.*

1.1. Wir gehen aus von der RL$^\omega$ in der Form RL$_2^\omega$, welche gegeben
ist durch die Interpretation der *Sprache RS$_2^\omega$*, die an Variablen nur die
a_i^0 und die a_k^ω enthält (vgl. § 213, 3.7.2).

Die RL$_2^\omega$ ist also charakterisiert durch die *atomaren Ausdrücke* $a_i^0 \in a_k^\omega$,
$a_i^\omega \in a_k^\omega$, die Ausdrucksbildungen der *Prädikatenlogik* und die Bildung
von *$\boldsymbol{\lambda}$-Termen* $\boldsymbol{\lambda} x^0 \mathsf{H}(x^0)$ und $\boldsymbol{\lambda} x^\omega\left(x^\omega \in y^\omega \wedge \mathsf{H}(x^\omega)\right)$ — die dann auch zur
Bildung von atomaren Ausdrücken (im weiteren Sinne) zugelassen sind.
($a_i^0 \in a_k^0$, $a_i^\omega \in a_k^0$ sind wegen § 213, 1.3.2 überflüssig.)

1.2. Da der Variabilitätsbereich der a_k^0 — der jeweilige Individuenbereich — Teilbereich des zugehörigen Variabilitätsbereichs der a_k^ω ist,
kann nach *Einführung von $\boldsymbol{r}$* (für $\boldsymbol{r}_0$ im Sinne von § 213, 3.4.7) *als
Grundbegriff* vermittels der Definitionen (vgl. § 213, 3.5):

1.2.1. $\quad \forall x^0 \mathsf{H}(x^0) =_{Df} \forall x^\omega\left(x^\omega \in \boldsymbol{r} \to \mathsf{H}(x^\omega)\right),$

1.2.2. $\quad \exists x^0 \mathsf{H}(x^0) =_{Df} \exists x^\omega\left(x^\omega \in \boldsymbol{r} \wedge \mathsf{H}(x^\omega)\right),$

1.2.3. $\quad \boldsymbol{\lambda} x^0 \mathsf{H}(x^0) =_{Df} \boldsymbol{\lambda} x^\omega\left(x^\omega \in \boldsymbol{r} \wedge \mathsf{H}(x^\omega)\right),$

auf die Variablen a_k^0 als Konstituenten *verzichtet* werden.

1.3. Durch diese Modifikation gehe die RS$_2^\omega$ in eine *Sprache RS$_3^\omega$*
über. Diese enthält also eine neue Konstante, $\boldsymbol{r}$, aber nur noch eine
einzige Variablensorte, so daß der Rangindex entfallen kann (,,a_k'' statt
,,a_k^ω''). Die RL$^\omega$ kann also auch durch eine entsprechende Interpretation
der RS$_3^\omega$ (also insbesondere: der Konstanten $\boldsymbol{r}$ und der Variablen a_k)
gegeben werden. In dieser Form, RL$_3^\omega$, werde sie den folgenden Aus-
führungen zugrunde gelegt. Wir denken uns insbesondere die Definitionen § 213, 3.3 und § 214, 1.3 sinngemäß übertragen.

2. *Die Konvention R$^\omega$.*

Die Interpretation der RS$_3^\omega$ soll nach 1.3 gegeben sein durch die
Konvention R$^\omega$: α sei ein (nichtleerer) Individuenbereich. Dann wird

---

[1] Dieser würde (u.a.) eine Wiederholung der Definitionen 1. in der Meta-
sprache erfordern und den Beweis eines metasprachlichen Analogons zu $\mathsf{H} \leftrightarrow Rd(\mathsf{H})$.

nach § 213, 2.1,(4) α^ω gebildet und als Variabilitätsbereich der Variablen a_k vorgeschrieben. Element dieses Bereiches ist insbesondere die Bedeutung α der Konstanten r.

2.1. Die Konvention R^ω hat keine Stütze mehr im formalen Aufbau der Sprache RS_3^ω[1], und nach dem von § 206, 2. sinngemäß übertragbaren Satz von LÖWENHEIM-SKOLEM ist es auch nicht möglich, durch formale Anforderungen an Quasi-Interpretationen die Konvention R^ω adäquat zu beschreiben. Es gelingt aber, die Konvention R^ω auf die einfachere Standard-Konvention der PFL[(2)] (vgl. § 201, 2.) zurückzuführen und damit eine Art semantischer Axiomatisierung der RL_3^ω in der PFL[(2)] zu gewinnen. Dabei wollen wir die Beziehung, die *zwischen* Individuenbereich und einstelligem Attributenbereich im Standardsinne der PFL[(2)] gegeben ist, verwenden, um *im* „Individuenbereich'' α^ω der RL_3^ω die Folge $\alpha^0=\alpha$, $\alpha^{i+1}=\alpha^i \cup Pot(\alpha^i)$ zu beschreiben.

2.2. Da zur Ausführung dieses Ansatzes einerseits nur ein kleiner Teil der PFL[(2)] erforderlich ist, andererseits durch die Verwendung von (grundsätzlich vermeidbaren) Ausdrucksmitteln der RS_3^ω eine einfachere Darstellung möglich wird, erweitern wir die RS_3^ω durch die Einführung von gebundenen Prädikatenvariablen. Wir gehen also zu einer Logik vom Rang $\omega+1$ über, deren Sprache aber nach dem Muster der PFS[(2)] aufgebaut ist.

3. *Eine Logik vom Rang $\omega+1$ $(RL_0^{\omega+1})$.*

3.1. Die *Sprache* $RS_0^{\omega+1}$ sei bestimmt durch

3.1.1. die *Variablen* und *Konstanten:* Dies sind

(1)   die Variablen a_k $\left(\text{für Objekte vom Rang } \omega \text{ (in } \alpha^\omega)\right)$,

(2)   die Variablen P_k (für einstellige Attribute über α^ω),

(3)   die Konstante r (mit der Bedeutung: α, als Element),

(4)   der einstellige Funktor p (für die Operation der Potenzmengenbildung),

(5)   der zweistellige Funktor u (für die Operation der Bildung der Vereinigung zweier Mengen),

(6)   die Konstante $\in$ (welche die Elementbeziehung in α^ω bezeichnet).

3.1.2. die *Terme* (t) und *Prädikate* (P) (hierbei muß auf die simultan definierten Ausdrücke Bezug genommen werden):

(1)   Terme sind: r, die a_k, die „λ-Terme'' $\hat{a}_i\left(a_i \in t \wedge H(a_i)\right)$, und die ε-Terme $\varepsilon a_i H(a_i)$, ferner alles, was aus diesem mit Hilfe der Funktoren p und u aufgebaut werden kann.

---

[1] Dies gilt zwar schon für die vorher betrachteten Sprachen RS_1^ω und RS_2^ω, ist aber am deutlichsten für die RS_3^ω mit *einer* Variablensorte.

(2)   Prädikate sind die P_k und die „λ-Prädikate" $\lambda a_i \, \mathsf{H}(a_i)$.

Anm.: Die symbolische Anpassung an die PFL$^{(2)}$ hat zur Folge, daß hier zwischen λ-Termen und λ-Prädikaten unterschieden werden muß. Wir greifen im Falle der Terme auf einen symbolischen Vorläufer der λ-Prädikate zurück.

Durch die Einführung von r, p, u wird vermieden, daß die Verwendung von λ-Termen belastet wird durch die Notwendigkeit, als Prämisse jeweils die Existenz des jetzt in $\hat{x}\big(x \in t \wedge \mathsf{H}(x)\big)$ durch t bezeichneten Objektes mitzuführen.

3.1.3.   Die *Ausdrücke*, die (simultan mit den Termen und Prädikaten) aus atomaren Ausdrücken $t_1 \in t_2$ und Pt mit den Mitteln der Prädikatenlogik der *zweiten* Stufe, beschränkt auf die Variablen a_k und P_k, zu bilden sind.

3.2.   Die *Logik* RL$_0^{\omega+1}$ sei gegeben durch die Interpretation von RS$_0^{\omega+1}$ nach der Konvention R^ω, sinngemäß ergänzt durch die Interpretation der P-Variablen durch Attribute über α^ω und durch diejenige Interpretation der Konstanten, die schon zur Motivierung der Sprache (unter 3.1.1) angezeigt ist.

Die charakteristischen Sätze der RL$_0^{\omega+1}$ seien bis zur syntaktischen Behandlung (§ 216) zurückgestellt.

3.3.   Für die *Existenz* von *Attributen über* α^ω soll die Standardkonvention (§ 201, 2.) gelten.   Sei die Folge der Terme r_i definiert durch

$$r_0 =_{Df} r, \qquad r_{i+1} =_{Df} u\big(r_i, p(r_i)\big) \qquad \text{(vgl. § 213, 3.4.7)}.$$

Dann werden alle *Objekte in* α^ω gegeben schon als Werte der Terme $\hat{x}(x \in r_i \wedge Px)$ durch geeignete Belegung von P.   Jeder andere Term t bezeichnet bei gegebener Belegung der vorkommenden Variablen auch ein Objekt vom Rang ω (also: von endlichem Rang i), kann also gleichwertig ersetzt werden durch $\hat{x}(x \in r_i \wedge x \in t)$, und hierin kann die Bedingung $x \in t$ wieder durch eine Belegung von P ausgedrückt werden.

4. *Zur Axiomatisierung der Logiken RL$^\omega$ und RL$^{\omega+1}$ in der PFL$^{(2)}$.*

4.1.   Jedes Modell $\mathfrak{M}$ (im Sinne der PFL$^{(2)}$) des folgenden in der RS$_0^{\omega+1}$ formulierten Axiomensystems (4.1.1 bis 4.1.7) ist in noch zu diskutierender Weise isomorph einerseits zu einem Objektbereich α^ω der RL$^\omega$ (insofern nur der Individuenbereich von $\mathfrak{M}$ in Betracht gezogen wird) und andererseits zu einem Objektbereich $\alpha^{\omega+1}$ der RL$^{\omega+1}$ (falls auch der Attributenbereich von $\mathfrak{M}$ „objektiviert" wird).

4.1.1. $\exists x \, x \in r$.

4.1.2. $\forall x (x \in r \to \forall y \sim y \in x)$.

4.1.3.　$\forall P \forall x \exists y (\forall z (z \in y \leftrightarrow z \in x \wedge Pz) \wedge \sim y \in \boldsymbol{r}).$ [1]

4.1.4.　$\forall x (\forall z (z \in \boldsymbol{p}(x) \leftrightarrow z \subseteq x) \wedge \sim \boldsymbol{p}(x) \in \boldsymbol{r}).$

4.1.5.　$\forall x \forall y (\forall z (z \in \boldsymbol{u}(x, y) \leftrightarrow z \in x \vee z \in y) \wedge \sim \boldsymbol{u}(x, y) \in \boldsymbol{r}).$

4.1.6.　$\forall x \forall y (x \equiv y \rightarrow x \equiv y).$

4.1.7.　$\forall P (\forall x (x \in \boldsymbol{r} \rightarrow Px) \wedge P\boldsymbol{r} \wedge \forall xy (Px \wedge y \subseteq x \rightarrow Py)$

$$\wedge \forall x (Px \rightarrow P\boldsymbol{p}(x)) \wedge \forall xy (Px \wedge Py \rightarrow P\boldsymbol{u}(x, y)) \rightarrow \forall x Px).$$ [2]

Hierbei werden also die Symbole $\boldsymbol{r}$, $\boldsymbol{p}$, $\boldsymbol{u}$, $\in$ wie außerlogische Konstanten einer PFS[2] zu belegen sein.

4.2.　Aus einem Modell $\mathfrak{M}$ von 4.1.1 bis 4.1.7 im Sinne der PFL[2] erhält man einen Objektbereich der RL$^\omega$ als Wertbereich der folgenden Funktion Φ, die für alle Individuen von $\mathfrak{M}$ erklärt wird und sich als Isomorphismus erweisen wird (dabei seien $\mathfrak{r}$, $\mathfrak{p}$, $\mathfrak{u}$, $\mathfrak{e}$ die Bedeutungen von $\boldsymbol{r}$, $\boldsymbol{p}$, $\boldsymbol{u}$, $\in$ im Sinne des Modells $\mathfrak{M}$, also $\mathfrak{r} = \mathfrak{M}(\boldsymbol{r})$, $\mathfrak{p} = \mathfrak{M}(\boldsymbol{p})$, ...). Es sei

4.2.1.　$\Phi(\mathfrak{x}) = \mathfrak{x}$, falls $\mathfrak{x} \mathfrak{e} \mathfrak{p}$.

4.2.2.　$\Phi(\mathfrak{p}) = (Cl\,\mathfrak{x})(\mathfrak{x} \mathfrak{e} \mathfrak{p}).$ [3]

4.2.3.　$\Phi(\mathfrak{y}) = (Cl\,\mathfrak{z})(Ex\,\mathfrak{x})(\mathfrak{x} \mathfrak{e} \mathfrak{y}\ et\ \mathfrak{z} = \Phi(\mathfrak{x}))$, falls $non\ \mathfrak{x} \mathfrak{e} \mathfrak{p}$.

Wegen 4.1.2[4] ist 4.2.1 mit 4.2.3 verträglich und wegen 4.1.7 ist Φ für alle Individuen von $\mathfrak{M}$ definiert. Unter der Voraussetzung, daß kein Individuum von $\mathfrak{M}$ eine Menge ist[5], gilt

4.2.4.　$\mathfrak{a} = \mathfrak{b}\ \ddot{a}q\ \Phi(\mathfrak{a}) = \Phi(\mathfrak{b}).$

Der Beweis, der sich wesentlich auf 4.1.6 und 4.1.7 stützt, sei hier unterdrückt. Mit 4.2.4 folgt aus 4.2.3

4.2.5.　$\mathfrak{a} \mathfrak{e} \mathfrak{b}\ \ddot{a}q\ \Phi(\mathfrak{a})\ El\ \Phi(\mathfrak{b}),$

also die Isomorphie zwischen $\mathfrak{e}$ und der mengentheoretischen Elementbeziehung in $\Phi(\mathfrak{p})^\omega$.

---

[1] So, um die Diskussion im Rahmen der PFL[2] zu vereinfachen. Eigentlich sollte hier ein Axiom für die λ-*Terme* stehen:

$$\forall P \forall x (\forall z (z \in \hat{z}(z \in x \wedge Pz) \leftrightarrow z \in x \wedge Pz) \wedge \sim \hat{z}(z \in x \wedge Pz) \in \boldsymbol{r}).$$

Da hier y bzw. $\hat{z}(z \in x \wedge Pz)$ durch „Aussonderung" (der Elemente mit der Eigenschaft P) aus x beschrieben wird, heißt 4.1.3 auch „Aussonderungsaxiom". — Der Zusatz unterscheidet die leere Menge von den Individuen.

[2] Ein Prinzip der Induktion über den Aufbau von Mengen endlichen Ranges; s. auch § 216, 4; 5.

[3] 4.2.2 ist in 4.2.3 enthalten und nur zur Veranschaulichung besonders erwähnt. Eigentlich sollten hier alle zu 4.1.7 korrespondierenden Definitionsfälle aufgeführt sein; man überzeugt sich aber leicht davon, daß auch diese in 4.2.3 enthalten sind.

[4] Eigentlich: Da 4.1.2 durch $\mathfrak{M}$ nach Voraussetzung erfüllt wird; ebenso in anderen Fällen.

[5] Diese Voraussetzung kann wesentlich abgeschwächt werden.

Wegen 4.1.3 ist *jede* Teilmenge von $\Phi(\mathfrak{a})$ als ein $\Phi(\mathfrak{b})$ repräsentiert, so daß wegen 4.1.4 für *Mengen*[1] $\Phi(\mathfrak{a})$

4.2.6. $\Phi\big(\mathfrak{p}(\mathfrak{a})\big) = Pot\big(\Phi(\mathfrak{a})\big)$

sein muß, und wegen 4.1.5 ist für *Mengen*[2] $\Phi(\mathfrak{a})$, $\Phi(\mathfrak{b})$

4.2.7. $\Phi\big(\mathfrak{u}(\mathfrak{a},\mathfrak{b})\big) = \Phi(\mathfrak{a}) \cup \Phi(\mathfrak{b})$, $\qquad\qquad$ vgl. § 6, 6.4.

Wegen 4.1.7 gehört zum Individuenbereich von $\mathfrak{M}$ kein $\mathfrak{a}$, wo $\Phi(\mathfrak{a})$ von einem genauen Rang $>\omega$ ist. Da nun der zugehörige Attributenbereich durch Φ auf den Attributenbereich über α^ω abgebildet wird und dieser im wesentlichen mit $\alpha^{\omega+1}-\alpha$ übereinstimmt, kann 4.1.1 bis 4.1.7 auch als eine Axiomatisierung der RL$^{\omega+1}$ interpretiert werden.

4.3. Eine Art *Monomorphie* (Kategorizität) von 4.1.1 bis 4.1.7. Das System 4.1.1 bis 4.1.7 könnte dadurch monomorph (§ 106, 2.6) gemacht werden, daß man die Kardinalzahl von r $\big($d.i.: von $\Phi(\mathfrak{r})\big)$ vorschreibt. (Das würde aber der Absicht widersprechen, hier einen Begriff der *Allgemeingültigkeit* zu axiomatisieren.) Wir sprechen deshalb von *Fastmonomorphie*.

4.3.1. Die schwächere Bedingung 4.1.1 (die wir in 4.2 nicht benutzt haben) entspricht der Beschränkung auf nichtleere Individuenbereiche. Häufig verzichtet man auf diese Bedingung, da auch für leeres α der Bereich α^ω nicht-trivial ist; vgl. hierzu auch § 219.

§ 216. Ein Kalkül zweiter Stufe für die Logik RL$^\omega$ bzw. RL$^{\omega+1}$

1. *Von der Semantik zur Syntax.*

Da die rangtheoretischen Verallgemeinerungen der Typentheorie die Logik der zweiten Stufe enthalten, kann keiner der im folgenden zu entwickelnden Kalküle vollständig sein. Da andererseits nach § 215, 4. eine semantische Charakterisierung der rangtheoretischen Interpretationen mit den Mitteln der PFL[(2)] möglich ist, liegt es nahe, das Axiomensystem § 215, 4.1.1 bis 4.1.7 (eventuell: ohne 4.1.1 wegen § 215, 4.3.1) in Verbindung mit dem PFK[(2)] zur Basis von Kalkülen für die Logiken RL$^\omega$ und RL$^{\omega+1}$ zu machen. Je nachdem, ob man die Mindestvoraussetzungen für die Entwicklung einer Theorie in Evidenz setzen will oder eine möglichst weit reichende Charakterisierung anstrebt, wird man den Kalkül möglichst schwach oder möglichst stark wählen.

2. *Ein Kalkül $RK_0^{\omega+1}$ für die $RL_0^{\omega+1}$.*

Dieser Kalkül schließt sich besonders eng an die semantische Charakterisierung der Logiken vom Rang ω bzw. $\omega+1$ an.

---

[1] Auf Grund des Zusatzes in 4.1.4 ist für den Grenzfall $\mathfrak{a}\,\mathfrak{e}\,\mathfrak{r}$: $\Phi(\mathfrak{p}(\mathfrak{a})) = Lr$.

[2] Auf Grund des Zusatzes in 4.1.5 ist für den Grenzfall $\mathfrak{a}\,\mathfrak{e}\,\mathfrak{r}$, $\mathfrak{b}\,\mathfrak{e}\,\mathfrak{r}$: $\Phi(\mathfrak{u}(\mathfrak{a},\mathfrak{b})) = Lr$; für den Grenzfall, daß nur $\mathfrak{a}\,\mathfrak{e}\,\mathfrak{r}$: $\Phi(\mathfrak{u}(\mathfrak{a},\mathfrak{b})) = \Phi(\mathfrak{b})$.

2.1. Zur *Sprache* $RS_0^{\omega+1}$ vgl. § 215, 3.1.

2.2. Zur *Logik* $RL_0^{\omega+1}$ vgl. § 215, 3.2.

2.3. Der *Kalkül* $RK_0^{\omega+1}$ mit der Ableitbarkeitsrelation $\vdash_R^{0,\,\omega+1}$ sei bestimmt durch

> 2.3.1. die Übertragung des $PFK^{(2)}$ (§ 202, § 203) auf die $RS_0^{\omega+1}$; dazu gehören insbesondere die *Einsetzungsrelationen* für *Terme* und *Prädikate* nach § 215, 3.1.2;
>
> 2.3.2. die λ-Protonen, beschränkt auf einstellige λ-Prädikate,
>
> $\qquad \big(\lambda x\, H(x)\big)\, x \leftrightarrow H(x),$ $\qquad\qquad\qquad$ vgl. § 202, 2.2.1.
>
> 2.3.3. die ε-Protonen[1] $\qquad\qquad\qquad\qquad$ vgl. § 212, 1.4.3.
>
> $\qquad$ (a) $H(x) \to \big(\lambda x\, H(x)\big)\, \varepsilon x\, H(x),$
>
> $\qquad$ (b) $\forall x\, \big(H(x) \leftrightarrow \Theta(x)\big) \to \varepsilon x\, H(x) \equiv \varepsilon x\, \Theta(x),$
>
> ferner Gegenstücke zu den Axiomen § 215, 4.1.2 bis 4.1.7 (wobei äußere Generalisatoren gleichwertig weggelassen sind):

2.3.4. $x \in r \to {\sim} y \in x.$

2.3.5. $\big(z \in \hat{z}\,(z \in x \wedge Pz) \leftrightarrow z \in x \wedge Pz\big) \wedge {\sim}\hat{z}\,(z \in x \wedge Pz) \in r$ [2]

$\qquad\qquad\qquad\qquad\qquad\qquad\qquad\qquad$ vgl. Fußnote 1, S. 408.

2.3.6. $\big(z \in p(x) \leftrightarrow z \subseteq x\big) \wedge {\sim}p(x) \in r.$ [2]

2.3.7. $\big(z \in u(x,y) \leftrightarrow z \in x \vee z \in y\big) \wedge {\sim}u(x,y) \in r.$ [2]

2.3.8. $x \equiv y \to x \equiv y$ $\qquad\qquad\qquad\qquad\qquad$ vgl. 3.2.

2.3.9. $\forall x\,(x \in r \to Px) \wedge Pr \wedge \forall xy\,(Px \wedge y \subseteq x \to Py)$

$\qquad \wedge \forall x\,\big(Px \to P p(x)\big) \wedge \forall xy\,\big(Px \wedge Py \to P u(x,y)\big) \to \forall x\, Px.$

3. *Zur Identitätstheorie im* $RK_0^{\omega+1}$.

Mit $x \equiv y =_{Df} \forall z\,(x \in z \leftrightarrow y \in z)$ gilt neben $\vdash_R^{0,\,\omega+1} x \equiv x$

3.1. $\vdash_R^{0,\,\omega+1} x \equiv y \to (Px \leftrightarrow Py).$

Beweis: Nach Definition mit $TE\colon z/\hat{u}\,(u \in v \wedge Pu)$ ist

(1) $\vdash_R^{0,\,\omega+1} x \equiv y \to \big(x \in \hat{u}\,(u \in v \wedge Pu) \leftrightarrow y \in \hat{u}\,(u \in v \wedge Pu)\big),$

$\qquad$ also mit 2.3.5

(2) $\vdash_R^{0,\,\omega+1} x \equiv y \to (x \in v \wedge Pu \leftrightarrow y \in v \wedge Pv).$

---

[1] Wir nützen hier die durch § 210, 2.4 und § 212, 2.4 aufgezeigte Möglichkeit einer einfacheren Formalisierung des Auswahlprinzips aus.

[2] Für die hierdurch eingeführten Terme t muß jeweils die Normierungsbedingung ${\sim}t \in r$ adjungiert sein, damit t im Grenzfalle als leere *Menge* charakterisiert ist.

Andererseits mit 2.3.6

(3) $\quad \vdash^{0,\,\omega+1}_R x \in \boldsymbol{r} \vee x \in \boldsymbol{p}(x)$,

also, mit x/y und 2.3.7 (zweimal)

(4) $\quad \vdash^{0,\,\omega+1}_R x \in \boldsymbol{u}\big(\boldsymbol{r},\boldsymbol{u}(\boldsymbol{p}(x),\boldsymbol{p}(y))\big) \wedge y \in \boldsymbol{u}\big(\boldsymbol{r},\boldsymbol{u}(\boldsymbol{p}(x),\boldsymbol{p}(y))\big)$.

Aus (2) durch TE^1: $v/\boldsymbol{u}\big(\boldsymbol{r},\boldsymbol{u}(\boldsymbol{p}(x),\boldsymbol{p}(y))\big)$ und aussagenlogischer Vereinfachung mit (4)

(5) $\quad \vdash^{0,\,\omega+1}_R x \equiv y \to (Px \leftrightarrow Py)$.

Damit stehen für $\equiv$ die Definitionen und Theoreme des IFK zur Verfügung.

Die Bedeutung von 2.3.8 ist gegeben durch die sinngemäß von § 213, 3.3.3 übertragene Definition

$$x \equiv y =_{Df} \mathsf{V}z\,(z \in x \leftrightarrow z \in y) \wedge {\sim} x \in \boldsymbol{r} \wedge {\sim} y \in \boldsymbol{r}$$

und wird erläutert durch das folgende Theorem:

3.2. $\quad \vdash^{0,\,\omega+1}_R \exists!x\,({\sim} x \in \boldsymbol{r} \wedge {\sim}\exists z\,z \in x)$.

Beweis: Aus ${\sim}p \wedge {\sim}q \to (p \leftrightarrow q)$.

4. *Induktionsprinzipien.*

Die folgenden Theoreme bilden unmittelbar oder mittelbar die Grundlage für Beweise, die induktiv über die Bildung von Mengen zu führen sind.

Das erste Theorem beschreibt eine Schlußweise von den Elementen einer Menge auf die Menge selbst. Diese „mengentheoretische Induktion" (Tarski) ist nicht auf Mengen endlichen Ranges beschränkt.

4.1. $\quad \vdash^{0,\,\omega+1}_R \mathsf{V}x\,\big(\mathsf{V}y\,(y \in x \to Py) \to Px\big) \to \mathsf{V}x\,Px$.

Beweis: Mit $Pr(P)$ für $\mathsf{V}x\,\big(\mathsf{V}y\,(y \in x \to Py) \to Px\big)$, $Pr^*(P)$ für die Konjunktion der Prämissen von 2.3.9, $E(P)$ für $\lambda z\,\mathsf{V}u\,(u \in z \to Pu)$, beweisen wir zunächst $Pr(P) \to Pr^*(E(P))$. Die Beiträge dazu sind *markiert (und zum Teil ohne die Prämisse $Pr(P)$ beweisbar).

(1) $\quad \vdash^{0,\,\omega+1}_R x \in \boldsymbol{r} \to \mathsf{V}u\,(u \in x \to Pu)$ $\qquad\qquad$ 2.3.4 und PFK_*.

Hieraus einerseits durch $\boldsymbol{\lambda}$-Konversion und Generalisierung

*(2) $\quad \vdash^{0,\,\omega+1}_R \mathsf{V}x\,\big(x \in \boldsymbol{r} \to E(P)\,x\big)$, $\qquad\qquad$ (ohne $Pr(P)$)

andererseits durch Kettenschluß

(3) $\quad \vdash^{0,\,\omega+1}_R Pr(P) \to (x \in \boldsymbol{r} \to Px)$,

---

[1] Diese Einsetzung entspricht der Bestimmung eines genügend hohen Ranges bei den entsprechenden Definitionen in der RS^ω_0 (§ 213, 3.3.1).

also (Gh und λ-Konversion)

*(4) $\vdash_R^{0,\,\omega+1} Pr\,(P) \to E\,(P)\,\boldsymbol{r}.$

Die Definition von $\subseteq$ (§ 213, 3.3.2) liefert

(5) $\vdash_R^{0,\,\omega+1} \forall u\,(u \in x \to Pu) \land y \subseteq x \to \forall u\,(u \in y \to Pu),$

also durch λ-Konversion

*(6) $\vdash_R^{0,\,\omega+1} E\,(P)\,x \land y \subseteq x \to E\,(P)\,y$ (ohne $Pr\,(P)$).

Aus (5) weiter mit 2.3.6 und Verwendung von $Pr\,(P)$

(7) $\vdash_R^{0,\,\omega+1} Pr\,(P) \to \big(E\,(P)\,x \to (y \in \boldsymbol{p}\,(x) \to Py)\big),$

also $\big(Gh\,(y),\ \lambda$-Konversion und $Gh\,(x)\big)$

*(8) $\vdash_R^{0,\,\omega+1} Pr\,(P) \to \forall x\,\big(E\,(P)\,x \to E\,(P)\,\boldsymbol{p}\,(x)\big).$

Schließlich aus

(9) $\vdash_R^{0,\,\omega+1} E\,(P)\,x \land E\,(P)\,y \to (u \in x \to Pu) \land (u \in y \to Pu)$

mit AK* und 2.3.7

(10) $\vdash_R^{0,\,\omega+1} E\,(P)\,x \land E\,(P)\,y \to \big(u \in \boldsymbol{u}\,(x,y) \to Pu\big),$

also (mit $Gh\,(u)$ und λ-Konversion)

*(11) $\vdash_R^{0,\,\omega+1} \forall xy\,\big(E\,(P)\,x \land E\,(P)\,y \to E\,(P)\,\boldsymbol{u}\,(x,y)\big).$

Nun durch Einsetzung $P/E\,(P)$ in 2.3.9 und Kettenschluß mit der Zusammenfassung von (2), (4), (6), (8), (11)

(12) $\vdash_R^{0,\,\omega+1} Pr\,(P) \to \forall x\,E\,(P)\,x.$

Hieraus mit

(13) $\vdash_P^{0,\,\omega+1} Pr\,(P) \land \forall x\,E\,(P)\,x \to \forall x\,Px$ PFK$_*$

aussagenlogisch

(14) $\vdash_P^{0,\,\omega+1} Pr\,(P) \to \forall x\,Px,$ d.i. 4.1.

Mit $\boldsymbol{p}^*(x)$ für $\boldsymbol{u}\big(x,\boldsymbol{p}\,(x)\big)$, $\boldsymbol{R}$ für $\lambda z\,\forall P\big(Pr \land \forall y\,(Py \to P\boldsymbol{p}^*(y)) \to Pz\big)$, gilt eine andere Form der Induktion:

4.2. $\vdash_R^{0,\,\omega+1} \forall x\,\exists y\,\big(\forall z\,(z \in x \to z \in y) \land \boldsymbol{R}\,y\big).$ [1]

Beweis: Mit $Pr^*(P)$ wie im Beweis von 4.1 genügt es,

$$Pr^*\big(\lambda x\,\exists y\,(\forall z\,(z \in x \to z \in y) \land \boldsymbol{R}y)\big)$$

abzuleiten. Die Glieder dieser Konjunktion erhält man aus den im folgenden *markierten Zeilen durch naheliegende Umformungen. Wir stellen einige Hilfssätze für $\boldsymbol{R}$ voran:

(1.1) $\vdash_R^{0,\,\omega+1} \boldsymbol{R}\,\boldsymbol{r},$

(1.2) $\vdash_R^{0,\,\omega+1} \forall y\,\big(\boldsymbol{R}y \to \boldsymbol{R}\boldsymbol{p}^*(y)\big)$ $\Big\}$ unmittelbar aus der Definition.

---

[1] Für den Fall $\forall x \sim x \in \boldsymbol{r}$ könnte man einfacher formulieren $\forall x\,\exists y\,(x \subseteq y \land \boldsymbol{R}y).$

(1.3) $\vdash_R^{0,\,\omega+1} Ry \to {\sim}y \in r$ (Beweis über $Ry \to y \equiv r \vee r \in y$).

(1.4) $\vdash_R^{0,\,\omega+1} Ry_1 \wedge Ry_2 \to R\,u\,(y_1, y_2)$

       (Beweis über $Ry \to y \subseteq p^*(y)$ und $Ry_1 \wedge Ry_2 \to y_1 \subseteq y_2 \vee y_2 \subseteq y_1$). [1]

*(2) $\vdash_R^{0,\,\omega+1} x \in r \to \forall z\,(z \in x \to z \in r) \wedge Rr$ 2.3.4; (1.1).

*(3) $\vdash_R^{0,\,\omega+1} \forall z\,(z \in r \to z \in r) \wedge Rr$ (1.1).

*(4) $\vdash_R^{0,\,\omega+1} \forall z\,(z \in x \to z \in y_0) \wedge Ry_0 \wedge y \subseteq x \to \forall z\,(z \in y \to z \in y_0) \wedge Ry_0$

                                                 Definition von $\subseteq$.

(5) $\vdash_R^{0,\,\omega+1} \forall z\,(z \in x \to z \in y_0) \wedge Ry_0 \wedge z \in p\,(x) \to z \subseteq x,$ 2.3.6.

(6) $\vdash_R^{0,\,\omega+1}$ $\to z \subseteq y_0,$ [2]

(7) $\vdash_R^{0,\,\omega+1}$ $\to z \in p\,(y_0) \subseteq p^*(y_0).$

Also, mit (1.2)

*(8) $\vdash_R^{0,\,\omega+1} \forall z\,(z \in x \to z \in y_0) \wedge Ry_0 \to \forall z\,\big(z \in p\,(x) \to z \in p^*(y_0)\big) \wedge R\,p^*(y_0).$

Schließlich mit 2.3.7, PFK$_*$ und

*(9) $\vdash_R^{0,\,\omega+1} \forall z\,(z \in x_1 \to z \in y_1) \wedge Ry_1 \wedge \forall z\,(z \in x_2 \to z \in y_2) \wedge Ry_2$

         $\to \forall z\,\big(z \in u\,(x_1, x_2) \to z \in u\,(y_1, y_2)\big) \wedge R\,u\,(y_1, y_2).$ (1.4).

Die Glieder von $Pr^*\big(\lambda x \exists y\,(\forall z\,(z \in x \to z \in y) \wedge Ry)\big)$ erhält man aus (2), (3) durch Partikularisierung (der angegebenen Beispiele), aus (4), (8), (9) durch (gegebenenfalls verallgemeinerte) gliedweise Partikularisierung. Dann durch Abtrennung mit dem Ergebnis der Einsetzung: $P/\lambda x \exists y\,(\forall z\,(z \in x \to z \in y) \wedge Ry)$ in 2.3.9

(10) $\vdash_R^{0,\,\omega+1} \forall x \exists y\,\big(\forall z\,(z \in x \to z \in y) \wedge Ry\big).$

Mit R wie für 4.2 gilt weiter

4.3. $\vdash_R^{0,\,\omega+1} Ry \to \forall zu\,(z \in u \wedge u \in y \to z \in y).$ [3]

Beweis: Mit T für $\lambda y \forall zu\,(z \in u \wedge u \in y \to z \in y)$ genügt es, $Ry \to Ty$ zu beweisen. Wir gehen aus von

(1) $\vdash_R^{0,\,\omega+1} Ry \to \big(T\,r \wedge \forall y\,(Ty \to T\,p^*(y)) \to Ty\big)$ $Gv\,(P),\ P/T$

und beweisen die zusätzlichen Prämissen.

$T\,r$ ist im wesentlichen

(2) $\vdash_R^{0,\,\omega+1} \forall zu\,(z \in u \wedge u \in r \to z \in r).$ (aus 2.3.4).

---

[1] Dies ähnlich wie § 204, 3.1, (18).

[2] Die Prämisse $\forall z\,(z \in x \to z \in y)$ liefert zunächst nur: $\forall u\,(u \in z \to u \in y_0)$. Für das an „$\subseteq$" noch fehlende ${\sim}y_0 \in r$ braucht man $Ry_0 \to {\sim}y_0 \in r$ (1.3).

[3] Für den Fall $\forall x\,{\sim}x \in r$ einfacher $Ry \to \forall u\,(u \in y \to u \subseteq y).$

Andererseits, durch $\boldsymbol{\lambda}$-Konversion,

(3) $\quad \vdash_R^{0,\,\omega+1} \boldsymbol{T}y \to (z \in u \land u \in y \to z \in y)\,.$

Die Definition von $\boldsymbol{p}^*(y)$ liefert mit 2.3.6; 2.3.7

(4) $\quad \vdash_R^{0,\,\omega+1} z \in u \land u \in \boldsymbol{p}^*(y) \to z \in u \land (u \in y \lor u \subseteq y)\,,$

(5) $\quad \vdash_R^{0,\,\omega+1} \qquad\qquad\qquad \to (z \in u \land u \in y) \lor (z \in u \land u \subseteq y)\,. \qquad\qquad \text{AK}^*.$

Hieraus — mit der Voraussetzung $\boldsymbol{T}y$, da im ersten Falle (3) gebraucht wird — $z \in y \subseteq \boldsymbol{p}^*(y)$, also nach geeigneter Umordnung, mit $Gh(u)$, $Gh(z)$

(6) $\quad \vdash_R^{0,\,\omega+1} \boldsymbol{T}y \to \forall zu\,(z \in u \land u \in \boldsymbol{p}^*(y) \to z \in \boldsymbol{p}^*(y))\,.$

Das ist, bis auf $\boldsymbol{\lambda}$-Konversion, $\boldsymbol{T}y \to \boldsymbol{T}\boldsymbol{p}^*(y)$. Aus (1) also durch verallgemeinerte Abtrennung der Generalisierten von (2) und (6)

(7)   4.3.

Das folgende Theorem charakterisiert den (jeweiligen) Objektbereich als Vereinigungsmenge des durch $\boldsymbol{R}$ bezeichneten Mengensystems.

      4.4. $\vdash_R^{0,\,\omega+1} \forall x\,\exists z\,(x \in z \land \boldsymbol{R}z)\,.$

Beweis: Der Grenzfall $x \in \boldsymbol{r}$ wird erfaßt durch

(1) $\quad \vdash_R^{0,\,\omega+1} x \in \boldsymbol{r} \to x \in \boldsymbol{r} \land \boldsymbol{R}\boldsymbol{r} \qquad\qquad\qquad\qquad\qquad 4.2,\ (1.1).$

$\qquad\qquad\quad \to \exists z\,(x \in z \land \boldsymbol{R}z)\,.$

Für $\sim x \in \boldsymbol{r}$ kann 4.2 nach Definition von $\subseteq$ vereinfacht werden zu

(2) $\quad \vdash_R^{0,\,\omega+1} \sim x \in \boldsymbol{r} \to \exists y\,(x \subseteq y \land \boldsymbol{R}y)\,,$

      woraus mit

(3) $\quad \vdash_R^{0,\,\omega+1} x \subseteq y \land \boldsymbol{R}y \to x \in \boldsymbol{p}^*(y) \land \boldsymbol{R}\boldsymbol{p}^*(y) \qquad\qquad 2.3.6 \text{ und } 4.2,\ (1.2)$

      schließlich, mit $\boldsymbol{p}^*(y)$ als Beispiel für z, folgt

(4) $\quad \vdash_R^{0,\,\omega+1} \sim x \in \boldsymbol{r} \to \exists z\,(x \in z \land \boldsymbol{R}z)\,.$

Für *Mengen* kann 4.2 verschärft werden zu

      4.5. $\vdash_R^{0,\,\omega+1} \sim x \in \boldsymbol{r} \to \exists y\,(x \subseteq y \land \sim x \in y \land \boldsymbol{R}y)\,.$

Beweis: Durch $Gv(P)$, Einsetzung $P/\boldsymbol{\lambda}z\,(Pz \land \boldsymbol{R}z)$ und $\boldsymbol{\lambda}$-Konversion

(1) $\quad \vdash_R^{0,\,\omega+1} \boldsymbol{R}y \to \big(P\boldsymbol{r} \land \boldsymbol{R}\boldsymbol{r} \land \forall y\,(Py \land \boldsymbol{R}y \to P\boldsymbol{p}^*(y) \land \boldsymbol{R}\boldsymbol{p}^*(y)) \to Py \land \boldsymbol{R}y\big)\,,$

      also, mit 4.2, (1.1), (1.2)

(2) $\quad \vdash_R^{0,\,\omega+1} \boldsymbol{R}y \to \big(P\boldsymbol{r} \land \forall z\,(Pz \land \boldsymbol{R}z \to P\boldsymbol{p}^*(z)) \to Py\big)\,.$

Mit $\boldsymbol{G}$ für $\boldsymbol{\lambda}z\,\forall x\,\big(x \in z \land \sim x \in \boldsymbol{r} \to \exists y\,(x \subseteq y \land \sim x \in y \land \boldsymbol{R}y)\big)$ ist einerseits einfach

(3) $\quad \vdash_R^{0,\,\omega+1} \boldsymbol{G}\boldsymbol{r}\,,$

andererseits

(4) $\vdash_R^{0,\,\omega+1} x \in p^*(z) \wedge \sim x \in r \wedge \forall y\,(x \subseteq y \wedge Ry \to x \in y) \wedge Rz$

$$\to \big(x \in z \vee (x \subseteq z \wedge Rz)\big) \wedge \sim x \in r \wedge \forall y\,(x \subseteq y \wedge Ry \to x \in y),$$

also, mit y/z und verallgemeinerter Abtrennung

(5) $\vdash_R^{0,\,\omega+1} \qquad\qquad \to x \in z \wedge \sim x \in r \wedge \forall y\,(x \subseteq y \wedge Ry \to x \in y)$.

Hieraus, durch partielle Kontraposition, Generalisierungen und λ-Konversion

(6) $\vdash_R^{0,\,\omega+1} Gz \wedge Rz \to Gp^*(z)$.

Einsetzung P/G in (2), verallgemeinerte Abtrennung von (3) und (6) ergibt

(7) $\vdash_R^{0,\,\omega+1} Rz \to \lambda z\, \forall x\, \big(x \in z \wedge \sim x \in r \to \exists y\,(x \subseteq y \wedge \sim x \in y \wedge Ry)\big)\,z$

und durch einfache Umformungen

(8) $\vdash_R^{0,\,\omega+1} \exists z\,(x \in z \wedge Rz) \to \big(\sim x \in r \to \exists y\,(x \subseteq y \wedge \sim x \in y \wedge Ry)\big)$

und mit 4.4 durch Abtrennung

(9)   4.5.

5. *Spezielle Theoreme.*

Das folgende Theorem ist ein Beispiel für die Anwendung von 4.1.

5.1. $\vdash_R^{0,\,\omega+1} \forall x \sim x \in x$.

Beweis:

(1) $\vdash_R^{0,\,\omega+1} \forall y\,(y \in x \to \sim y \in y) \to (x \in x \to \sim x \in x)$ PFK$_*$.

(2) $\vdash_R^{0,\,\omega+1} \qquad\qquad\qquad\qquad \to \sim x \in x$ AK*.

(3) $\vdash_R^{0,\,\omega+1} \forall x\,\big(\forall y\,(y \in x \to \sim y \in y) \to \sim x \in x\big)$.

Andererseits durch Einsetzung $P/\lambda u \sim u \in u$ in 2.3.9 und λ-Konversion

(4) $\vdash_R^{0,\,\omega+1} \forall x\,\big(\forall y\,(y \in x \to \sim y \in y) \to \sim x \in x\big) \to \forall x \sim x \in x$,

also durch *Abtr* aus (3) und (4)

(5)   5.1.

Anm.: Dies ist, in der Form $\sim \exists x\, x \in x$, ein Grenzfall der Ausdrücke $\sim \exists x_1 \ldots x_n\,(x_1 \in x_2 \wedge \cdots \wedge x_{n-1} \in x_n \wedge x_n \in x_1)$, die ähnlich zu beweisen sind.

Die folgenden Theoreme sind Schritte auf dem Wege von der $RL^{\omega+1}$ als einer „geschachtelten" Variante der TL_3 zu einer allgemeinen mengentheoretischen Logik. Direktive: 2.3.9 soll *gleichwertig* zerlegt werden in Komponenten, die unabhängig von der Beschränkung auf endliche Ränge sind und eine Komponente, die diese Beschränkung ausdrückt. Diese Komponenten, die keine P-Variablen enthalten, werden hier bewiesen (zur Umkehrung s. § 217, 2.).

Bei vielen Anwendungen kann 4.1 vertreten werden durch das sog. *Prinzip der Fundierung*

5.2. $\vdash_R^{0,\,\omega+1} \exists y\, y \in x \to \exists y\,(y \in x \wedge {\sim}\exists z\,(z \in y \wedge z \in x))$.

Beweis: Durch Einsetzung $P/\lambda v\,{\sim}v \in u$ in 4.1

(1) $\vdash_R^{0,\,\omega+1} \forall x\big(\forall y\,(y \in x \to (\lambda v\,{\sim}v \in u)\,y) \to (\lambda v\,{\sim}v \in u)\,x\big)$

$$\to \forall x\,(\lambda v\,{\sim}v \in u)\,x.$$

λ-Konversion ergibt

(2) $\vdash_R^{0,\,\omega+1} \forall x\,\big(\forall y\,(y \in x \to {\sim}y \in u) \to {\sim}x \in u\big) \to \forall x\,{\sim}x \in u$.

Hieraus durch Kontraposition und verneinungstechnische Umformungen

(3) $\vdash_R^{0,\,\omega+1} \exists x\, x \in u \to \exists x\,\big(x \in u \wedge {\sim}\exists y\,(y \in u \wedge y \in x)\big)$.

Tatsächlich kommt die (durch 4.1 ausgedrückte) „Fundiertheit" aller Mengen durch 5.2 erst zum Ausdruck in Verbindung mit

5.3. $\vdash_R^{0,\,\omega+1} \forall x\, \exists y\,\big(\forall z\,(z \in x \to z \in y) \wedge \forall zu\,(z \in u \wedge u \in y \to z \in y)\big)$. [1]

Beweis: Unmittelbar aus 4.2 und 4.3.

Spezielle Mengen von unendlichem genauem Rang werden ausgeschlossen durch eine Art Gegenstück zu 5.2

5.4. $\vdash_R^{0,\,\omega+1} \exists y\, y \in x \to \exists y\,(y \in x \wedge {\sim}\exists z\,(y \in z \wedge z \in x))$.

Beweis:

(1) $\vdash_R^{0,\,\omega+1} \exists y\, y \in x \to {\sim}x \in r$,   2.3.4.

also mit 4.5

(2) $\vdash_R^{0,\,\omega+1} \exists y\, y \in x \to \exists y\,(x \subseteq y \wedge {\sim}x \in y \wedge Ry)$.

Andererseits durch $Gv\,(P)$, Einsetzung $P/\lambda y\,\big(y \equiv r \vee \exists u\, y \equiv p^*(u)\big)$ und verallgemeinerte Abtrennung der leicht beweisbaren Prämissen

(3) $\vdash_R^{0,\,\omega+1} Ry \to y \equiv r \vee \exists u\,\big(y \equiv p^*(u) \wedge Ru\big)$,

also

(4) $\vdash_R^{0,\,\omega+1} \exists y\, y \in x \to x \subseteq r \wedge {\sim}x \in r \vee \exists u\,\big(x \subseteq p^*(u) \wedge {\sim}x \in p^*(u) \wedge Ru\big)$.

Wir verfolgen die durch (4) angezeigten Fälle weiter.

(5) $\vdash_R^{0,\,\omega+1} x \subseteq r \to {\sim}\exists z\,(y \in z \wedge z \in x)$,   2.3.4.

---

also

*(6) $\vdash_R^{0,\,\omega+1} x \subseteq \boldsymbol{r} \wedge \exists y\, y \in x \to \exists y\,(y \in x \wedge {\sim} \exists z\,(y \in z \wedge z \in x))$.

(7) $\vdash_R^{0,\,\omega+1} x \subseteq \boldsymbol{p}^*(u) \wedge \boldsymbol{R}u \wedge y \in z \in x \to z \in u \vee z \subseteq u$ [1]   (über $z \in \boldsymbol{p}^*(u)$).

(8) $\vdash_R^{0,\,\omega+1}$ $\qquad\qquad\qquad\qquad \to y \in u$ (mit $\boldsymbol{R}u \wedge y \in z$ bzw. $y \in z$).

Da z nur noch in $y \in z \wedge z \in x$ vorkommt, kann dieser Teil der Prämisse ersetzt werden durch $y \in x \wedge \forall y\,(y \in x \to \exists z\,(y \in z \wedge z \in x))$; hiermit aus (8)

(9) $\vdash_R^{0,\,\omega+1} x \subseteq \boldsymbol{p}^*(u) \wedge \boldsymbol{R}u \wedge \forall y\,(y \in x \to \exists z\,(y \in z \wedge z \in x))$

$\qquad\qquad\qquad\qquad\quad \to (y \in x \to y \in u)$,

(10) $\vdash_R^{0,\,\omega+1}$ $\qquad\qquad\qquad \to (\exists y\, y \in x \to x \subseteq u)$,   (Definition von $\subseteq$)

$\qquad\qquad\qquad\qquad\quad$ also (2.3.6 und Definition von $\boldsymbol{p}^*$)

(11) $\vdash_R^{0,\,\omega+1}$ $\qquad\qquad\qquad \to (\exists y\, y \in x \to x \in \boldsymbol{p}^*(u))$

und durch prädikatenlogische Umformung

*(12) $\vdash_R^{0,\,\omega+1} x \subseteq \boldsymbol{p}^*(u) \wedge {\sim} x \in \boldsymbol{p}^*(u) \wedge \boldsymbol{R}u \wedge \exists y\, y \in x$

$\qquad\qquad\qquad\qquad\quad \to \exists y\,(y \in x \wedge {\sim} \exists z\,(y \in z \wedge z \in x))$.

Vordere Koppelung von (6) und (12) und Kettenschluß mit (4) ergibt schließlich

(13)   5.4.

5.5.   Im folgenden (5.6.2) soll die Tragweite von 5.4 dadurch verstärkt werden, daß es ermöglicht wird, aus jeder (angenommenen) Menge von unendlichem genauem Rang eine Menge von der durch 5.4 ausgeschlossenen Struktur zu definieren. Die Formulierung wird durch die folgenden Verabredungen vereinfacht.

Wir schreiben

(1) $\hat{y}\,\mathsf{H}(y)$ für $\hat{y}\,(y \in t \wedge \mathsf{H}(y))$

unter der Voraussetzung, daß es einen Term t gibt mit

(2) $\vdash_R^{0,\,\omega+1} \mathsf{H}(y) \to y \in t$.

Dies ist dadurch legitimiert, daß (eigentlich: die Bedeutung von) $\hat{y}\,\mathsf{H}(y)$ unter der Voraussetzung (2) nicht von (der Bedeutung von) t abhängt. Wegen

(3) $\vdash_R^{0,\,\omega+1} \exists x \forall y\,(\mathsf{H}(y) \to y \in x) \to (\mathsf{H}(y) \to y \in \varepsilon x \forall y\,(\mathsf{H}(y) \to y \in x))$

genügt hierfür schon die Voraussetzung

(4) $\vdash_R^{0,\,\omega+1} \exists x \forall y\,(\mathsf{H}(y) \to y \in x)$, $\qquad\qquad$ vgl. § 213, 4.3 (b).

---

[1] Mit $t_1 \in t_2 \in t_3$ für $t_1 \in t_2 \wedge t_2 \in t_3$ usw.

Wir sagen in solchen Fällen auch, daß $\hat{y}H(y)$ durch (2) bzw. (4) *legitimiert* sei. Zum Beispiel ist legitimiert

(5) $\emptyset =_{Df} \hat{x}\, x \not\equiv x$ durch $\vdash_R^{0,\,\omega+1} x \not\equiv x \to x \in \boldsymbol{r}$;

ferner die Übertragungen von § 214, 1.3

(6) $\{x\} =_{Df} \hat{z}\, z \equiv x$ durch $\vdash_R^{0,\,\omega+1} z \equiv x \to z \in \boldsymbol{u}\,(\boldsymbol{r}, \boldsymbol{p}\,(x))$.

(7) $\{x, y\} =_{Df} \hat{z}\,(z \equiv x \vee z \equiv y)$

durch $\vdash_R^{0,\,\omega+1} z \equiv x \vee z \equiv y \to z \in \boldsymbol{u}\,\big(\boldsymbol{r}, \boldsymbol{u}(\boldsymbol{p}\,(x), \boldsymbol{p}\,(y))\big)$.

(8) $\langle x, y\rangle =_{Df} \{\{x\}, \{x, y\}\}$ durch die Einsetzungen $x/\{x\}$, $y/\{x, y\}$.

Auf Grund von 5.3 ist legitimiert (für $\boldsymbol{T}$ s. 4.3)

(9) $\boldsymbol{h}\,(x) =_{Df} \hat{z}\,\forall y\,\big(\forall z(z \in x \to z \in y) \wedge \boldsymbol{T}y \to z \in y\big)$

mit der Eigenschaft (zur Vereinfachung auf Mengen beschränkt)

(10) $\vdash_R^{0,\,\omega+1} \sim x \in \boldsymbol{r} \wedge \boldsymbol{T}y \to \big(x \subseteq y \leftrightarrow \boldsymbol{h}\,(x) \subseteq y\big)$.

$\boldsymbol{h}\,(x)$ heißt auch die „transitive Hülle von x". Zu $\boldsymbol{h}\,(x)$ gehören außer den Elementen von x deren Elemente usw. ..., also die „Unterwelt" von x.

Ferner ist

(11) $\hat{w}\,\langle u, w\rangle \in y$ [1]

wegen $\vdash_R^{0,\,\omega+1} \langle u, w\rangle \in y \to w \in \{u, w\} \in \langle u, w\rangle \in y$ legitimiert durch

(12) $\vdash_R^{0,\,\omega+1} \langle u, w\rangle \in y \to w \in \boldsymbol{h}\,(y)$.

Mit (11) kann eine Funktion (von u), deren Werte *Mengen* sind, vertreten werden durch eine Beziehung (hier y) zu den *Elementen* der Wertmengen.

5.6.   Induktiv über den Aufbau von x, also über die $\in$-Beziehung in $\boldsymbol{h}\,(x)$, kann eine Funktion definiert werden, die schließlich x ein formales Gegenstück des genauen Ranges von x zuordnet. Es gilt nämlich,

5.6.1. $\vdash_R^{0,\,\omega+1} \forall x \exists y \forall uz\,\big(u \in z \in \boldsymbol{h}\,(x)$

$$\to \langle z, \hat{w}\,\langle u, w\rangle \in y\rangle \in y \wedge \forall w(\langle u, w\rangle \in y \to \langle z, w\rangle \in y)\big).$$

Interessanter als der Beweis von 5.6.1 aus 2.3 (wesentlich durch Induktion über den Aufbau der Mengen endlichen Ranges) ist die Frage der Gültigkeit von 5.6.1 für Objektbereiche α^σ mit $\sigma > \omega$.

Da es für die Diskussion dieser Frage zweckmäßig ist, über die an 5.6.1 anknüpfenden Definitionen zu verfügen, stellen wir diese voran. Sei

(1) $\boldsymbol{g}\,(x) =_{Df} \hat{v}\,\forall y\,\big(\forall uz\,(u \in z \in \boldsymbol{h}\,(x)$

$$\to \langle z, \hat{w}\,\langle u, w\rangle \in y\rangle \in y \wedge \forall w(\langle u, w\rangle \in y \to \langle z, w\rangle \in y)) \to v \in y\big).$$

---

[1] $\hat{w}\langle u, w\rangle \in y$ im Sinne von $\hat{w}(\langle u, w\rangle \in y)$, da $\hat{w}\langle u, w\rangle$ nicht definiert ist.

Da $g(x)$ aus einem nach 5.6.1 existierenden y ausgesondert werden
kann, ist $g(x)$ legitimiert. Die folgende Eigenschaft von $g(x)$

$$(1')\quad \vdash_R^{0,\,\omega+1} \langle y, w\rangle \in g(x)$$

$$\leftrightarrow y \in h(x) \wedge \exists u\,\big(u \in y\, .\wedge.\, \langle u, w\rangle \in g(x) \vee w \equiv \hat{v}\,\langle u, v\rangle \in g(x)\big),$$

deren Beweis wir hier nicht ausführen wollen, könnte zu einer Definition
von $g(x)$ durch Induktion über $\in$ in $h(x)$ verwendet werden. Nach (1)
ist $g(x)$ eine Menge von geordneten Paaren, an deren erster Stelle alle
(als Mengen) nicht leeren Elemente von $h(x)$ erscheinen. An zweiter
Stelle erscheinen die sog. von Neumannschen Ordnungszahlen[1], mit der
hier zunächst vorliegenden Beschränkung auf endliche Ränge definierbar durch

$$(2)\quad 0 =_{Df} \emptyset,\quad x + 1 = n(x) =_{Df} u\big(x, \{x\}\big),$$

also $0 = \emptyset$, $1 = \{0\}$, $2 = \{0, 1\}$, $3 = \{0, 1, 2\}, \ldots$.

Zum Beispiel ist für $m = \{\{a, b\}, \{\{a\}\}\}$, mit $a, b \in r$,

$$h(m) = \{a, b, \{a\}, \{a, b\}, \{\{a\}\}\},$$

$$g(m) = \{\langle\{a\}, \emptyset\rangle, \langle\{a, b\}, \emptyset\rangle, \langle\{\{a\}\}, \emptyset\rangle, \langle\{\{a\}\}, \{\emptyset\}\rangle\},$$

$$\hat{w}\,\langle a, w\rangle \in g(m) = \hat{w}\,\langle b, w\rangle \in g(m) = \emptyset = 0,$$

$$\hat{w}\,\langle\{a\}, w\rangle \in g(m) = \hat{w}\,\langle\{a, b\}, w\rangle \in g(m) = \{\emptyset\} = 1,$$

$$\hat{w}\,\langle\{\{a\}\}, w\rangle \in g(m) = \{\emptyset, \{\emptyset\}\} = \{0, 1\} = 2.$$

Die Menge der den Elementen von $h(x)$ durch $g(x)$ zugeordneten
Ordnungszahlen,

$$(3)\quad o(x) =_{Df} \hat{w}\,\big(\langle x, w\rangle \in g(\{x\})\big),$$

ist legitimiert durch $\vdash_R^{0,\,\omega+1} \langle x, w\rangle \in g(\{x\}) \to w \in h\big(g(\{x\})\big)$ (vgl. 5.5,
(12)) und ist selbst eine Ordnungszahl. Es gilt, mit (1') und
$\vdash_R^{0,\,\omega+1} x \in h(\{x\})$

$$(4)\quad \vdash_R^{0,\,\omega+1} o(x) \equiv \hat{w}\,\exists z\,\big(z \in x\, .\wedge.\, \langle z, w\rangle \in g(\{x\}) \vee w \equiv \hat{v}\,\langle z, v\rangle \in g(\{x\})\big).$$

Zum Beispiel ist

$$h\big(\{m\}\big) = u\big(h(m), \{m\}\big)$$

$$g\big(\{m\}\big) = u\big(g(m), \{\langle m, 0\rangle, \langle m, 1\rangle, \langle m, 2\rangle\}\big)$$

$$\hat{w}\,\langle m, w\rangle \in g\big(\{m\}\big) = \{0, 1, 2\} = 3.$$

$o(x)$ erweist sich als eine Formalisierung des genauen Ranges von x
(bis auf eine Verschiebung um 1 wegen der Sonderstellung der Variablen
von Limes-Rang).

---

[1] Siehe von Neumann [1].

Die Theorie der durch (3) — ohne Beschränkung auf Mengen endlichen Ranges — formal eingeführten Ordnungszahlen macht einen wesentlichen Teil der Mengenlehre aus und kann hier nicht ausgeführt werden.

Wir beschränken uns darauf, die Beispiele (2) zu ergänzen durch die Bemerkung, daß für Mengen x von Ordnungszahlen durch

$$(5) \quad \lim x =_{Df} \hat{z}\left(z \in \boldsymbol{h}(x) \wedge \exists y\,(z \in y \wedge y \in x)\right)$$

wieder eine Ordnungszahl, die *obere Grenze von x* gegeben ist, also, falls x kein größtes Element hat, die kleinste Ordnungszahl, die größer ist als alle Elemente von x.

5.6.2.   Die Gültigkeit von 5.6.1 für Objektbereiche α^σ mit $\sigma > \omega$ ist jedenfalls nur zu erwarten für *Limeszahlen* σ, da wegen der Verwendung von geordneten Paaren der genaue Rang von $\boldsymbol{g}(x)$ (also jedes möglichen y in 5.6.1) größer sein muß als der genaue Rang von x. Da mit einer Menge x jede Menge gleichen genauen Ranges, also insbesondere $\boldsymbol{o}(x)$, in α^σ vorkommt, ist $\boldsymbol{g}(x)$ als Teilmenge von $\boldsymbol{h}(x) \times \boldsymbol{o}(x)$ legitimiert. Diese noch zirkelhafte Argumentation — wir haben $\boldsymbol{o}(x)$ *vor* $\boldsymbol{g}(x)$ verwendet — kann dadurch zirkelfrei gemacht werden, daß man statt $\boldsymbol{g}(x)$ zunächst ein *Prädikat* $\boldsymbol{G}(x)$ $\left(\text{wie } \boldsymbol{g}(x)\text{, aber mit } \boldsymbol{\lambda}w \text{ statt } \hat{w}\right)$ definiert, und hiermit ein Prädikat

$$(1) \quad \boldsymbol{O}_{,}(x) =_{Df} \boldsymbol{\lambda}w\,\boldsymbol{G}\left(\{x\}\right)\langle x, w\rangle.$$

Da nun alle Objekte, auf die $\boldsymbol{O}(x)$ zutrifft, von kleinerem Rang sind als x, gibt es in α^σ ein Objekt y mit der Eigenschaft $\forall z\left(z \in y \leftrightarrow \boldsymbol{O}(x)z\right)$, und zwar genau das (vorher) als $\boldsymbol{o}(x)$ bezeichnete.

Der hier metalogisch begründete Übergang von $\boldsymbol{O}(x)$ zu $\boldsymbol{o}(x)$ kann auch auf ein besonderes mengentheoretisches Axiom, das *Ersetzungsprinzip* gestützt werden. In seiner üblichen Formulierung[1] ist dieses aber so stark, daß es die Modelle α^σ auf „wenige" ausgezeichnete Limeszahlen σ beschränken würde (vgl. § 219, 2.3.2); daneben ist es auch zur Formalisierung von Schlüssen wie dem Übergang von $\boldsymbol{O}(x)$ zu $\boldsymbol{o}(x)$ erforderlich. Man kann also in 5.6.1 eine schwache Form des Ersetzungsprinzips sehen. Eine wesentlich stärkere Form des Ersetzungsprinips, die auch noch keine zusätzliche Anforderung an die Modelle einschließt, erhielte man durch eine zu 5.6.1 analoge Formalisierung des oben metalogisch benutzten Prinzips „Mit x gehört jede Menge gleichen genauen Ranges zu α^σ":

$$(2) \quad \forall x\,\exists y\,\forall z\left(z \in \boldsymbol{h}(x) \rightarrow \left(z \in \boldsymbol{r} \rightarrow \forall w\,(w \in \boldsymbol{r} \rightarrow \langle z, w\rangle \in y)\right)\right.$$
$$\wedge \forall u\left(u \in z \rightarrow \forall w\,(w \subseteq \hat{v}\,\langle u, v\rangle \in y \rightarrow \langle z, w\rangle \in y)\right)$$
$$\left.\wedge \forall u\left(u \in z \rightarrow \forall w\,(\langle u, w\rangle \in y \rightarrow \langle z, w\rangle \in y)\right)\right).$$

---

[1] Vgl. hierzu § 219, 2.3.

5.6.3. Mit $o(x)$ läßt sich nun die angestrebte Verschärfung von 5.4 formulieren:

$$\vdash_R^{0,\,\omega+1} \exists y\, y \in o(x) \to \exists y\big(y \in o(x) \land {\sim} \exists z\,(y \in z \land z \in o(x))\big).$$

Da 5.6.3 aus 5.4 durch Einsetzung entsteht, kann sich die Verschärfung nur in der — mit 5.6.1 begründeten — *Existenz* der Funktion $o(x)$ ausdrücken.

§ 217. Kalküle erster Stufe für die Logiken RL$^\omega$ und RL$^{\omega+1}$

1. *Eine Vereinfachung des* $RK_0^{\omega+1}$.

Da im folgenden Ausdrücke mit P-Variablen besondere Maßnahmen erfordern, kann die Möglichkeit, im $RK_0^{\omega+1}$ das „Induktions"-Proton (§ 216, 2.3.9) gleichwertig durch Ausdrücke ohne P-Variablen zu ersetzen, als echte Vereinfachung gelten. Zugleich ergibt sich die Möglichkeit, die Sätze des $RK_0^{\omega+1}$ aufzugliedern in solche, die unabhängig sind von der Beschränkung auf Objekte endlichen Ranges und solche, die von dieser Beschränkung abhängen. Im Sinne der Deduktionsgleichheit (vgl. § 103, 1.2) eines Kalküls, der aus dem $RK_0^{\omega+1}$ durch Streichung des Induktions-Protons hervorgeht, erweist sich dieses als gleichwertig mit der Konjunktion von § 216, 5.2; 5.3; 5.4; 5.6.1. Das resultierende System, soweit es die Übertragungen vom PFK$^{(2)}$ überschreitet, sei als Grundlage für das Folgende noch einmal zusammengestellt:

1.1.1.	$x \in r \to {\sim} y \in x$	§ 216, 2.3.4.
1.1.2.	$\big(z \in \hat z(z \in x \land Pz) \leftrightarrow z \in x \land Pz\big) \land {\sim} \hat z(z \in x \land Pz) \in r$	§ 216, 2.3.5.
1.1.3.	$\big(z \in p(x) \leftrightarrow z \subseteq x\big) \land {\sim} p(x) \in r$	§ 216, 2.3.6.
1.1.4.	$\big(z \in u(x,y) \leftrightarrow z \in x \lor z \in y\big) \land {\sim} u(x,y) \in r$	§ 216, 2.3.7.
1.1.5.	$x \equiv y \to x \equiv y$	§ 216, 2.3.8.
1.2.1.	$\exists y\, y \in x \to \exists y\big(y \in x \land {\sim} \exists z\,(z \in y \land z \in x)\big)$	§ 216, 5.2.
1.2.2.	$\exists y\big(\forall z(z \in x \to z \in y) \land \forall zu(z \in u \land u \in y \to z \in y)\big)$	§ 216, 5.3.
1.2.3.	$\exists y\, y \in x \to \exists y\big(y \in x \land {\sim} \exists z\,(y \in z \land z \in x)\big)$	§ 216, 5.4.
1.2.4.	$\exists y\, \forall uz\big(u \in z \land z \in h(x) \to \langle z, \hat w\,\langle u,w\rangle \in y\rangle \in y$	
	$\qquad \land \forall w(\langle u,w\rangle \in y \to \langle z,w\rangle \in y)\big).$[1]	§ 216, 5.6.1.

In diesem System wird die Beschränkung auf Objekte endlichen Ranges nur durch 1.2.3 ausgedrückt. Bis zum Beweis der Gleichwertigkeit sei die hierdurch analog zu $\vdash_R^{0,\,\omega+1}$ definierte Ableitbarkeit durch „$\vdash^*$" angezeigt.

---

[1] Im Interesse der Lesbarkeit schon unter Verwendung der nach § 216, 5.5 aus den übrigen Protonen legitimierbaren Definitionen von $h(x)$ und $\langle u,v\rangle$.

2. *Zur Gleichwertigkeit mit dem $RK_0^{\omega+1}$.*

Da schon gezeigt ist, daß

$$\vdash_R^{0,\,\omega+1}\langle 1.2.1\rangle,\quad \vdash_R^{0,\,\omega+1}\langle 1.2.2\rangle,\quad \vdash_R^{0,\,\omega+1}\langle 1.2.3\rangle,\quad \vdash_R^{0,\,\omega+1}\langle 1.2.4\rangle,$$

ist für die behauptete Deduktionsgleichheit noch zu zeigen, daß
$\vdash^*\langle\S\,216,\,2.3.9\rangle$. Wir zeigen zunächst

$$2.1.\quad \vdash^*\forall x\big(\forall y\,(y\in x\to Py)\to Px\big)\to\forall x\,Px \qquad\qquad \text{vgl. }\S\,216,\,4.1.$$

Beweis[1]: Aus 1.2.1 durch $TE\colon x/\hat{y}\,(y\in z\wedge\sim Py)$ und $\boldsymbol{\lambda}$-Konversion

(1) $\vdash^*\exists y\,(y\in z\wedge\sim Py)\to\exists y\,\big(y\in z\wedge\sim Py\wedge\sim\exists u\,(u\in y\wedge u\in z\wedge\sim Pu)\big)$.

Unter der Voraussetzung

(2) $\forall y\,(y\in x\to y\in z)\wedge\forall uy\,(u\in y\wedge y\in z\to u\in z)$

folgt aus (1) $\big($eigentlich: (2) $Imp_{\vdash*}(3)\big)$

(3) $\exists y\,(y\in x\wedge\sim Py)\to\exists y\,\big(\sim Py\wedge\sim\exists u\,(u\in y\wedge\sim Pu)\big)$.

Da in (3) z nicht mehr vorkommt, kann (2) durch 1.2.2 ersetzt werden, so daß

(4) $\vdash^*(3)$.

Hieraus durch Kontraposition

(5) $\vdash^*\forall y\,\big(\forall u\,(u\in y\to Pu)\to Py\big)\to\forall y\,(y\in x\to Py)$,

und mit

(6) $\vdash^*\forall y\,\big(\forall u\,(u\in y\to Pu)\to Py\big).\to.\forall y\,(y\in x\to Py)\to Px \qquad \text{(PFK}_*\text{)}$

schließlich

(7) 2.1.

2.2.   Mit 1.2.2 und 1.2.4 stehen die in §\,216, 5.6 dadurch legitimierten Begriffsbildungen zur Verfügung, insbesondere die von Neumannschen *Ordnungszahlen*. Da für diese die $\in$-Beziehung mit der intuitiven $<$-Beziehung zusammenfällt, liefert 2.1 das für die Theorie der Ordnungszahlen wesentliche *Prinzip der ordnungstheoretischen Induktion*. Wir übernehmen aus der Theorie der Ordnungszahlen ohne Beweise

2.2.1.   Ordnungszahlen als Ordnungszahlen *von Objekten*.

(1) $\vdash^*\boldsymbol{o}\,(x)\equiv\emptyset\leftrightarrow x\equiv\emptyset\vee x\in\boldsymbol{r},\qquad(\leftrightarrow\sim\exists y\,y\in x)$.

(2) $\vdash^*y\in x\to\boldsymbol{o}\,(y)\in\boldsymbol{o}\,(x)$.

Dies könnte durch Hinzufügen einer Minimalbedingung zu einer Definition von $\boldsymbol{o}\,(x)$ verschärft werden.

---

[1] Nach einer Anregung von Tarski.

(3) $\vdash^* \boldsymbol{o}\big(\boldsymbol{o}(x)\big) \equiv \boldsymbol{o}(x)$.

Hieraus eine einfache Charakterisierung der Ordnungszahlen von Objekten, die nur auf Ordnungszahlen Bezug nimmt:

(4) $\vdash^* \exists x\, y \equiv \boldsymbol{o}(x) \leftrightarrow y \equiv \boldsymbol{o}(y)$.

    2.2.2.   Ordnungszahlen als solche.

(1) $\vdash^* y \in \boldsymbol{o}(x) \rightarrow y \equiv \boldsymbol{o}(y)$.

Hier*nach* lassen sich manche Formulierungen vereinfachen. Die beiden folgenden Theoreme betreffen die Anordnung der Ordnungszahlen durch die Beziehungen $\in$ und $\subseteq$.

(2) $\vdash^* y \in \boldsymbol{o}(x) \rightarrow y \subseteq \boldsymbol{o}(x)$,

(3) $\vdash^* y \equiv \boldsymbol{o}(y) \rightarrow \big(y \subseteq \boldsymbol{o}(x) \rightarrow y \in \boldsymbol{o}(x) \vee y \equiv \boldsymbol{o}(x)\big)$.

Die beiden nächsten Theoreme verknüpfen die „Nachfolger"-Bildung mit der Ordnung durch $\in$:

(4) $\vdash^* y \in \boldsymbol{n}(y)$, [1]

(5) $\vdash^* y \in \boldsymbol{o}(x) \rightarrow \boldsymbol{n}(y) \in \boldsymbol{o}(x) \vee \boldsymbol{n}(y) \equiv \boldsymbol{o}(x)$. [2]

    2.2.3.   Unmittelbare Folgerungen.

(1) $\vdash^* y \in x \rightarrow \boldsymbol{o}(y) \subseteq \boldsymbol{o}(x)$.   2.2.1, (2) und 2.2.2, (2).

Mit $\vdash^* y \in \boldsymbol{o}(x) \rightarrow \emptyset \not\equiv \boldsymbol{o}(x)$, $\vdash^* \emptyset \subseteq \boldsymbol{o}(x)$ und 2.2.2, (3)

(2) $\vdash^* y \in \boldsymbol{o}(x) \rightarrow \emptyset \in \boldsymbol{o}(x)$.

Mit 2.2.1, (2); $\vdash^* u \in \boldsymbol{n}(z) \rightarrow u \in z \vee u \equiv z$ und 2.2.2, (3)

(3) $\vdash^* y \in x \rightarrow \big(\boldsymbol{o}(x) \equiv \boldsymbol{n}(z) \rightarrow \boldsymbol{o}(y) \subseteq z\big)$.

Schließlich mit 2.2.2, (3) und $\vdash^* u \in z \vee u \equiv z \rightarrow u \in \boldsymbol{n}(z)$

(4) $\vdash^* \boldsymbol{o}(y) \subseteq \boldsymbol{o}(x) \rightarrow \boldsymbol{o}(y) \in \boldsymbol{n}\big(\boldsymbol{o}(y)\big)$.

    2.3.   *Definitionen und Hilfssätze.*

    2.3.1.   Aus der Definition[3]

$$\boldsymbol{J} =_{Df} \lambda x\, \forall P\big(\forall y\,(y \in r \rightarrow Py) \wedge P r \wedge \forall yz\,(Py \wedge z \subseteq y \rightarrow Pz)$$
$$\wedge \forall y\,(Py \rightarrow P\boldsymbol{p}(y)) \wedge \forall yz\,(Py \wedge Pz \rightarrow P\boldsymbol{u}(y,z)) \rightarrow Px\big)$$

folgen unmittelbar

(1) $\vdash^* z \in r \rightarrow \boldsymbol{J}z$,   (2) $\vdash^* \boldsymbol{J}r$,   (3) $\vdash^* \boldsymbol{J}x \wedge y \subseteq x \rightarrow \boldsymbol{J}y$,

(4) $\vdash^* \boldsymbol{J}x \rightarrow \boldsymbol{J}\boldsymbol{p}(x)$,   (5) $\vdash^* \boldsymbol{J}x \wedge \boldsymbol{J}y \rightarrow \boldsymbol{J}\boldsymbol{u}(x,y)$.

---

[1] Dies unmittelbar aus § 216, 5.6, (2), und nicht auf Ordnungszahlen beschränkt.

[2] Vgl. § 204, 3.1, Beweiszeile (11).

[3] $\boldsymbol{J}x$ ist etwa zu lesen „x ist induktiv". Man beachte, daß durch $\boldsymbol{J}x$ die Endlichkeit des *Ranges* von x, aber nicht die Endlichkeit von x ausgedrückt wird.

Hieraus fast unmittelbar

(6) $\vdash^* J\emptyset.$ (2), (3).

(7) $\vdash^* Jy \to Jn(y)$ (2), (3), (4), (5) mit § 216, 5.5, (6); 5.6, (2).

(8) $\vdash^* o(x) \equiv \emptyset \to Jx$ (1), (6) mit 2.2.1, (1).

2.3.2. $\vdash^* o(x) \not\equiv \emptyset \to \exists y\, o(x) \equiv n(y).$

Beweis: Durch $TE: x/o(x)$ aus 1.2.3

(1) $\vdash^* \exists y\, y \in o(x) \to \exists y\big(y \in o(x) \wedge \sim \exists z(y \in z \wedge z \in o(x))\big).$

Hieraus mit

(2) $\vdash^* o(x) \not\equiv \emptyset \to \exists y\, y \in o(x)$ (aus $\vdash^* \sim o(x) \in r$)

und

(3) $\vdash^* y \in o(x) \wedge \sim \exists z\big(y \in z \wedge z \in o(x)\big) \to n(y) \equiv o(x)$ 2.2.2, (4), (5).

schließlich

(4)   2.3.2.

Anm.: Die allgemeine Theorie der Ordnungszahlen würde nur $Jo(x) \to o(x) \equiv \emptyset \vee \exists y\, o(x) \equiv n(y)$ liefern. Die bewiesene Verschärfung beruht wesentlich auf 1.2.3.

2.3.3.   Durch $\vdash^* w \in y \wedge y \in x \to w \in h(x)$ ist

(1) $s(x) =_{Df} \hat{w}\, \exists y(w \in y \wedge y \in x)$

legitimiert. Wegen

(2) $\vdash^* \sim x \in r \to x \subseteq u\big(r, p(s(x))\big)$

gilt, unter Einbeziehung des Grenzfalles durch 2.3.1, (1),

(3) $\vdash^* J s(x) \to Jx$ 2.3.1, (2), (3), (4), (5).

Mit § 216, 5.6, (4) — hier für (4) und (6) — ist

(4) $\vdash^* o\big(s(x)\big) \equiv \hat{w}\, \exists z\big(z \in s(x).\wedge.\langle z, w\rangle \in g(\{s(x)\})$
$$\vee\, w \equiv \hat{v}\, \langle z, v\rangle \in g(\{s(x)\})\big),$$

(5) $\vdash^* \qquad\quad \equiv \hat{w}\, \exists y\big(y \in x \wedge \exists z(z \in y.\wedge.\langle z, w\rangle \in g(\ldots)$
$$\vee\, w \equiv \hat{v}\, \langle z, v\rangle \in g(\ldots))\big),^{[1]}$$

(6) $\vdash^* \qquad\quad \equiv \hat{w}\, \exists y\big(y \in x \wedge w \in o(y)\big),^{[2]}$

(7) $\vdash^* \forall y\big(y \in x \to o(y) \subseteq z\big) \to \big(\exists y(y \in x \wedge w \in o(y)) \to w \in z\big)$ PFK$_*$
$$\to o\big(s(x)\big) \subseteq z. \tag{6}$$

---

[1] Mit „$\exists y$" aus der Definition von $s(x)$.

[2] Für $z \in h(\{s(x)\})$, $z \in h(\{y\})$ ist generell auf Grund der Definition von $g(\ldots)$
$$\hat{w}\, \langle z, w\rangle \in g(\{s(x)\}) \equiv \hat{w}\, \langle z, w\rangle \in g(\{y\}).$$

Hieraus einerseits mit 2.2.3, (1)

$$\vdash^* o\big(s(x)\big) \leq o(x),$$

andererseits mit 2.2.3, (3) die Verschärfung

$$\vdash^* o(x) \equiv n(y) \to o\big(s(x)\big) \leq y,^{1}$$

also mit 2.2.3, (4)

)) $\quad \vdash^* o(x) \equiv n(y) \to o\big(s(x)\big) \in n(y).$

2.4. *Beweis des Induktionsprotons.*

Dieses kommt, mit J nach 2.3.1, heraus auf Jx, und hierfür sind $o(x)$ und $Jo(x) \to Jx$ zusammen hinreichend.

2.4.1. $\quad \vdash^* Jo(x).$

Beweis: Wir nehmen den Grenzfall $o(x) \equiv \emptyset$ vorweg mit

(1) $\quad \vdash^* \sim \exists y\, y \in o(x) \to Jo(x).$ $\hspace{4cm}$ 2.3.1, (6).

Andererweits wegen 2.2.3, (2) und 2.3.1, (6)

(2) $\quad \vdash^* \exists y\, y \in o(x) \to \exists y \big(y \in o(x) \wedge Jy\big),$

$\hspace{3cm}$ aus 1.2.3 durch *TE:* $x/\hat{y}\big(y \in o(x) \wedge Jy\big)$ und λ-Konv.

(3) $\quad \vdash^* \hspace{2.5cm} \to \exists y \big(y \in o(x) \wedge Jy \wedge \sim \exists z (y \in z \wedge z \in o(x) \wedge Jz)\big).$

Nun ist mit 2.3.1, (7); 2.2.2, (4), (5)

(4) $\quad \vdash^* y \in o(x) \wedge Jy \wedge \sim \exists z \big(y \in z \wedge z \in o(x) \wedge Jz\big)$

$\hspace{1.5cm} \to Jn(y) \wedge \sim n(y) \in o(x) \wedge \big(n(y) \in o(x) \vee n(y) \equiv o(x)\big), \hspace{1cm} (z/n(y))$

(5) $\quad \vdash^* \hspace{2cm} \to Jo(x),$

also durch $Pv(y)$ und Kettenschluß mit (3)

(6) $\quad \vdash^* \exists y\, y \in o(x) \to Jo(x).$

Schließlich aus (1) und (6) mit AK*

(7) $\quad$ 2.4.1.

2.4.2. $\quad \vdash^* Jo(x) \to Jx.$

Beweis: Mit $K =_{Df} \lambda z \forall x \big(z \equiv o(x) \wedge Jz \to Jx\big)$ wird $\forall y\,(y \in z \to Ky) \to Kz$ abgeleitet und 2.1 mit P/K angewendet, zunächst mit der zusätzlichen Prämisse $o(x) \equiv n(w)$ $\big($effektiv $\exists w\, o(x) \equiv n(w)\big)$:

(1) $\quad \vdash^* z \equiv o(x) \wedge o(x) \equiv n(w) \to o\big(s(x)\big) \in z,$ $\hspace{2cm}$ 2.3.3, (10).

$\hspace{1cm}$ also

(2) $\quad \vdash^* \forall y\,(y \in z \to Ky) \wedge z \equiv o(x) \wedge o(x) \equiv n(w) \to Ko\big(s(x)\big), \hspace{0.3cm} \big(y/o(s(x))\big).$

---

^{1} Effektiv gilt hier sogar $o(x) \equiv n(y) \to o\big(s(x)\big) \equiv y.$

Aus

(3) $\vdash^* \boldsymbol{K}\boldsymbol{o}\left(\boldsymbol{s}(x)\right) \to \left(\boldsymbol{o}\left(\boldsymbol{s}(x)\right) \equiv \boldsymbol{o}(u) \wedge \boldsymbol{J}\boldsymbol{o}\left(\boldsymbol{s}(x)\right) \to \boldsymbol{J}u\right)$

durch $u/\boldsymbol{s}(x)$ und mit

(4) $\vdash^* z \equiv \boldsymbol{o}(x) \wedge \boldsymbol{J}z \to \boldsymbol{J}\boldsymbol{o}\left(\boldsymbol{s}(x)\right)$ 2.3.3, (8) und 2.3.1, (3).

(5) $\vdash^* \boldsymbol{K}\boldsymbol{o}\left(\boldsymbol{s}(x)\right) \wedge z \equiv \boldsymbol{o}(x) \wedge \boldsymbol{J}z \to \boldsymbol{J}\boldsymbol{s}(x)$,

(6) $\vdash^*$ $\to \boldsymbol{J}x$.   2.3.3, (3) .

Nun aus (2) und (6)

(7) $\vdash^* \forall y\, (y \in z \to \boldsymbol{K}y) \wedge z \equiv \boldsymbol{o}(x) \wedge \boldsymbol{J}z \wedge \boldsymbol{o}(x) \equiv \boldsymbol{n}(w) \to \boldsymbol{J}x$.

Andererseits aus 2.3.2 durch Kontraposition

(8) $\vdash^* \sim \exists w\, \boldsymbol{o}(x) \equiv \boldsymbol{n}(w) \to \boldsymbol{o}(x) \equiv \emptyset$,

(9) $\vdash^*$ $\to \boldsymbol{J}x$ (8) mit 2:3.1, (8).

Mit (9) aus (7) durch naheliegende Umformungen

(10) $\vdash^* \forall y\, (y \in z \to \boldsymbol{K}y) \to \forall z\, \left(z \equiv \boldsymbol{o}(x) \wedge \boldsymbol{J}z \to \boldsymbol{J}x\right)$.

Dies ist — bis auf gebundene Umbenennungen und $\boldsymbol{\lambda}$-Konversion —
die Prämisse von

(11)   2.1 $(P/\boldsymbol{K})$,

so daß durch Abtrennung $\vdash^* \forall x\, \boldsymbol{K}x$ folgt, also — bis auf gebundene
Umbenennungen und $\boldsymbol{\lambda}$-Konversion —

(12) $\vdash^* \forall z\, \forall x\, \left(z \equiv \boldsymbol{o}(x) \wedge \boldsymbol{J}z \to \boldsymbol{J}x\right)$.

Hieraus 2.4.2 durch identitätstheoretische Umformungen.

Aus 2.4.1 und 2.4.2 durch Abtrennung

*2.4.3. $\vdash^* \boldsymbol{J}x$.

Damit ist die behauptete Deduktionsgleichheit gezeigt; also ist 1.1.1
bis 1.2.4 in Verbindung mit der Syntax des $\text{PFK}^{(2)}$ eine mögliche Basis
des $\text{RK}_0^{\omega+1}$.

3. *Ein Kalkül RK_4^ω für die RL_4^ω.*

3.1.   Der Umstand, daß sich die Protonen des $\text{RK}_0^{\omega+1}$ *ohne* explizite
Verwendung von *gebundenen* P-Variablen formulieren lassen und daß
zahlreiche Ableitungen ohne gebundene P-Variablen möglich sind, legt
es nahe, die Sprache zunächst auf *freie* P-Variablen zu beschränken; für
den Beweis von Ausdrücken *ohne* P-Variablen lassen sich dann die
Anwendungen von $\boldsymbol{\lambda}$- und ε-Protonen (§ 216, 2.3.2, 2.3.3) an den Anfang
der Beweise verlegen. Die P-Variablen werden also ganz überflüssig,
wenn man auch 1.1.2 (und gegebenenfalls § 216, 2.3.9) durch Schemata
ersetzt, also die Einsetzungen und $\boldsymbol{\lambda}$-Konversionen vorwegnimmt:

3.1.1. $z \in \hat{z}\left(z \in x \wedge \mathrm{H}(z)\right) \leftrightarrow z \in x \wedge \mathrm{H}(z) . \curlywedge . \sim \hat{z}\left(z \in x \wedge \mathrm{H}(x)\right) \in \boldsymbol{r}$

3.1.2. Die Frage, ob das dem Induktionsproton (§ 216, 2.3.9) entsprechende Schema bei dieser Beschränkung noch deduktionsgleich ist mit 1.2.1 bis 1.2.4, ist offen. In der Wahl von 1.2.1 bis 1.2.4 statt § 216, 2.3.9 liegt also eine gewisse Willkür, die zunächst nur dadurch gerechtfertigt ist, daß das resultierende System einfacher ist als das frühere. Hierzu auch 3.5.

3.2. Die *Sprache* RS$_4^\omega$ gehe aus RS$_0^{\omega+1}$ durch Weglassung der P-Variablen hervor (wodurch sich die Ausdrucksbildungsregeln entsprechend vereinfachen). Die RS$_4^\omega$ hat also nur noch Eine Sorte von Variablen. Unter der *Logik* RL$_4^\omega$ sei der in der RS$_4^\omega$ formulierbare Teil der RL$^\omega$ verstanden.

3.3. Der *Kalkül* RK$_4^\omega$ mit der Ableitbarkeitsrelation $\vdash_R^{4,\omega}$ sei gegeben durch

    3.3.1. die Ableitbarkeitsdefinition des PFK*, ergänzt durch die ε-Protonen nach § 216, 2.3.3 *und*

    3.3.2. die speziellen Protonen 1.1.1; 3.1.1; 1.1.3 bis 1.2.4.

3.4. Die *Beweise* zu 2.1 (= § 216, 4.1) und zu § 216 (5.1 aus 4.1) lassen sich sinngemäß auf den RK$_4^\omega$ übertragen. Ebenso § 216, 3. mit 3.1 in der Form

    3.4.1. $\vdash_R^{4,\omega} x \equiv y \rightarrow \left(\mathrm{H}(x) \leftrightarrow \mathrm{H}(y)\right).$ vgl. § 154, 1.2.

    Hieraus unmittelbar mit $\vdash_R^{4,\omega} x \equiv x$

    3.4.2. $\vdash_R^{4,\omega} x \equiv y \rightarrow x \equiv y.$

Anm.: Der Übergang vom RK$_0^{\omega+1}$ zum RK$_4^\omega$ ist zu vergleichen mit dem Übergang von einer Darstellung der Zahlentheorie nach § 167, 1. zu einer Darstellung nach § 167, 2.

3.5. Da nach § 214, 2. die TL (in der Form TL$_2$) in der RL$^\omega$ enthalten ist (die Übertragung von der RL$_2^\omega$ auf die RL$_4^\omega$ ist kein Problem), liefert der RK$_4^\omega$ auch einen Kalkül für die TL. Es zeigt sich, daß hierfür die Protonen 1.2.1 bis 1.2.4 ohne Bedeutung sind; denn jeder Ausdruck, der durch Übersetzung aus der TL$_2$ nach § 214, 2. entsteht, legt den genauen Rang fest für die Objekte, von denen gesprochen wird, so daß allgemeine Aussagen über die vorkommenden Ränge hierzu nichts mehr beitragen können.

    4. *Ein Kalkül RK$_1^{\omega+1}$ für die RL$_1^{\omega+1}$.*

4.1. Die Form der *Sprache* RS$_0^{\omega+1}$ war zugeschnitten auf die Aufgabe, die RL$^\omega$ bzw. RL$^{\omega+1}$ in der PFL$^{(2)}$ zu charakterisieren. Sie erleichterte auch die Beschreibung des Kalküls RK$_4^\omega$, durch den gewisse

Mindestvoraussetzungen formalisiert werden. Der *Kalkül* $RK_0^{\omega+1}$ ist aber mit manchen — überflüssigen — Schwerfälligkeiten behaftet[1] (zwei Arten von Komprehensionen usw.). Es liegt nahe, statt der Variablen P_k (für Attribute über α^{ω}) Variablen $a_k^{\omega+1}$ (für Objekte aus $\alpha^{\omega+1}$) *zunächst* neben den Variablen a_k (d.i. a_k^{ω}) zu verwenden und $a_i \in a_k^{\omega+1}$ statt $P_k a_i$ zu schreiben. Nach dem Muster von § 213, 4. wird man dann wieder alles mit Hilfe der Variablen vom Maximalrang ausdrücken.

4.2.   Die *Sprache* $RS_1^{\omega+1}$ sei bestimmt durch (vgl. § 215, 3.1)

4.2.1.   die *Variablen* und *Konstanten*

(1)   die Variablen a_k (für Objekte in $\alpha^{\omega+1}$),

(2)   die Konstante r,

(3)   die Konstante $\in$ (welche jetzt die Elementbeziehung in $\alpha^{\omega+1}$ bezeichnet);

4.2.2.   die *Terme*, zu denen außer r und den a_k die (simultan mit den Ausdrücken) gebildeten λ-Terme $\lambda a_i H(a_i)$ und ε-Terme $\varepsilon a_i H(a_i)$ gehören sollen;

4.2.3.   die *Ausdrücke*, die (simultan mit den Termen) aus *atomaren Ausdrücken* $t_1 \in t_2$ mit den Mitteln der Prädikatenlogik *erster* Stufe aufgebaut werden.

4.3.   Die *Logik* $RL_1^{\omega+1}$ sei bestimmt durch die Übertragung der $RL_0^{\omega+1}$ auf die $RS_1^{\omega+1}$ nach 4.1. Anknüpfend an § 215, 2. sprechen wir auch von einer Interpretation im Sinne der *Konvention* $R^{\omega+1}$.

4.4.   Der *Kalkül* $RK_1^{\omega+1}$ sei gegeben durch

4.4.1.   die Ableitbarkeitsdefinition des PFK*, ergänzt durch die ε-Protonen nach § 216, 2.3.3;

4.4.2.   die λ-Protonen, jetzt in der Form[2]

$$\big(x \in \lambda x\, H(x) \leftrightarrow \exists y\, x \in y \wedge H(x)\big) \wedge {\sim}\lambda x\, H(x) \in r;$$

4.4.3.   die formal unverändert von 1. zu übernehmenden Protonen 1.1.1; 1.1.5; 1.2.1; 1.2.2 (deren Inhalt dadurch im allgemeinen verstärkt wird; z.B. können 1.2.1 und 1.2.2 nicht nur von α^{ω} auf $\alpha^{\omega+1}$, sondern auch auf beliebige α^{σ} übertragen werden);

4.4.4.   die dem Inhalt nach unverändert von 1. zu übernehmenden Protonen 1.1.2; 1.1.3; 1.1.4; 1.2.3; 1.2.4 die aber neu formuliert werden

---

[1] Immerhin erleichtert die Sprache $RS_0^{\omega+1}$ die Diskussion des Problems, ob ein Satz der RL^{ω} schon im RK_4^{ω} oder erst im $RK_1^{\omega+1}$ beweisbar ist, da — wie sich zeigen wird — derselbe Sachverhalt in der $RS_1^{\omega+1}$ im allgemeinen anders ausgedrückt werden muß als in der RS_4^{ω} (s. z.B. 4.4.4).

[2] Vgl. die indizierte Formulierung in § 213, 4.3, (3.1). Der Zusatz unterscheidet wieder die leere Menge von den Individuen.

müssen. Dafür sei

$$r_\omega =_{Df} \boldsymbol{\lambda} x \, \exists y \, x \in y$$

$$\boldsymbol{p}(x) =_{Df} \boldsymbol{\lambda} y \, (y \subseteq x)$$

$$\boldsymbol{u}(x, y) =_{Df} \boldsymbol{\lambda} z \, (z \in x \vee z \in y)$$

und $\hat{x}(x \in y \wedge Py)$ werde durch $\boldsymbol{\lambda} x (x \in y \wedge x \in z)$ ausgedrückt.

Da jetzt schon durch 4.4.2 die Werte der durch 1.1.2; 1.1.3; 1.1.4 einzuführenden Terme festgelegt sind, muß nur noch ausgedrückt werden, unter welchen Voraussetzungen diese Werte Objekte vom Rang ω sind.

(1) $\quad x \in r_\omega \to \boldsymbol{\lambda} z \, (z \in x \wedge z \in y) \in r_\omega$ $\qquad\qquad$ zu 1.1.2,

(2) $\quad x \in r_\omega \to \boldsymbol{p}(x) \in r_\omega$ $\qquad\qquad$ zu 1.1.3,

(3) $\quad x \in r_\omega \wedge y \in r_\omega \to \boldsymbol{u}(x, y) \in r_\omega$ $\qquad\qquad$ zu 1.1.4,

(4) $\quad x \in r_\omega \wedge \exists y \, y \in x \to \exists y \big(y \in x \wedge {\sim}\exists z \, (y \in z \wedge z \in x)\big)$ $\qquad$ zu 1.2.3,

(5) $\quad x \in r_\omega \to \exists y \, \big(y \in r_\omega \wedge \forall u z \, (\dots \text{ wie in } 1.2.4 \dots)\big)$ $\qquad$ zu 1.2.4.[1]

4.5. *Einige Ableitungsbeispiele.*

4.5.1. $\quad \vdash_R^{1;\,\omega+1} x \in y \to x \in r_\omega$.

Beweis: Unmittelbar aus $x \in r \leftrightarrow \exists y \, x \in y \wedge \exists y \, x \in y$.

4.5.2. $\quad \vdash_R^{1;\,\omega+1} x \in r_\omega \wedge y \subseteq x \to y \in r_\omega$. $\qquad\qquad\qquad$ 4.5.1.

Beweis:

(1) $\quad \vdash_R^{1;\,\omega+1} y \subseteq x \, . \to . \, z \in \boldsymbol{\lambda} z \, (z \in x \wedge z \in y) \leftrightarrow z \in r_\omega \wedge z \in x \wedge z \in y$,

(2) $\quad \vdash_R^{1;\,\omega+1} \qquad\qquad\qquad\qquad\qquad \leftrightarrow z \in y$.

Hieraus mit $Gh(z)$ und wegen $\vdash_R^{1;\,\omega+1} y \subseteq x \to {\sim} y \in r$ und 4.4.2

(3) $\quad \vdash_R^{1;\,\omega+1} y \subseteq x \to \boldsymbol{\lambda} z \, (z \in x \wedge z \in y) \equiv y$,

(4) $\quad \vdash_R^{1;\,\omega+1} y \subseteq x \to \boldsymbol{\lambda} z \, (z \in x \wedge z \in y) \equiv y$, $\qquad\qquad$ 1.1.5.

(5) $\quad \vdash_R^{1;\,\omega+1} x \in r_\omega \to \boldsymbol{\lambda} z \, (z \in x \wedge z \in y) \in r_\omega$, $\qquad\qquad$ 4.4.4, (1).

(6) $\quad \vdash_R^{1;\,\omega+1} x \in r_\omega \wedge y \subseteq x \to y \in r_\omega$.

4.5.3. $\quad \vdash_R^{1;\,\omega+1} x \in r_\omega \to \big(z \in \boldsymbol{p}(x) \leftrightarrow z \subseteq x\big)$.[2]

---

[1] Man könnte auch 1.2.4 „wörtlich" (oder mit der Spezialisierung $x / r_\omega \equiv \boldsymbol{h}(r_\omega)$) übernehmen, was wieder auf eine Verstärkung des Inhalts herauskäme. Die in (5) enthaltene Verfeinerung (mit $y \in r_\omega$) ist dann beweisbar.

[2] Dagegen z. B. für $\boldsymbol{p}(r_\omega)$ nach 4.4.2:

$$\vdash_R^{1;\,\omega+1} x \in \boldsymbol{p}(r_\omega) \leftrightarrow x \in r_\omega \wedge x \subseteq r_\omega.$$

In solchen Fällen beschreibt $\boldsymbol{p}$ also nicht die Bildung der Potenzmenge.

Beweis:

(1) $\vdash_R^{1,\,\omega+1} z \in p(x) \leftrightarrow z \in \boldsymbol{r}_\omega \wedge z \subseteq x$,

(2) $\vdash_R^{1,\,\omega+1} x \in \boldsymbol{r}_\omega \rightarrow .\, z \in \boldsymbol{r}_\omega \wedge z \subseteq x \leftrightarrow z \subseteq x$.   4.5.2.

4.5.4. *Zur Identitätstheorie im* $RK_1^{\omega+1}$.

Die (leicht zu beweisenden) Gegenstücke zu 3.4.1 und 3.4.2 sind

(1) $\vdash_R^{1,\,\omega+1} x \in \boldsymbol{r}_\omega \wedge y \in \boldsymbol{r}_\omega \wedge x \equiv y \rightarrow \big(\mathsf{H}(x) \leftrightarrow \mathsf{H}(y)\big)$,

(2) $\vdash_R^{1,\,\omega+1} x \in \boldsymbol{r}_\omega \wedge y \in \boldsymbol{r}_\omega \rightarrow (x \equiv y \rightarrow x \equiv y)$.

Daß die Identitätsdefinition (§ 216, 3.) für Objekte vom Maximalrang nicht adäquat ist, zeigt

(3) $\vdash_R^{1,\,\omega+1} \sim x \in \boldsymbol{r}_\omega \wedge \sim y \in \boldsymbol{r}_\omega \rightarrow x \equiv y$.

5. *Eine Variante* $RK_2^{\omega+1}$ *zum* $RK_1^{\omega+1}$.

5.1.   Wir knüpfen an eine indizierte Form des Komprehensionsprinzips an:

5.1.1. $x^{\omega+1} \in \boldsymbol{\lambda} x^{\omega+1} \mathsf{H}(x^{\omega+1}) \leftrightarrow \mathsf{H}(x^{\omega+1})$,

wodurch also $\mathfrak{B}^\times\big(\boldsymbol{\lambda} x^{\omega+1} \mathsf{H}(x^{\omega+1})\big)$ im allgemeinen als Objekt vom Rang $\omega+2$ charakterisiert wird. Ersetzt man nun die $\boldsymbol{\lambda}$-Protonen in der Form 4.4.2 durch

5.1.2. $\big(x \in \boldsymbol{\lambda} x \mathsf{H}(x) \leftrightarrow \mathsf{H}(x)\big) \wedge \sim \boldsymbol{\lambda} x \mathsf{H}(x) \in \boldsymbol{r}$,

so muß demnach die Einsetzung $z/\boldsymbol{\lambda} x \mathsf{H}(x)$ beschränkt werden auf die Fälle, in denen $\boldsymbol{\lambda} x \mathsf{H}(x)$ ein Objekt vom Rang $\omega+1$ bezeichnet. Das kann dadurch geschehen, daß die Einsetzbarkeit $z/\boldsymbol{\lambda} x \mathsf{H}(x)$ von der Beweisbarkeit von $\forall x \big(\mathsf{H}(x) \rightarrow x \in \boldsymbol{r}_\omega\big)$ abhängig gemacht wird oder auch in der Form, daß die Grundregeln für die Einsetzungen x/t durch entsprechende Protonen ersetzt werden, z. B.

5.1.3. $\forall z \Theta(z) \rightarrow \Theta(z/t)$ für unkritische Terme,

5.1.4. $\forall z \Theta(x) \wedge \forall x \big(\mathsf{H}(x) \rightarrow x \in \boldsymbol{r}_\omega\big) \rightarrow \Theta\big(z/\boldsymbol{\lambda} x \mathsf{H}(x)\big)$

                        für die kritischen Terme.

Die hierdurch bestimmte Ableitbarkeit sei durch „$\vdash_R^{2,\,\omega+1}$" bezeichnet.

5.2.   Beispiele für $RK_2^{\omega+1}$-Ableitungen erhält man aus den $RK_1^{\omega+1}$-Ableitungen durch die Ersetzung aller $\boldsymbol{\lambda}$-Terme $\boldsymbol{\lambda} x \mathsf{H}_i(x)$ durch $\boldsymbol{\lambda} x \big(x \in \boldsymbol{r}_\omega \wedge \mathsf{H}_i(x)\big)$ und dann naheliegende Anpassungen. Für ein Beispiel dazu s. § 218, 2.3.

§ 218. Zur RUSSELLschen Antinomie

1. Die Hierarchie der Typen ist zwar für die Charakterisierung und Klassifikation von Begriffen[1] von selbständiger Bedeutung, wir haben

---

[1] Nach Bedeutungs-Kategorien im Sinne von AJDUKIEWICZ [1].

sie aber (in § 208, 1; 2.) motiviert durch die Notwendigkeit, bei Erweiterungen der Prädikatenlogik nicht an der RUSSELLschen *Antinomie* zu scheitern. Da nun durch den mengentheoretischen Aufbau die Unterscheidungen der Typentheorie weitgehend verdeckt werden — besonders wenn man nur *eine* Variablensorte verwendet —, entsteht die Frage, ob nicht etwa dadurch alle Unterschiede wieder aufgehoben werden. Dann könnte etwa die RUSSELLsche Antinomie ableitbar werden aus Protonen, deren Allgemeingültigkeit auf die ontologischen Voraussetzungen der rangtheoretischen Interpretation begründet ist, und das würde z.B. den Inhalt der §§ 213 bis 217 hinfällig machen.

Wir zeigen in 2., daß die formalen Gegenstücke zu § 208, 1. in den Kalkülen RK_4^ω, $RK_1^{\omega+1}$ und $RK_2^{\omega+1}$ nicht zu Widersprüchen führen.

Damit ist natürlich nicht etwa die Widerspruchsfreiheit dieser Kalküle bewiesen. Das scheint auch, außer in Grenzfällen[1], ohne die kritischen ontologischen Voraussetzungen gar nicht möglich zu sein.

2. Die Analoga zur RUSSELLschen Antinomie.

2.1. Im RK_4^ω erhält man durch Spezialisierung von § 217, 1.1.2

(1) $\vdash_R^{4,\,\omega} z \in \hat{z}(z \in x \wedge \sim z \in z) \leftrightarrow z \in x \wedge \sim z \in z.$

Mit $t(x) =_{Df} \hat{z}(z \in x \wedge \sim z \in z)$ hieraus durch Einsetzung $z/t(x)$

(2) $\vdash_R^{4,\,\omega} t(x) \in t(x) \leftrightarrow t(x) \in x \wedge \sim t(x) \in t(x),$

und mit AK* gleichwertig

(3) $\vdash_R^{4,\,\omega} \sim t(x) \in x \wedge \sim t(x) \in t(x).$

Das ist — abweichend von § 208, 1. (2) — kein formaler Widerspruch.

2.2. Im $RK_1^{\omega+1}$ liefert die Spezialisierung von § 217, 4.4.2

(1) $\vdash_R^{1,\,\omega+1} z \in \lambda z \sim z \in z \leftrightarrow z \in r_\omega \wedge \sim z \in z.$

Mit $t =_{Df} \lambda z \sim z \in z$ hieraus durch Einsetzung z/t

(2) $\vdash_R^{1,\,\omega+1} \sim t \in r_\omega \wedge \sim t \in t$

und mit AK*

(3) $\vdash_R^{1,\,\omega+1} \sim t \in r_\omega \wedge \sim t \in t.$

Dies kann so verstanden werden: Die Übertragung von § 216, 2.4.1 liefert $\vdash_R^{1,\,\omega+1} z \in r_\omega \to \sim z \in z$. Hiermit läßt sich (1) vereinfachen und liefert über die extensionale Identität schließlich $\vdash_R^{1,\,\omega+1} t \equiv r_\omega$. Hiermit aus (3) endlich

(4) $\vdash_R^{1,\,\omega+1} \sim r_\omega \in r_\omega$, in Einklang mit der Konvention $R^{\omega+1}$.

---

[1] Die Widerspruchsfreiheit des RK_4^ω läßt sich nach der Methode von ACKERMANN [1] auf die Widerspruchsfreiheit der „reinen Zahlentheorie" (GENTZEN [2], ACKERMANN [2], SCHÜTTE [2]) zurückführen.

2.3. Im $RK_2^{\omega+1}$ liefert die Spezialisierung von § 217, 5.1.2

(1) $\vdash_R^{2,\,\omega+1} z \in \lambda z \sim z \in z \leftrightarrow \sim z \in z.$

Die Einsetzung z/t $\big($vgl. 2.2, (2)$\big)$ kann jetzt aber nur hypothetisch formuliert werden.

(2) $\vdash_R^{2,\,\omega+1} \forall z\,(z \in t \leftrightarrow \sim z \in z) \wedge \forall z\,(\sim z \in z \rightarrow z \in r_\omega) \rightarrow (t \in t \leftrightarrow \sim t \in t),$

also durch verallgemeinerte Abtrennung von (1)

(3) $\vdash_R^{2,\,\omega+1} \forall z\,(\sim z \in z \rightarrow z \in r_\omega) \rightarrow (t \in t \leftrightarrow \sim t \in t),$

und durch prädikatenlogische Umformungen

(4) $\vdash_R^{2,\,\omega+1} \exists z\,(\sim z \in z \wedge \sim z \in r_\omega).$

In allen betrachteten Fällen sind also die statt der formalen Widersprüche resultierenden Folgerungen in Einklang mit den Konventionen R^ω bzw. $R^{\omega+1}$.

§ 219. Logiken unendlichen Ranges und mengentheoretische Logiken

1. *Gründe für zusätzliche Erweiterungen der Logik.*

1.1.   Die Beziehung, die zwischen den Logiken RL_4^ω und $RL_1^{\omega+1}$ und zwischen den entsprechenden Kalkülen RK_4^ω und $RK_1^{\omega+1}$ besteht, kann — abgesehen von technischen Varianten — verallgemeinernd so beschrieben werden: Da die $RL^\varkappa$ durch keinen zugehörigen Kalkül $RK^\varkappa$ vollständig erfaßt wird, setzt man gegebenenfalls zur Verstärkung einen „Kalkül zweiter Stufe" über den $RK^\varkappa$ (entsprechend zu dem $RK_0^{\omega+1}$ mit P-Variablen). Aus diesem geht durch eine Vereinheitlichung der Variablen (wie in § 217, 4.) ein Kalkül $RK^{\varkappa+1}$ hervor. Die Fortsetzung dieses Verfahrens führt über eine Folge von Kalkülen $RK^{\varkappa+n}$ zu einem Kalkül $RK^{\varkappa+\omega}$, und die fastmonomorphe Beschreibung der entsprechenden Logik $RL^{\varkappa+\omega}$ erfordert wieder eine neue Stufe.

Da hierbei kein Ende abzusehen ist, begnügt man sich dann mit einem Kalkül RK^λ für eine Logik RL^λ mit Objektbereichen α^λ, die für genügend viele Mengenbildungsprozesse abgeschlossen sind. Dafür muß λ eine je nach den akzeptierten Mengenbildungsprozessen ausgezeichnete Limeszahl sein. Gegebenenfalls geht man noch zu dem in gewisser Weise einfacheren $RK^{\lambda+1}$ über. Der jeweilige RK^λ (bzw. $RK^{\lambda+1}$) ist also zunächst nur als ein — jeweils hinreichend leistungsfähiges — Werkzeug zur Ermittlung von RL^ω-Sätzen motiviert.

Beispiele hierfür liefern die verschiedenen Systeme der axiomatischen Mengenlehre, wie sie z.B. von BERNAYS und FRAENKEL[1] entwickelt worden sind.

---

[1] Vgl. BERNAYS [2] und BERNAYS-FRAENKEL [1].

1.2.   Die Mathematik kann in einem schwächeren Sinne nach dem Muster von § 106, 2.3; 2.4 auf die Logik zurückgeführt werden, und in nicht-trivialen Fällen wird dabei ein gutes Stück der Ausdrucksfähigkeit (z.B.) der RS_4^ω gebraucht. Hierbei wird die Unendlichkeit des Grundbereichs einer Theorie durch die Unendlichkeit des Bereichs der Objekte vom Range 0 auszudrücken sein (der ja dem Individuenbereich des PFK oder IFK entspricht).

Von einer Rückführung der Mathematik auf die Logik im engeren Sinne verlangt man dagegen, daß die Logik ein Modell für die Arithmetik der natürlichen Zahlen und die darüber z.B. nach DEDEKIND [1] aufgebaute Analysis liefern soll. Wenn nicht schon die Existenz unendlich vieler Objekte vom Range 0 postuliert wird — und dies würde der Definition der Logik durch die Allgemeingültigkeit von Ausdrücken widersprechen — gelingt das noch nicht in einer Logik vom Rang ω.

Zwar lassen sich die natürlichen Zahlen durch Objekte vom Range ω repräsentieren, aber schon die arithmetischen Grundbegriffe sind vom genauen Rang $\omega + 1$; denn da es im allgemeinen nur endlich viele Objekte vom endlichen Rang n gibt, können nicht alle Zahlen durch Objekte von Einem Rang n repräsentiert werden, wie diese Repräsentation auch angelegt wird (vgl. § 211).

Die Begriffsbildungen der Analysis führen dann zumindest einige Stufen über $\omega + 1$ hinaus, und da hierfür keine feste Schranke angegeben werden kann, liegt es nahe, die allgemeine Mathematik in die $\mathrm{RL}^{\omega+\omega}$, oder aus den Gründen, die zur $\mathrm{RL}^{\omega+1}$ geführt haben, in die $\mathrm{RL}^{\omega+\omega+1}$ einzubetten.

Kalküle zur Entwicklung solcher Logiken können z.B. nach dem Muster der Kalküle RK_4^ω oder $\mathrm{RK}_1^{\omega+1}$ aufgebaut werden, wobei im allgemeinen nur die Existenz von Objekten bis zu dem jeweils charakteristischen Rang gefordert wird, während die Existenz von Objekten von größerem genauem Rang nicht ausgeschlossen wird (wie das z.B. in § 217 durch 1.2.3 im RK_4^ω und durch 4.4.4, (4) im $\mathrm{RK}_1^{\omega+1}$ geschehen ist).

2. *Kalküle der Form RK^λ.*

2.1.   Der RK_4^ω ohne das Endlichkeitsaxiom von § 217, 1.2.3.

2.2.   Aus dem RK_4^ω geht durch die Ersetzung des Endlichkeitsaxioms durch sein Negat

2.2.1. $\exists x \left(\exists y\, y \in x \wedge \forall y\, (y \in x \to \exists z\, (z \in x \wedge y \in z)) \right)$

ein Kalkül hervor, der die Bildung von Mengen bis zum Rang $\omega + \omega$ beschreibt. Denn eine Menge, welche die in 2.2.1 für x formulierte Bedingung erfüllt, kann nicht mehr vom Rang ω sein, und die iterierte Bildung von Potenzmengen überschreitet dann jeden Rang $< \omega + \omega$.

2.3.   Wesentlich größere Ordnungszahlen erreicht man, indem man die bisher eingeführten Mengenbildungsprozesse jeweils über die Ordnungszahlen von Wohlordnungen von schon gebildeten Mengen iteriert. Dafür braucht man den Prozeß der Abbildung einer Menge x durch Funktionen, von denen nur die Beschreibbarkeit durch einen Ausdruck $H(y, z)$ mit der Eigenschaft $\vdash \forall z \exists ! y\, H(z, y)$ verlangt wird. Dann wird die Existenz der Menge gefordert bzw. vorausgesetzt, die durch

$$2.3.1. \qquad y \in \hat{y}\, \exists z\,(z \in x \wedge H(z, y)) \leftrightarrow \exists z\,(z \in x \wedge H(z, y))$$

charakterisiert ist. Diese Verallgemeinerung von § 216, 3.1.1, in der gewissermaßen „die Menge der z, so daß ..." durch „die Menge der y, so daß ..." ersetzt ist, wird als *Ersetzungsprinzip* bezeichnet.

2.3.2.   Wesentlich mit 2.3.1 erhält man

(1)   zu jedem $o(z)$ die Menge $\hat{y}\,(o(y) < o(z))$,   (vgl. § 216, 5.6.2)

(2)   zu jeder Menge x ein kleinstes $o(z)$, welches eineindeutig *auf* x abbildbar ist, *und darüber hinaus*

(3)   zu jedem $o(z)$ und *jedem* Ausdruck $H(x, u)$ eine *Ordnungszahl* $\hat{y}\,\exists x\,(x \in o(z) \wedge y \in o(\varepsilon u\, H(x, u)))$.

Ein λ, für welches α^{λ} in bezug auf die Prozesse (1), (2) *und* (3) abgeschlossen ist und wenigstens eine unendliche Menge als Element hat (z. B. die Menge ω der endlichen Ordnungszahlen), kann mit den bisher eingeführten Operationen nicht gebildet, sondern nur als obere Grenze des Erreichbaren beschrieben werden: *die kleinste unerreichbare Ordnungszahl*. Vgl. hierzu auch BACHMANN [1], §§ 40 bis 42.

2.4.   Die Rolle von 2.3.1 ist nicht auf die Erzeugung bzw. Beschreibung von „großen" Mengen und Ordnungszahlen beschränkt. An vergleichsweise „harmlosen" Begriffsbildungen sei hier neben § 216, 5.6.1 noch die Möglichkeit erwähnt, $h(x)$ (§ 216, 5.5, (9)) durch $s(x)$ (§ 217, 2.3.3, (1)) zu definieren, anschaulich:

(1) $h(x) =_{Df} s(\{x, s(x), s(s(x)), \ldots\})$.

Die strenge Definition von $\{x, s(x), s(s(x)), \ldots\}$ erfordert wieder eine Anwendung von 2.3.1. Dann kann § 217, 1.2.2 ersetzt werden durch

$$2.4.1. \qquad (z \in s(x) \leftrightarrow \exists y\,(z \in y \wedge y \in x)) \wedge {\sim} s(x) \in r.$$

3. *Kalküle der Form* $RK^{\lambda+1}$.

Solche Kalküle lassen sich analog zum Übergang vom RK_4^{ω} über den $RK_0^{\omega+1}$ zum $RK_1^{\omega+1}$ aus entsprechenden Kalkülen der Form RK^{λ} entwickeln. Dabei ist aber zu beachten, daß das natürliche Gegenstück zu 2.3.1 für die Verallgemeinerungen der $RL_0^{\omega+1}$ bzw. des $RK_0^{\omega+1}$ (also *mit* P-Variablen)

3.1. $\forall z \exists! y\, P\langle z, y\rangle \,.\!\to\!. \, y \in \hat{y}\, \exists z\, (z \in x \wedge P\langle z, y\rangle) \leftrightarrow \exists z\, (z \in x \wedge P\langle x, y\rangle)$

stärker ist als 2.3.1. Der Begriff *unerreichbar* (wie er hier motiviert wurde) hängt also von der vorliegenden Axiomatisierung ab (vgl. hierzu MONTAGUE-VAUGHT [1]).

4. *Über die Existenz von Mengen.*

Oft wird es als unbefriedigend angesehen, wenn man neben den Einschränkungen des allgemeinen Komprehensionsprinzips (z.B. § 217, 3.1.1 oder 4.4.2), die rein pragmatisch motiviert werden, ersatzweise gewisse Existenz- oder Konstruktionsaxiome formulieren muß.

Statt dessen soll bei der unvermeidbaren Einschränkung des allgemeinen Komprehensionsprinzips (sei es bei der Bildung der betreffenden Terme[1] oder bei der Einsetzung von Variablen) Ein allgemeines Schema genügend viele Anwendungen zulassen.

4.1.   Ein solches System, das QUINE in [3] vorgeschlagen und in [6] weiterentwickelt hat, beschränkt (im wesentlichen) das Komprehensionsprinzip auf solche Ausdrücke, deren Variablen jeweils a posteriori im Sinne der TS_3 indiziert werden können. Auf Grund eines Resultates von ROSSER-WANG [1] ist dieses System aber unverträglich mit den Konventionen R^α und soll deshalb hier nur erwähnt werden.

4.2.   Ein anderes solches System hat ACKERMANN [4] entwickelt. In Anpassung an die hier behandelten Kalküle läßt sich ACKERMANNs System für den einfachsten Fall ($r \equiv \emptyset$) so beschreiben:

Unter allen Objekten der Theorie sind *Mengen* durch ein Grundprädikat M charakterisiert. Als spezielle Axiome (bzw. Protonen) werden (zusätzlich zum IK) formuliert:

4.2.1. $\forall x\, (\mathsf{H}(x) \to Mx) \to (x \in \lambda x\, \mathsf{H}(x) \leftrightarrow \mathsf{H}(x))$. [2]

4.2.2. $x \equiv y \to x \equiv y$.

4.2.3. $Mx \wedge (y \in x \vee y \subseteq x) \to My$.

Falls M nicht in $\Theta\left(x, \overset{n}{z}\right)$ vorkommt, und x und $\overset{n}{z}$ alle freien Variablen von $\Theta\left(x, \overset{n}{z}\right)$ sind:

4.2.4. $\overset{n}{\underset{i=1}{\bigwedge}}\, Mz_i \wedge \forall x\, \left(\Theta(x, \overset{n}{z}) \to Mx\right) \to M\lambda x\, \Theta\left(x, \overset{n}{z}\right)$. [3]

Für $n = 0$ entfällt $\overset{n}{\underset{i=1}{\bigwedge}}\, Mz_i$.

---

[1] Sinngemäß, wenn Existenzaxiome formuliert werden.

[2] Hier könnte man daran denken, $\mathsf{H}(x)$ durch $\mathsf{H}(x) \wedge Mx$ zu ersetzen und $\lambda x\, \mathsf{H}(x)$ effektiv als $\lambda x(\mathsf{H}(x) \wedge Mx)$ zu charakterisieren, vgl. § 217, 4.4.2. Dadurch würde aber die formale Übertragung von 4.2.4 leer und die sinngemäße Übertragung von 4.2.4 erschwert.

[3] Motivierung: Die Definition einer *Menge* $\lambda x\, \mathsf{H}(x, \overset{n}{z})$ soll nicht schon vom Begriff „Menge" Gebrauch machen.

4.2.5.   Unter wesentlicher Verwendung von 4.2.4 beweist Ackermann die Existenz der sonst durch spezielle Axiome eingeführten Mengen, insbesondere die *Existenz einer unendlichen Menge*. Wenn man bereit ist, Ackermanns System als eine Axiomatisierung *der* Logik zu akzeptieren, hat man damit eine Lösung der Aufgabe, die Mathematik auf die Logik zurückzuführen (vgl. 1.2).

4.2.6.   Da in 4.2.1 bis 4.2.4 keine gebundenen P-Variablen vorkommen, kann dieses System keine fastmonomorphe (§ 215, 4.3) Charakterisierung seiner Modelle liefern. Die Frage, ob Modelle von der Form α^σ existieren — mit Mx für: ,,x gehört zu einer geeignet gewählten Teilgesamtheit von α^σ —, kann an Hand des Beweises von Th. 1 in Lévy [1] dahingehend beantwortet werden, daß sogar ein α^μ in α^σ (mit unerreichbarem σ) hierzu geeignet ist. Ausgeschlossen als Interpretation für Mx ist aber z.B.: ,,x gehört zu α^{μ}', mit $\mu + n = \sigma$, da dann Mx (durch $\exists \overset{n}{y} (x \in y_1 \wedge \cdots \wedge y_{n-1} \in y_n)$) definierbar wäre, und damit erhielte man mit $\lambda x (\sim x \in x \wedge Mx)$ aus 4.2.1 und 4.2.4 einen Widerspruch (effektiv wieder die Russellsche Antinomie).

Fünftes Hauptstück

Die Theoreme von Church und Gödel

§ 230. Einleitung: Unmöglichkeitstheoreme

1. Das Ziel dieses Hauptstücks sind die folgenden Theoreme von Church und Gödel:

I. Es ist unmöglich, ein Verfahren anzugeben, durch dessen Anwendung effektiv, also in endlich vielen Schritten, entschieden werden kann, ob ein Ausdruck des PFK (bzw. PK) allgemeingültig ist oder nicht. Gleichwertig: Es gibt kein Entscheidungsverfahren für die Eigenschaft der auf die Menge der P-Ausdrücke bezogenen Allgemeingültigkeit, oder kürzer: Für die Menge[1] id_P (Church [1]).

II. Es ist unmöglich, die für die Ausdrücke einer Stufenlogik definierte Allgemeingültigkeit zu erfassen durch einen Kalkül, dessen Satzmenge in einem noch zu präzisierenden Sinne durch *anwendbare Regeln* bestimmt ist (Gödel [2]).

2. *Der Begriff des Verfahrens.*

Die Gültigkeit der Theoreme I und II fußt auf der Voraussetzung, daß der im folgenden eingeführte Begriff der *Regularität* und seine

---

[1] Wir verwenden hier die metasprachlichen Prädikate auch zur Bezeichnung der korrespondierenden Mengen, also ,,id_P'' für idt_P usw.

Derivate adäquate Präzisierungen der intuitiven Begriffe des Aufzählungs- und Entscheidungsverfahrens liefern. Ein *Aufzählungsverfahren* für eine Menge M ist dabei zunächst eine Methode, durch deren schematische Anwendung man sukzessive genau die Elemente von M (Zahlen, Zahlentupel, Zeichenreihen, Zeichenreihentupel) erhält. Ein Aufzählungsverfahren kann also zur Charakterisierung der den angegebenen Mengen entsprechenden Eigenschaften oder Beziehungen dienen. Wir verwenden im folgenden oft das neutrale Wort „Attribut" und sprechen je nach dem vorliegenden Gegenstandsbereich von *arithmetischen* — als auf Zahlen bezogenen — oder von *semiotischen* — als auf Zeichenreihen bezogenen — Attributen. Die in den §§ 90, 150, 216, 217 eingeführten syntaktischen Kalküle sind Beispiele für solche Aufzählungsverfahren.

Während ein Aufzählungsverfahren eine Menge (usw.) zu charakterisieren gestattet, ohne auf eine umfassendere Menge Bezug zu nehmen, soll ein *Entscheidungsverfahren* eine *Teilmenge* aus einer im allgemeinen einfacheren umfassenderen Menge aussondern. So sollte ein Entscheidungsverfahren für die Identitäten des PFK diese aus der Menge aller P-Ausdrücke oder aus der Menge aller Zeichenreihen des PFK aussondern; die triviale Aussonderung aus der Menge aller Identitäten des IFK ist weniger, als hier verlangt wird.

Ein *Entscheidungsverfahren für* eine Teilmenge N *in* einer gegebenen Menge M kann gegeben werden durch je ein Aufzählungsverfahren für N und für $M - N$, und jedes Entscheidungsverfahren läßt sich auf diese Form bringen.

3. *Überblick über den Beweisgang.*

Der Kern beider Sätze ist die Charakterisierung einer solchen Menge $\mathfrak{U}$ von Zahlen (bzw. von Zahlenpaaren oder Zeichenreihen) durch ein Aufzählungsverfahren, für deren Complement es kein Aufzählungsverfahren geben kann. Eben hierfür wird eine Normalform für Aufzählungsverfahren erforderlich, während ein vorgelegtes Verfahren als solches anzuerkennen im allgemeinen weniger problematisch ist. Unter der in 2. erwähnten Voraussetzung ist $\mathfrak{U}$ also unentscheidbar.

Auf Grund einer Charakterisierung von $\mathfrak{U}$ mit Hilfe von id_P erhält man nun die Unentscheidbarkeit (der Satzmenge) des PFK (und des PK) also Theorem I, ferner die Nichtaufzählbarkeit von erf_P.

Schließlich erhält man, vermöge einer Charakterisierung von erf_P mit Hilfe von $id_P^{(2)}$, die Nichtcharakterisierbarkeit von $id_P^{(2)}$ durch irgendeinen syntaktisch definierten Kalkül.

Zum Vergleich mit anderen Beweisen s. 4.

Im einzelnen gehen wir so vor: In § 231 wird die zu verwendende Normalform für Aufzählungsverfahren und für die in der Normalform aufzählbaren Attribute der Begriff der *Regularität* eingeführt. Unab-

hängig von der Voraussetzung, daß *regulär* = im intuitiven Sinne aufzählbar, wird in den §§ 232 bis 235 eine Paarmenge $\mathfrak{U}$ eingeführt, die
eine Aufzählung aller normierten Aufzählungsverfahren liefern soll. Wir
verwenden die Ausdrücke des PFK zur Normierung der Aufzählungsverfahren, brauchen also eine Aufzählung aller P-Ausdrücke, eine sog.
Arithmetisierung. Ohne besondere Voraussetzungen über diese Aufzählung folgt die Nicht-Regularität des Complements von $\mathfrak{U}$ (§ 232),
und nach Wahl einer bestimmten Aufzählung (§ 233) ergeben sich, über
eine Reihe von Hilfsdefinitionen (§ 234), in § 235 *reguläre Definitionen*
für ein arithmetisches Abbild der Ableitbarkeit des PFK und für $\mathfrak{U}$.

Im § 236 werden Argumente für die Angemessenheit der gewählten
Normalform, d.i. für: regulär = im intuitiven Sinne aufzählbar, zusammengestellt. Hierfür ist es nützlich, schon über die Techniken von
§ 233 bis 235 zu verfügen. Andererseits erspart diese Identifizierung die
explizite Verwendung einer Normalform für Aufzählungen von semiotischen Attributen. Dadurch wird die Verwendung von $\mathfrak{U}$ zum Beweis
der Theoreme I und II von technischen Komplikationen entlastet.

4. *Vergleich mit anderen Beweisen.*

4.1. Zu Theorem I: Die verschiedenen bekannten Beweise unterscheiden sich im wesentlichen nur in der gewählten Normalform zur
Präzisierung des intuitiven Begriffs der Aufzählungsverfahren (oder auch
primär: des Entscheidungsverfahrens). Je nach der gewählten Normalform ist die Argumentation für die Angemessenheit der gewählten Präzisierung oder aber die Übersetzung der gewonnenen Beschreibung der
unentscheidbaren Menge in den Prädikatenkalkül einfacher. — Die *hier*
gewählte Normalform ist *ein* Versuch, beides so einfach zu gestalten,
daß man sich in bezug auf die technischen Details nicht auf ein ,,man
kann …'' beschränken muß.

Es hat sich gezeigt, daß die verschiedensten vorgeschlagenen Normalformen für Aufzählungsverfahren untereinander äquivalent sind.
Das ist ein starkes Argument für die Angemessenheit jeder einzelnen
dieser Normalformen. Vgl. hierzu auch HERMES [3], Einleitung zum
vierten Kapitel.

4.2. Zu Theorem II: Der erste Beweis (GÖDEL [2]) und die meisten
bekannten Beweise liefern zunächst die Unvollständigkeit eines jeden
hinreichend ausdrucksfahigen und zugleich deduktiv möglichst stark
gewählten Systems Z_i der Zahlentheorie. Man erhält daraus die Unvollständigkeit jedes Logikkalküls, in den Z_i durch Einführung der zahlentheoretischen Axiome als Implikationsprämissen eingebettet werden
kann (vgl. § 106, 2.6 und § 167, 1.).

Der in diesem Buch geführte Beweis, der über Theorem I verläuft,
scheint neu zu sein. Eine gewisse Verwandtschaft besteht mit MOSTOWSKIS

Beweisanordnung in [1], wo die zur Arithmetisierung erforderliche Arithmetik auf der Basis eines *Unendlichkeitsaxioms* gewonnen wird. Eine ähnliche Rolle wird ein Unendlichkeitsaxiom im § 238 spielen.

§ 231. Charakterisierung von arithmetischen Attributen im PFK*

1. *Spezielle S-Terme als Zahlzeichen (Ziffern).*

c sei eine beliebige fest gewählte S-Konstante, g eine beliebige fest gewählte einstellige F-Variable. Es sei

$$g^0(c) =_{Df} c, \qquad g^{n+1}(c) =_{Df} g^n\big(g(c)\big).$$

Für einen beliebigen Individuenbereich, der die Menge nz der natürlichen Zahlen enthält, sei

$\mathfrak{B}(c) =_{Df}$ Null, $\mathfrak{B}(g) =_{Df}$ die Nachfolgerfunktion in nz, sonst beliebig.

Dann ist für beliebige n aus nz: $\mathfrak{B}\big(g^n(c)\big) = n$. Wir nennen deshalb die Terme $g^n(c)$ *Ziffern*.

2. *Charakterisierung von arithmetischen Attributen.*

2.1.   Ein arithmetisches Attribut $\mathfrak{A}^i$ heiße *regulär*[1] *definiert* durch einen P-Ausdruck H (bezüglich der P-Variablen A^i), wenn für alle $n_1, \ldots, n_i$

(A) $\mathfrak{A}^i \ni (n_1, \ldots, n_i)$ *äq* $H \vdash_P A^i g^{n_1}(c) \ldots g^{n_i}(c)$.

Anm.: In den nicht-trivialen Fällen werden die Symbole A^i, g, c in H vorkommen, doch sollen Grenzfälle nicht ausgeschlossen sein. Auch das Vorkommen weiterer Symbole ist ausdrücklich zugelassen.

2.2. $\mathfrak{A}^i$ heiße *regulär*, wenn es ein H und A^i mit der Eigenschaft (A) gibt, symbolisch: *reg* $\mathfrak{A}^i$.

Anm.: $\mathfrak{A}^i$ ist also regulär, wenn es durch ein Aufzählungsverfahren von einer bestimmten Form charakterisierbar ist. In § 236 werden Argumente dafür zusammengestellt, daß diese Form hinreichend allgemein ist.

2.3. $\mathfrak{A}^i$ heiße *coregulär definiert* durch H (bezüglich A^i), wenn für alle $n_1, \ldots, n_i$

(B) $\mathfrak{A}^i \ni (n_1, \ldots, n_i)$ *äq non* $H \vdash_P {\sim} A^i g^{n_1}(c) \ldots g^{n_i}(c)$,

mit den Bedingungen für H, A^i wie unter 2.1.

2.4. $\mathfrak{A}^i$ heiße *coregulär*, wenn es ein H und A^i mit der Eigenschaft (B) gibt, symbolisch: *cor* $\mathfrak{A}^i$.

Anm.: $\mathfrak{A}^i$ ist also coregulär, wenn es ein Aufzählungsverfahren einer bestimmten Form für das Complement von $\mathfrak{A}^i$ gibt; denn dieses wird, wie man leicht sieht, durch $H(A^i/\lambda x^i {\sim} A^i x)$ regulär definiert.

---

[1] „regulär", weil $\mathfrak{A}^i$ im wesentlichen durch syntaktische Schluß*regeln* charakterisiert wird.

2.5. $\mathfrak{A}^i$ heiße *bireguär*, wenn $\mathfrak{A}^i$ regulär und coregulär ist, symbolisch: *bir* $\mathfrak{A}^i$, also *bir* $\mathfrak{A}^i$ *äq reg* $\mathfrak{A}^i$ *et cor* $\mathfrak{A}^i$.

2.6. Ein reguläres, nicht bireguläres $\mathfrak{A}^i$ heiße *echt regulär*, symbolisch: *reg!* $\mathfrak{A}^i$, ein coreguläres, nicht bireguläres $\mathfrak{A}^i$ heiße *echt coregulär*, symbolisch: *cor!* $\mathfrak{A}^i$.

Anm.: Die Biregularität ist, im Einklang mit der Zerlegung eines Entscheidungsverfahrens in zwei Aufzählungsverfahren im Sinne von § 230, 2., eingeführt als eine Präzisierung der Entscheidbarkeit. Die übrigen Redeweisen sollen zur genaueren Beschreibung der im folgenden vorkommenden Attribute dienen.

2.7. Sei ein $\mathfrak{A}^i$ regulär definiert durch H und coregulär definiert durch Θ (bezüglich A^i), so ist $\mathfrak{A}^i$ biregulär und es gilt auf Grund von (A) und (B)

(C) $\mathrm{H} \vdash_P A^i g^{n_1}(c) \ldots g^{n_i}(c)$ *äq non* $\Theta \vdash_P {\sim} A^i g^{n_1}(c) \ldots g^{n_i}(c)$.

Kann in (C) $\mathrm{H} = \Theta$ genommen werden, so heiße $\mathfrak{A}^i$ durch H *biregulär definiert*. Wir notieren ohne Beweis:

2.7.1.   Jedes bireguläre $\mathfrak{A}^i$ ist auch biregulär definierbar[1].

Anm.: Hätten wir „*bir* $\mathfrak{A}^i$" definiert durch: „Es gibt ein H (und A^i), das $\mathfrak{A}^i$ biregulär definiert", in Analogie zu 2.2 und 2.4, so wäre der Inhalt von 2.7.1 auszudrücken durch: *reg* $\mathfrak{A}^i$ *et cor* $\mathfrak{A}^i$ *seq bir* $\mathfrak{A}^i$, und dies würde einen nichttrivialen Beweis erfordern. Da wir den Inhalt von 2.7.1 im folgenden nicht brauchen, andererseits die Äquivalenz 2.5 verschiedene Formulierungen erleichtert, haben wir sie zur Definition gewählt.

2.8. Unmittelbar aus den Definitionen 2.2, 2.4, 2.5, 2.6 folgt

2.8.1.   *reg!* $\mathfrak{A}^i$ *äq reg* $\mathfrak{A}^i$ *et non cor* $\mathfrak{A}^i$,

2.8.2.   *cor!* $\mathfrak{A}^i$ *äq cor* $\mathfrak{A}^i$ *et non reg* $\mathfrak{A}^i$.

3. Übertragung auf semiotische Attribute.

3.1. Unter einem *semiotischen Attribut* sei ein Attribut über einem Bereich von Zeichenreihen verstanden, wie er jeweils beim Aufbau eines Kalküls in diesem Buch vorausgesetzt wird. Die Definitionen 2.2, 2.4, 2.5, 2.6 lassen sich leicht sinngemäß auf semiotische Attribute übertragen. Sind etwa $Z_1, \ldots, Z_n$ die (endlich vielen)[2] Grundzeichen eines

---

[1] Da E. POST [1] unter Voraussetzung von gleichwertigen Definitionen einen analogen Satz bewiesen hat, sei 2.7.1 als *Satz von* POST bezeichnet.

[2] Unendlich viele Grundzeichen wie z.B. $a_0, a_1, a_2, \ldots$ können immer als „quasiatomare" Zeichenreihen $a, a|, a||, \ldots$ behandelt werden, ebenso z.B. F_3^2 als $F**|||$ usw.

Kalküls, so können (vgl. 1.) die Terme der Form $g^1_{n_1}\left(g^1_{n_2}(\ldots g^1_{n_i}(c)\ldots)\right)$ als Namen (Ziffern) für die entsprechenden Zeichenreihen $Z_{n_1}Z_{n_2}\ldots Z_{n_i}$ eingeführt werden. Ohne dies im einzelnen durchzuführen, werden wir 2. sinngemäß übertragen.

3.2. Indem man die entsprechenden inhaltlichen Überlegungen im PFK* formalisiert, erhält man

3.2.1. *bir id$_A$* (auf Grund des Entscheidungsverfahrens § 11).

3.2.2. *reg id$_P$* (auf Grund der Vollständigkeit des PFK* genügt es, die Beweisbarkeit des PFK* *im* PFK* zu formulieren).

3.2.3. *cor id*$_{\text{end}}$ (ist ein H *nicht* im Endlichen identisch, so kann man das nach § 82 immer durch systematisches Probieren feststellen).

3.3. Die Resultate dieses Hauptstücks lassen sich nun im Sinne von 3.1 prägnant so formulieren:

*3.3.1. *reg! id$_P$*, also   *non cor id$_P$*,

*3.3.2. *non reg id$_P^{(2)}$*.

Da die Ausdrücke erster Stufe im PFK$^{(2)}$ durch ein entscheidbares Kriterium auszusondern sind, liefert 3.3.1 in Ergänzung von 3.3.2 zusätzlich

3.3.3. *non cor id$_P^{(2)}$*.

Die Menge $id_P^{(2)}$ ist also weder positiv noch negativ durch Aufzählungsverfahren charakterisierbar (und wird deshalb oft überhaupt als problematisch angesehen).

§ 232. Vorläufige Definition von $\mathfrak{U}$. Das Diagonalverfahren

Das Ziel dieses und der beiden folgenden Paragraphen ist die Konstruktion eines echt regulären Attributes.

1. *Abzählungen der regulären Definitionen.*

H(m) sei eine Folge von PFK-Ausdrücken, in der jeder PFK-Ausdruck wenigstens einmal vorkommt. Nach Vorgabe einer P-Variablen A^1_k kann H(m) also als Abzählung aller regulären Definitionen von einstelligen arithmetischen Attributen aufgefaßt werden. Wir werden mit Hilfe von H(m) ein zweistelliges Attribut $\mathfrak{U}$ konstruieren und zeigen, daß $\mathfrak{U}$ *nicht coregulär* ist. Hierfür ist es nicht erforderlich, H(m) zu spezifizieren. Wir werden aber im nächsten Paragraphen H(m) so spezifizieren[1], daß $\mathfrak{U}$ regulär, also *echt regulär* wird.

---

[1] Wir stellen diese Spezifizierung zurück, um diesen Paragraphen nicht mit überflüssigen Voraussetzungen zu belasten.

2. *Die Definition von $\mathfrak{U}$ und einiger Derivate.*

Es sei

2.1. $\qquad \mathfrak{U} \ni (m, n) \; äq_{Df} \; \mathsf{H}(m) \vdash_P A_0^1 g^n(c)$,

2.2. $\qquad \overline{\mathfrak{U}} \ni (m, n) \; äq_{Df} \; non \; \mathfrak{U} \ni (m, n)$,

2.3. $\qquad \mathfrak{D} \ni n \qquad äq_{Df} \; \mathfrak{U} \ni (n, n)$, $\qquad$ ($\mathfrak{D}$ ist ,,Diagonalmenge'' von $\mathfrak{U}$),

2.4. $\qquad \overline{\mathfrak{D}} \ni n \qquad äq_{Df} \; \overline{\mathfrak{U}} \ni (n, n)$,

$\qquad$ also

2.4.1. $\qquad\qquad\qquad äq \; non \; \mathsf{H}(n) \vdash_P A_0^1 g^n(c)$.

$\qquad$ Es gilt

2.5.1. $\quad reg \, \mathfrak{U} \; seq \; reg \, \mathfrak{D}$,

2.5.2. $\quad reg \, \overline{\mathfrak{U}} \; seq \; reg \, \overline{\mathfrak{D}}$.

Beweis: $\mathfrak{U}$ (bzw. $\overline{\mathfrak{U}}$) sei regulär definiert durch H bezüglich A_0^2, und A_0^1 komme nicht in H vor. Dann wird $\mathfrak{D}$ (bzw. $\overline{\mathfrak{D}}$) regulär definiert durch $\mathsf{H} \wedge \forall x (A_0^2 xx \rightarrow A_0^1 x)$.

3. *Das Diagonalverfahren.*

Es ist zu zeigen

3.1. $\quad non \; cor \, \mathfrak{U}$,

$\qquad$ oder gleichwertig

3.2. $\quad non \; reg \, \overline{\mathfrak{U}}$.

$\qquad$ Wegen 2.5.2 genügt es zu zeigen

3.3. $\quad non \; reg \, \overline{\mathfrak{D}}$.

Beweis: Angenommen, $\overline{\mathfrak{D}}$ wäre regulär, also

$(Ex\,m)\,(Om\,n)\,\big(\overline{\mathfrak{D}} \ni n \; äq \; \mathsf{H}(m) \vdash_P A_0^1 g^n(c)\big)$;

$\overline{d}$ sei ein solches m, also

(1) $\quad \overline{\mathfrak{D}} \ni n \; äq \; \mathsf{H}(\overline{d}) \vdash_P A_0^1 g^n(c)$.

Andererseits nach Definition von $\overline{\mathfrak{D}}$ (2.4.1)

(2) $\quad \overline{\mathfrak{D}} \ni n \; äq \; non \; \mathsf{H}(n) \vdash_P A_0^1 g^n(c)$,

$\qquad$ folglich

(3) $\quad \mathsf{H}(\overline{d}) \vdash_P A_0^1 g^n(c) \; äq \; non \; \mathsf{H}(n) \vdash_P A_0^1 g^n(c)$,

$\qquad$ woraus für $n/\overline{d}$ ein Widerspruch folgt.

§233. Die Arithmetisierung: Definition von $\mathsf{H}(m)$

In diesem Paragraphen wird die in § 232 angekündigte Abzählung $\mathsf{H}(m)$ der P-Ausdrücke so eingeführt, daß das mit Hilfe von $\mathsf{H}(m)$ definierte Attribut $\mathfrak{U}$ als regulär erwiesen werden kann. Das geschieht durch die sog. *Methode der Arithmetisierung:* Jedem Term und jedem Ausdruck wird eine natürliche Zahl $N(t)$ bzw. $N(H)$ so zugeordnet, daß diese Zuordnung jeweils im Bereich der Terme und im Bereich der Ausdrücke eineindeutig ist. Wir wählen diese Zuordnung so, daß sowohl die Funktion N (d.i. $N(t)$, $N(H)$) als auch die beiden Umkehrfunktionen $T(n)$ („der n zugeordnete Term") und $H(n)$ („der n zugeordnete Ausdruck") möglichst einfach induktiv definiert werden können.

1. *Arithmetische Hilfsbegriffe.*

1.1.   Eine Abzählung der geordneten Paare von natürlichen Zahlen:

$$c(x,y) =_{Df} \frac{(x+y)(x+y+1)}{2} + x.$$

$c(x,y)$ ist im Bereich der natürlichen Zahlen eindeutig umkehrbar; denn es gilt einerseits trivial

(1) $x_1 + y_1 = x_2 + y_2$ *et* $x_1 \neq x_2$ *seq* $c(x_1, y_1) \neq c(x_2, y_2)$;

andererseits, für $x_1 + y_1 \neq x_2 + y_2$ ohne Einschränkung der Allgemeinheit

(2) $x_1 + y_1 < x_2 + y_2$ *seq* $c(x_1, y_1) < \dfrac{(x_1 + y_1)(x_1 + y_1 + 1)}{2} + x_1 + y_1 + 1$

(3) $\phantom{x_1 + y_1 < x_2 + y_2 \ seq} = \dfrac{(x_1 + y_1 + 1)(x_1 + y_1 + 2)}{2}$ [1]

(4) $\phantom{x_1 + y_1 < x_2 + y_2 \ seq} \leqq \dfrac{(x_2 + y_2)(x_2 + y_2 + 1)}{2} \leqq c(x_2, y_2).$

$l(z)$, $r(z)$ seien die Umkehrfunktionen von $c(x,y)$, mit der Eigenschaft $l\big(c(x,y)\big) = x$, $r\big(c(x,y)\big) = y$, $c\big(l(z), r(z)\big) = z$. [2]

1.2.   Abzählungen der n-tupel fester Länge erhält man nach folgendem Schema:

(1) $c_3(x, y, z) =_{Df} c\big(x, c(y, z)\big)$,

(2) $c_4(x, y, z, u) =_{Df} c\big(x, c_3(y, z, u)\big)$, usw.

1.3.   Wendet man das unter 1.2 angedeutete Verfahren auf eine Folge $x_0, x_1, \ldots, x_m$ an, so erhält man eine Zahl y, aus der sich die Folge $x_0, x_1, \ldots, x_m$ folgendermaßen zurückgewinnen läßt.

Mit

(1) $r^0(y) =_{Df} y,\quad r^{n+1}(y) =_{Df} r\big(r^n(y)\big)$

---

[1] $\dfrac{u(u+1)}{2} + u + 1 = \dfrac{(u+1)(u+2)}{2}.$

[2] Ohne Beweis sei bemerkt, daß (mit $[u]$ = größte ganze Zahl $\leqq u$)

$$l(z) = z - \tfrac{1}{2}\left[-\tfrac{1}{2} + \sqrt{2z + \tfrac{1}{4}}\right]\left(\left[-\tfrac{1}{2} + \sqrt{2z + \tfrac{1}{4}}\right] + 1\right),$$

$$r(z) = \left[-\tfrac{1}{2} + \sqrt{2z + \tfrac{1}{4}}\right] - l(z).$$

ist für $i < m$ $r^i(y) = c(x_i, \ldots)$, aber $r^m(y) = x_m$. Setzt man nun

(2) $f(y, i) =_{Df} l\big(r^i(y)\big)$,

so ist also für $i < m$ $x_i = f(y, i)$, $x_m = r^m(y)$.

Kommt es in einem Zusammenhang nicht auf die Länge und das Ende einer endlichen Folge an, so kann ihr Anfang mit Hilfe von f allein aus y abgeleitet werden.

2. *Die Definitionen von* $N(t)$ *und* $N(H)$.

2.1. Eine unwesentliche Beschränkung der P-Ausdrücke. Θ stehe für P-Atome der Form $A_k^i g^{n_1}(c) \ldots g^{n_i}(c)$. Wegen

(1) $\mathsf{H} \vdash_P \Theta$ $äq$ $\forall \overset{r}{x} \mathsf{H} \vdash_P \Theta$ („$\overset{r}{x}$" für alle in H frei vorkommenden S-Variablen)

(2) $äq \vdash_P \forall \overset{r}{x} \mathsf{H} \to \Theta$ (Deduktionstheorem, § 107)

(3) $äq \vdash_P \forall \overset{r}{x} \mathsf{H}_1 \to \Theta$ (H_1 gehe aus H dadurch hervor, daß alle S-Konstanten außer c durch „neue" Variablen ersetzt werden)

(4) $äq \vdash_P \exists \overset{s}{y} \forall \overset{r}{x} \mathsf{H}_1 \to \Theta$ („$\overset{s}{y}$" für die unter (3) neu eingeführten Variablen)

kann man sich ohne Einschränkung der Allgemeinheit auf Ausdrücke mit Termen beschränken, die aus c, den a_k, und den g_k^i ($i > 0$) aufgebaut sind[1].

2.2. Die Nummer eines Terms — $N(t)$ — wird definiert durch

(1) $N(c) =_{Df} 0 = c(0, 0)$.

(2) $N(a_k) =_{Df} c(0, k+1)$.

(3) $N\big(g_k^{i+1}(t_0, \ldots, t_i)\big) =_{Df} c_{i+3}\big(i+1, N(t_0), \ldots, N(t_i), k\big)$.[2]

Diese Zuordnung ist eineindeutig; die Umkehrung $T(n)$ kann definiert werden durch

(1′) $T(0) =_{Df} c$,

(2′) $T\big(c(0, k+1)\big) =_{Df} a_k$,

(3′) $T\big(c(i+1, k)\big) =_{Df} g_{r^{i+1}(k)}^{i+1}\big(T(l(k)), \ldots, T(l(r^i(k)))\big)$

     oder gleichwertig: für m mit $l(m) \neq 0$,

(3″) $T(m) =_{Df} g_{r^{1+l(m)}(m)}^{l(m)}\big(T(l(r(m))), \ldots, T(l(r^{l(m)}(m)))\big)$.

---

[1] Die mögliche Beschränkung auf geschlossene Ausdrücke bietet anscheinend keinen Vorteil.

[2] Die gewählte Anordnung hat gewisse Vorteile, die sich z. B. in § 234, 2. zeigen werden.

2.3. $E(m)$ sei die *Einsetzung*, bei welcher für $a_{l(m)}$ der Term $T(r(m))$ eingesetzt wird.

2.4. Die Nummer eines Ausdrucks — $N(\mathsf{H})$ — wird jetzt definiert durch

(1) $N(A_k^i t_1 \ldots t_i) =_{Df} 8 \cdot c_{i+2}(i-1, N(t_1), \ldots, N(t_i), k)$,

(2) $N(\sim\!\mathsf{H}) =_{Df} 1 + 8 \cdot N(\mathsf{H})$,

(3) $N(\mathsf{H}\wedge\Theta) =_{Df} 2 + 8 \cdot c(N(\mathsf{H}), N(\Theta))$,

(4) $N(\mathsf{H}\vee\Theta) =_{Df} 3 + 8 \cdot c(N(\mathsf{H}), N(\Theta))$,

(5) $N(\mathsf{H}\rightarrow\Theta) =_{Df} 4 + 8 \cdot c(N(\mathsf{H}), N(\Theta))$,

(6) $N(\mathsf{H}\leftrightarrow\Theta) =_{Df} 5 + 8 \cdot c(N(\mathsf{H}), N(\Theta))$,

(7) $N(\forall a_i \mathsf{H}) =_{Df} 6 + 8 \cdot c(i, N(\mathsf{H}))$,

(8) $N(\exists a_i \mathsf{H}) =_{Df} 7 + 8 \cdot c(i, N(\mathsf{H}))$.

Anm.: Nach den Ausdrucksbestimmungen von § 53 kommen hier nicht alle natürlichen Zahlen als Bilder vor, da (7) und (8) für a_i *nicht in* H oder a_i *gebunden in* H entfallen. Es empfiehlt sich im Interesse der Einfachheit, diese Einschränkung fallen zu lassen. Die sinngemäße Verwendung solcher „Quasiausdrücke" wird durch § 235 festgelegt.

2.5. Die Umkehrung der durch 2.4 definierten Abbildung der Ausdrücke wird definiert durch:

(1) $\mathsf{H}(8m) =_{Df} A_{r^{l(m)+2}(m)}^{l(m)+1} T(l(r(m))) \ldots T(l(r^{l(m)+1}(m)))$,

(2) $\mathsf{H}(1 + 8m) =_{Df} \sim\!\mathsf{H}(m)$,

(3) $\mathsf{H}(2 + 8m) =_{Df} \mathsf{H}(l(m)) \wedge \mathsf{H}(r(m))$,

(4) $\mathsf{H}(3 + 8m) =_{Df} \mathsf{H}(l(m)) \vee \mathsf{H}(r(m))$,

(5) $\mathsf{H}(4 + 8m) =_{Df} \mathsf{H}(l(m)) \rightarrow \mathsf{H}(r(m))$,

(6) $\mathsf{H}(5 + 8m) =_{Df} \mathsf{H}(l(m)) \leftrightarrow \mathsf{H}(r(m))$,

(7) $\mathsf{H}(6 + 8m) =_{Df} \forall a_{l(m)} \mathsf{H}(r(m))$,

(8) $\mathsf{H}(7 + 8m) =_{Df} \exists a_{l(m)} \mathsf{H}(r(m))$.

Hiermit ist für jede natürliche Zahl m der Ausdruck $\mathsf{H}(m)$ definiert. Dadurch ist die Definition von $\mathfrak{U}$ in § 232, 2.1 vervollständigt.

Wir diskutieren noch einige Varianten zur Abzählung der Ausdrücke, auf welche in § 236 Bezug genommen wird.

3. *Varianten zur Abzählung der Ausdrücke.*

Die Auszeichnung der Zahl 8 ist durch die in diesem Buch gewählte Normalform des Prädikatenkalküls bedingt. Sollten etwa die I-Ausdrücke abgezählt werden, so ersetze man (in 2.5) 8 durch 9 und füge hinzu:

$$(9) \quad H(8+9m) =_{Df} T\big(l(m)\big) \equiv T\big(r(m)\big).$$

Sinngemäß wäre dann natürlich auch 2.4 abzuändern und zu ergänzen.

Durch ähnliche Abänderungen läßt sich die angegebene Methode auf die Ausdrucksmengen der verschiedensten Kalküle übertragen. Zum Beispiel kann 2.5 unmittelbar auf den TK_3 (ohne Identität als Grundbegriff) übertragen werden, indem man 2.5, (1) ersetzt durch

$$(1') \quad H(8m) =_{Df} a^{l(m)}_{l(r(m))} \in a^{l(m)+1}_{r(r(m))}.$$

Analog wäre 2.4, (1) abzuändern.

§ 234. Reguläre Definitionen zur Arithmetisierung

$\mathfrak{U}$ (vgl. § 232, 2.1) ist durch § 232, 2.1 und § 233, 2.4 an sich definiert. Hier soll eine *reguläre* Definition von $\mathfrak{U}$ vorbereitet werden. Die reguläre Definition H^* von $\mathfrak{U}$ wird sich als Endglied einer Folge H_i^* von regulären Definitionen von Hilfsbegriffen ergeben. H_{i+1}^* entsteht jeweils aus H_i^* durch konjunktive Hinzufügung von weiteren Gliedern, wobei gesichert sein muß, daß durch diese Hinzufügung die schon durch H_i^* geleisteten Definitionen nicht verändert werden[1]. In diesem Paragraphen werden die zur Definition von $\mathfrak{U}$ erforderlichen arithmetischen und syntaktischen Hilfsbegriffe zusammengestellt. Wir benennen dabei die jeweils ausgezeichneten A_j^i durch Zeichen ($N, S, P, \ldots$), die an die Bedeutung erinnern, und die dadurch regulär definierten Attribute durch die korrespondierenden Fraktur-Typen.

1. *Reguläre Definitionen für die arithmetischen Hilfsbegriffe.*

1.1. Die *Eigenschaft* $\mathfrak{N}$, *eine natürliche Zahl zu sein.* $\mathfrak{N}$ wird regulär definiert durch

$$(1) \quad H_0^* =_{Df} Nc \wedge \forall x \big(Nx \to Ng(x)\big).$$

Es gilt, wie man leicht sieht,

$$(2) \quad H_0^* \vdash_P Nt \; äq \; (Ex\,n)\,\big(t = g^n(c)\big),$$

und auch für das noch zu definierende H^*

$$(3) \quad H^* \vdash_P Nt \; äq \; (Ex\,n)\,\big(t = g^n(c)\big).$$

Anm.: N wird dazu verwendet, die folgenden regulären Definitionen so zu formulieren, daß jeweils aus H_i^* nur Atome ableitbar sind, deren Argumente die Form $g^n(c)$ haben. Das erleichtert die Kontrolle der einzelnen Definitionen, ist aber nicht notwendig.

---

[1] Diese Formulierung ist mit Vorbehalten zu verstehen. Nach § 231, 2.1 definiert jeder widerspruchsfreie Ausdruck, in dem A_k^i nicht vorkommt, in bezug auf A_k^i das i-stellige Null-Attribut. Solche Definitionen können natürlich verändert werden.

1.2. Die *Summenbeziehung*, d.i. das Attribut $\mathfrak{S}$ mit der Eigenschaft

(1) $\mathfrak{S} \ni (m, n, p)$ äq $m + n = p$.

$\mathfrak{S}$ wird definiert durch

(2) $\mathsf{H}_1^* =_{Df} \mathsf{H}_0^* \wedge \forall x (Nx \to Sxcx) \wedge \forall xyz \big(Sxyz \to Sx\,g(y)\,g(z)\big)$.

Es gilt, wie man leicht durch Vergleich mit der rekursiven Definition $x + 0 = x$, $x + (y+1) = (x+y)+1$ sieht,

(3) $\mathsf{H}_1^* \vdash_P S\,g^m(c)\,g^n(c)\,g^p(c)$ äq $m + n = p$ äq $\mathfrak{S} \ni (m, n, p)$.

In den folgenden Schritten geben wir jeweils nur die hinzuzufügenden Glieder an. Daß durch Übergang von H_i^* zu H_{i+1}^* zusätzlich das vorher neu angegebene Attribut definiert wird, ist wie im Falle von $\mathfrak{S}$ einzusehen.

1.3. Die *Produktbeziehung*, d.i. das Attribut $\mathfrak{P}$ mit der Eigenschaft

(1) $\mathfrak{P} \ni (m, n, p)$ äq $m \cdot n = p$

(2) $\mathsf{H}_2^* =_{Df} \mathsf{H}_1^* \wedge \forall x (Nx \to Pxcc) \wedge \forall xyzu \big(Pxyz \wedge Szxu \to Pxg(y)u\big)$
     vgl. $x \cdot 0 = 0$,   vgl. $x \cdot (y+1) = x \cdot y + x$.

1.4. Die *Paarabbildung*, d.i. das Attribut $\mathfrak{C}$ mit der Eigenschaft

(1) $\mathfrak{C} \ni (m, n, p)$ äq $c(m, n) = p$ vgl. § 233, 1.1

(2) $\mathsf{H}_3^* =_{Df} \mathsf{H}_2^* \wedge \forall xyzuvw \big(Sxyu \wedge Pug(u)v \wedge Swwv \wedge Swxz \to Cxyz\big)$

     d.i.: $x + y = u \wedge u(u+1) = v \wedge w = \dfrac{v}{2} \wedge w + x = z \to c(x, y) = z$.

1.5. Die *Komponentenbildung*. Reguläre Definitionen für die Umkehrfunktionen von $c(x, y)$, etwa durch

(1) $\mathsf{H}_3^* \wedge \forall xyz (Cxyz \to Lzx \wedge Rzy)$

     werden nicht gebraucht, jedoch solche für ein Attribut $\mathfrak{R}$ mit der Eigenschaft (die iterierte Rechte-Komponenten-Bildung)

(2) $\mathfrak{R} \ni (m, n, p)$ äq $r^n(m) = p$

(3) $\mathsf{H}_4^* =_{Df} \mathsf{H}_3^* \wedge \forall x (Nx \to Rxcx) \wedge \forall xyzuv \big(Rxyu \wedge Cvzu \to Rx\,g(y)\,z\big)$
     vgl. $r^0(x) = x$,   vgl. $r^{y+1}(x) = r\big(r^y(x)\big)$.

1.6. Die *Ableitung einer Folge aus einer Zahl*, d.i. das Attribut $\mathfrak{F}$ mit der Eigenschaft

(1) $\mathfrak{F} \ni (m, n, p)$ äq $f(m, n) = l\big(r^n(m)\big) = p$.

(2) $\mathsf{H}_5^* =_{Df} \mathsf{H}_4^* \wedge \forall xyzuv (Rxyu \wedge Czvu \to Fxyz)$.

1.7. Die *Verschiedenheit*, d.i. das Attribut $\mathfrak{V}$ mit der Eigenschaft

(1) $\mathfrak{V} \ni (m, n)$ äq $m \neq n$

(2) $\mathsf{H}_6^* =_{Df} \mathsf{H}_5^* \wedge \forall xyz \big(Sx\,g(y)\,z \to Vxz\big) \wedge \forall xy (Vxy \to Vyx)$.

Anm.: Mit Hilfe von $\mathfrak{W}$ lassen sich aus den regulären Definitionen von $\mathfrak{S}$, $\mathfrak{P}$, $\mathfrak{C}$, $\mathfrak{R}$, $\mathfrak{F}$ bireguläre Definitionen herstellen, nach folgendem Muster ($\mathfrak{X}$ sei eines der genannten Attribute):

$$\mathsf{H}_6^* \wedge \forall xyzu\,(Xxyu \wedge Vuz \to\; \sim Xxyz)\,.$$

1.8.   Zwei *spezielle Hilfsattribute* für die Definition von $\mathfrak{U}$, nämlich $\mathfrak{A}_1$ und $\mathfrak{A}_2$ mit den Eigenschaften

(1) $\mathfrak{A}_1 \ni (m, n)$ *äq* $8m = n$ und   (2) $\mathfrak{A}_2 \ni (m, n, p)$ *äq* $8c\,(m, n) = p$.

(3) $\mathsf{H}_7^* =_{Df} \mathsf{H}_6^* \wedge \forall xy\,(Px\,g^8(c)\,y \to A_1 xy) \wedge \forall xyzu\,(A_1 uz \wedge Cxyu \to A_2 xyz)\,.$

2. *Reguläre Definitionen syntaktischer Hilfsbegriffe*[1].

2.1.   Definition des Attributes $\mathfrak{E}_t$ mit der Eigenschaft

(1) $\mathfrak{E}_t \ni (m, n, p)$ *äq* $T(m)$ geht durch $E(n)$ über in $T(p)$.

(2) $\mathsf{H}_8^* =_{Df} \mathsf{H}_7^*$

$$\wedge \forall y\,(Ny \to E_t cyc)$$
$$\wedge \forall xyzu\,(Cc\,g(u)\,x \wedge Cuzy \to E_t xyz)$$
$$\wedge \forall xyzuv\,(Cc\,g(u)\,x \wedge Cvzy \wedge Vuv \to E_t xyx)\ ^2$$
$$\wedge \forall xyzu\,(Fxcu \wedge Fzcu \wedge Ny \to E_t' xyzc)\ ^3$$
$$\wedge \forall xyzuvw\,(E_t' xyzu \wedge Fx\,g(u)\,v \wedge Fz\,g(u)\,w \wedge E_t vyw \to E_t' xyz\,g(u))$$
$$\wedge \forall xyzuv\,(Fxc\,g(u) \wedge E_t' xyz\,g(u) \wedge Rx\,g^2(u)\,v \wedge Rz\,g^2(u)\,v \to E_t xyz)\,.$$

2.2.   Definition des Attributes $\mathfrak{V}_t$ mit der Eigenschaft

(1) $\mathfrak{V}_t \in (m, n)$ *äq* a_m kommt nicht in $T(n)$ vor (ist verschieden von allen a_i in $T(n)$).

(2) $\mathsf{H}_9^* =_{Df} \mathsf{H}_8^* \wedge \forall x\,(Nx \to V_t' xc) \wedge \forall xyz\,(Cc\,g(z)\,y \wedge Vxz \to V_t xy)$

$$\wedge \forall xyzu\,(Nx \wedge Ny \to V_t' xyc)$$
$$\wedge \forall xyzu\,(V_t' xyz \wedge Fy\,g(z)\,u \wedge V_t xu \to V_t' xy\,g(z))$$
$$\wedge \forall xyz\,(V_t' xy\,g(z) \wedge Fyc\,g(z) \to V_t xy)\,.$$

---

[1] Für das Verständnis des Gedankenganges sind die Einzelheiten der folgenden Definitionen nicht erforderlich. Sie sind angegeben, damit der Leser — zweckmäßigerweise *nach* eigenen Experimenten in dieser Richtung — kontrollieren kann, wie sich beispielsweise die jeweils gestellte Aufgabe lösen läßt.

[2] Die atomaren Fälle: *Eins* $c\,a_{l(y)}\,T(r(y))\,c$,
Eins $a_u\,a_u\,T(z)\,T(z)$,
$u \neq v$ *seq Eins* $a_u\,a_v\,T(z)\,a_u$.

[3] Das hier vorkommende Hilfsattribut $\mathfrak{E}_t'$ läßt sich beschreiben durch $\mathfrak{E}_t' \ni (m, n, p, q)$ *äq* Die ersten q Argumente von $T(m)$ gehen durch $E(n)$ in die von $T(p)$ über (wobei offen bleibt, ob q Argumente vorhanden sind), und die Argumentzahlen von $T(m)$ und $T(p)$ stimmen überein. Die richtige Argumentzahl und der Unterscheidungsindex wird nachträglich festgelegt. Solche Induktionen über die Argumentezahl auch in den folgenden Schritten.

2.3. Definition des Attributes $\mathfrak{B}_H$ mit der Eigenschaft

(1) $\mathfrak{B}_H \ni (m, n)$ $äq$ a_m kommt nicht frei in $H(n)$ vor.

(2) $H_{10}^* =_{Df} H_9^* \wedge \forall xyzu \left(V_t' xz\, g(u) \wedge Fzcu \wedge A_1 zy \rightarrow V_H xy \right)$

$$\wedge \forall xyz \left(A_2 xyz \rightarrow V_H x\, g^6(z) \wedge V_H x\, g^7(z) \right)$$

$$\wedge \forall xyz \left(V_H xy \wedge A_1 yz \rightarrow V_H x\, g(z) \right)$$

$$\wedge \forall xyzu \left(V_H xy \wedge V_H xz \wedge A_2 yzu \right.$$

$$\left. \rightarrow V_H x\, g^2(u) \wedge V_H x\, g^3(u) \wedge V_H x\, g^4(u) \wedge V_H x\, g^5(u) \right).$$

2.4. Definition des Attributes $\mathfrak{E}$ mit der Eigenschaft

(1) $\mathfrak{E} \ni (m, n, p)$ $äq$ $H(m)$ geht durch $E(n)$ über in $H(p)$.

(2) $H_{11}^* =_{Df} H_{10}^*$

$$\wedge \forall xyzuvwr \left(E_t' uyv\, g(w) \wedge Fucw \right.$$

$$\wedge Ru\, g^2(w)r \wedge Rv\, g^2(w)r \wedge A_1 ux \wedge A_1 vz \rightarrow Exyz \big)$$

$$\wedge \forall xyzuv \left(Euyv \wedge A_1 ux \wedge A_1 vz \rightarrow Eg(x) y\, g(z) \right)$$

$$\wedge \forall xyzu_1 u_2 v_1 v_2 \left(Eu_1 yv_1 \wedge Eu_2 yv_2 \wedge A_2 u_1 u_2 x \wedge A_2 v_1 v_2 z \right.$$

$$\left. \rightarrow Eg^2(x) y\, g^2(z) \wedge Eg^3(x) y\, g^3(z) \wedge Eg^4(x) y\, g^4(z) \wedge Eg^5(x) y\, g^5(z) \right)$$

$$\wedge \forall xyzuv \left(A_2 uzx \wedge Cuvy \rightarrow Eg^6(x) y\, g^6(x) \wedge Eg^7(x) y\, g^7(x) \right)$$

$$\wedge \forall xyzuvwst \left(Euyv \wedge A_2 wux \wedge A_2 wvz \wedge Csty \wedge Vws \wedge V_t wt \right.$$

$$\left. \rightarrow Eg^6(x) y\, g^6(z) \wedge Eg^7(x) y\, g^7(z) \right).$$

Anm.: Für P-Atome kann die Beziehung $\mathfrak{B}_H$ bzw. $\mathfrak{E}$ *für die Argument-*
terme mit Hilfe von $\mathfrak{B}_t'$ bzw. $\mathfrak{E}_t'$ ausgedrückt werden. Man beachte die
Stellenzahl $f(u, 0) + 1$, sowie ferner den Faktor 8 gemäß § 233, 2.4 (1),
2.5 (1). — Bei der Einsetzung in quantifizierte Ausdrücke ist das Konfusionsverbot berücksichtigt durch die Prämisse $V_t wt$: die quantifizierte
Variable darf nicht in dem einzusetzenden Term vorkommen.

§ 235. Die regulären Definitionen von echt regulären Attributen

Während die in § 234 regulär definierten Attribute effektiv biregulär
sind, erweisen sich die jetzt einzuführenden Attribute $\mathfrak{B}$ und $\mathfrak{U}$ als echt
regulär.

1. Der erste Hauptschritt zur Definition von $\mathfrak{U}$ besteht in der Definition des Attributes $\mathfrak{B}$ mit der Eigenschaft

$$\mathfrak{B} \ni (m, n)\ äq\ H(m) \vdash_P H(n).$$

Wir lehnen uns dabei an § 90 an.

Da die Formulierung von § 90 für $id_{A,P}\mathsf{H}$ zu umständlich ausfiele, und da die Abtrennungsregel jedenfalls zu berücksichtigen ist, ersetzen wir die Menge der A-Identitäten durch eine geeignete endliche Menge von Axiomenschemata. Wir wählen hierzu (vgl. HERMES-SCHOLZ [1], S. 32)

1.1. $\mathsf{H}_1 \to (\mathsf{H}_2 \to \mathsf{H}_1), \quad \mathsf{H}_1 \to (\mathsf{H}_1 \to \mathsf{H}_2) . \to . \mathsf{H}_1 \to \mathsf{H}_2,$

$\mathsf{H}_1 \to \mathsf{H}_2 . \to . (\mathsf{H}_2 \to \mathsf{H}_3) \to (\mathsf{H}_1 \to \mathsf{H}_3),$

$(\mathsf{H}_1 \to {\sim}\mathsf{H}_2) \to (\mathsf{H}_2 \to {\sim}\mathsf{H}_1), \quad {\sim}\mathsf{H}_1 \to (\mathsf{H}_1 \to \mathsf{H}_2),$

$(\mathsf{H}_1 \to {\sim}\mathsf{H}_1) \to \mathsf{H}_2 . \to . (\mathsf{H}_1 \to \mathsf{H}_2) \to \mathsf{H}_2,$

$\mathsf{H}_1 \wedge \mathsf{H}_2 \to \mathsf{H}_1, \quad \mathsf{H}_1 \wedge \mathsf{H}_2 \to \mathsf{H}_2,$

$\mathsf{H}_1 \to \mathsf{H}_2 . \to . (\mathsf{H}_1 \to \mathsf{H}_3) \to (\mathsf{H}_1 \to \mathsf{H}_2 \wedge \mathsf{H}_3),$

$\mathsf{H}_1 \to \mathsf{H}_1 \vee \mathsf{H}_2, \quad \mathsf{H}_2 \to \mathsf{H}_1 \vee \mathsf{H}_2,$

$\mathsf{H}_1 \to \mathsf{H}_3 . \to . (\mathsf{H}_2 \to \mathsf{H}_3) \to (\mathsf{H}_1 \vee \mathsf{H}_2 \to \mathsf{H}_3),$

$(\mathsf{H}_1 \leftrightarrow \mathsf{H}_2) \to (\mathsf{H}_1 \to \mathsf{H}_2), \quad (\mathsf{H}_1 \leftrightarrow \mathsf{H}_2) \to (\mathsf{H}_2 \to \mathsf{H}_1),$

$\mathsf{H}_1 \to \mathsf{H}_2 . \to . (\mathsf{H}_2 \to \mathsf{H}_1) \to (\mathsf{H}_1 \leftrightarrow \mathsf{H}_2).$

Es läßt sich zeigen, daß hieraus mit Hilfe der Abtrennung genau die A-Identitäten ableitbar sind. Jedes dieser Schemata liefert zur Definition von $\mathfrak{B}$ einen Beitrag; die Methode kann aus den folgenden Beispielen abgelesen werden:

(1) $\mathsf{H}_{12}^{*} =_{Df} \mathsf{H}_{11}^{*} \wedge \forall\, xy_1y_2zu\, \big(Nx \wedge A_2y_2y_1z \wedge A_2y_1g^4(z)u \to Bxg^4(u)\big)\,$[1]

$\qquad \vdots$

$\qquad \wedge \forall\, xy_1y_2zuvw\, \big(Nx \wedge A_2y_1y_2z \wedge A_2y_2y_1u$

$\qquad\qquad \wedge A_2g^4(u)g^5(z)v \wedge A_2g^4(z)g^4(v)w \to Bxg^4(w)\big).\,$[2]

Die ϵ-Regel und die Abtrennungsregel werden folgendermaßen erfaßt:

(2) $\mathsf{H}_{13}^{*} =_{Df} \mathsf{H}_{12}^{*} \wedge \forall\, x\,(Nx \to Bxx)\,$[3]

$\qquad \wedge \forall\, xyzu\, \big(A_2yzu \wedge Bxy \wedge Bxg^4(u) \to Bxz\big).\,$[4]

Die übrigen Schlußregeln des PFK geben Anlaß zu folgender Definition:

(3) $\mathsf{H}_{14}^{*} =_{Df} \mathsf{H}_{13}^{*}$

$\qquad \wedge \forall\, xyzu\, (Eyzu \wedge Bxy \to Bxu)$ TE

$\qquad \wedge \forall\, xyztuvw\, \big(A_2yzt \wedge Bxg^4(t) \wedge A_2uyv \wedge A_2g^6(v)zw \to Bxg^4(w)\big)$ Gv

---

[1] d. i. $\mathsf{H}(x) \vdash_P \mathsf{H}(y_1) \to (\mathsf{H}(y_2) \to \mathsf{H}(y_1)).$

[2] d. i. $\mathsf{H}(x) \vdash_P \mathsf{H}(y_1) \to \mathsf{H}(y_2) . \to . (\mathsf{H}(y_2) \to \mathsf{H}(y_1)) \to (\mathsf{H}(y_1) \leftrightarrow \mathsf{H}(y_2)).$

[3] d. i. $\mathsf{H}(x) \vdash_P \mathsf{H}(x).$

[4] d. i. $\mathsf{H}(x) \vdash_P \mathsf{H}(y)$ *et* $\mathsf{H}(x) \vdash_P \mathsf{H}(y) \to \mathsf{H}(z)$ *seq* $\mathsf{H}(x) \vdash_P \mathsf{H}(z).$

$$\land \forall\, xyztuvw\, \big(A_2yzt \land Bx\, g^4(t) \land A_2uzv \land A_2y\, g^6(v)w \land V_{\mathsf{H}}uy$$
$$\to Bx\, g^4(w)\big) \qquad Gh$$

$$\land \forall\, xyztuvw\, \big(A_2yzt \land Bx\, g^4(t) \land A_2uyv \land A_2 g^7(v)zw \land V_{\mathsf{H}}uz$$
$$\to Bx\, g^4(w)\big) \qquad Pv$$

$$\land \forall\, xyztuvw\, \big(A_2yzt \land Bx\, g^4(t) \land A_2uzv \land A_2y\, g^7(v)w \to Bx\, g^4(w)\big)\,.\; Ph$$

2. Aus $\mathfrak{B}$ erhalten wir durch Spezialisierung des abzuleitenden Ausdrucks schließlich $\mathfrak{U}$. Hierzu noch zwei Vorbereitungsschritte:

2.1. Definition des Attributes $\mathfrak{Z}$ mit der Eigenschaft

(1) $\quad \mathfrak{Z} \ni (m, n)\ \ddot{a}q\ N\big(g^m(c)\big) = n\,.$

Wegen $\ N\big(g^0(c)\big) = 0,\ N\big(g^{m+1}(c)\big) = c\,\big(1,\, c\,(N(g^m(c)),\, 0)\big)$ kann definiert werden:

(2) $\quad \mathsf{H}_{15}^* =_{Df} \mathsf{H}_{14}^* \land Zcc \land \forall\, xyzu\,\big(Zxy \land Cycu \land C\, g(c)\, uz \to Zg(x)z\big)\,.$

2.2. Definition des Attributes $\mathfrak{Y}$ mit der Eigenschaft

(1) $\quad \mathfrak{Y} \ni (m, n)\ \ddot{a}q\ N\big(A_0^1 g^m(c)\big) = n\,.$

Wegen $N\big(A_0^1 g^m(c)\big) = 8 \cdot c\,\big(0,\, c\,(N(g^m(c)),\, 0)\big)$ kann definiert werden:

(2) $\quad \mathsf{H}_{16}^* =_{Df} \mathsf{H}_{15}^* \land \forall\, xyzu\,\big(Zxy \land Cycu \land A_2cuz \to Yxz\big)\,.$

3. Definition des Attributes $\mathfrak{U}$ mit der Eigenschaft

(1) $\quad \mathfrak{U} \ni (m, n)\ \ddot{a}q\ \mathsf{H}(m) \vdash_P A_0^1 g^n(c)$

(2) $\quad \mathsf{H}^* = \mathsf{H}_{17}^* =_{Df} \mathsf{H}_{16}^* \land \forall\, xyz\,\big(Bxy \land Yzy \to Uxz\big)\,.$

Damit ist H^* die angestrebte reguläre Definition von $\mathfrak{U}$. Es gilt also

3.1. $\quad \mathsf{H}^* \vdash_P U g^m(c)\, g^n(c)\ \ddot{a}q\ \mathfrak{U} \ni (m, n)\,.$

In Verbindung mit § 232, 3.1 erhält man

3.2. $\quad reg!\, \mathfrak{U}\quad$ (d.i. $\mathfrak{U}$ ist echt regulär).

Eine genauere Diskussion würde zeigen, daß schon $\mathfrak{B}$ echt regulär ist.

4. *Zur Vereinfachung von* H^*.

Wenn auch die Konstruktion von H^* grundsätzlich einfach ist, so erforderte die Ausführung doch viel Kleinarbeit, da die ganze Syntax des PFK* zu formalisieren war. Wenn man, was allerdings für den Gebrauch, den wir von $\mathfrak{U}$ gemacht haben, nicht erforderlich ist, eine *möglichst einfache* reguläre Definition von $\mathfrak{U}$ anstrebt, so kann man nachträglich folgendermaßen vorgehen.

4.1. $\mathsf{H}(m)$, aufgefaßt als reguläre Definition bezüglich A_0^1, wird gleichwertig ersetzt durch

$$\mathsf{H}[m] =_{Df} \mathsf{H}^* \land \forall\, x\,\big(U g^m(c)x \to A_0^1 x\big)\,.$$

Denn

(1) $\mathsf{H}[m] \vdash_P A_0^1 g^n(c)$ äq $\mathsf{H}^* \wedge \forall x \left(U g^m(c) x \to A_0^1 x\right) \vdash_P A_0^1 g^n(c)$,

(2)   äq $\mathsf{H}^* \vdash_P U g^m(c) g^n(c)$ (A_0^1 nicht in H^*),

(3)   äq $\mathsf{H}(m) \vdash_P A_0^1 g^n(c)$ (nach 3., (1)).

4.2. $\mathsf{H}[m]$, obwohl ziemlich lang, ist von einfacherer Struktur als im allgemeinen $\mathsf{H}(m)$. Denn:

(1)   Es kommen nur noch Terme der Formen $g^m(c)$, $g^m(a_i)$ vor.

(2)   Die Glieder von $\mathsf{H}[m]$ sind entweder (a) P-Atome ohne S-Variablen oder (b) generalisierte Implikationen, deren Vorderglieder Konjunktionen (eventuell eingliedrige) und deren Hinterglieder Atome sind. (In einigen Fällen sind Implikationen mit gleichen Prämissen zu einer Implikation mit einer Konjunktion im Hinterglied zusammengefaßt; diese können leicht aufgelöst werden.)

4.3.   Die unter 4.2 beschriebene Struktur ermöglicht eine wesentlich einfachere Arithmetisierung, z.B. auf folgende Art:

(1) $N\!\left(g^m(c)\right) = c(m, 0), \quad N\!\left(g^m(a_i)\right) = c(m, i+1)$,

(2) $N(P_k^i t_1 \dots t_i) = c_{i+2}\left(i - 1, N(t_1), \dots, N(t_i), k\right),$ $(i \geqq 1)$

(3) $N(\mathsf{H}_1 \wedge \cdots \wedge \mathsf{H}_n \to \Theta) = c_{n+2}\left(n - 1, N(\mathsf{H}_1), \dots, N(\mathsf{H}_n), N(\Theta)\right),$ $(n \geqq 1)$

für P-Atome $\mathsf{H}_1, \dots, \mathsf{H}_n, \Theta$.

(4)   Die Generalisierungen brauchen nicht ausgedrückt zu werden; die Konjunktionen von Implikationen werden als endliche Mengen aufgefaßt.

(5)   Die Arithmetisierung der Syntax kann auf die aus den Implikationen durch Einsetzung und mit Hilfe von

$$\mathsf{H}_1, \dots, \mathsf{H}_n, \ \mathsf{H}_1 \wedge \cdots \wedge \mathsf{H}_n \to \Theta \vdash_P \Theta \qquad (\mathsf{H}_1, \dots, \mathsf{H}_n, \Theta \ \text{Atome})$$

ableitbaren Regeln beschränkt werden, da sich hier jede Ableitung von Atomen auf diese Form bringen läßt.

Auf die darüber hinaus noch möglichen Vereinfachungen (z.B. durch beschränkte Zahl der Argumente und Prämissen) soll hier nicht eingegangen werden.

§ 236. Argumente für die Angemessenheit der regulären Definitionen als Normalform für Aufzählungsverfahren

Da die regulären Definitionen im Sinne von § 231 in jedem Falle Aufzählungen liefern, braucht hier nur noch die Frage erörtert zu werden, ob die Präzisierung der Vorstellung vom Aufzählungsverfahren durch den Begriff der *Regularität* auch *hinreichend allgemein* ist. Wir

werden also von einem „möglichst allgemeinen" Ansatz ausgehend zu
der gewählten Normalform zu gelangen suchen. Man muß sich aber
darüber klar sein, daß die hier angestrebte Gleichung zwischen einem
intuitiven („vagen") und einem strengen Begriff nicht streng bewiesen
werden kann.

Ein Aufzählungsverfahren für ein Attribut $\mathfrak{A}^i$ muß in jedem Falle so
beschrieben sein, daß bei seiner Anwendung nichts der Phantasie überlassen bleibt, da sonst verschiedene Anwendende an Hand derselben
Beschreibung zu verschiedenen Resultaten kommen könnten. Das Verfahren muß also in einer *Sprache der Logik* beschrieben sein und alle vorkommenden Hilfsbegriffe müssen durch diese Beschreibung in allen
relevanten Eigenschaften festgelegt sein. Es bedeutet keine Einschränkung der Allgemeinheit anzunehmen, daß das Zutreffen von $\mathfrak{A}^i$ auf ein
i-Tupel von Argumenten, im arithmetischen Falle also $\mathfrak{A}^i \ni (n_1, \ldots, n_i)$,
wie im § 231 dargestellt wird durch $A^i g^{n_1}(c) \ldots g^{n_i}(c)$, da man ja stets
mit Hilfe von Definitionen zu dieser Form übergehen könnte.

Wir gelangen nun zu den regulären Definitionen als Normalform für
Aufzählungsverfahren in den folgenden Schritten:

1. Die Beschreibung von $\mathfrak{A}^i$ in der Sprache einer Logik L wird in L
als ein Axiomensystem S_{A^i} für A^i formuliert, und aus der Beschreibung
von $\mathfrak{A}^i$ durch S_{A^i} muß genau in den Fällen des Zutreffens der Aussage
$A^i g^{n_1}(c) \ldots g^{n_i}(c)$ diese aus S_{A^i} *durch schematische Anwendung der Metho-*
den von *L zu ermitteln* sein. Hiernach sind nur noch Aufzählungsverfah-
ren zu diskutieren, die die Form von *syntaktischen* Logikkalkülen haben[1].

1.1. Man könnte nun versuchen, auf Grund plausibler Annahmen
weiter zu spezialisieren, bis man zu den regulären Definitionen im Sinne
von § 231, 2.1 und § 232, 1. gelangt, etwa folgendermaßen:

(1) Da es um das Zutreffen oder *Nicht*zutreffen von $A^i g^{n_1}(c) \ldots g^{n_i}(c)$
geht, Beschränkung auf zweiwertige Logiken.

(2) „Übersetzung" von Erweiterungen des PK oder PFK in den PK
oder PFK. Die spezifischen Axiomenschemata von L können dabei
in unendliche außerlogische Axiomenschemata übergehen[2].

(3) Die unendlichen Axiomenschemata von (2) werden durch Einführung von neuen Variablensorten auf endlich viele Axiome reduziert.

(4) Bei einer nochmaligen „Übersetzung" (im Sinne von (2)) treten
keine neuen unendlichen Systeme auf. Das beruht darauf, daß die
in (3) neu eingeführten Variablen nur auf besonders einfache Art
vorkommen.

---

[1] Semantische Folgerungsdefinitionen enthalten im allgemeinen keinen Hinweis
auf Methoden zur Ermittlung von Folgerungen.
[2] Vgl. z.B. die Axiomenschemata des $RK_0^{\omega+1}$ in § 216, 2.3.

Da die Durchführung dieses Ansatzes recht umständlich ausfallen würde, knüpfen wir statt dessen unmittelbar an 1. an.

2. Durch eine Beschreibung des Ableitungsverfahrens von L im PFK gelangen wir von der Definition von $\mathfrak{A}^i$ in L zu einer Definition von $\mathfrak{A}^i$ im PFK. Das kann geschehen, indem wir einführen:

2.1.   Eine Abzählung der L-Ausdrücke nach dem Muster von § 233, 2.5. Hierdurch können die Techniken der §§ 233 bis 235 weitgehend übernommen werden[1].

2.2.   Eine reguläre Definition der Menge $\mathfrak{B}$ der Nummern der aus S_{Ai} L-ableitbaren L-Ausdrücke. Das kann geschehen nach dem Muster der Definition des zweistelligen Attributs $\mathfrak{B}$ in § 235, 1., mit der Vereinfachung, daß dessen erstes Argument immer die Nummer von S_{Ai} darstellt, also unterdrückt werden kann. Es wird also effektiv die *Beweisbarkeit in einem Kalkül* L_{Ai}, der aus L durch Hinzunahme des Axioms S_{Ai} entsteht, beschrieben. Wenn auch über L — und damit über L_{Ai} — wenig vorausgesetzt ist, so kann doch angenommen werden, daß die Beschreibungen der Regeln von L_{Ai} die Form haben:

(1) $\forall x\,(\mathsf{H}(x) \to Bx)$ (Axiome und Axiomenschemata von L_{Ai}),

(2) $\forall \overset{n}{x} y\,(Bx_1 \wedge \cdots \wedge Bx_n \wedge \Theta(\overset{n}{x}, y) \to By)$ (Regeln von L_{Ai} in der üblichen Form).

Dabei sind die jeweiligen strukturellen Bedingungen zusammengefaßt in $\mathsf{H}(x)$ bzw. $\Theta(\overset{n}{x}, y)$. In den $\mathsf{H}(x)$ und $\Theta(\overset{n}{x}, y)$ können natürlich, wie in § 235, 1., auch Hilfsprädikate vorkommen, deren Beschreibungen dann auch zur Definition von $\mathfrak{B}$ gehören. Zum Beispiel konnten in (1) und (2) P-Atome der Form Bt (t ein Term) deshalb vermieden werden, weil man durch ein Hilfsprädikat I mit dem einzigen Axiom $\forall x\,Ixx$ jedes Bt in der Prämisse durch $Iut \wedge Bu$ und jedes Bt in der Conclusio durch $(Iut \to Bu)$ ersetzen kann — mit jeweils neuen Variablen u. Auch der Fall, daß die Beweisbarkeit in L_{Ai} als Grenzfall einer Ableitbarkeit, nämlich der L-Ableitbarkeit aus S_{Ai}, erklärt ist, fällt unter (1). Repräsentiert D diese Ableitbarkeit, und ist t ein Term, der nach Konvention die Nummer von S_{Ai} bezeichnet, so sieht der Übergang von $\mathfrak{D}$ zu $\mathfrak{B}$ so aus:

(3) $\forall x\,(Dtx \to Bx)$,

und die Regeln zur Definition von $\mathfrak{D}$ können die Formen haben:

---

[1] Gleichwertig damit könnte man auch Terme des PFK unmittelbar als Namen für L-Ausdrücke einführen; z.B. könnte im Rahmen eines solchen Bezeichnungssystems $A^i g^{n_1}(c) \ldots g^{n_i}(c)$ durch $h^i(f^{n_1}(c), \ldots, f^{n_i}(c))$ bezeichnet sein. Vgl. HASEN-JAEGER [5], S. 190.

(4) $\forall xy\,(\mathsf{H}(x,y) \to Dxy)$,

(5) $\forall \overset{n}{x}\overset{n}{y}zu\,(Dx_1y_1 \wedge \cdots \wedge Dx_ny_n \wedge \Theta\,(\overset{n}{x},\overset{n}{y},z,u) \to Dzu)$.

In (5) ist auch der Fall eingeschlossen, daß sich bei Anwendung einer Regel Prämissen ändern, wie das z.B. dann geschieht, wenn eine Grundregel die Form des Deduktionstheorems hat.

Durch diese Beispiele in Verbindung mit § 235, 1. ist es wohl hinreichend plausibel gemacht, daß die Ausdrucksfähigkeit des PFK zur Beschreibung beliebiger syntaktischer Regeln ausreicht.

2.3.   Eine reguläre Definition von $\mathfrak{A}^i$ unter Verwendung von B. Die Methode von § 235, 2; 3. kann sinngemäß übertragen werden. Die Nummer des L-Ausdrucks, der in L die Aussage, daß $\mathfrak{A}^i\ni(n_1,\ldots,n_i)$, repräsentiert[1], ist eine Funktion von $n_1,\ldots,n_i$, etwa $\varphi(n_1,\ldots,n_i)$, und man kann nach dem Vorbild von § 235, 2. ein Attribut $\mathfrak{Y}^{i+1}$ im PFK definieren mit der Eigenschaft

(1) $\mathfrak{Y}^{i+1}\ni(n_1,\ldots,n_i,s)$ $\ddot{a}q$ $\varphi(n_1,\ldots,n_i)=s$.

Hieraus erhält man schließlich eine Definition von $\mathfrak{A}^i$ im PFK, indem man zu den Definitionen von $\mathfrak{B}$ und $\mathfrak{Y}^{i+1}$ hinzufügt:

(2) $\forall x\overset{i}{y}\,(Bx \wedge Y^{i+1}\overset{i}{y}x \to A\overset{i}{y})$.

§ 237. Die Unentscheidbarkeit des Prädikatenkalküls

1. *Die Unentscheidbarkeit des PFK.*

Die Unentscheidbarkeit des PFK wird sich daraus ergeben, daß sich *echt reguläre*, also unentscheidbare Attribute — wir wählen das in den §§ 232, 235 als echt regulär erwiesene arithmetische Attribut $\mathfrak{U}$ — im PFK charakterisieren lassen. Ein Entscheidungsverfahren für die Menge id_P würde insbesondere die Entscheidung über die Allgemeingültigkeit von Ausdrücken der Form $\mathsf{H}* \to U g^m(c)\,g^n(c)$ liefern. Hieraus erhielte man folgendermaßen ein Entscheidungsverfahren für das Attribut $\mathfrak{U}$.

(1) $id_P\,\mathsf{H}* \to U g^m(c)\,g^n(c)$ $\ddot{a}q$ $\vdash_P \mathsf{H}* \to U g^m(c)\,g^n(c)$ (§ 113, 2.2),

$\qquad\qquad\qquad \ddot{a}q$ $\mathsf{H}* \vdash_P U g^m(c)\,g^n(c)$ ($\mathsf{H}*$ geschlossen),

$\qquad\qquad\qquad \ddot{a}q$ $\mathfrak{U}\ni(m,n)$.

Unter Voraussetzung von § 236 ist damit die *Unentscheidbarkeit von id_P* gezeigt, symbolisch: *non bir id_P*. Wegen *reg id_P* läßt sich dies schärfer formulieren

1.1.   *reg*! id_P (id_P ist *echt regulär*).

---

[1] Auch wenn, wie oben vorausgesetzt, $A^i g^{n_1}(c)\ldots g^{n_i}(c)$ dieser Ausdruck ist, wird er als L-Ausdruck im allgemeinen nicht mehr dieselbe Nummer haben wie als P-Ausdruck. Die Bestimmung seiner Nummer wird aber auf ganz analoge Art möglich sein.

2. *Die Unentscheidbarkeit des PK.*

Da unter 1. die Unentscheidbarkeit der Menge der Identitäten der Form $H* \to U g^m(c) g^n(c)$ gezeigt worden ist, genügt es, eine Reduktionsvorschrift für Ausdrücke H von dieser Form anzugeben, für welche — mit „$R*(H)$" für die Reduzierte von H — gilt

(1) $R*(H)$ enthält keine F-Variable,

(2) $id_P H \ \ddot{a}q \ id_P R*(H)$.

2.1. *Einige Hilfsdefinitionen.*

Zur Umschreibung von g im PK brauchen wir zwei noch unverbrauchte[1] P-Variablen; wir bezeichnen sie mit I und G. I dient als „Quasiidentität" zur Umschreibung des Funktionscharakters von G, welches, im Sinne der Zuordnung von Gxy zu $g(x) = y$, im PK die Nachfolgerfunktion repräsentieren soll. Es sei

(1) $G_0(x, y) =_{Df} Ixy$,

(2) $G_{n+1}(x, y) =_{Df} \exists z \left(G_n(x, z) \wedge Gzy \right)$, [2]

     wobei durch geeignete Wahl von z Kollisionen zu vermeiden sind. Damit ist $G_n(x, y)$ für jedes feste n ein bestimmter P-Ausdruck ohne F-Variablen.

Zur Vorbereitung auf $R*(H)$ werde $R(H)$ definiert:

(3) $R \left(A^i g^{n_1}(x_1) \ldots g^{n_i}(x_i) \right) =_{Df} \exists \overset{i}{y} \left(A^i \overset{i}{y} \wedge \overset{i}{\underset{j=1}{\wedge}} G_{n_j}(x_j, y_j) \right)$, [3]

(4) $R(H \wedge \Theta) =_{Df} R(H) \wedge R(\Theta)$,

(5) $R(H \to \Theta) =_{Df} R(H) \to R(\Theta)$,

(6) $R(\forall z H(z)) =_{Df} \forall z R(H(z))$.

2.2.   Durch (3) bis (6) ist $R(H)$ für alle in Betracht kommenden Fälle definiert. Wir gelangen zu $R*(H)$ durch die Definition

(1) $R*(H) =_{Df} A x(I, G) \to R(H)$,

     wo $A x(I, G)$ ein noch anzugebendes Axiomensystem für I und G ist. Durch $A x(I, G)$ soll für Modelle $\mathfrak{B}$ von $A x(I, G)$ einerseits $\mathfrak{B}(I)$ als Äquivalenzrelation und für alle vorkommenden P-Variablen A^i $\mathfrak{B}(A^i)$ als nur von den $\mathfrak{B}(I)$ Äquivalenzklassen abhängig charakterisiert werden, andererseits soll $\mathfrak{B}(G)$ die Rolle des fehlenden $\mathfrak{B}(g)$ übernehmen. Diese Forderungen führen auf die Definition

---

[1] Da H* nur endlich viele P-Variablen enthält, kann man sicher solche finden.
[2] Die mögliche Vereinfachung $G_1(x, y) =_{Df} Gxy$ bietet für das Folgende keine Vorteile.
[3] Für alle P-Variablen A^i in H*.

$$(2) \quad A\,x\,(I, G) =_{Df} \forall\,x\,Ixx \wedge \forall\,xyz\,(Ixy \wedge Ixz \to Iyz) \wedge \cdots$$

$$\cdots \wedge \forall\,\overset{i}{x}\overset{i}{y}\Big(\overset{i}{\underset{j=1}{\wedge}} Ix_jy_j \to (A^i x \to A^i y)\Big) \wedge \cdots\,^{[1]}$$

$$\cdots \wedge \forall\,x\,\exists\,y\,Gxy \wedge \forall\,xyz\,(Gxy \wedge Gxz \to Iyz)\,.\,^{[2]}$$

2.3. Zum Beweise von 2., (2) ist zu zeigen (2.3.1 und 2.3.2)

2.3.1. *non id_P H seq non $id_P R^*$(H)*.

Aus einer Belegung $\mathfrak{B}_\alpha$ mit $\mathfrak{B}_\alpha^*(\mathsf{H}) = F$ soll ein $\mathfrak{B}_\alpha'$ konstruiert werden mit $\mathfrak{B}_\alpha'^*(R^*(\mathsf{H})) = F$. Man setze

$(1) \quad \mathfrak{B}_\alpha'(I) =_{Df} Id_\alpha \quad (= \text{Identität in } \alpha),$

$(2) \quad \mathfrak{B}_\alpha'(G) =_{Df} (Cl_\alpha\mathfrak{x}, \mathfrak{y})\,(\mathfrak{B}_\alpha(g)\,(\mathfrak{x}) = \mathfrak{y}),$

$(3) \quad \mathfrak{B}_\alpha'(v) = \mathfrak{B}_\alpha(v)$ sonst.

Dann ist zu zeigen, daß $\mathfrak{B}_\alpha'^*(R^*(\mathsf{H})) = \mathfrak{B}_\alpha^*(\mathsf{H})$. Hierfür ist nach 2.2, (1) hinreichend

$(4) \quad \mathfrak{B}_\alpha'^*(A\,x\,(I, G)) = W,$

$(5) \quad \mathfrak{B}_\alpha'^*(R\,(\mathsf{H})) = \mathfrak{B}_\alpha^*(\mathsf{H})\,.$

Man erhält (4) unmittelbar aus (1) und (2). (5) ist zu beweisen durch Induktion über den Aufbau von H: Für den Fall der P-Atome braucht man

$$(6) \quad \binom{y}{\mathfrak{y}}\mathfrak{B}_\alpha'^*(G_n(x, y)) = W\ \ddot{a}q\ \mathfrak{B}_\alpha(g^n(x)) = \mathfrak{y},$$

welches durch Induktion über n zu beweisen ist. Die Fälle der A-Konstanten $\wedge$, $\to$ sind trivial. Für den Fall $\forall$ braucht man die Induktionsvoraussetzung in der allgemeineren Form, die durch $\mathfrak{B}_\alpha/\binom{z}{\mathfrak{z}}\mathfrak{B}_\alpha$, $\mathfrak{B}_\alpha'/\binom{z}{\mathfrak{z}}\mathfrak{B}_\alpha'$ angedeutet ist. Diese folgt leicht aus der entsprechenden Verallgemeinerung von (6).

2.3.2. *non $id_P R^*$(H) seq non id_P H*.

Aus einer Belegung $\mathfrak{B}_\alpha$ mit $\mathfrak{B}_\alpha^*(R^*(\mathsf{H})) = F$ ist ein $\overline{\mathfrak{B}}_{\bar\alpha}$ zu konstruieren mit $\overline{\mathfrak{B}}_{\bar\alpha}^*(\mathsf{H}) = F$. Zunächst ist wegen $\mathfrak{B}_\alpha^*(R^*(\mathsf{H})) = F$ $\mathfrak{B}_\alpha$ ein Modell von $A\,x\,(I, G)$. Wie in § 163 gehe man zum Äquivalenzklassenbereich $\bar\alpha$ mit dem homomorphen Bild $\overline{\mathfrak{B}}_{\bar\alpha}$ von $\mathfrak{B}_\alpha$ über, und setze zusätzlich

$(1) \quad \overline{\mathfrak{B}}_{\bar\alpha}(g) =_{Df}$ diejenige Funktion φ mit $(Om_{\bar\alpha}\mathfrak{x})\,(\overline{\mathfrak{B}}_{\bar\alpha}(G) \ni (\mathfrak{x}, \varphi\,(\mathfrak{x})))\,.$

---

[1] Für jede in H* vorkommende i-stellige P-Variable A^i und für G ist ein solches Glied aufzunehmen.

[2] Der folgende Beweis zeigt, daß man nur diese Eigenschaften der Nachfolgerfunktion braucht. Tatsächlich genügt hier, daß (nz, nf) zu den Modellen gehört.

Im Beweise von $\overline{\mathfrak{B}}_{\bar{\alpha}}^*(H) = \mathfrak{B}_{\alpha}^*(R(H))$ ist wie in 2.3.1 wieder nur der Fall der P-Atome nicht trivial. Hierfür braucht man

$$(2) \qquad \overline{\mathfrak{B}}_{\bar{\alpha}}\big(g^n(x)\big) = \overline{\mathfrak{y}} \; \ddot{a}q \; \binom{y}{\mathfrak{y}} \; \mathfrak{B}_{\alpha}^*\big(G_n(x, y)\big) = W.$$

Dies ist ähnlich wie 2.3.1, (6) durch Induktion über n zu beweisen.

2.4.   *Folgerung für die Erfüllbarkeit.*

Wegen $erf_P{\sim}H$ *äq non* $id_P H$ läßt sich die Unentscheidbarkeit der Prädikatenlogik — sowohl für den PFK als auch für den PK — auch ausdrücken durch: erf_P ist unentscheidbar, mit der Verschärfung

2.4.1. $cor! \, erf_P$ (erf_P ist echt coregulär, also nicht regulär).

3. *Die Unentscheidbarkeit des*[1] *P^1F^1IK.*

Als Gegenstück zur Entscheidbarkeit des P^1F^1K (§ 93, mit EICHHOLZ [1]) und des P^1IK soll hier noch die Unentscheidbarkeit des P^1F^1IK gezeigt werden, mit Hilfe einer geeigneten Reduktionsvorschrift: Für P-Ausdrücke H ohne F-Variablen[2] sei

$$R(H) =_{Df} H\Big(\ldots, P_k^s / \lambda \overset{s}{x} \, \exists z \, \big(P_{c(s,k)}^1 z \wedge \overset{s}{\underset{i=1}{\wedge}} x_i \equiv f_{c(s,i)}^1(z)\big), \ldots\Big),$$

wobei die Einsetzung alle vorkommenden P-Variablen betrifft und λ nach § 62, 2. durch λ-Konversion eliminiert wird. Hiermit ließe sich jedes Entscheidungsverfahren für den P^1F^1IK auf den PK übertragen. Denn

3.1. $erf_P H \; \ddot{a}q \; erf_I R(H)$,

   also (H/${\sim}$H, $R({\sim}H) = {\sim}R(H)$, metasprachliche gliedweise Verneinung)

3.2. $id_P H \; \ddot{a}q \; id_I R(H)$.

Beweis von 3.1:

$$(1) \qquad \mathfrak{B}_1 \, Erf_{\alpha}^I \, R(H) \; seq \; \mathfrak{B}_2 \, Erf_{\alpha}^P \, H, \qquad \text{mit}$$

$$(1.1) \qquad \mathfrak{B}_2(P_k^s) = \mathfrak{B}_1^{\times}\big(\lambda \overset{s}{x} \, \exists z \, (P_{c(s,k)}^1 z \wedge \overset{s}{\underset{i=1}{\wedge}} x_i \equiv f_{c(s,i)}^1(z))\big),$$

$$(1.2) \qquad \mathfrak{B}_2(v) = \mathfrak{B}_1(v) \; \text{sonst.}$$

Folglich

$$*(2) \qquad erf_I R(H) \; seq \; erf_P H.$$

---

[1] Durch ,,P^1``, ,,$F^1$`` sei jeweils die Beschränkung auf *ein*stellige P- bzw. F-Variablen anzeigt.

[2] *Einstellige* F-Variablen $f_{c(0,k)}^1$ (z.B. f_0^1 für g) könnten bei der hier gewählten Indizierung der ,,neuen`` Variablen zugelassen werden.

$$(3) \qquad erf_\alpha^P \mathsf{H} \; seq \; erf_{\aleph_0}^P \mathsf{H}, \qquad\qquad\qquad \text{§ 79, 1.}$$

$$(4) \qquad \mathfrak{B}_1 \, Erf_{nz}^P \mathsf{H} \; seq \; \mathfrak{B}_2 \, Erf_{nz}^I R(\mathsf{H}), \qquad \text{mit}$$

$$(4.1) \qquad \mathfrak{B}_2 (f^1_{c\,(s,\,i)})\,(\mathfrak{z}) = (Un\,\mathfrak{y})\,(Ex\,\overset{s}{\mathfrak{x}})\,(\mathfrak{z} = c_s(\overset{s}{\mathfrak{x}})\; et\; \mathfrak{y} = \mathfrak{x}_i),$$

$$(4.2) \qquad \mathfrak{B}_2 (P^1_{c\,(s,\,k)})\,(c_s(\overset{s}{\mathfrak{x}})) = \mathfrak{B}_1 (P^s_k)\,(\overset{s}{\mathfrak{x}}),$$

also, da durch (4.1) die Umkehrfunktionen von c_s gegeben sind,

$$(4.3) \qquad \mathfrak{B}_2^\times \big(\boldsymbol{\lambda}\overset{s}{x}\,\exists z\,(P^1_{c\,(s,\,k)}\,z \wedge \overset{s}{\underset{i=1}{\wedge}} x_i \equiv f^1_{c\,(s,\,i)}(z))\big) = \mathfrak{B}_1 (P^s_k).$$

Folglich

$$*(5) \qquad erf_P \mathsf{H} \; seq \; erf_I R(\mathsf{H}), \qquad\qquad\qquad (3),\,(4),$$

$$(6) \qquad 3.1. \qquad\qquad\qquad\qquad\qquad\qquad\qquad (2),\,(5).$$

Anm.: Da die s Umkehrfunktionen von c_s sich durch Einsetzungen aus den beiden Umkehrfunktionen von c_2 darstellen lassen, kann man leicht, mit einer etwas abgeänderten Reduktion, auch die Unentscheidbarkeit eines auf *zwei* F¹-Variablen beschränkten P¹F¹IK zeigen.

4. *Zur Unentscheidbarkeit anderer Theorien.*

Durch „übersetzende" Reduktionen läßt sich die Unentscheidbarkeit des PFK bzw. PK auf die verschiedensten Theorien übertragen. Insbesondere für möglichst enge Teilstücke der Prädikatenlogik sei auf J. Surányi [1] verwiesen. Weitreichende Übersetzungsmethoden, ausgehend von einem zur Darstellung der bireguläre Definitionen ausgehendem Teilstück der Zahlentheorie, enthält Tarski-Mostowski-Robinson [1].

§ 238. Die Nichtaxiomatisierbarkeit der Typenlogik

1. *Allgemeines.*

Jeder Kalkül für eine vorher *semantisch* definierte Theorie ϑ liefert ein Aufzählungsverfahren zur Erzeugung von ϑ-Sätzen. Ist die Menge *aller* ϑ-Sätze durch kein Aufzählungsverfahren zu erfassen, so kann eine axiomatisch-deduktive Behandlung von ϑ nur noch den Sinn haben, eine möglichst große Teilmenge der Satzmenge von ϑ zu axiomatisieren. Denn es gilt dann:

1.1. *Jedes Aufzählungsverfahren, das nur Sätze von ϑ liefert, liefert nicht alle Sätze von ϑ.*

Wir werden dies für die Theorie der PFL[(2)] ziemlich unmittelbar auf die Unentscheidbarkeit der Prädikatenlogik zurückführen. Die Übertragung auf die reicheren Logiken (in der typentheoretischen Form von

§ 208 bis § 212 oder in der rangtheoretischen Form von § 213 bis § 219) ist dann naheliegend (s. 3.).

1.2. Viel schwieriger — und mit den hier entwickelten Methoden unangreifbar — ist die Frage, ob es in einer Theorie ϑ (semantisch definierte) Sätze geben kann, deren Geltung nicht mit axiomatisch deduktiven Mitteln (also überhaupt nicht?) eingesehen werden kann. Denn wäre H ein solcher Satz, so kann das sicher nicht dadurch ausgedrückt werden, daß H in keiner aufzählbaren Menge von Sätzen vorkommt; denn da H ein Satz *ist* (man weiß es nur nicht), ist die syntaktische Folgerungsmenge von H in jedem Falle eine aufzählbare Menge von Sätzen. Man darf also die Tragweite des folgenden wesentlichen Theorems, das gewisse Grenzen der axiomatischen Methode anzeigt, auch nicht überschätzen.

2. *Die Nichtaxiomatisierbarkeit der PFL*$^{(2)}$.

$\mathfrak{U}$ sei irgendein fester P-Ausdruck, der genau im Unendlichen erfüllbar ist, vgl. z.B. § 203, 1. Für beliebige P-Ausdrücke H sei *Part*(H) der Ausdruck der PFL$^{(2)}$, der aus H, eventuell nach geeigneten Umbenennungen, durch Partikularisierung aller in H frei vorkommenden Variablen entsteht. Da die Allgemeingültigkeit oder Erfüllbarkeit eines Ausdrucks H nicht davon abhängt, ob H als Ausdruck einer engeren oder einer reicheren Logik betrachtet wird, unterdrücken wir hier bei prädikativer Verwendung von *id, erf* die Bezugnahme auf den Kalkül (dagegen „id_p", „$id_p^{(2)}$", ... für die entsprechenden Umfänge.)

Auf Grund dieser Konventionen gilt

2.1. $id_\alpha\ Part\,(\mathfrak{U})\ \ddot{a}q\ |\alpha| \geq \aleph_0$.

Nun zeigt die Äquivalenz

*2.2. $erf\ H\ \ddot{a}q\ id\ Part\,(\mathfrak{U}) \rightarrow Part\,(H)$

unmittelbar, daß aus einem Aufzählungsverfahren für $id_p^{(2)}$ auch eines für erf_p gewonnen werden könnte, im Widerspruch zu § 237, 2.4.1. Denn jeder Beitrag zu $id_p^{(2)}$ von der Form *Part*$\,(\mathfrak{U}) \rightarrow Part\,$(H) mit einem H erster Stufe liefert zu erf_p den Beitrag H, und alle Ausdrücke aus erf_p werden so erfaßt.

Beweis von 2.2^1.

---

^{1} Man könnte diesen Beweis dadurch etwas vereinfachen, daß man statt $\mathfrak{U}$ einen genau im Abzählbaren erfüllbaren Ausdruck des PFL$^{(2)}$ verwendet. Wir verzichten darauf und erhalten dafür das stärkere Resultat, daß schon die Menge perjenigen PFL$^{(2)}$-Sätze nicht axiomatisierbar ist, die (mit P-Ausdrücken H, Θ) von der Form *Part*(H) $\rightarrow Part\,(\Theta)$ sind.

(1) $id\ Part\,(\mathfrak{U}) \to Part\,(\mathsf{H})$

   $äq\ (Om\ \alpha)\ (|\alpha| \geqq \aleph_0\ seq\ id_\alpha\ Part\,(\mathsf{H}))$ (2.1.1)

(2) $äq\ (Om\ \alpha)\ (|\alpha| \geqq \aleph_0\ seq\ erf_\alpha\ Part\,(\mathsf{H}))$ [1]

(3) $äq\ (Om\ \alpha)\ (|\alpha| \geqq \aleph_0\ seq\ erf_\alpha\mathsf{H})$ [2]

(4) $äq\ erf_{\aleph_0}\ \mathsf{H}$ § 77, 3.1.

(5) $äq\ erf\,\mathsf{H}.$ § 79, 3.1.

In (3) bis (5) wird ausgenützt, daß H ein P-Ausdruck ist.

3. Zur Übertragung auf reichere Logiken.

Der Beweis von 2.2 zeigt, daß es nur darauf ankommt, „*erf* H" für P-Ausdrücke H durch die Allgemeingültigkeit der als nichtaxiomatisierbar zu erweisenden Logik L auszudrücken. Man braucht also, mit „$Rd_L(\mathsf{H})$" statt „$Part\,(\mathfrak{U}) \to Part\,(\mathsf{H})$" jeweils ein Theorem

3.1. $erf\,\mathsf{H}\ äq\ id\,Rd_L(\mathsf{H}),$

wobei „$Rd_L(\mathsf{H})$" eine aus H bestimmte „L-Reduzierte von H" beschreibt. Für die TL_1 (§ 209, 1.) ist das nur eine symbolische Variante des entsprechenden $PF^{(2)}$-Ausdrucks. Für alle anderen in den §§ 208 bis 218 behandelten Logiken L folgt aus der Übersetzbarkeit der TL_1 [3] in L in derselben Weise die Nichtaxiomatisierbarkeit von L.

Anhang

Regellogik

§ 250. Einführung in die Regellogik

Die in § 3 angekündigte Regellogik wird eine nicht wesentlich modifizierte Konsequenzenlogik sein von der Art, wie sie in einem bahnbrechenden Sinne von G. GENTZEN geschaffen worden ist, im Anschluß an die von ihm entworfenen „Kalküle des natürlichen Schließens". Diese

---

[1] Da für abgeschlossene $PF^{(2)}$-Ausdrücke, wie für I-Formeln (§ 126, 1.4), Identität und Erfüllbarkeit zusammenfallen.

[2] Mit § 59, 12.3, übertragen auf die $PFL^{(2)}$.

[3] Zur Definition von Reduzierten $Rd_L(\mathsf{H})$ lassen sich z.B. die Übersetzungsvorschriften verfeinern, mit denen wir die Ausdrucksfähigkeit verschiedener Sprachen gezeigt haben. Insbesondere haben sich als übersetzbar erwiesen:

die TL_0, also auch die TL_1, in die TL_2 (§ 209, 2.),
die TL_2 in die TL_3 (§ 209, 3.),
die TL_2 in die RL_2 (§ 214, 2.).

Es versteht sich, daß hier eine Übersetzbarkeit der *Logiken* gebraucht wird.

Kalküle sollen unmittelbar das Folgern aus angenommenen Prämissen
formalisieren, wobei im Verlauf des Beweises Prämissen neu eingeführt
oder beseitigt werden können.

Die Prämissen, von denen eine Folgerung abhängig ist, können gekennzeichnet sein

(1)   dadurch, daß die beseitigten Prämissen besonders markiert werden
      (so z.B. GENTZEN [1], BERNAYS [1]),

(2)   dadurch, daß in jeder Beweiszeile die noch „geltenden" Prämissen
      durch Nummern zitiert sind (so z.B. JAŚKOWSKI [1], CURRY [1],
      FEYS [1], QUINE [4]),

(3)   dadurch, daß in jeder Beweiszeile die „geltenden" Prämissen voll-
      ständig angeschrieben sind (so ebenfalls bei GENTZEN [1]).

Im Fall (3) faßt GENTZEN das Konsequenzzeichen selbst als Kalkül-
bestandteil und das Konsequenztheorem als Zeichenreihe — „Sequenz"—
auf. Dadurch wird der Kalkül den in diesem Buch bisher behandelten
Kalkülen in dem Sinne angenähert, daß auch er von Sätzen zu Sätzen
fortschreitet (GENTZEN [1]: „logistischer Kalkül"); diese sind dann als
Darstellungen von Konsequenztheoremen aufzufassen und werden als
gültige Sequenzen bezeichnet.

Auf Grund der vorstehenden Andeutungen sollte also eine Sequenz
bestehen aus einer Folge von (A- oder P-) Ausdrücken, deren letzter —
die Folgerung — von den vorangehenden, welche die Menge der Prämissen darstellen, durch ein (modifiziertes) Konsequenzzeichen getrennt
ist. Hier setzt nun die eigentümliche GENTZENsche Modifikation ein:
Auch hinter dem Konsequenzzeichen wird eine *Folge* von Ausdrücken
zugelassen (welche im Grenzfall auch eingliedrig oder leer sein kann).
Während aber die Prämissenfolge (das *Antecedens* der Sequenz) im Einklang mit § 32 und § 105 als gleichwertig mit einer *Konjunktion* aus den
Gliedern zu deuten ist, soll abweichend von § 32, 1.3 die auf das Konsequenzzeichen folgende Ausdrucksfolge (das *Succedens* der Sequenz) als
gleichwertig mit einer *Alternative* aus den Gliedern gedeutet werden.
Die im folgenden Paragraphen angegebene exakte Definition wird auch
die Grenzfälle richtig einordnen.

Dadurch entsteht der sog. *symmetrische Sequenzenkalkül*, bei dem
der semantische und der syntaktische Aufbau weitgehend zueinander
parallel verlaufen können.

Da für eingliedriges Succedens die neue Interpretation mit der
ursprünglichen zusammenfällt, ist der symmetrische Sequenzenkalkül
insbesondere ein Hilfsmittel zur Gewinnung von Konsequenztheoremen,
also von Regeln erster Art für denjenigen Kalkül, dem die Glieder von
Antecedens und Succedens angehören.

§ 251. Der aussagenlogische Sequenzenkalkül (ASK)

1. *Konstituierung.*

1.1. Die Menge M_1 der *Zeichenreihen* des ASK erhält man aus der des AK durch Adjungierung des *Zeichens* ‖▶ als Atom[1].

1.2. Die Menge M_2 der Ausdrücke — Sequenzen — des ASK sind die Zeichenreihen der Form $H_1 H_2 \ldots H_m$ ‖▶ $\Theta_1 \Theta_2 \ldots \Theta_n$, wo $H_1, \ldots, H_m$, $\Theta_1, \ldots, \Theta_n$ A-Ausdrücke sind. Sequenzen seien angedeutet durch S, S_i. Die Zeichenreihe $H_1 H_2 \ldots H_m$ heiße das *Antecedens*, die Zeichenreihe $\Theta_1 \Theta_2 \ldots \Theta_n$ das *Succedens* von $H_1 H_2 \ldots H_m$ ‖▶ $\Theta_1 \Theta_2 \ldots \Theta_n$. Sowohl Antecedens als auch Succedens können leer sein. Die Aneinanderreihungen von A-Ausdrücken, wie sie im Antecedens und Succedens von Sequenzen vorkommen, stellen die in § 250 erwähnten Folgen von A-Ausdrücken dar. Sie seien angedeutet durch F, F_i, G, G_i.

Die Darstellung ist jedenfalls dann eindeutig, wenn keine Außenklammern unterdrückt werden. Aus optischen Gründen werden wir nach Bedarf die einzelnen A-Ausdrücke durch Kommata trennen; dann dürfen auch Außenklammern unterdrückt werden.

1.3. Die semantische Definition der Menge M_3 der Sätze oder der *gültigen Sequenzen* erfordert einige vorbereitende Definitionen (M, N seien Mengen von A-Ausdrücken).

(1) $\mathfrak{B}\, Erf^\wedge M\ \ddot{a}q_{Df}\ (Om\ \mathsf{H})\, (\mathsf{H} \in M\ seq\ \mathfrak{B}\, Erf\, \mathsf{H})$. [2]

(2) $\mathfrak{B}\, Erf^\vee M\ \ddot{a}q_{Df}\ (Ex\ \mathsf{H})\, (\mathsf{H} \in M\ et\ \mathfrak{B}\, Erf\, \mathsf{H})$. [3]

(3) M ‖▶ $N\ \ddot{a}q_{Df}\ (Om\ \mathfrak{B})\, (\mathfrak{B}\, Erf^\wedge M\ seq\ \mathfrak{B}\, Erf^\vee N)$. [4]

In (3) sind mehrere andere semantische Begriffe als Grenzfälle enthalten; es gilt z. B.

1.3.1. M ‖▶ $\{\mathsf{H}\}\ \ddot{a}q\ M\ \Vdash_A \mathsf{H}$.

   Lr ‖▶ $\{\mathsf{H}\}\ \ddot{a}q\ id_A\, \mathsf{H}$.

   M ‖▶ $Lr\ \ddot{a}q\ non\ erf_A\, M$.

   $\{\mathsf{H}\}$ ‖▶ $Lr\ \ddot{a}q\ non\ erf_A\, \mathsf{H}$.

   Für die einfachen Beweise beachte man, daß

1.3.2. $(Om\ \mathfrak{B})\, (\mathfrak{B}\, Erf^\wedge Lr\ et\ non\ \mathfrak{B}\, Erf^\vee Lr)$.

---

[1] Wir wählen ein Zeichen, das an das (metasprachliche) Konsequenzzeichen erinnert. GENTZEN benutzt „→", hat aber für die Implikation ein anderes Zeichen.

[2] Vgl. § 30, Def. 1.1. Wir unterdrücken den in diesem Paragraphen festen Index A.

[3] Man beachte den Unterschied gegen § 30, Def. 1.1.

[4] Man beachte den Unterschied gegen § 32, Def. 1.3. „‖▶" ist also ein Zeichen der Metasprache.

(4) *Gültige Sequenzen* sind diejenigen Sequenzen $H_1 \ldots H_m \blacktriangleright \Theta_1 \ldots \Theta_n$, für welche $\{H_1, \ldots, H_m\} \| \blacktriangleright \{\Theta_1, \ldots, \Theta_n\}$

(d.h.: Jedes Modell der durch das Antecedens $H_1 \ldots H_m$ dargestellten Prämissenmenge $\{H_1, \ldots, H_m\}$ ist Modell wenigstens eines Gliedes im Succedens).

1.4. Auf Grund der Definition der gültigen Sequenzen ist M_3 *entscheidbar*, da jeweils nur endlich viele Belegungen, deren Anzahl vorher aus der gegebenen Sequenz bestimmbar ist, zu prüfen sind. Im Sinne von § 4 ist also eine syntaktische Charakterisierung von M_3 nicht erforderlich. Tatsächlich ist aber das semantische Entscheidungsverfahren für M_3 ohne wesentliche Abänderungen in eine syntaktische Charakterisierung von M_3 übersetzbar[1]. Da die hier zugrunde liegende Korrespondenz zwischen Semantik und Syntax unabhängig von der Existenz eines Entscheidungsverfahrens charakteristisch ist für alle Sequenzenkalküle, welche die zweiwertige Logik einschließen, soll sie hier im Falle der Aussagenlogik ausführlich behandelt werden. Die Menge M_3 soll also, wie bei allen syntaktischen Kalkülen, charakterisiert werden durch erzeugende Elemente — die *Grundsequenzen*[2] — und erzeugende Regeln — die *Grundregeln*[3].

2. Erzeugende Regeln und Figuren.

2.1. Wir wollen die Grundsequenzen und Grundregeln in der unten angegebenen Anschreibung als *Grundfiguren* bezeichnen, da schon die Ausdrücke als Darstellungen von Regeln eingeführt sind. Die Grundfiguren haben die Form

$$\frac{}{S_3}\ (a), \qquad \text{oder} \qquad \frac{S_1}{S_3}\ (b), \qquad \text{oder} \qquad \frac{S_1 \quad S_2}{S_3}\ (c)\,.$$

S_1, S_2 heißen *Obersequenzen*, S_3 heißt *Untersequenz* der jeweiligen Figur. Durch (a), (b), … werden verschiedene Figuren unterschieden, wobei die Struktur von S_3 bzw. die zwischen S_1, S_3 bzw. S_1, S_2, S_3 bestehende strukturelle Beziehung für die jeweilige Figur charakteristisch ist. Diese

---

[1] Das gelingt zwar auch im Fall des AK, aber nicht ohne einige Kunstgriffe. Vgl. HENKIN [1].

[2] Diese Grundsequenzen entsprechen den Protonen im Sinne von § 90, 3., (2.1.2). Außerlogische Prämissen können durch Glieder des Antecedens, aber auch (GENTZEN [2], [3]) durch zusätzliche Grundsequenzen dargestellt werden.

[3] Diese Grundregeln sind also spezielle Regeln zum Ableiten von Sequenzen aus Sequenzen, also wohl zu unterscheiden von den durch Sequenzen dargestellten Regeln 1. Art. Andererseits haben diese erzeugenden Regeln eine solche ausgezeichnete Struktur, daß wir auch $\blacktriangleright$ in diesem Sinne von „Regellogik" sprechen können.

Figuren sind so zu verstehen:

(a) $S_3 \in M_3$,

  d.h.: jede Sequenz der Form S_3 gehört zu M_3;

(b) $S_1 \in M_3$ *seq* $S_3 \in M_3$,   (c) $S_1, S_2 \in M_3$ *seq* $S_3 \in M_3$,

d.i.: auf Grund der zwischen S_1 und S_3 (bzw. zwischen S_1, S_2 und S_3) bestehenden strukturellen Beziehung gehört mit S_1 (bzw. mit S_1 und S_2) auch S_3 zu M_3. Durch die Überstreichung im Falle (a) wird also ausgedrückt, daß S_3 ohne Voraussetzungen über andere Sequenzen als Element von M_3 anerkannt, also Grundsequenz ist. Durch Figuren mit Obersequenzen werden die Grundregeln dargestellt.

2.2.   Die Anwendung mehrerer Regeln und die Art und Weise ihrer Anwendung soll sinngemäß symbolisiert werden durch eine baumartige Figur, z.B.:

$$\frac{\dfrac{S_1 \quad S_2}{S_3} \,(b) \quad \dfrac{S_2}{S_4}\,(a)}{S_5}\,(c)\,.$$

Sind in einer solchen zusammengesetzten Figur alle obersten Sequenzen überstrichen, also Grundsequenzen, so repräsentiert die Figur einen Beweis — *Beweisfigur* — der untersten Sequenz, im allgemeinen Falle eine abgeleitete Regel mit den nicht überstrichenen obersten Sequenzen als „Prämissen" und der untersten Sequenz als „Conclusio"[1]. Da die Zusammensetzung von Grundfiguren der Ableitung von Regeln mit Hilfe der Grundregeln entspricht, sprechen wir statt von zusammengesetzten Figuren auch von abgeleiteten Figuren[2]. Unser Beispiel liefert also eine Ableitung der Figur

$$\frac{S_1 \quad S_2}{S_5}\,.$$

2.3.   Da die Grundfiguren und die aus ihnen abgeleiteten Beweisfiguren zur Charakterisierung der Menge M_3 der gültigen Sequenzen dienen sollen, so muß, unter Benutzung von „$\{F\}$" für die Menge der Glieder von F, in sinngemäßer Analogie zu § 91, 1.,

  jede Grundsequenz $F \blacktriangleright G$ durch ein Theorem $\{F\} \Vdash \{G\}$,

---

[1] Dieser Begriff der ableitbaren Regel ist enger als der in § 3. Ableitbar sind hier gerade diejenigen Regeln, die in *jedem* Kalkül gelten, der die Grundregeln enthält.

[2] Die vorangehende Erörterung der Darstellung von Regeln durch Figuren wird oft als Einführung eines Kalküls mit nichtlinearen Zeichenkomplexen aufgefaßt. Für das Folgende genügt es, sie als Hilfsmittel zur bequemeren Symbolisierung (insbesondere von induktiven Beweisen) aufzufassen.

jede Grundregel

$$\frac{F_1 \blacktriangleright G_1}{F_3 \blacktriangleright G_3} \qquad \text{bzw.} \qquad \frac{F_1 \blacktriangleright G_1 \quad F_2 \blacktriangleright G_2}{F_3 \blacktriangleright G_3}$$

durch ein Theorem

$$\{F_1\} \| \blacktriangleright \{G_1\} \; seq \; \{F_3\} \| \blacktriangleright \{G_3\} \quad \text{bzw.} \quad \{F_1\} \| \blacktriangleright \{G_1\} \; et \; \{F_2\} \| \blacktriangleright \{G_2\} \; seq \; \{F_3\} \| \blacktriangleright \{G_3\}$$

legitimiert sein. Die Gesamtheit der gewählten Grundfiguren soll, falls dies, wie im Falle der Aussagen- und Prädikatenlogik, möglich ist, zur Ableitung von Beweisfiguren für alle Elemente von M_3 ausreichen. Wir sprechen dann von einem vollständigen System von Grundfiguren.

Wir wollen im folgenden verschiedene vollständige Systeme von Grundfiguren einander gegenüberstellen, also verschiedene Systeme, die denselben ASK bestimmen. Jedes dieser Systeme ist durch ein bestimmtes Prinzip ausgezeichnet. Die in den metasprachlichen Beweisen vorkommenden abgeleiteten Figuren mögen zugleich als Beispiele für die eigentümliche Beweistechnik dienen.

3. Das aus den Matrizen abgeleitete System.

3.1. Die Grundsequenzen und Strukturfiguren.

Grundsequenzen sind alle Sequenzen der Form $\mathsf{H} \blacktriangleright \mathsf{H}$. Diese liefern also Grundfiguren der Form $\overline{\mathsf{H} \blacktriangleright \mathsf{H}}$.

Die sog. *Strukturfiguren* charakterisieren das Antecedens und das Succedens als Darstellungen von *Mengen*, ermöglichen die Einführung zusätzlicher Prämissen (im Antecedens) und ebenso die Einführung zusätzlicher Glieder im Succedens. Man beachte, daß dies ebenso wie die Einführung von Prämissen nach 1.3, (3) eine Abschwächung *(Verdünnung)* bewirkt.

Die *Strukturfiguren* sind:

$$\frac{\mathsf{H}\Theta F \blacktriangleright G}{\Theta\mathsf{H}F \blacktriangleright G}\,(s1) \qquad \frac{F \blacktriangleright G\mathsf{H}\Theta}{F \blacktriangleright G\Theta\mathsf{H}}\,(s2) \qquad \frac{\mathsf{H}F \blacktriangleright G}{F\mathsf{H} \blacktriangleright G}\,(s3) \qquad \frac{F \blacktriangleright G\mathsf{H}}{F \blacktriangleright \mathsf{H}G}\,(s4)$$

$$\frac{\mathsf{H}\mathsf{H}F \blacktriangleright G}{\mathsf{H}F \blacktriangleright G}\,(s5) \qquad \frac{F \blacktriangleright G\mathsf{H}\mathsf{H}}{F \blacktriangleright G\mathsf{H}}\,(s6) \qquad \frac{F \blacktriangleright G}{\mathsf{H}F \blacktriangleright G}\,(s7) \qquad \frac{F \blacktriangleright G}{F \blacktriangleright G\mathsf{H}}\,(s8).$$

Die Figuren $(s1)$ bis $(s6)$ sind hier so gewählt, daß durch die jeweilige Figur und die Obersequenz die Untersequenz eindeutig bestimmt ist. Aus $(s1)$ bis $(s4)$ erhält man als abgeleitete Figuren beliebige Umordnungen in Antecedens und Succedens. Mit ihrer Hilfe erhält man aus $(s5)$, $(s6)$ „Zusammenziehungen" an beliebigen Stellen und aus $(s7)$, $(s8)$ „Verdünnungen" an beliebigen Stellen im Antecedens bzw. Succedens. Die Anwendung einer Strukturfigur sei im folgenden durch „(s)", die Anwendung von mehreren Strukturfiguren durch „(ss)" angedeutet.

3.2. Die Schnittfigur.

Die sog. *Schnittfigur* hat die Form

$$\frac{F\blacktriangleright GH\cdot\ HF\blacktriangleright G}{F\blacktriangleright G}\ (S).$$

H heißt das Schnittglied der Figur. An den Stellen F und G in den Obersequenzen können auch Teilfolgen der Folgen F und G in der Untersequenz zugelassen werden. Da diese Form mit Hilfe von Strukturfiguren aus (S) ableitbar ist, sei sie mit „(sS)" zitiert[1].

Die Schnittfigur ist formal eine Art Umkehrung der *beiden* Strukturfiguren $(s\,7)$ und $(s\,8)$. Inhaltlich drückt sie eine Art verallgemeinerte Transitivität von $\|\blacktriangleright$ aus. Denn die Transitivität im engeren Sinne wird ausgedrückt durch die Figur

$$\frac{\Theta_1\blacktriangleright H\ \ H\blacktriangleright\Theta_2}{\Theta_1\blacktriangleright\Theta_2},\quad\text{mit der Ableitung}\quad \frac{\dfrac{\Theta_1\blacktriangleright H}{\Theta_1\blacktriangleright\Theta_2 H}\ (ss)\quad \dfrac{H\blacktriangleright\Theta_2}{H\Theta_1\blacktriangleright\Theta_2}\ (ss)}{\Theta_1\blacktriangleright\Theta_2}(S),$$

deren wesentlicher Bestandteil ein Schnitt ist. Im weiteren Sinne kann auch die Figur

$$\frac{F\blacktriangleright H\ \ H\blacktriangleright G}{F\blacktriangleright G},\quad\text{mit der Ableitung}\quad \frac{\dfrac{F\blacktriangleright H}{F\blacktriangleright GH}\ (ss)\quad \dfrac{H\blacktriangleright G}{HF\blacktriangleright G}\ (ss)}{F\blacktriangleright G}(S),$$

und da man mit den verdünnten Obersequenzen $F\blacktriangleright GH$ und $HF\blacktriangleright G$ zum selben Ziel kommt, der Schnitt selbst als Ausdruck der Transitivität von $\|\blacktriangleright$ aufgefaßt werden[2].

3.3. Die Matrixfiguren.

Die *Verknüpfungsfiguren* „regeln den Umgang" mit den A-Konstanten. Sie lassen sich nach einem allgemeinen Schema aufstellen, dessen Spezialisierung nur von der Matrix der jeweiligen A-Konstanten abhängt. Zu diesem Schema gelangen wir folgendermaßen:

Das „Matrixtheorem"

3.3.1. $\mathfrak{B}^*(H) = W\ et\ \mathfrak{B}^*(\Theta) = F\ seq\ \mathfrak{B}^*(H\rightarrow\Theta) = F$

führt zu dem $\|\blacktriangleright$-Theorem

3.3.2. $M\|\blacktriangleright N\cup\{H\}\ et\ \{\Theta\}\cup M\|\blacktriangleright N\ seq\ \{H\rightarrow\Theta\}\cup M\|\blacktriangleright N.$

---

[1] GENTZEN [1] hat als Schnitt eine spezielle Form von (sS), ONO [1] hat die Form (S). GENTZEN hat den Schnitt zu den Strukturfiguren gerechnet, hat aber seine Sonderstellung erkannt und besonders untersucht.

[2] Dagegen kann nicht etwa das Schnittglied H durch eine Folge K ersetzt werden, da dieses K einmal eine Alternative $\bigvee K$ und einmal eine Konjunktion $\bigwedge K$ vertreten würde. Man beachte den Unterschied gegenüber § 33, 3.1.

Beweis:

(1) $\mathfrak{B}^*(H) = W \ et \ \mathfrak{B}^*(\Theta) \neq W \ seq \ \mathfrak{B}^*(H \to \Theta) \neq W$,   3.3.1.

     folglich

(2) $\mathfrak{B} \ Erf^\wedge M \ seq \ \mathfrak{B} \ Erf^\vee N \ vel \ \mathfrak{B}^*(H) = W$

     $.et. \ \mathfrak{B} \ Erf^\wedge M \ seq \ \mathfrak{B} \ Erf^\vee N \ vel \ \mathfrak{B}^*(\Theta) \neq W$

     $.seq. \ \mathfrak{B} \ Erf^\wedge M \ seq \ \mathfrak{B} \ Erf^\vee N \ vel \ \mathfrak{B}^*(H \to \Theta) \neq W.$

     Andererseits (vgl. § 20, 7.2),

(3) $\mathfrak{B} \ Erf^\wedge M \ seq \ \mathfrak{B} \ Erf^\vee N \ \boldsymbol{vel} \ \mathfrak{B}^*(\Theta) \neq W$

     $.äq. \ \mathfrak{B}^*(\Theta) = W \ \boldsymbol{et} \ \mathfrak{B} \ Erf^\wedge M \ seq \ \mathfrak{B} \ Erf^\vee N$

     und

(4) $\mathfrak{B} \ Erf^\vee N \ \boldsymbol{vel} \ \mathfrak{B}^*(H) = W \ äq \ \mathfrak{B} \ Erf^\vee N \cup \{H\},$

(5) $\mathfrak{B}^*(\Theta) = W \ \boldsymbol{et} \ \mathfrak{B} \ Erf^\wedge M \ äq \ \mathfrak{B} \ Erf^\wedge \{\Theta\} \cup M.$

     Mit Hilfe von (3) $\big($für Θ und für $\Theta/(H \to \Theta)\big)$, von (4) und von (5) $\big($für Θ und für $\Theta/(H \to \Theta)\big)$ erhält man aus (2)

(6) $\mathfrak{B} \ Erf^\wedge M \ seq \ \mathfrak{B} \ Erf^\vee N \cup \{H\} \ .et. \ \mathfrak{B} \ Erf^\wedge \{\Theta\} \cup M \ seq \ \mathfrak{B} \ Erf^\vee N$

     $.seq. \ \mathfrak{B} \ Erf^\wedge \{H \to \Theta\} \cup M \ seq \ \mathfrak{B} \ Erf^\vee N,$

(7) $M \Vdash N \cup \{H\} \ et \ \{\Theta\} \cup M \Vdash N \ . \ seq \ . \ \mathfrak{B} \ Erf^\wedge \{H \to \Theta\} \cup M \ seq \ \mathfrak{B} \ Erf^\vee N,$

(8) $M \Vdash N \cup \{H\} \ et \ \{\Theta\} \cup M \Vdash N \ seq \ \{H \to \Theta\} \cup M \Vdash N.$

Anm.: Die Möglichkeit, das in (3) hervorgehobene ***vel*** bzw. ***et*** mit Hilfe von (4) bzw. (5) durch die jeweiligen rechten Seiten auszudrücken, kann als die Legitimation für die Einführung von $\Vdash$ angesehen werden.

Der Beweis von 3.3.2 zeigt, wie aus jedem Matrixtheorem dadurch ein $\Vdash$-Theorem gewonnen werden kann, daß man „$\mathfrak{B}^*(H) = W$" durch „$M \Vdash N \cup \{H\}$" und „$\mathfrak{B}^*(H) = F$" durch „$\{H\} \cup M \Vdash N$" ersetzt. Wir führen die durch diese $\Vdash$-Theoreme im Sinne von 2. legitimierten Figuren als Grundfiguren („Matrixfiguren", „M-Figuren") ein.

3.3.3.   Zu $\sim$ gehören die M-Figuren

$$\frac{F \Vdash GH}{\sim HF \Vdash G} \ (\sim EA), \qquad \frac{HF \Vdash G}{F \Vdash G \sim H} \ (\sim ES),$$

die $\sim$-Einführung im Antecedens und die $\sim$-Einführung im Succedens.

3.3.4.   Für eine gegebene zweistellige Verknüpfung $\circ$ ist jeder Zeile des folgenden Schemas die durch die Matrix von $\circ$ vorgeschriebene Figur (M-Figur) zu entnehmen:

$$\frac{F \mid GH \quad F \mid G\Theta}{F \mid G(\mathsf{H} \circ \Theta)} \;(\circ 1), \qquad \frac{F \mid GH \quad F \mid G\Theta}{(\mathsf{H} \circ \Theta)F \mid G} \;(\circ \overline{1}),$$

$$\frac{F \mid GH \quad \Theta F \mid G}{F \mid G(\mathsf{H} \circ \Theta)} \;(\circ 2), \qquad \frac{F \mid GH \quad \Theta F \mid G}{(\mathsf{H} \circ \Theta)F \mid G} \;(\circ \overline{2}),$$

$$\frac{HF \mid G \quad F \mid G\Theta}{F \mid G(\mathsf{H} \circ \Theta)} \;(\circ 3), \qquad \frac{HF \mid G \quad F \mid G\Theta}{(\mathsf{H} \circ \Theta)F \mid G} \;(\circ \overline{3}),$$

$$\frac{HF \mid G \quad \Theta F \mid G}{F \mid G(\mathsf{H} \circ \Theta)} \;(\circ 4), \qquad \frac{HF \mid G \quad \Theta F \mid G}{(\mathsf{H} \circ \Theta)F \mid G} \;(\circ \overline{4}).$$

Die Figuren $(\circ 1)$, $(\circ 2)$, $(\circ 3)$, $(\circ 4)$ seien als $(\circ ES)$-Figuren von $\circ$, die Figuren $(\circ \overline{1})$, $(\circ \overline{2})$, $(\circ \overline{3})$, $(\circ \overline{4})$ als $(\circ EA)$-Figuren von $\circ$ bezeichnet, so weit sie zu $\circ$ gehören.

Auf Grund der Matrizen gehören also[1]

zu $\wedge$ die Figuren $(\wedge 1)$, $(\wedge \overline{2})$, $(\wedge \overline{3})$, $(\wedge \overline{4})$,

zu $\vee$ die Figuren $(\vee 1)$, $(\vee 2)$, $(\vee 3)$, $(\vee \overline{4})$,

zu $\rightarrow$ die Figuren $(\rightarrow 1)$, $(\rightarrow \overline{2})$, $(\rightarrow 3)$, $(\rightarrow 4)$,

zu $\leftrightarrow$ die Figuren $(\leftrightarrow 1)$, $(\leftrightarrow \overline{2})$, $(\leftrightarrow \overline{3})$, $(\leftrightarrow 4)$.

3.4. *Die Unabhängigkeit der M-Figuren.*

Da die Strukturfiguren und die Schnittfigur wesentlich elementarer sind als die Verknüpfungsfiguren, setzen wir jene voraus und diskutieren nur die *Unabhängigkeit der Verknüpfungsfiguren*.

Bei Wahl der *M-Figuren als Grundfiguren* sind die Unabhängigkeitsbeweise besonders einfach; denn sie sind alle nach demselben Schema zu führen. Wir behaupten: Jede M-Figur ist unabhängig von allen anderen. Zum Beweis ändern wir die Interpretation der zur Figur gehörigen A-Konstanten an der zur Figur gehörigen Stelle der Matrix ab. Im Sinne der abgeänderten Interpretation führen alle Figuren außer der kritischen von gültigen zu gültigen Sequenzen. Dagegen stellt die kritische Figur keine gültige Regel mehr dar und kann daher nicht aus den anderen ableitbar sein. Es gilt also:

Die M-Figuren sind unter Voraussetzung der Strukturfiguren und des Schnittes unabhängig voneinander.

3.5. *Zur Vollständigkeit.*

Die Figuren $\overline{H \mid H}$, die Strukturfiguren, der Schnitt und die M-Figuren bilden ein vollständiges System von Grundfiguren für den ASK.

---

[1] Daß hierbei keine Figur $(\circ \overline{1})$ vorkommt, ist durch unsere Wahl der A-Konstanten bedingt. Vgl. hierzu § 22, 5.

Der Beweis wird geführt werden durch Überführung in ein gleichwertiges
System, das für den Vollständigkeitsbeweis besonders geeignet ist, vgl. 7.

4. *Die umkehrbaren Figuren.*

4.1.   Einige der in 3. eingeführten Grundfiguren sind umkehrbar in
folgendem Sinne:

4.1.1.   Mit der Untersequenz ist auch jede Obersequenz *gültig*.

Für vollständige Systeme von Grundfiguren gilt dann auch:

4.1.2.   Mit der Untersequenz ist auch jede Obersequenz *beweisbar*.

Bei geeigneter Wahl der Grundfiguren gilt darüber hinaus:

4.1.3.   *Aus* der Untersequenz ist jede Obersequenz *ableitbar*.

4.2.   Von den Strukturfiguren ist $(s1)$ bis $(s6)$ umkehrbar. $(s7)$ und
$(s8)$ sind einzeln nicht umkehrbar, sind aber selbst die Umkehrungen
des Schnittes (S)[1]. Die $\sim$-Figuren $(\sim EA)$ und $(\sim ES)$ sind umkehrbar.
Von den M-Figuren für zweistellige A-Konstanten sind $(\wedge 1)$, $(\vee \overline{4})$, $(\rightarrow \overline{2})$
umkehrbar. Man sieht, daß es genau die Fälle sind, in denen *genau eine*
$(\circ ES)$-Figur bzw. *genau eine* $(\circ EA)$-Figur existiert. Dies sind Grenzfälle des folgenden Satzes

4.3.   Ist $\circ$ eine A-Konstante, so gilt: Die Gesamtheit der $(\circ ES)$-
Figuren ist gleichwertig mit *einer* umkehrbaren $(\circ ES)$-Figur, und die
Gesamtheit der $(\circ EA)$-Figuren ist gleichwertig mit *einer* umkehrbaren
$(\circ EA)$-Figur, in folgendem Sinne: Unter Voraussetzung der Strukturfiguren und des Schnittes besteht gegenseitige Ableitbarkeit zwischen
der umkehrbaren Figur — *U-Figur* — und der Gesamtheit der zugehörigen M-Figuren.

Für die Figuren $(\wedge 1)$, $(\vee \overline{4})$, $(\rightarrow \overline{2})$ ist nichts zu beweisen. Sie sollen
in diesem Zusammenhang als $(\wedge ES)$, $(\vee EA)$, $(\rightarrow EA)$ bezeichnet werden.
Die übrigen U-Figuren sind:

$$\frac{\mathsf{H}\Theta F \blacktriangleright G}{(\mathsf{H}\wedge\Theta)F \blacktriangleright G}\;(\wedge EA), \qquad \frac{F \blacktriangleright G\mathsf{H}\Theta}{F \blacktriangleright G(\mathsf{H}\vee\Theta)}\;(\vee ES), \qquad \frac{\mathsf{H}F \blacktriangleright G\Theta}{F \blacktriangleright G(\mathsf{H}\rightarrow\Theta)}\;(\rightarrow ES),$$

$$\frac{\mathsf{H}F \blacktriangleright G\Theta \quad \Theta F \blacktriangleright G\mathsf{H}}{F \blacktriangleright G(\mathsf{H}\leftrightarrow\Theta)}\;(\leftrightarrow ES), \qquad \frac{\mathsf{H}\Theta F \blacktriangleright G \quad F \blacktriangleright G\mathsf{H}\Theta}{(\mathsf{H}\leftrightarrow\Theta)F \blacktriangleright G}\;(\leftrightarrow EA).$$

4.3.1.   Die Ableitungen der U-Figuren aus den jeweils zugehörigen
M-Figuren erhält man so:

Für die Figur $(\wedge EA)$ leitet man zunächst eine Zusammenfassung
$(\wedge \overline{3}\,\overline{4})$ von $(\wedge \overline{3})$ und $(\wedge \overline{4})$ ab:

---

[1] Da bei einer Figur mit zwei Obersequenzen, falls überhaupt, zwei Umkehrungen existieren, werden diese selbst, außer in Grenzfällen, nicht umkehrbar sein,
da sonst ja eine Obersequenz der Ausgangsfigur überflüssig wäre.

$$\frac{\dfrac{\dfrac{HF\vdash G}{HF\vdash G\Theta}\,(s)\quad\dfrac{\overline{\Theta\vdash\Theta}}{\Theta F\vdash G\Theta}\,(ss)}{(H\wedge\Theta)F\vdash G\Theta}\,(\wedge\overline{4})\qquad\dfrac{\dfrac{\dfrac{HF\vdash G}{H\Theta F\vdash G}\,(ss)\quad\dfrac{\overline{\Theta\vdash\Theta}}{\Theta F\vdash G\Theta}\,(ss)}{(H\wedge\Theta)\Theta F\vdash G}\,(\wedge\overline{3})}{\Theta(H\wedge\Theta)F\vdash G}\,(s)}{(H\wedge\Theta)F\vdash G}\,(S),$$

$$\text{d.i.}\quad\frac{HF\vdash G}{(H\wedge\Theta)F\vdash G}\,(\wedge\overline{3}\,\overline{4}).$$

Ähnlich erhält man aus $(\wedge\overline{2})$ und $(\wedge\overline{4})$ eine Figur

$$\frac{\Theta F\vdash G}{(H\wedge\Theta)F\vdash G}\,(\wedge\overline{2}\,\overline{4}).$$

Aus diesen beiden Figuren erhält man schließlich $(\wedge EA)$:

$$\frac{\dfrac{\dfrac{\dfrac{H\Theta F\vdash G}{(H\wedge\Theta)\Theta F\vdash G}\,(\wedge\overline{3}\,\overline{4})}{\Theta(H\wedge\Theta)F\vdash G}\,(s)}{(H\wedge\Theta)(H\wedge\Theta)F\vdash G}\,(\wedge\overline{2}\,\overline{4})}{(H\wedge\Theta)F\vdash G}\,(s).$$

Die Figur $(\vee ES)$ erhält man durch spiegelbildliche Vertauschung von Antecedens und Succedens in den Beweisen für $(\wedge EA)$.

Für die Figur $(\to ES)$ braucht man die Zusammenfassungen

$$\frac{HF\vdash G}{F\vdash G(H\to\Theta)}\,(\to 3\,4)\qquad\text{und}\qquad\frac{F\vdash G\overset{\cdot}{\Theta}}{F\vdash G(H\to\Theta)}\,(\to 1\,3).$$

$(\to 3\,4)$ ist ähnlich wie $(\wedge\overline{3}\,\overline{4})$, $(\to 1\,3)$ ähnlich wie $(\vee 1\,3)$, also spiegelbildlich zu $(\wedge\overline{2}\,\overline{4})$ zu erhalten. Aus $(\to 3\,4)$ und $(\to 1\,3)$ erhält man $(\to ES)$ wie folgt:

$$\frac{\dfrac{\dfrac{HF\vdash G\Theta}{HF\vdash G(H\to\Theta)}\,(\to 1\,3)}{F\vdash G(H\to\Theta)(H\to\Theta)}\,(\to 3\,4)}{F\vdash G(H\to\Theta)}\,(s).$$

Die Ableitung von $(\leftrightarrow EA)$ aus $(\leftrightarrow\overline{2})$ und $(\leftrightarrow\overline{3})$ erhält man ähnlich wie im Falle von $(\wedge\overline{3}\,\overline{4})$:

$$\frac{\dfrac{\dfrac{F\vdash GH\Theta}{F\vdash G\Theta H}\,(s)\quad\dfrac{\overline{\Theta\vdash\Theta}}{\Theta F\vdash G\Theta}\,(ss)}{(H\leftrightarrow\Theta)F\vdash G\Theta}\,(\leftrightarrow\overline{2})\qquad\dfrac{\dfrac{H\Theta F\vdash G\quad\dfrac{\overline{\Theta\vdash\Theta}}{\Theta F\vdash G\Theta}\,(ss)}{(H\leftrightarrow\Theta)\Theta F\vdash G}\,(\leftrightarrow\overline{3})}{\Theta(H\leftrightarrow\Theta)F\vdash G}\,(s)}{(H\leftrightarrow\Theta)F\vdash G}\,(S)$$

Analog $(\leftrightarrow ES)$ aus $(\leftrightarrow 1)$ und $(\leftrightarrow 4)$:

$$\cfrac{\cfrac{HF\blacktriangleright G\ominus \qquad \cfrac{\overline{\ominus\blacktriangleright\ominus}}{\ominus F\blacktriangleright G\ominus}(ss)}{\cfrac{F\blacktriangleright G\ominus(H\leftrightarrow\ominus)}{F\blacktriangleright G(H\leftrightarrow\ominus)\ominus}(s)}(\leftrightarrow 4) \qquad \cfrac{\ominus F\blacktriangleright GH \qquad \cfrac{\overline{\ominus\blacktriangleright\ominus}}{\ominus F\blacktriangleright G\ominus}(ss)}{\ominus F\blacktriangleright G(H\leftrightarrow\ominus)}(\leftrightarrow 1)}{F\blacktriangleright G(H\leftrightarrow\ominus)}(S)\,.$$

Damit können wir für alle U-Figuren Ableitungen aus M-Figuren herstellen. Man beachte, daß in jeder dieser Ableitungen wenigstens einmal der Schnitt vorkommt.

4.3.2. Da der Vollständigkeitsbeweis für ein System auf der Basis der U-Figuren geführt werden wird, braucht man die Ableitbarkeit der M-Figuren aus den U-Figuren erst dann, wenn eine Gleichwertigkeit in bezug auf beliebige ableitbare Figuren gezeigt werden soll. Wir beschränken uns deshalb auf einige Beispiele.

$$\cfrac{\cfrac{F\blacktriangleright GH}{\ominus F\blacktriangleright GH}(s) \qquad \cfrac{F\blacktriangleright G\ominus}{HF\blacktriangleright G\ominus}(s)}{F\blacktriangleright G(H\leftrightarrow\ominus)}(\leftrightarrow ES),\ \text{d.i.}\ (\leftrightarrow 1).^{[1]}$$

Bei den U-Figuren mit Einer Obersequenz kann eine (an sich überflüssige) Obersequenz wie in folgendem Beispiel eingefügt werden:

$$\cfrac{\cfrac{F\blacktriangleright GH}{F\blacktriangleright G\ominus H}(ss) \qquad \cfrac{F\blacktriangleright G\ominus}{HF\blacktriangleright G\ominus}(s)}{F\blacktriangleright G\ominus}(S),\quad \text{d.i.}\quad \cfrac{F\blacktriangleright GH \quad F\blacktriangleright G\ominus}{F\blacktriangleright G\ominus}(a)$$

woraus man z.B. $(\vee 1)$ und $(\rightarrow 1)$ erhält, nämlich so:

$$\cfrac{\cfrac{\cfrac{F\blacktriangleright GH \quad F\blacktriangleright G\ominus}{F\blacktriangleright G\ominus}(a)}{F\blacktriangleright GH\ominus}(ss)}{F\blacktriangleright G(H\vee\ominus)}(\vee ES) \qquad ^{[2]} \qquad \text{und} \qquad \cfrac{\cfrac{\cfrac{F\blacktriangleright GH \quad F\blacktriangleright G\ominus}{F\blacktriangleright G\ominus}(a)}{HF\blacktriangleright G\ominus}(s)}{F\blacktriangleright G(H\rightarrow\ominus)}(\rightarrow ES)\,.$$

4.4. *Zur Unabhängigkeit der U-Figuren.*

Die Unabhängigkeit der U-Figuren unter Voraussetzung der Strukturfiguren und des Schnittes läßt sich auf die Unabhängigkeit der M-Figuren zurückführen: Jede Abhängigkeit im Bereich der U-Figuren würde sich darstellen als eine zusammengesetzte Figur. Man ersetze die darin eingehenden U-Figuren durch ihre Ableitungen aus M-Figuren

---

[1] Hier wird vorausgesetzt, daß es auf die Reihenfolge der Obersequenzen nicht ankommt; sonst könnte die Untersequenz nur $F\blacktriangleright G(\ominus\leftrightarrow H)$ heißen.

[2] Natürlich hätte man hier durch Einführung einer Variante von (a) die Anwendung einer Vertauschung ersparen können.

(vgl. 4.3.1) und erhält eine Ableitung einer U-Figur aus diesen M-Figuren. Man benutzt diese U-Figur nach 4.3.2 zur Ableitung einer zugehörigen M-Figur (falls sie nicht selbst schon eine M-Figur ist). Da die M-Figuren nach ihrer Zugehörigkeit zu U-Figuren in paarweise fremde Klassen aufgeteilt sind, hätte man also im Widerspruch zu 3.4 eine Abhängigkeit zwischen M-Figuren. Es gilt also: Die U-Figuren $(\sim EA)$, $(\sim ES)$, $(\wedge EA)$, $(\wedge ES)$, $(\vee EA)$, $(\vee ES)$, $(\to EA)$, $(\to ES)$, $(\leftrightarrow EA)$, $(\leftrightarrow ES)$ sind unter Voraussetzung der Strukturfiguren und des Schnittes unabhängig.

5. *Charakterisierung der A-Konstanten durch Grundsequenzen.*

5.1. Unter Voraussetzung der Strukturfiguren und des Schnittes ist jede U-Figur gleichwertig mit einer (endlichen) Menge von Sequenzen. Diese, als „Verknüpfungsgrundsequenzen" — *V-Sequenzen* — eingeführt, können also die jeweilige U-Figur ersetzen. Als V-Sequenzen können gewählt werden

für $(\sim EA)$: $\sim$HH⊢,

für $(\sim ES)$: ⊢H$\sim$H,

für $(\wedge EA)$: (H$\wedge\Theta$)⊢H und (H$\wedge\Theta$)⊢Θ,

für $(\wedge ES)$: HΘ⊢(H$\wedge\Theta$),

für $(\vee EA)$: (H$\vee\Theta$)⊢HΘ,

für $(\vee ES)$: H⊢(H$\vee\Theta$) und Θ⊢(H$\vee\Theta$),

für $(\to EA)$: (H$\to\Theta$)H⊢Θ,

für $(\to ES)$: ⊢H(H$\to\Theta$) und Θ⊢(H$\to\Theta$),

für $(\leftrightarrow EA)$: (H$\leftrightarrow\Theta$)H⊢Θ und (H$\leftrightarrow\Theta$)Θ⊢H,

für $(\leftrightarrow ES)$: HΘ⊢(H$\leftrightarrow\Theta$) und ⊢HΘ(H$\leftrightarrow\Theta$).

5.2. Als Beispiel für die (gleichartig verlaufenden) Beweise seien die Ableitungen zu $(\to EA)$ und $(\to ES)$ durchgeführt.

Zu $(\to EA)$: Beweis der Sequenz

$$\frac{\dfrac{\text{H⊢H}}{\text{H⊢}\Theta\text{H}}\,(ss) \qquad \dfrac{\Theta\text{⊢}\Theta}{\Theta\text{H⊢}\Theta}\,(ss)}{(\text{H}\to\Theta)\,\text{H⊢}\Theta}\,(\to EA)\,.$$

Ableitung der Regel

$$\frac{\dfrac{F\text{⊢}GH \quad \overline{(\text{H}\to\Theta)\,\text{H⊢}\Theta}}{(\text{H}\to\Theta)\,F\text{⊢}G\Theta}\,(sS) \qquad \Theta F\text{⊢}G}{(\text{H}\to\Theta)\,F\text{⊢}G}\,(sS)\,.$$

Zu $(\to ES)$: Beweise der Sequenzen

$$\frac{\dfrac{\overline{\mathsf{H} \blacktriangleright \mathsf{H}}}{\mathsf{H} \blacktriangleright \mathsf{H}\Theta}\ (s)}{\blacktriangleright \mathsf{H}(\mathsf{H} \to \Theta)}\ (\to ES) \qquad\qquad \frac{\dfrac{\overline{\Theta \blacktriangleright \Theta}}{\mathsf{H}\Theta \blacktriangleright \Theta}\ (s)}{\Theta \blacktriangleright (\mathsf{H} \to \Theta)}\ (\to ES).$$

Ableitung der Regel

$$\frac{\dfrac{\dfrac{\overline{\blacktriangleright \mathsf{H}(\mathsf{H} \to \Theta)}}{\blacktriangleright (\mathsf{H} \to \Theta)\,\mathsf{H}}\ (s) \qquad \dfrac{\mathsf{H}F \blacktriangleright G\Theta \quad \overline{\Theta \blacktriangleright (\mathsf{H} \to \Theta)}}{\mathsf{H}F \blacktriangleright G(\mathsf{H} \to \Theta)}\ (sS)}{}}{F \blacktriangleright G(\mathsf{H} \to \Theta)}\ (sS).$$

Die übrigen Ableitungen unterscheiden sich von diesen Beispielen fast nur durch sinngemäße Vertauschungen von Antecedens und Succedens.

5.3. Die V-Sequenzen für $(\wedge EA)$, $(\vee ES)$ und $(\to ES)$ ließen sich noch einmal „zerlegen", nämlich

für $(\wedge EA)$ in $(\mathsf{H} \wedge \Theta) \blacktriangleright \mathsf{H}\Theta$, $(\mathsf{H} \wedge \Theta)\,\mathsf{H} \blacktriangleright \Theta$, $(\mathsf{H} \wedge \Theta)\,\Theta \blacktriangleright \mathsf{H}$,

für $(\vee ES)$ in $\mathsf{H}\Theta \blacktriangleright (\mathsf{H} \vee \Theta)$, $\mathsf{H} \blacktriangleright \Theta(\mathsf{H} \vee \Theta)$, $\Theta \blacktriangleright \mathsf{H}(\mathsf{H} \vee \Theta)$,

für $(\to ES)$ in $\mathsf{H}\Theta \blacktriangleright (\mathsf{H} \to \Theta)$, $\Theta \blacktriangleright \mathsf{H}(\mathsf{H} \to \Theta)$, $\blacktriangleright \mathsf{H}\Theta(\mathsf{H} \to \Theta)$.

Dann gehören zu jeder zweistelligen A-Konstanten vier Verknüpfungssequenzen, welche in natürlicher Weise eineindeutig den M-Figuren zugeordnet sind[1].

6. *Die Umkehrungen der U-Figuren*[2].

Für den folgenden Vollständigkeitsbeweis würde es genügen, die Umkehrbarkeit der U-Figuren im Sinne von 4.1.1 zu konstatieren. Da aber die Umkehrbarkeit im Sinne von 4.1.3 an sich von Interesse ist, zeigen wir diese und erhalten 4.1.1 als einfache Folgerung. Vgl. dazu 7.

Wir zeigen die Umkehrbarkeit im Sinne von 4.1.3 durch Ableitung der entsprechenden Figuren; diese seien, da sie jeweils die *Beseitigung* einer Verknüpfung $\circ$ im Antecedens bzw. Succedens bewirken, als $(\circ BA)$- bzw. $(\circ BS)$-Figuren bezeichnet. Die abzuleitenden Figuren sind also:

---

[1] Wir haben die M-Figuren u. a. deshalb vorgezogen, weil die formale Ableitung dieser Sequenzen aus den Matrizen etwas weniger einfach ist als die Ableitung der M-Figuren (H bzw. Θ ist für $\mathfrak{B}^*(\ldots) = W$ in das Antecedens, für $\mathfrak{B}^*(\ldots) = F$ in das Succedens zu setzen, dagegen $(\mathsf{H} \circ \Theta)$ für $\mathfrak{B}^*(\ldots) = W$ in das Succedens, für $\mathfrak{B}^*(\ldots) = F$ in das Antecedens).

[2] Im Anschluß an Ketonen [1].

6.1.
$$\frac{\sim HF \blacktriangleright G}{F \blacktriangleright GH}\ (\sim BA) \qquad \frac{F \blacktriangleright G, \sim H}{HF \blacktriangleright G}\ (\sim BS)$$

$$\frac{(H \wedge \Theta)F \blacktriangleright G}{H\Theta F \blacktriangleright G}\ (\wedge BA) \qquad \frac{F \blacktriangleright G(H \wedge \Theta)}{F \blacktriangleright GH}\ (\wedge BS1) \qquad \frac{F \blacktriangleright G(H \wedge \Theta)}{F \blacktriangleright G\Theta}\ (\wedge BS2)$$

$$\frac{(H \vee \Theta)F \blacktriangleright G}{HF \blacktriangleright G}\ (\vee BA1) \qquad \frac{(H \vee \Theta)F \blacktriangleright G}{\Theta F \blacktriangleright G}\ (\vee BA2) \qquad \frac{F \blacktriangleright G(H \vee \Theta)}{F \blacktriangleright GH\Theta}\ (\vee BS)$$

$$\frac{(H \to \Theta)F \blacktriangleright G}{F \blacktriangleright GH}\ (\to BA1) \qquad \frac{(H \to \Theta)F \blacktriangleright G}{\Theta F \blacktriangleright G}\ (\to BA2) \qquad \frac{F \blacktriangleright G(H \to \Theta)}{HF \blacktriangleright G\Theta}\ (\to BS)$$

$$\frac{(H \leftrightarrow \Theta)F \blacktriangleright G}{H\Theta F \blacktriangleright G}\ (\leftrightarrow BA1) \qquad \frac{(H \leftrightarrow \Theta)F \blacktriangleright G}{F \blacktriangleright GH\Theta}\ (\leftrightarrow BA2)$$

$$\frac{F \blacktriangleright G(H \leftrightarrow \Theta)}{HF \blacktriangleright G\Theta}\ (\leftrightarrow BS1) \qquad \frac{F \blacktriangleright G(H \leftrightarrow \Theta)}{\Theta F \blacktriangleright GH}\ (\leftrightarrow BS2).$$

Nun gilt

6.2. Unter Voraussetzung der Strukturfiguren und der Schnitte ist für jede A-Konstante ∘ gleichwertig

(1) Jede V-Sequenz, die zu $(\circ EA)$ gehört, mit einer $(\circ BS)$-Figur,

(2) Jede V-Sequenz, die zu $(\circ ES)$ gehört, mit einer $(\circ BA)$-Figur.

Als Muster für die gleichartig verlaufenden Beweise seien wieder die Fälle $(\to EA)$ und $(\to ES)$ ausgeführt.

Zu $(\to BS)$:

$$\frac{\dfrac{\overline{(H \to \Theta) \blacktriangleright (H \to \Theta)}}{H(H \to \Theta) \blacktriangleright \Theta}\ (\to BS)}{(H \to \Theta) H \blacktriangleright \Theta}\ (s) \qquad \frac{F \blacktriangleright G(H \to \Theta) \quad \overline{(H \to \Theta) H \blacktriangleright \Theta}}{HF \blacktriangleright G\Theta}\ (sS).$$

Zu $(\to BA1)$:

$$\frac{\dfrac{\overline{(H \to \Theta) \blacktriangleright (H \to \Theta)}}{\blacktriangleright (H \to \Theta) H}\ (\to BA1)}{\blacktriangleright H(H \to \Theta)}\ (s) \qquad \frac{\blacktriangleright H(H \to \Theta) \quad (H \to \Theta)F \blacktriangleright G}{F \blacktriangleright GH}\ (sS).$$

Zu $(\to BA2)$:

$$\frac{\overline{(H \to \Theta) \blacktriangleright (H \to \Theta)}}{\Theta \blacktriangleright (H \to \Theta)}\ (\to BA2) \qquad \frac{\Theta \blacktriangleright (H \to \Theta) \quad (H \to \Theta)F \blacktriangleright G}{\Theta F \blacktriangleright G}\ (sS).$$

Durch Zusammenfassung von 5.1 und 6.2 folgt

6.3. Unter Voraussetzung von Strukturfiguren und Schnitten ist für jede A-Konstante o gleichwertig

(1) die Figur (o EA) mit der Gesamtheit der (o BS)-Figuren,

(2) die Figur (o ES) mit der Gesamtheit der (o BA)-Figuren.

Es folgt

6.4. Alle U-Figuren sind umkehrbar im Sinne von 4.1.3.

7. Vollständigkeitssätze für den ASK.

Auf Grund der Legitimierung der Grundfiguren durch |▶-Theoreme (vgl. 2.3) erhält man leicht durch Induktion über die Ableitungsschritte (vgl. den entsprechenden Beweis in § 91, 1.):

7.1. Alle aus gültigen Sequenzen ableitbaren Sequenzen sind gültig. Anders ausgedrückt: Alle ableitbaren Figuren führen von gültigen zu gültigen Sequenzen.

Folgerungen:

7.2. Alle beweisbaren Sequenzen sind gültig, und in Verbindung mit 6.4:

7.3. Alle U-Figuren sind umkehrbar im Sinne von 4.1.1.

Wir zeigen jetzt die Umkehrung von 7.2.

7.4. Jede gültige Sequenz ist beweisbar, in der verschärften Form:

*7.5. Jede gültige Sequenz ist beweisbar unter ausschließlicher Benutzung der Grundsequenzen H▶H, der Strukturfiguren und der U-Figuren ($\sim EA$), ($\sim ES$), ($\wedge ES$), ($\vee EA$), ($\vee ES$), ($\rightarrow EA$), ($\rightarrow ES$), ($\leftrightarrow EA$), ($\leftrightarrow ES$), also *ohne Schnitte.*

Beweis (durch ordnungstheoretische Induktion über die Zahl k der A-Konstanten in einer Sequenz)

($k = 0$): Wenn S gültig ist, so hat S die Form $F_1 p F_2 \vdash G_1 p G_2$, ist also

in der Form $\dfrac{\overline{p \blacktriangleright p}}{F_1 p F_2 \vdash G_1 p G_2}$ (ss) beweisbar.

($k \neq 0$): Man nehme einen nicht-atomaren A-Ausdruck H in S (ein solcher existiert wegen $k \neq 0$). Zu diesem gehört eine U-Figur Φ mit H als Hauptglied, deren Untersequenz S' sich von S nur dadurch unterscheidet, daß H nach außen, d.h. an den Anfang des Antecedens bzw. ans Ende des Succedens gerückt ist. Die Obersequenzen von Φ seien S_1 und S_2 (der Fall, daß nur eine Obersequenz auftritt, kann formal durch

$S_1 = S_2$ einbezogen werden). Es gilt: Wenn S gültig ist, so sind auch S_1 und S_2 gültig. S_1 und S_2 enthalten jede für sich weniger A-Konstanten als S, sind also nach Induktionsvoraussetzung beweisbar. Durch Hinzunahme von Φ erhält man einen Beweis für S' und damit für S. S ist also beweisbar.

7.6. Der Beweis von 7.5 zeigt zusätzlich,

(1) daß man sich auf Grundsequenzen der Form $p \blacktriangleright p$ beschränken kann ($k = 0$),

(2) wie man Sequenzen $H \blacktriangleright H$ auf solche der Form $p \blacktriangleright p$ zurückführen kann (enthalten in $k \neq 0$),

(3) daß man von nicht-gültigen Sequenzen zum Fall $k = 0$ *ohne* gemeinsame Variable gelangt.

Folgerungen von 7.5:

7.7. Jede mit den Mitteln des Theorems 7.5 und zusätzlich mit Schnitten beweisbare Sequenz ist schon mit den Mitteln von 7.5 allein beweisbar.

Beweis: Die Grundfiguren des Theorems 7.5 liefern bereits als Sätze alle gültigen Sequenzen. Die Menge der gültigen Sequenzen ist in bezug auf den Schnitt abgeschlossen ($\blacktriangleright$-Theorem).

Anm.: 7.7 kann rein syntaktisch, mit Hilfe eines Verfahrens zur Elimination der in einer Beweisfigur vorkommenden Schnitte, bewiesen werden. Vgl. dazu auch § 252, 4.

7.5 ist ein erster Vollständigkeitssatz. Weitere Sätze dieser Art erhält man durch Anwendung von 5. und 6.

7.8. Jede gültige Sequenz ist beweisbar unter ausschließlicher Benutzung der Grundsequenzen $H \blacktriangleright H$, der V-Sequenzen, der Strukturfiguren *und des Schnittes.*

Beweis aus 7.5 und 6.2.

7.9. Jede gültige Sequenz ist beweisbar unter ausschließlicher Benutzung der Grundsequenzen $H \blacktriangleright H$, der Strukturfiguren, *des Schnittes* und der M-Figuren.

Beweis aus 7.5 und 4.3.2.

Anm.: Häufig werden auch vollständige Systeme von Grundfiguren von gemischtem Typus zugrunde gelegt, wie z.B. in GENTZEN [3]. Als $(\wedge EA)$-Figuren werden hier $(\wedge \overline{2}\,\overline{4})$ und $(\wedge \overline{3}\,\overline{4})$, als $(\vee ES)$-Figuren werden $(\vee 1\,2)$ und $(\vee 1\,3)$ verwendet. $\rightarrow$ ist auch charakterisierbar durch $(\rightarrow ES)$ und durch die V-Sequenz $(H \rightarrow \Theta)\, H \blacktriangleright \Theta$. — Gelegentlich wird für $\rightarrow$ auch die Charakterisierung durch $(\rightarrow ES)$ und $(\rightarrow BS)$ gewählt, in Anlehnung an die in § 250 erwähnten Kalküle des natürlichen Schließens.

8. Die Widerspruchsfreiheit des ASK.

8.1. Die Widerspruchsfreiheit des ASK läßt sich sehr einfach formulieren:

(1)   *non* $\blacktriangleright \in M_3$ (d.h.: die leere Sequenz gehört nicht zu M_3).

Diese Formulierung erweist sich als gleichwertig mit den durch Analogie zum AK naheliegenden Formulierungen:

(2)   *non* $(Om\ S)\ (S \in M_3)$,

(3)   *non* $(Ex\ \mathsf{H})\ (\blacktriangleright \mathsf{H} \in M_3\ et\ \blacktriangleright \sim \mathsf{H} \in M_3)$,

(4)   *non* $(Ex\ \mathsf{H})\ (\blacktriangleright \mathsf{H} \in M_3\ et\ \mathsf{H} \blacktriangleright \in M_3)$.

> *Beweise: non* (4) *seq non* (1) durch Schnitt,
>   *non* (1) *seq non* (2) durch Verdünnungen,
>   *non* (2) *seq non* (3) durch zwei Spezialisierungen,
>   *non* (3) *seq non* (4) durch $(\sim BS)$.

8.2. *Zum Beweis von* 8.1, (1):

(A) *Semantisch:* Nach 1.3 ist zu zeigen: *non* $Lr \parallel\!\!\blacktriangleright Lr$, also

(1)   *non* $(Om\ \mathfrak{B})\ (\mathfrak{B}\ Erf^\wedge\ Lr\ seq\ \mathfrak{B}\ Erf^\vee\ Lr)$,

oder gleichwertig

(2) $(Ex\ \mathfrak{B})\ (\mathfrak{B}\ Erf^\wedge\ Lr\ et\ non\ \mathfrak{B}\ Erf^\vee\ Lr)$.

Nun gilt sogar

(3) $(Om\ \mathfrak{B})\ (\mathfrak{B}\ Erf^\wedge\ Lr\ et\ non\ \mathfrak{B}\ Erf^\vee\ Lr)$.   1.3.2.

(B) *Syntaktisch:* Der Beweis hängt von dem gewählten System der Grundfiguren ab. Besonders charakteristisch für den ASK ist der Beweis für das System der Grundfiguren in 7.5. Man zeigt:

(1)   Die Grundsequenzen sind nicht leer.

(2)   Keine der zugelassenen Figuren ermöglicht eine Verkürzung der Obersequenzen, außer $(s\,5)$ und $(s\,6)$; durch Streichung von Wiederholungen kann aber auch nicht die leere Sequenz entstehen.

Anm.: Die Idee des Beweises (B) ist von besonderer Bedeutung für solche Kalküle, für welche sich Analoga zu 7.7 beweisen lassen, vgl. auch § 252, 4.

§ 252. Erweiterung zum Konsequenzenkalkül für die PL (PSK)

1. *Konstituierung.*

Man erhält die *Zeichenreihen*, die *Ausdrücke* und die *semantisch bestimmten Sätze* des PSK durch sinngemäße Übertragung von § 251, 1.2, indem man von P-Ausdrücken (anstatt von A-Ausdrücken) ausgeht. Für die *syntaktischen Satzbestimmungen* kann eines der als gleichwertig erwiesenen Systeme von Grundfiguren des ASK, übertragen auf PSK-Ausdrücke, genommen werden. Wir wählen die Grundsequenzen, die Strukturfiguren, die Schnittfigur (vgl. § 251, 2.) und die U-Figuren (vgl. § 251, 4.). Dazu kommen die eigentlichen Grundfiguren des PSK. Als solche wählen wir:

$$\frac{F \blacktriangleright G\, H(x)}{F \blacktriangleright G\, \exists x\, H(x)}\;(\exists ES)\quad(\text{vgl. } Ph) \qquad \frac{H(x)\, F \blacktriangleright G}{\exists x\, H(x)\, F \blacktriangleright G}\;(\exists EA)\quad(\text{vgl. } Pv)$$

$$\frac{H(x)\, F \blacktriangleright G}{\forall x\, H(x)\, F \blacktriangleright G}\;(\forall EA)\quad(\text{vgl. } Gv) \qquad \frac{F \blacktriangleright G\, H(x)}{F \blacktriangleright G\, \forall x\, H(x)}\;(\forall ES)\quad(\text{vgl. } Gh)\,.$$

In den Figuren $(\exists EA)$ und $(\forall ES)$ darf die Variable x weder in F noch in G frei vorkommen. Dies ist die sinngemäße Übertragung von § 90, 2.5 und 2.4, wobei § 53, 4. jetzt auch für Aneinanderreihungen von P-Ausdrücken gelten soll.

$$\frac{F(x) \blacktriangleright G(x)}{F(y) \blacktriangleright G(y)}\;(FU)\quad(\text{freie Umbenennung}).$$

(Der Übergang von $F(x) \blacktriangleright G(x)$ zu $F(y) \blacktriangleright G(y)$ drücke aus, daß überall, wo x in der Obersequenz von (FU) frei vorkommt, x durch y zu ersetzen ist, wobei das x in der Obersequenz nirgends in einem Wirkungsbereich eines Qy vorkommen darf: Konfusionsverbot.)

Die in die Formulierung der Figuren $(\exists EA)$, $(\forall ES)$ und (FU) wesentlich eingehende Variable x heiße die *Eigenvariable* dieser Figuren.

Schließlich nehmen wir noch eine Regel der gebundenen Umbenennung hinzu

$$\frac{F \blacktriangleright G}{F' \blacktriangleright G'}\;(GU),$$

wobei F', G' aus F, G dadurch hervorgehen, daß in den Gliedern von F, G nach Belieben im Sinne des PK zulässige gebundene Umbenennungen vorgenommen werden. Alle angegebenen Grundfiguren sind durch $\blacktriangleright$-Theoreme legitimiert. $(\exists EA)$, $(\exists ES)$, $(\forall EA)$, $(\forall ES)$ seien zusammenfassend als **Q**-*Figuren*, (FU) und (GU) als *Strukturfiguren* des PSK bezeichnet.

2. *Zur Umkehrbarkeit der eigentlichen Grundfiguren des PSK.*

2.1. Die Figuren $(\exists EA)$ und $(\forall ES)$ sind umkehrbar im Sinne der Existenz einer ableitbaren Figur (vgl. § 251, 4.1.2). Wir geben Figuren für die Ableitung der Umkehrungen $(\exists BA)$ und $(\forall BS)$, unter Verwendung von $(\exists ES)$ bzw. $(\forall EA)$, an.

$$(\exists BA)\qquad \frac{\dfrac{\dfrac{\overline{\mathsf{H}(x)\blacktriangleright\mathsf{H}(x)}}{\mathsf{H}(x)\blacktriangleright\exists x\,\mathsf{H}(x)}\ (\exists ES)}{\mathsf{H}(x)F\blacktriangleright G\,\exists x\,\mathsf{H}(x)}\ (ss)}{\mathsf{H}(x)F\blacktriangleright G}\qquad\qquad \frac{\dfrac{\exists x\,\mathsf{H}(x)F\blacktriangleright G}{\exists x\,\mathsf{H}(x)\,\mathsf{H}(x)F\blacktriangleright G}\ (ss)}{}\ (S)\,,$$

$$(\forall BS)\qquad \frac{\dfrac{F\blacktriangleright G\,\forall x\,\mathsf{H}(x)}{F\blacktriangleright G\,\mathsf{H}(x)\,\forall x\,\mathsf{H}(x)}\ (ss)}{F\blacktriangleright G\,\mathsf{H}(x)}\qquad\qquad \frac{\dfrac{\dfrac{\overline{\mathsf{H}(x)\blacktriangleright\mathsf{H}(x)}}{\forall x\,\mathsf{H}(x)\blacktriangleright\mathsf{H}(x)}\ (\forall EA)}{\forall x\,\mathsf{H}(x)F\blacktriangleright G\,\mathsf{H}(x)}\ (ss)}{}\ (S)\,.$$

Anm.: Für manche Untersuchungen ist es wesentlich, daß die Figuren $(\exists EA)$ und $(\forall ES)$ auch umkehrbar sind in dem folgenden Sinne: Aus einer Beweisfigur für die Untersequenz kann *ohne zusätzliche Schnitte* eine Beweisfigur für die Obersequenz bestimmt werden.

2.2. Die Figuren $(\exists ES)$ und $(\forall EA)$ sind dagegen nicht umkehrbar. Die rein formal angeschriebenen „Umkehrungen"

$$\frac{F\blacktriangleright G\,\exists x\,\mathsf{H}(x)}{F\blacktriangleright G\,\mathsf{H}(x)}\qquad\text{bzw.}\qquad \frac{\forall x\,\mathsf{H}(x)F\blacktriangleright G}{\mathsf{H}(x)F\blacktriangleright G}$$

führen von gültigen zu nicht-gültigen Sequenzen. Zum Beispiel sind $Fx\blacktriangleright\exists y Fy$ und $\forall y Fx\blacktriangleright Fy$ gültige Sequenzen, dagegen nicht $Fx\blacktriangleright Fy$.

2.3. Um im folgenden einen Vollständigkeitssatz in möglichst weitgehender Analogie zu § 251, 7.5 beweisen zu können, führen wir die folgenden *umkehrbaren* Varianten $(\exists US)$ und $(\forall UA)$ von $(\exists ES)$ bzw. $(\forall EA)$ ein

$$\frac{F\blacktriangleright G\,\exists x\,\mathsf{H}(x)\,\mathsf{H}(z)}{F\blacktriangleright G\,\exists x\,\mathsf{H}(x)}\ (\exists US)^{[1]}\qquad\qquad \frac{\mathsf{H}(z)\,\forall x\,\mathsf{H}(x)F\blacktriangleright G}{\forall x\,\mathsf{H}(x)F\blacktriangleright G}\ (\forall UA)^{[2]}\,,$$

wobei als Hauptglied der P-Ausdruck $\exists x\,\mathsf{H}(x)$ bzw. $\forall x\,\mathsf{H}(x)$ in Ober- und Untersequenz gilt. Ihre Gleichwertigkeit mit $(\exists ES)$ bzw. $(\forall EA)$ unter Voraussetzung der Strukturfiguren ergibt sich aus den folgenden Figuren (aus Symmetriegründen braucht nur der Fall $(\exists US)$ ausgeführt zu werden):

$$\frac{\dfrac{F\blacktriangleright G\,\mathsf{H}(x)}{F\blacktriangleright G\,\exists x\,\mathsf{H}(x)\,\mathsf{H}(z)}\ (ss)}{F\blacktriangleright G\,\exists x\,\mathsf{H}(x)}\ (\exists US)\qquad\qquad \frac{\dfrac{F\blacktriangleright G\,\exists x\,\mathsf{H}(x)\,\mathsf{H}(z)}{F\blacktriangleright G\,\exists x\,\mathsf{H}(x)\,\exists z\,\mathsf{H}(z)}\ (\exists ES)}{F\blacktriangleright G\,\exists x\,\mathsf{H}(x)}\ (ss)\,.$$

Die Umkehrungen von $(\exists US)$ und $(\forall UA)$ sind als Sonderfälle von Strukturfiguren trivial.

---

[1] Zu lesen etwa „$\exists$-Umwandlung im Succedens", da $\exists x\,\mathsf{H}(x)\vee\mathsf{H}(z)\ Aeq_P\,\exists x\,\mathsf{H}(x)$.

[2] Etwa „$\forall$-Umwandlung im Antecedens", da $\forall x\,\mathsf{H}(x)\wedge\mathsf{H}(z)\ Aeq_P\,\forall x\,\mathsf{H}(x)$.

2.4. Die Notwendigkeit, in den Figuren ($\exists US$) und ($\forall UA$) das Hauptglied in die Obersequenzen mitzunehmen[1], zwingt zwar nicht dazu, sie legt aber nahe, alle U-Figuren auf die entsprechende Form zu bringen[2]. Man erhält so die Figuren:

$$\frac{{\sim}HF \blacktriangleright GH}{{\sim}HF \blacktriangleright G}\ ({\sim}UA) \qquad \frac{HF \blacktriangleright G, {\sim}H}{F \blacktriangleright G, {\sim}H}\ ({\sim}US)$$

$$\frac{H\Theta(H\wedge\Theta)F \blacktriangleright G}{(H\wedge\Theta)F \blacktriangleright G}\ (\wedge UA) \qquad \frac{F \blacktriangleright G(H\wedge\Theta)H \quad F \blacktriangleright G(H\wedge\Theta)\Theta}{F \blacktriangleright G(H\wedge\Theta)}\ (\wedge US)$$

$$\frac{H(H\vee\Theta)F \blacktriangleright G \quad \Theta(H\vee\Theta)F \blacktriangleright G}{(H\vee\Theta)F \blacktriangleright G}\ (\vee UA) \qquad \frac{F \blacktriangleright G(H\vee\Theta)H\Theta}{F \blacktriangleright G(H\vee\Theta)}\ (\vee US)$$

$$\frac{(H\rightarrow\Theta)F \blacktriangleright GH \quad \Theta(H\rightarrow\Theta)F \blacktriangleright G}{(H\rightarrow\Theta)F \blacktriangleright G}\ (\rightarrow UA) \qquad \frac{HF \blacktriangleright G(H\rightarrow\Theta)\Theta}{F \blacktriangleright G(H\rightarrow\Theta)}\ (\rightarrow US)$$

$$\frac{H\Theta(H\leftrightarrow\Theta)F \blacktriangleright G \quad (H\leftrightarrow\Theta)F \blacktriangleright GH\Theta}{(H\leftrightarrow\Theta)F \blacktriangleright G}\ (\leftrightarrow UA)$$

$$\frac{HF \blacktriangleright G(H\leftrightarrow\Theta)\Theta \quad \Theta F \blacktriangleright G(H\leftrightarrow\Theta)H}{F \blacktriangleright G(H\leftrightarrow\Theta)}\ (\leftrightarrow US)$$

$$\frac{H(z)\,\exists x\,H(x)F \blacktriangleright G}{\exists x\,H(x)F \blacktriangleright G}\ (\exists UA) \qquad \frac{F \blacktriangleright G\,\forall x\,H(x)\,H(z)}{F \blacktriangleright G\,\forall x\,H(x)}\ (\forall US)$$

In den Figuren ($\exists UA$) und ($\forall US$) gelten für z die Bedingungen für Eigenvariablen.

Wegen ihrer Bedeutung für den prädikatenlogischen Vollständigkeitsbeweis seien die in 2.3 und 2.4 eingeführten Figuren, auch mit beliebiger Umordnung der Glieder in den Ober- und Untersequenzen als *UP-Figuren* bezeichnet. Die in der Obersequenz (den Obersequenzen) zusätzlich vorkommenden Teile des jeweiligen Hauptgliedes mögen *Teilglieder* des Hauptgliedes heißen.

3. *Die Vollständigkeit des PSK.*

Auf Grund der Legitimation der Grundfiguren durch $\blacktriangleright$-Theoreme erhält man wie im ASK (§ 251, 7.2) auch für den PSK:

*3.1. Jede beweisbare Sequenz ist gültig.

Auch im PSK gilt die Umkehrung in der verschärften Form (vgl. § 251, 7.5):

---

[1] Die Formulierung zielt auf den Aufbau eines Beweises von der zu beweisenden Sequenz her, wie in § 251, 7.5.

[2] Hierdurch werden im Beweise des Vollständigkeitssatzes einige Formulierungen vereinfacht.

***3.2.** Jede gültige Sequenz ist beweisbar unter ausschließlicher Benutzung[1] der Strukturfiguren des ASK und des PSK, und der UP-Figuren, also *ohne Schnitte*.

Der Beweis von 3.2 soll in möglichst weitgehender Anlehnung an die Beweisidee von § 251, 7.5 geführt werden. Diese war charakterisiert durch die Momente:

(1) Beim inversen Durchlaufen von U-Figuren gelangt man immer zu einfacheren Sequenzen.

(2) Beim inversen Durchlaufen von jeweils möglichen U-Figuren gelangt man von einer gültigen Sequenz schließlich zu Sequenzen, welche durch Strukturfiguren aus Grundsequenzen entstehen („erweiterte Grundsequenzen").

(3) Der Parallelismus zwischen semantisch zulässigem Abbau und syntaktisch zulässigem Aufbau wird in die Form eines Beweises, induktiv über ein geeignetes Maß der Einfachheit, gekleidet.

(4) Angewendet auf eine nicht gültige, also unbeweisbarer Sequenz, liefert das skizzierte Abbauverfahren nach endlich vielen Schritten (wenigstens) eine die Sequenz falsifizierende Belegung.

Der folgende Beweis kann durch die erforderlichen Abweichungen von (1) bis (4) vorläufig charakterisiert werden.

Zu (1): Da einige Figuren notwendigerweise als UP-Figuren gewählt werden *müssen* — wir haben deshalb alle Figuren so gewählt —, gibt es kein einfaches Maß der Einfachheit, nach welchem die Obersequenzen einer Figur einfacher sind als die Untersequenz. Als Ersatz dafür wird die *Ordnung* einer Sequenz eingeführt werden.

Zu (2): Beim inversen Durchlaufen von jeweils möglichen UP-Figuren von einer gültigen Sequenz aus gelangt man im allgemeinen erst dadurch *überall* zu erweiterten Grundsequenzen, daß man dafür sorgt, daß *keine Möglichkeit* „vergessen" wird[2].

Zu (3): Der induktive Beweis wird über die Ordnung geführt.

Zu (4): Das Abbauverfahren liefert im allgemeinen erst in unendlich vielen Schritten, also nicht effektiv, eine falsifizierende Belegung. Die Unbeweisbarkeit ist also formal durch eine unendliche Beweisfigur charakterisiert (BETH [6], „semantic tableau").

---

[1] Das heißt: beweisbar in dem syntaktischen Kalkül, der durch die hier angegebenen Figuren definiert ist.

[2] Die Zahl der möglichen abzubauenden Ausdrücke wird ja bei den UP-Figuren beim Übergang zu den Obersequenzen nicht herabgesetzt.

3.2.1. *Zur Definition der Ordnung.*

Die Ordnung einer unbeweisbaren Sequenz soll unendlich $(=\omega)$, die Ordnung einer beweisbaren Sequenz soll endlich sein und in einer naheliegenden Weise die Zeilen einer normierten Beweisfigur zählen. Die Definition der Ordnung muß aber unabhängig davon sein, ob die gegebene Sequenz beweisbar ist oder nicht. Wir brauchen dazu eine Reihe von Hilfsdefinitionen, die im wesentlichen zur Charakterisierung der hypothetischen normierten Beweisfigur dienen.

Wir benutzen eine Abzählung aller S-Variablen (z.B. $a_1, a_2, \ldots$), ferner eine Abzählung $\mathfrak{A}$ aller P-Ausdrücke. Wir sprechen vom „$\mathfrak{A}$-ersten" Glied einer Sequenz (mit einer Eigenschaft $\mathfrak{E}$).

(D 1) Ein Glied H einer Sequenz heiße *kritisches Glied von S*, wenn für H als Hauptglied in der Untersequenz einer UP-Figur Φ das Teilglied bzw. die Teilglieder nicht in der durch wenigstens eine Obersequenz von Φ vorgeschriebenen Weise in S vorkommen[1].

Für $\Phi = (\exists U A)$, $(\exists U S)$, $(\forall U A)$, $(\forall U S)$ ist die Definition zu ergänzen durch Bestimmungen über die durch „z" angedeutete Variable:

$\exists x \mathsf{H}(x)$ im Antecedens bzw. $\forall x \mathsf{H}(x)$ im Succedens heiße kritisch, wenn für *keine* Variable z der Ausdruck $\mathsf{H}(x\,|\,z)$[2] auf derselben Seite wie das Hauptglied vorkommt. $\forall x \mathsf{H}(x)$ im Antecedens bzw. $\exists x \mathsf{H}(x)$ im Succedens heiße kritisch, wenn *nicht für alle* in S frei vorkommenden S-Variablen z, die Ausdrücke $\mathsf{H}(x\,|\,z)$ auf derselben Seite wie das Hauptglied vorkommen. Die Variablen z, für die $\mathsf{H}(x\,|\,z)$ fehlt, heißen die kritischen Variablen von S bezüglich $\forall x \mathsf{H}(x)$ oder $\exists x \mathsf{H}(x)$.

Eine Sequenz S ohne kritische Glieder liefert eine einfache Beschreibung von Belegungen, welche das ganze Antecedens von S verifizieren und das ganze Succedens falsifizieren, nämlich

Individuenbereich $\alpha =_{Df}$ Menge der freien S-Variablen in S,

$\mathfrak{B}(s) =_{Df} s$ für $s \in \alpha$, sonst $\mathfrak{B}(s) \in \alpha$,

$\mathfrak{B}(P)$ so, daß $\mathfrak{B}^{*}_{\alpha}(\mathsf{H}) = W$ für Atome H im Antecedens

und $\mathfrak{B}^{*}_{\alpha}(\mathsf{H}) = F$ für Atome H im Succedens.

Die behauptete Eigenschaft von $\mathfrak{B}$ folgt dann durch Induktion, da die Teilglieder jeweils richtig bewertet sind, vgl. den Beweis von § 112, 3.

---

[1] Zum Beispiel ist ein Glied $(\mathsf{H} \wedge \Theta)$ im Antecedens von S genau dann nicht kritisch, wenn auch H und Θ im Antecedens von S stehen. Ein Glied $(\mathsf{H} \leftrightarrow \Theta)$ im Succedens ist genau dann nicht kritisch, wenn wenigstens einer der Fälle: H im Antecedens, Θ im Succedens oder Θ im Antecedens, H im Succedens vorliegt.

[2] Abweichend von, aber verträglich mit § 61, 1., sei $\mathsf{H}(x\,|\,z)$ hier immer der früheste P-Ausdruck unter den durch gebundene Umbenennung zu erhaltenden, für welchen die Einsetzung $x\,|\,z$ zulässig ist — auch wenn einmal keine gebundene Umbenennung erforderlich wäre.

Wir führen nun einen Ersatz für „Sequenzen mit unendlichem Antecedens und Succedens" ein:

Eine „Resolvente von S" soll eine Folge von übereinanderstehenden Sequenzen einer hypothetischen Beweisfigur B für S sein, von unten nach oben fortschreitend. Die Willkür beim Aufbau von B wird mit Hilfe von $\mathfrak{A}$ ausgeschaltet. Die folgende Definition ist weitgehend dadurch vorgezeichnet. Da $\models$ nicht gültig ist, soll von nun an $S \neq \models$ vorausgesetzt werden.

(D2) Eine Folge $\mathfrak{F}$ von Sequenzen heiße eine *Resolvente von S*, wenn folgendes gilt:

(I) $\mathfrak{F}_1 = S$ (d.i.: $\mathfrak{F}$ beginnt mit S).

(II)   kommt ein P-Ausdruck zugleich im Antecedens und im Succedens von $\mathfrak{F}_i$ vor, so ist i die Länge von $\mathfrak{F}$, also $\mathfrak{F}_i$ das letzte Glied von $\mathfrak{F}$.

(III)   liegt in $\mathfrak{F}_i$ nicht der Fall (II) vor, besitzt $\mathfrak{F}_i$ kritische Glieder und ist Θ das $\mathfrak{A}$-erste davon, so ist $\mathfrak{F}_{i+1}$ durch *die* UP-Figur Φ mit $\mathfrak{F}_i$ als Untersequenz und Θ als Hauptglied bestimmt. $\mathfrak{F}_{i+1}$ ist *die* bzw. *eine der* Obersequenz(en) von Φ.[1,2] Für $\Phi = (\exists UA)$, $(\exists US)$, $(\forall UA)$, $(\forall US)$ gelten zusätzliche Bedingungen bezüglich z: Bei $(\exists UA)$ und $(\forall US)$ ist z jeweils die erste nicht frei in $\mathfrak{F}_i$ vorkommende S-Variable. Bei $(\forall UA)$ und $(\exists US)$ ist z jeweils die erste kritische Variable von S bezüglich Θ.

(IV)   liegt weder (II) noch (III) vor und enthält $\mathfrak{F}_i$ keine freien S-Variablen, so ist $\mathfrak{F}_{i+1}$ durch die Zulassung von a_1 als kritischer Variablen, wodurch (wenigstens) ein auf $(\forall UA)$ oder $(\exists US)$ führender Ausdruck kritisch wird, bestimmt[3].

(V)   liegt weder (II) noch (III) noch (IV) vor, so ist $\mathfrak{F}_{i+1} = \mathfrak{F}_i$.[4]

(D3) Wir definieren nun die *Ordnung einer Sequenz S*:

$\mathfrak{o}(S) =_{Df}$ Obere Grenze der Längen der Resolventen von S.

---

[1] Ist Φ eine Figur mit zwei Obersequenzen, so gibt es also wenigstens zwei Resolventen, die bis $\mathfrak{F}_i$ übereinstimmen.

[2] Zur Vermeidung von unwesentlichen Mehrdeutigkeiten kann festgesetzt werden, daß $\mathfrak{F}_{i+1}$ aus $\mathfrak{F}_i$ durch Außen-Anfügen der jeweils noch fehlenden Teilglieder entstehen soll.

[3] Da leeres $\mathfrak{F}_i$ ausgeschlossen ist, kann (IV) nur vorliegen, wenn alle H im Antecedens von $\mathfrak{F}_i$ mit $\forall$, und alle Θ im Succedens mit $\exists$ beginnen. Solche 0-zahlig falsifizierbaren Sequenzen können aber gültig sein, wie z.B. $\forall x Fx \models \exists x Fx$.

[4] In diesem Falle wird (ausnahmsweise) schon durch $\mathfrak{F}_i$ eine Belegung geliefert, welche die Gültigkeit von $\mathfrak{F}_1$ ausschließt. Zur Vermeidung von Fallunterscheidungen werde die Resolvente auch hier unendlich gemacht.

Anm.: Ist $\mathfrak{d}(S)$ endlich, so ist $\mathfrak{d}(S)$ das Maximum der Längen der Resolventen von S. Ist $\mathfrak{d}(S)$ unendlich, so ist $\mathfrak{d}(S)=\omega$.

Unter Verwendung von $\mathfrak{d}(S)$ läßt sich 3.2 zurückführen auf:

*3.3. Ist $\mathfrak{d}(S)<\omega$, so ist S beweisbar mit den in 3.2 angegebenen Mitteln;

*3.4. Für gültiges S ist $\mathfrak{d}(S)<\omega$.

Beweis von 3.3 $\big($durch Induktion über $\mathfrak{d}(S)\big)$.

(1) $\mathfrak{d}(S)=1$; dann liegt (II) vor, und S ist aus einer Sequenz $\mathsf{H}\!\blacktriangleright\!\mathsf{H}$ durch Strukturfiguren ableitbar.

(2) $\mathfrak{d}(S)=n+1$; dann muß (III) oder (IV) vorliegen, da (V) auf $\mathfrak{d}(S)=\omega$ führt. Ist

$$\frac{S_0}{S} \qquad \text{bzw.} \qquad \frac{S_1\ S_2}{S}$$

die UP-Figur mit dem $\mathfrak{A}$-ersten kritischen Glied von S als Hauptglied, so ist $\mathfrak{d}(S_0)=n$ bzw. $max\big(\mathfrak{d}(S_1),\mathfrak{d}(S_2)\big)=n$. Nach Induktionsvoraussetzung existieren Beweisfiguren $\boldsymbol{B}_0$ bzw. $\boldsymbol{B}_1$ und $\boldsymbol{B}_2$ für S_0 bzw. S_1 und S_2; aus diesen erhält man als Beweis für S

$$\frac{\boldsymbol{B}_0}{S} \qquad \text{bzw.} \qquad \frac{\boldsymbol{B}_1\ \boldsymbol{B}_2}{S}\,.$$

Anm.: Ist $\mathfrak{d}(S)=n$, so gibt es höchstens 2^n Resolventen von S. Der Beweis von 3.3 zeigt, wie aus diesen ein Beweis von S zu komponieren ist. Ist S ausschließlich mit pränexen Ausdrücken gebildet, so entsteht ein Beweis in „HERBRANDscher Normalform" (vgl. HERBRAND [1] und DREBEN [1]), wenn in (D 2) kritische Ausdrücke $\mathsf{Q}\,x\,\mathsf{H}(x)$ in geeigneter Weise vorgezogen werden.

Der Beweis von 3.2 ist fertig, wenn noch 3.4 gezeigt wird. Dies wird zurückgeführt auf:

*3.5. Ist $\mathfrak{d}(S)=\omega$, so hat S wenigstens eine unendliche Resolvente;

*3.6. Ist $\mathfrak{F}$ eine unendliche Resolvente von S, so ist S nicht gültig.

Nachzuholen sind also noch die Beweise von 3.5 und 3.6.

Beweis von 3.5: Die durch folgende Vorschrift definierte Resolvente $\mathfrak{F}^*$ von S *ist* unendlich.

(i) $\mathfrak{F}_1^* =_{Df} S$.

(ii)   Hat die UP-Figur mit der Untersequenz $\mathfrak{F}_i^*$ und dem $\mathfrak{A}$-ersten kritischen Glied von $\mathfrak{F}_i$ als Hauptglied die Form

$$\frac{S_0}{\mathfrak{F}_i^*}\,,$$

so $\mathfrak{F}_{i+1}^* =_{Df} S_0$.

(iii) Hat die UP-Figur mit der Untersequenz $\mathfrak{F}_i^*$ und dem $\mathfrak{A}$-ersten kritischen Glied von $\mathfrak{F}_i^*$ als Hauptglied die Form

$$\frac{S_1 \quad S_2}{\mathfrak{F}_i^*}\,,$$

so   (a) $\mathfrak{F}_{i+1}^* =_{Df} S_1$, falls $o(S_1) = \omega$,

und (b) $\mathfrak{F}_{i+1}^* =_{Df} S_2$, falls $o(S_1) < \omega$. Dann $o(S_2) = \omega$.[1]

(iv)   Hat $\mathfrak{F}_i^*$, auch nach Einbeziehung von (IV), kein kritisches Glied, so $\mathfrak{F}_{i+1}^* =_{Df} \mathfrak{F}_i^*$.

Wie der folgende Beweis zeigen wird, kann unter der Voraussetzung $o(S) = o(\mathfrak{F}_1^*) = \omega$ der Fall $o(\mathfrak{F}_i^*) = 1$ (d.h. $\mathfrak{F}_{i+1}^*$ ist nicht definiert) nicht auftreten.

Für die Unendlichkeit von $\mathfrak{F}^*$ ist offenbar hinreichend, daß

3.5.1. $(Om\, i)\,\big(o(\mathfrak{F}_i^*) = \omega\big)$.

Beweis (durch Induktion über i):

(1) $o(\mathfrak{F}_1^*) = o(S) = \omega$.   Voraussetzung von 3.5.

Der Induktionsschritt ergibt sich durch Fallunterscheidung.

(2) $o(\mathfrak{F}_i^*) = \omega$ *et* (ii) *seq* $o(\mathfrak{F}_{i+1}^*) = \omega$.

(3) $o(\mathfrak{F}_i^*) = \omega$ *et* (iii, a) *seq* $o(\mathfrak{F}_{i+1}^*) = \omega$.

(4) $o(\mathfrak{F}_{i+1}^*) < \omega$ *et* (iii, b) *seq* $o(\mathfrak{F}_i^*) < \omega$.

(5) $o(\mathfrak{F}_i^*) = \omega$ *et* (iii, b) *seq* $o(\mathfrak{F}_{i+1}^*) = \omega$.   (4)

(6) $o(\mathfrak{F}_i^*) = \omega$ *et* (iv) *seq* $o(\mathfrak{F}_{i+1}^*) = \omega$.

(7) $o(\mathfrak{F}_i^*) = \omega$ *seq* $o(\mathfrak{F}_{i+1}^*) = \omega$.   (2), (3), (5), (6)

Aus (1) und (7) folgt 3.5.1 durch Induktion.

Damit ist auch 3.5 bewiesen.

---

[1] Hier wird auf eine bestimmte Anordnung der Obersequenzen von UP-Figuren Bezug genommen. Es kommt offenbar nicht darauf an, welche Anordnung dafür gewählt wird. — Man vergleiche diese Definition mit § 110, 5.

Beweis von 3.6.

$\mathfrak{F}$ sei eine unendliche Resolvente von S.[1] Wir definieren:

α sei die Menge aller S-Variablen, die in wenigstens einem $\mathfrak{F}_i$ frei vorkommen.

M sei die Menge aller P-Ausdrücke, die zum Antecedens wenigstens eines $\mathfrak{F}_i$ gehören.

N sei die Menge aller P-Ausdrücke, die zum Succedens wenigstens eines $\mathfrak{F}_i$ gehören[2].

Es gilt

(1) $\alpha \neq Lr$.

Das wird durch (D 2), (IV) garantiert.

(2) $M \cap N = Lr$.

Wäre H im Antecedens von $\mathfrak{F}_i$ und im Succedens von $\mathfrak{F}_j$, so wäre $max(i, j)$ die Länge von $\mathfrak{F}$, gegen die Voraussetzung $\mathfrak{d}(\mathfrak{F}) = \omega$.

Nun sei $\mathfrak{B}$ eine α-Belegung mit

$\mathfrak{B}(z) = z$ für $z \in \alpha$,

$\mathfrak{B}_\alpha^*(\mathsf{H}) = W$ für *Atome* H in M,

$\mathfrak{B}_\alpha^*(\mathsf{H}) = F$ für *Atome* H in N.

Solche $\mathfrak{B}$ gibt es wegen $M \cap N = Lr$.

Nun gilt, für $\mathfrak{B}$ und für *beliebige* Θ in $M \cup N$

(3) $\mathfrak{B}_\alpha^*(\Theta) = W$ für $\Theta \in M$,

     $\mathfrak{B}_\alpha^*(\Theta) = F$ für $\Theta \in N$.

Der Beweis, der wie in § 112, 3. durch Induktion über den Aufbau von Θ zu führen ist, beruht darauf, daß $\mathfrak{F}$ gewissermaßen eine „unendliche Sequenz $M \blacktriangleright N$ ohne kritische Glieder"[3] vertritt, d.h.

(4) Zu jedem $\mathfrak{F}_i$ mit kritischem Θ im Antecendens (bzw. Succedens) gibt es ein $\mathfrak{F}_k$, in dem Θ Hauptglied im Antecedens (bzw. Succedens) ist.

---

[1] $\mathfrak{F}$ kann (aber muß im allgemeinen nicht) als das im Beweis von 3.5 konstruierte $\mathfrak{F}^*$ gewählt werden.

[2] Die unendliche Resolvente $\mathfrak{F}$ wird nur zur Konstruktion von α, M und N verwendet. Durch die Beschreibung dieser Mengen mit Hilfe von Sequenzen wird die Verbindung mit dem syntaktischen Teil (nämlich 3.3) des Beweises von 3.2 hergestellt.

[3] Diese analogisierende Redeweise soll nur die exakten Formulierungen (4) und (5) motivieren. Man braucht also keinen Anstoß daran zu nehmen, daß M und N keine Zeichenreihen sind.

(5) Zu jedem $\forall x H(x)$ im Antecedens (bzw. $\exists x H(x)$ im Succedens) von $\mathfrak{F}_i$ und zu jedem $z \in \alpha$ gibt es ein $\mathfrak{F}_k$, so daß $H(x|z)$ zum Antecedens (bzw. Succedens) von $\mathfrak{F}_k$ gehört.

Anm.: (5) ist über (4) hinaus erforderlich, da für die „Sequenz" $M \blacktriangleright N$ alle $z \in \alpha$ als mögliche kritische Variablen zu gelten haben.

Auf Grund von (4) und (5), in Verbindung mit (D2), Teil (III), stehen jeweils die Induktionsvoraussetzungen für die Teilausdrücke zur Verfügung (man vergleiche die UP-Figuren mit den Theoremen § 111, 1.3 und 5.1 bis 5.3, ferner 6.1; 6.2).

Beweis von (4): m sei die Zahl der freien S-Variablen in $\mathfrak{F}_i$ und n die Zahl der $\mathfrak{A}$-Vorgänger des in $\mathfrak{F}_i$ kritischen Θ, also die Zahl der höchstens nach $\mathfrak{F}_i$ möglichen Hauptglieder Θ', bevor Θ Hauptglied wird. Dadurch können höchstens n freie Variablen neu eingeführt werden. Andererseits können einige Θ' mehrfach (höchstens $(m+n)$-mal) Hauptglieder sein. Θ ist also spätestens nach $n \cdot max(m+n, 1)$ Schritten (wenigstens) einmal Hauptglied.

Beweis von (5): Ist $\Theta = \forall x H(x)$ im Antecedens oder $\Theta = \exists x H(x)$ im Succedens von $\mathfrak{F}_i$ kritisch und kommt z zuerst in $\mathfrak{F}_{j+1}$ frei vor $\big($d.h. $j = 0$ oder in $\mathfrak{F}_j$ ist das Hauptglied Θ_0 ein $\exists x H_0(x)$ im Antecedens oder ein $\forall x H_0(x)$ im Succedens$\big)$, so sind die Fälle $j < i$, $j = i$, $j > i$ zu unterscheiden.

$(j < i)$: Zu den (mit Vielfachheit gezählt) höchstens $n \cdot max(m+n, 1)$ Θ', die von $\mathfrak{F}_i$ an vor Θ Hauptglieder sein können, kommen die endlich vielen Fälle, in denen Θ Hauptglied ist mit einer kritischen Variablen z' vor z. $\big($Die dadurch zusätzlich vor Θ mit z als kritischer Variablen möglichen Hauptglieder sind schon durch $n \cdot max(m+n, 1)$ abgeschätzt.$\big)$

$(j = i)$: Dieser Fall ist nur möglich, wenn (D2), Teil (IV) vorliegt. Dann ist $k = i+1$, da ja $H(x|z)$ mit $z = a_1$ gerade so eingeführt ist, wie es (5) verlangt.

$(j > i)$: Die Zahl der Θ', die von $\mathfrak{F}_{j+1}$ an vor Θ Hauptglieder sein können, wird wie im Falle $(j < i)$ abgeschätzt, wobei aber m die Zahl der in $\mathfrak{F}_{j+1}$ frei vorkommenden Variablen (einschließlich z) ist.

4. Die Widerspruchsfreiheit des PSK.

Für den Beweis der Widerspruchsfreiheit des PSK läßt sich § 251, 8. sinngemäß übernehmen, wobei wegen 3.2 das Gegenstück zu § 251, 8.2, (B) mit den Struktur- und den UP-Figuren als Grundfiguren formuliert werden kann. Als eine *Verschärfung* hiervon ist von besonderem Interesse das Gegenstück zu § 251, 7.7, also die *Eliminierbarkeit der*

Schnitte im PSK, da die Darstellung „natürlicher" Beweise im PSK im allgemeinen auf Figuren *mit* Schnitten führt. Der semantische Beweis, auf Grund der Vollständigkeit nach 3.2, bietet gegenüber § 251, 7.7 nichts Neues.

Für die — methodisch wichtigeren — *syntaktischen Beweise* sei auf GENTZEN [1] (eine kommentierte Übersetzung in FEYS [2]) und SCHÜTTE [1] (dort auf den PK übertragen) verwiesen. Die Grundgedanken und Methoden dieser Beweise haben — unabhängig vom Sequenzenkalkül — für die *Beweistheorie* (im HILBERTschen Sinne, zusammenhängende Darstellung, s. SCHÜTTE [4]) besondere Bedeutung bekommen; denn sie haben, in weiterer Ausgestaltung, Widerspruchsfreiheitsbeweise geliefert für manche Axiomensysteme (z.B. der Arithmetik), die nur *unendliche Modelle* zulassen, ohne doch dabei die Existenz solcher Modelle vorauszusetzen.

Literaturverzeichnis

Abkürzungen

Archiv = Archiv für mathematische Logik und Grundlagenforschung. Stuttgart: Kohlhammer: **1** (1952) ff.

Forschungen = Forschungen zur Logik und zur Grundlegung der exakten Wissenschaften, hrsg. von H. Scholz u. a. Leipzig 1936—1943. 8 Hefte.

Fund. Math. = Fundamenta Mathematicae, **1** Warschau (1920) ff.

Indag. Math. = Indagationes Mathematicae [= Proceedings Koninglijke Nederlandse Akademie van Wetenschappen, Ser. A].

JSL = Journal of Symbolic Logic: **1** (1936) ff.

Semantics = Semantics and the Philosophy of Language. A Collection of Readings. Ed. by L. Linsky. Urbana: The University of Illinois Press 1952.

Studies = Studies in Logic and the Foundations of Mathematics. L. E. J. Brouwer, E. W. Beth, A. Heyting editors. Amsterdam: North-Holland Publishing Company 1951 ff.

Z. math. L. G. Math. = Zeitschrift für mathematische Logik und Grundlagen der Mathematik, Berlin **1** (1954) ff.

Ackermann, W.: [1] Die Widerspruchsfreiheit der allgemeinen Mengenlehre. Math. Ann. **114**, 305—315 (1937). — [2] Die Widerspruchsfreiheit der Zahlentheorie. Math. Ann. **117**, 162—194 (1940). — [3] Solvable Cases of the Decision Problem. Studies 1954. — [4] Zur Axiomatik der Mengenlehre. Math. Ann. **131**, 336—345 (1956).

Ajdukiewicz, K.: [1] Die syntaktische Konnexität. Studia Philosophica, **1**, 1—27. Lemberg 1935.

Asser, G.: [1] Das Repräsentantenproblem im Prädikatenkalkül der ersten Stufe mit Identität. Z. math. L. G. Math. **1**, 252—263 (1955).

Bachmann, H.: [1] Transfinite Zahlen. Ergebn. Math., N.F. 1.H. (1955).

Bar-Hillel, Y.: [1] Bolzano's propositional logic. Archiv **1**, 65—98 (1952).

Behmann, H.: [1] Beiträge zur Algebra der Logik, insbesondere zum Entscheidungsproblem. Math. Ann. **86**, 163—229 (1922).

Bernays, P.: [1] Logical Calculus. The Institute for Advanced Study, Princeton Lectures 1935/36. — [2] A system of axiomatic set theory. JSL **2**, 65—77 (1937); **6**, 1—17 (1941); **7**, 65—89, 133—145 (1942); **8**, 89—106 (1943); **13**, 65—79 (1948); **19**, 81—96 (1954).

Bernays, P., und A. Fraenkel: [1] Axiomatic Set Theory. Studies 1958.

Bernays, P., und M. Schönfinkel: [1] Zum Entscheidungsproblem der mathematischen Logik. Math. Ann. **99**, 342—372 (1928).

Beth, E. W.: [1] A topological proof of the theorem of Löwenheim-Skolem-Gödel. Indag. Math. **13**, 436—444 (1951). — [2] Some consequences of the theorem of Löwenheim-Skolem-Gödel-Malcev. Indag. Math. **15**, 66—71 (1953). — [3] On Padoa's method in the theory of definition. Indag. Math. **15**, 330—339 (1953). — [4] Remarks on natural deduction. Indag. Math. **17**, 322—325 (1955). — [5] L'existence en mathématiques. Paris 1956. — [6] The Foundations of Mathematics. Studies 1959.

BOLZANO, B.: [1] Wissenschaftslehre, 4 Bde. 1837. Neudruck Leipzig 1929—1931.

CARNAP, R.: [1] Logische Syntax der Sprache. Wien 1934. — [2] Introduction to Semantics. Cambridge, Mass. 1942. — [3] Einführung in die symbolische Logik mit besonderer Berücksichtigung ihrer Anwendungen. Wien ²1960.

CHURCH, A.: [1] A note on the Entscheidungsproblem. — Correction: JSL 1, 40f., 101f. (1936). — [2] A formulation of the simple theory of types. JSL 5, 56—68 (1940). Hierzu die Anzeige von W. V. QUINE, JSL 5, 114f. (1940). — [3] The Calculi of Lambda-conversion. Princeton 1941, ²1951 (with minor revisions and additions). — [4] Introduction to Mathematical Logic. Princeton: Univers. Press 1956.

COUTURAT, B.: [1] Opuscules et fragments inédits de Leibniz. Paris 1903.

CURRY, H. B.: [1] A Theory of Formal Deducibility. Notre Dame, Indiana, USA 1950.

CURRY, H. B., und R. FEYS: [1] Combinatory Logic I. Studies 1958.

DEDEKIND, R.: [1] Stetigkeit und irrationale Zahlen. Braunschweig ⁴1912. — [2] Was sind und was sollen die Zahlen? Braunschweig ⁷1939.

DREBEN, B.: [1] On the completeness of quantification theory. Proc. Nat. Acad. Sci. USA 38, 1047—1052 (1952). (Mit Bezug auf die HERBRANDsche Normalform der erzielbaren Beweise.)

EICHHOLZ, TH.: [1] Semantische Untersuchungen zur Entscheidbarkeit im Prädikatenkalkül mit Funktionsvariablen. Archiv 3, 19—28 (1957).

FEYS, R.: [1] Les méthodes récents de déduction naturelle. Note complémentaire sur les méthodes de déduction naturelle. Rev. philos. Louvain 44, 370—400 (1946); 45, 60—72 (1947). — und J. LADRIÈRE: [2] Recherches sur la déduction logique. Paris: Presses Universitaires de France 1955. (Unter Benutzung von FEYS [1] kommentierte Übersetzung von GENTZEN [1].)

FRAENKEL s. BERNAYS-FRAENKEL.

FREGE, G.: [1] Grundgesetze der Arithmetik. Jena I 1893, II 1903. — [2] Über Sinn und Bedeutung. Z. Philos. u. philos. Kritik 100, 25—50 (1892). — [3] Funktion und Begriff. Jena 1891. — [4] Über Begriff und Gegenstand. Viertelj.wiss. Philos. 16, 192—205 (1892).

GENTZEN, G.: [1] Untersuchungen über das logische Schließen. Math. Z. 39, 176—210, 405—431 (1934/35). — [2] Neue Fassung des Widerspruchsfreiheitsbeweises für die reine Zahlentheorie. Forschungen H. 4, 19—44 (1938). — [3] Beweisbarkeit und Unbeweisbarkeit von Anfangsfällen der transfiniten Induktion in der reinen Zahlentheorie. Math. Ann. 119, 140—161 (1943).

GÖDEL, K.: [1] Die Vollständigkeit der Axiome des logischen Funktionenkalküls. Mh. Math. Phys. 37, 349—360 (1930). — [2] Über formal unentscheidbare Sätze der Principia Mathematica und verwandter Systeme. Mh. Math. Phys. 38, 173—198 (1931).

HASENJAEGER, G.: [1] Über eine Art von Unvollständigkeit des Prädikatenkalküls der ersten Stufe. JSL 15, 273—276 (1950). — [2] Eine Bemerkung zu Henkin's Beweis für die Vollständigkeit des Prädikatenkalküls der ersten Stufe. JSL 18, 42—48 (1953). — [3] On definability and derivability. S. 15—25 in: Mathematical Interpretations of Formal Systems. Studies 1955. — [4] Über Interpretationen der Prädikatenkalküle höherer Stufe. Archiv 4, 71—80 (1958). — [5] Formales und produktives Schließen. Math.-phys. Semesterberichte 6, 184—194 (1959).

HENKIN, L.: [1] Fragments of the propositional calculus. JSL 14, 42—48 (1949). — [2] The completeness of the first-order functional calculus. JSL 14, 159—166 (1949). — [3] Completeness in the theory of types. JSL 15, 81—91 (1950).

HERBRAND, J.: [1] Recherches sur la théorie de la démonstration. Travaux de la société des sciences et des lettres de Varsovie, Cl. III 33, 1—128 (1930).

HERMES, H.: [1] Semiotik. Eine Theorie der Zeichengestalten als Grundlage für Untersuchungen von formalisierten Sprachen. Forschungen H. 5 (1938). — [2] Zum Begriff der Axiomatisierbarkeit. Math. Nachr. **4**, 343—347 (1951). — [3] Aufzählbarkeit, Entscheidbarkeit, Berechenbarkeit. Berlin-Göttingen-Heidelberg 1961.

HERMES, H., und H. SCHOLZ: [1] Mathematische Logik. Enz. math. Wiss., Bd. I, Algebra und Zahlentheorie, 1. Teil, H. 1, Teil 1. Leipzig 1952.

HILBERT, D., und W. ACKERMANN: [1] Grundzüge der theoretischen Logik. Berlin-Göttingen-Heidelberg ^{4}1959.

HILBERT, D., und P. BERNAYS: [1] Grundlagen der Mathematik, 2 Bde. Berlin I 1934, II 1939.

HINTIKKA, K. J. J.: [1] Two papers on symbolic logic: Form and content in quantification theory; Reductions in the theory of types. Acta Phil. Fenn. **8** (1955).

JAŚKOWSKI, ST.: [1] On the rules of suppositions in formal logic. Studia Logica, Warschau **1**, 5—32 (1934).

KALMÁR, L.: [1] Contributions to the reduction theory of the decision problem IV. Acta Math. Hung. **2**, 125—142 (1951). (S. 139: Trachtenbrot's Theorem als Korollar zur Konstruktion eines R(H) mit: erf_P H $äq$ non erf_{end} R(H)).

KAMKE, E.: [1] Mengenlehre. Berlin u. Leipzig 1928, ^{3}1955.

KETONEN, O.: [1] Untersuchungen zum Prädikatenkalkül. Ann. Acad. Sci. Fenn. A I **23**, 1—71 (1944).

KLEENE, S. C.: [1] Introduction to Metamathematics. Amsterdam: North Holland Publishing Company ^{3}1959. — [2] Finite axiomatizability of theories in the predicate calculus using additional predicate symbols. Memoirs of the Amer. Math. Soc. **10**, 27—68 (1952).

KURATOWSKI, K.: [1] Sur la notion de l'ordre dans la théorie des ensembles. Fund. Math. **2**, 161—171 (1921).

L'ABBÉ, M.: [1] Systems of transfinite types involving λ-conversion. JSL **18**, 209—224 (1953).

LÉVY, A.: [1] On Ackermann's set theory. JSL **24**, 154—166 (1959).

LEWIS, C. I., and C. H. LANGFORD: [1] Symbolic Logic. New York 1932. Neudruck 1951.

LÖWENHEIM, L.: [1] Über Möglichkeiten im Relativkalkül. Math. Ann. **76**, 447—470 (1915).

LORENZEN, P.: [1] Die ontologische und die operative Auffassung der Logik. Actes du XIème congrès internat. de philos. Brüssel 1953, vol. V., 12—18.

ŁUKASIEWICZ, J.: [1] Zur Geschichte der Aussagenlogik. Erkenntnis **5**, 111—131 (1935). — [2] Aristotle's Syllogistic from the Standpoint of Modern Formal Logic. Oxford ^{2}1957. — [3] On the intuitionistic theory of deduction. Indag. Math. **14**, 202—212 (1952). — [4] A system of modal logic. J. Comput. Systems **1**, 111—149 (1953).

MALCEV, A.: [1] Untersuchungen aus dem Gebiete der mathematischen Logik. Mat. Sbornik N. S. **1**, 323—335 (1936).

MATES, B.: [1] Stoic Logic (Univ. of California Publications in Philosophy, vol. 26). Berkeley and Los Angeles: Univ. of California Press 1953.

McNAUGHTON s. WANG-McNAUGHTON.

MONTAGUE, R., und R. L. VAUGHT: [1] Natural models of set theories. Fund. Math. **47**, 219—242 (1959).

MOSTOWSKI, A.: [1] Logika matematyczna. Warschau 1948. — [2] Sentences Undecidable in Formalized Arithmetic. An Exposition of the Theory of KURT GÖDEL. Studies 1952. — Siehe auch TARSKI-MOSTOWSKI-ROBINSON [1].

NEUMANN, J. VON: [1] Zur Einführung der transfiniten Zahlen. Acta Litt. Sci. Univ. Szeged sect. sci. math. **1**, 199—208 (1923).

ONO, K.: [1] Logische Untersuchungen über die Grundlagen der Mathematik. J. Fac. Sci. Univ. Tokyo I 3, 329—389 (1938).

PEIRCE, C. S.: [1] Collected Papers of Charles Sanders Peirce, ed. by CH. HARTSHORNE and P. WEISS, vol. III. Exact Logic. Cambridge: Harvard University Press 1933.

PÉTER, R.: [1] Rekursive Funktionen. Budapest 1951. Berlin ²1957.

PRANTL, C.: [1] Geschichte der Logik im Abendlande, 4 Bde. Leipzig 1855—1870. Neudruck Leipzig 1927.

QUINE, W. V.: [1] Definition of substitution. Bull. Amer. Math. Soc. 42, 561—569 (1936). — [2] Whitehead and the rise of modern logic (enthalten in "The Philosophy of ALFRED NORTH WHITEHEAD", ed. by P. A. SCHILPP, North-Western-University, Evanston and Chicago 1941, S. 127—163). — [3] New foundations for mathematical logic (enthalten in W. V. QUINE, From a Logical Point of View. Logico-philosophical essays. Cambridge, Mass. 1953, S. 80—101). — [4] On natural deduction. JSL 15, 93—102 (1950). — [5] Methods of Logic. New York 1950, (revidiert) 1959. — [6] Mathematical Logic. New York 1940, ³1951 (entscheidend revidiert).

RASIOWA, H., und R. SIKORSKI: [1] A proof of the completeness theorem of Gödel. Fund. Math. 37, 193—200 (1950). — [2] A proof of the Skolem-Löwenheim theorem. Fund. Math. 38, 230—232 (1951).

REICHENBACH, H.: [1] Philosophische Grundlagen der Quantenmechanik. Basel 1949.

ROBINSON, R. M. s. TARSKI-MOSTOWSKI-ROBINSON [1].

ROSENBLOOM, P. C.: [1] The Elements of Mathematical Logic. Dover Publ., New York 1950.

ROSSER, J. B.: [1] Logic for Mathematicians. New York-Toronto-London 1953. (Ein modernes Compendium der „Principia Mathematica".)

ROSSER, J. B., and HAO WANG: [1] Non-standard models for formal logics. JSL 15, 113—129 (1950).

ROSSER, J. B., and A. R. TURQUETTE: [1] Many-valued Logics. Studies 1952.

RUSSELL, B.: [1] A Critical Exposition of the Philosophy of LEIBNIZ. London 1900, new edition 1937. — Siehe auch WHITEHEAD-RUSSELL [1].

RYLL-NARDZEWSKI, C.: [1] The role of the axiom of induction in the elementary arithmetic. Fund. Math. 39, 239—263 (1952).

SCHMIDT, A.: [1] Mathematische Grundlagenforschung. Enz. math. Wiss., Bd. I. Algebra und Zahlentheorie, 1. Teil, H. 1, Teil 2. Leipzig 1950. — [2] Wie dürfen wir mit dem Unendlichen umgehen? Math.-phys. Semesterberichte 1, 200—212 (1950). — [3] Systematische Basisreduktion der Modalitäten bei Idempotenz der positiven Grundmodalitäten. Math. Ann. 122, 71—89 (1950).

SCHMIDT, J.: [1] Einige grundlegende Begriffe und Sätze aus der Theorie der Hüllenoperatoren. Ber. Math. Tagung Berlin 1953, 21—48.

SCHÖNFINKEL, M.: [1] Über die Bausteine der mathematischen Logik. Math. Ann. 92, 305—316 (1924). — Siehe auch BERNAYS-SCHÖNFINKEL.

SCHOLZ, H.: [1] Die Wissenschaftslehre BOLZANOS. Eine Jahrhundertbetrachtung. Abh. Fries-sche Schule. N. F. VI, 401—472 (1937). — [2] Der klassische und der moderne Begriff einer mathematischen Theorie. Math.-phys. Semesterberichte 3, 30—47 (1953).

SCHRÖTER, K.: [1] Ein allgemeiner Kalkülbegriff. Forschungen H. 6 (1941). — [2] Theorie des bestimmten Artikels. Z. math. L. G. Math. 2, 37—56 (1956).

SCHÜTTE, K.: [1] Schlußweisenkalküle der Prädikatenlogik. Math. Ann. 122, 47—65 (1950). — [2] Beweistheoretische Erfassung der unendlichen Induktion in der Zahlentheorie. Math. Ann. 122, 369—389 (1951). — [3] Beweistheoretische Untersuchung der verzweigten Analysis. Math. Ann. 124, 123—147 (1952). — [4] Beweistheorie. Berlin-Göttingen-Heidelberg 1960.

SCHWABHÄUSER, W.: [1] Zur Definition des geordneten Paares von Mengen beliebiger Stufe. Math. Nachr. **11**, H. 1/2, 81—84 (1954).

SHEPHERDSON, J. C.: [1] Inner models for set theory. I. JSL **16**, 161—190 (1951); II. JSL **17**, 225—237 (1952); III. JSL **18**, 145—167 (1953). (Zur Semantik der mengentheoretischen Logik.)

SIKORSKI s. RASIOWA-SIKORSKI.

SKOLEM, TH.: [1] Untersuchungen über die Axiome des Klassenkalküls und über Produktations- und Summationsprobleme, welche gewisse Klassen von Aussagen betreffen. Vid. Selsk. Skr. Kristiania, I. Math.-nat. Kl. 1919, Nr. 3. — [2] Logisch-kombinatorische Untersuchungen über die Erfüllbarkeit oder Beweisbarkeit mathematischer Sätze nebst einem Theoreme über dichte Mengen. Vid. Selsk. Skr. Kristiania, I. Math.-nat. Kl. 1920, Nr. 4. — [3] Über die Nichtcharakterisierbarkeit der Zahlenreihe mittels endlich oder abzählbar-unendlich vieler Aussagen mit ausschließlich Zahlenvariablen. Fund. Math. **23**, 150—161 (1934). — [4] Some remarks on the foundation of set theory. Proc. Internat. Congr. Math., Cambridge Mass. 1950, 695—704.

STEGMÜLLER, W.: [1] Metaphysik, Wissenschaft, Skepsis. Frankfurt a. M. 1954. Hierin S. 156—241: Die philosophischen Grundlagen der Logik und Mathematik. — [2] Das Wahrheitsproblem und die Idee der Semantik. Wien 1957.

STONE, M. H.: [1] The theory of representations for Boolean algebras. Trans. Amer. Math. Soc. **40**, 37—111 (1936).

SURÁNYI, J.: Reduktionstheorie des Entscheidungsproblems im Prädikatenkalkül der ersten Stufe. Budapest 1959.

TARSKI, A.: [1] Fundamentale Begriffe der Methodologie der deduktiven Wissenschaften I. Mh. Math. Phys. **37**, 361—404 (1930). — [2] Einige Betrachtungen über die Begriffe der ω-Widerspruchsfreiheit und der ω-Vollständigkeit. Mh. Math. Phys. **40**, 97—112 (1933). — [3] Der Wahrheitsbegriff in den formalisierten Sprachen. Studia Philosophica, Lemberg **1**, 261—405 (1936). — [4] Über den Begriff der logischen Folgerung. Act. Congr. Intern. Philos. Sci. Paris 1936, Bd. 7, S. 1—11. — [5] The semantic conception of truth and the foundations of semantics. Philosophy and Phenomenological Research **4** (1944). Wieder abgedruckt in *Semantics*, 13—47. — [6] Logic, Semantics, Metamathematics. Papers from 1923 to 1938 by A. TARSKI. Oxford: Clarendon Press 1956. Hierin englische Übersetzungen von TARSKI [1] bis [4].

TARSKI-MOSTOWSKI-ROBINSON [1] = TARSKI, A.: Undecidable Theories, in collaboration with A. MOSTOWSKI and R. ROBINSON. Studies 1953.

TRACHTENBROT, B. A.: [1] Die Unmöglichkeit eines Algorithmus für das Entscheidungsproblem in endlichen Klassen. Dokl. Akad. Nauk SSSR **70**, 569—572 (1950) [Russisch]. (Die Unentscheidbarkeit von erf_{end}.)

TURQUETTE s. ROSSER-TURQUETTE [1].

WAJSBERG, M.: [1] Untersuchungen über den Funktionenkalkül für endliche Individuenbereiche. Math. Ann. **108**, H. 2, 218—228 (1933).

WANG s. ROSSER-WANG.

WANG, H., et R. McNAUGHTON: [1] Les systèmes axiomatiques de la théorie des ensembles. Paris 1953.

WERNICK, G.: [1] Die Unabhängigkeit des zweiten distributiven Gesetzes von den übrigen Gesetzen der Logistik. J. reine angew. Math. **161**, 123—134 (1929).

WHITEHEAD, A. N., and B. RUSSELL: [1] Principia Mathematica, 3 Bde. Cambridge 1910—1913, ²1925—1927. Neudruck 1950. Abgekürzt: PM.

WITTGENSTEIN, L.: [1] Tractatus Logico-Philosophicus. New York u. London 1922.

ZEUTHEN, H. G.: [1] Die geometrische Konstruktion als „Existenzbeweis" in der antiken Geometrie. Math. Ann. **47**, 222—228 (1896).

Namen- und Sachverzeichnis

A. Nichtalphabetische Zeichen; Buchstaben als Symbole

$\sim \wedge \vee \to \leftrightarrow$ 43, $\circ$ 44, $N\ K\ A\ C\ E$ 45, $\underset{\cdots}{\wedge}\ \underset{\cdots}{\vee}$ 45, $\uparrow \downarrow$ 78;
$\forall\ \exists\ Q$ 133, Q^{-1} 175, $\exists_n^{\cdots}\ \exists_n^{\cdots}!\ \exists_n!!$ 292f., 295f., 329;
$\forall^{(o/(o/\tau))}\ \exists^{(o/(o/\tau))}$ 384, $\forall^{o(o\,\tau)}$ 389, $\exists^{o(o\tau)}$ 391, $(\forall\ldots\ldots)\ (\exists\ldots\ldots)$ 479f.;
$\varepsilon^{\tau(o\,\tau)}$ 389, ε 395, $\in$ 395, 399, λ 126, 389, 395, 406f., 430;
$\vdash$ 20, $\blacktriangleright$ 463, $\vdash\ldots$ s. ableitbar; $\Vdash\ldots\ \blacktriangleright\!\!\Vert$ s. Folgerung;
$x|\ldots$ 136, 160, $P^n|\ldots$ 163;
$\in\ \leqq\ <\ \cap\ \underset{\cdots}{\cap}\ \cup\ \underset{\cdots}{\cup}$ 39f., $-$ 109, $\ni$ 128, $\sqsubset$ 164,
$\underset{\textstyle<}{}\ \cap\ \cup\ '\ \dot{0}\ \dot{1}$ 302, $\subseteq$ 399, 401,
$\equiv$ s. Identität, $\equiv\!\!\equiv$ s. extensionale Identität;
$\to\ \leftrightarrow\ \cong\ \approx$ 192f.

B. Alphabetischer Teil

Bei Begriffen, die in verschiedenen Zusammenhängen vorkommen,
ist die Spezialisierung durch geeignete Symbole angezeigt (insbesondere
durch M: „metalogisch", A: „aussagenlogisch", P: „prädikatenlogisch",
I: „identitätstheoretisch", T: „typentheoretisch", R: „rangtheoretisch",
gegebenenfalls mit Indizes, $\Vdash$ für semantische, $\vdash$ für syntaktische
Begriffe). Nur in besonderen Fällen erscheinen durch „A- ..", „P-..."
usw. bezeichnete Begriffe unter A, P usw. Eingeklammerte Seitenzahlen
verweisen auf relevante Stellen, an denen die Sache, aber keine Variante
des Stichworts erscheint.